YABING ZHENZHI
CAISE TUPU

鸭病诊治彩色图谱

刁有祥　主编

 化学工业出版社

·北京·

图书在版编目（CIP）数据

鸭病诊治彩色图谱 / 刁有祥主编．—北京：化学工业出版社，2021.10

ISBN 978-7-122-39666-2

Ⅰ.①鸭…　Ⅱ.①刁…　Ⅲ.①鸭病-诊疗-图谱　Ⅳ.①S858.32-81

中国版本图书馆 CIP 数据核字（2021）第 157109 号

责任编辑：邵桂林　　　　装帧设计：史利平
责任校对：李雨晴

出版发行：化学工业出版社（北京市东城区青年湖南街13号　邮政编码100011）
印　　装：北京缤索印刷有限公司
787mm×1092mm　1/16　印张41¾　字数978千字　　2022年1月北京第1版第1次印刷

购书咨询：010-64518888　　　　售后服务：010-64518899
网　　址：http://www.cip.com.cn
凡购买本书，如有缺损质量问题，本社销售中心负责调换。

定　　价：268.00元

编写人员名单

主　编　刁有祥

副主编　提金凤　唐　熠　刁有江　陈　浩

参编者　刁有祥　提金凤　唐　熠　刁有江

陈　浩　于观留　张　吉　杨　晶

王鸿志　姜晓宁　贺大林　张　帅

黄　瑜　张兴晓　王　蕾　傅光华

梁　晓

前言

FOREWORD

我国是养鸭大国，根据国家水禽产业技术体系统计，2019 年鸭的出栏量达 48 亿只，占世界总量的 75%，产值 2120 亿元，从业人员 2500 万人，养鸭业已成为农业的重要支柱产业。但鸭病的发生始终制约养鸭业的健康发展，且新的疾病不断出现，老的疾病出现新的发病特点，给我国养鸭业造成严重的经济损失。为适应当前我国鸭病防控的需要，保护和促进养鸭业的健康发展，我们编写了《鸭病诊治彩色图谱》一书。

本书收集了国内外鸭病研究的最新资料，共分八章，在总结教学、科研和生产实践的基础上，全面系统地介绍了鸭的生理特点与生物学特性、鸭病综合防控措施、鸭病诊断技术、鸭传染病、寄生虫病、代谢病、中毒病和普通病的病原、病因、流行特点、症状、病理变化、诊断及预防和控制措施等。具有内容翔实，图片清晰，图文并茂，系统性、科学性、先进性、实用性和可操作性强等特点，是广大从事鸭病教学、科研、养鸭和鸭病防治人员重要参考书。

本书在编写过程中，得到了国家水禽产业技术体系项目、国家重点研发计划项目（2017YFD0500803，2016YFD0500107）和化学工业出版社的大力支持。本书彩色图片共 845 幅，除个别图片由其他同行提供外，其余均为作者在教学、科研和社会实践中积累的图片。在编写过程中参考了众多资料，在此一并致谢。由于我们水平所限，书中疏漏之处在所难免，恳请广大读者批评指正。

编者

CONTENTS

目　录

第一章　鸭的解剖与生物学特性

第二章　鸭病综合防控措施

第三章　鸭病诊断技术

第四章　鸭传染病诊治

第五章　鸭寄生虫病诊治

第六章　鸭代谢病诊治

第七章　鸭中毒病诊治

第八章　鸭普通病诊治

参考文献

第一章　鸭的解剖与生物学特性

鸭是经人类驯化、豢养、能在家养条件下生存繁衍后代有一定经济价值的鸟类。在家禽业中，鸭的经济价值仅次于鸡。

我国是世界上养鸭最早的国家之一，早在战国时期《尸子》（公元前 475 ～前 221 年）中有云“野鸭为凫，家鸭为鹜”。按此推算，我国鸭的驯养应有 3000 多年的历史。截至目前，我国劳动人民精心培育的地方品种已达 40 多种。北京鸭作为世界著名的标准品种被美、英、日等国引进，我国的养鸭业对全世界做出了重要贡献。

家鸭（*Anas Platyrhynchos domestica*）在分类学上属于动物界，脊索动物门，脊椎动物亚门，鸟纲，雁形目，鸭科，鸭属。其起源于野鸭，远祖是亚欧大陆的野生候鸟（绿头鸭），也称之为野鸭、大麻鸭或斑嘴鸭。在长期驯化过程中，对家鸭体重、产蛋量、羽色和形态等都进行了广泛的选育，但家鸭仍保留了鸟类野生祖先的许多特点，同时鸭长期以江河、湖泊及水稻田为主要生活条件，相应地也具有与鸡不同的生物学特点与习性。因此，了解鸭的生理特点与生物学特性，掌握其生长发育规律，将有助于为它们创造一个良好的环境条件，施以精心的饲养管理，充分发挥其繁殖率高、生长快速的潜力，从而提高生产效益。

第一节　鸭的解剖与生理特性

一、鸭的解剖特点

鸭是水禽，在解剖学上与鸡比较有着明显的不同。了解鸭的解剖生理特点，对鸭的饲养管理、分析鸭的发病原因，以及提出合理的治疗方案和有效预防措施均有重要意义，现将鸭的解剖特点分述如下：

（一）消化系统

鸭的消化系统包括喙、口腔、舌、咽、食道、腺胃、肌胃、小肠、大肠、泄殖腔、肝脏、胆囊和胰腺等。

1. 口腔

鸭无牙齿，舌位于口腔底部，舌黏膜上典型的味蕾细胞较少。鸭的采食方式为吞咽，其口腔的顶壁为硬腭，无软腭；口腔向后与咽的顶壁相连，两者合称为口咽腔。唾液腺不发达，分泌唾液的能力较差，因而采食时常常饮水，以湿润食物，便于吞咽。鸭吞咽食物时要抬头伸颈，借助重力和食道产生的负压将食物和水咽下。鸭舌厚长而软，舌神经对水温反应极为敏感，不愿饮高于气温的水，但不拒饮冷水。

2. 咽

鸭咽部的唾液腺可分泌含有淀粉酶的唾液，然而饲料在口腔内被唾液浸湿后很快进入食管，对食物的消化作用发挥很少。

3. 食道

鸭食道较长，成年鸭的食道平均长约为30cm，从咽开始沿颈部进入胸腔，到达腹腔左侧，与胃相接，食道下端呈纺锤形的膨大部可贮存大量食物，并将其润滑和软化。正常情况下，食物在此停留3～4h，然后被有节律地推送至胃中。膨大部的下方有环形括约肌，通过其收缩与舒张来控制食物进入胃中的速度。因而，鸭具有很强的耐粗饲和觅食能力。

4. 腺胃

又称前胃，体积较小，呈纺锤形，壁薄，是一个前段偏细、后端逐渐膨大的袋状器官，位于腹腔前腹部的左上部。腺胃壁较厚，由外向内依次可分为浆膜层、肌层和黏膜层。肌层的外纵肌薄，内环肌较厚，黏膜层黏膜表面的乳头上分布着发达的腺体，能分泌酸、黏蛋白及蛋白酶等，可将食物进行初步消化后再经贲门进入肌胃。

5. 肌胃

又称后胃或砂囊，其两面扁平，中央隆起，近似非正椭圆形的双凸透镜状。其与腺胃相通，肌胃的肌肉壁很厚、收缩力强；肌胃内角质膜坚硬，可抵抗蛋白酶、稀酸及稀碱的作用。肌胃内的沙砾有助于食物的磨碎，提高食物的消化率。食物在肌胃内停留的时间视饲料的软硬程度而异，细软的食物到达十二指肠时间短，而坚硬的食物停留时间可达数小时之久。磨碎的食物随着肌胃的收缩经幽门被推入小肠，继续被消化。

6. 小肠

包括十二指肠、空肠和回肠。整个小肠约占肠管长度的90%。十二指肠终端有胆管的开口，在盘曲的十二指肠中间夹着粉红色的胰腺。胰腺有两个导管，与胆管一起开口于十二指肠与空肠的交界处。空肠较长，且有很多弯曲、壁较厚且富含血管。回肠是小肠的最后一部分，上接空肠，下连直肠。食物中营养成分的消化和吸收主要在小肠内进行，小肠内壁黏膜有许多小肠腺，能分泌许多消化酶。小肠黏膜上有无数的皱襞和绒毛突起，绒毛的长度可达肠壁厚度的5倍，由此可有效增加小肠内膜的消化和吸收面积。小肠内的食物在消化酶、胰液、胆汁及肠液的作用下，对食物进行全面的消化。随后，食物残渣在小肠蠕动和分节运动的作用下被送入大肠。

7. 大肠

包括一段短而直的直肠和两条发达的盲肠组成。小肠和直肠交界处有一对中空的小突起为盲肠，鸭的盲肠十分发达，长约17～20cm。盲肠内壁有发达的淋巴组织，形成盲肠扁桃体，盲肠能将小肠内未被酶分解的食物及纤维素进一步消化，并吸收水和电解质，它由直肠与回肠的交界处发出，向前延伸。进入盲肠的部分食糜经进一步消化吸收后其残渣被压迫进入直肠。食物残渣在直肠内被吸收水分后形成粪便进入泄殖腔。

8. 泄殖腔

为鸭消化、泌尿和生殖的共用通道，内有输尿管和生殖导管的开口。泄殖腔的背侧有椭圆形盲囊为法氏囊（腔上囊），幼雏期发达，随着日龄的延长，法氏囊逐渐退化。此外，在鸭的泄殖腔部位还有淋巴结的分布。

9. 肝脏

是鸭最大的消化腺，该器官体积较大，位于腹腔前下方，红褐色，分左右两大叶。左叶的导管直接开口于十二指肠，右叶的导管连于胆囊，通过胆管开口于十二指肠。肝脏分泌的胆汁贮存于胆囊中。胆汁能激活胰酶，使脂肪乳化，有利于鸭对脂肪及脂溶性维生素的吸收。肝脏还有参与蛋白质、糖原的合成和分解代谢，可储存一部分糖、蛋白质、多种维生素和铁元素等，并有解毒作用。

10. 胰腺

又称胰脏，位于腹腔前部，依靠肠系膜紧贴于十二指肠上，其形状细长，色泽黄或粉红色，质地柔软，胰腺分泌的胰液经胰腺管进入十二指肠。

（二）呼吸系统

鸭的呼吸系统由鼻（腔）、喉、气管、鸣管、支气管和肺脏等器官组成。

1. 鼻腔

由鼻中隔分为左、右两部分。内有前、中、后 3 个鼻甲。眶下窦是唯一的鼻旁窦，呈三角形，位于眼球的前下方。眼球上方有特殊的鼻腺，有导管开口于鼻腔。

2. 喉和气管

喉位于咽底壁，与鼻孔相对。喉软骨只有环状软骨和勺状软骨两种，被固有喉肌连接在一起。喉口为一纵向裂缝。鸭的气管长且粗，由气管环连接而成，沿颈腹侧后行，至心脏背侧分叉，分出左右两个支气管。

3. 鸣管

鸭喉无声带，鸣管是鸭的发音器官，其由数个气管环和支气管环及一块鸣骨组成。鸣骨呈楔形，位于鸣管腔分叉处。在鸣管的内侧、外侧壁覆以两对鸣膜。当鸭呼吸时，空气振动鸣膜而发声。公鸭鸣管形成膨大的骨质鸣泡，故发声嘶哑。

4. 气囊

是禽类特有的器官，鸭的气囊有 9 个，分别为 1 对颈气囊、1 对胸前气囊、1 对胸后气囊、1 对腹气囊和 1 个锁骨间气囊。胸前气囊和胸后气囊分别与次级支气管直接相通；腹气囊直接与初级支气管相通。气囊的作用是储存气体、减轻体重和调节体温。

5. 肺脏

鸭的肺脏略呈扁平四边形，不分叶，位于胸腔背侧，从第 1 ～ 2 肋骨向后延伸到最后边的肋骨。其背侧面有椎肋骨嵌入，形成几条肋沟；脏面有肺门和气囊开口。鸭的呼吸频率常因个体大小、性别、环境温度和生理状态的不同而不同，如在常温条件下，成年鸭的呼吸频率范围在 16 ～ 26 次 / 分。

（三）泌尿系统

鸭的泌尿系统由肾脏和输尿管组成，无膀胱和尿道。

1. 肾脏

鸭的肾脏颜色为红褐色、狭长形（长豆荚状），体积较大，分为前、中、后三部分。该器官重量约占体重的1%以上，肾外无脂肪囊。鸭的肾脏缺肾盏、肾盂，无明显的肾门，血管、神经和输尿管在不同部位直接进出肾脏。输尿管在肾内不形成肾盂或肾盏。输尿管两侧对称，起自肾髓质集合管，沿肾内侧后行达骨盆腔，开口于泄殖腔背侧，接近输卵管或输精管开口的背侧。此外，肾脏实质由许多肾小叶构成，但由于小叶的分布有浅有深。因此，整个肾脏的皮质和髓质分界不明显。

2. 输尿管

鸭的输尿管起始于前叶几个较大的集合管，从中叶起沿肾侧面内侧缘处向后行最后开口于泄殖腔顶壁两侧。输尿管的管壁较薄，常因管内贮有尿酸盐结晶而呈白色。尿与粪在泄殖腔内一起排出体外。

泌尿器官的功能是生成和排出尿液。机体在代谢过程中所产生的废物，除二氧化碳从肺脏排出外，其他废物（尤其是蛋白质代谢所产生的含氮物质）均通过泌尿器官排出。肾脏从血液中滤出水分和一些被身体利用过的物质，随同代谢产物排于尿中；尿液通过重吸收再保留身体所需的葡萄糖、水分及其他物质。因此，肾脏在调整体液的酸碱平衡和维持渗透压稳定中起着重要作用。

（四）生殖系统

鸭的生殖系统具有体内受精、卵生和体外发育的特点。由于家鸭已失去了就巢性，因此，必须进行人工孵化。

1. 公鸭生殖器官

由睾丸、附睾、输精管和阴茎等组成，没有副性腺和精索等结构。

睾丸呈豆形，乳白色，一对且左右对称，由睾丸系膜吊于腹腔背中线两侧（肾脏前叶的前下方），约在最后两个椎肋上部，且左侧睾丸比右侧睾丸稍大（成熟的左侧睾丸大小为5.0cm×3.0cm，右侧睾丸大小为4.5cm×3.0cm，重量为30～40g）。睾丸在未成熟时呈黄色，米粒大小，成熟后，尤其在生殖季节，由于其内含有大量的精子而呈白色，质地柔软。但在夏秋季节换羽时，睾丸萎缩，颜色稍深。睾丸由许多精细管和其间成群分布的间质细胞构成，没有睾丸纵隔和睾丸小隔，不能形成睾丸小叶。在睾丸中，许多精细管汇合后形成输精管，从睾丸的附着缘走出而通向附睾。间质细胞能分泌雄性激素，雄性激素可控制第二性征的发育和性行为的出现。此外，睾丸中的血液供应来自睾丸动脉，由3～4条睾丸静脉分别汇入背内侧的髂总静脉或后腔静脉而连接于附睾。

附睾小，呈扁带状或纺锤形，成对，紧贴在睾丸的背内侧，被系膜所遮盖，左侧比右侧略大。主要由睾丸输出小管组成。附睾管很短，出附睾后延续为输精管。

输精管是一对极为卷曲的细管，弯曲程度是前小后大。输精管与输尿管平行，均开口于泄殖腔左侧。输精管进入泄殖腔后变直呈乳头突起称为射精管，位于输尿管外侧。在多数情况下，左输精管在左输尿管的外侧，右输精管在右输尿管的外侧或内侧，但少数个体到骨盆部时，原位于输尿管内侧的输精管则横过输尿管腹侧，转到输尿管的外侧后行。

成年公鸭阴茎发达，呈螺旋状扭曲，位于肛道腹侧偏左，在静止时较小，退缩至体正中线的左侧，当兴奋勃起时，阴茎变硬加长而伸出，长度可达 5.3 ～ 7.6cm，阴茎沟闭合成管状。

鸭的精子由精细管产生，通过精管网到输出管、附睾和输精管，并在输精管内发育成熟，与脉管体分泌的精清混合成精液。交配时，公鸭一次的射精量为 0.1 ～ 0.7mL，精子数量为 0.28 亿～ 1.80 亿个。精子进入母鸭阴道后，很快沿输卵管上行，约 60min 后到达漏斗部，在此可生存 2 周（1 周内有受精能力）。当卵子成熟后落入输卵管漏斗部时与精子相遇而受精。

输精管乳头是输精管末端形成的一个尖端向后的圆锥形突起，该乳头突出于泄殖腔腹外侧壁，输尿管泄殖腔口的后端外侧。当射精时，由输精管乳头排出的精液进入泄殖道，并通过泄殖道内的裂隙状开口进入勃起阴茎的左右基部纤维淋巴体之间的沟，继而进入螺旋状的阴茎沟内，排出体外。

2. 母鸭生殖器官

由卵巢、输卵管、子宫和阴道组成。在胚胎早期，左右各有 1 个卵巢和 1 个输卵管，在发育过程中，右侧的逐渐退化，少数尚可看到部分退化痕迹。成年鸭仅左侧卵巢和输卵管发育正常。

（1）卵巢　卵巢位置、大小与生殖机能状态有着密切关系。雏鸭的卵巢较小，为扁平椭圆形，呈桑葚状，卵泡较小，颜色也较浅，呈灰白色。成年鸭左卵巢以短的系膜悬吊于腹腔背侧，其前端与胸腹膈和左肺紧接，腹侧接腺胃与脾，背侧与左肾前部、降主动脉和后腔静脉相连。性成熟时，卵巢可达 3cm×2cm，重为 2 ～ 6g。产蛋期常见 4 ～ 6 个体积依次递增的大卵泡，在卵巢腹侧面有成串似葡萄样的黄色小卵泡，每个卵泡内含有 1 个卵细胞，但通常只有少数能达到成熟而排出，接近成熟的卵泡突出于卵巢表面，以短柄与卵巢紧接。随着鸭日龄的增长，卵巢的体积逐渐增大。当进入产蛋期时，卵巢直径可达 4 ～ 6cm，重达 40 ～ 70g。卵泡迅速成熟并完全突出于卵巢表面。在卵泡游离端的表面有一条宽为 0.2 ～ 0.3cm 且呈弓状的灰白色狭带（也称之为卵带）。当排卵时，卵带裂开，卵母细胞由裂口处逸出，卵排出后的卵泡壁皱缩，卵泡膜很快萎缩，形成瘢痕组织。当产蛋结束时，卵巢又恢复到静止期时的形状和大小。直到下个产蛋期到来又开始生长发育。

（2）输卵管　母鸭的输卵管是一条长而弯曲的管道，以背韧带和腹韧带悬吊于腹腔顶壁，其形状大小也因鸭生殖机能状态而异。雏鸭输卵管发育不完全，外观较平直而短，长度为 10 ～ 15cm；成年母鸭输卵管长度可达 60 ～ 70cm，重约 52g，其占据腹腔大部分，背侧与左肾腹面相邻，休产期缩短。其中樱桃谷产蛋母鸭输卵管各段的长度、重量如表 1-1 所示。输卵管的管壁由外到内依次为浆膜层、肌层和黏膜层，其中黏膜层是输卵管最主要的部分。

表 1-1　樱桃谷产蛋母鸭输卵管各段的长度和重量

名称	静止期长度 /cm	产蛋期长度 /cm	产蛋期重量 /g
漏斗部	4.0	8.5	1.6
膨大部	12.0	35.0	21.0
峡部	3.0	8.6	5.0
子宫部	6.1	12.4	18.0
阴道部	2.5	5.5	6.5

根据输卵管的形态、结构和功能特点，由前向后，可分为漏斗部、膨大部、峡部、子宫部和阴道部五大部分：

① 漏斗部：又称喇叭口。为输卵管的起始部，前端大呈漏斗状（或伞状），由平滑肌构成，具有很大的活动性，可使脱离卵巢的卵子被接纳入输卵管内，向后逐步过渡成为狭窄的漏斗管，在产蛋阶段，其总长度为 7.0 ～ 8.5cm。漏斗中央有一呈长裂隙状的开口，称为输卵管腹腔口，当充分张开时直径可达 5.0 ～ 8.0cm，紧贴在卵巢的后方。

② 膨大部：又称蛋白分泌部。为输卵管中最长最弯曲的一段，平均长 25.0 ～ 35.0cm，直径 2.0 ～ 2.3cm，其典型特征是管径比漏斗管部大得多，故称膨大部。与漏斗部管状区相接处有分支的管状腺，能形成“精子宫”，精子在此处等待与卵子受精。膨大部管壁的黏膜层较厚，形成较多皱襞，且含许多腺体，卵子在通过这里时被包上卵白（蛋白），继续向膨大部的末端行进。

③ 峡部：又称管腰部。位于膨大部与子宫部之间，为膨大部末端管腔变细的一段，平均长度为 7.5 ～ 8.5cm，直径 1.0 ～ 1.5cm。管壁含有丰富腺体，能分泌角质蛋白，构成蛋白外壳膜，把已包上蛋白的卵黄包围起来。

④ 子宫部：又称壳腺部或蛋壳分泌部。相当于家畜的子宫，未开产的母鸭子宫壁厚，产蛋母鸭子宫呈膨大的囊状，长为 10.1 ～ 12.4cm，直径为 4.8 ～ 5.4cm，已包上蛋白、内外壳膜的卵黄在此处形成硬壳。子宫部的后端进入子宫阴部连接部，呈“S”状弯曲。

⑤ 阴道部：为输卵管最末端狭窄的肌肉管道，开口于泄殖腔背壁的左侧，是卵通向泄殖腔的通道。成年鸭阴道长为 4.5 ～ 5.5cm，直径为 2.4 ～ 2.8cm。当卵黄通过输卵管到达此部时，已形成一个完成的蛋，只等待产出体外。从排卵到蛋的排出，大约需要 24h。

（五）心血管系统

鸭的心血管系统由心脏、动脉、静脉和血液等四大部分组成。

1. 心脏

鸭的心脏位于胸腔的腹侧，心基部朝向前背侧，与第1肋骨相对，长轴几乎与体轴平行，故心尖斜向后，正对第 5 肋骨。鸭的心脏构造与哺乳动物的心脏相似。其特点是右心房有一静脉窦；右房室口上不是三尖瓣，而是一个肌瓣，也无腱索。

2. 动脉

对于鸭的动脉系统，其主动脉弓偏右，颈总动脉位于颈椎腹侧中线肌肉深部。坐骨动脉一对，较粗，是供应后肢的主要动脉。肾动脉有前、中和后 3 支。肾前动脉直接发自主动脉，肾中、后动脉发自坐骨动脉。

3. 静脉

鸭的静脉特点是两条颈静脉位于皮下，沿气管两侧延伸，右颈静脉较粗。前腔静脉为 1 对。两髂内静脉间有一短的吻合支，由此向前延为肾后静脉。其向前与由股静脉延续而来的髂外静脉汇合成髂总静脉。两侧髂总静脉合成后腔静脉。肾门静脉在髂总静脉注入处有肾门静脉瓣。其开闭可调节肾的血液注入量。

4. 血液

血液在其腔道中循环流动，起着运输氧、营养物质、代谢产物和激素等的作用。当心脏搏动时，心房和心室顺次收缩和扩张，右心室将来自全身的血液从肺动脉送入肺脏，通过肺脏毛细血管进行气体交换后汇集到肺静脉而流入左心房，再流入左心室；左心室将来自肺静脉的新鲜血液从主动脉送到全身，通过全身毛细血管后，经三支大的腔静脉再流入右心房而至右心室。如此周而复始，循环不息。

（六）免疫系统

鸭的免疫系统主要包括淋巴管、淋巴器官和淋巴组织三大部分。

1. 淋巴管

鸭的淋巴管也像哺乳动物一样，分布于全身各部，分为毛细淋巴管、淋巴管和淋巴干。集合淋巴管通常位于血管两旁，与血管平行，它们的名称也随血管的名称命名。如前肢（翼）的淋巴管汇合为锁骨下静脉淋巴干入锁骨下静脉，头颈部的淋巴管汇合为颈静脉淋巴干入颈静脉与锁骨下静脉汇合处等。它们最后汇入左、右胸导管，再由胸导管分别汇入左、右前腔静脉。

2. 淋巴器官

鸭的淋巴器官由胸腺、法氏囊（腔上囊）、脾脏和淋巴结等四大部分组成。

（1）胸腺　鸭的胸腺呈黄色或灰红色，分叶状，从颈前部到胸部沿着颈静脉延伸，位于颈部两侧皮下，每侧一般有 5 叶，为长链状，与细胞免疫有关。在近胸腔入口处，后部胸腺常与甲状腺、甲状旁腺及腮后腺紧密相接，彼此间无结缔组织隔开，幼龄时体积增大，到接近性成熟时达到最高峰，随后逐渐退化，成年时仅留下残迹。

（2）法氏囊　鸭的法氏囊位于泄殖腔背面，是禽类特有的淋巴器官，为柱形盲囊状，与体液免疫有关，当鸭性成熟后法氏囊逐渐退化。

（3）脾脏　脾脏位于腺胃旁，呈三角形，背面平，腹面凹。脾脏呈棕红色，位于与肌胃交界处的右背侧，直径约 1.5cm，重 3 ～ 5g。

（4）淋巴结　淋巴结有两对，颈胸淋巴结位于颈下部胸腔入口处两旁，腰淋巴结位于腰部主动脉两旁。鸭的肠道黏膜固有层或黏膜下层内，具有弥散性淋巴集结，较大的有如下两种：一种是回肠淋巴集结，存在于回肠后段，可见直径约 1cm 的弥散性淋巴团；另一种是盲肠扁桃体，其位于回盲结肠连接部的盲肠基部。

3. 淋巴组织

鸭的许多淋巴组织常分散在消化道（如扁桃体和盲肠扁桃体等）、肝脏和肾脏等器官内。这些均属于外周淋巴器官或次级淋巴器官，不因年龄而萎缩。

（七）运动系统

鸭的运动系统由骨骼和肌肉组成。

1. 骨骼

骨骼是构成机体的支架，供肌肉附着，保护内脏器官。鸭从鸟类进化而来，因此其骨骼具有适于飞翔的特征，轻便而坚固。鸭的许多长骨骨骼为中空结构，形成含气骨。鸭骨骼的又一特征是许多骨愈合成一整体，如颅骨、腰椎骨和骨盆带等，构成整体坚固性。按照功能和位置不同，鸭的骨骼主要分为脊柱、肋骨、胸骨、四肢骨和头骨，其中脊柱又分为颈椎、胸椎、腰椎、荐椎和尾椎等五大部分。

（1）颈椎　为鸭的脊椎中最弯曲、较长的部分。颈能很自由灵活地伸缩及转动，方便捕食、啄食和驱逐体表蚊蝇，并能以喙抵尾部尾脂腺梳理润泽羽毛。鸭、鸡、鹅颈椎数目不等，鸭 14 ～ 16 枚，鸡 13 ～ 14 枚，鹅 17 ～ 18 枚。

（2）胸椎　鸭和鹅的胸椎均有 9 节，鸡 7 节，且大部分相互愈合或与邻近的腰椎互相愈合。

（3）腰椎和荐椎　鸭的腰椎和荐椎分别由 12 节和 15 节椎骨组成，其不仅完全愈合成不能活动的腰荐骨，且与前数枚尾椎、后肢骨盆带相连形成骨盆，保护生殖系统的器官。

（4）尾椎　鸭和鹅的尾椎有 7 ～ 8 节，鸡有 5 ～ 6 节，后几枚尾椎向上弯曲，最后一枚尾椎很发达，形状特殊，称为尾综骨，活动性较大，是尾脂腺和尾羽的支架。

（5）肋骨　鸭的肋骨数目与胸椎数目相同，除第 1、2 对肋和最后 1 对肋不与胸骨相连外，其他各对均与胸骨相连。

（6）胸骨　鸭的胸骨特别发达，长而宽，向后一直延伸到骨盆处，构成胸腔的底壁和腹腔的大部分底壁。胸骨下方正中具有发达的、突出很高且长的龙骨突，以增长胸肌在胸骨上的附着面。胸骨、肋和胸椎一起构成坚固的胸廓，保护心脏、肺脏等重要内脏器官。

（7）四肢骨　鸭的四肢骨相互连接形成关节，在前肢形成肩关节、肘关节、腕关节、指关节，在后肢则形成髋关节、膝关节、胫跖关节和趾关节。鸭的四肢骨由前肢骨和后肢骨组成。

① 前肢骨由肩带骨和翼骨组成，其中，肩带骨包括肩胛骨、乌喙骨和锁骨。鸭的肩胛骨狭长，一端与乌喙骨相连，紧贴于肋的背侧面，和胸椎平行，向后延伸至骨盆。乌喙骨与胸骨相连形成关节，且该骨有一个小孔与锁骨间气囊相通，为含气骨，其下端与胸骨相连。鸭的锁骨为下垂的骨杆状，其上端与肩胛骨、乌喙骨相连，下端则与对侧锁骨融合形成叉骨。鸭的翼骨分三段，第一段为臂骨，为一粗大且略弯的长骨，一端有一个大的气孔与锁骨间气囊相通。第二段为前臂骨，由桡骨和尺骨组成，这两骨平行，其间为前臂骨间隙。第三段为腕骨、掌骨和指骨。

② 鸭的后肢骨由骨盆骨和腿骨组成。鸭的骨盆骨很大，尤其是母鸭。该骨由髂骨、坐骨和耻骨组成。髂骨是其中最大的一个，坐骨较小，耻骨后端略向内弯曲，但两侧耻骨并不相连接，形成开放性骨盆，以便于产蛋。在家禽生产中，常将耻骨间距离大小作为鸭等家禽产蛋性能高低的标志。腿骨包括股骨、小腿骨、膝盖骨、跗跖骨和趾骨。鸭的股骨较小。小腿骨由胫骨和腓骨构成，内侧大的为胫骨，比股骨细长，腓骨大部分已退化。膝盖骨为三角形，位于股骨远端和小腿骨近端的前方。跗跖骨为跗骨和跖骨愈合的结构。

（8）头骨　由颅骨和面骨组成，其中颅骨在早期已愈合为一体，面骨较轻，无齿。上颌各骨联合形成上喙的支架，与颅骨间有活动性，而下颌骨形成下喙。当开张或闭合口腔时，可同时升、降上喙，以使口腔开张更大。

2.肌肉

鸭的肌肉与其他动物一样，其主要功能是运动，鸭的胸肌和大腿部肌肉特别发达，便于行走、划水和飞翔。鸭的皮肌和颈部肌肉也较发达，可使皮肤、羽毛抖动和颈灵活运动。按照其组织形态学特征可分为横纹肌、平滑肌和心肌三种。

横纹肌主要附着在骨骼上，又称为骨骼肌，为可食用的主要部分。平滑肌主要分布在内脏和血管器官组织上。心肌是构成心脏的肌肉。

（八）被皮系统

1. 皮肤

鸭的皮下组织疏松，无皮脂腺，仅在尾部有尾腺。皮肤还形成一些固定的皮肤褶，在鸭趾间形成蹼，用于划水。

2. 羽毛

羽毛是皮肤的衍生物，根据羽毛的形态可分为被羽、绒羽和纤羽。被羽的构造比较典型，有一根羽轴，下段称为羽根，着生在皮肤的羽囊内。上部称为羽茎，两侧具有羽片。绒羽的羽茎较细，羽枝较长，主要起保温作用。纤羽细小，只在羽茎顶部有少数羽枝。

（九）神经、感觉器官和内分泌系统

神经系统活动的基本方式是反射。非条件反射又叫先天性反射，重要的有采食反射和防御反射；条件反射又叫获得性反射，是在非条件反射的基础上，经过训练和培养建立起来的条件反射，其有利于形成饲养管理方面的习惯和秩序。

1. 神经系统

鸭的神经系统分为中枢神经系统和外周神经系统两部分。

（1）中枢神经系统　该系统主要包括脑和脊髓。

① 脑　鸭的大脑半球不发达，无沟回。纹状体明显。小脑蚓部明显，缺半球，有 1 对绒球。脑两侧有发达的视顶盖（中脑丘）。

② 延脑　鸭的延脑宽大向腹侧突出，小脑体部上面形成许多横沟，中脑背侧有一特别发达的视叶，大脑半球表面光滑无脑回，半球前端有一个嗅球。

③ 脊髓　鸭脊髓的结构、形态与哺乳动物相似，其延伸于椎管全长，无马尾，但腰膨大部分明显，呈菱形，内充满胶状质。

（2）外周神经系统　鸭的外周神经系统与哺乳动物相似，亦包括脊神经、脑神经和植物性神经。

① 脊神经　臂神经丛由自颈膨大发出的 4 对脊神经的腹侧支形成。其分支到前肢和胸部肌肉。腰荐部 8 对脊神经的腹侧支形成腰荐神经丛，分布于后肢和盆部。

② 脑神经　鸭的脑神经中三叉神经最发达。副神经有明显的根，但无独立分支。

③ 植物性神经　在鸭的植物性神经中，鸭的交感神经系统中有交感干 1 对。颈部交感干位于横突管内，与椎动脉伴行，与每个经神经交叉处均有一神经节。胸部交感干为双节间支。沿肠的系膜缘有肠神经。副交感神经也分为头、荐两部。但以迷走神经为主。

2. 感觉器官

鸭的眼球占头部比例较大。视网膜后部有梳状体，呈梭形，向玻璃体内伸入毛状突。下眼睑较大。瞬膜（或称第 3 眼睑）明显。有瞬膜肌附着于其下角。鸭的耳无耳郭，在后眼角之后有圆形耳孔，外有耳羽。中耳的耳骨为柱形，直接接前庭窗。内耳的耳蜗不呈螺旋状。鸭的视野广阔，视觉敏锐，但其嗅觉、味觉等感觉器官均不发达。

3. 内分泌系统

鸭的内分泌细胞主要由垂体、松果体、甲状腺、甲状旁腺、肾上腺、胰腺的胰岛、腮

后腺等内分泌腺以及其所产生的激素构成，它们对机体生长发育、繁殖、环境适应等起到非常重要的作用。

（1）垂体　垂体位于脑底部蝶骨上的窝内，垂体柄与第三脑室相通。垂体分前叶和后叶两部分。垂体前叶由腺组织组成，称为腺垂体。腺垂体分泌的激素可以调节促甲状腺素、促肾上腺皮质激素、卵泡刺激素和黄体生成素的分泌，进而影响甲状腺、肾上腺、性腺的活动。以上调节激素的分泌受下丘脑产生的释放激素所控制，由此说明内分泌系统与神经系统又是相互联系的。腺垂体还分泌生长激素以促进鸭的生长。垂体后叶主要由神经组织所组成，称为神经垂体，神经垂体分泌加压素与催产素，控制蛋的产出。

（2）甲状腺　甲状腺位于胸腔入口处气管两旁、颈静脉内侧、最后一叶胸腺的后方，圆形、成对、紫红色，腺体大小因季节、环境温度、营养、年龄及机能状态等不同而有很大差异，其功能正常与否影响鸭的代谢率、羽毛生长和羽毛颜色。

（3）甲状旁腺　甲状旁腺位于甲状腺后端附近，每侧有 2 个。日粮中缺乏维生素 D、光照不足或雌性激素分泌过多时腺体明显增大，但高钙低磷日粮或禁食时可使腺体缩小。甲状旁腺的功能是保持钙在体内的平衡，参与蛋壳形成、肌肉收缩、血液凝固和神经肌肉的调节等。

（4）肾上腺　肾上腺为成对的卵圆形器官，呈橙黄色，公鸭的肾上腺与附睾相连，母鸭左肾上腺与卵巢相连，肾上腺分泌皮质激素和肾上腺素。肾上腺皮质激素参与糖、蛋白质、水分和盐类等物质代谢的调节，以及具有抗炎、抗过敏、抗应激等作用，缺乏时可引起死亡。此外，肾上腺素还具有调节血管舒缩、基础代谢等作用。

（5）腮后腺　鸭的腮后腺位于甲状旁腺的后方，粉红色，成对存在，稍呈椭圆形而微突，其形状很不规则。腮后腺的主要作用是分泌钙素。

二、鸭的生理特点

鸭在动物分类学上属于鸟纲，具有鸟类一般的生物学特性，但它们绝大多数已失去了飞翔能力，随着生态条件的改变和人类的选育，现已出现了多种多样的类型。鸭体形稍扁长，运动灵活，全身覆盖羽毛，怕热耐寒。消化系统较短，饲料被吞食后直接进入食道膨大部，在其内进行软化和暂时储存，腺胃体积较小，食物在腺胃内时间短暂，食物消化主要在肌胃内，肠管比较短，约是体长的 4 ～ 5 倍，消化道内呈酸性。泌尿系统没有膀胱，尿在肾脏中生成后，经输尿管直接输送到泄殖腔，与粪便一起排出，鸭尿一般呈弱酸性，鸭的肾小球结构简单，有效滤过面积小。鸭呼吸系统有气囊，这些气囊与肺脏连接，又和外界空气相通。鸭的血脑屏障在 4 周龄以后才得以发育健全，肌肉发达，收缩能力强（杨端河，2017）。鸭具体的生理特点可总结为以下 5 个方面：

1. 体重增长快

以绍鸭为例，从绍鸭的体重和羽毛生长规律可见，28 日龄以后体重快速增加，42 ～ 44 日龄达到最高峰，56 日龄起逐渐降低，然后趋于平稳增长，至 16 周龄的体重已接近成年体重。

2. 羽毛生长迅速

绍鸭育雏期结束时，雏鸭身上还掩盖着绒毛，棕红色麻羽毛才将要长出。到 42 ～ 44 日龄时胸腹部羽毛已长齐，平整光滑。48 ～ 52 日龄青年鸭已达“三面光”，52 ～ 56 日龄已长出主翼羽，81 ～ 91 日龄蛋鸭腹部已换好第 2 次新羽毛，102 日龄蛋鸭全身羽毛已长齐。

3. 生殖器官发育快

青年鸭到 10 周龄后，在第 2 次换羽期间，卵巢上的滤泡也在快速长大。到 12 周龄后，性器官的发育尤其迅速，有的鸭到 90 日龄时就开始产蛋。为了保证青年鸭骨骼和肌肉的充分生长，必须严格控制青年鸭的性成熟时间，对提高以后的产蛋性能非常必要。

4. 适应性强

青年鸭随着日龄的增长，体温调节能力增强，对外界气温变化的适应能力也随之加强。同时，由于羽毛的着生，御寒能力也逐步加强。因此，青年鸭可以在常温下饲养，饲养设备也较简单，甚至可以露天饲养。青年鸭随着体重的增加，消化器官也随之增大，贮存饲料的容积增大，消化能力增强。此期的青年鸭表现出强杂食性，可以充分利用天然动植物性饲料。

5. 新陈代谢旺盛

鸭与其他家禽一样，新陈代谢十分旺盛，正常体温为 41.5 ～ 43.0℃（表 1-2），心跳次数为 160 ～ 210 次 / 分，呼吸频率为 16 ～ 26 次 / 分，对氧的需要量大。鸭的活动性强，有发达的肌胃，消化能力强，对饥渴比较敏感，因而需要充足的饲料和频繁的饮水。但鸭的消化道较短，消化道内不能分泌消化粗纤维的酶，对粗纤维的消化率很低。所以，应当让鸭充分吃饱，饲料中的粗纤维含量不宜过高。

表 1-2　鸭的正常体温与其他家禽和家畜体温的比较

类别	鸭 /℃	鸡 /℃	鹅 /℃	猪 /℃	马 /℃	牛 /℃	山羊 /℃	绵羊 /℃
体温	42.0	41.5	41.2	39.7	37.8	39.0	40.0	39.9

第二节　鸭的行为特点

掌握鸭的行为特点，对于搞好饲养管理，提高经济效益，具有十分重要的作用。现将其简述如下：

1. 喜水合群

鸭是水禽，喜欢在水中寻食、嬉戏和求偶交配。鸭的趾和蹼组织致密、坚实，在陆地上每分钟能走 45 ～ 50m，在水中每分钟能游 50 ～ 60m。鸭只有在休息和产蛋时，才回到陆地上去。因此，鸭喜欢生活在有水的环境中，但也要求在干燥场所憩息，以保证鸭的健康成长。鸭在野生情况下，天性喜群居和成群飞行，虽经过驯化但家鸭仍表现出很强的合群性，性情温和驯良，很少单独行动，不喜殴斗。因此，鸭适合于大群放牧饲养和圈养，管理也比较容易，便于发展集约化养鸭业。

2. 耐寒怕热

鸭对气候的适应性比较强。在热带和寒带都能生活。但一般说来，它是耐寒而不耐热的。鸭绒羽浓密，保温性能好，具有极强的抗寒能力。此外，鸭的尾脂腺发达，分泌物中含有脂肪、卵磷脂、高级醇等。鸭在梳理羽毛时，经常用喙压迫尾脂腺，挤出分泌物，再用喙涂擦全身羽毛，来润泽羽毛，使羽毛不至于被水所浸润，起到防水御寒的作用。因此即使在寒冬腊月，鸭仍然能在水中活动自如，且保持较高的产蛋率。“春江水暖鸭先知”，待刚过立春，其产蛋率便迅速回升，只要饲料条件好，在日平均气温达10℃左右时，产蛋率能达80%以上。相反，鸭对炎热的适应性较差，到了夏季，它就喜欢较长时间地泡在水里纳凉，通过水进行传导散热，或者在树荫下休息，采食时间减少，采食量下降，因而产蛋量也下降。

3. 鸭喜杂食，消化力强

鸭的颌骨已进化变形，属于平喙型，吃料时多采用铲的方式。鸭没有牙齿，上下喙边的角质板形成锯齿状的横褶，便于水中采食后将泥水滤出，同时有助于适当研磨饲料。需要注意的是，当所饲喂的饲料颗粒过小时，鸭在采食后饮水，会造成粘嘴现象，因此必须注意饲料的颗粒大小。鸭是杂食性动物，食谱范围较广，很少有择食现象，颈长灵活，又有良好的潜水能力，能广泛采食各种动植性食料。“鸭吃三十六螺蛳，七十二草籽”，这句民间谚语说明鸭的食性广，食物种类繁多，容易饲养。鸭可利用的饲料品种比其他家禽广，觅食力强，能采食各种精、粗饲料和青绿饲料，昆虫、蚯蚓、鱼、虾、螺等也都可以作为饲料，同时还善于觅食水生植物及浮游生物。且鸭较喜欢吃小鱼等腥味食物，对螺等贝壳类食物具有特殊的消化力，采食后能提高产蛋量。但鸭的嗅觉、味觉（味蕾数量少）并不发达，对饲料的适口性要求不高，对凡是无酸败和异味的饲料都会无选择地大口吞咽。鸭的食道容积大，能容纳较多、较大的食物，肌胃发达，可借助砂砾较快地磨碎食物。此外，在喂料时，一定要让鸭群中的每只鸭都有充分的吃料位置，否则，将有个别鸭因吃料不足而消瘦。

4. 生长快、性成熟早、繁殖力强

肉用鸭生长发育极快，如北京鸭和樱桃谷鸭饲养到5～6周龄时，体重即可达到3.0kg，满足上市屠宰条件，生长周期短，周转快。鸭性成熟较鸡、鹅早，产蛋鸭饲养120d开产，小型蛋用鸭品种仅饲养90d即可见蛋。同时，公鸭配种能力强，一只蛋用公鸭可配25～30只母鸭，偏爱交配的性癖表现不多，而且交配和产蛋不受季节影响，可以全年性繁殖。母鸭无就巢性（除番鸭外），高产蛋鸭品种如浙江绍鸭，年产蛋可达280～320枚，每只种母鸭每年可提供200～220只雏鸭；肉用种母鸭每年也可提供100～160只雏鸭，这对于大力发展养鸭业无疑是十分有利的。

5. 抗逆性强、易受应激

鸭对不同气候和环境的适应能力较鸡强，从寒带到热带，从沿海到陆地都有鸭群分布，适应范围广，生活力强，对疾病的抵抗力也比鸡强，鸭病比鸡病少。但鸭胆小怕惊动，受到突然惊吓或不良应激，容易导致产蛋减少乃至停产。

6. 反应灵敏，生活规律性强

鸭有较好的反应能力，比较容易接受训练和调教，可以按照人们的需要和自然条件进行训练，形成群各自的生活规律，一天之中的放鸭、收鸭、采食，游水、休息、产蛋等都

有一定的时间，且这种规律一经形成就不易改变。但鸭性急、胆小，容易受惊而高声鸣叫和互相挤压。这种惊恐行为一般在 1 月龄开始出现，雏鸭在该月龄对人、畜及偶然出现的声、光等刺激均有害怕的感觉。有时甚至 1 只鸭因无意弄翻食盆而发出惊叫，其他鸭也会异常惊慌，并迅速拥挤在一起。因此在这个阶段尽可能保持鸭舍的安静，以免因惊恐而使鸭互相践踏，造成损失。人接近鸭群时，也要事先做出鸭熟悉的声音，以免鸭骤然受惊而影响产蛋。同时也要严防猫、狗、老鼠等动物进入鸭舍。

7. 无就巢性

鸭经过长期选育，已经丧失抱孵本能（番鸭除外），这样就增加了产蛋时间，而孵化和育雏则需要人工进行。

8. 夜间产蛋性

禽类大多数都是白天产蛋，而鸭则是夜间产蛋。这一特性为鸭的白天放牧提供方便。夜间，鸭不会在产蛋窝内休息，仅在产蛋前半小时左右进入产蛋窝，产后稍歇即离去，恋蛋性很弱。鸭产蛋一般集中在夜间 12 点至凌晨 3 点，若多数窝被占用，有些鸭就把蛋产于地上，因此鸭舍内产蛋窝位要充足，垫草要勤换。鸭子经过人工长期的选育，大都丧失了抱窝孵化的本能，这样就延长了产蛋时间，提高了总产蛋量。鸭子的孵化和育雏则需要人工进行。

9. 生活节律性

鸭具有良好的条件反射能力，活动节奏表现出极有规律性，放牧、收牧、交配、采食、洗羽、休息和产蛋等生活都有比较固定的时间，而且这种生活节奏一经形成不易改变。如原来日喂 4 次突然改为 3 次，鸭就会感到不习惯，在原来喂第 4 次的时候，会自动群集鸣叫、骚乱；原来的产蛋窝被移动后，鸭会拒绝产蛋或随地产蛋；早晨放牧过早，有的鸭还未产蛋就跟着出牧，当到产蛋时会赶回产蛋窝产蛋。在放牧饲养中，一般是上午以觅食为主，间以浮游和休息；中午和下午以休息为主，间以觅食。通常情况下，产蛋鸭傍晚采食多，非产蛋鸭清晨采食多，这与晚间停食时间长和形成蛋壳需要钙、磷等有密切关系，因此早晚都应多投料。在生产过程中，制定好的饲养管理操作日程不宜轻易改变，确实需要调整时，一定要循序渐进，让鸭群有一个适应的过程。

10. 其他

鸭喜食颗粒饲料，不爱吃过细的饲料和黏性饲料，有先天的辨色能力，喜采食黄色饲料，在多色饲槽中吃料较多，多在蓝色水槽中饮水，鸭喜饮凉水，不喜欢高于体温的水，也不愿饮黏度过大的糖水。

第三节　鸭的生理指标

生理指标是畜禽生长发育规律的总结，是用来衡量畜禽健康状况的标准。生理常数测定项目有体重、颈长、体温、呼吸、心率、红细胞计数、白细胞计数、血红蛋白、血沉、红细胞大小等。鸭的生理指标的正常参考值如表 1-3 ～表 1-6 所示。

表 1-3　浙江 6 月龄麻鸭的生理指标（倪士澄，1981）

项目	公鸭	母鸭
红细胞 /（10^4 个 /mm^3）	292.45±33.65	288.16±38.14
红细胞大小 /μm	11.91×6.19	13.29×7.40
血红蛋白 /（g/100mL）	11.29±1.07	9.72±0.51
白细胞数 /（10^4 个 /mm^3）	1.97±0.62	1.69±0.43
凝血细胞 /（10^4 个 /mm^3）	12.29±2.53	11.65±1.70
淋巴细胞 /%	64.0	76.1
比容 /%	30.38±4.75	40.07±6.89
异嗜性细胞 /%	25.8	13.3
嗜酸性细胞 /%	9.9	10.2
嗜碱性细胞 /%	3.1	3.3
单核细胞 /%	3.7	6.9
呼吸次数 /（次 / 分）	24.8±7.2	25.8±3.2
心率 /（次 / 分）	199.4±18.2	190.0±18.8
肛门温度 /℃	42.1±0.5	42.4±0.4

表 1-4　浙江 6 月龄麻鸭的个体指标（倪士澄，1981）

项目	公鸭	母鸭
体重 /g	1400.00±110.00	1518±122.84
体斜长 /cm	21.02±1.03	20.23±1.14
龙骨长 /cm	11.48±0.53	10.61±0.58
胸深 /cm	6.23±0.37	6.03±0.40
胸宽 /cm	6.03±0.42	5.84±0.37
骨盆宽 /cm	6.15±0.38	5.84±0.37
跖长 /cm	6.07±0.41	5.82±0.42
半潜水长 /cm	48.57±0.97	45.45±1.76
颈长 /cm	22.13±0.91	20.67±1.31
嘴长 /cm	6.30±0.24	5.92±0.28
嘴宽 /cm	2.88±0.12	2.77±0.25

表 1-5　浙江 6 月龄麻鸭屠宰性能指标（倪士澄，1981）

项目	公鸭	母鸭
活重 /g	1350.0±122.0	1431.4±144.4
半净膛 /g	1115.0±114.0	1222.0±131.5

续表

项目	公鸭	母鸭
半净膛率/%	82.6±2.6	84.8±2.6
全净膛/g	1008.0±119.5	1069.0±146.0
全净膛率/%	74.6±3.5	74.0±4.3
血/g	79.3±15.7	70.1±17.7
毛/g	89.0±16.0	70.0±8.2
头/g	79.5±5.5	69.5±2.6
脚/g	39.9±3.0	27.7±2.6
心脏/g	11.2±1.9	11.5±1.1
肺脏/g	12.7±3.0	11.8±1.2
肾脏/g	8.6±1.1	8.1±1.0
脾脏/g	0.7±0.3	1.2±0.3

表1-6 浙江6月龄麻鸭生殖器官和各消化器官指标（倪士澄，1981）

项目	公鸭	母鸭
睾丸重量/g	8.9±4.6	—
卵巢重量/g	—	22.6±17.2
母鸭生殖道长度/cm	—	33.6±14.1
母鸭生殖道重量（不包括卵巢）/g	—	22.5±15.0
食道重量/g	8.1±1.7	7.8±1.4
腺胃重量/g	4.7±1.9	5.7±1.7
肌胃重量/g	38.7±5.0	41.1±9.0
肠重量/g	43.4±7.1	46.5±5.1
肝脏重量/g	27.5±3.2	29.9±5.7
胰腺重量/g	3.7±0.5	3.2±0.9
食道长度/cm	34.4±4.7	30.8±2.0
腺胃长度/cm	6.4±0.3	5.6±0.6
肌胃大小/［长（cm）×宽（cm）］	（5.8±0.28）×（4.6±0.46）	（5.7±0.6）×（4.4±0.6）
十二指肠长度/cm	26.4±1.8	24.3±1.9
空回肠长度/cm	117.7±8.1	122.8±9.1
盲肠长度/cm	24.32±3.3	25.0±1.8
直肠长度/cm	12.6±1.8	12.4±0.7

第四节　鸭的血液生化指标

血液在密闭的心血管系统中流动，由液态的血浆和悬浮于其中的血细胞组成。新鲜鸭血呈鲜红色，不透明，具有一定的黏稠性。

血浆呈黄色透明液体，占总血体积的60%左右，含有白蛋白、纤维蛋白原、免疫球蛋白、酶、激素及代谢产物等。此外，血浆中还含有钠、钾、钙、磷等重要元素。

血液中的细胞主要包括红细胞、白细胞和凝血细胞。家禽的红细胞呈卵圆形，具有较大的细胞核。红细胞的组成主要有血红蛋白、水及构成细胞膜的蛋白质、磷酸、游离胆固醇等。血红蛋白的重要生理作用，在于它能够运输氧和二氧化碳。当血流经肺毛细血管时，血红蛋白就可与肺房中的氧结合，生成氧合血红蛋白。当到达机体组织毛细血管时，它又把氧放出，以供组织细胞之需，同时血红蛋白又可与组织细胞所产生的二氧化碳相结合，将其运送到肺以便呼出体外。血红蛋白还容易与一氧化碳相结合，成为一氧化碳血红蛋白。血红蛋白与一氧化碳的结合较氧高250倍，且结合非常稳固，因此在鸭舍内只要有极少的一氧化碳存在，就可以代替氧气与血红蛋白形成牢固的结合，严重妨碍血红蛋白的运氧工作，所以冬季在圈舍内用煤炉取暖要注意防止鸭的一氧化碳中毒。

血液循环系统中的白细胞比红细胞少得多。白细胞包括嗜酸性细胞、嗜碱性细胞、异嗜性细胞、淋巴细胞和单核细胞。白细胞的主要功能是保护机体不受有害因子的侵害，当机体内侵入有害的细菌和异物时，白细胞即可捕获并消灭它们，鸭的许多疾病都会使血浆成分和血细胞数发生变化。尤其在感染细菌性传染病时，将会引起白细胞数目增多：患病毒性传染病时，白细胞尤其是嗜中性白细胞数量减少。

鸭与哺乳动物不同，没有血小板而有椭圆形的有核细胞，称凝血细胞。该细胞与禽类红细胞形态相似，差别在于凝血细胞比红细胞小，胞质嗜碱性，其中含少量颗粒，其在血液中的含量约为（2.0～10.0）$\times 10^4$ 个 /mm^3。

血液在家禽体内承担运输作用，将肝和消化道吸收的营养物质运送到组织中，把组织代谢产生的废物运送到排泄器官，同时将氧从肺部运至组织中把组织代谢产生的二氧化碳从机体组织中运送到肺脏，排出体外；此外，血液还能调节机体组织中的水含量，并转运由内分泌腺所产生的激素，积极参与机体新陈代谢。

鸭的血液生化指标如表1-7～表1-9所示（陈琼，2014）：

表1-7　1～3月龄和4～6月龄绿头鸭血清蛋白指标

月龄	TP/(g/L)	ALB/(g/L)	GLO/(g/L)	A/G
1～3	41.58±7.24	17.60±2.89	25.09±2.78	0.72±0.22
4～6	41.67±5.77	17.46±3.04	24.16±4.15	0.75±0.13

注：TP—血液总蛋白；ALB—血清白蛋白；GLO—血清球蛋白；A/G—血清白蛋白/血清球蛋白。

表1-8　1～3月龄和4～6月龄绿头鸭血清酶指标

月龄	LDH/（U/L）	AKP/（U/L）	ALT/（U/L）	AST/（U/L）	CK/（U/L）	AMY/（U/L）
1～3	366.77±206.23	147.67±99.44	47.25±226.57	55.33±17.18	803.22±259.45	1425.78±375.98
4～6	382.50±132.98	134.57±54.88	53.57±26.41	47.58±13.40	656.44±252.56	1394.77±362.86

注：LDH—乳酸脱氢酶；AKP—碱性磷酸酶；ALT—谷丙转氨酶；AST—谷草转氨酶；CK—肌酸激酶；AMY—淀粉酶。

表1-9　1～3月龄和4～6月龄绿头鸭血清糖、脂类、蛋白质代谢产物指标

月龄	GLU /（mmol/L）	TG /（mmol/L）	CRE /（μmol/L）	UA /（μmol/L）	CHO /（μmol/L）	LDL-C /（μmol/L）	HDL-C /（mmol/L）
1～3	11.27±3.20	3.11±1.50	21.87±8.67	703.33±205.46	7.69±1.73	1.08±0.07	3.97±0.24
4～6	11.06±3.51	2.03±1.75	21.33±8.79	551.39±245.22	6.23±1.38	0.73±0.07	3.80±0.11

注：GLU—葡萄糖；TG—甘油三酯；CRE—肌酐；UA—尿酸；CHO—总胆固醇；LDL-C—低密度脂蛋白；HDL-C—高密度脂蛋白。

第二章　鸭病综合防控措施

随着养鸭业集约化、规模化的不断发展，鸭病已成为阻碍养鸭业健康发展的重要因素。鸭病一旦发生常造成鸭的死亡率、淘汰率升高，产蛋率及孵化率下降，给养鸭业造成严重的损失。所以，必须建立鸭场的生物安全体系，制定综合防控措施，保障鸭的健康，提高养鸭业的经济效益。

第一节　鸭场的选址与建设

一、鸭场的选址

鸭场的地理位置对控制疫病传播有很大作用，鸭场应建立在地势高燥、采光充分、易排水、隔离条件良好的区域。交通便利，但要远离交通要道，且与其他家禽生产基地分开，其间距离应在3km以上，与其他的配套场区之间也应该保持一定距离，即种鸭场、孵化场、商品鸭场各自独立，各场间距不得少于1km。鸭场周围3km内无大型化工厂、矿场，1km以内无屠宰场、肉食品加工厂或其他畜牧场等污染源。鸭场距离主要公路、学校、医院、乡镇居民区等设施至少1km以上，距离村庄至少500m以上。鸭场周围有围墙或防疫沟，并建立绿化隔离带（图2-1）。禁止在饮用水水源保护区、风景名胜区、自然保护区的核心区和缓冲区、城镇居民区、文化教育科学研究区等人口集中区域建立养鸭场。

图2-1　种鸭场外貌

二、鸭场布局与建设

1. 鸭场的布局

鸭场的布局分区要根据场区的自然条件、地势地形、主导风向和交通道路的具体情况而定。总的原则是布局要科学，规划要合理。要做到各区域功能清晰，分区集中。大小鸭群饲养一定要分区，尤其要做到全进全出。鸭场一般可分为办公区、生活区、生产区和隔离区，各区既要相互联系，又要严格划分。生产区应建在生活区的下风向，隔离区应在生产区和生活区的下风向或侧风向。各区之间应保持一定的距离，并在中间种植花草，设置绿化地带（图 2-2 ～图 2-7）。

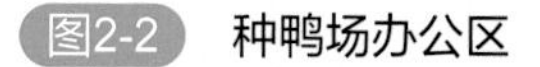
图2-2 种鸭场办公区

图2-3 种鸭场生产区（一）

图2-4 种鸭场生产区（二）

图2-5 商品鸭场生产区（一）

图2-6 商品鸭场生产区（二）

图2-7 商品鸭场生产区（三）

合理设计场内道路。道路是场区之间、建筑物与设施、场内与场外联系的纽带，场内道路应净、污分道，净道用于运输活鸭、饲料、产品，物品一般只进不出，运输粪便车和病死鸭处理走污道，两道互不交叉，出入口分开（图 2-8，图 2-9）。场区道路要硬化，道路两旁设排水沟，沟底硬化，不积水，有一定坡度，排水方向从清洁区向污染区。

图2-8 种鸭场净道

图2-9 种鸭场污道

2. 鸭场的建设

鸭舍墙体坚固，内墙壁表面平整光滑，墙面不易脱落、耐磨损、耐腐蚀，不含有毒物质。舍内建筑结构应利于通风换气，鸭舍最好为混凝土结构，防止啮齿动物打洞进入鸭舍；不得留有任何飞鸟或野生动物进入鸭舍的方便之处；鸭舍周围3m应铺设水泥地面，防止鼠类进入鸭舍；舍间距应保持20m以上，舍间尽量设1～1.5m的防疫沟；如饲养不同日龄的鸭群，则舍间距至少100m以上。鸭舍周围15m的地方都应清理平整。鸭舍宽度通常为8～10m，长度视需要而定，一般不超过120m，内部分隔多采用矮墙或低隔网栅，基本要求是冬暖夏凉、空气流通、光照充足，便于饲养管理，容易消毒和经济耐用。

鸭场大门、生产区入口要建宽于门口、长于车轮一周半的消毒池（图2-10，图2-11）。车间入口建宽于门口、长1.5m的消毒池。生产区门口还必须建更衣消毒室和淋浴室，要设强制淋浴装置。

为了更好地控制疫病传播，在建场时应同步建设完善的配套设施，如沐浴消毒室、洗衣房、冲洗间、冲洗台、熏蒸房、紫外线消毒房、料库、蛋库、工具库、杂物库等设施。

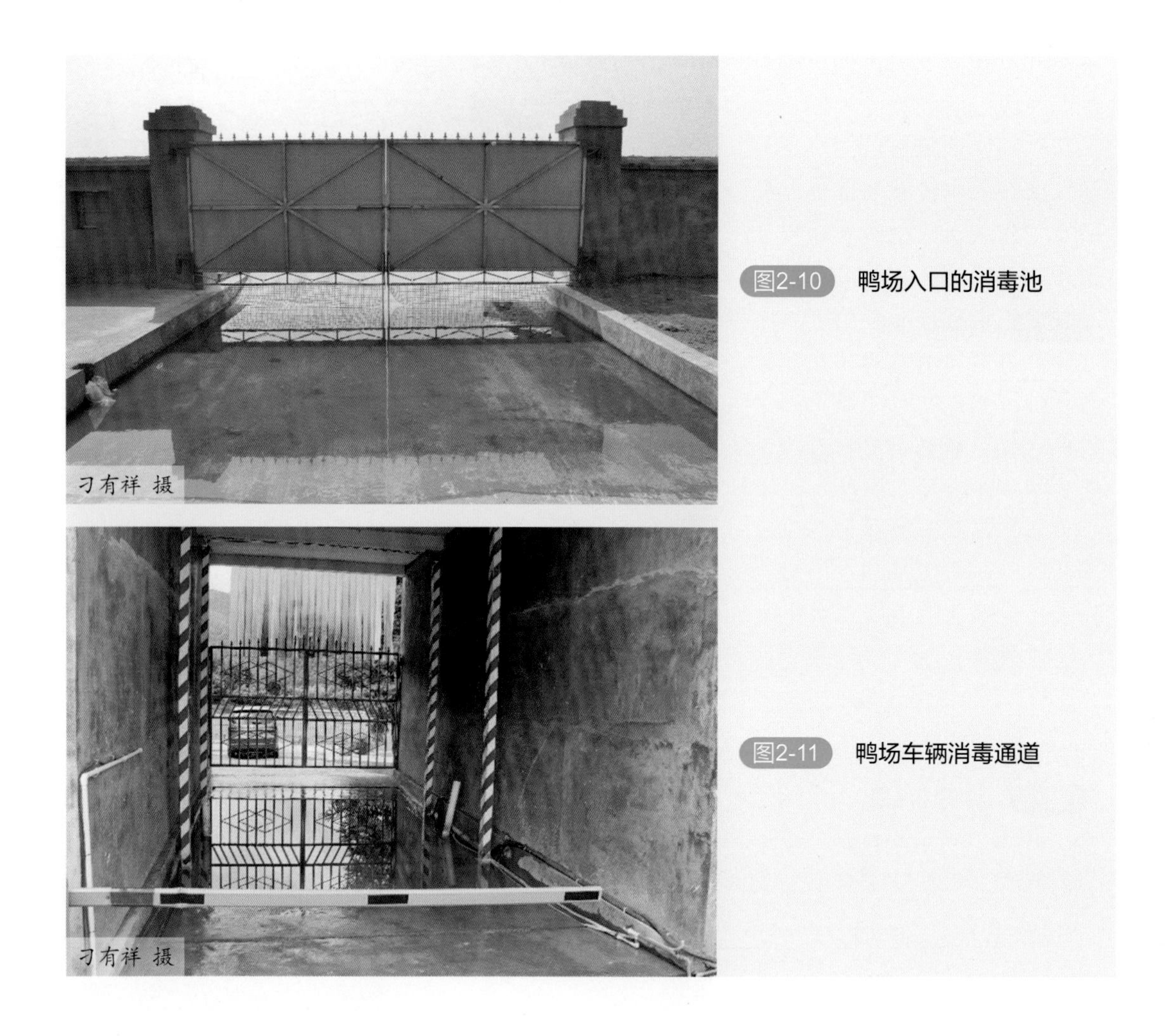

图2-10 鸭场入口的消毒池

图2-11 鸭场车辆消毒通道

第二节 鸭场的卫生与消毒

一、鸭场卫生

（1）要建立具体的兽医防疫制度，明文张贴，由主管兽医负责监督执行。还要制定全年工作日程安排、饲养和防疫操作规程，建立鸭场日记等各项记录和疫情报告制度。

（2）场区内卫生要求　场区内无杂草、无垃圾，不准堆放杂物，每月用2%的热火碱水泼洒场区地面3次，生活区的各个区域要求整洁卫生，每月消毒2次。

（3）严格人员管理　人是鸭病传播中最大的潜在危险因素，是最难防范和极易忽略的传播媒介，人员流动的管理是最困难的，所以一定要高度重视人在鸭病传播中的影响和作用，防止因人员流动带来的危害，全部生产安排、全体人员的活动都应服从生物安全要求，减少病原体及其媒介同禽接触的可能性。鸭场入口要设立警示标志，闲人免进（图2-12），未经许可任何人不得进入场内，更不能进入生产区。外来人员不能携带任何有可能对场内生产造成威胁的物品进场，如其他畜产品、家禽等。非生产人员不得进入生产区，维修人员需经严格的消毒后方可进入。严把入口关，在鸭场入口、生产区入口、鸭舍入口、配料间入口，都应设有消毒更衣设施，制定详细的规章制度并严格贯彻实施。凡进入生产区的所有工作人员，必须事先登记，并在污染室内脱净衣物鞋帽（包括内衣内裤），放入指定柜子，然后进入淋浴室用香皂、洗发液彻底洗澡淋浴 5 ～ 7min，再到清洁更衣室，换上经过清洗消毒过的专用工作服和工作靴，方可进入生产区。鸭舍门口设脚踏消毒池或消毒盆，消毒液每天更换 1 次。工作人员进入鸭舍必须洗手、脚踏消毒液（图 2-13）。工作服必须统一式样并有明显标志，生产区穿戴的衣、靴、帽均不得穿出生产区，用后洗净，并用 28mL/m^3 福尔马林熏蒸消毒。不同鸭舍的饲养员之间不应串舍，不同功能区人员尽量避免流动。兽医等主管人员进入各类鸭舍时，一定要按饲养日龄由小到大走访。

（4）饲养人员远离外界禽群，禁止携带与饲养家禽有关的物品进入场区，尤其禁止家禽及其产品进入场内，搞好个人环境卫生，定期进行健康检查，经常进行生物安全培训。提高防范疾病的卫生意识，对人员流动要做好详细的登记、统计、记录，并作为档案保留一定时间。

图2-12 鸭场入口的警示标志

图2-13 鸭舍门口的消毒盆和洗手盆

（5）严格物品管理。生产区的所有工具、用具、设备，以及固定在生产区穿着使用的衣、被、鞋、帽、蚊帐、席子等一切物品，严禁带出生产区；因工作和生产安排必须运出生产区的，则应经过严格消毒后方能送回生产区。生产区外的一切物品不得擅自带进生产区内。物品及工具应清洗和消毒，防止在物品流通环节中交叉感染，携带入舍的器具和设备都会携带潜在的病原，所有进入生产区的物品均应采用喷雾消毒，外包装不得带入鸭舍，对不宜应用喷洒、浸泡等方法消毒的物品，一律进行 3 倍量甲醛熏蒸消毒或紫外线消毒。场内公用蛋箱、孵化箱、饲料车若受污染就会波及全场，所以场内应对各类专用车、舍内各种工具专门固定，有专门房间存放，便于集中清洗和消毒，严禁串用，进入鸭舍的用具必须消毒后方可入舍。严禁任何非本场机动车进入场区，种蛋运输车辆禁止出场，并每天严格消毒。凡进入场区的机动车，必须由专人进行严格的冲洗消毒，运送鸭苗的车辆在回场之前，需进行全车冲洗消毒。

（6）坚持“全进全出”的饲养管理制度　一个鸭场要饲养同一个日龄的鸭，经一段时间饲养后同一天出栏，经彻底清洗、消毒，再饲养下一批鸭。在一栋鸭舍内不得饲养不同日龄的鸭。

（7）鸭场不要大量栽种树木，防止野鸟群集或筑巢，定期开展灭鼠、灭蚊蝇和灭蟑螂工作。

二、鸭舍的卫生

（1）加强饲养管理，提高鸭的抵抗力，注意观察鸭群健康状况，留心观察鸭群的状态，尤其是要注意饮水量、采食量、粪便、羽毛的异常，呼吸及步态的异常，鸭的分布等情况。做好疫病监测和疫苗接种、药物防治工作。

（2）每天坚持打扫舍内外卫生，保持水槽（水线）、料槽、用具和地面清洁，在进雏前，成鸭出售、转群后，鸭舍及用具要进行彻底消毒，并应空闲至少 10 ～ 14d 后再启用。

（3）保持鸭舍空气新鲜，按时通风换气，保持适宜的光照强度和温、湿度。

（4）鸭舍进鸭前都必须认真消毒。首先将粪便清除，然后用清水将墙壁、地面、屋顶、笼网和其他设备全部彻底冲洗干净，经检查无残渣，再用 2% 火碱水或过氧乙酸喷洒消毒（笼具用火焰消毒），最后用 28mL/m^3 福尔马林熏蒸消毒，封闭半个月，进鸭前要通风换气 1d，立即进雏，严防再污染。

（5）新购入垫料使用前应进行熏蒸消毒，防止细菌和霉菌等污染。

（6）根据鸭的生长发育和生产需要提供适宜的全价饲料，特别对蛋白质、维生素、微量元素，更要随时注意调整，勿使缺乏。注意检查饲料品质，切勿饲喂霉变饲料，夏季高温、高湿天气几天就会发霉，应特别注意。

（7）建立健全各种记录，及时、准确、真实的记录不但有助于饲养管理经验的总结和成本核算，而且是分析和解决鸭病防治问题的可靠依据。

三、鸭场的消毒

消毒是指用物理、化学、生物的方法杀灭或者消除环境中的病原微生物。消毒是鸭病综合防控工作中的重要环节，是清除、杀灭鸭体表及其生存环境中病原微生物及其他有害微生物的重要手段，是贯彻“预防为主”方针的关键措施之一。消毒可以阻止外部病原微生物侵害鸭体和有效地消灭散播于环境、体表及工具上的病原体，维持鸭舍环境的清洁，切断传染途径，有效地预防和控制鸭病的发生、传播和蔓延，因此，消毒成为规模化鸭场综合性防疫措施中关键的环节，也是保障鸭群健康及产品质量安全和人们食品卫生、生命健康安全最重要和行之有效的办法。

根据消毒的目的不同，可以把消毒分为预防性消毒、应急消毒和终末消毒。预防性消毒是在正常情况下，为了预防鸭传染病的发生所进行的定期消毒。对鸭舍、场地、用具和饮水等进行常规的定期消毒，一般每隔 1 ～ 2 周 1 次。应急消毒是在疫情发生期间，对鸭舍、场地、排泄物、分泌物及污染的场所、用具等进行的消毒，每天 1 次或隔 2 ～ 3d 1 次。终末消毒是在传染病扑灭后，为消灭可能残留于疫区内的病原体所进行的全面消毒。

根据消毒的方法不同，可分为物理消毒法、化学消毒法及生物消毒法。

1. 物理消毒法

是利用物理因素作用于病原微生物，将其杀灭或清除的方法。物理消毒法按其在消毒中的作用，可分为 4 类：

（1）机械性消除　用机械的方法，如清扫、冲洗、洗擦、通风等手段达到清除病原体的目的，是最常用的一种消毒方法，也是日常卫生工作之一。机械清除并不能杀灭病原体，但可使环境中病原体的数量大大减少，这种方法简单易行，而且使环境清洁、舒适。从病鸭体内排出的病原体，无论是呼吸、甩头排出的，还是从分泌物、排泄物及其他途径排泄出的，一般都不会单独存在，而是附着于尘土及各种污物上，通过机械清除，环境内的病原体会大大减少。为了达到彻底杀灭病原体的目的，必须把清扫出来的污物及时进行掩埋、焚烧或喷洒消毒药物。机械清除物体表面微生物，可结合日常卫生清扫工作进行，清扫时，为防止微生物随尘土飞扬，以湿性清扫法为宜。

鸭舍适当的通风，不但可以保持空气新鲜，而且也能减少舍内病原体的数量。因此，采取各种方法使鸭舍保持适度的通风，是保持鸭群健康的一项重要措施。

（2）煮沸　煮沸消毒是一种经济方便、应用广泛、效果良好的消毒法。不需要特殊设备即可进行。煮沸法杀灭繁殖型细菌与病毒效果好，对芽胞作用较小。一般细菌在 100℃开水中 3 ～ 5min 即可被杀死，煮沸 2h 以上，可以杀死一切传染病的病原体。如能在水中加入 0.5% 火碱或 1% ～ 2% 小苏打，可加速蛋白质、脂肪的溶解脱落，并提高沸点，从而增加消毒效果。金属器械、注射器、玻璃制品等可用煮沸消毒。煮沸法不适用于芽胞污染物品的消毒。

（3）高压蒸汽灭菌　蒸汽具有较强的渗透力，高温的蒸汽透入菌体，使菌体蛋白变性凝固，微生物因之死亡。高压蒸汽消毒为养殖场常用的物理消毒方法，消毒效果可靠、经济、快速，灭菌后无残留。121℃灭菌时间为30min，126℃为20min，一般压力为1kgf/cm^2，20～30min，即可达到消毒效果。可用于金属器械、注射器、玻璃制品、工作服等的消毒。

（4）紫外线消毒　紫外线杀菌消毒是利用适当波长的紫外线能够破坏微生物机体细胞中的DNA或RNA的分子结构，造成生长性细胞死亡和（或）再生性细胞死亡，达到杀菌消毒的效果。紫外线对一般细菌、病毒均有杀灭作用，革兰阴性菌最敏感，其次为革兰阳性菌，但结核杆菌却有较强抵抗力，一般紫外线消毒对细菌芽胞无效。紫外灯消毒主要用于空气和物体表面的消毒。其消毒效果取决于细菌的耐受性、紫外线的密度和照射时间。真菌和芽胞的耐受力显著强于繁殖体。紫外线以直射式效果较好，无菌室1～2h即达到消毒目的。此外，消毒效果受到环境条件影响，温度在10～55℃时，灭菌效果较好，4℃以下时则没有或丧失灭菌作用；相对湿度在45%～65%时，照射3～4h，可使空气中的细菌总数减少80%以上。紫外线广泛用于室内空气、实验室消毒等（图2-14）。灯管距地面约2.0～2.5m高。每10～15cm^{2}面积可设30瓦灯管一个，最好每照射2h后，间歇1h后再照，以免臭氧浓度过高。紫外线禁用于人的消毒。

2.化学消毒法

化学消毒法是指用化学药物将病原微生物杀死或使其失去活性。能够用于这种目的的化学药物称为消毒剂。理想的消毒剂应对病原微生物的杀灭作用强大，广谱高效；使用浓度低、作用速度快；性质稳定；易溶于水；不易受有机物、酸、碱及其他物理、化学等因素的影响；对物品无腐蚀性；无色、无味、消毒后易于除去残留药物，对人、家禽的毒性很小或无。

（1）化学消毒剂的种类　化学消毒剂包括多种碱类、酸类、氧化剂、酚类、醇类、卤素类、挥发性烷化剂等。

① 碱类：碱类消毒剂常用的有苛性钠、苛性钾、石灰等。碱类消毒剂的作用强度取决于碱溶液中OH^-浓度，浓度越高，杀菌力越强。高浓度的OH^-能水解蛋白质和核酸，使细菌酶系统和细胞结构受损害。碱还能抑制细菌的正常代谢机能，分解菌体中的糖类，使菌体死亡。碱对病毒有强大的杀灭作用，可用于病毒性传染病的消毒，也有较强的杀菌作用，对革兰阴性菌比阳性菌有效，高浓度碱液也可杀灭芽胞。

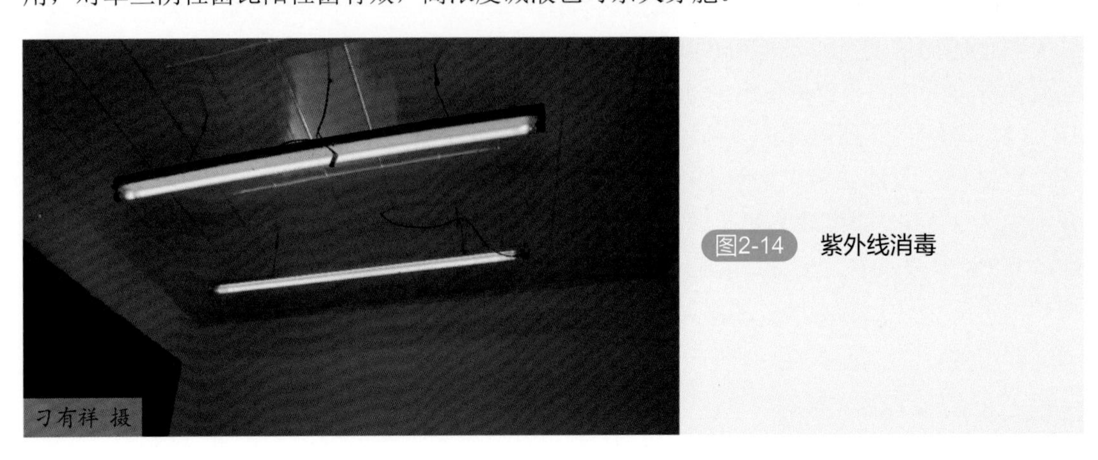

图2-14　紫外线消毒

由于碱能腐蚀有机组织，操作时要注意不要用手接触，佩戴防护眼镜、手套，穿工作服，如不慎溅到皮肤上或眼里，应迅速用大量清水冲洗。碱类消毒剂不能用于金属笼具的消毒，为避免失效宜现配现用。

氢氧化钠：也称苛性钠或火碱，2% ～ 4% 的溶液可杀死病毒和繁殖体，常用于鸭舍及用具的消毒，加入 10% 的食盐可增强杀灭芽胞的效果。本品对金属物品有腐蚀作用，消毒完毕必须及时用水冲洗干净，对皮肤和黏膜有刺激性，应避免直接接触人、家禽。用氢氧化钠消毒时常将溶液加热，热并不增加氢氧化钠的消毒力，但可增强去污能力，而且热本身就是消毒因素。

石灰：石灰是价廉易得的良好消毒剂，使用时应加水使生成具有杀菌作用的氢氧化钙。石灰的消毒作用不强，1% 石灰水在数小时内可杀死普通繁殖型细菌，3% 石灰水经 1h 可杀死沙门菌。

生产中，常用 20 份石灰加水 100 份配成 20% 的石灰乳，涂刷墙壁、地面，或直接加石灰于被消毒的液体中，撒在阴湿地面、粪池周围及污水沟等处进行消毒，消毒粪便可加等量 2% 石灰乳，使接触至少 2h。石灰必须在有水分的情况下才会游离出 OH^- 发挥消毒作用，干石灰无消毒作用。在鸭场、鸭舍门口、消毒池、运动场放石灰干粉并不能起消毒鞋底的作用，相反由于人的走动或大风天气，使石灰粉尘飞扬，当石灰粉吸入鸭呼吸道或溅入眼内后，石灰遇水生成氢氧化钙而腐蚀黏膜组织和爪子，引起鸭群气喘、甩鼻、红眼病和爪子肿胀（图 2-15 ～图 2-18）。较为合理的应用方法是在门口放浸透 20% 石灰乳的麻袋片，饲养管理人员进入鸭舍时，从麻袋片上通过。石灰可以从空气中吸收 CO_2，生成碳酸钙，所以不宜久存，石灰乳也应现用现配。

② 氧化剂　氧化剂是使其他物质失去电子而自身得到电子，或供氧而使其他物质氧化的物质。氧化剂可通过氧化反应达到杀菌目的，其原理是氧化剂直接与菌体或酶蛋白中的氨基、羧基等发生反应而损伤细胞结构，或使病原体酪蛋白中—SH 氧化变为—S-S—而抑制代谢机能，病原体因而死亡。或通过氧化作用破坏细菌代谢所必需的成分，使代谢失去平衡而使细菌死亡。也可通过氧化反应，加速代谢过程、损害细菌的生长过程，而使细菌死亡。常用的氧化剂类消毒剂有高锰酸钾、过氧乙酸、过氧化氢等。

图2-15　鸭场消毒池撒的干石灰

刁有祥 摄

图2-16 鸭舍运动场撒的干石灰（一）

图2-17 鸭舍运动场撒的干石灰（二）

图2-18 鸭舍地面铺的石灰

高锰酸钾：为强氧化剂，紫红色晶体，可溶于水，水溶液呈紫红色。高锰酸钾遇有机物、加热、加酸或碱均能放出活性氧，具有杀菌、除臭、解毒作用。其抗菌作用较强，但有有机物存在时作用显著减弱。在发生氧化反应时，本身还原成棕色的MnO_2，并可与蛋白质结合成蛋白盐类复合物，因此在低浓度时有收敛作用，高浓度时有刺激和腐蚀作用。

高锰酸钾对各种微生物的敏感性差异较大，0.1%的浓度能杀死多数细菌的繁殖体，2%～5%溶液在24h内能杀灭芽胞，在酸性溶液中，它的杀菌作用更强。如含1%高锰酸钾和1.1%盐酸的水溶液能在30秒钟内杀灭芽胞。本品水溶液不稳定，遇日光发生分解，生成二氧化锰，灰黑色沉淀并附着于器皿上。由于高锰酸钾分解放出氧气的速度慢，浸泡时间一定要达到5min才能杀死细菌。配制水溶液要用凉开水，热水会使其分解失效。配制好的水溶液通常只能保存2h左右，当溶液变成褐紫色时则失去消毒作用。故最好能随用随配。本品有刺激、腐蚀性。

过氧化物具有强氧化能力，对各种微生物均有较好的杀灭效果。这类消毒剂包括过氧化氢（30%～90%不等）、过氧乙酸（18%～20%）、二氧化氯和臭氧等。它们的优点是消毒后在物品上不留残余毒性，但由于化学性质不稳定，需现用现配，使用不方便，且因其氧化能力强，高浓度时可刺激、损害皮肤黏膜，腐蚀物品。

过氧乙酸：又名过醋酸，是强氧化剂，纯品为无色澄明的液体，易溶于水，性质不稳定。过氧乙酸是广谱高效杀菌剂，作用快而强。它能杀死细菌、霉菌、芽胞及病毒，0.05%的溶液2～5min可杀死金黄色葡萄球菌、沙门菌、大肠杆菌等一般细菌，1%的溶液10min可杀灭芽胞，在低温下它仍有杀菌和杀灭芽胞的能力。其高浓度溶液遇热（60℃以上）即强烈分解，能引起爆炸，20%以下的低浓度溶液无此危险。市售成品一般为20%，盛装在塑料瓶中，须密闭避光贮藏在低温处（3～4℃），有效期为半年，过期含量降低。它的稀释液仅保持药效数天，应现用现配，配制溶液时应以实际含量计算，例如配0.1%的消毒液，可在995mL水中加20%的过氧乙酸5mL即成。过氧乙酸的原液对家禽的皮肤和金属有腐蚀性，稀溶液对呼吸道、眼结膜有刺激性，对有色纺织品有漂白作用。在生产中，可用0.1%～0.2%溶液浸泡耐腐蚀的玻璃、塑料、白色工作服，浸泡时间120min。或用0.1%～0.5%的溶液以喷雾器喷雾，覆盖消毒物品表面，喷雾时消毒人员应戴防护眼镜、手套和口罩，喷后密闭门窗1～2h。也可用3%～5%溶液加热熏蒸，每立方米空间用过氧乙酸1～3g，熏蒸后密闭门窗1～2h。熏蒸和喷雾的效果与空气的相对湿度有关，相对湿度以60%～80%为好，若湿度不够可喷水增加湿度。

二氧化氯：无色、无臭、性质稳定。其杀菌作用主要是通过渗入细菌及其他微生物细胞内，与细菌及其他微生物蛋白质中的部分氨基酸发生氧化还原反应，使氨基酸分解破坏，进而控制微生物蛋白质合成，最终导致细菌死亡。同时，对细胞壁有较好吸附和透过性能，可有效地氧化细胞内含巯基的酶。除对一般细菌有杀死作用外，对芽胞、病毒、藻类、硫酸盐还原菌和真菌等均有很好的杀灭作用。二氧化氯对病毒的灭活作用在于其能迅速地对病毒衣壳上的蛋白质中的酪氨酸起破坏作用，从而抑制了病毒的特异性吸附，阻止了对宿主细胞的感染。二氧化氯杀菌效率高、杀菌谱广、作用速度快、持续时间长、剂量小、反应产物无残留、无致癌性，对人无毒，被世界卫生组织列为A级安全消毒剂。广泛用于禽舍消毒、水质净化、除臭、防霉等方面。二氧化氯用于物品表面消毒，浓度为500mg/m^3，作用 30min。

臭氧：溶于水时杀菌作用更为明显，常用于水的消毒、空气消毒。臭氧以氧原子的氧化作用破坏微生物膜的结构，以实现杀菌作用，对细菌的灭活反应进行得迅速。臭氧能与细菌细胞壁脂类的双键反应，穿入菌体内部，作用于蛋白质和脂多糖，改变细胞的通透性，从而导致细菌死亡。臭氧还作用于细胞内的碱基（如核酸中的嘌呤和嘧啶）而破坏 DNA。臭氧首先作用于细胞膜，使膜构成成分受损伤，而导致新陈代谢障碍，臭氧继续渗透穿透膜，而破坏膜内脂蛋白和脂多糖，改变细胞的通透性，导致细胞崩解、死亡。饮用水消毒时加入臭氧量为0.5～1.5mg/L，水中余臭氧量0.1～0.5mg/L，维持10min可达到消毒要求，在水质较差时，应增加臭氧加入量，3～6mg/L。

过氧化氢：是一种强氧化剂，可有效杀灭细菌、真菌、芽胞等，对大肠杆菌、金黄色葡萄球菌、白色念珠菌等作用明显。主要用于物体表面、环境、工具和设备等的杀菌消毒。本产品稀释液易分解，消毒剂需现用现配。对金属制品有腐蚀作用，应慎用；对纺织物有漂白作用，有色织物应慎用；盛放容器应为塑料、玻璃等耐腐蚀容器。

过硫酸氢钾：过硫酸氢钾与过氧乙酸极其相似，过氧键分别与硫原子、碳原子连接，过硫酸氢钾是无机物，其消毒有效成分是单过硫酸根离子，它可将微生物的蛋白质氧化，导致微生物死亡。单过硫酸氢钾是中性盐，其水溶液的酸性是由于复合盐中硫酸氢钾溶解产生氢离子造成的。但是过硫酸氢钾在酸性条件下稳定性要远远好于中性条件下，在碱性条件下则会快速分解。复配后的过硫酸氢钾复合盐，是将氯化钠、有机酸与单过硫酸氢钾复配制成的单过硫酸氢钾复合盐消毒剂，在水溶液中，利用单过硫酸氢钾特殊的氧化能力，在水中经过链式反应连续产生次氯酸、新生态氧，氧化和氯化病原体，干扰病原体的 DNA 和 RNA 合成，使病原体的蛋白质凝固变性，进而干扰病原体酶系统的活性，影响其代谢，增加细胞膜的通透性，造成酶和营养物质流失、病原体溶解破裂，进而杀灭病原体。

另外，新生态氧、次氯酸、自由羟基三者均可以同时杀灭微生物，故溶解后达到了最大限度的协同杀菌作用，所以单过硫酸氢钾复合盐的杀菌相比其他成分的消毒剂要优秀得多。同时在杀灭微生物后放出的氯化物又会被过硫酸氢钾的活性氧氧化为次氯酸和自由羟基，持久地发生作用。所以过硫酸氢钾复合盐在消毒功能上具有高效、广谱、快速、持久、安全的特点。

③ 卤素类：卤素类消毒剂包括氟、氯、溴、碘、砹 5 种元素以及它们与碱性金属离子（镁离子、钙离子等）形成的化合物（盐类）。卤素和易放出卤素的化合物均具有强大的杀菌能力。卤素的化学性质很活泼，对菌体细胞原生质及其他某些物质有高度亲和力，易渗入细胞与原浆蛋白的氨基或其他基团相结合，或氧化其活性基因，而使有机体分解或丧失功能，呈现杀菌能力。在卤素中氟、氯的杀菌力最强，其次为溴、碘。

氯与含氯化合物：氯是气体，有强大的杀菌作用，这种作用是由于氯化作用引起菌体破坏或膜的通透性改变，或由于氧化作用抑制各种含巯基的酶类或其他对氧化作用敏感的酶类，引起细菌死亡。它还能抑制醇醛缩合酶而阻止菌体葡萄糖的氧化，水中含 0.0002% 浓度的氯即能杀灭大肠杆菌。由于氯是气体，其溶液不稳定，杀菌作用不持久，应用很不方便，因此在实际应用中均使用能释放出游离氯的含氯化合物，在含氯化合物中最重要的是含氯石灰及二氯异氰尿酸盐。

含氯石灰：又名漂白粉，为消毒工作中应用最广的含氯化合物，化学成分较复杂，主要是次氯酸钙。新鲜漂白粉含有效氯 25% ～ 36%，但漂白粉有亲水性，易从空气中吸湿而成盐，使有效氯散失，所以保存时应装于密闭、干燥的容器中，即使在妥善保存的情况下，有效氯每月约要散失 1% ～ 2%。由于杀菌作用与有效氯含量密切相关，当有效氯低于 16% 时不宜用于消毒，因此在使用漂白粉之前，应测定其有效氯含量。

漂白粉呈灰白色粉末状，有氯臭，难溶于水，易吸潮分解，宜放在密闭、干燥处储存。杀菌作用快而强，价廉而有效，广泛应用于栏舍、地面、粪池、排泄物、车辆、饮水等的消毒。饮水消毒可在 1000kg 水中加 6 ～ 10g 漂白粉，10 ～ 30min 后即可饮用；地面和路面可撒干粉再洒水；粪便和污水可按 1∶5 的用量，一边搅拌，一边加入漂白粉。漂白粉对金属有腐蚀作用，不能用作金属笼具的消毒。

漂白精片：以氯通入石灰浆而制得，含有效氯 60% ～ 70%，一般以 $Ca(OCl)_2$ 来表示其成分，性质较稳定，使用时应按有效氯比例减量，一片约可消毒饮水 60kg，0.2% 的溶液喷雾，可作空气消毒。对新城疫、禽流感病毒很有效，消毒作用能维持半小时，甚至 2h 后仍有作用。

次氯酸钠溶液：用漂白粉、碳酸钠加水配制而成，为澄清微黄的水溶液，含 5%NaOCl，性质不稳定，见光易分解，有强大的杀菌作用，常用于水、鸭舍、水槽、料槽的消毒，也可用于冷藏加工厂家禽胴体的消毒。

二氯异氰尿酸钠：其纯品为白色晶粉，有浓厚的氯气味，含有效氯 60% ～ 64.5%。二氯异氰尿酸钠性质稳定，在室温下保存半年其有效氯含量仅下降 0.16%。易溶于水，溶解度为 25%（25℃）。其水解常数高，溶于水中后产生次氯酸，杀菌能力强于大多数氯胺类消毒剂，与漂白粉等次氯酸盐类消毒剂相比较，在使用浓度时其溶液保持弱酸性，杀菌效果优于漂白粉类消毒剂。对细菌繁殖体、芽胞、病毒、真菌都具有杀灭作用。二氯异氰尿酸钠的消毒作用不受有机物的影响。可用于水槽、料槽、笼具、鸭舍的消毒，也可用于带鸭消毒。0.5% ～ 1% 的溶液可用作杀灭细菌和病毒，5% ～ 10% 的溶液可用作杀灭芽胞，可采用喷洒、浸泡、擦拭等方法消毒。干粉可用作消毒家禽粪便，用量为粪便的 20%；消毒场地每平方米用 10 ～ 20mg；消毒饮水，每毫升水用 4mg，作用 30min。

氯胺：氯胺为含氯的有机化合物，为白色或微黄色结晶，含有效氯 12%，易溶于水。氯胺很容易和氨基酸如蛋氨酸、色氨酸反应，因此氯胺灭活的机理是阻止蛋白质的合成或者阻止以蛋白质为底物的生物活动。氯胺对微生物的攻击是多靶位的。氯胺对病毒的 RNA 和蛋白质外壳有破坏力，所以氯胺对病毒的灭活可能会由于病毒的种类不同和消毒剂的浓度不同而灭活的机理不同。0.5% 氯胺 1min 杀灭大肠杆菌，30min 杀灭金黄色葡萄球菌。主要用于饮水、鸭舍、用具、笼具的消毒，也可用于带鸭喷雾消毒。各种铵盐，如氯化铵、硫酸铵，因能增强氯胺的化学反应，减少用量，所以可作为氯胺消毒剂的促进剂。铵盐与氯胺通常按 1∶1 比例使用。

碘与碘化物：碘类消毒剂是以碘为主要杀菌成分制成的各种制剂，是通过游离碘元素本身使蛋白质沉淀而起杀菌作用的，对细菌繁殖体、芽胞、真菌和病毒具有快速杀灭作用。它的 0.005% 浓度的溶液在 1 min 内能杀死大部分致病菌，杀死芽胞约需 15min，杀死金黄色葡萄球菌的作用比氯强。碘难溶于水，在水中不易水解形成次碘酸，而主要以分子碘（I_2）的形式发挥作用。碘在水中的溶解度很小且有挥发性，但在有碘化物存在时，溶解度增高数百倍，又能降低其挥发性。其原因是形成可溶性的三碘化合物。因此，在配制碘溶液时常加适量的碘化钾。在碘水溶液中含碘（I_2）、三碘化合物离子（I_3^-）、次碘酸（HIO）、碘酸离子（IO^-）。它们的相对浓度因 pH、溶液配制时间及其他因素而不同。HIO 杀菌作用最强，I_2 次之，解离的 I_3^- 仅有极微弱的杀菌能力。碘可作饮水消毒，0.0005% ～ 0.001% 的浓度在 10min 内可杀死各种致病菌、原虫和其他生物，它的优点是杀菌作用不取决于 pH、温度和接触时间，也不受有机物的影响。

在碘制剂中，作为消毒剂的优秀代表，聚维酮碘现已成为国际上公认的高效、广谱、无毒的杀菌剂，我国及世界各国药典都已收录在内。优点是有效碘含量为 9% ～ 12%，杂质碘少，具有极强的杀菌力和广泛的杀菌谱，对皮肤和呼吸道无刺激和损伤，使用方便，对环境无污染。十二烷胺三碘氧化合物也是一种广谱、高效的消毒剂，克服了抗有机物能力差的缺点，同时还具有良好的渗透性和洗涤功能，在对不良环境（如有机污染严重的水产养殖水体）消毒时，实际使用效果比常规碘高几千倍甚至上万倍。

④ 酚类：酚类化合物是芳烃的含羟基衍生物，在高浓度下，酚类可裂解并穿透细胞壁，使菌体蛋白凝集沉淀，快速杀灭细胞。在低浓度下，可使细菌的酶系统失去活性，导致细胞死亡。其代表产品有苯酚、煤酚皂溶液、六氯酚、对氯间二甲苯酚。

酚类化合物的特点为：在适当浓度下，几乎对所有不产生芽胞的繁殖型细菌均有杀灭作用，但对病毒、芽胞作用不强，对蛋白质的亲和力较小，它的抗菌活性不易受环境中有机物和细菌数目的影响，因此在生产中常用来消毒粪便及鸭舍消毒池消毒之用；化学性质稳定，不会因贮时间过久或遇热改变药效。它的缺点是，对芽胞无效，对病毒作用较差，不易杀灭排泄物深层的病原体。

酚类化合物常用肥皂作乳化剂配成皂溶液使用，可增强消毒活性。其原因是肥皂可增加酚类的溶解度，促进穿透力，而且由于酚类分子聚集在乳化剂表面可增加与细菌接触的机会。但是所加肥皂的比例不能太高，过高反而会降低活性，因为所产生的高浓度会减少药物在菌体上的吸附量。新配的乳剂消毒性最好，放置一定时间后，消毒活性逐渐下降。

苯酚：为无色或淡红色针状结晶，有芳香臭，易潮解，溶于水及有机溶剂，见光色渐变深。苯酚的羟基带有极性，氢离子易离解，呈微弱的酸性，故又称石炭酸。0.2% 的浓度可抑制一般细菌的生长，杀死需 1% 以上的浓度，芽胞和病毒对它的耐受性很强。生产中多用 3% ～ 5% 的浓度消毒禽舍及笼具。由于苯酚对组织有刺激性，所以苯酚不能用于带鸭消毒。

煤酚：为无色液体，接触光和空气后变为粉红色，逐渐加深，最后呈深褐色，在水中约溶解 2%。煤酚为对位、邻位、间位三种甲酚的混合物，抗菌作用比苯酚大 3 倍，毒性大致相等，由于消毒时用的浓度较低，相对来说比苯酚安全，而且煤酚的价格低廉，因此消毒用药远比苯酚广泛。煤酚的水溶性较差，通常用肥皂来乳化，50% 的肥皂液称煤酚皂溶液即来苏儿，它是酚类中最常用的消毒药。煤酚皂溶液是一般繁殖型病原菌良好的消毒液，对芽胞和病毒的消毒并不可靠。常用 3% ～ 5% 的溶液空舍时消毒禽舍、笼具、地面等，也用于环境及粪便消毒。由于酚类消毒剂对组织、黏膜都有刺激性，所以煤酚也不能用来带鸭消毒。

复合酚：亦称农乐、菌毒敌。含酚 41% ～ 49%、醋酸 22% ～ 26%，为深红褐色黏稠液，有特臭。可杀灭细菌、霉菌和病毒，对多种寄生虫虫卵也有杀灭作用。0.35% ～ 1% 的溶液可用于禽舍、笼具、饲养场地、粪便的消毒。喷药 1 次，药效维持 7d。对严重污染的环境，可适当增加浓度与喷洒次数。

⑤ 挥发性烷化剂：挥发性烷化剂在常温常压下易挥发成气体，化学性质活泼，其烷基能取代细菌细胞的氨基、巯基、羟基和羧基的不稳定氢原子发生烷化作用，使细胞的蛋白质、酶、核酸等变性或功能改变而呈现杀菌作用。此外，挥发性烷化剂能抑制微生物各种酶的活性，如磷酸脱氢酶、胆碱酯酶及其他氧化酶等，阻碍了微生物正常代谢过程的完成，导致其死亡。挥发性烷化剂有强大的杀菌作用，能杀死繁殖型细菌、霉菌、病毒和芽胞。而且与其他消毒药不同，对芽胞的杀灭效力与对繁殖型细菌相似，此外对寄生虫虫卵及卵囊也有毒杀作用，它们主要作为气体消毒，消毒那些不适于液体消毒的物品，如不能受热、不能受潮、多孔隙、易受溶质污染的物品。常用的挥发性烷化剂有甲醛和环氧乙烷，其次是戊二醛和 β- 丙内酯。从杀菌力的强度来看，排列顺序为 β- 丙内酯＞戊二醛＞甲醛＞环氧乙烷。

甲醛：甲醛为无色气体，易溶于水，在水中以水合物的形式存在。其 40% 水溶液称为福尔马林，是常用的制剂。甲醛是最简单的醛，有极强的化学活性，能使蛋白质变性，呈现强大的杀菌作用。不仅能杀死繁殖型细菌，而且能杀死芽胞、病毒和霉菌。广泛用于各种物品的熏蒸消毒，也可用于浸泡消毒或喷洒消毒。甲醛不损害消毒物品及场所，在有机物存在的情况下仍有高度杀灭力。缺点是容易挥发，对黏膜有刺激性。常用浸泡消毒为 2% ～ 5%；喷洒消毒为 5% ～ 12%；熏蒸消毒时，视消毒场所的密闭程度及污染微生物的种类而异，对密闭程度较好，很少有芽胞污染的场所，每立方米空间用福尔马林溶液 15 ～ 20mL。密闭程度较差的场所，例如孵化机、孵化室、出雏室等，每立方米空间用福尔马林 36 ～ 48mL。为了使甲醛气体迅速逸出，短时间内达到所需要的浓度，熏蒸时可在福尔马林中加入高锰酸钾（比例是每 2mL 福尔马林加 1g 高锰酸钾），也可以把福尔马林加热。采用加高锰酸钾的方法时，容器应该大些，一般应为两种药物体积总和的 5 倍，以防高锰酸钾加入后发生大量泡沫，使液体溢出。采用加热蒸发时，容器也应相对较大，以防沸腾时溢出。而且甲醛气体在高温下易燃，因此加热时最好不用明火。甲醛的杀菌能力与温度、湿度有密切关系，温度高、湿度大杀菌力强。据检测在温度 20℃、相对湿度 60% ～ 80% 时消毒效果最好。为增加湿度，熏蒸时，可在福尔马林溶液中加等量的清水。熏蒸所需要的时间视消毒对象而定，种蛋熏蒸时间最少 2 ～ 4h，延长至 8h 效果更好，鸭舍消毒以 12 ～ 24h 为好。熏蒸前应把门窗关好，并用纸条将缝隙密封。消毒后迅速打开门窗排出剩余的甲醛，或者用与福尔马林等量的 18% 氨水进行喷洒中和，使之变成无刺激性的六甲烯胺。福尔马林长期贮存或水分蒸发，会出现白色的多聚甲醛沉淀，多聚甲醛无消毒作用，需加热才能解聚。鸭舍熏蒸消毒时也可用多聚甲醛，每立方米用 3 ～ 5g，加热后蒸发为甲醛气体，密闭 10h。

戊二醛：戊二醛是酸性油状液体，易溶于水，常用其 2% 溶液。戊二醛是一种新型、高效、低毒的中性强化消毒液，可杀灭细菌繁殖体、细菌芽胞、肝炎病毒等病原微生物。戊二醛有广谱的杀灭微生物能力，2% 的碱性戊二醛溶液 2min 可杀灭繁殖体，10min 可杀灭病毒，20min 可杀灭分枝杆菌，3h 可杀灭细菌芽胞，且不受有机物的影响，刺激性也较弱，因此戊二醛可作为一种高水平消毒剂。如果暴露时间足够，也可作为灭菌剂使用。可用于鸭舍、笼具、粪便的消毒，也可用于浸泡消毒。由于在使用过程中很多因素会引起戊二醛浓度的降低，如碱性戊二醛的聚合、水的稀释、使用频率、消毒液挥发等，因此必须每天对戊二醛的浓度加以监测。

环氧乙烷：环氧乙烷是一种简单的环氧化合物，为非特异性烷基化合物，在常温常压下环氧乙烷是无色气体，比空气重，其相对密度为1.52，具有芳香的醚味，沸点10.3℃，温度低于沸点即成无色透明液体。其气体在空气中达3%以上时，遇明火极易引起燃烧和爆炸。如以液态CO_2和氟氯烷等作稳定稀释剂，9份与其1份制成混合气体，不具有爆炸性。环氧乙烷是高效广谱杀菌剂，对细菌、芽胞、霉菌和病毒甚至昆虫和虫卵都有杀灭作用。本品用于熏蒸消毒效果比甲醛好，它的最大优点是它有极强的穿透力，对物品的损坏很轻微，不腐蚀金属。不足之处是易燃烧，消毒时间长，对人、家禽有一定毒性。环氧乙烷主要用于空舍消毒，也可用于饲料消毒。用于空舍熏蒸消毒时，禽舍应密闭。消毒时湿度和时间与消毒效果有密切关系。最适相对湿度为30%～50%，过高或过低均可降低杀菌作用。最适温度是38～54℃，不能低于18℃。用环氧乙烷消毒，时间越长效果越好，一般为6～24h。在消毒过程中应注意，环氧乙烷的蒸气压比较大，所以对消毒物品的穿透性强，扩散性可以穿透微孔而达到物品的深部，有利于灭菌和物品的保存。环氧乙烷具有易燃易爆性，当空气中含有3%～80%环氧乙烷时，则形成爆炸性混合气体，遇明火时发生燃烧或爆炸。消毒与灭菌常用的环氧乙烷浓度为400～800mg/L，在空气中易燃易爆浓度范围，因此使用中予以注意。

β-丙内酯：为无色黏稠的液体，是一种高效广谱杀菌剂，对细菌、芽胞、霉菌、病毒都有效。它的杀伤力比甲醛强，穿透力不如环氧乙烷，对金属有轻微腐蚀性。适用于禽舍、笼具的消毒。消毒时可加热用其蒸气或与分散剂混合喷雾，用量是1～2g/m^3，消毒时相对湿度需高于70%，温度高于25℃，消毒时间为2～6h。

季铵盐类消毒剂：又称除污剂或清洁剂。这类药物能降低表面张力，改变两种液体之间的表面张力，有利于乳化除去油污，起清洁作用。此外，这类药物能吸附于细菌表面，改变细菌细胞膜的通透性，使菌体内的酶、辅酶和代谢中产物逸出，阻碍细菌的呼吸及糖酵解过程，并使菌体蛋白变性，因而呈现杀菌作用。这类消毒剂又分为阳离子表面活性剂、阴离子表面活性剂。常用的为阳离子表面活性剂，它们无腐蚀性、无色透明、无味、含阳离子，对皮肤无刺激性，是较好的去臭剂，并有明显的去污作用。它们不含酚类、卤素或重金属，稳定性高，相对无毒性。这类消毒剂抗菌谱广，显效快，能杀死多种革兰阳性菌和革兰阴性菌，对多种真菌和病毒也有作用。大部分季铵化合物不能在肥皂溶液中使用，需要消毒的表面要用水冲洗，以清除残留的肥皂或阴离子去污剂，然后再用季铵盐类消毒剂。

新洁尔灭：又称苯扎溴铵，无色或淡黄色胶状液体，易溶于水，水溶液为碱性，性质稳定，可保存较长时间效力不变，对金属、橡胶、塑料制品无腐蚀作用。新洁尔灭有较强的消毒作用，对多数革兰阳性菌和阴性菌接触数分钟即能杀死，对病毒和霉菌的效力差。可用0.1%的溶液洗涤种蛋，消毒孵化室的表面、孵化器、出雏盘、场地、饲槽、饮水器和鞋等。浸泡消毒时，如为金属器械可加入0.5%亚硝酸钠，以防生锈。本品不适于消毒粪便、污水等。

醋酸洗必泰：本品为双胍类阳离子表面活性剂，白色结晶粉末，味苦。溶于乙醇，微溶于水。对革兰阳性菌、阴性菌及真菌均有较强的杀灭作用，对铜绿假单胞菌也有效。抗菌作用较新洁尔灭强，无刺激性。主要用于鸭舍、仓库、化验室消毒、饲养人员泡手及创伤冲洗消毒。0.02% ～ 0.04% 溶液：用于饲养人员泡手；0.05% 溶液用于鸭舍、仓库、化验室、孵化室等的喷雾或擦拭消毒以及创伤冲洗；0.1% 溶液：用于饲养器具及器械的消毒。

癸甲溴氨溶液：本品为双链季铵盐类表面活性剂无色、无臭液体，振摇时有泡沫产生。对病毒、细菌、真菌均有杀灭作用。常用于饮水消毒、鸭舍、环境消毒、种蛋消毒和带鸭喷雾消毒。0.015% ～ 0.05% 癸甲溴氨溶液可用于鸭舍、环境、器具消毒、种蛋消毒及带鸭消毒；0.0025% ～ 0.0005% 饮水消毒。

（2）养殖场的消毒

① 人员消毒　进入养鸭场的人员，应在大门口消毒通道喷雾消毒（图 2-19），持续时间至少 30 秒。进入生产区的人员，应先在淋浴室淋浴、更换生产区专用工作服和胶靴等，经生产区门前消毒池、洗手消毒后进入（图 2-20）。每栋鸭舍进出口应设消毒池、洗手盆、消毒盆。消毒池内的消毒剂可选择 2% ～ 3% 氢氧化钠溶液或 0.2% ～ 0.3% 过氧乙酸溶液。每日更换一次。消毒盆内可选用季铵盐类消毒液或 0.2% 过氧乙酸溶液。工作人员进出生产区、鸭舍，可将手于消毒盆内浸泡 3 ～ 5min，也可用酒精棉球擦拭手进行消毒。

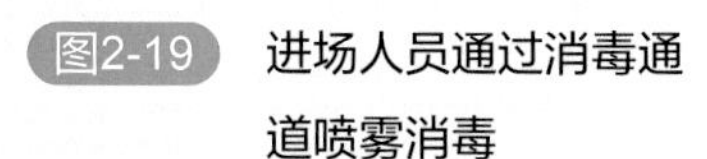

图2-19 进场人员通过消毒通道喷雾消毒

图2-20 脚踏消毒盆，洗手后进入鸭舍

② 车辆、用具消毒 用高压水枪等，冲洗进出养鸭场的车辆表面、箱体、车轮、底部等部位的污物；对车体表面和底盘进行喷洒消毒，从上往下喷洒至表面湿润，作用1h；消毒后，用高压水枪把消毒剂冲洗干净（图2-21）。养殖场门口和生产区入口应设置防渗、防雨水泥结构的消毒池，宽度与大门等宽。池内放2%～4%氢氧化钠溶液等有效消毒液，两天换消毒液一次，车辆进入养殖场均应经消毒池缓慢驶入。饲料车、运蛋车等物品冲洗干净后，用0.2%～0.3%过氧乙酸进行喷雾、浸泡或擦拭消毒，或在紫外线下照射30min。进入生产区的设备用具在消毒后应将消毒液冲洗干净后才可使用。

③ 场区道路、环境消毒 保持场区道路的清洁卫生，水泥路面用高压水枪清洗，保持清洁。至少每1周用2%～3%氢氧化钠溶液等消毒剂对场区道路、环境进行一次喷雾消毒；至少每2周对鸭舍周围消毒1次（图2-22）。场内污水池、排粪坑、下水道出口，定期清理干净，用高压水枪冲洗。

④ 水槽、料槽、用具消毒 饮水、饲喂用具每周至少洗刷消毒1次，炎热季节增加次数。每周对料槽、水槽、饮水器、水线以及所有饲喂用具进行彻底清洁、干燥，可选用0.2%～0.3%过氧乙酸或二氧化氯等溶液喷洒涂擦消毒1～2次，消毒后应将消毒剂冲洗干净。

图2-21 进养殖场的车辆消毒

图2-22 鸭舍周围消毒

⑤ 带鸭喷雾消毒　可选用0.1%～0.2%过氧乙酸溶液或0.2%次氯酸钠溶液或0.015%～0.025%癸甲溴铵溶液进行喷雾消毒时，喷雾量为30～40mL/m^3，以鸭体表稍湿为宜，1次/天（图2-23，图2-24）。喷雾消毒是养鸭生产中常用的消毒方法。喷雾消毒不仅仅限于体表，也包括整个鸭舍空间。喷雾消毒应将喷出雾粒直径大小控制在80～120μm，防止雾粒过大沉降太快而降低消毒效果，也避免雾粒过细被鸭吸入肺脏引起肺水肿和呼吸困难。消毒时应将喷头朝上，雾粒在空气中缓慢下降，除与空气中的病原微生物接触外，还可与空气中的尘埃结合，起到杀菌、除尘、净化空气的作用。

⑥ 空舍消毒 鸭出栏后，及时清除地面和裂缝中的有机物，铲除结块粪便、羽毛、垫料、饲料等。拆除料槽、水槽、水线、塑料网、竹排等设施，先用高压水枪冲洗，去除有机物，后用2%～3%氢氧化钠溶液浸泡1～2d，然后用清水冲洗干净，备用。墙壁、地面用高压水枪冲洗后，用2%～3%氢氧化钠溶液喷洒消毒，笼具用高压水枪冲洗后用季铵盐类消毒剂喷洒消毒，2～3h后用清水冲洗干净。其他不易用水冲洗和氢氧化钠消毒的，可用季铵盐类消毒剂擦拭消毒，2～3h后用清水冲洗干净。重新养鸭前，密闭鸭舍，将清洗、消毒后的养鸭用的设备、用具、垫料移入舍内，用福尔马林熏蒸消毒。操作时先将高锰酸钾倒入耐腐蚀的器皿内，然后加水，将高锰酸钾溶解后，加入福尔马林，门窗密闭24h，打开门窗通风换气1d以上，可进行鸭的养殖。

图2-23 带鸭喷雾消毒（一）

鞠小军 摄

图2-24 带鸭喷雾消毒（二）

鞠小军 摄

（3）影响化学消毒剂作用的因素

① 浓度 任何一种消毒剂的抗菌活性都取决于其与微生物接触的浓度。消毒剂的应用必须用其有效浓度，有些消毒剂如酚类在用其低于有效浓度时不但无效，有时还有利于微生物生长，消毒药的浓度对杀菌作用的影响通常是一种指数函数，因此浓度只要稍微变动，比如稀释，就会引起抗菌效能大大下降。一般说来，消毒剂浓度越高抗菌作用越强，但由于剂量 - 效应曲线常呈抛物线形式，达到一定程度后效应不再增加。因此，为了取得良好灭菌效果，应选择合适的浓度。

② 作用时间 消毒剂与微生物接触时间越长，灭菌效果越好，接触时间太短往往达不到杀菌效果。被消毒物品上微生物数量越多，完全灭菌所需时间越长。各种消毒剂灭菌所需时间并不相同，如氧化剂作用很快，所需灭菌时间很短，环氧乙烷灭菌时间则需很长。因此，为充分发挥灭菌效果，应用消毒剂时必须按各种消毒剂的特性，达到规定的作用时间。

③ 温度 温度与防腐消毒药的抗菌效果成正比，温度越高，杀菌力越强。一般规律是温度每增加 10℃，消毒效果可增强 1 倍。例如表面活性剂在 37℃时所需的杀菌浓度，仅是 20℃时的一半，即可达到同样的效果。

④ 有机物的存在 病原微生物与排泄物或分泌物一起存在，他们妨碍消毒剂与病原微生物的接触，中和或吸附掉一部分消毒剂而减弱作用，而且有机物本身还能对细菌起机械性保护作用影响消毒效果。季铵盐类、乙醇、次氯酸盐等受有机物影响较大，过醋酸、环氧乙烷、甲烷、煤酚皂等有机物影响较小。通常在应用消毒药前，为了使消毒剂与微生物直接接触，充分发挥药效，在消毒时应先把消毒场所的有机物、垫料等清扫干净。此外，还必须根据消毒的对象选用适当的消毒剂。

⑤ 微生物的特点 不同菌种和处于不同状态的微生物，对于药物的感染性是不同的。病毒对碱类敏感，而细菌的芽胞耐受力极强，较难杀灭。处于生长繁殖期的细菌、螺旋体、霉形体、衣原体对消毒药耐受力差，一般常用消毒药都能收到较好效果。例如病毒对酚类有抗药性，但对碱却很敏感；结核杆菌对酸的抵抗力较大。

⑥ 相互拮抗 两种消毒药合用时，由于物理性或化学性配伍禁忌而产生相互拮抗，如阳离子表面活性剂与阴离子表面活性剂同时使用，可使消毒作用减弱至消失。因此，在重复消毒时，如使用两种化学性质不同的消毒剂，一定要在第一次使用的消毒剂完全干燥后，经水洗干燥后再使用另一种消毒药，严禁把两种化学性质不同的消毒剂混合使用。

⑦ 其他 消毒药表面张力的大小、酸碱度的变化、消毒药的解离度和剂型、空气的相对湿度等，都能影响消毒的效果。

（4）消毒效果的监测 对消毒剂的消毒效果评价是消毒工作中的一项重要环节。消毒效果的监测可采用在禽舍或道路采样，利用空气自然沉降法检测消毒后禽舍的细菌数量。采样点的数量按照舍内面积不足 $50m^2$ 设置 3 个采样点，大于 $50m^2$ 设置 5 个采样点，每增加 $20m^2$ 增加 2 个采样点。采样点按照均匀布点原则布置，室内 3 个采样点的设置在室内对角线四等分的 3 个等分点上，5 个采样点的按照梅花状布点。采样点距离地面高度根据养殖场情况而定，地面养殖的家禽为地面，笼养家禽的采样高度为笼架高度的中央水平面，距离墙壁不少于 1m，采样点应避开通风口，采样时间为消毒前和消毒后 15 ～ 30min。采样时，关闭门窗 15 ～ 30min，将营养琼脂平板置于采样点处，暴露 5min。将平皿置 28℃培养，逐日观察，于第 5d 记录结果。

养殖场区的道路，可选择均匀分布的 4 个点，位于道路中央平整处。若为土路用灭菌不锈钢铲，取道路表面土样 20 ～ 30g，装入含适宜中和剂的灭菌容器内。用力震荡采样管 10 ～ 15 次，使样品中的细菌洗入灭菌生理盐水中，用灭菌吸管吸取 0.5mL，加入装有 4.5mL 灭菌生理盐水的试管中，10 倍系列倍比稀释，每个稀释度分别取 0.5mL 于灭菌平皿，用倾注法倒入培养基，36℃培养 48h，进行细菌计数。每个稀释度均需作平行样，计算样品平均菌落数。

根据消毒前后样品平均菌落数，计算杀菌率，以杀菌率评价消毒效果。对有动物舍内空气、舍内物体、厂区道路的平均杀菌率在 90% 以上为优，80% ～ 84% 为合格；对无动物舍内空气、舍内物体、厂区道路的平均杀菌率 90% 以上为合格。

第三节　鸭场粪污资源化处理措施

随着集约化、规模化养殖业的迅速发展，畜禽粪污处理成为不容忽视的问题。规模化养殖场排放的大量粪水已成为许多城市和农村的新型污染源。未经妥善回收利用、处理及处置便直接排放的粪水，对生态环境造成了巨大的压力，畜禽养殖业环境污染治理，成为畜牧业持续稳定健康发展面临的首要问题。当今，伴随肉鸭立体笼养模式的大量推广和应用，鸭养殖量持续走高，有限空间内，粪水产生量增加，加大了养殖后端的处理难度。加快粪污处理和资源化利用，对促进养鸭业的健康发展具有重要意义。

一、鸭场粪污对环境的影响

我国每年产生畜禽粪污约 38 亿吨，其中鸡粪污约 6000 万吨、鸭粪污约 4000 万吨。畜禽养殖业排放的化学需氧量达到 1268.26 万吨，占农业源排放总量的 96%；总氮、总磷、铜、锌排放量分别占农业源排放总量的 38%、56%、97.76% 和 97.82%。鸭粪污中含有大量的有机物，且有可能带有病原微生物和各种寄生虫卵，如不及时加以处理和合理利用，将会造成严重的环境污染，危害人畜健康。

1. 鸭场粪污对土壤的危害

饲料中大量使用矿物质添加剂，使鸭粪水中的微量元素如铜、锌、砷、铁、锰、硒含量增加。长期大量使用受矿物质元素污染的鸭粪水用于灌溉农田，会导致微量元素在土壤中富集。如果土壤中微量元素富集过多，就会使作物徒长、倒伏、晚熟或不熟，使作物根系受到损伤造成减产，甚至毒害作物而出现大面积腐烂。如果这些微量元素通过农作物、饲料和食物的富集，将会对人类健康构成潜在威胁。高浓度的污水还可导致土壤孔隙堵塞，造成土壤透气性、透水性下降及板结，严重影响土壤质量。

2. 鸭场粪污对水体的危害

鸭粪水中的含氮有机物和碳水化合物，经微生物作用分解产生大量的有害物质，这些有害物质进入水体，降低了水质感官性状指标，使水产生异味而难以利用。同时粪水中还含有未消化的氮、磷等营养物质，若不经处理排入江河湖泊水库中，会促使水体中藻类等水生植物大量繁殖，使水体溶解氧迅速下降，水生生物死亡，水中有机质在缺氧条件下厌氧腐解，使水体变黑发臭，导致水体严重的富营养化；而粪水中有毒有害物质一旦进入地下水中，可造成持久性的有机污染，极难治理、恢复，人和禽畜长期或大量饮用，可能诱发各种疾病。

3. 鸭场粪污对空气的污染

刚排出的鸭粪便含有氨、硫化氢和氨等有害气体，在未进行及时清除或清除后不能及时进行处理时其臭味将成倍增加，产生甲基硫醇、二甲二硫醚、甲硫醚、二甲胺及多种低级脂肪酸等恶臭气体，不仅危害周围居民身体健康，而且还会影响养殖场内鸭群的生长。

4. 鸭场粪污产生的生物污染

鸭体内的微生物主要是通过消化道排出体外的，粪便是微生物的主要载体，其中还含有多种有害病原微生物和寄生虫卵，若得不到妥善处理，将会成为危险的传染源，造成疫病传播。

环境就是民生，青山就是效益，生态环境是关系民生的重大问题，也是生态文明建设和城镇化建设的重要方面，因此对鸭场粪污必须进行严格无害化处理。

二、鸭场粪污处理的原则

目前，我国畜禽养殖业发展迅速，其粪污对环境造成的污染也日益严峻。为控制畜禽污染物对周围环境造成的污染，我国农业农村部颁布实施的《畜禽养殖业污染物排放标准》（GB 18596—2001）中提出：畜禽养殖业应积极通过废水和粪便的还田或其他措施对所排放的污染物进行综合利用，以实现污染物的资源化要求。我们应当采取经济有效、方便可行的方法，遵循“资源化、减量化、无害化、生态化、廉价化、产业化”的原则，逐渐减少畜禽养殖废水排放，使周围的土壤、水体及大气自然生态系统免受污染。

1. 资源化原则

由于我国畜禽养殖粪污排放量大，在环境管理上要强调资源化原则，在环境容量允许条件下，遵循生态学和生态经济学的原理，利用动物、植物、微生物之间的相互依存关系和现代技术，使畜禽废水最大限度地在农业生产中得到利用，实行无污染生产。

畜禽粪污与工业污水不同，其中含有丰富的肥源，是我国农业生产中的宝贵资源，畜禽废水的大量流失或弃之不用是对资源的巨大浪费，利用好畜禽废水中的有机肥，能够减轻畜禽废水对环境的污染，也能够提高土壤肥力，改善土壤结构，是我国农业可持续发展的重要保证。提高生态养殖模式，将畜禽粪尿经过一系列的生物发酵处理，利用沼气回收能源，沼渣和沼液还田，从而实现畜牧业内部的良性循环，达到畜牧养殖业的可持续发展。

2.减量化原则

所谓减量化就是积极提倡“清污分流、干湿分离、粪尿分离”，即将雨水和清洗粪便的废水利用不同管道分别进行收集和传输；将畜禽的粪、尿以不同的方式和渠道分别进行收集、堆放和处置。

减量化要求从养殖场生产工艺上进行改进，采用需水量少的干清粪工艺，减少污染物的排放总量，降低污水中的污染物浓度，减少处理和利用难度，以便降低处理难度及处理成本，同时使固体粪污的肥效得以最大限度地保存和处理利用，为提高资源化水平创造条件。

3.无害化原则

由于粪便污水中含有大量病原体，能够给人体带来潜在的危害。因此，畜禽粪污在利用前必须经过无害化处理，减少和消除对环境和人畜健康的威胁，减少对作物生长产生的不良影响。畜禽废水直接还田必须根据《畜禽养殖业污染物排放标准》进行达标处理，防止病菌传播，避免排放的污水和粪便对地下水和地表水产生污染。

4.生态化原则

遵循生态学和生态经济学的原理，利用动物、植物、微生物之间的相互依存关系和现代技术，实行无废物和无污染生产建立，有利于我国种养平衡一体化的生态农业、有机农业等生产体系的发展；促进种植业与畜牧业紧密结合，以农养牧、以牧促农，实现生态系统的良性循环，如大力发展种植茶、果、桑等经济作物，可通过推广茶牧结合、果牧结合、农牧结合等多种生态养殖模式，将畜禽粪污经过一系列的生物发酵处理，利用沼气回收能源，沼渣和沼液还田，从而实现畜牧业内的良性循环，达到畜牧业的可持续发展。

5.廉价化原则

畜禽养殖业整体上是一个利润不高、污染又相当严重的产业，同时又是农民脱贫致富的产业，其污染处理难度大，如果治理成本过高将使养殖业难以得到发展，只有通过科技进步，在资源化、减量化和无害化的前提下，研制高效、实用，特别是低廉的治理技术，才能真正实现畜牧养殖业的经济发展与环境保护的“双赢”，这是一条非常重要而现实的原则。

6.产业化原则

在养殖场相对集中的区域应成立专业队伍，对畜禽养殖废弃物集中收集、集中处理，形成产业化。吸引社会各界的投资，这种社会化服务必将是社会发展的趋势，畜禽废水产业化不仅可为畜禽养殖场解决污染，而且可为绿色食品生产提供可靠的物质保障，也可为农民提供就业机会，实现巨大的社会效益、经济效益、环境效益、生态效益。

三、鸭粪的资源化处理

鸭粪中含有丰富的氮、磷、钾、微量元素等植物生长所需的营养元素，是植物生长的优质有机肥料，同时，鸭粪水还可用于沼气生产，成为能源物质。因此，鸭粪的资源化利用价值很高，充分利用鸭粪，不仅在一定程度上减少资源危机和环境危机，还能带来可观的经济效益和社会效益。

鸭粪从舍内清理到舍外，网上饲养的一般采用刮粪板的方式将粪便清出棚舍，刮粪板清粪具有操作简便，运行、维护成品低等优势，较适于有粪沟的鸭舍使用。笼养鸭舍采用传送带，将粪便向一端传送（图 2-25），在传送带的端末设挡粪板（图 2-26），经尾端绞龙输送至鸭舍外的粪污缓存池（图 2-27）。清理出舍外的鸭粪可采用不同处理方式进行资源化利用。

图2-25 粪便传送带

图2-26 传送带末端的挡粪板

图2-27 鸭粪缓存池

（一）异位发酵床处理技术

异位生物发酵床处理技术，是在养殖区另建设一个占养殖区面积五分之一的粪污处理区，利用锯末、谷壳在养殖栏舍外建发酵床，接上菌种，将养殖场的粪污抽送到发酵床上（图 2-28），也有的养殖场将异位发酵床建在鸭舍内（图 2-29）。发酵产生的高温将水分蒸发掉，粪便大部分被微生物分解，达到将养殖场粪污消耗掉而不对外排放的目的，同时不会造成二次污染排放。在降解处理中，翻耙机还会对发酵床进行翻耙（图 2-30），使得垫料与鸭粪污混合充分，由于有益的微生物菌种大量地存在于发酵床中，直接发酵鸭粪污，将鸭粪污转化生成生物高效的有机肥，从而实现污染物的资源化利用（图 2-31）。异位微生物发酵床技术利用特种微生物迅速有效地降解、消化粪污中的有机化合物。最终转化为 CO_2 和水，通过蒸发，排入大气，没有任何废弃物排出，真正达到零排放的目的。采用该技术工艺可以克服舍内微生物发酵处理粪污存在的不足，具有占地面积小、投资较少、运行成本低、无臭味等优点，养殖场无需设置排污口，可实现粪污零排放。粪尿经发酵床垫料发酵后能提高肥效，还田后还能增加土壤的有机质，减少了化肥的使用；同时由于发酵，杀死了垫料和粪尿中的大部分病原体和寄生虫，大大地减少了农药和化肥的施用。既能保持养殖环境的清洁，又可对粪污进行集中有效处理，达到了生产规范化、养殖设施化、粪污无害化新模式的目标。

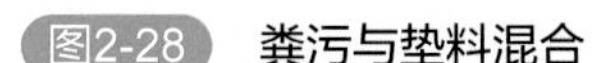
图2-28 粪污与垫料混合

图2-29 鸭舍内异位发酵床

图2-30 用翻耙机翻耙

图2-31 经发酵处理的肥料

（二）固液分离技术

由于鸭粪含水量大、黏度大，运输、使用困难，固液分离是鸭粪处理的重要技术。固液分离的目标是移除粪便污水中的悬浮固体和部分溶解固体。通过此流程分离出的固体与液体均可资源再利用，固体可制成有机肥，为农作物提供营养，增加及更新土壤有机质，分离出的液体 COD 含量（化学需氧量）大幅下降，有利于后序厌氧工艺的实施，降低了处理负荷及处理成本，促进后续好氧处理工序的进行，更易达到排放标准。固液分离常用的有筛分分离、离心分离、压滤分离和螺旋挤压分离。螺旋挤压分离是一种常用的固液分离方法，目前在畜禽粪便固液分离中应用较广。螺旋挤压固液分离设备较振动筛分固液分离设备更适宜于发酵后粪浆的分离，生产效率高，分离效果好，人工成本及维修成本低。通过固液分离系统分离的鸭粪，固体物质（粪渣）经发酵后可制成有机复合肥（图 2-32），为农田提供养分，有利于农作物增产增收、改良土壤以及生态农业的良性循环；液体成分（粪水）经厌氧和好氧处理后，粪水无味，但又有较高营养成分，达标后作为肥水可灌溉农田（图 2-33 ～图 2-35）。

图2-32 挤压后的固体成分发酵处理

图2-33 挤压后的液体成分

图2-34 液体成分进行厌氧处理

图2-35 液体成分进行好氧处理

（三）堆肥

堆肥是应用最广泛的畜禽粪便资源化利用的方法，一般分为好氧堆肥和厌氧堆肥，目前应用最为普遍的基本上都是好氧堆肥。好氧堆肥也称高温堆肥，是指在有氧条件下，好氧微生物将粪水中的有机物转变为稳定腐殖质的过程。该技术需要在人为控制条件下，根据堆肥原料的营养成分和堆肥过程中对堆料中碳氮比、水分含量和值等的要求，将各种堆肥原料按一定比例混合堆积，在合适的水分及通气条件下，使微生物繁殖并降解有机质，从而产生高温，有效杀死堆肥物料中的病原微生物、杂草种子等，从而达到废弃物的无害化、稳定化。

目前，堆肥系统主要分为 3 种工艺，分别为自然堆积、通风静态堆肥和槽式堆肥，其主要区别在于维持堆体物料均匀及通气条件所使用的技术手段。

1. 自然堆积

自然堆积是传统的堆肥方式，是将鸭粪简单的堆积在一起，形成一定的高度，利用好氧微生物将有机物降解，同时利用堆肥高温进行无害化处理。整个堆肥过程不翻堆或者很少翻堆。堆肥工艺的优点是几乎不需要设备，投资成本相对较低。但由于一次发酵周期长，而且和二次发酵在同一场地进行，因此占地面积很大，适用于小型养殖场。

2. 通风静态堆肥

该堆肥工艺的特点是底部有通风系统，在堆肥过程进行通风供氧，从而有效提高堆肥发酵效率，缩短发酵所需的时间，较适用于大中型养殖场。如外加翻堆可以提高堆肥的均匀性以及堆肥的品质。

3. 槽式堆肥

目前，国内应用较为广泛的槽式堆肥实际是介于条垛堆肥与搅拌堆肥之间的一种堆肥类型，主要由发酵槽、搅拌机和底部通风系统组成。其特点是原料经水分调节后形成堆肥混合物料，连续或定时地将混合物料放入发酵槽。堆肥发酵过程中，空气从槽的底部供应，物料从一侧输入，翻堆过程中物料沿槽向前移动一段距离，发酵结束后用出料机或者铲车将物料清出。其处理周期较短，占地面积适中，较适用于大中型养殖场。

（四）生产沼气

沼气工程技术是一项变废为宝的能源高效转换技术，是以开发利用养殖场畜禽粪便为对象，以获取能源和治理环境污染为目的，实现农业生态良性循环的能源工程技术。沼气生产是利用厌氧发酵消化的关键技术，使厌氧细菌在适宜的环境条件下（适宜的温度、酸碱度、空气含氧量等），利用粪便中的有机物质，进行分解，同时产生甲烷等气体的过程（图 2-36）。

有实践表明，厌氧消化方式是处理鸭粪行之有效的方法，同时鸭粪也是沼气发酵的优质原料。史金才等采用小试试验对猪粪、牛粪、鸡粪和鸭粪的厌氧消化过程进行了对比研究，得出同等条件下 4 种粪便经过 20d 的厌氧反应后，鸭粪的总产气量仅次于牛粪，优于猪粪和鸡粪。沼气是一种可燃性混合气体，主要成分是甲烷和二氧化碳，可替代薪柴、秸秆、液化石油气、电等作为家庭生产生活用能。

（五）种养结合

生态养殖是畜禽养殖的高级目标，因此在粪污处理上可种养结合，肥水还田，而非单

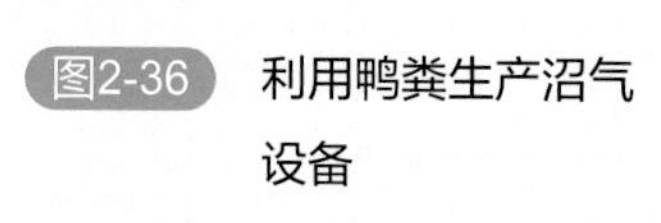
图2-36　利用鸭粪生产沼气设备

纯的污水处理，达标排放，也非施加到土壤中的即为肥料。为突破养鸭污染瓶颈，养殖场可以建立一种“鸭-沼-草-鹅”的全新生态养殖模式。“鸭-沼-草-鹅”模式分别是指，鸭场、沼气、草地、鹅场，紧密联系这几部分，在每一部分中对其进行处理，将鸭场中产生的粪水充分利用，实现生态养殖的目标。

鸭场排出的粪水经过“三沼”处理系统，在沼气发酵池前，将排泄物和粪污固液分离，将分离出的沼渣、固体物堆积起来，发酵成有机肥。根据鸭场周边地理特征，在距离鸭场合适的区域种植狼尾草（图2-37）、俄罗斯菜或其他饲草（图2-38），便于将沼液管道通往牧草地内，以消纳鸭场达标排放的沼液、沼渣。在粪污处理的工艺模式中，尽量采用生态环保综合利用型工艺处理，保证经生化处理的出水能够达到国家排放标准或灌溉标准，这样便可进行回用和农田灌溉。生态环保综合利用型工艺模式通过预处理粪渣和粪汤，粪渣处理后用作沼气与有机肥料，粪水采取生化处理后用于沼气生产，并排放出达标清水，清水回收利用或用于农田，充分将鸭场粪水与牧草种植有机结合在一起，真正实现“零排放”。成熟的狼尾草、俄罗斯菜或其他饲草供应于鹅场，作为其青绿饲料，节约鹅场精饲料成品，降低生产成本。

“鸭-沼-草-鹅”生态养殖模式，指的便是这种鸭粪经沼气处理，沼液、沼渣种植牧草，牧草饲喂鹅场鹅群的模式，能够实现生态效益与经济效益的完美结合，是未来养殖的必然趋势。

图2-37　利用鸭粪种植的狼尾草

图2-38 利用鸭粪种植的俄罗斯饲料菜

四、病死鸭的资源化处理

鸭场一旦发生烈性传染病或人畜共患传染病，对患病鸭应立即扑杀。对于无治疗意义以及经济价值不大的病鸭、死鸭要尽快淘汰处理，并将这些病死鸭集中深埋或焚烧等，将病鸭舍内的垫草垫料或与粪便一起发酵后作肥料，进行无害化、资源化处理。坚决杜绝谋私利出售，确保养殖安全、食品安全，病死鸭无害化处理的方法有以下几种：

（1）焚烧法　焚烧法是比较完善且最为彻底的无害化处理方法，适用于极为严重传染病的鸭尸体的处理。焚烧时，首先要在地上挖一个十字形沟（沟长约2.6m、宽0.6m、深0.5m），在沟的底部放干柴和干草作引火用，于十字沟交叉处放横木，其上放置鸭尸体，尸体四周用木柴围上，然后洒上煤油焚烧，直至尸体烧成黑炭为止。现今，专业的焚烧炉已经开始用于病死鸭尸体的焚烧。

（2）土埋法　土埋法是利用土壤的自净作用使其无害化。此方法最为简单，因此使用较广，但效果并不理想。因其无害化过程极为缓慢，某些病原微生物能够长期生存，极易污染土壤和地下水，并造成二次污染，因此并不是最彻底的无害化处理方式。采用土埋法，必须严格遵守卫生要求，埋尸坑远离畜舍、放牧地、居民点和水源，而且掩埋绝不能选择沙土地，应选择地势高燥、平坦，距离住宅、道路、水井、鸭场以及河流较远的偏僻地区，深度要在2m以上。掩埋前在坑底铺上2～5cm厚的石灰，尸体投入后，再撒上石灰或消毒药剂，埋尸坑四周最好设栅栏并做上标记。

（3）高温处理法　高温处理法是将畜禽尸体放入特制的高温锅（温度达150℃）内或在有盖的大铁锅内熬煮，达到彻底消毒的目的。鸭场也可用普通大锅，对病死鸭进行100℃以上熬煮处理。此方法可以保留一部分有价值的产品，但要注意熬煮的温度和时间，必须达到消毒的要求。

（4）发酵法　发酵法是将尸体抛入专门的动物发酵池中，利用生物热的方法将尸体发酵分解，以达到无害化处理的目的。尸坑一般为井式，深达9～10m，直径2～3m，池壁及地底用不透水的材料制成，坑口有一个木盖，坑口高出地面30cm左右。将病死鸭尸体投入坑内，堆到距离坑口 1.5m 处，封上木盖，经 3 ～ 5 个月发酵处理后，尸体即可完全腐败分解。选择此方法应远离住宅、养殖场、草原、水源以及交通要道等地方。待尸体完全分解后，可挖出做肥料。

五、孵化废弃物的处理和利用

孵化废弃物主要有无精蛋、死胚、毛蛋、蛋壳、残次鸭和异性个体等，其湿度高、容积大，很容易腐败，在热天也极易滋生苍蝇，有些蝇类甚至在其上繁殖，必须尽快处理。

研究发现，这些孵化废弃物的化学组分是：粗蛋白 35.49%、乙醚抽提物 11.43%、粗纤维 6.37%、灰分 25.40%、无氮浸出物 21.31%、钙 20.6%。因此，将它们转换为饲料不但解决了孵化场的难题，而且也可为其他动物提供高营养价值的蛋白质饲料。鸭的孵化废弃物与鱼粉和豆粕的化学组成比较见于表 2-1，氨基酸组成比较见表 2-2。

表 2-1 常见饲料原料的化学组成 单位：%

原料	干物质	粗蛋白	乙醚浸提物	粗纤维	灰分	无氮浸出物	钙
玉米	89.13	9.00	3.66	2.63	1.31	83.40	0.02
豆粕	90.49	52.19	1.47	3.66	5.76	36.92	0.32
鱼粉	89.94	40.68	4.58	1.03	20.8	32.91	7.03
孵化挤压废弃混合物	92.16	45.59	4.24	9.19	8.27	32.71	
孵化废弃物	94.66	35.49	11.43	6.37	25.40	21.31	0.60

表 2-2 常见饲料原料中氨基酸成分的计算值（按干物质计） 单位：%

原料	玉米	大豆片	鱼粉	孵化废弃物混合物积压品	孵化废弃物
精氨酸	0.42	3.80	0.77	2.96	1.70
赖氨酸	0.22	3.54	1.69	2.70	1.45
蛋氨酸	0.27	0.88	0.57	0.70	0.67
半胱氨酸	0.13	0.99	0.23	0.75	0.39
甘氨酸	0.29	2.81	1.29	2.46	1.95
组氨酸	0.21	1.51	0.51	1.18	0.70
异亮氨酸	0.56	3.13	0.94	2.38	1.27
亮氨酸	1.31	4.17	1.35	3.36	2.16
苯丙氨酸	0.43	2.76	0.74	2.15	1.24
酪氨酸	0.52	2.08	0.74	1.57	0.81
苏氨酸	0.31	2.03	0.86	1.69	1.20
色氨酸	0.05	0.73	0.14	0.62	0.46
缬氨酸	0.46	2.76	1.17	2.36	1.77

由于鸭的孵化废弃物含有强烈异味和大量微生物，为适合做动物饲料，必须进行适当处理，从而降低臭味，杀灭微生物。研究中采用以下方法对其进行处理：

（1）降低臭味　可采用甲基溴化物和乙烯氧化物等气体消毒法。化学消毒法的缺点是当废弃物湿度高及贮存温度低时效率太低；另外，这些药物的残留必须保持在安全水平。

（2）脱水处理　使废弃物不仅可以减少体积而且可杀灭存活的病原体，经过预处理碾碎，在80℃条件下加热，干燥使得最终产品的水分达到5%。

（3）湿热法降低孵化废弃物的水分含量。蒸煮的最短时间范围为2.5～10h。

（4）发酵　将废弃物碾碎与植物型乳酸杆菌及粪便链球菌混合发酵21d作为碳水化合物的来源。在发酵期内温度、pH、氢硫醚、氨、粗蛋白、乙醚抽取物等保持不变，可杀灭嗜氧菌。

（5）用氯仿杀死废弃物中存活的胚胎，然后放入粉碎机内整批粉碎并与碎玉米以1∶3比例混合，由于挤压机内挤压点温度可达148～160℃，挤压后终产品中的好氧菌和厌氧菌及真菌均可被杀灭。这些混合物中含粗蛋白，可作动物饲料，是很好的能量和蛋白来源。

第四节　鸭病的发生与预防

近年来，随着养鸭业规模化的不断发展，危害养鸭业的疾病也变得复杂，掌握鸭病发生因素、了解鸭病发生特点，有效地预防鸭病的发生和发展，最大限度地减少由于疫病所带来的损失，对提高养鸭业的经济效益具有重要意义。

一、导致鸭病发生的因素

疾病是动物机体与各种致病因素相互作用产生的损伤与抗损伤的斗争过程，能够引起动物机体活动或表现异常，降低经济效益。

（一）病因

导致鸭病发生的原因有很多，一般分为两大类，一类是由生物性因素引起的疾病，往往具有传染性；二是由非生物性因素引起的疾病，包括营养代谢病、中毒病以及饲养管理不当等引起的普通病，该类疾病不具有传染性。

1.生物性因素引起的疾病

生物性因素引起的疾病，是由致病性生物侵入鸭体，在鸭体内生长繁殖，危害鸭体健康并且可在个体与群体之间传播的疾病，主要包括由病毒、细菌、真菌、支原体等引起的传染病以及由寄生虫引起的寄生虫病。

（1）传染病　致病微生物侵入鸭体，在鸭体一定部位定居、生长繁殖，并释放出大量的毒素和致病因子，当感染的病原体具有相当的毒力和数量时，鸭就表现出一定的症状，同时，感染鸭也具有相应的传染性。当病原体从受感染的机体排出，通过直接或间接接触传染给健康鸭，即造成传染病在鸭群中传播流行。如病毒性疾病，包括禽流感、呼肠孤病毒感染、鸭病毒性肝炎、番鸭细小病毒病、坦布苏病毒病、鸭瘟等；细菌性疾病包括大肠杆菌病、沙门菌病、葡萄球菌病、禽霍乱、传染性浆膜炎、坏死性肠炎等。

（2）寄生虫病　寄生虫病是寄生虫侵入鸭体，在鸭体内寄生，损害鸭的器官和组织，不断吸取营养并分泌毒素，从而扰乱鸭正常的生理功能，导致鸭出现营养不良、贫血、消瘦，甚至出现死亡的一类疾病。常见的鸭寄生虫病主要有球虫病、绦虫病、线虫病和吸虫病等。

2.非生物性因素引起的疾病

非生物因素引起的疾病又称普通病，主要有营养代谢病、中毒病、遗传性疾病、免疫类疾病以及与管理因素有关的疾病等。

（1）营养代谢病　营养代谢病是鸭发生营养和代谢紊乱引起的疾病总称，其原因主要是由于饲料中营养物质的不均衡，造成鸭所需的某些营养物质不足或缺乏，或是某些营养物质过多，从而干扰了另一些营养物质的吸收与利用，引起鸭营养物质平衡失调、新陈代谢障碍，从而造成鸭发育不良、生产能力下降和抗病力降低，甚至危及生命的一类疾病。常见的鸭营养代谢病主要有维生素缺乏症、矿物质缺乏症、脂肪肝综合征以及痛风等。

（2）中毒病　鸭中毒病的发生与大量甚至滥用某些添加剂和抗生素等药物相关，另外环境污染的加剧也是造成中毒性疾病上升的一个重要原因。对于动物机体来说，任何外源或者必需营养素过多，均可引起中毒病的发生。常见的鸭中毒病主要有霉菌和肉毒梭菌毒素中毒，食盐、重金属、饲料中微量元素严重超标，农药、杀虫剂、灭鼠药和治疗时药物过量而引起的中毒等。

（3）其他疾病　除营养代谢病和中毒病外，鸭的普通病也有很多。其中，因饲养管理不当而引起的疾病较多见，如食管膨大部炎症、阻塞以及肠炎等消化系统疾病；输卵管垂脱等生殖系统疾病等，此外，还有中暑、应激综合征、异食癖、软脚病和光过敏等杂症。

不同的病因能够引起不同类型的疾病，但在养殖生产中，病因往往不是单一的，有时一开始就是多种致病因素，伴随着病情的不断发展，机体抵抗力不断下降，更容易伴发或继发多种疾病。

（二）疾病的传播

凡是由致病性微生物引起的疾病，均具有一定的传染性，其传播必须具备三个基本环节：传染源、传播途径和易感动物。三个环节相互联系，构成传染病的流行链，如果采取措施切断其中任一环节，均不能发生传染病的流行。

1.传染源

传染源是指体内有病原体寄居、生长、繁殖，并且能持续排出病原体的鸭，具体包括患传染病的鸭和带菌（毒）鸭。病原体是能引起疾病的微生物和寄生虫的统称。

（1）患病鸭　患病鸭是传播疫病的重要传染源，包括有明显症状或症状不明显者。在疫病发生的整个过程中，不同阶段的病鸭，作为其传染源的意义也不同。按病程经过可分为潜伏期、症状明显期和恢复期三个病期，而不同病期的鸭体排出病原体的传染性大小也不同。

对于大多数疾病，潜伏期病鸭不具备排出病原体的条件，不能起到传染源的作用，只有少数疫病如鸭瘟，感染该病毒的鸭在潜伏期内就能排出病原体传染易感群。

症状明显期的病鸭，尤其是可在急性暴发过程中排出毒力强的病原体的鸭，对于疾病传播的危害性最大。但有些非典型病例，由于症状轻微，症状不明显，难以与健康鸭区别而忽视隔离，如感染鸭病毒性肝炎病鸭，多不表现明显症状成为带毒者，此时若与非免疫状态的雏鸭接触，即可成为危险的传染源。

恢复期的病鸭，虽然机体各种机能障碍逐渐恢复，外表症状消失，但体内的病原体尚未清除，在痊愈的恢复期还能排出病原体，如鸭瘟痊愈后至少带毒 3 个月，期间仍能成为鸭瘟的传染源。此外，病死鸭的尸体如果处理不当，在一定的时间内也极易散布病原体。

（2）带菌、带毒和带虫的鸭　根据带菌（毒）或带虫的性质可分为健康带菌、带毒、带虫者和康复带菌、带毒、带虫者。如健康成年鸭在感染雏鸭肝炎病毒和球虫后往往不发病，而成为带毒、带虫者。它们带菌、带毒、带虫的期限长短不一，健康成年鸭在感染肝炎病毒后带毒期最长为 18d；成年鸭感染副伤寒，康复后带菌时间可达 9 ～ 16 个月；感染住白细胞虫的康复鸭血液中能够保留虫体达 1 年以上。

2. 传播途径

病原体以一定的途径传入易感动物体内，主要有两种方式。经卵巢、输卵管感染或通过蛋黄等传播到下一代的称为垂直传播；经消化道、呼吸道或皮肤黏膜创伤等的横向传播称为水平传播。

（1）垂直传播　存活于种母鸭卵巢或输卵管内的病原体，在蛋形成过程中进入蛋内；或存在于消化道的病原体，随粪便污染泄殖腔，在鸭蛋产出时，病原体附着于蛋壳上，导致病原体通过种鸭、种蛋，传递给雏鸭。如伤寒、大肠杆菌病、呼肠孤病毒感染等。

（2）水平传播

① 孵化室传播　主要发生于出壳期间的雏鸭，这时的雏鸭开始呼吸，接触周围环境，如果孵化室或种蛋等消毒不严格，往往在该时期会感染出壳的雏鸭。通过此途径传播的鸭病主要有鸭曲霉菌病、鸭病毒性肝炎、沙门菌病、大肠杆菌病等。

② 空气传播　存在于鸭呼吸道和口腔中的病原体，可以随呼吸、甩头、鸣叫而以飞沫形式排入空气中，被周围的易感鸭吸入体内后，即可发生感染；有的病原体随患鸭的分泌物、排泄物排出，干燥后形成尘埃散播在空气中，当空气流动较大时，可传播到附近或更远的地方，再被易感鸭吸入或以其他形式侵入易感鸭，从而造成蔓延。如鸭的流感、曲霉菌病等。

③ 饲料、饮水传播　患病鸭的分泌物、排泄物或者尸体可直接污染饲料和饮水池，也可通过污染饲槽、饮水器及饲料加工和贮存工具或工作人员而间接污染饲料和饮水。易感健康鸭通过摄取被污染的饲料或饮水而遭感染。一般肠道传染病均可通过此种形式传播，如鸭大肠杆菌病、副伤寒、坦布苏病毒病等。

④ 垫料、粪便传播　病鸭的粪便中含有大量病原体，粪便及其他排泄物可污染垫料等，如不及时清除粪便、更换垫料，消毒禽舍、运动场，即可引起传染病的传播。

⑤ 设备和用具传播　鸭场的设备和用具如饲料箱、车辆、鸭笼、产蛋箱、装蛋箱等，尤其在几个鸭舍共用或场内外往返使用的设备用具，如果管理不善或消毒不严，极易造成疾病的传播。

⑥ 媒介者传播　生物性的传播媒介，常被称为媒介者。许多动物均可以成为媒介者，如蚊、蝇、蠓、蚂蚁、蚯蚓、狗、猫及鸟类等。人也可以成为媒介者，当人接触传染源时，人的手、体表、衣帽、鞋袜，都有污染病原体的可能，这些人在进入健康鸭舍前，如果不经消毒和更换衣帽鞋袜，很容易将病原带入，应特别引起重视。

⑦ 混群传播　成年鸭中，有的经过自然感染或人工接种而对某些传染病获得一定的免疫力，不表现出明显症状，但他们仍然是带菌、带毒或带虫者，具有很强的传染性。若把后备鸭群或新购入的鸭群与成年鸭群混合饲养，往往会造成很多传染病的混合感染及暴发流行。

⑧ 交配传播　鸭的某些疾病可通过其自然交配或人工授精而由公鸭传染给健康母鸭，最后引起大批发病。

3. 易感动物

易感动物是指易感的鸭群，由于鸭对某种疾病缺乏免疫力，一旦病原体侵入鸭群，就能引起某疫病在鸭群中感染传播。如尚未接种鸭病毒性肝炎疫苗的鸭群对鸭肝炎病毒就具有易感性，当病毒侵入鸭群，就可使鸭病毒性肝炎在鸭群中传播流行。而鸭的易感性又取决于年龄、品种、饲养管理条件和免疫状态等。因此，在饲养过程中，必须加强饲养管理，搞好环境卫生，提高鸭体的抗病能力。同时应选择抗病力强的鸭种，在不同时期接种不同类型的疫苗，以降低鸭群对疫病的易感性。

二、鸭病的预防

“防病重于治病”是养鸭生产中始终需要坚持的方针，养鸭场需通过加强基础设施建设、预防保健和免疫接种三种途径实现生物安全，预防疾病的发生，从而确保鸭群健康生长。

（一）加强现代化、标准化养殖场的建设

养殖场基础设施建设是保障生物安全措施有效实施的基础。塑料大棚式的鸭舍，设施简陋，不能采用现代化的通风降温设备，冬季不保温、夏季不防暑，鸭群易受应激影响，是导致鸭病发生的重要因素。为保证生物安全体系的建立，建设现代化、标准化的养殖场，改变饲养模式，采用全舍内密闭饲养，避免外界环境变化对鸭的影响是防控鸭病的重要措施。目前，鸭的饲养模式有地面平养、发酵床平养、网床平养以及多层立体笼养，尤其以种鸭密闭饲养、肉鸭智能化立体笼养优势突出，鸭的发病率降低，生产性能发挥好，成活率明显提高。

1. 地面平养

地面平养是在鸭舍地面上铺设一层垫料，使鸭群在地面上活动，种鸭、肉鸭均可采用这种饲养管理方式，规模可大可小。舍内设备主要有料线、水线、分隔鸭群的隔网以及成年种鸭的产蛋设备。料线中，饲料从布料管道通过下料器布料时，全料线的料盘几乎要同时见料。这样的料线可以使鸭群均匀分布于鸭舍的各个部分，不至于听到加料信号就拥挤到首先见到料的料盘或料槽周围，导致抢食、争斗、践踏甚至发生死亡的情况发生。饮水

系统最重要的是防止漏水，保持饮水末端附近干燥，否则会由于粪便发酵而产生恶臭，使舍内空气环境状况欠佳。地面平养一般为一次性清粪，随鸭群的进出全部更换垫料进行清粪，但若垫料出现潮湿、板结，也可以进行局部更换。

这种方式因垫料与粪便结合发酵产生热量，寒冷季节有利于舍内增温；垫料中微生物活动可以产生维生素 B_{12}，利于鸭扒翻垫料时从中摄取；设备简单，节约劳力。但这种方式舍内必须通风良好，否则垫料容易潮湿、空气污浊、氨浓度上升，易诱发多种疾病，易发生慢性呼吸道疾病和大肠杆菌病、传染性浆膜炎等。地面平养的种鸭或蛋鸭可分为开放式和密闭式，开放式饲养易受外界环境变化的影响，发病较多（图 2-39，图 2-40）。密闭式地面平养避免了开放式饲养受环境和外界因素影响大的弊端，死淘率降低，生产性能得到了较好的发挥（图 2-41 ～图 2-43）。

2. 发酵床饲养

发酵床是用锯木屑、花生壳、秸秆等按一定比例混合后，添加发酵床菌种，覆膜发酵 3 ～ 5d 制成，厚度在 40cm 左右。鸭生活在发酵床上，其粪尿等排泄物将作为有益微生物繁殖的主要营养来源，通过对垫料水分、通透性等的日常维护，发酵垫料中有益微生物大量繁殖的同时，粪尿等排泄物也被不断分解、利用，达到处理粪污的目的，解决了养殖场粪便环境污染问题，无臭味、无污染（图 2-44，图 2-45）。

图2-39 地面平养的肉鸭

图2-40 开放式平养的种鸭

图2-41　开放式平养的蛋鸭

图2-42　密闭式平养的种鸭（一）

图2-43　密闭式平养的种鸭（二）

图2-44 发酵床上饲养的商品肉鸭

图2-45 发酵床饲养的种鸭

3. 网床平养

网床饲养是近年来逐步探索成功的肉鸭饲养模式，采用室内网上平养技术不受季节、气候、生态环境的影响，一年四季均可饲养，大大提高了鸭的养殖效益，也有利于卫生防疫和生态环境保护，表现出良好的经济效益和社会效益。网床饲养需建造高度60cm左右架床，然后铺上塑料网，在栋舍内安装自动喂料和饮水系统（图2-46，图2-47）。肉鸭全程在网上活动，粪便通过塑料网漏到地面，避免鸭与粪便接触，减少由粪便传播疾病的机会，有利于鸭病的控制。种鸭也可采用网上饲养（图2-48）。为提高养殖空间的利用率，有的养殖场开发了双层平养技术。

结合发酵床饲养方式，部分养殖场采用上网下床的饲养模式，肉鸭在网上饲养，排出的粪尿落到网下的发酵床上，通过发酵床的微生物分解利用（图2-49）。为了提高发酵效果，减少翻耙、补充垫料和菌种可能对鸭群造成应激影响，也可在舍外建造阳光发酵房，在阳光房内铺垫料加菌种制作发酵床，然后收集鸭排泄物添加到发酵床上，用自制的翻耙机进行定期翻耙，阳光房内较高的温度有利于鸭排泄物中过多的水分蒸发，从而有利于菌种发酵，更好地发挥有益菌的分解转化作用。

图2-46　网上饲养的肉鸭

图2-47　网上饲养的番鸭

图2-48　网上饲养的肉种鸭

图2-49　上网下床饲养的肉鸭

4. 多层立体笼养

立体智能多层笼养，采用全封闭、自动化、机械化、现代化的先进设备，单列直立式或塔式三层或四层笼养（图 2-50 ～图 2-54），土地能够集中利用，立体智能养殖模式占地面积是平养棚舍的 1/3，每平方笼可饲养肉鸭 14 ～ 16 只，规模化养殖场每批可出栏 30 万～ 50 万羽商品肉鸭，家庭农场出栏也可达 3万～ 10 万羽。通过自动喂料系统、饮水系统、调温设备和清粪设备的运用，人均养殖量达到 2 万～ 3 万羽。运用风机、湿帘、智能环控系统，实现了舍内肉鸭生长环境的自动化控制（图 2-55）。笼养肉鸭完全处于人工控制下，受外界环境变化应激小，通风充分，采食均匀，生长发育整齐，比一般平养生长快，发病减少，成活率高达 98% 以上，每只鸭的药费在 0.5 元以内。

图2-50 肉鸭直列式三层笼养

图2-51 种鸭塔式三层笼养

图2-52 肉鸭直列式四层笼养设施

图2-53 肉鸭直列式四层笼养

图2-54 笼养的蛋鸭

图2-55 鸭舍水帘

（二）加强饲养管理

饲养管理工作不仅影响鸭生长性能的发挥，更影响鸭的健康和抗病能力。只有科学的饲养管理，才能维持鸭体健壮，增强鸭体的抵抗力，提高鸭体的抗病能力。

1.采用科学的饲养制度

采取“全进全出”的饲养制度。“全进全出”的饲养制度是有效防止疾病传播的措施之一。“全进全出”使得鸭场能够做到净场和充分的消毒，切断了疾病传播的途径，从而避免患病鸭或病原携带者将病原传染给日龄较小的鸭群。

2.保证营养需要

鸭在生长和生产过程中，需要各种各样的营养素，包括能量、粗蛋白质、维生素、矿物质和水。每一种营养物质都有其特定的生理功能，各种营养物质相互联系、相互作用，对鸭的生长、繁殖和健康产生影响。

饲料为鸭提供营养，鸭依赖从饲料中摄取的营养物质而生长发育、生产和提高抵抗力，从而维持健康和较高的生产性能。养鸭业的规模化，使饲料营养与疾病的关系越来越密切，对疾病发生的影响越来越明显，饲料、营养成为控制疾病发生的最基础环节。因此，既要保证饲料的全价营养，还要严把饲料质量关，禁止使用霉败变质的饲料，谨慎使用动物源性饲料，严禁使用国家禁用的饲料添加剂及化学药品。另外，还要根据鸭日龄的大小，及时选用适宜的颗粒料。

3.供给充足卫生的饮水

水是最廉价的营养素，也是最重要的营养素，水的供应情况和卫生情况对维护鸭体健康有着重要作用，必须定期清洗和消毒饮水用具和饮水系统，保持饮水用具的清洁卫生，保证充足而洁净的饮水。

4.保持适宜的鸭舍环境

当前，控制好舍内环境是规模化、标准化养殖场饲养管理的重中之重。影响鸭群生活和生产的主要环境因素有空气温度、湿度、气流、光照、有害气体、微生物、噪声等。在科学合理的设计和建筑鸭舍、配备必须设备以及保证良好的场区环境的基础上，加强对鸭舍环境的管理来保证鸭舍良好的小气候，为鸭群的健康和生产性能提高创造条件。

温度是主要环境因素之一，温度的高低会影响雏鸭的成活率、生长发育和成年鸭的生产性能。雏鸭的适宜温度见表2-3。蛋鸭的适宜温度是5～27℃，最适宜温度是13～20℃。保持育雏舍的保温隔热，选择可靠的供温设施，搞好季节管理，以保证适宜的温度。

表2-3　蛋用或种用雏鸭的适宜温度

日龄/天	1～7	8～14	15～21	22～28	31～35
育雏器温度/℃	29～31	24～26	22～24		
室内温度/℃	26～28	23～25	19～21	15～17	16～14

高温高湿影响鸭的热调节，会降低鸭的抵抗力，易发生球虫病和传染病；低温高湿加剧鸭的冷应激，易患禽流感、大肠杆菌病、传染性浆膜炎等。育雏第一周，舍内相对湿度保持在65%左右，第二周为60%，第三周55%，其他鸭舍保持在60%～65%。

光照不仅影响鸭的生长发育，而且影响仔鸭培育期的性成熟时间和以后的产蛋。光照的控制要保证鸭舍内的光照强度和光照时间符合要求，并且光照均匀。

鸭舍内鸭群密集，呼吸、排泄物分解使舍内有害气体成分复杂、含量高，污染鸭舍环境，引起鸭群发病、降低生产性能。因此，要加强鸭舍管理。地面平养的鸭舍保证地面垫料的清洁卫生，保证适当的通风，特别是注意冬季的通风换气，应处理好保温与空气新鲜的关系，做好卫生工作，及时清理污物和杂物，排出舍内污水，加强环境的消毒等。

噪声，特别是较强的噪声会引起鸭群严重的应激，不仅影响生产，而且可使鸭正常的生理功能失调，免疫力和抵抗力下降，危害健康，甚至死亡。养殖人员在饲养过程中，尽量减少噪声的产生，定时规律喂养。

（三）制定科学免疫程序

免疫接种通常使用疫苗菌苗等生物制剂作为抗原接种于家禽体内，激发机体产生特异性免疫力。有计划、有目的地对鸭群进行免疫接种，是预防、控制和扑灭鸭传染病的重要措施之一。

1. 预防接种

预防接种是在健康鸭群还没有发生传染病之前，为了防止某些传染病的发生，有计划地定期使用疫（菌）苗对健康鸭群进行预防免疫接种。

（1）疫苗接种方法　疫苗接种方法可分为注射、饮水、滴鼻、滴眼、气雾和穿刺等，根据疫苗的种类、鸭的日龄、健康状况等选择最适当的方法。

① 注射法　注射法要注意准确的注射量，还应注意质量，注射时还要经常摇动疫苗液使其均匀。注射用具要提前进行消毒，针头要准备充分，每群每舍都要更换针头。其方法包括皮下注射和肌内注射两种。

a. 皮下注射：一般在鸭颈背中部或底部处远离头部，用大拇指和食指捏住颈中线的皮肤并向上提起，使其形成一个皮囊，注意一定捏住皮肤，而不能只捏住羽毛，确保针头插入皮下，以防疫苗注射到体外。

b. 肌内注射：以翅膀靠肩部无毛处胸部肌肉为好，应斜向前入针，以防插入肝脏或胸腔引起事故。也可腿部注射，以鸭大腿内侧无血管处肌内为最佳。

② 饮水法　本法为活疫苗接种常用的方法之一，能够减少应激。将一定量的疫苗放入水中使之保持一定的浓度，让鸭自由饮用，疫苗用量一般应高于其他途径用量的 2 ～ 3 倍。为保证免疫效果，应注意：疫苗用量应加倍，免疫前可加免疫增效剂；免疫前后 3d 不能饮水消毒；免疫前后 1 ～ 2d 禁止使用抗病毒药物；免疫前根据季节和舍温情况进行限水；保证饮水器清洁干净，最好用蒸馏水免疫，同时在水中加入 0.25% ～ 0.5% 脱脂奶粉。

③ 滴鼻、滴眼法　适用于弱毒活疫苗的接种，适用各种日龄的鸭。能确保每只鸭的准确用量，达到快速免疫，形成很好的局部免疫，免疫效果好。具体操作时用滴瓶向眼内或鼻腔滴入 1 滴活毒疫苗。滴鼻时，可用手将对侧的鼻孔堵住，让其吸入。滴眼时，握住鸭的头部，面朝上，将一滴疫苗滴入眼内，不能让其流出，一只一只免疫，防止漏免。

④ 气雾法　将活毒疫苗按喷雾规定进行稀释，用适当粒度（30 ～ 50μm）的喷雾器在鸭群上方离鸭 0.5m 处喷雾。在短时间内，使大群鸭吸入疫苗获得免疫。在喷雾前要关闭风机、门窗，免疫大约 15min 后再重新打开。该方法会刺激呼吸道黏膜，应避免在初次免疫时使用。

⑤ 穿刺法　此法适用于鸭痘疫苗接种。展开鸭的翅膀，用接种针在鸭的翼膜无血管处穿刺，病毒会在穿刺部位的皮肤增殖，使机体产生免疫力。

2. 紧急接种

紧急接种是在发生传染病时，为了迅速控制疾病的流行，而对疫群、疫区和受威胁地区尚未发病的鸭进行临时应急性免疫接种。实践证明，在疫区对鸭瘟、禽霍乱等传染病使用疫（菌）苗进行紧急接种是切实可行的，对控制和扑灭传染病具有重要的作用。紧急接种除应用疫（菌）苗外，在某些鸭病上常应用高免血清或高免卵黄抗体进行被动免疫，而且能够立即生效。如雏鸭病毒性肝炎，应用高免血清或高免卵黄抗体，能迅速控制该病的流行，即使对于正在患病的雏鸭群使用也具有良好的疗效。

在疫区或发病鸭群应用疫苗做紧急接种时，必须对所有受到传染威胁的鸭群进行详细观察和检查，对正常无病的鸭进行紧急接种，而对病鸭和可能已受感染潜伏期的病鸭必须在严格消毒的情况下，立即隔离，观察或淘汰处理，不宜再接种疫苗。

3. 免疫程序

由于不同品种及不同地区鸭的疾病发生规律是不一样的，所以在鸭传染病的免疫程序制定上，没有固定模式，各地应结合饲养水平及当地鸭病的发病规律来制定合理的免疫程序。表 2-4、表 2-5 为参考免疫程序：

表 2-4　肉鸭免疫程序

日龄	疫病	疫苗	免疫方法	备注
1～2	鸭病毒性肝炎	鸭病毒性肝炎弱毒疫苗	皮下注射	0.5mL/只
6	禽流感	禽流感 H5+H7+H9 灭活苗	肌内或皮下注射	0.3mL/只
10	鸭瘟	鸭瘟弱毒苗	肌内注射	0.3mL/只

表 2-5　肉种鸭免疫程序

日龄	疫病	疫苗	免疫方法	备注
1～2	鸭病毒性肝炎	鸭病毒性肝炎弱毒疫苗	皮下注射	0.5mL/只
7～10	禽流感	禽流感 H5+H7+H9 灭活苗	皮下注射	0.5mL/只
21	鸭坦布苏病毒病	鸭坦布苏病毒疫苗	胸肌注射	1mL/只
28	鸭瘟	鸭瘟弱毒疫苗	肌内注射	2倍量
35	禽流感	禽流感 H5+H7+H9 灭活苗	皮下或肌内注射	0.5mL/只
50	鸭呼肠孤病毒病 鸭细小病毒病	鸭呼肠孤、细小病毒灭活疫苗	肌内注射	0.5mL/只
70	禽流感	禽流感 H5+H7+H9 灭活苗	皮下或肌内注射	1mL/只
90	鸭呼肠孤病毒病 鸭细小病毒病	鸭呼肠孤、细小病毒灭活疫苗	肌内注射	1mL/只
112(16周)	鸭坦布苏病毒病	鸭坦布苏病毒疫苗	胸肌注射	1mL/只
154(22周)	禽流感	禽流感 H5+H7+H9 灭活苗	皮下或肌内注射	1mL/只
168(24周)	鸭瘟、病毒性肝炎	鸭瘟、病毒性肝炎弱毒疫苗	肌内注射	1mL/只
315(45周)	鸭瘟、病毒性肝炎	鸭瘟、病毒性肝炎弱毒疫苗	肌内注射	1mL/只
336(48周)	禽流感	禽流感 H5+H7+H9 灭活疫苗	皮下或肌内注射	1mL/只

第三章　鸭病诊断技术

及时而正确的诊断是预防、控制和治疗鸭病的前提和重要环节。没有正确的诊断作为依据，就不可能有效地组织和实施对鸭病的防制工作。盲目治疗、无效投药，会导致疫情扩大，而造成重大损失。鸭病的发生和发展受到饲养管理、病原感染及环境条件改变等多种因素的影响和制约。随着养鸭场向规模化、集约化的方向快速发展，要对鸭病进行正确的诊断，需要具备全面丰富的疾病防制和饲养管理知识，并运用各种诊断方法进行综合分析。鸭病的诊断方法有很多，但是在生产中常用的主要有现场诊断、流行病学诊断、病理学诊断和实验室诊断。实验室诊断又包括微生物学诊断、免疫学诊断和分子生物学诊断。在大多数情况下，临场诊断只能提出可疑疫病的大致范围，必须结合其他诊断方法才能作出正确的诊断。在诊断时应注意对整个发病群所表现的症状加以综合分析判断，不要单凭个别或少数病例的症状轻易下结论，以免误诊。

第一节　现场诊断

亲临发病鸭场进行实地检查是诊断鸭病最基本的方法之一。这种诊断方法是通过对鸭群的精神状态、采食、饮水、粪便、运动状况、羽毛、眼睛、鼻腔与呼吸情况等观察，可对某些疾病作出初步诊断。临场诊断时可采取群体检查和个体检查相结合的方法，首先对发病鸭场的鸭进行群体检查，然后再对发病鸭只进行详细的个体检查。

一、群体检查

健康鸭群生长发育基本均匀一致。如果整体生长发育及增重显著缓慢，则可能是饲料营养配合不全面或因饲养管理不当所致的营养缺乏症。若出现大小不均，则表明鸭群可能有慢性消耗性疾病的存在。在不惊扰鸭群的情况下注意观察观察鸭群的精神状态、采食、饮水、运动行为和粪便等情况。

1. 精神状态

健康鸭反应迅速，精力充沛，性情活泼；两眼明亮而有神，鼻、口腔及咽喉洁净；全身羽毛丰满整洁，紧贴体表而有光泽，翅膀收缩有力，紧贴体躯，尾羽上翘；行走有力，采食敏捷，食欲旺盛；泄殖孔周围与腹下绒毛清洁而干燥（图 3-1，图 3-2）。如果鸭群出现体温升高、精神委顿、缩颈垂翅、离群独居、闭目呆立、尾羽下垂、食欲下降甚至废绝（图 3-3），通常见于症状明显的某些急性、热性传染病，如鸭瘟、番鸭细小病毒病、急性禽霍乱等；体温正常或偏高，精神差，食欲不振，多见于某些慢性传染病和寄生虫病以及某些营养代谢病等，如副伤寒、绦虫病、吸虫病、维生素缺乏症等；鸭群在没有外界刺激或仅有轻微刺激的情况下出现惊恐不安、奔走鸣叫、躁动等精神兴奋的表现，多见于药物中毒，如马杜拉霉素等药物中毒；若鸭群表现为精神委顿、体温下降、缩颈闭目、蹲地伏卧不愿站立，多见于濒死期的病鸭。

图3-1 健康鸭群（一）

图3-2 健康鸭群（二）

图3-3 发病鸭群，羽毛不洁，肿眼流泪

2. 采食

在正常情况下，健康鸭群走动活泼自如，食欲旺盛，采食量在一定时期相对稳定，其采食量和采食速度是有规律的。若发现在一定时间内采食量减少，料槽中仍然堆放未采食的饲料，则说明鸭群中出现食欲减退或废绝的鸭只，应及时进行详细观察和检查。

3. 饮水

鸭群饮水量主要与气温、运动及饲料含水量有关。若鸭群精神状态良好，但饮水量增加，多见于高温季节，鸭舍内温度过高；若精神沉郁、食欲下降（图 3-4），但鸭群饮水量增加，多见于急性热性传染病，如禽流感、鸭瘟等，也见于食盐中毒等疾病。

4. 运动行为

健康鸭活动自如，姿态优美，遇刺激可迅速站立或奔跑。鸭群感染某些传染病、寄生虫病、营养代谢病或受外伤时，则可能出现运动障碍。若鸭群两肢行走无力，行走时常呈蹲伏姿势，多见于鸭佝偻病或软骨症等（图 3-5）；鸭群若出现跛行，运动异常，则常见于呼肠孤病毒感染、痛风、钙磷代谢障碍、维生素缺乏症、葡萄球菌病、鸭传染性浆膜炎、鸭细小病毒感染等；鸭群出现痉挛、共济失调等神经症状时，常见于雏鸭病毒性肝炎、雏鸭坦布苏病毒病、禽流感、维生素缺乏症及食盐中毒等；鸭群出现双翅、双腿伸直，全身麻痹、瘫痪时，多见于鸭瘟及多种维生素、生物素缺乏症；鸭群呈企鹅样立起或行走，多见于鸭严重的卵黄性腹膜炎和腹水综合征。

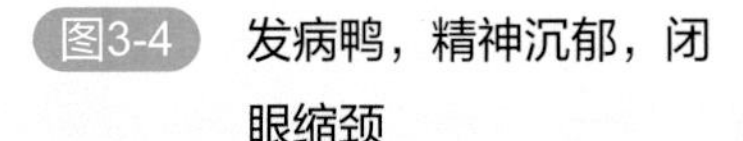
图3-4 发病鸭，精神沉郁，闭眼缩颈

图3-5 鸭瘫痪，不能站立

5.呼吸动作

健康鸭的呼吸频率为20～35次/分，如果呼吸浅表，频率增加，常见于某些热性传染病、寄生虫病、肺部疾患、胸腔积液及鸭舍内有害气体对呼吸道的刺激等。鸭群出现气喘、呼吸困难，常见于中暑、禽流感、曲霉菌病、大肠杆菌病，也可见于鸭隐孢子虫与支气管线虫感染。

6.神经症状

疾病因素可损伤鸭的脑部及中枢神经和外周神经，引起神经系统炎症或机能障碍，造成中枢神经机能的紊乱。鸭群头颈麻痹，多见于鸭肉毒梭菌毒素中毒；当鸭群感染细小病毒、新城疫病毒、鸭疫里默氏菌等，可引起鸭扭颈。某些中毒病和营养代谢病如维生素缺乏等也可引起鸭头颈扭曲；鸭角弓反张，呈观星状，常见于雏鸭病毒性肝炎、维生素B_1缺乏症等；头颈震颤、共济失调常见于流感（图3-6）。

7.羽毛

羽毛是鸭皮肤特有的衍生物，具有保温、散热、防水及防外界损伤的作用。健康鸭群羽毛丰满有光泽，表皮细嫩。当鸭群感染慢性疾病或营养缺乏时，如禽副伤寒、大肠杆菌病、鸭瘟、绦虫病、维生素缺乏，羽毛会变得蓬松、无光泽、污秽；鸭群羽毛稀少，常见于烟酸、叶酸缺乏，也可见于维生素D和泛酸缺乏症，而头颈部羽毛脱落常见于泛酸缺乏症；鸭群羽毛松乱或脱落，常见于B族维生素缺乏和含硫氨基酸不平衡；鸭群羽毛变脆易断裂或脱落多见于体外寄生虫病，如羽毛虱或羽毛螨病。此外，羽毛脱落也可见于70～80日龄鸭的正常换羽。

8.粪便

鸭的粪便含水量高，不成形，颜色为灰黄色，与饲料颜色相近。粪便的异常变化，往往是疾病的预兆，尤其是消化道疾病。鸭群患有传染病和寄生虫病时，由于食欲降低或拒食，饮水量增加，加之病原体的作用，会造成肠黏膜炎性反应，分泌物增加，肠道蠕动加快，因此可见粪便呈黄白色、黄绿色，并常附有黏液或血液。当鸭群感染禽流感病毒、新城疫病毒、巴氏杆菌及沙门菌时，多排绿色水样粪便；粪便颜色呈煤焦油状，多见于肌胃

图3-6 发病鸭，瘫痪，头颈扭转

糜烂与坏死性肠炎等；当粪便中带有纤维素或腊肠样栓子时，多为脱落的肠黏膜和肠道内容物混合而形成，常见于鸭球虫病、坏死性肠炎、细小病毒感染或寄生虫感染；鸭群排白色稀便，常黏附在泄殖腔周围羽毛上，常见雏鸭副伤寒沙门菌感染或痛风等，也可见于维生素A缺乏症和磺胺类药物中毒等；鸭排稀便，带有黏稠、半透明的蛋清样或蛋黄样液体，见于卵黄性腹膜炎、输卵管炎、产蛋鸭前殖吸虫病等；粪便稀薄，带有黏液状并混有小气泡，多见于雏鸭B族维生素缺乏症，或采食过量的蛋白质饲料所引起的消化不良。

9. 产蛋

当鸭群产蛋下降，畸形蛋、无壳蛋增多时，多见于鸭群坦布苏病毒病、禽流感、维生素 D_3 缺乏或钙缺乏等。

凡有上述病态的鸭只，均应立即挑出进行个体检查。

二、个体检查

对在群体检查中发现的可疑病鸭进行个体检查。首先观察鸭只的营养与生长情况，判断有无慢性消耗性疾病；其次，用手抓住翅膀根部，使其头向上做系统检查，包括测量体温和全身检查。

1. 体温

鸭的正常体温为 40 ～ 42℃。体温急剧升高并呈稽留热时，一般多见于大肠杆菌病或葡萄球菌败血症及流感、鸭瘟等急性传染病；慢性传染病时体温升高不明显；而多数中毒病、营养缺乏症或处于濒死期，体温会下降。

2. 头面部

（1）头颈部　观察皮肤颜色变化，是否有损伤、炎症，以及皮下是否水肿等（图 3-7）。外伤、打斗可造成头部皮肤的损伤和炎性肿胀；某些传染病和中毒病可引起机体缺氧、皮肤颜色发紫，如亚硝酸盐中毒的鸭；鸭感染鸭瘟、流感及维生素缺乏时，常表现为头部皮下水肿；鸭颈部肿大常见于因注射油乳剂灭活疫苗不当所致，也偶见于外伤感染引起的炎性肿胀；头颈部皮下气肿常见于鸭颈部气囊或锁骨间气囊破裂。

（2）眼部　健康鸭眼部清洁、明亮有神。眼睛神态、眼结膜及虹膜色泽、角膜透明度、瞳孔大小、眶下窦及结膜有无异物等常常是衡量鸭是否健康的标志。鸭眼球下陷，常见于某些传染病、寄生虫病等引起的腹泻而造成的脱水所致，如新城疫、副伤寒、大肠杆菌病、绦虫病及某些中毒病等；眼睑肿胀，瞬膜下形成球状干酪样物质，常见于鸭霉菌性眼炎；眼结膜充血、潮红、流泪（图 3-8），常见于禽流感、禽霍乱、鸭眼线虫病及维生素 A 缺乏症等；眼结膜内有黄白色凝块则见于维生素 A 缺乏症；眼结膜苍白，常见于慢性传染病和严重的寄生虫病及营养不良等疾病，如结核病、球虫病、绦虫病等，也可见于某些中毒病，如磺胺类药物中毒等；眼结膜有出血斑点，多见于禽霍乱及鸭瘟等；眼睛有黏性或脓性分泌物，常见于鸭瘟、副伤寒、大肠杆菌眼炎及其他细菌或霉菌引起的眼结膜炎；角膜浑浊甚至溃疡，多见于慢性鸭瘟，也见于吸虫病；瞳孔缩小可见于有机磷农药中毒，瞳孔散大则多见于阿托品中毒，也可见于濒死期的鸭。

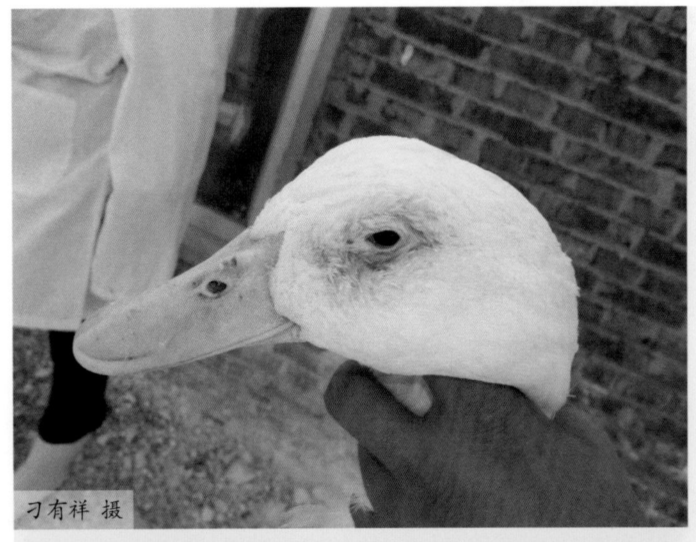

图3-7 头颈部检查

图3-8 观察鸭是否眼肿胀、流泪

（3）鼻腔　鼻有分泌物是鼻道疾病最显著的特征。一般鼻腔分泌物最初为水样透明，后变为黏性浑浊鼻液。鼻孔及其窦腔内有黏液性或浆液性分泌物，常见于鸭流感、曲霉菌感染、大肠杆菌病及棉籽饼中毒等；鼻腔内有牛奶样或豆腐渣样物质时，则多见于维生素A缺乏症。

（4）外耳孔　当鸭舍卫生条件过差时，常会出现鸭外耳道被饲料、污泥或粪便等堵塞。这种鸭场饲养的鸭群多呈生长发育不良，并逐渐衰弱、消瘦、生产性能下降等。

（5）喙　观察鸭喙的质地和形态是否改变、颜色是否正常、色泽是否减退。雏鸭出现钙磷代谢障碍、维生素D缺乏及氟中毒时，喙变软，易弯曲变形；喙的颜色变淡常见于慢性寄生虫病和营养代谢病，如鸭绦虫病、雏鸭维生素E缺乏症等；鸭喙上缘结痂、变形上翘，多见于鸭光过敏症；喙颜色发紫，常见于细小病毒病、雏鸭病毒性肝炎、禽霍乱、禽流感等。

（6）口腔　健康鸭的口腔湿润，黏膜呈灰红色，口腔温度适宜。用手抵住鸭喉部皮肤或用手捏住两嘴角喙根部，使其口腔打开，观察口腔内是否有过多分泌物，黏膜是否苍白、出血、充血，口腔与喉部是否有伪膜覆盖，有无溃疡或异物的存在等。口腔流出水样或浑浊液体，常见于裂口线虫病、新城疫及鸭瘟等；口腔流涎，常见于鸭误食喷洒农药的蔬菜或谷物引起的中毒；口腔流出污秽带有臭味的液体，常见于毛滴虫病；口腔流出黑色液体，多见于肌胃糜烂；口腔内有刺鼻气味，常见于有机磷及其他农药中毒；鸭口腔黏膜有炎症或白色针尖大的结节时，常见于雏鸭维生素 A 缺乏或烟酸缺乏，也见于鸭采食被蚜虫或蝶类幼虫寄生的蔬菜或青草引起的口腔炎症；鸭口腔黏膜形成黄白色、干酪样伪膜或溃疡，甚至蔓延至上口腔外部，嘴角亦形成黄白色伪膜，常见于鸭霉菌性口炎，即鹅口疮。

（7）喉及气管　打开鸭的口腔可观察到喉头的变化，主要观察喉头是否有充血、出血、水肿、分泌物及伪膜覆盖等。如喉头干燥、有易剥落的白色伪膜，多见于各种维生素缺乏症；压迫气管，鸭若表现为甩头、张口吸气等，多显示气管和喉头有炎症。

3. 食道膨大部

用手触摸鸭的食道膨大部以了解其内容物性质，必要时可将鸭倒提使头下垂并挤压，检查食道膨大部内是否有酸臭并带气泡的液体从口腔流出。鸭患霉菌性口炎时，其食道膨大部膨大，触诊松软，按压或倒提可见从口腔内流出酸败带气泡的内容物；鸭患食道积食时，按压食道膨大部有面团样感，充满硬物。

4. 胸部

检查胸骨的完整性及胸肌的营养状况。通过触摸了解肋骨有无突起，胸骨有无变形、变软。检查营养状况时，可触诊胸骨两侧肌肉的丰满程度。

5. 腹部

腹部检查常用视诊、触诊和穿刺等方法，主要了解腹围的变化和腹腔器官内容物的状态变化。腹围膨大见于产蛋鸭的卵黄性腹膜炎；有时产蛋鸭的腹围缩小，则常见于慢性传染病和寄生虫病，如慢性副伤寒、线虫病及绦虫病等；当鸭患卵黄性腹膜炎时，触诊腹部有波动感，穿刺可抽出大量淡黄色或污灰色腥臭浑浊渗出液。

6. 肛门及泄殖腔

泄殖腔是由尿道开口、输卵管末端开口及直肠外口三部分形成的一个共有腔体。健康产蛋鸭肛门呈白色，湿润而松弛；低产或休产期的鸭，肛门色泽淡黄，干燥而紧缩。检查时，观察肛门周围有无粪便污染，泄殖腔是否有肿胀、外翻，再用拇指和食指翻开泄殖腔，观察黏膜色泽、完整性及状态。肛门周围羽毛被粪便污染，常见于多种原因引起的腹泻，如鸭瘟、流感及大肠杆菌病等；肛门肿胀，周围覆盖有多量蛋白分泌物，常见于鸭前殖吸虫病，也可见于卵黄性腹膜炎；肛门周围有炎症、坏死和结痂病灶，常见于泛酸缺乏症。泄殖腔黏膜充血或有出血点，可见于各种原因引起的泄殖腔炎症，如前殖吸虫病，有时也见于禽霍乱；泄殖腔黏膜肿胀、充血、发红或发紫及肛门周围组织发生溃疡脱落，见于鸭隐孢子虫病、种鸭葡萄球菌病、慢性泄殖腔炎。严重的泄殖腔炎可引起肛门外翻、泄殖腔脱垂；鸭患鸭瘟时，肛门水肿，泄殖腔黏膜有出血性斑点、肿胀、溃疡和不易脱落的伪膜，严重者泄殖腔外翻，患病公鸭阴茎不能收回。

7. 腿、爪和蹼

主要检查鸭腿的各部分完整性以及爪、蹼的完整性和颜色等。爪蹼干燥或有炎症，常见于鸭 B 族维生素缺乏症，也见于内脏型痛风以及各种疾病引起的慢性腹泻；脚下部及脚趾皮肤结痂干裂或脱落，多见于雏鸭泛酸缺乏症等；爪蹼发紫，常见于卵黄性腹膜炎、维生素 E 缺乏症，也可见于细小病毒感染以及雏鸭病毒性肝炎等；脚蹼前端逐渐变黑、干燥，有时脱落是由葡萄球菌引起；爪蹼、趾爪卷曲或麻痹常见于维生素 B_2 缺乏症，也可见于成年鸭维生素 A 缺乏症；爪蹼变形结痂常见于散养白羽肉鸭和番鸭的感光过敏症；脚掌枕部及趾头枕部组织增生或肿胀、化脓，常见于葡萄球菌、链球菌等细菌感染引起的脚趾脓肿（图 3-9）。

8. 骨、关节

检查骨骼的形状、硬度及关节的活动性与关节和韧带的连接情况。触摸腿部各关节，检查有无肿胀、骨折、变形或运动不灵活等现象，这些部位常见的症候和相应的疾病为：趾关节、跗关节发生关节囊炎时，患鸭关节肿胀，并有波动感，有的还含有脓汁（图 3-10），通常呼肠孤病毒、滑膜支原体、金黄色葡萄球菌、沙门菌属的病原体均可引发这些变化；关节肿胀、变硬，关节腔内有大量黏稠的尿酸盐沉积物，常见于饲料中蛋白质含量过高或其他因素引起的关节型痛风；锰锌缺乏的鸭跗关节肿大、畸形，常一条腿从跗关节处屈曲而无法站立，可因麻痹而死亡。胫骨软、易折，常见于佝偻病、氟中毒等引起的鸭骨质疏松。

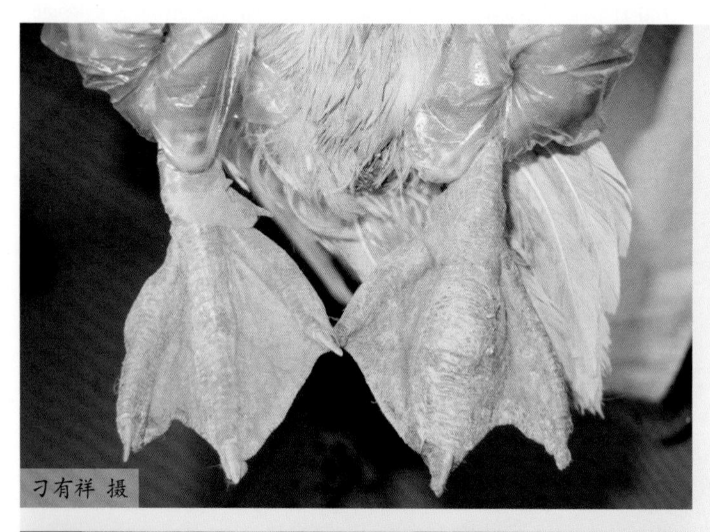

图3-9 检查鸭脚趾、关节是否肿胀

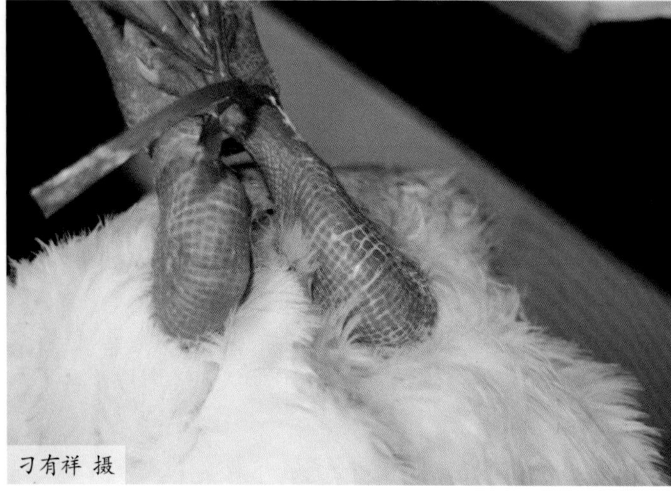

图3-10 检查鸭跗关节是否肿大

9. 蛋

观察鸭蛋的形态、厚度及蛋壳的有无。薄壳蛋、软壳蛋增多，多见于大肠杆菌病、新城疫、禽流感、鸭瘟及维生素D和钙磷缺乏症等疾病，也见于夏季鸭热应激引起的蛋壳变薄；血壳蛋见于蛋体过大或产道狭窄引起蛋壳表面附有片带状血迹，通常多见于刚开产的鸭；裂纹蛋见于鸭的营养代谢病，如矿物质锰或磷缺乏等；砂皮蛋见于营养代谢病，如产蛋鸭缺锌时使碳酸酐酶活性降低，导致蛋壳钙沉积不均匀，或钙过量而磷不足时，蛋壳上发生白灰状物沉积，使蛋壳两端粗糙；皱纹蛋多见于鸭微量元素铜缺乏症。铜的缺乏，使蛋壳膜缺乏完整性、均匀性，在钙化的过程中导致蛋壳的褶皱；鸭产双壳蛋则多见于鸭产蛋时受惊后，输卵管发生逆向蠕动，蛋又退回蛋壳的分泌部，刺激蛋壳腺再次分泌出一层蛋壳，而使蛋具有两层蛋壳；当产蛋鸭日粮中维生素K不足影响了凝血机制，引起卵巢破裂出血，血块随卵子下行被蛋白包围，鸭则会产出血斑蛋；当产蛋鸭输卵管发炎时，鸭蛋的形成过程中，蛋白中可混入少量的脱落黏膜，鸭会产出肉斑蛋，常见于鸭的大肠杆菌、沙门菌感染引起的输卵管炎。鸭产双黄蛋，常见于食欲旺盛的产蛋鸭，以高邮麻鸭多见。两个蛋黄同时由卵巢放出，同时通过输卵管，也同时被蛋白壳膜和蛋壳包裹而形成体积特别大的双黄蛋；小黄蛋，多见于饲料中黄曲霉毒素超标，影响鸭肝脏对蛋黄前体物的转运，阻碍了卵泡的成熟；而无黄蛋见于异物如寄生虫、脱落的黏膜组织、小的血块等落入输卵管内，刺激输卵管的蛋白分泌部位，使其分泌的蛋白包住异物，然后再包裹上壳膜和蛋壳而形成的，也见于输卵管狭窄，产出很小的无蛋黄的畸形蛋。

现场诊断时，需将群体检查和个体检查的结果综合分析，对某些特殊的疾病的确诊，多数情况下是不能确定的，因为许多疾病的症状是在发病的中后期才能表现出来。在疾病的初期，不同传染病大都呈现相似的症状，如食欲不振、精神萎靡等。同时，病原体毒力的大小、机体抵抗力的强弱、环境条件的改变均不同，鸭的症状也不同，并不是所有疾病的经过都具有特征性症状。因此，不要单凭个别或少数病例的症状就轻易下结论，以免误诊。

第二节　流行病学诊断

流行病学诊断常与现场诊断结合起来进行，通过询问饲养管理人员来了解疫病情况。在现场诊断的同时，对疫病流行的各个环节进行详细的调查和观察，以取得疫病流行的真实资料，对资料进行分析处理，最后作出初步判断。不同的疾病具有不同的流行特点和规律，所以，即使是症状相似的疾病，根据其流行特点再结合现场诊断，也不难做出诊断。进行流行病学诊断时，一般应从以下几个方面进行：

（一）现病历与既往史

了解现在疫病的情况与经过，并调查询问过去曾经发生的类似的疾病，可从以下几方面进行。

（1）发病日龄　某些传染病具有明显的日龄特征。根据发病日龄，可以帮助分析疫情，对提高诊断准确度有重要价值。例如10日龄前后雏鸭发病死亡，结合出现角弓反张、剖检肝脏表面有明显的出血点或出血斑，可提示为雏鸭病毒性肝炎；各个日龄的鸭同时或相继发病，且发病率和死亡率较高，提示可能有禽流感或鸭瘟等疾病的发生。

（2）发病时间及经过　了解疾病发生的时间可以推测该病的发生是急性还是慢性。若发病急，短时间内出现大量病例，发病率与死亡率较高，则可能是急性中毒病或急性传染病，如放养鸭误食了含有肉毒梭菌毒素的动物尸体等；反之，若病程较长，新病例增加缓慢，发病死亡率较低，则可能是慢性病或普通病。

（3）邻近鸭场有无类似疾病发生　了解邻近鸭场或同一鸭舍中，鸭群是否发生相似的疾病，据此可推断该病是群发还是散发以及有无传染性。若开始仅有个别或少数鸭先发病，首先应考虑传染性疾病；若同一鸭舍和邻近鸭舍所有鸭同时发病，则应考虑中毒病；若是散养的禽类同时发病，则应考虑某些传染病和中毒病；若同一鸭舍出现不同程度的发病，则应考虑营养代谢病，如网上饲养的肉雏鸭部分出现瘫痪，且每天陆续增加，则首先应考虑钙磷代谢障碍等问题。

（4）疾病的表现　了解疾病的主要表现可大致推断疾病所属的范畴，如食欲不振或废绝、腹泻、呼吸困难、瘫痪、麻痹、抽搐等症状可为鉴别诊断提供依据。如鸭肉毒梭菌毒素中毒，主要表现为头颈麻痹，若有吃蝇蛆或腐败鱼虾等动物性食物的病史，又有软颈的主要症状，可作出初步判断；若疾病在短时间内迅速传播，造成流行或鸭群出现快速死亡，则提示可能是急性传染病或某些急性中毒病；若在较长时间内不断地发生，则应考虑为传染病或寄生虫病。

了解疾病的发病率与死亡率对某些疾病的鉴别起着重要的作用。如番鸭细小病毒病与雏鸭病毒性肝炎，日龄越小发病率和死亡率越高，而2月龄以上的番鸭很少发生此病；雏鸭病毒性肝炎则主要感染3周龄以下的雏鸭，1月龄以上的鸭很少发病；鸭瘟主要发生于青年鸭与成年鸭，2周龄以内的雏鸭一般不发病。

从鸭群生长速度及增重情况、产蛋及蛋品质等方面，了解鸭群生产性能的变化，有助于区别疾病发生的种类。生产性能方面主要了解产蛋率是否下降及下降的幅度、是否出现畸形蛋。若产蛋率急剧下降，应首先考虑传染病，如坦布苏病毒病等，其次应考虑有无突然改变饲料营养或是否由其他因素造成；若产蛋下降幅度小，但出现软壳蛋、砂壳蛋，则应考虑细菌性传染病或某些寄生虫病和营养代谢病，如副伤寒或前殖吸虫病等；对于肉鸭，应了解其生长速度，注意肉鸭的增重情况。不同品种的肉鸭，都有相应的增重指标，若达不到规定的饲养标准和饲养条件，或在某些致病因素的作用下，鸭群增重会显著受到影响。

（5）疾病的经过及治疗情况　疾病发生后，病情是逐渐加重还是减轻，是否有新的症状出现等，由此可分析疾病发展的趋势。如营养代谢病，开始症状较轻，若缺乏的营养得不到及时补充或补充不当，则会日益加重。其次，了解鸭群发病后是否经过治疗，使用何种药物，用药剂量、方法、次数及效果如何，可为诊断及下一步调整防控措施提供有价值的参考。若用抗生素类药物治疗后症状减轻或迅速停止死亡，提示为细菌性疾病感染；若用抗生素药物无作用，则可能是病毒性疾病、中毒性疾病或营养代谢病等。

（6）了解既往病史　首先通过了解鸭群过去发生何种疫情，有无类似疾病发生，其经过和结果如何等情况，分析本次发病和过去所发疾病的关系。如雏鸭副伤寒，即使治愈后，若受不良因素的影响，仍可以复发；鸭绦虫病和吸虫病在驱虫后，若不采取有效措施，改善饲养环境，仍然可以重复感染。其次了解鸭群来源，分析发病鸭群有无引起传染病或寄生虫病的因素。调查发病鸭群是饲养场自繁自养的还是从外地购入的，并了解发病鸭所在地目前或过去有无发生过疫情，或输出的地区有无发生疫情，以及与场外来往的人员、运输车船、运载用具有无污染的可能。最后了解鸭场建场时间、鸭场地理位置和周围环境、鸭场规划布局、曾经饲养鸭的品种、数量和出栏量，以及饲养及管理人员文化程度等。

（7）疾病传播途径和传播方式 要查清疫病是如何传播的，需要调查其传播途径和传播方式，常见的疫病传播途径有以下几种：经卵传播、孵化室传播、空气传播、饲料和水源传播、垫料或土壤传播、设备和用具传播、媒介者传播、混群传播、交配传播及羽毛传播等。

（二）免疫情况

了解鸭群防疫情况、防疫制度及落实的情况、实际防疫效果、鸭场有无消毒设施、病死鸭的处理方式等，这些均对疫情的分析有重要意义。预防接种实施情况如何，应着重了解鸭瘟、鸭病毒性肝炎、流感、禽霍乱、鸭传染性浆膜炎、坦布苏病毒病、呼肠孤病毒感染等疫苗的接种情况，包括接种时间、剂量、接种方法和密度，并查明疫苗来源、运输与保管方法，以评估实际接种效果，这有利于疫情的分析及诊断的准确性。

（三）饲养管理情况

了解鸭群饲养方式、饲养制度、饲料组成、饲料贮存及水质情况，以及管理制度、卫生消毒制度如何，同时，还要了解鸭舍的温度、湿度、通风情况与鸭场周围野生动物、节肢动物的分布和活动情况如何等。

（1）了解养鸭场结构及环境 如养鸭场的地理位置（与居民区及其他养殖场的距离）、圈舍构造布局（鸭舍、水源、排污设施等的布局）。

（2）饲料的种类、组成、质量及贮存情况 这些情况的了解常为某些营养代谢病、消化系统疾病或中毒病及寄生虫病提出病因性诊断的启示。不同品种、不同日龄的鸭群均有营养标准。如雏鸭饲料中蛋白质含量不宜过高，一般雏鸭日粮中蛋白质含量在20%～22%，若超过此标准，往往容易引发痛风；蛋鸭长期饲喂单一饲料或某些营养物质缺乏或不足的饲料，种蛋常出现受精率与孵化率的下降，孵出的雏鸭多会出现佝偻病、白肌病、维生素缺乏症等营养代谢紊乱性疾病，从而容易继发感染传染病；饲料调制方法或贮存不当容易引发饲料霉变，鸭群采食被霉菌污染的饲料后易引起霉菌毒素中毒。

（3）了解鸭舍构造、设施 鸭舍是鸭群生活、休息及产蛋的场所，鸭舍建造的合理与否，直接关系到鸭群的生长发育和生产性能的正常发挥。鸭舍的建筑结构、地理位置、采光通风设施等条件均与某些疾病的发生有一定的联系。如光照不足，鸭群容易缺乏维生素D，从而影响钙磷的吸收，以致引发多种疾病，造成肉鸭生长发育受阻；通风不良容易引发鸭舍有害气体蓄积；在炎热的夏秋季节，鸭舍缺乏通风降温设施，易引起鸭尤其是产蛋鸭的中暑。一般通过嗅闻，可以发现鸭舍内及周围环境中有无刺鼻的有害气体，以及鸭饲料、垫料、分泌物、排泄物有无异常气味，这有助于客观地反映鸭的饲养管理情况与环境卫生状况，为诊断群发性疾病提供可靠的依据。若鸭舍内氨气味道较浓，提示有可能鸭群患呼吸道疾病或肠道疾病；饲料、垫料中有霉味，提示鸭可能患曲霉菌病；粪便带有腥臭味提示鸭群可能感染球虫等。

（4）了解鸭群的饲养管理、饲养密度与饲养方式　饲养密度大、环境不卫生，鸭群容易感染球虫、大肠杆菌与曲霉菌。饲养管理不善、鸭舍粉尘过大、通风不良，容易引发鸭的呼吸道传染病。了解水的来源、水的质量、水源供给是否充足、饮水采食用具是否卫生等。如饮水槽有污垢、饲料槽不洁，常为大肠杆菌和沙门菌等细菌的侵袭创造了条件。不同的饲养模式，在疾病的发生上又有不同的倾向性，如散养鸭易发生寄生虫病和中毒病；地面平养、饲养密度大、环境不卫生、垫料潮湿则容易感染球虫病、葡萄球菌病、曲霉菌病等；而笼养、网上平养的鸭群容易发生营养代谢病等。

通过问询和了解以上情况，并对调查资料进行分析和处理，可获得许多对诊断有帮助的第一手材料，有利于作出正确的诊断。

第三节　病理学诊断

患各种疾病死亡的鸭群，一般都有一定的病理变化，而且多数疾病具有示病性的病理变化。病理学诊断就是对病死鸭进行尸体剖检和组织切片检查，以观察病死鸭组织器官的病理变化，从而作出诊断。通过病理学检查可以发现具有代表性的有诊断意义的特征性病变，并依据这些病变即可作出初步诊断。但对缺乏特征性病变或急性死亡的病例，需要配合其他诊断方法，进行综合分析。病理学诊断时，除对死亡鸭进行剖检外，还可对活着的病鸭，尤其是症状较为典型的病鸭进行剖检。病理学诊断包括病理剖检和病理组织学检查。

一、病理剖检

应用病理解剖学的方法，对患病死亡的鸭只进行剖检，检查其病理变化。病理剖检，尤其是大体剖检，具有快速、简便的特点，并能在短时间内得出结果，因此是生产中诊断鸭病的主要方法，但现场剖检时应选择在远离鸭舍、水源、料库的地方进行，以免病原扩散造成污染。在剖检时，一定要做到认真细致，不可马虎或妄下结论，剖检过程中应从外到内，尽可能保持每个脏器的完好，力求通过剖检从中找出具有代表性的典型病变。此外，鸭病虽然常表现为群发性，但由于不同个体间存在差异，病变有所不同，因此应增加剖检数量，根据不同病变，找出共同的、示病性的病理变化。因鸭死后尸体随着时间的推移，会产生一系列的变化，这样可能会混淆生前病变，妨碍对疾病的诊断，因此要在鸭死后尽快剖检。若寄生虫引起的疾病，还要查找寄生部位的虫体。

（一）剖检的技术及方法

病鸭在剖检前需进行放血，方法一般有两种，一种可在口腔内、耳根旁的颈静脉处用剪刀横切断静脉，血沿口腔流出；另一种为颈部放血，用刀切断颈动脉或颈静脉放血。用水或消毒液将羽毛充分沾湿，使羽毛和附着的尘土不至于到处飞扬。

（1）体表检查　选择症状比较典型的病死鸭作为剖检对象，解剖前进行体表检查（图3-11）。注意羽毛有无光泽，是否整洁、紧凑，有无脱落，营养状况如何，皮肤、翅、腿有无肿胀、外伤、结痂、寄生虫；口鼻眼内有无分泌物；肛门周围羽毛有无粪便污染；羽毛根部是否有虱卵附着等。

（2）皮肤剥离和皮下检查　将尸体仰卧放在解剖台或瓷盘中，此时应注意腹部皮下是否有腐败。先将腹壁和两侧大腿之间的疏松皮肤剪开，再剪断连接处的肌膜（图3-12）。将大腿髋关节脱臼，在龙骨末端后方将皮肤作一横线剪开，把两侧大腿与腹壁之间的纵切口连接起来，再用镊子将龙骨后方的皮肤拉起，向前方剥离，一直翻置于头部，这样整个胸部以及颈部皮下组织和肌肉就充分暴露（图3-13）。剥离皮肤后，可看到胸肌、腹肌、腿部肌肉等。此时可检查皮下是否有出血、胸部肌肉是否有出血点或灰白色坏死点等。

（3）打开胸腹腔　在后腹部（龙骨与肛门之间）作一横切线剪开腹壁延伸至腹部的两侧，接着从两侧沿肋骨关节向前方将肋骨和胸肌剪开，直至剪断锁骨，再将整个胸壁翻向头部，这样整个胸腔和腹腔都可清楚地暴露出来（图3-14）。体腔打开后，先检查胸腹腔有无渗出物、腹水或血水等，同时，检查器官表面是否有胶冻样或干酪样渗出物，胸腔内液体是否增多等。

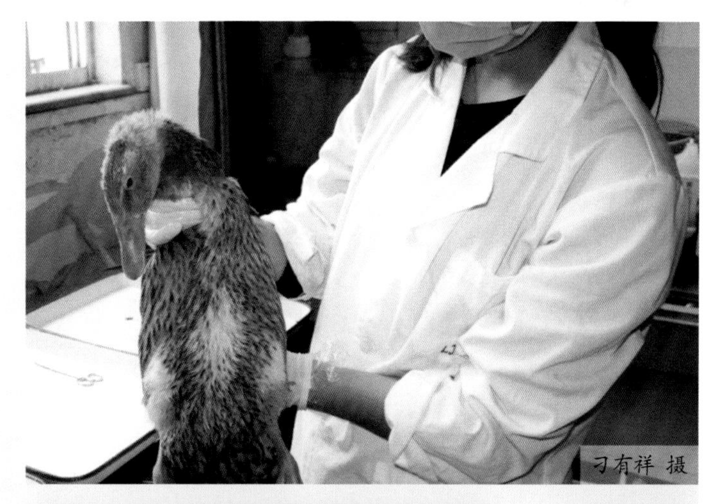

图3-11 对发病鸭进行体表检查

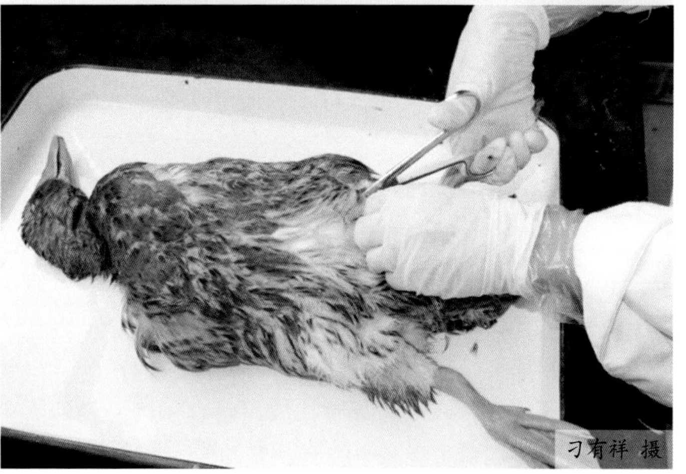

图3-12 剪开腹壁和两侧大腿之间的疏松皮肤

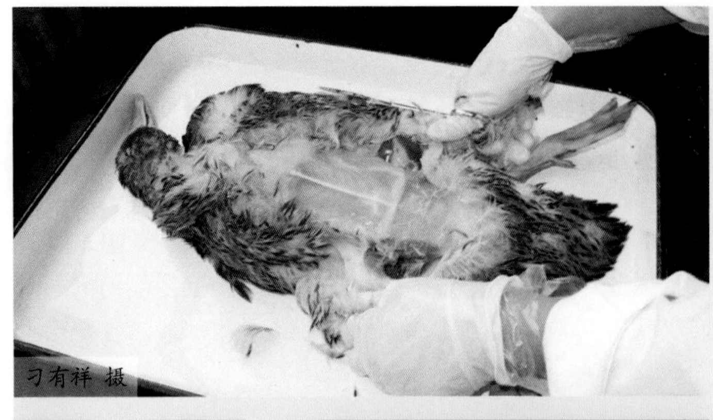

图3-13 剥离胸腹部皮肤，检查皮下有无出血、渗出

图3-14 打开腹腔，观察肝脏、心脏的大小、色泽，表面有无渗出

其次，检查气囊，气囊膜正常情况下为一透明的薄层，注意有无浑浊、增厚或有渗出物覆盖等。若要取病料进行细菌培养，可用灭菌消毒过的剪子、镊子、注射器、针头及存放材料的器材取所需的组织器官。取完材料后，可进行各个脏器的检查。剪开心包膜，注意心包膜是否浑浊或有纤维素性渗出物黏附以及心包液是否增多，然后顺次取出各个脏器。

（4）取出内脏器官　首先，把肝脏与其他器官连接处的韧带剪断，再将脾脏、胆囊随同肝脏一起取出；其次，把食道与腺胃交界处剪断，将肌胃、腺胃和肠管一起取出；剪开卵巢系膜，将输卵管与泄殖腔连接处剪断，将卵巢和输卵管取出。公鸭剪断睾丸系膜，取出睾丸；用器械柄钝性剥离肾脏，从脊椎骨深凹中取出；剪断心脏的动脉、静脉，取出心脏；用刀柄钝性剥离肺脏，将肺脏从肋骨间摘出；剪开喙角，打开口腔，把喉头与气管一同摘出，再将食道摘出；将直肠拉出腹腔，露出位于泄殖腔背面的法氏囊，剪开与泄殖腔的连接处，法氏囊便可摘出（图3-15）。

（5）剪开鼻腔　从两鼻孔上方横向剪断上喙部，断面露出鼻腔和鼻甲骨，轻压鼻腔，可检查内部有无内容物。

（6）剪开眶下窦　剪开眼下和嘴角上的皮肤，看到的空腔即为眶下窦。

（7）脑的取出　将头部皮肤剥离，用骨剪剪开顶骨缘、颧骨上缘、枕骨后缘，揭开头盖骨，露出大脑和小脑。切断脑底部神经便可取出大脑。

（8）外部神经的暴露　迷走神经在颈椎的两侧，坐骨神经位于大腿两侧，剪去内收肌便可露出；将脊柱两侧的肾脏摘除，腰荐神经丛便能看到；将鸭背部朝上，剪开肩胛和脊柱之间的皮肤，剥离肌肉便能看到臂神经。

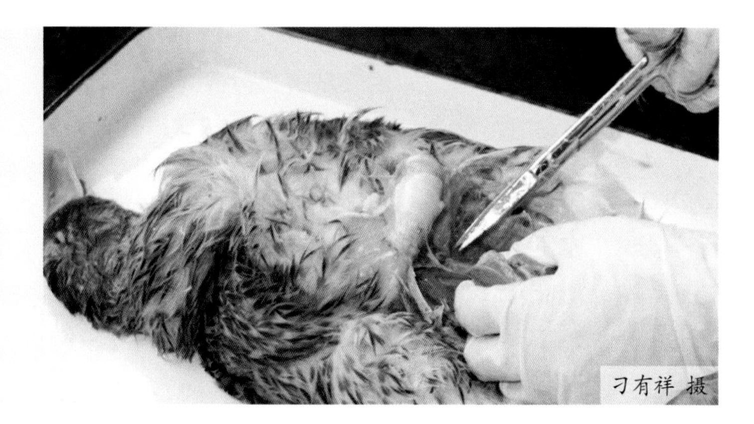

图3-15 取出内脏器官

（9）骨和关节　用剪刀剪开关节囊，观察关节内部的病理变化；用手术刀纵向切开骨骼，观察骨髓、骨骺的病理变化。

（二）剖检时注意事项

（1）剖检时最好在实验室内进行，如果是在养鸭场或野外现场剖检，应选择比较偏僻和远离水源的地方，垫上厚纸或塑料布，待剖检完毕将尸体连同垫纸一同深埋或烧毁，防止环境污染及病原微生物的扩散。

（2）在进行病理剖检时，如果怀疑待检病死鸭已感染的疾病可能有人兽共患的风险时，必须采取严格的卫生防疫措施。剖检人员在剖检前换上工作服、胶靴，佩戴优质的橡胶手套、帽子、口罩等。

（3）在进行剖检时应注意所剖检的病死鸭应具有代表性。若鸭已死亡，则应立即剖检，时间过长，尸体易腐败，使病理变化模糊不清，失去剖检意义。剖检最好不超过6h，夏季不超过4h。如当时不能剖检的，可暂时存放在−20℃冰箱内。

（4）剖检时必须按剖检顺序观察，遵循从无菌到有菌的程序，对未经仔细检查且粘连的组织不可随意切断，更不可将腹腔内的管状器官切断，以免造成其他器官的污染，给病原分离带来困难。

（5）剖检时应注意观察主要病变和特殊病变，做好记录。现场的剖检变化，不一定与书本上介绍的典型病理变化完全相同，有时在一个养鸭场或鸭群中同时存在几种疾病。因此，在病理学诊断时，应结合流行病学调查结果，对剖检所见的病变进行具体分析，抓住主要病变和特殊病变。进行现场诊断时，尽量多解剖病死鸭，根据不同个体表现的病理变化，找出共有的特征性病变，综合分析判断，有助于作出正确的诊断。

（6）在诊断中，对于病变不明显或容易混淆的非典型病例，除了结合前期现场诊断与流行病学诊断外，还应借助于实验室诊断，以得到更为准确的结果。

（7）剖检人员应认真检查病变情况，做到全面细致、综合分析，切勿主观片面、马马虎虎、草率行事。

（三）剖检常见病理变化

1. 体表及胸腹腔检查

（1）皮肤及皮下组织　注意皮下有无水肿、气肿、出血。皮肤苍白，常见于各种因素引起的内出血，如鸭副伤寒引起的肝脏破裂；皮肤暗紫常见于各种败血性疾病，如禽霍乱、鸭瘟等；胸腹部及两腿之间皮肤呈暗紫色或淡绿色，皮下呈胶冻样水肿，见于肉鸭维生素E-硒缺乏症；皮下出血见于某些传染病，如禽霍乱、禽流感、大肠杆菌败血症等；胸部皮下化脓或坏死，也见于外伤引起的皮肤感染葡萄球菌、链球菌或其他细菌所致。

（2）胸腹腔　注意腹腔有无积液，有无破裂的卵黄。胸腹膜有出血点，常见于败血症；胸腔积液，常见于敌鼠钠中毒；胸腔有血凝块，见于肝脏破裂；腹腔内有淡黄色或暗红色腹水及纤维素渗出，常见于肉鸭腹水综合征、大肠杆菌病、鸭疫里默氏菌病、副伤寒等；腹腔内有血液或凝血块，常见于各种原因引起的急性肝破裂，如成年鸭副伤寒等；腹腔内有淡黄色、黏稠的渗出物附着在内脏表面，常为卵黄破裂引起的卵黄性腹膜炎，病原多为大肠杆菌，有时也见于沙门菌和巴氏杆菌；腹腔器官表面有许多菜花样增生物或很多大小不等的结节，见于大肠杆菌肉芽肿与成年鸭结核病等；在腹腔中，尤其在内脏器官表面有一种石灰样物质沉着，见于内脏型痛风。

2.消化系统检查

（1）口腔、食道　应注意口腔中有无黏液、泡沫，黏膜有无外伤、溃疡，嘴角有无结痂。食道黏膜是否干燥，有无溃疡、脓疱（图3-16）。舌边缘有白斑，常见于霉菌毒素中毒或鸭舍内湿度过低；舌肿胀常见于鸭细小病毒感染；口腔、食道黏膜有白色伪膜和溃疡，常见于白色念珠菌引起的霉菌性口炎；口腔、咽、食道有小的白色脓疮或小结节，有时可蔓延至食道膨大部，常见于维生素A缺乏症；食道下段黏膜有灰黄色伪膜、结痂，剥去伪膜后可出现溃疡，此为鸭瘟的特征性病变；食道膨大部内容物有刺鼻的蒜臭味，常见于有机磷中毒。

（2）腺胃　腺胃是否肿胀，乳头有无出血，乳头间有无出血，腺胃与肌胃交界处、腺胃与食道移行部交界处有无出血带。腺胃黏膜及乳头出血，常见于禽流感、急性鸭霍乱等；腺胃呈球状肿胀，常见于饲料中纤维素缺乏或传染性腺胃炎；腺胃壁增厚，腺胃黏膜出血并形成溃疡或坏死，常见于禽流感；腺胃乳头水肿、出血，常见于维生素E缺乏症；腺胃内有寄生虫，常见于散养鸭的线虫病；腺胃与肌胃交界处形成出血带或出血点，常见于禽流感和螺旋体感染。

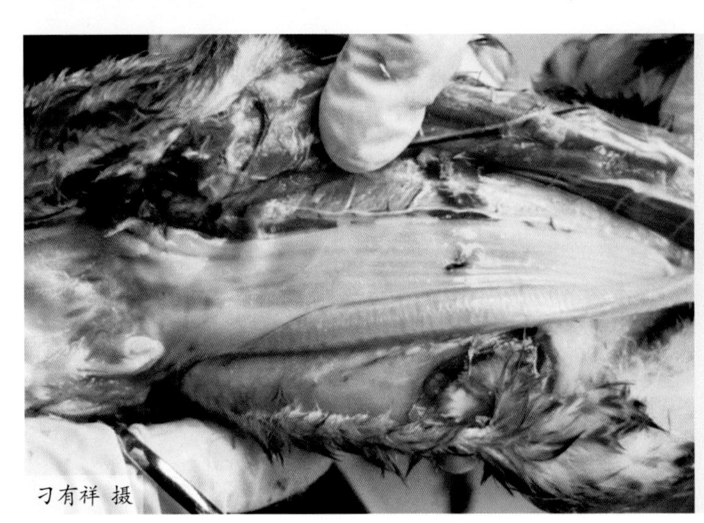

图3-16　检查食道黏膜有无出血、溃疡

（3）肌胃　观察肌胃内容物的性状，是否呈绿色或黑色（图3-17）。角质膜是否溃烂，注意角质膜下有无出血。肌胃穿孔，多因饲料霉变或肌胃内存在的铁钉或其他异物在肌胃收缩时，穿透肌胃壁所致，这种疾病常伴有鸭的腹膜炎；当鸭采食饲喂变质鱼粉、霉变饲料时，常呈现肌胃糜烂、角质膜变黑或脱落，硫酸铜中毒也可引起此症状；肌胃角质膜易脱落、角质层下有出血斑或溃疡，常见于新城疫病毒感染、鸭瘟，也可见于禽流感及某些中毒病；肌胃内空虚，角质膜呈绿色，常见于慢性疾病的感染，多由胆汁反流所致；肌胃、腺胃黏膜坏死，常见于鸭的赤霉菌毒素中毒。

（4）肠道　注意观察肠道是否肿胀，浆膜上有无出血点、结节、肿瘤、肉芽肿等（图3-18），剖开肠管，注意肠内容物的性状，有无红色胶冻样内容物，盲肠有无出血，肠黏膜是否变薄，有无出血、肉芽肿等（图3-19），检查泄殖腔黏膜有无出血、溃疡（图3-20）。小肠黏膜呈急性卡他性或出血性炎症，黏膜呈深红色或有出血点，肠腔内有大量黏液和脱落的黏膜，常见于急性败血性传染病，如禽霍乱、副伤寒、大肠杆菌病、球虫病等；肠道变色、肿胀、黏膜出血、有炎性渗出物，小肠肠管变粗，肠道黏膜坏死或覆盖一层灰白色伪膜，多见于产气荚膜梭菌感染；肠壁有大小不等的结节，这种病灶常见于成年鸭的结核病，也见于鸭棘头虫病；肠道黏膜坏死，常见于禽副伤寒、大肠杆菌病以及维生素E缺乏症等；小肠某节段肠管发紫且肠腔内有出血黏液或暗红色血块，常见于肠系膜病或肠扭转；肠管膨大，肠黏膜脱落，肠壁光滑变薄，肠黏膜表面有纤维素性渗出，常见于坏死性肠炎；盲肠内有栓塞，常见于副伤寒。

剖检时还应注意肠道蠕虫寄生的位置及虫体的数量。肠道内寄生的寄生虫有绦虫、吸虫、线虫和棘头虫。剑带绦虫、棘头虫、棘口吸虫等常寄生于十二指肠和空肠；鸭毛细线虫和异刺线虫寄生于盲肠；前殖吸虫多寄生于直肠。小肠前部肠壁肿胀，黏膜表面出血，多由球虫引起；小肠肠管膨大、阻塞，常见于鸭的肠梗死，常由饲料中的粗纤维和严重的蛔虫感染引起；肠壁有出血小结节，见于住白细胞虫感染；盲肠肿大，内含有干酪样凝性栓塞，见于副伤寒。

（5）肝脏　注意肝脏的大小、色泽、弹性有无变化，肝脏表面有无渗出物、出血点、坏死点、坏死灶、肿瘤（图3-21）。肝脏肿大并出现肉芽肿，常见于大肠杆菌病；肝脏肿大淤血，表面有散在或密集的坏死点，常见于急性禽霍乱、鸭副伤寒、大肠杆菌病等，有时也见于鸭瘟、鸭疫里默氏菌病等；肝脏肿大，有出血点，见于雏鸭病毒性肝炎、禽霍乱、磺胺类药物中毒，也见于鸭瘟早期的肝脏病变；肝脏肿大，呈青铜色或古铜色，常见于鸭副伤寒、葡萄球菌病、链球菌病及大肠杆菌病等；肝脏肿大、硬化，呈土黄色，表面粗糙不平，常见于慢性黄曲霉毒素中毒；肝脏萎缩、硬化，多见于腹水综合征晚期的病例和成年鸭的黄曲霉毒素中毒；肝脏肿大，表面有纤维蛋白覆盖，常见于鸭疫里默氏菌病及大肠杆菌病等；肝脏肿大，表面有圆形或不规则的粟粒至黄豆大小的坏死灶，常见于溃疡性肠炎；肝脏有多量灰白色或淡黄色结节，切面呈干酪样，常见于成年鸭结核病、鸭伪结核病等；肝脏肿大，被膜下形成血肿，常由肝破裂引起，见于脂肪肝综合征等。肝被膜下形成血肿，有时也见于胸部肌内注射疫苗不当，刺破肝脏后引起的。

（6）胆囊与胆管　注意胆囊是否肿大。胆囊内有寄生虫，常见于鸭次睾吸虫病；胆囊充盈肿大，见于急性传染病，如禽霍乱、雏鸭病毒性肝炎、鸭瘟等，也见于某些药物中毒；

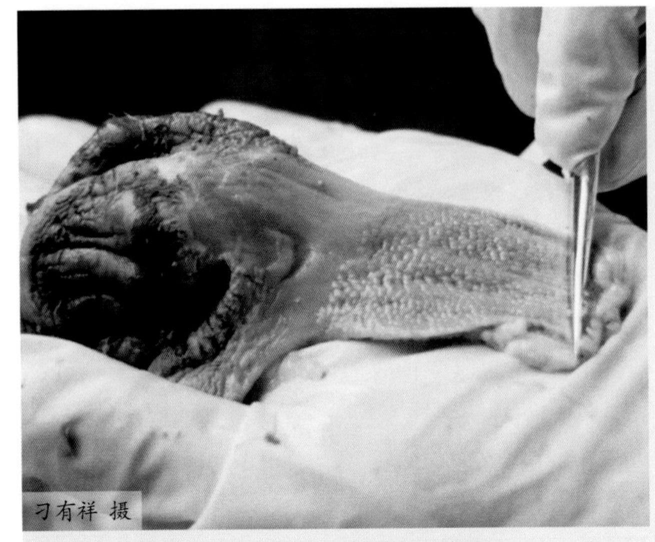

图3-17 检查腺胃和肌胃，有无出血、糜烂

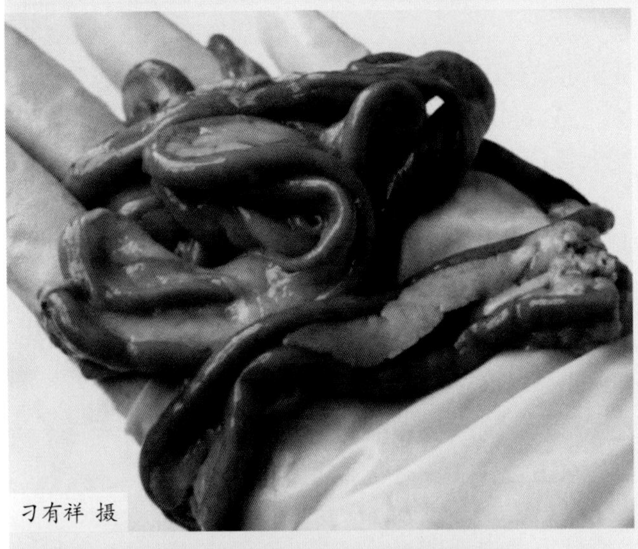

图3-18 检查肠道是否肿胀，浆膜有无出血、溃疡

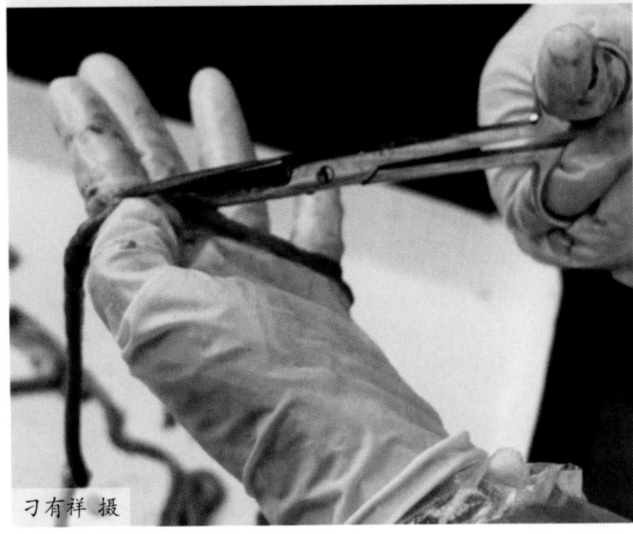

图3-19 检查肠黏膜是否出血，有无溃疡、渗出

胆囊萎缩、胆汁少、色淡或胆囊黏膜水肿，常见于慢性消耗性疾病，如鸭绦虫病、蛔虫病、吸虫病等；胆汁浓，呈墨绿色，常见于急性传染病，如禽流感、鸭霍乱、大肠杆菌败血症等；胆囊空虚、无胆汁，见于肉鸭猝死综合征。

胰腺　注意胰腺的色泽、弹性如何，有无出血、坏死、肉芽肿（图 3-22）。胰腺肿大、出血或坏死、滤泡增大，常见于急性败血性传染病，如禽霍乱、鸭病毒性肝炎、禽流感、大肠杆菌败血症及新城疫病毒感染等，也见于某些中毒病，如肉毒梭菌毒素中毒等；胰腺出现肉芽肿，则常见于大肠杆菌和沙门菌感染；胰腺萎缩、腺细胞内有空泡形成，并有透明小体，见于硒 / 维生素 E 缺乏症。

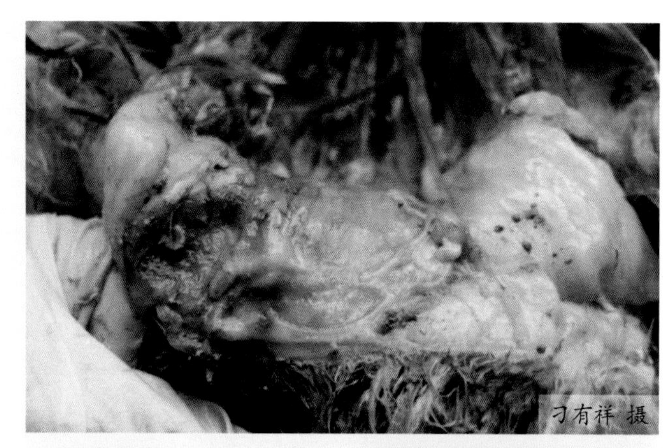

图3-20 检查泄殖腔黏膜有无出血、溃疡

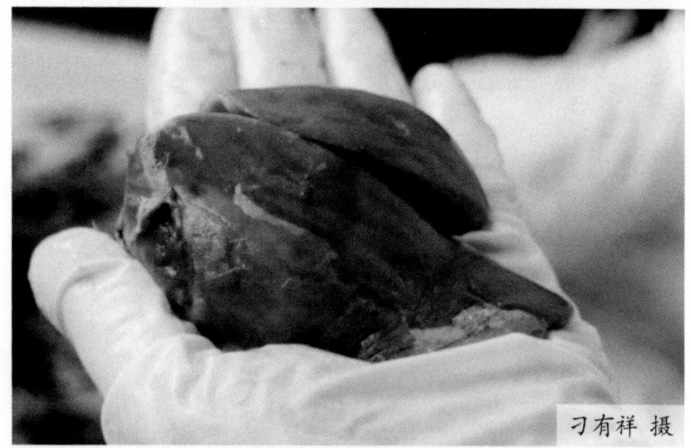

图3-21 肝脏是否肿大、有无出血、坏死、渗出

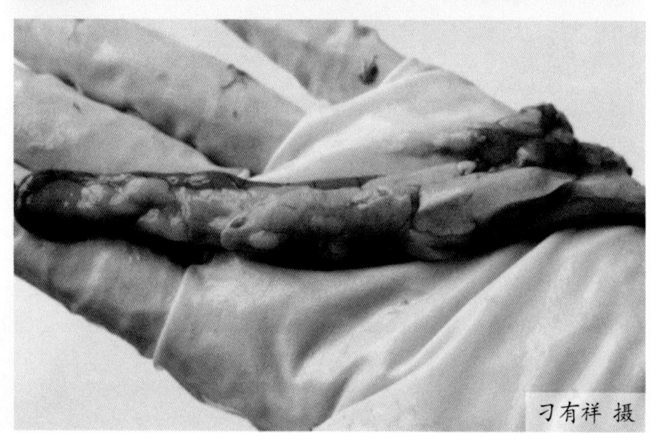

图3-22 检查胰腺有无出血、液化

3. 呼吸系统检查

（1）喉头、气管　喉头是否有出血点、渗出物，气管环有无出血、管腔内有无分泌物（图 3-23）。喉头、气管出血，常见于禽流感、鸭瘟等；气管、支气管有黏液性渗出物，常见于曲霉菌病、禽流感、鸭瘟等；气管和支气管内有寄生虫，常见于鸭舟形嗜气管吸虫和支气管线虫；喉头、气管黏膜上有干酪样坏死，常见于黏膜型鸭痘；气管环充血出血，常见于禽流感病毒感染等。

（2）肺脏　肺脏有无出血、淤血、水肿、结节（图 3-24）。肺脏表面有黄色粟粒大至豌豆大的结节，常见于曲霉菌病，也可见于成年鸭结核病；肺脏出现肉芽肿，常见于大肠杆菌病、沙门菌病；肺脏出血，有血凝块，常见于坦布苏病毒病、禽流感等。

（3）气囊　观察气囊是否增厚、混浊、囊腔中有无黄白色渗出物（图 3-25）。气囊表面有灰黑色或淡绿色霉斑，多见于青年鸭或成年鸭曲霉菌病；胸腹部气囊浑浊、囊壁增厚或含有灰白色或淡黄色干酪样渗出物，常见于大肠杆菌病、鸭疫里默氏菌病等。

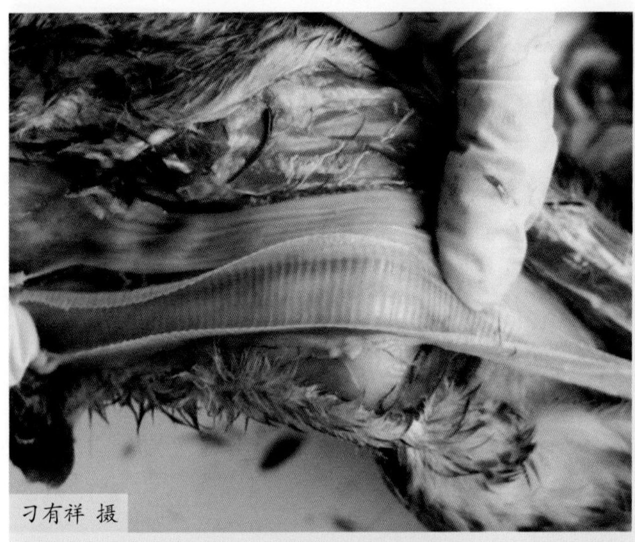

图3-23　检查喉头、气管是否出血

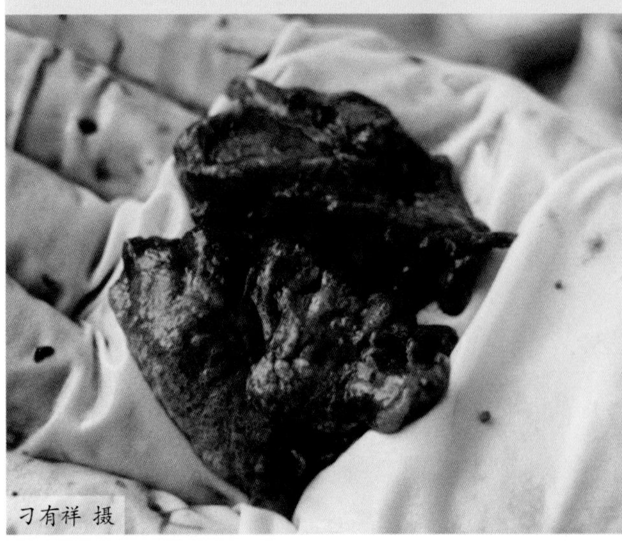

图3-24　检查肺脏是否出血，有无渗出、坏死

图3-25 检查气囊是否透明，表面有无渗出

4. 泌尿系统检查

检查肾脏是否肿大、出血，有无尿酸盐沉积，输尿管有无尿酸盐沉积（图 3-26）。肾脏肿大、淤血，常见于鸭副伤寒、链球菌病等，也见于禽流感、病毒性肝炎以及食盐中毒；肾脏显著肿大，偶见于大肠杆菌引起的肉芽肿；肾脏肿大，且表面有尿酸盐沉积，呈“花斑肾”，输尿管和肾小管充满白色尿酸盐结晶，是内脏型痛风的一种常见病变，也见于维生素 A 缺乏症、磺胺类药物中毒、钙磷代谢异常及饮水不足；肾脏苍白，常见于副伤寒、严重的寄生虫病，也见于各种原因引起的内脏器官出血等；肾脏有霉菌结节，常见于霉菌感染。

5. 免疫系统检查

（1）脾脏　脾脏是否肿大，有无坏死点、肿瘤等（图 3-27）。脾脏有灰白色或灰黄色结节，切面呈干酪样，常见于成年鸭结核病；脾脏肿大，有坏死灶或出血点，见于禽霍乱、鸭副伤寒、禽流感、鸭瘟等；脾脏肿大，表面有灰白色斑驳，常见于呼肠孤病毒感染、鸭疫里默氏菌病、大肠杆菌败血症、副伤寒等。

（2）法氏囊　检查法氏囊是否肿大、出血、萎缩（图 3-28）。法氏囊肿大、黏膜出血，常见于某些传染病和寄生虫病，如鸭瘟、隐孢子虫病，有时也见于禽流感或严重的绦虫病；法氏囊萎缩，常见于鸭疫里默氏菌病、黄曲霉毒素慢性中毒及免疫抑制病。此外，也见于正常的生理性退化、萎缩；法氏囊内寄生的寄生虫多为前殖吸虫。

（3）盲肠扁桃体　盲肠扁桃体肿大、出血，见于某些急性传染病和某些寄生虫病，如禽霍乱、副伤寒、球虫病、鸭瘟、大肠杆菌病、新城疫病毒感染等；盲肠扁桃体肿大、出血、坏死，则常见于新城疫。

（4）胸腺和骨髓　检查胸腺是否肿大、出血、萎缩，骨髓颜色是否变浅（图 3-29）。胸腺是否肿大、出血常见于某些急性传染病，如鸭瘟、禽霍乱、鸭疫里默氏菌病；胸腺肿大、坏死，常见于细小病毒感染等；胸腺出现玉米粒大的肿胀，多见于成年鸭结核病；胸腺萎缩，骨髓呈浅黄色，常见于免疫抑制病、营养缺乏症与慢性黄曲霉毒素中毒等。

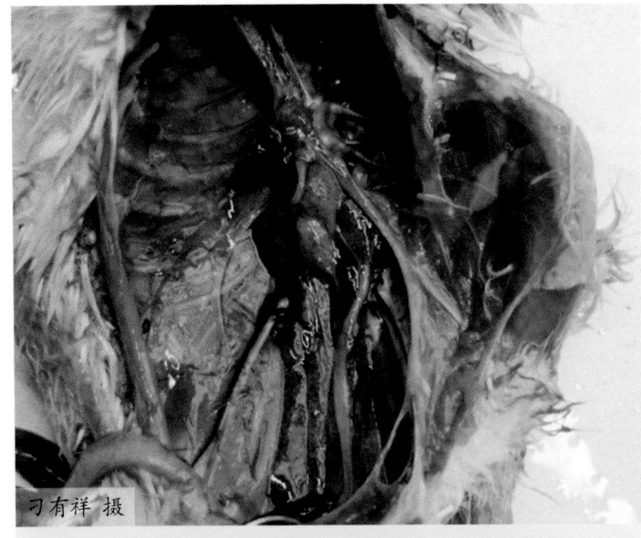

图3-26 检查肾脏是否肿大，肾脏、输尿管有无尿酸盐沉积

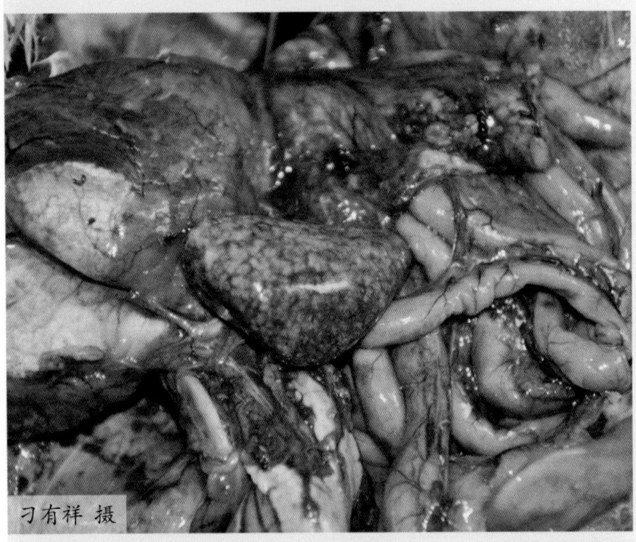

图3-27 检查脾脏是否肿大，有无坏死

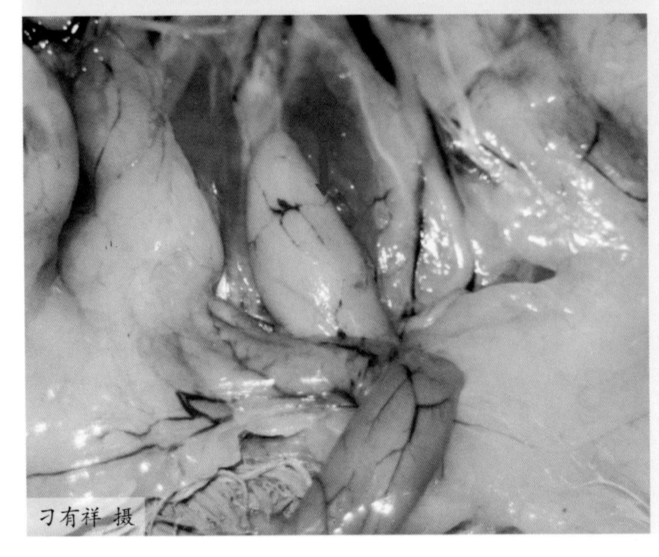

图3-28 检查法氏囊是否肿大、出血

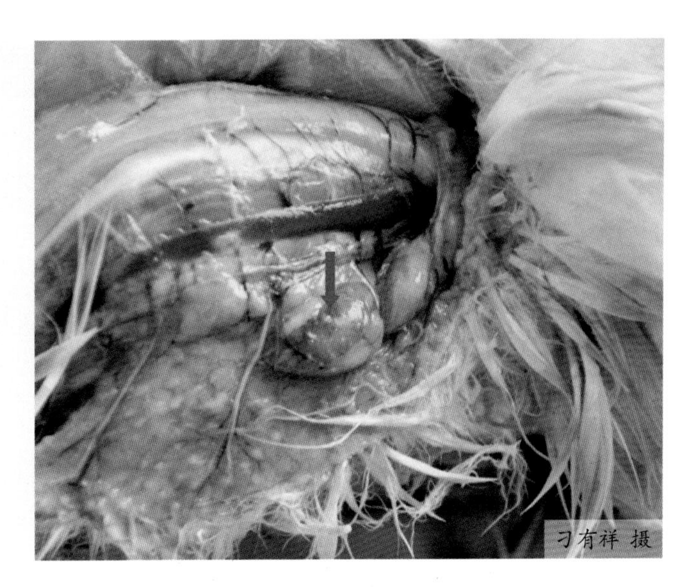

图3-29　检查胸腺是否肿大、出血

6. 神经系统检查

检查大脑、小脑脑膜是否出血、淤血、水肿、液化（图 3-30）。脑及脑膜有淡黄色结节或坏死灶，常见于曲霉菌感染引起的脑炎；大脑呈树枝状充血或出血、脑实质水肿或坏死，见于脑炎型大肠杆菌或沙门菌感染；脑膜充血、水肿或有点状出血，见于禽流感、坦布苏病毒病、中暑等；小脑软化、肿胀、有出血点或坏死灶，见于维生素 E- 硒缺乏症。

7. 运动系统检查

（1）肌肉　观察肌肉色泽，有无出血、坏死等。肌肉苍白常见于各种原因引起的内出血，如肝脏破裂等；肌肉出血多见于维生素 E- 硒缺乏症和维生素 K 缺乏症，也见于禽霍乱、黄曲霉毒素中毒；肌肉坏死常见于维生素 E 缺乏症、细菌感染引起的坏死等；肌肉表面有尿酸盐结晶，常见于内脏型痛风。

（2）骨和关节　检查骨骼、关节是否肿胀变形，有无脓性渗出，有无尿酸盐沉积（图 3-31）。后脑颅骨软薄，见于维生素 E 缺乏症和佝偻病等；胸骨呈 S 状弯曲，肋骨与肋软骨连接部位呈结节性串珠样，常见于缺钙、缺磷或缺乏维生素 D 引起的雏鸭佝偻病，或严重的绦虫感染引起的鸭软骨症；跖骨软、易弯曲，见于细小病毒感染等；关节肿胀、关节囊内有炎性渗出物，常见于雏鸭葡萄球菌、大肠杆菌、链球菌感染，也见于慢性禽霍乱、呼肠孤病毒感染及鸭疫里默氏菌病；关节肿大、变形，常见于雏鸭佝偻病、生物素缺乏症以及锰锌缺乏等；关节腔内有尿酸盐沉积，见于关节型痛风。

8. 生殖系统检查

（1）卵巢与输卵管　检查卵泡发育是否正常，卵泡是否变形、液化、出血，输卵管是否肿胀，管腔中有无渗出，黏膜是否出血、水肿（图 3-32）。卵泡形态不完整、皱缩、变形，常见于坦布苏病毒病、副伤寒、大肠杆菌病，也可见于成年鸭的慢性鸭霍乱；卵泡膜充血、出血或卵泡血肿，多见于产蛋鸭急性死亡的病例，如禽霍乱、副伤寒、农药灭鼠药中毒，坦布苏病毒病也可引起此症状；寄生于输卵管内的寄生虫，常见于前殖吸虫；输卵管内有凝固性坏死物质，见于产蛋鸭的卵黄性腹膜炎、副伤寒；输卵管内有絮状凝固蛋白，则见于低致病性禽流感；输卵管脱垂于肛门外，常见于产蛋鸭进入高峰期营养不足或产双

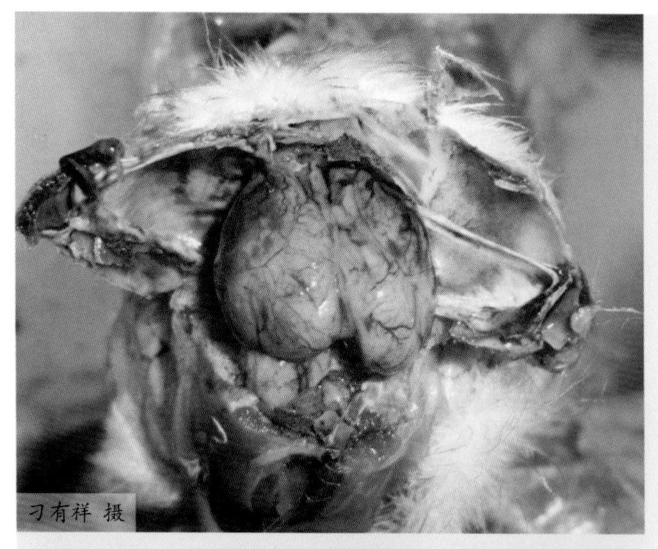

图3-30 检查脑膜是否出血，脑组织是否软化，小脑是否水肿

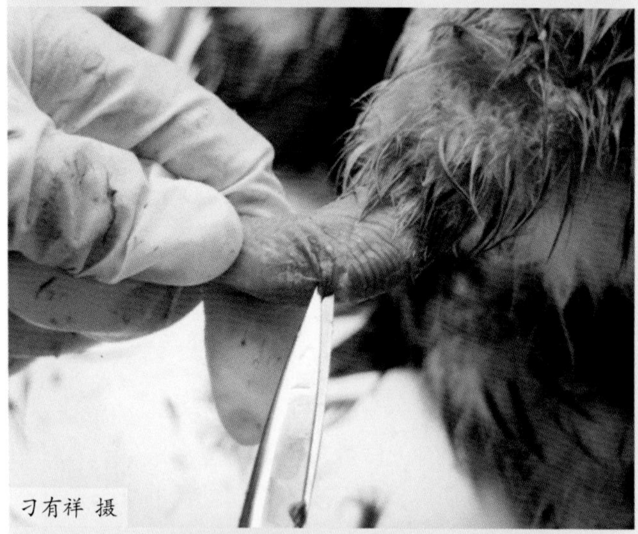

图3-31 检查关节是否肿大，关节腔有无渗出

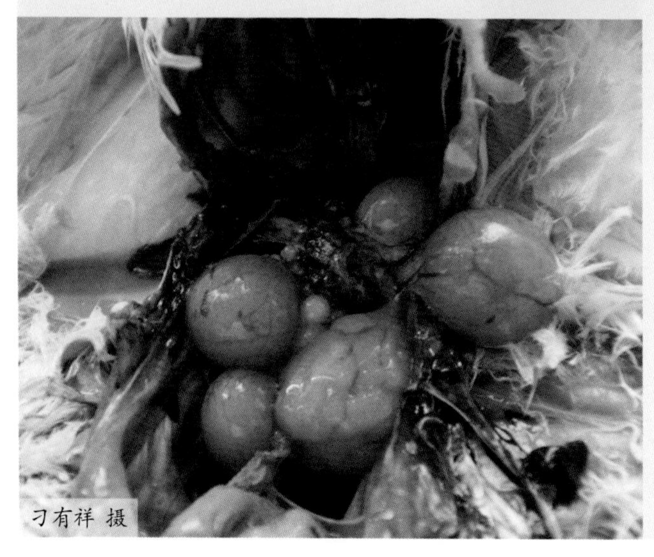

图3-32 卵泡检查，观察有卵泡无变形、破裂，卵泡膜是否出血

黄蛋、畸形蛋所致，也见久泻不愈引起的脱垂；输卵管炎则常见于大肠杆菌、沙门菌等细菌病引起的感染。

（2）睾丸与阴茎　一侧或两侧睾丸肿大或萎缩，睾丸组织有多个坏死灶，偶见于公鸭沙门菌的感染；睾丸萎缩变性则见于维生素 E 缺乏症；阴茎脱垂、红肿、糜烂或有坏死小结节或结痂，常见于大肠杆菌感染或阴茎外伤感染所致。

9. 循环系统检查

观察心包有无积液，心冠脂肪有无出血，心脏表面有无渗出，心肌是否坏死，心内膜有无出血、坏死等（图 3-33，图 3-34）。心包积液常见于心包积水 - 肝炎综合征、食盐中毒等；心包有纤维素性渗出，常见于禽霍乱、大肠杆菌病、鸭瘟、鸭传染性浆膜炎等；心包及心肌表面附有大量白色尿酸盐结晶，常见于内脏痛风；心冠脂肪出血或心内膜有出血斑点，常见于禽霍乱、鸭瘟、大肠杆菌败血症、肉毒梭菌毒素中毒等；心肌有灰白色坏死或有小结节或肉芽肿，见于大肠杆菌病、鸭副伤寒等；心肌缩小、心冠脂肪消耗或变成透明胶冻样，这是心肌严重营养不良的表现，常见于慢性传染病，如结核病、慢性副伤寒。此外，寄生虫的严重感染如蛔虫病和绦虫病等也可引起此症状。

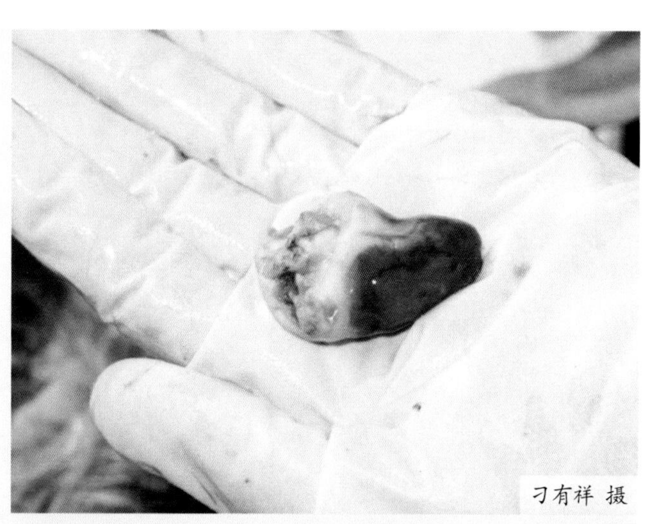

图3-33　心脏检查，观察表面有无渗出、坏死，心冠脂肪有无出血

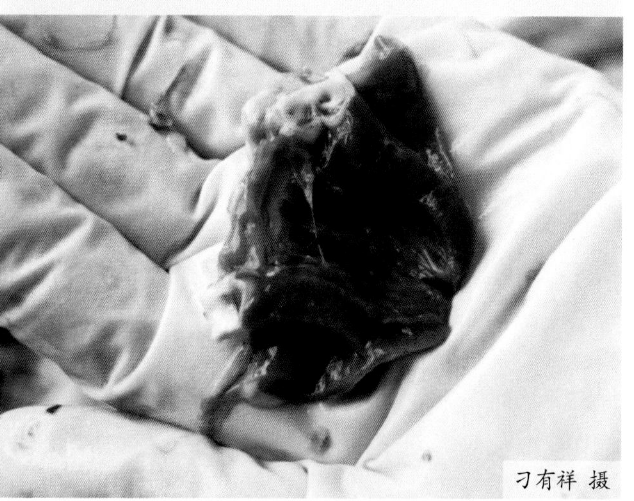

图3-34　心脏检查，观察心内膜有无出血、坏死

二、病理组织学检查

病理组织学检查包括组织块的采取、固定、冲洗、脱水、包埋以及切片、染色、封固和镜检等一系列过程。要使病理组织学检查结果准确可靠，关键的一步是组织标本的选取和固定。为此，必须注意：

（1）取材部位适当　必须选择正常组织与病灶组织交界处的组织。

（2）取材完整　切取的组织块应该包括该器官的主要构造，例如肾脏组织应包括皮质、髓质、肾盂，肝脏、脾脏等组织应连有被膜。

（3）切取的组织块大小 1.5cm×1.5cm×1.5cm，如做成快速切片，则厚度不能超过 0.2cm。

（4）病理组织应尽早固定，越新鲜越好，以免时间过长，组织腐败。固定之前，切勿摸、压、挤、揉、拉等，以防改变组织的原有性状。

（5）组织固定时，不要弯曲、扭转肠壁、胃壁等，可先平放在硬纸片上，然后慢慢放入固定液中。固定液的体积不能太少，一般应为组织块体积的 10 倍，否则会影响切片的质量和诊断。

（6）做好待检标本的记录　说明组织块的来源、剖检时肉眼所见的病变、器官组织名称，必要时可将组织块贴上标签，以免混淆。

取病死鸭的典型组织器官，剪成大小为 1.5cm×1.5cm×1.5cm 的块状，将组织浸泡在 10% 福尔马林溶液或 95% 的酒精中固定，将病料切片染色，在显微镜下检查。如鸭瘟检查包涵体，鸭病毒性肝炎检查肝细胞的空泡和坏死情况，鸭呼肠孤病毒感染检查肝脏、脾脏出血、坏死与肉芽肿等；鸭坦布苏病毒病检查输卵管的充血、出血和炎性反应等。

第四节　实验室诊断

及时、准确的诊断是有效防控疾病的前提。随着养鸭业的发展，传染病种类逐渐增多，新病不断出现，多病原混合感染情况日趋严重，非典型病例不断增加等，给疾病的诊断增加了难度。在鸭病现场诊断、流行病学诊断和病理学诊断的基础上，对某些疑难病症，特别是传染病，必须结合实验室诊断。根据检测方法不同，实验室诊断又分为微生物学诊断、免疫学诊断和分子生物学诊断。

进行实验室诊断时，病料的采集和保存对诊断结果的准确性具有决定性的意义。病料采取或保存不当，不仅不能检出真正的病原体，而且可能由于病料污染其他病原体而造成误诊。因此，应根据初步诊断结果，针对不同的疾病，采取不同的部位，且应该进行无菌操作。一般来说，当疾病为全身性的或处于菌血症阶段时，从心、肝、脾、脑取材较为适宜；局部发病时，则应从有肉眼可见病变的组织器官取材。无论什么疾病，作为实验室检测的材料，应从疾病流行的早期还未进行过药物治疗的病死鸭取材，因为在流行后期或经药物治疗后，虽然在一定程度上还表现出某些症状和病变，但往往很难分离出病原。也有某些疾病在流行后期，甚至在症状或病变消失后，仍然可以分离出病原，但分离的效果远不如流行初期好。

一、病料的采集与保存

（一）病料采集注意事项

（1）采集器械的消毒　采样工具如刀、剪、镊子等及包装用品等，需灭菌后使用。使用前需用酒精擦拭，并在火焰上烧烙。载玻片应在1%～2%的碳酸氢钠溶液中煮沸10～15min，水洗后，再用清洁的纱布擦干，将其保存于酒精、乙醚等液体中。

（2）采集病料的时间　内脏病料的采取，必须于病鸭死后立即进行，最好不超过6h，夏天不超过4h。若时间过长，由肠内侵入其他细菌会造成尸体腐败，有碍于病原菌的检验。

（3）采集病料的所有工序必须无菌　每一种病料都应使用独立容器储存并密封，采集下一个病料时，应更换器械或将器械严格消毒后再使用。病变的检查应在病料采集后进行，以防所采的病料被污染，影响检测结果。

（4）需要采取的病料，应按疾病的种类适当选择　根据所怀疑疾病的类型和特性来决定采取哪些器官和组织。当难以估计是哪种传染病时，应尽量全面采集。

（二）病料的采集方法

（1）脓汁或渗出液　用灭菌注射器或吸管抽取脓肿深部的脓汁，置于灭菌的离心管中。若为开口的化脓灶或鼻腔时，可用无菌的棉签浸蘸后，放在灭菌离心管中。也可以直接用无菌接种环插入病变部位，提取病料直接接种于培养基上。

（2）口、鼻分泌物　用灭菌棉拭子从口腔、鼻腔渗出或咽部擦取分泌物，立即装入灭菌离心管中待检。

（3）内脏　将内脏器官等有病变的部位采取1～2cm^2的小方块，分别置于灭菌离心管或平皿中。若为病理组织切片的材料，应将典型病变部位及相连的健康组织一同切取，组织块的大小每边约2cm，同时避免使用金属容器，尤其是当病料供色素检查时，更应注意。此外，若有细菌分离条件，也可以烧红的刀片烫烙脏器的表面，用灭菌接种环自烫烙部位插入组织中，缓慢转动接种环，取少量组织或液体，进行涂片镜检或直接接种培养基。培养基可根据不同病原特性进行选择。

（4）全血　根据检测所需血液量的多少，可选择鸭的不同部位采血。以无菌操作吸取血液，置于含有5%柠檬酸钠的灭菌试管中，使其充分混匀。

（5）血清　无菌操作吸取血液后，置于灭菌离心管中，待血液凝固析出血清后，吸出血清置于另一灭菌离心管中待检。

（6）胆汁　用烧红刀片或铁片烫烙胆囊表面，再用灭菌吸管或注射器刺入胆囊内吸取胆汁，置于灭菌离心管中。也可直接用接种环经消毒部位插入，提取病料直接接种于培养基。

（7）肠道　用烧红的铁片或刀片在肠道表面烫烙后穿一小孔，持灭菌棉签插入肠内蘸取肠道黏膜及其内容物后，置于灭菌离心管内；也可将肠道两端用线扎紧后，切断，置于灭菌离心管中。

（8）粪便　用消毒液或酒精擦拭肛门周围污染物，再用灭菌的棉拭子通过肛门蘸取直肠内容物，置于装有少量灭菌生理盐水或培养基的试管内。

（9）皮肤　取大小约为10cm×10cm的皮肤一块，保存于30%甘油缓冲液中或10%福尔马林溶液中。

（10）脑部、脊髓　若采取脑、脊髓进行病毒学检查，可将其浸入50%甘油盐水液中；也可将整个头部割下，装入浸过0.1%升汞液的纱布或油布中送检。

（三）病料的运送及保存

现场采集的病料应尽快送往实验室进行检查。病料采取后装于灭菌器皿中，且一般要求低温下运送和保存，不仅可以减少病原体的死亡，也可抑制杂菌的生长。

二、病原学诊断

病原学诊断就是运用兽医微生物学或寄生虫学的方法对病毒、细菌及寄生虫进行检查，这是确诊传染病或寄生虫病的重要方法之一，但要注意虽然从病鸭体内检查出了病原体，也应考虑鸭体的健康带菌或带虫现象，其结果还必须与临诊诊断结合起来分析。

（一）细菌的分离培养和鉴定

1.细菌分离、培养和鉴定原则

（1）首先根据症状和流行病学特征，判断可能为哪种或哪几种病原引起，在此基础上选择合适的培养基。

（2）采取、保存和运送到实验室的病料，以及细菌分离培养过程应严格无菌操作，避免杂菌的污染。

（3）根据疑似病原菌的生长特性选择合适的培养条件，如培养温度、时间、是否需要厌氧培养等。

（4）对获得的可疑病原菌进行分离纯化，并对纯化培养物进行生化、血清学和分子生物学鉴定。必要时进行动物接种试验，以确定病原菌的致病性及毒力。

（5）在细菌分离培养时，严格按照生物安全相关规定对送检病料及培养物进行消毒处理，防止病原扩散。

2.细菌的分离与鉴定

不同的细菌具有不同的培养特性，如营养要求、培养条件、在鉴别培养基上的形态等。菌落特征包括菌落大小、形态、气味、色泽、边缘结构等，是鉴别细菌的重要依据。

（1）涂片镜检　取一洁净的玻片，用不同病变组织的新鲜切面，涂抹玻片；若为液体材料如血液、渗出物等，可直接用灭菌接种环蘸取，涂布于玻片上。抹片于室温自然干燥后，以火焰固定后，进行革兰氏染色。将玻片置于光学显微镜下，用油镜进行观察。若在视野中观察到细菌，则提示可能为细菌性疾病。根据菌体形态、大小，初步判断疾病种类。

（2）分离培养　无菌操作取病料，经划线接种于普通琼脂、普通肉汤或特殊培养基中，

37℃培养 18 ～ 24h 后观察结果。若在普通琼脂平板上有菌落形成或普通肉汤变浑浊，则证明有细菌生长。进一步挑取可疑菌落划线纯培养后，进行形态学观察和生化试验等鉴定，再利用血清学试验鉴定细菌血清型。

（3）革兰氏染色特性　细菌革兰氏染色特性是鉴定细菌的一项重要依据，革兰氏阳性菌被染成蓝紫色，革兰氏阴性菌染成红色。细菌的外形较为简单，有球状、杆状和螺旋状三种基础类型，有些细菌形态、结构特征鲜明，如多杀性巴氏杆菌在心血抹片中可见肥厚的荚膜及典型的两极着色。另外，一些特殊的染色方法也可用于细菌的鉴定，如瑞氏染色法常用于多杀性巴氏杆菌两极染色特征的检查，抗酸染色法则主要用于结核分枝杆菌的鉴定等。

（4）细菌的生化鉴定　细菌都有各自的酶系统，因此，都有各自的分解与合成代谢产物，这些产物就是鉴别细菌的依据。根据细菌的生化特性接种相应的生化培养基进行生化试验，观察其生化反应特性。常用的生化试验方法有糖发酵试验、甲基红（MR）试验、V-P 试验、吲哚试验、硫化氢试验等。

（5）动物致病性试验　虽然分离到了细菌，但其是否具有致病性，还需要进行动物试验后才能得到确定。通常选择对该种病菌最为敏感的试验动物进行人工感染试验，然后根据对试验动物的致病力、症状和病理变化特点进行分析。常用的试验动物有小白鼠、豚鼠、家兔等，也可直接用敏感鸭进行人工感染试验，以测定分离细菌的致病力。

3. 细菌的药物敏感性试验

抗菌药物在养鸭业的广泛使用甚至滥用，导致许多细菌对某些抗菌药物产生了不同程度的耐药性。掌握药物体外抗菌试验技术，筛选出高度敏感的药物用于治疗。常用的药物敏感性试验有纸片法、试管法、琼脂扩散法，其中以纸片法操作简单，应用最为普遍。

将分离和鉴定的细菌接种到营养肉汤中，37℃培养 18h 后备用；用灭菌棉拭子蘸取上述菌液均匀涂布于营养琼脂表面，待培养基表面稍干后，用灭菌小镊子分别取所需的不同抗菌药物药敏片按一定间距均匀贴于培养基表面；将培养基置于 37℃温箱中培养 18 ～ 24h 后观察抑菌圈的有无和大小，并测量各种药敏片抑菌圈直径，筛选出敏感药物用于治疗（图 3-35）。对于一般药物，抑菌圈直径大于 15mm 为高度敏感，10 ～ 15mm 为中度敏感，小于 10mm 为耐药。

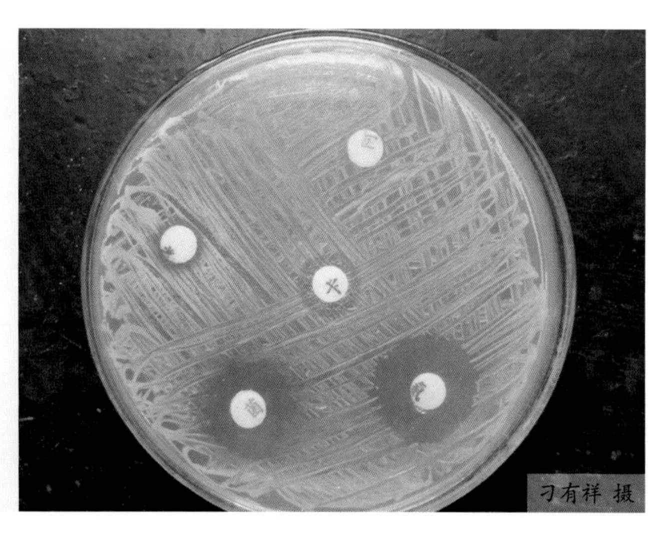

图3-35 药物敏感试验

（二）病毒的分离培养和鉴定

（1）病料处理　按照1g组织加入5～10mL无菌生理盐水进行研磨，反复冻融3次。根据病料中细菌的污染程度，研磨液中加入青霉素和链霉素各500～3000IU/mL，37℃处理1h或4℃冰箱作用2～4h后，以1500r/min离心15min，取上清液作为接种材料。

（2）无菌检验　对接种材料应进行无菌检验。接种营养肉汤或血液琼脂平板，观察有无细菌生长。如有细菌，应对材料进行过滤除菌或加入敏感抗菌药物进行处理。

（3）病毒的分离培养与鉴定　病毒自身没有完整的酶系统，不能在无生命的培养基中生长。常用的病毒分离培养方法有细胞培养、禽胚接种及动物接种。

① 细胞培养　用于病毒分离培养的细胞有原代细胞和传代细胞系。根据可疑病毒的特性选择生长旺盛的敏感细胞用于病毒分离。通常将接种物进行稀释，每个接种材料接种2～3个细胞培养孔，接种量以能使接种液覆盖细胞单层为宜。37℃感作30～60min，加入维持液继续培养，定时观察细胞病变。对未出现细胞病变者，通常盲传3代，如仍不出现病变，可用血清学或分子生物学方法检测，结果呈阴性者，终止培养。

② 禽胚培养　鸡胚、鸭胚等家禽的胚胎是正在发育中的生命体，组织分化程度低，细胞幼嫩，有利于病毒的感染与增殖。许多鸭病病毒能在鸭胚或鸡胚上生长增殖，且能使接种的鸭胚或鸡胚在一定时间内出现死亡，或出现胚体出血、水肿等典型病变，因此，使用鸭胚或鸡胚分离并培养病毒是实验室诊断鸭病毒病的一种常规方法。但由于鸡、鸭的一些细菌病和病毒病可经胚胎垂直传播，同时卵黄又含有母源抗体，从而给病毒分离带来一定的干扰。因此，应选用SPF鸡胚或无母源抗体的鸭胚进行病毒分离培养。禽胚的接种途径主要有绒毛尿囊膜、尿囊腔、卵黄囊、羊膜腔接种等，其中绒毛尿囊膜与绒毛尿囊腔接种方式最为常用。

a. 绒毛尿囊膜接种　选取9～12日龄的鸡胚或鸭胚，划出气室和胚体，在胚胎面靠近胚胎而无大血管处作一记号，作为接种部位。将胚胎横放于蛋托上，碘酊及酒精棉球消毒后，用灭菌镊子在接种部位锉一裂痕，小心挑去蛋壳，造成卵窗，另在气室中央也钻一小孔，随后在卵窗的壳膜上滴一滴生理盐水，用灭菌针头挑破卵窗中心的壳膜，但不可损坏绒毛尿囊膜，然后用橡皮吸球紧贴气室小孔中央吸气，造成气室内负压，使卵窗部位的绒毛尿囊膜下陷，与壳膜分离，形成人工气室，此时可见滴加于壳膜上的生理盐水迅速渗入。用注射器抽取0.05～0.1mL接种液接种于绒毛尿囊膜，将胚体轻轻旋转，使接种液扩散到人工气室下的整个绒毛尿囊膜，最后用蜡密封卵窗及气室中央小孔，将接种胚胎横卧于蛋盘上，在37℃温箱内进行孵育，不可翻动，保持卵窗向上。

b. 绒毛尿囊腔接种　选择9～12日龄的SPF鸡胚或无母源抗体鸭胚，划出气室及胚体，在胚胎面和气室交界的边缘上方约1～2mm处，避开血管作一标记，以此为接种点。碘酊及酒精消毒后，用灭菌粗针头或钢锥在接种处钻一小孔，用注射器接种0.1～0.2mL接种物，然后用蜡封口。接种后的鸡胚或鸭胚气室向上置于37℃温箱内孵育。

接种后的胚胎每天照胚1～2次，弃掉24h内死亡的胚体，其余胚体培养3～5d后，放入4℃冰箱冷却，使胚体血液凝固，在超净工作台中收获尿囊液，进一步进行病毒鉴定，同时应检查胚体的大体病变情况。

③ 动物接种 动物接种是最原始的病毒培养方法，也可以用来进行病毒回归鉴定。在病毒学研究中主要有三方面的用途：分离鉴定病毒、传代增殖病毒或致弱病毒以及制备免疫血清。常用的试验动物有家禽、家兔、大鼠、小鼠等。接种时要根据疑似病毒的特性，选择相应的试验动物和适宜的接种途径，如皮下、肌内、腹腔、脑内和静脉等。接种后，观察试验动物的发病情况、病理变化及抗体水平，据此作出诊断。

（4）病毒的形态观察 病毒不具备细胞结构，只能在活的组织细胞内复制，但有各自的形态结构。病毒形态微小，只能在电子显微镜下观察其形态特征。病毒基本形态有圆形、丝状、杆状、弹状等，病毒的形态和大小是鉴定病毒种类的依据之一。

（三）寄生虫的检查和鉴定

实验室常用的寄生虫检查方法包括虫体、虫卵、卵囊或虫体片段的检查。

1.寄生虫检查技术

（1）粪便中寄生虫的检查 许多寄生虫，特别是寄生于消化道的虫体，其虫卵、卵囊或幼虫均可通过粪便排出体外。通过粪便检查，可以确定鸭是否感染寄生虫，同时可以判断寄生虫的种类与感染强度。寄生在消化道相关器官（肝脏）中的寄生虫，以及某些呼吸道的寄生虫，均可采用粪便检查法，因为寄生于呼吸道的寄生虫，其虫卵或幼虫常随唾液咽下并随粪便排出。寄生虫粪便检查时，一定要用新鲜粪便，常用的实验室检测技术有肉眼观察法、直接涂片法、虫卵漂浮法和虫卵计数法。

（2）口腔、鼻腔和气管分泌物寄生虫的检测 用棉拭子取口腔、鼻腔和气管分泌物，将采取的分泌物涂于洁净的载玻片上，镜检。

（3）体表寄生虫的检查 寄生于鸭体表的寄生虫主要有蜱、螨、虱等，对于这些种类的寄生虫的检查，可采用肉眼观察和显微镜检查相结合的方法。对较小的虫体，常需刮取毛屑、皮屑，于显微镜下寻找虫体或虫卵。

（4）虫卵的检查方法 可用直接涂片检查或集虫检查。直接涂片检查是最简便和最常用的方法。但检查时若体内寄生虫数量不多，致使被检粪便中虫卵含量少，可能造成检出率较低。可在载玻片上滴一些甘油和水的等量混合液，再用牙签挑取少量粪便加入水中混匀，去掉大的粪渣，最后使玻片上留有一层均匀的粪液，在显微镜下检查虫卵。

集虫检查是利用各种方法将分散在粪便中的虫卵集中起来进行检查，以提高检出率。吸虫卵比较大，常用清水沉淀集虫法检查；线虫和绦虫卵比较小，可用饱和生理盐水漂浮集虫法进行检查，球虫卵囊的检查也可用本方法进行。

（5）其他组织寄生虫的检查 有些原虫可在鸭的不同组织器官内寄生。一般在鸭死后剖检时，取一小块组织，以其切面在洁净载玻片上做成抹片、触片，或将小块组织固定后制成组织切片再染色镜检。抹片或触片可用姬氏或瑞氏染色液染色，用油镜检查。

2.寄生虫的形态鉴定

虫体分类鉴定需要参照有关寄生虫分类、形态描述的资料。观察虫体时，应由前向后、由外向内、由一般到重点进行观察，要求尽量鉴定到种；如不能鉴定到种，可鉴定到属。

三、免疫学诊断

免疫学诊断就是利用抗原和抗体特异性结合的免疫学反应进行诊断，可以用已知抗原来测定被检鸭体内血清中的特异性抗体，也可以用已知抗体来测定被检病料中的抗原。抗体和抗原结合并发生反应，需要一定的量和适当的比例，因此，血清学反应不仅可以用来定性诊断，还可以对抗原和抗体进行定量检测。血清学反应因具有敏感性高、特异性强、简便快速等特点，在鸭传染病实验室诊断中被广泛应用。常用的免疫学诊断方法有凝集试验、中和试验、琼脂免疫扩散试验、酶联免疫吸附试验、荧光抗体技术和免疫胶体金技术等。

（一）凝集试验

细菌、红细胞等颗粒性抗原与相应抗体结合后，在有电解质存在时，抗原和抗体相互作用，出现肉眼可见的凝集团块，称之为凝集反应。根据凝集现象建立的检测抗原或抗体的方法称之为凝集试验。参与反应的抗原称为凝集原，抗体称之为凝集素。将可溶性抗原吸附于载体，形成致敏颗粒后再与相应抗体结合，同样可发生凝集反应。将细菌等抗原与相应抗体直接反应，两者比例合适时出现凝集现象，称为直接凝集；而将可溶性抗原或抗体吸附于与免疫无关的载体颗粒表面后，再与相应抗体或抗原进行特异性反应，称为间接凝集。

（1）平板凝集试验　将已知的诊断液与不同量的被检血清各 1 滴，滴于玻片上，充分混合数分钟后，根据呈现凝集反应的强度作出判定。如为阳性，1 ～ 3min 后即从液滴的边缘开始发生菌体凝集，如为阴性，则液滴保持均匀浑浊。本方法常用于检测副伤寒、支原体等。

（2）试管凝集试验　试管凝集试验用于测定被检血清中有无某种抗体及其滴度，以辅助现场诊断或进行流行病学调查。操作时，先将被检血清用生理盐水稀释，然后加入已知抗原，作用一定时间后，呈现明显凝集现象的稀释血清的最高稀释度，即为该血清的效价或滴度。判断结果时，应考虑鸭体内正常的抗体水平，有无预防接种史。用于试管凝集试验的待检血清必须新鲜、不溶血、没有明显的蛋白凝块，否则会影响结果的判定。

（3）乳胶凝集试验　乳胶凝集试验是以人工合成的聚苯乙烯乳胶为载体，它是由 0.6 ～ 0.7μm 的球形小颗粒组成的胶体溶液。该胶体溶液对高分子蛋白具有良好的吸附性能，因此在试验时，以其为载体，将抗原（或抗体）吸附在乳胶颗粒表面上，制备抗原（或抗体）致敏乳胶。当与相应抗体（或抗原）相遇时，乳胶颗粒即被动凝集在一起，在液滴中形成肉眼明显可见的乳胶凝集块，即为阳性反应，如仍为均匀混浊的乳胶悬液，则为阴性反应（图 3-36）。

乳胶凝集试验因其快速、易于操作，价廉以及易于推广使用而成为免疫学上常用的诊断方法。近几年，随着化工业的发展以及多种乳胶制剂的产生，乳胶致敏技术也得到了相应的发展，乳胶致敏技术是指将抗体或抗原结合在乳胶颗粒表面的过程。目前乳胶凝集试验被广泛应用于鸭病的诊断中。

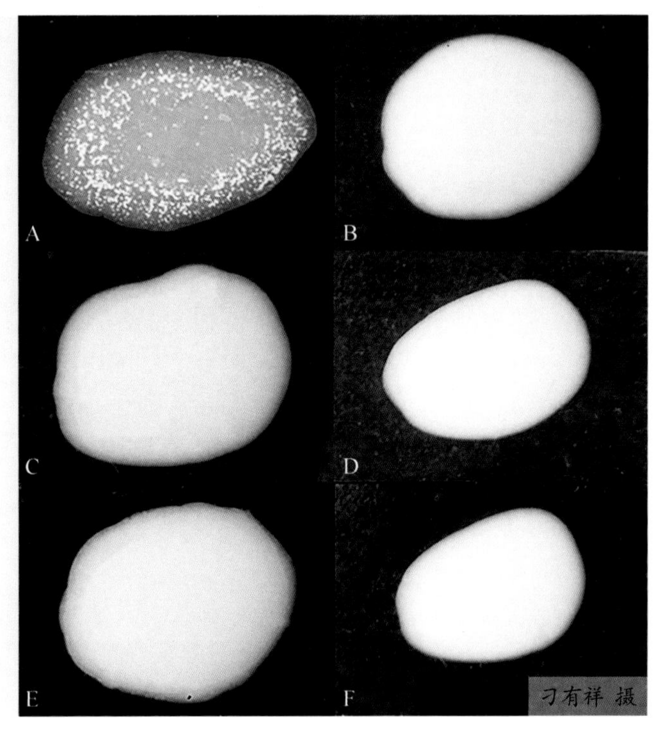

图3-36 乳胶凝集试验

（4）血凝与血凝抑制试验 某些病毒如禽流感病毒、新城疫病毒，由于具有血凝素，能够凝集某些动物的红细胞（如鸡、鹅、豚鼠和人的红细胞），这种现象称为病毒的血凝性，基于这种特性而设计的试验称为血凝试验（HA）。血凝试验可以检测材料中是否存在具有血凝性的病毒，是非特异性的；病毒凝集红细胞的能力可以被该病毒的特异性抗体抑制，称为血凝抑制，利用这种现象建立的试验称之为血凝抑制试验（HI）。HA 和 HI 主要用于禽流感病毒、新城疫病毒等具有血凝性的病毒引起的疫病的诊断，包括病毒鉴定、流行病学调查及免疫接种效果的检测，具体操作方法如下：

① 1% 鸭红细胞的制备 心脏采取未免疫过的健康鸭血 5 ～ 10mL，装入含有抗凝剂的离心管中。以 2500r/min 离心 10min，吸去上清液，注意要将血细胞泥表面的一层薄膜吸净。然后用血细胞泥 5 ～ 10 倍体积的生理盐水清洗红细胞，离心 10min，弃上清。重复以上步骤 3 ～ 5 次，最后用生理盐水将其稀释至 1% 浓度备用。

② 血凝试验（HA） 取一块洁净的 96 孔 V 形微量血清反应板，用微量移液器在一列孔中加入生理盐水，每孔 50μL ；取 50μL 待检病毒液加入第 1 孔中，充分混合后取 50μL 加入第 2 孔，如此直至第 11 孔，混合后吸取 50μL 弃掉，第 12 孔不加病毒作为对照孔；更换移液器前端的塑料吸头，每孔加 1% 的鸭红细胞各 50μL；将反应板置于微型混合器上，混匀后，在室温静置 15min 开始观察，每 5min 观察一次，直至 60min，判断并记录结果。

③ 血凝抑制试验（HI） 取清洁的 96 孔 V 形微量血清学反应板，每孔加入 50μL 生理盐水（每份血清加一列）；取 50μL 被检血清加入第 1 孔，充分混合后，取 50μL 加入第 2 孔，如此稀释直至第 11 孔，第 12 孔不加血清作为对照；根据血凝试验测定的病毒效价，配制 4 个血凝单位的病毒稀释液。例如上述血凝效价为 256 倍时，将原病毒稀释至 64 倍，即为 4 单位病毒稀释液，每孔加入 50μL 4 单位病毒稀释液；将反应板混匀后，在室温下静置 10min，

每孔加入 50μL 1% 鸭红细胞，混合均匀后，在室温静置 15min 开始观察，至 60min 判定记录结果。

（二）琼脂免疫扩散试验（AGP）

琼脂扩散试验是指利用可溶性抗原与可溶性抗体在含有电解质的琼脂网状基质中向四周自由扩散，由近及远形成浓度梯度的原理而进行的。琼脂是一种多糖体，高温时能溶于水，冷却凝固后形成多孔结构的凝胶。当抗原和抗体在琼脂基质中，以适合比例相遇，便可相互结合，产生抗原抗体复合物，出现肉眼可见的沉淀线，此种沉淀反应称之为琼脂免疫扩散。该方法既可用于已知抗原沉淀未知抗体，也可用于已知抗体测定未知抗原，具有高度特异性。本方法简便、微量、快速、准确，常用于禽流感、鸭病毒性肝炎等鸭病的诊断。

（1）琼脂板的制备　用含 8% 氯化钠 pH 为 7.0 的磷酸盐缓冲液（浓度为 0.01mol/L）配制成 1% 的琼脂，并加入适量防腐剂如 0.01% 硫柳汞、0.1% 石碳酸或 1000 ～ 2000IU/mL 的青霉素和链霉素。加热融化稍冷却后，即可倒入培养皿中，厚度以 2 ～ 3mm 为宜，凝固后置于 4 ～ 8℃冰箱内备用。

（2）打孔　打孔器用薄金属片制成，孔径为 4mm 和 6mm，在坐标纸上画好 7 孔型图案。将坐标纸放在带有琼脂的平皿下方，照图案用打孔器打孔，外孔径为 6mm，中央孔径为 4mm，孔间距为 3mm。用注射器针头挑去孔中琼脂，将琼脂平板放在酒精灯上微微加热，使孔底琼脂微融而封底。

（3）加样　打孔后，向孔内加入抗原及抗体。用已知抗原测定待检抗体时，中央孔加已知抗原，周围孔加血清。其中外周孔按顺时针方向在 1、4 孔内加入阳性血清，其余孔加入被检血清；用阳性血清测定未知抗原时，中央孔加入阳性血清，1、4 孔加入已知抗原，其余孔加入被检抗原材料。加样完成后，加盖平皿，待孔中的液体吸干后，将平皿倒置以防止水分蒸发。将琼脂板放入铺有数层湿纱布的带盖搪瓷盘中，置于 37℃温箱内反应，连续观察 3d，观察沉淀线的有无。

（4）判定标准　当标准阳性血清孔与抗原孔之间只有一条明显致密的沉淀线时，受检血清孔与抗原孔之间形成一条沉淀线，或者阳性血清的沉淀线末端向毗邻的被检血清孔内侧弯曲者，被检血清判定为阳性；若被检血清与抗原之间不形成沉淀线，或者阳性血清沉淀线向毗邻的被检血清孔直伸或向外弯曲者，被检血清判定为阴性。

在观察结果时，最好从不同角度仔细观察平皿上抗原与被检血清孔之间有无沉淀线。为了便于观察，可在与平皿有适当距离的下方，放置一黑色纸片。

（三）荧光抗体技术

荧光抗体技术是利用荧光素对抗体进行标记，通过荧光显微镜对所标记的荧光抗体进行观察，从而示踪或检查相应抗原的一种技术。该技术将血清学的特异性和敏感性与显微技术结合起来，从而可以对抗原进行定性和定位分析，在疾病的早期、快速诊断等方面得到了广泛应用。

（1）直接荧光抗体技术　用荧光素直接标记抗体后，对样本中的抗原进行检测，针对所要检测的每一种抗原均需要制备荧光抗体。滴加荧光抗体于待检抗原样本上，经一定时间，洗去未着染的染色液，干燥后，在荧光显微镜下观察。标本中若有相应抗原存在，即与荧光抗体结合，在镜下可见有荧光抗体围绕在受检抗原的周围。

（2）间接荧光抗体技术　在待检抗原标本上滴加特异性抗体，作用一定时间后，再用荧光素标记的抗球蛋白抗体作用一定时间，水洗、镜检，若为阳性，则形成抗原 - 抗体 - 荧光抗抗体的复合物。间接法无需针对每种抗原制备相应的荧光标记抗体。

在鸭病诊断中，荧光抗体技术主要通过对病原进行检测，从而实现对疾病的快速诊断。利用特异性抗体，可以对分离培养的细菌、组织触片或切片中的病原进行快速检测，从而对疾病进行诊断。

（四）酶联免疫吸附试验（ELISA）

ELISA 是一种目前应用较为广泛、发展迅速的新型免疫测定技术。ELISA 主要过程是将抗原或抗体吸附在固相载体表面，加待测抗体或抗原，再加相应酶标记抗体或抗原。如果两者相对应，则生成抗原或抗体 - 待测抗体或抗原 - 酶标记抗体复合物。加入该酶的底物，则反应生成有色产物。产物的量与样本中受检物质的量直接相关，故可根据颜色反应的深浅来进行定性或定量分析。由于其灵敏性高、可大规模检测，已广泛应用于各种传染病的诊断及免疫水平的评价。实验室诊断中常用方法有以下三种。

（1）间接法　将已知抗原吸附在固相载体上，孵育后洗去未吸附的抗原，随后加入含有特异性抗体的被检血清，感作后洗去未起反应的物质，加入酶标记的同种球蛋白，作用后再洗涤，加入酶的底物。底物被分解后出现颜色反应，用酶标仪测定其吸光值（OD）。

（2）双抗体夹心法　本方法用于检测抗原。将特异性免疫球蛋白吸附于固相载体表面，再加入被检抗原溶液，使抗原和抗体在固相载体表面形成复合物。洗去多余的抗原，再加入酶标记的特异性抗体，感作后冲洗，加入酶底物，颜色变化与待测样品中抗原量成正比。

（3）竞争法　用酶标记抗原和未标记抗原共同竞争有限量的抗体的原理，测定样品中的抗原。同时应用只加酶标记抗原的系统作为对照。将抗体吸附于固相载体表面，感作后冲洗，加入待检抗原和酶标记抗原，对照只加入酶标记抗原，感作后冲洗，加入酶底物溶液，含酶标抗原的对照出现颜色反应。而待检系统中，由于样品中未标记抗原的竞争作用，相应地抑制了颜色反应。当待检抗原含量高时，其对抗体的竞争能力强，形成的不带酶的抗原 - 抗体复合物量多，带酶复合物形成量减少，产生的有色产物也少；反之，待检抗原量低时，不带酶的复合物少，带酶的复合物量相对增多，最后有色产物的量增多。

（五）免疫胶体金技术

胶体金免疫层析技术是一种将胶体金标记技术和免疫层析技术等多种方法结合在一起的固相标记免疫检测技术。其基本原理是以条形纤维层析材料为固相，包被已知的抗原或抗体，通过毛细管作用使添加的样品溶液在层析条上泳动，使其中的抗原或抗体与包被于膜上的抗体或抗原结合，通过层析过程中免疫复合物富集或截留在层析条上的特定区域，出现肉眼可见的红色线条而达到检测的目的。

目前，胶体金免疫层析技术既可检测抗原也可检测抗体。现阶段主要应用的方法有以下几种：一是一步法检测抗原，即金标抗体和捕获抗体均为同一种抗体，该方法可检测病毒，但灵敏性不高，应用较少，可用来对阳性样品进行鉴定；二是双抗体夹心法检测抗原，该方法也是检测病毒抗原等大分子物质的最主要方法。该方法原理是金标抗体与捕获抗体为两种抗体，且可识别不同的抗原表位，当阳性样品与金标抗体结合后在层析过程中到达捕获抗体处，再次与捕获抗体结合，胶体金被截留在膜上，形成肉眼可见的红线；三是竞争法检测小分子的抗原，该方法适合对一些药物残留等生物小分子的检测。该方法原理是金标多抗或单抗，检测区包被纯化抗原，当阳性样品与金标抗体相结合后，经过检测区便不能再次与纯化的抗原结合，因而不出现胶体金被截留的现象，因而达到阴阳性判定的目的；四是间接法检测抗体，该方法可以排除非特异性抗体对测试的干扰。该方法基本原理是金标二抗（如检测的是鸭源抗体，则金标某抗鸭的 IgG 抗体），检测区包被纯化抗原，当阳性抗体与二抗发生特异性结合后，经过检测区抗体又可以与抗原发生特异性结合而被截留，因而在检测区出现红线，从而可鉴定出阳性抗体；五是双抗原夹心法检测抗体，该方法可利用于对大部分动物传染病抗体的检测。该方法基本原理是金标某病毒抗原，检测区包被病毒的另一种抗原，当阳性抗体与金标抗原结合泳动到检测区时，抗体又可以与捕获抗原反应结合截留在反应膜上，出现检测红线，最终达到检测病毒抗体的目的。

（1）胶体金检测试纸条的基本构造　胶体金检测试纸条一般是由样品垫、金标垫、硝酸纤维素（NC）膜、吸水垫和 PVC 底板所构成（图 3-37）。样品垫粘贴在 PVC 底板上，放置于试纸条的一端，通过金标垫与反应的硝酸纤维素膜相连接，硝酸纤维素膜的另一端与吸水垫相连接。金标垫用来标记金标抗体或抗原，样品垫是用来添加检测样品的区域，反应的硝酸纤维素膜上分别具有包被的抗原或抗体的检测区和对照区，吸水垫用来加速样品通过反应膜的速率，吸收反应后的余液。

以检测坦布苏病毒为例，其原理是：将抗坦布苏病毒 E 蛋白单克隆抗体用胶体金标记，分别将纯化的抗坦布苏病毒 E 蛋白多克隆抗体和羊抗鼠 IgG 抗体包被于检测线（T 线）和控制线（C 线）上。当阳性样品经过金标垫时，样品与金标单抗形成了“金标单抗 - 样品”的复合物，由于免疫层析作用，胶体金复合物继续向前移动，当达到检测线时，此时又与包被的多抗形成了“金标单抗 - 样品 - 多抗”的复合物而被截留下来，形成了肉眼可见的红线。过量的未被结合的复合物继续向前移动，当达到控制线时，与包被的二抗形成了“二抗 - 金标单抗 - 样品”的复合物而又被截留下来，形成肉眼可见的红色；若被检样品不含有坦布苏病毒，则在检测线不能形成相应的复合物，只能在控制线形成“二抗 - 金标单抗”的复合物，出现肉眼可见的红色，从而达到了快速检测坦布苏病毒的目的。

（2）胶体金免疫层析技术的特点　近年来，胶体金免疫层技术在临床诊断方面迅速崛起，逐渐成为快速检测疾病的重要方法。该方法检测范围较广，操作方便。相比较分子生物学方法，胶体金技术既可检测抗原，也可检测抗体，可以广泛应用于动物疫病快速诊断和兽药残留检测等领域。胶体金的检测技术操作简便，不需任何仪器的辅助，检测结果容易判定，无需专业人士指导即可操作，特别适合于基层兽医的检测诊断。

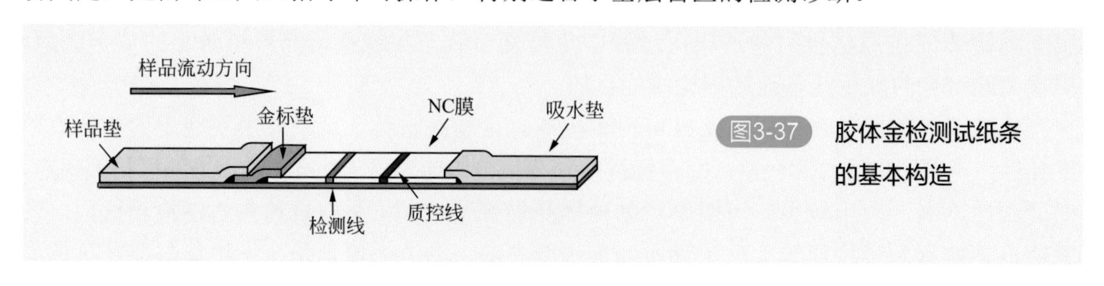

图3-37　胶体金检测试纸条的基本构造

① 检测快速特异，具有一定的灵敏性。相比其他检测技术，胶体金技术一般只需要10min左右即可读出检测结果，比ELISA、PCR等方法大大缩短了检测时间，这是其他检测手段所不能比拟的优点。胶体金标记物大多为针对某种物质的单抗或多抗，由于单抗和多抗具有较强的特异性以及对组织细胞的非特异性吸附作用较小，增强了胶体金检测的特异性。

② 简单方便，经济适用，安全环保。胶体金试纸条的构造较为简单，且体积较小，可随身携带，随时检测，检测结果可长期保存。并且胶体金试纸条化学性质较为稳定，外界因素对金标条的稳定性影响较小，因此保质时间较长。胶体金技术对样品要求较低，且所需样品量不高，最低可达到100μL。在制备胶体金试纸条过程中没有利用诸如有剧毒的有害化学药品、放射性同位素等物质，因此不会威胁科研人员以及检测人员的身体健康，同时也不会造成环境污染，是一种新型绿色安全环保的检测方法。

四、分子生物学诊断

近年来分子生物学技术迅速发展，并逐步形成了诊断分子生物学。诊断分子生物学是在核酸、蛋白质分子水平上研究病因、病理损害机制，从而进行疫病的诊断、疗效及预后的监测。现代分子生物学技术如核酸杂交技术、聚合酶链式反应技术（PCR）、限制性片段长度多态性分析（RFLP）、基因芯片技术、环介导等温扩增技术（LAMP）、荧光定量PCR技术和高通量测序技术等，在鸭病快速、准确诊断过程中扮演了重要的角色，得到了广泛的应用。

（1）核酸杂交技术　核酸杂交技术的基础就是在一定条件下，两条互补的多聚核苷酸链能够形成稳定的杂交体。同源DNA单链形成双链的过程称为复性，异源DNA形成的双链则称为杂交。同样，DNA与由其转录合成的RNA之间也存在类似的关系，可用于检查DNA与RNA的相关性。这种DNA-DNA或DNA-RNA之间互相结合的现象，称之为核酸分子杂交。在进行杂交时，要用一种预先分离纯化的已知单链DNA或RNA序列片段去检测未知的核酸样品。用于检测已知DNA或RNA序列的片段被标记后，称之为核酸探针。核酸探针已被广泛应用于检测感染性疾病的致病因子。自从探针方法建立以来，已经对多种禽类病毒和细菌进行了检测，目前已报道了包括坦布苏病毒、细小病毒等病毒和细菌的探针检测方法。探针方法与常规检测方法相比，有以下特点：

① 特异性强　使用核酸探针进行检测是基于病原微生物的核酸碱基互补配对原则，通过核酸序列与标本中另外的核酸发生互补结合，所以不会发生杂交的现象，更不会出现假阳性或假阴性，所以特异性较强，不会发生交叉反应和其他干扰现象。

② 灵敏性强　相较于传统的放射免疫等方式，DNA或RNA探针具有更强的灵敏度。在抗原性不强的情况下，使用常规的检测方式灵敏度较低，此时利用核酸探针进行检测非常有效，其灵敏度非常高，对鸭病的诊断具有重要意义。

③ 检测速度快　使用常规的方式需要经过病原分离、培养等方式耗费大量时间，但是使用核酸探针可以在45min内得到结果。这样就能够在疾病的早期进行快速的诊断，省时省力，及时控制疫情。

④ 方法简便　核酸探针能够对病死鸭个体、体液或分泌物进行检测，不需进行体外培养，更不需要使用其他设备辅助观察，流程简便。

核酸探针是一项具有很多优点的鸭病诊断方法，能够快速、准确地检测出鸭体内的病原，帮助兽医及时采取针对性的措施进行处理，控制疫情发生，减少死亡率，核酸探针技术必将为推动鸭病诊断水平再上新台阶而发挥重大作用。

（2）聚合酶链式反应（PCR）技术　PCR是一种模拟体内DNA复制的方式，在体外特异性地将DNA某个特殊区域进行扩增的技术。与传统的检测方法相比，PCR具有快速、准确和灵敏度高等优点。PCR作为现代生物医学中最活跃的学科——“临床实验室诊断学”中基因诊断的重要技术，能特异性地在体外扩增微量基因或DNA片段，将pg水平的DNA特异性地扩增10^6～10^7倍，达到μg水平，最终达到检测诊断的目的。在对特异性片段进行扩增时，核苷酸的错配率可低于万分之一，其操作过程可在几个小时内实现，有效缩短了诊断时间，从而在鸭病毒、细菌、寄生虫、支原体等病原体感染的研究中得到广泛应用。此外，利用针对不同病原的特异性引物建立的多重PCR能同时进行不同病原的检测，适于对多种病原混合感染的快速诊断。

PCR是在DNA聚合酶的作用下，由引物介导，在DNA聚合酶、dNTP、模板等存在的情况下，通过25～35次的“变性—退火—延伸”的循环反应过程，对特定的核苷酸序列进行扩增，使目的基因扩增几百万倍。PCR扩增DNA片段的特异性是由两条人工合成的寡核苷酸引物序列决定的。这两条引物与待扩增片段两条链的两端DNA序列分别互补，通过只扩增目的病原体的一个特定大小的已知核酸序列，而不扩增宿主及其他任何微生物的核酸，使之具有特异性。自PCR技术发明以来，由于其不仅具有准确和快速的优点，而且结果分析简单，对样品要求不高，无论新鲜组织或陈旧组织、细胞或体液、粗提或纯化DNA或RNA均可，因而非常适合于感染性疾病的诊断和监测。近年来，PCR又与其他方法组合成了许多新的方法，如基于荧光标记能量转换技术和实时荧光定量PCR快速诊断技术、抗原捕获PCR、数字PCR等，进一步提高了PCR的简便性、敏感性和特异性。

（3）限制性片段长度多态性分析（PCR Restrictive Fragment Length polymorphism，RFLP）技术　RFLP技术是基于PCR扩增技术和限制性内切酶酶切试验的一种分子鉴定手段。进化关系相近的物种往往具有相似的DNA标记，用相同的引物可以扩增出大小相似的目的片段，每一种基因型的DNA对某些限制性内切酶有固定的酶切位点。经酶作用后，在凝胶电泳图谱上产生固定的片段图谱，如果该病原有不同的血清型或基因型发生变化，则酶切位点或数目可能会有所差异，产生的电泳图谱也会有差异；反之，根据酶切电泳图谱的差异，也可判定病原的血清型，从而对该疫病及病原流行情况作出准确诊断（图3-38）。常规诊断方法如中和试验等免疫诊断技术难以满足诊断的需要，RFLP技术只需要1～2d就可以对其毒株的基因进行分型鉴定，因而比常规方法更加省时省力。

（4）基因芯片技术　基因芯片技术是继PCR后，近年来迅速发展起来的一种新技术。基因芯片又称DNA芯片或DNA微阵列，包括寡核苷酸芯片和cDNA芯片两大类，是指采用原位合成或显微打印手段，将数以万计的DNA探针固化于支持物表面产生二维DNA探针阵列，然后与标记的样品进行杂交，通过检测杂交信号来实现对检测样品快速、高效的检测或诊断。由于常用硅芯片作为固相支持物，且其制备过程运用了计算机芯片的制备设施，

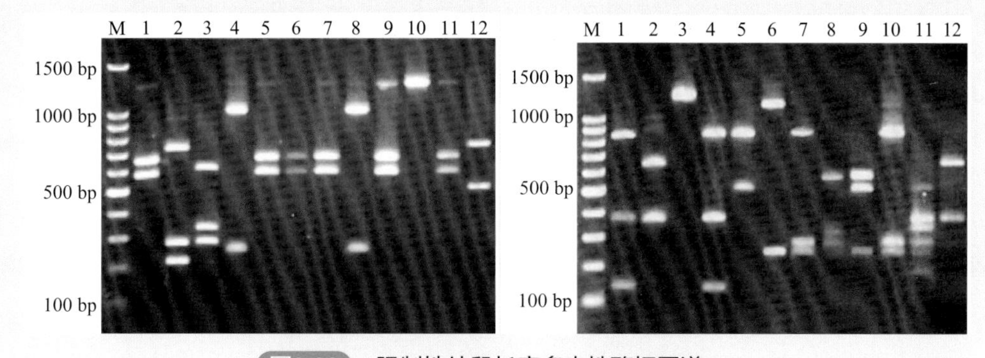

图3-38 限制性片段长度多态性酶切图谱

刁有祥 摄

所以称之为基因芯片技术。

基因芯片的工作原理与经典的核酸分子杂交方法是一致的，都是应用已知核酸序列作为探针与互补的靶核苷酸序列杂交，通过随后的信号检测进行定性和定量分析。基因芯片在一微小的基片表面集成了大量的分子识别探针，能够在同一时间内平行分析大量的基因，进行大信息量的筛选与检测分析。基因芯片技术是分子生物学、微电子学、计算机科学等多学科结合的结晶，综合了多种现代高精尖技术，主要流程包括芯片的设计与制备、靶基因的标记、芯片杂交与杂交信号的检测。基因芯片在动物疫病的诊断方面具有独特的优势。与传统检测方法相比，它可以在1张芯片同时对多个样品进行多种疾病的检测；无需机体免疫应答反应，能及早诊断，待测样品用量小；能检测病原微生物的耐药性和亚型；极高的灵敏度和可靠性；自动化程度高，利于大规模推广应用。这些特点可使兽医工作者在短时间内掌握大量的疾病诊断信息，这些信息有助于在短时间内找到正确的防治措施。基因芯片通过系统监控进行分子杂交确认，是DNA杂交技术和PCR扩增技术相结合的分子诊断方法，为疾病的诊断开辟了一条新的道路。动物体的每种组织，每一种细胞在不同分化阶段和不同状态的疾病条件，以及不同致病原因时都有独立的基因表达谱。应用基因芯片不仅可以提高疾病诊断的效率，而且可以诊断出疾病的具体类型、发病阶段、严重程度和愈后指示。在感染性疾病中，基因芯片也可用于检测病原菌的耐药性，为合理用药提供依据。现在基因芯片以其可同时、快速、准确地分析数以千计的基因组信息的特点而显示出了巨大的威力。

（5）环介导等温扩增技术（loop-mediated isothermal amplification，LAMP） LAMP是Notomi T等在2000年首先提出来的一种新型核酸扩增技术，它依赖于4条特异性引物和一种具有链置换特性的DNA聚合酶，在65℃恒温条件下，启动循环链置换反应，完成对目标DNA的大量扩增。在LAMP反应中，内引物杂交在目标DNA区，启动互补链合成，导致哑铃状DNA产生。这种结构很快以自身为模板，进行DNA合成延伸，形成茎环DNA结构，然后以此结构作为LAMP循环的起始结构。由于内引物杂交在茎环的环上，引物链置换合成的DNA产生一个有缺口的茎环DNA中间媒介，在茎上附有目标序列。通过外引物，在茎的末端形成环状结构，结果在同一链上互补序列周而复始，形成有很多环的花椰菜结构的茎环DNA混合物。LAMP可高效、快速、高特异性地扩增靶基因序列，其特异性非常高，要求4种引物在靶基因上的6个不同位点完全匹配才能够进行扩增。与PCR

技术相比，其检测限更低，可达到几个拷贝；耗时更短，在 1h 内即可将靶序列扩增至 10^9 倍；产物较易检测，操作方便，反应过程不需昂贵的仪器与特殊试剂（图 3-39）。此外，在反应体系中还可引入环引物，以促进反应的进行。

LAMP 技术作为一种基因快速扩增技术，在国内外疾病、卫生、食品及环境等多个领域取得了重大成就。当前，LAMP 技术广泛应用于鸭病毒病及细菌病的诊断，如 I 型鸭甲肝病毒病、鸭坦布苏病毒病、鸭瘟病毒病、禽流感病毒病、鸭细小病毒病、新城疫病毒病、圆环病毒病、鸭呼肠孤病毒病、鸭疫里氏杆菌病及禽多杀性巴氏杆菌病等，均针对其基因保守区建立了（RT-）LAMP 可视化检测方法。当反应过程中合成 DNA 时，同时产生大量的副产物焦磷酸，反应后生成白色的焦磷酸镁沉淀物，便于可视化检测；当在反应体系加入 SYBR Green I 荧光染料后，可通过观察反应体系荧光便可实现可视化结果的判定（图 3-40）。LAMP 反应整个过程均在 65℃恒温水浴条件下进行，不需要昂贵仪器设备，而易在基层部门普及的检测技术，避免了常规 PCR 对于温度循环的特殊要求所带来的各种不便，可快速、准确地做出传染性病病原学诊断，从而及时有效控制疫情，使养殖场损失降到最低。

对于 LAMP 反应产物的检测，最初的方法是 DNA 凝胶电泳技术，但使用此技术存在两个弊端：一是耗时，LAMP 技术最大的优势之一是快速，对产物进行电泳检测将整体时间延长了 20 ～ 30min ；二是假阳性，LAMP 产物在开盖后易形成气溶胶污染实验环境，极易造成后续实验的假阳性，如能不开盖检测可有效避免检测结果的假阳性，增强其准确性。为了增强 LAMP 的实际应用能力，研究者们将多种技术与其相结合，以期能够开发出既能发挥 LAMP 优势，又能够避免其劣势的 DNA 检测技术。在传统 LAMP 的基础上，研究者陆续将其与多项技术联合使用，以扩展及增强 LAMP 技术的实用性及准确度，如与 AMW 反转录酶结合的反转录 LAMP，结合内切酶酶切技术的多重 LAMP，结合酶联反应

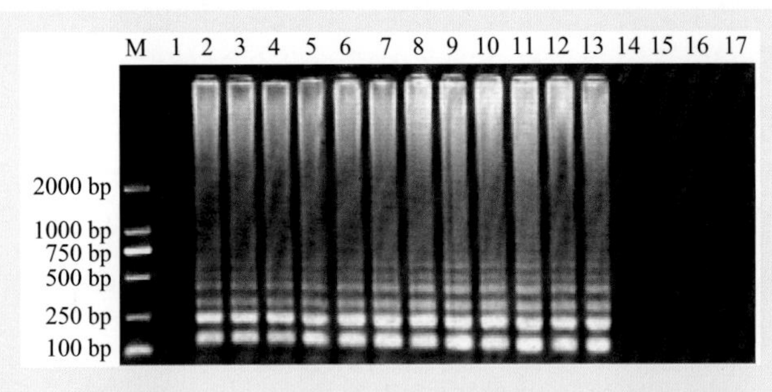

刁有祥 摄

图3-39 环介导等温扩增方法琼脂糖凝胶电泳图

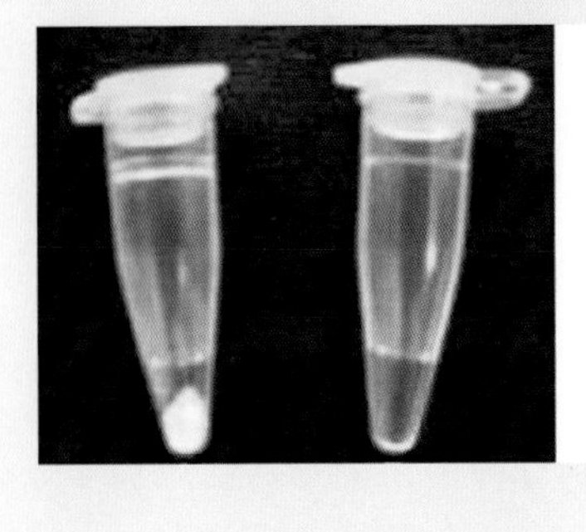
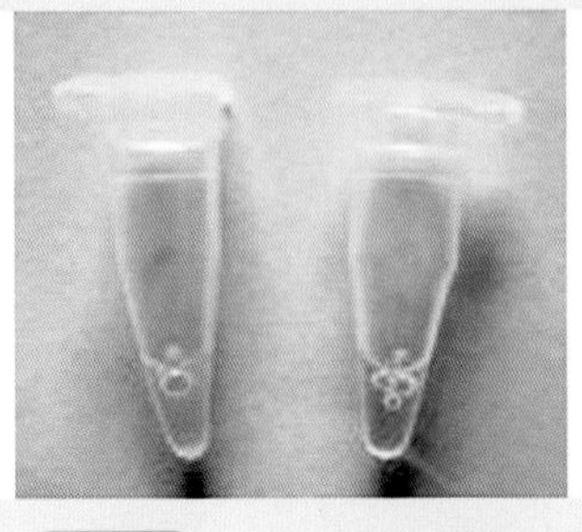
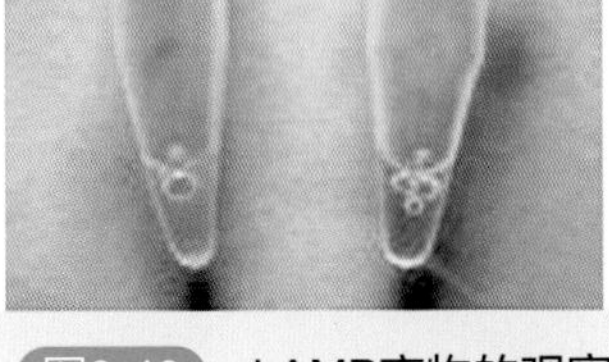
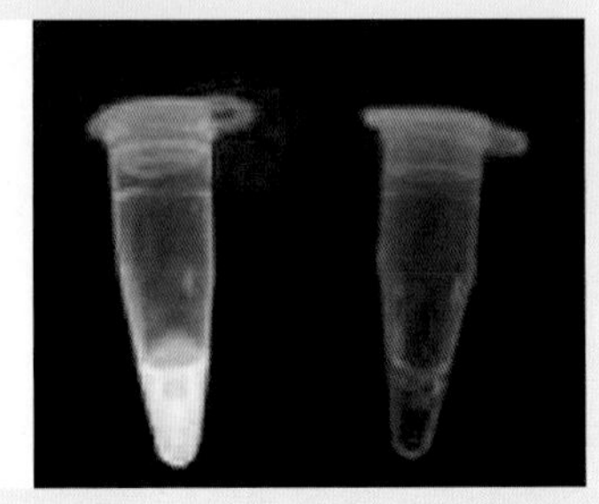

图3-40 LAMP产物的观察

刁有祥 摄

的LAMP-ELISA，结合实时定量等技术的多种LAMP产物检测法等，提高了其检测灵敏性，降低了假阳性结果的产生，缩短了检测时间。

（6）荧光定量PCR检测技术　荧光定量PCR是将传统PCR与荧光检测技术结合起来的一种方法，其基本原理与传统PCR相同，均是对特定目的片段在体外进行大量扩增。但在荧光定量PCR反应体系中，加入荧光标记的探针或DNA荧光染料，通过PCR扩增时对每一个循环产物荧光信号的实时监测，从而实现对起始模板定量及定性分析。根据产生荧光信号的原理不同，荧光定量PCR有多种形式，目前最为常用的是探针法和染料法。探针法是利用与靶序列特异性杂交的探针（如TaqMan探针）来指示扩增产物的增加；染料法则是利用能与PCR产物结合并发出荧光的染料（SYBR Green）来指示扩增产物的增加。利用荧光定量PCR检测，需要荧光定量PCR仪，以实现对产生荧光的实时监测。与传统PCR相比，荧光定量PCR不仅可以对样本中的核酸进行定量分析，同时具有更高的特异性、敏感性，且不需进行琼脂糖凝胶电泳，更为快速且可实现高通量。

荧光定量PCR技术通过对PCR反应中每一个循环产物荧光信号的实时检测，实现对起始模板的定量及定性分析。在实时荧光定量PCR反应中，随着PCR反应的进行，反应产物不断累计，荧光信号强度也等比例增加。每经过1个循环，收集1个荧光强度信号，这样就可以通过荧光强度变化监测产物量的变化，从而得到1条荧光扩增曲线图。一般而言，荧光扩增曲线可分为3个阶段：荧光背景信号阶段、荧光信号指数扩增阶段和平台期。在荧光背景信号阶段，扩增的荧光信号被荧光背景信号所掩盖，无法判断产物量的变化；而在平台期，扩增产物已不再呈指数级的增加，终产物量与起始模板量之间无线性关系；只有在荧光信号指数扩增阶段，PCR产物量的对数值与起始模板量之间存在线性关系，可以选择在这个阶段进行定量分析。

荧光定量PCR方法融合了PCR高灵敏性、DNA杂交的高特异性和光谱技术的高精确定量等优点，是PCR技术、光谱技术和计算机技术的有机结合，进一步提高了目的基因检测的特异性；光谱技术和计算机技术的联合应用提高了灵敏度和工作效率；整个定量PCR反应在一个封闭的系统中自动完成，有效避免了污染；荧光定量PCR利用扩增进入指数增长初期时的C_t值来定量起始模板量，克服了PCR固有的平台效应，实现了极为精确的核酸定量检测。目前在众多鸭病诊断如禽流感、鸭瘟、鸭细小病毒感染、传染性浆膜炎、鸭呼肠孤病毒感染等的诊断中发挥着重要的作用。

荧光定量PCR以其快速、特异性强、灵敏性高、重复性好、定量准确、可实时监测及自动化程度高等其他方法无法比拟的优点成为核酸检测的重要工具，在分子诊断、分子生物学研究、动植物检疫以及食品安全检测等方面得到了广泛应用，弥补了一般技术对疾病亚临床或潜伏感染状态无法确诊的缺点。随着现代医学和分子生物学的飞速发展，该技术已在兽医学的基础研究及临床应用方面发挥着越来越大的作用，成为当前动物疫病检测中简单、快速、敏感、特异的定量检测技术，是未来鸭病诊断的一个发展方向，具有巨大的发展潜力和广阔的应用前景。

（7）高通量测序技术　测序技术一直推动着病原学研究和发展，先进的测序技术为病原检测提供了强大工具。自20世纪90年代开始，Sanger测序被广泛应用在生物信息学研究中，但其通量太低、速度较慢，得到的病原体序列受到测序深度的影响，操作烦琐，时间经济成本较高，只能了解到病原群体中部分个体，不能检测到病原体基因组的数据。近年来新出现的高通量测序技术（又称下一代测序技术），在病原体检测及未知病原体发现方面具有重要的意义。高通量测序技术可以实现一次对几十万到几百万条DNA分子进行序列测定；其覆盖面广，能检测样品中全部遗传信息；准确性高，准确率可达99.99%，为鸭病的诊断提供了重要的手段。

高通量测序适用于对病原体进行快速、精确的检测，并且此技术在发现未知病原体研究上已显示了技术先进性。当前我国鸭病流行呈现出病原混合感染、持续感染、症状不明显、新发疫病增多等特点，给疫病诊断带来了难题。高通量技术在鸭病检测领域的应用，将极大地提高我们对样品中混合感染及未知病原的全面认识，给鸭病检测、诊断水平带来极大的提升。

在鸭病的诊断中，要将现场诊断、流行病学诊断、病理学诊断和实验室诊断结果综合起来，全面分析，最终得出确切的诊断结论。切勿以点概面、以偏概全，注意透过现象看本质，全面认识疾病发生、发展的全过程，掌握其发病规律，才可作出正确判断，否则很容易出现误诊而延误治疗，造成疫病的扩散与暴发。

第四章　鸭传染病诊治

第一节　禽流感

禽流感即禽流行性感冒（Avian influenza，AI），简称禽流感，曾被称为欧洲鸡瘟、真性鸡瘟或鸡瘟，是由正黏病毒科流感病毒属的A型流感病毒引起的禽类感染和疾病综合征，流感病毒不仅对养禽业造成严重危害，而且具有重要的公共卫生学意义，我国将其列为一类动物疫病。

一、历史与分布

1878年，Perroncito首次报道意大利鸡群中发生高致病性禽流感（High pathogenic avian influenza，HPAI），称为鸡瘟（Fowl plague），起初该病常与禽霍乱混淆，直到1878年Rivolto和Delprato根据症状和致病特征对这两种疾病进行了区分，最终于1955年该病原被鉴定为A型流感病毒。20世纪早期和中期，世界上很多国家都报道过高致病性禽流感的流行，20世纪30年代中期以前，高致病性禽流感在欧洲很多地方一直呈地方性流行。1981年在美国马里兰州Beetsville召开的首届禽流感国际研讨会上，官方正式采用高致病性禽流感代替"鸡瘟""高毒力禽流感"等。

1949年至20世纪60年代中期，家禽中出现了较温和的禽流感，这种类型的禽流感称呼很多，如低致病性、温和型、非高致病性禽流感等，对家禽养殖和贸易的影响比高致病性禽流感小。2002年召开的第15届禽流感国际研讨会上，正式采用低致病性禽流感（Low pathogenic avian influenza，LPAI）来命名低毒力的禽流感，即所有不符合高致病性禽流感标准的禽流感。

世界动物卫生组织（Office International des Epizooties，OIE）负责制定动物疾病的卫生和健康标准。OIE规定法定上报的禽流感有：法定高致病禽流感（HP notifiable AI，HPNAI）和法定低致病禽流感（LP notifiable AI，LPNAI）。HPNAI包括所有高致病性禽流感，LPNAI只包括低致病性的H5和H7。2004年以前，OIE陆生动物健康法典只包括高致病性禽流感，属于A类最严重的疾病之一。此后，A类疫病和B类疫病体系被取消，高致病性禽流感改为禽流感，并将禽流感分为HPNAI、LPNAI、LPAI（非H5和H7亚型且毒力低的禽流感）。

到目前为止，禽流感遍布于世界各个养禽的国家和地区。该病能引起人的感染，但这种感染通常不会在人与人之间引起传播。

二、病原

禽流感病毒（Avian influenza virus，AIV）属于正黏病毒科、A 型流感病毒属。病毒粒子呈典型的球形或多形性，还有丝状。病毒粒子的直径通常为 80 ～ 120nm，丝状病毒粒子可长达几百纳米。病毒表面有囊膜，囊膜由 3 层结构组成，内层是基质蛋白（MI）；中层是脂双层，来自感染宿主的细胞膜；外层是病毒编码的两种不同形状的糖蛋白纤突，一种纤突是血凝素（Hemagglutinin，HA），另一种是神经氨酸酶（Neuraminidase，NA）。血凝素是棒状三聚体，长 10 ～ 14nm ；神经氨酸酶是蘑菇形四聚体，直径为 4 ～ 6nm。在病毒粒子的核心，各基因片段与核蛋白紧密缠绕形成螺旋状核衣壳，病毒基因组由 8 个单股负链 RNA 组成，编码 10 种蛋白，其中 8 种蛋白（HA、NA、NP、M1、M2、PB1、PB2 和 PA）组成病毒的基本结构。

HA 和 NA 具有型特异性和多变性，在病毒感染过程中发挥着重要作用。HA 是决定病毒致病性的主要抗原，在病毒吸附及穿膜过程中发挥关键作用，能诱导机体产生中和抗体，保护动物机体不出现症状和死亡。流感病毒的基因组容易发生变异，尤其是 HA 基因的变异率最高，这也是病毒发生抗原变异从而造成免疫失败的主要原因；其次容易发生变异的是 NA 基因。

流感病毒属（型）的划分主要根据内部蛋白 NP 和 M1 的血清学反应来确定，最典型的分型是通过免疫沉淀试验（如琼脂扩散试验）进行。所有的禽流感病毒均属于 A 型流感病毒。B 型和 C 型流感病毒主要感染人，偶尔感染海豹和猪，尚未从禽类中分离到。根据表面糖蛋白 HA 与 NA 抗原性的不同，A 型流感病毒分为不同的亚型，目前已发现 HA 有 16 种，NA 有 9 种，可组合成 144 个禽流感病毒血清亚型。HA 血清亚型通过血凝抑制试验（HI）确定，NA 血清亚型通过神经氨酸酶活性抑制试验（NI）确定。16 个 HA 亚型和 9 个 NA 亚型组合的大部分病毒主要存在于家禽和野鸟中，其分布随着年度、地理位置和宿主种类等的不同而发生变化。1980 年以来，HA 和 NA 的分型方法已被标准化，适用于所有从鸟、猪、马和人中分离的流感病毒。

禽流感病毒能在 9 ～ 11 日龄的鸡胚中增殖，获得较高的病毒滴度，并且产生裂解的 HA 蛋白。禽流感病毒只可以在有限数量的细胞培养系统中增殖，鸡胚成纤维细胞（CEF）或肾细胞在禽流感病毒的蚀斑形成试验和中和试验中应用最为广泛，某些毒株也能在家兔、牛及人的细胞中生长。禽流感病毒有血凝性，可凝集禽类（如鸡、火鸡、鸭、鹅、鸽子等）、某些哺乳动物（如人、豚鼠、小白鼠等）以及马属动物的红细胞，因此实验室中常用血凝 - 血凝抑制试验（HA-HI）来检测、鉴定病毒。

禽流感病毒对外界环境的抵抗力较差，对热敏感，56℃作用 30min、72℃作用 2min 便可灭活；由于禽流感病毒具有脂质囊膜，因此对脂溶剂如乙醚、氯仿、丙酮等和去污剂如脱氧胆酸钠、十二烷基磺酸钠等敏感；病毒还对含碘消毒剂、次氯酸钠、氢氧化钠等消毒剂敏感。禽流感病毒对低温抵抗力强，如病毒在 −70℃可存活两年，粪便中的病毒在 4℃条件下可存活 1 个月。

三、致病机理

禽流感病毒的致病力多种多样，有温和型或不明显的、一过性的综合征，也有发病率和死亡率高的疾病，病毒的致病性主要取决于病毒血凝素（HA）蛋白裂解位点附近的氨基酸组成。流感病毒的感染必须经过两个过程，一是 HA 吸附细胞膜上的唾液酸糖蛋白受体，再通过受体介导的内吞作用进入细胞；二是通过 HA2 氨基端的作用使病毒脱壳。要完成这两个过程，蛋白酶必须将 HA 水解为 HA1 和 HA2 两条肽链，因此，HA 的裂解性是流感病毒具备感染性和复制的首要条件，蛋白酶在组织中分布的不同和 HA 对这些酶的敏感性决定了病毒的感染性。对于低致病性禽流感病毒，可以在呼吸道和肠上皮细胞或呼吸道分泌物中发现类胰酶的蛋白酶，这些蛋白酶可以识别和裂解 HA 产生具有感染性的病毒，因此，低致病性禽流感病毒通常是在呼吸道和肠道中复制，发病和死亡也主要是由于呼吸道的损伤引起的；高致病性禽流感病毒（H5 和 H7）的 HA 可以被许多内脏器官、神经系统和心血管系统细胞中存在的弗林蛋白酶识别和裂解，类胰酶的蛋白酶也可以裂解高致病性禽流感病毒的 HA 蛋白，因此，高致病性禽流感病毒能在机体中广泛复制，引起机体各组织器官发生病变。此外，NA 对病毒的毒力也有重要影响，而且具有防止病毒在细胞表面聚集的作用。NA 刺激产生的抗体没有病毒中和作用，但能减少病毒的增殖和改变病程。

流感病毒对宿主的感染性与细胞受体和 HA 受体结合位点的结构密切相关，A 型流感病毒的细胞受体是位于细胞膜上的唾液酸糖脂或唾液酸糖蛋白，而相应上皮细胞中的唾液酸寡糖的唾液酸 - 半乳糖链也因不同宿主而异。禽流感病毒和人流感病毒具有很强的受体识别特异性，家禽上呼吸道细胞中含有唾液酸 α-2, 3-Gal 受体，人上呼吸道细胞中含有 α-2, 6-Gal 受体，禽流感病毒与唾液酸 α-2, 3-Gal 受体结合，人流感病毒与 α-2, 6-Gal 受体结合，因此，通常禽流感病毒只感染家禽，人流感病毒只感染人。

禽流感病毒可以通过以下方式导致机体发生病变，一是病毒直接在细胞、组织和器官中复制，二是通过细胞因子等介导的间接效应，三是脉管栓塞导致的缺血，四是凝血或弥漫性血管内凝血导致心血管功能衰退。

四、流行病学

在我国家禽中感染和流行较早、较普遍的禽流感病毒的亚型有 H5N1、H9N2。H5N1 亚型高致病性禽流感最早于 1996 年在我国广东省鹅群中发生，病原随即被分离鉴定。1997 年 8 月，我国香港发生 H5N1 禽流感病毒感染人病例，18 人感染，6 人死亡，这是世界上首次明确记录的由禽流感病毒直接突破种间屏障感染人并引起死亡的病例，禽流感病毒由禽直接传染给人的特点引起了世界各国的高度重视。1994 年，H9N2 亚型禽流感在我国广东省某鸡场首次发生，病鸡主要表现为产蛋率下降，有一定的死亡率，之后 H9N2 亚型禽流感在我国鸡群中持续广泛的流行，给养禽业造成严重的危害。1998 年和 2003 年，中国内地和香港均出现了 H9N2 低致病性禽流感由禽直接感染人的病例，3 例表现呼吸道症状，5 例表现流感症状。2003 年，荷兰发生 H7N7 引发的高致病性禽流感，89 人感染，1 人死亡。

2004 年，东南亚暴发了 H5N1 高致病性禽流感，日本、韩国、中国也有发生；东南亚各国中，越南出现的 H5N1 禽流感病毒感染人的病例最多、最严重，至少引起 21 人死亡。2013 年 3 月，我国长三角地区首次报道了 H7N9 亚型禽流感病毒感染人病例，这是流感病毒发生了基因重排的结果，此后该病毒的感染逐渐扩散到全国多个省市。截至 2015 年 1 月，共确诊病例 500 余例，其中 185 例死亡，引发人们的恐慌，给中国的养禽业造成了前所未有的巨大损失。H7N9 亚型禽流感病毒基因组研究结果表明，该病毒是由鸡源 H9N2 病毒、野鸟源 / 鸭源 H7 及 N9 禽流感病毒重排而来。H5N8、H5N5、H5N6、H10N8 等亚型禽流感病毒感染病例的出现，使该病的防控工作变得更为复杂。当前，我国在水禽中流行的高致病性禽流感病毒以 H5N6 为主，低致病性禽流感以 H9N2 为主。基因分析结果表明，多种新近出现的新型重排病毒都含有 H9N2 流行毒株的内部基因片段，因此应高度关注家禽中 H9N2 亚型低致病性禽流感的防控。

至今，世界各地已从不同禽体内分离出上千株禽流感病毒，从迁徙水禽，尤其是鸭体内分离的最多。高致病性禽流感一旦感染禽群，发病率、死亡率高，对养禽业造成的危害非常严重。禽流感备受国际关注，全球范围出现了禽流感热，1981 年、1986 年、1992 年、1997 年、2002 年和 2006 年召开了多次国际性研讨会来解决禽流感问题，禽流感已成为一个国际性问题，需要各国的努力和合作来解决。

家禽（包括火鸡、鸡、珍珠鸡、石鸡、鹌鹑、雉、鹅、鸭等）对禽流感病毒的易感性较强，其中家养火鸡和鸡的易感性最强。各品种和日龄的鸭均可感染禽流感病毒并发病，鸭群感染高致病性禽流感后表现出发病急、传播快、死亡率高的特点。野禽主要以带毒为主，感染后大多数通常不发病，但有的野禽也能感染发病。2005 年，H5N1 亚型禽流感病毒引起了我国青海湖大批候鸟感染和死亡，之后这种类似的感染事件时有发生。随着禽流感病毒变异的出现，其宿主谱已经不再局限于各种禽类，猪、犬、猫、马、部分海洋生物、人等也能感染。家禽中发生的大部分流感病毒感染主要是由禽流感病毒引起的，H1N1、H1N2、H3N2 亚型的猪流感病毒曾经感染过火鸡，尤其是种火鸡发病严重。鸭感染 H5N1 高致病性禽流感毒的死亡率与毒株毒力和鸭的日龄有关。研究表明，1997—2001 年间的 H5N1 高致病性禽流感病毒通过鼻腔内接种不能引起发病和死亡，2001—2006 年间的一些病毒能引起 2 ～ 3 周龄鸭子出现不同程度的死亡，2010 年至今，很多亚型的禽流感病毒（H5N1、H5N2、H5N6、H5N8）在鸭群中流行严重，致病性增强。

患病或携带病毒的鸭及其他禽类是主要的传染源。病禽所有组织、器官、体液、分泌物、排泄物及禽卵中均含有病毒，禽流感病毒能从病禽或带毒禽的呼吸道、消化道、眼结膜及泄殖腔排放到外界环境中，污染空气、饲料、饮水、器具、笼具、地面等。易感禽类通过呼吸、饮食或与病毒污染物接触可感染该病毒，也能通过与病禽直接接触感染该病毒，引起发病。哺乳动物、昆虫、运输车辆、人员等可以机械性地传播该病毒。有研究指出，H9N2 亚型禽流感病毒可经种蛋垂直传播。

禽流感一年四季均能发生，主要以冬春季节发生较多。温度过低或忽高忽低、通风不良或过度、湿度过低、寒流、大风、雾霾、拥挤、营养不良等因素均可促进本病的发生。

五、症状

该病的潜伏期长短不等，自然感染通常为 3 ～ 14d，潜伏期最长的为 21d。感染病毒后病禽表现出的症状也因病禽种类、日龄及病毒毒力不同而不同。根据病毒的致病性，将禽流感分为两种类型，高致病性禽流感和低致病性禽流感。

1. 高致病性禽流感

主要由高致病性禽流感病毒引起，如 H5N1、H5N2、H5N6、H5N8、H7N3、H7N7、H7N9 等，以 H5N6 和 H5N1 最为常见，家禽感染后通常发病急、死亡快，死亡率高。病禽常不表现明显的前驱症状，发病后就开始迅速死亡，有的死亡率可达 90% ～ 100%（图 4-1 ～图 4-5）。鸭感染后，常突然发病，体温升高到 43℃以上，精神高度沉郁，眼半闭，或伏地呈嗜睡状，食欲废绝，饮水量稍有增加，羽毛松乱（图 4-6 ～图 4-9）；有的病鸭头部、颜面部、颈部浮肿；无毛的皮肤（如腿部、脚部等）发绀、出血、坏死（图 4-10 ～图 4-12）；眼睛分泌物增多，分泌物常带血（图 4-13，图 4-14）；发病稍慢的表现明显的呼吸道症状，如气喘、啰音等，有的甚至呼吸困难（图 4-15）；病鸭腹泻，排黄绿色稀粪（图 4-16，图 4-17）；病程稍长的出现神经症状，如共济失调、不能走动和站立、头颈歪斜、瘫痪等（图 4-18 ～图 4-20）。产蛋鸭表现产蛋率急剧下降，有的鸭群产蛋率由 95% 可降至 10% 以下甚至停产，开产期鸭群患病后很难出现产蛋高峰期，患病鸭群经 10 ～ 15d 后产蛋量开始逐渐恢复，薄壳蛋、软壳蛋、沙壳蛋、畸形蛋等增多。

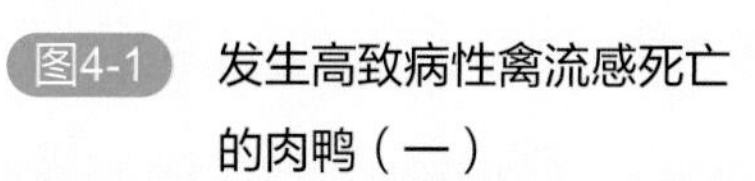
图4-1 发生高致病性禽流感死亡的肉鸭（一）

图4-2 发生高致病性禽流感死亡的肉鸭（二）

图4-3 发生高致病性禽流感死亡的肉鸭（三）

图4-4 发生高致病性禽流感死亡的肉鸭（四）

图4-5　发生高致病性禽流感死亡的蛋鸭（五）

图4-6　发病鸭精神沉郁，闭眼、嗜睡

图4-7　发病鸭精神沉郁

图4-8 发病鸭精神沉郁，羽毛蓬松，缩颈（一）

图4-9 发病鸭精神沉郁，羽毛蓬松，缩颈（二）

图4-10 鸭腿部皮肤出血，呈紫黑色（一）

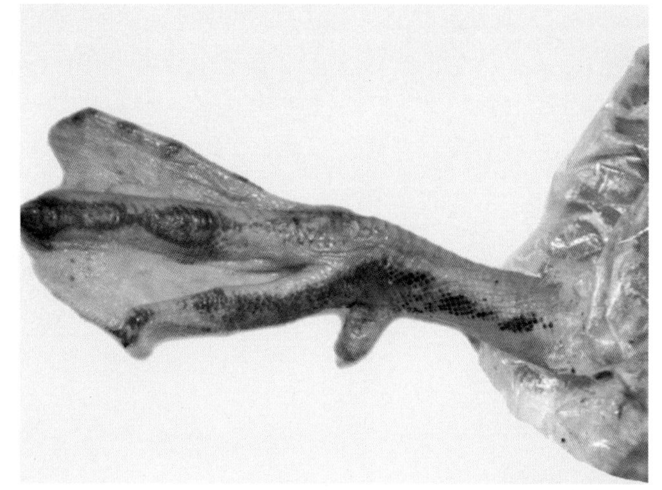

图4-11 鸭腿部皮肤出血，呈紫黑色（二）

刁有祥 摄

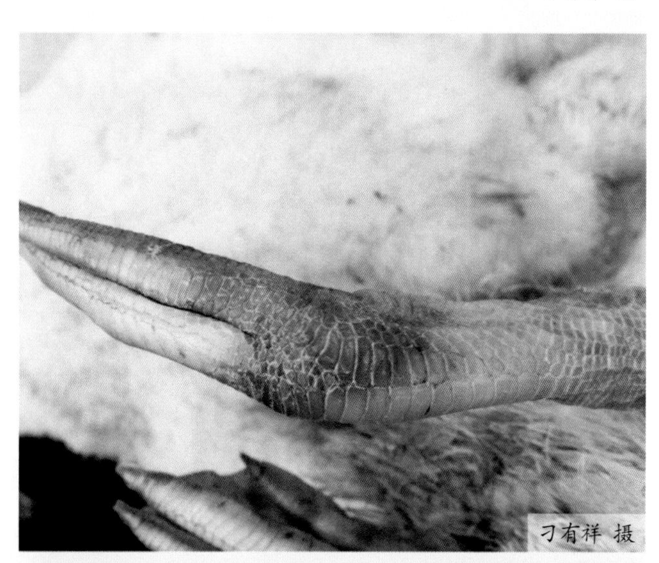

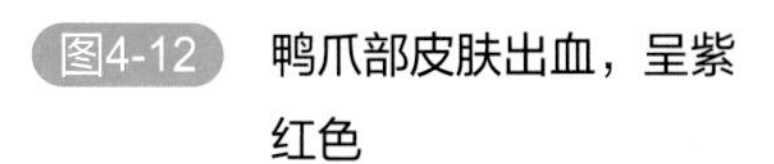

图4-12 鸭爪部皮肤出血，呈紫红色

图4-13 鸭肿眼流泪，分泌物带血（一）

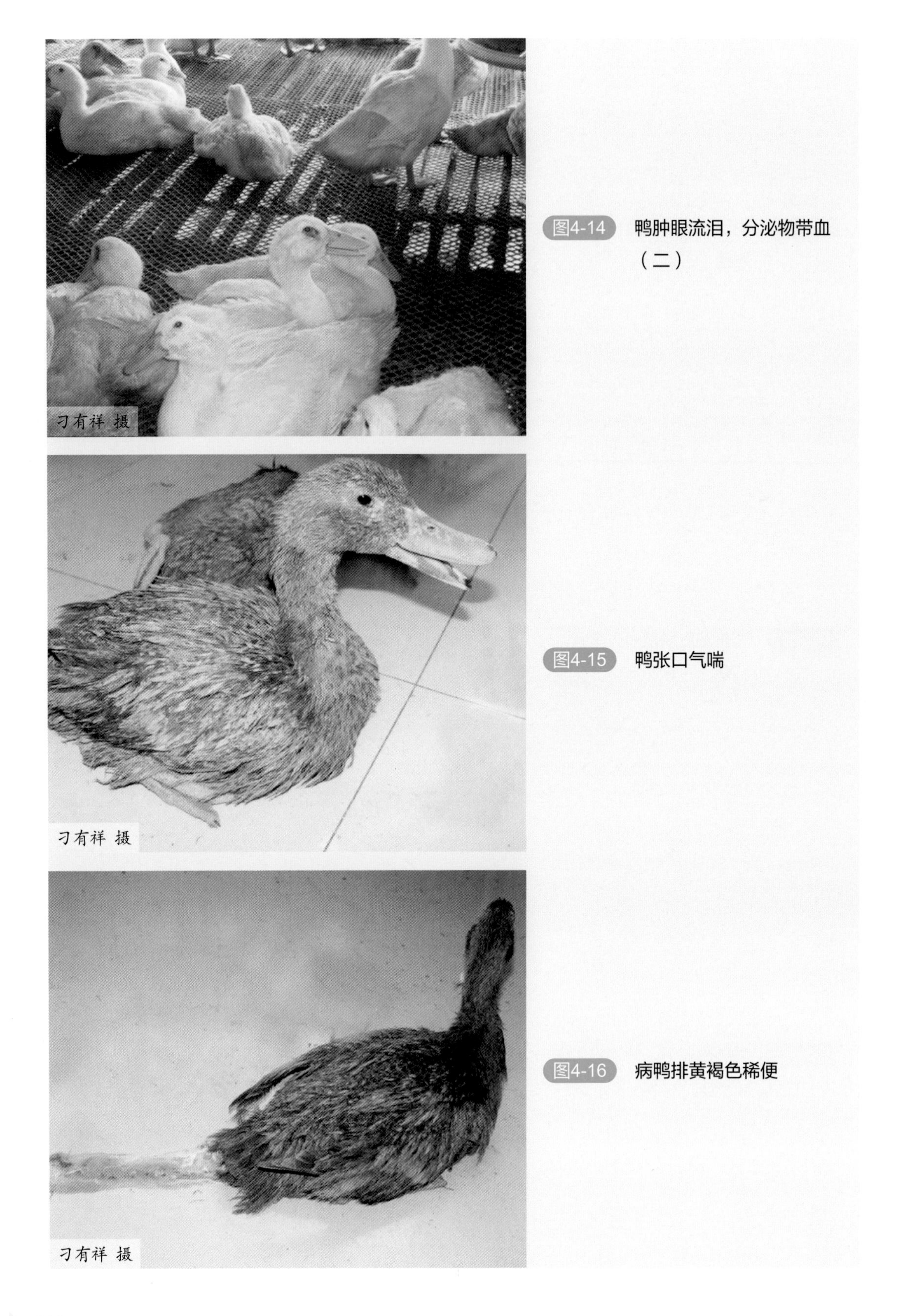

图4-14 鸭肿眼流泪，分泌物带血（二）

图4-15 鸭张口气喘

图4-16 病鸭排黄褐色稀便

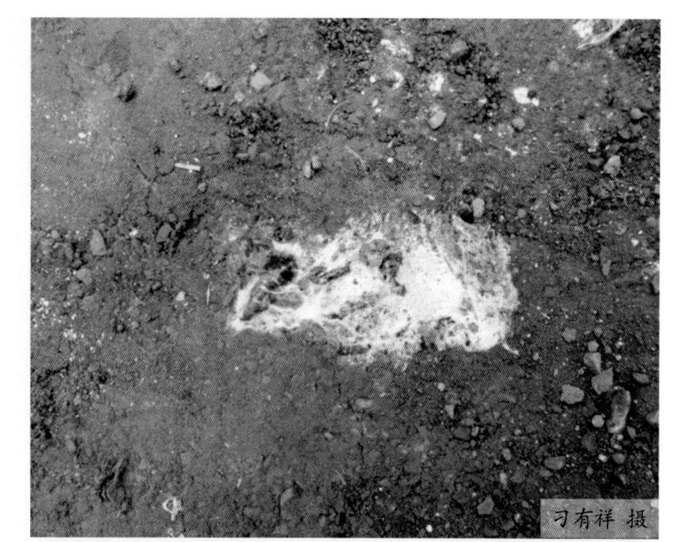

图4-17 病鸭排黄白色稀便

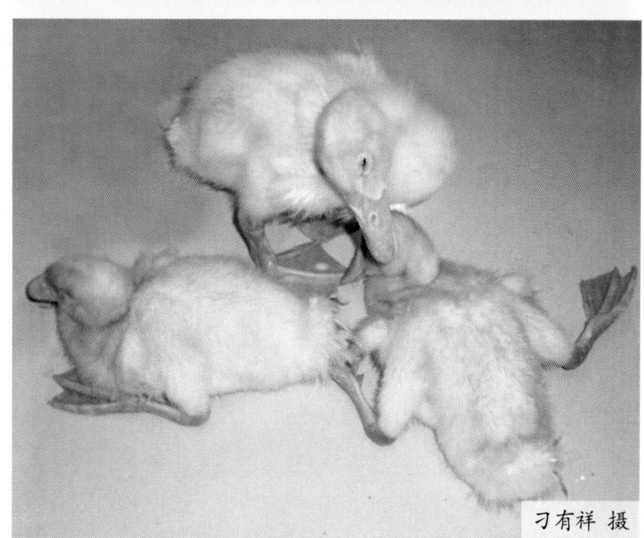

图4-18 病鸭瘫痪，头颈扭转

图4-19 病鸭精神沉郁，头颈扭转

图4-20 病鸭精神沉郁、瘫痪

2. 低致病性禽流感

主要由低致病性禽流感毒如H9N2引起，通常发病较缓和，病鸭表现出较轻的症状或无症状的隐性感染，高发病率低死亡率是本病的主要特征，但鸭感染H9N2流感病毒后，易继发大肠杆菌病和鸭疫里默氏菌病，出现心包炎、肝周炎、气囊炎，则死亡率上升。鸭感染后往往出现体温升高，精神萎靡，羽毛蓬乱，离群呆立，嗜睡，眼睛半闭，采食量下降（图4-21～图4-23）。随着病情的发展，病鸭出现呼吸道症状，主要表现为呼吸困难、伸颈张口呼吸、甩头（图4-24）。眼睛肿胀、流泪，初期流浆液性眼泪，后期流出黄白色脓性液体（图4-25～图4-28）；病鸭腹泻，排黄绿或绿色稀粪（图4-29～图4-31）。产蛋鸭感染后出现产蛋率下降，严重者甚至停产，蛋的质量下降，软壳蛋、薄壳蛋、沙壳蛋、畸形蛋等增多（图4-32，图4-33）。种鸭感染后，种蛋的受精率、孵化率下降，在孵化过程中，后期死胚增多（图4-34，图4-35），死亡鸭胚表现为能啄壳而不能出壳（图4-36），胚胎发育不良（图4-37～图4-39）。出壳后的鸭弱雏较多（图4-40，图4-41），雏鸭在饲养管理过程中，前期的死亡率较高，一般在5%～10%，死亡持续时间约1周（图4-42），且易继发大肠杆菌和鸭疫里默氏菌感染。死亡的雏鸭表现为脐孔愈合不良（图4-43），剖检变化表现为卵黄吸收不良，卵黄变稀、变绿，卵黄囊破裂，形成卵黄性腹膜炎（图4-44～图4-46），肺脏出血（图4-47）。若继发大肠杆菌和鸭疫里默氏菌感染，剖检可见心包炎、肝周炎和气囊炎（图4-48）。

图4-21 发病鸭精神沉郁，闭眼，缩颈

图4-22 发病鸭精神沉郁，羽毛蓬松

图4-23 发病鸭精神沉郁，垂头缩颈

图4-24 鸭呼吸困难，伸颈张口气喘

图4-25 鸭眼肿胀，流泡沫状眼泪（一）

图4-26 鸭眼肿胀，流泡沫状眼泪（二）

图4-27 鸭眼肿胀流泪

图4-28 鸭眼肿胀，流脓性分泌物

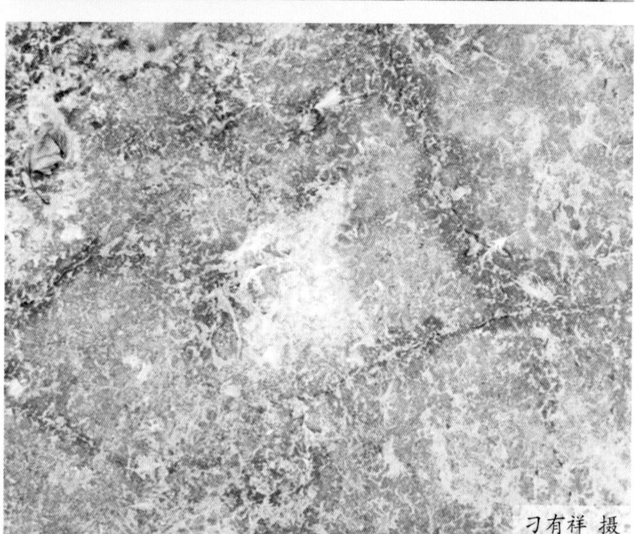

图4-29 病鸭排的绿色粪便

图4-30 病鸭排的白色粪便（一）

图4-31 病鸭排绿白色粪便（二）

图4-32 种鸭产的砂壳蛋

图4-33 种鸭产的软壳蛋，褪色蛋

图4-34　孵化后期死亡的鸭胚（一）

刁有祥 摄

图4-35　孵化后期死亡的鸭胚（二）

图4-36　鸭胚能啄壳，不能出壳

图4-37 胚胎发育不良（一）

图4-38 胚胎发育不良（二）

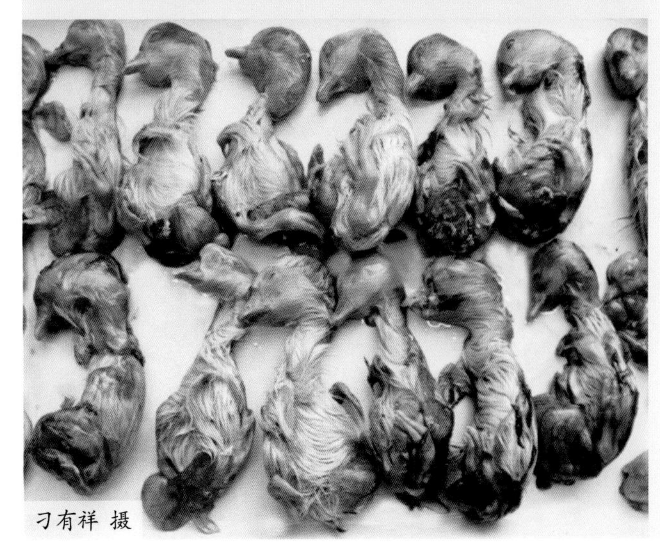

图4-39 胚胎发育不良（三）

图4-40 出壳后的弱雏（一）

图4-41 出壳后的弱雏（二）

图4-42 死亡的雏鸭

图4-43 雏鸭脐孔愈合不良

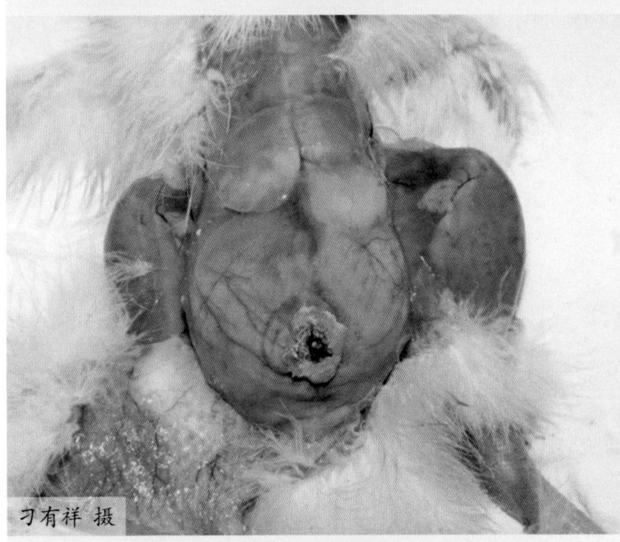

图4-44 卵黄吸收不良（一）

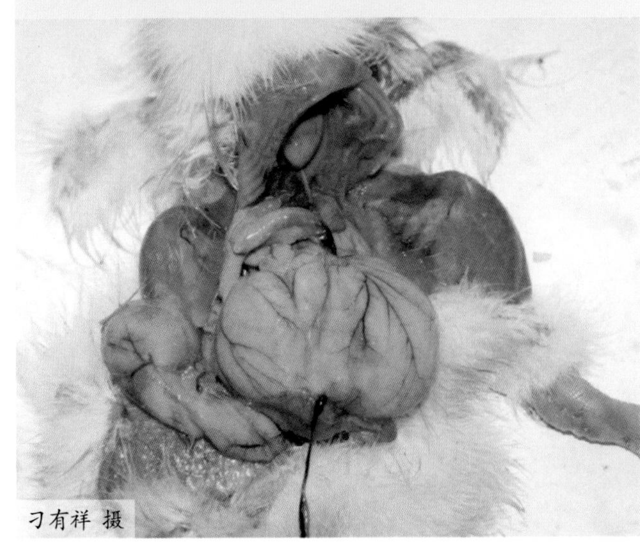

图4-45 卵黄吸收不良（二）

图4-46 卵黄稀薄，吸收不良

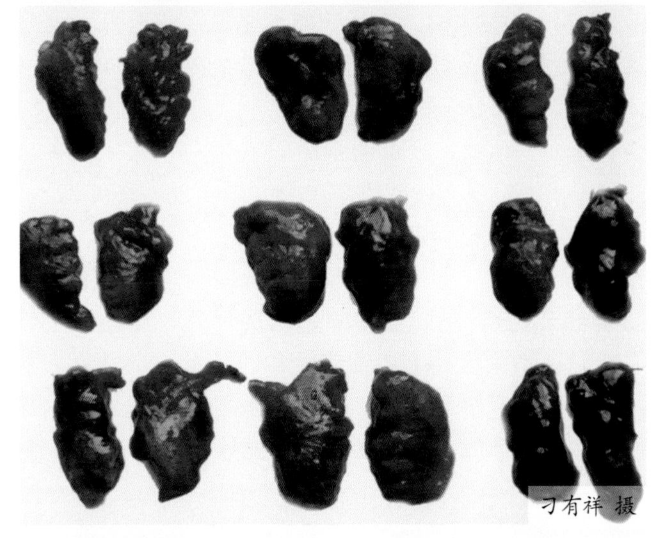

图4-47 肺脏出血，水肿

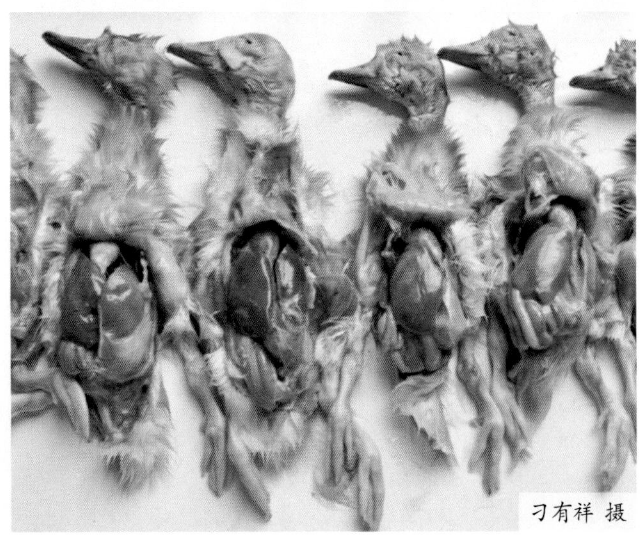

图4-48 肝脏表面有黄白色纤维蛋白渗出

六、病理变化

1. 高致病性禽流感

鸭感染高致病性禽流感主要表现为全身皮肤和脂肪出血。心冠脂肪、心内膜、心外膜有出血点，心肌纤维出现黄白色或灰白色条纹状坏死，严重的可见心包积液（图 4-49 ～图 4-58）。喉头和气管黏膜出血（图 4-59，图 4-60），肺脏充血、出血，水肿，呈紫红色或紫黑色（图 4-61 ～图 4-63）。腺胃乳头出血，腺胃与食道、腺胃与肌胃交界处有出血带或出血斑，肌胃角质层下出血（图 4-64 ～图 4-67）。肝脏肿大，呈紫红色（图 4-68，图 4-69）或紫褐色，有的会出现肝脏肿大、破裂；十二指肠、小肠、直肠、泄殖腔黏膜充血、出血，盲肠扁桃体出血（图 4-70）。脾脏肿大（图 4-71），法氏囊肿大，出血，呈紫红色或紫黑色（图 4-72）；胸腺肿大，出血（图 4-73）。胰腺液化，严重的有大小不一的出血点或出血斑（图 4-74 ～图 4-76）。产蛋鸭卵泡变形、卵泡膜出血，卵黄变稀，严重的卵泡破裂，卵黄散落在腹腔中形成卵黄性腹膜炎（图 4-77 ～图 4-80）；输卵管黏膜充血、出血，输卵管内有黄白色黏稠的分泌物（图 4-81）。胸、腹部脂肪、肠系膜脂肪有出血点（图 4-82，图 4-83）。脑膜充血、出血，严重的脑组织软化、坏死（图 4-84，图 4-85）。头颈肿胀的鸭表现为头部皮下出血，或有胶冻样渗出物（图 4-86，图 4-87）。

组织学变化表现为心肌纤维肿胀，横纹消失，细胞核溶解，心肌纤维断裂；肺部毛细血管扩张、淤血，支气管和细支气管周围淋巴细胞浸润，充满炎性细胞和红细胞（图 4-88，图 4-89）；腺胃黏膜上皮细胞出现坏死、脱落，炎性细胞浸润；十二指肠、直肠的肠绒毛断裂、不完整，上皮细胞变性、坏死、脱落；小肠的肠绒毛变粗，固有层毛细血管扩张、充血，有淋巴细胞、单核细胞和浆细胞浸润；空肠上皮细胞坏死；胰腺腺泡上皮变性、坏死，形成大量的局灶性坏死灶，胰腺崩解；输卵管黏膜出血，有大量炎性细胞浸润（图 4-90）。

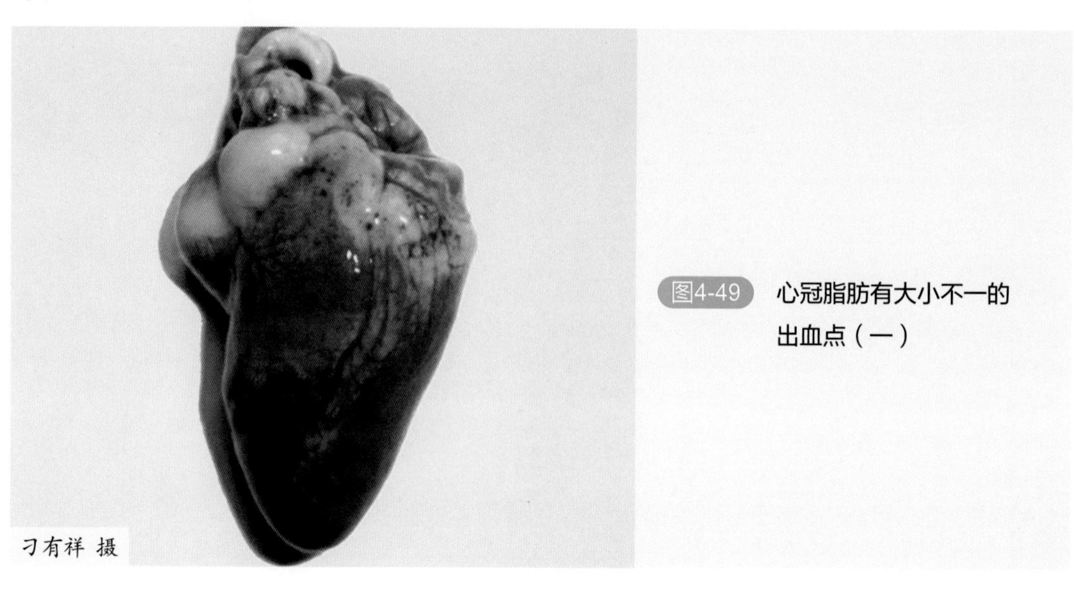

图4-49 心冠脂肪有大小不一的出血点（一）

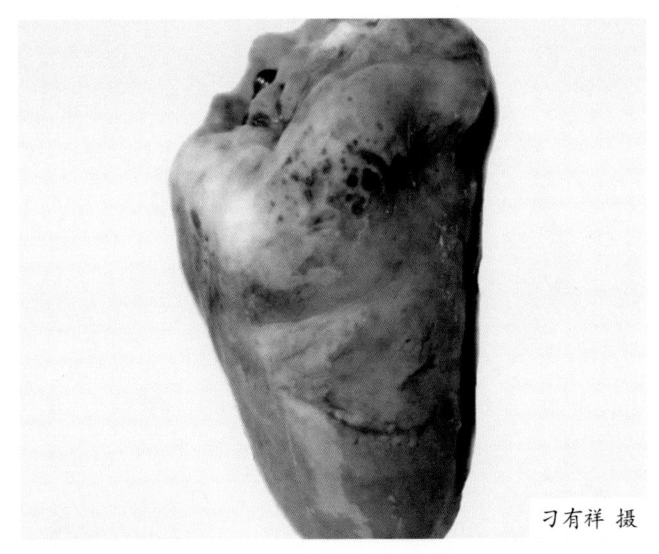

图4-50 心冠脂肪有大小不一的出血点（二）

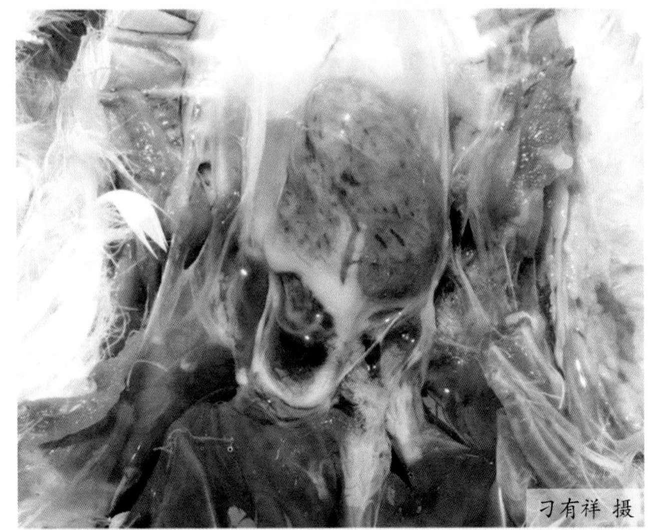

图4-51 心外膜出血

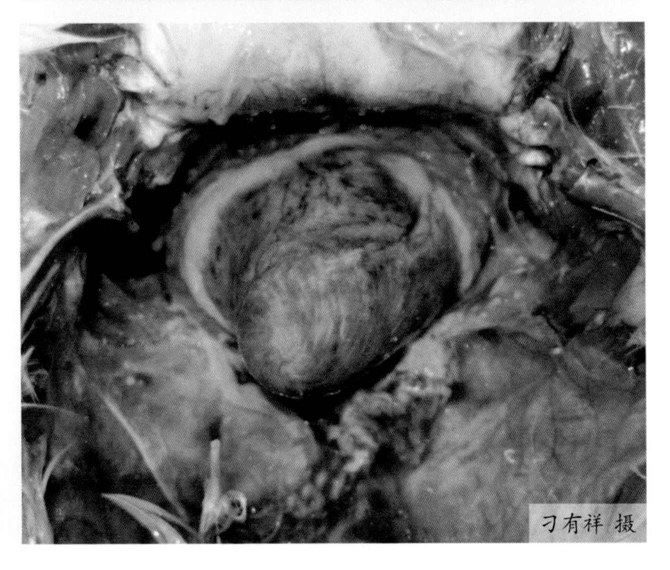

图4-52 心外膜出血，心肌有条纹状坏死

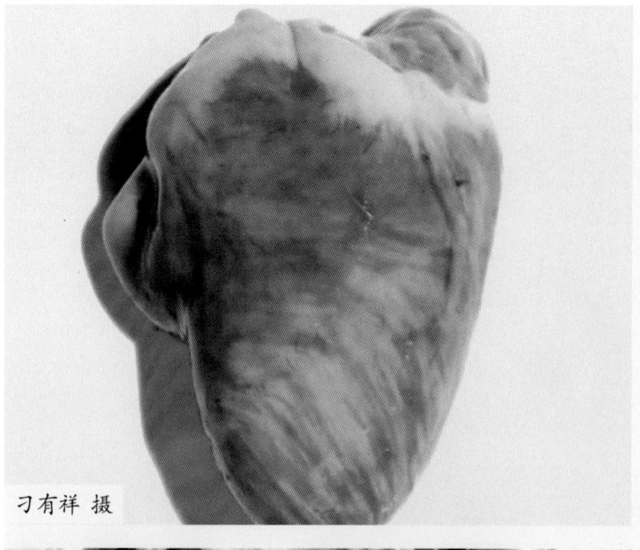

图4-53 心肌呈黄白色条纹状坏死（一）

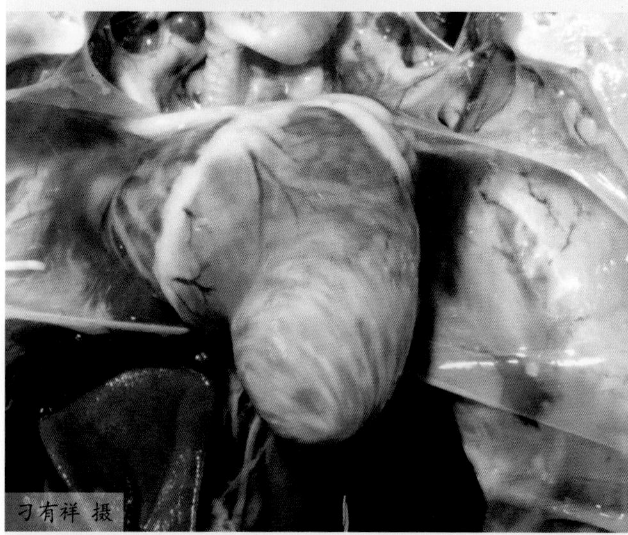

图4-54 心肌呈黄白色条纹状坏死（二）

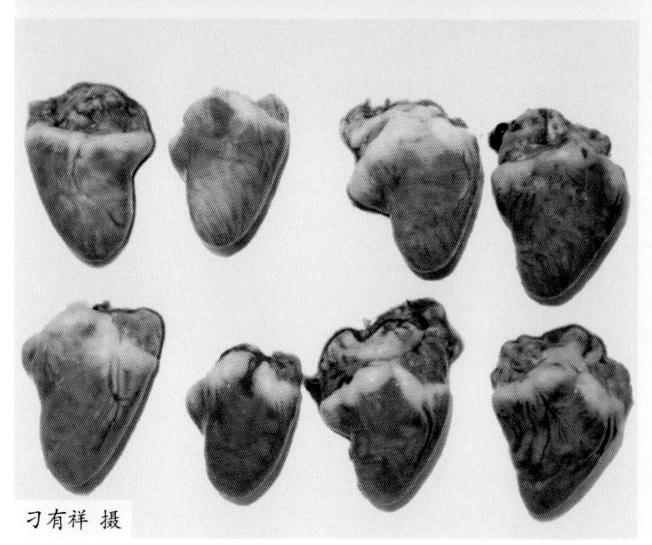

图4-55 心肌呈黄白色条纹状坏死（三）

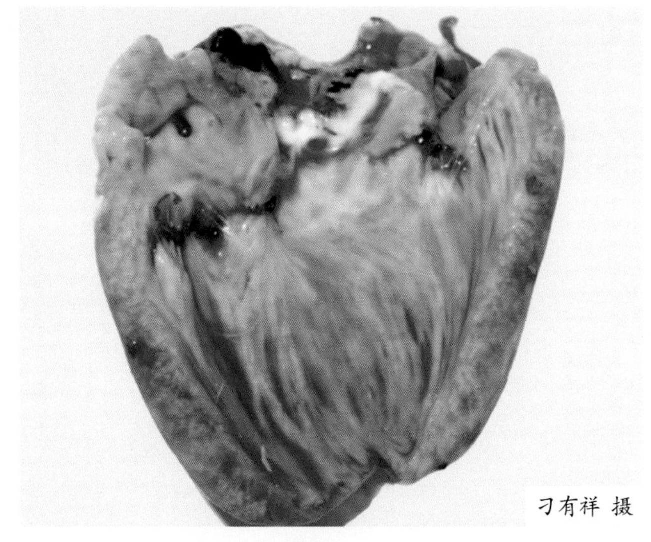

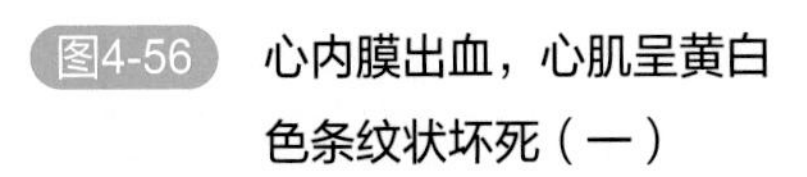
图4-56　心内膜出血，心肌呈黄白色条纹状坏死（一）

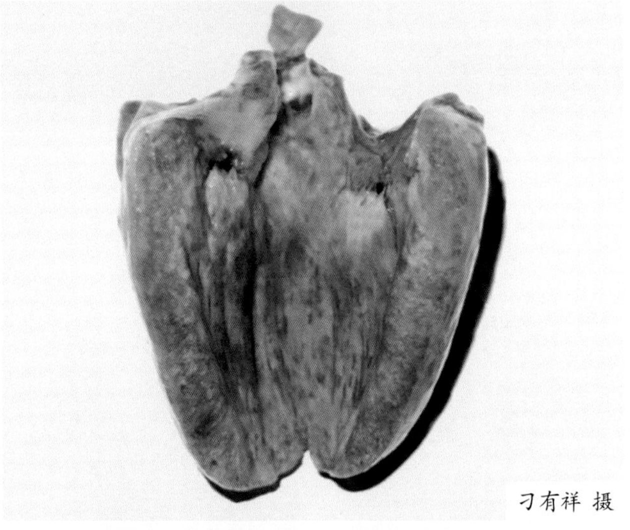

图4-57　心内膜出血，心肌呈黄白色条纹状坏死（二）

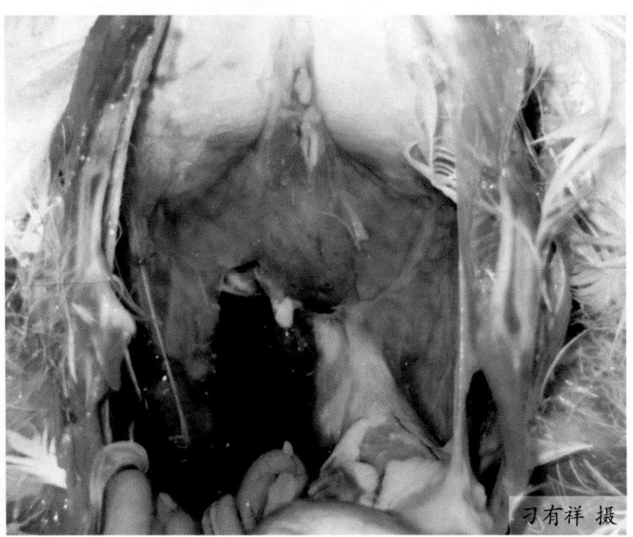

图4-58　心包有黄白色积液

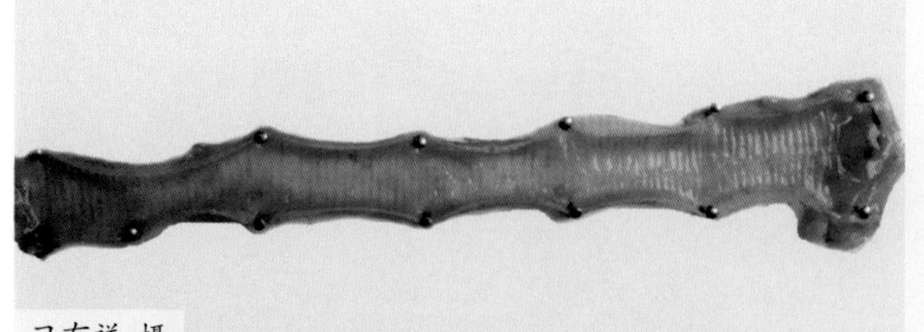

图4-59 喉头、气管出血

图4-60 气管环弥漫性出血

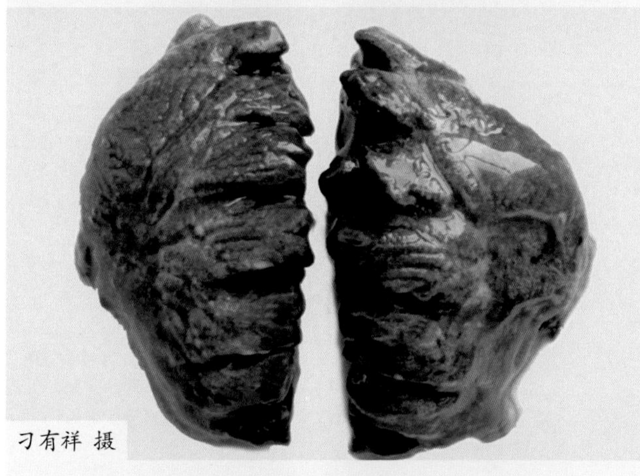

图4-61 肺脏出血，水肿，呈紫黑色（一）

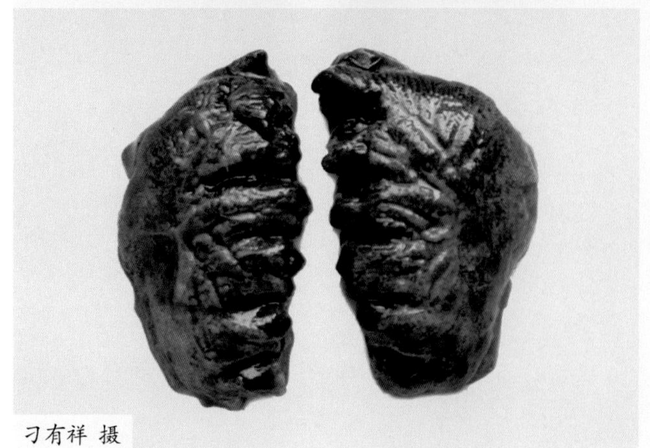

图4-62 肺脏出血，水肿，呈紫黑色（二）

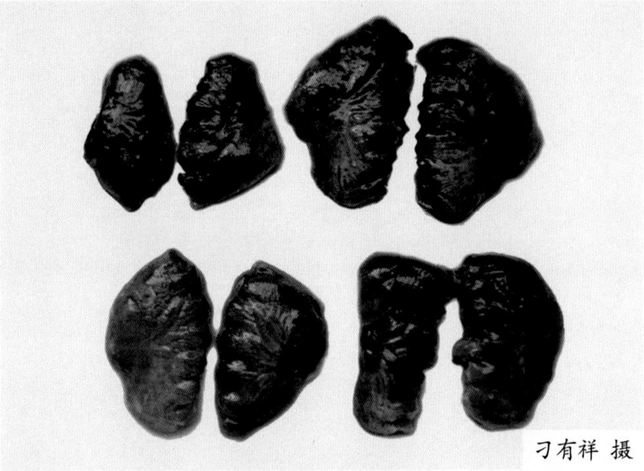

图4-63 肺脏出血，水肿，呈紫黑色（三）

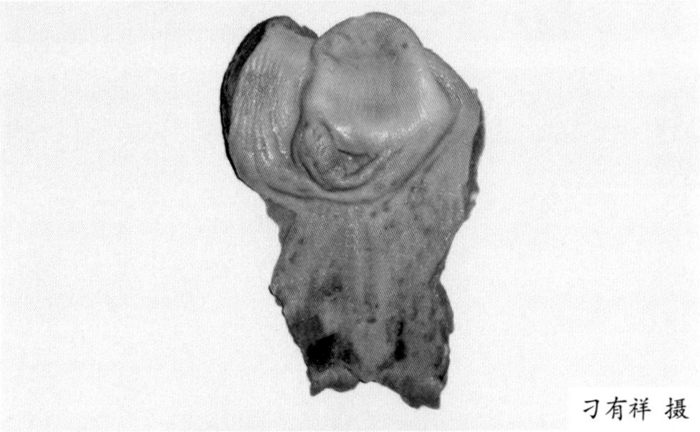

刁有祥 摄

图4-64 腺胃出血（一）

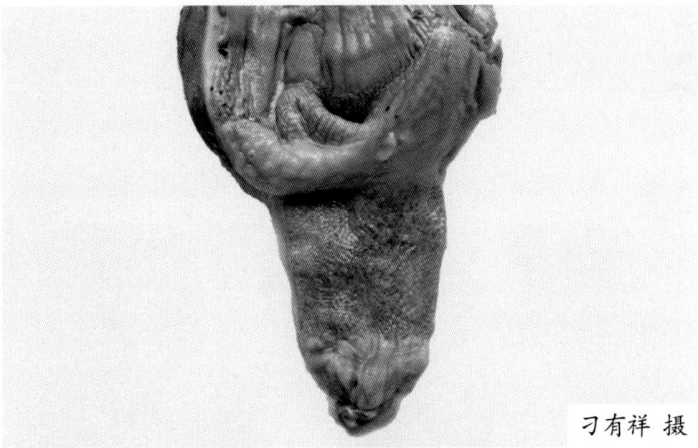

刁有祥 摄

图4-65 腺胃出血（二）

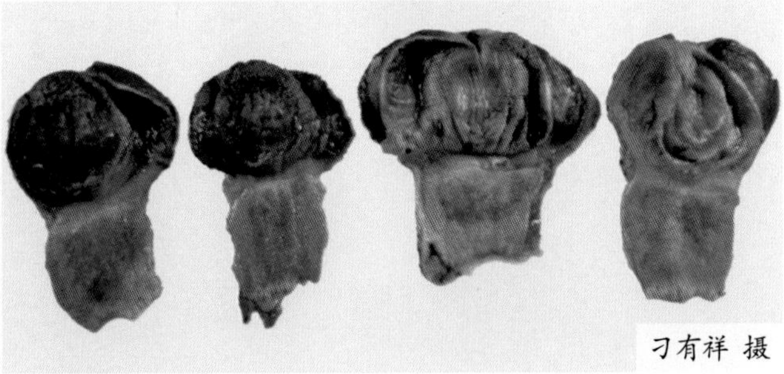

刁有祥 摄

图4-66 腺胃出血（三）

刁有祥 摄

图4-67 肌胃角质膜下出血

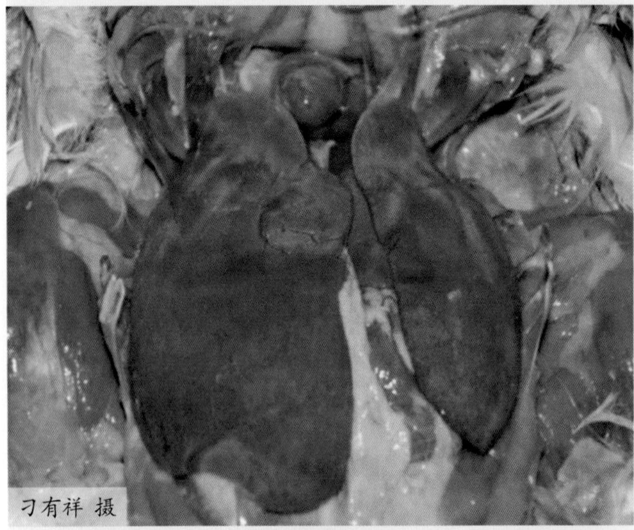

图4-68 肝脏肿大，呈紫红色

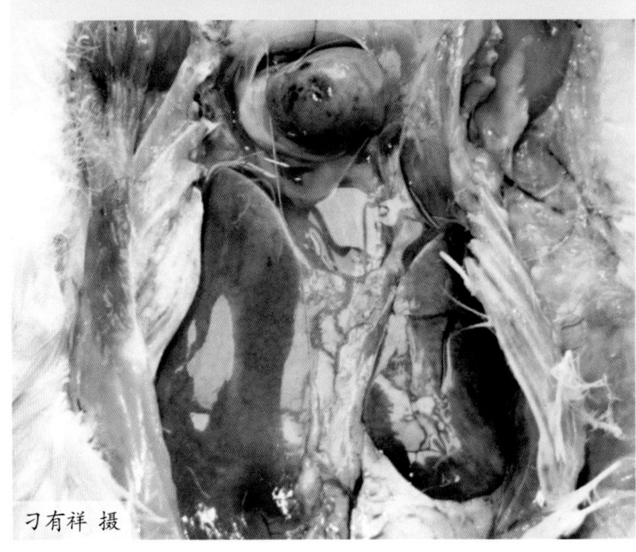

图4-69 肝脏肿大，心包积液，心外膜出血

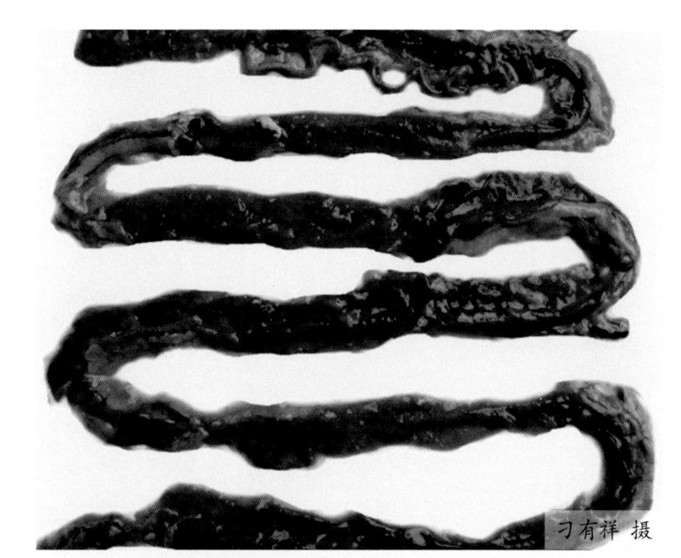

图4-70 肠黏膜出血

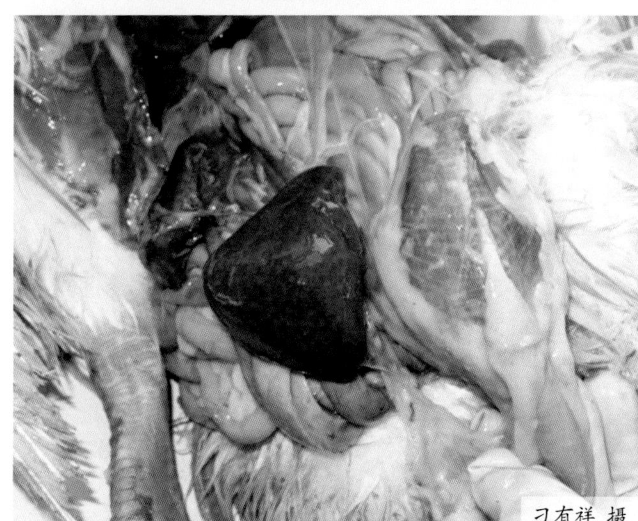

图4-71 脾脏肿大，呈紫黑色

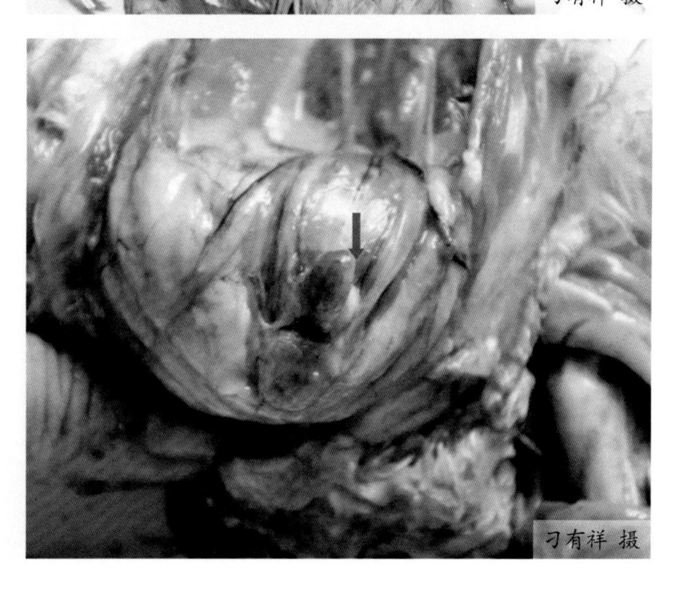

图4-72 法氏囊肿大，出血

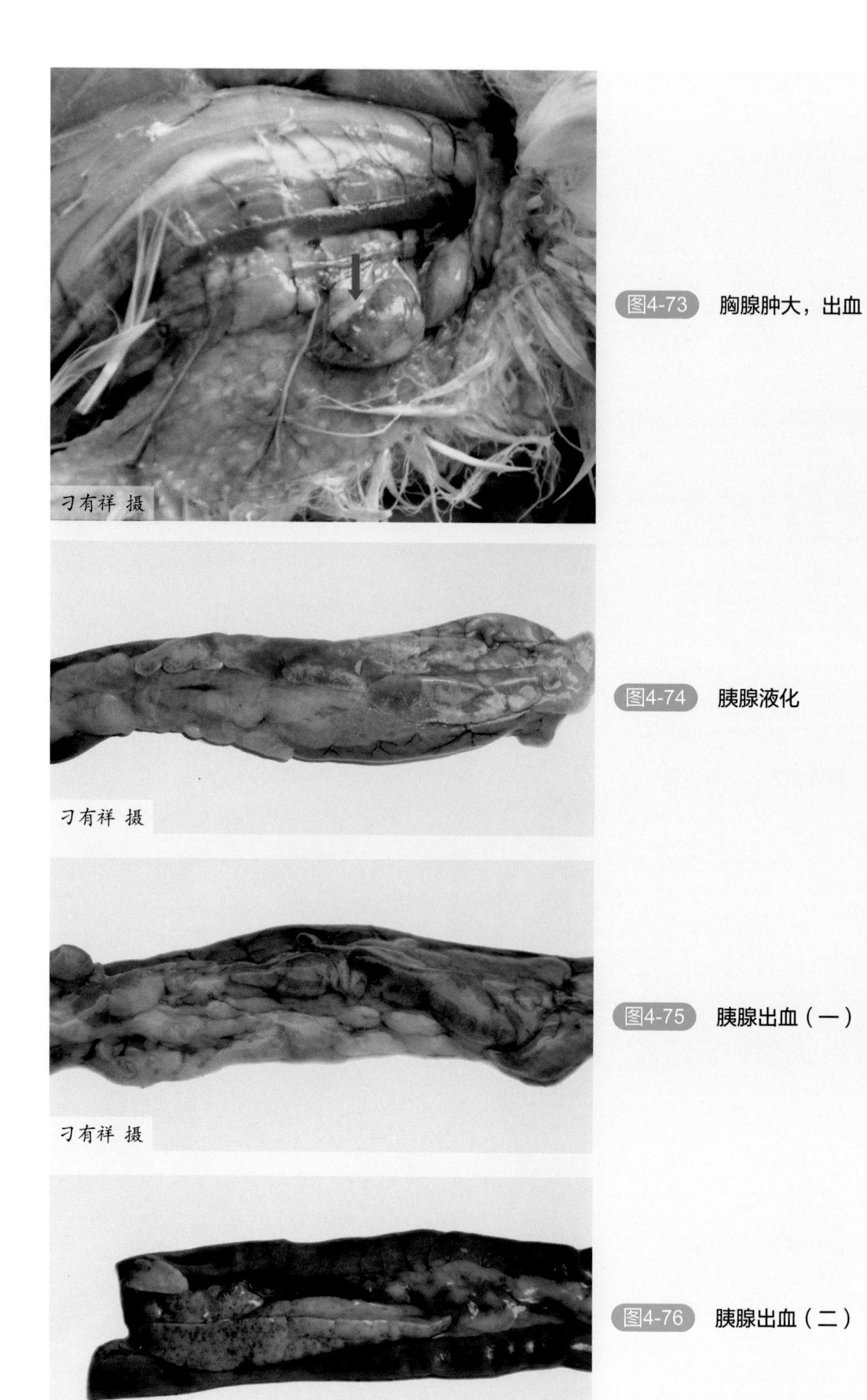

图4-73 胸腺肿大，出血

图4-74 胰腺液化

图4-75 胰腺出血（一）

图4-76 胰腺出血（二）

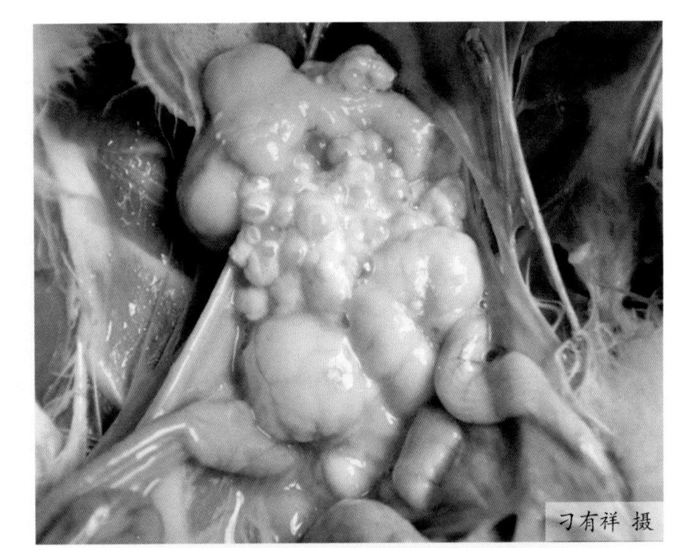

图4-77 卵泡变形

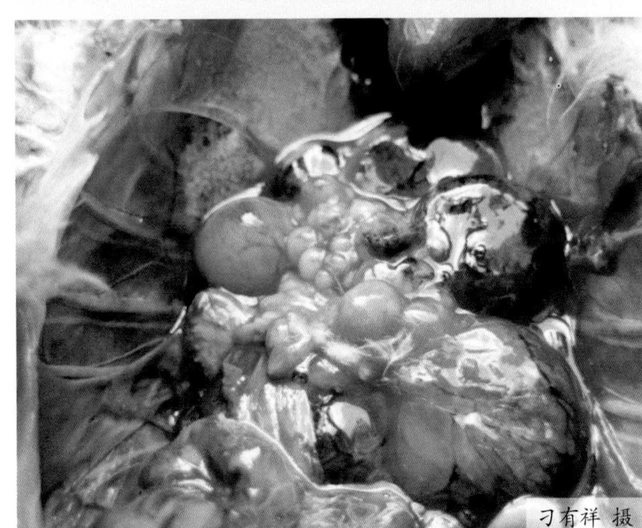

图4-78 卵泡变形，卵泡膜出血

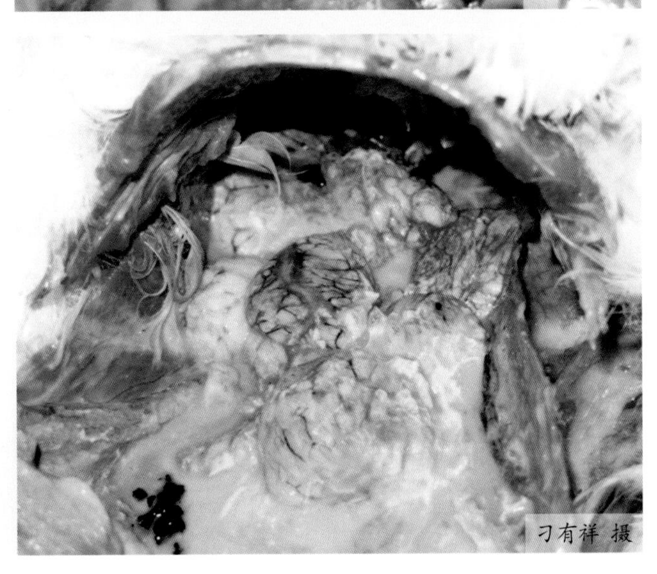

图4-79 卵泡变形，破裂，腹腔中充满稀薄的卵黄（一）

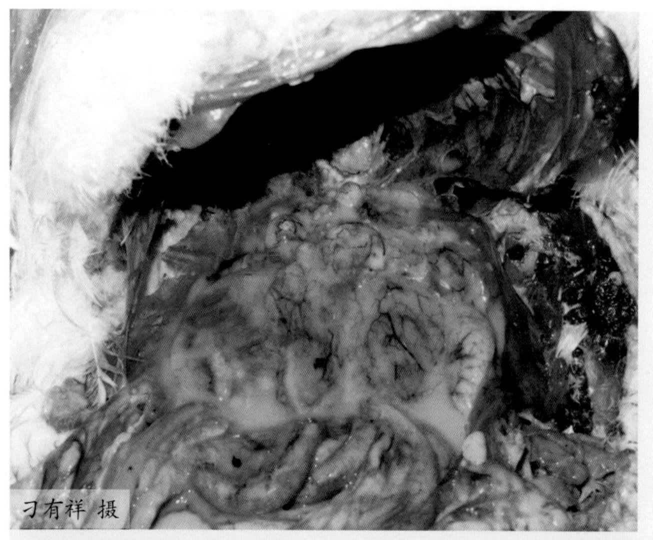

图4-80 卵泡变形，破裂，腹腔中充满稀薄的卵黄（二）

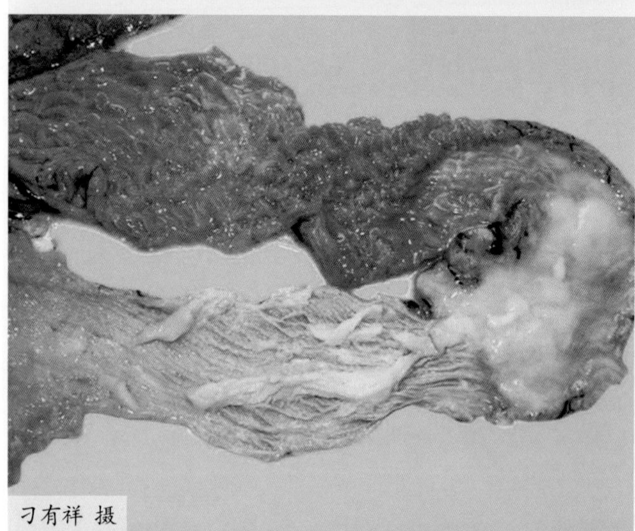

图4-81 输卵管黏膜水肿，管腔中有黄白色渗出

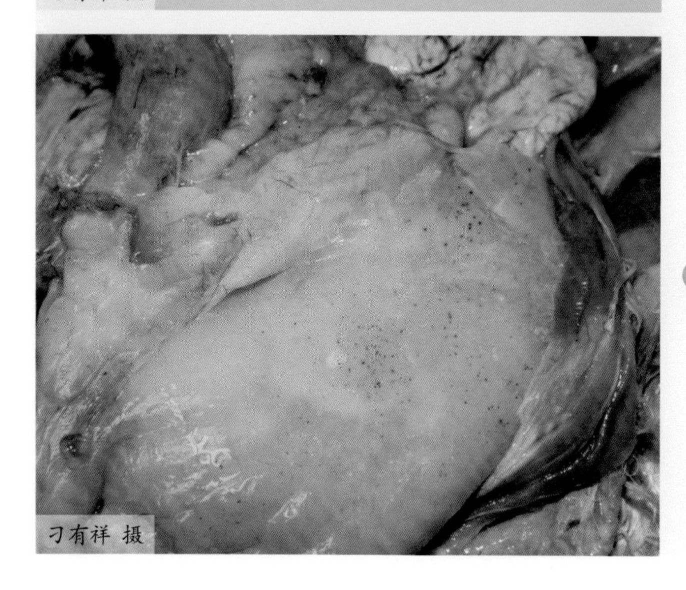

图4-82 腹腔脂肪有大小不一的出血点

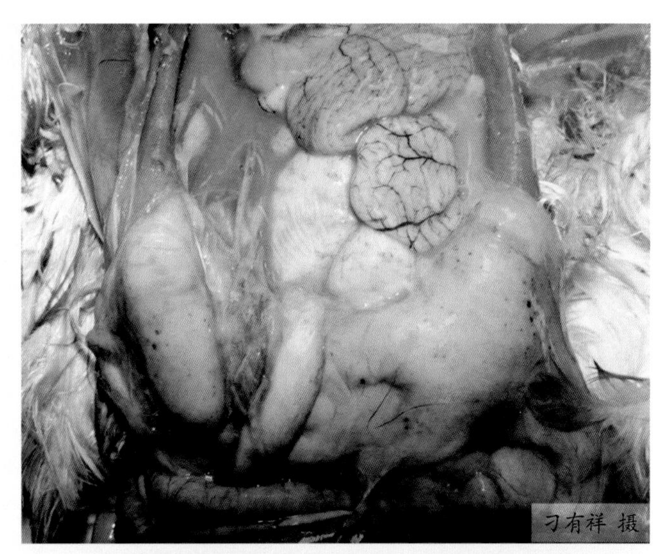

图4-83 腹腔充满稀薄的卵黄，腹腔脂肪有大小不一的出血点

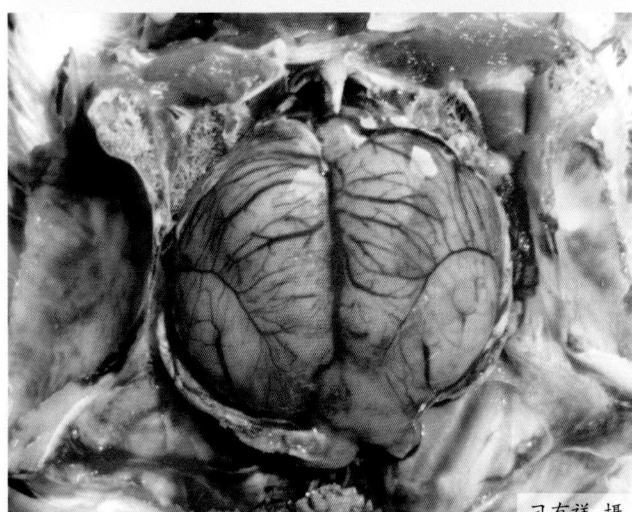

图4-84 脑膜充血（一）

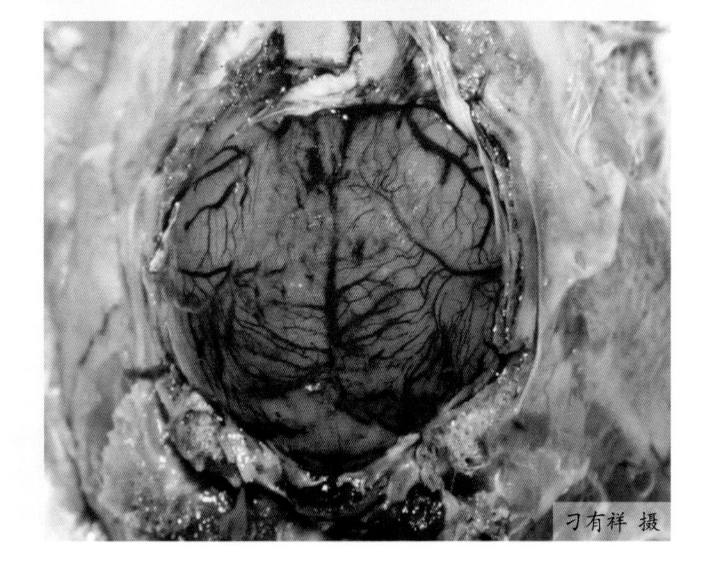

图4-85 脑膜充血（二）

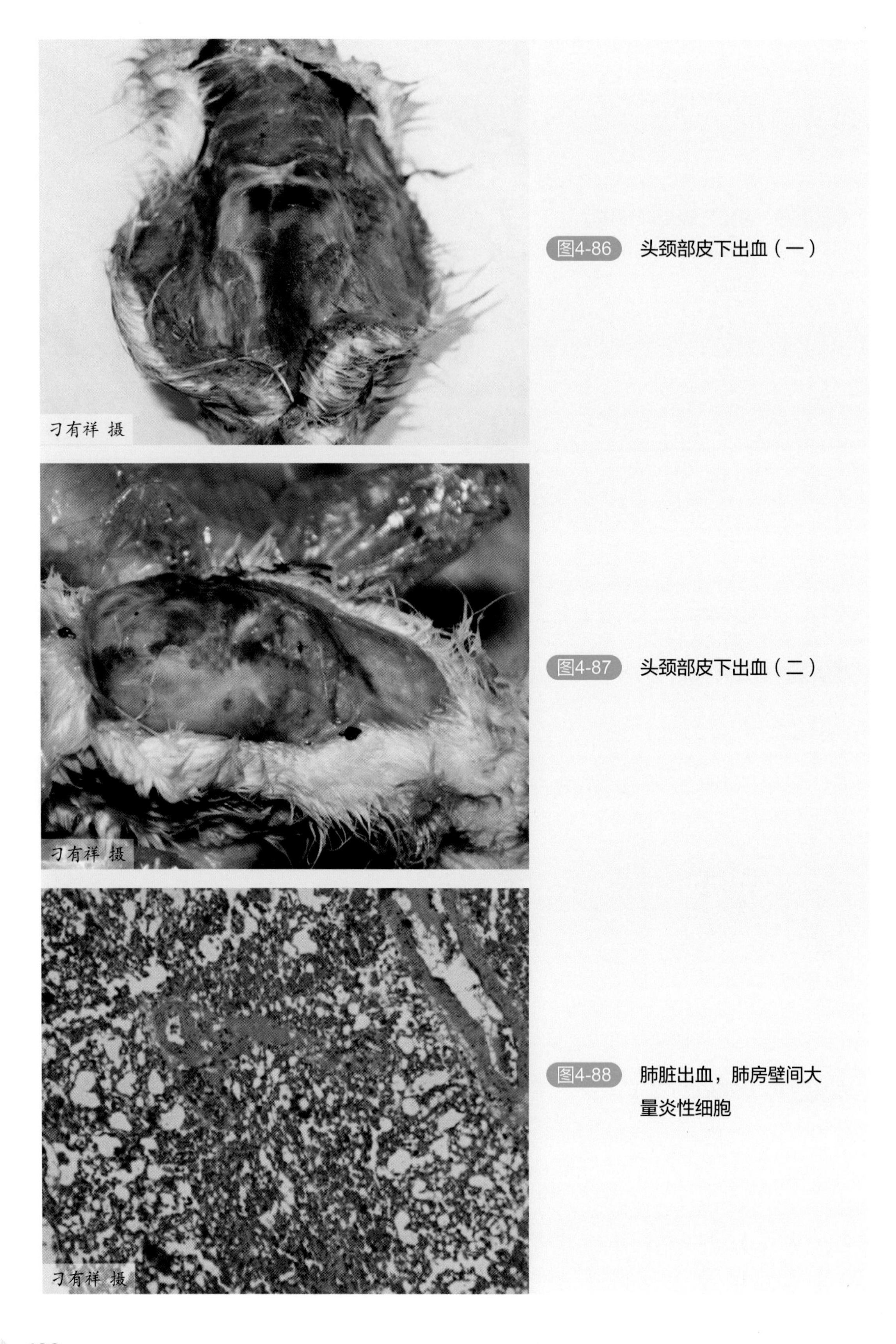

图4-86 头颈部皮下出血（一）

图4-87 头颈部皮下出血（二）

图4-88 肺脏出血，肺房壁间大量炎性细胞

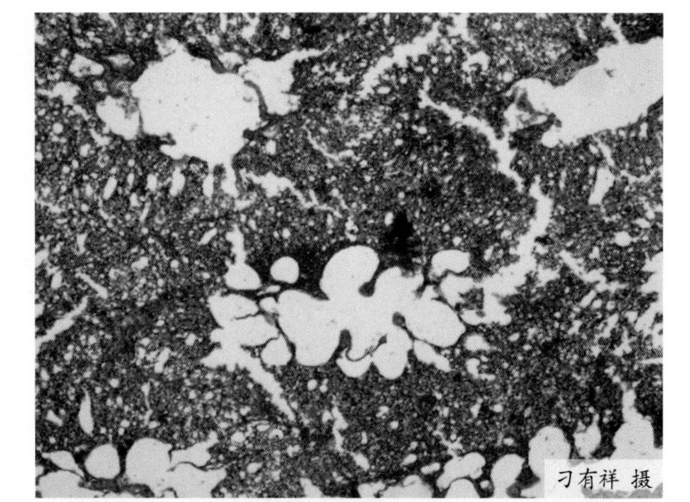

图4-89 肺脏出血，肺房间充满大量血液

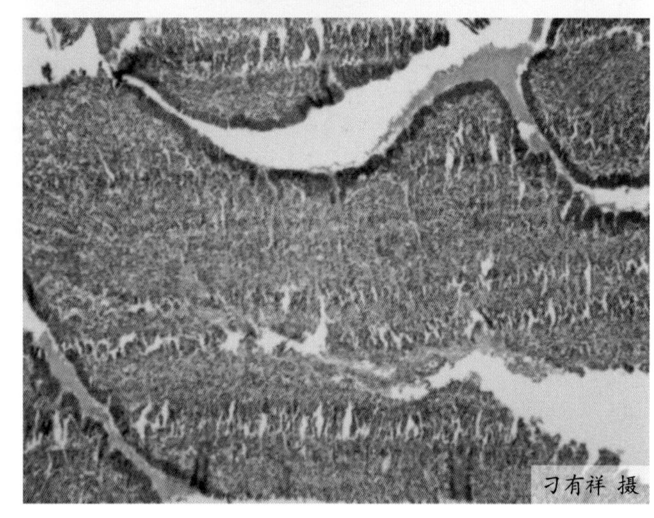

图4-90 输卵管黏膜出血，有大量炎性细胞浸润

2. 低致病性禽流感

剖检变化表现为心冠脂肪有大小不一的出血点，心内膜出血（图4-91，图4-92）；喉头、气管黏膜充血、出血（图4-93，图4-94），肺脏水肿、出血、淤血，有的有纤维素性渗出（图4-95，图4-96）。肝脏肿大、出血。腺胃出血（图4-97，图4-98），肠黏膜出血（图4-99），有的鸭发病后，常继发坏死性肠炎，在肠黏膜表面有黄白色纤维素渗出。胰脏液化、出血（图4-100，图4-101）。产蛋鸭卵泡变形，卵泡膜出血，卵巢萎缩，严重者卵泡破裂，形成卵黄性腹膜炎（图4-102～图4-104）；输卵管黏膜水肿（图4-105）、充血，管腔中有浆液性、黏液性或干酪样物质，有的产蛋鸭输卵管萎缩。

病理组织学变化表现为气管纤毛部分缺失，黏膜下层组织水肿并伴有淋巴细胞浸润（图4-106），肺脏出血、淤血，有多量炎性细胞浸润（图4-107）；胰腺有轻微淤血，腺泡间有炎性细胞浸润（图4-108）；肝细胞脂肪变性以及肝细胞间淋巴细胞浸润（图4-109）；肾脏组织间有炎性细胞浸润，肾小管间隙有少量红细胞，淤血，肾小球上皮细胞变性、脱落（图4-110）；脾脏充血、出血及淋巴细胞浸润（图4-111）卵巢出血，纤维素样增生，有炎性细胞浸润。

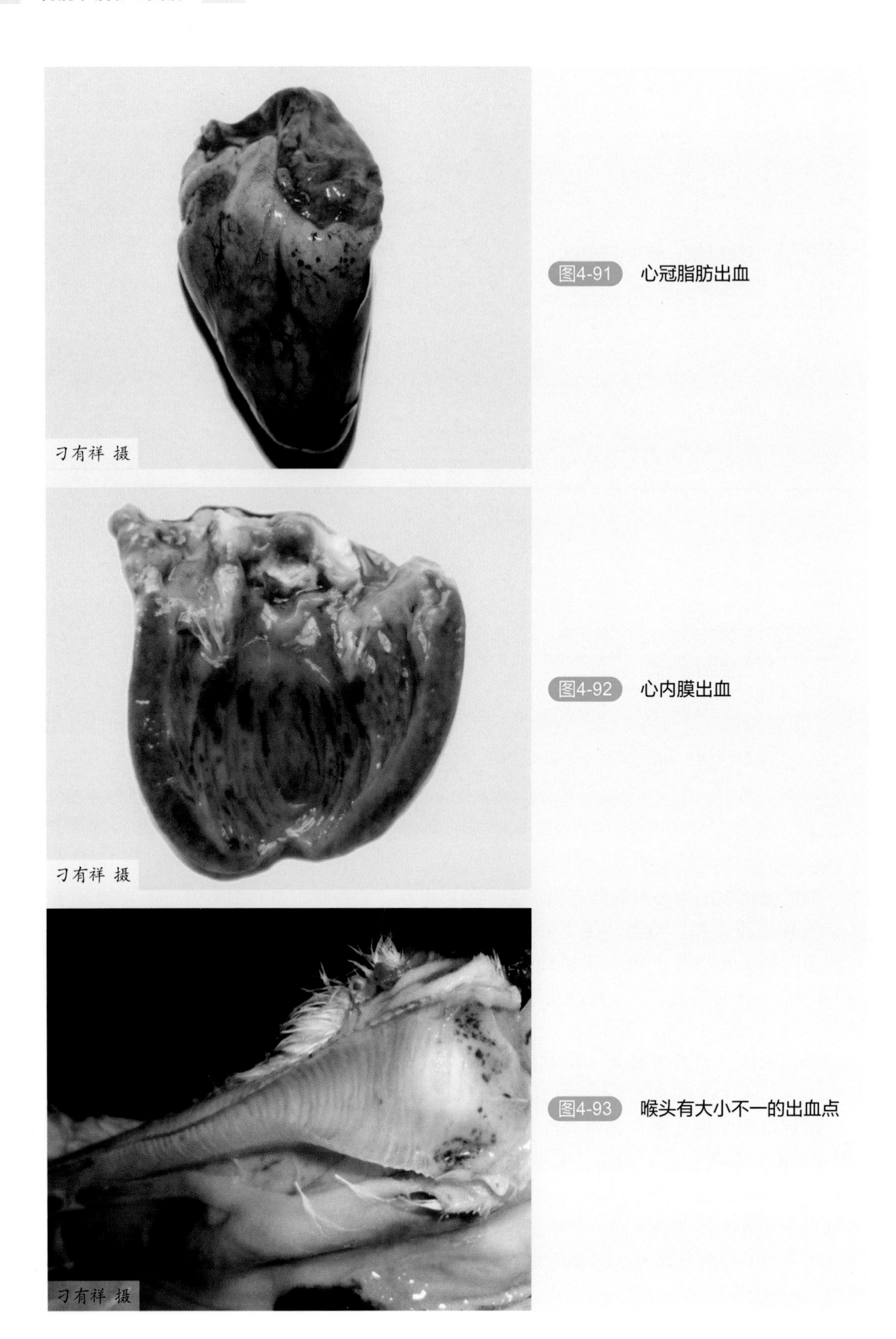

图4-91 心冠脂肪出血

图4-92 心内膜出血

图4-93 喉头有大小不一的出血点

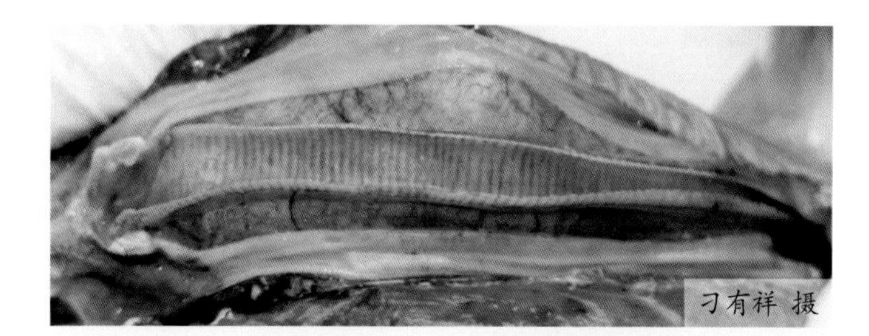

图4-94 气管黏膜出血

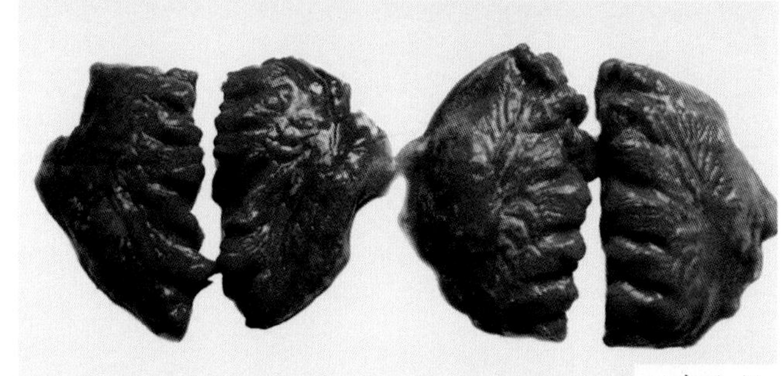

图4-95 肺脏出血

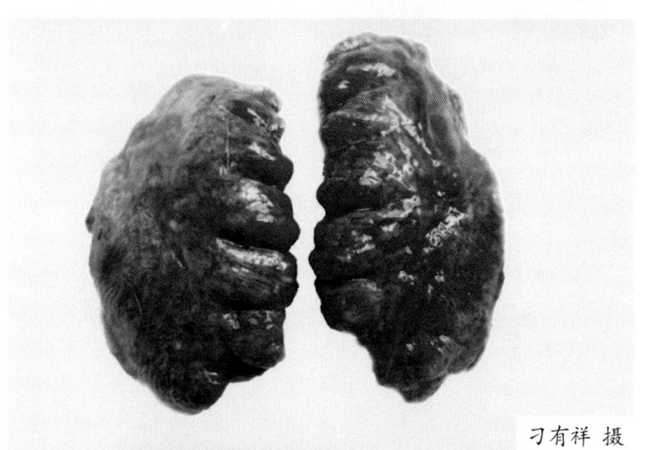

图4-96 肺脏出血，水肿

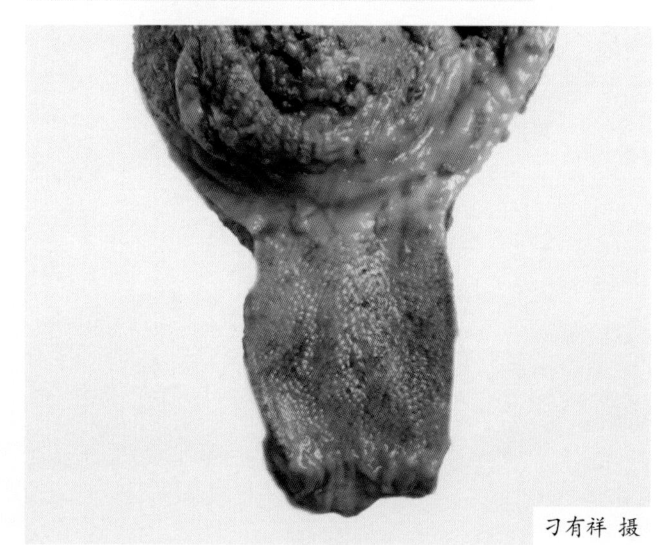

图4-97 腺胃出血（一）

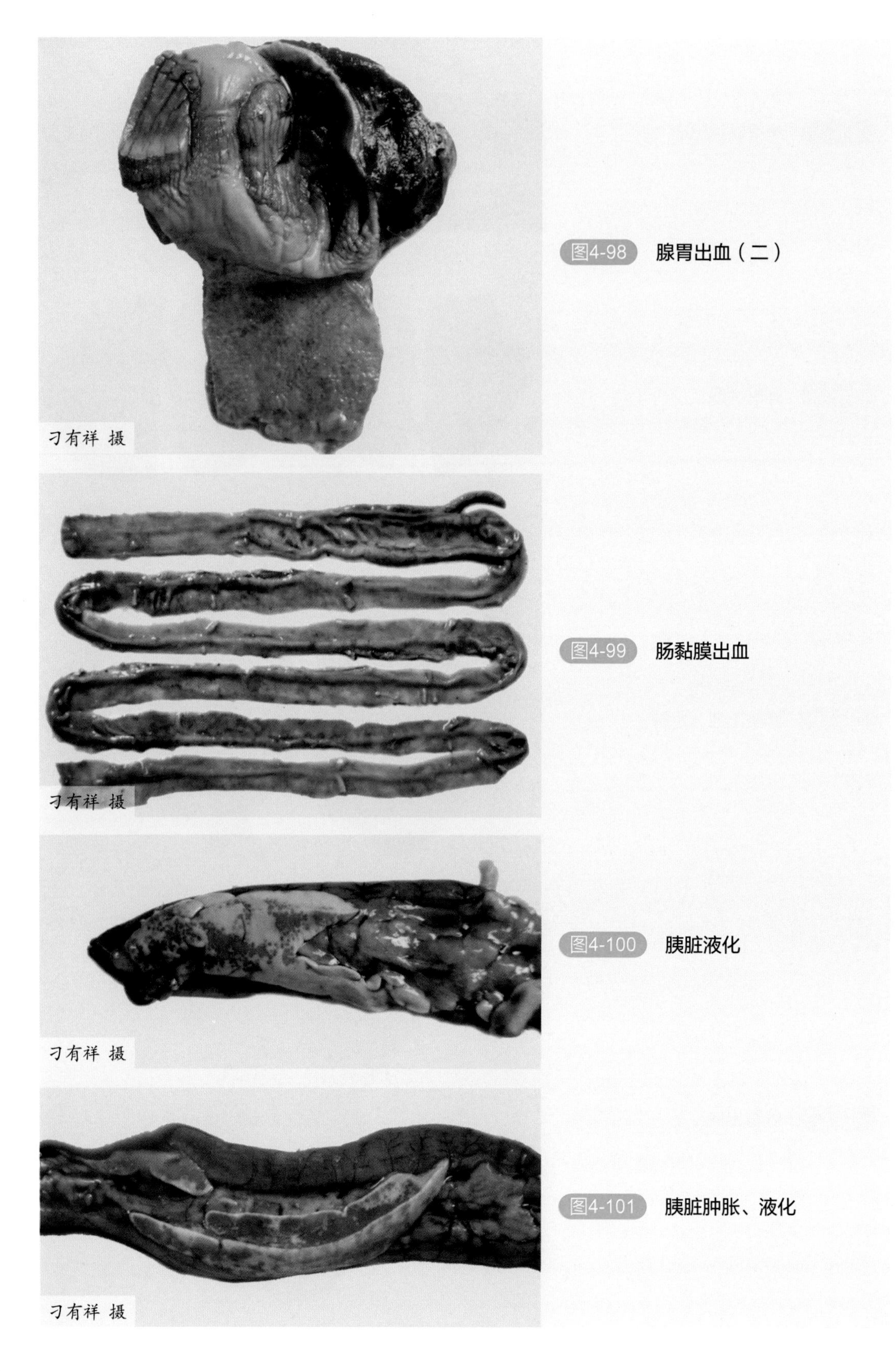

图4-98 腺胃出血（二）

图4-99 肠黏膜出血

图4-100 胰脏液化

图4-101 胰脏肿胀、液化

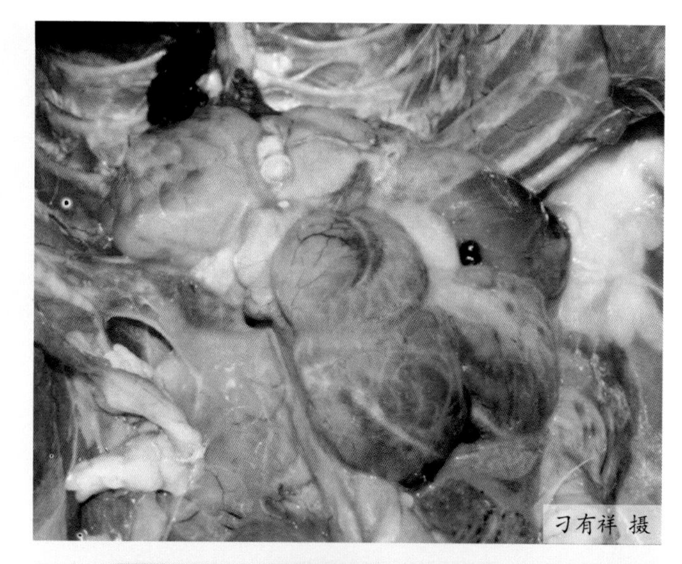

图4-102 卵泡变形

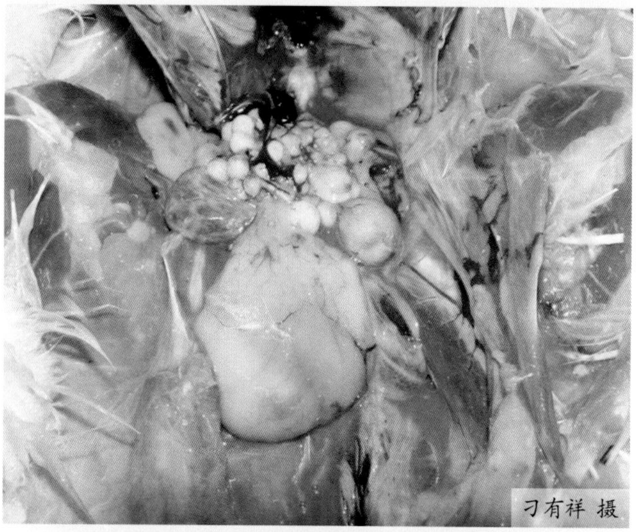

图4-103 卵泡变形，卵泡萎缩

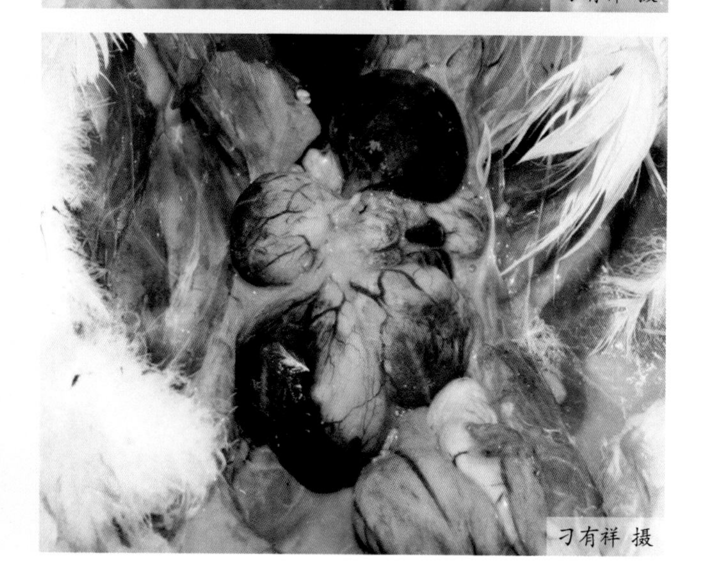

图4-104 卵泡变形，卵泡膜出血

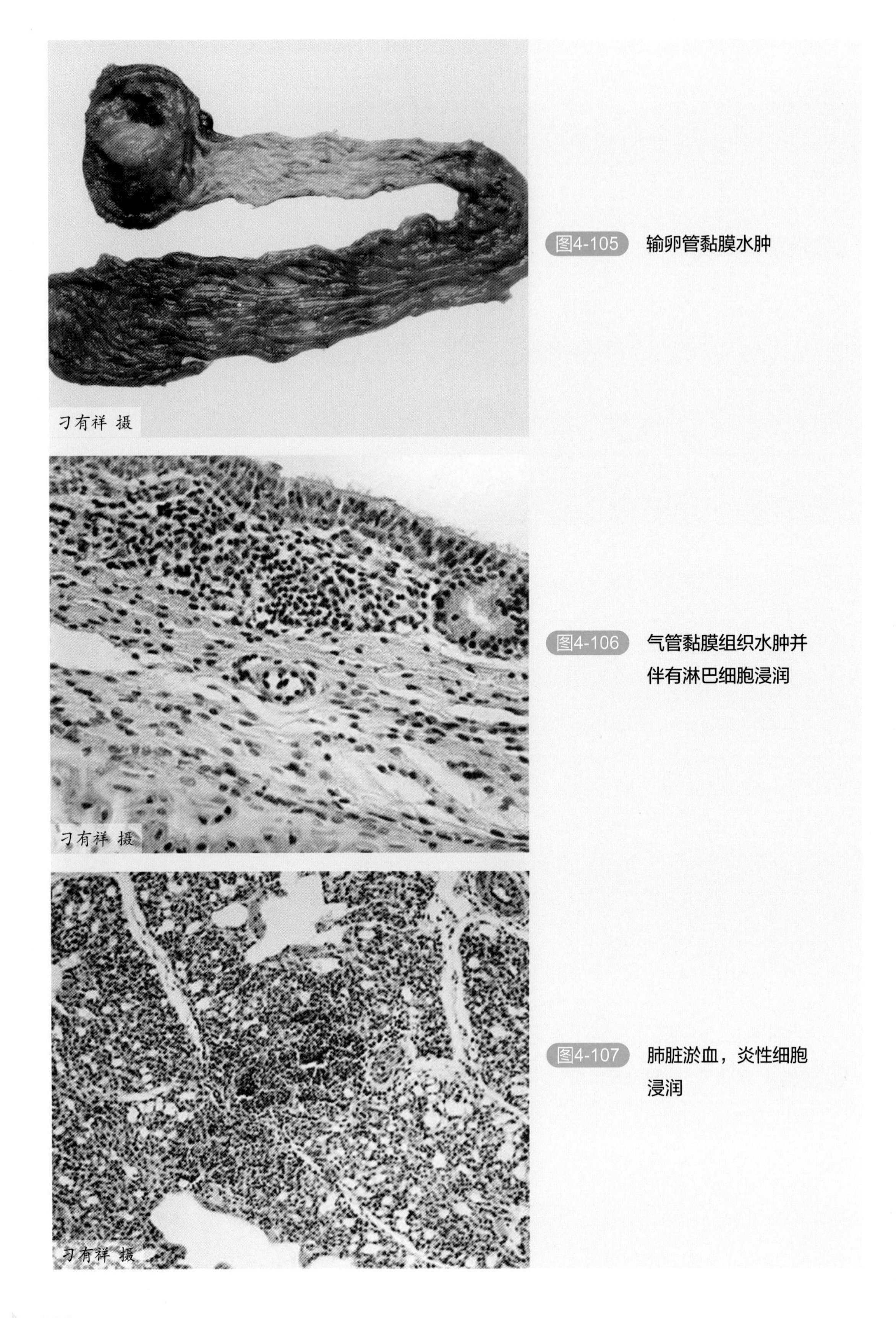

图4-105 输卵管黏膜水肿

图4-106 气管黏膜组织水肿并伴有淋巴细胞浸润

图4-107 肺脏淤血，炎性细胞浸润

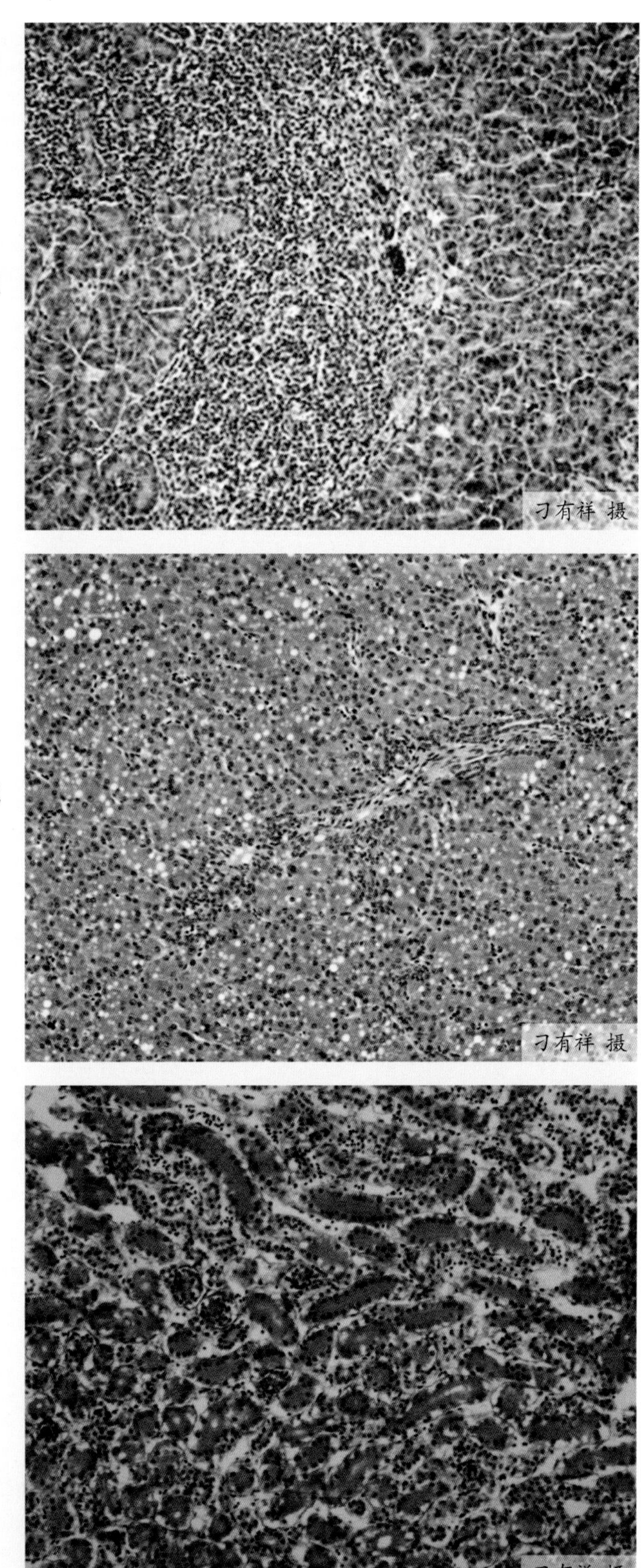

图4-108 胰腺淋巴细胞浸润和淤血

图4-109 肝脏脂肪变性，淋巴细胞浸润

图4-110 肾脏淋巴细胞浸润

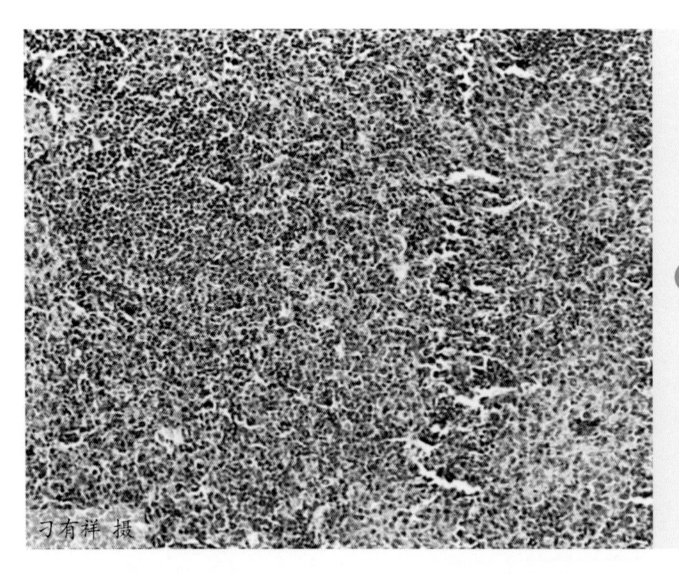

图4-111 脾脏出血，淋巴细胞浸润

七、诊断

1. 临诊诊断

根据该病的流行病学、症状、病理变化特点，可以作出初步诊断。由于本病的发病特征与很多病相似，且血清型较多，因此确诊需进行实验室诊断。

2. 实验室诊断

根据病毒的分离、培养、鉴定，确定病毒的类型。

（1）病毒的分离　禽流感病毒多采用禽胚进行分离培养，如SPF鸡胚、鸭胚等。涉及高致病性禽流感病毒的分离时，需要在生物安全3级（BSL-3）实验室进行，严格按照国家病原微生物生物安全实验室及农业农村部关于高致病性禽流感诊断技术规范的相关操作要求进行。取病死鸭的气管、肺脏、泄殖腔拭子或其他病变组织，放入研钵或匀浆器中，一般按照1∶4的比例加生理盐水，进行研磨或匀浆，12000r/min离心5～10min后取上清液，上清液中加入适量的青霉素和链霉素（每毫升上清液可分别加入1000IU青霉素和1000IU链霉素），37℃作用30min或4℃作用过夜。若上清液中不添加青霉素和链霉素，也可以用直径0.22μm细菌滤器过滤上清液进行除菌。取0.2mL处理后的上清液或滤液通过尿囊腔途径接种至9～11日龄的鸡胚中，37℃孵化箱或温箱中继续培养，弃掉24h以内死亡的鸡胚，收集24h以后死亡鸡胚的尿囊液。若尿囊腔途径接种分离不到病毒时，可采用卵黄囊途径接种。

（2）病毒的鉴定　常采用的诊断检测方法是从采集的病料样品或鸡胚尿囊液中检测禽流感病毒的RNA或蛋白质。

分子生物学方法：聚合酶链式反应（PCR）具有较强的特异性、敏感性，快速方便等特点，可以通过检测病毒的核酸来进行病毒的鉴定。首先设计不同血清型禽流感病毒的特异性引物，然后通过反转录-聚合酶链式反应（RT-PCR）、套式RT-PCR、实时荧光定量RT-PCR

（Real-time quantitative，PCR）、核苷酸序列测定等方法从培养的病毒尿囊液检测禽流感病毒的核酸。也可以直接从采集的病料样品中检测禽流感病毒的核酸，这样更省时省力。实时荧光定量 RT-PCR 的检测只需要 3h，其敏感性和特异性比病毒分离高；巢氏 RT-PCR 的扩增具有较强的特异性，在发病样品检测及鉴别诊断方面具有非常重要的应用价值；基于单克隆抗体和多克隆抗体的免疫荧光或免疫过氧化物酶法定位可以检测组织的病毒抗原，放射性标记的基因探针原位杂交试验能够检测感染鸭组织中有病毒复制的细胞。

血清学方法禽流感病毒抗体可通过血清学方法来检测，这种抗体一般是在病毒感染后 7d 产生。常用的血清学检测和诊断方法有琼脂凝胶免疫扩散试验（AGID）、酶联免疫吸附试验（ELISA）、血凝 - 血凝抑制试验（HA-HI）等。采用 AGID 检测抗 NP 的抗体，这种检测特异性抗体的方法适用于所有 A 型流感病毒；ELISA 试验也可以用来检测禽流感病毒的抗体，目前已有商品化的试剂盒。AGID 或 ELISA 试验可以通过对病鸭体内的抗体水平进行检测从而鉴定鸭群的感染情况，通过 AGID 或 ELISA 试验检测为禽流感病毒后，再通过血凝抑制试验（HI）确定血凝素的亚型；HA-HI 试验是临诊及实验室中常用的禽流感病毒鉴定方法，通过血凝试验（HA）可以确定尿囊液中的病毒是否具有血凝特性，通过 HI 试验（选择已知不同血清亚型禽流感病毒的血清）来确定病毒是否为禽流感病毒及禽流感病毒的亚型，通常也是通过 HI 试验来区别禽流感病毒与新城疫病毒。

3. 类症鉴别

本病易与鸭副黏病毒病、鸭霍乱、鸭坦布苏病毒病相混淆，需要进行类症鉴别。

鸭感染副黏病毒后，表现的特征性病变为脾脏肿大，表面和实质中有大小不一、灰白色的坏死灶；肠道黏膜出血、坏死、溃疡，食道黏膜有散在或弥漫性、大小不一、淡黄色或灰白色纤维素性结痂，容易剥离。鸭感染禽流感病毒后主要表现为全身浆膜、黏膜出血，组织器官广泛性出血。对于这两种病毒，也可以通过实验室检测如 HA-HI、RT-PCR 等方法进行鉴别。

鸭霍乱表现的特征性病变为肝脏肿大，有针尖状大小出血点和灰白色的坏死点，心冠脂肪有针尖大小出血点，应用抗生素和磺胺类药物能紧急预防和治疗。鸭感染禽流感后肝脏只有肿大、出血的变化，无坏死点出现，应用抗生素和磺胺类药物治疗无效。对于这两种疾病，通过实验室检测方法如涂片镜检也可以进行鉴别。鸭霍乱是由多杀性巴氏杆菌引起，美蓝或瑞氏染色后镜检，能看到两极着色的小杆菌，而禽流感则观察不到任何细菌。

鸭感染高致病性禽流感容易与坦布苏病毒病混淆。鸭坦布苏病毒病的特征性病变为脑膜充血、水肿、软化，有大小不一的出血点；心内膜有散在的点状出血；产蛋鸭主要表现为卵泡萎缩、变形，卵泡膜出血，卵泡破裂，形成卵黄性腹膜炎。鸭感染高致病性禽流感主要表现为心肌纤维出现黄白色或灰白色条纹状坏死，腺胃乳头出血，腺胃与食道、腺胃与肌胃交界处有出血带或出血斑，胰腺表面可见大量黄白色透明或半透明的坏死斑点，有时有出血点或出血斑；产蛋鸭输卵管黏膜充血、出血，有的输卵管内有乳白色黏稠的物质。两种疫病在临诊表现上还是存在着不同点，也可以通过实验室检测如 RT-PCR、Real-time PCR 等方法进行鉴别。

八、预防

禽流感是危害养鸭业的重大疫病，采取综合性的防控措施具有十分重要的意义。

（1）采取严格的生物安全措施，加强饲养管理和卫生消毒工作，提高禽群的抵抗力，这是预防禽流感发生的第一道防线，是预防病毒最初传入和控制传播的关键。实行全进全出的饲养管理模式，控制人员及外来车辆的出入，建立严格的卫生和消毒制度；避免鸭群与野鸟接触，防止水源和饲料被污染；不从疫区引进雏鸭和种蛋；禁止鸡、鸭、鹅等混养，鸡场、鸭场、鹅场应间隔3km以上，且不用同一水源；做好灭蝇、灭鼠工作；加强消毒工作，鸭舍周围的环境、地面等要严格消毒，饲养管理人员、技术人员消毒后才能进入鸭舍等，禁止来访人员进入或参观鸭场。

（2）加强诊断、监测和监督工作　快速准确地诊断禽流感是及早成功控制该病的前提，依靠实验室进行病毒的分离与鉴定或进行病毒核酸的检测是诊断禽流感的关键。进行高致病性禽流感的检测或诊断时，可以将采集的病料样品直接进行核酸检测和核酸片段的快速测序，根据测序结果判定样品中的病毒是否为高致病性禽流感病毒；加强对禽类饲养、运输、交易等活动的监督检查，落实屠宰加工、运输、储藏、销售等环节的监督检查，严格产地检疫和屠宰检疫，禁止经营和运输病禽及产品。

（3）做好粪便的处理　鸭场的粪便、污物等要做好无害化处理；与粪便接触过的设备、器具、车辆等，要进行充分清洗和消毒，否则禁止在鸭场间流动或使用；保持禽舍周围、附近的道路不被粪便污染。

（4）免疫预防　根据《国家中长期动物疫病防治规划（2012—2020年）》，高致病性禽流感应实施强制性免疫计划。目前，国家批准使用的高致病性禽流感疫苗主要包括重组禽流感病毒（H5+H7）三价灭活疫苗（H5N1 Re-11株+Re-12株+H7N9 H7-Re-3株）、重组禽流感病毒（H5+H7）三价灭活疫苗（细胞源，H5N1 Re-11株+Re-12株+H7N9 H7-Re-3株）、重组禽流感病毒（H5+H7）三价灭活疫苗（H5N2 D7株+rD8株，H7N9 rGD76株）。我国《2020年国家动物疫病强制免疫计划》规定，对全国所有鸡、水禽（鸭、鹅），人工饲养的鹌鹑、鸽子等，进行H5亚型和H7亚型高致病性禽流感免疫；供研究和疫苗生产用的家禽、进口国（地区）明确要求不得实施高致病性禽流感免疫的出口家禽，有关企业报省级畜牧兽医主管部门批准后，可以不实施免疫。

禽流感疫苗接种后两周就能产生免疫保护力，能够抵抗该血清型的流感病毒，免疫保护力能维持5～6个月以上。

高致病性禽流感的免疫程序（仅供参考）如下：

① 种鸭、蛋鸭　2～3周龄采用禽流感H5+H7二联灭活苗进行首免，每只颈部皮下注射0.3mL，5～7周龄用禽流感H5+ H7二联灭活苗，颈部皮下注射，每只0.5mL；12～13周龄用禽流感H5+ H7二联灭活苗，颈部皮下注射，每只0.8mL；17～18周龄用禽流感H5+H7二联灭活苗，颈部皮下注射，每只1.0mL。

② 商品肉鸭　7～10日龄，禽流感H5+ H7二联灭活苗颈部皮下注射，每只0.3mL。

H9N2 亚型禽流感灭活疫苗的免疫可与高致病性禽流感灭活疫苗同时进行，颈背部一侧注射高致病性禽流感灭活疫苗，一侧注射 H9N2 亚型禽流感灭活疫苗。

九、处理

1. 高致病性禽流感

对发生可疑和疑似疫情的相关场点（划定同疫点）实施严格的隔离、监控，并对该场点及有流行病学关联的养殖场（户）进行采样检测。禁止移动易感动物及其产品、饲料及垫料、废弃物、运载工具、有关设施设备等，并对其内外环境进行严格消毒，必要时可采取封锁、扑杀等措施。

一旦发现疫情，应按照农业农村部的《高致病性禽流感疫情应急实施方案》进行疫情处置，做到“早发现、早诊断、早报告、早确认”，确保禽流感疫情的早期预警预报。县级以上畜牧兽医主管部门应当立即划定疫点、疫区和受威胁区，开展追溯追踪等紧急流行病学调查，向本级人民政府提出启动相应级别应急响应的建议，由当地人民政府依法作出决定。对疫情发生所在地的县级畜牧兽医主管部门报请本级人民政府对疫区实行封锁，由当地人民政府依法发布封锁令。疫区跨行政区域时，由有关行政区域共同的上一级人民政府对疫区实行封锁，或者由各有关行政区域的上一级人民政府共同对疫区实行封锁。必要时，上级人民政府可以责成下级人民政府对疫区实行封锁。

（1）疫点内应采取的措施　在疫情发生所在地的县级人民政府应当依法及时组织扑杀疫点内的所有禽只。对所有病死禽、被扑杀禽及其产品进行无害化处理。对排泄物、被污染或可能被污染的饲料和垫料、污水等进行无害化处理。对被污染或可能被污染的物品、交通工具、用具、禽舍、场地环境等进行彻底清洗消毒并采取防鸟、灭鼠、灭蝇等措施。出入人员、运载工具和相关设施设备要按规定进行消毒。疫情发生所在地的县级以上人民政府应按照程序和要求，组织设立警示标志，设置临时检查消毒站，对出入的相关人员和车辆进行消毒。禁止易感动物出入和相关产品调出，关闭活禽交易场所并进行彻底消毒。对疫区内养殖场（户）特别是与发病禽群具有流行病学关联性的禽群进行严密隔离观察，加强应急监测和风险评估，根据评估结果开展紧急免疫。对经评估生物安全、免疫状况良好且高致病性禽流感病原学抽样检测阴性的规模养殖场，可按照指定路线运至就近屠宰场屠宰。

（2）疫区应采取的措施　疫区内的家禽屠宰场点，应暂停屠宰等生产经营活动，在官方兽医监督指导下采集样品送检，并进行彻底清洗消毒。必要时，检测结果为阴性、取得《动物防疫条件合格证》的屠宰厂（场），经疫情发生所在县的上一级畜牧兽医主管部门组织开展风险评估通过后，可恢复生产。

封锁期内，疫区再次发现疫情或检出病原学阳性的，应参照疫点内的处置措施进行处置。经流行病学调查和风险评估，认为无疫情扩散风险的，可不再扩大疫区范围。

对疫点、疫区内扑杀的禽，原则上应当就地进行无害化处理，确需运出疫区进行无害化处理的，须在当地畜牧兽医部门监管下，使用密封装载工具（车辆）运出，严防遗撒渗漏；启运前和卸载后，应当对装载工具（车辆）进行彻底的清洗消毒。

（3）受威胁区应采取的措施　受威胁区关闭活禽交易场所。对受威胁区内养殖场（户）加强应急监测和风险评估，根据评估结果开展紧急免疫。

（4）运输途中发现疫情应采取的措施　运输途中若发生疫情，疫情发生所在地的县级人民政府依法及时组织扑杀运输的所有禽，对所有病死禽、被扑杀禽及其产品进行无害化处理，对运载工具实施暂扣，并进行彻底清洗消毒，不得劝返。当地可根据风险评估结果，确定是否需划定疫区并采取相应处置措施。

疫点内所有禽类及其产品按规定进行无害化处理完毕21d后，对疫点和屠宰场所、市场等流行病学关联场点抽样检测阴性的，经疫情发生所在县的上一级畜牧兽医主管部门组织验收合格后，由所在地县级畜牧兽医主管部门向原发布封锁令的人民政府申请解除封锁，由该人民政府发布解除封锁令，并通报毗邻地区和有关部门。解除封锁后，可以恢复家禽生产经营活动。

2.低致病性禽流感

在严格隔离的基础上，可以进行对症治疗，以减少损失。对症治疗可采用以下方法：

（1）采用抗病毒中药，如板蓝根、大青叶等。板蓝根2g/（只·日）或大青叶3g/（只·日），粉碎后拌料使用。也可采用黄芪多糖饮水，连用4～5d。

（2）添加抗菌药物，防止大肠杆菌或支原体等继发或混合感染。可在饮水中添加环丙沙星、强力霉素、泰乐菌素等，连用4～5d。

（3）饲料中可添加0.18%蛋氨酸、0.05%赖氨酸，饮水中可添加0.03%维生素C或0.1%～0.2%的电解多维，以缓解症状，抵抗应激。

第二节　鸭副黏病毒病

禽副黏病毒（Avian paramyxovirus）包括9个血清型，感染鸭的有血清1型、4型、6型和9型。本节内容描述的鸭副黏病毒病（Duck paramyxovirus disease）即鸭的新城疫，是由1型禽副黏病毒（Avian paramyxovirus 1，APMV-1）引起鸭的一种病毒性传染病。本病于1997年由王永坤和辛朝安在江苏和广东首次报道，并进行了病毒分离鉴定。目前，1型禽副黏病毒基因型呈现多样性，在我国绝大部分水禽养殖地区均有流行，其中部分基因型（如基因Ⅶ型和基因Ⅸ型）对水禽有较强的致病性。

一、病原

鸭副黏病毒病的病原为1型禽副黏病毒（APMV-1），即新城疫病毒（NDV），该病毒属于副黏病毒科（Paramyxoviridae）、腮腺炎病毒属（Avulavirus）的成员。病毒粒子呈球形，大小中等，直径约为100～250nm，是一种有囊膜的单股负链RNA病毒。囊膜表面有2种纤突：一种纤突是由血凝素-神经氨酸酶（Heamagglutinin-Neuraminidase，HN）组成，另一种纤突是由融合蛋白（Fusion Protein，F）组成；螺旋形核衣壳是由一个与蛋白相连接的单股 RNA 形成，具有 RNA 聚合酶的活性，外层被囊膜包裹；磷蛋白（Phosphoprotein，P）和聚合酶（Large polymerase protein，L）与核衣壳结合构成 RNP 复合物。病毒的核酸含有 6 个基因组，编码 6 种蛋白：核衣壳蛋白（Nucleoprotein，NP）、磷蛋白（Phosphoprotein，P）、基质蛋白（Matrix，M）、融合蛋白（Fusion，F）、血凝素-神经氨酸酶（Hemagglutinin-neura 分钟 idase，HN）和大分子蛋白（Large protein，L）。NP 蛋白又称 N 蛋白，保守性很强；P 蛋白在病毒复制转录的过程中发挥重要作用；M 蛋白是糖蛋白，镶嵌于病毒囊膜内侧，在维持病毒核衣壳的球形结构中发挥重要作用；F 糖蛋白能介导病毒与细胞的融合，参与病毒的穿入、细胞融合、溶血等过程，在病毒穿过细胞膜的过程中发挥重要作用。因此，F 糖蛋白是决定病毒毒力的主要因素，也是毒株的重要分类依据；HN 糖蛋白具有与细胞受体结合、破坏受体活性的作用，HN 特异性抗体能抑制融合，说明病毒吸附是病毒融合的一种前提，这样病毒的穿透才能进行；L 蛋白的作用是参与病毒 mRNA 催化合成，协助基因组 RNA 的复制。

目前所有的 APMV-1 分离株均属于同一个血清型，根据病毒基因组的长度和核酸序列可将 APMV-1 毒株分为 Class Ⅰ和 Class Ⅱ两大类，Class Ⅰ的基因组长度为 15198nt，Class Ⅱ的基因组长度包括 15186nt 和 15193nt 两种形式；根据 F 基因序列差异系统发育进化分析，Class Ⅰ可分为 9 种基因型（基因 1-9 型），Class Ⅱ可分为 11 种基因型（基因Ⅰ-Ⅺ型），目前，APMV-1 流行的强毒株和所用的疫苗毒株均属于 Class Ⅱ。Mukteswar 株（Ⅰ系）、Hitchner B1 株（Ⅱ系）、F 株（Ⅲ系）属于基因Ⅲ型；LaSota 株（Ⅳ系）、V4 弱毒苗属于基因Ⅱ型。Class Ⅰ各毒株之间的抗原差异较小，而 Class Ⅱ同一基因型毒株之间的抗原差异较小，且与宿主来源无关；不同基因型毒株之间的抗原差异较大。因此，APMV-1 不同基因型毒株间抗原性和遗传特性差异较大，抗原之间的差异可能与基因型有关，与宿主无关。

病毒存在于病鸭的血液、粪便、肾、肝、脾、肺、气管等，其中脑、脾、肺、气管中病毒含量最高，因此进行实验室诊断采集病料时可以有重点地采集这些病毒含量较高的组织器官。病毒能在鸡胚、鸭胚中增殖，一般通过绒毛尿囊腔途径接种 9 ～ 11 日龄的 SPF 鸡胚，可使病毒大量增殖。接种病毒后，鸡胚的死亡时间随病毒毒力和接种剂量的不同而有所差异，强度株对鸡胚的致死时间一般为 28 ～ 72h，弱毒株的致死时间一般为 5 ～ 6d，死亡胚体全身充血、出血，头部和足趾出血最明显，胚体和尿囊液中含有大量病毒。此外，病毒还能在多种细胞中生长繁殖，如鸡胚成纤维细胞、BHK21 细胞、DF-1 细胞和 Hela 细胞等，产生细胞病变，感染细胞形成空斑。强度株感染后细胞病变明显，形成的细胞空斑大，低毒力毒株感染细胞时一般不形成细胞病变。国际兽疫局认定，1 日龄 SPF 鸡脑内接种致病指数大于 0.7 以上的毒株，或者病毒 F 蛋白的裂解位点 113 ～ 116 之间含有 3 个碱性氨基酸，而且第 117 个氨基酸为脯氨酸的毒株均为强毒力型毒株。

APMV-1 能凝集鸡、火鸡、鸭、鹅、鸽子、鹌鹑等禽类，所有两栖类、爬行类动物以及某些哺乳动物（如人、豚鼠、小白鼠等）的红细胞，因此实验室中可利用血凝-血凝抑制试验（HA-HI）来鉴定该病毒。病毒的抵抗力不强，对热、干燥、日光等敏感，对乙醚、氯仿等有机溶剂敏感，对一般消毒剂的抵抗力不强，常用消毒剂如 2% 氢氧化钠、1% 来苏儿、3% 石炭酸、1% ～ 2% 的甲醛溶液均可在几分钟内杀死该病毒。病毒能耐受一定 pH 值范围的酸碱，如在 pH2 和 pH10 的条件下可存活数小时。病毒在阴暗、潮湿、寒冷的环境中能存活很久，如组织或尿囊液中的病毒在 0℃环境中能存活 1 年以上，在 −35℃冰箱中能存活 7 年。

二、流行病学

鸭、鹅和野生水禽是APMV-1的储存宿主。不同品种的鸭对本病均有易感性，以雏番鸭最易感；不同年龄鸭均可感染发病，其中5～35日龄的雏鸭更易感，发病率为15%～53%不等，病死率为10%～35%。鸭的日龄越小，发病率、死亡率越高，严重者可达90%，随着日龄的增长，发病率和死亡率有所下降。蛋鸭和种鸭感染后主要出现产蛋率下降。

本病的传染源主要是病鸭和带毒鸭。易感鸭群通过消化道或破损的皮肤、黏膜等接触病鸭和带毒鸭的分泌物或排泄物污染的饲料、饮水、垫料、用具、孵化器等，引起感染；病鸭呼吸困难时的飞沫中含有大量的病毒，散布空气中造成污染，易感鸭吸入后感染发病。通过呼吸道引起的病毒传播，速度快、传播范围广，是本病大范围发生、流行的重要原因之一。病鸭排泄的粪便中含有病毒，易感鸭通过消化道可感染该病毒，这就是粪口传播模式。此外，该病不仅可以水平传播，还可能通过种蛋传播，致使死胚、弱雏增多。本病一年四季均可发生，但冬春季节多发。

三、症状

鸭副黏病毒病的病程为2～6d。水禽自然感染APMV-1多不发病，呈隐性感染，如果感染基因Ⅶ型或基因Ⅸ型APMV-1，则会出现明显发病症状，且自然感染病例和人工感染病例表现出的症状相同。病鸭主要表现为精神沉郁，食欲减退或废绝，体温升高，羽毛蓬松；鼻孔周围有黏性分泌物，流出鼻液，口中有黏液，病鸭气喘、呼吸急促、呼吸困难等；腹泻，排出灰白或绿色稀粪（图4-112）；有的病鸭出现神经症状，如角弓反张、扭颈、仰头、转圈或共济失调等（图4-113）。蛋鸭或种鸭感染后发病率和死亡率不高，多表现为产蛋率下降，软壳蛋、沙壳蛋、无壳蛋等增多。该病能通过种蛋传播，引起胚胎死亡，孵化出的弱雏增多，多出现神经症状（图4-114～图4-117），死亡的雏鸭剖检变化表现为卵黄吸收不良（图4-118）。

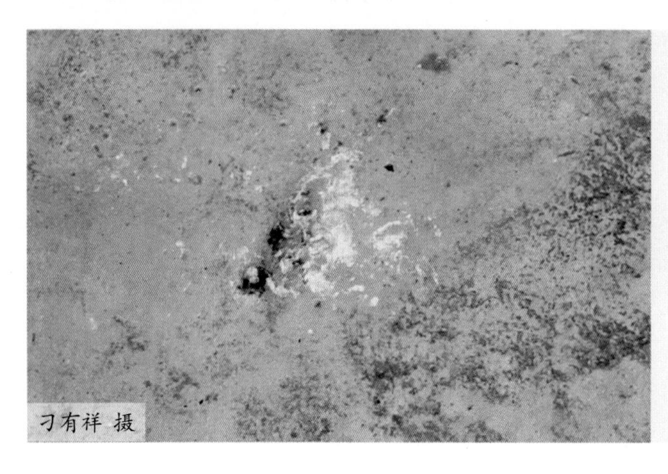

图4-112 病鸭排绿色稀便

图4-113 病鸭头颈扭转

图4-114 种蛋死胚和出壳后的弱雏

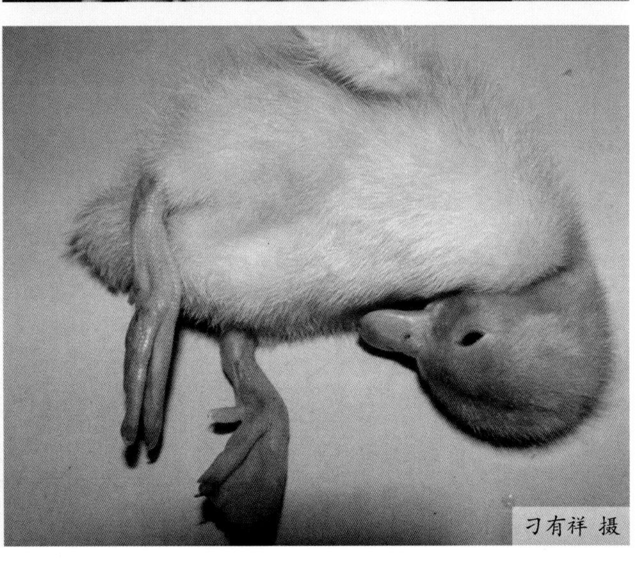

图4-115 雏鸭瘫痪，头颈扭转

图4-116 雏鸭头颈后仰

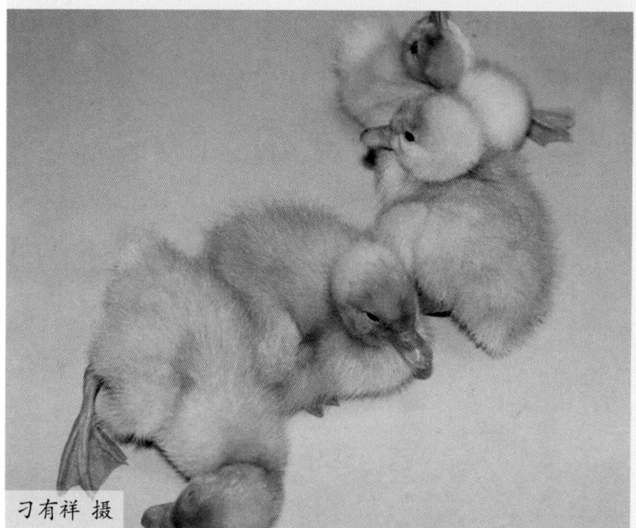

图4-117 雏鸭瘫痪，头颈后仰

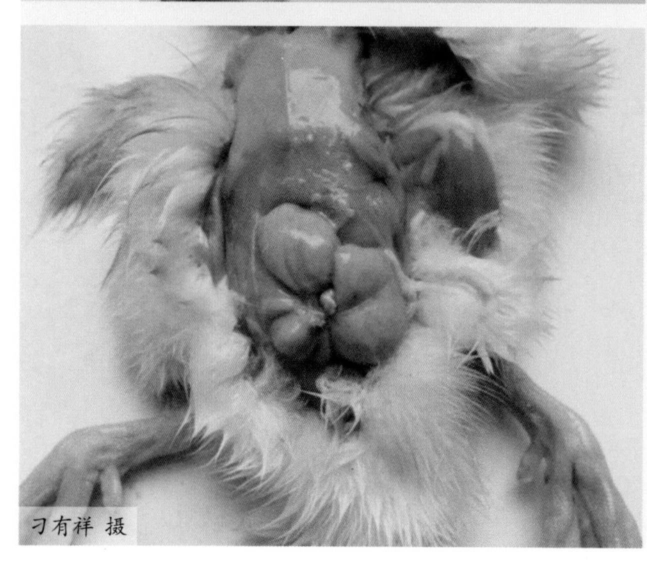

图4-118 雏鸭卵黄吸收不良

四、病理变化

病鸭主要病变特征为消化系统和呼吸系统器官的黏膜充血、出血、坏死或溃疡，胰腺、气管、十二指肠和泄殖腔出血明显。气管环出血，喉头黏膜出血，肺脏出血（图4-119，图4-120）。口腔内有大量黏液；腺胃黏膜脱落，腺胃乳头出血，腺胃与肌胃交界处有出血点（图4-121）；十二指肠、空肠、回肠黏膜局灶性出血、溃疡，肠黏膜纤维素性坏死（图4-122～图4-124）；肝脏肿大，呈紫红色或紫黑色。脾脏肿大、出血，表面有大小不一、灰白色或淡黄色的坏死灶，有的如粟粒大小，有的融合成绿豆粒大小（图4-125）。胰腺上散布针尖大小白色坏死点或出血点；肾脏肿大，有尿酸盐沉积；胸腺肿大、出血。产蛋鸭卵泡变形，严重的破裂。出现神经症状的病鸭，剖检后脑膜出血。

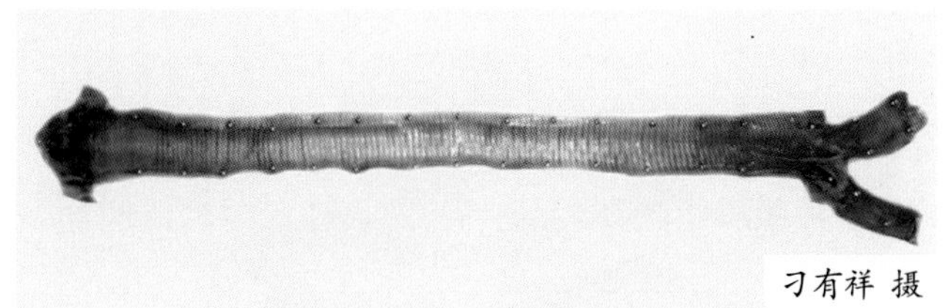

图4-119 喉头、气管出血

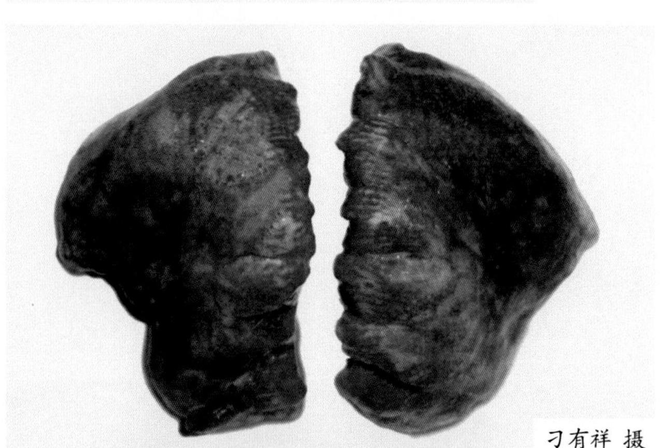

图4-120 肺脏出血

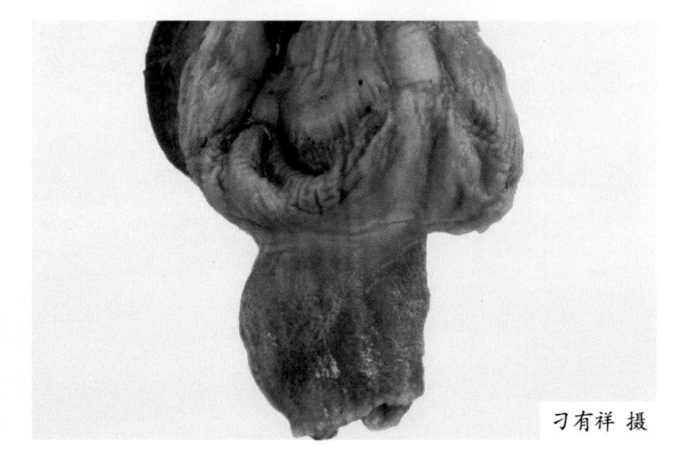

图4-121 腺胃出血

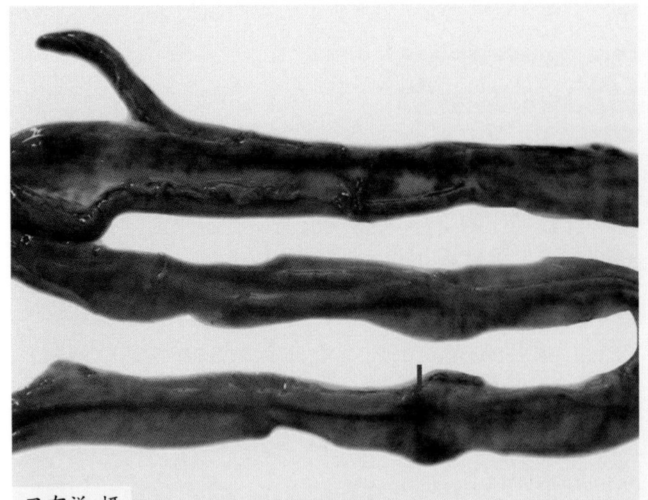

图4-122 肠黏膜有局灶性出血（一）

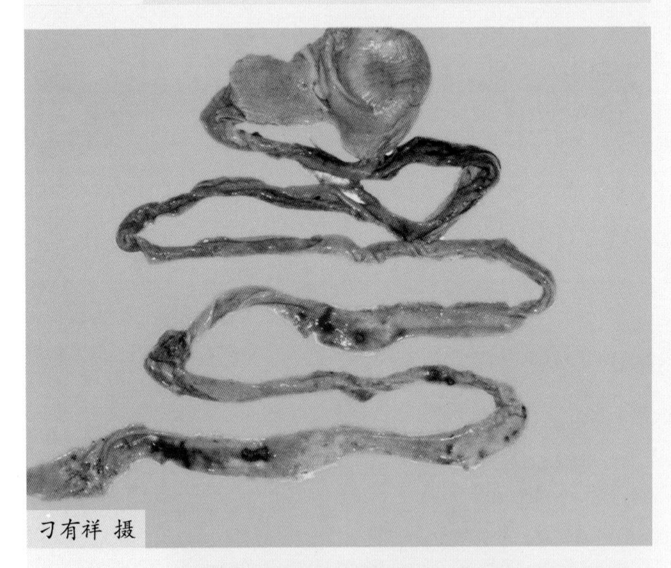

图4-123 肠黏膜有局灶性出血（二）

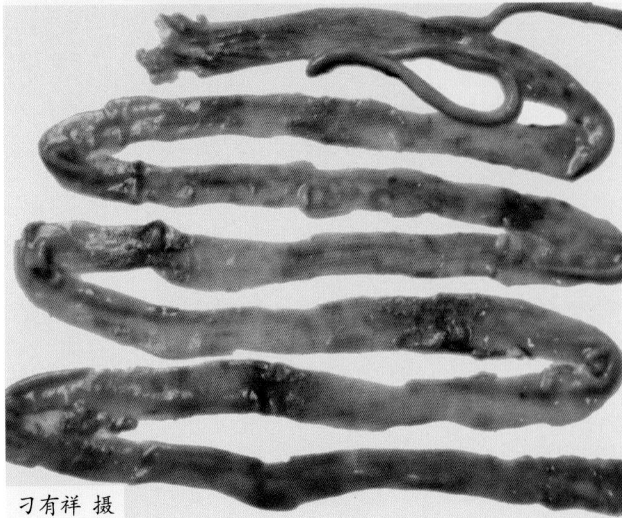

图4-124 肠黏膜有纤维素性坏死

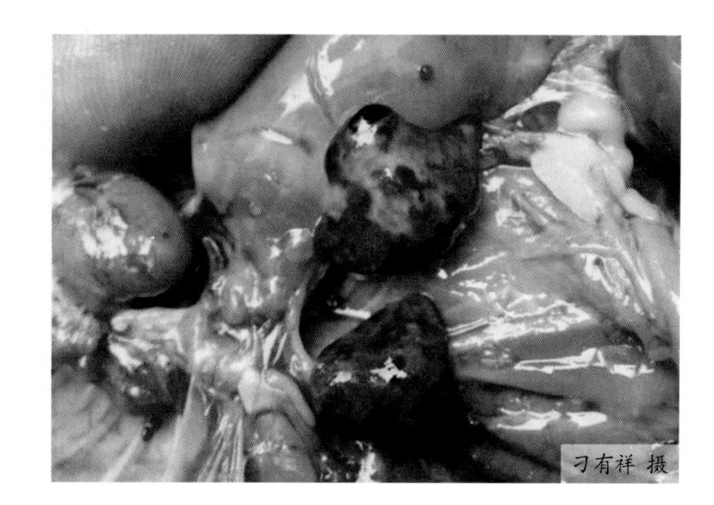

图4-125 脾脏肿大，出血

组织学变化主要表现为气管黏膜下层血管充血、出血、黏膜水肿，纤毛脱落；肺脏间质淤血、充血、出血，毛细血管充满红细胞（图 4-126），局部有淋巴细胞浸润和含铁血黄素沉着；肝细胞发生颗粒样变性、水泡样变性或脂肪样变性，严重者大量肝细胞坏死、溶解，组织结构破坏。肝窦淤血，小叶间质血管充血明显，血管周围及部分区域出现不同程度的淋巴细胞、单核细胞浸润。脾脏红髓增大，白髓萎缩，周边形成较大的空隙，红髓、白髓结构不清晰，白髓内淋巴细胞数量减少，网状细胞增多，部分淋巴细胞坏死崩解；淋巴细胞坏死明显，并伴有浆液和纤维素渗出（图 4-127）。肾小管上皮细胞肿胀、颗粒变性、间质出血，管腔变小或闭塞。肾小管上皮细胞颗粒变性，间质出现淋巴细胞、单核细胞等炎性细胞浸润（图 4-128）。腺胃黏膜上皮细胞坏死、脱落，固有层水肿有炎性细胞浸润，黏膜下浅层和深层的复管腺上皮细胞变性、坏死，浅层复管腺坏死严重，结构破坏，甚至完全消失。复管腺之间的结缔组织内血管充血，有炎性细胞浸润；胰腺腺泡上皮大部分变性坏死，腺泡结构破坏，有的部位腺泡出现局灶性坏死；胸腺小叶髓质内出现坏死病灶，有的胸腺小体崩解，形成空腔，皮质、髓质结构不清晰，淋巴细胞数量减少；法氏囊淋巴细胞崩解坏死，并有炎性分泌物溢出（图 4-129）。病变轻的区域出现肠道黏膜急性卡他性

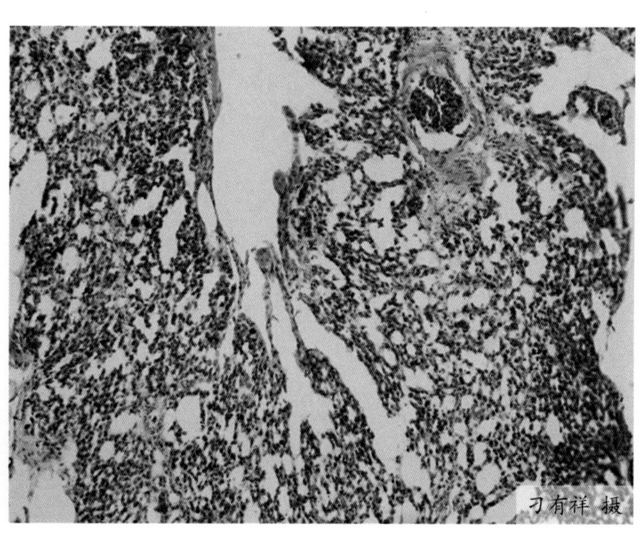

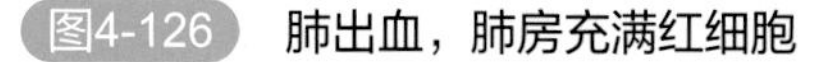
图4-126 肺出血，肺房充满红细胞

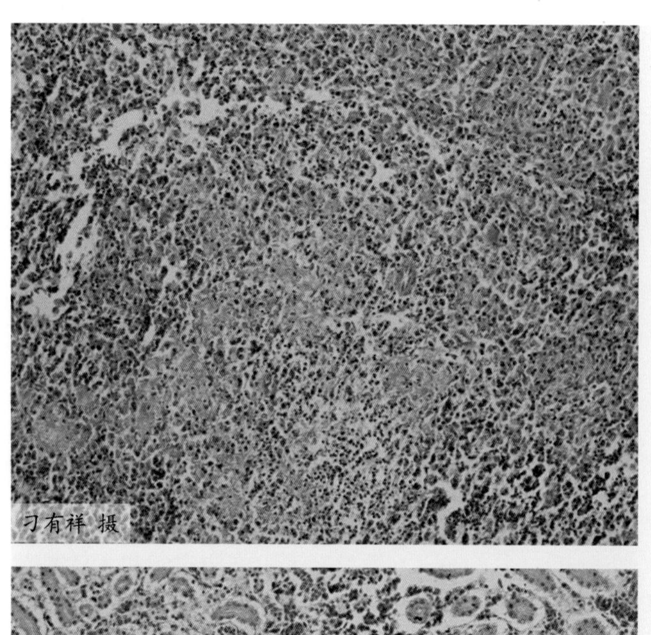

图4-127 脾结构不清晰，白髓内淋巴细胞崩解坏死

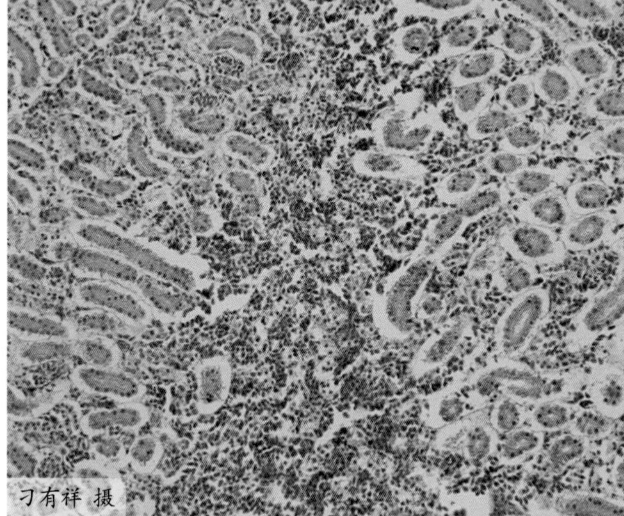

图4-128 肾小管颗粒变性，间质出血

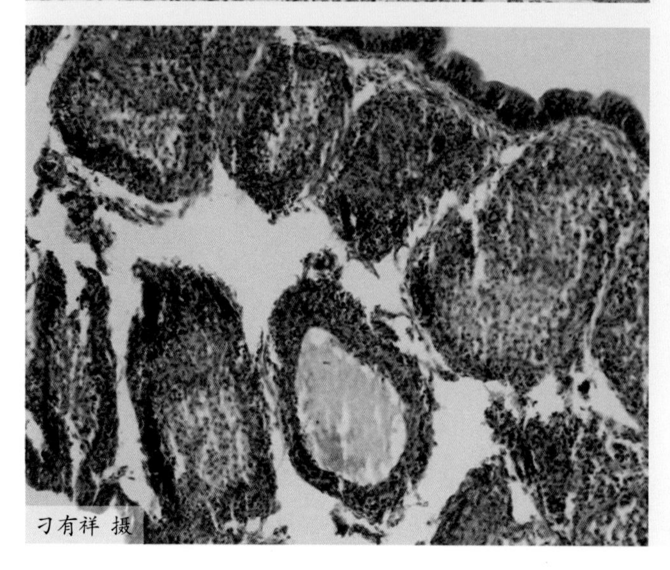

图4-129 法氏囊淋巴细胞崩解坏死

炎症，肠绒毛肿胀，上皮细胞脱落，固有层炎性水肿，肠腺结构破坏，黏膜下层严重充血、出血，平滑肌发生实质性变性，肌纤维肿胀断裂。肠道淋巴组织内淋巴细胞变性、坏死，数量减少；脑膜出血，炎性细胞浸润；心脏出血，肌纤维肿胀、颗粒变性。

五、诊断

1.临诊诊断

根据流行病学、症状和病理变化可以作出初步诊断。本病的特征性症状主要是病鸭气喘、呼吸困难，腹泻，排出灰白或绿色稀粪，有的病鸭出现神经症状等。病理变化主要特征为消化系统和呼吸系统器官的黏膜充血、出血、坏死或溃疡，胰腺、气管、十二指肠和泄殖腔出血明显。若要确诊需要进一步进行实验室诊断。

2.实验室诊断

实验室诊断主要是进行病毒的分离和鉴定。

（1）病毒的分离　无菌采集病（死）鸭的脑、肝、脾、胰腺等组织，称量后置于匀浆器或研钵中，加入适量灭菌的生理盐水（按照1:4的比例）制成组织悬液，冻融1次，12000r/min离心5～10min后取上清液，上清液中按照每毫升1000单位（IU）的比例加入青霉素和链霉素，37℃温箱中作用30min或4℃冰箱作用过夜，以除去杂菌。若上清液中不添加青霉素和链霉素，也可以用孔径0.22μm细菌滤器过滤上清液进行除菌。取0.2mL上清液或滤液通过尿囊腔接种到9～11日龄的SPF鸡胚或鸭胚中，接种后将鸡胚或鸭胚置于37℃温箱中继续培养，每天照胚1次。收集24h后死亡鸡胚或鸭胚的尿囊液，采用血凝-血凝抑制实验（HA-HI）、血清中和试验、荧光抗体技术、分子生物学技术等方法对分离的病毒进行鉴定。死亡鸡胚全身充血、出血，头、翅和趾部尤为明显。

（2）病毒的鉴定　血凝-血凝抑制试验（HA-HI）APMV-1具有凝集禽类及某些哺乳动物红细胞的特性，通过血凝试验（HA）可以检测收集的尿囊液是否具有血凝特性。由于禽流感病毒、鸡痘病毒、禽腺病毒等也能凝集禽类的红细胞，因此，若收集的尿囊液具有血凝特性，还需要与已知的APMV-1抗体进行血凝抑制试验（HI），在HI试验中，病毒若能被APMV-1的抗体所抑制，那么该病毒即为APMV-1。

血清中和试验：中和试验可在鸭胚、细胞及易感鸭中进行。方法是在APMV-1阳性血清中加入一定量的待检病毒，两者均匀混合后，接种9～11日龄鸭胚、鸭胚成纤维细胞或易感鸭，并设立不加血清的病毒对照组。若接种病毒和血清混合物的鸭胚或易感鸭不死亡，鸭胚成纤维细胞无病变，病毒对照组鸭胚或易感鸭死亡，鸭胚成纤维细胞出现病变，则可以确定待检病毒为APMV-1。

荧光抗体技术：标记了荧光性染料的抗体与相应的抗原相遇后会发生特异性结合，形成抗原-抗体复合物，这种复合物在紫外灯照射下会激发产生荧光。免疫荧光法对APMV-1的检测具有快速、高度特异性和敏感性的特点。具体方法如下：采集病死鸭的脾脏、肺脏、胰腺或肝脏，用冷冻切片将其制成标本，把APMV-1荧光抗体稀释成工作浓度，加到固定后的切片标本上，37℃染色30mim，PBS（pH8.0）冲洗3次后，滴加0.1%伊文思蓝，作用 2 ～ 3s，PBS 冲洗后用 9∶1 的缓冲甘油封固，然后镜检。荧光显微镜下发出荧光的位置即为 APMV-1 所在的部位。

分子生物学技术：目前已经建立多种针对 APMV-1 核酸的检测方法，可以检测尿囊液中培养的病毒，也可以对采集的病死鸭的病料样品直接进行检测。可以采用反转录 - 聚合酶链式反应检测技术（RT-PCR）、实时荧光定量 PCR 检测技术（Real-time quantitative PCR）、环介导等温扩增技术（LAMP）等。分子生物学方法特异性好、敏感性强，是目前用于快速诊断该病的重要手段之一。我国新城疫诊断技术国家标准中就是采用常规 RT-PCR 方法，设计了一对针对该病毒 *F* 基因保守区域的特异性引物进行 PCR 扩增，该方法可以检测不同毒力、不同基因型的 APMV-1，具有较强的敏感性和准确性，且耗时较短。实时荧光定量 PCR 方法可用于检测家禽中流行的中强毒力的毒株，具有快速、敏感的特点。目前，分子生物学检测方法可自动化且快速，在对 APMV-1 进行分子评价时为首选技术。

3. 类症鉴别

鸭副黏病毒病与鸭瘟、禽流感、鸭巴氏杆菌病在症状、病理变化方面相似，容易混淆，需要进行类症鉴别。

鸭感染鸭瘟病毒后主要表现为食道、泄殖腔黏膜有出血点、溃疡或纤维素性伪膜，空肠、回肠黏膜上有环状出血，腺胃与食道交界处有出血带等；而鸭副黏病毒病则不表现以上病变。

鸭巴氏杆菌病是由禽多杀性巴氏杆菌引起的，主要发生于青年鸭、成年鸭。患病鸭肝脏呈青铜色，有散在性或弥漫性针尖大小的坏死点。肝脏触片，美蓝或瑞氏染色后镜检，可见两级着色的卵圆形小杆菌；而鸭副黏病毒病没有上述病变。

鸭发生禽流感后表现的症状为头部和颈部肿大、皮下水肿，眼睛流泪，脚部皮肤出血。病理变化主要表现为头部皮下有胶冻样渗出物和出血点，心肌纤维出现黄白色条纹状坏死；而鸭感染副黏病毒后不会出现上述变化。

六、预防

（1）加强饲养管理，预防本病的发生和流行　科学选址，建立、健全科学的卫生防疫制度及饲养管理制度。加强饲养管理水平，认真贯彻落实鸭场卫生，保障鸭只正常生长发育、增强机体抵抗力、减少疫病传播机会；目前鸡群中也流行基因Ⅶ NDV，鸭群应与鸡群严格分区饲养，防止病毒的互相传播，同时，还应防止飞鸟和野生动物的侵入；注意饲料的营养，实行全进全出和封闭式集约化饲养，以减少应激，提高鸭群整体健康水平。

（2）加强卫生消毒工作，采取严格的生物安全措施。新引进的鸭必须进行严格的隔离饲养，同时接种灭活疫苗，隔离 2 周确实证实无病才能与健康鸭合群饲养；周围地区发生疫情时，健康鸭群除采取消毒、隔离饲养等措施外，还应进行疫苗免疫；控制病原体入侵，鸭场进出人员和车辆要严格进行消毒；死亡或濒死鸭禁止食用、出售、转运，病死鸭及被病鸭污染的饲料、垫草、粪便等均应进行焚烧或深埋等无害化处理；对被污染的用具、环境与场地进行彻底消毒，消毒药物可选用 2% ～ 3% 的氢氧化钠、5% 的来苏儿、

0.2% ～ 0.5% 的过氧乙酸以及季铵盐类、聚维酮碘溶液等常用的消毒溶液；此外，建立鸭副黏病毒病正确、可靠的诊断方法及检测方法，这也是预防本病的重要手段。

（3）做好免疫接种工作　免疫接种是控制本病的重要措施，水禽 APMV-1 属于基因Ⅶ NDV。目前，国内有学者研制出了与水禽中优势流行的 APMV-1 相同基因型的疫苗，可在水禽中推广应用。此外，有条件的鸭场应持续监测鸭群体内的抗体水平，根据抗体监测数据进行疫苗免疫。

七、治疗

鸭群发病后，及时将病鸭隔离或淘汰，病死鸭无害化处理，并采取严格的消毒措施。尚未出现症状的鸭采用新城疫油乳剂灭活苗紧急接种。同时在饲料中添加适量维生素，可以提升鸭的抵抗力。

第三节　鸭瘟

鸭瘟（Duck plague，DP）又名鸭病毒性肠炎（Duck virus enteritis，DVE），是由鸭瘟病毒（Duck plague virus，DPV）引起鸭、鹅、天鹅的一种急性败血性传染病。本病于 1923 年在荷兰首次发现，1949 年在第 14 届国际兽医会议上，Jansen 和 Kunst 提议“鸭瘟”作为法定名称。1967 年，美国纽约长岛暴发该病，之后陆续多地水禽和野生水禽发生感染，根据该病的病理特征将其命名为鸭病毒性肠炎。我国于 1957 年由黄引贤教授首次报道该病，之后在全国各地陆续发生，给养鸭业造成巨大的经济损失。20 世纪 60 年代中期，人们发现鹅也能被鸭瘟病毒感染，引起发病，严重影响养鹅业的发展。

鸭发病后的特征主要表现为体温升高，两腿发软无力，绿色下痢，流泪，头颈部肿大；剖检可见食道黏膜出血，有灰黄色的伪膜或溃疡，泄殖腔黏膜出血、坏死，肝脏有出血点和坏死点等。目前，本病已遍布世界绝大多数养鸭地区及野生水禽的主要迁徙地。

一、病原

鸭瘟病毒又称为鸭肠炎病毒（Duck enteritis virus，DEV）或鸭疱疹病毒 1 型（Anatid herpesvirus 1），属于疱疹病毒科，α 疱疹病毒亚科。该病毒尚未被列入具体的属，但在遗传进化关系上，该病毒和禽类的马立克病毒属成员比较亲近。电镜下，感染细胞的胞核和胞浆中均有病毒粒子存在，具有典型疱疹病毒的形态特点，呈球形，有囊膜。研究者发现，在感染细胞核中球形的核衣壳直径为 91 ～ 93nm，核芯直径约为 61nm；在细胞质和核周隙中，可能由于核膜包裹的存在，病毒粒子直径约为 126 ～ 129nm；在细胞质内质网的微管系中可见直径约为 156 ～ 384nm 的成熟病毒粒子，这些病毒粒子的外周有额外的一层膜包围。鸭瘟病毒的这些形态学结构使其有别于其他动物的疱疹病毒。

鸭瘟病毒基因组核酸为双股线性 DNA，不同地区分离的毒株基因组大小略有差异，长约 158091 ～ 162175bp 不等，G+C 含量 44.89% ～ 44.93% 不等。α 疱疹病毒整个基因组分为长独特区（UL）、短独特区（US）和末端重复序列（TRS），UL 和 US 连接处有倒置重复序列（IRS），基因组结构为 UL-IRS-US-TRS。根据蛋白质同源性分析表明，鸭瘟病毒基因组至少含有 78 个开放阅读框（ORF），其中 74 个为单拷贝，另外 2 个是双拷贝。大多数疱疹病毒的基因组 DNA 是通过共价连接的长节段（L）和短节段（S）组成，每个节段的两端含有反向重复序列（Inverted repeat），重复序列的数量和长度在不同疱疹病毒中差异较大。几乎所有疱疹病毒基因组 DNA 的一个末端都含有一组 28bp 的保守序列，即 CCCCGGGGGGGTGTTTTTGATGGGGGGG。李玉峰应用 Shot-gun 方法首次完成了我国鸭瘟商品化疫苗毒株（DEV VAC）的全基因组测序，测序结果显示 DEV VAC 基因组全长为 158089bp，G+C 含量为 44.91%，是典型的 D 型疱疹病毒基因组结构。通过对鸭瘟病毒强度株 CSC 和鸡胚致弱的疫苗毒 Kp63 的全基因组分析发现，疫苗株基因组多个位点发生核苷酸缺失和突变，其中 2716 ～ 6228nt 和 115228 ～ 115755nt 两处分别出现 3513bp 和 528bp 核苷酸片段缺失。虽然不同病毒基因组核苷酸序列变化与致病性的关系还有待进一步研究，但不同毒力毒株核苷酸序列的差异为强弱毒株的鉴别和检测奠定了重要的分子基础。

丁明孝等研究表明，在感染细胞中，病毒 DNA 的复制与壳体的装配、病毒粒子的成熟与释放是同时进行的。通过对鸭瘟病毒弱毒株在鸡胚成纤维细胞中成熟和释放方式进行研究发现，鸭瘟病毒获得囊膜的方式有 2 种：一种是核衣壳通过空泡出芽方式获得囊膜，另一种是在核内依靠膜物质在核衣壳周围积累获得囊膜。研究发现，鸭瘟病毒存在 2 种装配方式：一是胞核装配方式，即病毒核衣壳可在核内获得皮层，通过核内膜获得囊膜成为成熟病毒；二是胞浆装配方式，即通过内外核膜进入胞浆，在其中获得皮层，然后通过高尔基体或内质网腔出芽释放时获得囊膜，最后病毒成熟，释放到细胞外。

鸭瘟病毒能在 9 ～ 14 日龄鸭胚中生长繁殖，初次分离多采用鸭胚绒毛尿囊膜（CAM）途径接种，病毒增殖 4 ～ 6d 可致死鸭胚，死亡鸭胚全身水肿、出血，肝脏有出血点、灰白色或灰黄色坏死点，绒毛尿囊膜上出现明显的痘斑。鸭瘟病毒能直接在鹅胚中生长繁殖，但不能直接适应于鸡胚，只有在鸭胚或鹅胚中传代后，病毒才能适应于鸡胚。鸭瘟病毒可在鸭胚、鹅胚、鸡胚成纤维细胞中增殖并引起细胞突变，最初几代细胞病变不明显，传代后，便可出现明显的细胞病变，如细胞透明度下降，胞浆颗粒增多、浓缩，细胞变圆，最后脱落。据报道，有时还能在胞核内看到嗜酸性颗粒状包涵体。病毒经过鸡胚、鸭胚、鹅胚或细胞连续传代后，可减弱鸭的致病力，但仍保持免疫原性，因此，可利用这种方法进行鸭瘟病毒弱毒株的培育。此外，鸭瘟病毒也能在鸭胚肝细胞、原代肾细胞中增殖并引起细胞病变。

在易感动物体内，鸭瘟病毒首先在消化道黏膜，尤其是食道黏膜复制，随后扩散到法氏囊、胸腺、脾脏和肝脏，并在这些器官的上皮细胞和巨噬细胞中增殖。病毒存在于病鸭的内脏器官、血液、骨髓、分泌物和排泄物中，以肝、脑、脾中病毒的含量最高。鸭瘟病毒无血凝活性和血细胞吸附作用。到目前为止，世界各地分离到的毒株都表现出一致的抗原相关性，即鸭瘟病毒只有一个血清型，但各毒株对鸭的致病性明显不同。病毒对乙醚和氯仿敏感；对外界环境的抵抗力不强，温热和一般消毒剂能很快将其杀死，56℃作用10min病毒死亡，夏季阳光照射9h病毒毒力消失；常用的化学消毒剂均能杀灭鸭瘟病毒，如5%生石灰作用30min可灭活病毒；在pH 7.8～9.0的条件下经6h病毒毒力不降低，在pH 3和pH 11时，病毒迅速被灭活；在污染的禽舍内（4～20℃）可存活5d。病毒对低温抵抗力较强，−10～−20℃保存1年仍有致病力，−5～7℃保存3个月毒力不减弱。

二、流行病学

自然条件下，鸭能感染鸭瘟病毒引起发病，鹅与发病鸭群密切接触的情况下，也可感染发病，并引起流行，天鹅也能感染，其他家禽如鸡、鸽和火鸡等不感染。不同品种、年龄、性别的鸭对鸭瘟病毒都易感，几乎所有的家鸭，包括北京鸭、番鸭、印度跑鸭、康贝尔鸭、杂交鸭及多种本地鸭都发生过自然感染，但它们之间的发病率、病程以及病死率是有差别的。自然感染的病例中，成年鸭和产蛋鸭发病、死亡严重，1月龄以下的雏鸭很少发病；人工感染时，雏鸭比成年鸭更易感，死亡率更高。养鸭密集地区，鸭瘟传播速度快、死亡率高，种鸭一般饲养在一个特定的稳定地区，因此种鸭感染鸭瘟病毒是自限性的；而商品鸭则根据不同生长阶段更换饲养场地，这样会出现易感鸭转入被污染的养殖环境导致该病在商品鸭群中不断循环。

鸭瘟的传染源主要是病鸭、病鹅或潜伏期及病愈康复不久的带毒鸭和鹅。健康鸭与病鸭一起放牧，或是水中相遇，或是放牧时经过鸭瘟流行地区时都能发生感染。病鸭、病鹅、带毒鸭和带毒鹅的分泌物和排泄物污染的饲料、饮水、用具和运输工具等，都有病毒的污染，易感鸭接触后通过消化道或呼吸道感染，引起发病；此外，野生水禽和飞鸟可携带鸭瘟病毒，时间可长达数月，也是本病的重要传染源；在购销和运输鸭群时，也会使本病从一个地区传至另一个地区；某些吸血昆虫也能传播本病。

本病主要通过消化道感染，也可以通过交配、眼结膜和呼吸道传播，吸血昆虫也能成为本病的传播媒介。人工感染时，病毒经点眼、滴鼻、肌内注射、皮下注射、泄殖腔接种、皮肤刺种等途径都能使健康鸭致病；实验室条件下，持续感染的水禽能发生经种蛋垂直传播。

本病一年四季均可发生，但本病的流行同气温、湿度、鸭群和鹅群的繁殖季节、农作物收获季节等因素有一定关系。通常本病在春夏之际和秋季流行最严重，因为这个时期鸭饲养量多，鸭群大，密度高，各处放牧流动频繁，接触机会多，因而发病率高。当鸭瘟病毒传入易感鸭群后，一般3～7d后开始出现零星发病，再过3～5d就有大批病鸭出现，疫病进入发展期和流行期。根据鸭群大小和饲养管理方法不同，每天发病数从10多只至数十只不等，发病持续时间也有数天至1个月左右，整个流行过程一般为2～6周。

三、症状

自然感染的潜伏期一般为3～4d，病毒毒力不同，潜伏期长短可能有差异。人工感染的潜伏期为2～4d。

发病初期，病鸭表现为体温升高，一般可升高到 42 ～ 43℃，甚至达 44℃，呈稽留热；精神沉郁，羽毛松乱，两翅下垂，食欲下降或废绝，饮水增加，常离群呆立，头颈蜷缩（图 4-130）。运动失调，两脚发软无力，走路困难，行动迟缓，严重者伏卧在地上不愿走动，驱赶时，两翅扑地走动，走几步后又蹲伏于地上，最后完全不能站立；病鸭不愿下水，强迫赶它下水后不能游水，漂浮水面并挣扎回岸。

怕光、眼流泪和眼睑水肿，这是本病的一个特征症状。初期流的是浆液性分泌物，眼睑周围羽毛沾湿，之后出现黏液性或脓性分泌物，黏膜形成出血性或坏死性溃疡病灶（图 4-131，图 4-132）。病鸭头、颈部肿胀，俗称“大头瘟”（图 4-133 ～图 4-135），拨开颈部腹侧面羽毛，可见皮肤浮肿，呈紫红色，触之有波动感。病鸭鼻中流出稀薄或黏稠的分泌物，呼吸困难，呼吸时发出鼻塞音，叫声嘶哑，个别病鸭出现频频气喘。病鸭下痢，排绿色或灰白色稀粪（图 4-136，图 4-137），肛门周围羽毛沾污并结块，泄殖腔黏膜充血、出血、水肿，严重者出现外翻，翻开肛门，可见泄殖腔黏膜充血、水肿，有出血点，严重的黏膜表面覆盖一层黄绿色伪膜，难以剥离。发病后期，病鸭体温降低，精神高度沉郁，极度衰竭，不久便死亡，病程一般为 2 ～ 5d，病程快的在发现停食后 1 ～ 2d 即行死亡，慢的在 1 周以上，部分病鸭能够耐过而康复。自然流行时，病死率平均在 90% 以上，少数不死的则转为慢性病例，消瘦、生长发育不良，特征性症状是一侧性角膜混浊，严重者形成溃疡。

图4-130 鸭精神沉郁，眼流泪

图4-131 鸭肿眼流泪（一）

图4-132 鸭肿眼流泪（二）

图4-133 鸭头颈肿胀

刁有祥 摄

图4-134 鸭头颈肿胀，肿眼流泪（一）

图4-135 鸭头颈肿胀，肿眼流泪（二）

图4-136 鸭头颈肿胀，肿眼流泪，排绿色稀便

图4-137 病鸭排绿色稀便

四、病理变化

头颈肿胀的病例，头和颈部的皮肤肿胀，剖检可见皮下组织发生不同程度的炎性水肿，切开肿胀的皮肤，有大量淡黄色胶冻样渗出物（图 4-138 ～图 4-142）。口腔黏膜，包括咽部和上颚部的黏膜出血（图 4-143），时间稍长的表面有淡黄色伪膜覆盖，剥离伪膜后露出鲜红色、外形不规则的出血性溃疡（图 4-144），舌黏膜溃疡，出血（图 4-145）。食道黏膜出血（图 4-146 ～图 4-149），有时表面出现大小不一、散在的出血点或大的出血斑（图 4-150），时间稍长的食道黏膜表面有纵行排列的灰黄色或灰白色伪膜（图 4-151 ～图 4-156），伪膜剥离后食道黏膜上留下大小不等、特征性的溃疡灶。腺胃与食道膨大部交界处有一条灰黄色坏死带或出血带（图 4-157，图 4-158），腺胃黏膜出血（图 4-159）。肠黏膜充血、出血、坏死，特别是十二指肠和小肠段出现弥漫性充血、出血（图 4-160）或急性卡他性炎症，空肠和回肠黏膜上出现环状出血带是鸭瘟的特征性病变（图 4-161，图 4-162）。有的小肠集合淋巴滤泡肿胀或形成纽扣大小的绿色或灰黄色的伪膜性坏死灶。直肠后段和泄殖腔黏膜的病变与食道相同，黏膜表面有明显的出血或覆盖一层灰褐色或黄绿色的伪膜，不易剥离（图 4-163 ～图 4-168）。肝脏肿大，表面和切面有大小不等的出血点、出血斑（图 4-169，图 4-170）和灰黄色或灰白色坏死点，坏死点的大小从针尖、小米粒到蚕豆粒大小（图 4-171 ～图 4-173），少数坏死点中心有小出血点，周围有环状出血带，这种病变具有诊断意义。胰脏出血或坏死（图 4-174）。脾脏肿大，颜色变深（图 4-175），有的表面和切面有大小不一的灰白色坏死点，呈斑驳状。胸腺肿大，出血（图 4-176，图 4-177）；法氏囊充血或出血。脑膜有时轻度充血；心外膜，特别是心冠脂肪有出血斑点，心内膜和心瓣膜出血（图 4-178 ～图 4-180）。气管环出血，肺脏出血（图 4-181 ～图 4-183）。产蛋鸭卵泡变形，卵泡膜充血、出血，严重的卵泡破裂，卵黄散落在腹腔中形成卵黄性腹膜炎（图 4-184 ～图 4-187）。

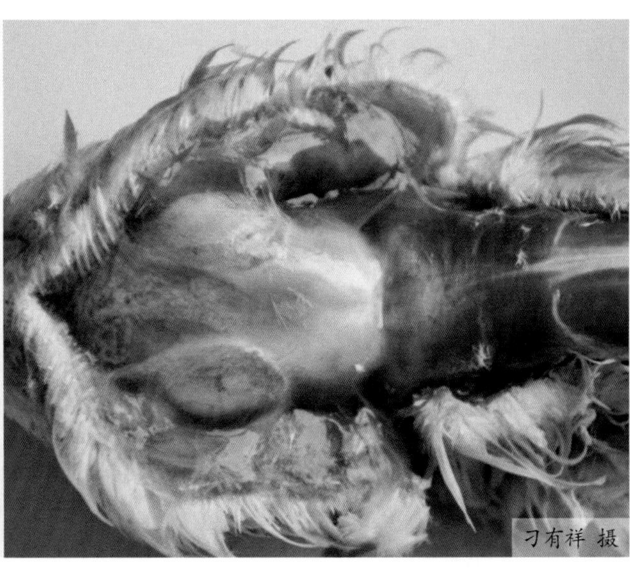

图4-138 头部皮下有淡黄色胶冻状水肿

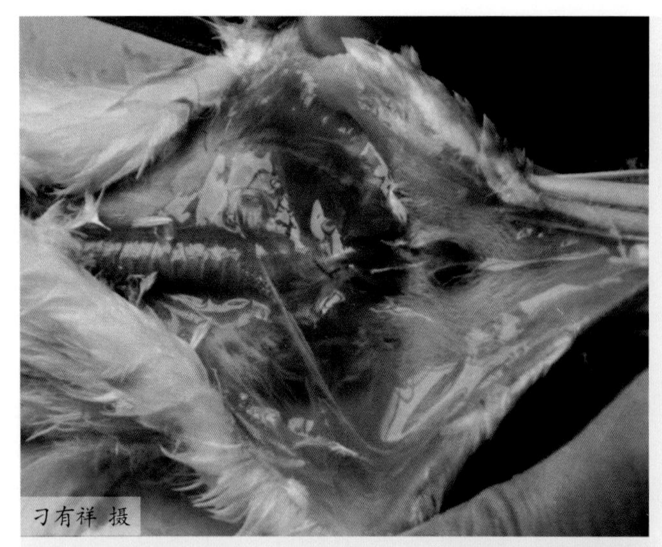

图4-139 下颌部皮下有淡黄色胶冻状渗出

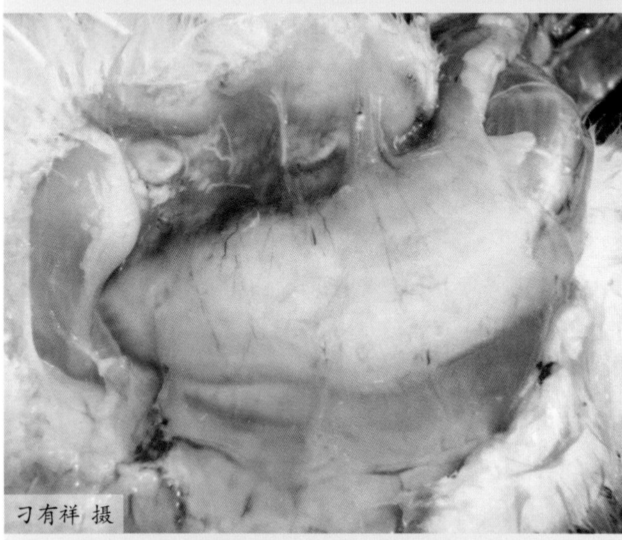

图4-140 颈部皮下有淡黄色胶冻状渗出（一）

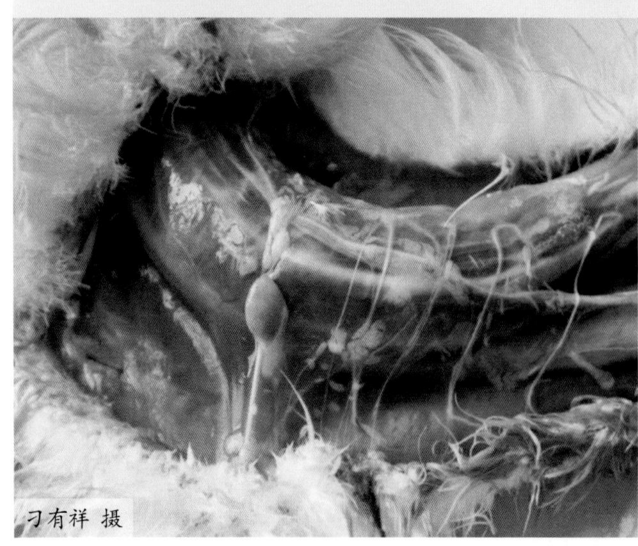

图4-141 颈部皮下有淡黄色胶冻状渗出（二）

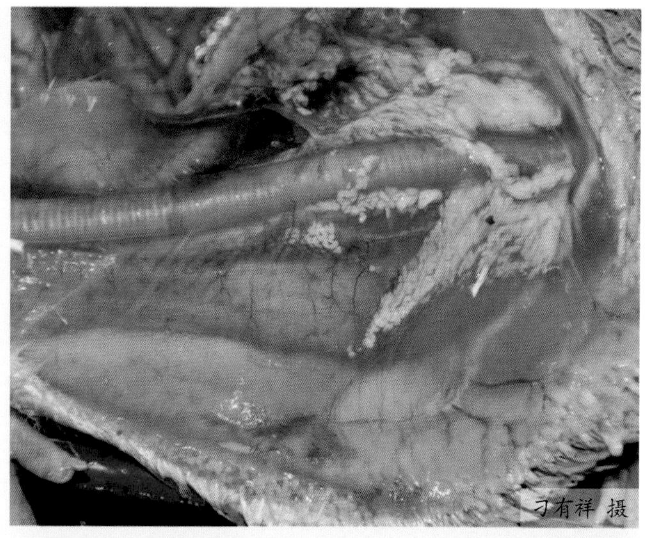

图4-142 颈部皮下有淡黄色胶冻状渗出（三）

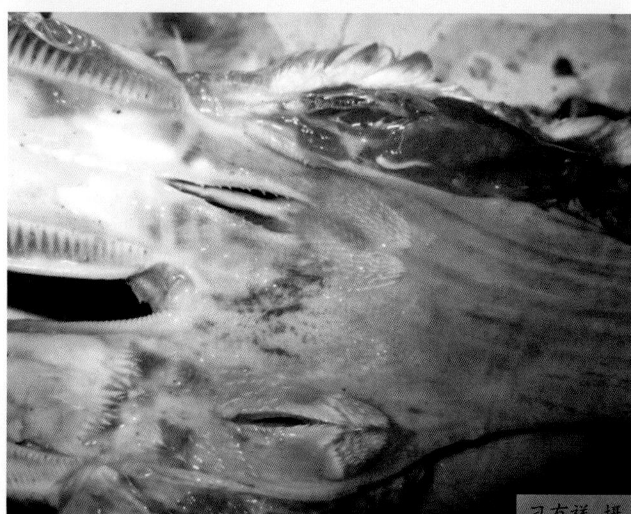

图4-143 口腔黏膜出血

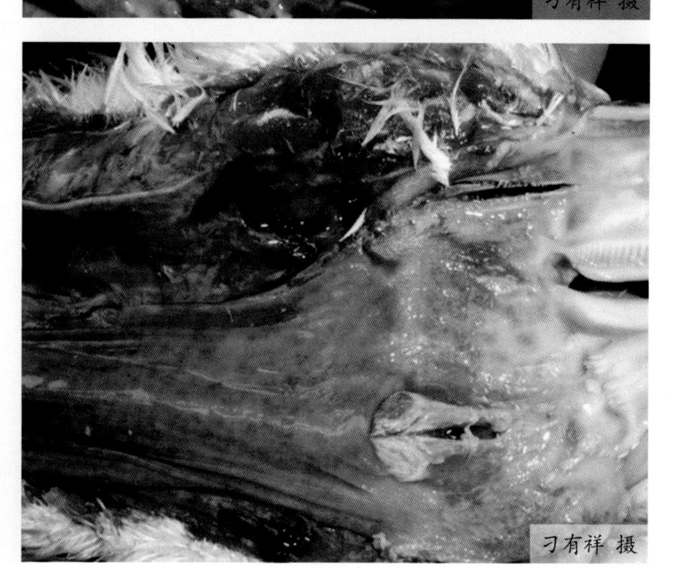

图4-144 口腔黏膜出血，溃疡，食道黏膜出血

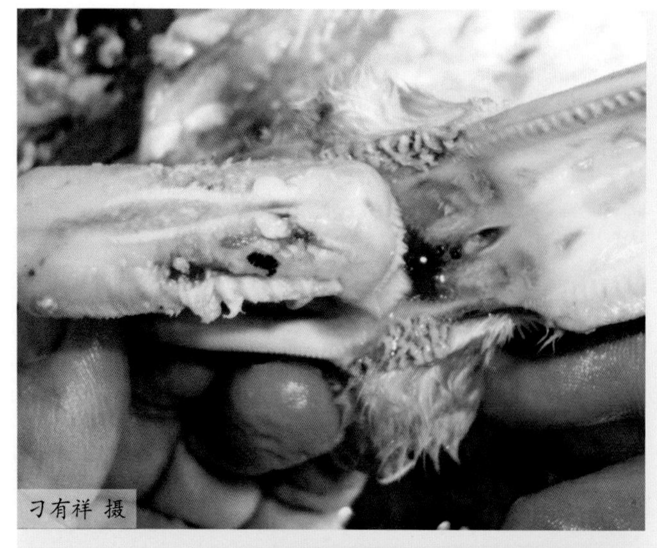

图4-145 舌黏膜溃疡，出血，口腔黏膜溃疡

图4-146 食道黏膜出血，皮下有胶冻状水肿

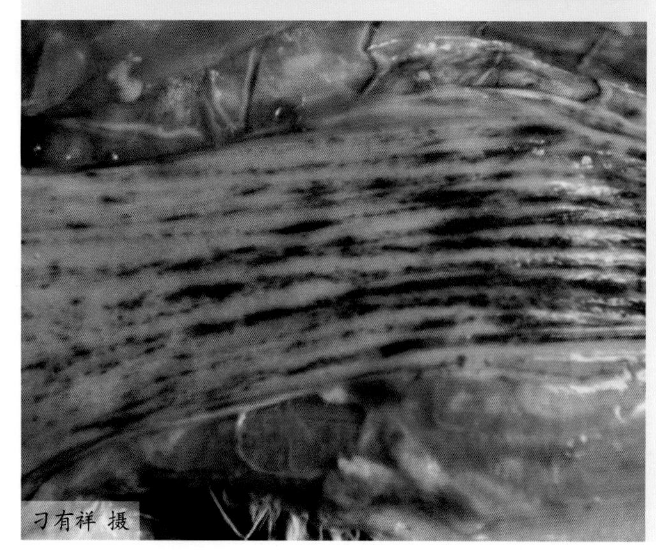

图4-147 食道黏膜出血（一）

图4-148 食道黏膜出血（二）

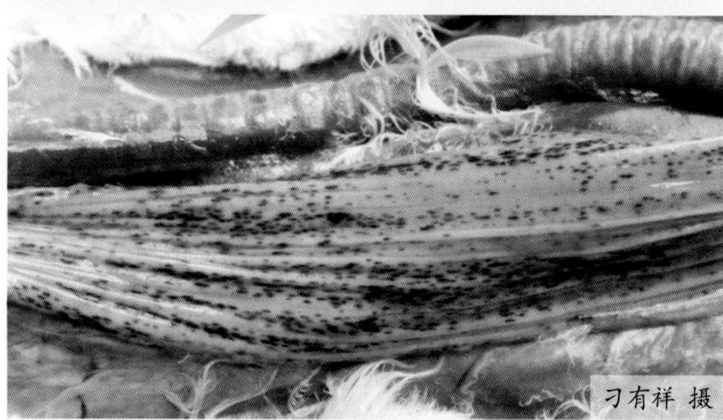

图4-149 食道黏膜出血（三）

图4-150 食道黏膜有大的出血斑和溃疡

图4-151 食道黏膜有纵行排列的黄白色伪膜

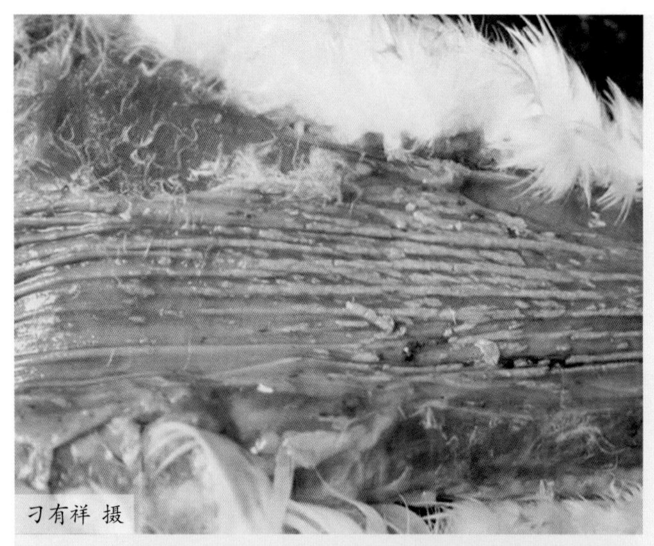

图4-152 食道黏膜有纵行排列的黄白色伪膜

图4-153 食道黏膜出血，有纵行排列的黄白色伪膜

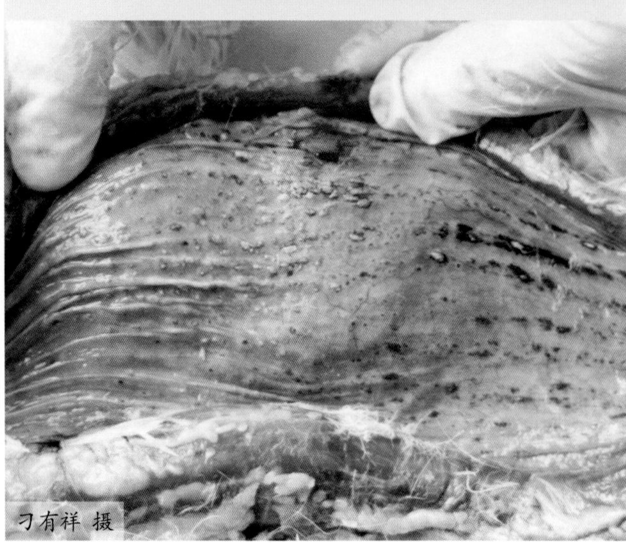

图4-154 食道黏膜出血和黄白色伪膜

图4-155　食道黏膜出血，有大小不一黄白色伪膜

图4-156　口腔黏膜、食道黏膜出血，表面有黄白色伪膜

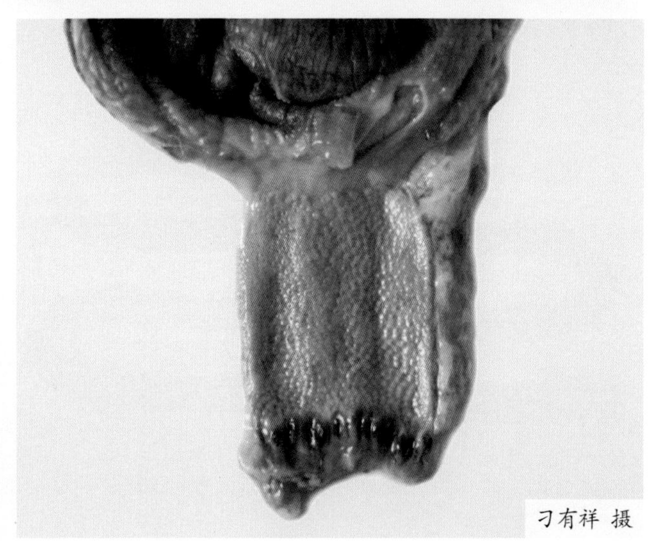

图4-157　腺胃与食道交界处有出血带（一）

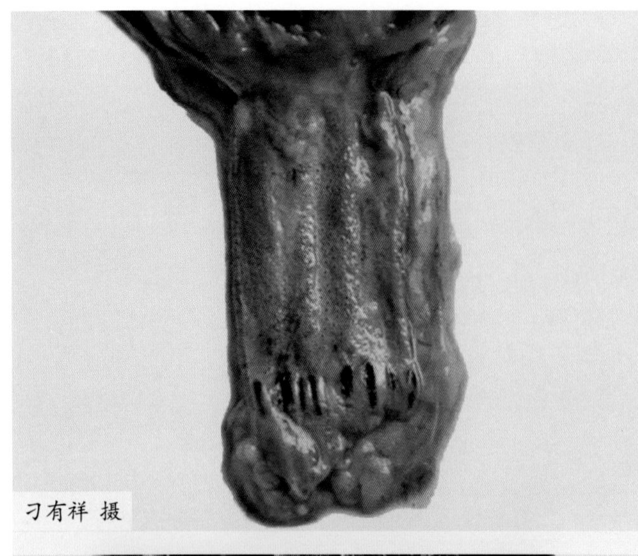

图4-158 腺胃与食道交界处有出血带（二）

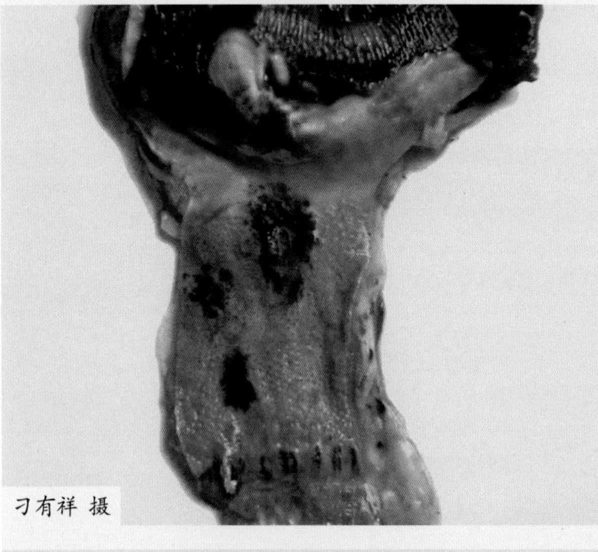

图4-159 腺胃出血，腺胃与食道交界处有出血带和溃疡

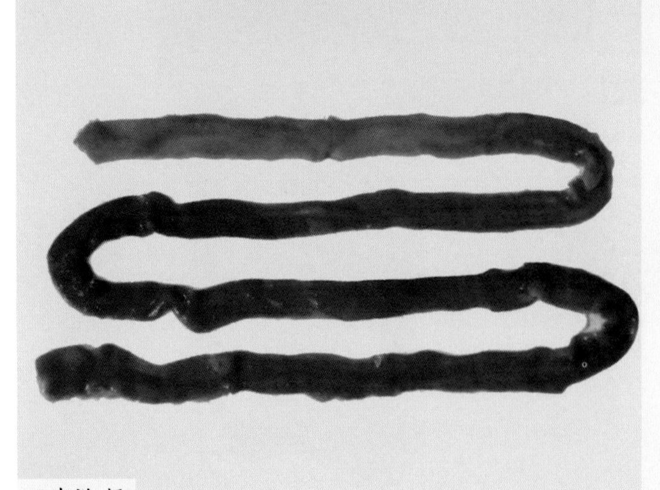

图4-160 肠黏膜弥漫性出血

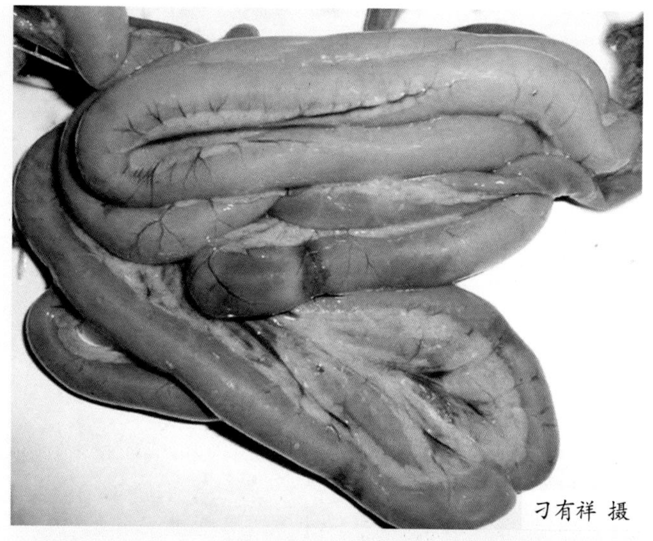

图4-161 肠道有环状出血

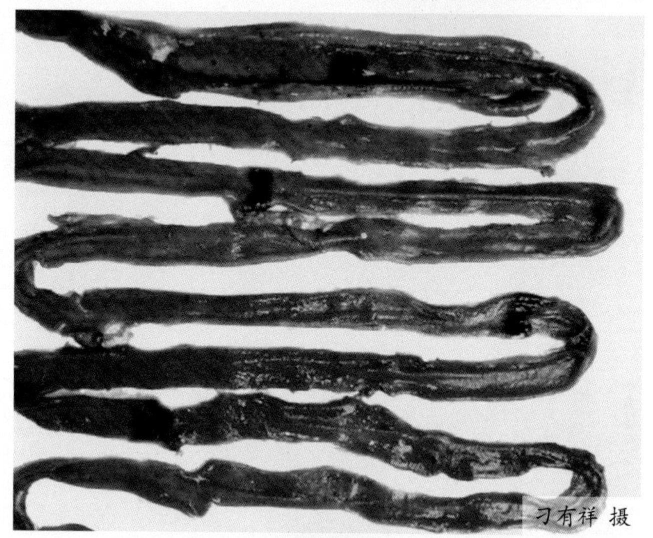

图4-162 肠道有环状出血带，黏膜出血

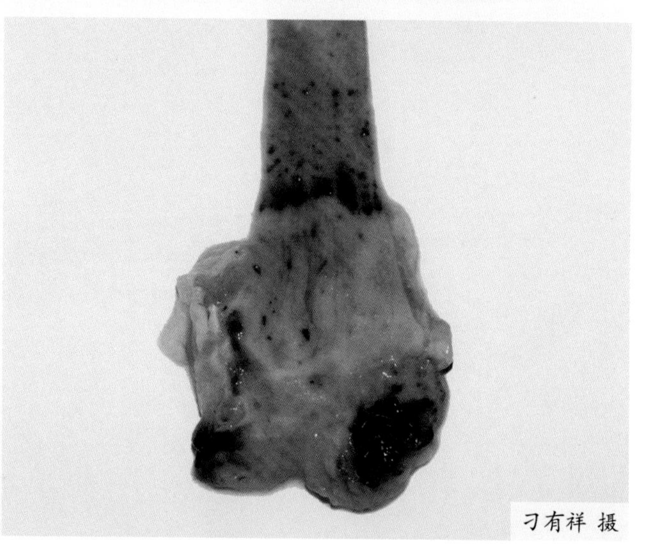

图4-163 直肠黏膜出血，泄殖腔黏膜出血

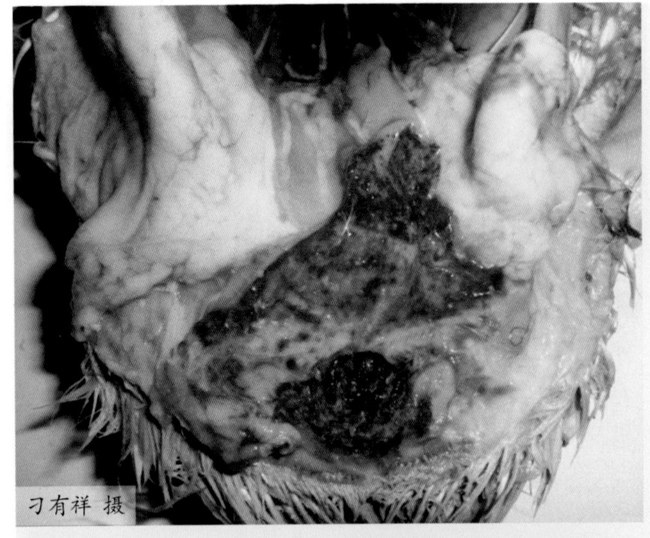

图4-164 泄殖腔黏膜出血（一）

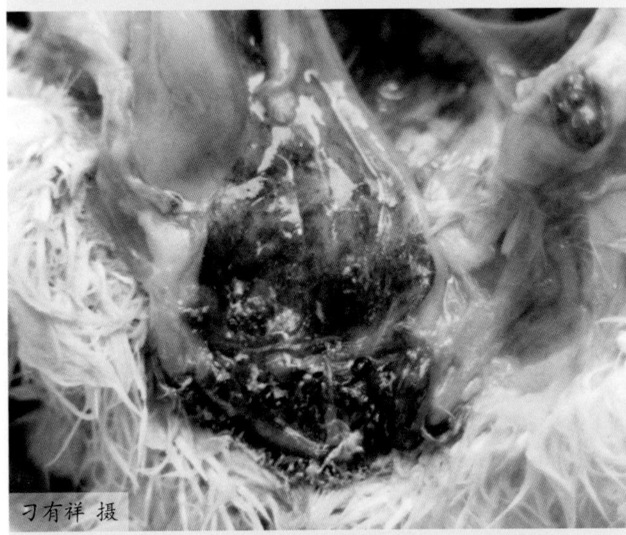

图4-165 泄殖腔黏膜出血（二）

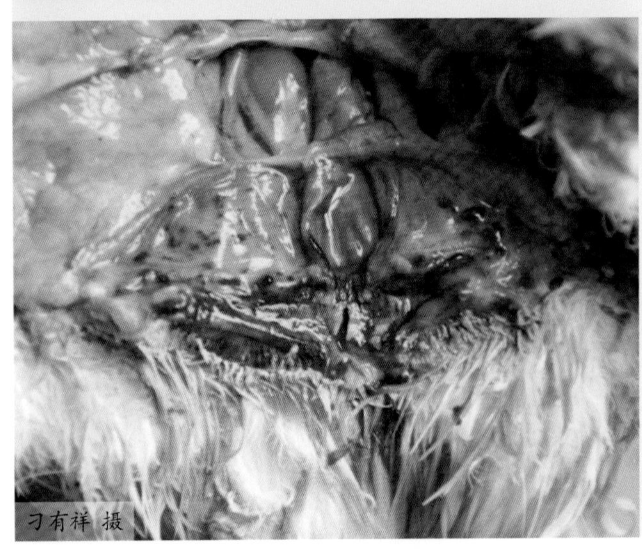

图4-166 泄殖腔黏膜出血，有黄白色伪膜

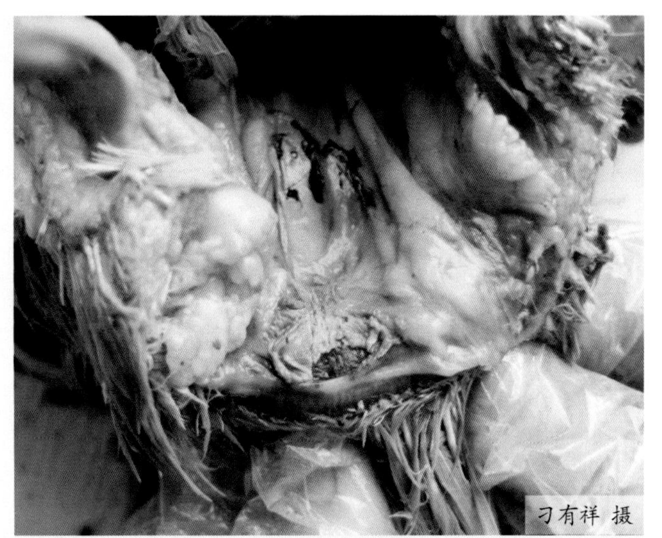

图4-167 泄殖腔黏膜有黄白色伪膜，黏膜出血

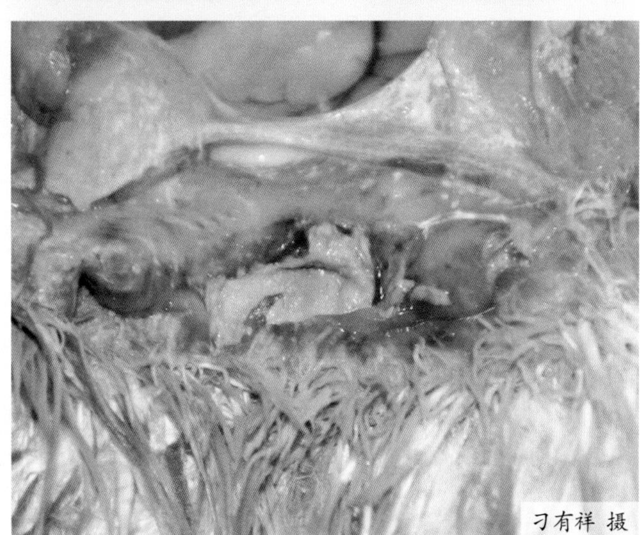

图4-168 泄殖腔黏膜有黄白色伪膜

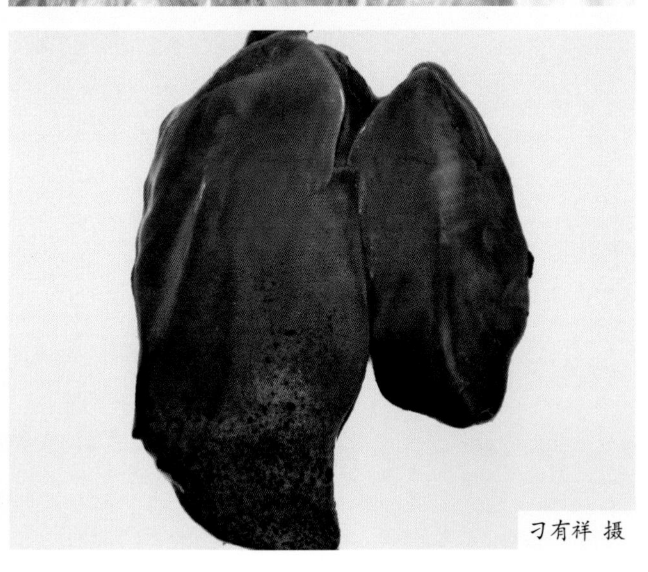

图4-169 肝脏肿大，表面有大小不一的出血点

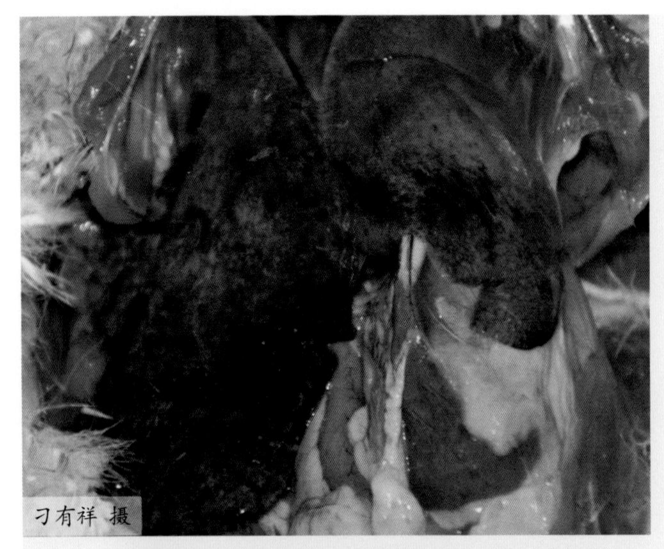

图4-170 肝脏肿大，弥漫性出血

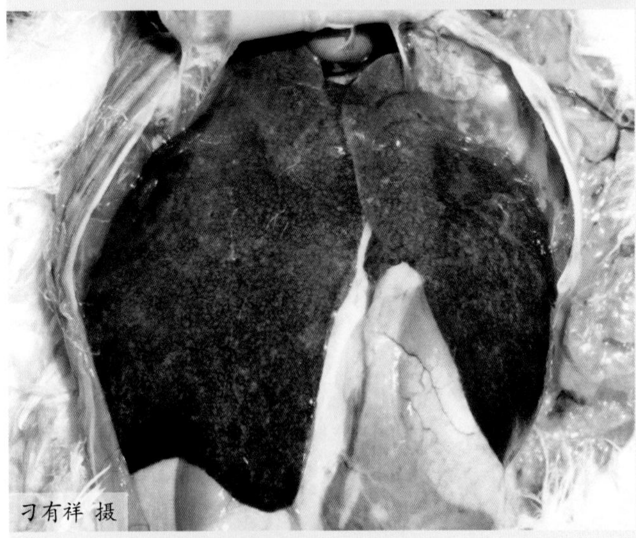

图4-171 肝脏肿大，表面有大小不一的坏死斑点（一）

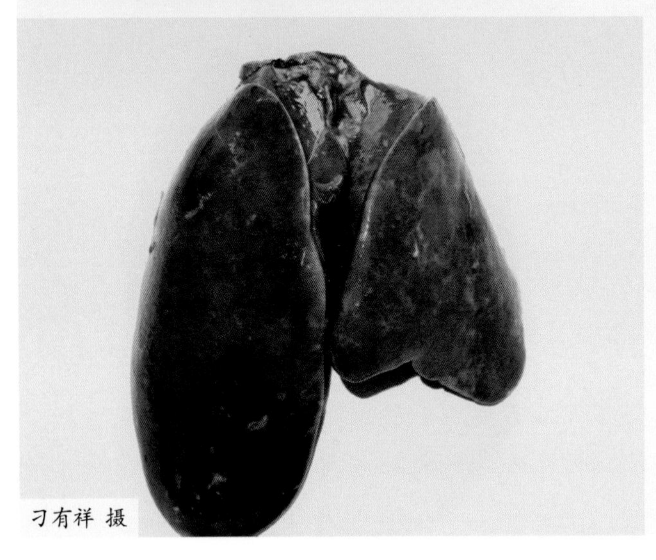

图4-172 肝脏肿大，表面有大小不一的坏死斑点（二）

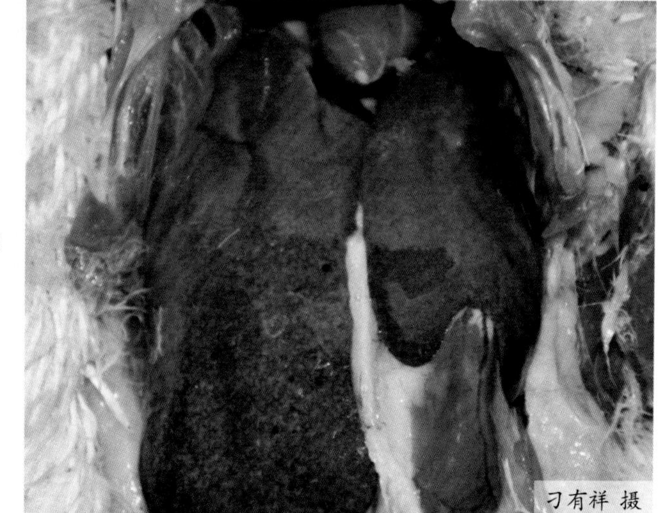

图4-173 肝脏肿大，表面有大小不一的出血点和坏死斑点

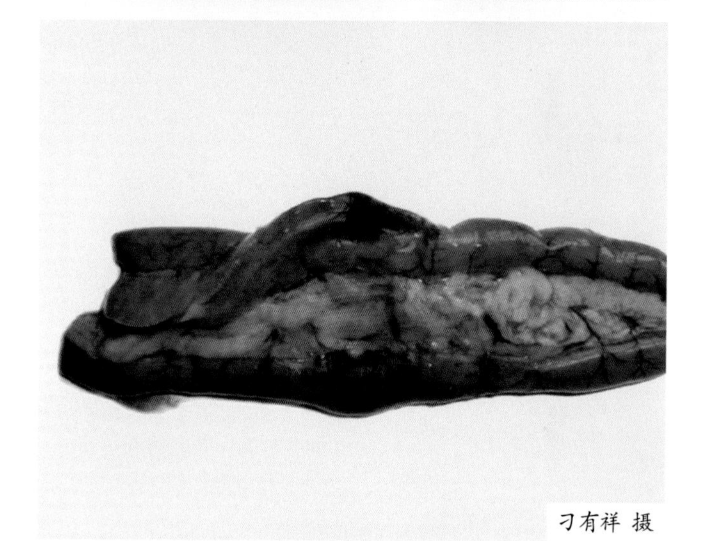

图4-174 胰腺出血

图4-175 脾脏肿大，呈紫黑色

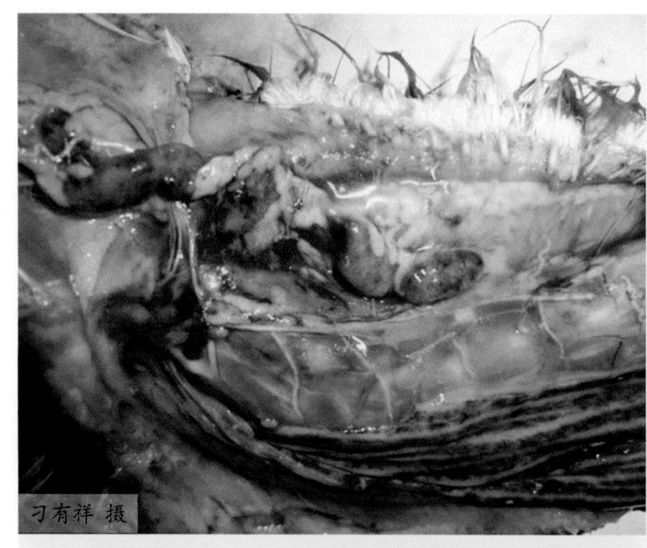

图4-176 胸腺肿大，出血，食道黏膜出血

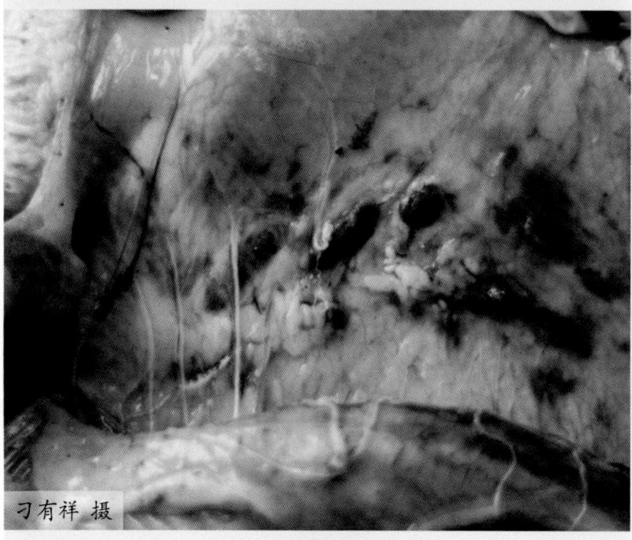

图4-177 胸腺肿大，出血

图4-178 心冠脂肪有大小不一的出血点

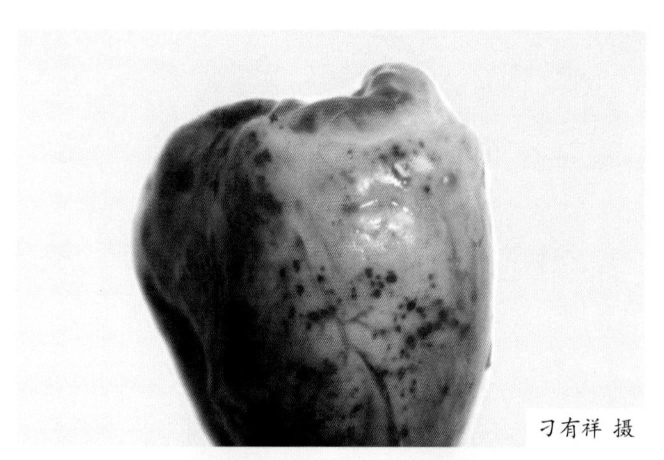

图4-179 心冠脂肪、冠状沟脂肪有大小不一的出血点

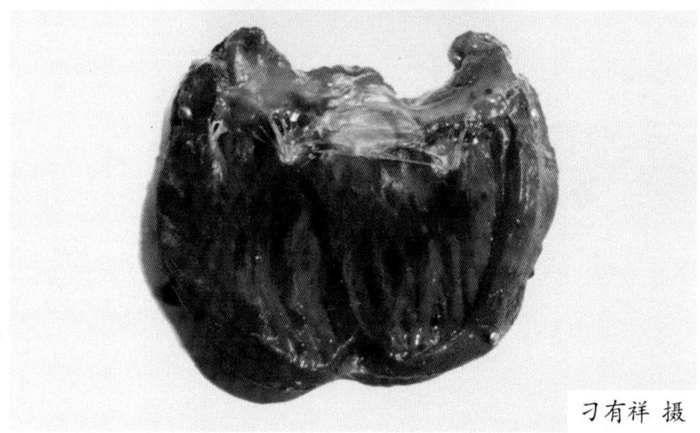

图4-180 心内膜出血

图4-181 气管环出血

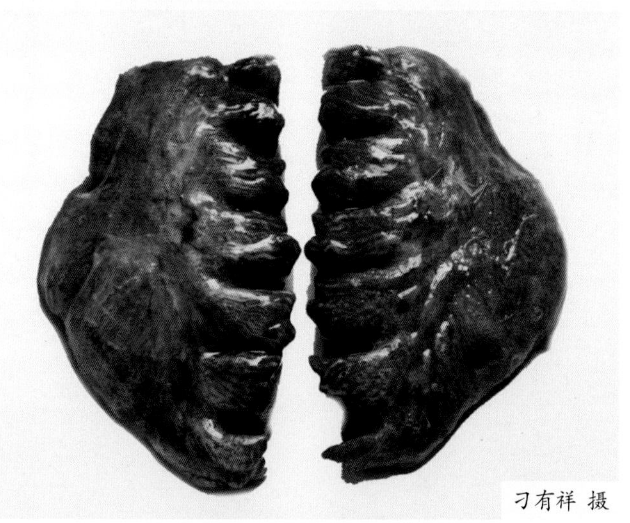

图4-182 肺脏出血，水肿

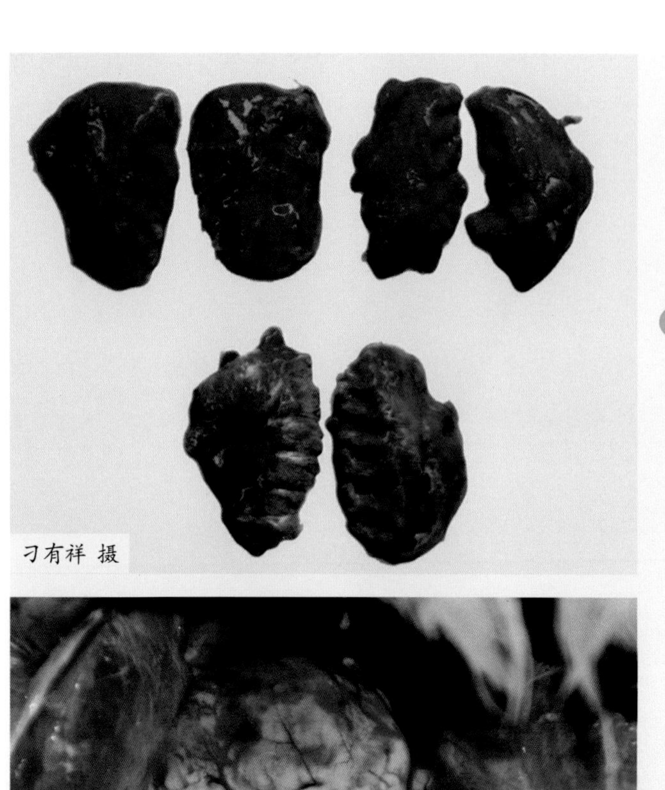

图4-183 肺脏出血

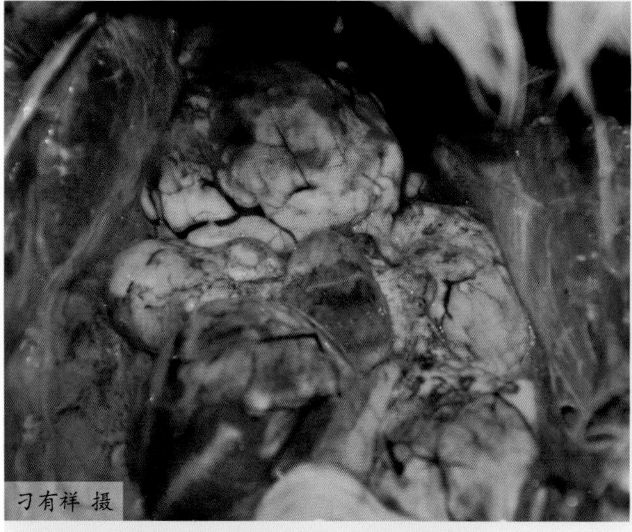

图4-184 卵泡膜出血，卵泡变形

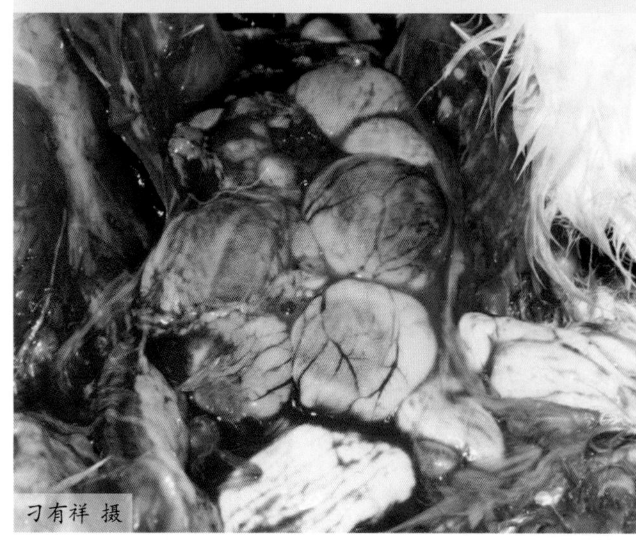

图4-185 卵泡变形

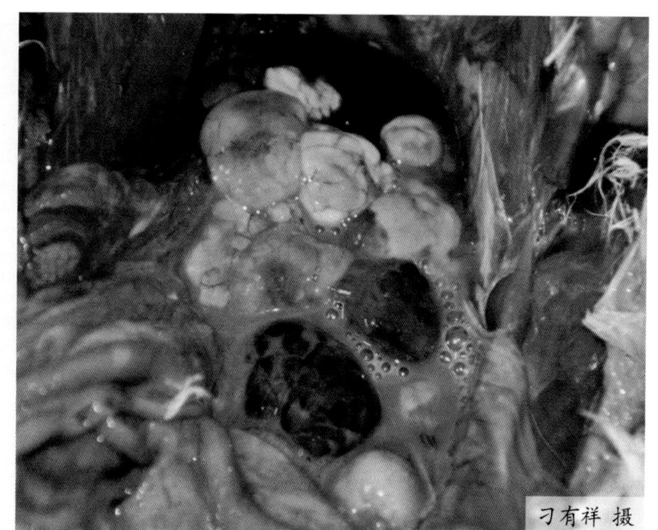

图4-186　卵泡膜出血，腹腔充满稀薄的卵黄

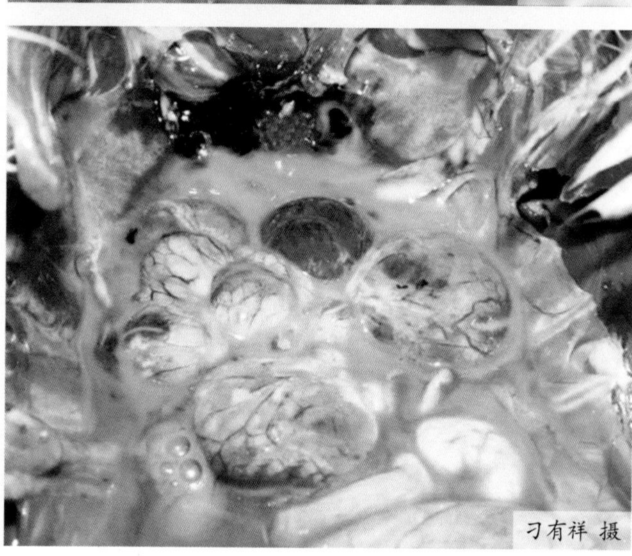

图4-187　卵泡膜出血，腹腔充满稀薄的卵黄

鸭瘟的病理组织学变化以血管损伤为主，其中以小静脉和微血管受损明显，管壁内皮破裂，结缔组织疏松，透过管壁，血液渗入周围组织。食道黏膜上皮和腺体结构中散布坏死细胞，黏膜表面有伪膜，伪膜中含大量细胞坏死碎片、异嗜性粒细胞和纤维素，固有层炎性水肿，有单核细胞浸润，上皮层发生凝固性坏死，形成糜烂和溃疡（图4-188），腺上皮细胞中有类似于肝细胞中的核内包涵体和嗜酸性的胞浆内包涵体。腺胃肌层出血，肌层与浆膜面之间充血、出血（图4-189）；肠道黏膜的固有层和黏膜层细胞变性坏死，出现核浓缩和核消失现象，绒毛上皮细胞变性、坏死和脱落（图4-190），肠道肌层的淋巴小结增生、出血和坏死。肠道和泄殖腔上皮细胞坏死、脱落（图4-191，图4-192）。心外膜水肿、出血、增厚，心肌纤维间有大量红细胞，部分心肌纤维变性、坏死，细胞核消失（图4-193）。肝脏出血、坏死，坏死灶周围有单核细胞反应带，肝细胞变性、坏死，肝细胞索断裂，细胞分散，有的肝细胞破裂，胞浆崩解，仅剩细胞核（图4-194）。肝细胞中有两种类型的核内包涵体：一种为嗜酸性，周边有晕轮；另一种为轻度嗜碱性，占据整个细胞核。脾脏红髓和白髓结

构不清，白髓中淋巴细胞减少，有大小不一、形状不规则的坏死灶，坏死灶内有大量坏死细胞，细胞核破裂消失，细胞质凝固成均质（图4-195）。脾索单核细胞中有核内包涵体，中央动脉内壁疏松肿胀，周边细胞崩解，仅剩细胞核。肾小管坏死，肾小管上皮细胞核肿大，有核内包涵体，肾小球萎缩变小；输尿管上皮细胞中有嗜酸性胞浆包涵体；胰腺腺泡结构紊乱或消失，有的腺泡崩解。胰腺中有坏死灶，伴有单核细胞浸润，胰腺上皮细胞中有核内包涵体；法氏囊滤泡内淋巴细胞坏死或稀疏，网状细胞明显。

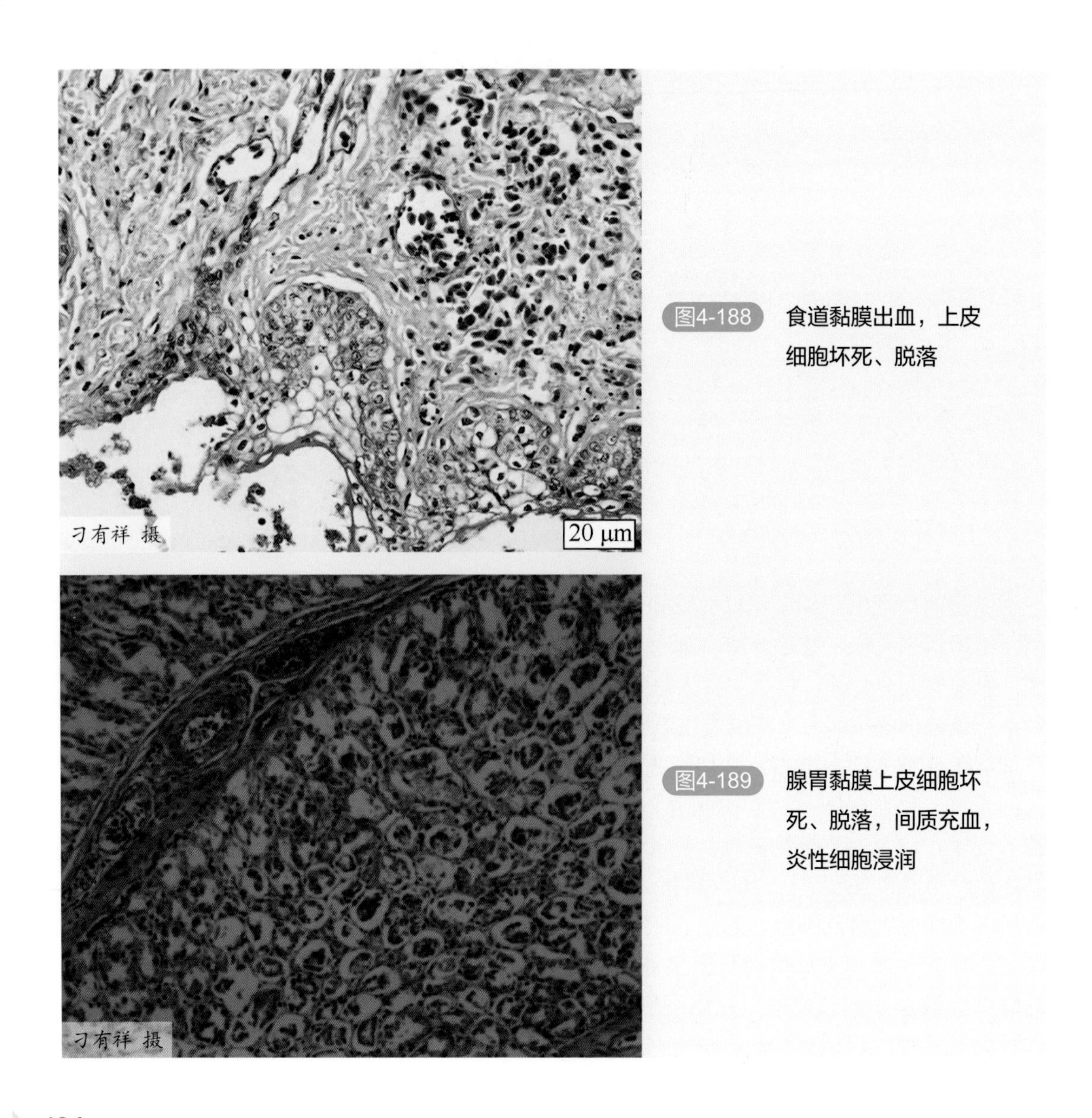

图4-188 食道黏膜出血，上皮细胞坏死、脱落

图4-189 腺胃黏膜上皮细胞坏死、脱落，间质充血，炎性细胞浸润

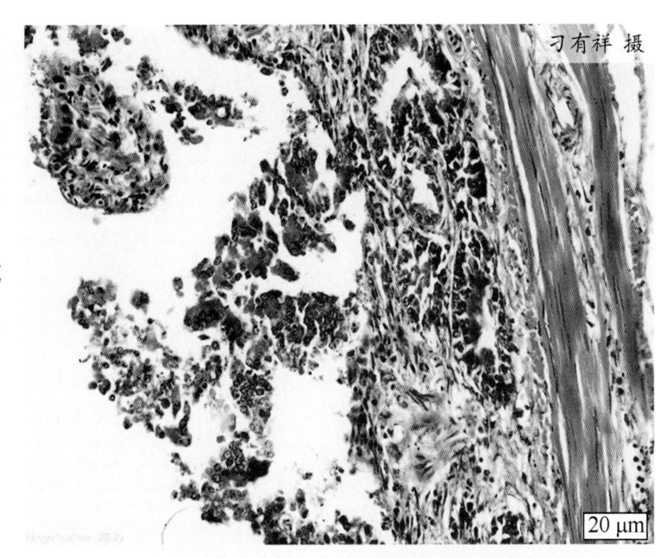

图4-190 肠黏膜固有层疏松，肠绒毛上皮细胞坏死、脱落

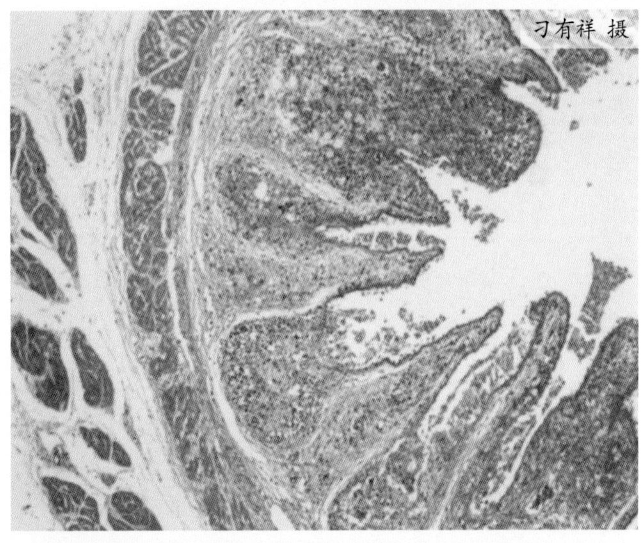

图4-191 泄殖腔内充满大量红细胞，炎性细胞浸润，绒毛脱落

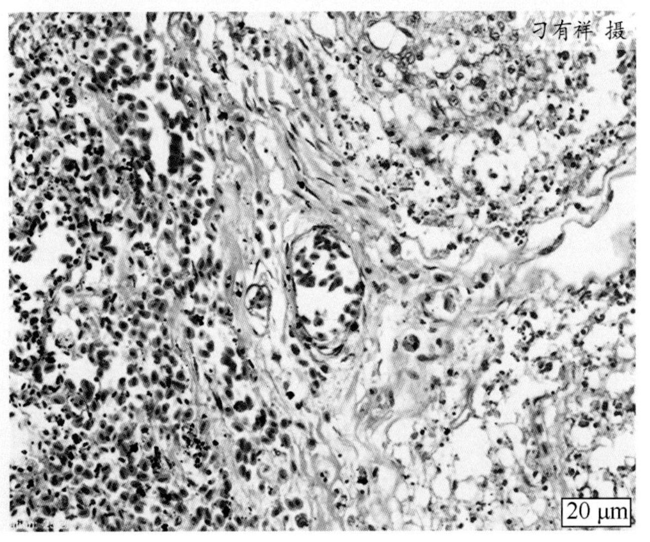

图4-192 泄殖腔黏膜出血，上皮细胞坏死、脱落

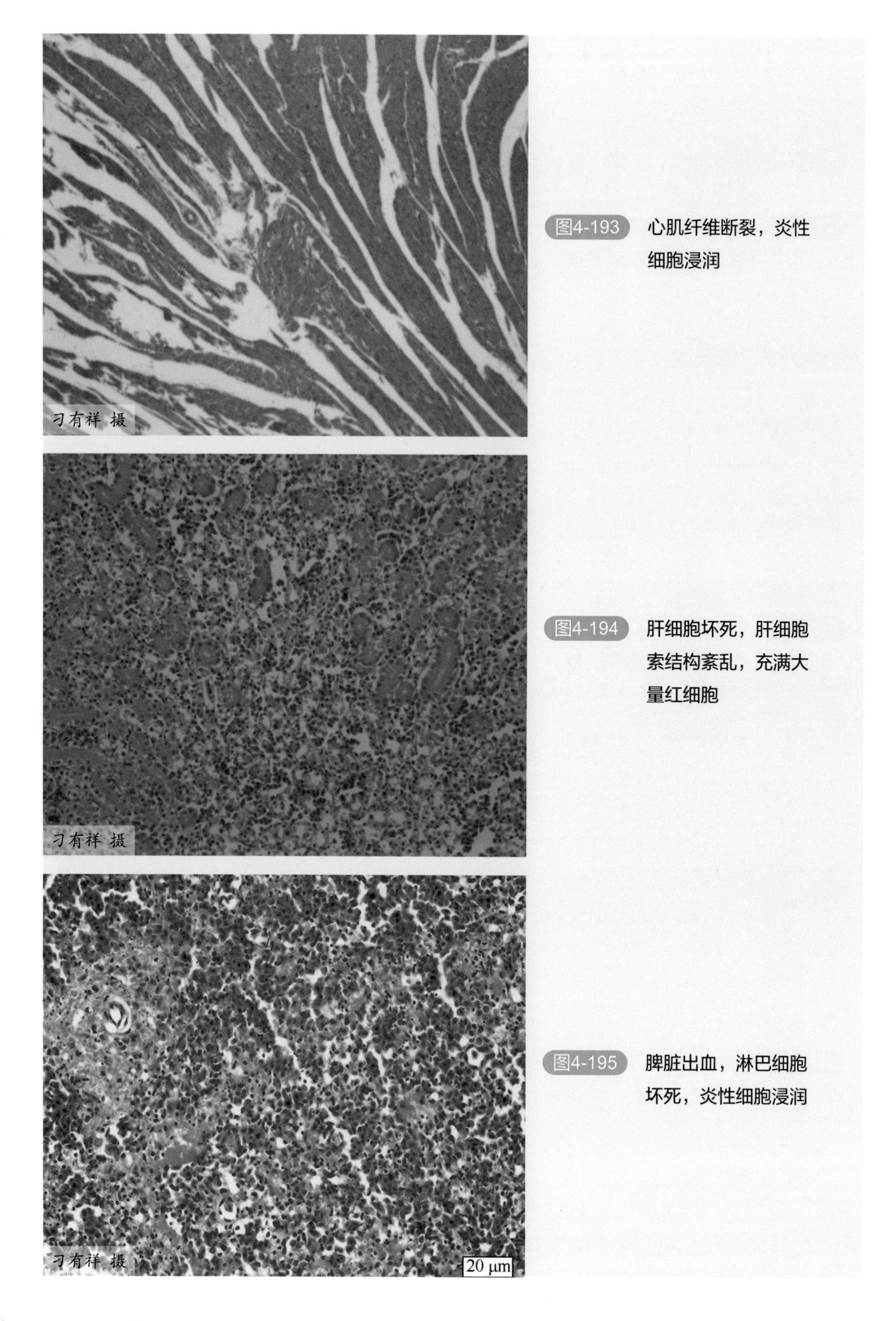

图4-193 心肌纤维断裂，炎性细胞浸润

图4-194 肝细胞坏死，肝细胞索结构紊乱，充满大量红细胞

图4-195 脾脏出血，淋巴细胞坏死，炎性细胞浸润

五、诊断

根据本病流行病学特点、特征性症状和病理变化可做出初步诊断，尤其是空肠和回肠黏膜出现的环状出血带是鸭瘟的特征性病变。确诊需要进行实验室诊断。

1. 临诊诊断

本病传播快，发病率和病死率高，自然条件下主要是成年鸭发病。患鸭症状主要包括体温升高、流泪、两腿麻痹、头颈肿胀。病理变化主要表现为食道和泄殖腔黏膜出血、有伪膜覆盖；肝表面或切面有大小不一的出血点和灰黄色或灰白色坏死点；肠黏膜淋巴滤泡环状出血等。以上为本病的临诊特征，根据这些临诊特征，可以对该病进行初步诊断。

2. 实验室诊断

通过病毒的分离、培养和鉴定，可确诊本病。

（1）病毒的分离鉴定　采集病死鸭的肝脏、脾脏等，电子天平称量后，在匀浆器或研钵中加入适量无菌的生理盐水，制备成组织悬液。12000r/min 离心 5 ～ 10min 后取组织上清液，上清液中加入适量青霉素和链霉素，37℃温箱中作用 30min 或 4℃冰箱作用过夜以除去杂菌。分别取 0.2mL 无菌上清液分别通过尿囊腔途径接种于 9 ～ 14 日龄鸭胚或 13 ～ 15 日龄鹅胚，接种后的鸭胚或鹅胚分别置于 37℃温箱中继续培养 4 ～ 10d，每天照胚 1 次。如采集病料中含有鸭瘟病毒，则鸭胚或鹅胚在接种 3 ～ 6d 后死亡，死亡胚体全身水肿，体表充血并有小的出血点，肝脏出现特征性灰白色或灰黄色针尖大小的坏死点，尿囊膜充血、水肿，出现明显的痘斑，收集 24h 后死亡鸭胚或鹅胚的尿囊液。也可将处理后的无菌病料上清液接种于鸭胚成纤维细胞，鸭瘟病毒能在鸭胚成纤维细胞中复制、传代，在接种病毒后 2 ～ 6d 引起细胞病变，形成核内包涵体和小空斑，根据细胞病变进行判断。

（2）动物试验　选用 1 日龄易感雏鸭作为试验动物，将收集的鸭胚或鹅胚尿囊液进行 1∶10 稀释，试验组每只雏鸭肌内注射 0.1mL，健康对照组每只雏鸭肌内注射 0.1mL 无菌生理盐水。通常雏鸭在接种病毒液 3 ～ 12d 内发病、死亡，出现特征性症状和病理变化，而健康对照组不发病。

（3）病毒的血清学和分子生物学鉴定　常用于鉴定鸭瘟病毒的血清学方法有中和试验、琼脂扩散试验（AGP）、酶联免疫吸附试验（ELISA）和斑点 - 酶联免疫吸附试验（Dot-ELISA）等，通过以上方法可以对鸭瘟病毒的分离株进行鉴定。也可以通过对 GenBank 中公布的鸭瘟病毒的基因序列进行比对，找到其保守序列，通过引物设计软件如 Premier 5.0 设计特异性引物，采用 PCR 方法对鸭瘟病毒进行鉴定。PCR 方法具有快速、简便和灵敏度高等特点，结合特征，可以在短时间内对该病进行确诊。实时荧光定量 PCR 也可以用于鸭瘟病毒感染的快速检测，灵敏度更高。

3. 类症鉴别

本病应与禽霍乱进行鉴别诊断。

鸭霍乱是禽多杀性巴氏杆菌引起鸭急性败血性传染病，一般发病急、病程短、发病率和死亡率很高，青年鸭、成年鸭比雏鸭易感性强。鸭感染后的症状主要表现为张口呼吸、摇头、瘫痪，剧烈腹泻，排出绿色或灰白色稀粪。主要病变表现为肝脏肿大，表面可见灰白色、针尖大小的坏死灶，心外膜、心冠脂肪有针尖大小出血点，十二指肠黏膜出血严重等。采集病死鸭肝脏或脾脏进行触片或心血涂片，瑞氏或美蓝染色后镜检，若出现两极着色的卵圆形小杆菌，即可诊断为鸭巴氏杆菌病。鸭巴氏杆菌病用抗菌药物治疗效果明显，鸭瘟没有效果。

六、预防

采取严格的饲养管理、消毒及疫苗免疫相结合的综合性措施来预防该病，在没有发生鸭瘟的地区或鸭场要着重做好预防工作。

（1）加强饲养管理和卫生消毒制度，坚持自繁自养　引进种鸭或鸭苗时应严格检疫，鸭群运回后需要隔离饲养，至少隔离饲养 2 周才能合群，不从疫区引进种鸭或鸭苗；对鸭舍、鸭场、运动场和饲养用具等严格消毒，加强饲养管理，不到疫区放牧，防止疫病传入鸭群等。

（2）鸭群要定期接种鸭瘟疫苗　弱毒苗在国内外得到广泛应用。荷兰最早研制成功鸭瘟鸡胚化弱毒苗，并大规模应用，效果良好，美国和加拿大也用该疫苗来预防鸭瘟。我国于 1965 年培育成功的 C-KCE 弱毒株对鸭没有致病性，能刺激机体产生良好的免疫保护力，2 月龄以上鸭子免疫后 3 ～ 4d 可产生免疫力，免疫期为 9 个月，初生鸭免疫期为 1 个月；南农 64 株对鸭非常安全，可诱导机体产生坚实的免疫保护力。目前，我国使用的鸭瘟疫苗主要是利用鸡胚成纤维细胞培育制备的冻干弱毒苗。

实际生产中，非疫区的种鸭或蛋鸭通常 2 周龄左右免疫 1 次，皮下或肌内注射，以后每年加强免疫 1 次；在鸭瘟经常流行的地区，一般 2 周龄免疫 1 次鸭瘟弱毒苗，皮下或肌内注射，之后隔 2 ～ 3 周再免疫 1 次；种鸭要定期加强免疫。

七、治疗

目前尚没有特效药物来治疗鸭瘟。一旦发生鸭瘟时，应立即采取隔离、消毒和紧急接种等措施，紧急接种越早进行越好。对可疑感染和受威胁地区的鸭群可采用皮下或肌内注射途径，按照 5 ～ 6 倍剂量注射鸭瘟弱毒疫苗，一般在接种后 1 周内死亡率显著降低，能迅速控制住疫情。病鸭可采用抗鸭瘟血清进行治疗，每只 0.5 ～ 1mL，同时配合使用有提升免疫力功能和清瘟解毒功效的中药对本病的治疗有辅助作用，如黄芪多糖等，连用 5d，在饮水中添加电解多维或口服补液盐，提高免疫力，增强鸭群抗病能力；为了防止细菌继发感染，可在饮水中可添加强力霉素，连用 7d；严禁病鸭出售或外调，对病死鸭进行无害化处理，并对鸭舍、用具、鸭群进行彻底消毒，以防止疫情的进一步扩散。

第四节　鸭细小病毒病

鸭细小病毒病存在于全世界各地的养鸭地区，严重威胁着水禽养殖业的发展。20 世纪

80 年代中期以来，发生于鸭的细小病毒病主要包括番鸭细小病毒病、番鸭小鹅瘟和鸭短喙侏儒综合征。

一、番鸭细小病毒病

番鸭细小病毒病（Muscovy duck parvovirus disease，MDPD），又称番鸭“三周病”，是由番鸭细小病毒（Muscovy duck parvovirus，MDPV）引起的一种急性、败血性、高度传染性的传染病。本病主要发生于 1 ～ 3 周龄的雏番鸭，以腹泻、喘气和软脚为主要症状，发病率和死亡率高，病愈鸭大部分成为僵鸭，给番鸭养殖业带来严重的经济损失。其他禽类和哺乳动物均不感染发病。

本病最早于 1958 年发生于中国福建莆田、仙游、安溪、福州、福清、长乐和闽侯等地区的鸭场和孵坊，引起大量的雏番鸭死亡，造成严重的经济损失。1988 年，福建省农业科学院畜牧兽医研究所首先分离到病毒，并对分离的病毒进行了鉴定，确定该病毒是一种新的细小病毒，定名为番鸭细小病毒（MDPV），引起的疾病称为番鸭细小病毒病，1991 年后，广东、广西、湖南、浙江、山东等地也相继报道了本病。1991 年，Jestin 报道 1989 年秋季在法国西部地区番鸭出现一种新的疫病，死亡率高达 80%，临诊病症和肉眼病变类似鹅细小病毒病（小鹅瘟）；1993 年，程由铨等研制成功番鸭细小病毒病活疫苗，1 日龄雏番鸭接种后，效果好，大大提高了雏番鸭的成活率，使本病得到了有效的控制。

（一）病原

番鸭细小病毒（Muscovy duck parvovirus，MDPV）属于细小病毒科（Parvoviridae）、细小病毒属（Parvovirus）成员。电镜下，病毒粒子有实心和空心两种类型，呈正二十面体对称，无囊膜，六角形，衣壳由 32 个壳粒组成，病毒粒子直径为 20 ～ 24nm。病毒在氯化铯密度梯度离心后出现 3 条带：依次是浮密度为 1.28 ～ 1.30g/cm^3 的无感染性空心病毒粒子、浮密度为 1.32g/cm^3 的无感染性实心病毒粒子和浮密度为 1.42g/cm^3 的感染性实心病毒粒子。

番鸭细小病毒基因组为线性、单链 DNA，约 5.1kb，基因组含有 2 个主要开放阅读框（ORF），两个 ORF 间隔 18nt。左侧 ORF 编码 NS1、NS2 两个非结构蛋白，编码这 2 个非结构蛋白的基因起始密码子位置不同，但共用同一终止密码子（位于 2432nt 的 TAA），分别编码 627 和 451 个氨基酸；右侧 ORF 编码 VP1、VP2 和 VP3 三种结构蛋白，其中 VP3 为主要结构蛋白。三种结构蛋白的编码基因相互重叠，VP2 和 VP3 基因位于 VP1 基因内部，VP1、VP2 和 VP3 基因的起始位置分别位于 2450nt、2885nt 和 3044nt，终止密码子 TAA 的位点相同，位于 4646 ～ 4648nt。VP1、VP2 和 VP3 肽链大小分别为 2199bp、1764bp 和 1605bp，分别编码 732、587 和 534 个氨基酸。病毒基因组 5′ 端和 3′ 端均含有 418nt 末端反向重复序列（Inverted terminal repeats，ITR），在病毒复制中发挥重要作用。

番鸭细小病毒能在番鸭胚、鹅胚中繁殖，并引起胚胎死亡。此外，病毒还在番鸭胚肾细胞（MDEK）上增殖，不能在鸡胚成纤维细胞（CEF）、猪肾传代细胞（PKI5）、地鼠肾传代细胞（BHK21）和猴肾传代细胞（Vero）上增殖。病毒在鸭胚上适应后，能在番鸭胚成纤维单层细胞上增殖并引起细胞病变，但病毒不能在鸡胚中增殖。

番鸭细小病毒不具有血凝活性，不能凝集禽类和大多数哺乳动物的红细胞。病毒对乙醚、胰蛋白酶、酸和热等均有很强的抵抗力，但对紫外线照射敏感。胚液和细胞培养液中的病毒在60℃水浴120min、65℃水浴60min或70℃水浴15min，病毒毒力无明显变化。

（二）流行病学

本病主要感染20日龄以内的雏番鸭，发病率和病死率与日龄密切相关，日龄越小，发病率和病死率越高。3周龄以内雏番鸭的发病率为27%～62%，病死率为22%～43%不等；20日龄以后，表现为零星发病，发病率和死亡率明显降低。麻鸭、北京鸭、半番鸭、樱桃谷北京鸭、鹅和鸡尚未见自然感染病例，即使与病番鸭混养或人工接种病毒也不出现症状。

病番鸭和带毒番鸭是本病的主要传染源，其分泌物和排泄物能排出大量病毒，污染饲料、饮水、器具、运输工具、工作人员等，雏番鸭主要通过消化道感染，引起发病，从而造成疾病的传播。此外，本病还可垂直传播，病番鸭或带毒番鸭的排泄物污染种蛋，使出壳的雏番鸭发病，引起本病在孵坊内传播。

本病无明显季节性，但冬、春季节发病率和死亡率较高。冬季和春季气温低，育雏室空气流通不畅，空气中氨和二氧化碳浓度较高，可导致本病的发病率和病死率升高。

（三）症状

本病的潜伏期为4～9d，病程2～7d，病程长短与发病日龄密切相关。根据病程长短本病可分为最急性型、急性型和亚急性型。

（1）最急性型　多发生于6日龄以内雏番鸭，发病急，病程短，只持续数小时。多数病雏没有表现出本病的特征性症状就衰竭、倒地死亡，临死前两腿乱划，头颈向一侧扭曲，这种类型在生产上出现较少。

（2）急性型　多发生于7～14日龄雏番鸭。主要表现为精神沉郁，羽毛松乱，两翅下垂，尾端向下弯曲；行动无力，不愿走动；厌食，离群呆立；腹泻，排出灰白或淡绿色稀粪，黏附于肛门周围；呼吸困难，喙端发绀，后期常常蹲伏，张口呼吸（图4-196）。病程一般为2～4d，临死前，病雏两腿麻痹、倒地、衰竭而死。

（3）亚急性型　多发生于日龄较大的雏鸭。主要表现为精神委顿，蹲伏，两腿无力，行走迟缓，排灰白色或黄绿色稀粪，黏附于肛门周围。病程一般为5～7d，病死率较低，大部分康复鸭出现颈部、尾部脱毛，喙变短，生长发育受阻，成为僵鸭。

（四）病理变化

该病引起病鸭的剖检变化也分为三种类型：最急性型、急性型和亚急性型。

最急性型由于病程短，病理变化不明显，仅仅在肠道内出现急性卡他性炎症，有时伴有肠黏膜出血，其他器官无明显病变；急性型剖检变化较为明显，呈全身呈败血症变化。心脏变圆，心壁松弛，左心室病变明显。肝脏、肾、脾稍肿大，胆囊充盈。胰腺肿大，表面有针尖大的灰白色病灶（图4-197）。特征性病变出现在肠道，空肠中、后段显著膨胀，剖开肠管可见一小段质地松软、黄绿色、黏稠的渗出物，长3～5cm，主要由脱落的肠黏膜、炎性渗出物和肠内容物组成。肠黏膜有不同程度的充血和点状出血，尤其是十二指肠和直肠后段（图4-198）。大部分病鸭死亡后泄殖器扩张、外翻；亚急性型剖检变化与急性型相似。

图4-196　番鸭呼吸困难

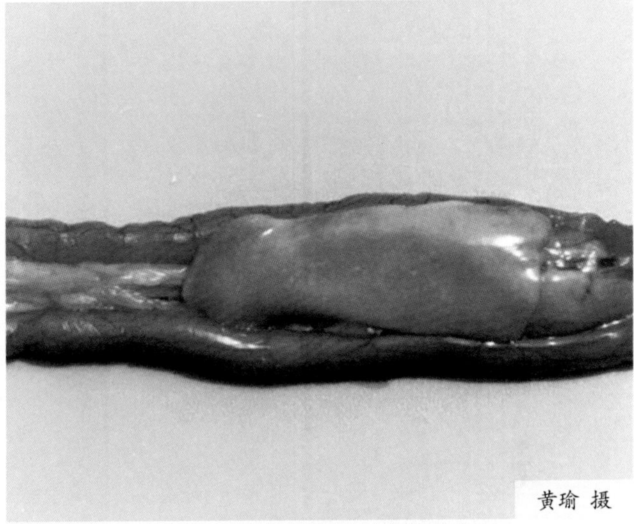

图4-197　胰脏表面有大小不一的黄白色坏死点

图4-198　直肠黏膜出血

该病的组织学变化为心肌纤维间有少量红细胞渗出和淋巴细胞浸润，肌间血管扩张、充血，心肌纤维有不同程度颗粒变性；肝小叶间血管扩张、充血，细胞局灶性脂肪变性，淋巴细胞、单核细胞浸润，血管周围更明显；肺内血管充血；肾脏肿胀，肾小管上皮细胞变性，管腔内红染，分泌物积蓄，局部肾小管结构破坏，上皮脱落在管腔中形成团块；胰脏的胰腺泡上皮变性、坏死，淋巴细胞和单核细胞浸润；脾窦充血，淋巴细胞数量减少，局部淋巴细胞变性坏死；脑实质中血管扩张充血，脑神经细胞轻度变性，胶质细胞弥漫性增生。

（五）诊断

根据流行病学、临诊症状和病理变化可以作出初步诊断。由于本病经常与鸭病毒性肝炎、小鹅瘟、鸭疫里默氏菌病等混合感染，因此需要结合实验室诊断进行鉴别。

1. 病毒分离鉴定

无菌采集病死雏番鸭肝、脾、胰腺或肠等组织，加入适量生理盐水，在研钵或匀浆器中研磨或匀浆成组织悬液，冻融 1 ～ 2 次后离心，上清液按照 1000IU/mL 加入双抗（青霉素和链霉素）除菌。除菌后的上清液尿囊腔接种 11 ～ 13 日龄的番鸭胚，每胚接种 0.2mL，37℃培养，观察 10d，大部分胚体的死亡时间是 4 ～ 7d，死亡胚体充血，翅、趾、背和头部有针尖大小的出血点。收集尿囊液进行病毒的鉴定。鉴定方法可采用 ELISA、琼脂扩散试验（ AGP ）、血清中和试验、反转录 - 聚合酶链式反应（RT-PCR）、实时荧光定量 PCR 和环介导等温扩增技术（LAMP）等方法。

2. 免疫学诊断方法

（1）胶乳凝集试验（LPA） 采集病死雏番鸭的肝、脾、肾和胰腺等组织与蒸馏水 1∶1 研磨或匀浆，获得的组织悬液加入等体积氯仿，振荡数分钟，5000r/min 离心 5min，取水相作为待检样品。在洁净载玻片上滴加待检样品（组织的氯仿抽提液、感染病料的番鸭胚尿囊液或细胞培养液）10μL，再滴加等量致敏胶乳，充分混匀后，室温（22 ～ 28℃）静置 10 ～ 20min。

结果判定： ++++——1 ～ 3min 内出现粗大凝集块，液体澄清；+++——形成较大凝集块，液体澄清；++——形成肉眼可见的凝集颗粒，液体较澄清；+——部分形成肉眼可见的颗粒，但液体不澄清；-——无凝集颗粒。“++”以上为阳性，“+”为可疑，应重复试验，“-”为阴性。该方法准确、快速、操作简便，判定直观，适用于本病的快速鉴别诊断。

（2）胶乳凝集抑制试验（LPAI） 4 单位标准抗原 10μL 与不同稀释度被检血清等量混合，37℃水浴作用 60min 后，取 10μL 与 10μL 致敏胶乳充分混匀，室温静置 20min，判定结果。不出现凝集的血清样本为阴性，“++”以上凝集的血清为阳性。该方法适用于流行病学调查和疫苗接种后的抗体水平监测。

（3）间接荧光抗体试验（IFA） 病死雏番鸭肝、脾、肾等制备组织切片，冷丙酮固定后，滴加 MDPV 单克隆抗体或血清，37℃水浴作用 30min 后 PBS 洗涤 3 次，加荧光素标记的二抗，37℃水浴作用 30min 后 PBS 洗涤 3 次，最后用 50% 甘油 PBS 封片，荧光显微镜观察。若出现黄绿色荧光即为阳性。

（4）直接荧光抗体试验（DFA） 取病死雏番鸭肝、脾、肾等制备组织切片，冷丙酮固定后，直接滴加荧光素标记的 MDPV 单克隆抗体或多抗。具体操作和结果判定方法同

IFA。

3. 分子生物学诊断方法

针对 MDPV 的检测，目前主要有 PCR、LAMP、荧光定量 PCR 等方法。PCR 检测诊断为 MDPV 现阶段实验室诊断最常用的方法。Jestin V 等于 1994 年首先建立了 PCR 诊断 MDPV 的方法；谢丽基等建立的 MDPV 的荧光定量 PCR 方法最低检测限为 20 个病毒拷贝，是常规 PCR 灵敏度的 100 倍，且能区分与 GPV、鸭瘟病毒、鸭肝炎病毒、鸭圆环病毒等病原的感染；Ji J 等针对 MDPV 的 VP3 基因建立了 LAMP 检测方法，具有很好的特异性和灵敏性，且所需时间短，适于 MDPV 的快速诊断。

（六）预防

（1）采取严格的生物安全措施，加强饲养管理和卫生消毒工作，减少病原的污染，提高雏番鸭的抵抗力。种蛋、孵坊、孵化用具、育雏室等要严格消毒，刚出壳的雏番鸭避免与新购入的种蛋接触，若孵坊已被污染，应立即停止孵化，彻底消毒。

（2）免疫接种　福建省农科院研制出了番鸭细小病毒病的活疫苗，可用于本病的预防。1 日龄雏番鸭肌内注射 0.2mL 疫苗，可获得较高水平的免疫保护力，保护其在易感期内不发病。或者种番鸭免疫，其后代也可以获得较高水平的母源抗体，使其后代的成活率大大提高，可达到 95% 以上。番鸭细小病毒高免血清或高免卵黄抗体也可用于本病的预防，能大大减少发病率，用量为每只雏鸭皮下注射 1mL。

（七）治疗

番鸭场一旦发病，立即隔离病雏，番鸭场彻底消毒。发病番鸭、尚未发病或受威胁地区的番鸭尽早注射番鸭细小病毒高免血清或高免卵黄抗体，发病雏番鸭的使用剂量为每只皮下注射 2 ～ 3mL，治愈率在 70% 以上，尚未发病或受威胁地区雏番鸭的使用剂量可适当减少。

二、番鸭小鹅瘟

小鹅瘟（Gosling plague，GP）又称鹅细小病毒感染（Goose parvovirus infection）、Derzsy 氏病，是由小鹅瘟病毒（Gosling plague virus，GPV）引起雏鹅或雏番鸭的一种急性或亚急性传染病。该病的症状主要表现为精神委顿、食欲废绝和严重下痢，有时出现神经症状；特征性病变表现为渗出性肠炎，小肠黏膜大片脱落、坏死、凝固，与渗出物形成伪膜或栓子，堵塞小肠。自然条件下，成年鹅或番鸭感染常常不表现临诊症状，但排泄物能传播该病。

本病是方定一等于 1956 年在我国扬州首先发现，并用鹅胚分离到病毒。1961 年，方定一和王永坤在扬州地区分离到一株新病毒，并将该病及其病原定名为小鹅瘟（GP）及小鹅瘟病毒（GPV）。1965 年以后，德国、荷兰、匈牙利、英国、苏联、法国、以色列、越南等国家也相继报道了该病的发生。1997 年以来，我国福建等番鸭养殖地区先后发生以雏番鸭不同程度的腹泻、有的肠黏膜脱落形成栓塞为主要特征的传染病，经病原分离鉴定确定该病的病原为番鸭源鹅细小病毒（Muscovy duck-derived goose parvovirus，MD-GPV），即小鹅瘟病毒。本病传播快、发病率高、死亡率高，对鹅和番鸭养殖业的发展造成了严重的危害，目前，本病已遍布于世界上许多养鹅和养番鸭的国家和地区。

（一）病原

小鹅瘟病毒（GPV）属于细小病毒科（Parvoviridae）、细小病毒属（Parvovirus），病毒粒子呈球形或六角形，无囊膜，基因组为单股线状DNA。病毒无血凝性，只有一个血清型，与番鸭细小病毒存在部分共同抗原。GPV对雏鹅和雏番鸭有特异性致病作用，对鸭、鸡、鸽、鹌鹑等禽类及哺乳动物无致病性。病毒分布于发病雏番鸭的各个组织器官及体液中，其中肝、脾、脑、血液、肠道等器官的病毒含量高。病毒能在鹅胚、番鸭胚或其成纤维细胞中增殖，初次分离可以采用12～14日龄的鹅胚，病毒经尿囊腔或绒毛尿囊膜途径接种鹅胚，一般5～7d胚体死亡，死亡胚体的绒毛尿囊膜增厚，皮肤、肝脏及心脏出血。随着在鹅胚中传代次数的增多，病毒对鹅胚的致死时间稳定在3～4d。鹅胚适应毒株经鹅胚与鸭胚交替传代后，可适应鸭胚并引起部分鸭胚出现死亡，随着在鸭胚中传代次数的增加，病毒可引起绝大部分鸭胚死亡，并且对雏鹅的致病力减弱；病毒的初次分离也可采用14日龄番鸭胚；初次分离的病毒株、鹅胚适应毒株及鸭胚适应毒株均不能在鸡胚成纤维细胞、兔肾上皮细胞、兔睾丸细胞、小鼠胚胎成纤维细胞、小鼠肾上皮细胞、地鼠胚胎细胞、地鼠肾上皮细胞和睾丸细胞、猪肾上皮细胞及睾丸细胞、PK15细胞中复制；鹅胚适应毒株仅能在生长旺盛的鹅胚和番鸭胚成纤维细胞中复制，并逐渐引起规律性细胞病变。

小鹅瘟病毒粒子直径为20～22nm，病毒粒子有两种形态，一种是完整的病毒形态，一种是缺少核酸的病毒空壳形态，空心直径为12nm，衣壳厚为4nm。病毒基因组全长约为5.106kb，基因组很小，有2个主要的开放阅读框（ORF），这2个ORF位于同一读码框中。病毒左侧ORF编码病毒的非结构蛋白（REF），右侧的ORF编码病毒结构蛋白（VP1～VP3），其中VP3是主要的结构蛋白，由543个氨基酸组成，是决定病毒抗原性的主要免疫原性蛋白，其含量占整个衣壳蛋白总量的78.5%。

该病毒不能凝集禽类、哺乳动物和人类“O”型红细胞。病毒对环境的抵抗力较强，能耐受氯仿、乙醚、胰酶、pH3.0等，经56℃作用3h或65℃作用30min，病毒毒力无明显变化，病毒对紫外线敏感。

（二）流行病学

本病主要发生于1～4周龄以内的雏番鸭，尤其是7～20日龄的番鸭更易感，潜伏期为3～5d，人工感染潜伏期为2～3d。自然感染的最早发病日龄为4日龄，发病后，2～3d内迅速蔓延至全群，7～10日龄发病率和死亡率达最高峰，后逐渐下降。番鸭小鹅瘟的发病率和死亡率与番鸭感染日龄密切相关，日龄越小，发病率、死亡率越高，反之越低，4周龄以上番鸭较少发病。

病番鸭、带毒番鸭是本病的主要传染源，主要是通过它们的分泌物和排泄物进行传播。本病的传播途径主要是呼吸道和消化道，如病番鸭通过粪便大量排毒，污染饲料、饮水，其他易感番鸭通过饮水、采食可以感染病毒，引起本病在番鸭群中流行。本病能通过孵坊进行传播，种蛋被病毒污染，孵化时，无论是孵化中出现死胚，还是孵化出外表正常的带毒番鸭，都能散播病毒，将孵坊污染，造成刚出壳的其他健康番鸭被感染、发病和死亡。

本病最严重的暴发是病毒垂直传播引起的雏番鸭群发病。

本病的发生和流行常有一定的周期性，大流行之后的一年或数年内往往不见发病，或仅零星发病，一般不会在同一地区连续2年发生大流行。

（三）症状

发病雏番鸭主要表现为精神沉郁，食欲减退或废绝，渴欲增加，下痢，排黄白色或黄绿色稀粪便（图4-199），泄殖腔周围的绒毛湿润，有稀粪沾污，消瘦。不愿走动，行动迟缓，喜蹲卧，不久呼吸困难，有的张口呼吸；喙发绀，死前常倒向一侧或躺卧，两脚空划；有些病番鸭临死前会产生神经症状如颈部扭转、抽搐等（图4-200）。病死率可高达70%～90%，病程可持续7～10d左右（图4-201）。大日龄番鸭感染或病程长的常常出现断羽或羽毛外观受到影响。

（四）病理变化

剖检可见肝脏稍肿大、质脆，呈暗红色（图4-202），胆囊充盈，充满暗绿色胆汁。气管、肺脏出血，呈紫红色或紫黑色（图4-203）。肾脏肿大，质脆，呈暗红色，有的病例出现输尿管扩张，内有灰白色尿酸盐沉积。病死番鸭的特征性病变为小肠黏膜出血，肠道外观肿胀，质地坚实，状如香肠，尤其是空肠和回肠部分的肠腔内充塞着灰白色或灰黄色纤维素性栓子（图4-204～图4-206），主要是由坏死脱落的肠黏膜和纤维素性渗出物凝固形成；泄殖腔扩张明显，充满灰黄色或黄绿色稀薄粪便。

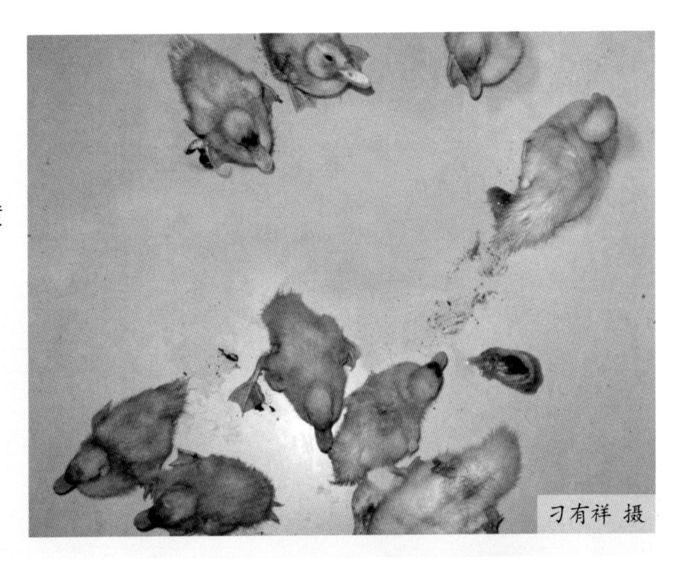

图4-199 发病番鸭精神沉郁，排黄绿色稀便

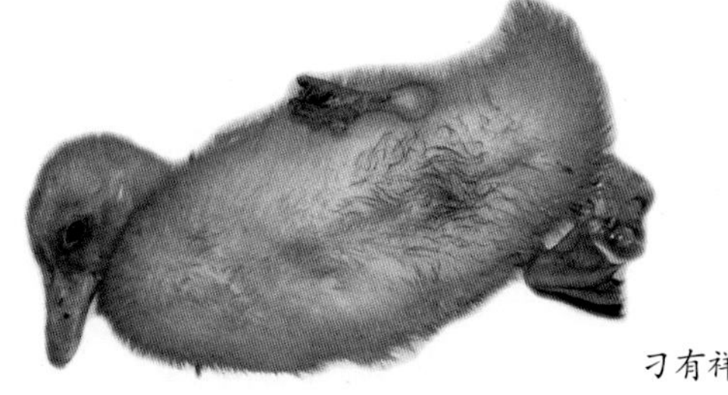

图4-200 番鸭精神沉郁，躺卧，两脚空划，排黄绿色稀便

图4-201 死亡的番鸭

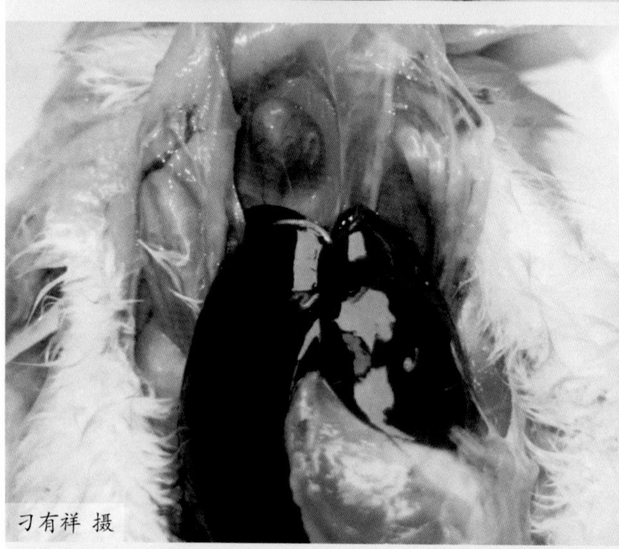

图4-202 肝脏肿大，呈暗红色

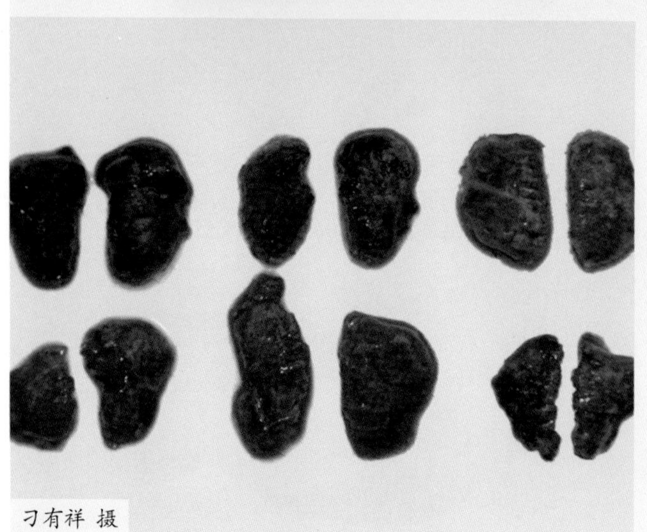

图4-203 肺脏出血，呈紫红色、紫黑色

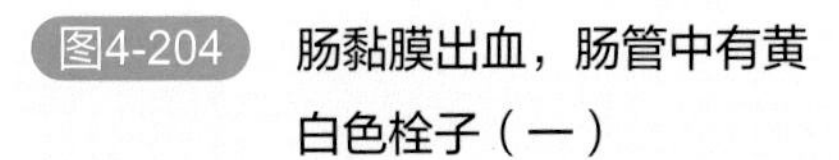

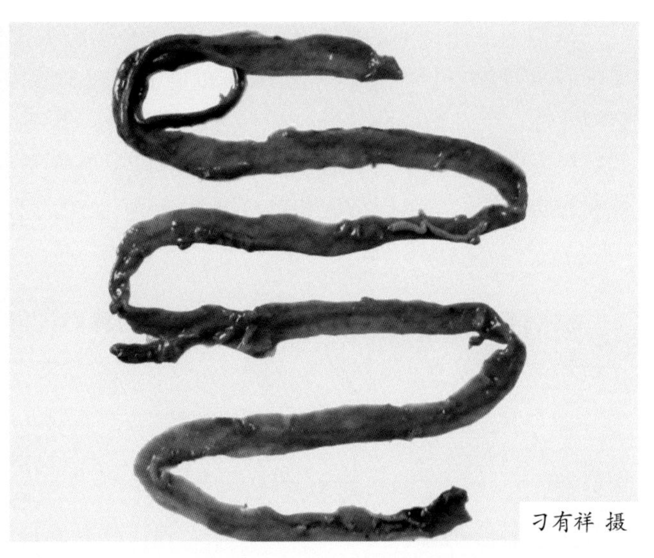

图4-204 肠黏膜出血，肠管中有黄白色栓子（一）

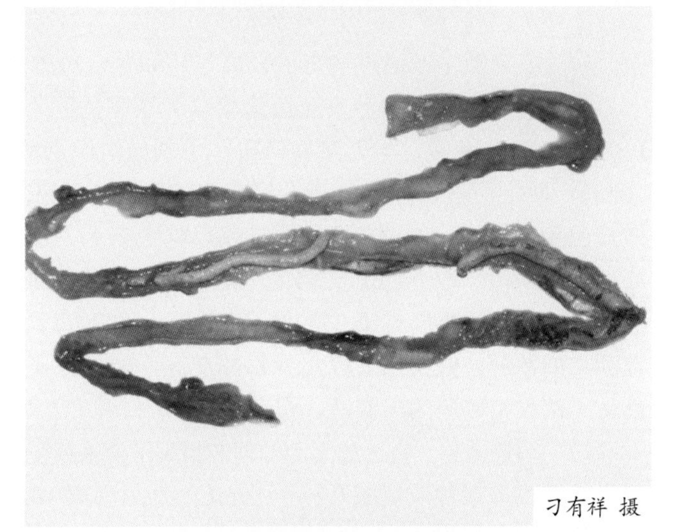

图4-205 肠黏膜出血，肠管中有黄白色栓子（二）

图4-206 肠管中充满黄白色栓子

番鸭细小病毒病的组织学变化表现为小肠膨大部呈典型的纤维素性坏死性肠炎，固有层中有大量的淋巴细胞、单核细胞和嗜中性粒细胞浸润，肠壁平滑肌纤维发生实质变性和空泡变性；十二指肠和结肠呈急性卡他性炎症；肝细胞颗粒变性和脂肪变性；肾小管上皮细胞颗粒变性，间质中有炎性细胞浸润；脾髓中单核细胞浸润；心肌纤维有不同程度的颗粒变性和脂肪变性，有淋巴细胞和单核细胞浸润；脑部呈现非化脓性脑炎变化，胶质细胞增生。

（五）诊断

根据本病的流行病学、症状和病理变化特点，可以对本病作出初步诊断。确诊需要进行实验室诊断。

1.临诊诊断

本病主要发生于 1 ～ 4 周龄内雏番鸭，其发病率、死亡率高，而青年番鸭、成年番鸭不发病。患病雏番鸭主要表现为腹泻，排出黄白色或黄绿色水样稀粪；剖检病死番鸭，肠管中有灰白色或灰黄色纤维素性栓子。以上这些临诊特征可以作为番鸭小鹅瘟诊断的依据。

2. 实验室诊断

实验室诊断主要通过病毒的分离培养和鉴定对本病作出确诊。

（1）病毒的分离培养　无菌采集病死番鸭的肝、脾、肾、脑等器官，加入适量无菌的 PBS 或 HANK’S 液，于匀浆器或研钵中制成组织悬液，冻融 1 ～ 2 次后，12000r/min 离心 10min，取上清液，按照每毫升组织悬液中含有 1000IU 的比例分别加入青霉素和链霉素，37℃温箱作用 30min 或 4℃作用过夜以除去杂菌，或者不加双抗，直接用细菌滤器过滤离心后的上清液。取 0.2mL 无菌的上清液通过尿囊腔或绒毛尿囊膜途径接种 12 ～ 14 日龄鹅胚，将接种后的鹅胚置于 37℃温箱内继续孵化，每天照胚 1 次，连续观察 9d。弃掉 48h 以前死亡的鹅胚，收集 72h 以后死亡的鹅胚，先放在 4 ～ 8℃冰箱内冷却一段时间收缩血管，然后无菌收集鹅胚的尿囊液，保存备用。

（2）动物试验　将上述无菌处理的组织上清液或鹅胚尿囊液接种 5 ～ 10 日龄的易感雏鹅，每只雏鹅皮下接种或口服 0.2 ～ 0.5mL，然后观察 10d。发病死亡的雏鹅出现小鹅瘟的特征性症状和病理变化。

（3）血清学试验　常用的血清学诊断方法有琼脂扩散试验（AGP）、动物保护试验、病毒中和试验等。

① 琼脂扩散试验，一般在琼脂平板的中间孔加入已知 GPV 抗血清，周围孔加入被检的病料液或鹅胚尿囊液，以及阴性和阳性对照。将加样后的琼脂平板置于 37℃温箱中作用 24 ～ 72h，观察结果。这种诊断方法可以对病死雏番鸭的病料进行检测，检出率可达 80% 左右，在流行病学上具有重要的诊断价值。

② 动物保护试验，用 GPV 抗血清注射易感雏番鸭，待检病毒攻毒；或用被检血清注射易感雏番鸭，再用已知 GPV 强毒攻毒。根据雏番鸭的被保护情况，确定被检病毒是否为 GPV。

③ 病毒中和试验，可采用 GPV 抗血清来鉴定分离病毒，试验可采用固定病毒 - 稀释血清法和固定血清 - 稀释病毒法。

④ 乳胶凝集试验，朱小丽等应用番鸭小鹅瘟 Mab 标记聚苯乙烯乳胶，研制了乳胶诊断试剂，并建立了乳胶凝集试验检测方法。其特异性良好，与 PCR 符合率在 90% 以上，

操作简便、耗时较短。

（4）分子生物学方法 目前多采用聚合酶链式反应（PCR）检测该病。采用组织基因组DNA提取试剂盒提取病毒基因组DNA，根据设计的番鸭GPV特异性引物进行PCR扩增，扩增的PCR产物进行琼脂糖凝胶电泳检测，或将所扩增的目的片段回收后直接测序，通过GenBank登录序列进行比对，从基因水平上证实扩增片段为番鸭GPV基因片段；此外，鲜思美针对GPV NS和MDPV NS2-VP1基因片段设计两对引物，建立了能同时检测这两种病毒的双重PCR方法。

因GPV和MDPV的NS基因酶切位点有较大差异，Sirivan等对来自泰国的17个毒株进行了PCR扩增和DNA分子杂交后，采用限制性内切酶消化PCR产物，利用两种病毒酶切位点的不同，采用限制性片段长度多态性PCR-RFLP分析PCR产物，可区分MDPV和GPV。

3. 类症鉴别

番鸭小鹅瘟在流行病学、临诊症状及某些组织器官的病理变化方面与番鸭细小病毒病相似，需要进行类症鉴别。

番鸭细小病毒主要感染1～3周龄雏番鸭，主要症状为腹泻，排出灰白或淡绿色稀粪，呼吸困难，张口呼吸；大部分康复鸭出现生长发育受阻，成为僵鸭；主要病变出现在肠道，空肠中、后段显著膨胀，剖开肠管可见一小段质地松软、黄绿色、黏稠的渗出物；胰腺肿大，表面有针尖大小、灰白色病灶。而感染番鸭小鹅瘟病毒的鸭不出现呼吸困难和胰腺的灰白色坏死，这是两者在诊断中的主要区别。

（六）预防

（1）加强饲养管理，做好消毒工作 小鹅瘟病毒主要是通过孵化室进行传播，孵化室中的一切用具设备，在每次使用前后必须清洗消毒，以消灭外界环境中的病原微生物，切断传播途径，防止病毒的再次传入。

孵化器、出雏器、蛋箱、蛋盘、出雏箱等设备用具，先清除污物，再擦洗干净，晾干，然后采用0.1%的新洁尔灭或0.015%百毒杀浸泡或喷洒消毒，晾干；孵化室及用具在使用前数天再用福尔马林熏蒸消毒，每立方米体积用14mL福尔马林和7g高锰酸钾熏蒸消毒；种蛋应用0.1%新洁尔灭或0.015%百毒杀进行洗涤、消毒、晾干，若蛋壳表面有污物时，应先清洗污物，再进行以上消毒；种蛋入孵当天用福尔马林熏蒸消毒；番鸭出壳后21d内必须隔离饲养，严禁与非免疫种番鸭、青年番鸭接触，避免与新进的种蛋接触，以防受到污染；不从疫区购进种蛋及种苗，新购进的雏番鸭应隔离饲养20d以上，确认健康才能与其他雏番鸭合群；有小鹅瘟发生的地区，隔离饲养期应延长至30日龄。

（2）免疫预防 利用疫苗免疫是预防控制本病经济有效的方法。目前，我国已有商品化的预防番鸭细小病毒病和番鸭小鹅瘟的二联活疫苗，番鸭出壳后免疫注射1次，可有效预防番鸭小鹅瘟和番鸭细小病毒病；此外，种番鸭在产蛋前2～3周进行免疫，其4个月之内所产的种蛋孵化的雏鸭可以抵抗病毒感染。

（七）治疗

发生本病时，病番鸭先隔离，然后肌内注射小鹅瘟高免血清或高免卵黄抗体1～2mL，每天1次，连续2～3d，可起到较好的治疗效果。同时饮水中可添加广谱抗生素或电解多维和抗生素，防止继发感染，减少应激，提高疗效。尚未发病或受威胁雏番鸭注射高免血清或卵黄抗体，效果理想。病死番鸭应焚烧深埋，做无害化处理，严禁病番鸭出售，鸭舍应进行彻底消毒。

三、鸭短喙侏儒综合征

2015 年初，我国安徽、山东、江苏等地肉鸭群发生一种传染性疾病，该病的主要特征为雏鸭发育迟缓，上下喙短缩，舌头外伸、肿胀，感染后期胫骨和翅骨易发生骨折，病原分离鉴定结果表明，该病病原为新型鹅细小病毒（Goose parvovirus，GPV）。由于患鸭舌头突出于嘴外，不能自由采食、饮水，因而导致生长缓慢，患鸭出栏体重较正常鸭轻 20% ～ 30%，严重者仅为健康鸭的 50%。屠宰时，容易出现断腿折翅的残鸭，因此该病对养鸭业造成的经济损失非常严重。20 世纪 70 年代初，法国东南部发生过半番鸭上喙变短、生长不良的疫病，怀疑是鹅细小病毒感染，但没有分离到病毒；90 年代末匈牙利 VilmosPalya 等鉴定该病病原为鹅细小病毒，并且通过动物试验复制出了症状相同的病例；该病在波兰、中国台湾等地的鸭群中也有发生。

2008 年下半年，我国江南地区的半番鸭和台湾白改鸭出现软脚、翅脚易折断、上喙变短、生长迟缓等症状，病死率虽然低，但残次鸭增多。通过研究，最终确定该病病原为新型番鸭细小病毒（Muscovy duck parvovirus，MDPV）。

由于新型鹅细小病毒和新型番鸭细小病毒均能引起喙短、舌头外伸、翅脚易折断等特征，因此该病命名为鸭短喙侏儒综合征。

（一）病原

迄今为止，鸭短喙侏儒综合征的病原包括新型鹅细小病毒（新型 GPV）和新型番鸭细小病毒（新型 MDPV）。

新型 GPV 与 GPV 亲缘关系较近，核苷酸同源性在 93.6% ～ 98.8% 之间，氨基酸同源性在 95% ～ 98.6% 之间；与番鸭细小病毒分离株核苷酸同源性在 77.6% ～ 78.8% 之间，氨基酸同源性在 87.3% ～ 88.6% 之间。遗传进化结果显示，新型 GPV 与欧洲分离株和中国台湾疫苗株位于同一分支，该分支上的分离株多为弱毒株、中等毒力毒株和疫苗株。新型 GPV 基因组全长为 5006nt，两端含有相同的末端反向重复序列（Inverted teminal repeats，ITR），ITR 全长为 366nt，右侧 ITR 前有一个 Poly（A）尾巴。该病毒基因组由左右两侧 2 个开放阅读框组成，左侧编码非结构蛋白 NSI 和 NS2，右侧编码 3 种结构蛋白 VPI、VP2 和 VP3。分析新型 GPV 的 ITR 基因发现，新型 GPV 的基因一部分来自经典 GPV，一部分来自经典 MDPV，因此推断该病毒为重组病毒。

新型 MDPV 与 MDPV 核苷酸同源性在 93.5% ～ 99.9% 之间，与 GPV 的核苷酸同源性在 85.3% ～ 86.4% 之间，新型 MDPV 分离毒株之间核苷酸同源性在 99.7% ～ 99.9% 之间。遗传进化结果显示，GPV 在遗传进化上呈现独立分支进化，而 MDPV 呈现两个明显不同的分支，经典型 MDPV 为一个分支，新型 MDPV 为另一独立分支，表明新型 MDPV 基因组与经典型 MDPV 差异较大。基因重组分析表明，新型 MDPV 分离毒株存在 GPV 和 MDPV 自然重组现象。

新型 GPV 只有 1 个血清型，该病毒接种鸭胚和鹅胚后，鸭胚绒毛尿囊膜增厚、浑浊，胚体出血，鹅胚无明显病变，病毒尿囊液均无血凝特性。本病毒对环境抵抗力较强，能抵抗氯仿、乙醚、胰酶等。

新型 MDPV 只有 1 个血清型，该病毒与小鹅瘟病毒（GPV）在形态、理化特性、基因组大小等方面均很相似，两者存在一定的抗原交叉性。新型 MDPV 耐受乙醚、氯仿、胰蛋白酶、热、酸等，对多种化学物质稳定。该病毒无血凝活性，对番鸭、麻鸭、鹅、鸡、鸽子、牛、绵羊、猪等动物的红细胞无凝集能力。

（二）流行病学

新型 GPV 主要感染樱桃谷商品鸭、半番鸭、绿头鸭、番鸭、白改鸭、褐莱鸭、麻鸭等。鸭群发病日龄在 7 ～ 40 日龄不等，发病早的见于 5 日龄，发病率在 5% ～ 20% 之间，严重者达 40% 左右，鸭群日龄越小，发病率越高。患病鸭死亡率较低，出栏肉鸭较正常出栏肉鸭轻 20% ～ 30%，严重者仅为正常鸭体重的 50%；同一批鸭，靠近阳面的发病轻，阴面的发病重；不同来源的鸭苗都可发病，同一批鸭苗，有的发病率高，有的发病率低。该批鸭出栏后，下一批还会有；使用不同饲料、药物的均有发病，降低了养鸭业的经济效益。病鸭和带毒鸭是本病的主要传染源。本病的主要传播途径是呼吸道和消化道传播，也能发生垂直传播。

新型 MDPV 主要感染番鸭、麻鸭、半番鸭、北京鸭、樱桃谷北京鸭、台清白鸭等，其发病率、病死率随感染鸭的品种、日龄不同而差异较大，一般感染鸭的日龄越小发病率、病死率愈高。7 日龄以内半番鸭感染该病，发病率高达 50%，病死率近 4%；20 日龄半番鸭感染该病，发病率接近 20%，病死率仅 1%，甚至不出现死亡。病鸭和带毒鸭是本病的主要传染源。本病既能水平传播，也能垂直传播。

（三）症状

1. 新型GPV引起的鸭短喙侏儒综合征

发病早期，可见部分雏鸭不愿行走，但大群鸭采食、精神基本正常。最早见于 5 日龄的鸭开始出现症状，表现为生长速度较慢和大小不均匀，羽毛发育障碍（图 4-207 ～图 4-209），肉鸭屠宰加工时，常见羽根难以脱掉，俗称毛刺鸭（图 4-210）。发病鸭仅有正常鸭体重的 1/3 ～ 1/2，有的病鸭开始出现上、下喙短缩、钝圆。3 周龄后，病鸭短喙和生长不良的症状更加明显，鸭舌突出外露、向下弯曲（图 4-211 ～图 4-215），僵硬不灵活，有的甚至发生干裂。病鸭喙部发绀，喙出现器质性病变后难以恢复，影响采食，导致病鸭瘦弱，双腿无力，站立不稳，常跛行或蹲伏，甚至卧地不起（图 4-216，图 4-217）。由于钙磷代谢障碍，病鸭胫骨短粗（图 4-218），易骨折，屠宰脱毛时易断腿、断翅、断喙（图 4-219 ～图 4-221）。病鸭排绿色或白色稀粪（图 4-222），随后出现张口呼吸、呼吸困难，眼鼻有分泌物，有的病鸭死前出现全身抽搐、歪脖、角弓反张等症状。生长缓慢的肉鸭比例达 20% ～ 30%，出栏体重仅为正常肉鸭的 70% ～ 80%，严重者仅为 50%。感染后造成的残鸭率很高，可达 60% 以上，出栏时次品率增加，胴体品质受到严重影响。育成期的鸭感染后，鸭爪不能完全着地行走，而常以脚尖着地，垫脚行走，鸭的发病率约 5% ～ 10%（图 4-223，图 4-224）。

图4-207 肉鸭发育障碍，瘦弱

图4-208 肉鸭羽毛发育障碍

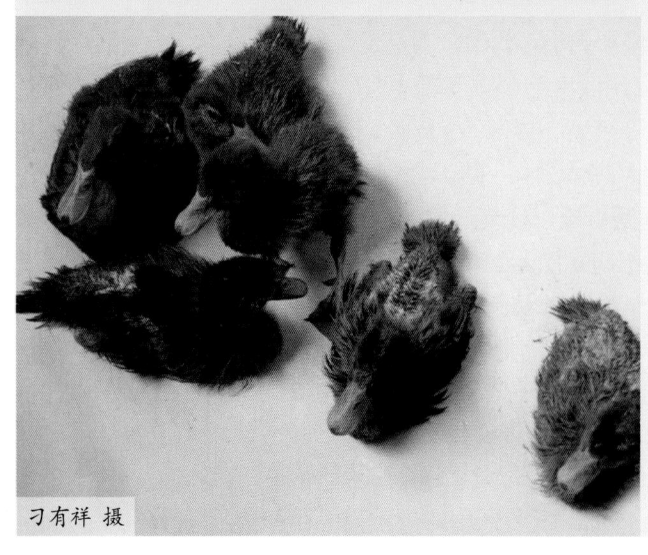

图4-209 麻鸭发育不良，羽毛生长障碍

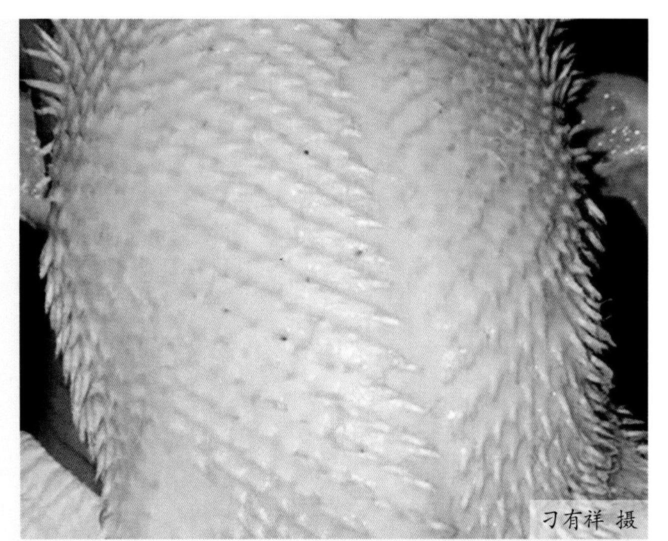

图4-210 肉鸭羽毛囊残留大量羽根

图4-211 肉鸭喙短，舌外伸，舌向下弯曲（一）

图4-212 肉鸭喙短，舌外伸，舌向下弯曲（二）

图4-213 肉鸭喙短，舌外伸，舌向下弯曲（三）

图4-214 肉鸭发育障碍，喙短，舌外伸

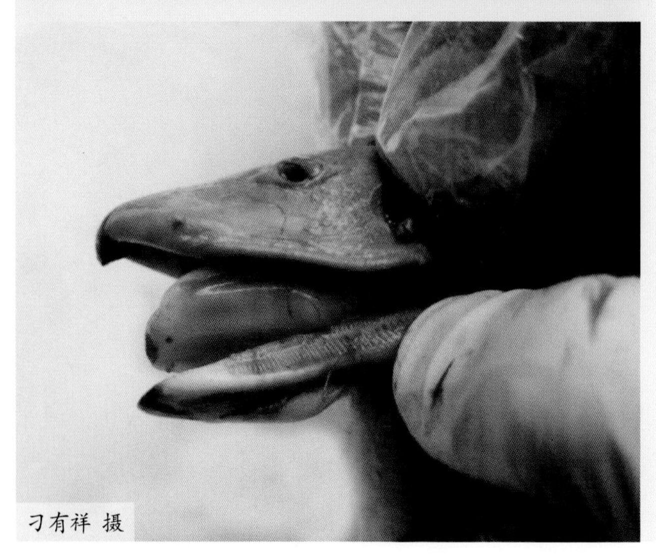

图4-215 麻鸭喙短，舌外伸

图4-216　病鸭运动障碍，蹲伏

图4-217　病鸭运动障碍，卧地不起

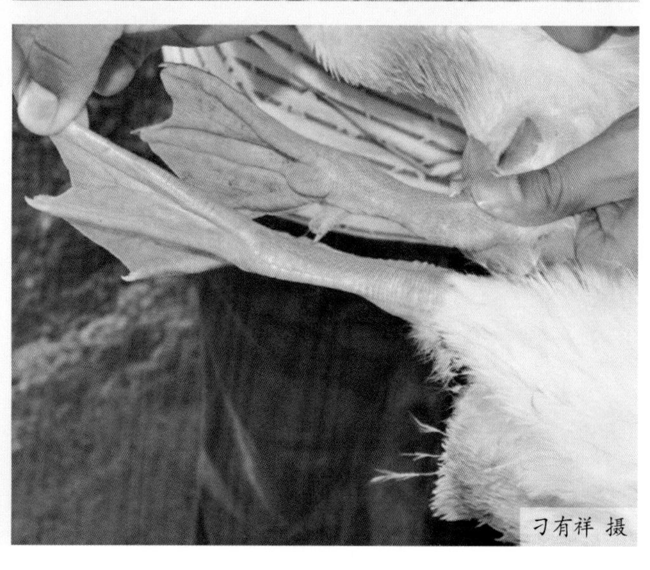

图4-218　鸭胫骨短粗

图4-219 肉鸭胫骨骨折（一）

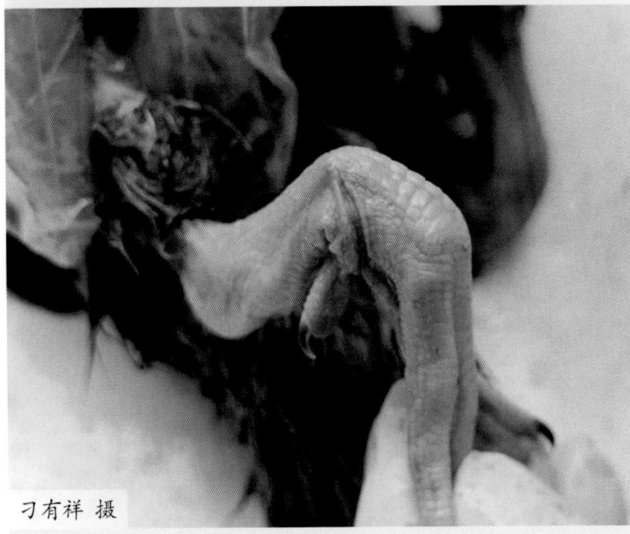

图4-220 麻鸭胫骨骨折（二）

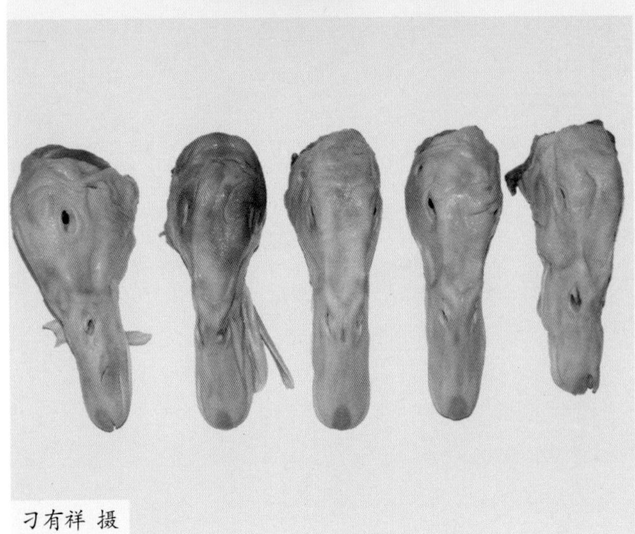

图4-221 脱毛时，断裂的喙

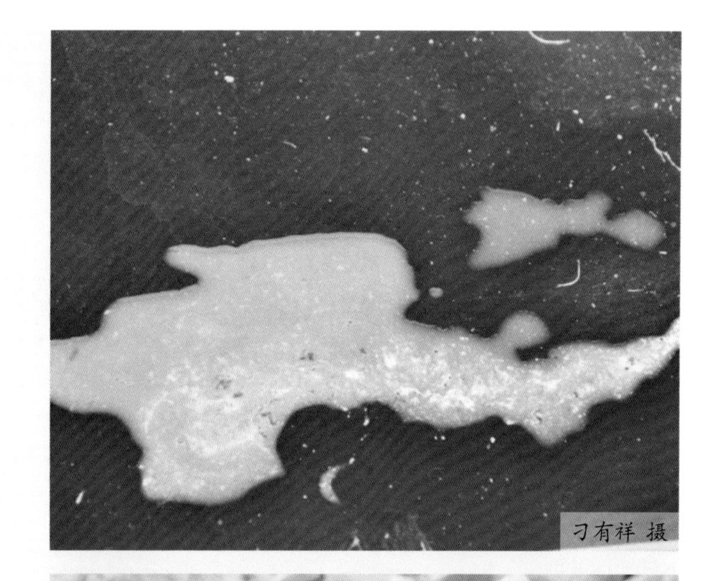

图4-222 鸭排白色稀粪

图4-223 鸭脚尖着地行走（一）

图4-224 鸭脚尖着地行走（二）

2. 新型MDPV引起的鸭短喙侏儒综合征

番鸭和半番鸭感染新型 MDPV 后主要表现为张口呼吸、腹泻、软脚、不愿行走，发病率在 5% ～ 60% 不等。发病鸭表现为生长发育障碍，体重减轻，仅为同群正常鸭体重的 1/3 ～ 1/2（图 4-225 ～图 4-227），特征性症状表现为喙短、舌外伸（图 4-228 ～图 4-230），所占比例达一半以上，翅膀、腿骨易骨折，出栏时残次鸭比例高。

图4-225 番鸭发育障碍，大小不一（一）

图4-226 番鸭发育障碍，大小不一（二）

图4-227 半番鸭发育障碍，左侧为发育正常的鸭

图4-228 番鸭发育障碍，喙短（一）

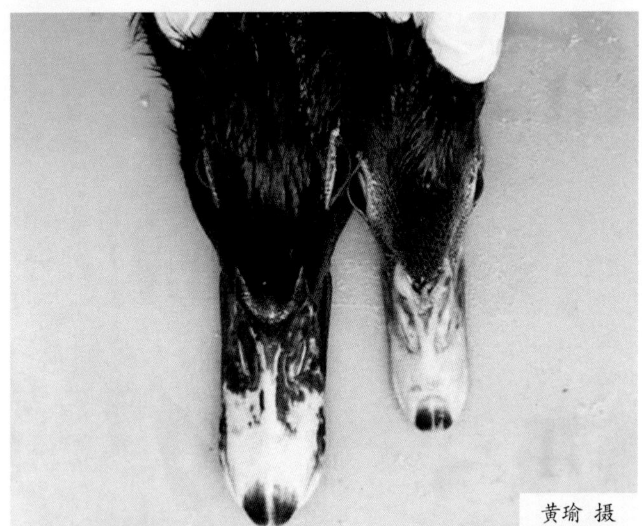

图4-229 番鸭发育障碍，喙短（二）（左为正常鸭的喙）

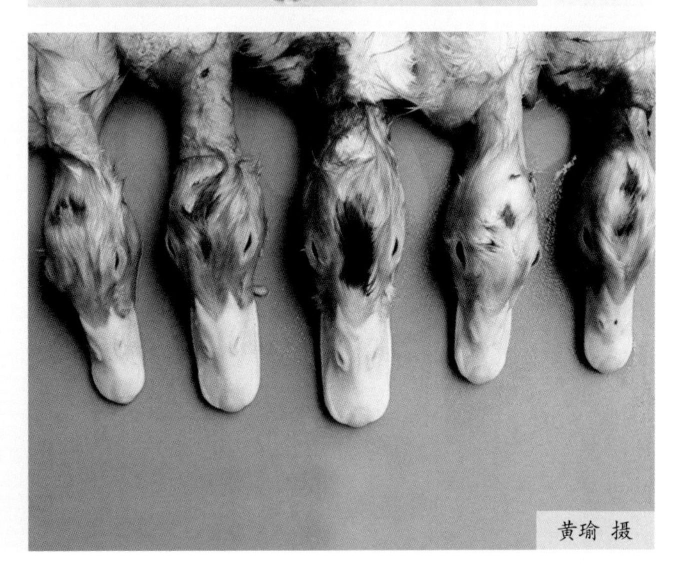

图4-230 半番鸭发育障碍，喙短

（四）病理变化

感染新型 GPV 的樱桃谷北京鸭剖检可见舌肿胀，舌尖部分弯曲、变形（图 4-231）；肝脏呈土黄色，轻微出血（图 4-232）；胸腺肿大、出血（图 4-233，图 4-234）；肠黏膜出血；个别鸭只腿肌与胸肌有出血点；尺骨、桡骨、胫骨、股骨、跖骨与趾骨的长度变短；腿骨、翅骨易折，腿骨断裂；骨密度降低、骨髓腔狭窄。

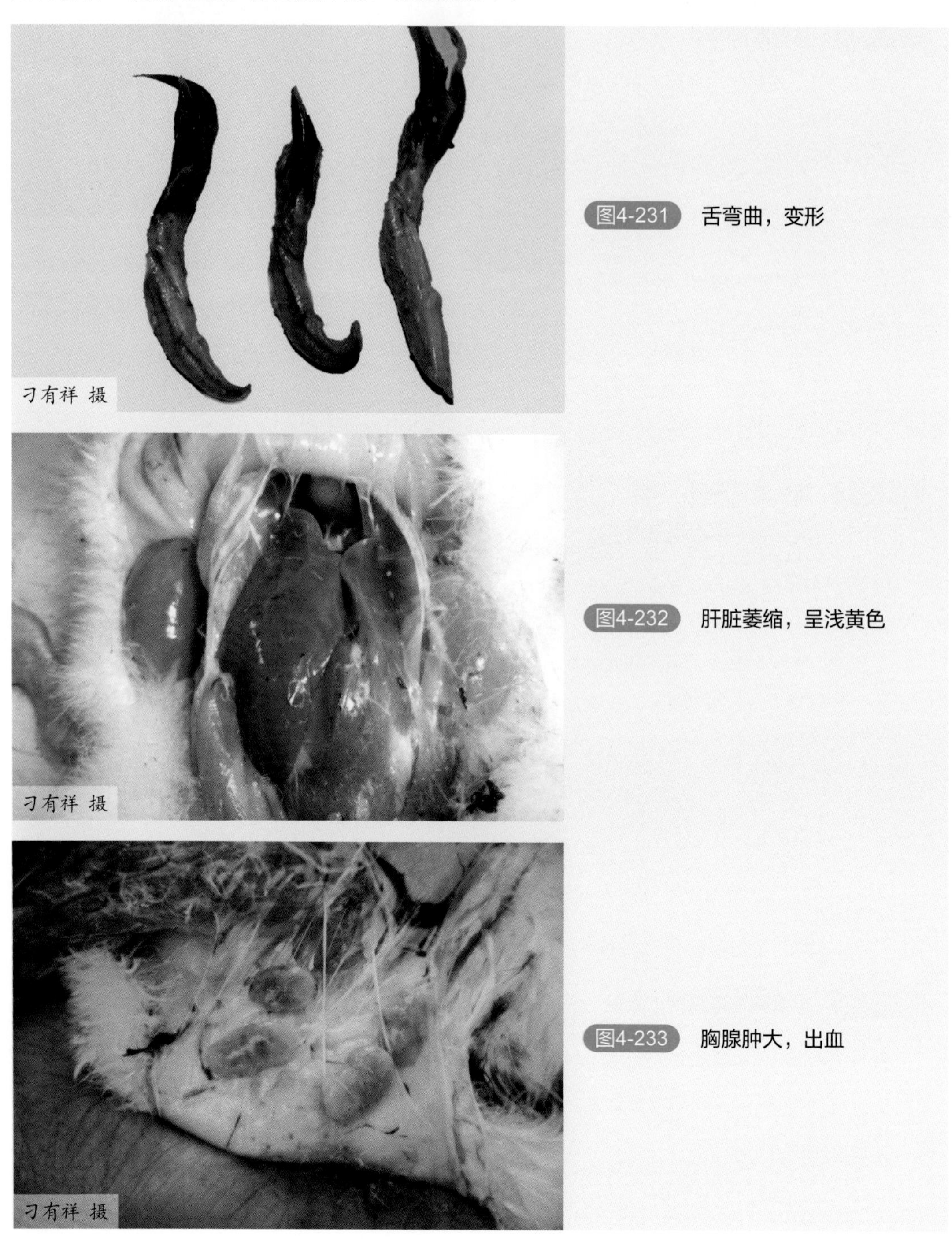

图4-231 舌弯曲，变形

图4-232 肝脏萎缩，呈浅黄色

图4-233 胸腺肿大，出血

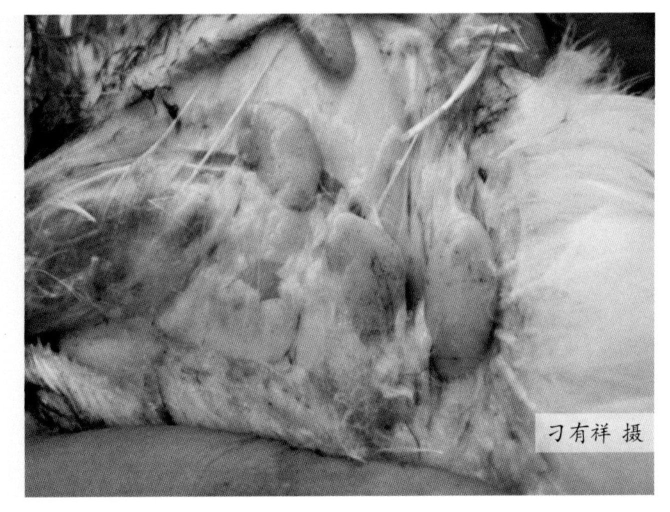

图4-234 胸腺肿大，有大小不一的出血点

感染新型 MDPV 的雏番鸭，剖检变化主要表现为胰腺表面有针尖大小的白色坏死点，十二指肠黏膜出血，胸腺出血等，存活的番鸭多见其胫骨断裂和胸骨出血。感染新型 MDPV 的半番鸭和台湾白改鸭剖检可见胸腺出血、胫骨断裂、卵巢萎缩等，其他脏器病变不明显。

感染新型 GPV 的樱桃谷北京鸭组织学变化可见舌呈间质性炎症，结缔组织基质疏松、水肿（图 4-235）。胸腺组织水肿，胸腺髓质淋巴细胞与网状细胞坏死，炎性细胞浸润，组织间质明显出血等（图 4-236）。脾脏淋巴细胞减少，炎性细胞增多。法氏囊淋巴滤泡淋巴细胞大量崩解、坏死，黏膜上皮脱落（图 4-237）。肾小管管腔狭小、水肿，间质出血，伴有大量炎性细胞浸润，肾小管上皮细胞崩解、凋亡（图 4-238）。肝脏脂肪变性，肝细胞崩解、坏死，肝细胞索紊乱，肝窦淤血，肝小叶中有时可见淋巴细胞浸润（图 4-239）。肺脏淤血、出血，肺房间充满大量红细胞（图 4-240）。脑部淤血，小胶质细胞增多，有嗜神经现象；十二指肠黏膜固有层炎性细胞浸润，肠绒毛脱落（图 4-241）。腿肌出血，肌纤维间隙增宽，有大量红细胞浸润。

感染新型 MDPV 的番鸭、半番鸭和台湾白改鸭，腿肌出血、坏死，肌纤维断裂、呈竹节状或团块状，胸腺出血、坏死。

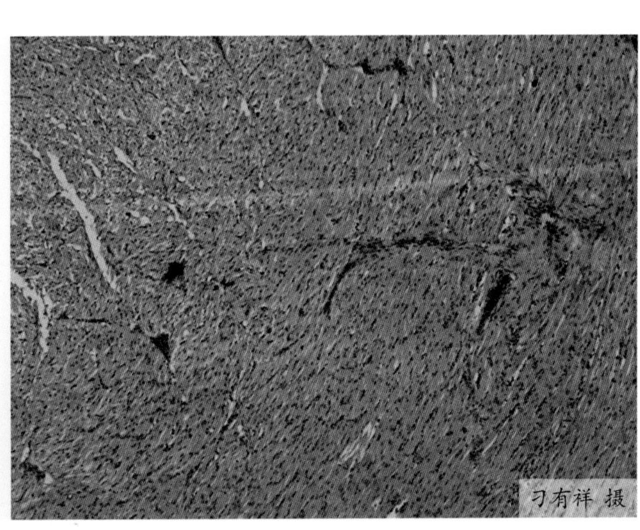

图4-235 舌结缔组织基质疏松、水肿，有炎性细胞浸润

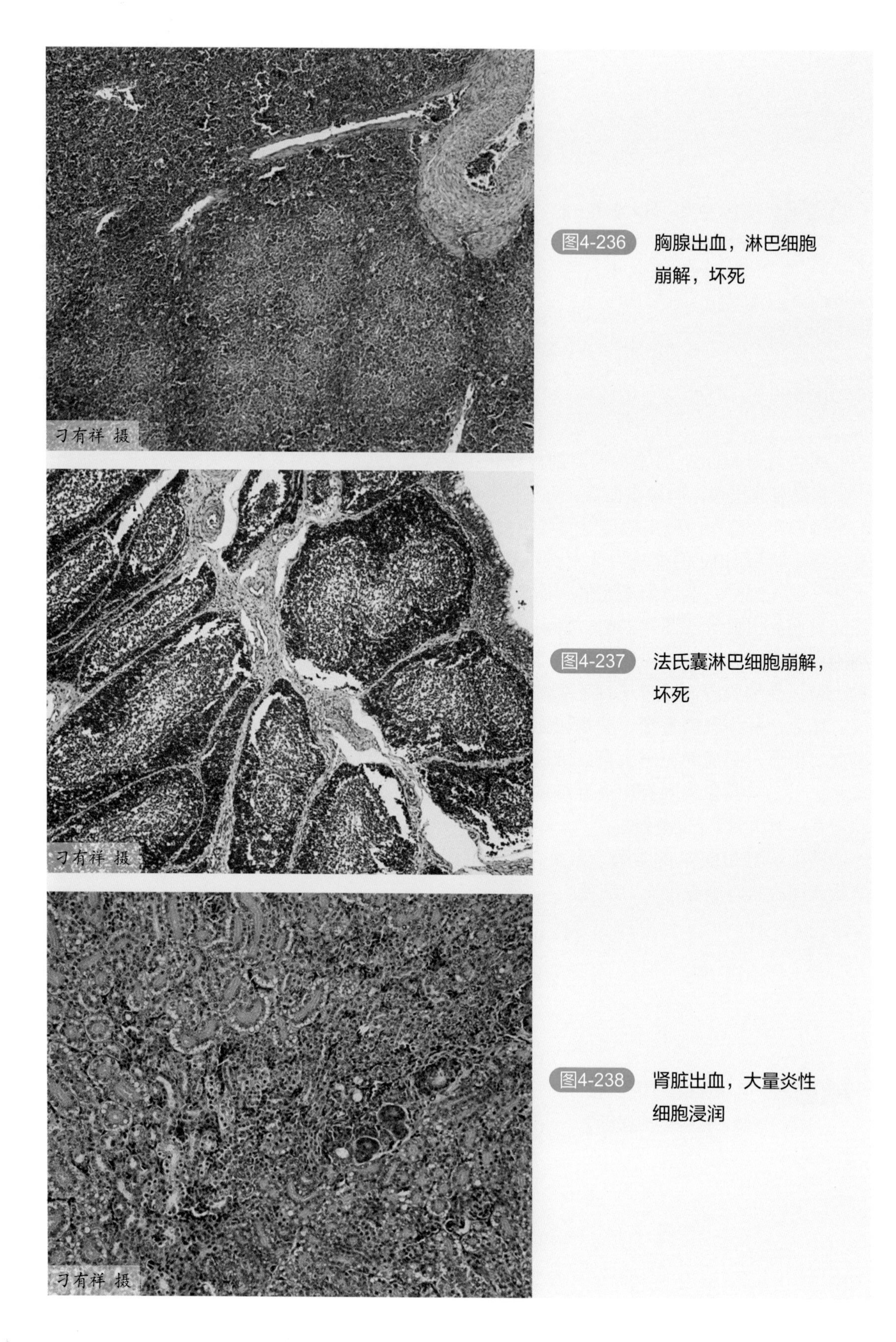

图4-236 胸腺出血，淋巴细胞崩解，坏死

图4-237 法氏囊淋巴细胞崩解，坏死

图4-238 肾脏出血，大量炎性细胞浸润

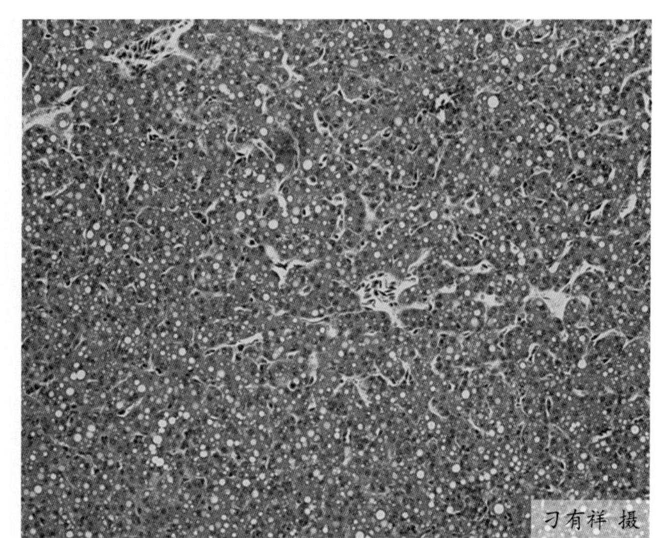

图4-239 肝脏脂肪变性，肝细胞索结构紊乱

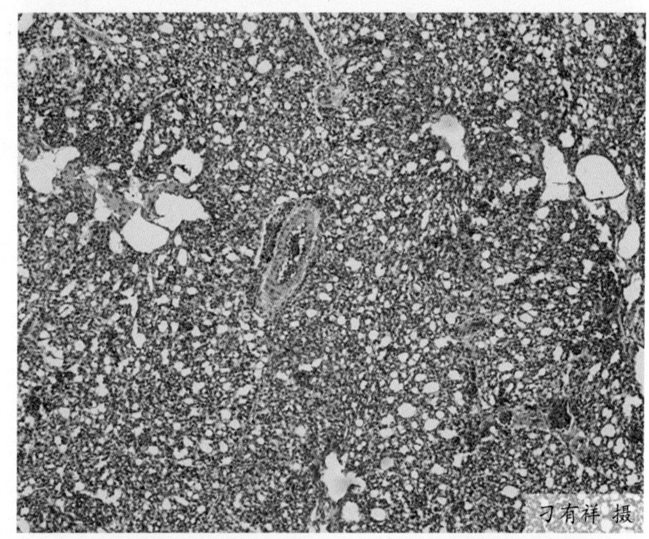

图4-240 肺脏出血，淋巴细胞浸润

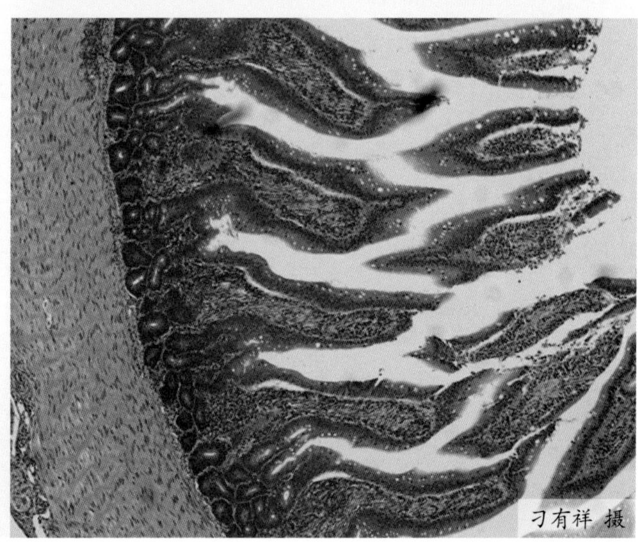

图4-241 肠黏膜炎性细胞浸润，绒毛脱落

（五）诊断

1. 临诊诊断

根据该病的流行病学、症状及剖检病变可做出初步诊断。该病的主要特征是雏鸭发育迟缓，上下喙短缩，舌头外伸、肿胀，胫骨和翅骨易发生骨折，根据这些特征可以做出诊断。根据实验室检测方法，可以鉴别鸭短喙侏儒综合征的病原是新型 GPV 还是新型 MDPV。

2. 实验室诊断

实验室诊断可以通过病毒的分离培养、聚合酶链式反应（PCR）、限制性片段长度多态性聚合酶链反应（PCR-RFLP）、实时荧光定量 PCR（Real-time quantitative PCR）、地高辛标记探针等方法对病原进行鉴定，从而对该病作出诊断。

（1）病毒分离培养　无菌采集病鸭或病死鸭的肝、脾、肾等器官，加入适量无菌的 PBS 或生理盐水，于匀浆器或研钵中制成组织悬液，12000r/min 离心 5 ～ 10min，取上清液，每毫升组织悬液分别加入 1000 单位（IU）的青霉素和链霉素，37℃温箱作用 30min 或 4℃作用过夜以除去杂菌。取 0.2mL 无菌上清液通过尿囊腔或绒毛尿囊膜途径接种 12 ～ 14 日龄的鸭胚，接种后的鸭胚置于 37℃温箱内继续孵化，每隔 24h 照胚 1 次，连续观察 9d。弃掉 24h 以前死亡的鸭胚，收集 24h 以后死亡的鸭胚。将收集的死亡鸭胚先放 4 ～ 8℃冰箱内冷却一段时间收缩血管，然后无菌收集鸭胚的尿囊液，保存备用。死亡鸭胚的绒毛尿囊膜局部增厚，胚体水肿、出血。

（2）病毒的鉴定

① PCR 鉴定　根据新型 GPV 和新型 MDPV 基因组保守区域设计特异性引物。新型 MDPV 的引物序列可以参考以下序列，上游引物 F：5′-CAATGGGCTTTACCAATATGC-3′，下游引物 R：5′-ATTTTCCCTCCTCCCACCA3′，用于扩增 NS1 目的基因片段约 641bp；新型 GPV 的引物序列可以参考以下序列，上游引物 F：5′-CTTGAACACGACAAGGCC-3′，下游引物 R：5′-GTCGGTAAGCTTCCCTGTATTT-3′，扩增目的基因片段大小约为 234bp。PCR 反应体系可以是 20μL，上下游引物浓度可采用 20μmol/L，反应时各加 1μL 即可，然后加入 PCR 体系中的其他成分。

② PCR-RFLP 鉴定　根据新型 GPV 和新型 MDPV 非结构蛋白基因组保守区域设计特异性引物，可以参考以下引物序列，上游引物 F：5′-CAATGGGCTTTACCAATATGC-3′，下游引物 R：5′-ATTTTCCCTCCTCCCACCA3′，用于扩增 NS1 目的基因片段约 641bp。若病毒为新型 MDPV，PCR 反应产物经 EcoR Ⅰ酶切后电泳条带为两条，其大小约分别为 460bp 和 180bp；若病毒为新型 GPV，PCR 反应产物经 EcoR Ⅰ酶切后，电泳条带大小不变，还是 640bp；若 PCR 反应产物经 EcoR Ⅰ酶切后，电泳条带为三条，分别为 640bp、460bp 和 180bp，则表明是新型 GPV 和新型 MDPV 共感染。

③ 实时荧光定量 PCR 鉴定　实时荧光定量 PCR 是一种新型的核酸定量技术，其优点为特异性强，灵敏性高，重复性好，精准性好等，广泛应用于多种病原的检测。以 SYBR Green Ⅰ为染料的实时荧光定量 PCR，其操作方法简单、安全、不易污染，扩增和检测一步完成，比 Taqman 探针价格低廉。可在反应过程中引入内参基因，以消除不同样本之间的差异，使样本中目的片段的定量更加准确。试验时，应根据新型 GPV 的保守基因片段来设

计 SYBR Green Ⅰ实时荧光定量 PCR 的上下游引物。可以参考以下引物序列，上游引物 F：5′-TCATCAAGAATACACCAGTAR-3′，下游引物 R：5′-GTATTGATTATGTAGGAGTTC-3′。反应程序可以参考：95℃预变性 5min；95℃ 15s，59℃ 50s，进行 40 个循环；59℃收集荧光 40s。TaqMan 实时荧光定量 PCR 具有重复性好、特异性强、线性范围宽、应用性强等的特点，在鸭短喙侏儒综合征的早期诊断、疾病防控、流行病学调查等方面具有广泛的应用价值；新型 MDPV 也可以采用实时荧光定量 PCR 进行检测，实时荧光定量 PCR 不仅能对病毒进行定性和定量分析，而且具有良好的诊断价值，可以在生产上进行大批量样品的检测。

④ 地高辛标记探针鉴定　核酸探针技术是近年来迅速发展起来的一种新型分子生物学技术，常用的核酸探针有同位素标记探针、生物素探针和地高辛标记探针等。同位素标记探针半衰期短，易导致环境污染，对人体危害大，不安全。生物素探针因内源性生物素的影响，容易引起非特异性结果。地高辛标记探针克服了以上两种探针的缺点，而且地高辛标记探针拥有同位素探针的敏感性、特异性和生物素探针的无放射性，另外该探针不受抗原抗体反应的限制，适合于抗体产生之前的早期检测，尤其具有直接检测病毒核酸的长处，并且操作简便，结果易于判定，适合于临诊应用。目前，新型 GPV 和新型 MDPV 地高辛标记探针检测方法建立成功，广泛应用于临诊检测及流行病学调查。

3. 类症鉴别

鸭短喙侏儒综合征与小鹅瘟、番鸭细小病毒病在流行病学、临诊症状及某些组织器官的病理变化方面相似，需要进行类症鉴别。

（1）小鹅瘟　小鹅瘟又称鹅细小病毒感染，是由小鹅瘟病毒引起初生雏鹅或雏番鸭的一种急性或亚急性传染病。该病的症状主要表现为精神委顿、食欲废绝和严重下痢，有时出现神经症状。主要病变表现为渗出性肠炎，小肠的中下段极度膨大，质地坚实，状如香肠，剖开肠管可见灰白色或灰黄色纤维素性栓子，纤维素性栓子主要是由肠道内容物、脱落的肠黏膜碎片及纤维素性渗出物混合凝固而成。本病传播快、发病率高、死亡率高，对养鹅业和番鸭养殖业的发展造成了巨大的危害。而番鸭短喙侏儒综合征是由新型 MDPV 或新型 GPV 引起，主要特征是雏番鸭喙短、舌头外伸肿胀、发育迟缓。

（2）番鸭细小病毒病　番鸭细小病毒病是由番鸭细小病毒引起雏番鸭的一种急性、败血性、高度传染性的疾病，雏番鸭是唯一能自然感染发病的动物，病毒主要侵害 1 ～ 3 周龄的雏番鸭，又称雏番鸭“三周病”。主要表现为腹泻、呼吸困难和软脚等，特征性病变为空肠中、后段显著肿胀，剖开肠管可见一小段质地松软的黄绿色黏稠渗出物，长约 3 ～ 5cm，主要由脱落的肠黏膜、炎性渗出物和肠内容物组成；而番鸭短喙侏儒综合征是由新型 MDPV 或新型 GPV 引起，主要特征是雏番鸭喙短、舌外伸肿胀、发育迟缓。

（六）预防

对鸭群免疫、饲养管理、饲料饮水、环境卫生、疫病防控等各环节加强管理，采取综合生物安全防治措施，防止鸭群出现感染。

（1）加强卫生消毒工作，尤其是育雏舍、孵化室的消毒　孵化器、出雏器、蛋箱蛋盘、出雏箱等设备用具，先清除污物，再擦洗干净，晾干，然后用 0.1% 的新洁尔灭或 0.015% 百毒杀浸泡或喷洒消毒，晾干；孵化室及用具使用前数天用福尔马林熏蒸消毒，每立方米体积用 14mL 福尔马林和 7g 高锰酸钾熏蒸；种蛋可用 0.1% 新洁尔灭或 0.015% 百毒杀进行洗涤、消毒、晾干，若蛋壳表面有污物时，应先清洗污物，再进行以上消毒，种蛋入孵当天用福尔马林熏蒸消毒；厂区内外道路、空地用 2% 的火碱、0.2% 次氯酸钠等消毒，每周 2 ～ 3 次；消灭传染源，切断传播途径，生产上采用全进全出，做好隔离和消毒工作，对病死鸭和粪便进行无害化处理，以消灭外界环境中的新型 GPV、新型 MDPV 及其他病原微生物，切断传播途径，防止病原传入。

（2）加强饲养管理　保持鸭舍适宜的温度，避免昼夜温差过大；降低饲养密度，减少鸭群应激；适当通风，减少舍内有害气体，提高鸭群抵抗力。

（3）免疫预防　新型 GPV 和新型 MDPV 与经典毒株的抗原性无明显变异，用已有的免疫产品进行预防，可有效控制鸭短喙与侏儒综合征的发生和流行。由于细小病毒可垂直感染，为切断种鸭经种蛋垂直感染的途径，种鸭开产前 15 ～ 20d 接种鸭细小病毒灭活疫苗，每只 0.5mL。1 ～ 3 日龄新进雏鸭注射疫苗或抗体，每羽 0.5 ～ 0.8mL。

（七）治疗

发病后，及早注射小鹅瘟高免血清或抗体，每只 0.3 ～ 0.5mL，6 ～ 7 日龄再注射 1 次。已经发生短喙、骨骼短粗的鸭无治疗价值；雏鸭阶段饲料中添加维生素 D_3，连用 7 ～ 10d，以调节钙磷代谢，同时配合使用免疫增强剂，也有一定的治疗效果；病死鸭焚烧深埋，做无害化处理，严禁出售，鸭舍彻底消毒。

第五节　鸭坦布苏病毒病

鸭坦布苏病毒病（Duck Tembusu virus disease）是 2010 年 4 月我国江浙地区养鸭场首先出现的一种新发病毒性传染病，随后迅速蔓延至福建、广东、广西、江西、山东、河北、河南、安徽、江苏、北京等地，该病传播速度快，波及范围广，给我国养鸭业带来巨大的经济损失。该病主要感染鸭、鹅、鸡、鸽子等多种禽类，主要以水禽感染为主。雏鸭感染后主要表现为瘫痪、震颤等神经症状，产蛋鸭感染后主要表现为产蛋率下降、卵泡膜出血、卵泡破裂，形成卵黄性腹膜炎等特征。

一、病原

1955 年从马来西亚吉隆坡蚊子体内最早分离到坦布苏病毒（Tembusu virus，TMUV），之后，该病毒也从马来西亚半岛、东马来西亚（沙捞越）及泰国的库蚊体内分离到，但病毒的致病性及宿主范围尚未确定；2000 年左右，从马来西亚实兆远地区的一家发生瘫痪的肉鸡养殖场分离到一株坦布苏病毒，并将其命名为实兆远病毒，该病例的发生首次证实了坦布苏病毒对禽类有致病性，之后，在马来西亚的火鸡中也分离到了坦布苏病毒，该病毒能导致火鸡发生脑炎及生长发育迟缓；2010 年在我国鸭群中分离到的病原在遗传学上与坦布苏病毒密切相关，该病毒曾被命名为“鸭 BYD 病毒”“鸭坦布苏病毒样病毒”“鸭新型黄病毒”等，后来才定名为“鸭坦布苏病毒”。

鸭坦布苏病毒（Duck Tembusu virus，DTMUV）属于黄病毒科（Flaviviridae）、黄病毒属（Fla-vivirus）的恩塔亚病毒群（Ntaya virus group），属于蚊媒病毒类成员。DTMUV 具有典型的黄病毒的形态结构，病毒粒子呈球形，直径约为 40 ～ 50nm，表面有脂质囊膜，囊膜表面有糖蛋白组成的纤突（图 4-242）。病毒的蛋白质衣壳呈二十面体对称，衣壳内为病毒的单股正链 RNA 基因组，病毒具有与黄病毒属其他成员相似的基因组及编码蛋白。坦布苏病毒的基因组为单股正链 RNA，长约 10990bp，基因组的 5′ 端有 1 型帽子结构（m7GpppAmp），3′ 端无 poly（A）尾巴。基因组仅含有一个开放阅读框（Open reading frame，ORF），两端分别为高度结构化的 5′ 端和 3′ 端非编码区（Untranslated regions，UTR），长度分别为 94nt 和 618nt。基因组编码一种多聚蛋白，经宿主信号肽酶和病毒丝氨酸蛋白酶酶切后最终形成 3 种结构蛋白（C、prM/M 和 E）和 7 种为非结构蛋白（NS1、NS2A、NS2B、NS3、NS4A、NS4B 和 NS5）。每种蛋白都具有特定的结构和功能，在病毒的复制、装配及释放中发挥重要作用。

C 蛋白为核衣壳蛋白，分子质量较小，约为 11.8kDa，由 105 个氨基酸残基组成，是基因组 5′ 端第一个编码蛋白。C 蛋白的主要功能是参与病毒基因组的组装，避免基因组受到核酸酶的破坏；M 蛋白是外膜蛋白，由 PrM 蛋白被蛋白酶水解而成。PrM 是 M 蛋白的前体糖蛋白，病毒颗粒从细胞释放时，PrM 蛋白水解成 Pr 蛋白和 M 蛋白两部分。Pr 蛋白有良好的抗原性，能诱导机体产生保护性抗体，M 蛋白参与组成病毒囊膜，与 E 蛋白的正确折叠密切相关；E 蛋白为囊膜蛋白，是坦布苏病毒最大的结构蛋白和极其重要的囊膜蛋白，编码 501 个氨基酸，分子质量大约为 54kDa 左右。E 蛋白在病毒复制周期的多个环节都发挥了非常关键的作用，包括细胞膜融合、受体的结合、病毒的组装、病毒的出芽释放等，而且 E 蛋白具有较好的免疫原性，是诱导产生病毒中和性抗体的主要靶蛋白。

NS1 蛋白是一个高度保守的分泌型糖蛋白，分子质量大约 42kDa。该蛋白与膜功能密切相关，可能参与病毒基因组的早期复制、病毒的组装与释放。NS1 蛋白是病毒感染过程

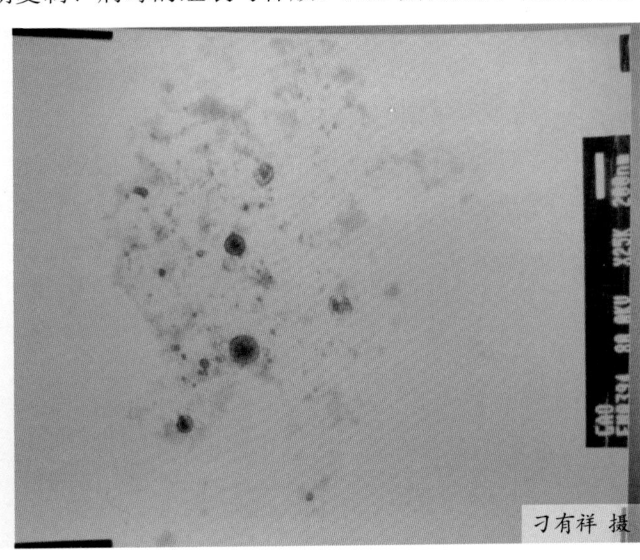

图4-242 坦布苏病毒粒子

中产生的主要免疫原，在病毒感染后的免疫应答及诱导保护性免疫反应中发挥着重要作用。NS1 蛋白诱导的免疫反应主要是基于 NS1 蛋白具有可溶性补体结合活性，可诱导产生非中和活性的免疫保护力，其抗体不产生病毒的抗体依赖性增强作用，因此 NS1 蛋白是研制亚单位疫苗的重要靶抗原。研究表明，NS1 蛋白或 NS1 蛋白与 E 蛋白联合制备的亚单位疫苗、重组病毒疫苗以及 DNA 疫苗均具有较好的免疫保护作用，在鸭坦布苏病毒及其他黄病毒的防控上取得了非常理想的保护效果；NS2A、NS2B、NS4A 和 NS4B 蛋白均为疏水性蛋白，分子质量分别为 17kDa、13kDa、28kDa 和 14kDa，迄今为止未发现其内部含有能被已知酶识别的保守序列。研究表明，NS2A 蛋白对 NS1 蛋白的功能发挥有一定的作用，而且 NS2A 蛋白羧基端任何一个位点发生突变都会导致病毒丧失复制能力；NS3 蛋白高度保守且不包含长疏水区，具有多种酶活性，既是 RNA 酶复合物的一部分，也构成了蛋白酶、解旋酶和裂解聚合蛋白的一部分。单独的 NS3 蛋白不具备蛋白酶活性，只有与 NS2B 蛋白形成蛋白复合物时才能发挥蛋白酶的功效。NS3 蛋白也能与 NS5 蛋白结合，形成有效的活性蛋白；NS5 蛋白是鸭坦布苏病毒中最保守、分子量最大的蛋白。该蛋白不含有长的、疏水性区域，其羧基端含有多个与 RNA 依赖的 RNA 聚合酶相似的序列。NS5 蛋白在 N 末端裂解为具有病毒 RNA 聚合酶作用的蛋白，这可能是由 NS3 蛋白或另一种蛋白酶诱发的，这也证明了虽然 NS5 蛋白是一种膜相关蛋白，但主要还是在细胞质中发挥作用。

鸭坦布苏病毒对禽胚和细胞具有广泛的适应性，可以在鸭胚、鹅胚和鸡胚中增殖，也能在原代或传代细胞上增殖，如鸭胚成纤维细胞（DEF）、Vero 细胞、BHK21 细胞、DF-1 细胞、C6/36 细胞、293T 细胞等，采用不同的接种途径，鸭坦布苏病毒对胚体的致死时间有差异。经绒毛尿囊膜途径接种鸭胚、鹅胚或鸡胚，胚体死亡时间在 72 ～ 108h；经尿囊腔途径接种，胚体死亡时间在 84 ～ 132h；经卵黄囊途径接种，胚体死亡时间在 48 ～ 60h。死亡胚体绒毛尿囊膜水肿增厚（图 4-243），胚体水肿、弥漫性出血（图 4-244），肝脏肿胀，有斑驳状出血灶和坏死灶，尿囊液和胚体中均存在病毒，但胚体病毒含量更高。细胞感染鸭坦布苏病毒后出现明显的细胞病变（CEF），如病毒接种 DEF、C6/36 细胞、BHK21 细胞、Vero 细胞等，一般培养 48h 后可出现细胞病变，毒株不同，产生细胞病变的时间不同。细胞病变主要表现为细胞间隙增宽，细胞圆缩、脱落，培养基变为黄色。感染细胞采用苏木精 - 伊红染色（HE），可见细胞破碎、有大量红染颗粒。

病毒抵抗力不强，不能耐受氯仿、丙酮等有机溶剂；病毒适宜的 pH 值为 6 ～ 9，pH 值超出这个范围，病毒便失去活性；病毒不耐热，56℃作用 30min 即可灭活；病毒无血凝性，不能凝集鸡、鸭、鸽、鹅、兔子、小鼠等动物的红细胞。

二、流行病学

鸭坦布苏病毒可感染北京鸭、番鸭、麻鸭、白改鸭、绍兴鸭、樱桃谷鸭、金定鸭及坎贝尔鸭等多个品种的鸭群，10 ～ 25 日龄的肉鸭和产蛋鸭的易感性更强，育成鸭有一定的抵抗力。除鸭外，鹅、鸡、麻雀、鸽子等禽类或野生鸟类也能被感染，并表现出症状。自 2010 年本病在我国南方地区出现之后，短短半年时间便蔓延至 15 个省份，几乎波及我国

图4-243 鸭胚尿囊膜增厚

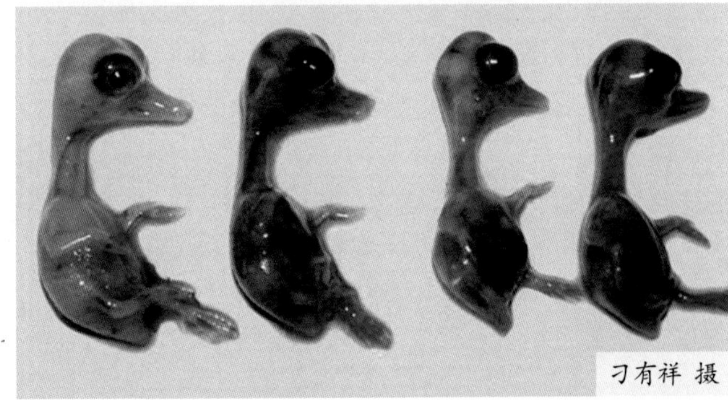

图4-244 鸭胚体出血

所有水禽主产区，发病率高达100%，但死亡率不高，一般在5%～10%，若继发其他病原感染，则死亡率上升。2011年以来，本病在我国水禽养殖区广泛流行。

鸭坦布苏病毒在鸭群中主要以水平传播为主。鸭舍中一栏或少数几栏鸭出现症状，1～2d后会扩散到整栋鸭舍，并迅速蔓延至鸭场的其他栋舍。该病可通过直接接触传播和空气传播。带毒鸭、鹅在不同地区调运能引起该病大范围快速的传播。自然感染和人工感染后发病鸭的脾、脑、肝、肺、气管分泌物、卵泡膜、肠管和排泄物中都含有大量病毒，病鸭通过分泌物和排泄物排出病毒，污染环境、饲料、饮水、器具、运输工具等，易感鸭群可以通过呼吸道和消化道感染病毒。鸭坦布苏病毒属于蚊媒病毒，提示蚊子在该病毒传播过程中可能起着媒介作用；从发病鸭场周围的麻雀体内能检测到TMUV，提示野生鸟类可能与该病的传播有关；此外，有研究显示，养鸭场工人血清中也可检测到TMUV抗体存在，提示TMUV具有感染人的风险。病鸭卵泡膜中鸭坦布苏病毒的检出率很高，种蛋的孵化率和受精率显著下降，可在死胚、弱雏中检测到病毒，提示该病毒可经种蛋垂直传播。本病一年四季均能发生，雏鸭多发于夏秋季节，产蛋鸭多发于冬春季节。此外，饲养管理不良、气候突变等也能促进该病的发生。

近年来，鸭坦布苏病毒在其他国家也有发生，如东南亚地区的泰国、马来西亚等相继报道了该病在鸭群中的感染、流行情况。

三、症状

鸭坦布苏病毒对不同日龄鸭群的致病性差异明显，雏鸭和产蛋鸭最易感，育成鸭有一定的抵抗力。

雏鸭自然发病多见于 15 ～ 25 日龄，雏鸭日龄越小，对该病毒的易感性越强，发病率越高。发病鸭表现为采食量下降，排灰白或绿色稀粪，瘫痪，双腿伸向一侧或两侧（图 4-245 ～图 4-247），站立不稳，运动失调、头部震颤，走路呈八字脚、容易翻滚、腹部朝上、两腿呈游泳状挣扎（图 4-248，图 4-249）。病情严重者采食困难，痉挛、倒地不起，两腿向后呈划水状，最后衰竭而死。该病的死亡率不高，一般在 5% ～ 10%，但因瘫痪后不能采食，淘汰率较高，一般为 10% ～ 30%。

育成鸭症状轻微，多出现一过性的精神沉郁、采食量下降，很快耐过。

产蛋鸭发病后采食量下降，体温升高，排绿色稀粪（图 4-250，图 4-251）。产蛋率急剧下降，大约在 1 周内时间内产蛋率由 90% 以上下降至 10% ～ 30%，严重者甚至停产，每日降幅可达 5% ～ 20%，软壳蛋、砂壳蛋等畸形蛋增多，种蛋受精率降低 10% 左右，鸭群羽毛脱落增多，有的主翼羽脱落（图 4-252，图 4-253）。约 30 ～ 35d 后产蛋率逐渐恢复，但难以恢复到高峰期的产蛋水平。鸭群发病后，大群鸭精神尚可，但个别鸭精神沉郁，羽毛蓬松（图 4-254 ～图 4-256），眼肿胀流泪（图 4-257，图 4-258）。该病的发病率高达 100%，死亡率 5% ～ 15%，继发感染时死亡率可达 30%。流行初期，病鸭一般不出现神经症状，流行后期，神经症状明显，表现瘫痪、行走不稳、行动障碍、共济失调（图 4-259 ～图 4-261）。

刁有祥 摄

图4-245 肉鸭瘫痪（一）

图4-246　肉鸭瘫痪（二）

图4-247　肉鸭瘫痪（三）

图4-248　肉鸭腹部朝上，双腿呈划水状（一）

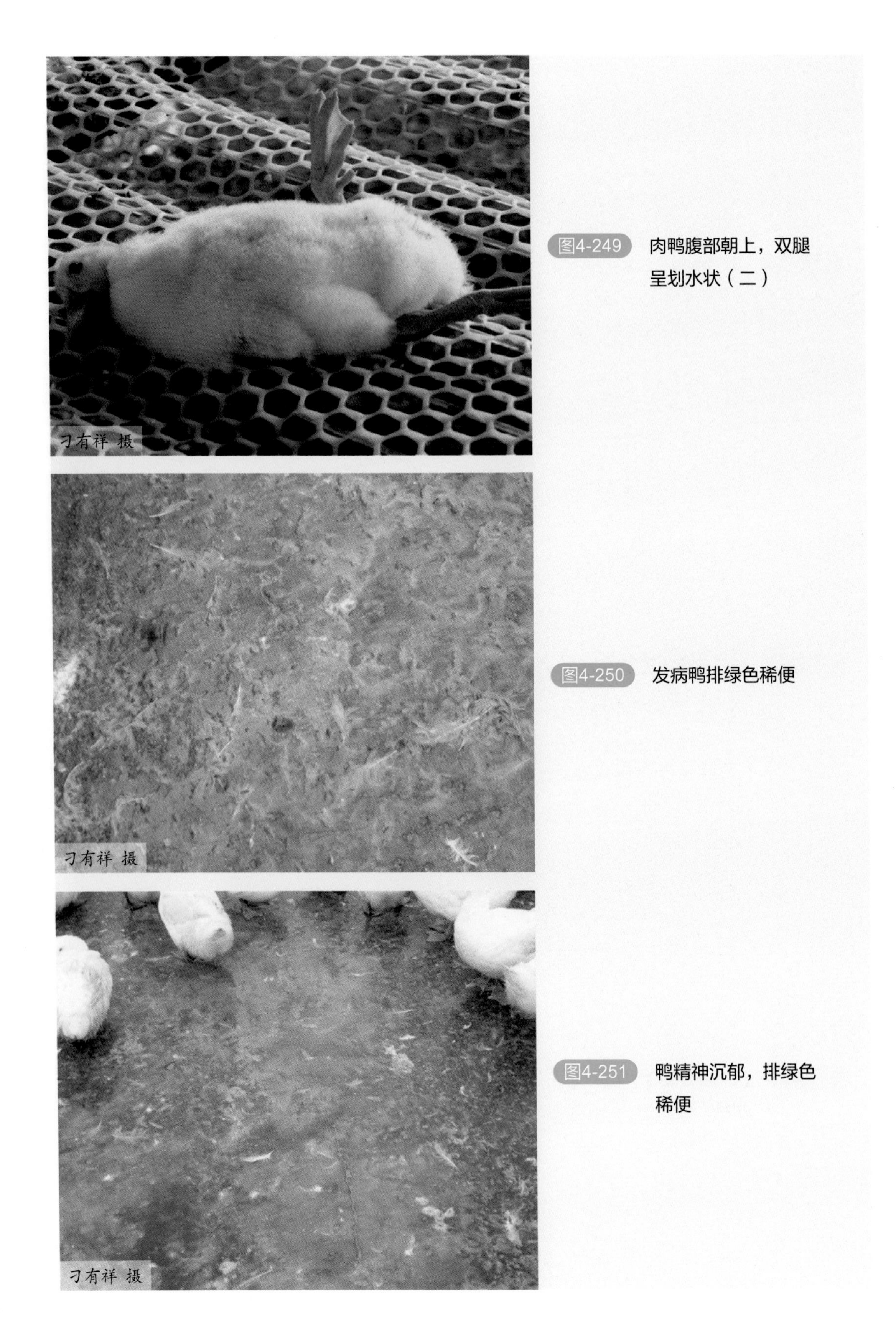

图4-249 肉鸭腹部朝上，双腿呈划水状（二）

图4-250 发病鸭排绿色稀便

图4-251 鸭精神沉郁，排绿色稀便

刁有祥 摄

图4-252 鸭脱落的羽毛

图4-253 鸭脱落的主羽

图4-254 鸭精神沉郁，地面有大量脱落的主羽

图4-255 鸭精神沉郁，羽毛蓬松（一）

图4-256 鸭精神沉郁，羽毛蓬松（二）

图4-257 鸭肿眼流泪，精神沉郁

图4-258 鸭肿眼流泪

图4-259 鸭腹部朝上，双腿呈划水状

图4-260 鸭瘫痪，腿伸向一侧

图4-261 大群中挑出的发病鸭，精神沉郁，有神经症状

四、病理变化

雏鸭以病毒性脑炎为特征。脑组织水肿，脑膜充血、出血，脑部毛细血管充血（图 4-262，图 4-263）。心冠脂肪有大小不一出血点，心包积液。腺胃出血（图 4-264），肠黏膜弥漫性出血（图 4-265）；肝脏肿大呈土黄色（图 4-266，图 4-267）；胰腺出血、坏死。肺脏出血（图 4-268），水肿。脾脏肿大，呈紫黑色或紫红色（图 4-269）。肾脏肿胀，有尿酸盐沉积。育成鸭脑组织有轻微的水肿，有时可见轻微的充血。

产蛋鸭主要病变在卵巢，表现为卵泡变形、萎缩，卵黄变稀，严重的卵泡膜充血、出血、破裂，形成卵黄性腹膜炎（图 4-270 ～图 4-273），输卵管黏膜出血、水肿，管腔中有黄白色渗出物（图 4-274）。心冠脂肪有出血点，心内膜出血（图 4-275，图 4-276）。肺脏出血，水肿（图 4-277）。肝脏肿大呈浅黄色（图 4-278）；腺胃出血，肠黏膜出血；胰腺出血、水肿（图 4-279）。脾脏肿大，有的出血。公鸭可见睾丸体积缩小，重量减轻，输精管萎缩。

坦布苏病毒病的组织学变化为雏鸭脑部存在大量淋巴细胞团，包括血管套、小胶质结节，以及神经细胞中央尼氏小体溶解等病变（图 4-280）。血管套主要是由淋巴细胞和浆细胞围成的，大多有 2 ～ 4 层细胞。心脏间质水肿，心肌变性、坏死，淋巴细胞浸润（图 4-281）。脾脏淋巴细胞崩解、坏死，有铁质沉着（图 4-282）。法氏囊淋巴细胞大量坏死，脱落的细胞聚集成团（图 4-283）。胰腺中有少量乃至大量腺泡坏死，并伴有炎性细胞浸润（图 4-284）。肝脏空泡变性、脂肪变性，血管内皮严重增厚，门管区炎性细胞浸润（图 4-285）。气管黏膜上皮细胞脱落，黏膜固有层充血、出血、炎性细胞浸润，肺脏出血，肺房间大量炎性细胞浸润（图 4-286）。产蛋鸭主要表现为急性出血性卵巢炎，卵泡膜充血、出血，卵泡中充满大量红细胞，间质中充满大量炎性细胞（图 4-287）。输卵管固有层水肿，上皮组织大量炎性细胞浸润（图 4-288）。肝脏细胞脂肪变性、淤血、出血，并有炎性细胞浸润（图 4-289）。肠黏膜上皮细胞脱落，肠绒毛变性、坏死、脱落（图 4-290）。大脑，有噬神经现象，小胶质细胞增多，脑膜边缘淋巴细胞浸润；心肌纤维断裂，间质增宽，有炎性细胞浸润。脾出血，动脉管壁均质化，脾脏淋巴细胞坏死；肺淤血、出血，淋巴细胞浸润。

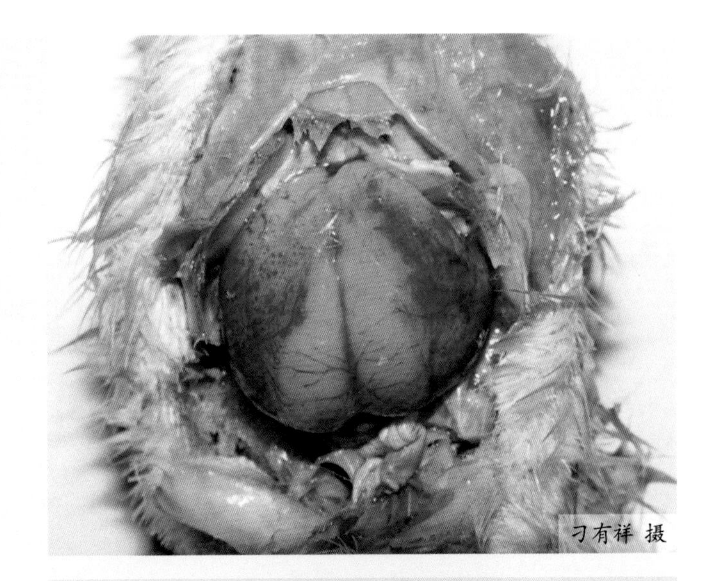

图4-262 脑膜出血

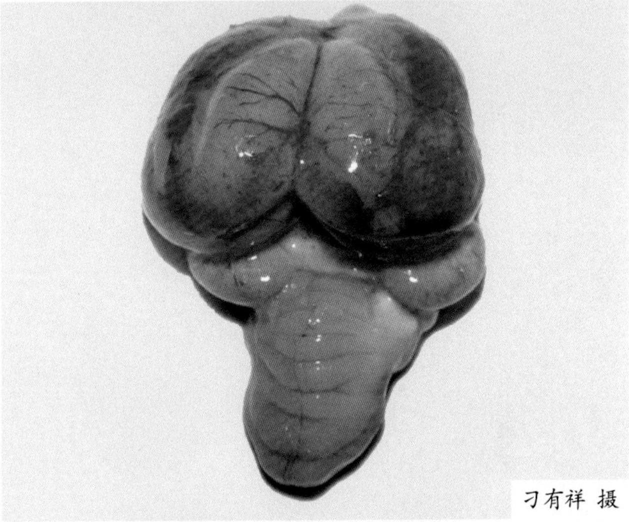

图4-263 脑膜出血，小脑水肿

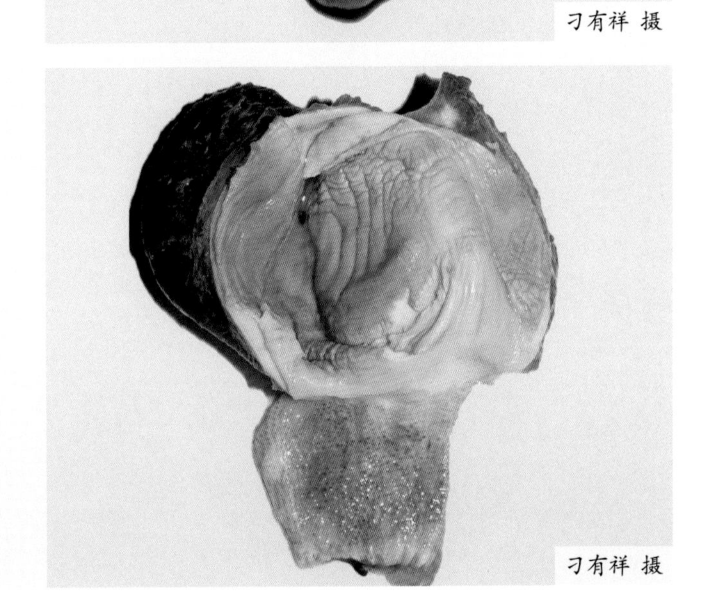

图4-264 腺胃出血

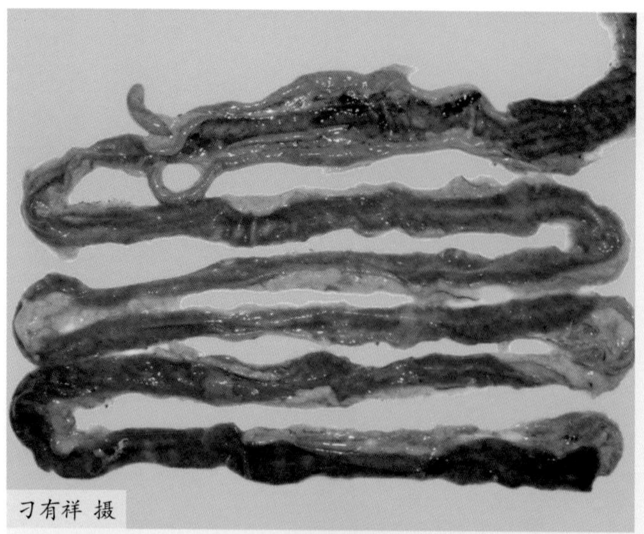

图4-265 肠黏膜弥漫性出血

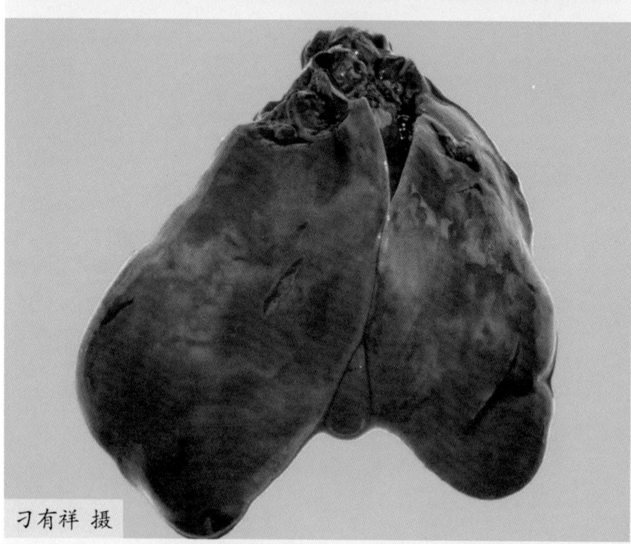

图4-266 肝脏肿大，呈紫红色

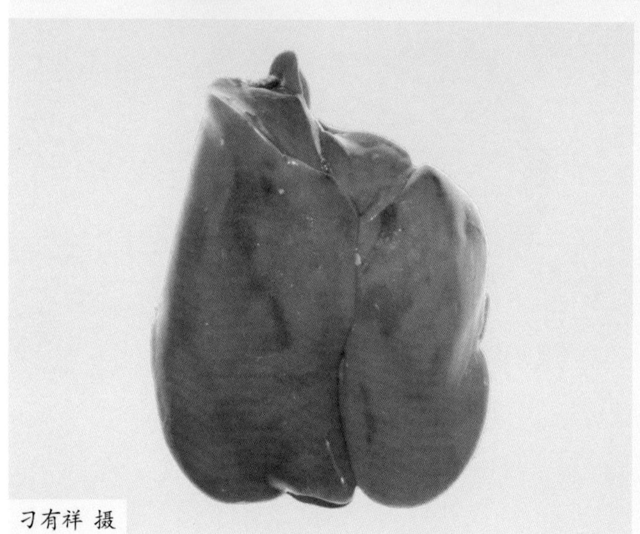

图4-267 肝脏肿大，呈浅黄色

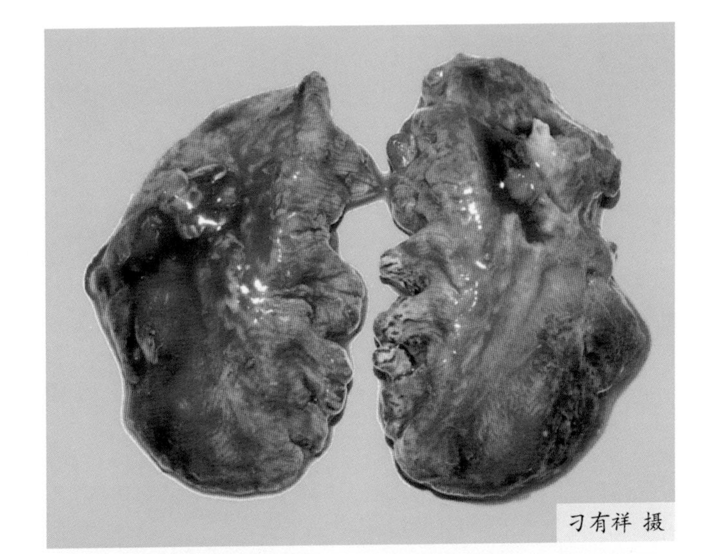

图4-268 肺脏出血

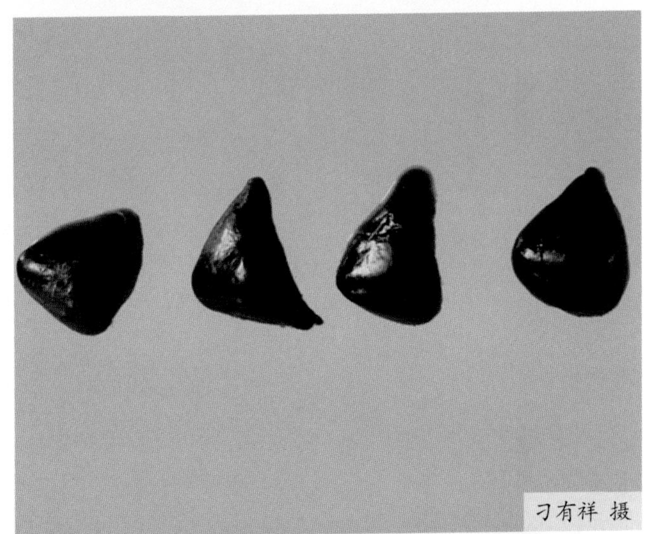

图4-269 脾脏肿大

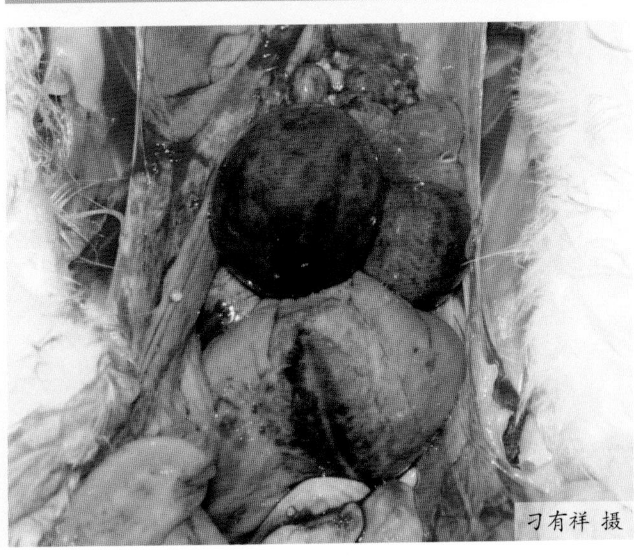

图4-270 卵泡膜出血，卵泡变形

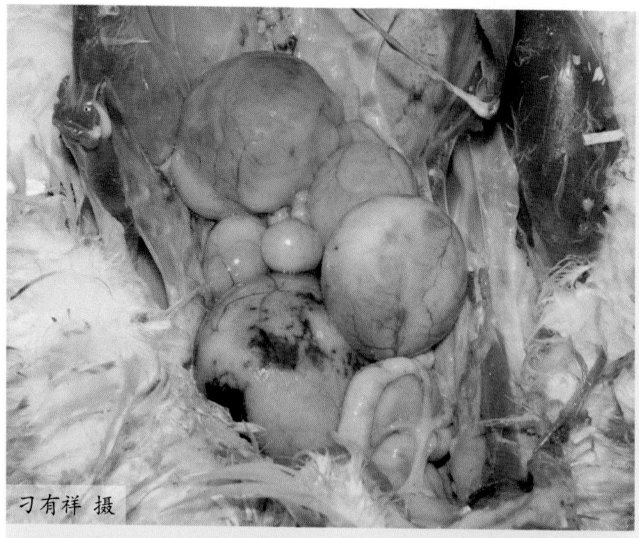

图4-271 卵泡膜出血

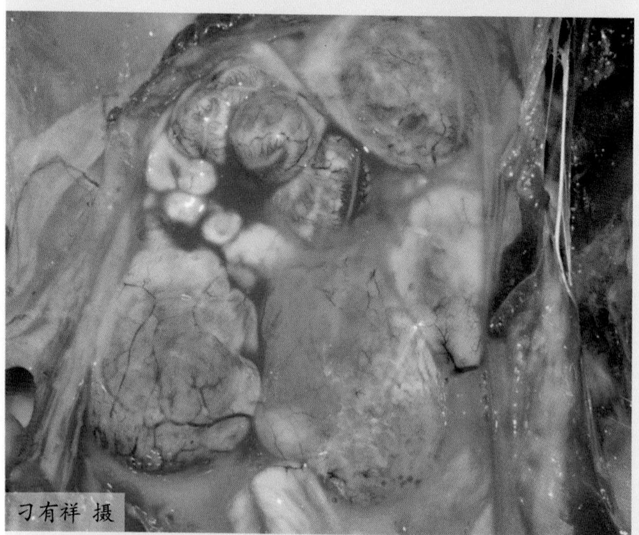

图4-272 卵泡变形，卵泡破裂，腹腔中充满稀薄的卵黄

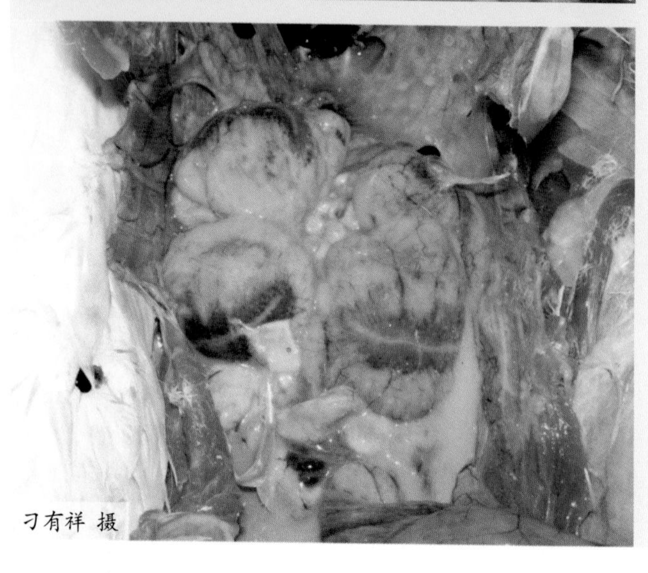

图4-273 卵泡变形，卵泡膜出血，腹腔中充满稀薄的卵黄

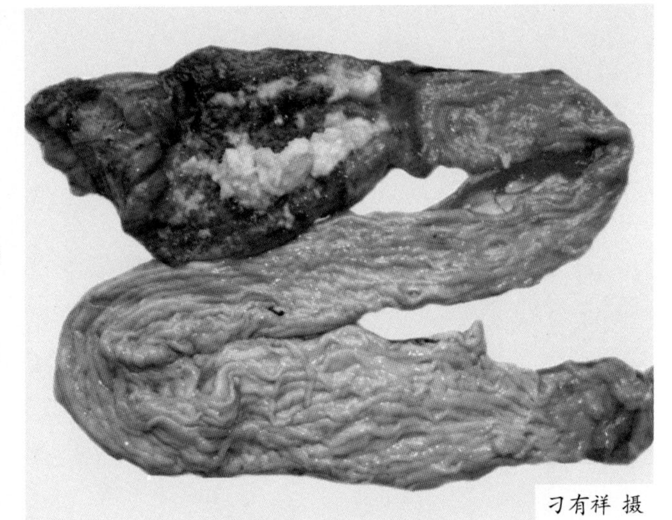

图4-274 输卵管黏膜水肿，管腔中有黄白色分泌物

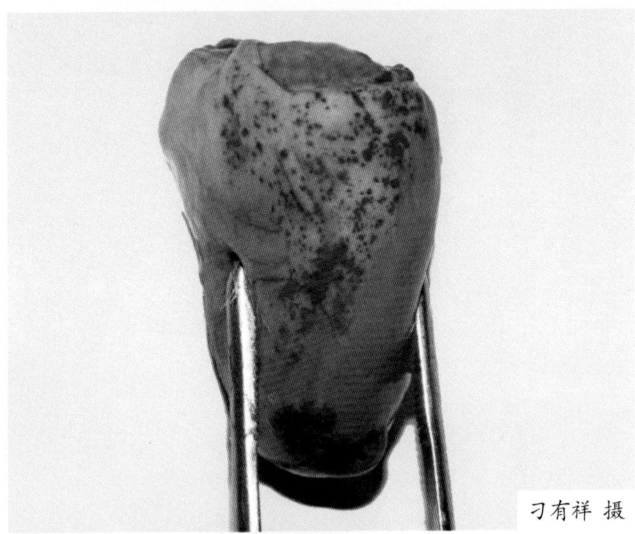

图4-275 心冠脂肪有大小不一的出血点

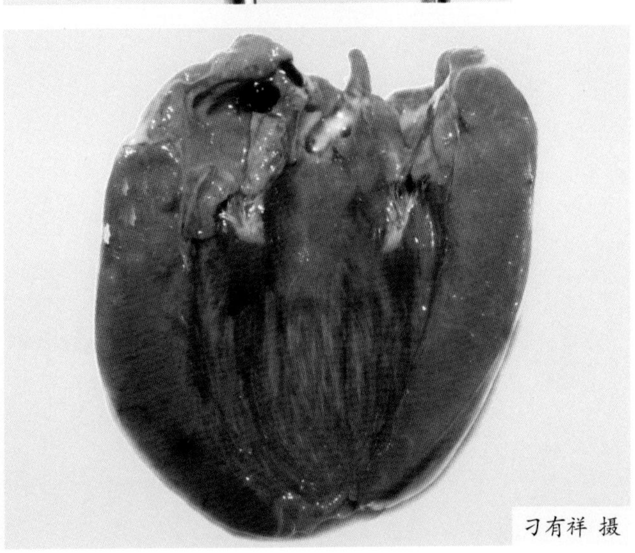

图4-276 心内膜出血

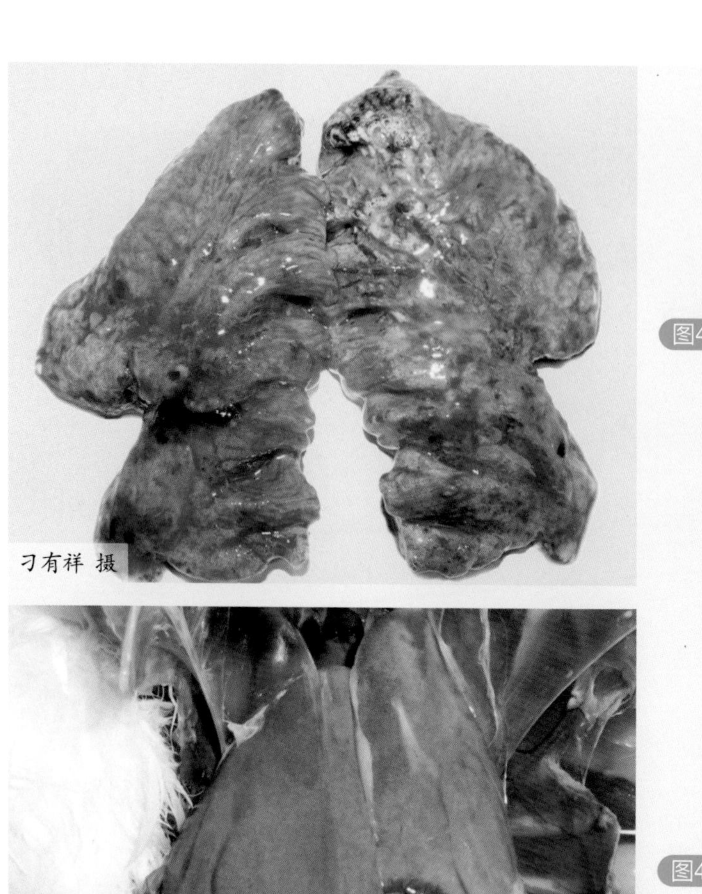

图4-277 肺脏出血

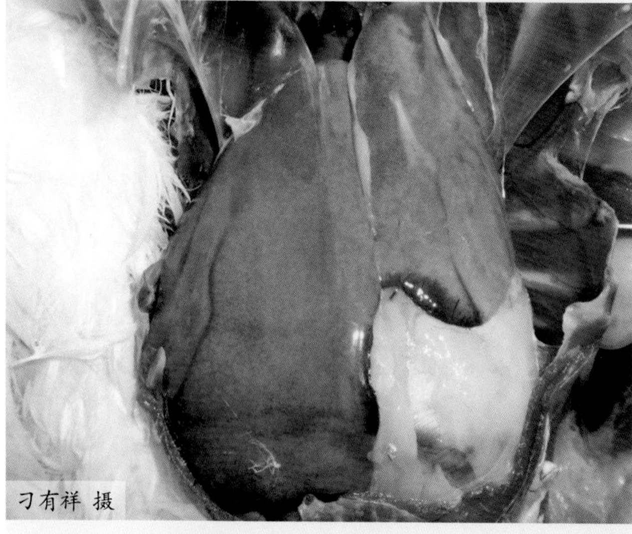

图4-278 肝脏肿大，呈浅黄色

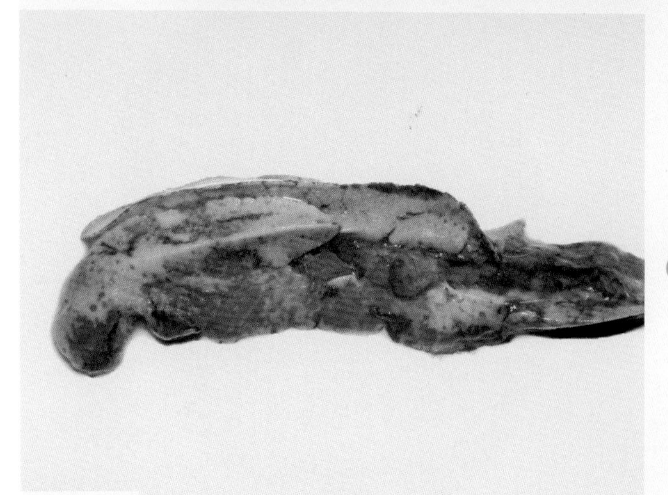

图4-279 胰腺液化

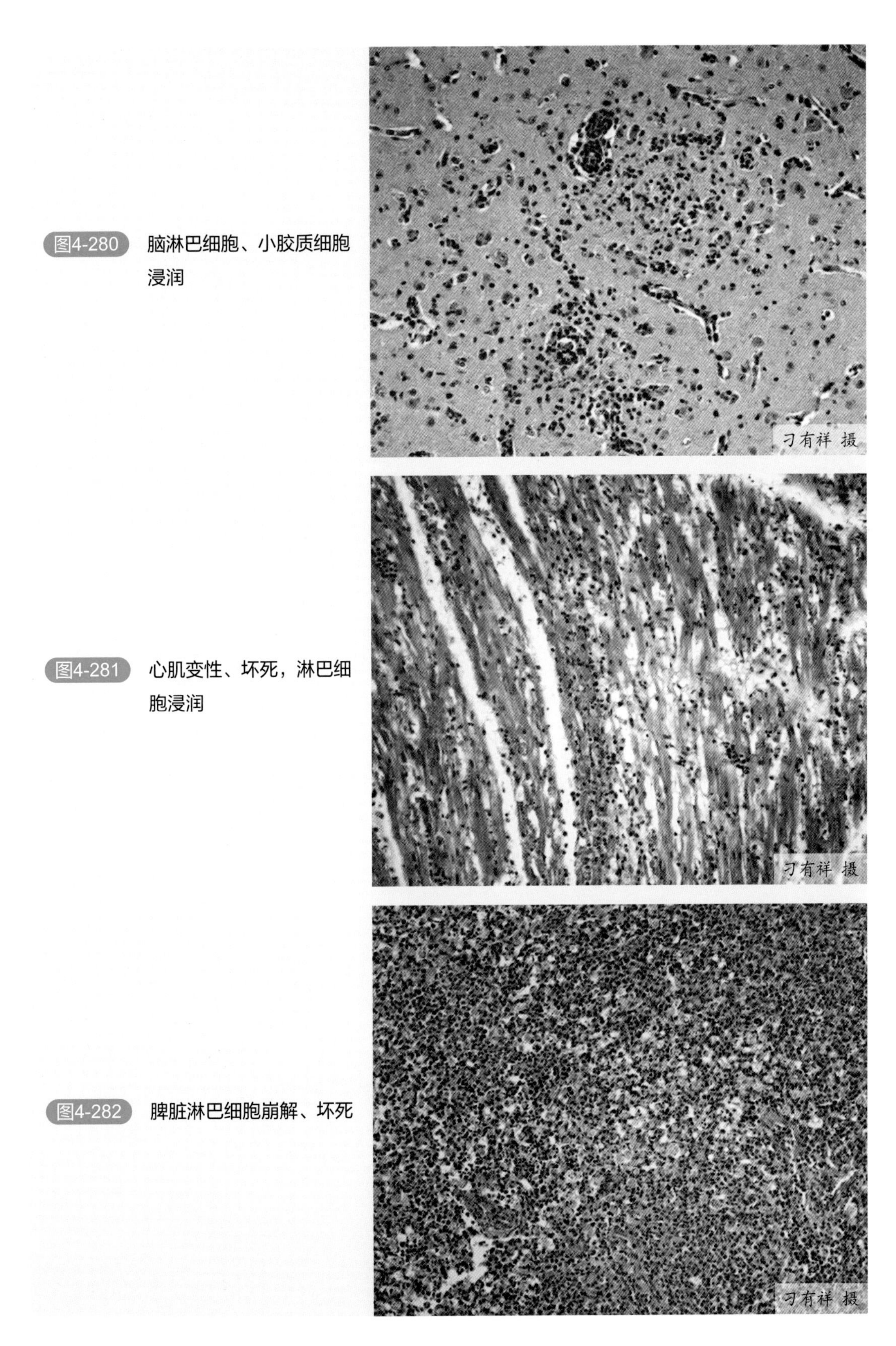

图4-280 脑淋巴细胞、小胶质细胞浸润

图4-281 心肌变性、坏死，淋巴细胞浸润

图4-282 脾脏淋巴细胞崩解、坏死

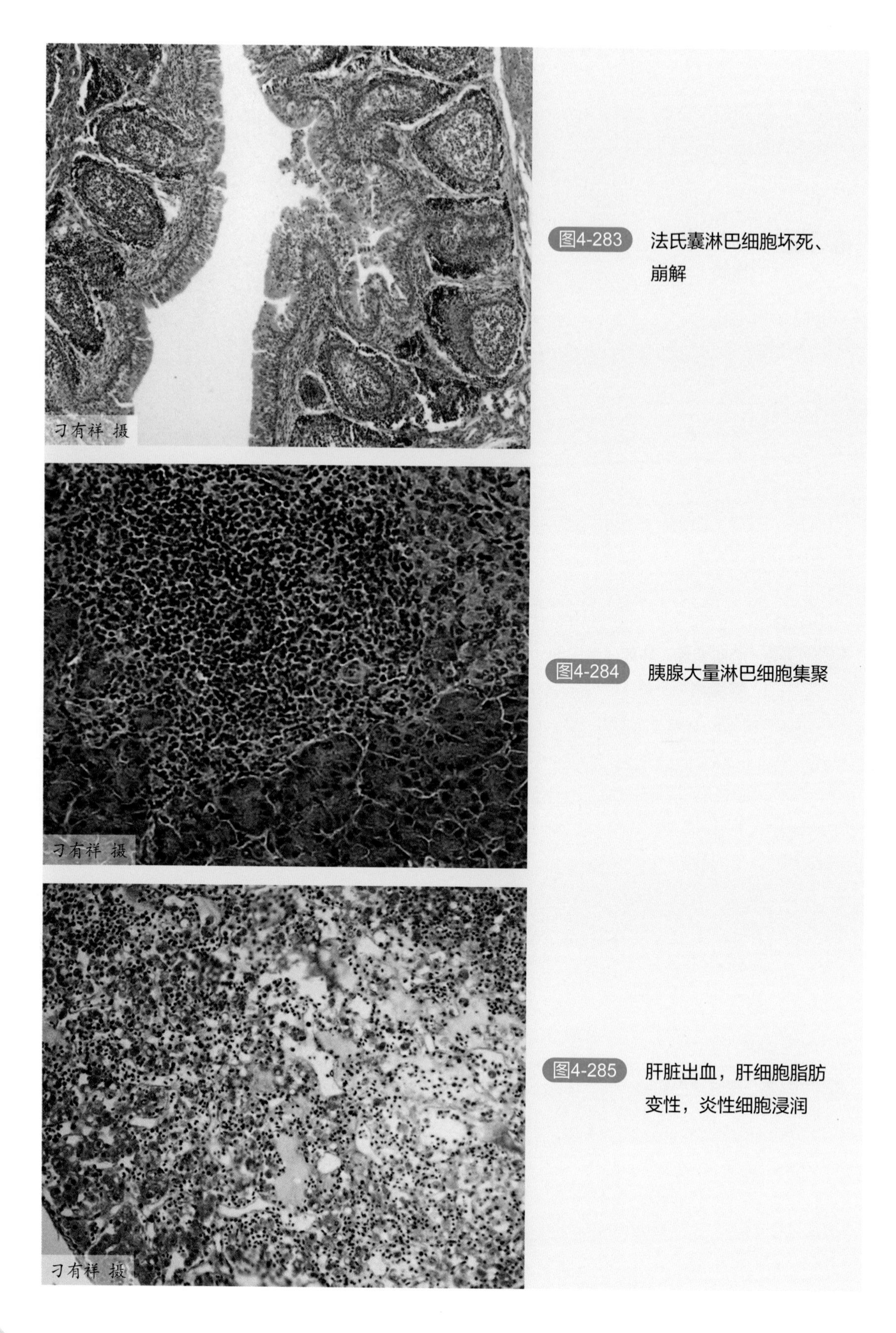

图4-283 法氏囊淋巴细胞坏死、崩解

图4-284 胰腺大量淋巴细胞集聚

图4-285 肝脏出血，肝细胞脂肪变性，炎性细胞浸润

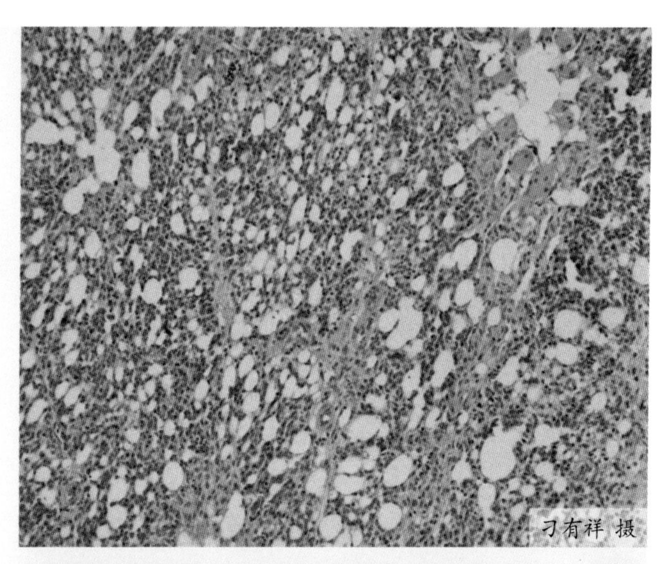

图4-286　肺脏出血，间质淋巴细胞浸润

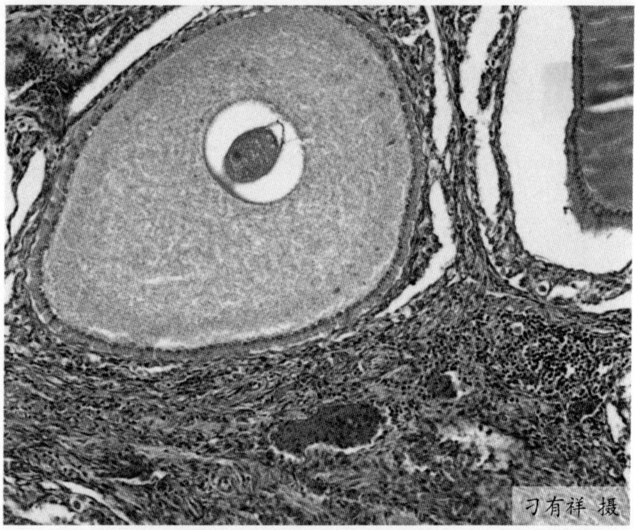

刁有祥 摄

图4-287　卵泡膜出血，间质中充满大量炎性细胞

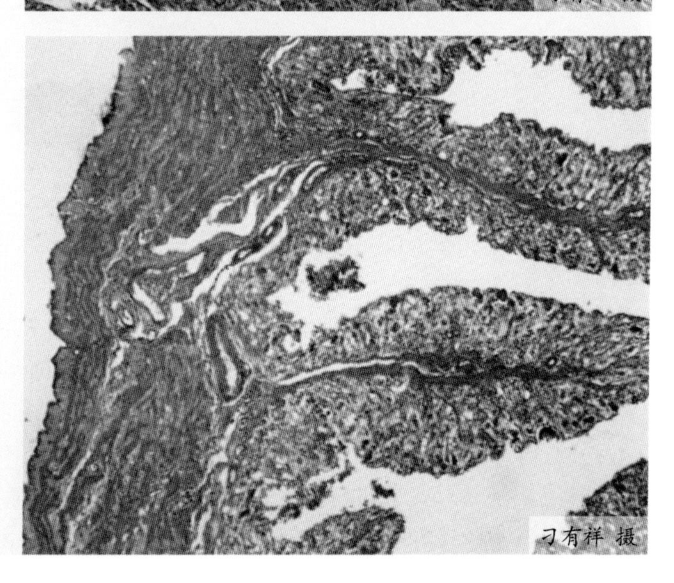

图4-288　输卵管黏膜固有层水肿，上皮组织有大量炎性细胞

图4-289 肝脏出血，有大量淋巴细胞浸润，肝细胞脂肪变性

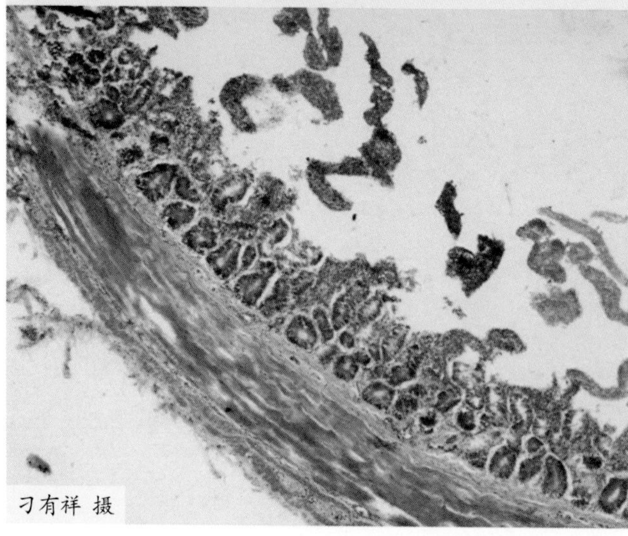

图4-290 肠黏膜固有层淋巴细胞浸润，绒毛坏死、脱落

五、诊断

1. 临诊诊断

根据该病的流行病学、症状及病理变化特点进行初步诊断，确诊需要进行实验室诊断。

2. 实验室诊断

通过病毒的分离培养和鉴定，确定感染的病毒种类。可以通过鸡胚、鸭胚或其成纤维细胞来分离培养病毒，然后通过血清中和试验、免疫荧光技术、反转录 - 聚合酶链式反应（RT-PCR）等技术对分离的病毒进行鉴定。

（1）病毒的分离培养　无菌采集病（死）鸭的肝、脾、卵泡膜、脑组织等，研磨或匀浆制成组织混悬液，12000r/min 离心 10min，取上清液，上清液经无菌处理后，通过尿囊腔或尿囊膜途径接种于 9 ～ 11 日龄鸡胚或 10 ～ 12 日龄鸭胚，置于 37℃温箱中继续培养。

收集24h后死亡的鸡胚或鸭胚，收获其尿囊液，进行病毒鉴定。

（2）病毒鉴定　目前主要采用分子生物学方法进行鉴定，如RT-PCR、实时荧光定量PCR和环介导等温扩增法（LAMP）等。RT-PCR和LAMP设备简单、方便易行，适合普通实验室开展病原检测。RT-PCR方法是从收集的病毒尿囊液或者采集的病料组织中提取RNA，然后将组织RNA反转录为cDNA，以cDNA为模板，采用鸭坦布苏病毒特异性引物扩增目的基因片段。对PCR产物进行电泳，回收特异性的DNA片段进行测序，并通过序列分析进行鉴定。根据E基因建立的检测鸭坦布苏病毒的LAMP检测方法，特异性强，每个反应最低可检测到2个拷贝的病毒粒子，由于该方法操作简单方便，又不需要特殊的试验仪器，因此适用于基层推广和田间检测。实时荧光定量PCR具有更高的敏感性和准确性，适合专业实验室应用。采用TaqMan探针荧光定量PCR方法比常规PCR敏感100倍，最低可检出10个拷贝的病毒，对样品的检出率高出近1倍。根据鸭坦布苏病毒E基因和NS5基因设计引物，建立的SYBR Green实时荧光定量PCR，其敏感性是普通PCR的100倍。

（3）血清学检测　目前，建立的鸭坦布苏病毒血清学检测方法主要有病毒微量中和试验、间接ELISA、阻断ELISA、乳胶凝集试验等方法。采集发病前后的血清样品，通过检测鸭坦布苏病毒抗体，也可作为疫病的诊断依据。

3. 类症鉴别

该病与鸭高致病性禽流感、鸭瘟具有相似的临诊表现，需要进行类症鉴别。

（1）鸭高致病性禽流感　鸭高致病性禽流感的症状主要表现为头部、颈部肿大，皮下水肿，眼睛周围羽毛粘着黑褐色的分泌物；呼吸道症状明显，如病鸭出现咳嗽、气喘、啰音等，有的甚至呼吸困难；腿部皮肤出血。病理变化主要表现为头部皮下有胶冻样渗出物和出血点，喉头黏膜有不同程度的出血，气管黏膜点状出血，心肌纤维出现黄白色条纹状坏死。而鸭坦布苏病毒病不表现上述变化。

（2）鸭瘟　鸭瘟主要表现为食道、泄殖腔黏膜有出血点、溃疡或纤维素性伪膜，小肠黏膜有环状出血带；而鸭坦布苏病毒病不出现上述变化。

六、预防

（1）建立良好的生物安全体系　加强饲养管理，提供优质饲料，改善养殖环境，减少应激因素，提高鸭群的抵抗力。如采取降低饲养密度，保证鸭舍温度、湿度和合理通风，可以降低发病的风险或者严重程度；及时灭蚊、灭蝇、灭虫，以避免蚊虫的叮咬；驱赶野鸟或加防鸟网，以防止野鸟与鸭群密切接触。

（2）加强消毒　实行封闭管理，禁止无关人员入场；加强对各种用具和设备的消毒，如运输车辆、蛋托、饮水器等；加强对种蛋的消毒和垫料的消毒，同时加强卫生管理，病死鸭及其污染物要及时进行消毒或焚烧等处理。

（3）疫苗接种　目前商品化疫苗有鸭坦布苏病毒弱毒苗和灭活苗，两种疫苗均具有良好的保护效果。蛋鸭或种鸭可在11周龄和14周龄用弱毒疫苗免疫两次可有效控制本病的发生，也可配合灭活疫苗使用；雏鸭5～7日龄用弱毒苗进行免疫可取得较好的免疫效果。

七、治疗

本病目前尚无有效的特异性治疗措施，发病后可采用对症疗法。饲料或饮水中添加电解多维、葡萄糖、抗病毒中药（如大青叶、板蓝根、黄连、黄芪等），可减轻病情，有助于鸭群尽早恢复健康。可以在饮水中添加适量抗生素（如黏杆菌素、氟苯尼考、新霉素等），连用 4 ～ 5d，防止鸭群继发细菌感染，在很大程度上能降低鸭群的死淘率。

第六节　鸭呼肠孤病毒病

呼肠孤病毒广泛存在于家禽中，鸡群感染的报道最常见。鸡呼肠孤病毒能引起鸡的肠炎、肝炎、神经症状、心肌炎、呼吸系统疾病、关节炎和腱鞘炎等。

鸭呼肠孤病毒病（Duck reovirus disease，DRVD）是由鸭呼肠孤病毒（Duck reovirus，DRV）引起鸭的病毒性传染病，多个品种的鸭均可感染发病。鸭呼肠孤病毒与鸡呼肠孤病毒有一定的抗原相关性，但存在较大的差异，鸭发病后的表现与鸡不同。

一、历史概述

1950 年，南非的 Kaschula 等报道了番鸭呼肠孤病毒感染的病例，20 世纪 70 年代，该病在法国番鸭中流行并成为番鸭的主要病毒病；1981 年，Malkinson 等详细报道了该病，并最终确定该病的病原为呼肠孤病毒。番鸭感染呼肠孤病毒主要表现为腹泻、脚软，剖检主要以肝、脾出现针尖大小坏死点为特征。

1997 年，我国广州、福建、浙江等省份的番鸭养殖地区出现了呼肠孤病毒感染，俗称“番鸭肝白点病”或“花肝病”；2000 年，胡奇林等首次分离并鉴定该病原为一种新的 RNA 病毒；2001 年，吴宝成等根据该病毒的特点、血清学及生物学特性等确定该病毒为呼肠孤病毒；2002 年，黄瑜等报道了福建等地的半番鸭也能发生呼肠孤病毒感染。

2005 年，我国福建的福州、福清、莆田、长乐、漳浦，广东的佛山和浙江等地的番鸭、半番鸭以及麻鸭群中出现了一种新型传染病。该病的主要特点是肝脏不规则坏死和出血混杂，脾脏肿大且有斑块状坏死，心肌出血，肾脏和法氏囊出血，当时称其为“鸭出血性坏死性肝炎”或“鸭坏死性肝炎”。陈少莺、黄瑜等通过病原学研究最终确定该病是由一种新型鸭呼肠孤病毒（NDRV）或新致病型呼肠孤病毒引起的。

2006 年前后，苏敬良等报道了我国部分地区北京鸭、樱桃谷鸭的商品代肉鸭群中发生了一种新型传染性病，死亡率为 5% ～ 15%。鸭群感染早期没有明显特异性症状，剖检主要病变为脾脏表面有出血斑块或坏死灶，后期主要为脾脏坏死、变硬和萎缩，称为“脾坏死症”。

研究表明，北京鸭“脾坏死症”的病原是与番鸭呼肠孤病毒相关的新型鸭呼肠孤病毒。目前，鸭呼肠孤病毒病已广泛存在于我国绝大多数水禽养殖地区。

二、病原

鸭呼肠孤病毒（Duck reovirus，DRV）属于呼肠孤病毒科（Reoviridae）、正呼肠孤病毒属（Orthoreovirus），目前主要包括番鸭呼肠孤病毒（Muscovy duck reovirus，MDRV）和新型鸭呼肠孤病毒（New duck reovirus，NDRV）。鸭呼肠孤病毒具有典型呼肠孤病毒的形态特点，病毒粒子呈球形，无囊膜，呈二十面体对称，具有双层衣壳结构，完整的病毒粒子直径约为 60 ～ 73nm，为双股 RNA 病毒。鸭呼肠孤病毒由分节段的 10 个基因片段组成，根据这 10 个基因片段核酸凝胶电泳迁移率的不同可以将他们分为 3 组：大基因片段 L1、L2、L3，分别编码 λA、λB、λC 蛋白；中基因片段 M1、M2、M3，分别编码 μA、μB、μNS 蛋白；小基因片段 S1、S2、S3、S4，基因编码的蛋白因分离株不同而有所差异。鸡呼肠孤病毒（如 S1133 分离株）的 S1-S4 基因分别编码 P10+p17+σC、σA、σB、σNS 蛋白；番鸭呼肠孤病毒（如 ZJ2000M）的 S1-S4 基因分别编码 σA、σB、σNS、P10+σC 蛋白；我国近年来流行的新型鸭呼肠孤病毒的 S1-S4 基因主要编码 P10+p18+σC、σA、σB、σNS 蛋白。μNS、σNS、p10、p17 和 p18 是非结构蛋白，其他为结构蛋白。

鸭呼肠孤病毒能在禽胚中增殖，经尿囊腔、卵黄囊或绒毛尿囊膜接种，病毒均可生长，其中经卵黄囊和绒毛尿囊膜途径接种，病毒的增殖效果最好。病毒接种 12 ～ 13d 番鸭胚，可导致番鸭胚死亡。死亡胚体呈紫色，全身广泛性出血，尿囊膜混浊增厚，尿囊液清澈，胚体肝脏和脾脏上有灰白色坏死点。鸭呼肠孤病毒能在多种细胞如番鸭胚成纤维细胞（MDEF）、鸡胚成纤维细胞（CEF）、地鼠肾传代细胞（BHK21）和非洲绿猴肾细胞（Vero）上增殖并产生细胞病变，病毒感染细胞后，可形成合胞体，这种合胞体最早出现于 24 ～ 48h，随后出现单层细胞变性所留下的空洞和悬浮于培养基中的巨细胞，感染细胞内有嗜酸或嗜碱胞浆内包涵体。

鸭呼肠孤病毒对热有抵抗力，能耐受 60℃ 8 ～ 10h、56℃ 22 ～ 24h、37℃ 15 ～ 16 周、4℃ 3 年以上、−20℃ 4 年以上；对乙醚不敏感，对氯仿轻度敏感；对 pH 3、2% 的来苏儿、3% 的福尔马林有抵抗力；对 2% ～ 3% 氢氧化钠、70% 乙醇敏感。鸭呼肠孤病毒不能凝集禽类及哺乳动物的红细胞，区别于哺乳动物的呼肠弧病毒。

三、流行病学

鸭呼肠孤病毒在我国鸭群中广泛存在，给养鸭业造成较严重危害。番鸭、种番鸭、半番鸭、麻鸭、北京鸭等多个品种均能感染该病毒。

1997 年以来，我国南方地区的鸭群中出现了番鸭呼肠孤病毒感染，主要发生于番鸭，引起“番鸭花肝病”或“番鸭肝白点病”，发病日龄为 7 ～ 45d，发病率为 20% ～ 90%。

该病的病死率差异较大，一般为 10% ～ 30%，若鸭群受到应激或混合感染可高达 90%。

2005 年以来，我国福建、广东和浙江等地的鸭群出现了新型鸭呼肠孤病毒感染，该病主要发生于番鸭、半番鸭和麻鸭。发病日龄为 3 ～ 25d，其中 5 ～ 10d 更易感，病程 5 ～ 7d，发病率 5% ～ 20%，死亡率 2% ～ 15%，鸭的日龄越小，发病率、死亡率越高。若鸭群中存在继发感染，也会增加发病鸭的死亡率。流行病学调查发现本病与种鸭有一定关系，有的种鸭场培育的鸭苗发病率高。

2007 年以来，北京鸭、樱桃谷鸭也出现了新型鸭呼肠孤病毒感染，发病鸭的日龄多为 7 ～ 22d，死亡率 10% ～ 15%。

本病的传染源主要是病鸭和带毒鸭，传染源排出的病原体污染空气、饲料、饮水、用具等，易感鸭群通过呼吸道或消化道感染引起发病，本病也能经卵引发垂直传播。

本病无明显季节性，但卫生条件差、饲养密度过大、气候骤变、应激因素等不良的饲养管理条件会诱发本病的发生。本病还常继发或并发鸭疫里默氏杆菌病、大肠杆菌病、禽流感等，造成大量死亡。

四、症状

鸭呼肠孤病毒感染鸭后的症状因品种和日龄不同而差异明显，主要表现为软脚、排白色稀粪和耐过鸭生长发育迟缓。

番鸭呼肠孤病毒感染番鸭及半番鸭，临诊症状表现为精神沉郁，食欲下降，少食或不食，少饮；病鸭拥挤成群，羽毛蓬松且无光泽，怕冷，鸣叫，眼分泌物增多，呼吸急促；患鸭常出现腹泻，排出绿色、白色稀粪；全身乏力，头颈无力下垂，脚软，喜蹲伏；部分病鸭趾关节或跗关节出现不同程度的肿胀，病程一般为 2 ～ 14d，死亡高峰为发病后 5 ～ 7d，死前以头触地，部分病死鸭头向后扭转。2 周龄以内发病的番鸭很少能耐过，病鸭耐过后会出现生长发育不良，成为僵鸭、残鸭，给养殖业带来严重的经济损失。

新型鸭呼肠孤病毒感染北京鸭、樱桃谷鸭后主要表现为精神沉郁，食欲下降，采食量降低，不愿走动（图 4-291）；有的鸭出现流泪、排白色稀粪；死亡鸭喙发紫（图 4-292，图 4-293）。死亡率 5% ～ 15%，鸭日龄愈小，发病率和病死率愈高，有的感染鸭群死亡可持续到 30 日龄以上。本病的病程长短不一，一般为 14 ～ 21d，发病后 5 ～ 10d 进入死亡高峰期，高峰期一般持续 10 ～ 20d。成年鸭感染鸭呼肠孤病毒后无明显的症状，有的鸭群会出现产蛋率下降且持续性波动。新型鸭呼肠孤病毒感染番鸭、半番鸭后表现的症状与番鸭呼肠孤病毒感染后的特征相似。

近年来呼肠孤病毒感染鸭群还出现关节炎，表现为跛行（图 4-294，图 4-295），跗关节肿胀（图 4-296 ～图 4-300），瘫痪（图 4-301 ～图 4-303），发病比例为 10% ～ 15%，通常 60 日龄以上的种鸭易发病，一直持续到开产。

刁有祥 摄

图4-291 鸭精神沉郁，缩颈

图4-292 死亡鸭喙呈紫黑色

图4-293 死亡鸭喙呈紫黑色

图4-294 鸭跛行，站立困难

图4-295 鸭跛行

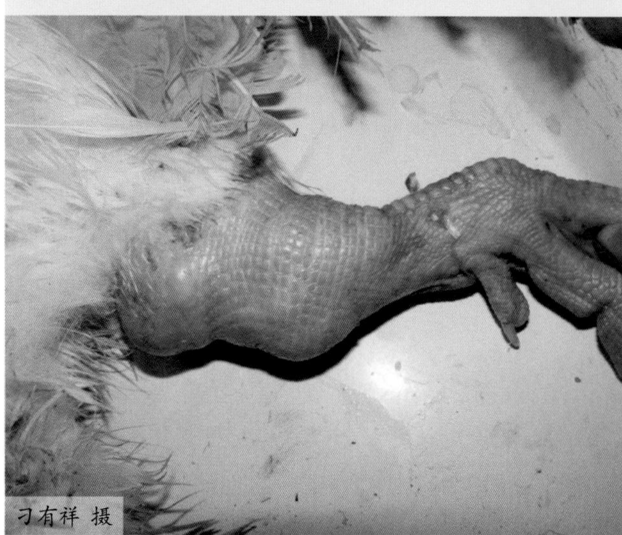

图4-296 鸭跗关节肿胀（一）

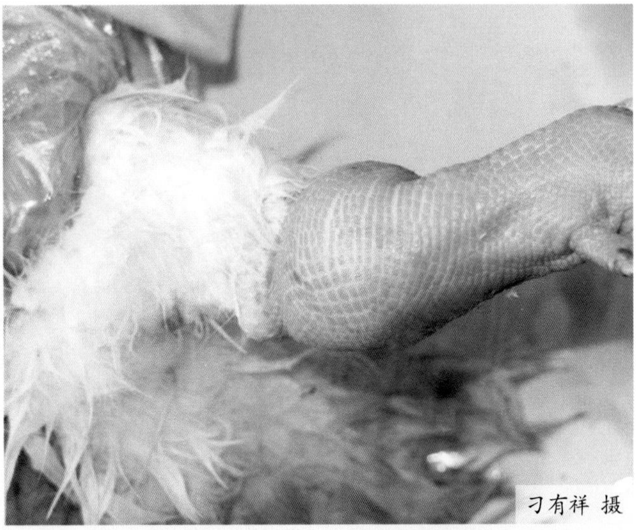

图4-297 鸭跗关节肿胀（二）

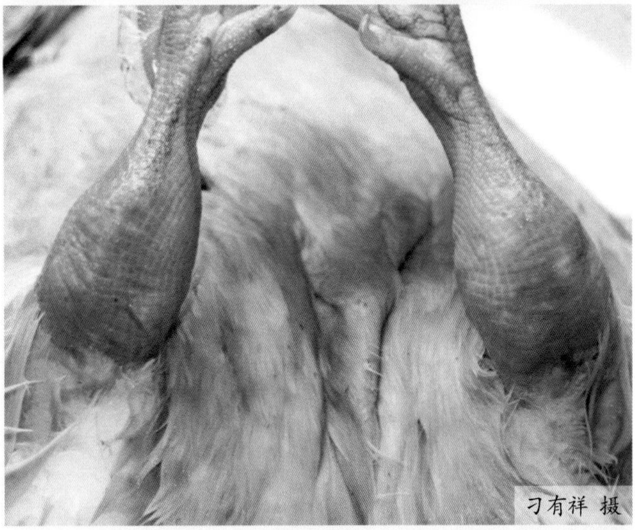

刁有祥 摄

图4-298 鸭双侧跗关节肿胀

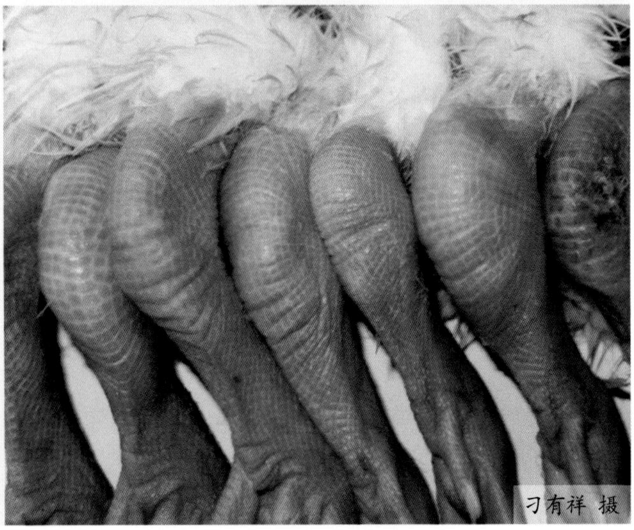

刁有祥 摄

图4-299 鸭跗关节肿胀

刁有祥 摄

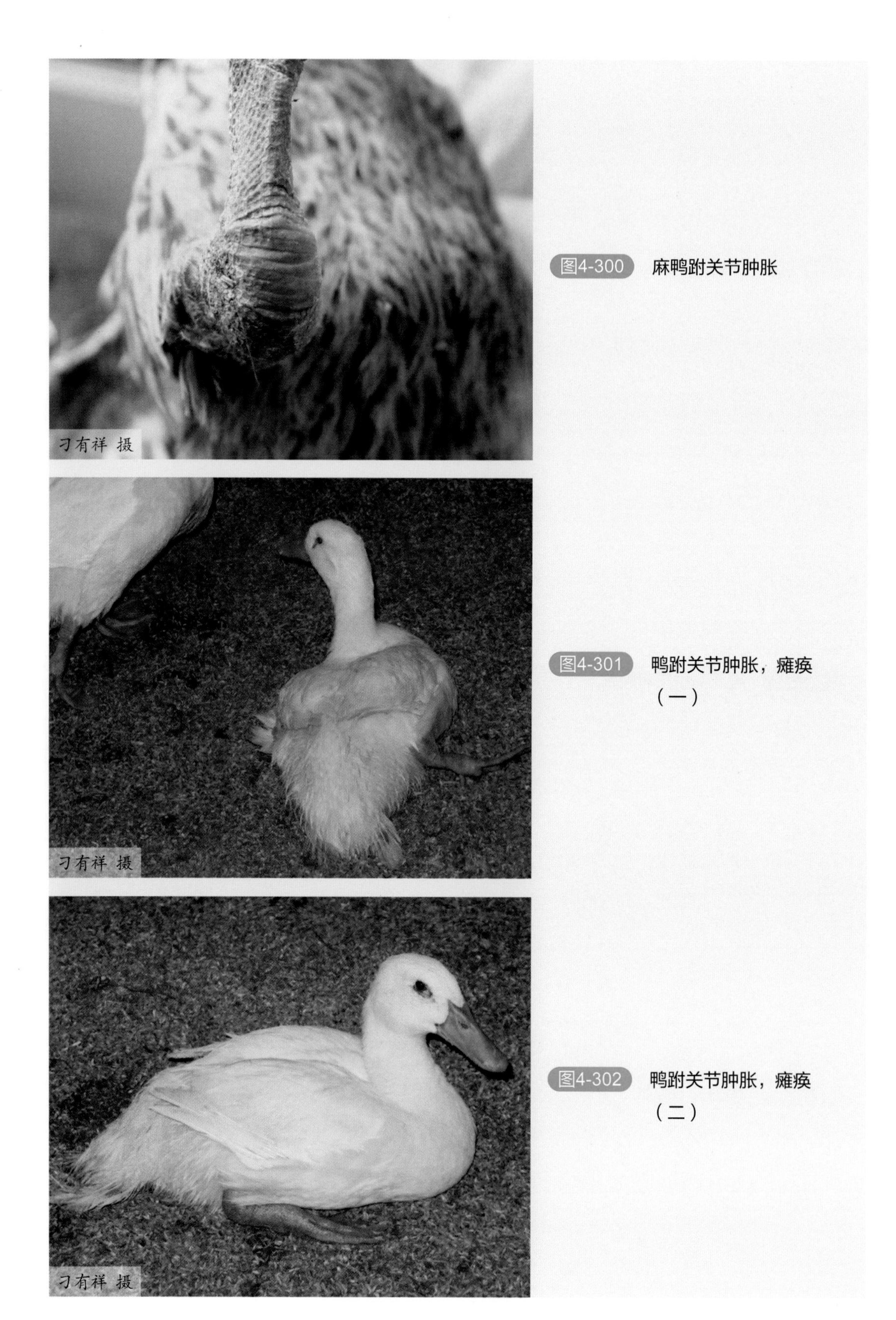

图4-300 麻鸭跗关节肿胀

图4-301 鸭跗关节肿胀，瘫痪（一）

图4-302 鸭跗关节肿胀，瘫痪（二）

图4-303 鸭跗关节肿胀，瘫痪

五、病理变化

番鸭、半番鸭感染番鸭呼肠孤病毒引起的剖检变化主要表现为肝脏肿大或稍肿大，呈淡褐红色，质脆，其表面和实质有弥漫性、大小不一（0.5 ～ 1.0mm）或针尖大小、灰白色的坏死点；脾脏肿大，有些病例不肿大，呈暗红色，表面有针尖到米粒大小散在的灰白色坏死灶，有的有散在出血点，脾脏呈“花斑状”；肾脏肿大、苍白，有出血点和坏死点。若继发感染可见到不同程度的心包炎、心外膜增厚、浑浊，心包膜与胸壁粘连；法氏囊出血；脑水肿，脑膜有点状或斑块状出血；肠黏膜有大量白色坏死点；有时胰脏水肿，有白色坏死点。

新型鸭呼肠孤病毒能感染各品种鸭，如番鸭、半番鸭、麻鸭、北京鸭、樱桃谷鸭等。肝脏肿大或稍肿大，呈浅黄色（图 4-304，图 4-305），表面有大小不一的出血斑（图 4-306，图 4-307）或坏死灶（图 4-308）。脾脏肿大，出血（图 4-309），时间稍长的脾脏肿大，表面有大小不一的坏死斑点（图 4-310 ～图 4-312），后期脾脏完全坏死，质地较硬（图 4-313）。肺脏出血（图 4-314）；法氏囊、胸腺肿大；肾脏肿大、出血；胰腺水肿；心包膜与肾脏均有不同程度的出血。关节炎的病例可见跗关节皮下出血，关节腔中有脓性渗出（图 4-315 ～图 4-317），或黄白色干酪样渗出物（图 4-318，图 4-319）。而番鸭、半番鸭和麻鸭群以肝脏不规则坏死和出血混杂、心肌出血、脾脏肿大，有斑块状坏死，肾脏和法氏囊出血为主要特征。

番鸭花肝病或番鸭肝白点病的组织学变化为肝细胞不同程度的局灶性变性、坏死、崩解，同时夹杂出血灶和大量炎性细胞浸润；肾脏充血、水肿，肾小管上皮细胞变性，与基底膜脱离；心脏表现为间质性心肌炎，心肌纤维萎缩、间隙增大，有出血灶和炎性细胞浸润；脾脏出血、坏死，淋巴细胞减少、崩解；腔上囊黏膜下层出血，黏膜上皮坏死脱落，淋巴滤泡和淋巴细胞减少。

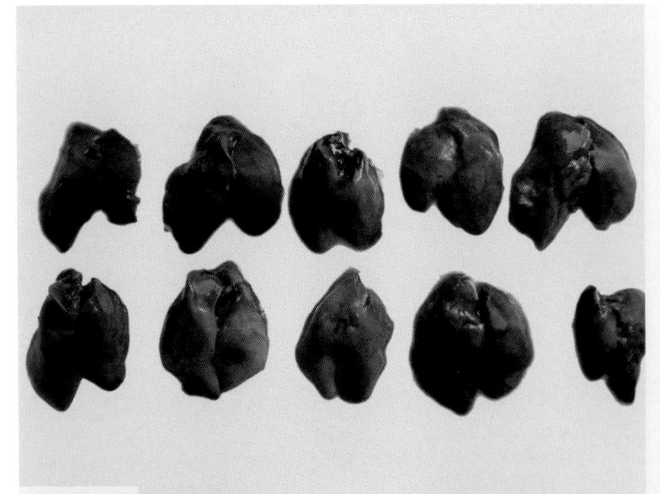

图4-304 肝脏肿大，呈浅黄色

图4-305 肝脏稍肿大，呈浅黄色

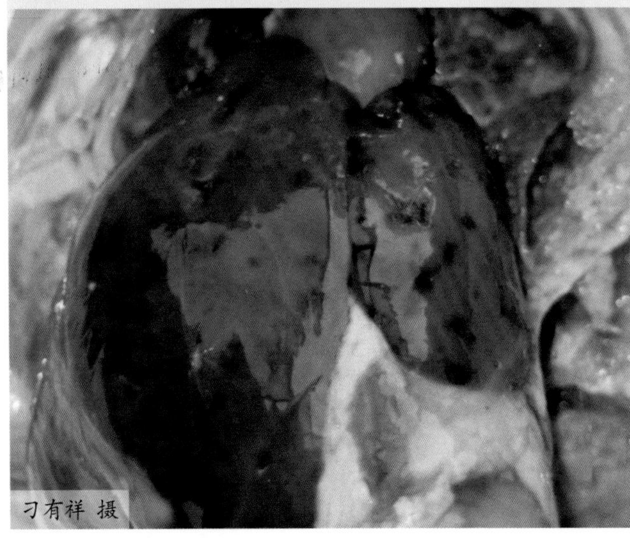

图4-306 肝脏肿大，表面有大小不一的出血斑（一）

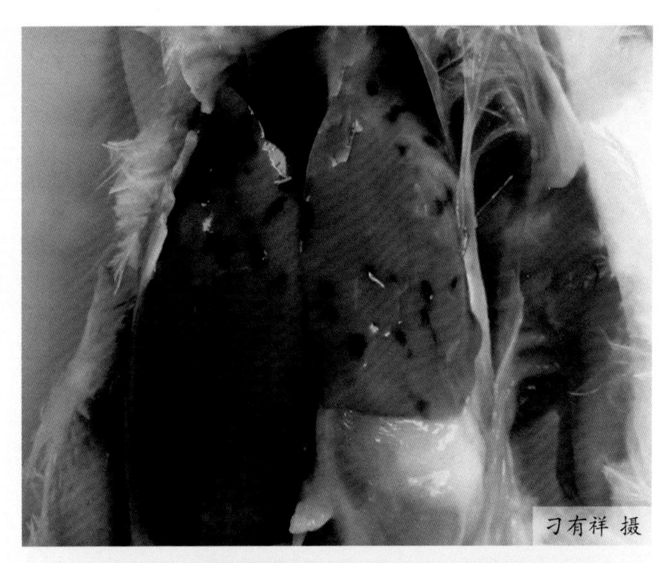

图4-307 肝脏肿大，表面有大小不一的出血斑（二）

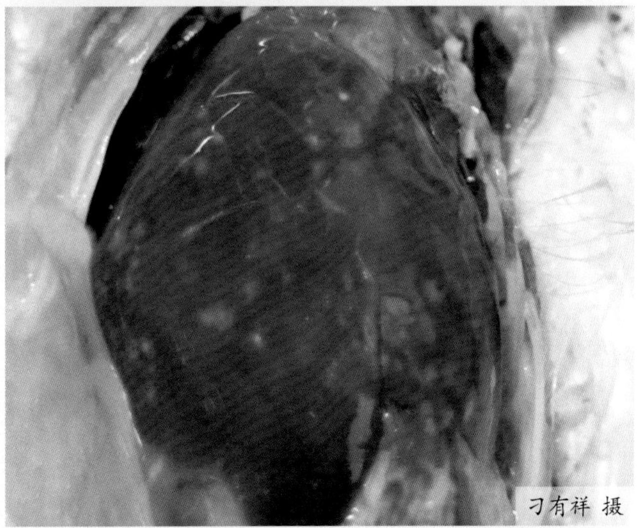

图4-308 肝脏肿大，表面有大小不一的坏死斑点

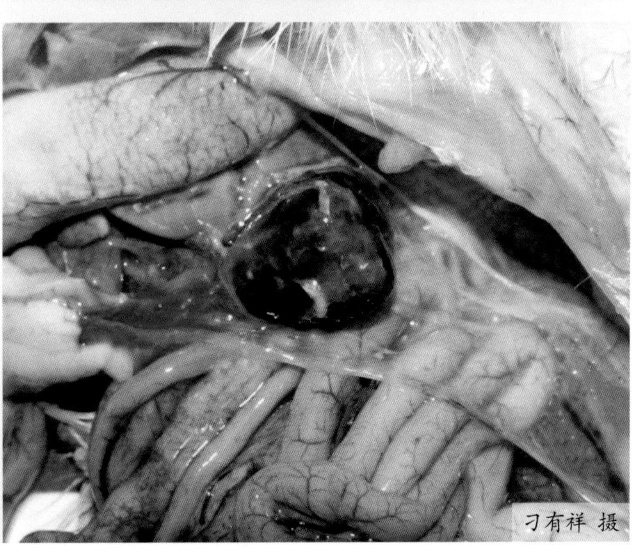

图4-309 脾脏肿大，出血

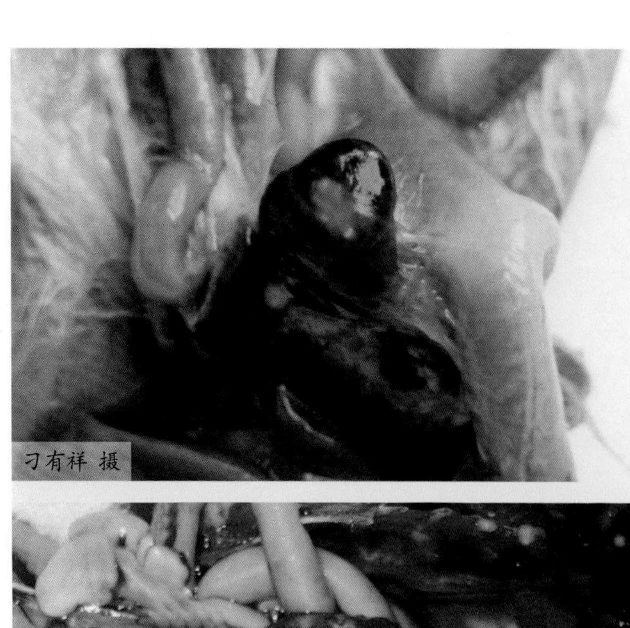

图4-310 脾脏肿大，表面有豆粒大的坏死灶

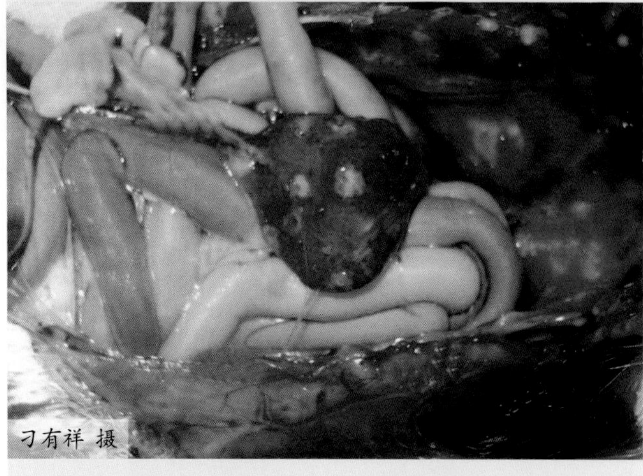

图4-311 脾脏肿大，表面有大小不一的坏死灶（一）

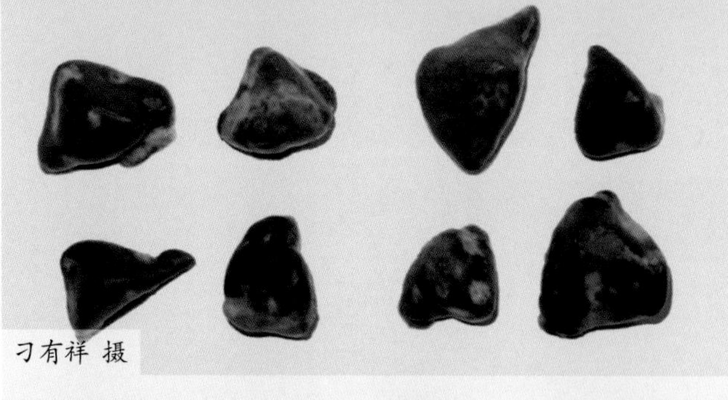

图4-312 脾脏肿大，表面有大小不一的坏死灶（二）

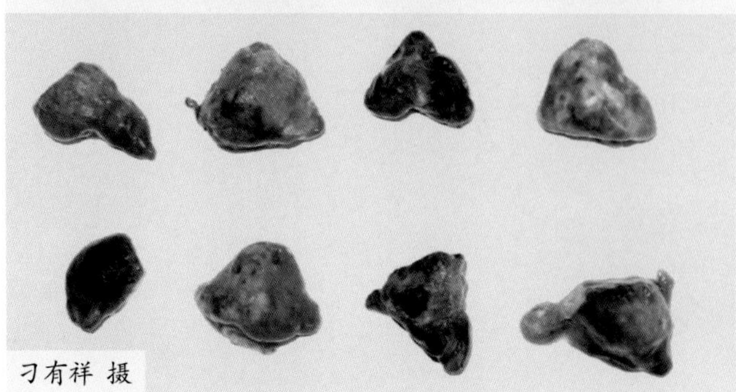

图4-313 脾脏部分坏死或完全坏死

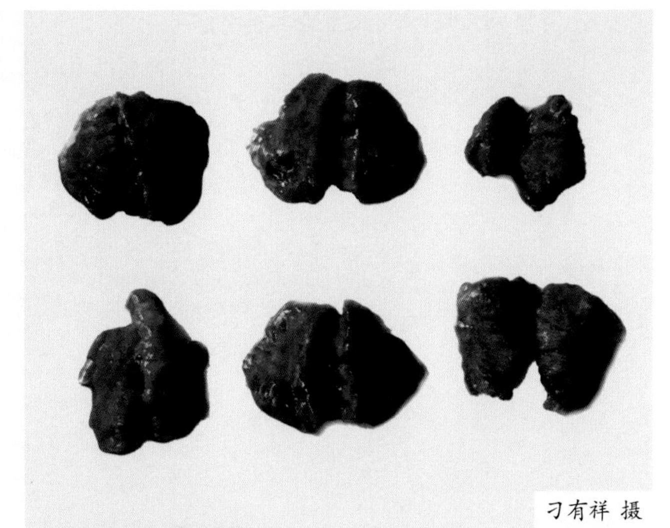

图4-314 肺脏出血，呈紫红色

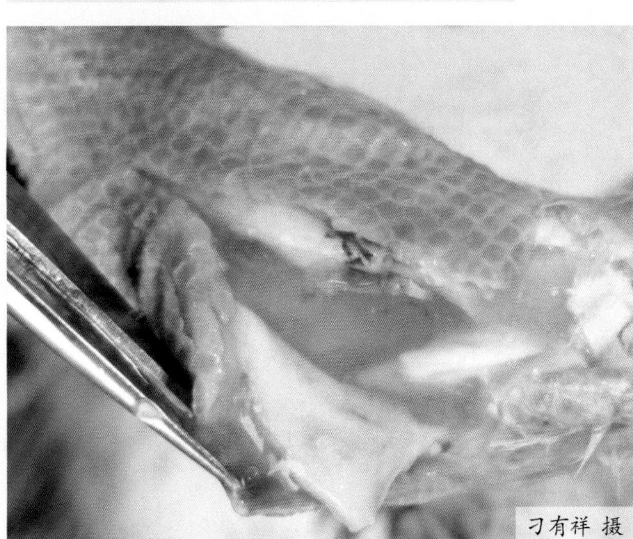

图4-315 关节腔中有脓性渗出物（一）

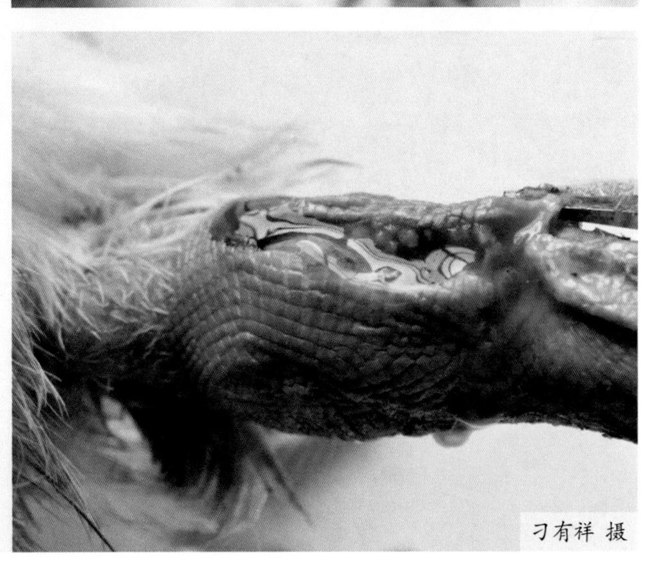

图4-316 关节腔中有脓性渗出物（二）

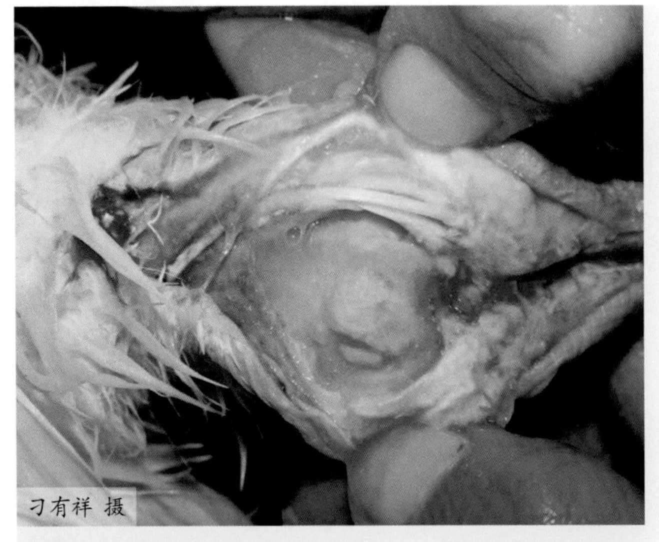

图4-317 关节腔中有黄白色脓性渗出物

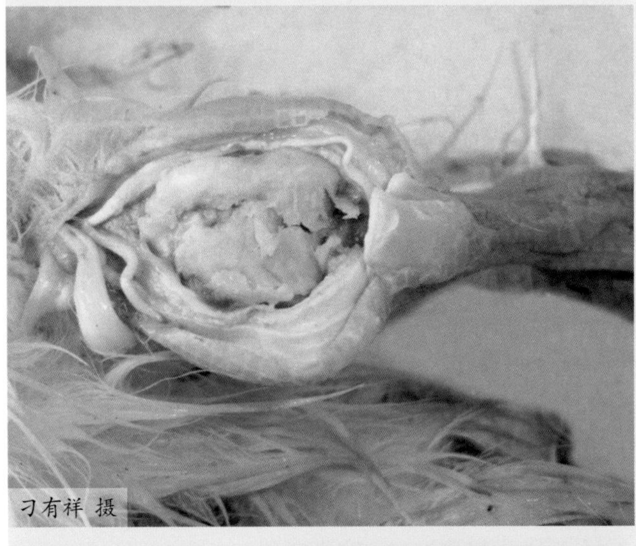

图4-318 关节腔中有黄白色干酪样渗出物（一）

图4-319 关节腔中有黄白色干酪样渗出物（二）

鸭脾坏死症的组织学变化为脾脏出血，局灶性坏死，坏死灶渐渐增大，形成肉芽肿结构（图4-320）；感染后期，脾脏坏死区域充满增生的网状细胞及内皮细胞；肝脏水泡变性和局灶性坏死（图4-321），感染后期，肝脏弥漫性脂肪变性，汇管区胆小管增生（图4-322）。肺脏出血，间质内有炎性细胞浸润和纤维素渗出（图4-323）。法氏囊固有层淋巴滤泡数量明显减少，出现大量空洞（图4-324）。心脏纤维水肿、断裂，间质增宽，有少量淋巴细胞浸润（图4-325）。肾小球肿胀、出血，有炎性细胞浸润，肾小管上皮细胞肿胀，管腔变小或消失（图4-326）。

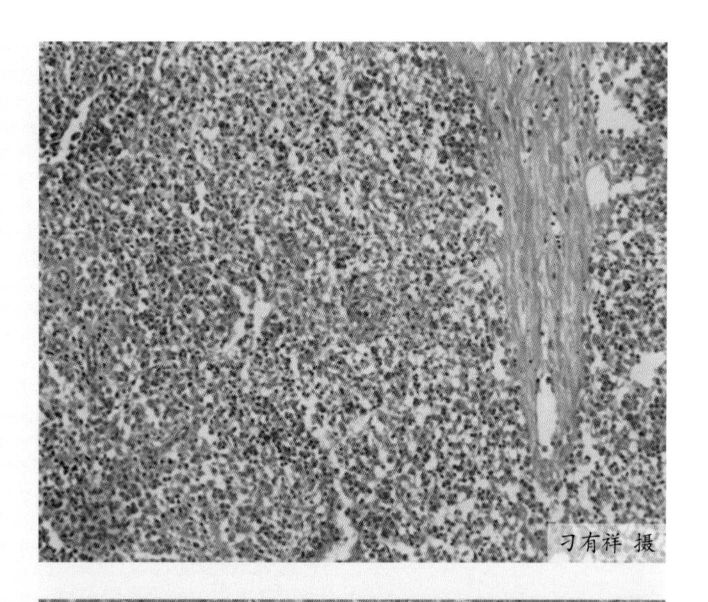

图4-320 脾脏出血，淋巴细胞坏死，有大量的成纤维细胞

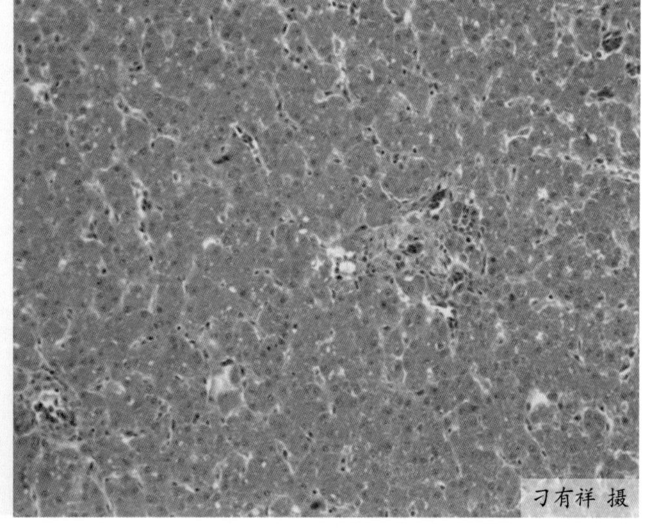

图4-321 肝组织出现坏死灶，灶内肝细胞消失，有炎性细胞浸润

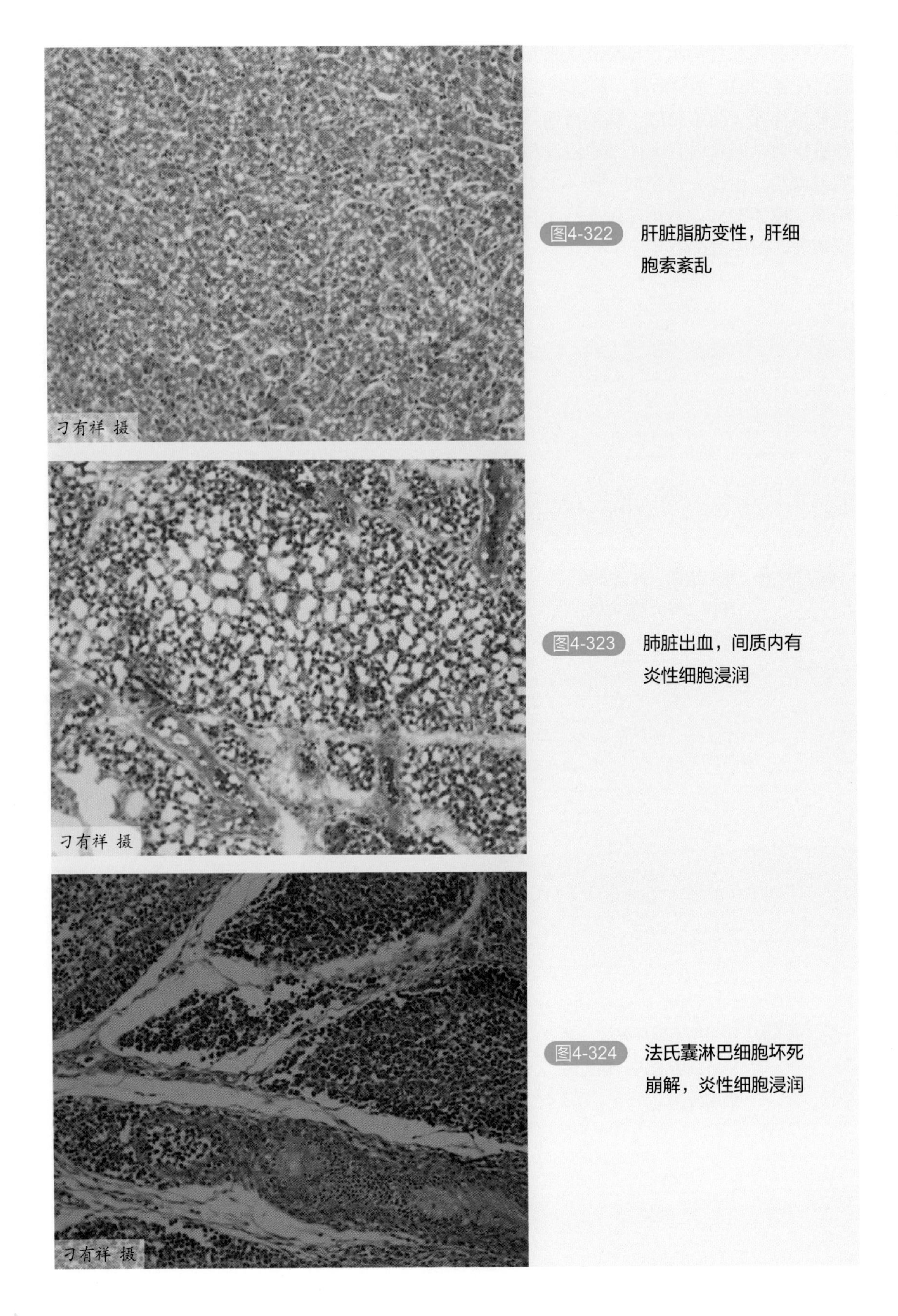

图4-322 肝脏脂肪变性，肝细胞索紊乱

图4-323 肺脏出血，间质内有炎性细胞浸润

图4-324 法氏囊淋巴细胞坏死崩解，炎性细胞浸润

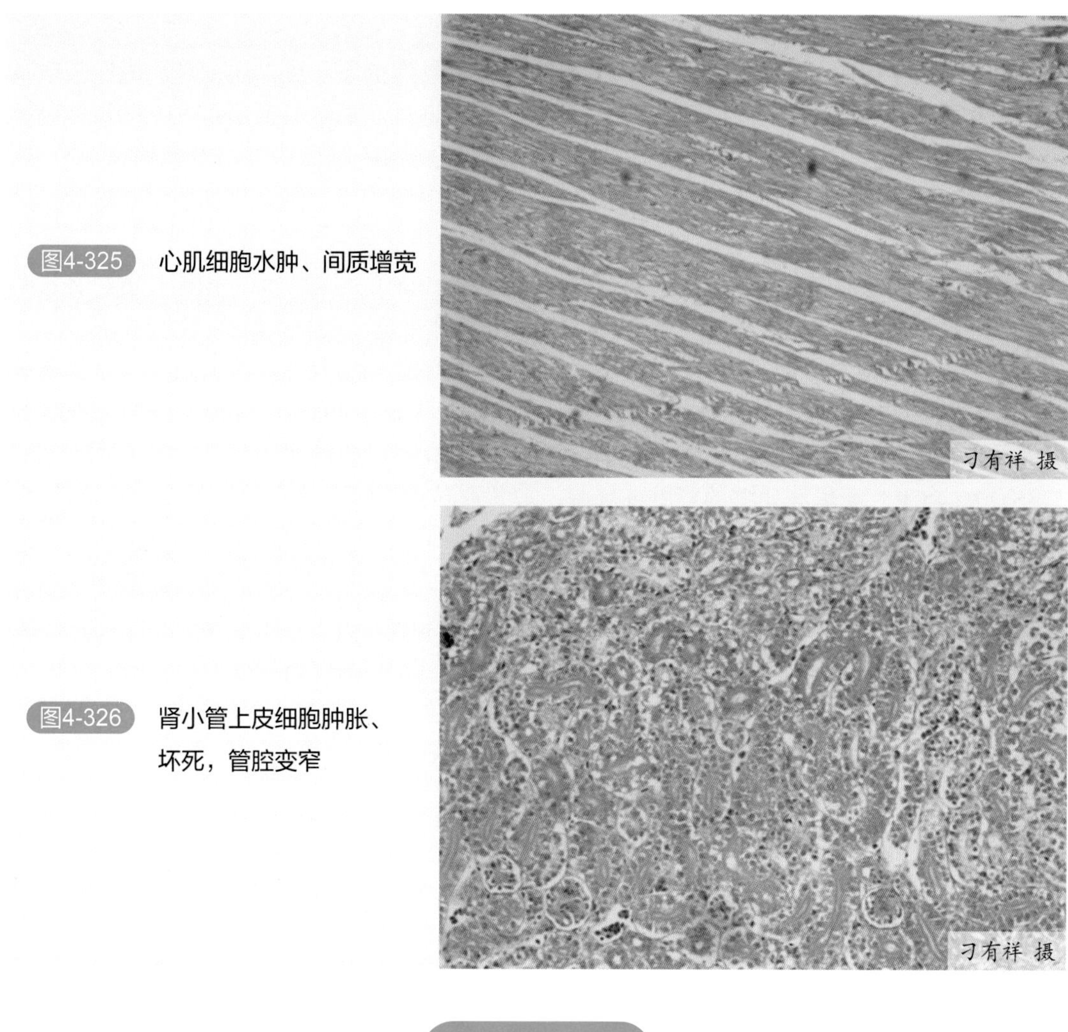

图4-325 心肌细胞水肿、间质增宽

图4-326 肾小管上皮细胞肿胀、坏死，管腔变窄

六、诊断

1. 临诊诊断

根据流行病学、症状、病理变化特点，尤其是剖检时肝脏、脾脏等脏器的特征性病变可以作出初步诊断，确诊需要进行实验室诊断。

2. 实验室诊断

通过病毒的分离培养、免疫学试验、分子生物学试验等进行病毒的鉴定。

（1）病毒的分离培养　无菌采集病死鸭的肝脏或脾脏，将病料剪碎，放入研钵或匀浆器中，按照1∶4的比例加入灭菌的生理盐水或Hank's液，制成组织悬液，冻融2次。12000r/min离心10min，取上清液加入青霉素、链霉素各1000IU，置于37℃温箱作用30min或4℃作用过夜，以除去杂菌。将无菌上清液通过绒毛尿囊膜途径接种9～11日龄的鸭胚，每胚接种0.2mL，置于37℃孵化箱内继续孵化，每24h照胚1次，观察10d。弃掉24h内死亡的胚体，收集24h后死亡鸭胚的尿囊液。鸭胚大多于5～6d死亡。死亡胚体出血明显，部分死胚肝脏、脾脏有坏死灶。此外，无菌上清液还可接种鸡胚肝细胞，细胞在感染病毒48h左右出现细胞病变，形成典型的合胞体。

（2）免疫学诊断　禽呼肠孤病毒具有共同的群特异性抗原，可以通过琼脂凝胶扩散试验来鉴定鸭呼肠孤病毒的群特异性抗原，鸭呼肠孤病毒可与鸡呼肠孤病毒S1133毒株的抗体结合形成白色沉淀线，发生阳性反应，这样就可以将鸭呼肠孤病毒与其他病毒区分开。但鸭呼肠孤病毒与鸡呼肠孤病毒血清型不同，无交叉中和作用，因此可利用中和试验来区分鸭呼肠孤病毒与鸡呼肠孤病毒。

据报道，鸭呼肠孤病毒的σC和σB蛋白可作为ELISA的包被抗原，用来检测、评价鸭群的免疫水平。此外，也可以利用该病毒的单克隆抗体来建立间接ELISA检测方法。

（3）分子生物学诊断　鸭呼肠孤病毒的分子生物学诊断方法主要有反转录-多聚酶链式反应（RT-PCR）、巢式PCR、SYBR Green 1实时荧光定量PCR、TaqMan探针实时荧光定量PCR、NDRV和MDRV双重RT-PCR等，其中RT-PCR扩增在生产中应用广泛。

① RT-PCR　采集病死鸭的肝脏或脾脏，取黄豆粒大小组织块，剪碎后在研钵中研磨，研磨后的组织匀浆利用Trizol法或试剂盒来提取组织总RNA，以总RNA为模板，利用反转录试剂盒合成cDNA。由于鸭呼肠孤病毒的σA编码基因相对保守，根据该基因的保守片段设计引物进行PCR扩增，该方法具有较高的特异性和敏感性，可用于分子流行病学调查。目前，最常用的检测鸭呼肠孤病毒的方法便是基于σA基因的RT-PCR方法。

② SYBR Green1实时荧光定量PCR　袁远华等建立了NDRV SYBRGreen1实时荧光定量PCR检测方法，对NDRV的最低检出量为29copies/μL，敏感性比普通PCR高100倍，为NDRV早期快速检测及定量分析提供重要的方法。

③ 双重RT-PCR　卿柯香等建立了NDRV和MDRV双重RT-PCR，能够同时快速检测NDRV和MDRV，该方法特异性和敏感性强。

3. 类症鉴别

该病在流行病学、症状、病理变化上与鸭甲型病毒性肝炎、鸭星状病毒病、鸭沙门菌病相似，需要进行鉴别。

（1）鸭甲型病毒性肝炎　鸭甲型病毒性肝炎主要发生于1月龄以内的雏鸭，发病急、死亡率高，发病症状与番鸭呼肠孤病毒病、新型鸭呼肠孤病毒病相似，但病变存在较大区别。鸭甲型病毒性肝炎剖检病变主要表现为肝脏肿大，质脆易碎，表面有出血点和出血斑块；而番鸭呼肠孤病毒病的主要病变是肝脏、脾脏肿大，表面有针尖到米粒大小、散在的灰白色坏死灶，有的有散在出血点；新型鸭呼肠孤病毒病的主要剖检变化是脾脏表面有坏死灶，偶见少量出血点，病程后期脾脏坏死、变硬、萎缩。因此，从病死鸭的剖检变化上可以将这3种疾病进行区分。

（2）鸭星状病毒病　鸭星状病毒病主要发生于1～6周龄的雏鸭，发病症状与番鸭呼肠孤病毒病相似，但两者病变存在较大区别。鸭星状病毒病的主要剖检变化是肝脏肿大，表面有大量的出血点或出血斑块；而番鸭呼肠孤病毒病的主要病变是肝脏、脾脏表面有灰白色坏死灶，有的有散在出血点；新型鸭呼肠孤病毒病的主要剖检变化是脾脏表面有坏死灶，病程后期脾脏坏死、变硬、萎缩。因此，从病死鸭的剖检变化上可以将这3种疾病进行区分。

（3）鸭沙门菌病　鸭沙门菌病主要发生于1月龄以内的雏鸭，发病症状主要表现为排稀粪，共济失调，最后出现抽搐、死亡等，剖检变化表现为脾脏上出现白色坏死点，与鸭呼肠孤病毒病相似。但鸭沙门菌病是细菌病，可以通过采集病料、触片，瑞氏或美蓝染色，显微镜下可观察到蓝色短杆状沙门菌。而鸭呼肠孤病毒病是病毒病，病料触片染色镜检是观察不到任何病原微生物的，从而可以进行区分。

七、预防

（1）采取严格的生物安全措施　加强饲养管理和卫生消毒工作，提高鸭群的抵抗力，减少病原的污染。聚维酮碘或 0.2% ～ 0.3% 过氧乙酸带鸭消毒 1 次 /d，连续 3 ～ 4d；饮水和饲料中适当添加黄芪多糖、电解多维、葡萄糖等，可以提高鸭群的抵抗力，防止机体脱水，有利于鸭群恢复健康。

（2）免疫接种　油乳剂灭活苗及弱毒疫苗免疫对鸭群具有较好的保护效果，种鸭在开产前 2 周左右进行油乳剂灭活苗的免疫，每只 0.5mL，3 个月后再加强免疫 1 次，每只 1mL，这样既可以消除垂直传播，后代雏鸭又可以获得水平较高的母源抗体，防止该病的早期感染。种鸭经过免疫后所产的蛋孵出的雏鸭，应在 10 日龄前后接种预防本病的灭活苗或弱毒疫苗进行免疫。未经免疫的种鸭所产蛋孵出的雏鸭，应在 5 日龄之内用灭活疫苗或弱毒疫苗进行免疫，肉鸭免疫后，能有效预防本病的发生和流行。留种用的雏鸭，在 5 ～ 7 日龄时用油乳剂灭活疫苗进行首免，2 月龄时进行二免，产蛋前 15d 进行三免，3 个月后再加强免疫一次。

据报道，利用鸭呼肠孤病毒 σC 基因制备的自杀性 DNA 疫苗可以诱导雏鸭保护性免疫反应。研究表明，番鸭呼肠孤病毒的活疫苗具备安全性好、免疫原性强、免疫持续期长、疫苗质量稳定、保存期长等特点。试验表明，未使用该疫苗前，雏番鸭的成活率为 65%，而应用该疫苗免疫后雏番鸭的成活率提高到 95% 以上，上市率 93% 以上。该疫苗的成功研制、推广和应用，能有效防治番鸭呼肠孤病毒病。

八、治疗

发生疫情时，首先淘汰隔离发病鸭雏，可用抗病毒中药黄芪多糖，同时加入广谱抗生素（如 0.01% 恩诺沙星等）拌料或饮水，连用 4 ～ 5d，防止继发感染，有条件的可注射免疫血清进行治疗，1 日龄雏鸭有一定效果。还可在饲料饮水中增加电解多维及维生素、葡萄糖等营养物质，以减少应激，增强机体抗病力。对发生关节肿胀的种鸭治疗效果不佳，应予以淘汰。

第七节　鸭病毒性肝炎

鸭病毒性肝炎（Duck viral hepatitis，DVH）是雏鸭的一种急性、高度致死性传染病，该病发病急、传播快、死亡率高。4 周龄以内雏鸭，特别是 1 周龄左右的雏鸭易发，病鸭多表现神经症状，死后呈角弓反张。剖检以肝脏肿大、表面有出血斑点为特征。

一、历史概述

鸭病毒性肝炎是Levine和Hoftud于1945年首次在美国发现，但当时没有分离到病原。1949年，本病在美国长岛再次发生，Levine和Fabricant用鸡胚分离到病毒，之后，英国、加拿大、德国、意大利、印度、法国等也相继报道了该病。Levine和Fabricant从美国分离的毒株属于血清1型鸭肝炎病毒（DHV-1），DHV-1也是鸭病毒性肝炎的主要血清型。1963年，我国黄建新等报道上海某些鸭场于1958年秋和1962年春发生过鸭病毒性肝炎；1980年初期，王平、潘文石、郭玉璞等在北京某鸭场分离到病毒，确定了本病在我国的存在，并确定了当时我国流行的是DHV-1，此后，全国各地也相继报道了该病的发生与流行。

1965年，英国的Asplin报道，免疫过DHV-1疫苗的雏鸭发生了鸭病毒性肝炎，但分离到的病毒株不能被DHV-1的抗血清中和，且他们之间的交叉保护作用较低，当时认为这是一种新血清型的病毒感染，命名为血清2型鸭病毒性肝炎（DVH-2）；1984年，Cough等报道了在英国发生鸭病毒性肝炎的病鸭肝脏中观察到了星状病毒样颗粒；第二年，Gough等发现，该星状病毒与血清2型鸭肝炎病毒（DHV-2）具有相同的抗原性，由此将DHV-2鉴定为星状病毒（Astrovirus infection，AstV），并命名为鸭星状病毒1型（Duck Astrovirus infection，DAstV-1）。

1979年，美国Haider和Calnek报道过血清3型鸭病毒性肝炎（DVH-3），其病原与DHV-1和DHV-2没有明显的血清交叉反应；2009年，Todd等从DHV-2和血清3型鸭肝炎病毒（DHV-3）基因组中扩增出星状病毒开放阅读框（ORF）1b的部分序列，再次表明DHV-2和DHV-3同属于星状病毒。根据部分ORF 1b序列的分析结果，Todd等认为DHV-3和DHV-2属于两种不同的星状病毒，DHV-2属于DAstV-1，DHV-3属于鸭星状病毒2型（Duck Astrovirus infection，DAstV-2）。

2007年，中国台湾和韩国出现鸭病毒性肝炎的新血清型，与DHV-1均无交叉中和反应，分别命名为“中国台湾新型DHV”和“韩国新型DHV”。2种新血清型的DHV均属于小RNA病毒的基因组结构，但它们与小RNA病毒科其他属成员在衣壳蛋白、2C蛋白和3C蛋白氨基酸序列同源性方面均小于40%。2009年，国际病毒分类委员会在小RNA病毒科中成立了禽肝炎病毒属（Avihepatovirus），提出了鸭甲型肝炎病毒（Duck hepatitis A virus，DHAV）的种名，将DHV-1、“中国台湾新型DHV”和“韩国新型DHV”分别改名为鸭甲型肝炎病毒1型（Duck hepatitis A virus 1，DHAV-1）、鸭甲型肝炎病毒2型（Duck hepatitis A virus 2，DHAV-2）和鸭甲型肝炎病毒3型（Duck hepatitis A virus 3，DHAV-3）。

二、病原

就目前所知，鸭病毒性肝炎主要由鸭甲型肝炎病毒（DHAV）和鸭星状病毒（DAstV）引起。

1. 鸭甲型肝炎病毒

鸭甲型肝炎病毒可分为 3 种血清型，即鸭甲型肝炎病毒 1 型（DHAV-1）、鸭甲型肝炎病毒 2 型（DHAV-2）和鸭甲型肝炎病毒 3 型（DHAV-3）。其中 DHAV-1 和 DHAV-3 是生产中常见血清型，中国大陆和韩国均报道了大量的 DHAV-1 和 DHAV-3 感染，而 DHAV-2 仅在中国台湾地区报道过。血清学试验表明：DHAV-1 和 DHAV-3 无明显的交叉中和或交叉保护作用，DHAV-1 和 DHAV-2 也无明显的交叉反应，DHAV-2 和 DHAV-3 血清学关系目前尚不明确。美国学者 Sandhu 等发现一种 DHAV-1 的变异株，称为 la 型鸭肝炎，与 DHAV-1 型之间有部分交叉中和反应和部分交叉保护反应。

鸭甲型肝炎病毒属于小 RNA 病毒科（Picornaviridae）、禽肝炎病毒属（Avihepatovirus）。DHAV-1 病毒粒子呈球形或类球形，直径 20 ～ 40nm，无囊膜。Richter 等在电子显微镜下从肝脏超薄切片中观察到 30nm 的病毒颗粒。目前，对 DHAV-2 和 DHAV -3 的形态学研究较少。

DHAV-1 的基因组为不分节段的单股正链 RNA，结构特点与小 RNA 病毒相似，只包括一个开放读码框（ORF），两端是 5′ 和 3′ 非编码区（UTR），3′UTR 后有 poly（A）尾。DHAV-1 基因组全长约 7691nt，其中编码区约为 6747nt，编码一个含 2249 ～ 2251 个氨基酸的多聚蛋白，多聚蛋白在翻译过程中不断被自身和宿主的蛋白酶水解为成熟的病毒多肽。编码区从 5′ 端至 3′ 依次为：P1 区编码病毒的衣壳蛋白，进一步分解为 VP0、VP3 和 VP1 3 个结构蛋白；P2 区编码 2A1、2A2/2A3、2B 和 2C 4 个非结构蛋白，这些蛋白主要参与病毒多聚蛋白的加工、抑制细胞生长、膜结合和 ATPase 等；P3 区编码 3A、3B、3C 和 3D 4 个非结构蛋白。DHAV-1 整个基因组从左到右的排列顺序为 5′UTR—VP0（VP2）—VP3—VP1—2A1—2A2—2A3—2B—2C—3A—3B—3C—3D—3′UTR，属于典型的小 RNA 病毒的基因组结构。病毒的结构蛋白 VP1-VP4 是成熟病毒粒子的主要成分，与病毒的血清学反应关系密切，其中 VP1 蛋白含有多个中和抗原表位，是 DHAV-1 的主要免疫原性蛋白。同一血清型不同分离株的核苷酸序列和氨基酸序列同源性较高，一般大于 90%，而 DHAV-1 与 DNHAV-3 的同源性低于 72%。

鸭甲型肝炎病毒能在鸡胚、鸭胚、鹅胚中增殖。病毒经尿囊腔途径接种 9 ～ 11 日龄鸡胚，接种后 5 ～ 6d 有 10% ～ 60% 鸡胚死亡，死亡鸡胚尿囊膜增生，胚体发育不良、水肿，有的死胚肝脏有黄色坏死点或坏死斑，病毒在鸭胚中的增殖特征与鸡胚一致。鸭甲型肝炎病毒分离株通过鸡胚或鸭胚连续传代后对胚体的致死率可达到 100%，死亡时间也集中在接毒后 48 ～ 96h，随着传代次数的增加，病毒对雏鸭的致病力逐渐降低，但病毒仍保持良好的免疫原性。鸭甲型肝炎病毒经鸡胚连续传 20 ～ 26 代后，可失去对新生雏鸭的致病力，通过这种方法，国内外已成功地培育出预防鸭甲型病毒性肝炎的商品化弱毒疫苗。DHAV-3 分离株在鸡胚中增殖滴度较低，需要经过连续传代适应后才能够致死鸡胚。鸡胚成纤维细胞（CEF）、鸭胚成纤维细胞（DEF）、鸭胚肝细胞、鸭肾细胞、鹅胚肾细胞等也可用来培养该病毒，并能产生细胞病变。

DHAV-1 不能凝集鸡、鸭、绵羊、马、豚鼠、小鼠、蛇、猪和兔的红细胞。感染了 DHAV-1 的细胞培养物不能吸附绿猴、恒河猴、仓鼠、小鼠、大鼠、家兔、豚鼠、人类 O 型、鹅、鸭和 1 日龄雏鸡的红细胞。在 pH 6.8 ～ 7.4，温度为 4℃、24℃、37℃时，高滴度的病毒悬液不能凝集以上各种动物的红细胞。

DHAV-1 在正常的环境条件下存活时间较长，可耐受乙醚、碳氟化合物、氯仿、pH3、胰酶及 30% 甲醇或硫酸铵的处理，大部分病毒 56℃加热 30min 后失活。Asplin 报道，DHAV-1 在 56℃加热 60min 仍可存活，但 62℃加热 30min 后失活；DHAV-1 在 37℃条件下可存活 21d；自然环境中，病毒可在未清洗的污染孵化器中至少存活 10 周，在阴凉处的湿粪中可存活 37d 以上；4℃条件下可存活 2 年以上，−20℃存活时间长达 9 年。

2. 鸭星状病毒

鸭星状病毒（DAstV）属于星状病毒科（Astroviridae）、禽星状病毒属（Avastrovirus），该属成员主要有 DAstV、鸡星状病毒（Chicken Astrovirus，CAstV）和火鸡星状病毒（Turkey Astrovirus，TAstV）等。

星状病毒的形状为带有顶角的星形，无囊膜，直径为 28 ～ 30nm。鸭星状病毒基因组为单股正链 RNA，长约为 6.4 ～ 7.9kb，基因结构和复制方式相对保守，基因结构排列顺序依次为：5′端非编码区（UTR）、开放读码区 1a（ORF1a）、ORF1b、ORF2、3′端非编码区、Poly（A）尾巴。ORF1a 和 ORF1b 主要编码非结构蛋白，参与病毒 RNA 的转录和复制，ORF2 编码病毒的衣壳蛋白。目前关于禽类星状病毒复制及各蛋白的功能尚缺乏深入的试验验证。

就目前所知，鸭星状病毒存在 3 种血清型：鸭星状病毒 1 型（DAstV-1）、鸭星状病毒 2 型（DAstV-2）和鸭星状病毒 3 型（DAstV-3），其中传统分型中的 DHV-2 属于 DAstV-1，DHV-3 属于 DAstV-2。DAstV-3 是近年来鸭群中新出现的一种血清型，与 DAstV-1、DAstV-2 三者之间的交叉中和反应极低。鸭星状病毒分离株可以在鸭胚或鸭胚原代细胞中繁殖，病毒经鸭胚盲传几代后，可在鸡胚中增殖。

鸭星状病毒能耐受氯仿、脂溶剂和 pH3 的酸性环境；50℃作用 60min 不能杀灭病毒；病毒对非离子型、离子型及两性离子去污剂有抗性。

三、流行病学

鸭病毒性肝炎呈世界范围分布，但其病原分布有所不同。DHAV-1 呈世界范围分布，DHAV-2 仅发现于中国台湾，DHAV-3 流行于韩国和中国大陆。DAstV-1 和 DAstV-2 之前在英国和美国报道出现过。之后，我国鸭群中相继出现了 DAstV-1 和 DAstV-2 感染。近年来，我国鸭群中有 DAstV-3 感染的报道出现。

本病主要发生于 5 周龄以内的雏鸭，其危害程度与雏鸭的日龄密切相关。鸭甲型肝炎病毒对雏鸭的危害严重，1 周龄以内的雏鸭发病率和死亡率可达 90% 以上，1 ～ 3 周龄的雏鸭病死率为 50% 左右，3 ～ 5 周龄的鸭发病率和死亡率较低，5 周龄以上的雏鸭很少发病死亡。成年鸭主要呈隐性感染，不影响其产蛋率，但可成为鸭甲型肝炎病毒和鸭星状病毒的携带者。鸭星状病毒对雏鸭的危害比鸭甲型肝炎病毒小，DAstV-1 感染 2 周龄内雏鸭引起的死亡率达 50% 左右，3 ～ 6 周龄雏鸭感染后死亡率为 10% ～ 25%；DAstV-2 感染雏鸭引起的死亡率一般不超过 30%。但有时鸭星状病毒感染雏鸭后引起的死亡率极低或不发病。

鸭病毒性肝炎具有发病急、传播快、病程短的特点，死亡一般发生在 3 ～ 4d 内，病鸭和带毒鸭是主要传染源。病鸭通过粪便排毒，粪便中的病毒存活较长时间，污染饲料、饮水、垫料、用具和环境后，易感鸭可通过饮食或呼吸而受到感染；带毒鸭在不同地区调运或污染运输工具和器具等，极易造成鸭病毒性肝炎大范围和快速传播；易感鸭群与病鸭或带毒鸭直接接触能感染本病，鼠类也可机械性地传播本病。

本病一年四季均可发生，孵化季节多发。饲养管理不当、鸭舍阴暗潮湿、卫生条件差、饲养密度过大、缺乏维生素和矿物质等都能促进本病的发生。

四、症状

本病潜伏期 1 ～ 2d，发病急，传播迅速，鸭群往往没有任何前兆的情况下突然发病。发病初期，病鸭主要表现为精神沉郁、缩颈（图 4-327，图 4-328）、食欲下降，行动呆滞或跟不上群、不愿走动（图 4-329），眼半闭呈昏睡状（图 4-330）。随着病程的发展，病鸭很快出现神经症状，主要表现为运动失调，身体倒向一侧，翅膀下垂，两脚痉挛性地反复踢蹬，全身性抽搐（图 4-331，图 4-332）；有时在地上旋转，抽搐约十几分钟或几小时后便死亡。死时头颈向后背部扭曲，呈角弓反张，俗称“背脖病”（图 4-333 ～图 4-335）。某些病鸭死后，喙端和爪尖淤血，呈暗紫色（图 4-336）。

图4-327 鸭精神沉郁，羽毛蓬松，缩颈

图4-328 鸭精神沉郁，垂头缩颈

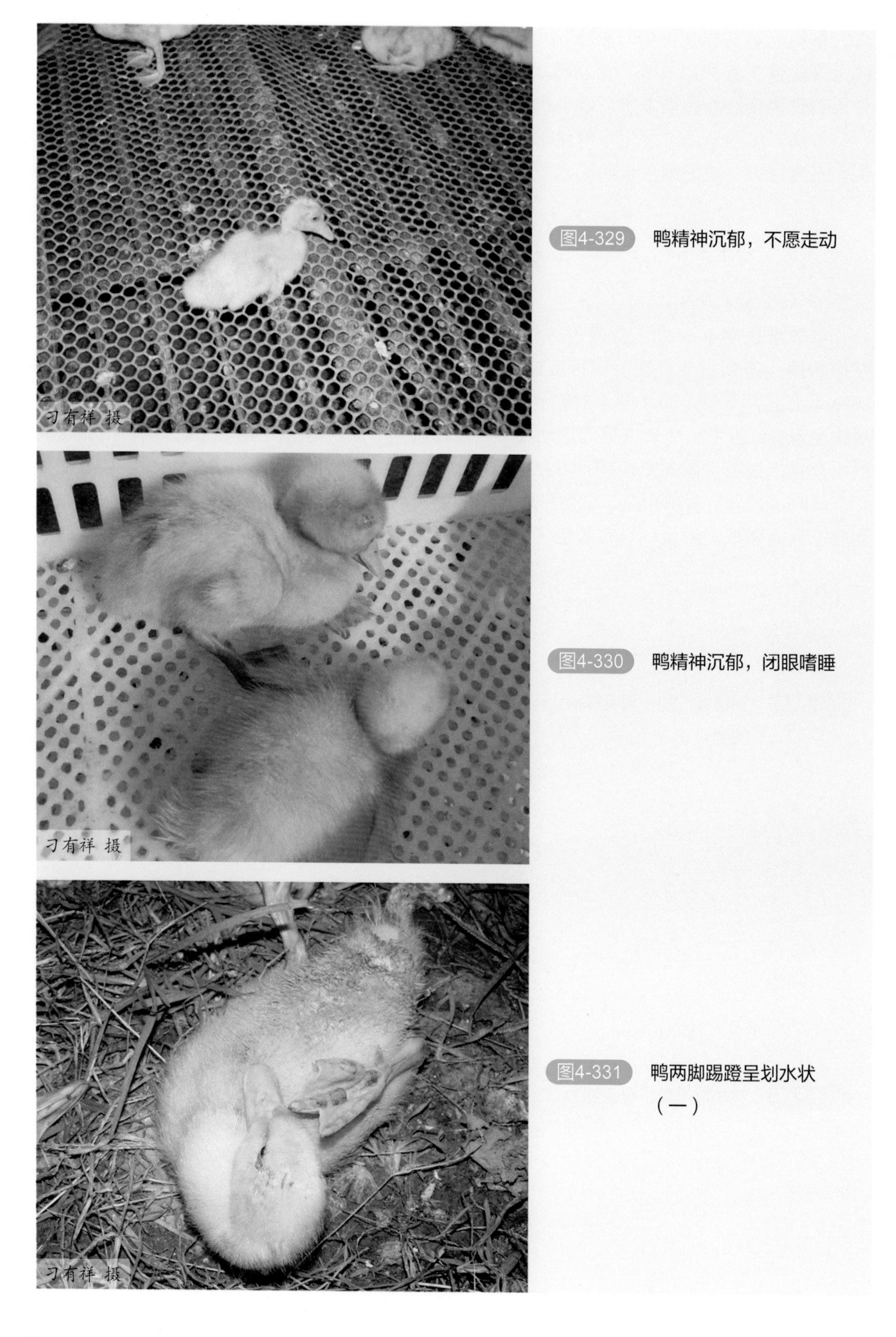

图4-329 鸭精神沉郁，不愿走动

图4-330 鸭精神沉郁，闭眼嗜睡

图4-331 鸭两脚踢蹬呈划水状（一）

图4-332 鸭两脚踢蹬呈划水状（二）

图4-333 鸭死后头颈后仰（一）

图4-334 鸭死后头颈后仰（二）

图4-335 鸭死后头颈后仰（三）

图4-336 鸭死后喙呈暗紫色，头颈后仰

五、病理变化

本病的特征性病变在肝脏，肝脏肿大，质脆易碎，表面有大小不等的出血点（图4-337～图4-340）或出血斑（图4-341），有的出现刷状出血。肝脏的颜色变化与日龄有关，一般10日龄以内发病的雏鸭肝脏常呈土黄色，日龄较大的雏鸭发病肝脏常呈暗红色；胆囊肿胀呈长卵圆形，充满胆汁，胆汁呈褐色或淡茶色。脾脏肿大呈斑驳状（图4-342，图4-343）；肺脏出血（图4-344，图4-345），肾脏充血、肿胀（图4-346）。

鸭病毒性肝炎急性病例的组织学病变主要表现为肝细胞坏死，幸存鸭存在慢性病变，表现为肝脏广泛性胆管增生，不同程度的炎性细胞反应和出血；鸭甲型病毒性肝炎可引起雏鸭肝脏出血性、坏死性炎症，主要表现为肝细胞广泛性坏死，细胞核破裂或固缩，细胞质溶解（图4-347），有的区域坏死的肝细胞间有大量红细胞，其间有炎性细胞浸润，主要是淋巴细胞和中性粒细胞，尤其汇管区明显。脾脏呈坏死性脾炎，红白髓结构模糊或消失，网状细胞脂肪变性、坏死，呈均质红染团块。肾小球、肾小管上皮细胞变性、坏死（图4-348）。心肌细胞颗粒变性，胰腺出现局灶性坏死，胸腺、法氏囊等组织中有时也能观察到坏死灶。

鸭星状病毒感染雏鸭，组织学病变主要为肝细胞广泛性坏死和胆管增生；肾脏轻度肿胀，血管充盈；胰腺有时可见变性坏死。

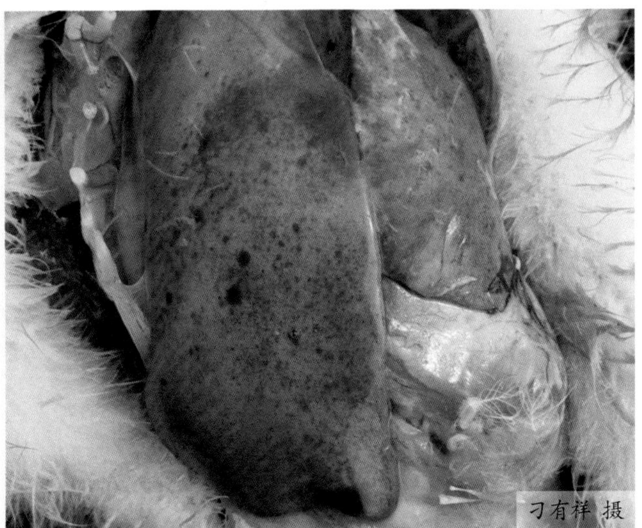

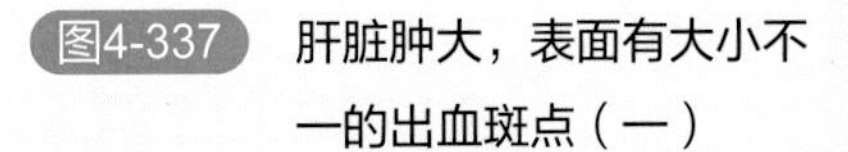
图4-337 肝脏肿大，表面有大小不一的出血斑点（一）

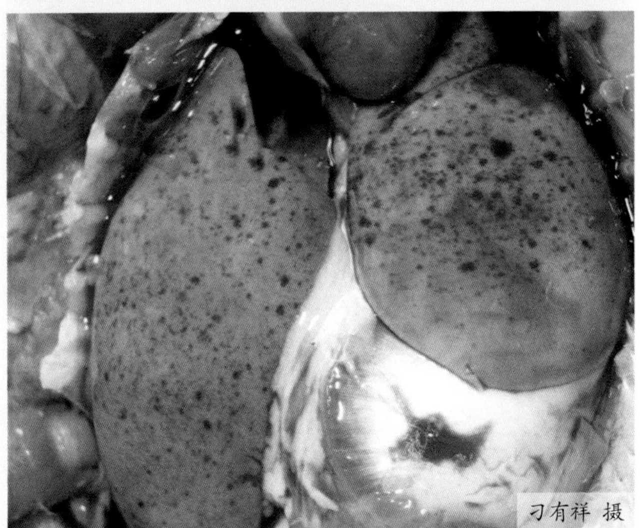

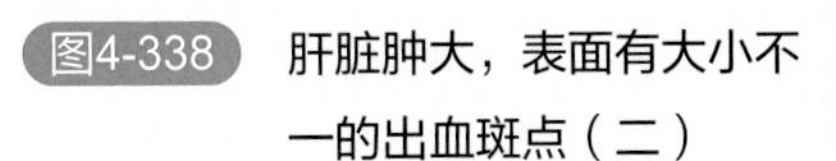
图4-338 肝脏肿大，表面有大小不一的出血斑点（二）

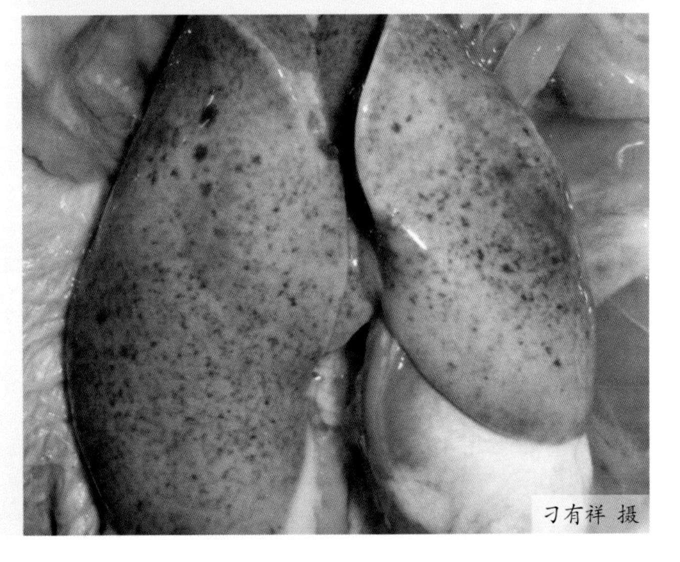

图4-339 肝脏肿大，表面有大小不一的出血斑点（三）

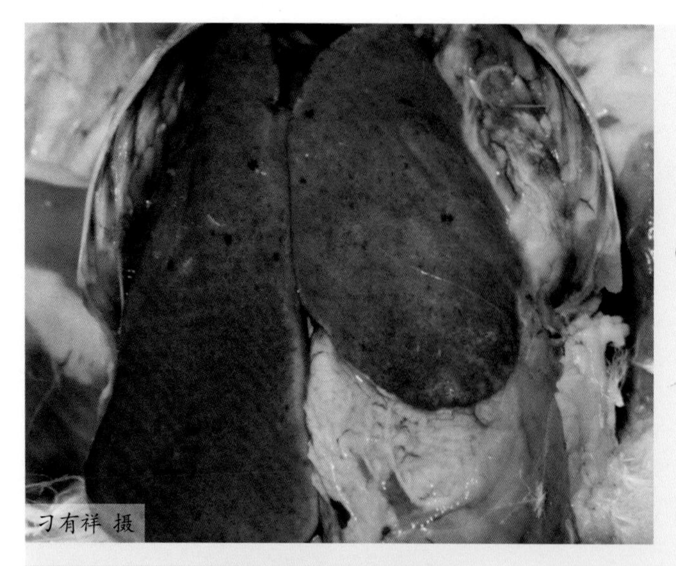

图4-340 肝脏肿大，呈紫红色，表面有大小不一的出血斑点

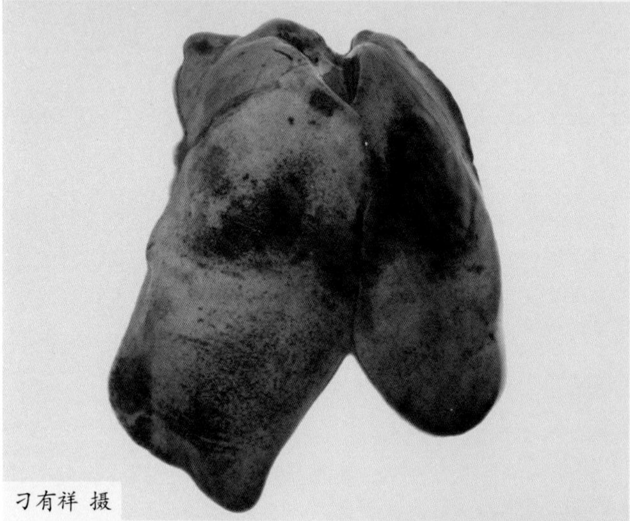

图4-341 肝脏肿大，表面有较大的出血斑点

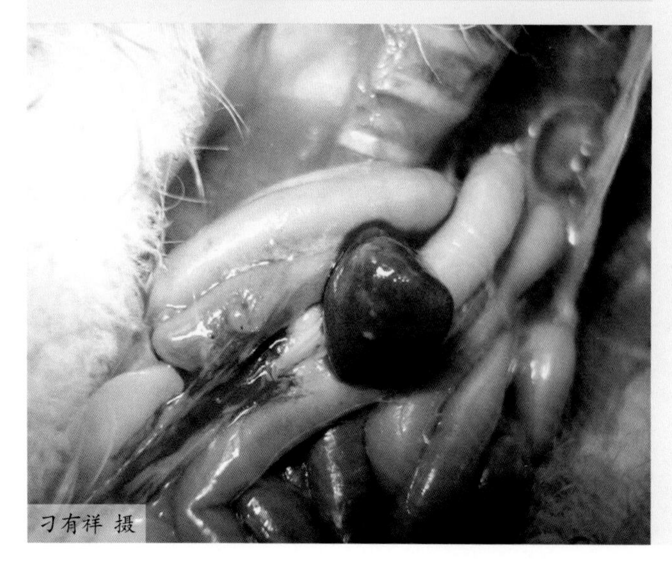

图4-342 脾脏肿大（一）

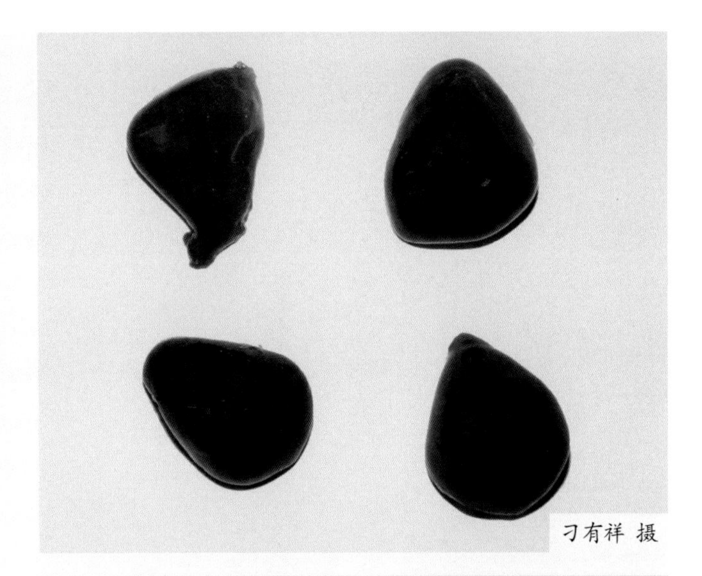

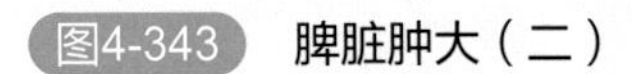
图4-343 脾脏肿大（二）

图4-344 肺脏出血，呈紫黑色（一）

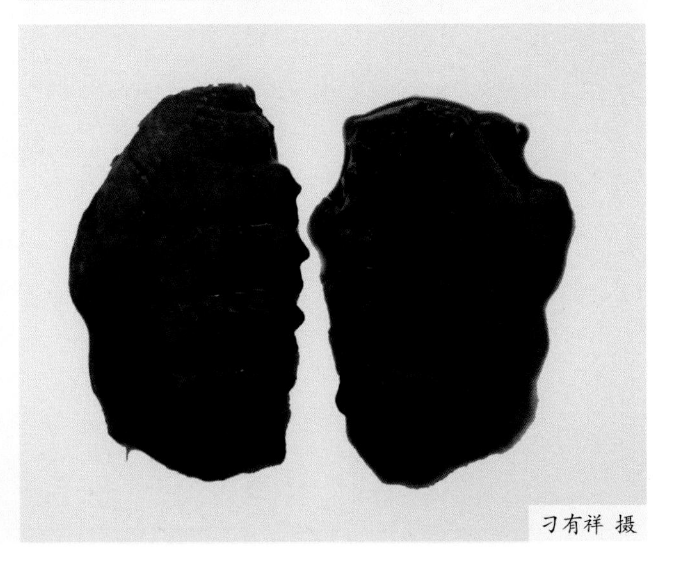

图4-345 肺脏出血，呈紫黑色（二）

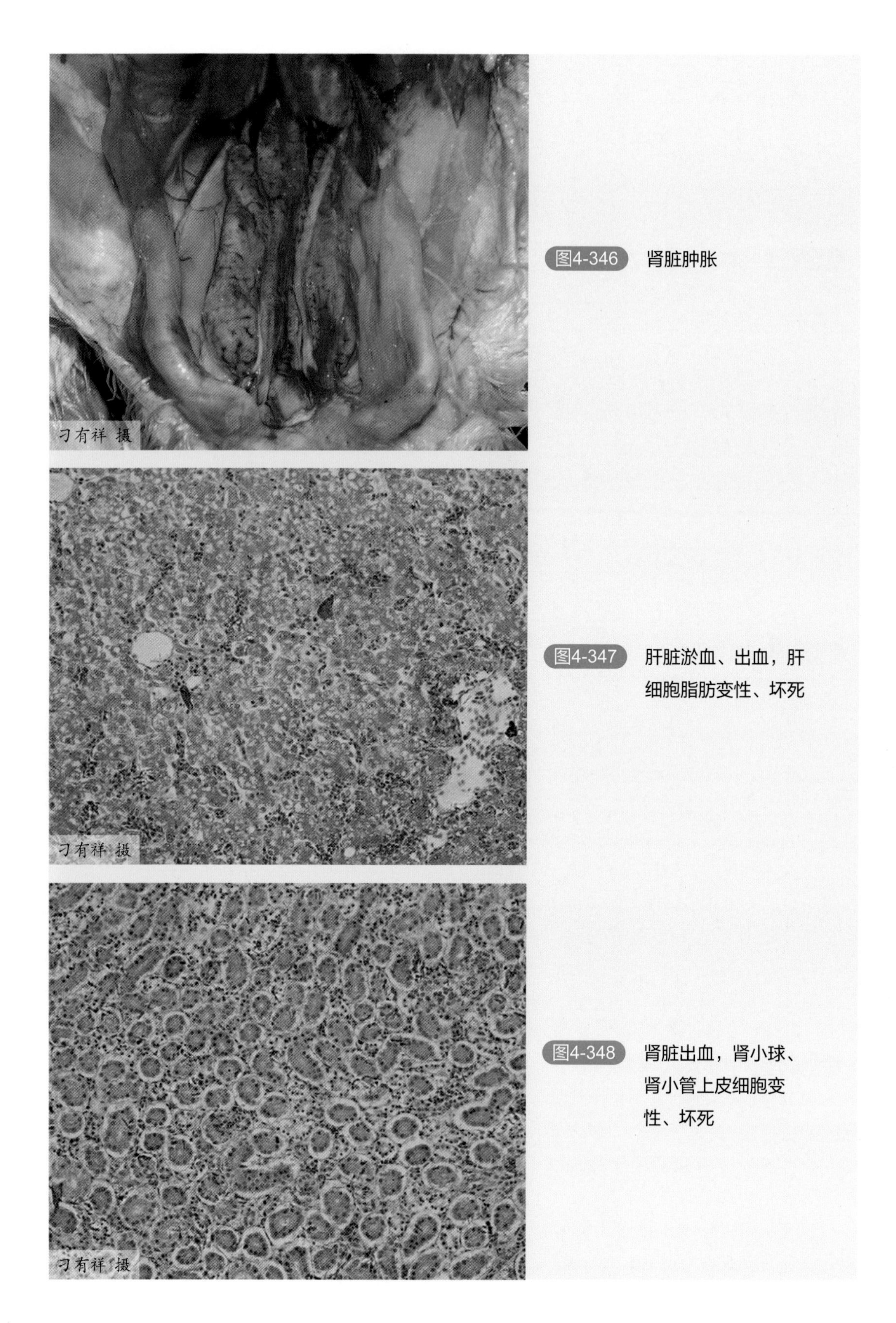

图4-346　肾脏肿胀

图4-347　肝脏淤血、出血，肝细胞脂肪变性、坏死

图4-348　肾脏出血，肾小球、肾小管上皮细胞变性、坏死

六、诊断

1. 临诊诊断

根据本病发病急、传播快、病程短的流行病学特点，结合雏鸭的发病日龄、发病后特征性的神经症状以及肝脏肿大、出血的病变特点，可对本病作出初步诊断。为进一步确诊，需要进行实验室诊断。

2. 实验室诊断

（1）病毒分离与鉴定　无菌采集病死鸭肝脏，置于无菌的平皿或小烧杯中，用剪刀剪碎，按照 1∶4 体积比例加入生理盐水，在研钵中研磨或匀浆器中匀浆。将研磨或匀浆后的组织悬液冻融 1 ～ 2 次，12000r/min 离心 10min，取上清。上清液中按照 1000IU/mL 的比例分别加入青霉素和链霉素，4℃作用过夜或 37℃作用 30min 进行除菌。若上清液不加抗生素，也可以采用 0.22μm 孔径的细菌滤器过滤除菌，抗生素除菌效果不如过滤除菌效果好。

无菌的上清液经尿囊腔途径接种 9 ～ 11 日龄 SPF 鸡胚或非免疫鸭胚，接种剂量为 0.2 ～ 0.3mL/ 胚，接种后的胚体置于 37℃温箱继续孵化。DHAV 分离株对鸭胚具有很强的致病作用，鸭胚在初次接种 72h 后即可出现死亡，DHAV 经鸭胚传代后，死亡时间集中在 48 ～ 96h。死亡胚体出血、水肿，部分胚体的肝脏有黄色坏死灶；鸡胚接种鸭甲型肝炎病毒，5 ～ 6d 后有 10% ～ 60% 出现死亡，死亡胚体生长停滞、水肿、有出血点，肝脏呈淡绿色，有黄白色或灰白色的坏死点。

DHAV 经鸭胚连续传代后能致弱，可培育弱毒苗；鸭甲型肝炎病毒在鸡胚中传到 20 代以后会失去对新生雏鸭的致病力，Hwang 利用鸡胚连续传代法培育出了 DHAV-1 的弱毒疫苗。

大部分 DHAV-3 对鸡胚的适应性较差，需要在实验条件下，连续多代次盲传后才能引起鸡胚出现病变或死亡。因此，不建议用鸡胚进行 DHAV-3 的初代分离；此外，DHAV-1 也能在鹅胚、原代鸭胚肝细胞、肾细胞和鹅胚肾细胞中增殖并产生细胞病变，尿囊腔接种后 2 ～ 3d 死亡。鸡胚适应的 DHAV-1 能在鸭胚成纤维细胞中增殖，并产生病理变化。

DAstV-1 和 DAstV-2 能在鸭胚和原代鸭胚肝细胞中增殖，通过接种鸭胚可分离到病毒并进行血清学鉴定。从病料中分离获得的鸭星状病毒通过绒毛尿囊膜途径接种 9 ～ 11 日龄非免疫鸭胚，鸭胚在 37℃继续孵育，弃掉 24h 以内死亡鸭胚。经过 2 ～ 3 代鸭胚传代适应后，鸭星状病毒可引起鸭胚绒毛尿囊膜增厚、肝脏坏死，并可引起鸭胚死亡。死亡胚体充血、出血，肝脏肿大、有坏死斑点。DAstV-1 和 DAstV-2 能在原代鸭胚肝细胞中增殖，通过间接免疫荧光抗体技术能对感染细胞中的病毒抗原进行检测。

（2）免疫学诊断　采用固定血清 - 稀释病毒法对分离的病毒进行免疫学鉴定。将分离的病毒进行 10 倍系列稀释，与 1∶10 稀释的高免血清等量混合，37℃作用 1h，每个稀释度的混合液经尿囊腔途径接种 5 枚 9 ～ 11 日龄鸭胚（0.2mL/ 枚）或鸭胚肝细胞单层，同时每组设立病毒与阴性血清混合液作为对照，连续观察 1 周，记录鸭胚死亡数或细胞病变数，按照 Reed-Muench 法分别计算阴性血清对照组和高免血清组鸭胚半数致死量（ELD_{50}）或组织培养半数感染量（$TCID_{50}$）。根据对照组和试验组的 ELD_{50}（$TCID_{50}$）计算出被检病毒的中和指数。中和指数 <10 判定为阴性，中和指数在 10 ～ 50 之间为可疑，中和指数 >50 判定为阳性。

易感雏鸭的中和保护试验。将 1 ～ 2mL 高免血清或卵黄抗体皮下接种 1 ～ 7 日龄易感雏鸭，24h 后，用剂量为 $10^{3}ELD_{50}$ 的病毒通过皮下或肌内接种的方式感染雏鸭，对照组也接种同样剂量的病毒。若对照组雏鸭死亡率为 80% ～ 100%，试验组雏鸭存活率为 80% ～ 100%，即可对分离的病毒做出鉴定。

血清中和试验是鸭肝炎病毒抗体检测最经典、可靠的方法。血清抗体水平检测主要采用固定病毒 - 稀释血清的方法。鸭胚或鸡胚中和试验具有重复性好、技术操作相对简单的优点，在鸭肝炎病毒抗体检测中应用广泛。利用鸭胚肝细胞或肾细胞进行微量中和试验或空斑减数试验，具有实用、快速和经济的优点，可用于疫苗免疫后的抗体监测。

琼脂凝胶扩散试验（AGDP）、酶联免疫吸附试验（ELISA）也可以用来检测鸭肝炎病毒的抗体。

DAstV-1 和 DAstV-2 也可以利用血清中和试验和免疫荧光技术进行鉴定。近年来，有报道利用重组表达蛋白建立 ELISA 方法对鸭星状病毒进行检测，但仍然局限于实验室阶段。

（3）分子生物学诊断　核酸检测技术具有快速、敏感和特异性强的特点，是目前鸭病毒性肝炎诊断的主要手段。目前，已经建立的检测方法有：RT-PCR、实时荧光定量 RT-PCR、反转录环介导等温扩增技术（LAMP）、地高辛标记探针等。

采用 RT-PCR 方法对病毒分离株或发病样品直接检测可用于鉴定 DHAV 和 DAstV，通过扩增 DHAV 5′UTR 序列或其他基因、DAstV 的 ORF1b 序列或 ORF2 保守序列达到鉴定目的。回收 PCR 扩增产物进行测序、序列分析，可对 DHAV 和 DAstV 进行分子分型。Kim 等根据 DHAV 3 个血清型基因组特点，建立了多重 RT-PCR 方法，用于检测和鉴别发病样品或鸭胚尿囊液中的 DHAV-1 和 DHAV-3。Chen 等通过比较大量的 DHAV-1 和 DHAV-3 开放读码区的基因结构，建立了用于鉴别这 2 个血清型的双重 RT-PCR 方法，用于样品的快速检测。

分子生物学方法已经成为 DAstV 样品检测和诊断的重要方法之一，在一定程度上可以避开 DAstV 难分离培养的缺点。由于星状病毒广泛存在，检测时根据星状病毒 ORF1b 保守序列确定为阳性的样品，应再根据星状病毒核衣壳蛋白编码的基因进行进一步 PCR 检测，从而确定该星状病毒的基因型。目前，国内外学者也陆续建立起检测 DAstV 的 RT-PCR 方法，如可同时检测 DHAV-1、DHAV-3 和 DHAV-1 的三重 PCR 技术，该方法具有快速、简便的特点，可用于发病样品的检测。

3. 类症鉴别

本病应与鸭瘟、鸭霍乱、黄曲霉毒素中毒等进行鉴别诊断。

鸭瘟主要感染成年鸭，1 月龄以内的雏鸭很少发病。发病症状主要表现为肿头、眼鼻有分泌物、腹泻、翅腿瘫痪、共济失调等，剖检病变主要表现为浆膜黏膜出血，如食道、泄殖腔黏膜出血溃疡，肠道黏膜有环状出血带，肝脏表面有出血点和坏死点等；禽霍乱主要感染成年鸡、鸭，幼禽对该病有抵抗力。鸭发病后常呈败血症经过，不表现神经症状，肝脏涂片镜检可见两极着色的多杀性巴氏杆菌；黄曲霉毒素中毒常发生于雏鸭、雏火鸡、雏鸡，成年禽类感染常呈慢性经过。

而本病的特征性病变在肝脏，雏鸭感染后肝脏肿大，表面有大小不一的出血斑点；肾脏苍白、肿大，或有小出血点；胰腺有时也有出血点。3周龄以上雏鸭发病，表现肝萎缩与肝硬化。

七、预防

（1）采取严格生物安全措施　加强饲养管理和卫生消毒工作，提高鸭群的抵抗力。5周龄以下的雏鸭隔离饲养、定期消毒，以防早期感染；及时处理发病鸭及其污染物，并使用消毒剂对环境、水槽、料槽等进行严格消毒与无害化处理；严格全进全出制度，消灭疫病的传播媒介、切断病原的传播途径。

（2）免疫预防　疫苗免疫是行之有效的措施，种鸭可在开产前1个月免疫弱毒苗1次，间隔2周后，再加强免疫1次，能为后代雏鸭提供母源抗体。对于有母源抗体的雏鸭，建议10日龄以后再进行弱毒苗免疫，以减少母源抗体对疫苗免疫效果的影响。无母源抗体的雏鸭可在1～3日龄颈部皮下接种弱毒疫苗，免疫后5d对强毒攻击的保护率可达到80%以上，免疫后7d可检测到高水平的中和抗体，抗体能持续1个月左右，足以保护雏鸭安全度过易感期。

高免卵黄抗体是预防鸭病毒性肝炎有效的免疫制剂，在我国商品肉鸭养殖地区得到广泛的应用。1～3日龄雏鸭颈部皮下接种高免卵黄抗体，由于卵黄抗体在鸭体内持续时间较短，因此应每间隔7～10d注射1次，以保护雏鸭安全度过发病危险期。

目前，我国鸭病毒性肝炎主要由DHAV-1和DHAV-3 2个血清型引起，这2个血清型之间无抗原交叉性，因此对种鸭或雏鸭进行疫苗免疫或卵黄抗体注射时，应免疫针对这2种血清型的2价疫苗或注射2价卵黄抗体。

种鸭免疫灭活疫苗后，可为后代提供较高的母源抗体。Gough和Spackman认为种鸭免疫3次DHAV-1油乳剂灭活苗后，其后代可获得有效保护。他们还发现种鸭先用弱毒疫苗免疫，再用灭活苗免疫，效果比免疫3次灭活苗更好。Woolcock认为，对种鸭必须先免疫DHAV-1弱毒苗才能确保灭活苗的免疫效果。

目前，针对鸭星状病毒的疫苗还没有研制成功，生产上可采用特异性的卵黄抗体来预防该病毒的感染。

八、治疗

高免卵黄抗体或康复鸭血清可用于该病的治疗。生产中，鸭群一发生鸭病毒性肝炎，应立即对发病或受威胁地区的雏鸭注射高免卵黄抗体或康复鸭血清，这样不仅能有效控制疫情的发展和蔓延，还能使潜伏期感染的鸭获得有效的免疫保护，不出现发病。治疗时每只鸭肌内注射或皮下注射0.5～1mL高免卵黄抗体或康复鸭血清，效果较好。同时，在饮水中添加0.01%恩诺沙星与电解多维等，连用3～5d，防止鸭群继发感染，提高抵抗力。

第八节　鸭圆环病毒感染

鸭圆环病毒感染（Duck circovirus infection）是近年来新出现的一种由鸭圆环病毒（Duck circovirus，DuCV）引起的病毒性传染病，各品种鸭均可感染。病毒主要侵害鸭免疫系统，导致机体免疫功能下降，易继发或并发其他疫病感染，从而造成更大经济损失。

鸭圆环病毒感染最早由德国学者 Hattermann 等于 2003 年报道，我国台湾学者 Chen 等 2006 年首次报道台湾地区鸭群中出现鸭圆环病毒感染，2008 年傅光华等首次在我国大陆地区鸭群中检测到鸭圆环病毒。

一、病原

根据国际病毒委员会（ICTV）的最新分类，圆环病毒科（Circoviridae）包括两个属：圆圈病毒属（Gyrovirus）和圆环病毒属（ Circovirus）。圆圈病毒属只包含鸡传染性贫血病病毒（CAV）一个成员，其基因只由基因组正股链编码；圆环病毒属包括猪圆环病毒 I 型和 Ⅱ 型（PCV1、PCV2）、鹦鹉喙羽病毒（BFDV）、鹅圆环病毒（GoCV）和鸭圆环病毒（DuCV）等，该属病毒基因组具有双向转录方式。近年来，在家鸽、塞内加尔鸽、金丝雀、雀、鸵鸟、鸥、八哥、天鹅等动物体内也发现了圆环病毒。

鸭圆环病毒无囊膜，呈圆形或二十面体对称，直径为 15nm 左右，是目前已知最小的鸭病毒。到目前为止，除猪圆环病毒能在 PK-15 细胞中繁殖外，其他圆环病毒均未能在细胞系中培养成功。

王丹等通过对 2008—2010 年我国不同地区病死鸭体内鸭圆环病毒进行检测及对 36 份鸭圆环病毒基因序列进行分析，发现我国鸭群中流行两个基因型的鸭圆环病毒，即 DuCV-1 型和 DuCV-2 型。目前，1 型主要在德国和美国流行，2 型主要在中国台湾流行。

傅光华等 2011 年建立了鸭圆环病毒基因分型方法，对我国鸭圆环病毒进行了基因分型研究，发现我国鸭群中流行的鸭圆环病毒存在两个进化谱系，即 DuCV-1 和 DuCV-2 谱系，这两个谱系又可细分为 5 个基因型（DuCVla、DuCVIb、DuCV2a、DuCV2b、DucCV2e）。研究表明，我国大陆鸭群中流行的鸭圆环病毒呈现生态多样性。

二、流行病学

鸭是鸭圆环病毒的天然宿主，不同年龄、品种、性别的鸭均可感染该病毒，以麻鸭、番鸭、半番鸭、北京鸭感染圆环病毒的报道较多。6 ～ 10 周龄鸭感染后能表现出临诊症状，若有其他疾病与该病混合感染或继发感染，则发病日龄会更小。该病的感染率与鸭的日龄密切相关，鸭的日龄越小，越容易感染发病。通常与鸭瘟病毒、鸭肝炎病毒、鸭细小病毒、鸭疫里默氏菌及大肠杆菌等形成混合感染。病毒不仅可以通过水平方式传播，也可垂直传播。黄瑜等首次报道我国鸭圆环病毒感染存在地域、品种和日龄差异性特点，有的地区鸭群中病毒的阳性感染率高，且 20 ～ 70d 鸭体内病毒阳性感染率最高，高的可达 70% ～ 80%。应注意，鸭群中圆环病毒的阳性检出率较高，但多呈健康带毒状态。

三、症状

鸭群感染鸭圆环病毒后，病鸭主要表现为生长发育不良，羽毛蓬乱、脱落，羽毛的羽轴出血，形成毛囊炎，体况消瘦，呼吸困难，贫血，免疫力低下，鸭群出现零星死亡；种鸭或蛋鸭的产蛋率和生产性能下降。

四、病理变化

鸭感染圆环病毒后主要表现为肝脏、卵巢、脾脏、胸腺等萎缩（图 4-349，图 4-350），肺脏贫血，颜色苍白（图 4-351），骨髓呈浅黄色（图 4-352），若出现混合感染，病变更为复杂。如鸭圆环病毒与鸭肝炎病毒混合感染，则肝脏肿大、出血、淤血，胆汁少且稀薄色淡；脾脏斑驳、肿大或萎缩；肾脏肿胀出血；法氏囊黏膜出血，内有淡黄色渗出物。

鸭感染圆环病毒后的组织学变化显示，其皮肤背部产生囊泡，囊泡周围组织有异嗜性粒细胞浸润；脾脏淋巴细胞稀疏，淋巴细胞坏死、崩解，红髓和白髓之间的界限消失；胸腺皮质、髓质淋巴细胞稀疏，呈灶状坏死；肝细胞空泡变性、坏死；肾小管上皮细胞变性、坏死、脱落，堵塞管腔；法氏囊淋巴细胞减少，法氏囊出现坏死和组织细胞增多症，这与其他圆环病毒引起的病毒诱导性淋巴组织损伤类似，因此鸭圆环病毒也会导致免疫抑制作用。

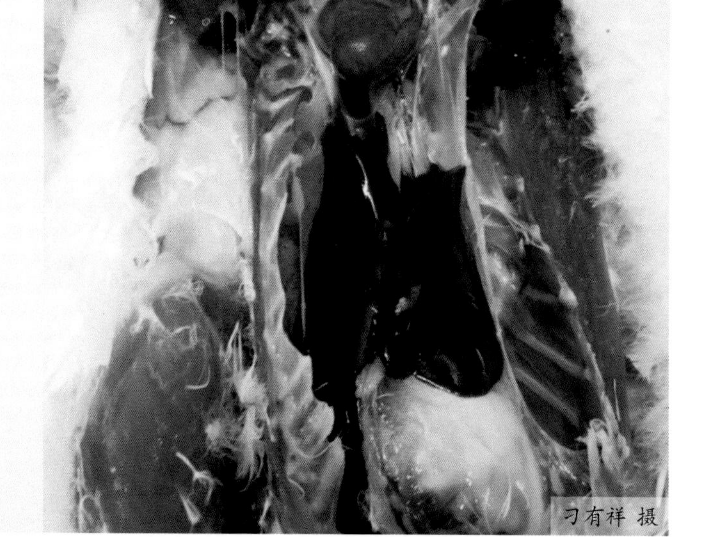

图4-349 肝脏萎缩

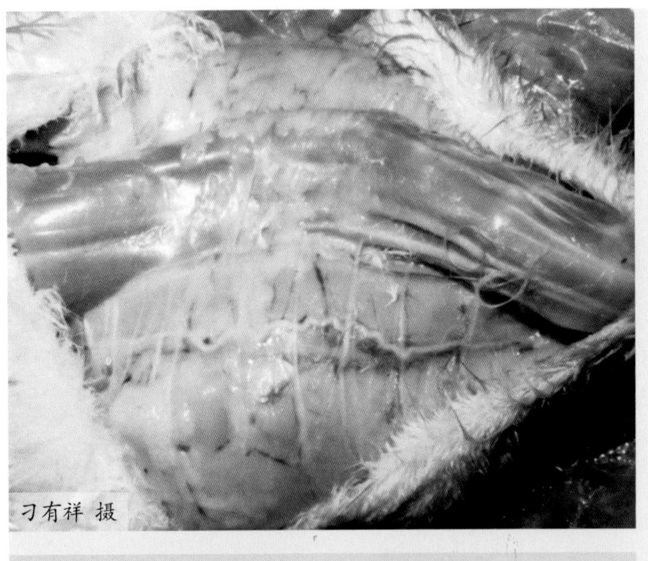

图4-350 胸腺萎缩

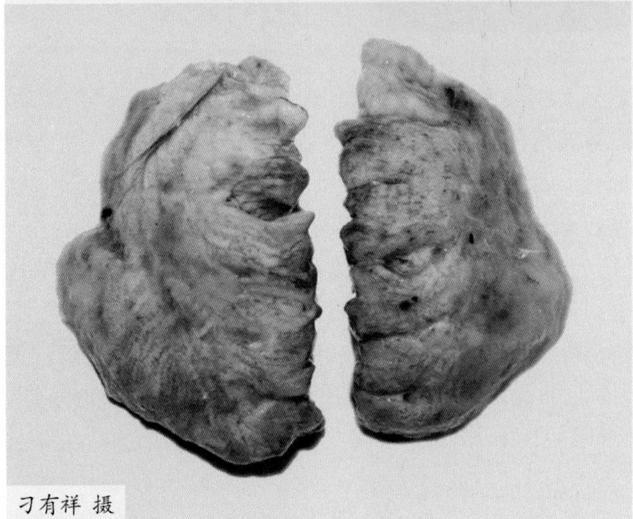

图4-351 肺脏贫血，颜色苍白

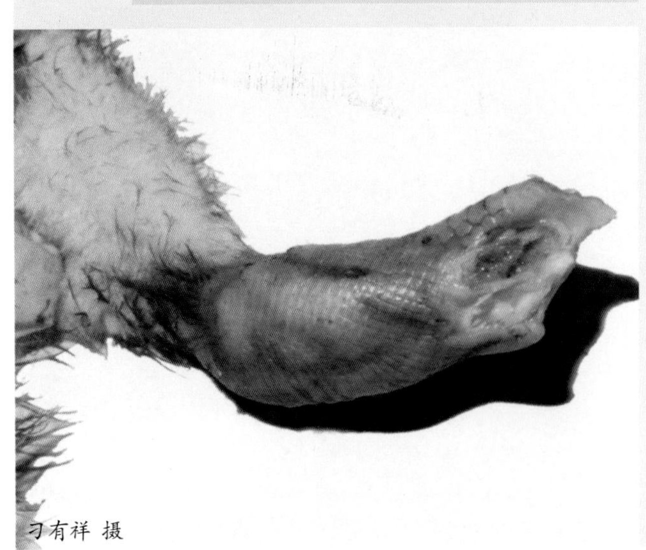

图4-352 骨髓呈浅黄色

五、诊断

（一）临诊诊断

由于鸭感染鸭圆环病毒后表现的症状和病变不明显，很难做出诊断，因此该病主要依靠实验室确诊。

（二）实验室诊断

鸭圆环病毒没有合适的培养系统，无法进行病毒分离培养。目前已经建立的实验室诊断方法有电镜法、血清学检测方法和分子生物学检测方法。

1. 电镜法

电镜下可观察到鸭圆环病毒粒子，形态为直径大约 15nm 的球形结构。

2. 血清学检测方法

（1）间接免疫荧光试验（IFA） 张兴晓等根据发表的 DuCV LY0701 株 Cap 基因序列，成功表达出重组蛋白，蛋白纯化后免疫 BALB/c 小鼠，制备抗血清，建立了 DuCV 的 IFA 检测方法应用于病料检测，结果显示，法氏囊、肝脏和胸腺病料样品中的病毒含量依次减少。

（2）酶联免疫吸附试验（ELISA） 苏小东等建立的检测 DuCV 抗体的间接 ELISA 方法检测鸭肝炎病毒、禽流感病毒阳性血清均呈阴性，敏感性达 1∶640，检测江苏地区 12 个鸭场的 142 份鸭血清样品，阳性率为 26.7%。ELISA 方法高通量、操作简单、检测快速、特异性强、敏感性高，适合于各级兽医部门和养殖单位应用，可以作为 DuCV 的快速诊断与流行病学调查的一种常规检测方法在基层推广应用。

3. 分子生物学检测方法

（1）PCR 检测 Chen 等根据鹅圆环病毒（GoCV）和鸭圆环病毒（DuCV）共同的保守序列，设计了一对通用引物，能检测两种病毒的特异性片段，而且能够根据扩增片段的长度来区别两种病毒。采集病鸭的脾脏、肝脏等研磨或匀浆，从组织悬液中提取病毒基因组 DNA，用设计的鸭圆环病毒特异性引物进行 PCR 鉴定；或者将从病料中扩增获得 PCR 产物回收、测序，与 GenBank 发布鸭圆环病毒序列进行比对来鉴定该病毒。

（2）实时荧光定量 PCR 目前，国内学者建立了检测鸭圆环病毒的实时荧光定量 PCR 检测方法，该方法特异性强、敏感性高。万春和等根据鸭圆环病毒 *rep* 基因的保守序列设计引物，建立了 SYBR Green I 实时荧光定量 PCR（Real-time quantitative PCR）。该方法特异性强、重复性好、灵敏性高，可检测（1.31×10^2）～（1.31×10^7）范围内的病毒 *rep* 基因拷贝数。

（3）环介导等温扩增技术（LAMP） 赵光远等建立 DuCV 的 LAMP 方法在常规水浴锅中 1h 内即可完成扩增，其最低检测限为 10fg，灵敏度是常规 PCR 的 1000 倍。LAMP 方法无需特殊仪器设备，操作简便，灵敏性高，结果肉眼可视，适合基层兽医部门使用，将具有广阔的应用前景。

（4）限制性片段长度多态性聚合酶链反应（RFLP） 万春和等根据 DuCV-1 和 DuCV-2Rep

基因序列，建立了一种鉴别DuCV-1和DuCV-2的PCR-RFLP方法。特异性的PCR引物可同时对DuCV-1和DuCV-2进行扩增，获得约616nt大小的目的片段。PCR产物经Kpn Ⅰ酶切后，DuCV-1扩产物后条带无任何变化，而DuCV-2的扩增产物被切成约360nt和256nt 2种不同大小的基因片段。

（5）核酸探针技术　Zhang等利用PCR方法扩增出长约228bp鸭圆环病毒基因片段（1980～2109nt），采用地高辛标记，建立斑点杂交方法（Dot-blot hybridisation），该方法检测鸭圆环病毒目的片段的最小检出限为13.2pg。

本病的实验室检测应注意，由于鸭会呈健康带毒状态，实验室检测阳性不一定表示发病，该病的诊断应结合症状、剖检变化和实验室检测结果综合判定。

六、预防

采取严格的生物安全措施，加强饲养管理、改善养殖环境和卫生消毒工作，饲喂营养物质含量全面的饲料，做好其他疫病的预防接种工作，可提高病鸭抵抗力，减少鸭圆环病毒的感染机会。目前，生产上尚无预防该病的商品化疫苗，但随着对鸭圆环病毒生物学特性、致病机制等研究的不断深入，有望研究出鸭圆环病毒基因工程活载体疫苗、基因工程亚单位疫苗和DNA疫苗等。

七、治疗

目前没有特效的治疗药物，鸭群一旦感染发病，可对发病鸭群进行对症治疗。可在饮水中添加抗病毒中草药制剂（板蓝根10g，黄芪10g，金银花10g，连翘10g，党参5g，苍术5g，当归5g，白术3g，陈皮3g）进行治疗，每日2次。饮水中可添加抗生素，如0.01%强力霉素或恩诺沙星等，连用4～5d，控制继发感染，以较大程度减少发病和死亡。

第九节　鸭腺病毒病

禽源腺病毒是禽中常见的一类病原，该类病毒种类繁多且宿主谱广。按照国际病毒分类委员会（ICTV）的最新分类，腺病毒科（*Adenoviridae*）包括5个病毒属（Genus）：富AT腺病毒属（*Atadenovirus*）、禽腺病毒属（*Aviadenovirus*）、唾液酸酶腺病毒属（*Siadenovirus*）、哺乳动物腺病毒属（*Mastadenovirus*）和美洲白鲟腺病毒属（*Ichtadenovirus*）。目前所有的禽源腺病毒均来自富AT腺病毒属、禽腺病毒属和唾液酸酶腺病毒属这三个属。禽腺病毒属包括禽腺病毒A、B、C、D、E型和鸭腺病毒B型，鹅腺病毒A型，鸽腺病毒A、B型，鹦鹉腺病毒B型，火鸡腺病毒B、C、D型。富AT腺病毒属包括鸭腺病毒A型和鹦鹉腺病毒A型。

大多数禽腺病毒在健康家禽体内复制，但不产生明显的症状，当不良因素刺激，特别是疾病使动物免疫力下降时，腺病毒则会很快发挥其机会性病原体的作用。当前在我国流行较为广泛的腺病毒包括引起产蛋下降的 EDSV（Egg drop syndrome virus）病毒，即鸭腺病毒 A 型，和引起心包积水 - 肝炎综合征的禽腺病毒 C 型。

一、鸭减蛋综合征

鸭减蛋综合征（Egg drop syndrome-1976，EDS-76）是由富 AT 腺病毒属的鸭腺病毒 A 即减蛋综合征病毒（EDSV）引起，以产蛋鸭产薄壳蛋、无壳蛋、畸形蛋，以及产蛋率和产蛋质量严重下降为特征。EDSV 感染于 1976 年由荷兰学者 Van Eck 首先报道，1977 年首次分离到病毒，我国李刚等于 1992 年首次证明了 EDSV 在中国的存在。一般认为，鸡对本病最易感，而鸭、鹅等水禽是减蛋综合征病毒（EDSV）的天然贮存宿主。研究表明，鸭在自然条件下感染 EDSV 的现象普遍存在，血清中 HI 抗体阳性率很高；但也有一些研究资料表明，在一定条件下 EDSV 能够导致鸭群发病并产蛋下降。此外，当鸭群免疫力降低时感染 EDSV，鸭群也会出现呼吸道症状。

（一）病原

由于 EDSV 富含 AT，因此将其归为富 AT 腺病毒属。EDSV 是无囊膜的双链 DNA 病毒，基因组全长 33213nt，核酸分子质量约为 22.6×10^6Da。经氯化铯纯化后，电镜下可观察到直径为 75 ～ 80nm、呈典型的 20 面体对称的病毒粒子，壳粒清晰可见，每一基底壳粒上只有一个纤突，具有典型的腺病毒形态。

EDSV 的结构蛋白主要包括六邻体蛋白（p Ⅱ）、五邻体蛋白（p Ⅲ）、纤维蛋白（p Ⅳ）和六邻体周围蛋白（PV Ⅱ）等。p Ⅱ是腺病毒的主要结构蛋白，位于 L3 区，与五邻体蛋白 p Ⅲ和纤维蛋白 p Ⅳ一起组成腺病毒的外壳。其中不仅含有主要的亚属和属特异抗原决定簇，还包括次要的抗原决定簇，编码中和抗原表位，参与免疫反应，与病毒型特异性有关；PV Ⅱ是 EDSV 主要的结构蛋白之一，位于 L2 区衣壳的内面，与六邻体相连比较紧密。在 EDSV 装配的过程中，PV Ⅱ对病毒粒子的形成起着至关重要的作用。PV Ⅱ蛋白前体必须经过病毒编码蛋白酶的切割后才能参与完整的病毒粒子的形成。李茂祥等对 PV Ⅱ蛋白基因的克隆与序列分析结果表明：PV Ⅱ蛋白由 Hind Ⅲ -E 片段基因组中一个完整的 753 个碱基读码框架编码组成，编码 250 个氨基酸，推测其分子量为 25500；p Ⅳ含 585 个氨基酸，位于 EDSV L5 区，长 25nm，从 N 端至 C 端依次分为Ⅰ、Ⅱ和Ⅲ三个纤维蛋白典型区域。纤维蛋白通过识别胞膜上的特异性受体，即抗原通过纤维蛋白与膜受体结合引发感染。此外，纤维蛋白还可抑制大分子的合成，阻碍病毒的复制；EDSV 的 p Ⅲ位于 L2 区，存在两处巯基内肽酶位点，其五邻体基座与其纤维蛋白不论在空间位置上还是生物学功能上都彼此关联。五邻体中的 RGD 序列对腺病毒的内化过程非常重要。有研究表明，当 EDSV 的纤维蛋白太短时，通过五邻体与细胞整联蛋白可以帮助腺病毒与宿主的结合。

EDSV 可凝集鸡、鸭、鹅、鸽、鹌鹑、火鸡等禽类红细胞，故可用于血凝与血凝抑制试验，具有较高的特异性，可用于监测鸭群中的特异性抗体。目前分离到的 EDSV 毒株中，通过中和试验仅发现1个血清型。EDSV对醚类具有抵抗力，在50℃条件下，对乙醚、氯仿不敏感，在pH 3～10的范围内均能存活；病毒可抵抗56℃ 3h，但60℃加热30min可使其丧失致病力，70℃加热20min，病毒便可被杀死，室温条件下病毒至少可存活6个月以上；0.3%甲醛灭活24h、0.1%甲醛灭活48h可完全杀死病毒。

EDSV能在鸭肾细胞、鸭胚成纤维细胞、鸡胚肝细胞与鸡肾细胞上生长，并形成核内包涵体。在禽胚中，以鸭胚增殖效果最好，病毒可致死鸭胚，且尿囊液中具有较高的血凝滴度；经卵黄囊途径接种7日龄鸡胚，可使胚体萎缩。但病毒在鸡胚成纤维细胞及火鸡细胞上生长不良，在哺乳动物细胞中则不能繁殖。

EDSV感染鸭出现产蛋异常是由于输卵管受到EDSV侵害功能异常所致。未感染鸭输卵管漏斗部和峡部pH值约为6.5，而患EDSV的鸭此处pH值减小到6.0左右，该现象说明输卵管子宫黏膜内pH值的改变，导致了黏膜分泌功能紊乱。同时，pH值的减小，使得大量的钙质溶解，蛋壳形成受阻。荧光抗体的定位检查证明，EDSV能使输卵管黏膜上皮变性、纤毛层脱落、细胞质内分泌颗粒减少或消失，这样使得Ca^{2+}转运障碍，导致色素分泌量减少，输卵管内pH值降低，从而使卵壳腺所分泌的碳酸钙大量溶解，钙沉着受阻，导致蛋壳形成障碍而出现蛋壳异常。由于输卵管各部分功能出现异常，干扰和破坏产蛋鸭的正常产蛋周期和排卵机制，导致产蛋的数量和质量下降。

（二）流行病学

鸭、野生水禽及鹅为EDSV的自然宿主。EDSV可感染各个日龄、各个品种的鸭，鸭感染后可产生不同程度的抗体，同时排出病毒，并可长期带毒，带毒率可达80%以上。该病的流行一般发生在产蛋率为50%以上的高峰期，即25～35周龄。该病造成的产蛋下降幅度一般为10%～20%，有的高达30%～50%，通常持续4～10周，然后恢复到原来的产蛋水平，产蛋曲线呈马鞍形。

EDSV的传播方式主要是经被感染精液和胚胎的种蛋垂直传播，致使雏鸭带毒；也可经患鸭唾液、泄殖腔排泄物或污染物水平传播，自然感染途径是经口感染。被污染的种蛋、鸭舍场地、饲料、用具等均是常见的传播媒介。

（三）症状

鸭群感染EDSV后无明显的临诊症状，通常是25～35周龄产蛋鸭突然出现群体性产蛋下降，从85%～90%下降到50%～60%，或从79.14%下降到15.14%。患鸭产软壳蛋、畸形蛋、小蛋，有些蛋清稀薄如水样，大多数鸭食欲正常，很少死亡。

（四）病理变化

患鸭皮肤、肌肉组织、心、肝、脾、肾、脑、呼吸器官以及消化器官均无异常的变化，唯一可见的病变是卵巢及输卵管萎缩，看不见不同发育阶段的卵泡（图4-353），输卵管黏膜水肿（图4-354）。

组织学变化表现为肝细胞发生脂肪变性、肝细胞肿胀，组织结构破坏；肝组织中有轻微的出血以及单核细胞、淋巴细胞浸润（图4-355）。脾脏淋巴细胞增多，动脉管壁的管腔因增生而增厚，白髓有不同程度的出血现象，淋巴细胞减少；白髓区有均质红染物质

（图 4-356）。脑组织有淋巴细胞浸润、噬神经元现象。肾小囊内出血，远曲小管细胞核呈椭圆状，致密斑减少，细胞排列疏松（图 4-357）。卵巢出血，有浆细胞、嗜酸性粒细胞浸润，卵泡、卵泡膜出血，卵泡膜结构破坏（图 4-358）。输卵管腺体水肿，黏膜上皮细胞变性，单核细胞浸润，固有层有浆细胞、淋巴细胞浸润（图 4-359）。

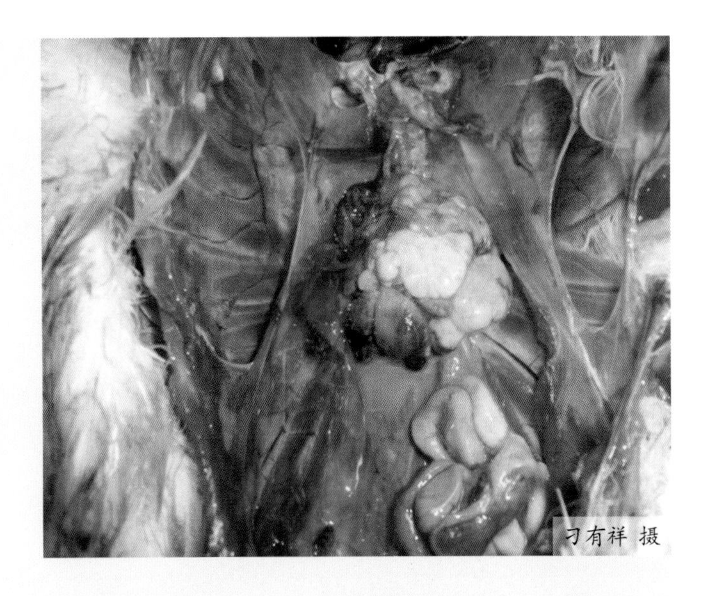

图4-353 卵泡发育不良、变形

图4-354 输卵管黏膜水肿

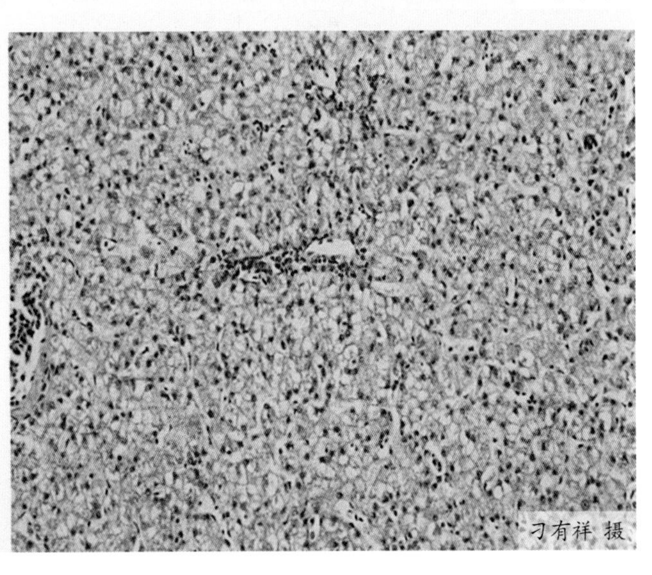

图4-355 肝脏变性，嗜酸性粒细胞浸润

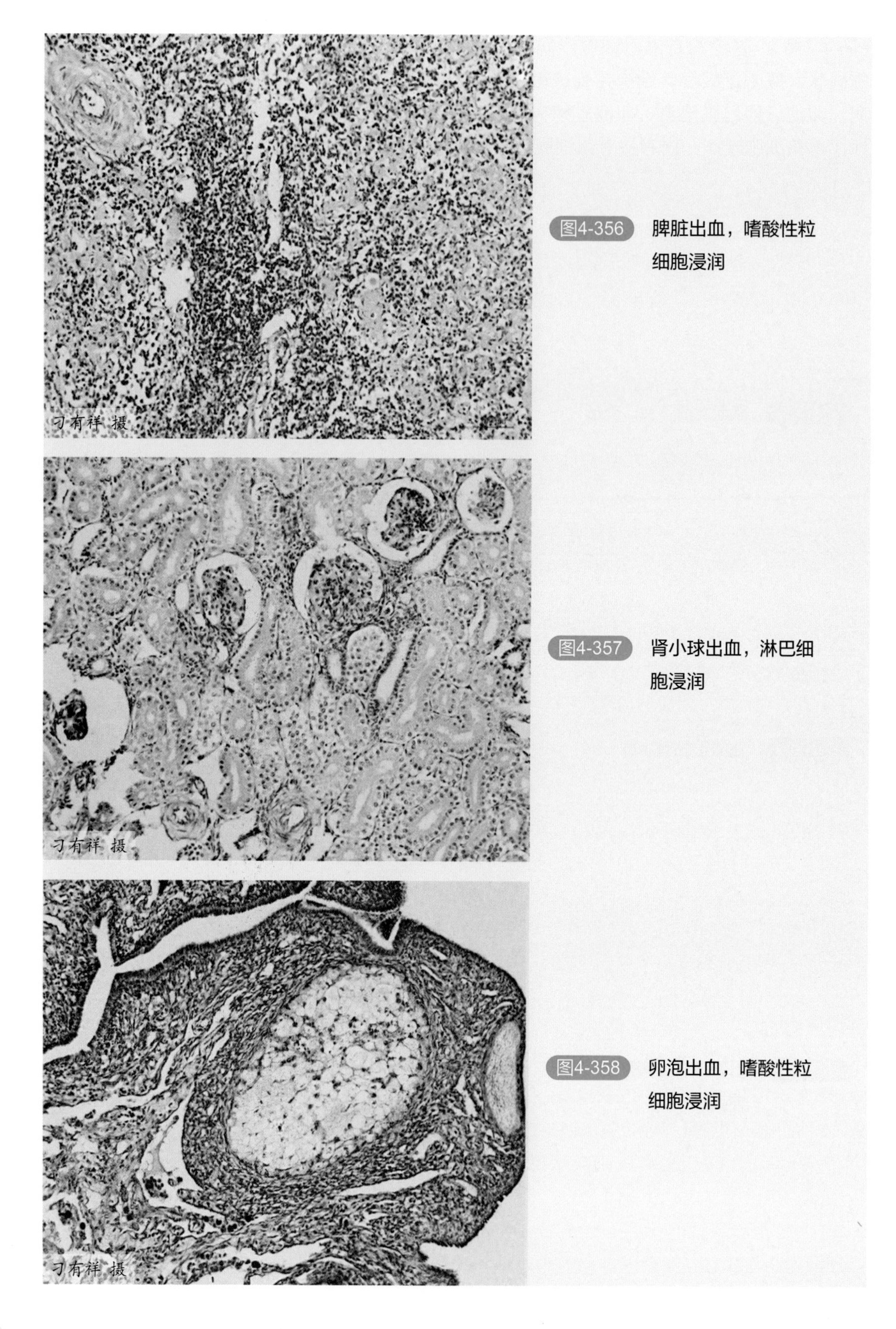

图4-356 脾脏出血，嗜酸性粒细胞浸润

图4-357 肾小球出血，淋巴细胞浸润

图4-358 卵泡出血，嗜酸性粒细胞浸润

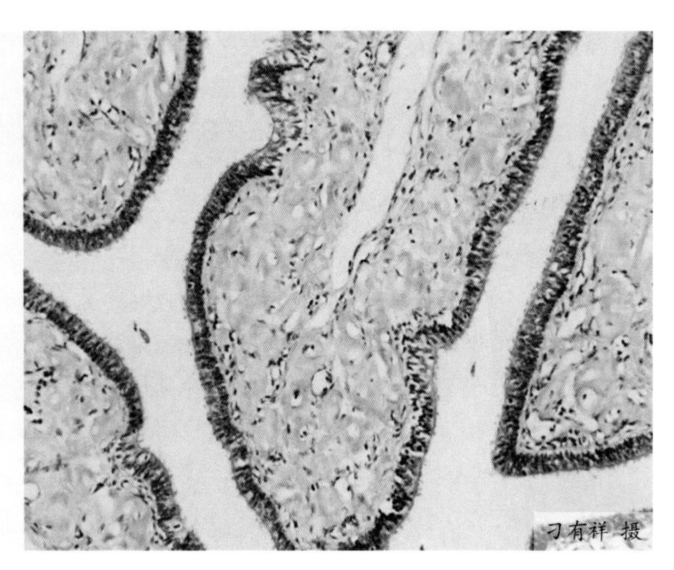

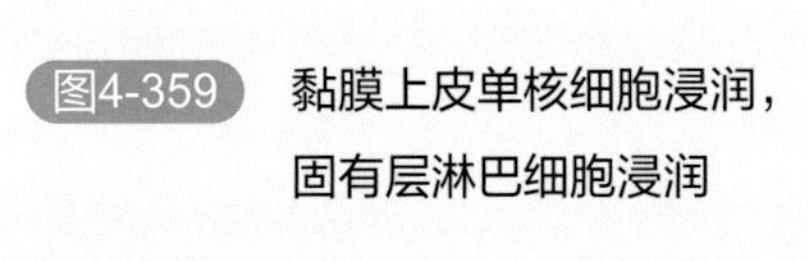
图4-359 黏膜上皮单核细胞浸润，固有层淋巴细胞浸润

（五）诊断

1. 临诊诊断

根据该病发病特点、症状和剖检病变可作出初步诊断。由于引起鸭产蛋下降的因素众多，若要确诊，还有赖于实验室诊断。

2. 实验室诊断

（1）病原分离培养　采集患鸭的输卵管、泄殖腔或粪便等进行研磨，加入无菌生理盐水，按 1∶4 比例制成组织悬液，振荡混匀，3000r/min 离心 30min，吸取上清液加入青霉素和链霉素，每毫升上清液各含 1000 单位，37℃作用 30min，或 4℃过夜，并用 0.22μm 滤器过滤除菌。经细菌检验，若无菌生长，则置冰箱保存，作为病毒分离的接种材料。

病毒分离可用 10 日龄鸭胚，每胚经绒毛尿囊膜途径接种无菌上清液 0.2mL，置于 37℃温箱孵育，每天照胚观察，弃去 24h 内死亡胚体。24h 后死亡胚体观察尿囊膜及胚体病变，若为 EDSV 感染，可呈现尿囊膜增厚以及胚体发育不良等病变，且尿囊液具有较高的血凝滴度。此外，上清液还可接种于鸭肾细胞或鸡肾细胞上，37℃培养箱中培养数天后，能观察到细胞病变如细胞变圆、皱缩、脱落，及核内包涵体。

（2）血清学诊断　血凝试验与血凝抑制试验对于 EDSV 的检测，最常用的是血凝抑制试验。病毒可凝集鸡、鸭、鹅的红细胞，其凝集作用可被相应的抗血清所抑制。血凝抑制试验多采用微量法，其抗原可用鸭胚尿囊液制备。抗原采用 4 个血凝单位，用 pH 7.1PBS 配制 1% 鸡红细胞，结果判定标准无统一意见，有人将 1∶32 作为阳性，也有人将 1∶8 作为阳性。

① 琼脂扩散试验　EDSV 抗原与相应抗体在琼脂凝胶中相向扩散，在交接处形成肉眼可见的沉淀线，该方法可用于检测鸭群体内 EDSV 抗原或抗体的存在。

② 中和试验　EDSV 可使细胞出现病变，并产生核内包涵体，这种作用可被相应抗血清中和而消除，因此可采用中和试验检测 EDSV 抗原及抗体。用 Eagle 氏 MEM 制备系列血清稀释液，各加入 $2\log_{10}^{TCID50}$ 的病毒，于 22℃放置 30min 后接种细胞，数天后根据细胞病变判断结果。

③ 酶联免疫吸附试验（ELISA） 本方法特异性、敏感性均较高，且适用于临床样本的快速、大量检测。相较于血凝抑制试验，利用建立的斑点 ELISA 方法、间接 ELISA 方法和以 EDSV 单克隆抗体建立的夹心 ELISA 方法检测敏感性均较高，比血凝及血凝抑制试验更具有优越性。

④ 免疫胶体金技术 利用银加强胶体金探针技术检测 EDSV，最低检测量为 0.11719μg/mL；以 15nm 胶体金颗粒作为标记物制备的胶体金试纸条，与血凝试验阳性符合率为 89.8%。该方法具有操作简便、敏感性高、省时省力等特点，可用于抗原样本的大量检测。

（3）分子生物学诊断 分子生物学检测方法较血清学检测方法具有灵敏性高、特异性强等特点。目前常用于检测 EDSV 的分子生物学方法主要有 PCR、荧光定量 PCR 和核酸探针技术等。李文贵等建立的套式 PCR 检测方法其灵敏度是常规 PCR 的 100 倍，可检测出 100pg 的 DNA 模板；2003 年吴庭才等建立的降落 PCR 方法应用时最低可检测到 32pg 的病毒 DNA，表明该方法用于检测 EDSV 特异性和敏感性均较强，可用于减蛋综合征的诊断；冯柳柳等人建立的基于 EDSV Hexon 基因的荧光定量 PCR 技术最低可检测到 10copies 的病毒粒子，并在此方法的基础上检测 EDSV 感染鸭群体内不同组织及棉拭子中病毒载量，其灵敏性、特异性和稳定性高，适用于 EDSV 的早期快速检测。此外，以光敏生物素标记的 EDSV 质粒及 Hexon 基因为探针，最低分别可检测到 1pg 和 12pg 的病毒 DNA，敏感性较高，特异性较好。

（4）鉴别诊断 引起鸭产蛋下降的因素很多，因此，该病需要与禽流感、钙磷缺乏症等相区别。

鸭感染禽流感病毒后，也可引起产蛋下降。但鸭感染 EDSV 后的症状较为缓和，且很少有死亡现象，这与禽流感不同。

鸭钙、磷、维生素 A、维生素 D 缺乏可引起产蛋下降。但当饲料中补充后，患鸭可很快恢复，而 EDSV 感染则无此现象。

（六）预防

鸭产蛋下降综合征尚无有效的治疗方法，因此，应从加强管理、淘汰病鸭及免疫接种等多方面进行防控。

（1）加强检疫 由于 EDSV 可垂直传播，因此无 EDSV 感染的鸭场如需引种时，一定要从非疫区引入，防止从疫区带入病原。此外，引种后的鸭，需要隔离观察一定时间，经病原或抗体检测阴性后，方可合群。

（2）加强饲养管理 鸭群应供给配方稳定的饲料，饲养人员饲喂要做到定时、定点、定量，勤于观察鸭群状态与蛋壳品质，发现问题及时采取措施。对肉鸭采用全进全出的饲养方式，对种鸭采取鸭群净化措施，即将产蛋鸭孵化出的雏鸭分为若干小组，隔离饲养，每隔 6 周测定一次抗体，淘汰阳性鸭。

（3）做好鸭场的消毒卫生工作 病毒对外界抵抗力很强，因此，应加强鸭场的卫生管理工作。鸭场应避免闲杂人员进入，进入鸭舍的设备、用具等要进行严格消毒；对鸭舍周边环境可采用 2% 火碱、0.3% 次氯酸钠等进行喷洒；对鸭舍可采用次氯酸钠或碘剂等药物定期消毒；空鸭舍必须进行全面清洁和消毒后，方可进鸭；此外，还应及时对场内粪便进行无害化处理。

（4）做好免疫预防 EDSV 油乳剂灭活疫苗可对鸭群起到良好的保护作用。商品蛋鸭在 14 ～ 16 周龄免疫 1 次，可使其整个产蛋期获得免疫保护；种鸭可在 35 周龄再加强免疫 1 次。

（七）治疗

刚发生该病的鸭群，应立即用油乳剂灭活疫苗进行紧急免疫接种。此外，在饲料中增加维生素、鱼肝油和矿物质，有利于种鸭产蛋率的恢复。

二、鸭心包积水－肝炎综合征

鸭心包积水 - 肝炎综合征是由禽腺病毒所引起的一种鸭病毒性传染病，以患鸭心包积液与肝炎为主要特征。心包积水 - 肝炎综合征最早在 1987 年巴基斯坦邻近安哥拉的肉鸡中首次发生并报道，随后在伊拉克、印度、秘鲁、俄罗斯及孟加拉国等相继发生。2015 年以来，我国山东、河南、北京等地鸭群中暴发以心包积水和肝炎为主要特征的传染病，给养鸭业造成较为严重的损失。

（一）病原

禽腺病毒 A、B、C、D、E 中有 12 个血清型，引起心包积水 - 肝炎综合征的病原主要为禽腺病毒 C 中的血清 4 型（FAV4），其他如血清 8 型、10 型、11 型也能引起。C 型腺病毒属于腺病毒科（*Adenoviridae*）、禽腺病毒属（*Aviadenovirus*），基因组为 43000 ～ 45000nt 的双链 DNA 分子，DNA 的分子质量可达 3×10^4kDa，占整个病毒粒子 11.3% ～ 13.5%，其余部分为蛋白。病毒粒子直径为 70 ～ 80nm，在氯化铯中的浮密度为 1.32 ～ 1.37g/cm^3。

禽腺病毒的衣壳结构为顶点间距约 100nm 的正二十面体，内含 60 ～ 65nm 的芯髓，病毒颗粒由 252 个 8 ～ 10nm 的壳粒组成，壳粒排布于三角形的面上，每边 6 个，其中 240 个直径 8 ～ 9.5nm 壳粒不在顶点，为六邻体（hexon），另外 12 个位于顶点的为五邻体基底（penton），五邻体基底带有被称为纤丝的纤突，禽腺病毒有两根纤丝，在多数情况下，两根纤丝的长度相近，纤丝长度与抗原性有关。禽腺病毒纤丝为三聚体蛋白，包括两个非常保守的基座区 P1、P2 和四个高变环，即 loop1、loop2、loop3 和 loop4，这些纤丝以五邻体蛋白为基底而从病毒衣壳伸出，形成头节区。对 hexon 进行电镜和 X- 线晶体衍射发现，hexon 晶体呈塔形结构，两个八股反平行片层组成致密的塔底座，比较发现各血清型毒株的 loop3 均编码不同的 31 个氨基酸，该多肽均位于此蛋白表面，是参与免疫反应的主要的抗原决定簇。在病毒入侵细胞时，五邻体蛋白及纤丝头节区可与细胞表面的病毒识别受体结合，从而促进病毒的内化过程。

禽腺病毒的结构蛋白主要包括六邻体（pⅡ）、五邻体（pⅢ）、五邻体周围蛋白（pⅢa）和纤突蛋白（pⅣ）等。病毒六邻体是主要的衣壳蛋白，含有型、群和亚群特异性抗原决定簇，因而鸭感染禽腺病毒后可产生型特异性、群特异性和亚群特异性抗体。研究报道，六邻体蛋白可以诱导机体产生中和抗体；纤突蛋白含有尾区、杆区和头节区三个部分，是前体蛋白水解后经过糖基化修饰形成。其尾区的氨基酸组成较为保守，杆区由 22 个重复的亚单位组成，头节区是主要功能区，介导病毒与受体的识别；五邻体周围蛋白是包围在五邻体蛋白周围的壳粒，对组装及维持病毒的结构具有重要意义，在病毒侵染细胞的过程中也发挥一定的作用。五邻体基因还编码 p Ⅴ、p Ⅶ、p Ⅸ、μ 和 TP 等几种核蛋白：p Ⅶ是主要的核蛋白，与 DNA 非共价结合，呈类“染色体”结构，TP 由前体末端蛋白（pTP）水解后去 N 端形成，在 DNA 的复制过程中作为引物，还可以促进 DNA 聚合酶在宿主细胞内的核定位。病毒的非结构蛋白主要包括 E1A、E1B、E2A（DBP）、E3（ADP）、E4、pol、EP、100K、33K 等。病毒的复制周期以 E1A 的转录表达为起始，E1A 蛋白的表达能够进一步激活其他基因的启动子，从而开启病毒的复制。此外，E1A 能够拮抗干扰素，并增强细胞对肿瘤坏死因子（TNF）介导的杀伤作用的敏感性，E3 蛋白也参与腺病毒的免疫逃逸过程；E1B 和 E4 蛋白则可阻断宿主细胞 mRNA 的转录和翻译；DNA 聚合酶和 DNA 结合蛋白（DBP）是病毒 DNA 复制所必需的蛋白，且 DBP 还参与决定宿主范围以及调控病毒转录和转录后基因的表达水平；内化酶（EP）在腺病毒中较为保守，对病毒粒子的成熟和病毒感染细胞的过程至关重要。33K 蛋白参与形成核衣壳的过程，是空壳粒子的组成成分。

FAV4 可在鸡胚、鸭胚、鸡肾细胞、鸡胚肾细胞、鸡胚肝细胞、鸡胚肺细胞及鸭胚成纤维细胞培养物内增殖，在鸡肾细胞上生长时可形成蚀斑。病毒感染细胞时，首先通过其纤维突起吸附在细胞膜上，进入细胞质内后，衣壳解体，释放出病毒 DNA；DNA 进入细胞核内，复制病毒 DNA，而病毒结构蛋白则由胞浆运回细胞核内参与子代病毒的装配。当宿主细胞崩解时，释放出子代病毒。

FAV4 不可凝集禽类及猪、牛的红细胞，但用鸡胚肝原代细胞或鸡胚肾原代细胞分离的病毒可凝集大鼠红细胞。病毒对外界环境抵抗力较强，对乙醚、氯仿等有机溶剂和胰蛋白酶有一定的抵抗力，抗酸范围广，对碘制剂、次氯酸钠和戊二醛敏感；病毒可以耐受 60℃加热 30min，50℃加热 1h，在室温条件下，至少可存活 6 个月以上。但在 60℃加热 1h、80℃加热 10min 和 100℃加热 5min 可以灭活该病毒。病毒对化学药物的抵抗力不强，用一般灭活腺病毒的氯仿（5%）和乙醚（10%）处理可以消除该病毒的感染力；0.3% 甲醛 24h，0.1% 甲醛 48h，可使病毒完全灭活。

（二）流行病学

禽腺病毒主要感染 3 ～ 5 周龄的肉鸡，也可感染杂交鸡、麻鸡、种鸡和蛋鸡，肉鸭也可感染发病。发病鸭群多于 3 周龄开始出现死亡，4 ～ 5 周龄达到死亡高峰，高峰期持续 4 ～ 8d，5 ～ 6 周龄时死亡减少，整个病程为 8 ～ 15d，死亡率为 20% ～ 75%，最高可达 80%。

该病一年四季均可发生，以夏秋高温季节多发；禽腺病毒的传染源为病鸭、带毒鸭及其粪便污染物；病毒既可通过种蛋、鸭胚垂直感染，也可通过粪便、飞沫水平传播，被污染的蛋、饲料、工具等都是常见的传播媒介。

（三）症状

病鸭通常无明显症状，仅见精神委顿、瘫痪，排黄绿色稀便，呼吸困难。少数双腿分叉无法站立，头颈震颤，突然死亡，死亡鸭喙呈紫红色或紫黑色（图 4-360）。

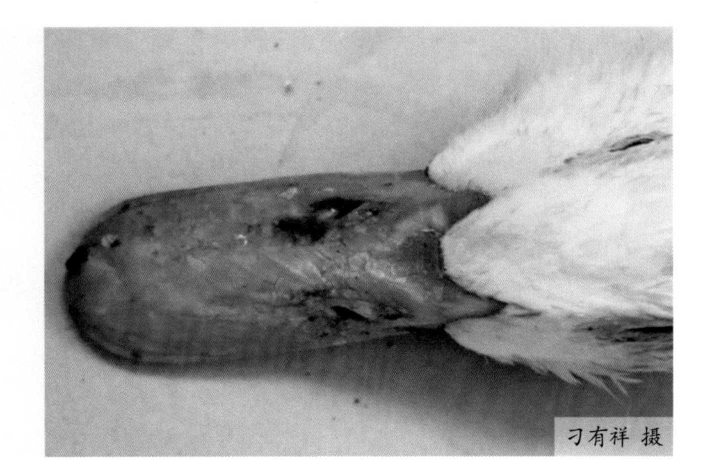

图4-360 鸭喙呈紫黑色

（四）病理变化

本病的特征性病变主要表现为肝脏肿大呈浅黄色（图 4-361 ～图 4-363），有的在肝脏表面有大小不一的出血斑点（图 4-364）；心包腔充满大量的淡黄色液体，最多可达 20mL（图 4-365 ～图 4-370）；心冠脂肪黄染，心肌松弛；气管环出血（图 4-371），肺脏出血、水肿、呈紫黑色（图 4-372，图 4-373）。个别病例还可见皮下脂肪出血，肾脏肿大呈浅黄色（图 4-374），肠道出血等病变。

组织学变化表现为肝组织结构物紊乱，肝细胞呈现弥漫性脂肪变性，（图 4-375），小叶结构不清，肝细胞坏死（图 4-376），同时伴随肝细胞内出现嗜碱性核内包涵体；心肌纤维断裂、水肿，间质变宽（图 4-377）；法氏囊白髓淋巴细胞大量流失，密度降低，形成很多空白区域（图 4-378）；脾脏出血，淋巴细胞崩解、坏死（图 4-379）；肺脏出血，有凝结的多灶性坏死区域及单核细胞与中性粒细胞浸润（图 4-380）；肾小管上皮细胞变性、坏死，从管腔基底膜脱落，肾小球肿大变性，肾小球囊腔变窄，肾间质出现弥漫性出血（图 4-381）。

（五）诊断

1. 临诊诊断

本病根据患鸭出现心包积水与肝炎，及肝细胞内出现嗜碱性包涵体的特征性病理组织学变化作出初步诊断。若要确诊，则需要进行实验室诊断。

2. 实验室诊断

（1）病毒分离培养　FAV4 是一种嗜上皮细胞的病毒，容易在肝脏、胰腺及肠管繁殖存活。无菌采集发病鸭新鲜肝脏组织进行研磨，加入无菌生理盐水，按 1∶4 比例制成组织悬液，振荡混匀，反复冻融 3 次充分释放病毒，3000r/min 离心 30min，吸取上清液加双抗，经 0.22μm 滤器过滤除菌后，作为病毒分离的接种材料。

病毒的分离培养可用无母源抗体的 8 日龄 SPF 鸡胚或 10 日龄樱桃谷肉鸭胚，每个胚经绒毛尿囊膜或卵黄囊途径接种上述上清液 0.2mL，置 37℃温箱孵育，每天照胚一次，弃去 24h 内死亡胚体，将 24h 后死亡的胚体放置 4℃冰箱冷冻后，吸取尿囊液，观察尿囊膜及胚体病变。若为 FAV4 感染，则出现尿囊膜增厚，胚体发育不良，出血明显。此外，病毒还可在鸭胚成纤维细胞和鸡肝癌细胞中进行分离增殖。

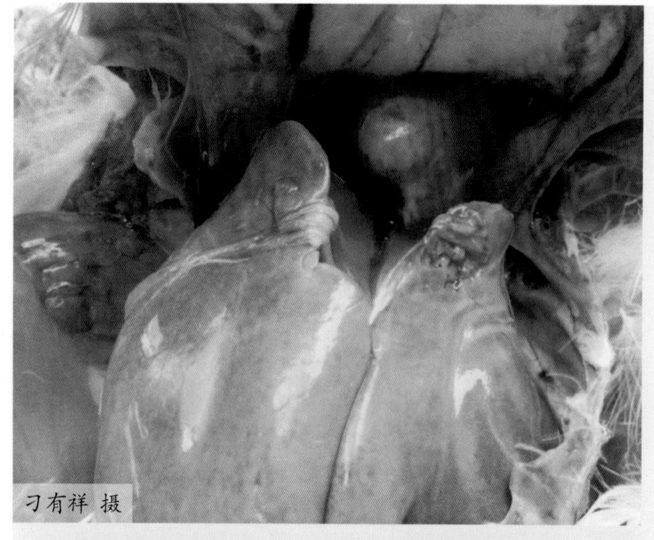

图4-361　肝脏肿大呈浅黄色（一）

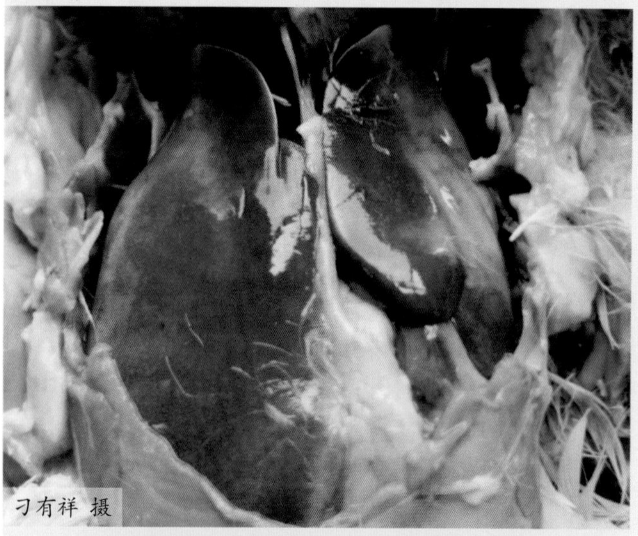

图4-362　肝脏肿大呈黄红色（二）

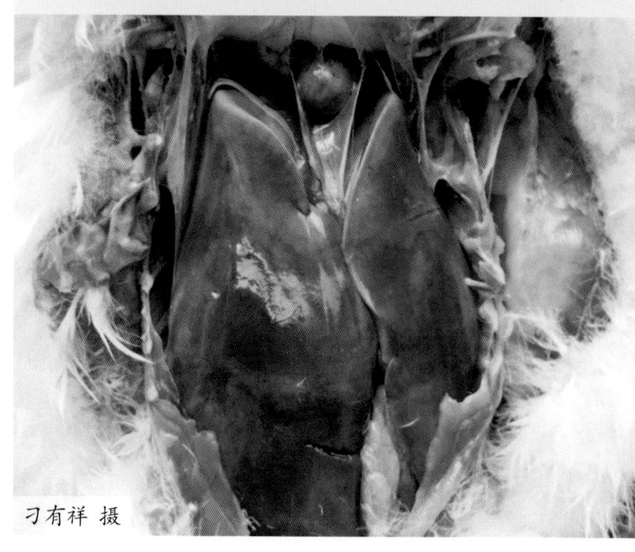

图4-363　肝脏肿大呈浅黄色（三）

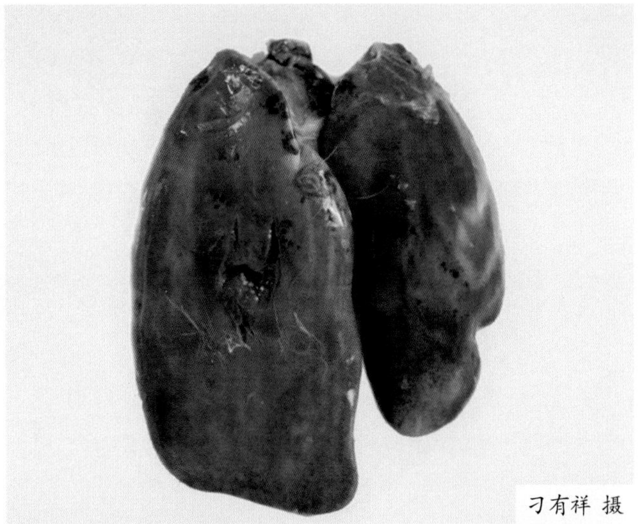

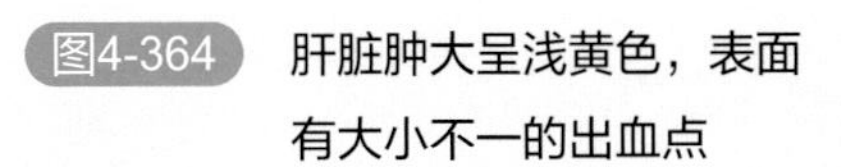
图4-364 肝脏肿大呈浅黄色，表面有大小不一的出血点

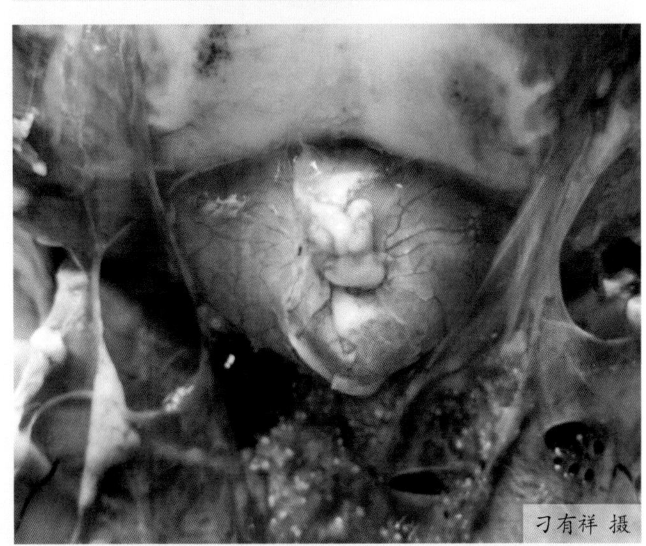

图4-365 心包腔充满大量液体（一）

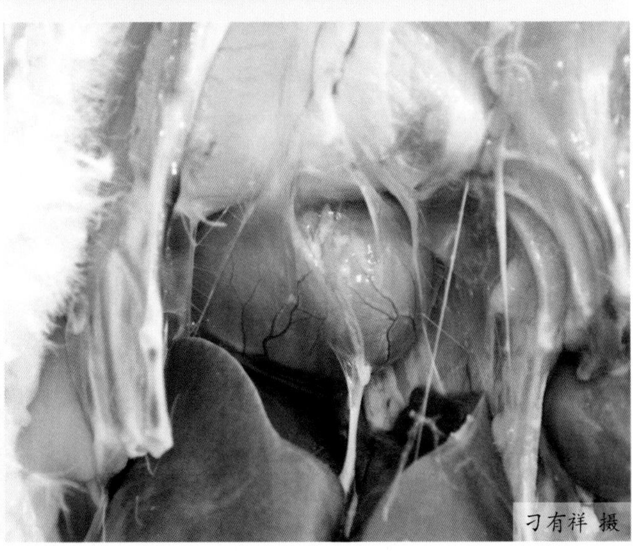

图4-366 心包腔充满大量液体（二）

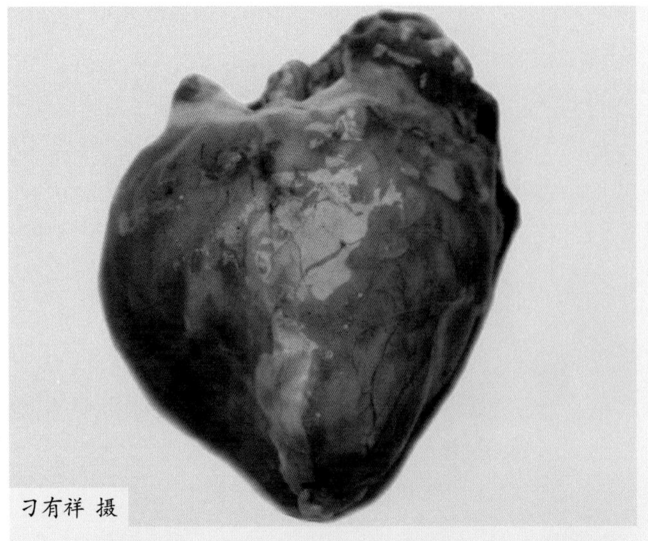

图4-367 心包腔充满大量液体（三）

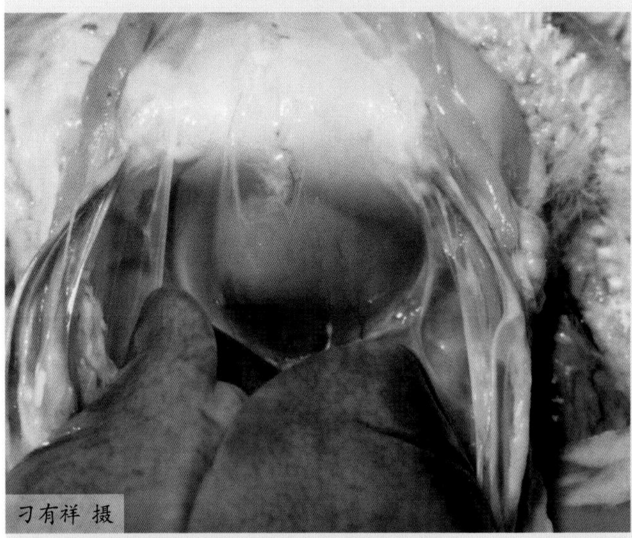

图4-368 心包腔充满淡黄色液体

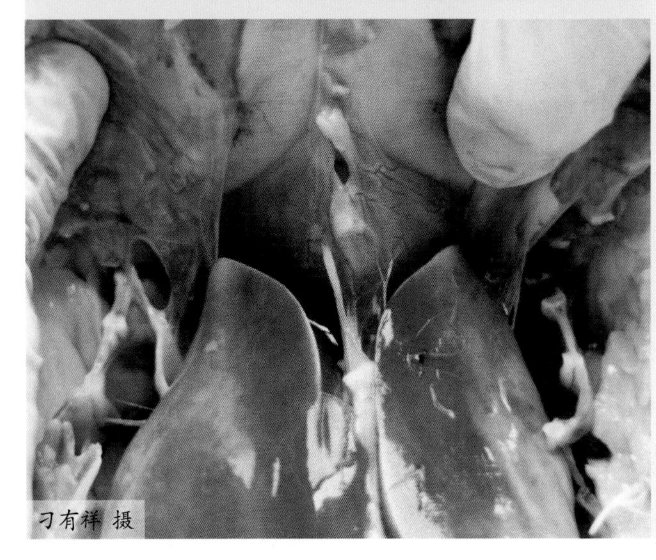

图4-369 心包腔充满液体，肝脏肿大呈浅黄色

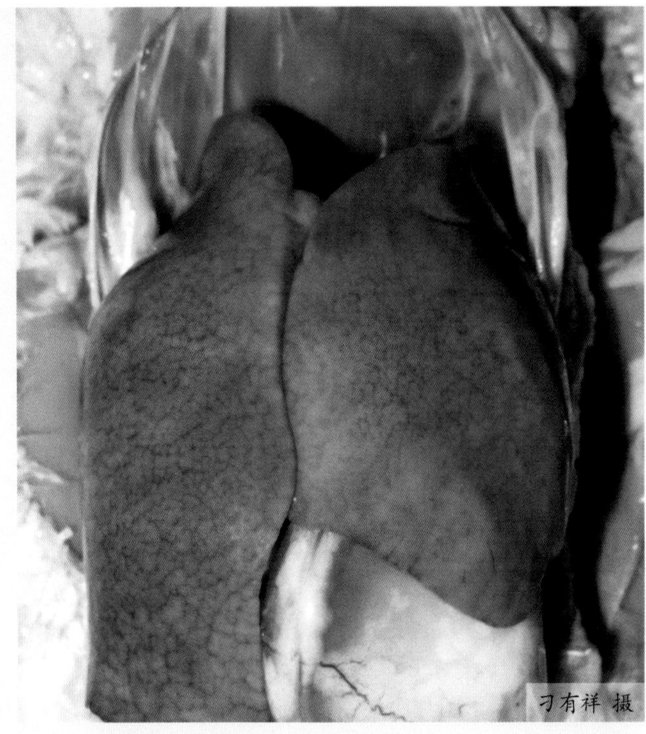

图4-370 心包腔充满淡黄色液体，肝脏肿大呈浅黄色

图4-371 气管环出血

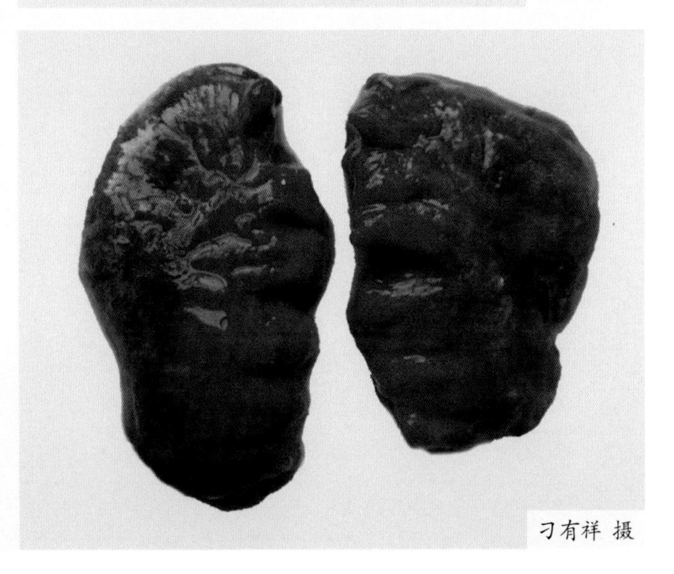

图4-372 肺脏出血呈紫红色

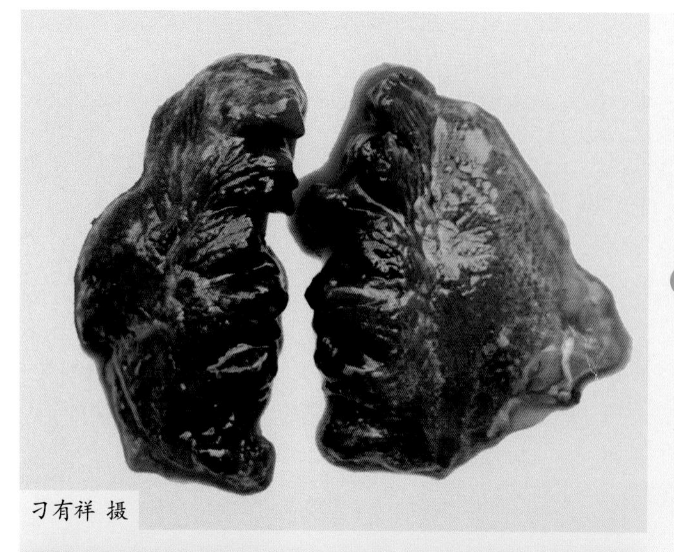

图4-373 肺脏出血呈紫黑色

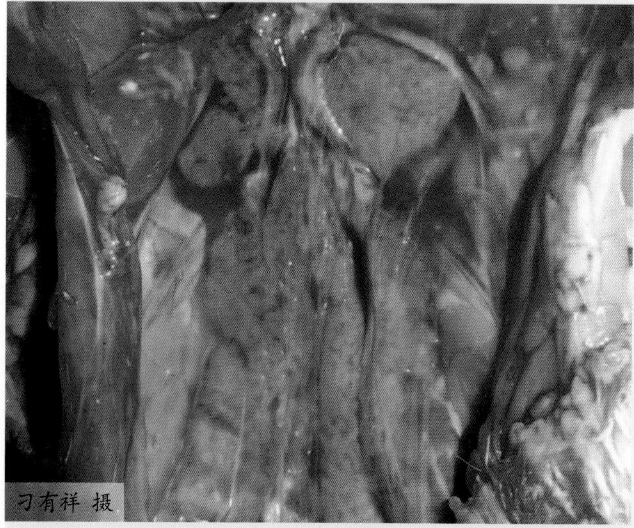

图4-374 肾脏肿大呈浅黄色

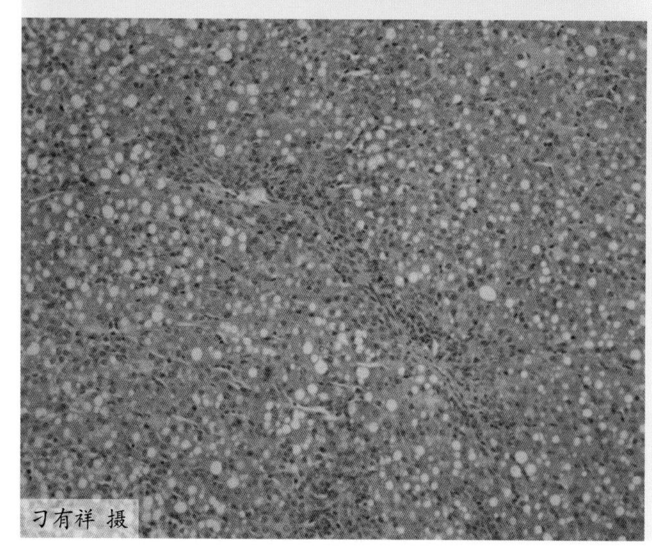

图4-375 肝组织结构紊乱，肝细胞脂肪变性

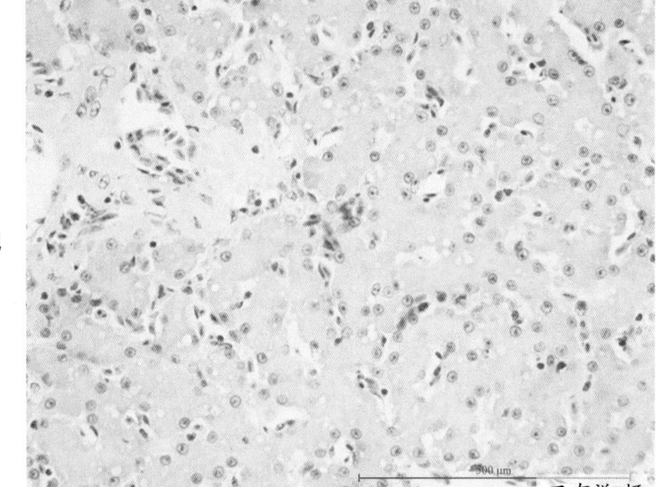

图4-376 肝组织结构紊乱，肝细胞变性、坏死

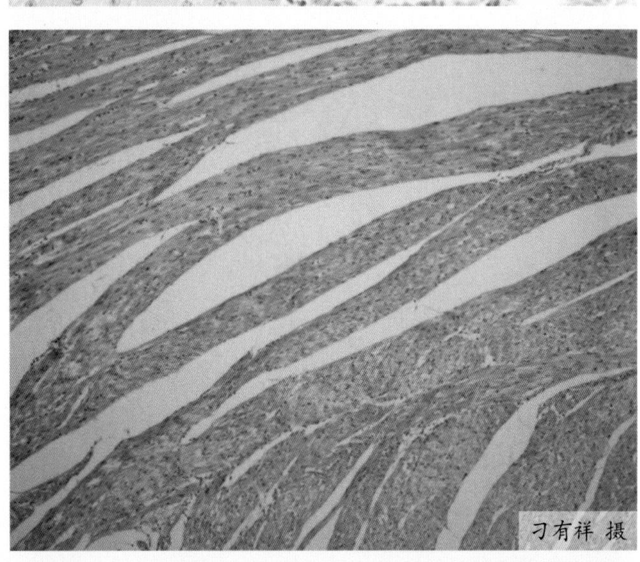

图4-377 心肌纤维断裂、水肿，间质变宽

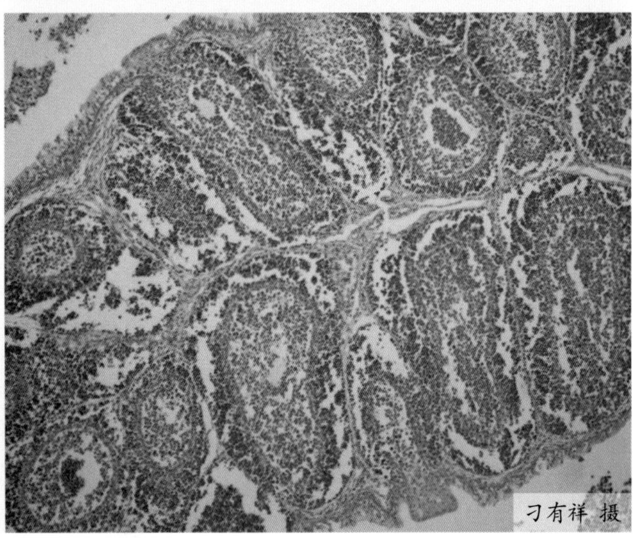

图4-378 法氏囊淋巴细胞崩解、坏死

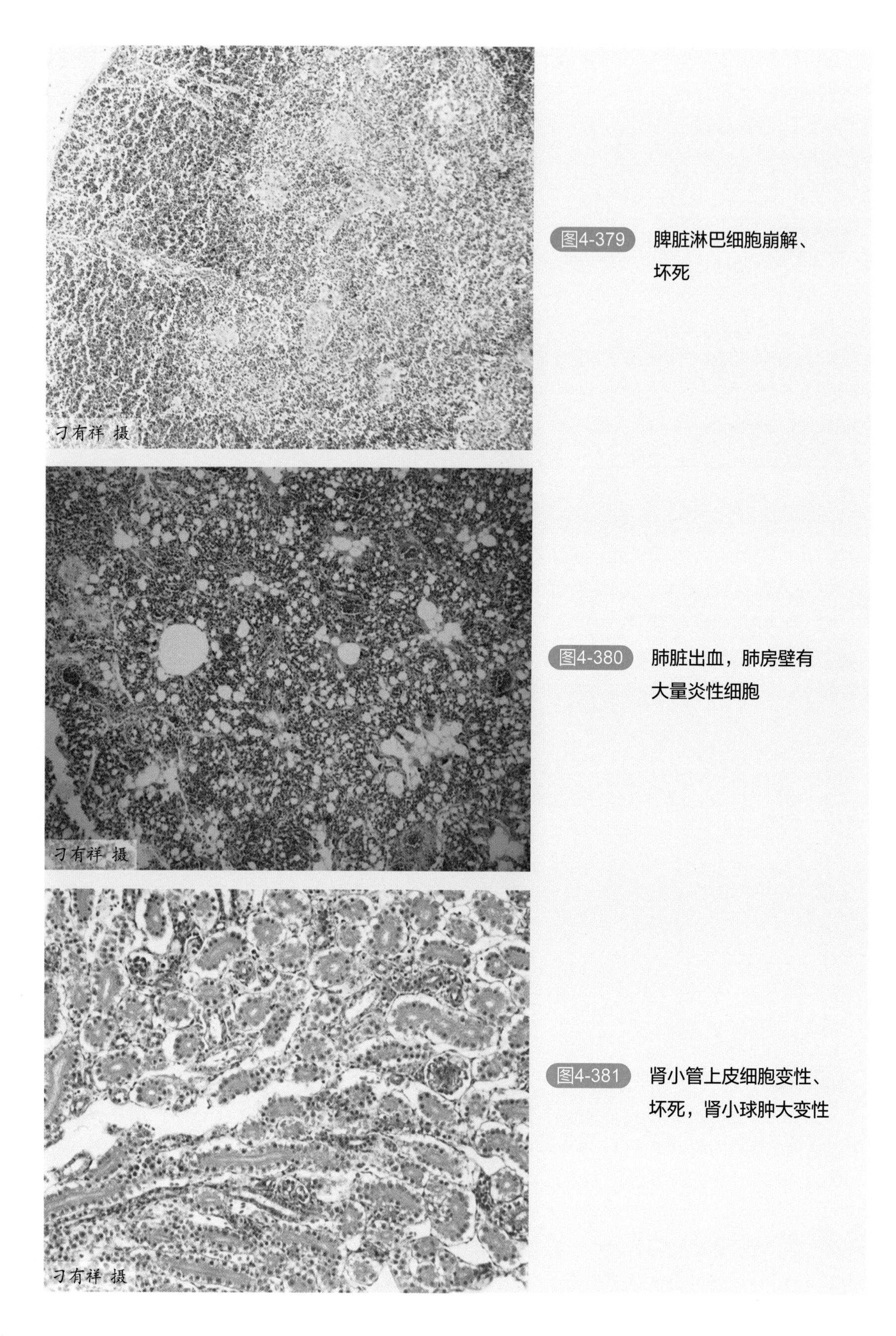

图4-379 脾脏淋巴细胞崩解、坏死

图4-380 肺脏出血，肺房壁有大量炎性细胞

图4-381 肾小管上皮细胞变性、坏死，肾小球肿大变性

（2）动物回归试验　将 10^7TCID_{50} 的病毒经颈部皮下注射途径接种 35 只 7 日龄樱桃谷肉鸭，0.2mL/ 只，剩余 35 只作为对照组，每只经颈部皮下接种无菌生理盐水 0.2mL，观察试验鸭的发病感染情况，观察 10d。若试验鸭出现与自然发病鸭相同的症状及剖检变化，而对照组鸭无任何症状，则可作出诊断。

（3）免疫学诊断　琼脂扩散试验病毒抗原与相应抗体在琼脂凝胶中相向扩散，在交接处形成肉眼可见的沉淀线，此法可用来检测患鸭体内 FAV4 的抗原或抗体。该试验在含 1.5mol NaCl 的 PBS（0.1mol，pH 7.2）制备的 1% 琼脂板上进行。

酶联免疫吸附试验（ELISA）：ELISA 检测方法由于其灵敏性与特异性较高、操作简便、一次性可检测大量样本的优势，是目前应用最为广泛的血清学诊断方法之一。以 FAV4 全病毒为抗原，HRP 标记羊抗鸭 IgG 为酶标二抗建立的间接 ELISA 检测方法，能够实现鸭群中 FAV4 抗体的大量检测，对其他血清型的 FAV 无交叉反应，特异性强，适用于鸭心包积水 - 肝炎综合征的流行病学监测。

（4）分子生物学诊断　分子生物学方法作为快速、准确诊断疫病的手段，被广泛应用于 FAV4 的检测，目前常用的方法有 PCR、实时荧光定量 PCR、PCR-RFLP 及 PCR-HRM 等。首先提取患鸭组织或胚体尿囊液、细胞上清中的 DNA，利用 PCR 检测方法对禽腺病毒 Hexon 基因进行特异性扩增，扩增后的 PCR 产物纯化后可进行基因测序分析与分型，PCR 检测方法最低检测限为 1000 个拷贝，适用于实验室样本的大量检测；实时荧光定量 PCR 检测方法其灵敏性更高、特异性更强、可进行定量，且反应后无需开盖，避免了气溶胶污染造成的假阳性结果。根据禽腺病毒 Hexon 基因建立的 TaqMan 荧光定量 PCR 检测方法最低可检测到 10 个拷贝的病毒粒子，是普通 PCR 检测方法的 100 倍。

鉴于禽腺病毒血清型众多，近年来，基于可快速对禽腺病毒进行分型的分子生物学方法如限制性片段长度多态性与高分辨率熔解曲线技术应运而生。根据 Hexon 基因高变区序列的 PCR 扩增产物进行限制性片段长度多态性分析，利用 Hexon 基因存在的酶切位点对 PCR 扩增产物进行酶切分析，根据不同血清型的毒株所呈现的酶切片段多态性，实现了对不同的禽腺病毒的血清型分型；HRM 技术是一种建立在荧光定量 PCR 基础上的新技术，通过比对禽腺病毒 Hexon 基因序列，在高变区设计一对特异性引物，利用荧光定量 PCR 监测熔解曲线的位置和形状，实现基因的分型，具有灵敏性高、闭管操作、快速、结果直观等特点，仅需 1h 即可完成。

（六）预防

FAV4 感染尚无有效的治疗方法，因此，做好鸭场生物安全与防控工作，是控制该病传播的重中之重。

（1）加强饲养管理　某些病毒与霉菌可加剧鸭群的病情，因此要加强鸭群的饲养管理，喂给平衡的配合日粮，防止饲料霉变，补充微量元素和维生素 B 族、维生素 C、维生素 K 及鱼肝油等，提高鸭群免疫力，增强鸭群抗病力，减少应激因素。鸭群应与鸡群分开饲养，尽量避免到有本病的鸭场引进种蛋或种苗。

（2）加强消毒，做好卫生防疫工作。FAV4 等腺病毒对外界环境抵抗力强，所以要做好鸭舍及周围环境的卫生消毒工作，及时对粪便进行无害化处理，可减少病原体的数量；鸭群一旦发病，要及时隔离淘汰；饲养器具禁止混用，饲养人员禁止互相串走，防止病毒水平传播。其次，成年鸭尽管未表现明显症状，但由于垂直传播将导致后代感染和死亡，因此，引进种鸭和种蛋的病原检测和净化，对防止原种鸭的 FAV4 感染十分重要。

（3）及时进行免疫接种　种鸭开产前 12 ～ 14 周和 18 ～ 20 周接种腺病毒多价灭活疫苗，可获得有效的保护力。

（七）治疗

鸭群发病后，可及时注射精制卵黄抗体进行紧急免疫接种。此外，FAV4 感染发生后，可用 2% ～ 3% 的葡萄糖饮水或 0.01% 维生素 C 饮水，以保护肝脏。在饲料中适当添加抗生素药物，可减少继发感染造成的并发症，但要尽量减少对肝脏有损伤的药物的使用。

第十节　鸭痘

鸭痘（Duckpox）是由禽痘病毒（Avipoxvirus）引起鸭或野生水禽的一种病毒性接触性传染病。其主要特征为患病鸭的皮肤、羽毛囊、口腔或黏膜出现痘斑或纤维素性坏死性伪膜。鸭群感染鸭痘时病死率较低，但当并发或继发其他传染病如寄生虫病、细菌性疾病或饲养管理不当时，可发生全身性感染，引起大批死亡，给养鸭业造成较为严重的经济损失。

一、病原

鸭痘病毒（Duck poxvirus，DPV）为痘病毒科（Poxviridae）、脊索动物痘病毒亚科（Chordopoxvirinae）、禽痘病毒属（*Avipoxvirus*）的成员。与痘病毒科其他属相同，病毒基因组为双股线状 DNA，其主要成分除 DNA 外，还有蛋白质和脂质，且所有的禽痘病毒均具有相同的形态。痘病毒属于比较大的一种病毒，在电镜下可观察到成熟的病毒粒子，有囊膜，呈砖形或卵圆形，大小约为（298 ～ 324）nm×（143 ～ 192）nm。超薄切片中可发现病毒粒子中心为电子密度较高的核心和两个侧体，核心呈哑铃或纺锤状，由卷曲的管状结构组成，侧体分别位于核心的两个凹陷内，核心对胃蛋白酶有抵抗力，核心和侧体外包裹 2 ～ 3 层外膜。

禽痘病毒是目前已知最大、最复杂的病毒之一。Afonso 于 2000 年公布了首个禽痘病毒的全基因组序列，长度约 254 ～ 300kb，分子质量为（2 ～ 4）×10^8Da，其核苷酸 AT 含量较高，为 69%，随机分布于整个基因组序列中。病毒基因组含有 1 个中央编码区和 260 个开放阅读框（ORF），其中 101 个 ORFs 与已知基因功能相似。禽痘病毒中央编码区末端有两个相同的长 9520bp 的反向重复序列，通过发夹环以共价键连接，每个末端重复序列含有 10 个 ORFs。在禽痘病毒的 ORFs 中，56 个 ORFs 包含有早期启动子序列，其中 22 个 ORFs 包含早期转录的终止序列（TTTTTXT），此序列通常在翻译密码子上游 50bp 或下游 100bp 附近，而在 ORF 其他序列中缺乏早期终止序列。此外，痘病毒还含有 55 个晚期 ORFs，且含有很多与病毒体相关的保守基因，其中 P4b 核心蛋白基因为禽痘病毒的晚期启动子，可作为禽痘病毒之间系统发育进化分析的序列。禽痘病毒基因组中央编码区参与编码病毒 DNA 复制、转录和增殖等所需的一些重要酶类，两端的侧翼较中央区变异较大，编码多样性的蛋白质，且与病毒毒力、宿主范围相关，具有病毒种属特异性。

禽痘病毒 DNA 主要在细胞质内进行合成和装配，其主要过程如下：病毒吸附并进入上皮细胞 1h 后，或进入绒毛膜上皮细胞 2h 后，开始脱衣壳，细胞质内开始出现“病毒浆”结构；病毒感染 12 ～ 24h 后，DNA 开始大量复制，首批感染性病毒出现是在 22 ～ 24h；感染 36 ～ 48h 后，上皮细胞开始大量增生，72h 增生的细胞数量可达到原始细胞数量的 2.5 倍；病毒感染后 60h 内，由于病毒量较少及细胞对其合成的抑制，DNA 合成量较低，60 ～ 72h 则逐渐升高；感染后 72 ～ 96h，病毒 DNA 合成比细胞 DNA 合成多，由于此阶段病毒对细胞的破坏作用，细胞不再增生，因此，细胞内出现包涵体，包涵体的周边及靠近周边部位的病毒可通过出芽的方式从细胞中释放。此外，病毒还可通过细胞溶解及胞吐的方式从细胞中释放。包涵体被认为是病毒感染细胞后进行复制和病毒颗粒组装的场所，且能够集合病毒加工过程所必需的蛋白质、核酸及其他小分子。痘病毒在感染细胞胞浆中形成的嗜酸性 A 型包涵体（Bollinger 氏体）内存在更小的颗粒，称原质小体，每个包涵体内所含的原质小体多达 2 万多个，且均具有致病性。

鸭痘病毒中某些毒株含有血凝素，可凝集禽类及某些哺乳动物红细胞，如家兔。鸭痘病毒可在 9 ～ 12 日龄鸡胚、鸭胚以及鸭胚成纤维细胞中生长繁殖。经绒毛尿囊膜接种的胚体约在接种后 3 ～ 6d，出现绒毛尿囊膜增厚、变白、水肿（图 4-382），进而形成一种局灶性或弥漫性的痘疹病灶，呈灰白色，坚实，厚约 5mm，中央为坏死区。在接种鸭胚成纤维细胞 3d 后，DEF 细胞可出现细胞病变，约 50% 的细胞变圆皱缩脱落；接种细胞 5d 后，约有 70% 的细胞出现细胞病变。

痘病毒存在于患鸭的皮肤、羽毛囊和黏膜病灶中，对外界的不良环境抵抗力较强。从上皮细胞鳞屑片和痘斑中脱落的病毒可抵抗干燥数年之久，−15℃保存多年仍有致病

图4-382 尿囊膜增厚

性，阳光照射数周仍可保持活力。病毒对乙醚有一定的抵抗力，对氯仿敏感，在 1% 的酚或 1∶1000 福尔马林中可存活 9d，1% 氢氧化钠或氢氧化钾可使其灭活；50℃ 30min 或 60℃ 6min，病毒可被灭活；胰蛋白酶不可消化 DNA 或病毒粒子。此外病毒可在土壤中生存数周，也可长期保存于 50% 甘油中，但病毒在腐败环境中抵抗力较低，很快死亡。

二、流行病学

禽痘病毒主要感染鸡和火鸡，鸽也可感染，鸭、鹅的易感性较低，且感染后的病死率也较低。鸭痘病毒主要在北美地区的麻鸭、黑嘴天鹅、北美斑鸭、赤头鸭及蓝翅鸭等野生水禽中被发现，我国鸭群中也有鸭痘流行。各个日龄的鸭均可感染鸭痘病毒，雏鸭较成鸭更易感；鸭痘一年四季均可发生，秋冬季节最易流行，一般在秋季多发生皮肤性鸭痘，冬季则以黏膜型为多。鸭痘病毒主要通过水平传播途径扩散，而病鸭脱落和破散的痘痂是水平传播的主要载体，当鸭群皮肤或黏膜出现外伤，病毒可经伤口入侵感染；而某些吸血昆虫如库蚊、疟蚊等在本病的传播中也起着重要作用。如蚊虫叮咬患鸭后，其血液即可带毒，带毒时间长达 10 ～ 30d，易感鸭群被蚊虫叮咬后便可受到感染，这也是夏秋季节本病流行的一种主要传播方式。

鸭群打架、啄毛、交配等造成的外伤，鸭群养殖密度过大、鸭舍通风不良、饲养管理太差等，均可继发本病的感染，甚至加剧病情，造成更为严重的损失。

三、症状

发生皮肤型鸭痘的病例占患病型的 90%，主要表现为患病鸭的嘴角和鸭喙及连接处的皮肤、眼睑处的皮肤及羽毛囊上出现大小不等的灰白色小结节，这些小的结节常汇集成较大的结痂，形成干燥、粗糙、呈棕褐色的疣状结节，突出于皮肤表面（图 4-383 ～图 4-386）。此外，有的病例在跗跖关节以下的腿部皮肤或脚蹼上也会出现结节状痘疹。痘痂可存留 3 ～ 4 周，而后逐渐脱落，留下平滑的灰白色疤痕。皮肤型鸭痘症状比较轻微，通常没有全身症状，但病情较为严重的患鸭可表现为体温升高、精神委顿、食欲消失、体重减轻等症状，体质较弱的患鸭则会出现死亡。

黏膜型鸭痘的病例主要在患鸭口腔、咽喉和眼等黏膜表面出现灰白色结节，突出于黏膜表面，这些小结节逐渐增大，并相互融合在一起，形成一层由坏死的黏膜组织和炎性渗出物凝固而成的黄白色干酪样的伪膜，覆盖在黏膜表面。伪膜剥离后，则露出红色的溃疡面，随着病程发展，伪膜逐渐扩大增厚，可阻塞口腔和咽喉，患鸭逐渐出现呼吸困难和吞咽障碍，呈张口呼吸状，严重时上下喙无法闭合，无法正常采食，体重迅速减轻，最后窒息死亡。

发生眼型鸭痘的患鸭，初期眼部有水样分泌物，后来逐渐形成脓性结膜炎，上下眼睑常粘合在一起，严重时可导致一侧或两侧眼失明（图 4-387，图 4-388）。

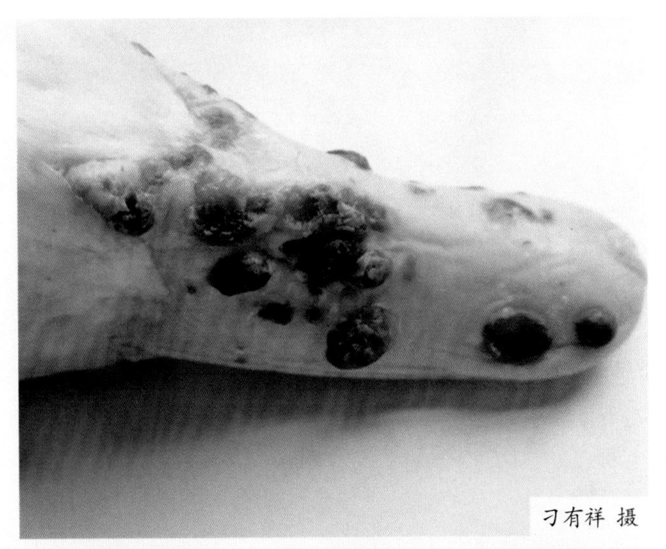

图4-383 在喙部有大小不一的痘斑（一）

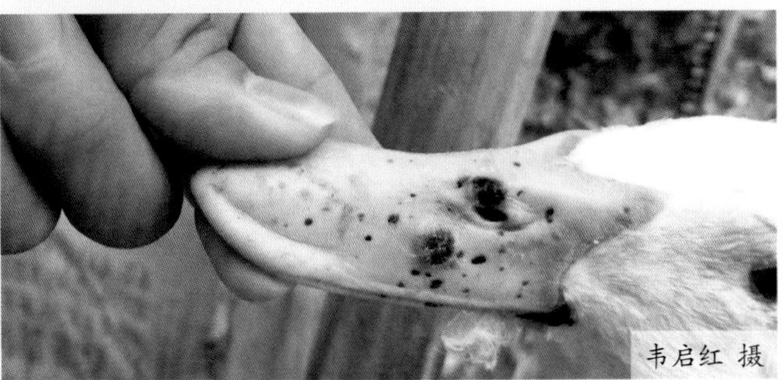

图4-384 在喙部有大小不一的痘斑（二）

图4-385 在喙部有大小不一的痘斑，喙变形

图4-386 在喙及眼角皮肤有大小不一的痘斑

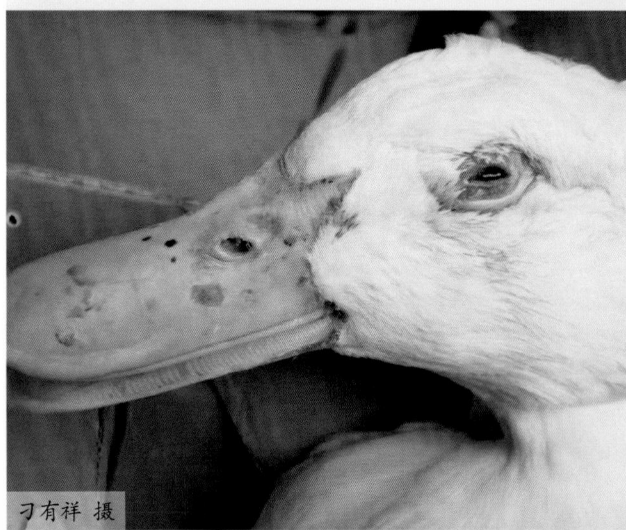

图4-387 眼肿胀流泪

图4-388 人工感染鸭眼肿胀流泪

四、病理变化

鸭痘的剖检病变主要表现为局灶性表皮和其下层毛囊增生，形成圆形或不规则形的痘样结节，呈灰色或暗棕色。痘样结节干燥前切开切面出血、湿润，结痂后易脱落，形成暂时性瘢痕。此外，黏膜型鸭痘剖检可见口腔、咽喉、眼、气管等黏膜表面有微微隆起的白色结节，常融合成黄色、奶酪样坏死的伪膜，剥离可见出血糜烂。其他器官病变常由继发感染导致。

组织学变化表现为患鸭表皮细胞增生，呈现不同程度的空泡变性；细胞体积增大，细胞核被挤在一侧或消失，胞浆中含有大小不一的嗜酸性 A 型胞浆内病毒包涵体（Bollinger 氏体）；有的细胞甚至完全空泡化，皮下组织可见少量嗜中性粒细胞浸润。

五、诊断

1. 临诊诊断

根据患鸭的喙部、皮肤、羽毛囊或腿部的结节、出血病灶、结痂与口腔和咽喉部的白喉样伪膜便可作出诊断，确诊则有赖于实验室诊断。

2. 实验室诊断

（1）组织学检查　10% 福尔马林固定病变组织，制作石蜡切片，进行 HE 染色。若为痘病毒，镜检可见胞浆中存在大小不一的包涵体。还可剪取病变组织涂片，经 Mopoeov 或 Fontana 染色后，光学显微镜下可见感染细胞内存在特征性的嗜酸性 A 型胞浆包涵体。此外，由于痘病毒较大，病灶抹片经瑞氏染色或 Gimenez 染色，极易看到散在、短链和成堆的原质小体。

（2）病毒分离　病料采集和处理病料最好采用新形成的痘疹病灶。将自然病例的皮肤痘痂置于氯化钙中脱水干燥，然后用剪刀剪碎，置于研钵中研碎，或进行组织匀浆，加入无菌生理盐水制成 1∶4 的组织悬液，3000r/min 低速离心 30min，取上清液经 0.22μm 无菌滤膜过滤除菌，作为病毒分离的材料。

接种取 0.2mL 上述无菌滤液经绒毛尿囊膜途径接种于 10 ～ 12 日龄鸭胚，于 37℃温箱孵育 5 ～ 7d，检查绒毛尿囊膜是否水肿或出现灰白色痘斑病灶。若初代病变不典型或无病变时，可继续传代。

制备鸭胚成纤维细胞，待细胞长到 80% ～ 90% 后，接种病毒滤液，在 37℃细胞培养箱感作 1h 后，弃去病毒液，加入含 2% 胎牛血清的 DMEM，37℃培养，每天观察细胞病变情况。接毒 3d 后，约 50% 的细胞变圆皱缩脱落，接毒后 5d 约有 70% 的细胞出现病变，收集产生细胞病变的病毒液。若细胞病变不典型时，则继续进行传代。

（3）免疫学诊断　免疫荧光试验用 4% 多聚甲醛固定接种病毒滤液 3d 后的鸭胚成纤维细胞，以鸭痘病毒阳性血清作为一抗，异硫氰酸荧光素标记的山羊抗鸭作为二抗，进行免疫荧光检测。若为鸭瘟病毒，则可在胞浆里观察到特异性绿色荧光。

琼脂扩散试验：感染鸭的皮肤、伪膜病料或感染鸭胚绒毛尿囊膜等经超声裂解处理，低速离心后收取上清液作为抗原。琼脂扩散介质一般由1%琼脂、8%氯化钠和0.01%硫柳汞配制而成。中央孔加入已知阳性抗原，周围孔加入鸭瘟病毒标准阴性、阳性及待检血清，可进行抗体检测。反之，也可用于检测患病鸭群体内抗原。检测阳性结果常在24～48h内出现沉淀线。

血凝抑制试验：鸭瘟病毒具有血凝性，用鸭瘟病毒作为抗原，包被经醛化处理的绵羊或马红细胞，采集待检鸭血清进行血凝抑制试验，可用于检测鸭瘟病毒抗体。血凝抑制试验抗体在感染1周后即可检出，持续时间可达15周。通常待检血清的血凝抑制滴度在1∶8以上者，判断为阳性反应。

（4）分子生物学诊断　目前用于鸭瘟病毒检测的分子生物学方法主要有PCR和荧光定量PCR等方法。张红云等建立了针对麻鸭瘟病毒的PCR检测方法，检测特异性、灵敏性较高；曹慧慧等建立了针对鸭瘟病毒P4b基因的TaqMan探针荧光定量PCR方法，该方法特异性高，最低检测限为1.29×10^{2}copies/μL，敏感性是普通PCR检测方法的100倍，适用于鸭瘟病毒的快速检测。

3.类症鉴别

皮肤型鸭瘟易与生物素缺乏相混淆，黏膜型鸭瘟易与维生素A缺乏症和毛滴虫病相混淆，需要进行类症鉴别。

（1）生物素缺乏　生物素缺乏的患鸭因皮肤出血而形成痘痂，其结痂小，而鸭痘结痂较大。

（2）维生素A缺乏　维生素A缺乏与黏膜型鸭瘟均能引起患鸭口腔出现灰白色结节及伪膜。但维生素A缺乏时，患鸭口腔伪膜如豆腐渣样，眼内有干酪样物，角膜混浊软化或穿孔。剖检可见肾脏呈灰白色，肾小管及输尿管有白色尿酸盐沉积，且不具有传染性，而鸭瘟无上述剖检变化且具有传染性。

（3）毛滴虫病　毛滴虫病和黏膜型鸭瘟均有传染性，可引起患鸭口腔、食道等黏膜存在白色结节或溃疡灶，也可覆盖有干酪样的伪膜。但毛滴虫感染的患鸭口腔涂片镜检可见毛滴虫的存在，而鸭瘟则无。

六、预防

（1）加强饲养管理和卫生消毒工作　保持鸭舍的通风换气，合理调整饲养密度，避免鸭群产生外伤；搞好环境卫生，鸭舍场地、用具等要定期消毒，及时清理鸭舍周围杂草，防止蚊虫滋生叮咬鸭群传播病毒。

（2）免疫预防　在无该病病史的区域，一般不必采用疫苗免疫鸭群，但在鸭瘟流行疫区，需要及时进行免疫接种。采用鸡痘鹌鹑化弱毒疫苗进行免疫接种，能有效地预防本病的流行和发生。用煮沸的钢笔尖蘸取疫苗，在鸭翅内侧无血管的皮下刺种，1～2月龄内的雏鸭刺种1针，1月龄以上的刺种2针。刺种3～4d后，刺种部位出现红肿、水泡及结痂，2 ～ 3 周后结痂脱落，免疫期为 5 个月。经刺种接种的鸭群，应于接种后 7 ～ 10d 进行抽查，检查局部是否结痂，如有局部反应则表示疫苗接种成功，否则应进行补种。此外，鸡痘蛋白筋胶弱毒疫苗也可预防本病的发生。生理盐水稀释后，2 月龄以上的鸭每只肌内注射 1mL，2 月龄以下的注射 0.2 ～ 0.5mL，接种后 14d 可产生免疫力，免疫期 5 个月。

七、治疗

目前鸭痘尚无特效治疗药物，主要采取对症治疗以减轻症状并防止继发感染。皮肤上的痘痂一般可不作治疗，必要时可用清洁镊子小心剥离，伤口涂抹碘酒或紫药水等；对黏膜型鸭痘，应用镊子剥掉伪膜，1% 高锰酸钾冲洗后，再用碘甘油或鱼肝油涂擦；患鸭若眼部发生肿胀，眼球尚未发生损坏，可将眼部蓄积的干酪样物排出，然后用 2% 硼酸溶液冲洗干净。剥离下的伪膜、痘痂或干酪样物含有大量的痘病毒，应集中烧掉，严禁乱丢，以防散毒，同时，将患鸭隔离或淘汰，对鸭舍、场地和用具等进行彻底消毒。

发生鸭痘后，痘斑形成可造成皮肤外伤，这时易继发细菌感染，造成大批死亡。使用广谱抗生素如 0.01% 环丙沙星或 0.01% 氟甲砜霉素拌料或饮水，连用 4 ～ 5d，以防止继发感染。同时改善鸭群饲养管理，可在饲料中增加维生素 A 的含量，有利于促进组织和黏膜再生，提高鸭的抗病能力。

第十一节 鸭大肠杆菌病

鸭大肠杆菌病（Duck colibacillosis）是由禽致病性大肠杆菌（APEC）引起鸭的一种局部或全身性感染的疾病。该病的病型种类较多，主要包括鸭大肠杆菌性败血症、脐炎、输卵管炎、卵黄性腹膜炎等多种病型。大肠杆菌血清型较多，大多数血清型的大肠杆菌正常条件下不致病，只有少数血清型的大肠杆菌与人和动物的疾病密切相关。不同动物及不同类型的大肠杆菌感染中，其血清型也有较大差异。随着养鸭业集约化和规模化发展，禽致病性大肠杆菌对养鸭业造成的危害和引起的经济损失日益严重。

一、历史

1894 年，Lignieres 首先报道大肠杆菌可引起禽类大批死亡，并从心、肝、脾中分离出大肠杆菌。随后，从 1894 年至 1922 年间，相继报道了大肠杆菌引起松鸡、鸽子、天鹅、火鸡、鹌鹑和鸡群等发病的情况。

1907 年，鸡大肠杆菌性败血症首次报道。在某些条件下，大肠杆菌可以离开肠道成为高致病菌，引起鸡发生败血症。当鸡群出现饥饿、寒冷或缺乏良好通风时，机体抵抗力下降，大肠杆菌的致病性更强。

1923年报道了大肠杆菌引起的家禽传染性肠炎。1938年报道了大肠杆菌引起的雏鸡心包炎和肝周炎，雏鸡死亡率较高。1938—1965年，相继报道了大肠杆菌性肉芽肿（Hjarre氏病）和大肠杆菌引起的其他组织器官的病理损伤，如气囊炎、关节炎、脐炎、全眼球炎、腹膜炎及输卵管炎等。鸡蛋中发现大肠杆菌、疫苗接种后感染大肠杆菌及病毒感染后继发感染大肠杆菌等的病例也相继报道出现。

二、病原

鸭大肠杆菌病的病原是埃希氏大肠杆菌（*Escherichia coli*），该菌属于肠杆菌科（Enterobacteriaceae）、埃希氏菌属（*Escherichia*）。

（1）形态特征　埃希氏大肠杆菌为革兰氏阴性、非抗酸性、染色均一、不形成芽胞的杆菌，通常为（2～3）μm×0.6μm，两端钝圆，大小和形态有一定的差异，多散在或成对存在（图4-389）。多数细菌周身长有鞭毛，能运动，也有无鞭毛的菌株存在。除少数菌株外，大多数细菌无可见荚膜。

（2）培养特性　大肠杆菌为兼性厌氧菌，18～44℃时均可在普通培养基上生长。大肠杆菌培养时温度一般选择37℃，培养时间为18～24h。在普通营养琼脂平板可形成圆形凸起、光滑、湿润的灰白色菌落（图4-390），在麦康凯琼脂上形成的菌落呈亮粉红色（图4-391），在伊红-美蓝（EMB）琼脂上形成黑色带金属光泽的菌落。在血平板上，哺乳动物致病性大肠杆菌常引起溶血，但这并不是禽致病性大肠杆菌的共同特征。大肠杆菌能在肉汤中迅速生长产生混浊。

（3）生化特征　从禽类分离的大肠杆菌与其他来源的大肠杆菌生化特性相似。能分解葡萄糖、麦芽糖、木糖、鼠李糖、阿拉伯糖、甘露醇、山梨醇、甘油等，产酸产气；不分解糊精、淀粉或肌醇。O157∶H7血清型大肠杆菌不发酵山梨醇，因此可用山梨醇麦康凯琼脂来鉴别O157∶H7与其他大肠杆菌，其他大肠杆菌在该培养基上长成粉红色菌落，而O157∶H7不是。绝大多数大肠杆菌的菌株能发酵乳糖，只有少数不发酵或迟发酵，据此可与沙门菌相区别。吲哚和甲基红反应呈阳性的大肠杆菌能还原硝酸盐为亚硝酸盐，V-P试验和氧化酶反应为阴性的大肠杆菌在Kligler氏铁培养基上不产生H_2S气体。几乎所有大肠杆菌在氰化钾存在时不生长，不水解尿素，不液化明胶，柠檬酸盐利用试验为阴性。

（4）抗原结构与血清型　大肠杆菌抗原成分复杂。目前，已经确认有180个菌体抗原（O）、60个鞭毛抗原（H）和80个荚膜抗原（K）。大肠杆菌血清型划分一般根据O抗原和H抗原，如大肠杆菌O157∶H7。O抗原主要用于区分血清群，H抗原主要用于区分血清型。菌毛抗原（F）在最后有必要时才用于血清型的区分。O抗原是细菌细胞壁成分脂多糖，也就是细菌溶解后释放出的内毒素，化学成分是多糖-磷脂复合物。H抗原是一类不耐热的鞭毛抗原，存在于构成细菌鞭毛的不同类型的鞭毛蛋白中，能刺激机体产生效价高的凝集抗体，加热至100℃时抗原性可被破坏。K抗原与细菌毒力有关，存在于细菌表面，能干扰O抗原凝集反应，100℃加热1h可被破坏。将血清稀释后通过玻片凝集试验可鉴定抗原。目前，K抗原通常不用于大肠杆菌血清型的分型。F抗原与细菌对细胞的黏

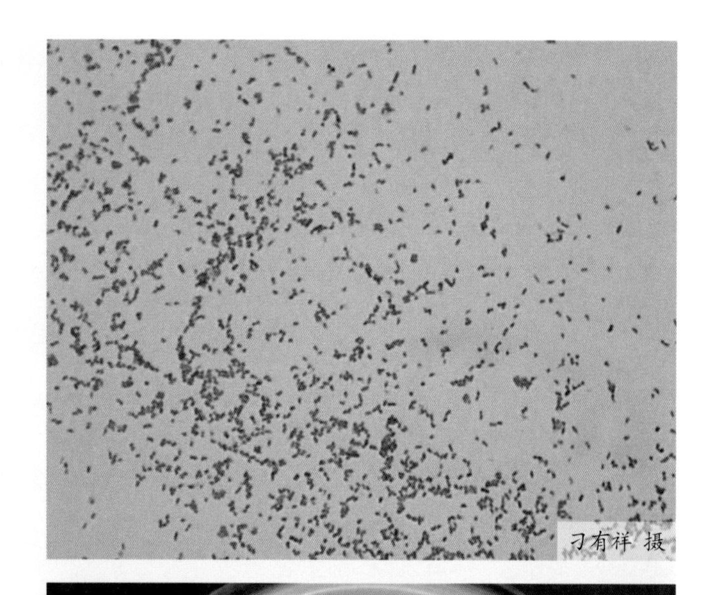

图4-389 大肠杆菌染色特点

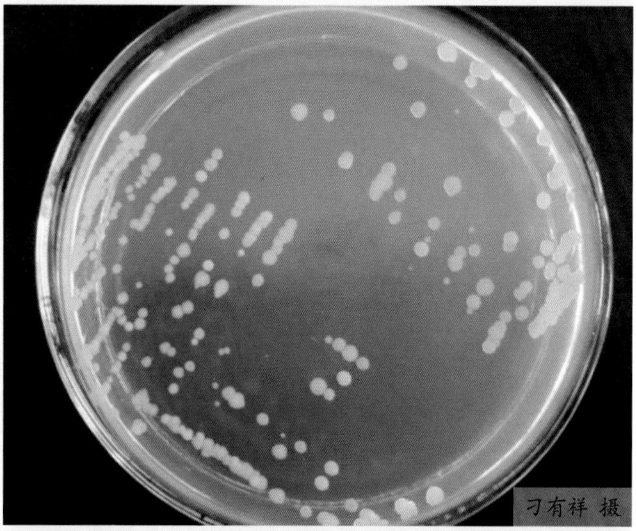

图4-390 大肠杆菌在普通营养琼脂培养特点

图4-391 大肠杆菌在麦康凯琼脂上的菌落特点

附作用有关，动物源大肠杆菌，F 抗原常与细菌的毒力相关，家禽源大肠杆菌，F 抗原的作用还不清楚。

大肠杆菌 O 抗原是血清型划分的主要依据之一，鸡源大肠杆菌的常见血清型主要为 O1、O2、O35 和 O78。国内公布的鸭源大肠杆菌血清型种类较多，如李玲等报道了鸭源大肠杆菌的常见血清型主要包括 O76、O78、O92、O93、O149、O142 等；金文杰等鉴定了 11 个血清型的鸭大肠杆菌，其中多数属于 O78 血清型；于学辉等鉴定的鸭致病性大肠杆菌的血清型中，O93、O78、O92、O76 为优势血清型；程龙飞等鉴定的鸭大肠杆菌分离株中，O78 血清型占 52.5%。以上结果表明 O78 血清型为鸭源致病性大肠杆菌的主要血清型。

（5）毒力因子　禽致病性大肠杆菌产生的毒素远低于哺乳动物或人的致病性大肠杆菌。有的 APEC 也不产生肠毒素，但是产生其他毒素。APEC 常导致肠道外疾病，产生的毒力因子主要包括黏附素、毒素、保护素、铁摄取机制和侵袭素等，这些毒力因子也是肠道外大肠杆菌所共有的。编码这些毒力因子的基因可能位于细菌染色体、质粒或毒力岛（PAIs），因此，APEC 能在宿主体内生存并导致发病。这些毒力因子的鉴定可确定 APEC 的致病型。尽管 APEC 感染多发生在肠道外，但一些 APEC 却有与肠致病性大肠杆菌相同的毒力因子。不能只用单一的毒力因子来区分 APEC 和所有共生型大肠杆菌。

黏附素可以是菌毛也可以是非菌毛，菌毛与 APEC 在宿主体内的定殖有关。APEC 有多种菌毛，包括 AC/I（禽大肠杆菌 I 型）、P（F11）、1 型（F1）、Stg 以及 curli。其中，研究比较多的有 I 型和 P 型菌毛，二者已被公认为是大肠杆菌重要的毒力因子。程龙飞等报道，O78 血清型鸭大肠杆菌强毒菌株 I 型菌毛和 P 型菌毛基因的携带率分别为 92.5% 和 100%，该基因在鸭大肠杆菌致病过程中起的作用值得深入探讨。

细菌主动从宿主获取铁的能力，很大程度上决定了细菌的致病性。APEC 摄取铁的能力已有很多报道，这种能力源自其多种铁摄取机制，如有气杆菌素、耶尔森菌素、sit 及 iro 系统等。几乎所有 O2、O78 血清型的 APEC 都含有耶尔森菌素的关键基因 *irp2* 和 *fyuA*。

大肠杆菌对补体的抵抗力与多种结构因素有关，包括 K1、荚膜型、平滑型脂多糖层（LPS）或特殊型脂多糖以及某些外膜蛋白如 Trat、Iss 及 OmpA。外膜蛋白有助于细菌对宿主细胞的吸附，有助于细菌逃逸机体的免疫防御。*Iss* 基因存在于质粒上，编码的 Iss 蛋白是一种大肠杆菌外膜脂蛋白，与细菌抗补体作用有关，可增强大肠杆菌的血清抗性。荚膜多糖是大肠杆菌引起家禽肠道外感染的重要因素，荚膜通过与补体系统的作用，能增强对血清杀菌作用的抑制能力。毒素包括内毒素和外毒素。脂多糖是大肠杆菌内毒素的组成成分，内毒素通过诱导细胞合成和分泌多种细胞因子，导致组织和血管损伤，引起败血症。大肠杆菌外毒素分两类，一类是不耐热肠毒素（LT），一类是耐热肠毒素（ST）。LT 有抗原性，分子量大，60℃作用 10min 被破坏，能激活肠毛细血管上皮细胞的腺苷环化酶，增加环腺苷酸（CAMP）的产生，使肠黏膜细胞分泌亢进，出现腹泻和脱水。ST 能激活回肠上皮细胞刷绒毛上的颗粒性鸟苷环化酶，增加 cGMP 产生，引起分泌性腹泻。APEC 的毒力很可能是多种毒力因子协同作用的结果。

（6）抵抗力　大肠杆菌无特殊的抵抗力，对理化因素敏感。60℃作用 30min 或 70℃作用 2min 便可灭活大多数菌株。大肠杆菌耐受冷冻并可在低温条件下长期存活。pH 值低于 5 或高于 9 时，可以抑制大多数菌株的繁殖，但不能杀死细菌。某些致病型菌株耐酸，如

O157：H7，他们能耐受胃酸环境不被杀死。有机酸比无机酸更能抑制大肠杆菌。8.5%的盐浓度可以抑制大肠杆菌的生长，但不能灭活。干燥不利于大肠杆菌的存活。大肠杆菌容易获得对多种重金属如砷、铜、汞、银和锌等，以及多种消毒剂如洗必泰、甲醛、双氧水和季铵化合物等的抗性，不同菌株对金属和消毒剂的抵抗力是不同的。

三、流行病学

大肠杆菌呈全球性分布，各种血清型的大肠杆菌是人和动物肠道内的常在菌，许多血清型的大肠杆菌可引起家禽发病，其中包括O1、O2、O4、O11、O18、O26、O35、O78、O88。同一家禽中，肠道内菌株与肠道外菌株血清型不一定相同，肠道内大肠杆菌是毒力因子和耐药因子的储存库。

大肠杆菌的宿主范围广泛，大多数禽类均易感，鸡、火鸡、鸭、鹅、鹌鹑、野鸡、野鸭、鸽子、珍珠鸡、鸵鸟及各种野生水禽的感染均有报道。各日龄的鸭均可感染，以2～6周龄的雏鸭最易感。病鸭和带菌鸭是该病主要传染源，大肠杆菌可以存在于垫料和粪便中，鸭场内的工具、饲料、饮水、垫料、空气、粉尘、鼠类、工作人员等均能成为传播媒介。该病既可水平传播也可经种蛋垂直感染。水平传播主要通过被污染的空气、尘埃经呼吸道感染，及通过被污染的饲料、饮水经消化道感染。患大肠杆菌性输卵管炎的母鸭，在蛋的形成过程中进入蛋内而造成垂直传播。患病的公鸭与母鸭交配时也可以传播本病。种蛋污染可造成孵化期胚胎死亡和雏鸭早期感染死亡。

本病一年四季均可发生，但以冬春寒冷和气温多变季节多发。本病的发生与多种因素有关，如鸭舍简陋，环境不卫生（图4-392，图4-393）、饲养环境差；过高或过低的湿度或温度；饲养密度过大，通风不良；饲料霉变、油脂变质等均可促进大肠杆菌病的发生。此外，禽流感、呼肠孤病毒病、坦布苏病毒病等疾病发生后易继发感染或并发大肠杆菌病，导致死亡率升高。

图4-392 饮水器不卫生

图4-393 鸭舍简陋，卫生条件差

四、症状及病理变化

根据鸭大肠杆菌病临诊表现，可将其分为以下几种类型。

（1）大肠杆菌性败血症　各日龄的鸭均易感。发病后，患鸭表现精神不振，呆立一隅，食欲减退，两翅下垂，被毛松乱，排出灰绿色或黄白色稀便（图4-394）。咳嗽、呼吸困难。

剖检变化表现为心包炎、肝周炎、气囊炎、肺炎、皮下蜂窝织炎。在心包膜、心外膜表面有黄白色纤维蛋白渗出，严重的心包膜与心外膜粘连（图4-395，图4-396）。肝脏肿胀，在肝脏表面有黄白色纤维蛋白渗出（图4-397～图4-399），肝脏色暗，呈青铜色或胆汁状的铜绿色。气囊表面附有黄白色纤维素性渗出物，呈松软湿润的颗粒状和大小不同的凝乳状，气囊混浊、增厚，不透明（图4-400～图4-402）。肺脏出血，在肺脏表面和背面有黄白色纤维蛋白渗出（图4-403～图4-405）。皮下蜂窝织炎则表现为在胸腹部皮肤皮下有黄白色纤维蛋白渗出（图4-406～图4-408）。脾脏肿大，色深，呈紫黑色斑纹状（图4-409）。肠黏膜弥漫性出血，通常从任何脏器内都可分离到大肠杆菌。

（2）脐炎　多发生于胚胎期或出壳后数天的雏鸭。胚胎期感染大肠杆菌，会造成孵化过程中死胚增加或出壳后弱雏增多。患鸭精神沉郁，行动迟缓和呆滞，腹泻，泄殖腔周围羽毛被污染。腹部膨大，脐孔周围红肿。脐孔闭合不全，卵黄吸收不良（图4-410）。

（3）输卵管炎　主要发生于成年母鸭，表现为精神沉郁、喜卧、消瘦、不愿走动。泄殖腔周围常污染粪便，排出的粪便中常混有蛋清、凝固的蛋白质和卵黄碎块。患鸭产蛋率下降，产软壳蛋、薄壳蛋、粗壳蛋、无壳蛋、小蛋等。育成期的鸭感染大肠杆菌后也会导致输卵管炎的发生。

剖检病死鸭，肉鸭和育成鸭可见输卵管肿胀，管腔内形成柱状栓塞（图4-411，图4-412）。产蛋鸭输卵管炎病变为输卵管显著膨胀，管壁变薄，管内附有单个或大量干酪样渗出块。黏膜充血、增厚（图4-413～图4-416）。渗出物呈叠层状，中心为带壳或膜的蛋，伴有恶臭。蛋破裂溢于腹腔内，腹水和干酪样物增多，腹水混浊，腹膜有灰白色渗出物。

图4-394 发病鸭精神沉郁

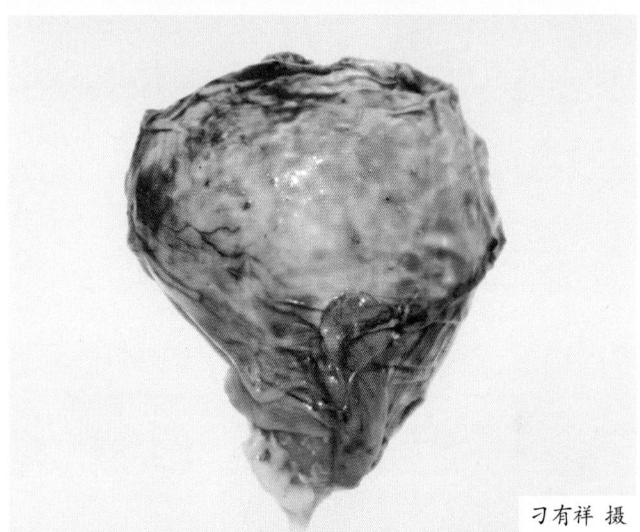

图4-395 心脏表面有黄白色纤维蛋白渗出（一）

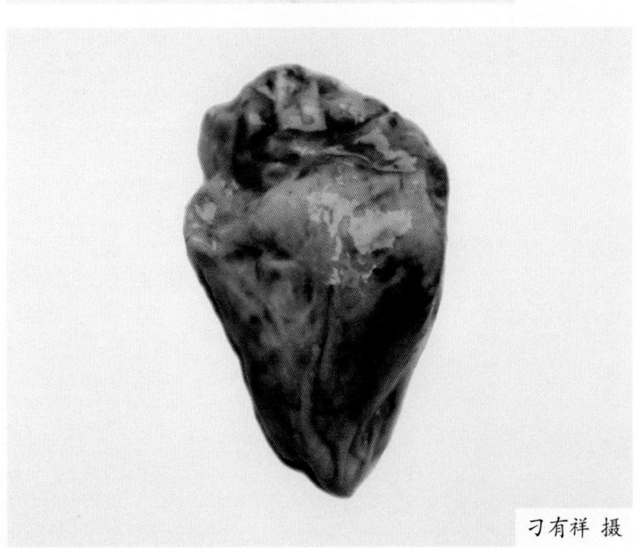

图4-396 心脏表面有黄白色纤维蛋白渗出（二）

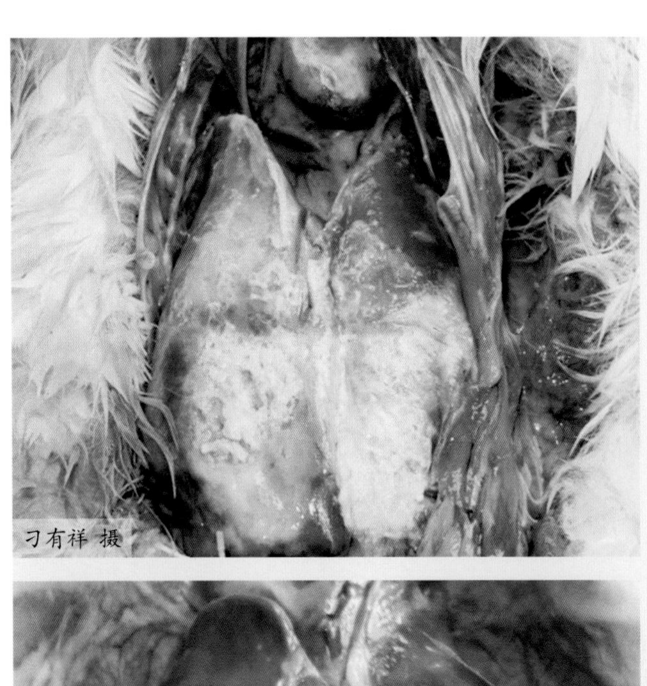

图4-397 心脏、肝脏表面有黄白色纤维蛋白渗出（一）

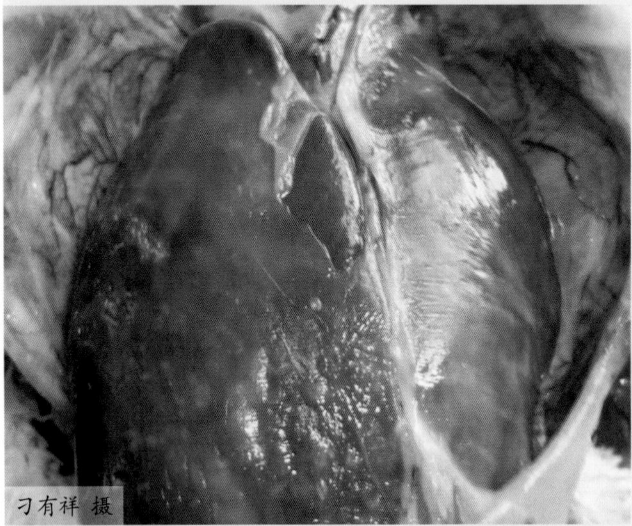

图4-398 心脏、肝脏表面有黄白色纤维蛋白渗出（二）

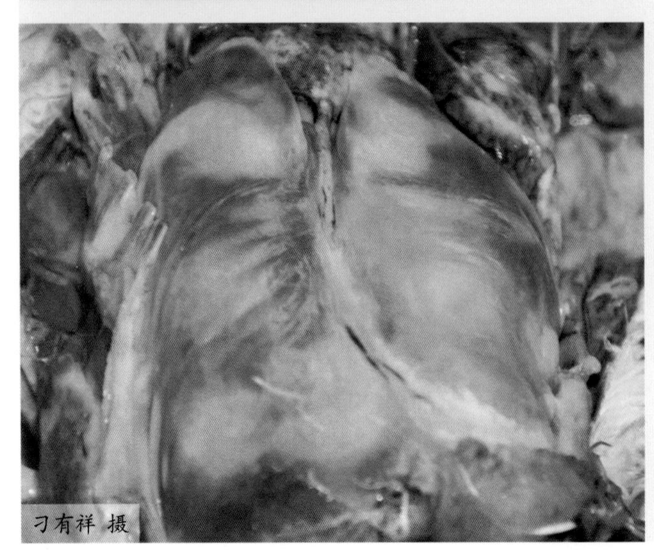

图4-399 心脏、肝脏表面有黄白色纤维蛋白渗出（三）

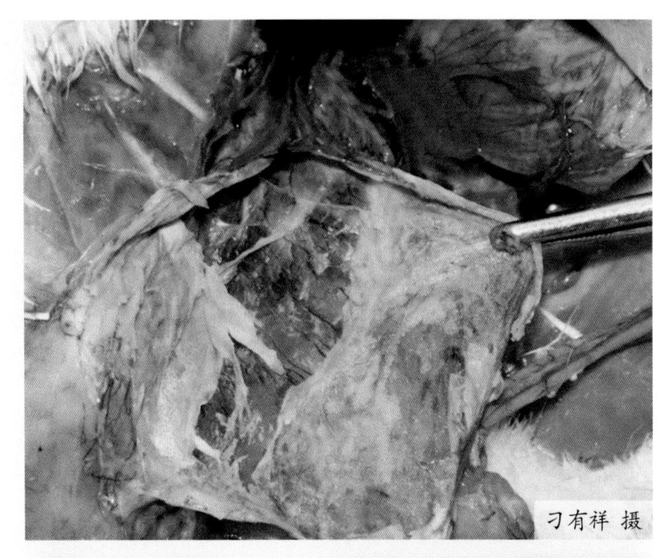

图4-400 气囊有黄白色纤维蛋白渗出（一）

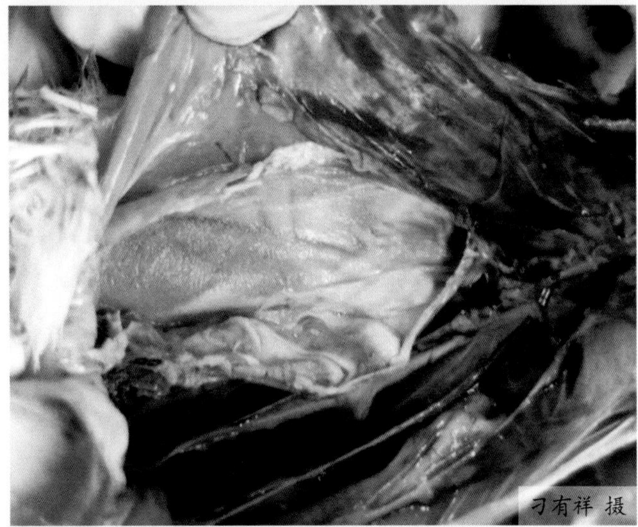

图4-401 气囊有黄白色纤维蛋白渗出（二）

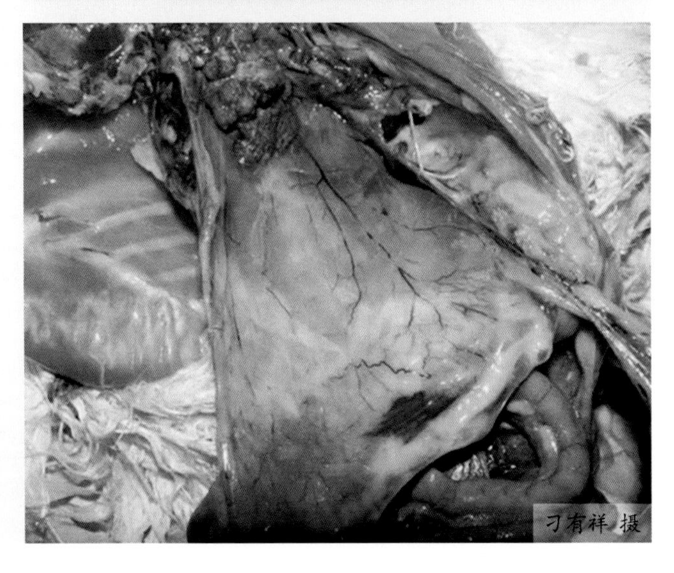

图4-402 气囊有黄白色纤维蛋白渗出（三）

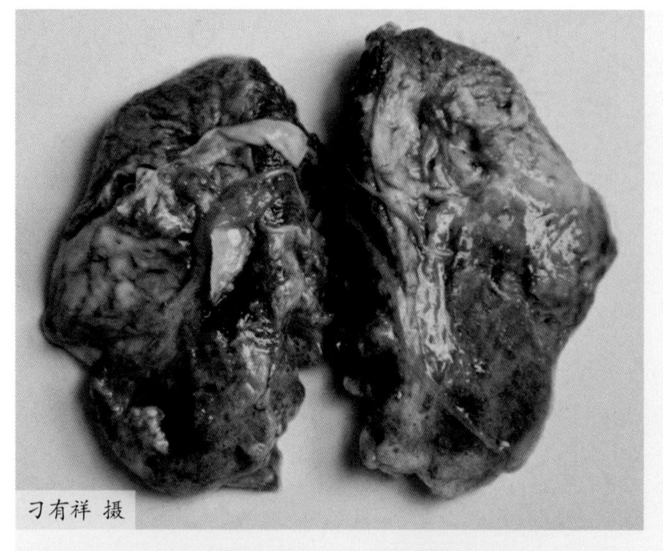

图4-403 肺脏出血，表面有黄白色纤维蛋白渗出（一）

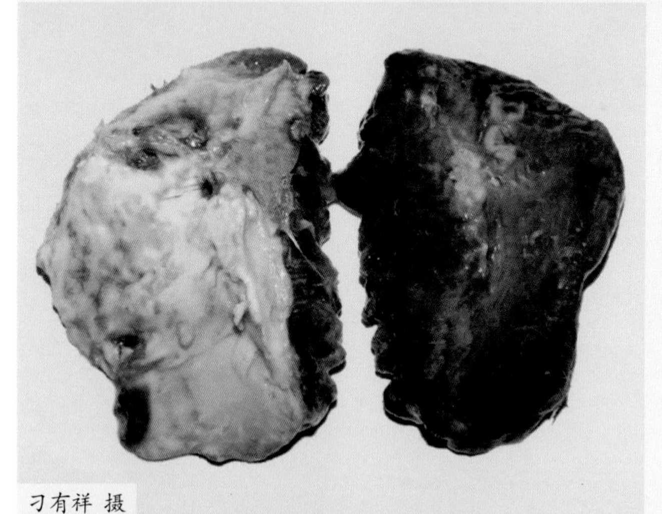

图4-404 肺脏出血，表面有黄白色纤维蛋白渗出（二）

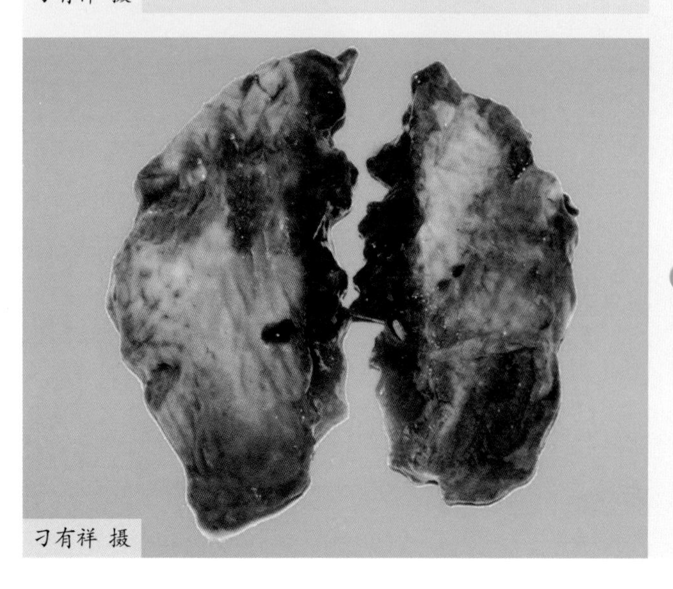

图4-405 肺脏表面有黄白色纤维蛋白渗出

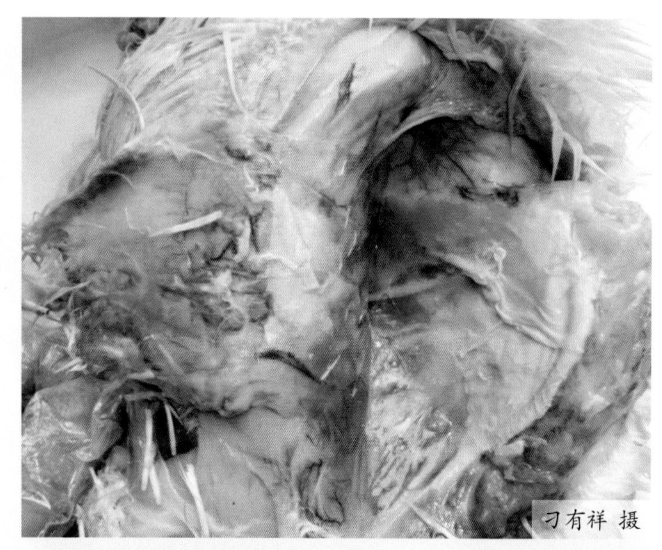

图4-406 腿部皮下有黄白色纤维蛋白渗出

刁有祥 摄

图4-407 胸腹部皮下有黄白色纤维蛋白渗出（一）

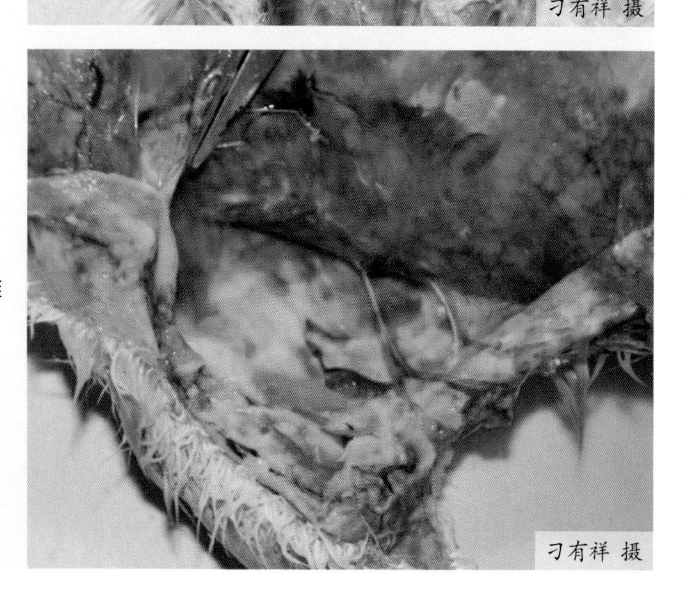

图4-408 胸腹部皮下有黄白色纤维蛋白渗出（二）

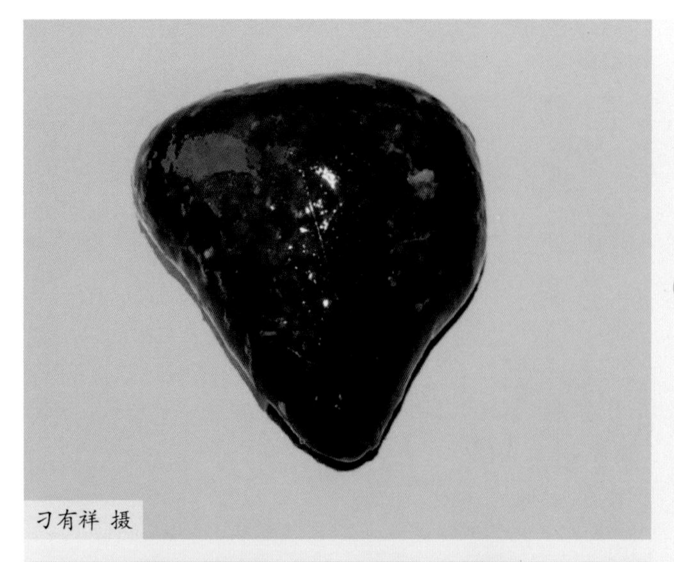

图4-409 脾脏肿大，呈紫黑色

图4-410 雏鸭卵黄吸收不良

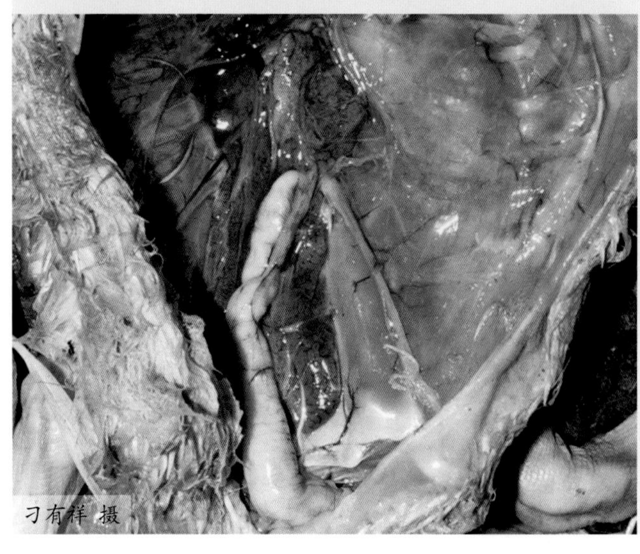

图4-411 肉鸭输卵管肿胀，管腔中有黄白色柱状渗出物

图4-412 育成鸭输卵管中有黄白色柱状渗出物

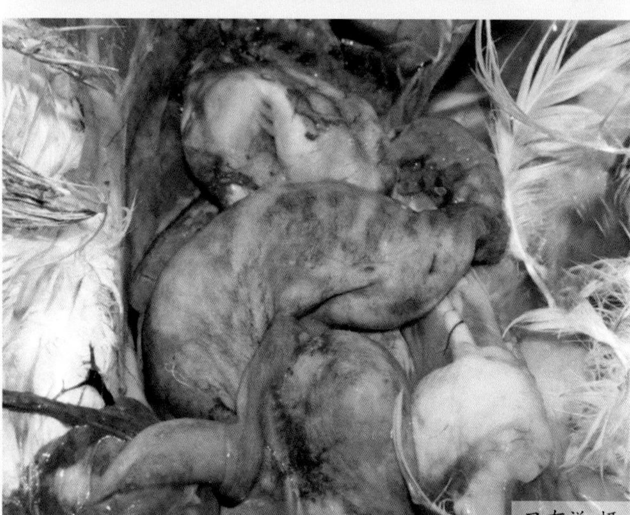

图4-413 产蛋鸭输卵管肿胀（一）

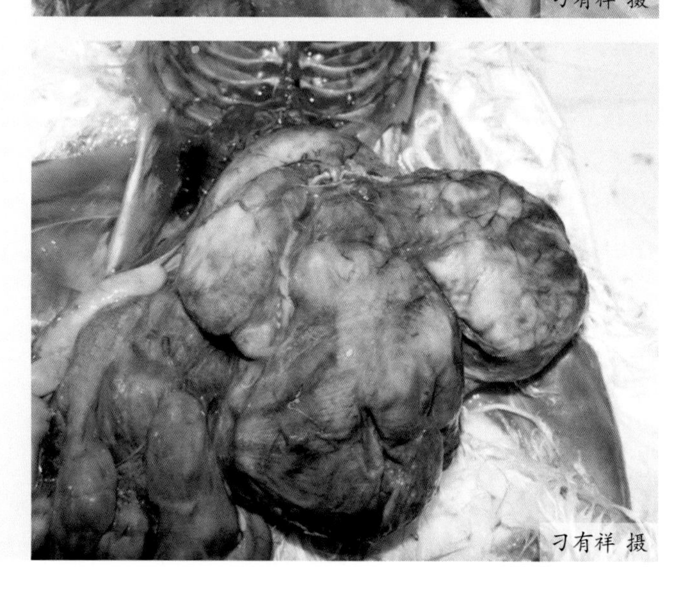

图4-414 产蛋鸭输卵管肿胀（二）

图4-415 产蛋鸭输卵管肿胀，管腔中有黄白色渗出（一）

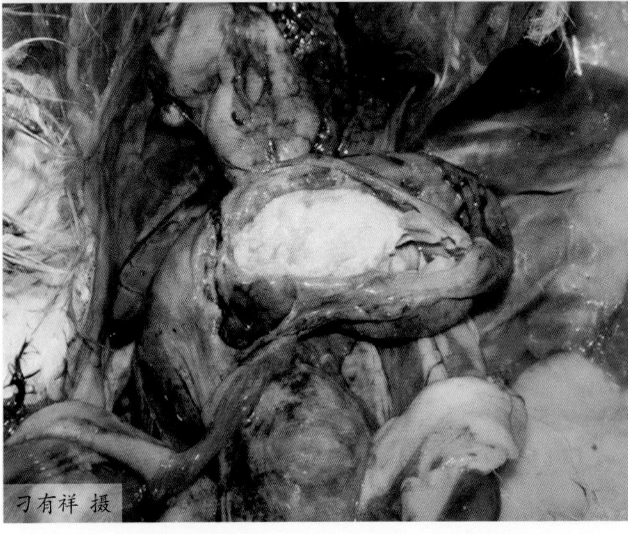

图4-416 产蛋鸭输卵管肿胀，管腔中有黄白色渗出（二）

（4）卵黄性腹膜炎 病鸭往往突然出现死亡，其他症状不明显。剖检可见，有的卵泡变形，呈灰色、褐色或酱油色等不正常颜色；有的卵泡皱缩；有的卵泡出血、破裂，腹腔中充满破损的卵黄，如果时间较长，卵黄凝结成大小不等的碎块（图4-417）。腹腔脏器的表面覆盖一层淡黄色、凝固的纤维素渗出物，输卵管黏膜肿胀，管腔内有黄白色的纤维素渗出物。

（5）阴茎脱垂坏死 多发于成年公鸭，病变仅限于外生殖器部分，表现为阴茎肿大，表面有大小不一的小结节，结节内为黄色脓样渗出物或干酪样物质，严重者阴茎脱垂外露，表面有黑色坏死结节（图4-418）。

（6）脑炎 少数雏鸭感染大肠杆菌时表现为脑膜充血、出血，脑实质水肿，脑膜易剥离，脑壳软化。

大肠杆菌败血症的组织学变化表现为心肌纤维出现变性、萎缩，纤维间出血，血管扩张，充满大量红细胞，局部心肌细胞之间有炎性细胞浸润（图4-419）。肝包膜增厚，有纤维素性渗出物；肝细胞变性、坏死，肝细胞索结构紊乱，在血管周围可见少量的炎症细胞（图 4-420）。脾的红髓和白髓淋巴细胞都出现变性、坏死和数量减少，形成大范围的坏死灶，并可见多量菌体出现（图 4-421）。肾脏出血，肾小管之间有大量红细胞浸润，肾小管上皮细胞与基底层脱离，肾小管上皮细胞核浓缩，上皮细胞崩解、脱落，肾小管结构模糊（图 4-422）。气囊水肿，有异嗜性细胞浸润，干酪样渗出物中有多量成纤维细胞和坏死的异嗜性细胞聚集。干酪样渗出物中常有细菌菌落和大量组织。肝组织纤维化。

脐炎的组织学变化表现为卵黄囊壁水肿，有轻微炎症。囊壁外层结缔组织区内有异嗜性细胞和巨噬细胞构成的炎性细胞层，然后是一层巨细胞，接着是由坏死性异嗜细胞和大量细菌构成的区域，最内层是异常的卵黄。

输卵管炎则表现为输卵管上皮下有异嗜性细胞弥漫性聚集形成的多发性病灶，干酪样物质中含有多量坏死的异嗜性细胞和细菌。

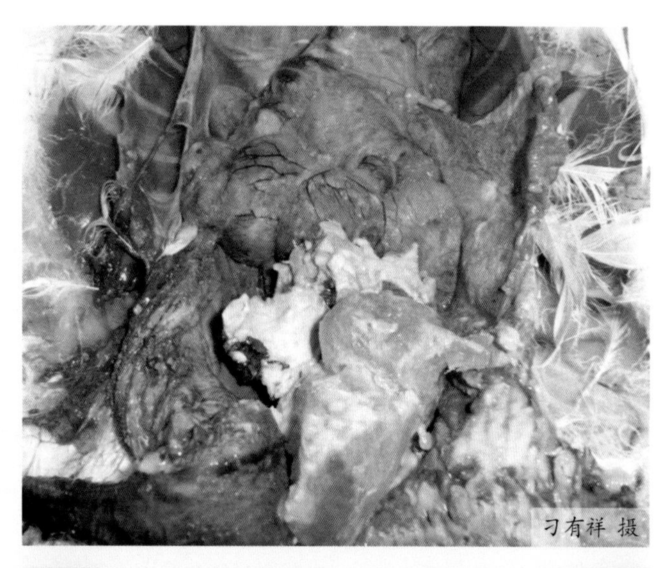

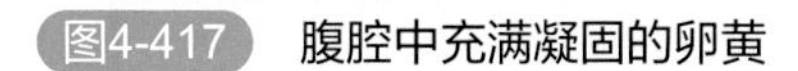
图4-417 腹腔中充满凝固的卵黄

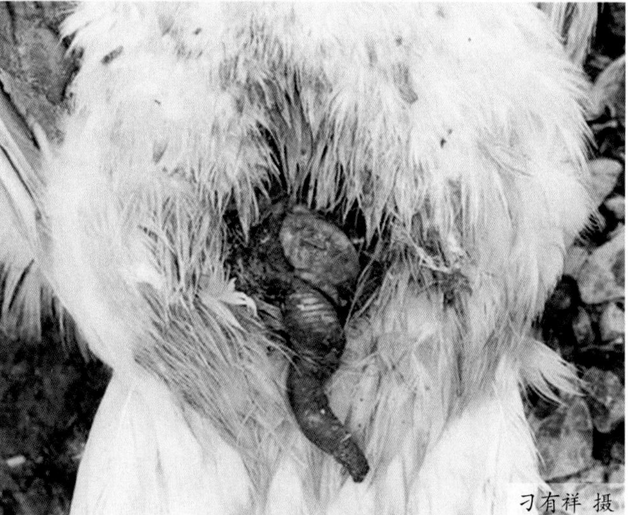

图4-418 阴茎肿胀，脱出

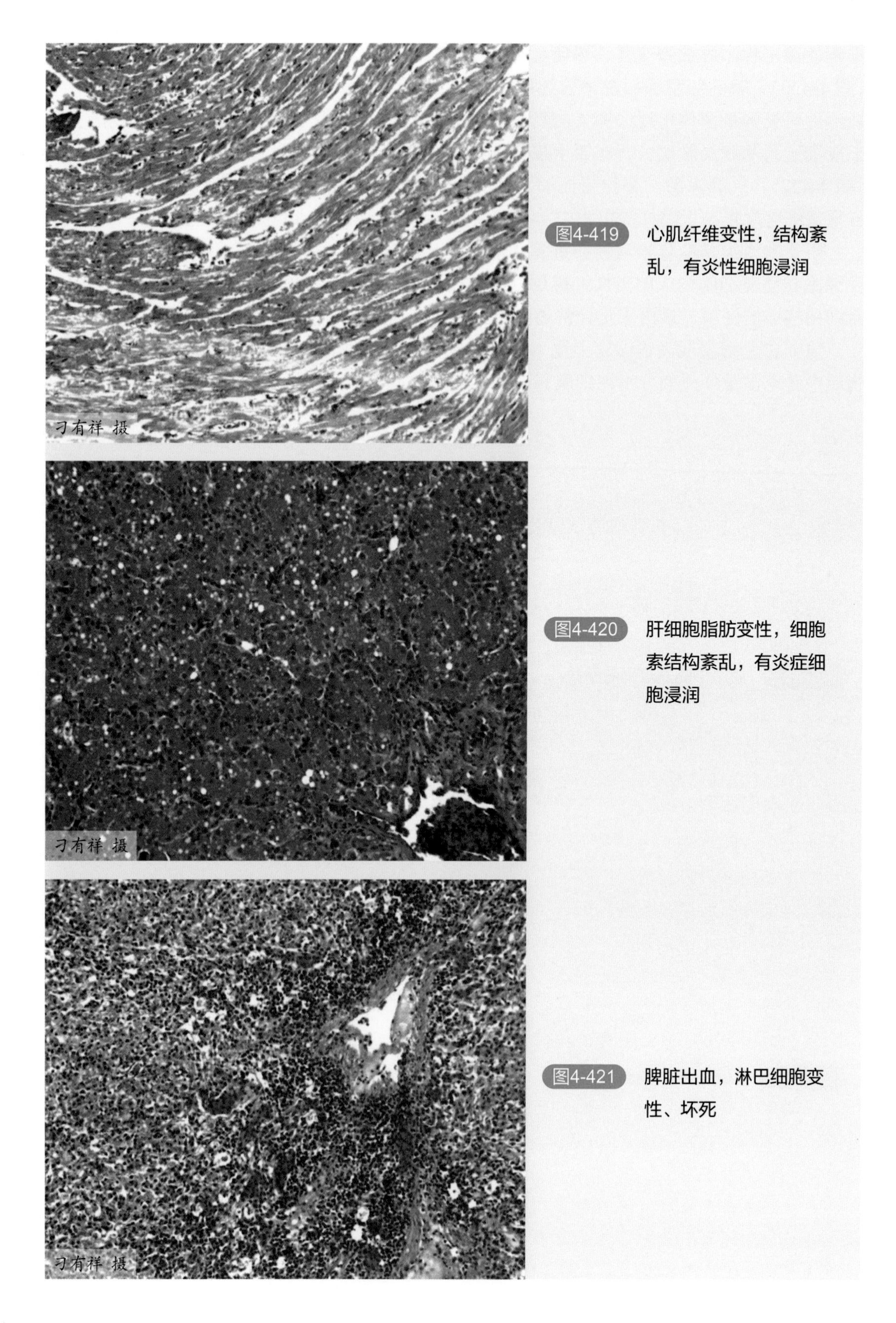

图4-419 心肌纤维变性，结构紊乱，有炎性细胞浸润

图4-420 肝细胞脂肪变性，细胞索结构紊乱，有炎症细胞浸润

图4-421 脾脏出血，淋巴细胞变性、坏死

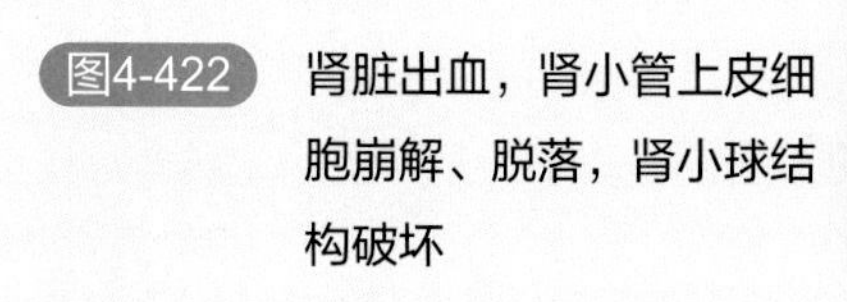
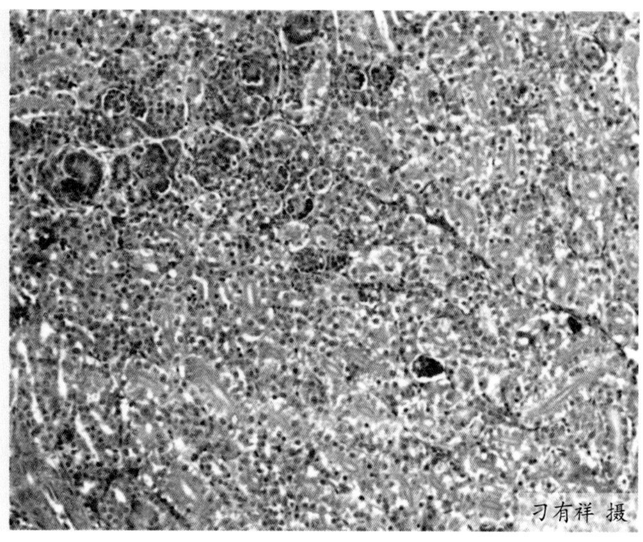

图4-422 肾脏出血，肾小管上皮细胞崩解、脱落，肾小球结构破坏

五、诊断

1. 临诊诊断

根据流行病学、症状和病理变化可作出初步诊断。确诊需要进行实验室诊断，即细菌学检查。

2. 实验室诊断

根据大肠杆菌病的病型采集不同病料，如果是急性败血型，采集内脏组织、血液；若是局限性病灶，直接采集病变组织。

（1）涂片镜检　取病料，直接涂片，革兰氏染色后，显微镜下可见红色、中等大小的杆菌，呈革兰氏阴性。

（2）细菌分离和鉴定　取病料，接种于普通营养琼脂平板、麦康凯琼脂平板和伊红-美蓝琼脂平板上，37℃温箱中培养18～24h，可见普通营养琼脂平板上长成灰白色、圆形、光滑、湿润的菌落；麦康凯琼脂平板上长成红色菌落；伊红-美蓝琼脂平板上长成黑色带金属光泽的菌落。如果病料中细菌数量很少，可用普通肉汤进行增菌培养后，再进行划线培养。必要时可进一步做生化和血清学鉴定，或者PCR鉴定。

（3）血清学鉴定　引起鸭发病的大肠杆菌血清型较多，常见的有O78、O1、O2、O80、O35、O36、O18等，可以对从鸭体内分离出的大肠杆菌进行血清学鉴定。

取细菌纯培养物10mL左右，8000r/min离心5min，弃掉上清，加10mL生理盐水重悬，8000r/min离心5min，弃上清。再加5mL生理盐水重悬，121℃高压2h，自然冷却后就是O抗原。采用大肠杆菌多因子和单因子血清进行O抗原鉴定，先用玻板凝集试验初筛，再用试管凝集试验确定血清型。

（4）分子生物学诊断　PCR检测　根据鸭大肠杆菌16s RNA、23s RNA或*gap A*基因的保守序列，采用Primer 5.0设计PCR引物。PCR反应的检测样本可以是病料组织或大肠杆菌培养物，病料组织需进行常规处理，提取总DNA作为PCR检测的模板；若是大肠杆菌液体培养物，可以直接取2μL菌液作为模板，进行菌液PCR；若是大肠杆菌固体培养物，一般挑取1个菌落于1mL液体培养基中扩增培养2～4h，然后再吸取2μL菌液作为菌液PCR模板。PCR扩增产物进行琼脂糖凝胶电泳，凝胶成像系统观察电泳结果。

环介导等温扩增技术（LAMP）：基于大肠杆菌的特异性基因保守序列设计一套LAMP方法的引物，建立快速检测鸭大肠杆菌环介导等温扩增方法。LAMP技术灵敏度高，反应时间短，特异性强，重复性好，不需要特殊仪器肉眼便可观察结果，常用于样品的快速检测。

3. 类症鉴别

鸭大肠杆菌败血症与鸭传染性浆膜炎、鸭霍乱、鸭副伤寒易混淆，可根据各自的临诊特点和细菌特性进行鉴别。

（1）鸭传染性浆膜炎　鸭传染性浆膜炎病原是鸭疫里默氏菌，主要雏鸭感染发病，主要症状为排绿色稀粪，神经症状明显，表现为抽搐、头颈歪斜、运动障碍等。鸭大肠杆菌病的神经症状不明显。取病死鸭病变组织触片、瑞氏染色，镜检可见两极着色的鸭疫里默氏小杆菌，而大肠杆菌没有这种染色特点。

（2）鸭霍乱　鸭霍乱的病原是多杀性巴氏杆菌，瑞氏染色后呈现两极着色，而大肠杆菌没有这种染色特点。鸭霍乱的发病症状与鸭大肠杆菌病相似，剖检病变特征明显，主要表现为心肌及其心冠脂肪出血，肝脏表面有针尖或小米粒大小的白色坏死点，十二指肠和空肠出血明显。鸭大肠杆菌病无以上病变特点。

（3）鸭副伤寒　主要是3周龄以内雏鸭感染发病，主要表现为腹泻，共济失调，病变主要表现为肝脏肿大，表面有针尖大小坏死点；有的盲肠中充满干酪样内容物。而鸭大肠杆菌病无以上病变特点。

六、预防

鸭大肠杆菌病病因错综复杂，在生产中应采取综合性防制措施。

（1）养鸭场应建在地势高、水源充足、水质良好、排水方便、远离居民区和其他养殖场、屠宰场或畜产品加工厂的地方。

（2）大肠杆菌是一种环境性细菌，加强饲养管理和卫生消毒工作，提高鸭群的抵抗力是预防本病的关键。保持鸭群合适的饲养密度和鸭舍良好的通风换气，可降低舍内有害气体的浓度；地面垫料要勤换、经常翻晒，保持干燥。采用“全进全出”的饲养方式，方便鸭舍的空舍和清毒工作。建立严格的卫生消毒制度。及时清理鸭舍的粪便、污物，有水池的鸭场应保持水体的清洁。保持饲料、饮水的清洁，水槽、料槽要经常清洗。定期消毒，每隔1～2d对鸭舍及外周环境消毒1次。

加强孵化厅、孵化用具和种蛋的卫生消毒。及时收集种蛋并进行表面清洁消毒，种蛋存放时间不能超过1周。种蛋入孵前、落盘后及孵化室、孵化器、出雏器应进行严格消毒。淘汰患病种鸭，采精和输精过程注意消毒、无菌操作。

（3）免疫接种。免疫接种大肠杆菌灭活疫苗可有效预防鸭大肠杆菌病的发生。由于大肠杆菌血清型众多，因此应选择同血清型的鸭大肠杆菌灭活疫苗。实际生产中，采用发病鸭肠分离的大肠杆菌菌株或针对性强的菌株制成的多价灭活苗，效果好。种鸭、产蛋鸭可在开产前 10 ～ 12 周和 14 ～ 16 周各接种 1 次。

七、治疗

大肠杆菌容易产生耐药性，治疗时，可根据分离细菌药敏试验结果来选择高敏药物，交替或轮换用药，才能收到良好的效果。给药时间要早，疗程要足。目前，常用于治疗本病的药物有氟苯尼考、环丙沙星、强力霉素、新霉素、安普霉素、壮观霉素等。可用 0.01% 环丙沙星饮水，连用 4 ～ 5d。或用新霉素，每升水加 50 ～ 75mg，连用 3 ～ 5d；或用壮观霉素饮水，每升水加 500 ～ 1000mg，连用 3 ～ 5d；氟苯尼考与强力霉素配合使用，连用 5d，也有较好的治疗效果。中药也可用于大肠杆菌病的防治，如黄连单味中药和三黄汤等复方制剂能有效地抑制大肠杆菌。

八、公共卫生意义

从禽类分离的大多数禽致病性大肠杆菌只对禽类有致病作用，而对人或其他动物表现出较低的致病性。禽类和其他动物的致病性大肠杆菌具有共同的特征，编码耐药性和毒力的质粒可能从禽源致病性大肠杆菌传递到其他动物源或人源大肠杆菌，从而对其他动物和人类的健康构成威胁。O157∶H7 血清型大肠杆菌既能感染家禽，也能引起人的出血性肠炎。我国自 1987 年以来，在江苏、山东、北京等地均分离到 O157∶H7 血清型大肠杆菌，虽尚无人感染暴发的报道，但其潜在危险性不容忽视。

O157∶H7 血清型大肠杆菌感染的病人，呈急性发病，突发性腹痛，先排水样稀粪，后排血样粪便，呕吐，低烧或不发烧。小儿能导致溶血性尿毒综合征，血小板减少，肾脏受损，很难恢复。婴幼儿和年老体弱者易感多发，并可引起死亡。治疗时可选择敏感性抗生素和磺胺类药物。该病多发于儿童和老人，只要及时采用抗生素治疗，加强对症疗法，一般不会危及生命安全。

第十二节　禽霍乱

禽霍乱（Avian cholera）又称禽巴氏杆菌病（Avian pasteurellosis）、禽多杀性巴氏杆菌感染、禽出血性败血症（Avian hemorrhagic septicemia）等，各种日龄的鸭均可感染，以败血性感染为主。剖检病变主要为心冠脂肪、心外膜出血，肝脏表面有多量针尖大小白色坏死点，肠道黏膜出血等。鸭霍乱发病急，发病率、死亡率高，是危害我国养鸭业健康发展的一种重要传染病。

一、历史

18世纪后半叶，欧洲发生了多起家禽感染。法国学者Chabert和Mailet分别于1782年和1836年对该病进行了研究，并首次命名为禽霍乱。1886年，Huppe称之为“出血性败血症”。1900年，Lignieres使用“鸡巴氏杆菌病”这一名称。1851年，Benjamin对该病做了详细的描述，并证明该病可通过共栖传染。1877年和1878年，意大利学者Perroncito和俄罗斯学者Semmer先后在感染禽组织中发现了圆形、单个或成对存在的多杀性巴氏杆菌。1879年，Toussant分离出多杀性巴氏杆菌，并证明它是该病唯一病原。1880年，Pasteur对多杀性巴氏杆菌进行了培养和致弱研究，研制出禽霍乱弱毒苗。

禽霍乱在世界大多数国家和地区都有分布，呈散发性或流行性。该病在我国饲养管理条件好的鸭场发生较少，但一些隔离消毒条件较差的中、小型鸭场时有发生。我国农村鸡群、鸭群中发生较多，给养禽业发展带来严重危害。

二、病原

禽霍乱的病原是多杀性巴氏杆菌（*Pasteurella multocida*），属巴氏杆菌科（Pasteurellaceae）巴氏杆菌属（Pasteurella）。

（1）形态特征　多杀性巴氏杆菌为两端钝圆、中央微凸的革兰氏阴性菌，呈短杆状或球杆状，大小为（0.6～2.5）μm×（0.2～0.4）μm。无鞭毛、不运动、无芽胞，多单个或成对存在，较少成对或成短链，多次传代趋向多形性。病料组织、血液、体液和新分离菌的培养物，瑞氏、姬姆萨或美蓝染色可见两极浓染，又称两极杆菌（图4-423，图4-424）。细菌培养物染色后，两极着色不明显。

（2）培养特征　多杀性巴氏杆菌是需氧或兼性厌氧菌，最适生长温度37℃，最适pH7.2～7.8，根据培养基不同，也可以在pH6.2～9.0的环境中生长，培养时间一般为18～24h。普通培养基上可以生长，但不茂盛。培养基中加入禽血清、蛋白胨、酪蛋白水解物等可促进其生长，如在鲜血琼脂、血清琼脂或马丁琼脂平板上，生长良好。血清琼脂平板上，长成灰白色、边缘整齐、光滑的露珠样菌落；血液琼脂平板上，长成湿润、水滴样菌落，不溶血（图4-425）；马丁琼脂平板上，长成半透明、奶油状、光滑的圆形菌落。肉汤中培养，初期呈均匀混浊，24h后上部清亮，管底有灰白色絮状沉淀，轻摇时沉淀上升。有些动物血液或血清能抑制多杀性巴氏杆菌生长，如马、牛、山羊、绵羊的抑制作用最强，猪、鸡、鸭、水牛的抑制作用很弱或者没有。含5%禽血清的葡萄糖淀粉琼脂是多杀性巴氏杆菌初次分离和传代的最佳培养基，麦康凯培养基上不生长。

从禽霍乱病例中初次分离的菌落经斜射光照射可能会观察到虹光，这是研究多杀性巴氏杆菌最有价值的特征之一。菌落的虹光与荚膜有关，培养基成分决定虹光的程度和类型。急性禽霍乱病例初次分离的菌落属于虹光型菌株，强毒力型；慢性禽霍乱病例中常分离培养出蓝光菌落，属于低毒力型；中间型菌落，其虹光特征和毒力强弱介于前面两者之间。

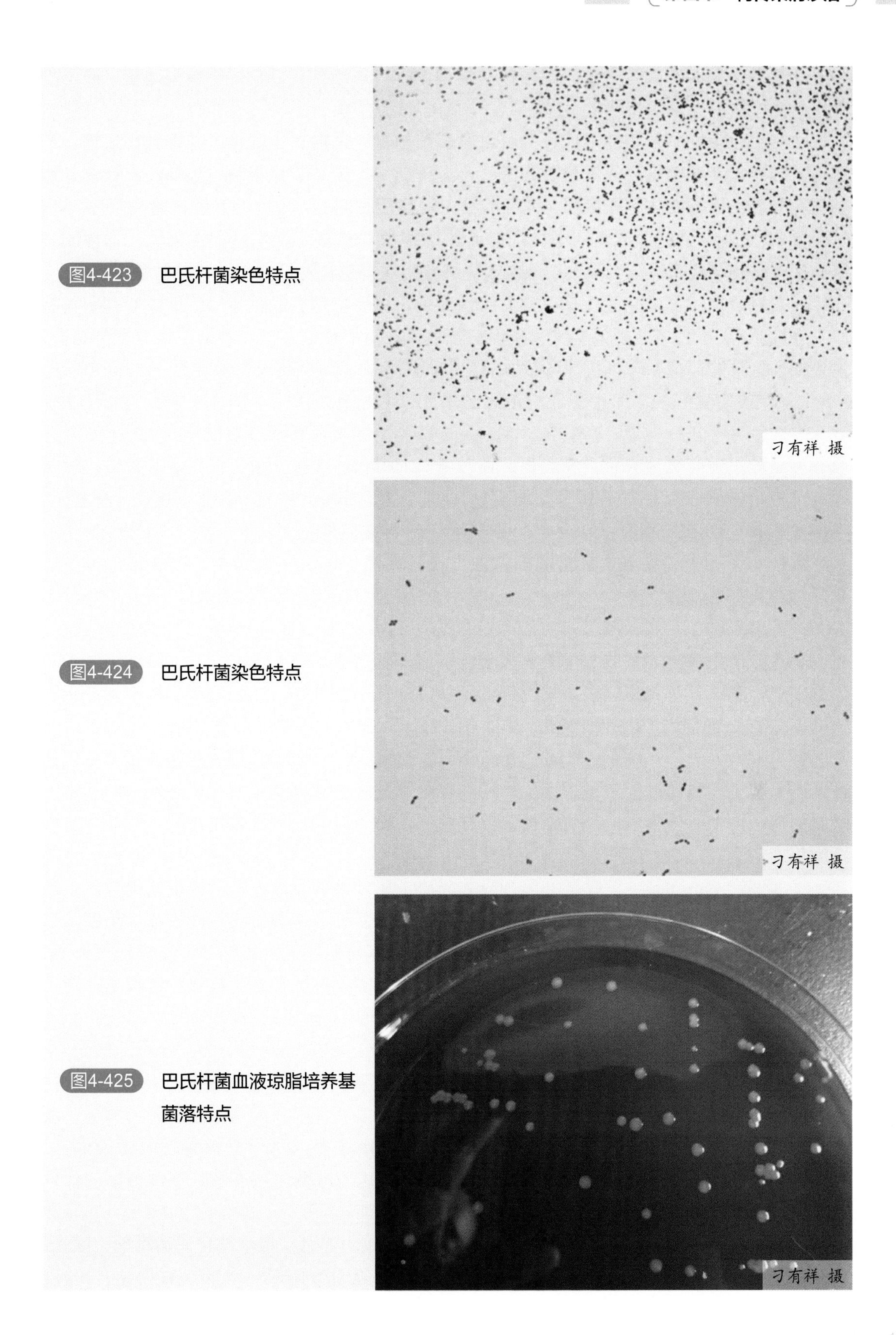

图4-423 巴氏杆菌染色特点

图4-424 巴氏杆菌染色特点

图4-425 巴氏杆菌血液琼脂培养基菌落特点

Anderson 等发现强毒力型菌株一般形成光滑型菌落，连续传代后形成粗糙型菌落，光滑型菌落菌株比粗糙型菌落菌株毒力强。

（3）生化特征　多杀性巴氏杆菌可以发酵葡萄糖、蔗糖、半乳糖、甘露糖、果糖，产酸不产气；大多数菌株可以发酵甘露醇，不发酵肌醇、乳糖、鼠李糖、菊糖、水杨苷、侧金盏花醇等；柠檬酸盐、尿素酶、丙二酸盐、赖氨酸脱羧酶、七叶苷水解试验为阴性；MR试验、VP 试验、ONPG 试验为阴性；能还原硝酸盐和美蓝；产生氨和硫化氢，形成靛基质；接触酶和氧化酶试验为阳性；不能液化明胶。这些生化特性可用于该菌的鉴定。

（4）血清型　多杀性巴氏杆菌抗原结构复杂，主要包括荚膜抗原（K 抗原）和菌体抗原（O 抗原），不同血清型间交叉免疫保护较少或没有，血清分型对该病防治有重要意义，主要根据特异性 K 抗原与 O 抗原进行血清分型。间接血凝试验将 K 抗原分为 A、B、D、E、F 5 个型，没有荚膜的多杀性巴氏杆菌无法用此方法划分血清型。试管凝集试验和琼脂扩散沉淀试验可区分 O 抗原。1961 年，Namioka 等利用凝集反应将 O 抗原分为 12 个血清型，但该方法常出现交叉反应和自家凝集。1972 年，Heddleston 建立耐热抗原琼脂扩散沉淀试验，可将 O 抗原分为 16 个血清型，即 1 ～ 16 型，这是目前世界上公认的 O 抗原分型方法。根据 K 抗原与 O 抗原组合进行分型，可划分为 15 种血清型。

流行病学调查结果表明，禽源多杀性巴氏杆菌流行菌株主要为 5∶A、8∶A、9∶A，我国鸡霍乱常见血清型为 5∶A 和 8∶A，其中 5∶A 最多。引起鸭霍乱的 O 血清型主要有 1、2、3、7、10 等。

随着分子生物学和生物科学技术发展，多种基因分型方法相继建立，如 16S rRNA 基因测序法、荚膜分型 PCR、多杀性巴氏杆菌种特异性 PCR（Pm-PCR）、限制性酶切分析和核糖体分型、基因组重复序列 PCR、基因芯片技术、扩增片段长度多态性等。

（5）毒力因子　外膜蛋白（Outer membrane proteins，OMPs）　外膜蛋白在多杀性巴氏杆菌感染宿主和致病过程中发挥重要作用，包括主要蛋白和微量蛋白，位于致病菌和宿主细胞的接触面上。外膜蛋白是多杀性巴氏杆菌的主要免疫原，可诱导机体产生体液免疫和细胞免疫。

① 荚膜（Capsule）　荚膜是细菌合成并分泌于菌体外的黏液性多糖或多肽类物质，具有黏附、抗吞噬、抗溶菌酶、抗补体、抗干燥等作用，可作为营养物质被吸收。荚膜是抵抗和逃逸宿主天然免疫的重要毒力因子，暴露于菌体表面，在发病机制中发挥重要作用，无荚膜和荚膜缺失突变的菌株毒力明显下降。荚膜是多杀性巴氏杆菌的保护性抗原，能诱导机体产生保护性免疫反应，可作为疫苗候选抗原，具有免疫原性和安全性。荚膜抗原常用于细菌分型和鉴定。

② 脂多糖（Lipopolysaccharide，LPS）　脂多糖是革兰氏阴性菌细胞壁的组成成分，内毒素的物质基础，革兰氏阴性菌崩解时释放出来，是多杀性巴氏杆菌的主要毒力因子。脂多糖能诱导和释放炎症因子、黏附分子、免疫调节因子等，诱导白细胞趋向感染部位。Haper 等研究显示，脂多糖糖芯突变或截断，细菌致病力减弱。脂多糖是一种很好的保护性抗原，具有种属特异性。

（6）抵抗力　多杀性巴氏杆菌对各种理化因素抵抗力不强，极易被普通消毒剂、阳光、干燥、热等灭活。常用消毒剂有 3% 石炭酸、10% 石灰乳、0.5% ～ 1% 氢氧化钠、1% 漂白粉、0.1% 升汞、3% 福尔马林、2% 来苏儿等，作用 2 ～ 3min 即可杀灭该菌。阳光直射暴晒 10min 可杀灭该菌。干燥空气中 2 ～ 3d 该菌死亡。56℃作用 15min、60℃作用 10min 可灭活该菌。该菌对低温有较强耐受力，冬季寒冷季节可存活 2 ～ 4 个月。尸体中可存活 3 个月，禽舍粪便中可存活 1 个月。该菌容易自溶，在无菌蒸馏水和生理盐水中迅速死亡。

三、流行病学

多杀性巴氏杆菌宿主广泛，几乎所有禽类均易感，鸡、火鸡、鸭、鹅均能感染。实验动物以小白鼠、家兔易感。鸭、鹅对多杀性巴氏杆菌高度易感，呈急性流行性经过。各日龄的鸭对多杀性巴氏杆菌都能感染，但成年鸭最易感，死亡率通常在 10% ～ 30%，个别鸭场死亡率高达 50%，甚至更高。该病在不同家禽之间可以相互传染。

病禽、带菌禽是主要传染源。带菌动物（包括野生鸟类、家禽和哺乳动物）可能是感染的最初来源，如从临床健康水禽中能分离到多杀性巴氏杆菌。该病能通过禽与禽之间直接接触传播，也可通过呼吸道、消化道、损伤的皮肤和黏膜传播。病禽通过尸体、粪便、分泌物向外排菌，带菌禽可间歇性地向外排菌，污染环境。病原菌污染的饲料、饮水、禽舍、器具、车辆等是主要传播媒介，尤其在饲养密度大，通风不良以及尘土飞扬的情况下，呼吸道感染的可能性更大。吸血昆虫、苍蝇、鼠、猫也可成为传播媒介。

饲养环境和饲养方式是影响该病发生流行的重要因素。我国江南地区，很多鸭场靠近或利用天然水环境，开放、半开放式饲养鸭群与野生鸟类接触频繁，生物安全措施差，鸭霍乱发生多。本病的发生无明显季节性，南方一年四季均有发生，5 ～ 10 月，由于天气炎热，高温高湿天气增多，鸭霍乱发生明显增多，已成为南方养鸭业的重要细菌病。北方地区多在高温、潮湿、多雨的夏、秋季节发生较多。

多杀性巴氏杆菌是一种条件性致病菌，可存在于健康家禽上颚裂和上呼吸道，当出现饲养管理不当、鸭舍阴暗潮湿、拥挤、气温骤变、转群、疫苗接种等应激因素时，病原菌在带菌鸭体内大量繁殖，毒力增强，促进本病的发生和流行。

四、症状

根据发病后病程及症状的不同，可将禽霍乱分为最急性型、急性型和慢性型。

（1）最急性型　常发生于该病流行初期，在无任何症状的情况下，常有个别鸭突然死亡，例如在奔跑、交配、产蛋时等。有时见晚间大群饮食正常，次日清晨发现死亡鸭。患鸭突然不安，倒地后双翅扑打地面，随即死亡。

（2）急性型　鸭发病后死亡较快，发病稍慢的，病鸭精神萎靡，鸣叫停止，羽毛蓬乱，两翅下垂，食欲减退或不食，行动迟缓，不愿下水，常落在鸭群后面或离群呆立。出现气喘、甩头、伸颈张口呼吸、呼吸困难等症状，口、鼻流出黏液，频频摇头，又称为“摇头瘟”。有的病鸭出现下痢，开始排灰白色水样粪便，随后排黄绿色带黏液的稀粪，有时粪便还混有血液，多在 1 ～ 3d 后死亡（图 4-426）。耐过鸭或者康复，也可能转为慢性感染。

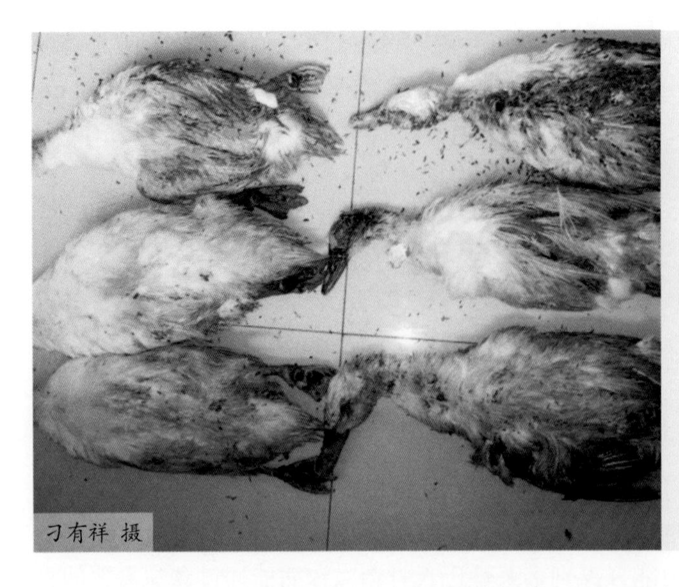

图4-426 因禽霍乱死亡的鸭

（3）慢性型 慢性型可由急性型转化来，也可由低毒力菌株感染引起。病鸭消瘦，有的出现关节炎，表现为一侧或两侧性关节肿大、发热，病鸭跛行、行走困难或瘫痪。产蛋鸭生产性能异常，产蛋率上升缓慢，产蛋率不高，鸭群死淘率偏高。

五、病理变化

剖检可见多脏器浆膜出血。鼻腔黏膜充血或出血。心包内有透明橙黄色积液，心包膜、心冠脂肪有大小不一的出血点，严重的整个心脏出血（图4-427～图4-430），心内膜出血（图4-431，图4-432）。气管环出血（图4-433），肺淤血、水肿或出血，呈紫红色或紫黑色（图4-434，图4-435）。肝脏肿胀，呈浅黄色或紫红色，表面有弥漫性针尖或小米粒大小出血点和灰白色坏死点（图4-436～图4-440）。脾脏肿大，呈紫红色或紫黑色（图4-441）。肠道，尤其十二指肠和空肠出血明显（图4-442）。产蛋鸭发病后，卵泡膜淤血（图4-443）。

慢性型感染表现为多发性关节炎，关节面粗糙，关节腔内有黄色干酪样物，关节囊增厚。病鸭若出现眶下窦感染，窦内形成囊状硬块，切开可见黄白色干酪样物质。

组织学变化表现为心肌纤维水肿、变性，心肌纤维断裂、溶解、甚至消失，心肌纤维间隙增宽，有大量炎性细胞浸润，局灶性心肌坏死区可见血管炎和细菌繁殖（图4-444）。肝细胞肿胀、颗粒变性、脂肪变性及坏死，肝窦扩张、充血，内含多量异嗜性白细胞，肝小叶内有大小不等坏死灶，有炎性细胞浸润（图4-445）。支气管周围淋巴组织水肿、坏死。肺脏出血，肺脏支气管固有层水肿，肺房壁毛细血管充血、出血，肺房上皮肿胀、脱落，肺房壁与肺房内有异嗜性细胞浸润和纤维素渗出（图4-446），小动脉管有纤维素性栓塞。脾脏淋巴细胞崩解、坏死、环鞘动脉坏死（图4-447），小动脉脉管炎和栓塞，网状内皮细胞含大量细菌。肠道有急性卡他性炎症，十二指肠最明显。黏膜上皮间杯状细胞肿胀，黏液分泌多，黏膜上皮脱落，固有层充血、出血和水肿，小肠绒毛变粗，固有层水肿，乳糜管扩张（图4-448）。腺胃黏膜肌层内毛细血管充血，腺小管内皮脱落，腺小管间淤血（图4-449）。

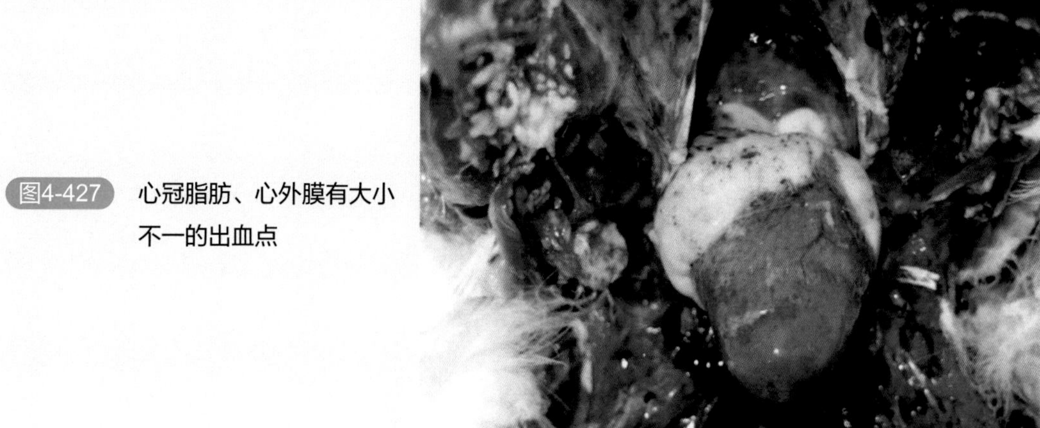

图4-427 心冠脂肪、心外膜有大小不一的出血点

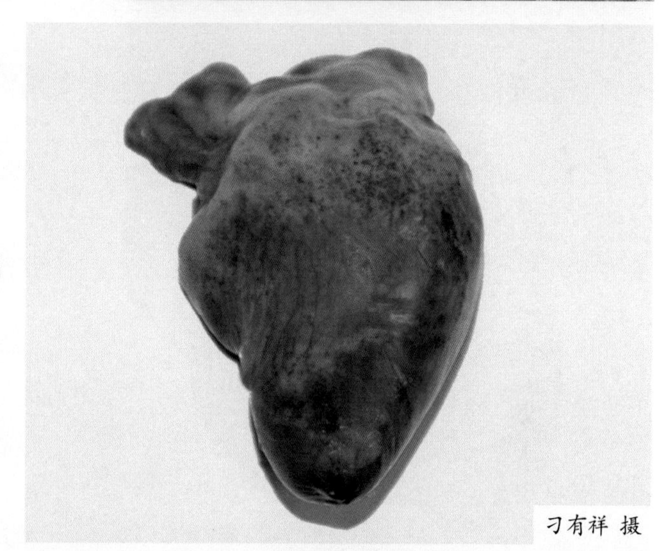

图4-428 心冠脂肪有大小不一的出血点

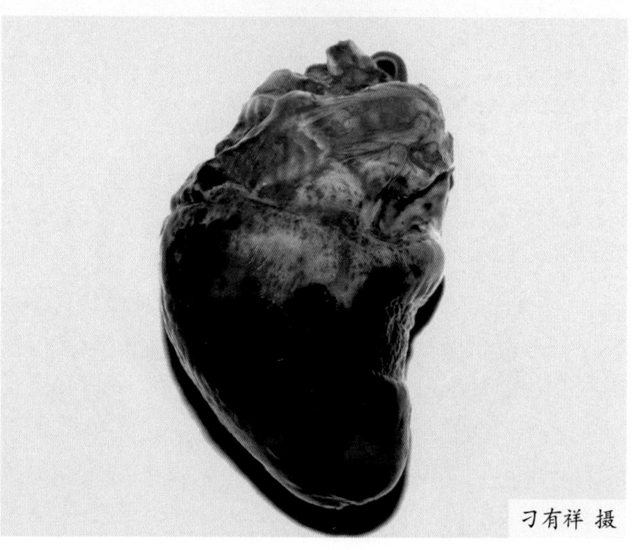

图4-429 心外膜严重出血

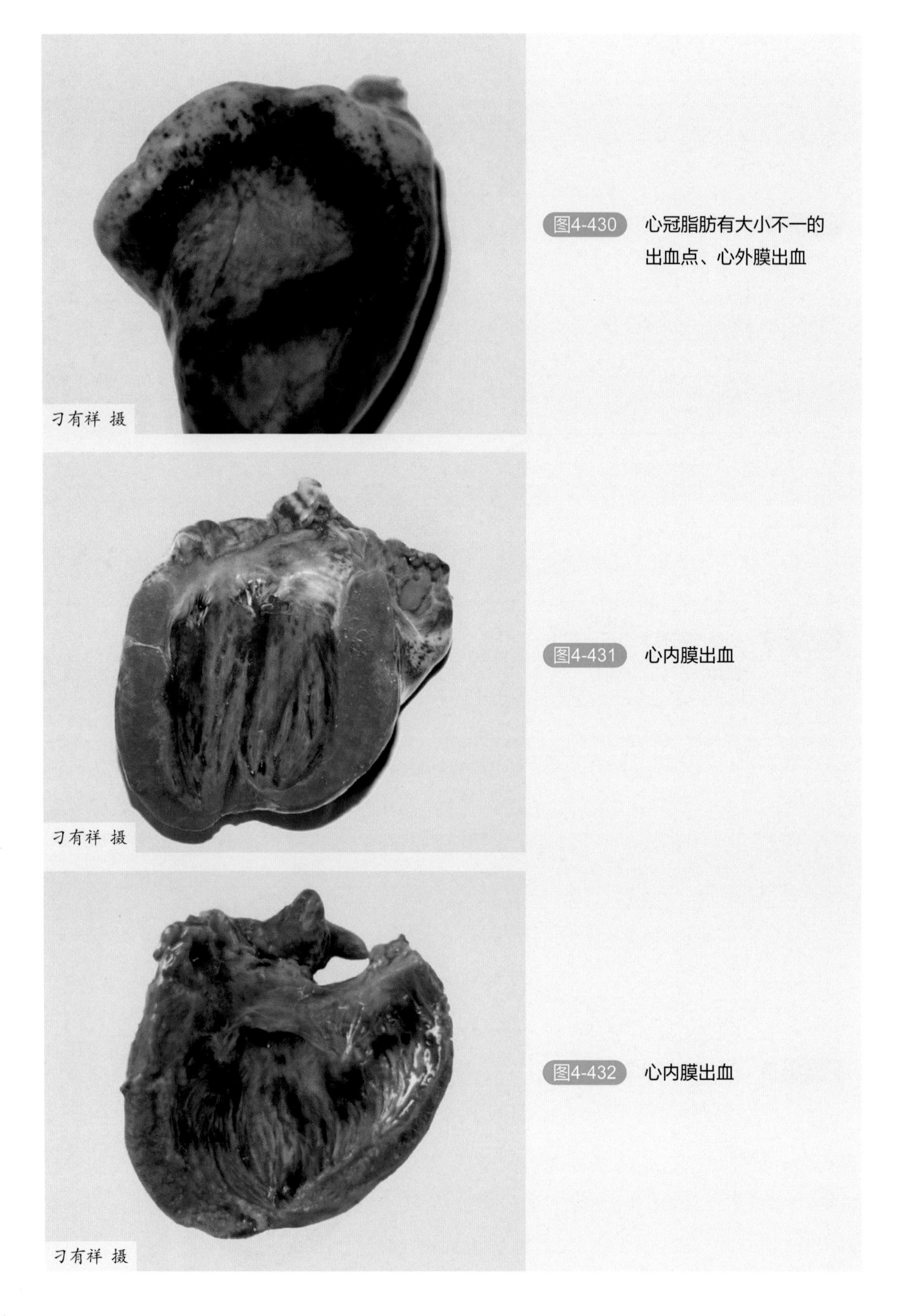

图4-430 心冠脂肪有大小不一的出血点、心外膜出血

图4-431 心内膜出血

图4-432 心内膜出血

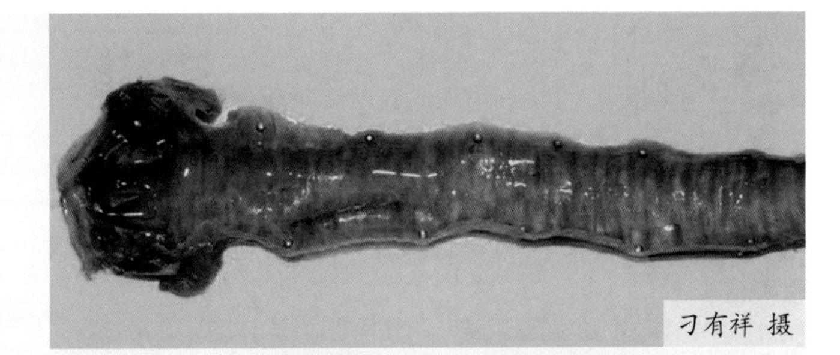

图4-433 气管环出血

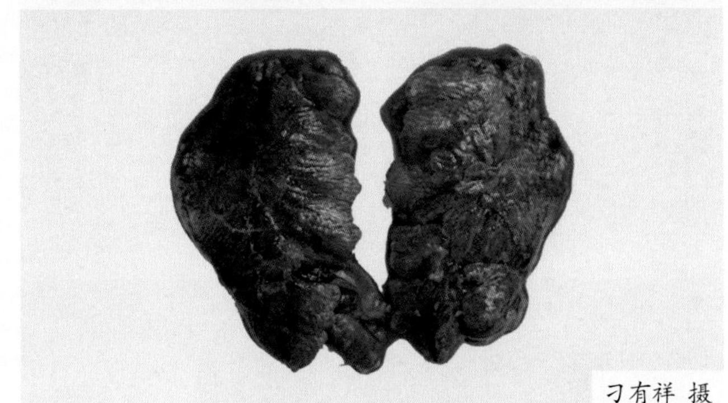

图4-434 肺脏出血、水肿

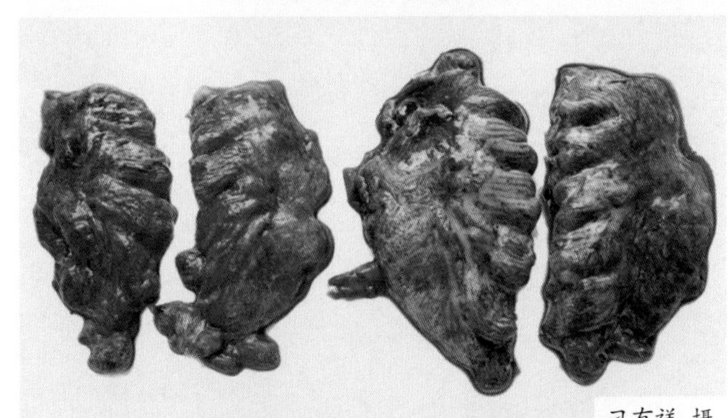

图4-435 肺脏出血、水肿，呈紫红色

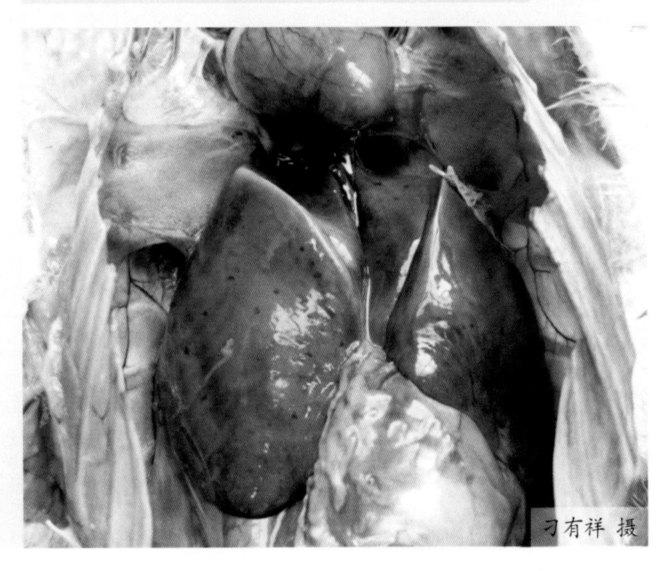

图4-436 肝脏肿大，表面有大小不一的出血点

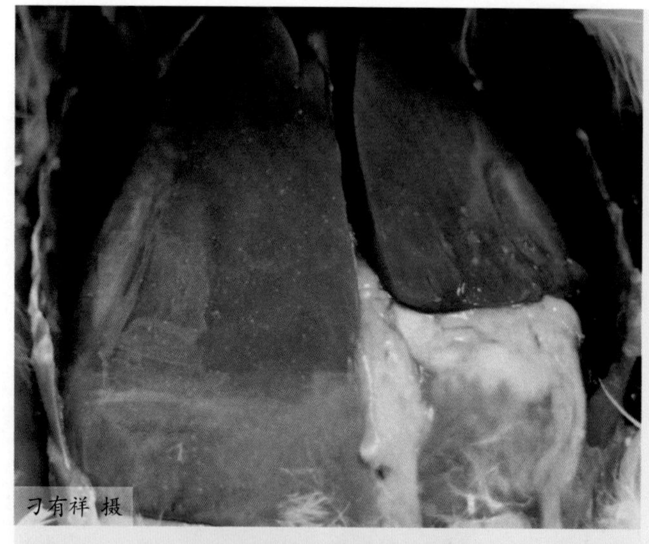

图4-437 肝脏肿大浅黄色，表面有大小不一的坏死点

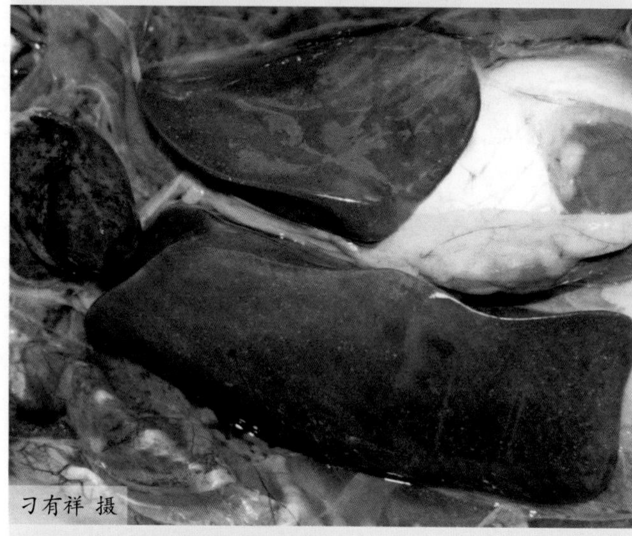

图4-438 肝脏肿大，表面有大小不一的坏死点

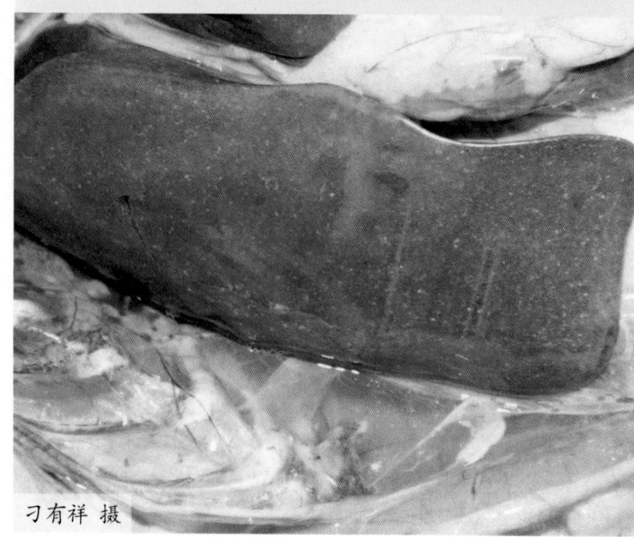

图4-439 肝脏肿大，质脆，表面有大小不一的坏死点

图4-440 肝脏肿大，表面有大小不一的坏死点

图4-441 脾脏肿大呈紫红色

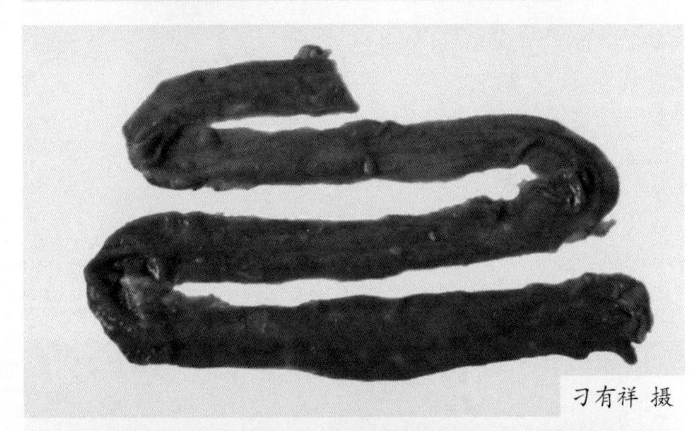

图4-442 肠黏膜弥漫性出血

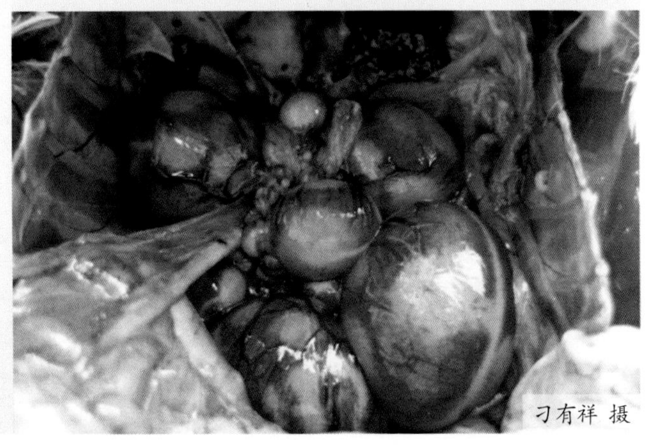

图4-443 卵泡膜淤血

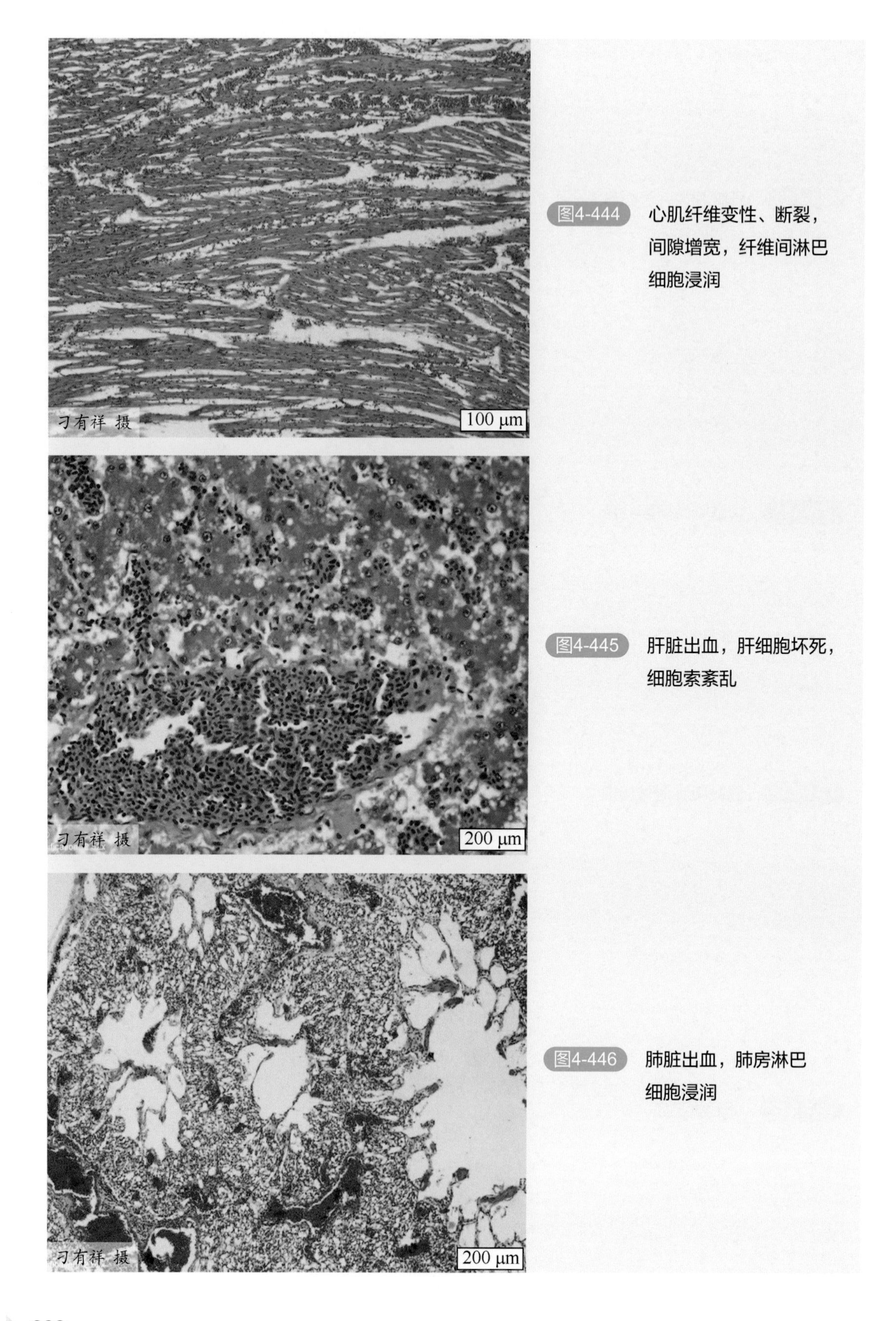

图4-444 心肌纤维变性、断裂，间隙增宽，纤维间淋巴细胞浸润

图4-445 肝脏出血，肝细胞坏死，细胞索紊乱

图4-446 肺脏出血，肺房淋巴细胞浸润

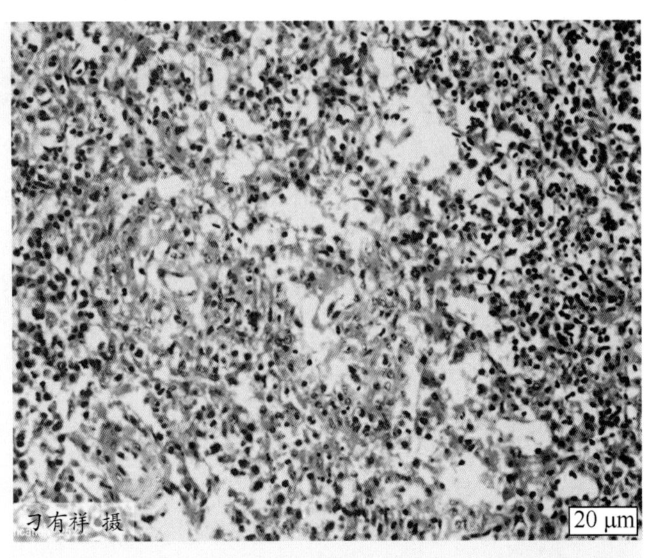

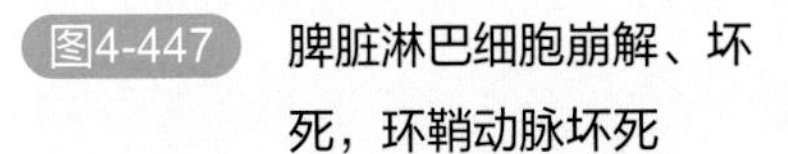
图4-447 脾脏淋巴细胞崩解、坏死，环鞘动脉坏死

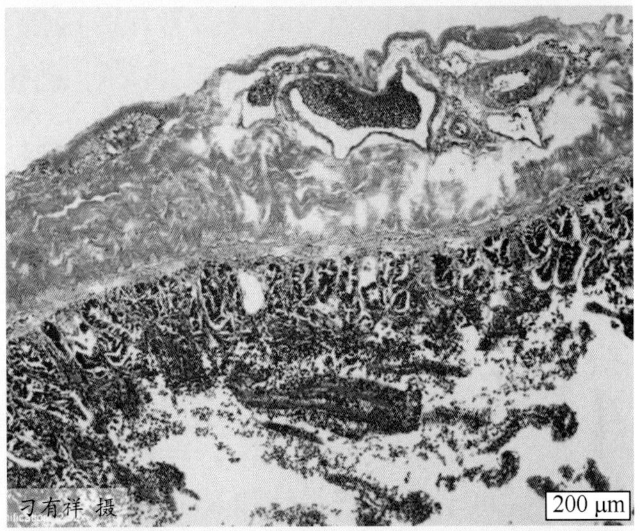

图4-448 肠道固有层水肿，肠绒毛脱落，淋巴细胞浸润

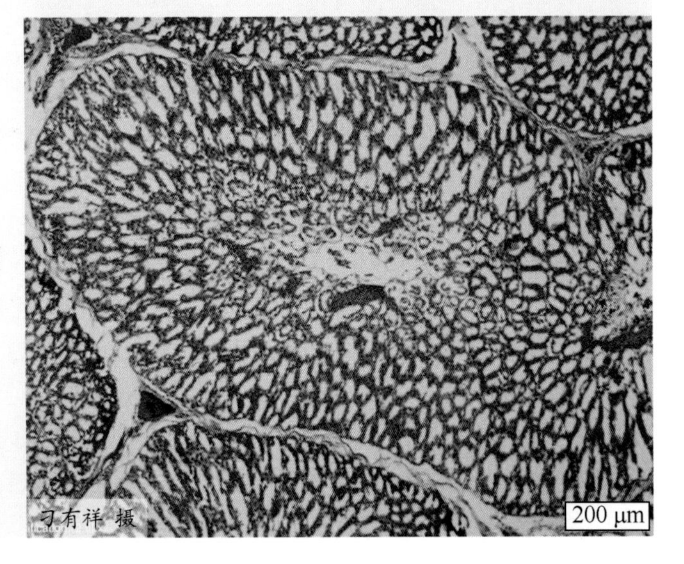

图4-449 腺小管内皮脱落，腺小管间淤血

六、诊断

1.临诊诊断

本病主要表现为呼吸道症状，口和鼻有黏液，频频摇头，又称为“摇头瘟”，下痢，有时粪便混有血液。剖检可见多脏器浆膜出血，肝脏有针尖或小米粒大小出血点和灰白色坏死点等，根据以上特点可对急性型鸭霍乱做出诊断。慢性感染病例主要出现局部症状和病变。确诊需进行实验室诊断。

2.实验室诊断

（1）涂片镜检　急性型病例采集病死鸭的肝、脾、心血，慢性型病例采集局部病灶组织，活禽采集鼻腔黏液，制成涂片或触片，自然干燥后美蓝或瑞氏染色，镜检可见两极着色的卵圆形小杆菌。

（2）细菌分离培养和鉴定　采集病料，分别接种麦康凯琼脂平板和血液琼脂平板，37℃温箱中培养 18 ～ 24h，观察结果。多杀性巴氏杆菌在麦康凯琼脂平板上不生长，在鲜血琼脂平板上生长良好，长成圆形、湿润、光滑的露滴样小菌落，菌落周围不溶血。培养物涂片、染色、镜检，大多数细菌呈球杆状或双球状，不表现两极着色。必要时进行生化试验和血清学鉴定。

对分离培养的多杀性巴氏杆菌进行形态学和生化鉴定。挑取细菌菌落，涂片、革兰氏染色、镜检，可见红色、革兰氏阴性小杆菌。将细菌分别接种到含 1% 葡萄糖、乳糖、蔗糖、甘露醇或麦芽糖的酚红肉汤中，多杀性巴氏杆菌能发酵葡萄糖、蔗糖和甘露醇不产气。该菌通常不发酵乳糖，有的禽源菌株可发酵乳糖。吲哚试验阳性。

（3）动物实验　取病料研磨，用灭菌生理盐水制成组织悬液，也可以采用细菌培养物，接种小白鼠、鸽或鸡，0.2mL/ 只。动物接种 1 ～ 2d 后发病，取病死动物心脏、肝、脾等组织涂片、染色、镜检，同时用鲜血琼脂平板和麦康凯琼脂平板分离培养细菌。观察细菌菌落及涂片染色结果，即可确诊。

（4）血清学鉴定　多杀性巴氏杆菌血清型多，具有型特异性抗原，各血清型之间基本没有交叉反应，常通过琼脂扩散试验和酶联免疫吸附试验（ELISA）进行鉴定。1972 年，Heddleston 建立的耐热抗原琼脂扩散沉淀试验是目前世界上公认的菌体血清学分型方法。

ELISA 具有敏感、快速、简便、易标准化等优点，已广泛应用于禽巴氏杆菌病的诊断和抗体水平检测上。1998 年，Jean 等建立了以多杀性巴氏杆菌超声波裂解物为包被抗原，测定活菌疫苗免疫后抗体水平的 ELISA 法。2009 年，徐步等建立了以多杀性巴氏杆菌全菌干燥抗原为包被抗原，检测禽霍乱抗体的 ELISA 法。2008 年，吕晓娟等建立了烘干全菌抗原为包被抗原，检测禽霍乱抗体的间接 ELISA 方法。

（5）分子生物学诊断　分子生物学检测技术广泛应用于多杀性巴氏杆菌的鉴定，最主要的是 PCR 方法，目前已建立多种特异性 PCR 方法用于样品的检测。采用细菌 16S rRNA 通用引物，以染色体 DNA 为模板进行 PCR 扩增，将扩增的 16S rRNA 基因片段进行核酸序列测定，BLAST 分析比对后可确定菌株的种属。

1997年，Kasten等利用多杀性巴氏杆菌*psl*基因建立PCR诊断方法。2001年，Miflin等根据多杀性巴氏杆菌的23S rRNA基因序列设计引物，建立了特异性PCR方法。2004年，Liu等发现了两个种特异性转录调控基因，建立了种特异性PCR。Townsend等于2001年报道了多杀性巴氏杆菌种、群鉴定和分型的多重PCR方法。2009年，施少华等建立检测多杀性巴氏杆菌的PCR方法，扩增的特异片段大小为460bp，敏感性试验显示该方法最低可检测1ng/L细菌基因DNA。

3.类症鉴别

禽霍乱与鸭瘟、鸭伤寒易混淆，需要进行鉴别。

① 鸭瘟　患鸭流泪，头颈肿大，又称“大头瘟”。剖检可见头颈部皮下有胶冻样液体浸润，食管、泄殖腔黏膜有出血点和灰黄色伪膜，肝脏有出血点和坏死点，小肠黏膜有环形出血带。抗生素治疗无效。鸭霍乱不表现以上症状和剖检变化，抗生素治疗效果明显。

② 鸭伤寒　主要感染青年鸭和成年鸭，发病率低，很少死亡。患鸭表现下痢，排出灰白色或黄绿色稀粪。剖检可见肝脏肿大呈青铜色，有时可见针尖大小出血点和坏死点。取病死鸭病变组织触片、瑞氏染色、镜检，可观察到蓝色小杆菌。而感染鸭霍乱的患鸭排稀粪，有时带血，剖检可见全身浆膜黏膜出血，如小肠有弥漫性出血、心外膜和心冠脂肪有针尖大小出血点、肺脏出血等，这是与鸭伤寒的区别。取病死鸭病变组织触片、瑞氏染色、镜检，可观察到两极着色球杆菌，这是与鸭伤寒病原染色的区别。

七、预防

（1）采取严格的生物安全措施　本病的发生与饲养环境关系密切，必须严格执行卫生消毒制度，建立完善的卫生消毒措施，定期对养殖环境和鸭舍消毒，提高鸭群抵抗力。采取科学的饲养管理制度，防止营养缺乏、饲养密度过高、鸭舍潮湿、寄生虫侵袭等不利因素的出现。防止饮水、饲料、用具污染，饲养人员进出禽舍要更换衣服、鞋帽，注意环境消毒。

避免应激因素的发生。如天气突变、拥挤、通风不良、营养缺乏、寄生虫感染、换料、转群等，会引起鸭抵抗力下降，鸭体内潜伏的多杀性巴氏杆菌大量繁殖，引起机体发病。饲养管理过程中，应采取有效措施降低应激因素对家禽的影响，降低发病率。在饲料中添加多种维生素，或饮水中添加维生素C、维生素E等，预防应激效果较好。

自繁自养，不从疫区引进种禽或幼雏。新引进鸭要隔离饲养半个月，严格检疫，证明无病方可混群饲养。防止其他动物，如猪、犬、猫、野鸟进入鸭舍或接近鸭群。施行全进全出的饲养管理模式。

（2）免疫接种　在禽霍乱常发或流行地区，可接种菌苗进行预防。我国商品化禽霍乱疫苗可用于鸡，也可用于鸭。目前生产上使用的禽霍乱疫苗有三类，第一类是弱毒苗，主要有731弱毒苗、G190E40弱毒苗、B26-T1200弱毒苗等。优点是免疫力产生快，一般3～5d即可产生；血清型间交叉保护力大；生产成本低。缺点是疫苗菌株稳定性差，易发生变异；有的菌苗接种后反应大，不够安全；免疫期短。G190E40弱毒苗用于3月龄以上的鸭，免疫期3.5个月；B26-T200弱毒苗可用于1月龄以上的鸭，免疫期4个月；731弱毒苗免疫期3.5个月。

第二类是灭活苗，主要有氢氧化铝胶佐剂疫苗、矿物油佐剂灭活苗、蜂胶佐剂灭活苗等。灭活苗最大的优点是安全性好。缺点是免疫效果不太理想。2 ～ 4 月龄鸭肌内注射 2mL 氢氧化铝胶佐剂疫苗，保护率 50% 以上，免疫期 3 个月；接种 0.5 ～ 1mL 矿物油佐剂疫苗，保护率 60% 以上，免疫期 6 个月；接种 1mL 蜂胶佐剂疫苗，保护率 75% 以上，免疫期 6 个月。第三类是亚单位疫苗，提取多杀性巴氏杆菌亚菌体成分作为免疫原，制备亚单位疫苗，效果较为理想。

多杀性巴氏杆菌疫苗对不同血清型细菌感染没有交叉保护作用，生产实践中，预防本病最理想的菌苗是禽霍乱自家灭活苗，佐剂可选择油乳剂、氢氧化铝或蜂胶。含有油佐剂的全菌体疫苗鸭群免疫后反应强烈，会导致产蛋鸭产蛋量显著下降。氢氧化铝或蜂胶佐剂全菌体疫苗对鸭群产蛋量影响较小，适合产蛋鸭或种鸭免疫，但为了保持产蛋鸭整个产蛋期免疫水平，需要重复免疫。

（3）药物预防　生产中常采用药物预防该病发生。当邻近禽场发生禽霍乱，或应激因素存在时，如气温骤变、更换饲料、转群、接种疫苗等，可全群给药预防。常用药物有强力霉素、恩诺沙星、环丙沙星、氟苯尼考等。

八、治疗

发病后，应对鸭舍、养殖环境、用具等彻底消毒，粪便及时、彻底清除，发酵消毒。病死鸭无害化处理。病鸭及可疑感染者严格隔离，轻症可以治疗，重症淘汰无害化处理。尚未发病者可用禽霍乱自家灭活苗紧急免疫。

抗生素可用于该病治疗，治疗越早效果越好，但长期使用会产生耐药性，应根据实际情况结合药敏试验选择敏感药物。可用头孢噻呋按照 15mg/kg 体重肌内注射，连用 3d，也可使用青、链霉素肌内注射，青霉素 5 万单位 /kg 体重，链霉素 2 万单位 /kg 体重，连用 3d；或用 0.01% 的环丙沙星饮水，连用 4 ～ 5d。或用氟苯尼考和强力霉素拌料或饮水，连用 4 ～ 5d。禽霍乱易复发，治疗时可连用两个疗程。

中草药使用安全，符合生产绿色食品的要求，治疗成本低。以黄柏、黄连、柴胡、金银花、雄黄、甘草等中药组成复方剂，对禽霍乱自然病例的治愈率较高。

第十三节　沙门菌病

鸭沙门菌病（Salmonellosis）又称为鸭副伤寒（Paratyphoid），不是单一病原菌引起的疫病，而是由沙门菌属中除鸡白痢和鸡伤寒沙门菌之外的众多血清型所引起的多种沙门菌病的总称。该病具有发病迅速、传染性强、死亡率高的特征，雏鸭或免疫力低下的成年鸭感染率较高，一般先从雏鸭感染暴发，引起雏鸭死亡，继而感染成年鸭。该病对雏鸭的危害较大，呈急性或亚急性经过，表现为腹泻、结膜炎、消瘦等症状，成年鸭多呈慢性或隐形感染。

一、病原

鸭副伤寒沙门菌群中流行较多和危害较大的有 10 个血清型，包括鼠伤寒沙门菌、贝勒里沙门菌、加利福尼亚沙门菌、伦敦沙门菌、纽因吞沙门菌、莫斯科沙门菌、都柏林沙门菌、巴拿马沙门菌、乙型副伤寒沙门菌和肠炎沙门菌，均为革兰氏阴性、无芽胞、无荚膜的小杆菌（图 4-450）。其有周身鞭毛，能运动，但有时可见到不运动的变种。

本菌兼性厌氧，在琼脂培养基上，典型的菌落为圆形、微隆起、闪光且边缘光滑，菌落直径 1 ～ 2μm，在 SS 琼脂培养基上形成中间带有黑色金属光泽小菌落（图 4-451）。在新分离的菌株和保存在实验室的菌株中，有时可出现粗糙型菌落，菌落较大，边缘不整齐。光滑型菌株经 24h 肉汤培养，呈现均匀混合生长，无菌膜；粗糙型菌株经肉汤培养后，有大量颗粒状沉淀，而且上清液澄清透明。副伤寒群中的细菌均具有沙门菌的典型生化特性，

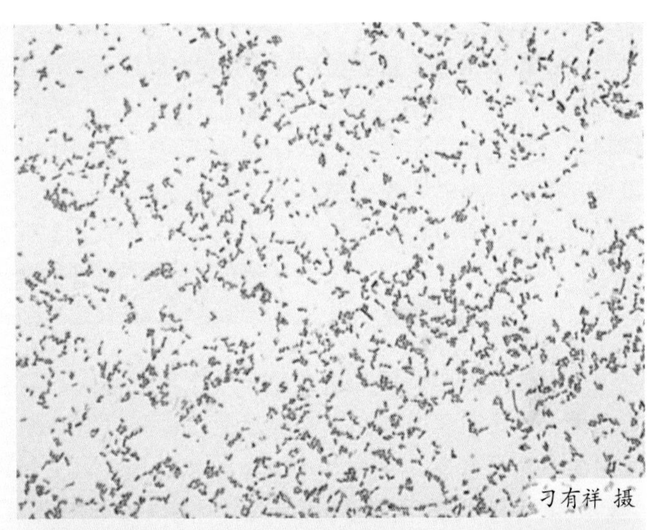

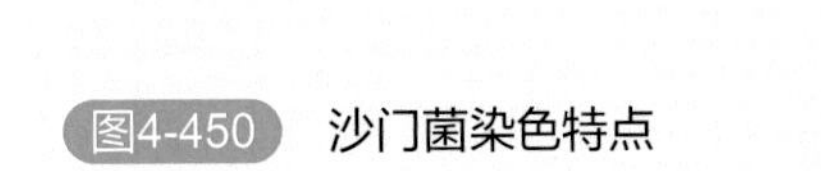
图4-450 沙门菌染色特点

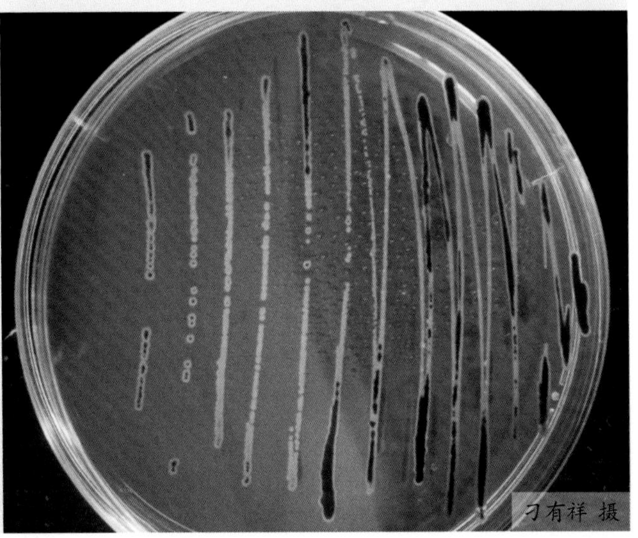

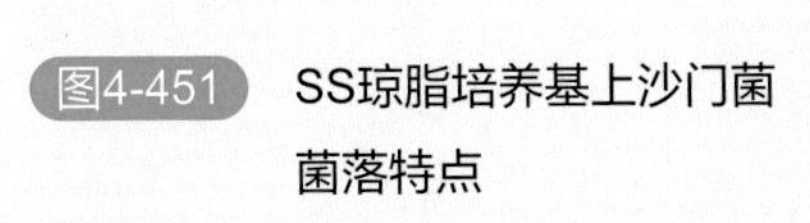
图4-451 SS琼脂培养基上沙门菌菌落特点

能够发酵葡萄糖、甘露醇、麦芽糖、卫矛醇、山梨醇，并产气；不发酵乳糖、蔗糖、水杨苷、侧金盏醇和棉子糖；不产生吲哚，不分解尿素；甲基红试验、赖氨酸、精氨酸、鸟氨酸脱羧酶试验均为阳性；V-P 试验、氰化钾、苯丙氨酸脱氨酶试验均为阴性；在三糖铁琼脂上常产生 H_2S。

沙门菌具有 O、H、Vi 抗原，可致局灶性或全身性的疾病，致病性与细菌毒力和侵袭相关。沙门菌侵袭过程中由细菌多种毒力因子共同作用，其中较为主要的有细菌表面结构鞭毛和脂多糖、黏附素、毒力岛编码的Ⅲ型分泌系统等，同时与宿主的遗传特性、免疫状态、环境因素共同作用，决定感染的最终结局。沙门菌的鞭毛具有趋化、诱导免疫应答和炎症反应等，从而促使细菌吸附和定居到宿主组织的表面；脂多糖在定居到宿主组织、防止宿主吞噬细胞的吞噬和杀伤作用上起着重要作用；毒力岛和Ⅲ型分泌系统与沙门菌的侵袭力直接相关。

鸭副伤寒沙门菌群在自然条件下容易生存和繁殖，是本病易于传播和流行的一个重要因素。对热及常用消毒药物敏感，60℃加热 5min 即死亡；一般消毒药物如来苏儿、石炭酸、新洁尔灭和福尔马林等对其都有效。存在于土壤、水和粪便中的病菌能够存活很长时间，如在土壤中能够存活至少 280d；在池塘中能生存 119d；而在普通饮水中能够存活 3.5 个月左右；细菌在干燥粪便中能存活 28 个月；贮存于室温条件下孵化场绒毛中的沙门菌能存活 5 年之久。细菌对低温的抵抗力较强，在 −20℃低温下，能够存活 13 个月。在垫料、饲料中可存活数月至数年，其存活时间的长短与湿度、pH 及温度等因素有关。在湿垫料上可生存 1 个月左右，在干垫料上可生存 2 ～ 5 个月。

二、流行病学

禽副伤寒沙门菌群的自然宿主广泛，包括鸡、鸭、鹅、火鸡、鹌鹑等多种禽类，以及猪、牛、羊等多种家畜和大多数温血动物和冷血动物。各日龄的鸭只均易感，但以 3 周龄以内的雏鸭最易感，多为急性或者亚急性病症，常呈现暴发性流行，1 月龄以上的鸭有较强的抵抗力，一般不引起死亡。成鸭往往不表现临诊症状，以隐性或者慢性病症居多。

本病的发生没有明显的季节性差异，通常以地方流行为主，病鸭和带菌鸭是该病的主要传染源，既可以经呼吸道、消化道、损伤的皮肤水平传播，也可以通过种蛋垂直传播。此外，鼠类、苍蝇等也可带菌，对本病的传播起到媒介作用。同时，饲养人员、猫、野鸟以及器械等也可以成为沙门菌病的机械传播者。饲养管理不良，如鸭舍内潮湿、拥挤并且温度较高，同时鸭群缺乏矿物质或者维生素，患有病毒性肝炎或者大肠杆菌病等，都容易导致该病的流行。

三、症状

根据鸭群症状可分为急性、亚急性和隐性经过。

（1）急性型　多见于 3 周龄内的雏鸭，一般出壳数日后出现死亡，发病日龄越小，死亡率越高。患鸭表现出精神沉郁、食欲不振至废绝，不愿走动（图 4-452）；畏寒，羽毛杂乱，

图4-452 鸭精神沉郁，羽毛粗乱

缩颈呆立，卵黄吸收不良，两眼流泪或有黏性渗出物；腹泻，粪便稀薄带气泡呈黄绿色，有腥臭味，泄殖腔周围布满干燥的粪便，排泄困难；患鸭常离群张嘴呼吸，两翅下垂，呆立，嗜睡，缩颈闭眼，羽毛蓬松；体温升高至 42℃以上。后期出现神经症状，颤抖、共济失调，角弓反张，全身痉挛抽搐而死，病程为 2 ～ 5d。

（2）亚急性 常见于 3 ～ 4 周龄左右鸭群。患鸭表现为精神萎靡不振、食欲下降、羽毛松乱、生长缓慢；粪便呈稀水样，甚至排血样稀便。一些病鸭出现呼吸困难、关节肿胀和瘫痪等症状。亚急性型病例通常死亡率不高，但在其他病毒性或细菌性疾病继发感染情况下，死亡率升高。

（3）隐性型 成年鸭感染该菌多呈隐性经过，一般不表现出症状或症状较轻微。由于成年鸭携带有沙门菌，可通过粪便排放到环境中，同时也可经种蛋传播，种蛋在孵化阶段出现死胚或雏鸭啄壳后数小时内死亡，严重影响种鸭生产性能和雏鸭健康，极易导致该病在育雏期发生和流行。

四、病理变化

急性发病死亡鸭剖检可见卵黄囊吸收不良，肝脏显著肿大，呈青铜色，肝脏表面有大小不一的灰白色坏死点（图 4-453，图 4-454）；脾脏肿大呈暗红色；胆囊扩张、充满胆汁；肠黏膜充血呈卡他性肠炎，有点状或块状出血；气囊轻微浑浊，有黄色纤维素样渗出物；心包、心外膜和心肌出现炎症等。亚急性患鸭主要表现为肠黏膜坏死；带菌的种鸭可见卵巢及输卵管变形，个别出现腹膜炎；角膜混浊，后期出现神经症状，患鸭摇头、角弓反张、全身痉挛，最后抽搐而死。成年鸭感染多呈慢性，表现下痢、瘫痪、关节肿大等症状，肠黏膜有坏死性溃疡，呈糠麸样，肝、脾及肾肿大，心脏有坏死性小结节。

组织学变化表现为肝细胞排列疏松、紊乱，呈蜂窝状；肝细胞脂肪变性、空泡化，窦间隙淤血；肝实质区域有大小不一的坏死灶，大部分肝细胞坏死崩解，有淋巴细胞和单核

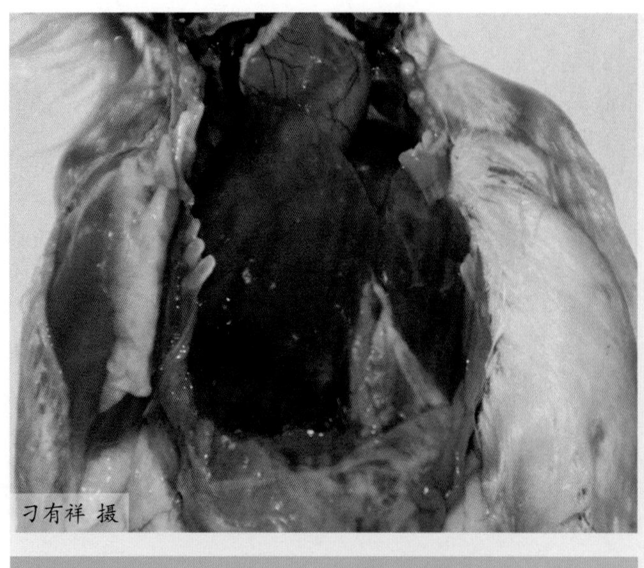

图4-453 肝脏肿大，表面有大小不一的黄白色坏死点（一）

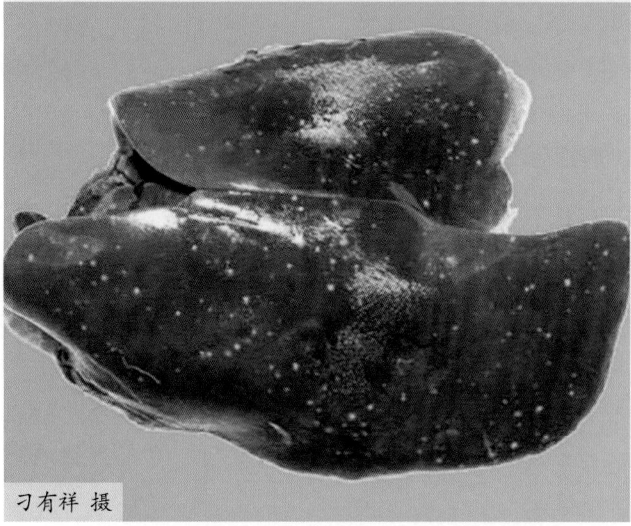

图4-454 肝脏肿大，表面有大小不一的黄白色坏死点（二）

巨噬细胞浸润。脾脏弥漫性出血，部分淋巴细胞坏死。肠黏膜上皮细胞变性坏死、脱落；黏膜下层毛细血管扩张、充血，有淋巴细胞和单核巨噬细胞浸润。肺部毛细血管出血，细末支气管间有少量淋巴细胞浸润。

五、诊断

1.临诊诊断

根据2周龄感染雏鸭死亡率较高，雏鸭腹泻，肛门周围有粪便沾污，肝脏表面有针尖大小的坏死点，盲肠膨胀，内有灰白色液体或干酪样肠栓等症状和病理变化，可作出初步诊断，进一步确诊需要细菌的分离鉴定。

2. 实验室诊断

（1）病原分离鉴定　分离时，根据发病情况不同采样器官有所不同。急性败血症死亡的鸭采集多种脏器分离；亚急性患鸭以盲肠内容物和泄殖腔内容物检出率高；隐性经过的患鸭产的蛋壳表面或孵化的雏鸭散落的绒毛中易分离到该菌。因有杂菌生长而需先将病料接种至四硫黄酸盐煌绿肉汤中，42℃培养 24 ～ 48h，抑制非沙门菌生长，再将病料接种 SS 或麦康凯培养基，即可分离到纯培养物，进一步通过生化鉴定及血清学鉴定确诊。

（2）生化鉴定　若为副伤寒群中的细菌，则都具有沙门菌的典型生化特性：发酵葡萄糖、甘露醇、麦芽糖、卫矛醇、山梨醇，并产气；不发酵乳糖，不利用蔗糖、水杨苷、侧金盏醇和棉子糖，也不产生 α- 甲基葡萄糖苷；甲基红试验、赖氨酸、精氨酸、鸟氨酸脱羧酶试验均为阳性；V-P 试验、氰化钾、苯丙氨酸脱氨酶试验均为阴性。

（3）免疫学诊断　玻片凝集试验将待检血液 1 滴置于玻片上，加入 2 滴有色抗原（含菌 10^{11} 个 /mL，以及结晶紫染色和枸橼酸钠抗凝），轻摇，室温下 2min 内出现凝集者为阳性。

① 试管凝集试验　待检血液 12.5 倍稀释，取 1mL 置于试管内，加入等量抗原，37℃水浴 20min，出现凝集为阳性。

② 酶联免疫吸附试验（ELISA）　以鸭沙门菌抗原、鸭抗沙门菌 IgG、兔抗沙门菌 IgG 建立的诊断鸭沙门菌的间接夹心 ELISA 方法，可一次性检测大量样本，操作简便，耗时较短，准确性和敏感性较高，适用于样本的大量检测。

（4）分子生物学诊断

① 聚合酶链式反应（PCR）　PCR 是一种体外扩增 DNA 的技术。作为分子生物学方法，PCR 具有简单、快速、灵敏度高的特点，同时可根据沙门菌不同的血清型，设计不同的靶基因引物，实现对沙门菌的快速检测。

② 荧光定量 PCR 检测　根据沙门菌的基因序列设计引物探针，采用基因重组技术构建沙门菌定量标准品，建立实时定量 PCR 检测沙门菌的方法，该方法特异性强，灵敏度高。

在分子生物学方法中，除上述几种常用方法外，还有一些其他方法也被经常应用，如多重 PCR、巢式 PCR、环介导等温扩增技术、免疫磁分离的荧光微球免疫层析法以及 PCR-DHPLC 的基因筛查技术的建立等。

3. 类症鉴别

本病要与鸭传染性浆膜炎和鸭病毒性肝炎进行鉴别。

（1）鸭传染性浆膜炎　多发生于 2 ～ 3 周龄雏鸭。患鸭嗜睡，鼻眼有分泌物，排绿色粪便，出现神经症状；慢性型时歪颈、转圈运动，且多出现在流行后期。病理剖检常见有纤维素性心包炎、肝周炎和气囊炎等，鸭副伤寒则无。患鸭肝脏组织接种麦康凯平板，鸭疫里默氏杆菌不会形成菌落，沙门菌可形成白色菌落。

（2）鸭病毒性肝炎　感染 5 周龄以下的雏鸭。发病半日到 1 日即发生全身性抽搐，多侧卧，头向后背（俗称“背脖”），两腿后蹬。主要病变是肝脏肿大，质脆，色暗淡或发黄，表面有大小不等出血斑点。而鸭副伤寒肝脏表面为大小不一的黄白色坏死点，与鸭病毒性肝炎相比，发病过程较慢。

六、预防

鸭副伤寒的传染源和菌型较多，用免疫法来控制和消灭该病是很困难的，国外有应用死菌或活菌苗预防禽副伤寒的报道，但仅在个别禽场应用，因此必须采取综合防制措施。

（1）种蛋的卫生管理　种蛋应随时收集，蛋壳表面有污染时不能用作种蛋；收集种蛋人员的服装和手应消毒，装蛋用具应清洁和消毒，保存时蛋与蛋之间要尽量避免接触，以防止污染；种蛋孵化前应进行消毒，消毒以甲醛蒸气熏蒸较好。熏蒸时每立方米需要高锰酸钾 21.5g 和 40% 甲醛 43mL，熏蒸时的温度需在 21℃以上，密闭熏蒸的时间需要在 20min 以上，最好有电扇，保证气体循环，一般不采用消毒药物对种蛋浸泡消毒；种蛋的贮存温度以 10 ～ 15℃为宜，贮存时间最长不超过 7d。

（2）育雏期间的卫生管理　为了防止雏鸭在育雏间发生副伤寒，进入鸭舍的人员需穿经消毒的衣服鞋帽，任何无关人员不准入内；料槽、水槽、饲料和饮水等都应防止被粪便污染，地面用 3% ～ 4% 福尔马林消毒有一定的效果，每隔 3d 可用季铵盐类消毒剂带鸭喷雾消毒；死亡的雏鸭应送往实验室进行细菌学检查，以查明有无沙门菌存在。

（3）增强雏鸭免疫力　雏鸭之所以容易感染鸭沙门菌是因为雏鸭的免疫力较低，无法抵抗沙门菌。为此，要对雏鸭增加营养，提高免疫力。

（4）种鸭群的卫生管理　种鸭舍的建筑需能防止任何动物接近种鸭舍，饲料和饮水也必须无沙门菌污染，定期检查垫料是否有沙门菌存在。严格执行上述程序，才能消除种鸭被沙门菌感染的危险。

（5）微生态制剂的预防作用　从健康鸭分离到的正常微生物区系，制剂主要有乳酸杆菌、蜡样芽胞杆菌及地衣芽胞杆菌等微生物制剂。雏鸭饲喂微生态制剂后，在鸭肠道中形成了一个微生物区系，这个微生物区系成了优势菌群，抑制沙门菌等肠道致病菌的定居和生长，起到良好的预防作用。研究进一步发现，微生态制剂还能明显缩短已经感染沙门菌鸭群的发病期，减少死亡。

七、治疗

药物治疗可在急性副伤寒暴发期减少死亡，有助于控制该病的发生和传播。曾用过药物治疗的鸭群仍可能带有病原菌，所以药物治疗并不能在鸭群中消灭该病。为了避免因抗药性而影响治疗，在进行药物治疗之前，需对分离的细菌做药敏试验，从中选出最有效的药物用于治疗和预防。

发病后可用氟甲砜霉素按 0.01% ～ 0.02% 拌料使用，连用 4 ～ 5d；或用 0.01% 强力霉素饮水，连用 3 ～ 5d。或用氟苯尼考，每升水加 100mg，连用 3 ～ 5d；此外，新霉素、安普霉素等拌料或饮水使用也有良好的治疗效果，同时还可在饮水中添加多种维生素 C 提高鸭群抵抗力。药物使用过程中注意交替用药，避免细菌出现耐药性。雏鸭发生该病，使用药物的同时，饲养管理上应提高育雏温度，延长脱温时间，以促进卵黄的吸收和脐孔的愈合。

第十四节 葡萄球菌病

鸭葡萄球菌病（Duck Staphylococcosis）是由致病性金黄色葡萄球菌引起鸭的一种急性或慢性型传染病，养鸭生产中常见，尤其是饲养管理条件差的鸭场多发。临床上病型较多，如急性败血症、关节炎、脐炎、眼炎、肺炎、脚垫肿等，给养鸭业造成严重经济损失。世界多数养鸭国家和地区均有该病发生。

一、历史

人们对家禽和其他禽类葡萄球菌病的认识已超过百年，早期大多数报道描述的是关节炎和滑膜炎。1892 年，Lucet 报道了葡萄球菌能引起鹅的关节炎。之后，欧洲、日本、美洲、澳大利亚等国的家禽生产中均报道过该病。

过去，我国养禽生产主要以散养为主，葡萄球菌病零星散发不被人们重视。随着规模化、集约化养禽业的发展，该病逐渐引起人们关注。林伟庆、甘孟侯等对我国鸡葡萄球菌病进行了研究，朱晓平、韦华姜等报道了鸡葡萄球菌病的发病机理和感染途径。鸭、鹅、鸟类等也相继报道过感染葡萄球菌的情况。目前，该病已成为养禽场常发病之一，严重影响着养禽业发展。

二、病原

（1）分类　葡萄球菌属（*Staphylococcus*）有 36 个种、21 个亚种，是微球菌科（Micrococcaceae）最重要的属。1986 年，《伯吉氏系统细菌学手册》将葡萄球菌分为 20 多种，常见动物致病性葡萄球菌有金黄色葡萄球菌、金黄色葡萄球菌厌氧亚种、中间葡萄球菌、猪葡萄球等。从发病家禽中最常分离到的是金黄色葡萄球菌，其他致病性葡萄球菌对家禽并不重要。

（2）形态和染色　典型金黄色葡萄球菌为圆形或卵圆形，直径 0.7 ～ 1.0μm，无鞭毛，无荚膜，不形成芽胞。革兰氏染色阳性，固体培养基上生长的细菌显微镜下呈簇状或葡萄串状排列（图 4-455），脓汁或液体培养基中生长的细菌常呈双球或短链排列，老龄培养物（18 ～ 24h）可呈革兰氏阴性。

（3）培养特性　金黄色葡萄球菌是需氧或兼性厌氧菌，对营养要求不高，普通培养基上生长良好，含有血液、血清或葡萄糖的培养基上生长更好。最适生长温度为 37℃，pH 7.4，培养时间 18 ～ 24h。普通营养琼脂培养基上形成圆形、光滑、湿润、边缘整齐、隆起的菌落，直径 1 ～ 3mm。在高盐甘露醇培养基上呈淡橙黄色菌落（图 4-456，图 4-457），橘黄色色素在室温（20℃）下最易产生。血液琼脂平板上生长菌落较大，有的菌落周围形成 β 溶血环（图 4-458），产生溶血环的菌株多为病原菌。普通肉汤中生长迅速，初期混浊，

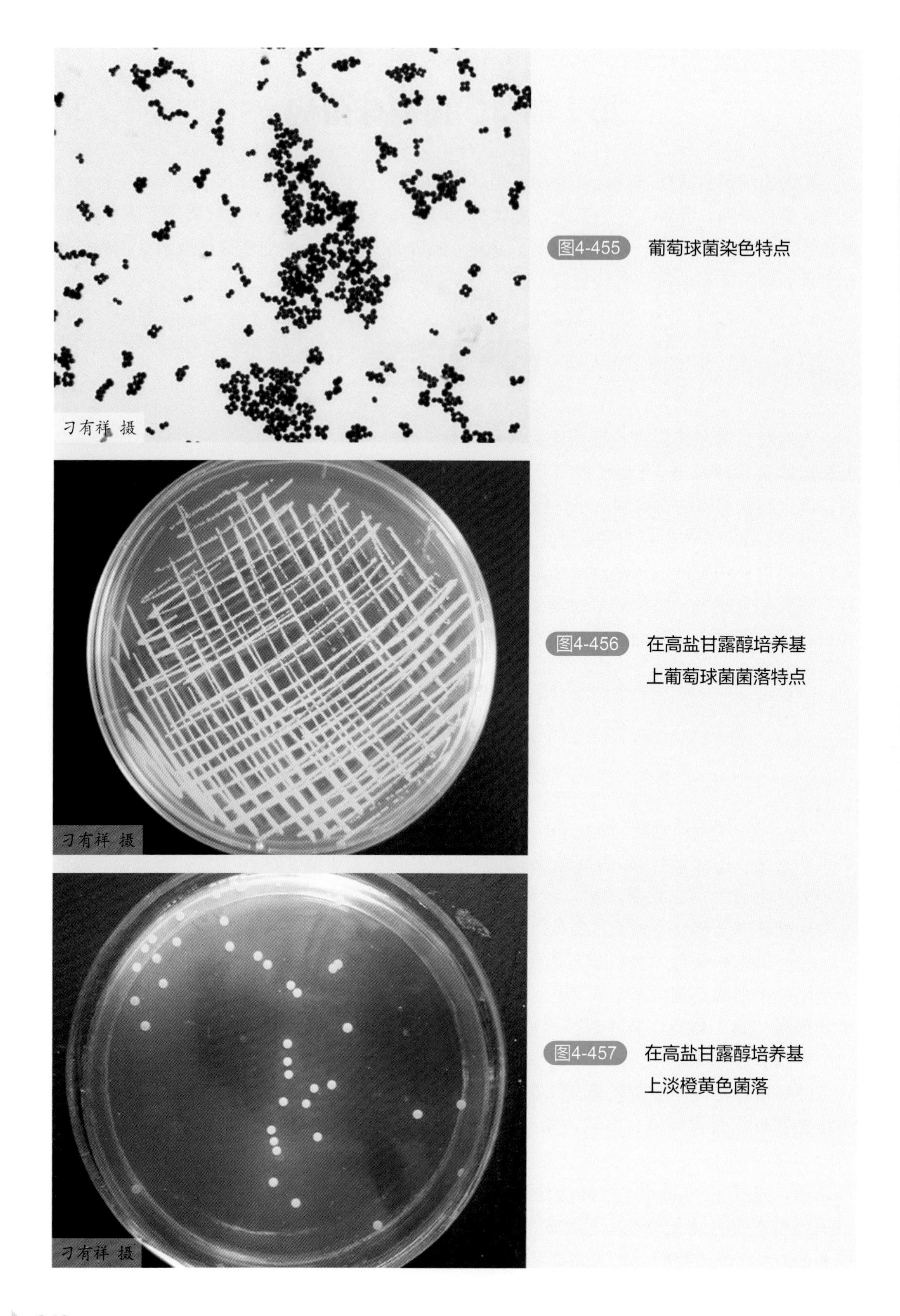

图4-455 葡萄球菌染色特点

图4-456 在高盐甘露醇培养基上葡萄球菌菌落特点

图4-457 在高盐甘露醇培养基上淡橙黄色菌落

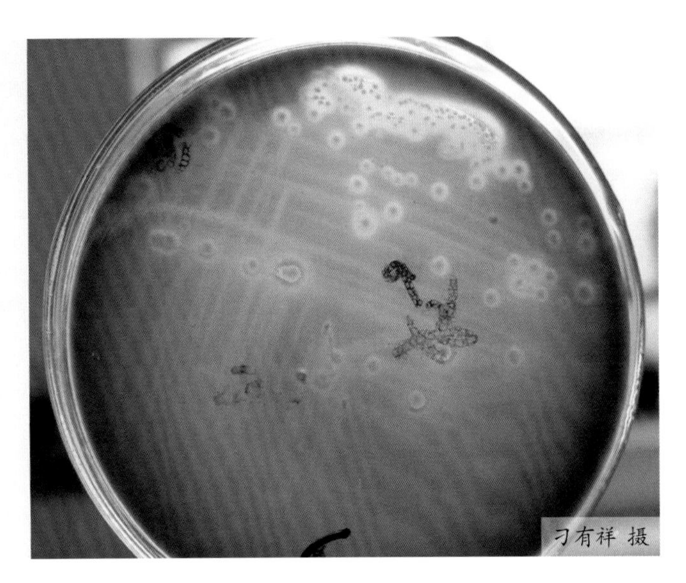

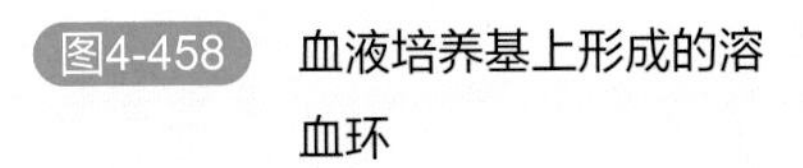
图4-458 血液培养基上形成的溶血环

管底有少量沉淀，轻轻振荡，沉淀物上升，继而消散。金黄色葡萄球菌耐盐且能产生卵磷脂酶，高盐甘露醇琼脂平板形成的菌落周围有黄色晕圈。

（4）生化特性　不同葡萄球菌菌株，其生化特性不同。多数能分解葡萄糖、麦芽糖、乳糖、蔗糖、甘露醇；产酸不产气，不产生靛基质和硫化氢；能还原硝酸盐，过氧化氢酶阳性，V-P 试验阳性。一般认为凝固酶阳性的菌株有致病性。非致病菌株不能分解甘露醇。

（5）抗原结构和血清型　葡萄球菌的抗原结构复杂，细胞壁水解后，经沉淀法可分为蛋白质抗原和多糖类抗原。蛋白质抗原主要为葡萄球菌 A 蛋白（Staphylococcal protein A，SPA），这是一种表面沉淀原，细胞壁抗原的成分，占细胞壁蛋白的 6.7%，具有种、属特异性，无型特异性，90% 以上的金黄色葡萄球菌具有该抗原。SPA 蛋白分子质量为 13 ～ 42kDa，是一种完全抗原，可与人及多种动物 IgG 分子 Fc 段发生非特异性结合，结合后的 IgG 分子 Fab 段仍能与相应抗原特异性结合，这一现象已广泛用于免疫学及诊断技术。

多糖类抗原为半抗原，位于细胞壁，具有型特异性，可用于葡萄球菌的分型。1931 年 Gilbert 首次发现金黄色葡萄球菌荚膜多糖以来，到现在已发现 11 种荚膜多糖血清型，其中 5 型或 8 型占 70% ～ 80%。

禽源金黄色葡萄球菌常用噬菌体进行分型，60% ～ 70% 的金黄色葡萄球菌可被相应噬菌体裂解。噬菌体是金黄色葡萄球菌的病毒，其感染具有株间特异性，利用此性质可鉴别菌株。用作分型的噬菌体有 22 型，可将金黄色葡萄球菌分为：Ⅰ群（29、52、52A、79、80），Ⅱ群（3A、3B、3C、55、71），Ⅲ群（6、7、42E、47、53、54、75、77、83A），Ⅳ群（42D）。

根据特异性抗原可以对禽源金黄色葡萄球菌进行血清分型，通过制备一系列特异性抗血清，与待测菌株进行凝集反应，根据不同凝集形式进行分型。金黄色葡萄球菌的血清分型比较稳定，而且能将常见的噬菌体 80/81 进一步分为不同的血清型。抗菌谱和噬菌体分型的稳定性相对较差。

葡萄球菌分型方法还有荚膜分型，但型别少、分辨率差，在菌株相关性分析时一般不用。新兴分子生物学分型有多种方法，如质粒分型法、染色体 DNA 脉冲电泳分型法、核酸分型法和全细胞蛋白图谱分型法等，这些方法技术性强、需要特殊设备、结果判定需国际标准化，因此较难普及。

（6）致病因子　金黄色葡萄球菌能产生多种毒素和酶，主要有溶血素、凝固酶、DNA酶、耐热核酸酶、杀白细胞素、肠毒素、透明质酸酶等。这些毒素和酶与菌株毒力强弱、致病性大小关系密切。

① 溶血素（Staphylolysin）　是多数致病性葡萄球菌产生的一种毒素，不耐热，在血液平板上形成的菌落周围有溶血环，可分为α、β、γ、δ溶血素4种，其中以α溶血素为主。α溶血素是一种胞外毒素，能损伤多种细胞和血小板，破坏溶酶体，使小血管收缩，造成局部缺血、坏死。该毒素经甲醛处理可制成类毒素，用于预防和治疗葡萄球菌感染。

② 凝固酶（Coagulase）　是金黄色葡萄球菌的主要致病因子，多数致病性葡萄球菌能产生凝固酶，非致病菌一般不产生，是鉴别葡萄球菌有无致病性重要指标之一。凝固酶有2种，一种是分泌到菌体外的游离凝固酶，作用类似凝血酶原物质，使液态纤维蛋白原变成固态纤维蛋白，从而使血浆凝固；另一种是结合在菌体表面的结合凝固酶或凝集因子，细菌混悬于人或兔血浆中，纤维蛋白原与菌体受体交联从而使细菌凝集。凝固酶耐热，100℃作用30min或高压灭菌仍有活力。

③ 杀白细胞素（Leukocidin）　是由多数致病性葡萄球菌产生的，Van de Velde最早发现，Panton等于1932年将其从溶血素中分离出。它是一种蛋白质，不耐热，有抗原性，能破坏人或兔白细胞和巨噬细胞，使其失去活力。杀白细胞素以八聚体形式在宿主细胞膜上形成孔道，损伤细胞膜，导致细胞溶解。

④ 肠毒素（Enterotoxin）　主要是由血浆凝固酶或耐热核酸酶阳性的金黄色葡萄球菌产生，能引起人食物中毒，人、猫、猴急性胃肠炎。它是一组可溶性蛋白质，易溶于水和盐溶液，耐热、耐酸，100℃作用30min不被破坏，也不受胰蛋白酶影响。金黄色葡萄球菌产生肠毒素的最适温度为18～20℃，36h能产生大量肠毒素。经典的肠毒素分为A、B、C、D、E 5种血清型，C型又分为C1、C2、C3三种亚型。随着现代生物学技术的发展，新型肠毒素不断被发现，到目前为止，已知有A、B、C（C1、C2、C3）、D、E、G、H、I、J、K、L、M、N和O 14种血清型。

⑤ DNA酶和耐热核酸酶（Thermonuclease）　金黄色葡萄球菌能产生DNA酶，该酶能降解组织细胞崩解时释放出的核酸，利于细菌在组织中扩散，曾是测定金黄色葡萄球菌致病性的指标之一。金黄色葡萄球菌还能产生一种耐热核酸酶，100℃作用1min或60℃作用2h不被破坏，是一种胞外酶，能降解金黄色葡萄球菌感染部位组织细胞崩解时释放出的核酸，利于病原菌扩散。因此，该酶的检测是鉴定致病性金黄色葡萄球菌的重要指标之一。

⑥ 透明质酸酶（Hyaluronidase）　能水解有机体结缔组织基质中的透明质酸，水解后结缔组织细胞间失去黏性，呈疏松状态，利于细菌和毒素在有机体内扩散，又称为扩散因子。

有的葡萄球菌菌株还能产生溶纤维蛋白酶、蛋白酶、磷酸酶、卵磷脂酶、酯酶及红疹毒素、表皮溶解毒素或剥脱性毒素等。

（7）抵抗力　金黄色葡萄球菌对外界环境、理化因素抵抗力极强。在干燥的脓汁或血液中可存活2～3个月，70℃作用1h或80℃ 作用30min才能被杀死，煮沸可使之迅速灭活。3%～5%石炭酸3～15min、70%乙醇数分钟、0.1%升汞10～15min可使之灭活。常用1%～3%龙胆紫溶液治疗该菌引起的化脓症。

三、流行病学

金黄色葡萄球菌无处不在，环境中分布极为广泛，土壤、空气、尘埃、污水、饲料、地面、粪便、分泌物中都有存在，鸭的皮肤、羽毛、黏膜、眼睑、肠道等也有葡萄球菌的分布。

葡萄球菌病常发生于鸡和火鸡，鸭和鹅也可感染发病。北京鸭、樱桃谷鸭、番鸭、半番鸭等对金黄色葡萄球菌均易感，各个日龄的鸭均可发生，但开产以后的鸭多发。本病一年四季均可发生，但夏季梅雨季节多发。病鸭、康复鸭和健康带菌鸭是该病重要传染源。

皮肤、黏膜损伤后感染是该病主要感染方式。鸭痘、啄伤、刺种、带翅号、网刺、刮伤、扭伤、吸血昆虫的叮咬、地面粗糙和潮湿、交配等（图 4-459 ～图 4-463），使皮肤或黏膜受损，葡萄球菌从伤口侵入机体造成感染发病。若种蛋和孵化器污染严重或消毒不严，会造成雏鸭脐带感染而发病。

该病也能通过直接接触传播和空气传播。饲养管理不当，如鸭群密度过大、拥挤，通风不良、有害气体浓度过高、饲料单一、维生素和矿物质缺乏等，可促进本病发生和增加死亡率。

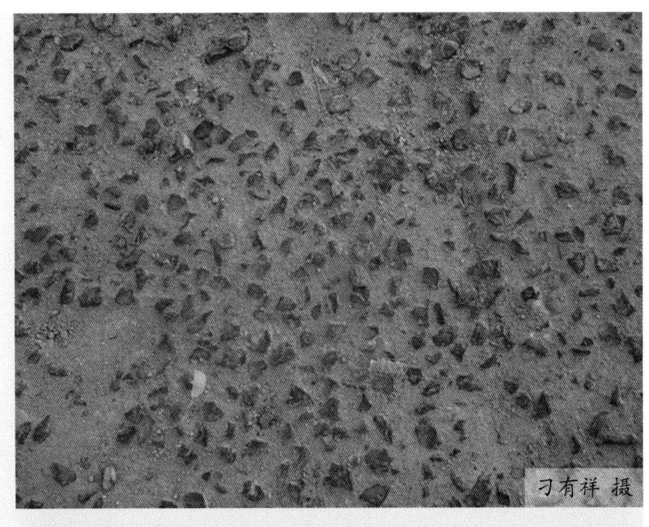
刁有祥 摄

图4-459 露出尖锐石子的地面

刁有祥 摄

图4-460 运动场撒的干石灰

图4-461 运动场水泥地面开裂

图4-462 鸭运动场地面潮湿

图4-463 种鸭交配易导致皮肤外伤

四、症状

根据该菌侵害部位不同，可分为多种病型。

（1）急性败血症　病鸭精神沉郁，食欲减退，翅膀下垂，羽毛松乱，缩颈，眼睛半开半闭，嗜睡。下痢，排灰白或黄绿色稀粪。特征性症状为胸腹部、大腿内侧皮下浮肿，呈紫黑色，有血样渗出液。局部羽毛稀少、脱落，严重者皮肤自行破溃，流出茶色或紫红色液体，污染周围羽毛（图 4-464）。

（2）关节炎　中鸭和成鸭多发，主要侵害胫跖关节、跗关节或趾关节等。病鸭关节肿大，行动困难，站立时频频抬脚，驱赶时运动障碍、瘫痪或跳跃式步行，喜俯卧（图 4-465 ～图 4-468）。肿胀关节呈紫红或紫黑色，有时皮肤自行破溃，流出血样和脓性分泌物，有的可见干酪样黄白色坏死物。病鸭逐渐消瘦，最后衰竭或并发其他疾病而死。

（3）脐炎　多发生于出壳后不久的小鸭，1 ～ 3 日龄多发。病雏眼半闭、无神，腹部膨胀，脐孔发炎肿胀，局部质硬呈黄红或紫黑色，有时脐部有暗红或黄色液体流出，病程稍长变成干涸的坏死物。

（4）趾瘤病型（脚垫肿）　多发生于成年或重型种鸭。由于体重过大，鸭脚部皮肤出现龟裂，容易感染葡萄球菌，感染后出现趾部或脚垫发炎、增生，引起趾部及其周围肿胀、化脓、变坚硬（图 4-469，图 4-470）。

（5）眼型　有时单独出现，有时败血症后期出现。主要表现为上、下眼睑肿胀，早期眼半开半闭，后期分泌物增多，眼睛完全闭合。掰开上、下眼睑，可见有大量分泌物。眼结膜红肿，有时出现肉芽肿。随着病情发展，眼球下陷，最后失明，病鸭多因无法采食饥饿衰竭而死。

（6）肺炎型　病鸭通过呼吸道感染葡萄球菌发病，主要表现为呼吸困难等全身性症状，病鸭死亡率较高。

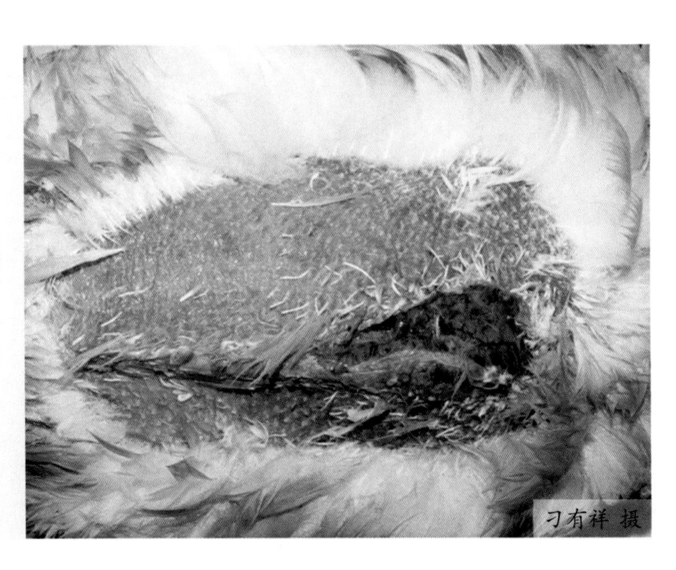

图4-464　胸腹部羽毛脱落，皮肤呈紫红色，破溃

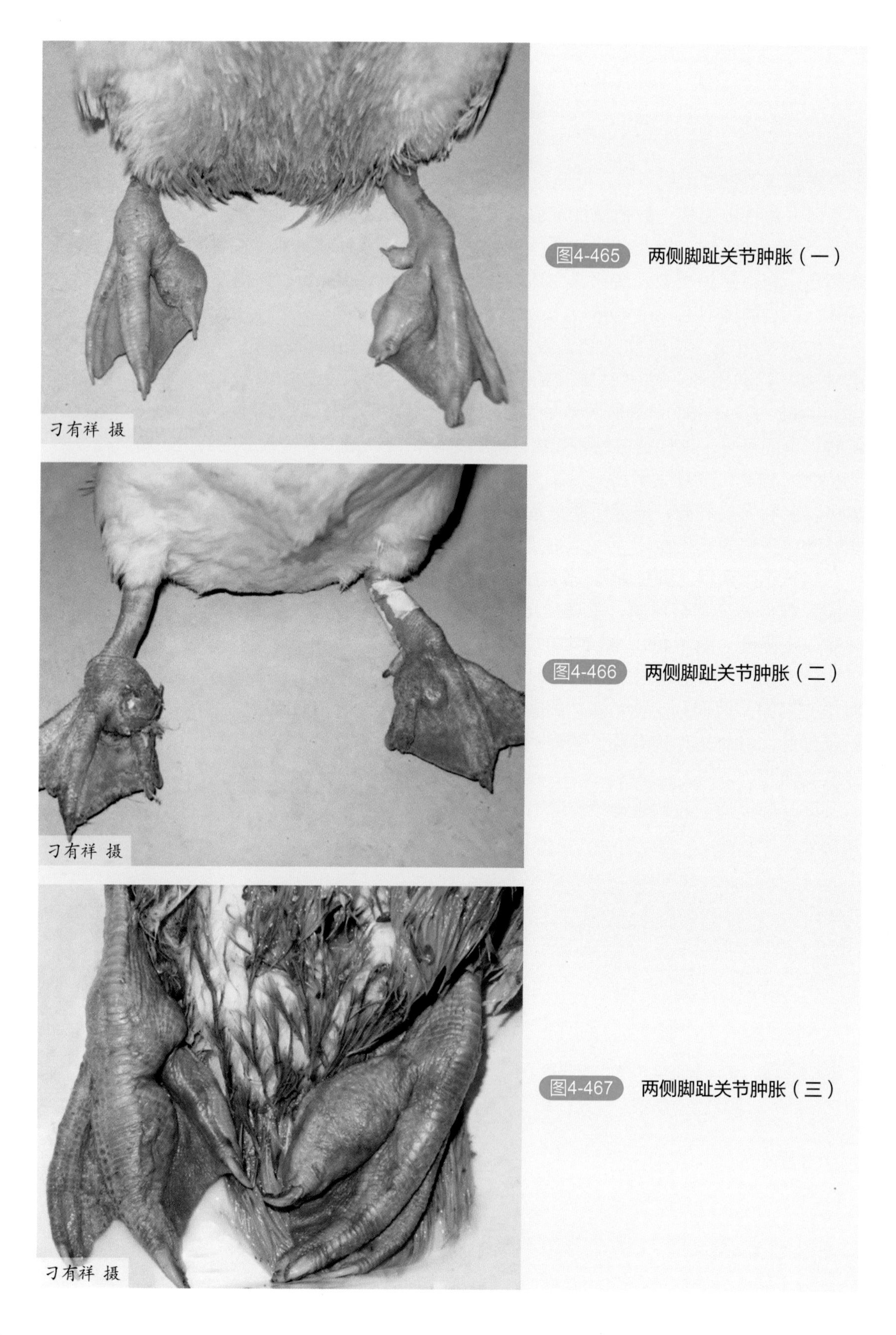

图4-465 两侧脚趾关节肿胀（一）

图4-466 两侧脚趾关节肿胀（二）

图4-467 两侧脚趾关节肿胀（三）

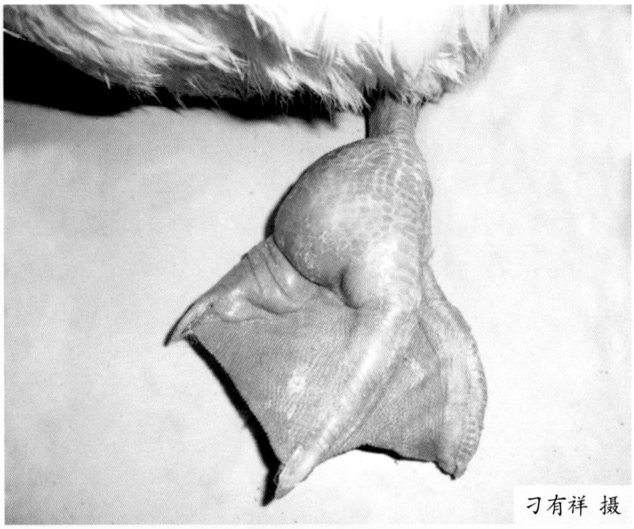

图4-468 脚趾关节肿胀

刁有祥 摄

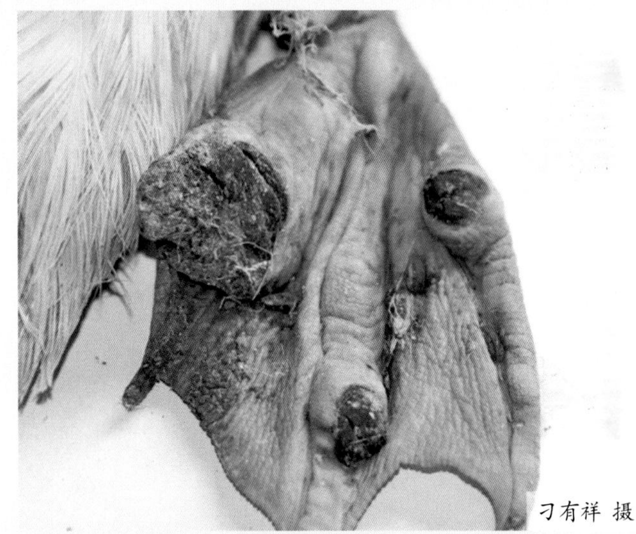

图4-469 脚垫肿胀、增生

图4-470 脚垫肿胀、增生

五、病理变化

（1）急性败血型　病死鸭胸、腹部皮肤浮肿，呈紫黑色。剖开皮肤，皮下充血、溶血，皮下组织呈弥漫性紫红或黑红色，有大量胶冻样粉红或黄红色水肿液。胸、腹、腿内侧肌肉有点状或条纹状出血。心包积液，呈黄红色半透明状，心冠脂肪和心外膜偶有出血点，肺脏出血，呈紫红色或紫褐色（图 4-471）。

（2）关节炎　切开病死鸭的肿胀关节，可见关节腔内有白色或淡黄色分泌物或干酪样物，肌腱、腱鞘肿胀，甚至变形，关节周围结缔组织增生（图 4-472，图 4-473）。肝脏肿大，呈黄白色、铜绿色、黄绿色，质脆，表面有数量不等灰白色坏死点，严重者肝脏肿大，可充满整个腹腔（图 4-474 ～图 4-476）。脾脏肿大数倍、淤血，严重的脾脏肿大、破裂（图 4-477 ～图 4-481）。有的病例肺脏呈紫黑色。

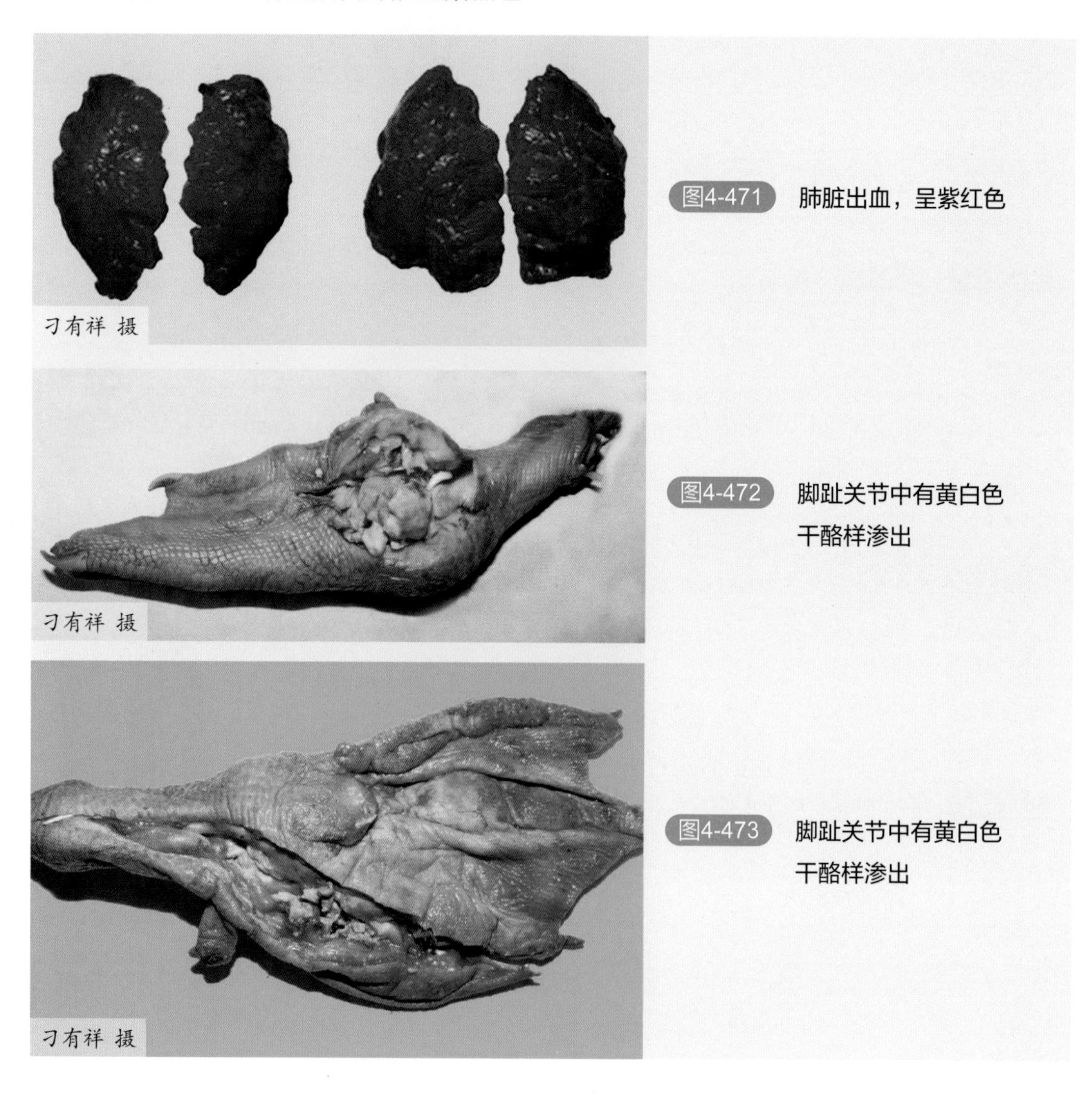

图4-471　肺脏出血，呈紫红色

图4-472　脚趾关节中有黄白色干酪样渗出

图4-473　脚趾关节中有黄白色干酪样渗出

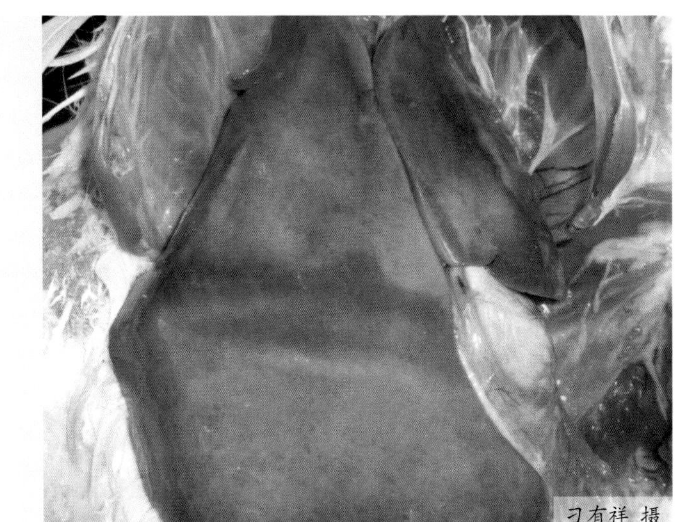

图4-474 肝脏肿大充满整个腹腔

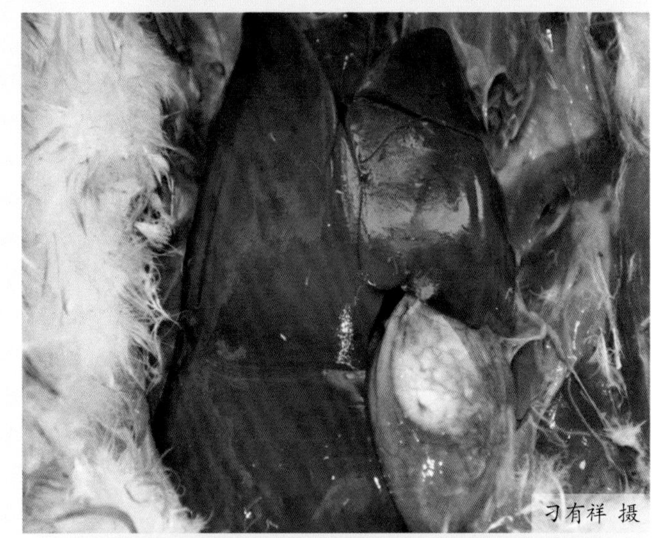

图4-475 肝脏肿大呈铜绿色

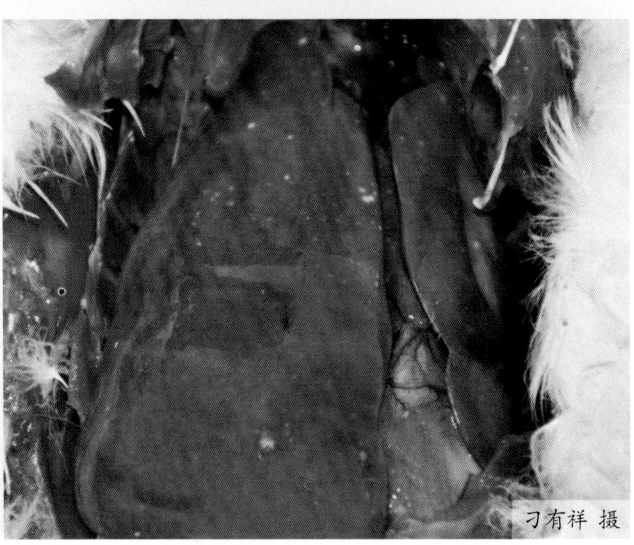

图4-476 肝脏肿大呈铜绿色，表面有大小不一的坏死点

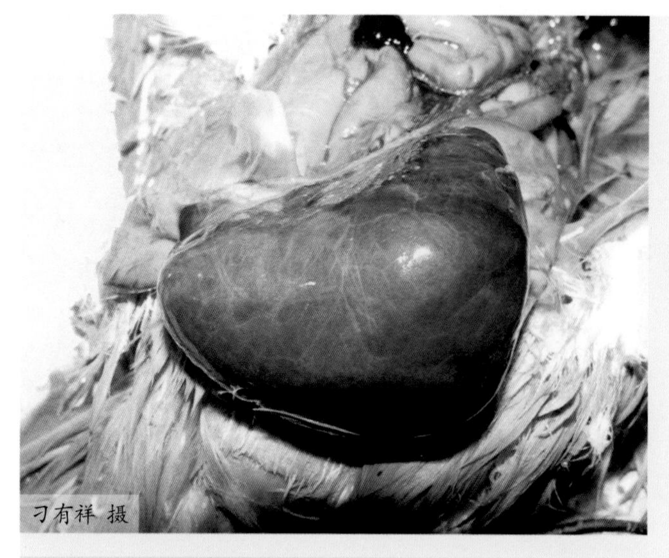

图4-477 脾脏肿大呈紫黑色

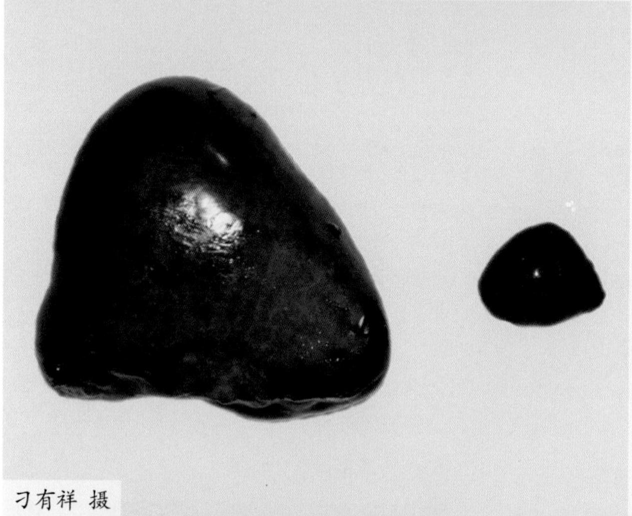

图4-478 脾脏肿大呈紫黑色，右侧为同日龄鸭正常脾脏

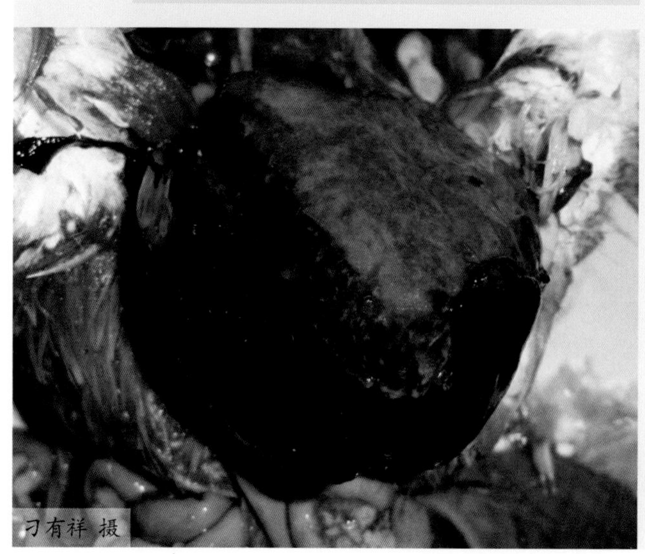

图4-479 脾脏肿大，破裂

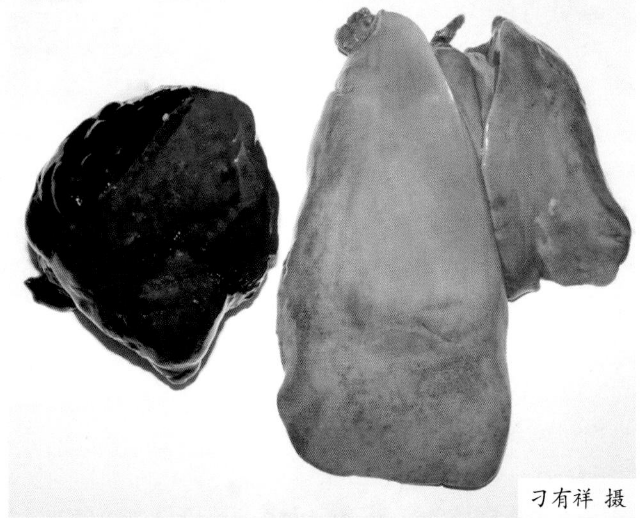

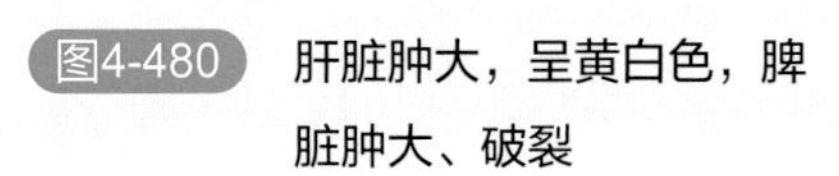
图4-480 肝脏肿大，呈黄白色，脾脏肿大、破裂

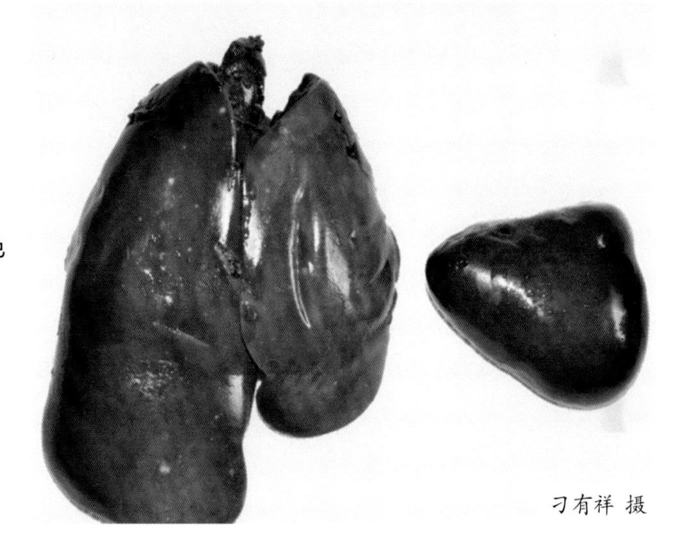

图4-481 肝脏肿大，表面有黄白色坏死点，脾脏肿大

（3）脐炎　病鸭脐部肿大，呈紫黑或紫红色，切开关节，关节腔中有暗红或黄红色液体，时间稍久变为脓样干涸坏死物，卵黄吸收不良，呈黄红或黑灰色，混有絮状物，有时稀薄如水。

组织学变化表现为肝细胞肿胀，出现大小不等的空泡，肝细胞出现空泡变性；肝细胞肿大，胞浆内出现大小不一的脂滴，脂滴相互融合，将细胞核挤向一侧，肝细胞结构消失、坏死。脾脏红髓体积增大，白髓体积缩小；淋巴细胞因弥漫性坏死、崩解而明显减少；脾髓中出现散在的、大小不等的坏死灶。肾小管管腔变窄或闭锁；肾小管上皮细胞变性、坏死。睾丸间质中有浆液渗出，压迫曲精小管，导致曲精小管萎缩；间质之间出现炎性细胞浸润；被膜下出血；结缔组织增生导致间质增宽；后期出现精细胞的坏死。肺脏肺房壁毛细血管扩张、充血；肺房内有红细胞、炎性细胞等，炎性细胞以中性粒细胞居多。

六、诊断

1. 临诊诊断

根据流行病学、症状和病理变化可对该病做出初步诊断，但确诊需进行实验室诊断。健康鸭正常菌群中存在金黄色葡萄球菌，单纯分离到凝固酶阳性的葡萄球菌不能确诊，必须结合流行病学特点和鸭群表现进行综合判断。

2. 实验室诊断

（1）涂片镜检　根据不同病型采集不同病料，一般采集皮下渗出液、关节腔渗出液、雏鸭卵黄囊、脐孔分泌物、眼分泌物、肝、脾等涂片，革兰氏染色后镜检，可见到多量革兰氏阳性、串状或呈短链状排列、蓝紫色的葡萄球菌。

（2）分离培养　无菌采集病料，无污染病料（如血液等）接种于普通琼脂平板和5%绵羊血液琼脂平板，37℃培养18～24h形成1～3mm菌落。大多数金黄色葡萄球菌具有β溶血特征，其他葡萄球菌通常不溶血。污染严重的病料，应同时接种高盐甘露醇琼脂平板，37℃培养24h后，置室温1～2d，血液平板上出现金黄色、周围有溶血环的菌落，高盐甘露醇培养基上形成周围有黄色晕圈的菌落。

（3）生化试验　凝固酶试验常用于鉴定葡萄球菌致病性，一般有两种方法。一种是玻片法，挑取新鲜菌落与兔血浆混合后立即观察，若血浆中出现明显颗粒，即为凝固酶阳性。一种是试管法，挑取新鲜菌落按1∶4比例与兔血浆混合均匀，37℃培养24h，凝固者即为阳性。这种方法比前者准确。

（4）动物试验　家兔静脉接种0.1～0.5mL葡萄球菌肉汤培养物，若为致病性金黄色葡萄球菌，注射后24～28h内家兔死亡，剖检可见浆膜出血，肾、心肌及其他器官出现大小不一脓肿病变。家兔皮下接种1mL肉汤培养物，若为致病型金黄色葡萄球菌可引起局部皮肤溃烂、坏死。

3. 鉴别诊断

该病与鸭大肠杆菌败血症、鸭霍乱、鸭滑液囊支原体关节炎容易混淆，可根据各自的临诊特点和细菌特性进行鉴别。

（1）鸭大肠杆菌败血症　鸭大肠杆菌败血症是由禽致病性大肠杆菌引起，排黄绿色稀粪。特征病变是纤维素性心包炎、肝周炎和气囊炎，剖开腹腔时有腐败气味，而鸭葡萄球菌败血症不表现这些特点。取病死鸭病变组织触片、革兰氏染色，镜检可见粉红色杆菌，而葡萄球菌革兰氏染色后是蓝紫色球菌。

（2）鸭霍乱　鸭霍乱的病原是多杀性巴氏杆菌，瑞氏染色后呈现两极着色，而葡萄球菌没有这种染色特点。鸭霍乱的症状主要表现为口鼻流出黏液，呼吸困难，张口呼吸，常摇头，俗称“摇头瘟”。而鸭葡萄球菌败血症呼吸道症状不明显。鸭霍乱剖检病变主要表现为心肌及心冠脂肪出血，肝脏表面有针尖或小米粒大小白色坏死点，十二指肠和空肠出血明显。而鸭葡萄球菌败血症主要表现为皮肤肿胀、溃烂、出血，内脏器官病变不明显，这是两者的区别。

慢性鸭霍乱有时会出现关节炎，表现为关节肿大、变形，有炎性渗出物和干酪样坏死。而鸭葡萄球菌关节炎表现为关节肿胀，呈紫红色或紫黑色，有时皮肤自行破溃，流出血样和脓性分泌物，这是与鸭霍乱引起关节炎的区别。

（3）鸭滑液囊支原体关节炎　病鸭主要表现为瘫痪，关节肿胀，关节腔中有黏稠、灰白色渗出物。而鸭葡萄球菌引起的关节炎，其肿胀的关节呈紫红色或紫黑色，这是两者的区别。

七、预防

（1）采取严格的生物安全措施，加强饲养管理和卫生消毒工作，提高鸭群抵抗力。采取科学的饲养管理方式，给予鸭群全面的营养物质，供给足够的维生素、矿物质和微量元素，提高鸭群抵抗力。鸭舍要适时通风，保持干燥。饲养密度不能过大，避免拥挤。

做好鸭舍及鸭群周围环境的消毒工作，减少环境中含菌量，彻底清除鸭场内的污物和尖锐杂物如小铁丝、碎玻璃等，防止外伤发生。做好种蛋、孵化器、孵化过程及工作人员的清洁、卫生和消毒工作。种鸭运动场要平整，防止鸭掌磨损或刺伤，鸭舍铁丝网结构要合理，防止铁丝等刺伤皮肤。

（2）免疫接种　疫苗免疫时做好注射用具的消毒工作，鸭注射部位做好消毒。该病发生严重的鸭群，可注射多价葡萄球菌灭活苗，14d 产生免疫力，免疫期可达 2 ～ 3 个月。种鸭开产前 2 周左右可接种多价葡萄球菌灭活疫苗，可降低该病的发生。

八、治疗

常用抗生素、磺胺类药物等都具有一定的治疗效果。但由于葡萄球菌耐药菌株增多，因此，在药物治疗之前通过药敏试验选择合适药物。常用药物和使用方法如下：0.01% 的环丙沙星饮水，连用 3 ～ 5d；也可以使用磷霉素，每升水加 250mg，连用 3 ～ 5d，或每千克饲料加 500mg，连用 3 ～ 5d。用头孢类药物饮水，有较好的治疗效果。某些菌株会产生耐药性，交替用药对该病的治疗效果更佳。同时，饲料中可增加维生素含量，尤其是维生素 K。鸭舍、饲养管理用具及外周环境要严格消毒，消灭散播在环境中的病原体，以尽快扑灭疫病。

第十五节　鸭疫里默氏菌病

鸭疫里默氏菌病（Riemerella anatipestifer disease）又称鸭传染性浆膜炎，是鸭、鹅、火鸡及其他禽类的一种接触性传染病，主要侵害 1 ～ 7 周龄的小鸭，其特征是出现纤维素性心包炎、肝周炎、气囊炎和脑膜炎等，偶尔出现关节炎及输卵管炎等。该病流行范围广，发病率和死亡率高，给养鸭业造成严重危害。

一、历史

1932年，Hendrickson和Hilbert首次报道美国纽约长岛3个鸭场的北京鸭发生该病，报道称这是一种新病，随后该地区称之为“新鸭病”。1938年，本病在美国伊利诺伊州的一个商品鸭场发生，称为“鸭败血症”（Duck septicemia）。1955年，Dougherty等对该病进行了全面系统的病理学研究，将其定名为“鸭传染性浆膜炎”（Infectious serositis in duckling）。Leibovita建议将该病命名为“鸭疫里默氏菌感染”（Pasteurella anatipstifer infection），以突出本病的病原是鸭疫里默氏菌，且与具有相似病理学变化的其他疾病进行区别。1982年郭玉璞等首次报道我国北京某鸭场发生鸭传染性浆膜炎，并分离到病原。随后其他地区也陆续报道本病的发生。

本病呈世界性分布，凡是有养鸭生产的国家和地区均有该病的发生，我国各养鸭地区也都有本病的报道。

二、病原

（1）分类地位　鸭疫里默氏菌（Riemerella anatipestifer，RA）最早命名为鸭疫斐佛氏菌（Pfeifferella anatipestifer），后来认为该菌与莫拉氏菌有更多共同之处，又建议命名为鸭疫莫拉氏菌（Moraxella anatipestifer）。第7版《伯杰氏系统细菌学手册》又将该菌划为鸭疫巴氏杆菌（Pasteurella anatipestifer）。由于其分类地位未确定，在第8版和第9版《伯杰氏系统细菌学手册》中被划为分类地位未确定种。后来根据DNA碱基组成、DNA-DNA同源性和细胞脂肪酸构象，该菌从莫拉氏菌属和巴氏杆菌属中排除。

Piechulla等建议将该菌划入黄杆菌属。Segers等认为该菌与基因型密切相关的黄杆菌属、韦氏菌属有明显不同，根据DNA- rRNA杂交分析、蛋白质、脂肪酸甲基酯组分及其表型特征，如不产生色素、但产生呼吸醌，建议将该菌划为里默氏菌属，并命名为鸭疫里默氏菌，以纪念1904年Riemer首次报道的“鹅渗出性败血症”。

（2）形态和染色　鸭疫里默氏菌是革兰氏阴性杆菌，无运动性、不形成芽胞。单个、成双或呈短链状排列（图4-482）。菌体长1～2.5μm，宽0.3～0.5μm。瑞氏染色，菌体呈两极着染，印度墨汁染色可显示荚膜。

（3）培养特性　鸭疫里默氏菌对营养要求较高，在巧克力琼脂、胰酶大豆琼脂、血液琼脂、马丁肉汤、胰酶大豆琼脂上生长良好，在普通琼脂和麦康凯琼脂上不生长。最适生长温度37℃，有的菌株45℃仍可生长，5%～10%的二氧化碳环境有利于细菌的生长。

血液琼脂平板上，37℃培养24～48h可形成直径1～2mm，透明、有光泽、奶油状、边缘整齐、凸起的小菌落，不溶血（图4-483）。一些菌株具有黏性。在清亮的培养基上，斜射光观察有虹光。

分离鉴定细菌时，可用烛缸或CO_2培养箱来增加CO_2浓度，这样有利于细菌生长，37℃

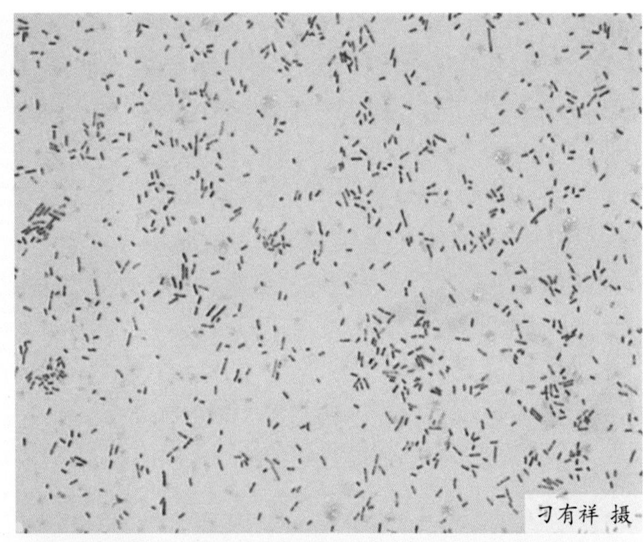

图4-482 鸭疫里默氏菌染色特点

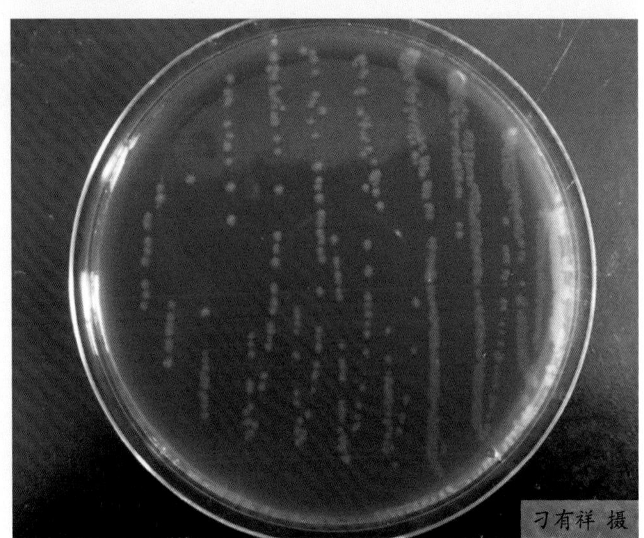

图4-483 鸭疫里默氏菌血液琼脂培养基菌落特点

培养 48 ～ 72h 生长最佳。胰酶大豆琼脂中添加 0.05% 酵母提取物或 5% 新生牛血清，也可促进细菌生长。

（4）生化特性　该菌的常规糖发酵试验，不发酵糖。但在糊精、葡萄糖、麦芽糖、海藻糖、甘露糖和果糖等单糖缓冲培养基中能生长，产酸。一般情况下能液化明胶，不产生吲哚和 H_2S，但有的菌株能产生吲哚。不还原硝酸盐，不水解淀粉。氧化酶和触酶阳性，能产生磷酸酶。

（5）抗原结构和血清型　鸭疫里默氏菌可用凝集试验和琼脂凝胶扩散试验（AGP）来划分血清型，两种分型方法均与细菌表面的多糖抗原有关。

到目前为止，已报道 21 个血清型，还有一些血清型尚未鉴定。英国学者 Harry 通过凝集试验鉴定了 16 个血清型，即 A ～ P 型，其中 E、F、J、K 四个血清型保存过程中丢失，G 和 N 型与 I 和 O 型相同。1982 年，美国学者 Brogden 等应用琼脂扩散试验鉴定了 7 个血清型，即 1 ～ 7 型。Bisgaard 证实 1、2、3、4、5、6、7 型分别与 Harry 的 A、I/G、L、H、M、B、

O/N 相同，建议用阿拉伯数字表示血清型。1991 年，Sandhu 和 Leister 对 Bisgaard 提出的分型方法进行了改进，将 Harry 的血清 C 和 D 型改为 9 和 10 型，剔除了血清 4 型，增加了 5 个新血清型，并重新进行了排序，即 1 ～ 17 型。1992 年，Loh 等对该菌血清型进行了总结，将血清 13 型和 17 型合并，将 Harry 的血清 P 型改为 4 型，加上从新加坡鸭分离的 3 个血清型（17、18、19 型）和泰国鸭中分离的 2 个新血清型（20 和 21 型），一共 21 个血清型（血清 20 型后来证明不是）。泰国后来又从鸭体内分离到一个新血清型，代替了血清 20 型。

我国商品鸭群中该菌的血清型复杂。1987 年，高福和郭玉璞首次报道我国鸭群中存在血清 1 型，近年来各地又陆续报道了其他血清型，到目前为止至少存在 14 个血清型，即 1 ～ 14 型。

（6）抵抗力　该菌抵抗力不强。37℃或室温条件下，大多数菌株在固体培养基上存活不超过 3 ～ 4d。肉汤培养物在 4℃条件下可存活 2 ～ 3 周。55℃作用 12 ～ 16h，细菌全部失活。据报道，鸭疫里默氏菌在自来水和火鸡垫料中可存活 13d 和 27d。欲长期保存菌种，需冻干保存。

三、流行病学

本病主要发生于鸭，各品种鸭均可感染发病，如北京鸭、樱桃谷鸭、番鸭、麻鸭、半番鸭等。一般情况下，1 ～ 8 周龄鸭均易感，尤其 2 ～ 4 周龄雏鸭更易感。1 周龄以下或 8 周龄以上鸭很少感染发病。除鸭外，鹅、火鸡等禽类亦可感染发病。本病感染率有时可达 90% 以上，饲养管理条件不同，死亡率可从 5% 发展到 75% 不等。饲养密度低、环境干燥、通风条件好的鸭舍，发病率低。

病鸭和带菌鸭是主要传染源，主要通过呼吸道和消化道排菌，污染外界环境、饲料、饮水等，造成疾病散播。易感鸭通过呼吸道、皮肤伤口，尤其是脚部皮肤伤口感染发病，其他途径也可引起感染，但不同感染途径引发的死亡率差异较大。

不良的饲养管理条件，如鸭群密度过大、通风不良、潮湿、过冷过热、饲料中缺乏维生素或微量元素、蛋白水平过低等，均能诱发本病发生、加重病情或导致死亡率增高。地面育雏时，若垫料粗硬、潮湿不洁等，也会使雏鸭脚掌损伤而引发感染。该病一年四季均可发生，尤以冬春季节发生较多。

四、症状

本病的潜伏期为 2 ～ 5d。按病程长短不同可分为最急性型、急性型、亚急性型和慢性型 4 种类型。

（1）最急性型　往往看不到明显的症状，突然倒地死亡，病程很短，常常几分钟、几个小时，长的也不会超过 1d 时间。

（2）急性型　常发生于 2 ～ 4 周龄的雏鸭，主要表现为倦怠、缩颈、不食或少食，眼、鼻有分泌物，眼睛周围羽毛常被打湿形成“眼圈”（图 4-484）；腹泻，排黄白、黄绿色、绿色稀粪；腿软、两腿无力，站立不稳，不愿走动或行动跟不上群，运动失调。临死前，病鸭左右摇摆、转圈、头颈震颤、前仰后翻，有的两腿伸直、歪头、背脖，仰卧呈划水状或角弓反张姿势，不久抽搐而死。病程一般 1 ～ 3d，幸存者生长发育缓慢，成为僵鸭。

（3）亚急性型或慢性型　常发生于 4 ～ 7 周龄的鸭，病程较长，一般持续 1 周以上，多是由急性型转化而来。主要表现为羽毛粗乱，进行性消瘦，生长缓慢，或呼吸困难。病鸭腿软，卧地不起。有的出现脑膜炎症状，表现斜颈、转圈或倒退等神经症状（图 4-485），但仍能采食并存活。有的病鸭发生关节炎，关节肿胀，跛行。

五　病理变化

（1）急性型　最明显的病变是浆膜面有纤维素性渗出，以心脏、肝脏和气囊最为明显。心脏常与心包粘连，心包内有大量干酪性渗出物，形成纤维素性心包炎（图 4-486，图 4-487）。肝脏肿大，表面覆盖一层乳白或乳黄色纤维素性渗出物，形成纤维素性肝周炎，严重的心脏、肝脏粘连（图 4-488 ～图 4-492）。气囊浑浊、增厚，不透明，囊腔中有黄白色干酪样渗出物，形成纤维素性气囊炎（图 4-493 ～图 4-495）。气管环出血（图 4-496），肺脏出血，肺脏表面和背面有黄白色纤维蛋白渗出（图 4-497，图 4-498）。脾脏肿大，表面有灰白色坏死点，呈斑驳状或大理石样（图 4-499，图 4-500）。鼻窦有黏液样脓性渗出物。少数日龄较大鸭会出现输卵管感染，表现为输卵管肿大，管内有干酪样渗出物。若中枢神经系统感染，会出现脑膜充血（图 4-501，图 4-502），有浆液性或纤维素性渗出物。

（2）慢性型　慢性感染常见于皮肤，有时也出现在关节。皮肤病变主要在背部或泄殖腔周围出现出血性、坏死性皮炎（图 4-503，图 4-504），局部颜色变深或呈浅黄色，皮肤和脂肪层之间有黄色渗出物，切面呈海绵状，像蜂窝织炎的变化。关节炎主要发生在跗关节，关节液增多，呈乳白色黏稠状。

急性病例组织学变化表现为心肌纤维疏松、断裂，间质炎性水肿、炎症细胞浸润，致肌纤维束松散，心肌纤维间有少量炎性细胞，主要是单核细胞和异嗜细胞（图 4-505）。肝门周围轻度单核细胞浸润、浊肿，实质细胞水肿、变性。病程稍长者，可见肝脏出血，肝细胞索紊乱，肝细胞崩解、坏死，淋巴细胞浸润（图 4-506）。气管黏膜上皮组织脱落，黏膜下层水肿（图 4-507）。肺脏出现浆液性肺炎或浆液纤维素性肺炎，组织学特征在各级细支气管及肺房有浆液或浆液纤维素渗出，同时伴有少量红细胞和嗜中性粒细胞出现。肺房间质毛细血管、淋巴管扩张，间质水肿（图 4-508）。气囊渗出物中有多量炎性细胞，以单核细胞为主。脾窦淤血，脾小梁萎缩，淋巴细胞及网状纤维增生，脾小梁结构疏松，有多量巨噬细胞和中性粒细胞浸润（图 4-509）。脑膜充血、少量纤维素渗出，伴有嗜中性白细胞、淋巴细胞及少量单核细胞浸润。脑实质结构松散，多量嗜中性粒细胞浸润，脑神经细胞变形，核偏于一侧并出现核空泡化或核溶解，典型病变见脑实质毛细血管充血，小胶质细胞广泛增生，淋巴细胞围绕的血管套管、胶质细胞围绕变性坏死的脑神经细胞（图 4-510）。肠黏膜毛细血管充血、出血，绒毛上皮部分坏死脱落，固有层、黏膜下层中性粒细胞及浆细胞浸润（图 4-511）

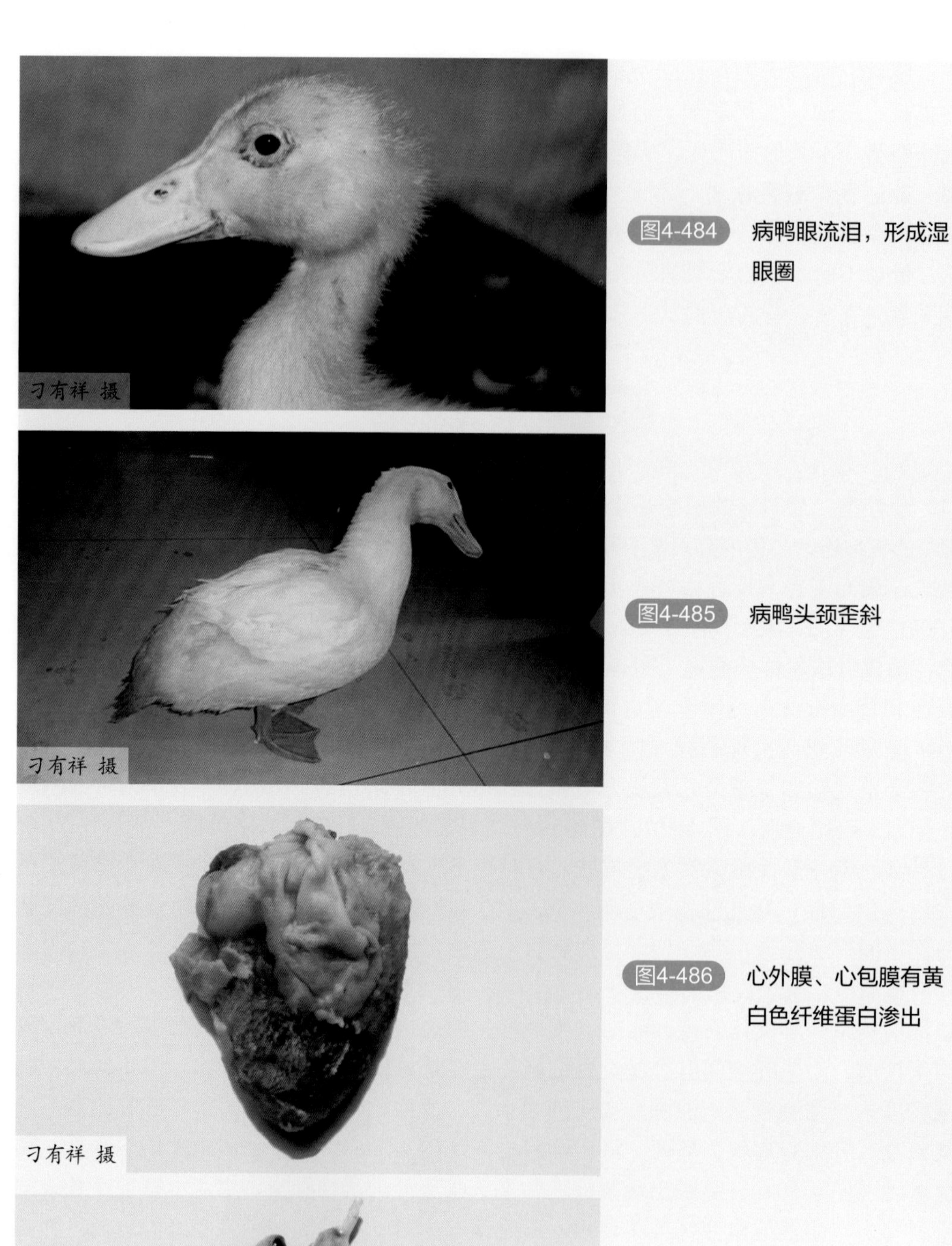

图4-484 病鸭眼流泪，形成湿眼圈

图4-485 病鸭头颈歪斜

图4-486 心外膜、心包膜有黄白色纤维蛋白渗出

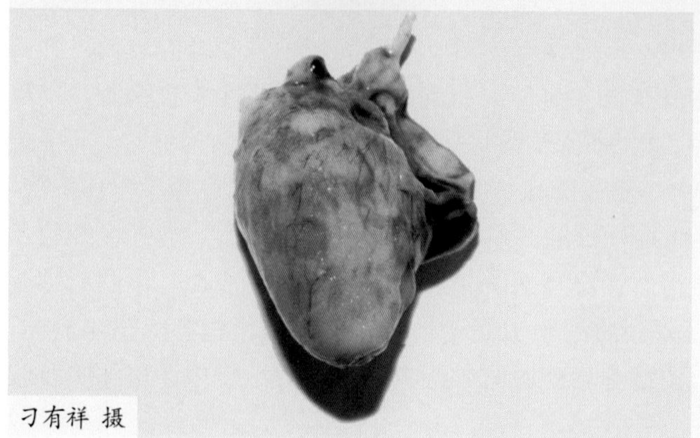

图4-487 心脏表面有黄白色纤维蛋白渗出

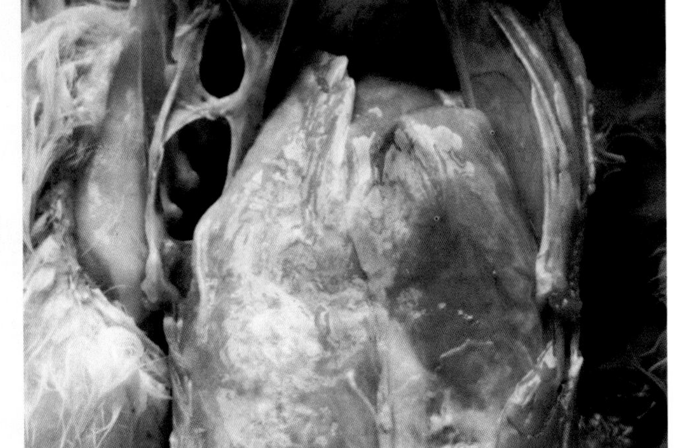

图4-488 肝脏表面有黄白色纤维蛋白渗出（一）

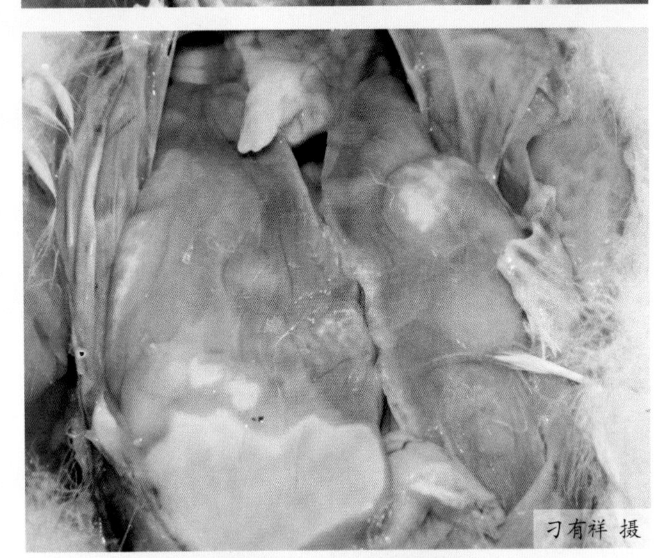

图4-489 肝脏表面有黄白色纤维蛋白渗出（二）

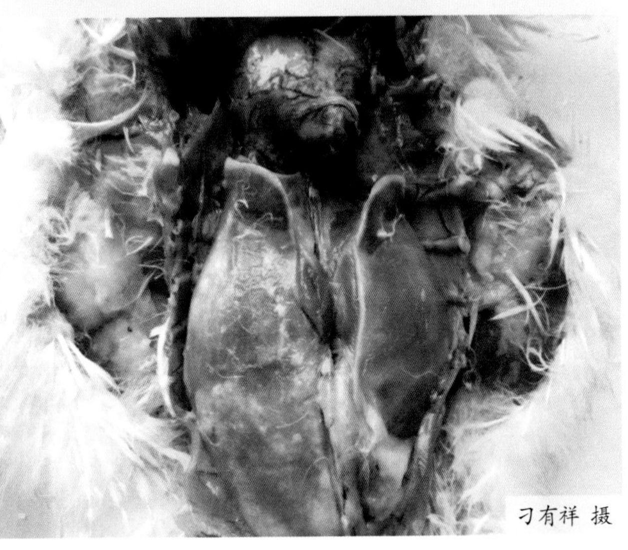

图4-490 心脏、肝脏表面有黄白色纤维蛋白渗出

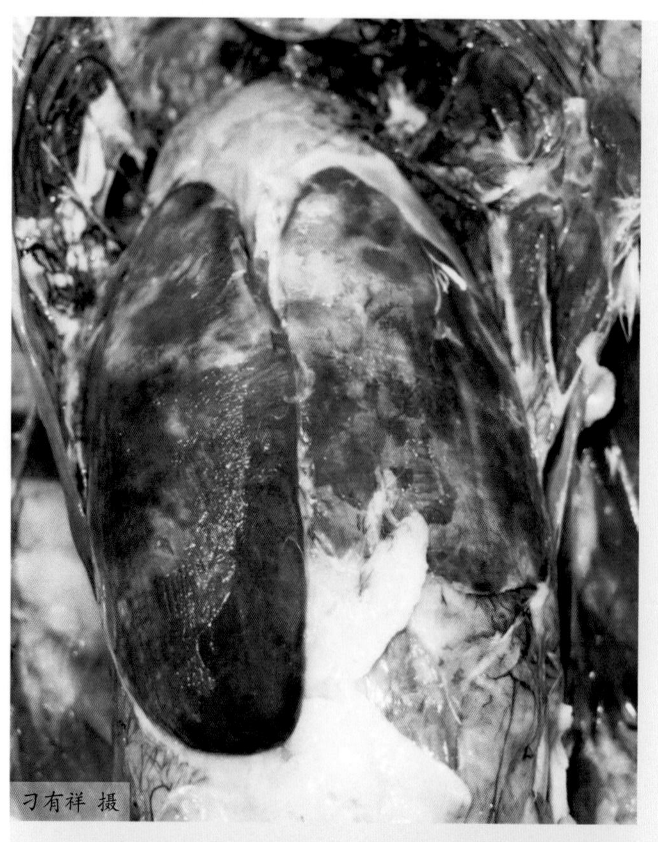

图4-491 心脏、肝脏表面有黄白色纤维蛋白渗出，心脏与肝脏粘连（一）

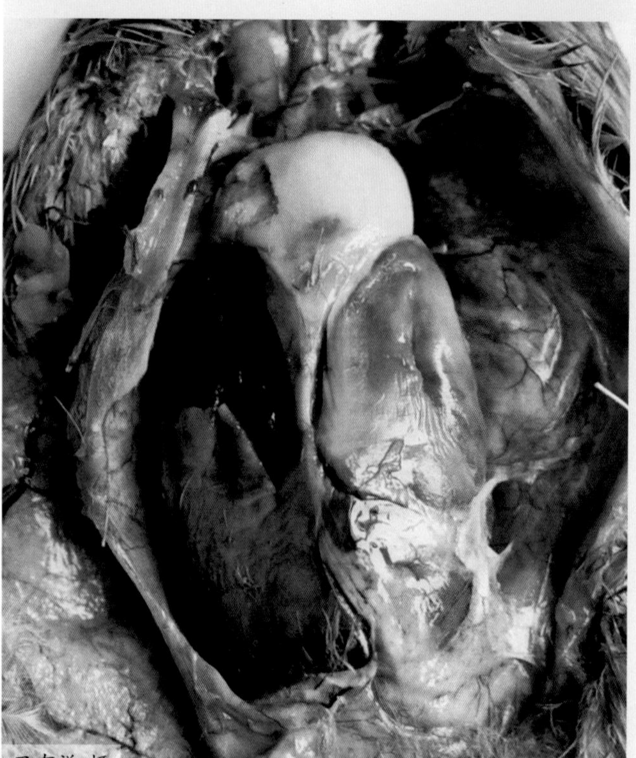

图4-492 心脏、肝脏表面有黄白色纤维蛋白渗出，心脏与肝脏粘连（二）

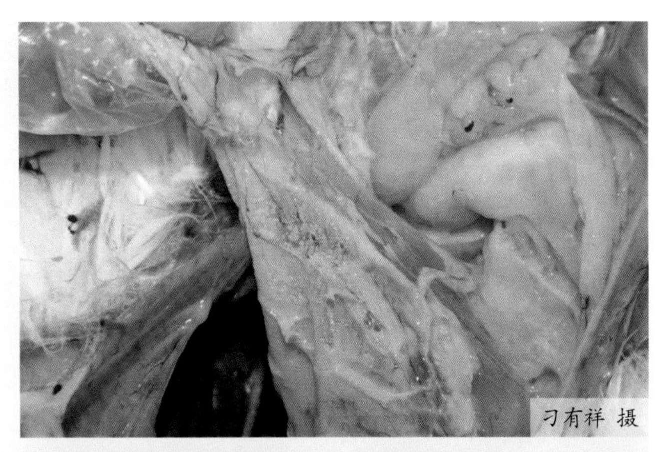

图4-493 气囊增厚，不透明，表面有黄白色纤维蛋白渗出

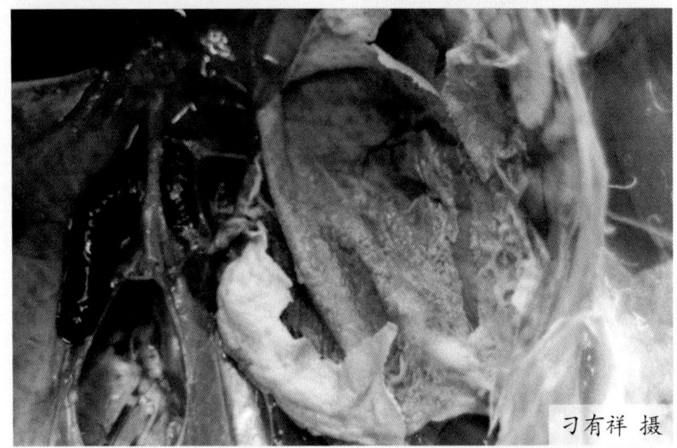

图4-494 气囊增厚，囊腔中有黄白色纤维蛋白渗出（一）

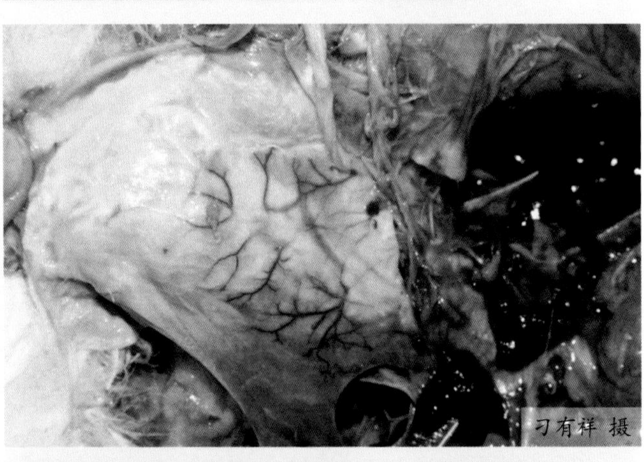

图4-495 气囊增厚，囊腔中有黄白色纤维蛋白渗出（二）

图4-496 气管环出血

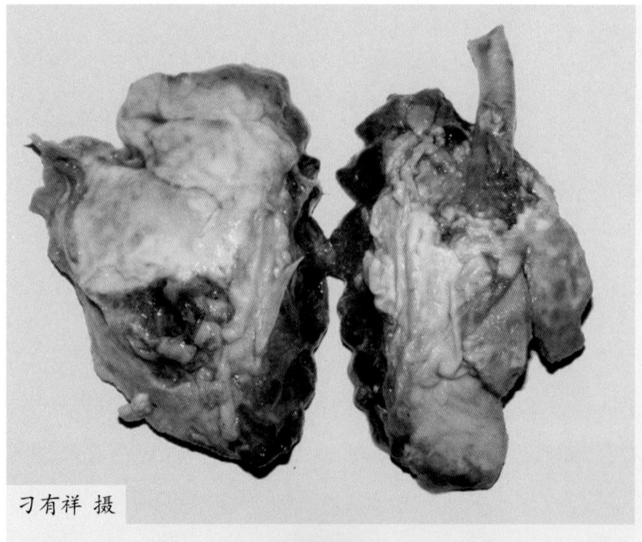

图4-497 肺脏表面有黄白色纤维蛋白渗出

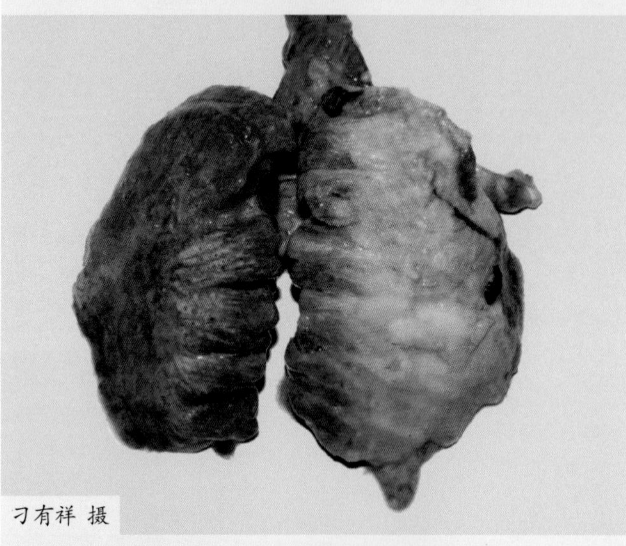

图4-498 肺脏出血，背面有黄白色纤维蛋白渗出

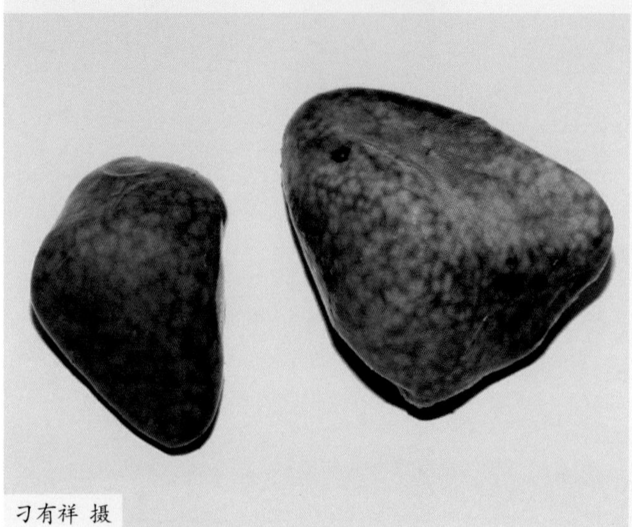

图4-499 脾脏肿大，呈大理石状（一）

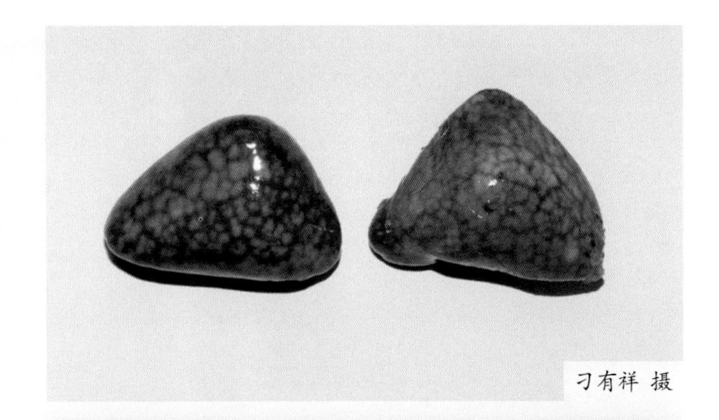

图4-500 脾脏肿大，呈大理石状（二）

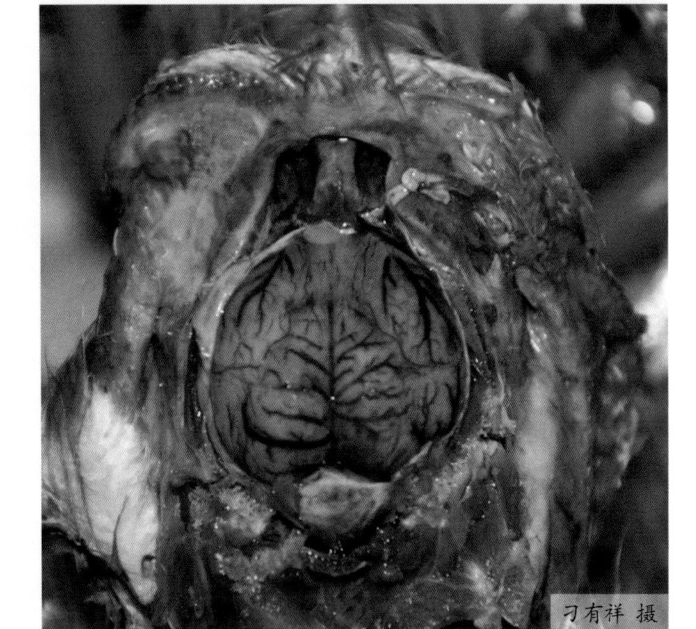

图4-501 脑膜充血

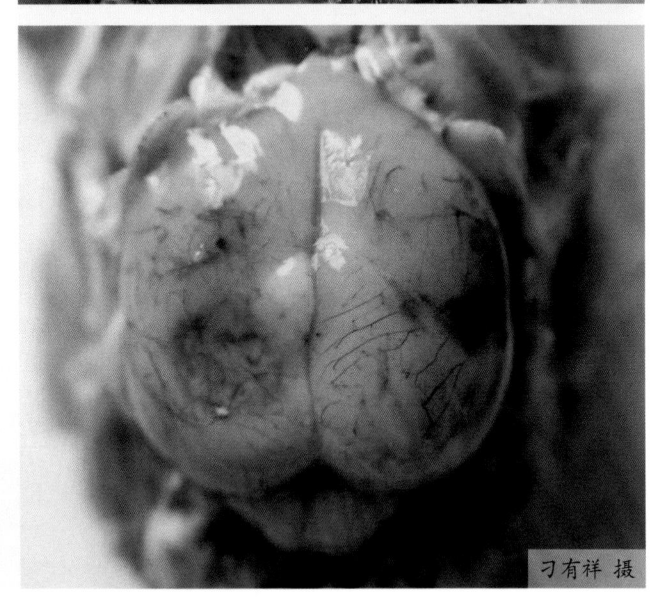

图4-502 脑膜充血，脑软化

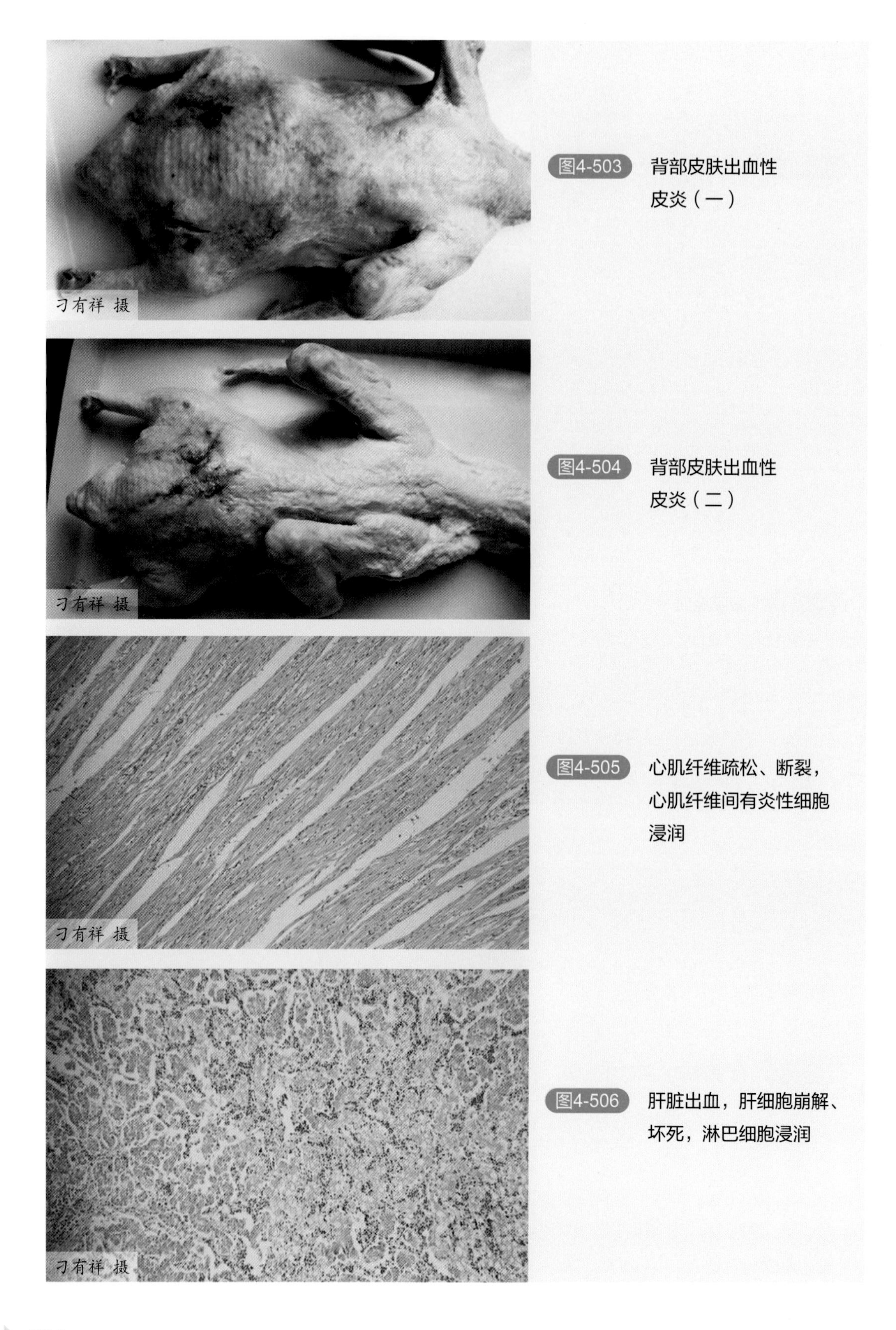

图4-503 背部皮肤出血性皮炎（一）

图4-504 背部皮肤出血性皮炎（二）

图4-505 心肌纤维疏松、断裂，心肌纤维间有炎性细胞浸润

图4-506 肝脏出血，肝细胞崩解、坏死，淋巴细胞浸润

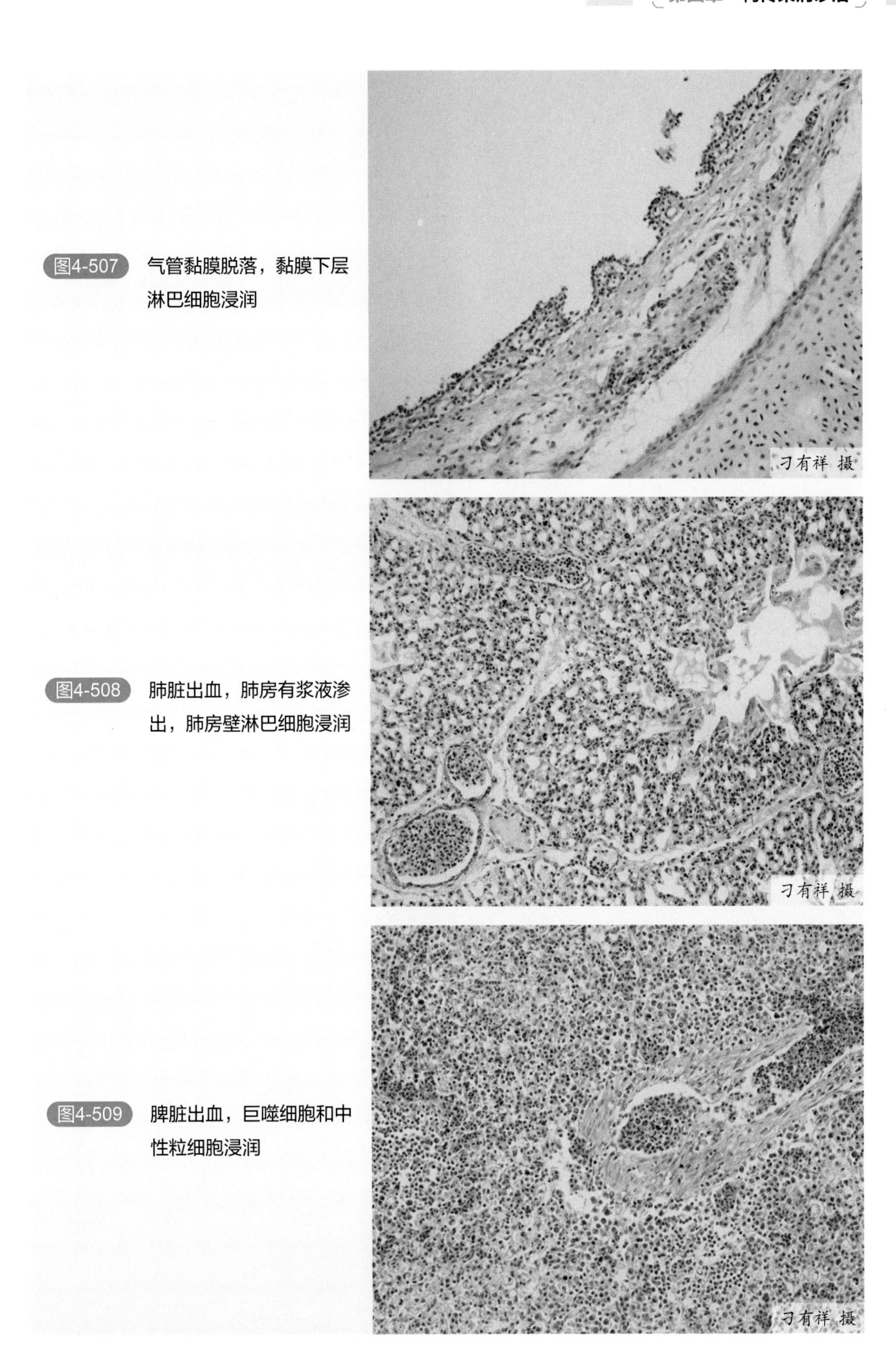

图4-507 气管黏膜脱落，黏膜下层淋巴细胞浸润

图4-508 肺脏出血，肺房有浆液渗出，肺房壁淋巴细胞浸润

图4-509 脾脏出血，巨噬细胞和中性粒细胞浸润

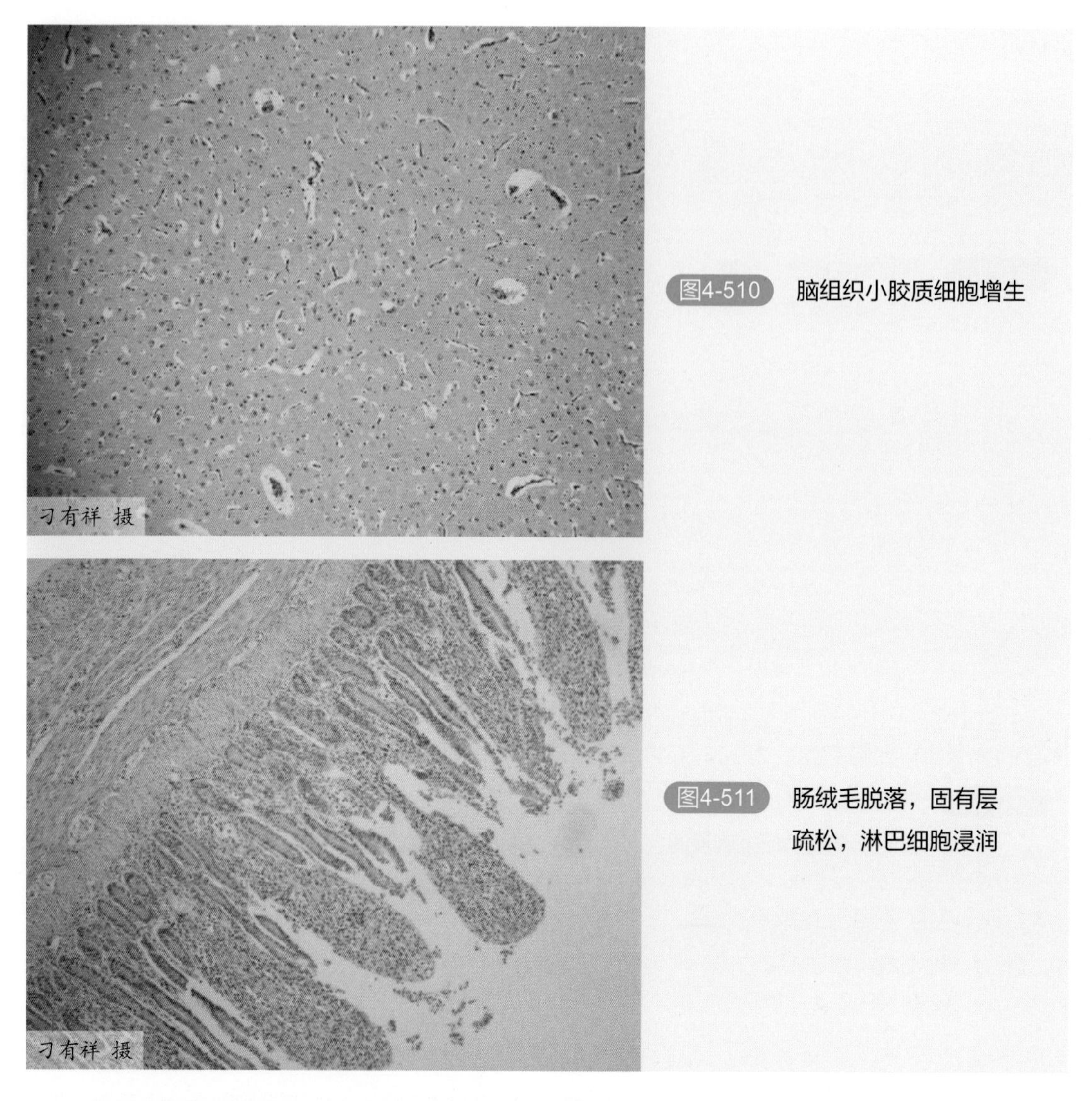

图4-510 脑组织小胶质细胞增生

图4-511 肠绒毛脱落，固有层疏松，淋巴细胞浸润

关节炎病例主要表现为关节附近肌肉间有大量浆细胞和异嗜性粒细胞浸润，关节腔扩张，有多量浆细胞、异嗜性粒细胞浸润和纤维素性渗出物。

六、诊断

1. 临诊诊断

根据流行病学特点、症状和剖检变化可做出初步诊断。该病症状主要表现为不愿走动、排绿色稀粪，神经症状明显，表现为抽搐、头颈歪斜和运动障碍等。剖检可见纤维素性心包炎、肝周炎和气囊炎。根据以上特点可做出初步诊断，若要确诊需要进行实验室诊断。由于该病的临诊表现与多种疾病相似，还需要进行鉴别诊断。

2. 实验室诊断

（1）触片镜检 取心、肝、脾、脑等病料进行触片，瑞氏染色镜检，可见两极浓染的小杆菌。

（2）细菌分离培养　无菌采集心血、肝、脾、脑、气囊等病料，分别接种于鲜血琼脂平板、麦康凯琼脂平板和巧克力琼脂平板上，放置烛缸中，37℃培养24～48h，观察结果。该菌在鲜血琼脂平板上长出透明、有光泽、边缘整齐、奶油样菌落，不溶血；巧克力琼脂平板上长成圆形、半透明、露珠样菌落。在麦康凯琼脂上不生长。

若病料被污染，可在培养基中添加5%新生牛血清和适量庆大霉素（5mg/1000mL），有助于鸭疫里默氏菌的分离。挑选单个菌落进行纯培养并做进一步鉴定。

（3）生化试验　鸭疫里默氏菌多种生化试验结果呈阴性，而且不同分离菌株的生化特性差异很大，因此仅根据生化反应结果不能鉴定该菌。

（4）免疫学诊断　免疫荧光技术可用于检测病鸭组织或渗出物中的鸭疫里默氏菌。凝集试验和ELISA试验可用于检测血清抗体。ELISA试验检测血清抗体，比凝集试验敏感性强，但不能区分细菌的血清型。凝集试验能鉴定分离菌株的血清型。

① 玻片凝集试验　无菌挑取菌落于灭菌生理盐水中，混匀后制备细菌悬液，取50～100μL与等量抗血清充分混匀，反应2min。若出现凝集颗粒，混悬液变清亮，即为阳性，否则为阴性。应设立生理盐水对照，以排除细菌出现自凝。

② 免疫荧光抗体技术　采集病死鸭组织或渗出物进行触片、干燥和火焰固定，滴加兔抗鸭疫里默氏菌阳性血清，放置湿盒中，37℃反应30～60min，PBS洗涤3次，然后滴加带有荧光标记的羊抗兔IgG，放置湿盒中，37℃反应30～60min，PBS洗涤3次，荧光显微镜下可观察到黄绿色荧光染色的便是鸭疫里默氏菌，其他细菌不着染。

（5）分子生物学检测　PCR诊断技术已广泛用于鸭疫里默氏菌分离株的鉴定及临床样品的检测。以16S rRNA编码基因的通用引物作为PCR检测引物，以采集的组织病料或细菌分离株的核酸作为模板，进行PCR扩增，扩增产物与鸭疫里默氏菌参考菌株的16S rRNA编码基因序列进行比对，若序列相似性在99%以上，则可鉴定为鸭疫里默氏菌。Rubbenstroth等根据鸭疫里默氏菌基因的保守序列设计了一对引物，上游引物为5′-TAG CAT CTC TTG GAT TCC CTT C-3′，下游引物为5′-CCA GTT TTT AAC CAC CAT TAC CC-3′。扩增的特异性片段为338bp。PCR程序为：94℃预变性2min，94℃ 30s、54 30s，72℃ 30s，反应35个循环，最后72℃ 延伸10min。该法可特异性地检测鸭疫里默氏菌。

3. 鉴别诊断

鸭疫里默氏菌感染与鸭败血性大肠杆菌病、鸭霍乱、鸭副伤寒易混淆，可根据各自的临诊特点和细菌特性进行鉴别。

（1）鸭败血性大肠杆菌病　该病病原为禽致病性大肠杆菌，鸭群感染发病后主要出现腹泻，排灰白或绿色稀粪，呼吸道症状明显。鸭疫里默氏菌感染也会出现相似症状，还会表现共济失调、腿软，站立不稳等症状，临死前病鸭出现左右摇摆、转圈、头颈震颤、前仰后翻、歪头、背脖、角弓反张等。这是与鸭败血性大肠杆菌病的区别。两者在剖检病变方面相似，但两者的病原不同，鉴定特点也不同。取病死鸭病变组织触片、瑞氏染色、镜检，若见到两极浓染的蓝色小杆菌，则是鸭疫里默氏菌；若不出现两极着色，则是大肠杆菌。

（2）鸭霍乱　鸭霍乱症状与鸭疫里默氏菌感染相似，但剖检病变特征明显，主要表现为心肌、心冠脂肪出血，肝脏表面有针尖或小米粒大小的白色坏死点，十二指肠和空肠出血明显。鸭疫里默氏菌感染无以上病变特点。

（3）鸭副伤寒　主要是3周龄以内雏鸭感染发病，症状表现为腹泻，共济失调。病变主要表现为肝脏肿大，表面有针尖大小坏死点；有的盲肠中充满干酪样物质。而鸭疫里默氏菌感染无以上病变特点。

七、预防

（1）采取严格的生物安全措施，提高鸭群的抵抗力　实行自繁自养制度是有效控制本病传播的重要手段，若不具备自繁自养的条件，也要保证鸭苗的来源单一。鸭舍地面定期冲洗和消毒，避免粪便堆积，保持地面干燥，减少污染。实行全进全出制度，对养殖环境彻底消毒。保持舍内足够通风，避免氨气等有害气体对呼吸道黏膜的刺激和伤害，通过高效合理的通风保持舍内适宜湿度。适时调整饲养密度，避免过度拥挤。保证饲料安全，饲喂营养均衡的全价饲料。

（2）免疫接种　给雏鸭接种疫苗可预防本病发生。国内外已研制出菌素苗、铝胶和蜂胶佐剂苗、油乳佐剂苗等多种形式的灭活苗。油乳佐剂苗可产生较好和较长时间的保护作用，免疫1次，保护作用可持续至上市日龄，但接种部位可能会出现较强的炎性反应，形成炎性结节。

灭活菌素苗能有效预防该病和降低死亡率，鸭疫里默氏菌疫苗有血清型特异性，选择主要血清型菌株制备多价疫苗，才能提供有效保护。配合使用消毒措施和敏感药物，可弥补疫苗不足。种鸭接种灭活苗和活疫苗能产生母源抗体，使子代获得保护，母源抗体维持时间2～3周。有母源抗体的雏鸭接种活疫苗或灭活疫苗时均可产生良好的主动免疫。

蛋鸭于10日龄左右按照0.2～0.5mL/羽肌内注射或皮下注射灭活疫苗，两周后按照0.5～1mL/羽进行二免；种鸭可于产蛋前进行二免，并于二免后5～6个月进行第三次免疫，以提高子代雏鸭的母源抗体水平。

八、治疗

药物防治是控制鸭疫里默氏菌感染的有效手段，鸭疫里默氏菌对多种药物敏感，生产上选择合适药物能有效预防和治疗本病，以减少感染和死亡。

喹诺酮类药物及强力霉素、氟苯尼考、安普霉素、新霉素、壮观霉素等对该病均有一定的治疗效果。饲料中添加0.01%的环丙沙星，连用4～5d，效果较好。或使用壮观霉素饮水，每升水500～1000mg，连用3～5d；林可霉素也有较好的治疗效果，可每升水加150～300mg，连用3～5d；或每千克饲料加300mg，连用5～7d。此外新霉素以及头孢类药物均具有良好的疗效。由于鸭疫里默氏菌菌株的对药物敏感性不同，因此，在用药之前，最好根据药物敏感试验结果，确定最佳治疗方案。

第十六节 结核病

鸭结核病（Tuberculosis，TB）是由禽结核分枝杆菌（*Mycobacterium tuberculosis*）引起的一种慢性接触性传染病，主要发生于种鸭和其他成年家禽，呈慢性经过。患鸭表现为渐进性消瘦、贫血、产蛋率下降甚至绝产，剖检可见肝脏或脾脏内有结核结节，在多组织形成肉芽肿，久之呈干酪样或钙化结节。该病一旦发生则在种鸭群中长期存在，难以治愈、控制和消灭，对养鸭业造成较大的损失。

一、病原

鸭结核病的病原是禽结核分枝杆菌，归属于放线菌目、分枝杆菌科、分枝杆菌属的抗酸性菌，其DNA中（G+C）含量62%～67%。禽结核杆菌与人型和牛型结核杆菌相似，但可根据其致病性不同，通过动物试验将其区分开来。禽结核分枝杆菌短小，为平直或微弯曲的杆菌，两端钝圆，大小为（0.2～0.6）μm ×（1.0～10）μm，有时分支为丝状，有时呈杆状、球菌状或链球状等，呈多形性；无鞭毛、芽胞或荚膜，不能运动；革兰氏染色阳性，可抵抗3%盐酸酒精的脱色作用，故称为抗酸菌，常用齐尼二氏染色法染成红色。

禽结核杆菌为专性需氧菌，对营养要求严格，必须在含有鸡蛋、血清、卵黄、马铃薯、甘油及某些无机盐类特殊培养基上生长发育。其最适培养温度为39～40℃，在25～45℃环境中也可生长，最适pH为6.4～7.0。初次分离时，一般用固体培养基进行分离，如Lowenstain-Jensen培养基、Corper培养基、Petragnani培养基及甘油琼脂培养基等。结核杆菌生长缓慢，一般需要1～2周才开始生长，3～4周方能旺盛发育，若培养基中加入5%的甘油，并置于含10% CO_2 环境中可刺激其生长。在固体培养基上，结核杆菌菌落粗糙、隆起、不透明、边缘不整齐，呈颗粒状、结节状或菜花状，为乳白色或米黄色；在液体培养基中，因菌体含索状因子而使细菌长链状缠绕，沿容器内壁呈索状生长，到达培养基表面形成浮于液面有褶皱的菌膜。有试验表明，细菌的毒力与形成菌落的形态之间存在着密切的关系，光滑透明的菌落致病力较强，而粗糙或呈圆顶形的菌落菌株致病力较弱或无致病力。

该菌表面含有多量类脂和蜡质成分，对外界环境的抵抗力较强。在河水中可存活3～7个月；在土壤和粪便中可存活7～12个月；在干燥环境中可存活6～8个月；对低温抵抗力强，在0℃可存活4～5个月，在寒冷条件下可存活4～5年；对湿热抵抗力较弱，60～70℃加热15～20min、80℃加热2min、100℃加热1min，即可将其杀死。细菌对紫外线敏感，波长265nm时杀菌力最强，日光直射2h内可杀死本菌。一般消毒药对本菌的作用不大，对4%氢氧化钠、3%盐酸、6%硫酸有抵抗力，15min内不受影响；对1∶7500结晶紫或1∶13000孔雀绿有抵抗力；粗制石炭酸和10%苛性钠溶液的5%水溶液，4h可杀死结核杆菌；5%石炭酸或2%煤酚皂需12h方可杀死结核杆菌。3kg苛性钠与等量福尔马林与100kg水混合后的消毒效果良好；75%酒精能在数分钟内将其杀死。结核杆菌对常用的多种抗生素药物不敏感，对链霉素、卡那霉素、利福平、乙胺丁醇等敏感，但长期使用上述药物易产生耐药性。

禽结核杆菌为胞内寄生菌，能在患鸭组织器官形成局部病灶，病程相对缓慢。细菌主要通过呼吸道侵入肺部并在其中增殖形成病灶，产生干酪样坏死，坏死灶被巨噬细胞、树突细胞、中性粒细胞、T淋巴细胞、B淋巴细胞等包围，形成结核肉芽肿，此时细菌停止增殖，病理损伤局限化，病灶钙化痊愈。当机体免疫力下降时，细菌又重新增殖，病灶若破溃，则干酪样损伤发生液化，菌体排入支气管，被咳出体外，或侵入支气管形成空洞，或流入血管，形成肺外结核。本菌不产生内外毒素，毒力因子复杂，细胞壁中的糖类和脂类如阿拉伯甘露聚糖LAM、分枝菌酸、索状因子等在致病过程中发挥重要作用。菌体LAM识别巨噬细胞表面受体入侵，抑制吞噬小体成熟；细菌分泌性酸性磷酸酶、蛋白激酶G等可干扰吞噬体的酸化作用，抑制吞噬体与溶酶体的融合，使得菌体在巨噬细胞内存活；分枝菌酸有助于细菌在胞内繁殖、持续感染；索状因子可破坏细胞线粒体膜，抑制中性粒细胞游走和吞噬，从而引起慢性肉芽肿。

禽结核杆菌不产生烟酸、酸性磷酸酶和脲酶；过氧化物酶阴性；触酶和热触酶试验阳性；10d内不水解吐温-80；不还原硝酸盐，但能还原亚碲酸盐。

二、流行病学

所有的禽类对禽结核分枝杆菌均易感，其中以鸡最为易感，鸭、鹅、鸽等也可感染患病，其他鸟类如麻雀、乌鸦、孔雀和猫头鹰等也曾有过结核病的报道。此外，哺乳动物如家兔、猪、羊、牛及小鼠等对该菌具有较强的易感性，其他动物不易感。由于鸭结核病病程发展缓慢，早期无明显症状，因此常于老龄鸭淘汰或屠宰时才发现其患病。虽然老龄鸭比幼龄鸭严重，但在幼龄鸭中有时也可见到严重的开放性结核病，这是传播强毒的主要来源。

由于患鸭的呼吸道和肠道带有大量结核杆菌，因此该病的传播途径主要为经呼吸道和消化道的水平传播。前者由于健康鸭吸入被禽结核分枝杆菌污染的空气或尘埃而感染，后者则是由于健康鸭摄取或接触到被患鸭分泌物或排泄物污染的土壤、垫草、环境、饲料或饮水器具等引起。此外，鸭只间的互相争啄引起的皮肤外伤，也是病原传播的一个重要原因。其他环境条件，如鸭群的饲养管理条件不良如鸭群密度过大、过于拥挤，育雏舍通风不良、卫生条件差，以及气候变化等，是促进该病发生的重要因素。

三、症状

本病的病情发展缓慢，潜伏期为2～12个月，患鸭常不表现明显的症状。随着病情加剧，患鸭表现出精神萎顿。虽然采食和饮水没有明显变化，但患鸭出现进行性消瘦，如体重减轻、全身肌肉萎缩（以胸肌最为明显，胸骨突出，甚至变形）。此时，患鸭羽毛蓬松、暗淡无光泽、贫血、皮肤粗糙，有的病例可见黄疸。雏鸭发病多为1月龄左右，以喘气为特征，主要表现为呼吸困难、头颈伸长、张口喘气、发出“咯咯声”，最后因窒息或极度衰竭而死亡；蛋（种）鸭产蛋率下降甚至绝产，受精率、孵化率也随之下降。若关节或肠道受感染，病鸭可能出现一侧或两侧瘫痪，或顽固性腹泻。该病多呈慢性经过，死亡率较低，大都在淘汰或屠宰时才能检查出结核病变。病程一般为2～3个月，有的甚至可达1年以上。

四、病理变化

患鸭典型的剖检病变为肝脏、脾脏、肠道和肺脏等实质性器官可见不规则的灰白色或黄白色的大小不一的结核结节，有的单独存在，亦有成簇生长，肺脏损伤通常没有肝脏和脾脏严重。结节坚硬易摘除，外包一层纤维组织性包膜，内容物呈乳白色干酪样。肠道结核时，有粟粒、豌豆粒或鸽蛋大小的结节突出于肠管浆膜表面，切面为干酪样坏死物，肠系膜形成典型的“珍珠病”。此外，骨髓、卵巢、睾丸等其他器官也会出现同样的结节病变，但这些结节通常不发生钙化。

该病的组织学病变主要是形成结核结节。在感染早期，组织发生变质性炎症，损伤部位周围组织充血及浆液性-纤维素渗出性病变，同时伴随网状内皮组织细胞的增生，形成淋巴样细胞、上皮样细胞和多核巨细胞。在结节形成初期，中心有变质性炎症，周围被渗出物浸润，外围主要是增生的3种细胞，随着病程的发展，中心发生干酪样坏死。结核结节形成的最后阶段是包膜区的产生，主要由纤维组织、组织细胞、淋巴细胞和嗜酸性粒细胞等组成。新的结核结节多紧贴着多核巨噬细胞周围的上皮样细胞产生。结核结节很少发生钙化，有时可在肝脏、脾脏中观察到部分周围的实质成分有淀粉样变性。

五、诊断

1. 临诊诊断

根据鸭群出现不明原因的日渐消瘦、贫血、产蛋下降等症状，以及肝脏、脾脏、肠道等器官有典型的结核结节等剖检变化可作出初步诊断，确诊还需要结合实验室诊断综合判断。

2. 实验室诊断

（1）涂片和切片　取病、死鸭的结核病灶病料，直接制成抹片，进行染色镜检。由于结核分枝杆菌具有抗酸染色的特性，多采用齐尼二氏染色法和开杨氏染色法进行染色。镜检时，可见散在或密集的两端钝圆、细长的红色杆菌，有的呈棒状或球杆状，可初步诊断为鸭结核。染色前，涂片应用酒精乙醚脱脂30min。

（2）病原分离　选择脾脏、肝脏、腹膜表面的结核结节，在无菌条件下进行研磨制成乳剂10～50mL加入50mL离心管中，再加入等量的去污剂，在涡旋器上振荡5～10s，室温静置15min，严重污染的组织静置时间可长一些，但不应超过25min，然后用盐酸中和，以1000r/min离心10min，吸取上清液丢弃于5%石炭酸消毒液中，用接种环钓取沉淀物接种到 Lowenstein-Jensen 氏固体培养基或鲜血琼脂培养基上，置于 5% ～ 10% 的二氧化碳环境中，于 37 ～ 41℃培养。一周后弃除污染的培养物，每周检查 1 次并弃除污染培养物，连续培养 6 ～ 8 周后观察。通常 2 ～ 3 周可形成圆形、光滑并富有光泽的菌落，色泽从浅黄到黄色，随着时间的延长而变为鲜黄色。挑取以上菌落进行抗酸染色和镜检，可检出无芽胞、荚膜的抗酸性细菌。

（3）动物接种　病料经处理稀释后，鸭或家兔静脉接种 0.1mg 细菌，动物可在 30 ～ 60d 内死亡，剖检可见肝、脾肿大和病变。皮下或肌内注射同剂量细菌时，病程缓慢，但最后仍可发生死亡。豚鼠皮下注射 0.01mg 仅能引起局部肿胀，最终可能痊愈。

（4）结核菌素试验（变态反应）　结核菌素对确定鸭群中有无结核病是一种可靠有效的方法。用禽型结核菌素 0.1mL，于一侧脚蹼注射，48 ～ 72h 后检查，与对侧比较。注射侧若出现肿胀和发红，则判定为阳性反应。变态反应主要用于鸡或火鸡，鸭、鹅等水禽少用。

（5）免疫学诊断

① 全血平板凝集试验：抗原为 0.5% 的石炭酸生理盐水溶液配制的 1% 禽结核分枝杆菌悬液，翅静脉采血，分别滴加 1 滴鲜血和一滴抗原在温热平板上充分混匀，若在 1min 内出现凝集则为阳性反应。有研究证实，凝集试验比结核菌素试验更加可靠。

② 酶联免疫吸附试验（ELISA）：主要用于血清中结核杆菌抗体的检测，该法敏感性高，特异性强，快速、简便，适于大批量样本的快速检测。

③ 荧光染色检查：涂片固定用 0.1% 的金胺石炭酸液或黄连素液染色，用荧光显微镜检查结核杆菌呈黄绿色荧光。

（6）分子生物学诊断　分子生物学方法对于结核分枝杆菌这类生长缓慢病原的检测具有重要的意义。根据结核分枝杆菌的 16 ～ 23S rDNA 内转录间隔区进行扩增，可实现不同种结核分枝杆菌的区分；多态性 RFLP 是结核病诊断应用比较早的 DNA 指纹图谱方法之一，但这一方法要求进行细菌体外培养 3 ～ 4 周，提取大量的 DNA，检测周期过长。在此基础上改进的方法有 PCR-RFLP、荧光扩增片段多态性分析 RAFLP 及 PCR-SSCP 分析法等可将 PCR 方法和 RFLP 方法相结合，在鉴定禽分枝杆菌方面显示了简便、快速、相对廉价的优势；此外，将特异性强的 DNA 探针与灵敏度高的 PCR 技术、RFLP 技术结合，已成为结核病诊断的一种更便捷的方式。

3. 类症鉴别

该病与鸭霍乱和鸭伪结核病易混淆。鸭发生禽霍乱时，发病率和死亡率都很高，肝脏有大小不一的坏死点。鸭伪结核病的病原是伪结核耶尔森菌，对外界抵抗力不强，主要感染雏鸭，剖检可见内在器官中散在黄白色或灰白色的小结节，切面呈干酪样。鸭结核病主要发生在成年鸭，一般不引起死亡，其最重要的特征是在病变组织中可检出大量的抗酸杆菌，而在其他细菌病则无。

六、预防

本病是慢性消耗性传染病，对养鸭业危害很大，造成的经济损失严重，目前尚无有效的治疗措施。此外，由于禽结核分枝杆菌对外界环境具有很强的抵抗力，其在土壤和环境中可存活数年之久，因此防控本病的关键应为制定切实可行的控制和扑灭措施。

（1）加强饲养管理，提高鸭群抵抗力　减少鸭群应激，供给干净饮水与合理配比的日粮，保证鸭群密度及鸭舍的通风。考虑到此病造成的严重危害性，为杜绝此病的进一步扩散和蔓延，建议有阳性病例的鸭群一律淘汰不用；防止和结核病鸭接触，避免使用以前养过结核病鸭的房舍；患鸭所产种蛋应丢弃不用；加强饲养管理，严禁外来人员进入，限制鸭群活动范围，以防止接触到感染源；禁止鸭群与其他禽群及猪等家畜混养；禁止使用含有该菌的饲料等，以控制传染源。

（2）做好卫生消毒工作　做好鸭舍、育雏舍和孵化设备的卫生消毒工作，料槽、水槽定期消毒，对鸭舍内粪便、垫料及时清理更换；空舍后，鸭舍进行彻底熏蒸消毒通风后再重新饲养。养鸭场一旦发现结核病，应及时进行处理，病死鸭焚烧或深埋，禁止随意丢弃造成病原的扩散蔓延；鸭舍及环境应彻底熏蒸消毒，淘汰感染鸭群，废弃感染过该病的鸭舍、设备等，粪便堆积发酵、沤肥。必要时改建鸭舍，引进无结核病鸭群，建立新的鸭群。

（3）建立无结核病鸭群　弃去养过结核鸭的设备，并在安全的地方选购饲管用具；设置专门的围栏或其他措施，避免鸭到处乱跑，以免跑到被污染的圈舍；清除老龄鸭群，焚烧病鸭尸体；在无结核病鸭群中重建新鸭群；病鸭群产的蛋不能作种用。为减少本病在鸭群中的传播机会，应把老龄鸭及时淘汰。

（4）做好检疫净化工作　对种鸭每年进行两次检疫（4 ～ 5 月和 9 ～ 11 月），发现阳性立即扑杀，尤其要全部淘汰患病的老龄蛋鸭群，半年后复检 1 次，直至无阳性检出为止；在引种前，隔离检疫 60d，并进行结核菌素试验，避免使用以前养过结核鸭的房舍。

七、治疗

商品鸭一般不做治疗，不仅治疗效果差，且有进一步散播疫病的风险。因此当鸭群中发现有结核病时，应立即全部淘汰，杜绝进一步传播；老龄鸭感染后，无治疗价值，应给予全群淘汰。

第十七节　伪结核病

鸭伪结核病（duck pseudotuberculosis）是由假结核耶尔森菌（*Yersinia pseudotuberculosis*）引起的一种接触性传染病。病初以短暂的急性败血症为特点，随后呈慢性经过，以内脏器官出现类似结核病变的干酪样病灶为特征。鸭伪结核病发生较少，但也有相关报道。福州某番鸭养殖场曾暴发此病，总发病率约 45%，病死率达 63%，因此，养殖业者仍需要引起一定重视。

一、病原

假结核耶尔森氏菌，系 pfeiffer 于 1880 年首次发现，现归于肠杆菌科耶尔森菌属，革兰氏阴性菌，与同属的鼠疫耶尔森菌和小肠结肠炎耶尔森菌统称为病原性耶尔森菌。本菌大小约为（0.5 ～ 0.8）μm×（1.0 ～ 3.0）μm，显微镜下菌体呈多形性，如圆形、卵圆形或杆状，单个、呈短链或呈丝状。固体培养菌常为卵圆形或短杆状，散在或群集，而肉汤培养菌可见丝状。无芽胞，22 ～ 28℃培养时有周生鞭毛，有运动力。

该菌为兼性厌氧菌，最适生长温度为 28 ～ 30℃，最适生长 pH 为 7.2 ～ 7.4。菌落比其他肠道杆菌细小，能在普通培养基上生长。在 22℃培养的琼脂表面菌落为 S 型，表面光滑、湿润而黏滑。在 37℃中培养的菌落为 R 型，菌落干燥粗糙、边缘不整，呈灰黄色。在肉汤培养时不呈浑浊状生长，偶见有液体清亮，液面有菌膜，静置培养 4 ～ 5d 后形成钟乳石状下垂生长物。在病变组织中能显两极浓染。22℃的肉汤培养物用印度墨汁负染以后可见菌体周围的荚膜。

假结核耶尔森菌可发酵葡糖糖、麦芽糖、甘露糖、水杨苷、伯胶糖、果糖、半乳糖、鼠李糖与甘油，产酸不产气，不发酵乳糖、卫矛醇、山梨醇、菊糖与棉子糖，水解尿素，不产生靛基质，不液化明胶，M.R. 试验阳性，VP 试验阴性，还原硝酸盐为亚硝酸盐。大多数接触酶阳性。

本菌具有 15 种 O 抗原和 5 种鞭毛抗原，由此可将本菌分为 10 个血清型，各型中还有不同的亚型。

本菌对许多家禽、家畜或野生动物，包括冷血脊椎动物等，都具有不同程度的致病力，自然感染途径主要是消化道。引起的假结核病主要表现慢性腹泻、消瘦，数周后死亡；局部淋巴结感染主要特征为在肠壁、肠系膜淋巴结及各实质器官形成粟粒状干酪样坏死。本菌具有 F1 和 V 抗原及多种侵袭素，还具有质粒编码的 33000u 的外膜蛋白（Yops）以及染色体基因编码的高分子质量铁诱导蛋白（HWMP2）和 psaA 基因编码的 pH6 抗原，均与本菌的致病力相关。

本菌对外界抵抗力不强，阳光直射、干燥、加热以及各种消毒剂均可以在短时间内将其杀死。本菌对磺胺 -5- 甲氧嘧啶、庆大霉素和卡那霉素等抗生素高度敏感，对土霉素和四环素中度敏感。

病原分离鉴定方法实现了对假结核耶尔森菌感染的诊断，是十分有效和准确的诊断方法。对非污染材料可用血琼脂平板，或以牛肉消化液或脑心浸液为基础的琼脂平板直接划线分离。对污染材料可在去氧胆酸盐琼脂、麦康凯、NYM 琼脂等划线分离；也可先将病料接种实验动物，待其死后取肝、脾和淋巴结于血平板上分离。含菌量少的样品可在平板分离前 4℃预增菌培养 3 周，可提高分离率。分离的疑似菌落可按常规方法进行生化鉴定，有条件可做血清学鉴定和毒力鉴定。PCR 鉴定法也比较常用。

在针对假结核耶尔森菌病的血清学诊断方法中，间接血凝试验方法使用相对较多，用荧光素标记的鼠疫耶尔森菌抗体直接染色镜检组织触片或临床标本中的鼠疫耶尔森菌，可诊断假结核和小肠结肠炎耶尔森菌。但由于本属各菌之间存在众多的抗原交叉，故此法只能做快速初步诊断，最后确诊还有赖于病菌的分离和鉴定。除上述诊断方法外，各国学者也对假结核耶尔森菌的分子生物学诊断方法进行了研究，其中以聚合酶链式反应（PCR）方法最为广泛。应用 PCR 方法能够实现假结核耶尔森菌的快速特异性诊断，需建立在病原分离纯化的基础上，而后提取 DNA 用于 PCR 扩增，但在不具备实验室诊断条件的养殖场中难以应用。

二、流行病学

本菌对许多家禽、家畜或野生动物，包括冷血脊椎动物等，都具有不同程度的致病力。自然条件下，本病最常见于火鸡和金丝雀，也见于鸡、野鸡及其他禽类，鸭、鹅患病较少，一般幼禽最为易感。毒力较强的菌株感染后患鸭多呈急性败血性经过，死亡率较高；毒力较弱的菌株感染后病程较长，死亡率较低。患禽或哺乳动物的排泄物等污染土壤、饲料、饮水和器具等而成为传染源。一般雨季发病较多，当饲养管理不当、营养不良、受凉或患寄生虫病等，可诱发本病。自然感染途径主要是消化道，皮肤创伤也可感染。病原菌通过破损的皮肤或黏膜，或经过消化道的黏膜进入血液，引起短期菌血症，但细菌未全部被消灭，其中的一部分散布到肝、脾、肺或肠道器官中建立感染灶，形成结核样结节。本病多发生于寒冷季节，在天气温暖和炎热时少见。

三、症状

鸭伪结核病的症状由于病程不一而存在一定的差异。最急性型通常以突然出现腹泻和急性败血症为特点，有时看不到任何症状而死亡，有时出现症状后数小时或数天内死亡。病程稍慢的患禽表现出精神沉郁、食欲减退甚至废绝，两腿发软、喜卧不起，行走困难，闭眼流泪，呼吸困难，排绿色或暗红色水样稀粪。后期精神委顿、嗜睡、消瘦等。慢性患禽感染初期食欲正常，但在 1 ～ 2d 后突然拒食。

四、病理变化

（1）最急性型　死亡鸭只可见脾脏肿大、肠炎，没有其他明显的病变。

（2）亚急性和慢性型　患鸭中可见脾脏、肝脏、肾脏肿大，肺脏水肿。病死鸭尸体消瘦，泄殖腔松弛，有的外翻，心包积液呈淡黄红色。本病特征性的剖检变化为在肝脏、脾脏、肺脏、胃肠道浆膜上有黄白色或灰白色的小结节，切面呈干酪样（图 4-512 ～图 4-515）。心冠脂肪有小出血点，心内膜有出血点或出血斑。胆囊肿大，充满胆汁。气囊增厚、浑浊，表面粗糙覆有大量淡黄色的干酪样物质。肠壁增厚，尤其以小肠黏膜出血最为严重。

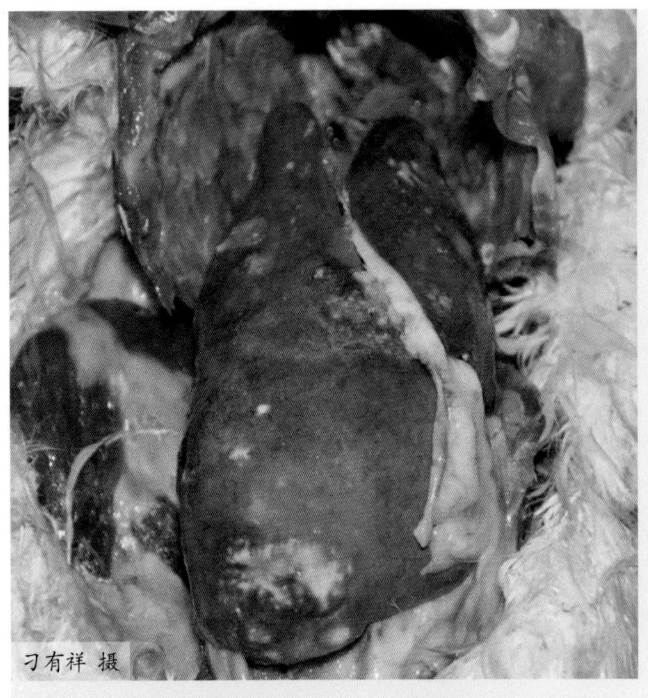

图4-512 肝脏肿大，表面有大小不一的黄白色坏死灶

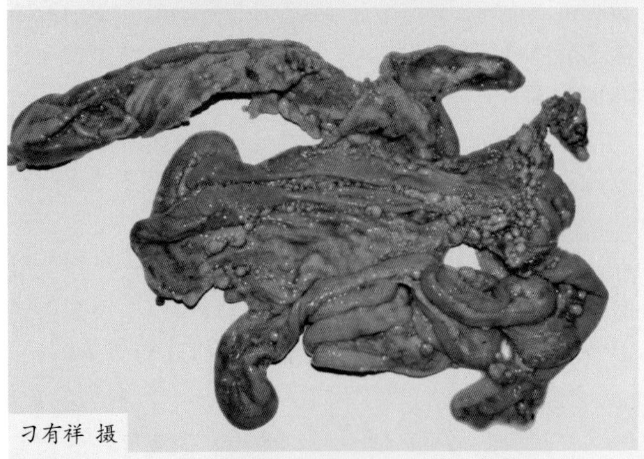

图4-513 肠道浆膜上、肠系膜表面有大小不一的黄白色结节

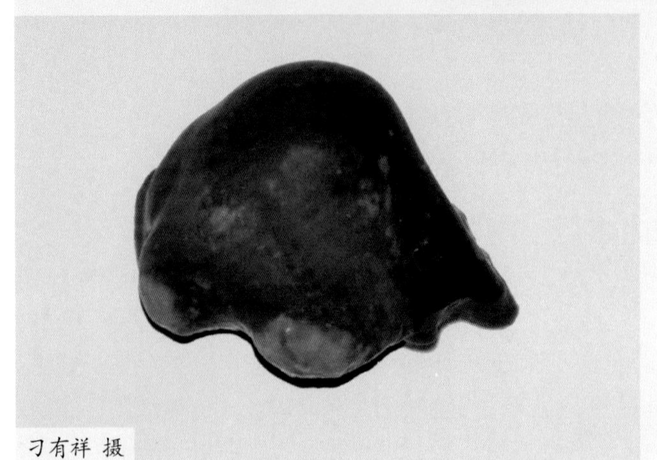

图4-514 脾脏肿大，表面有大小不一的黄白色坏死灶

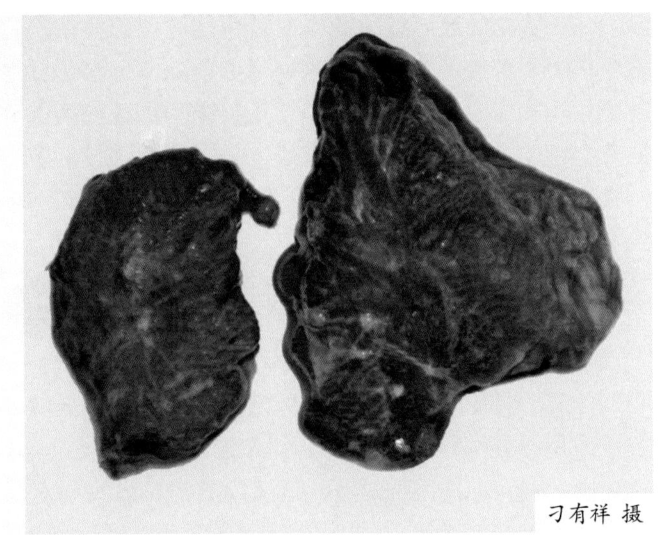

图4-515 肺脏表面有大小不一的黄白色结节

组织学变化主要表现为结节中心为坏死的白细胞核碎屑，外周有大量淋巴细胞、单核巨噬细胞、上皮样细胞和少量的成纤维细胞，偶见多核巨细胞增生、浸润。肠黏膜发生急性卡他性炎症变化，脾脏可见网状细胞增生。肝脏淤血，肝细胞颗粒变性和脂肪变性。

五、诊断

根据症状和病理变化可作出初步诊断，但确诊还应结合实验室诊断。

（1）涂片镜检 取病死鸭肝脏、脾脏等病灶组织直接涂片，然后采用革兰氏染色、镜检。镜检可见革兰氏阴性球杆菌或短小杆菌，单个或成对排列。瑞氏染色镜检呈两极着染。

（2）细菌的分离培养 无菌采取病死鸭肝脏、脾脏，分别接种于血琼脂斜面，马丁琼脂平板和麦康凯琼脂平板上，22℃恒温培养24～48h，结果3种琼脂培养基上均有菌落生长，在血琼脂斜面上呈不溶血、表面光滑、边缘整齐、直径为1～2mm大小的菌落。在马丁琼脂平板上见灰黄色奶油状、光滑、稍带黏性的直径为1mm左右大小的菌落。在麦康凯琼脂平板上见淡橘黄色光滑菌落。

挑取分离培养的单个菌落革兰氏染色、镜检，与肝脏直接涂片染色镜检所见相同。

（3）动物试验 取10只健康雏鸭，其中5只经颈部皮下途径分别接种肉汤培养物0.5mL，另外5只注射等量无菌生理盐水作为对照，观察试验雏鸭症状及剖检变化。接种5d后，对照组雏鸭生长状态正常，试验雏鸭出现与临床病例相似的症状和病理变化。

（4）常规PCR 常规PCR是临诊诊断中最为常用的分子生物学诊断方法，用特定引物扩增目的基因，而后通过琼脂糖凝胶电泳和序列测定，可对病原菌进行诊断。王效义等依据假结核耶尔森菌O抗原基因簇多态性，应用PCR基因分型方法替代传统的血清分型方法。冯育芳等利用*inv*基因设计特异性引物可完成假结核耶尔森菌的鉴定，同时还设计了其他3对引物，建立了可同时检测假结核耶尔森菌、小肠结肠炎耶尔森菌、志贺氏菌、空肠弯曲菌的多重PCR，此方法特异性良好，敏感性可检测到10^{-2}ng/μL。

（5）鉴别诊断　该病易与曲霉菌病、巴氏杆菌病和禽结核病相混淆。曲霉菌病的病灶主要集中于肺脏和气囊，而该病形成的结节分布于多个内脏，且在心脏、脾脏、肾脏等表现出血点和出血斑症状等。鸭巴氏杆菌病形成的病灶为灰白色针尖大小，与伪结核病形成的黄白色、米粒大小的病灶有较大差异。鸭结核病多发生于种（蛋）鸭，而伪结核多发生于雏鸭，且结核病除了形成结节外，并不对心脏、肾脏等造成出血点或出血斑。

六、预防

目前，对伪结核病缺乏特异性的预防方法，只能采取一般性预防措施。该病的主要预防措施是加强饲养管理，防止引入带菌禽类和灭鼠。各种用具使用后要及时用 0.1% 消毒净洗刷，鸭舍地面用 2% 烧碱溶液泼洒消毒后用清水冲洗干净。减少应激因素，以免造成禽群机体抵抗力下降。

七、治疗

该菌对多种抗生素敏感。发生该病后，可使用 0.01% 强力霉素拌料或饮水，连用 4 ～ 5d；或用 0.01% 环丙沙星饮水，连用 4 ～ 5d；或用头孢类药物饮水，连用 4 ～ 5d。对于无治疗价值的慢性病鸭，应予以淘汰处理。

第十八节　丹毒

鸭丹毒（Duck erysipelas）是由红斑丹毒丝菌（*Erysipelothrix erythematosus*）引起的一种急性败血性传染病。该病不仅可引起鸭群的死亡，而且可以引起公鸭的受精能力下降，母鸭的产蛋率下降，以及因败血症死亡后导致的屠体等级降低，造成较大的经济损失。此外，人可经外伤感染丹毒丝菌发生“类丹毒”，是从事兽医和鱼类加工人员的一种职业病，因此，在操作过程中必须加强自身的健康防护。

一、病原

本病病原为红斑丹毒丝菌，又称猪丹毒丝菌，是猪丹毒的病原，可感染多种哺乳动物、禽类和水产动物，属于丹毒丝菌科。丹毒丝菌科包含 3 个种：猪丹毒丝菌、扁桃体丹毒丝菌和意外丹毒丝菌，DNA 中（G+C）含量约为 36% ～ 40%，后两种无致病性。丹毒丝菌菌体为直或微弯曲的细杆状，两端钝圆，大小为（0.2 ～ 0.4）μm×（0.8 ～ 2.5）μm，单在或呈 V 形、堆状或短链排列，在白细胞内一般呈丝状排列。初代培养时菌体革兰氏染色阳性，老龄菌常变为阴性，为扁平的、不透明和粗糙型菌落，菌体着色能力差，呈长丝状或串珠状，菌体稍长。丹毒丝菌不形成芽胞、无荚膜、无鞭毛、不运动。

本菌为微需氧菌，实验室培养时兼性厌氧。其生长温度为 4 ～ 42℃，最适生长温度为 37℃，最适 pH 为 7.2 ～ 7.6。菌落形态有光滑型和粗糙型两种，光滑型菌株有致病性，粗糙型则没有。红斑丹毒丝菌在普通琼脂上也可生长，但不茂盛，在血液琼脂或血清琼脂上生长良好，在麦康凯培养基上不生长。致病菌株在血液琼脂上培养 24h 后可形成针尖大、露滴状小菌落，菌落呈圆形、透明、灰白色，并形成狭窄的 α 溶血环；菌体在肉汤中轻度浑浊，有少量白色黏稠沉淀，不形成菌膜和菌环。本菌不产生靛基质，过氧化氢酶阴性，H_2S 试验阳性；明胶穿刺生长特殊，培养 6 ～ 10d，沿穿刺线横向四周生长，如试管刷状，不液化明胶；在加有 5% 血清和 1% 蛋白胨水的糖培养基内，可发酵葡萄糖、单奶糖、果糖及乳糖；产酸不产气，不分解尿素，V-P 和 M.R. 试验均呈阴性。

在温暖气候条件下，红斑丹毒丝菌可在土壤中生存较长时间，其抵抗力在无芽胞的细菌中最强。除此之外，红斑丹毒丝菌对外界环境、干燥条件和各种化学因素有较强的抵抗力。细菌在饮水中可存活 5d，在污水中可存活 15d ；在掩埋的尸体中可存活 9 个月；在腌渍肉品中可存活 3 ～ 4 月。菌体对热和直射光较敏感，70℃加热 5 ～ 10min 可被杀死；对常用消毒剂抵抗力不强，0.5% 甲醛数十分钟可被杀死，在 1∶1000 升汞、0.5% 氢氧化钠、3.5% 的煤酚溶液、5% 石炭酸、1% 漂白粉中很快被杀灭。本菌可耐受 0.2% 苯酚，对 0.001% 结晶紫、0.5% 锑酸钾有抵抗力，在有 0.1% 叠氮钠存在时能生长；丹毒丝菌对青霉素敏感，对万古霉素有抵抗力。

红斑丹毒丝菌目前共有 25 个血清型和 1a、1b 与 2a、2b 亚型。从急性败血症分离的菌株多为 1a 型，从亚急性及慢性病例分离的则多为 2 型。菌体主要通过宿主消化道和损伤的皮肤感染进入血液，然后定殖在局部或引致全身感染。致病菌株借助其表面蛋白如 RspA 和 RspB 发挥黏附作用，并可抵抗吞噬细胞的吞噬。本菌不产生外毒素，但某些菌株可产生透明质酸酶和唾液酸酶，能降解宿主细胞表面的唾液酸，有助于细菌入侵。

二、流行病学

红斑丹毒丝菌可从火鸡、鸡、鸭、鹅、鸽、麻雀、海鸥等 20 多种鸟类以及猪、牛、羊、鱼类及其他野生动物分离到，易感动物分布广泛、多样。在禽类当中，丹毒丝菌危害最为严重的是火鸡，鸭群发病的情况较少。病死畜禽或带菌动物的粪、尿、口、鼻、眼等分泌物中都含有本菌，并可向外排菌。一般认为猪是本病最主要的传染源，传播途径主要为伤口、精液，也可通过消化道感染。鸭与带菌猪接触，可通过黏膜或破损的皮肤而感染；鸭食入被本病菌污染的饲料和饮水，经消化道感染；此外，鱼和鱼粉也是本病的传染源之一，鸭可由于误食患病鱼类而感染。鸭丹毒病的发生无明显季节性，但以夏季炎热多雨季节多发；各日龄的鸭均能感染，以 2 ～ 3 周龄较为多发；成年鸭抵抗力强，发病少；该病潜伏期不一，通常为 2 ～ 4d ；鸭群与其他动物混养尤其是与猪群混养易感染该病。

三、症状

鸭群感染红斑丹毒丝菌后，常表现为体温升高至43℃甚至以上，食欲下降或废绝，精神沉郁、腹泻和猝死，病程为3～4d。有些患鸭表现为关节肿胀，在肿胀的关节液中可分离到丹毒丝菌；病程较长的患鸭出现神经症状；雏鸭出现结膜炎；蛋、种鸭产蛋量下降。

四、病理变化

患病鸭主要表现皮下、腹腔和心冠脂肪有出血点和出血斑；肝脏淤血、肿大；脾脏充血，高度肿大，呈紫黑色；心包内有纤维素性脓样渗出液；肌胃和腺胃壁增厚，有溃疡灶；盲肠呈卡他性或出血性炎症，小肠黏膜呈弥漫性出血，有胶冻样物质渗出。部分病例出现纤维素性气囊炎，带有分泌物。对于关节肿大病例，关节腔内有纤维素性脓样蛋白渗出液。

病理组织学变化表现为全身多器官、组织的血管、窦充血，毛细血管、窦间隙和小静脉内常见细菌团块和纤维蛋白栓塞，实质性脏器细胞变性、坏死。

五、诊断

1. 临诊诊断

根据症状和剖检变化很难作出初步诊断，剖检时有全身性败血症病变可作出初步诊断，若要确诊，应进行实验室诊断。

2. 实验室诊断

（1）涂片镜检　感染丹毒丝菌死亡鸭的血液、内脏中存在丹毒丝菌，如肝脏、脾脏、肾脏等，可直接进行涂片、抹片，已腐败尸体取骨髓抹片。革兰氏染色后镜检，若有被染成紫色、直或稍弯曲，呈散在或栅栏状排列、无荚膜、无芽胞的小杆菌，则可作出初步诊断。

（2）病原分离　感染鸭血液、内脏各实质器官含有丹毒丝菌，可直接进行分离培养，分离培养时可用含有0.2%葡萄糖或5%～10%无菌马血清的半固体琼脂培养基。用接种环从心脏、肝脏、脾脏、肺脏等器官取病料，在固体培养基上划线，在5%的O_2、10%CO_2的条件下，于37℃培养24～48h。若为红斑丹毒丝菌，则其菌落周围可形成狭窄的α溶血环；明胶穿刺生长特殊，沿穿刺线横向四周发育，呈试管刷状，但不液化明胶。

为提高分离率可采用含有1/100万结晶紫、1/5万叠氮钠的10%马血清肉汤及琼脂平板，也可在马丁肉汤中加入新霉素（400μg/mL）或万古霉素（70μg/mL），以抑制某些杂菌生长。获得纯培养后可进一步进行生化鉴定。

（3）细菌生化试验　红斑丹毒丝菌在含5%马血清和1%蛋白胨的糖培养基内，可发酵葡萄糖、单奶糖、果糖和乳糖，产酸不产气；一般不发酵甘油、山梨醇、甘露醇、鼠李糖、蔗糖、棉子糖、淀粉和水杨苷等，在进行糖发酵时于培养基中加入酵母水解物效果较好；接触酶和氧化酶阴性，不产生吲哚，不还原硝酸盐。大部分菌株在三糖铁培养基上产生硫化氢，这一特性被认为是鉴定丹毒丝菌最可靠的试验。菌体培养 24h 后，可见沿穿刺线变黑，底部和斜面变黄。

（4）动物试验　常将病料乳剂或培养物接种于小鼠，以清除污染和致病力测定。致病力的检查取上述分离到的纯培养物 0.1mL，皮下或腹腔内接种小白鼠。若为丹毒丝菌，则小鼠一般于接种后 3 ～ 6d 死亡，取其心、肝分离培养即可分离到丹毒丝菌。并非所有分离株都能致死小鼠，因此，有时必须用纯培养物直接接种于鸭体内，以证明其致病力。

（5）血清学诊断　丹毒丝菌的血清学诊断可可采用培养凝集试验（ESCA），又称为生长凝集试验，是根据丹毒丝菌在生长繁殖过程中能与该菌抗血清发生特异性凝集建立的。即在含有抗丹毒丝菌血清的培养基中接种被检组织液或纯培养物，置于 37℃ 培养 18 ～ 24h，观察有无细菌凝集。

（6）分子生物学诊断　分子生物学方法特异性高，敏感性强，常用的如 PCR 检测方法目前应用较为广泛。针对细菌 16S rRNA 和保护性抗原 *sap*A 基因设计引物进行丹毒丝菌的扩增检测，除可快速准确诊断病原外，还可对扩增产物进行 *spa*A 基因的测序、同源性分析及遗传进化分析，明确细菌变异情况，为分子流行病学调查和疫苗防控及其免疫效果评价奠定基础。

3. 类症鉴别

鸭感染丹毒丝菌后主要变现为急性败血性症状，临诊上与出血性败血型巴氏杆菌病易混淆。鸭巴氏杆菌病多暴发于成年鸭群，患鸭裸露皮肤处发紫，口鼻有黏液流出。剖检可见肝脏和肝被膜下有大量弥漫性、密集的灰白色或黄白色针尖大小的坏死点，大群死亡率较高，肝脏、脾脏肿胀不明显。

六、预防

由于丹毒丝菌感染在除火鸡以外的其他禽类大都呈散在发生，一般不进行免疫接种预防，因此，该病的防控应树立预防为主，防治结合的思想。加强饲养管理，做好卫生消毒与防止外源性病原传入鸭舍是预防该病的重要措施。

（1）控制传染源，切断传播途径　由于猪是该病传播的重要宿主，因此，避免和猪场距离太近，更要杜绝鸭和猪混养；出入猪场的人员、器具等禁止进入鸭舍；不在废弃的养猪场中从事鸭养殖等。丹毒丝菌高发地区，应有效控制和消灭啮齿类动物；食用鱼类产品应先煮沸，防止其传播病原菌。通过有效地切断传播途径从而达到预防该病的目的。

（2）加强饲养管理，做好鸭场的卫生消毒工作　改善饲养管理条件，提高大群的机体抗病能力；合理搭配日粮，供给干净的饮水，保证鸭舍通风干燥与合理的饲养密度；此外，保证鸭舍环境卫生，鸭舍场地和器具要及时消毒，及时清理鸭舍粪便，并进行无害化处理，减少微生物的滋生；在养鸭过程中发现病死鸭要立即隔离，并采取有效的治疗和无害化处理措施，以防患鸭丹毒的病死鸭散播病原；坚持入场消毒制度，生产区与鸭舍入口处设更衣室和消毒池，工作人员和饲养人员进入生产区时要更换工作服，需要进场的外来人员必须经消毒并更换衣服方可入场。10% 生石灰如或 0.1% 过氧乙酸喷洒鸭舍或涂刷墙壁是目前较好的消毒方法，此外，还可用 1% ～ 2% 氢氧化钠消毒，效果较好，也可用碘制剂及含氯消毒剂进行消毒。

七、治疗

在鸭场中一旦发生丹毒丝菌感染，应立即隔离患鸭，对病死鸭进行无害化处理，对养鸭场内外环境进行彻底消毒，以控制传染源。有条件的鸭场可根据药物敏感试验，选择高敏药物对发病鸭进行治疗。目前治疗鸭丹毒丝菌感染的有效性措施是注射青霉素，成年鸭每次肌内注射 2 万～ 5 万单位 /kg 体重，每日注射 2 次，连用 3d。或肌内注射头孢噻呋钠 15 ～ 20mg/kg 体重，连用 3d。大群鸭可同时用 0.01% 环丙沙星饮水，连用 4 ～ 5d。

第十九节　李氏杆菌病

鸭李氏杆菌病（Listeriosis）是由产单核细胞李氏杆菌（*Listeria monocytogenes*）引起的鸭的一种散发性传染病，以败血症、肝脏和心脏出现坏死灶等为主要特征。李氏杆菌感染宿主和分布范围广泛，Szaba 等曾报道先后从牛、绵羊、山羊、猪、马、狗、猫、鹿、兔、鼠、鱼、蛙、各种鸟类等 40 多种动物和人，及土壤、粪便、饲草、污水等环境中分离出该菌。本菌对人、家畜、家禽、野生动物均有致病性，也可寄生于蜱、蝇、昆虫、鱼及甲壳动物体内水产品，具有重要的公共卫生意义。

一、病原

引起该病的病原为产单核细胞李氏杆菌，属于李氏杆菌科、李氏杆菌属，其 DNA 的（G+C）含量为 36% ～ 42%。本菌为革兰氏阳性菌，需氧或兼性厌氧，无芽胞，不产生荚膜；20 ～ 25℃能运动，37℃不运动，过氧化氢酶阳性；其生长温度为 1 ～ 45℃，在 4℃可缓慢增殖，最适温度为 30 ～ 37℃，最适 pH 为 7.0 ～ 7.2；细菌在 20 ～ 25℃下可形成 4 根周鞭毛，能运动，37℃下形成的鞭毛较少。单核细胞李氏杆菌呈规则的短杆状，大小为（0.4 ～ 0.5）μm×（0.5 ～ 2.0）μm，两端钝圆，有时呈弧形，多单在或排列成“V”字形。老龄培养物或粗糙型菌落的菌体可呈长丝状，长度达 50 ～ 100μm。

产单核细胞李氏杆菌对营养要求不高，在普通培养基上可生长，但在加入血清、全血或肝浸出液后则生长良好，在加有 0.2% ～ 1% 葡萄糖及 2% ～ 3% 的甘油生长更佳，在液体培养基或液态奶中的世代时间为 1.5 ～ 3d。在 BCM 或 ALOA 等鉴别培养基上，45°斜射光照射镜检时，菌落呈特征性蓝绿光泽；在含七叶苷的琼脂培养基上，菌落呈黑色；在血清琼脂上形成圆形、光滑、透明、淡蓝色的小菌落，直径为 1 ～ 2mm；在血液琼脂上，菌落周围形成狭窄的β型溶血，移去菌落可见其周围狭窄的β溶血环；在肝汤琼脂上形成圆形、光滑、平坦、黏稠、透明的小菌落，当用反射光观察时，菌落呈乳白色；在含 0.25% 琼脂、8% 明胶、1% 葡萄糖的半固体培养基中于 37℃培养 24h，细菌沿穿刺线向周围呈云雾状生长，后逐渐扩散到整个培养基。在培养基表面下 3 ～ 5mm 处，有生长最佳的伞形区，明胶不液化。

产单核细胞李氏杆菌在饲料、干燥的土壤和粪便中能长期存活，夏季在饲料中可存活 1 个月，冬季可存活 3 ～ 4 月，在培养基上可存活几个月，干燥的粪便中可存活两年以上；耐碱和盐，不耐酸，在 pH 9.6 的 10% 食盐溶液内能生存，在 4℃可耐高达 30.5% 的盐，在 pH 5.0 ～ 9.0 范围内 1 年后仍可检出；对温度和一般消毒剂的抵抗力不强，55℃湿热 40min、58 ～ 59℃ 10min、85℃ 50s 内可死亡。3% 石炭酸、75% 酒精及一定浓度其他常用消毒剂均能很快将其杀死，低温可延长其存活时间。体外试验对氨苄青霉素等敏感，对土霉素等敏感性差，对枯草杆菌素和多黏菌素有抵抗力。

单核细胞李氏杆菌具有菌体抗原和鞭毛抗原，根据菌株 H 抗原和 O 抗原的不同，可分为 13 个血清型。本菌为兼性胞内寄生菌，可穿越宿主肠道屏障、血脑屏障等，一般经口感染，轻则引起肠炎；若细菌侵袭肠黏膜上皮细胞及肝、脾巨噬细胞，并在其内定殖，则可引起菌血症，引起全身性感染。另一入侵途径则是鼻黏膜和眼结膜，通过损伤的黏膜经神经末梢的鞘膜，侵犯中枢神经系统。本菌之所以能侵袭非吞噬细胞，与细菌产生内化素有关，包括 In1A、In1B、In1C 等，其作用于宿主细胞表面糖蛋白，使细菌进入细胞；菌体蛋白 ActA 能催化宿主细胞肌动蛋白纤维素聚合，在菌体一端形成具有运动功能的尾状结构，从而破坏宿主细胞骨架，有利于菌体在细胞内的运动和向相邻细胞扩散；细胞壁水解酶、肽胺酶、纤连蛋白结合蛋白 A、自溶素等毒力因子也协同参与细菌的黏附和侵袭。另一重要的毒力因子是李氏杆菌溶血素 O（LLO），可促使细菌从细胞内吞小体释放入细胞质而扩散。LLO 具有 MHC Ⅰ类分子递呈的表位，是主要的保护性抗原。此外，还有两种磷酸酯酶 C，分别为 PI-PLC 和 PC-PLC，与吞噬体膜裂解及细菌在外周血巨噬细胞增殖有关。

二、流行病学

李氏杆菌能感染多种动物，家禽中以鸡、火鸡、鹅较易感，鸭较少发病；本病为散发性，一般只有少数发病，但病死率较高；各日龄的鸭都可感染发病，但雏鸭多发，死亡率可达 40% 以上，成年鸭抵抗力较强；李氏杆菌常见于粪便和土壤中，鸭群通过吸入、摄入或创伤污染等途径引起感染发病；患病鸭和带菌鸭是本病的传染源，病鸭通过粪便、眼鼻分泌物排菌，进而污染饲料、饮水，而使健康鸭感染发病；此外，饲料搭配不当，饲养管理不良，天气突变，有内寄生虫或细菌感染时，均可促使本病发生。值得注意的是，兽医师及从事相关职业的人员易患皮肤型李氏杆菌病，抵抗力降低时则发展为全身性感染。

三、症状

本病自然感染潜伏期约为 2 ～ 3 周，有的可能只有数天，也有的长达两个月。鸭群多表现为精神沉郁、食欲减退或废绝、离群独处、下痢、站立不稳。随着病程延长，患鸭卧地不起或侧卧，两腿呈划船状或全身阵发性抽搐。病程后期患鸭常因细菌进入血液发生败血症而突然死亡，有的病例出现中枢神经系统损伤，主要表现为痉挛、头颈弯曲、仰头或头颈弯曲呈角弓反张等症状，病程通常为 2 ～ 6d。

四、病理变化

病鸭最常见的病变为心肌的多发性变性或坏死区，出现充血和心包炎；肝脏肿大呈绿色，散布小坏死灶；脾脏肿大，呈斑驳状；腺胃、肌胃出血，黏膜脱落；肠道弥漫性出血。镜检可见在变性坏死周围存在病原菌，也可在肝星状细胞和大脑的一定区域见到细菌。

组织学检查表现为各组织有淋巴样细胞、单核细胞和浆细胞浸润；脑实质毛细血管充血，部分有出血灶，血管周围有炎性细胞浸润，血管上皮细胞变性、肿大；肝实质淤血明显，肝小叶窦状隙充满红细胞；脾髓淤血，有大量红细胞形成片状红染，脾小梁变性，边界明显。

五、诊断

1. 临诊诊断

本病缺乏特征性的症状及病理变化，确诊需要进行病原分离鉴定。

2. 实验室诊断

（1）涂片镜检　采集血液、肝、脾、肾、脑等组织制作触片或涂片，革兰氏染色镜检。如见到有革兰氏阳性、呈“V”形排列的细小杆菌，可作出初步诊断。

（2）病原分离　病料通常采集具有明显病变的肝脏、脾脏、脑组织，研磨成乳剂，加入 50mL 胰蛋白胨肉汤中，在低氧的 10%CO_2 环境中经 37℃增菌培养 24h 后，移植到胰蛋白胨琼脂培养基及加有 5% 绵羊红细胞的胰蛋白胨琼脂培养基上，37℃培养 48h 以上。培养 18 ～ 24h 后，可见圆形、湿润、光滑的露滴状小菌落，反光观察菌落呈现淡蓝色；培养 48h 后，菌落增大，其色灰暗，在菌落周围有 β 溶血环。菌落形成后移植到下列培养基中培养观察：接种于 0.05% 亚碲酸钾血清琼脂培养基上则形成圆形、隆起、湿润、直径约为 0.6μm 的黑色菌落；在肉浸液中培养呈均匀浑浊生长，表面有薄膜形成；在半固体培养基中，于 37℃ 24h 后生长物沿穿刺线以云雾状向四周蔓延，在培养基表面下 3 ～ 5mm 处形成伞状的界面；普通琼脂培养基上 36h 形成圆形整齐、扁平的蓝灰色半透明的中等大小菌落，反射光下呈乳白色。挑取单个存在的菌落涂片，革兰氏染色检查，可观察到被染成紫色的细小杆菌，其两端钝圆，两极染色明显，长约2μm，菌形微弯，呈V字形或栅状排列。由于本菌在中枢神经系统内的含量一般低于检出临界值，因此可用冷增菌法。取病鸭脑组织，加入营养肉汤制成10%悬液，置于4℃以下，每周接种血琼脂平板1次，直至12周，少数其他耐低温的致病菌也可采用此方法。

如初次分离不到细菌时，可将在4℃保存的病料再次进行分离培养，以提高检出率。此外，若从污染病料分离李氏杆菌时，则可接种在含0.2%葡萄糖、0.2%醋酸铊、40%或6mg/mL萘啶酮酸，pH7.4的肉汤或琼脂中，于30℃培养，效果较好。

（3）细菌生化试验　若为产单核细胞李氏杆菌，则细菌接种葡萄糖、鼠李糖及水杨苷，可于24h内分解产酸；于7～12d内分解淀粉、糊精、乳糖、麦芽糖、甘油、蔗糖产酸；对半乳糖、山梨醇及木胶糖发酵缓慢或不定；不发酵甘露醇、卫矛醇、阿拉伯糖、鞠淀粉及肌醇；不产生硫化氢和靛基质，不还原硝酸盐为亚硝酸盐，不液化明胶；M.R.试验和V-P试验均为阳性，接触酶阳性。

（4）动物试验　可用家兔、小鼠等进行试验，接种方法为脑内、腹腔、静脉注射，接种后2～7d动物发生败血症而死亡，剖检可见肝脏和脾脏局灶性坏死，细菌涂片检查、分离培养均与病料中病原特征相同；还可以将病料混液滴入家兔的结膜囊内，24～48h后出现脓性结膜炎；此外，鸡胚对李氏杆菌高度敏感，若为李氏杆菌，则病料接种后可引起绒毛尿囊膜局灶性坏死病变。

（5）血清学诊断　对于单核细胞李氏杆菌可借助凝集反应、酶联免疫吸附试验和荧光抗体等方法进行检测。如基于生物素-亲和素-酶复合物斑点酶联免疫吸附试验用于检测单核细胞李氏杆菌，该方法操作简便、敏感、快速，是普通斑点酶联免疫吸附试验敏感性的10～100倍，适于临诊样本的大量、快速检测。

（6）分子生物学诊断　对李氏杆菌进行流行病学调查一般采用PCR及RPA-LF等分子生物学方法进行快速准确的检测。针对单核细胞李氏杆菌高度保守的*hly*基因设计引物进行的PCR扩增，可用于李氏杆菌感染的流行病学调查与血清学分型，除此之外，也可用于区分单核细胞李氏杆菌与非单核细胞李氏杆菌。除了PCR方法外，近年来产生的基于侧流层析重组聚合酶扩增技术（RPA-LF）以*hly*基因为靶序列设计引物及探针，该方法可在37℃范围进行，只需20min即可完成反应，最低检测限为400pg，特异性好，结果直观，适用于临诊样本的快速大量检测。

3. 类症鉴别

本病症状和剖检变化与鸭丹毒、链球菌病等易混淆。

链球菌感染鸭，腿部轻瘫，跗跖关节肿大、瘫痪，排黄绿色稀粪；足底皮肤组织坏死。部分病鸭羽翅肿胀，结膜潮红，流泪；脾脏出血性坏死；肺脏淤血、水肿。

鸭丹毒与本病极难区分，可根据病原菌的培养特性等进行鉴别诊断。丹毒丝菌菌落为α溶血，而李氏杆菌菌落为β溶血；丹毒丝菌在4℃不可生长，在25℃不运动，接触酶试验、七叶苷水解试验、马尿酸钠试验、VP及甲基红试验均为阴性，李氏杆菌则相反；丹毒丝菌明胶穿刺呈试管刷状生长，李氏杆菌明胶穿刺则沿穿刺线生长。

此外，产单核细胞李氏杆菌与葡萄球菌、肠球菌、大肠杆菌、链球菌及多数革兰氏阳性菌之间存在某些共同抗原，故血清学诊断意义不大。

六、预防

加强饲养管理，注意鸭舍通风换气，确保空气清新，保证合理的饲养密度，防止应激因素的刺激。加强鸭场卫生消毒工作；对发病鸭及时隔离，粪便及时进行无害化处理；做好鼠类和其他啮齿类动物，以及蚊、蝇、蜱的清除工作，减少鸭群与牛、羊群接触。

一旦该病发生，要立即采取紧急措施。对病死鸭进行深埋或火化；被污染的粪便及病死蛋肉鸭进行无害化处理；被污染的环境、器具等要进行彻底消毒，防止疾病传播。同时，禁止从疫区引进种鸭或雏鸭。

七、治疗

产单核细胞李氏杆菌对新霉素、安普霉素及头孢类药物敏感，治疗前最好进行药敏试验确定高敏药物。治疗时，可用阿莫西林按照0.01%～0.02%饮水，连用3～5d；或用0.01%环丙沙星或恩诺沙星饮水，连用4～5d。根据患鸭病情可以配合选用维生素C、葡萄糖等进行辅助治疗。

第二十节　坏死性肠炎

坏死性肠炎（Necrotic enteritis）是由A型或C型产气荚膜梭状芽胞杆菌（*Clostridium perfringens*）引起的一种散发性传染病，也是鸭群常发的一种消化道疾病。该病以精神萎靡、食欲不振、体质衰弱、四肢无力、无法站立、突然死亡为主要症状，特征性病变为肠黏膜坏死，故称烂肠病。该病在种鸭场中发生极为普遍，对养鸭业影响较大。

一、病原

引起鸭坏死性肠炎的病原为A型或C型产气荚膜梭状芽胞杆菌，属于芽胞杆菌科，梭状芽胞杆菌属，魏氏杆菌种。本菌在自然界中分布广泛，存在于土壤、污水、饲料、食物、粪便及人畜肠道中，是一种典型的条件致病菌。本菌最初由英国人Welchii和Nutall在1892年从一具腐败的人类尸体产生气泡的血管中分离得到，并以Welchii命名为魏氏梭菌。

产气荚膜梭状芽胞杆菌本菌为兼性厌氧、两端钝圆的粗大杆菌，长4～8μm，宽0.8～1μm，呈单独或成双排列，有的呈短链排列，革兰染色阳性（图4-516），但在陈旧的培养物中，往往呈革兰氏阴性；在自然界中，产气荚膜梭状芽胞杆菌以芽胞形式存在，芽胞呈卵圆形，位于菌体中央（图4-517）。研究发现芽胞的形成和肠毒素的产生与pH值、温度、碳源有关；细菌菌体呈梭状，在人和动物活体组织内或在含有血清的培养基内生长时形成荚膜，荚膜的多糖组成因菌株而异；产气荚膜梭状芽胞杆菌无鞭毛，但具有4型菌毛可介导其运动；最适培养基为血液琼脂平板，37℃ 厌氧条件下过夜培养即可形成圆形、光滑的菌落（图4-518），周围有两条溶血环，内环完全溶血，外环不完全溶血。此外，产气荚膜梭状芽胞杆菌可产生多种致病作用的外毒素，根据主要致死型毒素以及抗毒素的中和试验结果，产气荚膜梭状芽胞杆菌被分为5个血清型，分别命名为A、B、C、D和E型，A、D和E型的最适生长温度为45℃，B和C型为37～45℃。

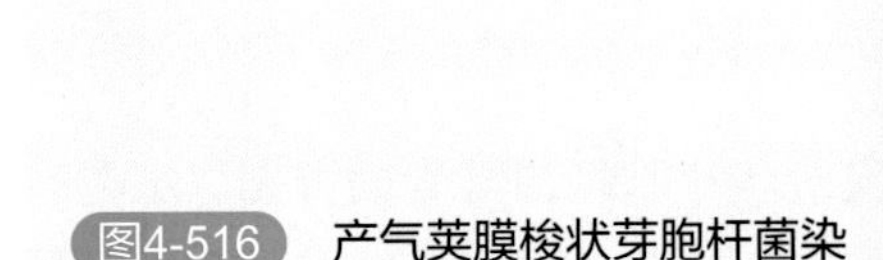

图4-516 产气荚膜梭状芽胞杆菌染色特点

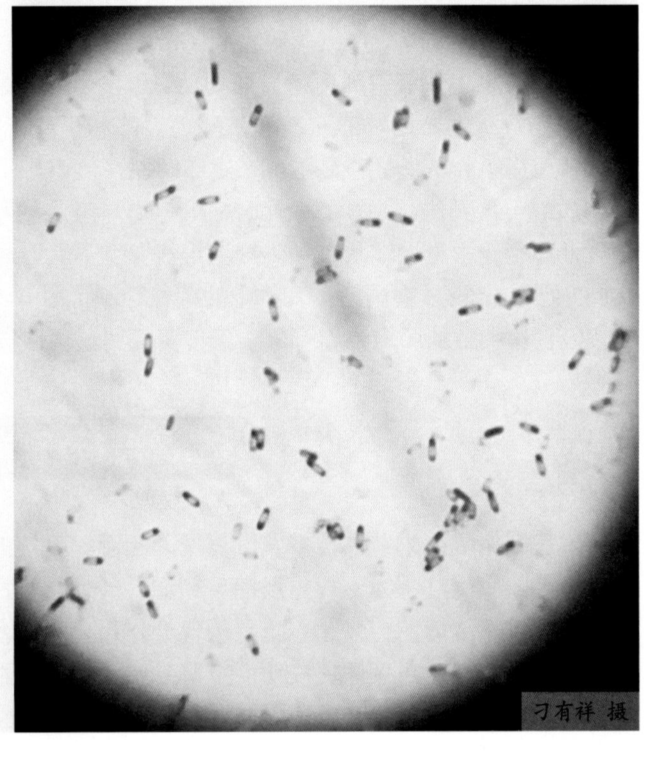

图4-517 形成芽胞的产气荚膜梭状芽胞杆菌染色特点

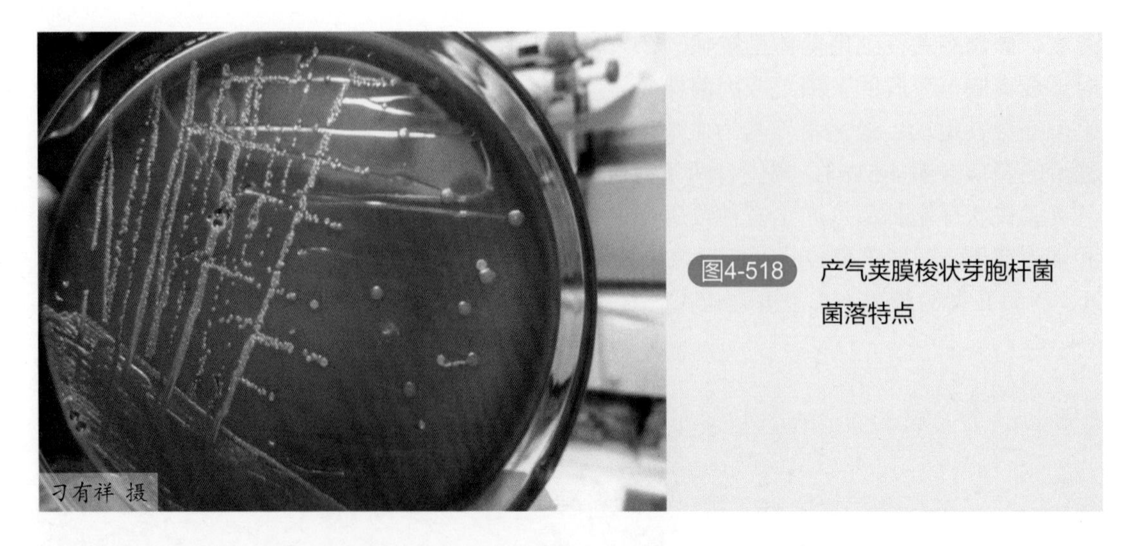

图4-518 产气荚膜梭状芽胞杆菌菌落特点

细菌毒素与抗毒素的中和试验可用于鉴定产气荚膜梭状芽胞杆菌毒素的型别。A型产气荚膜梭状芽胞杆菌产生的α毒素，C型产气荚膜梭菌能够分泌α、β毒素，是直接导致鸭肠黏膜坏死的原因。α毒素分子质量43000Da，是锌依赖蛋白酶，各种梭菌均可产生，基因有部分同源性，是毒性最强、最重要的毒素。此外，α毒素还有磷脂酶C活性和神经鞘磷脂酶活性，能破坏多种细胞的细胞膜，有溶血性、增加血管透性、血小板白细胞聚集性血管堵塞、肌肉坏死、心肌收缩减弱等致死活性。β毒素为穿孔毒素，分子质量34500Da，对胰酶高度敏感，是C型菌致坏死性肠炎的必需毒力因子。产气荚膜梭菌肠毒素主要是由A型产气荚膜梭菌在芽胞生长的Ⅳ期末和Ⅴ期产生的，部分C、D型菌也可产生。与产气荚膜梭菌的其他毒素不同，产气荚膜梭菌肠毒素能够迅速作用于十二指肠、空肠和回肠，引起组织损伤，小肠对产气荚膜梭菌肠毒素最为敏感，因而出现严重的组织损伤。

产气荚膜梭状芽胞杆菌能发酵葡萄糖、麦芽糖、乳糖和蔗糖，不发酵甘露醇，不稳定发酵水杨苷；主要糖发酵产物为乙酸、丙酸和丁酸；液化明胶，分解牛乳，不产生吲哚；在卵黄琼脂培养基上生长显示可产生卵磷脂，但不产生脂酶。此外，本菌能够分泌胶原酶、透明质酸、溶纤维蛋白酶以及DNA酶等均与组织的水肿、坏死、分解、产气、病变的蔓延以及和全身中毒性症状有关。细菌形成芽胞后具有较强的抵抗力，在90℃处理30min或100℃处理5min才会失活，食物中的菌株芽胞可耐煮沸1～3h。发病鸭场中的粪便、器具等以及健康鸭群的肠道中均可分离到该菌，其致病性与环境和机体的状态密切相关。

二、流行病学

本病有明显的季节性，多发于夏季，潮湿、炎热的时间段发病率增高，种鸭发病率较高。带菌鸭和耐过鸭为该病重要的传染源，粪便，被污染的土壤、饲料、垫料、器具及其肠道内容物对本病的传播起着重要的媒介作用，该病主要经消化道感染。产气荚膜梭菌为鸭体内的常在菌，当机体免疫功能下降导致肠道中菌群失调或球虫感染及肠黏膜损伤是引起或促进本病发生的重要因素。此外，饲养管理不良及某些应激因素，如饲料中蛋白质含量的升高、抗生素滥用、高纤维性垫料、环境中产气荚膜梭状芽胞杆菌增多、鸭群感染流感病毒或坦布苏病毒等均可促进本病的发生。

三、症状

鸭患病后，表现为萎靡不振、食欲减退甚至废绝；虚弱、羽毛蓬乱、四肢无力、不能站立；排出黑色粪便，粪便稀薄如水，混有未经消化的饲料，并散发腥臭味，且粪便往往会污染肛门四周羽毛，有时可见黑色液体从口吐出；患鸭在大群中常被孤立或踩踏而造成头部、背部和翅膀羽毛脱落。有的患鸭肢体痉挛，腿呈左右劈叉状，伴有呼吸困难等症状。该病临床经过极短，严重者常见不到临诊症状即已死亡，一般不表现慢性经过。

四、病理变化

病变主要表现在小肠肿胀（图 4-519），其内容物呈红褐色（图 4-520）。回肠和空肠部分肠壁变薄、扩张，黏膜表面有黄白色纤维素渗出，严重者可见整个空肠和回肠充满血样液体（图 4-521）。病变呈弥漫性，十二指肠黏膜出血。病程后期肠内充满恶臭气体，空肠和回肠黏膜增厚，表面散布有枣核状的溃疡灶，上面覆有一层黄绿色或灰白色伪膜，溃疡可蔓延至肌层（图 4-522）。个别病例气管有黏液，喉头出血。母鸭的输卵管中常见有干酪样物质；肝脏肿大呈土黄色，表面有大小不一的黄白色坏死斑；脾脏肿大，呈紫黑色；食道扩张，肌胃中有大量食物残留。部分病鸭的输卵管中堆积有干酪样物质。而其他内脏器官无明显的肉眼可见病变。

该病的组织学变化主要表现为肠黏膜的严重坏死，坏死的黏膜表面多富有纤维蛋白、脱落的细胞碎片，并夹杂大量病原菌。

五、诊断

1. 临诊诊断

可根据患鸭肠壁脆弱、扩张、充满气体，肠黏膜上附着疏松或致密的黄色或绿色的伪膜典型的剖检病变作出初步诊断，进一步确诊还需要进行实验室诊断。

2. 实验室诊断

（1）镜检　通过无菌的方式采取病死鸭的肠黏膜坏死部位的肠内容物，进行涂片和革兰氏染色处理后，置于显微镜下观察，可见到大量单一或成双或呈链状的两端钝圆的革兰氏阳性杆菌。

（2）生化试验　若为产气荚膜梭状芽胞杆菌，则根据生化试验可知其能够发酵葡萄糖、麦芽糖、蔗糖，可产酸产气，可使牛乳乳糖出现“暴烈发酵”；不能发酵阿拉伯糖、靛基质、赤藓糖、甘露醇、鼠李糖、山梨醇；M.R. 试验、V-P 试验、亚硝酸盐还原试验阴性；

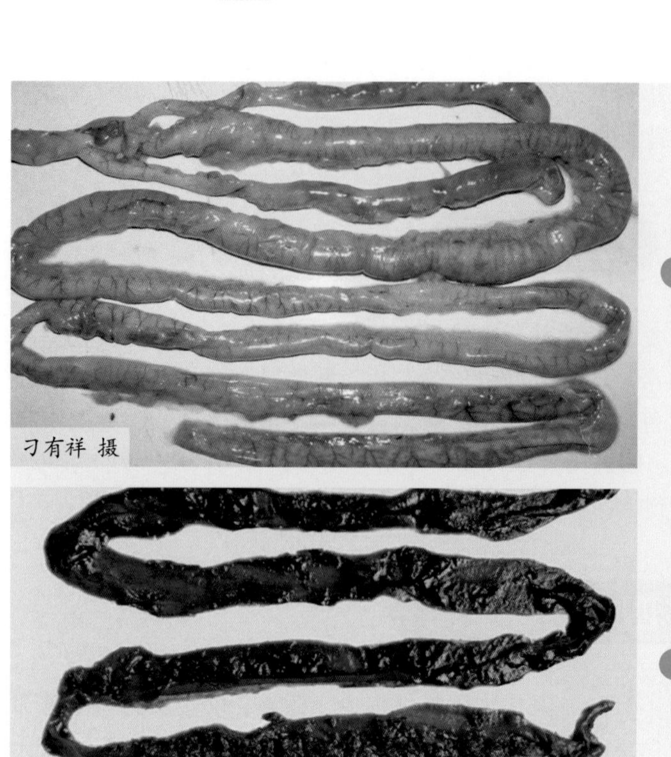

图4-519 肠管肿胀

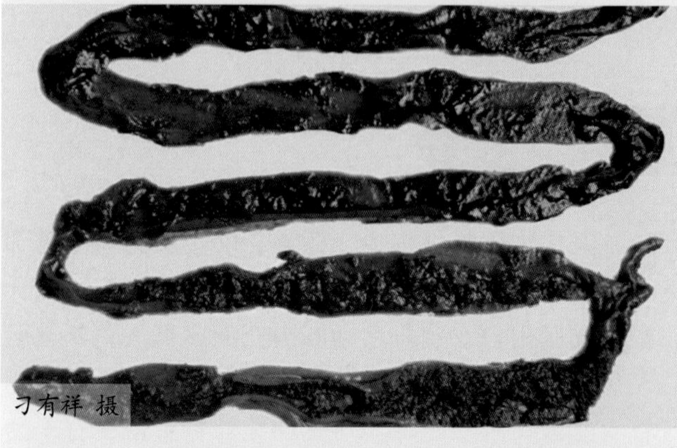

图4-520 肠管充满血液，黏膜弥漫性出血

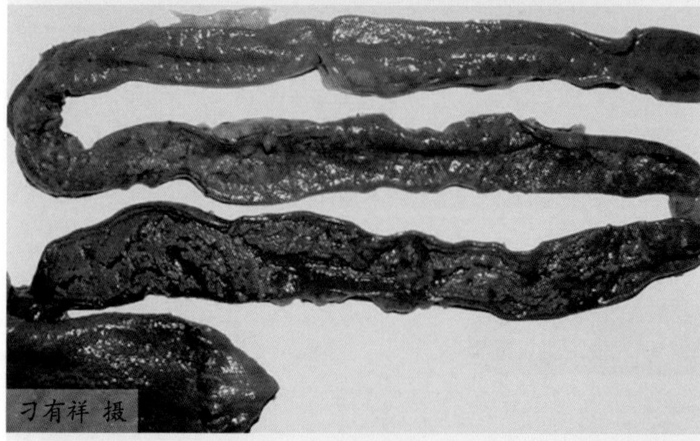

图4-521 肠黏膜表面覆盖纤维素性伪膜，肠黏膜弥漫性出血（一）

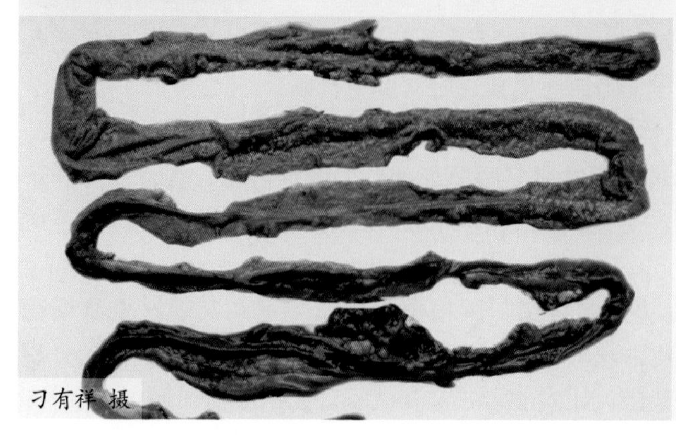

图4-522 肠黏膜表面覆盖纤维素性伪膜，肠黏膜弥漫性出血（二）

可液化明胶，能产生硫化氢，不具备运动力；不能利用枸橼酸盐，也不能水解尿素酶。

（3）病原分离鉴定　产气荚膜梭菌的分离与培养，可采用肠内容物、病变肠道黏膜附着物及出血的淋巴样小结作为病料样本，新鲜病料样本划线接种血液琼脂平板，37℃下厌氧培养24h后，形成灰白色、圆形、光滑、湿润、边缘整齐不透明的菌落。有的菌落边缘呈锯齿状或放射状，菌落周围有双层溶血环，内层呈清晰透明的完全溶血，外环呈淡绿色的不完全溶血。对引起溶血的菌落加以挑取后进行纯培养，再进行相应的染色和镜检处理，可见散在或成对存在的革兰氏阳性两端钝圆的杆菌。

（4）动物试验　由于正常鸭肠道内多存在该菌，因此可对分离物中的菌落进行计数，一般高于10^7个/g可认为是该菌感染；此外，对毒素的检测也是一项重要的检测指标。取回肠内容物，离心沉淀后取上清液分成两份，一份不加热，一份60℃处理30min，分别静脉注射家兔（1～3mL）或小鼠（0.1～0.3mL）。如有毒素存在，不加热组动物数分钟至数小时内死亡，而加热组不死亡。

（5）血清学诊断　目前检测产气荚膜梭状芽胞杆菌血清型的方法主要有动物血清中和试验、酶联免疫吸附试验、反向间接乳胶凝集试验等。产气荚膜梭状芽胞杆菌血清型鉴别多采用血清中和试验。

（6）分子生物学诊断　随着产气荚膜梭菌分子生物学研究的不断深入，该菌主要毒力基因相继被克隆测序，在此基础上出现了许多分子生物学方法来鉴定菌型和判定致病性，如质粒分析法、DNA指纹图谱法及PCR等方法。PCR方法具有特异性强、敏感性高、耗时短等优点，是目前产气荚膜梭状芽胞杆菌分子生物学诊断中常用的方法。可针对细菌16sRNA以及主要毒力基因如CPA、CPB、CPE、ETX、ITXA等设计引物进行PCR检测，同时可对PCR扩增产物进行测序，从而判定病原是否为产气荚膜梭状芽胞杆菌，以及产气荚膜梭状芽胞杆菌产生的毒素类型。

3.类症鉴别

该病应注意与球虫病、鸭瘟相鉴别。

鸭坏死性肠炎与鸭球虫病有相似的病理变化，不同之处在于鸭球虫病是由鸭球虫引起的鸭高发病率、高病死率的一种寄生虫病。通过粪便样品的镜检观察是否含有球虫卵囊进行鉴别诊断，各种年龄的鸭均对球虫有易感性，雏鸭发病严重，成年鸭的感染率较低，而坏死性肠炎则主要发生于种鸭。

鸭坏死性肠炎与鸭瘟均有小肠和直肠黏膜充血、出血的病理变化。不同之处在于鸭瘟是鸭瘟病毒引起的一种高病死率的急性传染病。可侵害各品种、年龄、性别的鸭，多发生于10～55d的鸭群。鸭瘟的肠道病变多在十二指肠和直肠，而鸭坏死性肠炎的肠道病变则多集中于空肠和回肠；鸭瘟患鸭的食道黏膜有黄褐色坏死伪膜或溃疡，坏死性肠炎患鸭没有这种变化。

六、预防

由于产气荚膜梭菌为条件性致病菌，因此，预防该病的最重要的是严格坚持科学的饲养管理方式以及严格的消毒措施。

（1）加强饲养管理　改善鸭舍卫生条件，保证鸭舍适宜的温度与干燥的环境，在多雨和湿热季节应适当增加消毒次数；合理控制饲养密度，保证通风换气良好。不要随便更换饲料，必须要换料时，要有计划地过渡；饲料中添加适量的维生素、矿物质以及微量元素，以有效提高机体的抵抗力；饲料配比应合理，避免在全价饲料中额外添加鱼粉、小麦、大豆、动物油脂等高能量或高蛋白原料，以防止饲料营养不平衡造成对肠道的刺激；饲料应存放在干燥通风的地方，若发现饲料出现霉变甚至腐败，必须禁止饲喂；不滥用抗生素，防止过量使用抗生素导致肠道菌群紊乱；定期进行驱虫工作，减少肠道黏膜受损。有研究指出，免疫接种球虫疫苗，可减少坏死性肠炎的发生。此外，一些酶制剂和微生态制剂等对此病起到一定的预防作用。

（2）做好卫生消毒工作　饲养场内发现患鸭后应该及时进行隔离处理，同时将场内的病死鸭及粪便尽快进行无害化处理；鸭场可用 2% ～ 3% 火碱或 20% 漂白粉消毒，鸭舍用氯制剂、0.5% 过氧乙酸等消毒药进行喷雾消毒。

七、治疗

多种抗生素如多黏菌素、新霉素、泰乐菌素、林可霉素，以及头孢类药物对该病均有良好的治疗效果和预防作用。对于发病初期的鸭群采用饮水或拌料均可，病程较长且发病严重的患鸭可采用肌内注射的方式，同时注意及时补充电解质等。可采用硫酸新霉素按 0.02% 的比例拌料，连喂 4 ～ 5d，也可用 0.2% 氟苯尼考饮水，连用 4 ～ 5d，同时饲料中添加复合多维，提高机体抵抗力；大观霉素和林可霉素对该病也有较好的治疗效果，可用大观霉素每升水 500 ～ 1000mg，连用 3 ～ 5d。坏死性肠炎易复发，治疗时需连用两个疗程。

第二十一节　链球菌病

链球菌病（Streptococosis）是由一些非化脓性血清型链球菌感染引起的急性败血性传染病，鸭链球菌病在世界各地均有发生，有的表现为急性败血性，有的呈慢性感染，死亡率 0.5%～50%。由于链球菌是健康动物肠道正常菌群的组成部分，一般认为该病多为继发感染。

一、病原

本病的病原主要是链球菌，与鸭类有关的链球菌包括兰氏抗原血清群 C 群的兽疫链球菌（*S. zooepidemincus*）和 D 群的粪链球菌（*S.faecalis*）、粪便链球菌（*S.faecium*）、坚韧链球菌（*S.durans*）以及鸟链球菌（*S.avium*）。链球菌是革兰氏阳性球菌，不能运动，不形成芽胞，兼性厌氧。呈圆形或卵圆形，直径小于 2.0μm，单个、成对或呈短链存在（图

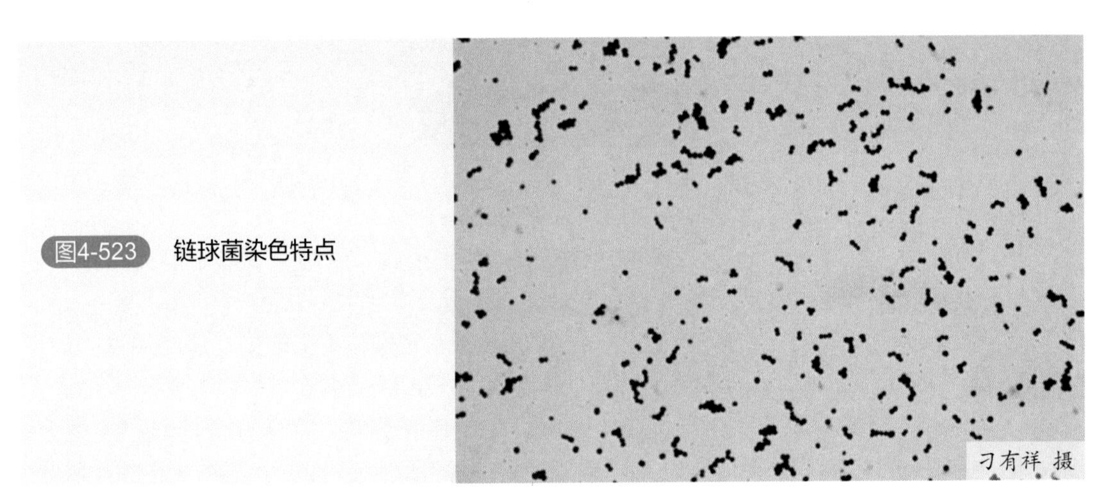

图4-523 链球菌染色特点

4-523）。最适生长温度为37℃，最适生长pH为7.4～7.6。对营养要求较高，普通培养基上生长不良，需添加血液、血清、葡萄糖等。在血液琼脂平板上形成直径0.1～1.0mm、灰白色、表面光滑、边缘整齐的小菌落，周围有明显的β溶血环，D群链球菌呈溶血或不溶血。血清肉汤培养，起初轻度混浊，继而变清，于管底形成颗粒状沉淀。本菌能发酵葡萄糖、蔗糖、乳糖、山梨醇、L-阿拉伯糖和水杨苷，不能发酵海藻糖、棉籽糖、甘露醇等。致病性链球菌可产生各种毒素和酶，如链球菌溶血素、致热外毒素、链激酶、透明质酸酶等，这些产物与本菌的致病性密切相关。本菌的抵抗力不强，对热较敏感，煮沸可很快被杀死。各种常用浓度的消毒剂均能杀死本菌，对青霉素、磺胺类药物敏感。

链球菌与鸭的细菌性心内膜炎有关，粪链球菌是自然病例中最常分离到的链球菌。当然，鸭的细菌性心内膜炎除与链球菌有关外，还与金黄色葡萄球菌及多杀性巴氏杆菌有关。

致病性链球菌可产生各种毒素或酶，可致人及马、牛、猪、羊、犬、猫、鸡、实验动物和野生动物等多种疾病。链球菌的不同致病菌株，分别产生链激酶（streptokinase，SK）、链道酶（streptodornase，SD）、透明质酸等，其性质和作用与葡萄球菌的酶类似。致病性链球菌细胞壁上的脂磷壁酸（LTA）等与动物皮肤及黏膜表面的细胞具有高度的亲和力，其荚膜成分、M蛋白等具有抗吞噬作用，后者是菌毛样物，还有黏附作用。

二、流行病学

本菌在自然条件广泛存在，在鸭类饲养环境中分布亦广。该病无明显的季节性，通常为散发或地方流行。本病的主要传染源是病鸭和带菌鸭。各种日龄的鸭类均可感染发病，但主要是雏鸭。发病率差异较大，死亡率一般在10%～30%。本病传播途径主要通过口腔和空气传播，其次也可通过损伤的皮肤传播。受污染的饲料和饮水可间接传播本病，蜱也是传播者。成年鸭可经皮肤创伤感染；新生雏鸭经脐带感染，或蛋壳受污染后感染鸭胚，孵化后成为带菌鸭。气雾感染本菌时，可引起鸭发生急性败血症和肝脏肉芽肿，死亡率很高。本病无明显季节性，当外界条件变化及鸭舍地面潮湿、空气污浊、卫生条件较差时，鸭机体抵抗力下降者均易发病。

三、症状

D 群链球菌感染表现为急性和亚急性（或慢性）两种病例。

（1）急性型　呈败血症经过，鸭群突然发病，病鸭委顿、嗜睡，食欲下降或废绝，羽毛粗乱，腹泻，头部轻微震颤，成年鸭产蛋下降或停止。

（2）亚急性（或慢性）　表现精神沉郁，体重下降，瘫痪和头部震颤，还能加重鸭的纤维性化脓性眼睑炎和角膜炎。鸭感染粪链球菌后，2 ～ 3d 后白细胞增多，其中增多幅度大的鸭发生心内膜炎，在增多的白细胞中，异嗜性白细胞占优势，而单核细胞只轻度增多。经种蛋传播或入孵种蛋被粪便污染时，可造成晚期胚胎死亡以及雏鸭不能破壳的数量增多。

四、病理变化

兽疫链球菌与 D 群链球菌所引起的急性型的大体病变相似，特征是脾脏肿大呈圆球状；肝脏肿大，表面可见局灶性密集的小出血点或出血斑，质地柔软；肺部淤血、发绀，局部水肿；喉头充血并伴有黄白色干酪物；心包腔内有淡黄色液体即心包炎，心冠脂肪、心内膜和心外膜有小出血点；肾脏肿大，皮下组织、心包有时见有积液，呈血红色，有的还见有腹膜炎；肠道呈卡他性肠炎变化。若孵化过程中发生感染，常见到脐炎。

慢性型（或亚急性型）的病变主要是纤维素性关节炎（图 4-524）、腱鞘炎、输卵管炎、纤维素性心包炎和肝周炎、坏死性心肌炎、心瓣膜炎。瓣膜的疣状赘生物常呈黄色、白色或黄褐色，表面粗糙并附着于瓣膜表面。瓣膜病变常见于二尖瓣其次是主动脉或右侧房室瓣。另外瓣膜性心内膜炎常伴有心脏增大、苍白、心肌迟缓。发生心肌炎的病例在瓣膜基部或心尖部有出血区，肝、脾或心肌发生梗死，肺、肾及脑有时也有发生。肝脏梗死多发生于肝脏的腹后缘，并扩展到肝实质，界限分明。随着病程的延长，梗死颜色较浅，形成狭长锋利的带状区。

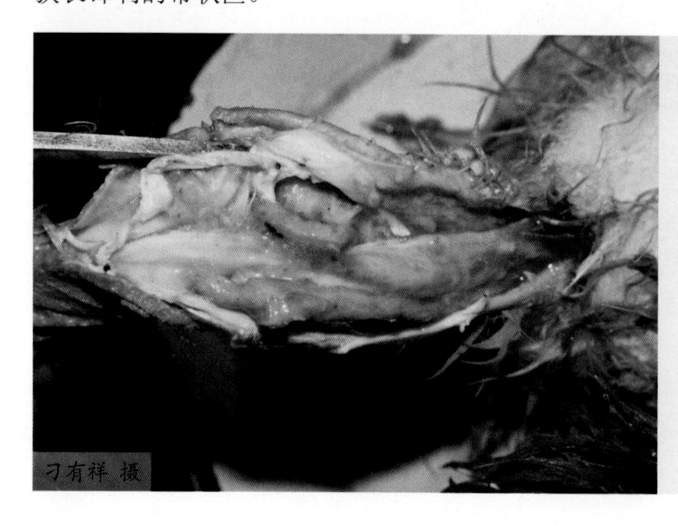

图4-524　关节肿大，关节腔中脓性分泌物

五、诊断

1.临诊诊断

链球菌病根据其流行情况、发病症状、病理变化结合涂（触）片镜检作出初步诊断。涂（触）片检查是采用血涂片或病变的心瓣膜或其他病变组织作触片，进行镜检，可见典型的链球菌。从症状明显的患鸭组织中分离到兽疫链球菌或任何兰氏D群血清群链球菌时，即可确诊为链球菌病。血液、肝脏、脾脏、卵黄或其他疑似病变组织均可作为细菌分离的材料。细菌性心内膜炎可根据瓣膜上有疣状赘生物，结合心肌、肝脏和脾脏的梗死可进行诊断，对可疑的病例，需要进行细菌分离培养，以便确诊。

2.实验室诊断

（1）涂片镜检　无菌采集病鸭或病死鸭的脓汁、关节液、心血、肝脏、脾脏等病料进行触片或涂片，经革兰氏染色进行镜检，见到大量球形或卵圆形、大多为链状排列的病菌即可确诊。

（2）病原分离　将无菌采集的病料接种血液琼脂培养基，如有链球菌可见到灰白色、透明、湿润、露珠样菌落，并出现β溶血环。

（3）生化试验　对病鸭的肝脏、脾脏以及关节液等发病代表位置进行取样。将其分别加入糖发酵管中，保持发酵管中温度36～38℃并培养1d，期间不断观察病菌与葡萄糖、单糖的反应，以及淀粉能力等来进行诊断。

（4）分子生物学诊断　随着分子生物学技术的发展，链球菌核酸的检测方法越来越受到人们的关注。根据16S rRNA作为靶基因，设计引物进行PCR检测，可对链球菌病进行快速诊断。

3.类症鉴别

本病与其他败血性细菌性疾病，如葡萄球菌病、大肠杆菌病、鸭疫里默氏菌病和丹毒等，容易混淆。发生葡萄球菌病时，皮下呈紫黑色，水肿、充血，皮下肌肉有条纹状出血。败血性大肠杆菌病以肝周炎、心包炎、气囊炎为特征性病变，肝脏肿大呈紫红色或铜绿色。感染鸭疫里默氏菌出现明显的“眼镜”眼症状，此外，表现出角弓反张，仰卧两脚呈划水状等神经症状，丹毒主要造成体温升高至43℃以上，全身多处脂肪组织出血。

六、预防

加强饲养管理，提高鸭群对病原菌的抵抗力，搞好卫生防疫工作，地面平养的鸭要定期更换垫料，保持场、舍和环境的清洁卫生，消除虫、鼠和野禽鸟的进入可能。建立健全消毒制度，定期对鸭舍进行全方位杀菌消毒，对鸭舍墙壁、顶棚、饲槽等地方进行全面、彻底的消毒，消灭可能存在的病原菌。实行封闭式管理模式，严格控制进出鸭场的车辆、人员，在引进外来品种时，要进行隔离观察，只有确认新引进鸭完全健康后才能混群饲养。

七、治疗

一旦确诊发病，应及时给药。链球菌对阿莫西林、新霉素、安普霉素、头孢类药物均很敏感，可用头孢噻呋肌内注射，10～15mg/kg体重，连用3d，或用卡那霉素注射液肌内注射，10mg/kg体重，每天1次，连用3d，全群鸭用0.01%强力霉素饮水，连用3d，可控制该病的流行。在治疗期间加强饲养管理，消除应激因素，搞好综合防控措施可迅速控制疫情。

第二十二节　奇异变形杆菌病

奇异变形杆菌病（Proteus mirabilis diaease）是由奇异变形杆菌（*Proteus mirabilis*）引起的一种急性热性传染病。本病的特征是张口呼吸，气管、肺脏出血、化脓，体温升高，腹泻。

一、病原

奇异变形杆菌属于肠杆菌科、变形杆菌属，是一种常见的条件性致病菌。该菌为两端钝圆的革兰氏阴性杆菌，大小为（0.4～0.6）μm×（0.8～3）μm，无芽胞及荚膜，周身有鞭毛，能活动。奇异变形杆菌在普通琼脂平板上、巧克力平板上、血液琼脂平板上分别长出淡黄色、白色、黄色菌落，在肉汤中均匀混浊成长，表面有菌膜。在固体培养基上呈扩散性生长，形成一层波纹薄膜，成为迁徙生长现象（图4-525）。菌落不能单个分开，如往培养基中加入0.1%石碳酸、0.01%三氮化钠或0.4%硼酸，或将琼脂浓度提到6%，或将培养温度提高到40℃，均可抑制其扩散生长而得到单个菌落。本菌需氧兼性厌氧，在10～43℃范围内均可生长，最适生长温度为20℃。该菌可分解葡萄糖产酸及少量气体，

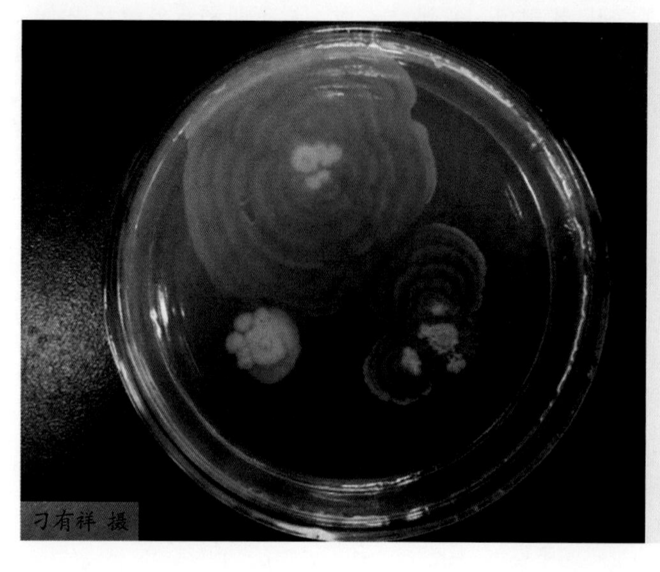

图4-525　奇异变形杆菌培养特点

分解木胶糖产酸，能迅速分解尿素，产生硫化氢，分解海藻糖、木糖、纤维二糖。不分解乳糖、麦芽糖、鼠李糖、棉子糖、阿拉伯糖、松三糖、甘露醇、山梨醇、侧金盏花醇、卫矛醇、肌醇、甘露醇、七叶树苷和水杨苷。M.R. 试验阳性，V-P 试验阴性，不产生靛基质，不产生吲哚，并迅速液化明胶。不产生氧化酶，具有苯丙氨酸脱氨酶和鸟氨酸脱羧酶。

奇异变形杆菌的主要毒力因子包括菌毛、鞭毛、尿素酶、外膜蛋白、细胞侵袭力和铁获得物等。该菌致病机理复杂，包括毒力因子黏附到宿主黏膜表面，损伤和侵入宿主组织，逃避宿主免疫系统及铁离子的获取等。鞭毛是奇异变形杆菌的毒力因子之一，存在于细菌表面。鞭毛蛋白能够诱导炎症趋化因子在机体细胞中表达，并且有利于奇异变形杆菌在细胞中定植。此外，该菌的大量定植能够引起先天性免疫反应。奇异变形杆菌胞外金属蛋白酶是泌尿道感染的重要毒力因子，同时也是一种广谱蛋白酶，能够降解血清中的 IgG 和 IgA 等免疫球蛋白，从而逃避宿主的防御系统。奇异变形杆菌能够形成生物被膜对细菌具有较强保护作用，常规的物理、化学消毒方法不能将其消灭；此外，其与浮游细菌相比，生物被膜内细菌对宿主免疫系统和抗生素的抵抗力更强，进而导致许多疾病难以根除。

二、流行病学

变形奇异杆菌属于条件致病菌，在自然条件下，变形奇异杆菌既可由内源性感染，也可由外源性感染。其中，内源性感染主要为垂直传播导致，外源性感染主要是摄入被病原污染的饲料或饮水经消化道感染，或吸入含细菌微粒的尘埃经呼吸道感染。此外，各种应激因素如温度变化、饲料变换、卫生条件变差，接种疫苗，转群等均可使机体免疫力降低，从而引发该病。常多发于春夏交替时的潮湿季节及冬春季节交替气温变化较大时。

各种日龄的鸭群都可感染本病，主要多发于 7 周龄以下的雏鸭，其发病率与死亡率分别可达 80% 和 50% 以上。育成鸭和成年产蛋鸭包括种鸭在内发病率一般在 30% 以下，死亡率不超过 10%。若治疗不及时，严重者可造成大群鸭生长抑制，生产性能下降，特别是种鸭感染后，可通过种蛋传播给雏鸭，从而造成雏鸭大批死亡。人工感染的敏感途径按发病率和死亡率高低依次为肌肉、皮下、腹腔、消化道和呼吸道，其中经消化道感染后 3 ～ 7h 可有 70% 发病，死亡率 60%，潜伏期为 5h 左右，病程 24 ～ 36h。

三、症状

病鸭体温升高，可达 42℃以上，呼吸困难、急促，常张口呼吸，咳嗽，打喷嚏，口流黏液。精神沉郁，食欲减退或废绝，羽毛蓬松、脏乱，翅膀下垂，缩颈闭眼，站立不稳，常独居于角落；腹泻，粪便呈白色或白绿色，泄殖腔周围常粘有粪便。部分患鸭跗关节肿胀、瘫痪不能站立。有的病鸭出现脚软，头向上方扭转等神经症状，多在发病后 1 ～ 3d 死亡。

四、病理变化

感染鸭剖检可见喉头、气管黏膜出血，气管内有黏性分泌物或有血凝块；肺脏水肿、淤血，切面呈大理石样病变，或在气囊、肺脏或输卵管中形成大小不一的脓肿；肾脏肿大充血、出血；肠管呈弥漫性淤血，整个肠管呈紫红色，肠道黏膜脱落水肿、脱落；肝脏肿大质脆，呈土黄色，表面有针尖大的坏死灶；脾脏肿大，充血、出血，呈紫红色。感染严重的病例，会出现纤维素性心包炎和肝周炎。

组织学变化表现为胸腺出血，在皮质和髓质有红细胞；肺出血明显，在支气管、肺房和间质中有大量红细胞分布；脑组织血管与周围组织间隙增大，管套现象不明显，神经细胞无明显病变。肝细胞肿大，细胞质疏松，内有大小不等脂滴，窦状隙变窄或不明显。心肌出血，在心肌纤维之间有大量红细胞。肾小管上皮胞质染色变浅，疏松。

五、诊断

由于奇异变形杆菌病并不具有特征性的症状及病理变化，确诊该病需借助实验室诊断方法进行细菌分离鉴定。可将病料接种于普通琼脂培养基上，根据迁徙生长现象，及生化实验快速分解尿素即可确诊。

（1）病原分离与鉴定　无菌采集病死鸭的肺脏或肝脏，用接种环划线接种于琼脂培养基，37℃ 恒温培养 24 ～ 48h。挑取培养皿上的疑似单菌落进行纯化培养，再挑取优势菌落，分别接种于普通琼脂平板、SS 琼脂平板、麦康凯平板、血琼脂平板，观察细菌在几种培养基上的菌落生长情况。将获得的纯培养物涂片，革兰氏染色显微镜下观察。分离菌在琼脂培养基、血琼脂培养基上呈现迁移生长，有腐败臭味；在血琼脂培养基上有 β 溶血现象；在麦康凯培养基上菌落呈圆形，光滑、湿润、灰白色；在 SS 琼脂培养基上形成圆形、稍隆起、中等大小，中心呈黑色周围无色的菌落。革兰氏染色后，可在显微镜下观察到菌体呈单个或成对的球状、杆状、球杆状、长杆状的无芽胞杆菌。

（2）PCR 检测技术　随着分子生物学技术的发展，奇异变形杆菌核酸的检测方法越来越受到人们的关注。以 16S rRNA、ureC 作为靶基因，进行 PCR 检测。

（3）环介导等温扩增检测技术（LAMP）　LAMP 是一项新型的核酸扩增技术，核酸链通过在等温环境下的循环置换扩增实现对靶序列的放大，该方法对仪器要求简单，时间较短，操作方便，适合基层兽医工作。

（4）实时荧光定量 PCR 检测技术（Real-Time PCR）　Real-Time PCR 是在 PCR 反应体系中加入荧光基团，利用荧光信号积累实时监测整个 PCR 进程，最后通过标准曲线对未知模板进行定量分析的方法。PCR 定量技术克服了传统 PCR 易污染、后处理步骤繁杂冗长、缺乏准确定量等缺点，具有特异性强、灵敏度高、重复性好、定量准确、速度快和全封闭反应等优点。

（5）类症鉴别 奇异变形杆菌病与大肠杆菌病症状类似，两者都可以引起精神沉郁、食欲减退、呼吸困难、排稀便、鼻腔有黏液等症状。不同的是，大肠杆菌病以败血症病变为特征，剖检可见肝脏肿大，肝脏呈青铜色或铜绿色；脾脏肿大，呈紫黑色。另外，可以从细菌分离观察到的菌落形态加以鉴别。

六、预防

奇异变形杆菌病的预防主要在于加强饲养管理，改善环境卫生和减少应激。鸭场应完善卫生管理措施，定期清扫、洗消饲养场地及用具。由于本病可通过种蛋传播，应特别注重种鸭群的饲养管理，避免垂直传播的发生。

消化道、呼吸道是本病的主要传播途径，应激对本病的发生有促进作用，预防本病时必须把好病从口入关，加强环境消毒，提升鸭场管理水平，做好鸭群的防应激工作。

（1）在确保营养成分齐全的前提下，微生物指标也必须合格，后期储存时如果有霉变、过期或变质的情况要禁止使用。把好玉米、豆粕等原料质量关，防止被病原污染。疫病流行期间注意饮水的消毒，可在水中加入 0.1% 的酸化剂再饮用。

（2）加强空气的净化和消毒，舍内保持 50% ～ 60% 的湿度，防止粉尘过多，而粉尘是病原菌依附的重要载体，粉尘量减少以后，疾病的流行就能减缓。消毒时尽量选择使用安全、刺激性小、杀菌力强的消毒剂，如过硫酸氢钾溶液、稀碘溶液、过氧乙酸等。

七、治疗

隔离发病鸭群，对发病鸭群鸭舍清理垫料，严格消毒，清洁栏舍，可以选用含氯消毒剂对场地栏舍消毒。出入场区人员及车辆严格消毒，防止因人员流动造成病原扩散。治疗可用新霉素、安普霉素、氟苯尼考、阿莫西林、强力霉素或林可霉素，可用强力霉素按 0.01% 饮水或拌料，连用 3 ～ 5d；或用新霉素，每升水 50 ～ 75mg，连用 3 ～ 5d；若拌料可每千克饲料加 77 ～ 154mg，连用 3 ～ 5d。由于奇异变形杆菌病对多种抗生素不敏感，且因各养殖场用药情况不同，容易造成奇异变形杆菌病产生不同的耐药性。在用药前，应分离病原菌进行药敏试验，选择敏感的药物治疗。

第二十三节 绿脓杆菌病

鸭绿脓杆菌病（Duck cyanomycosis）是由铜绿假单胞菌（Pseudomonas aeruginosa）引起的一种以败血症、关节炎、眼炎为特征的传染性疾病。首次由 Gessard 于 1882 年从伤口脓液中分离出来，在自然界中分布广泛，可引起多种动物的脏器脓肿。本病多以伤口感染为主，能够引起化脓性病变，病变部位的脓汁和渗出液多呈绿色。随着养鸭业集约化水平的提高，该病的发生率逐渐增加，较大损害了养鸭业者的经济效益。

一、病原

铜绿假单胞菌，属于假单胞杆菌属，广泛分布于土壤和水中，在正常人和动物的肠道、皮肤上亦有存在，常引起创伤感染及化脓性炎症，感染后因脓汁和渗出液等病料带绿色，故也称为绿脓杆菌。

本菌是需氧或兼性厌氧菌，非发酵型的革兰氏阴性菌，(0.5 ～ 0.7) μm×(1.5 ～ 3.0) μm，单在，成双或呈短链。在电子显微镜下可见菌体为端生单鞭毛，四周有很多菌毛，单向运动，两端钝圆。绿脓杆菌整个基因组约为 5.2 ～ 7.1Mb，DNA 的（G+C）含量为 67.2%。

最适生长温度为 30 ～ 37℃，在温度高达 42℃时也可正常生长，但在 4℃不生长。营养要求普通，固体培养产生两种菌落，一种大而光滑，多为临诊分离株（图 4-526）；另一种小而粗糙，多为环境分离株。在普通培养基表面形成光滑、湿润、边缘整齐、有蓝绿色金属光泽的圆形菌落。培养过程中产生蓝绿色的绿脓素（pyocynin）和黄绿色的荧光素（yoverdin）两种色素，常常会发现培养基先呈黄绿色，然后逐渐变为蓝绿色，且散发出特殊气味；在绵羊血琼脂表面可长出黄白色、湿润、中等大小的菌落，因为该菌能形成绿脓酶，可使鲜血琼脂里的红细胞溶解，在 37℃培养 18h 就能形成肉眼可见的 β 溶血环。绿脓杆菌在麦康凯琼脂培养基上长势良好，培养基长有无色、无光泽的圆形菌落；本菌在肉汤中生长可见肉汤浑浊，呈黄绿色，且液面处形成一层厚厚的菌膜，室温放置 1 ～ 2d，普通肉汤会变黏稠；在半固体培养基中进行穿刺生长，可见中上层绿脓杆菌沿穿刺线向周围分散生长旺盛，有运动性；由于绿脓素可溶于水或氯仿，以至于培养基变成黄绿色，而荧光素仅溶于水，所以在 NAC 区别培养基上培养能长出绿色荧光菌落。

本菌能分解蛋白质，其发酵糖类能力则相对较低，能分解葡萄糖、半乳糖、木糖；不

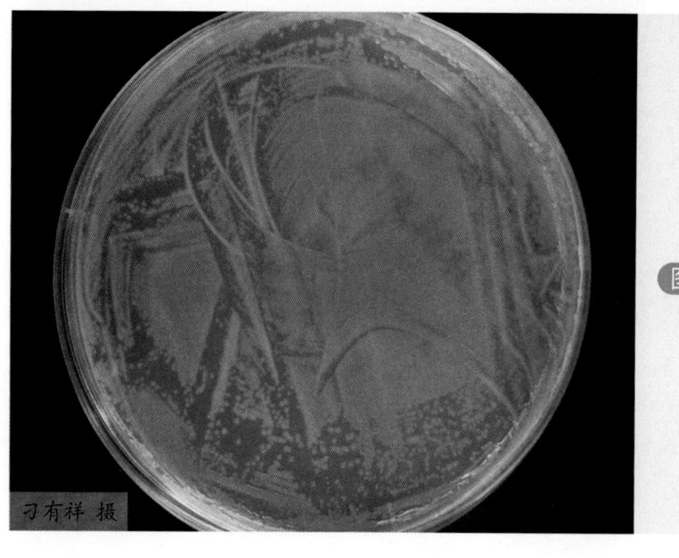

图4-526 绿脓杆菌菌落特点

能分解乳糖、蔗糖、麦芽糖、菊糖和棉子糖。液化明胶，不产生靛基质，不产生硫化氢，M.R. 试验和 V-P 试验均为阴性。

本菌可分泌内毒素和外毒素两种毒素。内毒素是细胞壁的成分，由蛋白质、脂多糖和磷脂类物质组成，分子质量约 10000Da，毒力稍弱，2 ～ 3mg 可致死 20g 重的小鼠；而外毒素 A 是一种致命毒素。而本病的致病因素，主要是内毒素、致死毒素、肠毒素、溶血毒素和胞外酶共同作用的结果。本菌具有 O 抗原、H 抗原、黏液抗原（荚膜抗原）、R 抗原、菌毛抗原等，其中 O 抗原有内毒素和内毒素原两种。

本菌耐药性特别显著，一方面具有强大的物理屏障，包括生物被膜、脂多糖外膜和荚膜；另一方面具有多种药物外排泵。1∶2000 的洗必泰、度米芬和新洁尔灭，1∶500 的消毒净在 5min 内均可将其杀死。0.5% ～ 1% 的醋酸也可迅速使其死亡。

本菌与很多革兰阴性杆菌在形态染色上类似，病料直接涂片镜检无诊断意义。分离培养时，菌落有葡萄味，42℃可生长，产绿脓素，抗卡那霉素，而荧光假单胞菌全阴性，可鉴别二者。但细菌培养的传统检测方法存在特异性与敏感性低、耗时长、诊断方法烦琐、确诊率低等缺陷，不宜用于大批量样品的即时检测。近几年，研究绿脓杆菌的分子生物学检测方法发展迅速，主要有常规 PCR、多重 PCR、PCR-DHPLC、Real-time PCR、基因芯片等，其中常规 PCR 法以其简单、快速、特异性强和灵敏度高的优点广泛应用于临诊、食品、环境样本等的检测。据报道，目前常规 PCR 用到的靶基因有 *alg*D、*opr*L、ETA、16SrDNA 等。

二、流行病学

绿脓杆菌在健康的人和动物体内、土壤、空气、水中都有分布，在世界范围内都有流行。绿脓杆菌不仅可以感染鸭，也可以感染其他禽类，如鸡、火鸡、鸽子、鹅等。各个日龄的鸭均可感染本菌，其中雏鸭最为易感，随着日龄的增加，易感性逐渐降低。本病一年四季均可发生，但以春季出雏季节多发。该菌广泛存在于土壤、水和空气中，禽类肠道、呼吸道、皮肤也存在。感染途径多为种蛋污染、创伤和应激因素及机体内源性感染。水源和空气中存在大量的绿脓杆菌，当动物机体抵抗力低下时，也常通过呼吸道感染绿脓杆菌。种蛋在孵化过程中污染绿脓杆菌是雏鸭暴发本病的主要原因；其次，刺种疫苗、药物注射及其他因素造成的创伤，也是绿脓杆菌感染的重要途径。

三、症状

绿脓杆菌感染因其侵入途径、易感动物的抵抗力不同，可有不同的症状。

（1）急性败血型　急性病例多呈败血症经过，多见于雏鸭。病鸭喜卧，嗜睡，精神委顿，食欲差甚至废绝，羽毛蓬乱，无光泽，两翅下垂。有些病鸭站立不稳、运动失调、震颤、卧地不起；眼睑、鼻孔、口角均化脓；腹部膨大，手压柔软，并排出水样稀便，严重病例粪中带血，泄殖腔黏膜外翻并有出血点；腿、腹部皮肤呈绿色，有的颈部皮下水肿，严重的病雏鸭两腿内侧皮下水肿，眼半开半闭，流泪，眼周围不同程度的水肿，水肿部破裂后流出液体，形成痂皮。发病后期出现呼吸困难，呼吸音粗而有啰音，病雏鸭最后极度衰竭，突然倒向一侧，头颈等部抽搐至全身抽搐死亡。

（2）慢性型　主要发生于成年鸭，患鸭眼睑肿胀，角膜炎和结膜炎，眼睑内有大量分泌物，严重时单侧或双侧失明，关节炎型患鸭瘫痪，关节肿大。局部感染在患处流出黄绿色脓液。被本菌污染的种蛋在孵化过程中常出现爆破蛋，孵化率降低，死胚增多。

四、病理变化

病死雏鸭头、颈部皮下呈黄绿色胶冻样渗出，有时可蔓延至胸部、腹部和两腿内侧皮下，切开有绿色带渣样黏稠液体流出。头颈部肌肉和胸肌不规则出血，后期有黄色纤维素渗出物。颅骨骨膜充血、出血；脑膜下有针尖大小出血点。肌肉透明、水肿、有出血点，内脏器官有不同程度的充血、出血，腹腔内有积液，肝脏肿大，质脆，呈黄色，表面有大小不等的出血点和针尖大小的坏死灶，心冠脂肪出血，并有胶冻样浸润，心内膜、心外膜有出血点，肾脏肿大，有出血点，输尿管内有尿酸盐沉积，脾、胸腺肿大，并有出血。气管黏膜出血，肺呈大理石样；肠黏膜弥漫性出血，呈卡他性炎症变化。雏鸭卵黄吸收不良，呈黄绿色，内容物呈渣滓状，严重患鸭出现卵黄性腹膜炎。关节炎型患鸭，关节液浑浊增多。

组织病理学变化表现为头颈部皮下和肌肉间大量出血，水肿，血管壁崩解，肌肉横纹消失，后期有大量异嗜性细胞、淋巴细胞和少量单核巨噬细胞浸润。脑膜和实质出血，血管壁和血管周围的脑组织水肿，血管周围单核巨噬细胞和异嗜性细胞浸润。肺间质水肿增宽，血管壁疏松，细末支气管间有异嗜性细胞和少量淋巴细胞。脾脏红髓淤血，鞘动脉周围网状细胞变性、坏死，血浆组分渗出，呈均质红染。小肠和盲肠浆膜层水肿增厚，有大量异嗜性细胞和淋巴细胞浸润。

五、诊断

根据发病情况、症状及剖检变化可对本病作初步诊断，确诊应结合实验室检测。

（1）细菌培养　无菌采取病死雏鸭肝脏、脾脏及心血组织，接种于普通琼脂平板上，经37℃培养24h，该菌在培养基上生长良好，菌落有黏性，表面光滑湿润、微隆起，边缘整齐呈淡绿色的中等大小菌落，有芳香气味，菌落周围的培养基为蓝绿色。挑取单个菌落以生理盐水稀释后接种于麦康凯琼脂培养基上，经37℃培养24h，该菌生长成边缘残缺不全的雨伞状，菌落表面呈灰绿色颗粒。将该菌再接种于营养肉汤中，培养24h，可见该菌在肉汤中生长迅速，肉汤出现浑浊，呈浅绿色，并形成白色菌膜。

（2）生化试验　将细菌培养物接种于各种微量发酵管中，置于灭菌平皿中37℃培养，24h、48h各观察1次。结果显示该菌能发酵葡萄糖、木糖、半乳糖，不发酵蔗糖、棉子糖、麦芽糖、乳糖、甘露糖、山梨醇、水杨苷、肌醇，尿素酶试验阴性，硫化氢试验阴性。

（3）动物试验　用分离的肉汤培养液腹腔接种 5 只健康小白鼠，每只 0.1mL，结果小白鼠在 24h 内死亡。剖检可见败血症变化，用肝组织、血液涂片，染色，镜检，可见与病死雏鸭相同的细菌，细菌分离可获得绿脓杆菌。用分离的肉汤培养液腹腔接种 2 日龄健康雏鸭，结果接种雏鸭在 24h 内全部死亡，症状及剖检变化与自然死亡雏鸭相同。

（4）分子生物学诊断　分子生物学方法由于具有较强的特异性、敏感性，快速方便等特点，已被用于该菌的鉴定，实验室诊断可应用的分子生物学方法包括常规 PCR、多重 PCR、PCR-DHPLC、Real-time PCR 等。

常规 PCR 方法是从采集的病料组织中提取 DNA，以 DNA 为模板应用绿脓杆菌特异性引物扩增目的基因片段。对 PCR 产物进行电泳，回收特异性的 DNA 片段进行测序，并通过序列分析进行鉴定，其中常应用的靶基因为 16S rDNA，此方法在临床诊断中最为常用。

多重 PCR 技术是常规 PCR 技术的一种延伸，它的扩增体系中需要含有多对引物，可同时完成多个目的片段的扩增，达到同时检测多种致病菌或者病原菌分型的目的。Daniel 等利用 *opr*L 和 *opr*I 两基因同时检测，既具有同步放大的作用，同时还能够区分荧光假单胞菌和绿脓杆菌。

PCR-DHPLC 技术是 PCR 结合了变性高效液相色谱技术，已被广泛应用于基因诊断、分型鉴别等检测中。曹际娟等报道了采用 PCR-DHPLC 技术，以绿脓杆菌外毒素 A（ETA）基因作为靶基因研究绿脓杆菌的方法。该方法采用高压闭合液相流路，将 DNA 样品自动注入并与缓冲液一起流过 DNA 分离柱，通过缓冲液不同的梯度变化，在不同温度条件下，由荧光系统检测已被分离的 DNA 样品，来实现对不同 DNA 的分析。

Real-time PCR 与常规 PCR 相比，实现了由定性到定量的飞跃。它具有更高的敏感性和准确性，适合专业实验室应用。以绿脓杆菌特异性引物为靶片段，应用 SYBR Green Ⅰ为荧光染料对绿脓杆菌 DNA 样品进行定量检测，该体系可在 2h 内完成，可用于临诊样本的检测鉴定。据报道，以 *opr*L 为靶基因的 Real-time PCR 检测对于绿脓杆菌在预测感染方面有着重要的临床价值。

六、预防

正常情况下，绿脓杆菌广泛存在于自然界中，与大肠杆菌一样是一种条件性致病菌，只有在机体抵抗力下降、环境条件恶劣、饲养密度过大或病原菌通过破伤进入机体时才引起鸭只发病。因此，为预防该病，雏鸭在育雏期要加强饲养管理，搞好环境卫生，每天要清扫舍内粪便、垃圾和污物；建立严格的消毒制度，进行带禽喷雾消毒，可减少环境中的含菌量，减少感染机会，防止本病的发生。对淘汰的雏鸭和死亡鸭尸体要进行深埋或焚烧，作无害化处理，以防扩大污染。同时，也应加强对种鸭舍、孵化场等场所的清洁和消毒工作。一旦发现有爆破蛋，应立即清除，并对种蛋和孵化器进行彻底消毒。此外，还应加强成年鸭的饲养管理，防止破伤的发生也可以避免引发该病。治疗上首选高敏药物进行治疗，配合舍内外环境消毒进行综合防治。

七、治疗

对于发病鸭群，应选择敏感抗生素药物进行治疗。由于本菌易产生耐药性，因此，在临诊用药时应按照药物敏感试验结果选择高敏药物。一般来说，本菌对安普霉素、新霉素、环丙沙星、氟苯尼考等较敏感。头孢噻呋肌内注射，按每千克体重用 15～20mg，每日 1 次，连用 3d，或用 0.01% 的环丙沙星饮水，连用 4～5d。应注意交替用药和轮换用药。在饮水中添加电解多维，或维生素 C，连用 5～7d，能提高雏鸭的抗病能力，有助于治疗。

第二十四节　曲霉菌病

鸭曲霉菌病（Duck aspergillosis）是由曲霉菌引起的一种真菌性疾病，以呼吸困难以及肺和气囊形成小结节为主要特征，故又称为霉菌性肺炎。本病主要发生于雏鸭，呈急性群发性暴发，发病率和死亡率均较高，而成年鸭多呈慢性和散发。该菌对外界环境具有比较强的抵抗力和适应力，给养鸭业造成较大经济损失。

一、病原

导致鸭曲霉菌病的主要病原是烟曲霉、黄曲霉和黑曲霉，其他曲霉菌如土曲霉、灰绿曲霉等也有不同程度的致病性。烟曲霉和黄曲霉分类学上属于半知菌纲、从梗孢目、从梗孢科，没有有性阶段，病原特征也不一致：

（1）烟曲霉　烟曲霉是曲霉菌属致病性最强的霉菌。其繁殖菌丝呈圆柱状，色泽有绿色、暗绿色至熏烟色。菌丝分化后形成的分生孢子梗较短（小于 300μm），孢子梗向上逐渐膨大，顶端形成烧瓶状顶囊（直径 20～30μm），于顶囊的 1/2～2/3 部位产生孢子柄。孢子柄外壁光滑，常为绿色，不分支，其末端生出一串链状的分生孢子。孢子呈球形或卵圆形，并含有黑绿色色素，直径 2～3.5μm。本菌在沙氏葡萄糖琼脂培养基上生长迅速，初为白色绒线毛状，之后变为深绿色或绿色，随着培养时间的延长，颜色变暗，最终为接近黑色绒状（图 4-527）。本菌产生的毒素对家禽、兔、犬都有毒害作用，这种毒素具有血液毒、神经毒和组织毒的特征，动物试验证明，急性中毒可引起组织严重坏死，慢性中毒可诱发恶性肿瘤。

（2）黄曲霉　黄曲霉是一种常见的腐生真菌，多见于发霉的粮食、粮制品及其他霉腐的有机物上。其菌丝分支分隔，分生孢子梗壁厚，无色，多从基质中生出，长度小于 1mm，梗粗糙，顶囊早期稍长，晚期呈烧瓶状或近似球形。在所有顶囊上着生小梗。小梗呈单层、双层或单、双层同时生在一个顶囊上。本菌的孢子头呈典型的放射状，大部分菌株为 300 ～ 400μm，较小的孢子偶尔呈圆柱状，为 300 ～ 500μm，黄曲霉的孢子呈球形或近似球形，大小一般在 3.5μm×4.5μm 左右。该菌对生长条件要求不严格，在 6 ～ 47℃均可生长，一般在 25℃左右，要求基础水分 15% 以上、相对湿度 80% 以上。该菌对营养要求不严格，在多种培养基上均可生长，在察氏琼脂培养基上菌落生长较快，24 ～ 26℃下培养 10d，生长快的菌落直径可达 6 ～ 7cm，生长缓慢的其直径也在 3cm 以上。其菌落呈扁平状，偶见放射状，初期为略带黄色（图 4-528），然后变为黄绿色，久之颜色变暗，其反面无色或带褐色。该菌能够产生黄曲霉毒素，该毒素具有强烈的肝脏毒性。黄曲霉毒素 B_1 对雏鸭的毒性试验证明，LD_{50} 为 0.33mg/kg。其毒性比氰化钾大 100 倍，仅次于肉毒毒素，是霉菌毒素中毒性最强的一种。

（3）黑曲霉　黑曲霉的菌丝、孢子常呈现多种颜色，如黑色、棕色、绿色、黄色、橙色、褐色等，菌种不同，颜色也不同。壁厚而光滑，顶部形成球形顶囊，其上全面覆盖一层梗基和一层小梗，小梗上长有成串褐黑色的球状，直径 2.5 ～ 4.0μm。分生孢子头呈球状，直

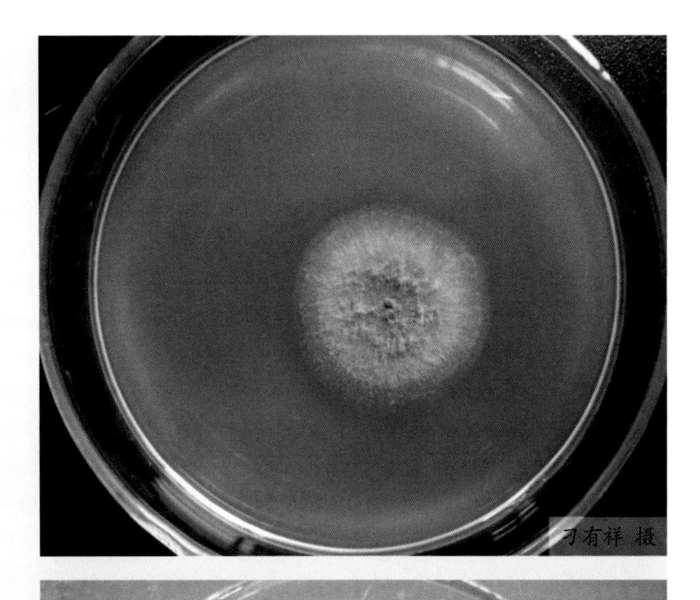

图4-527　烟曲霉菌落特点

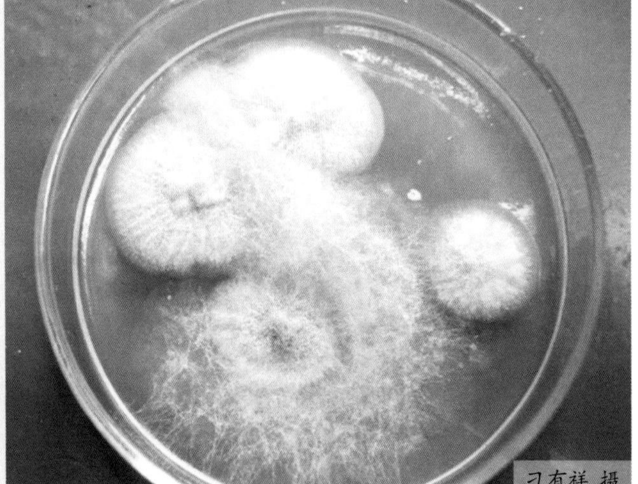

图4-528　黄曲霉菌落特点

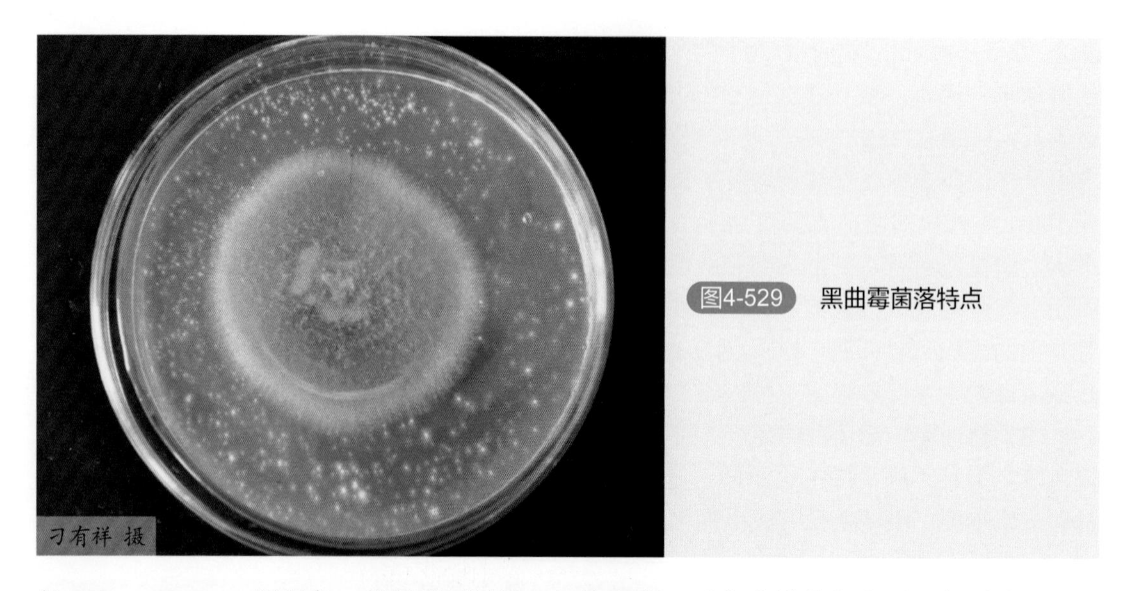

图4-529 黑曲霉菌落特点

径 700 ～ 800μm，褐黑色。菌落蔓延迅速，初为白色，后变成鲜黄色直至黑色厚绒状，背面无色或中央略带黄褐色（图 4-529）。分生孢子头呈褐黑色放射状，分生孢子梗长短不一。顶囊球形，双层小梗。菌丛呈黑褐色，顶囊大球形，小梗双层，分生孢子为褐色球形。生长适宜温度为 37℃，最低相对湿度为 88%，能导致水分较高的饲料霉变。对紫外线和臭氧的耐性强。

曲霉菌对物理及化学因素的抵抗力很强。120℃干热 1h 或煮沸后 5min 才能将其杀死。一般消毒剂需要 1 ～ 3h 才能杀死孢子。一般的抗生素和化学药物不敏感。制霉菌素、两性霉素、碘化钾、硫酸铜等对本菌具有一定的抑制作用。

二、流行病学

曲霉菌和其产生的孢子在自然界中分布广泛，鸭、鹅和鸡及其他禽类均易感，以雏禽最为易感。本病主要通过接触发霉的垫料（图 4-530）、饲料（图 4-531，图 4-532）、用具、农作物秸秆及场地（图 4-533）等经呼吸道或消化道而感染，也可经皮肤伤口感染。雏鸭感染后多呈群发性和急性经过，成年鸭仅为散发。出壳后的雏鸭进入被曲霉菌污染的育雏室，48h 后即开始出现发病死亡，4 ～ 12 日龄为该病的发病高峰期，之后逐渐降低，至 1 月龄基本停止死亡。育雏阶段的饲养管理和卫生条件不良是本病暴发的主要诱因。育雏室昼夜温差较大，通风不良、饲养密度过大、阴暗潮湿等因素，均可促进本病发生和流行。此外，在孵化室中孵化器污染严重，霉菌可透过蛋壳而使胚胎感染（图 4-534），刚孵化的雏鸭很快出现呼吸困难等症状而迅速死亡。目前推广使用的生物发酵床养殖，若发酵床霉变，则极易发生曲霉菌感染。该病一年四季均可发生，但因为阴雨天气时饲料中的曲霉菌孢子最易形成，因此阴雨的夏秋季节是本病的高发季节。

图4-530 霉变的垫料

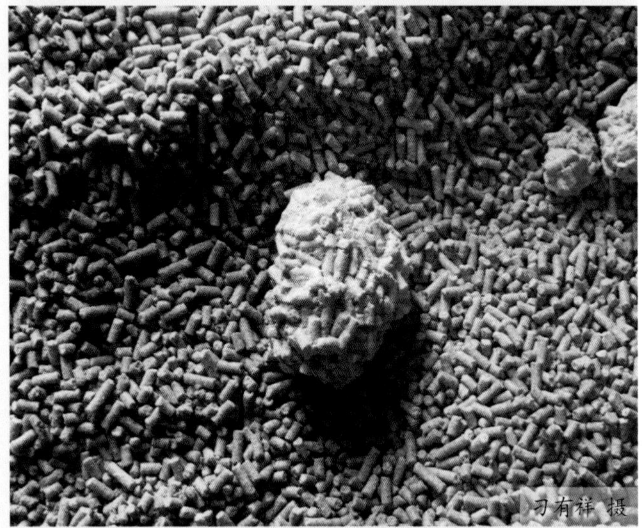

图4-531 霉变的饲料

图4-532 霉变的玉米

图4-533 饲养场地地面大量的霉菌

图4-534 鸭胚霉菌感染

三、症状

自然发病的潜伏期为 2 ～ 7d。急性病例患鸭可见精神委顿（图 4-535），不愿走动，多卧伏，食欲废绝，羽毛松乱无光泽，呼吸急促，常见张口呼吸（图 4-536），鼻腔常流出浆液性分泌物，腹泻，迅速消瘦，对外界刺激反应冷漠，通常在出现症状后 2 ～ 5d 内死亡。慢性病例病程较长，患鸭呼吸困难，伸颈呼吸，食欲减退甚至废绝，饮欲增加，迅速消瘦，体温升高，后期表现为腹泻。常离群独处，闭眼昏睡，精神萎靡，羽毛松乱。部分雏鸭出现神经症状，表现为摇头、共济失调、头颈无规则扭转以及腿翅麻痹等，病原侵害眼时，结膜充血、眼睑肿胀，严重者失明。病程约为 1 周，若不及时治疗，死亡率可高达 50% 甚至更高。成年鸭发生本病时多为慢性经过，死亡率较低。产蛋鸭感染主要表现产蛋下降甚至停产，病程可长达数周。

图4-535 雏鸭精神沉郁

图4-536 鸭呼吸困难，张口气喘

四、病理变化

肺部病变最为常见，在胸腔、腹腔浆膜上有大小不一的结节，结节多呈中间凹陷的圆盘状，灰白色、黄白色或淡黄色，切面可见干酪样内容物（图 4-537，图 4-538）。肺脏可见多个结节而使肺组织实变，弹性消失（图 4-539 ～图 4-541）。气囊增厚，囊腔中有成团的霉菌（图 4-542 ～图 4-545）。此外，鼻、喉、气管和支气管黏膜充血，有浅灰色渗出物。肝脏淤血和脂肪变性。严重者在鼻腔、喉、气管、胸腔腹膜可见灰绿色或浅黄色霉菌斑。脑炎型病例在脑的表面有界限清楚的黄白色坏死（图 4-546）。皮肤感染时，感染部位的皮肤发生黄色鳞状斑点，感染部位的羽毛干燥、易折。口腔黏膜感染时在口腔中有大小不一的黄白色结节（图 4-547）。

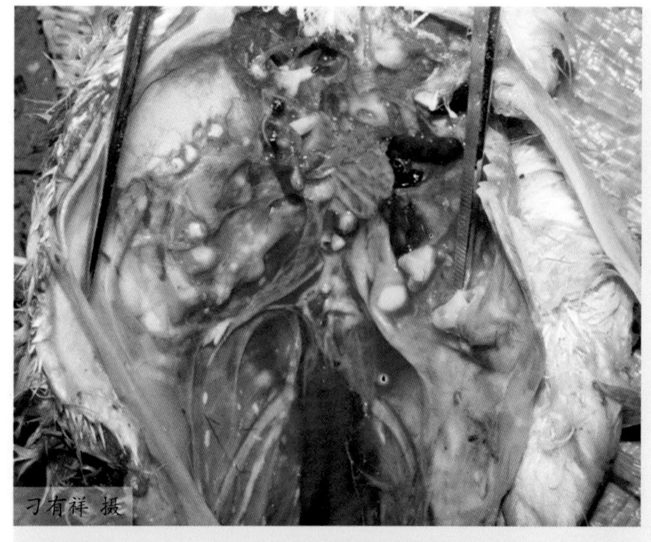

图4-537 在胸腔中有大小不一的黄白色结节

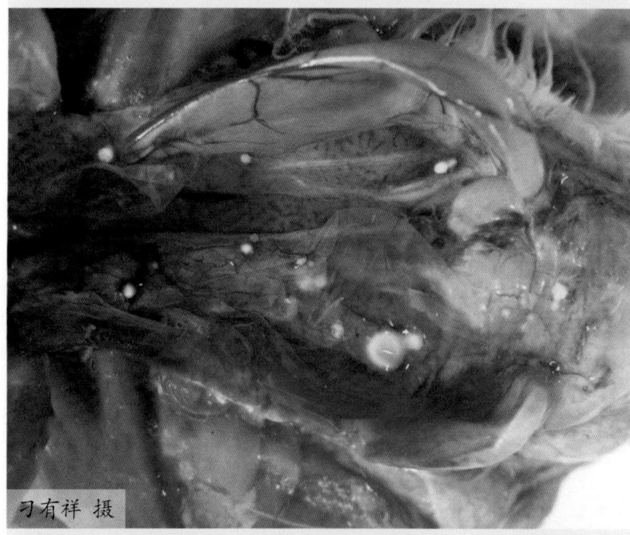

图4-538 在胸腔、腹腔中有大小不一的黄白色结节

图4-539 肺脏大小不一的黄白色结节，肺脏实变（一）

图4-540　肺脏大小不一的黄白色结节，肺脏实变（二）

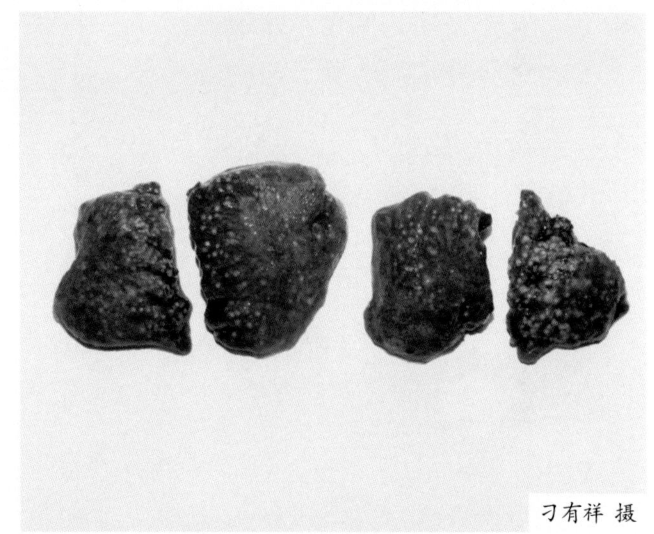

图4-541　肺脏大小不一的黄白色结节，肺脏实变（三）

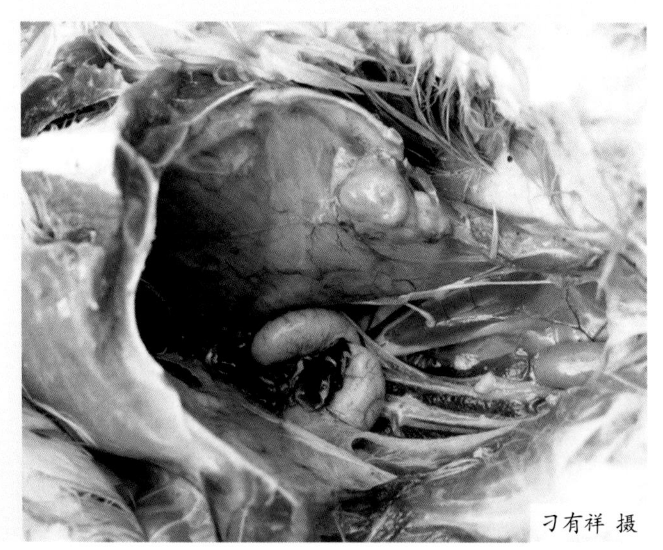

图4-542　气囊增厚

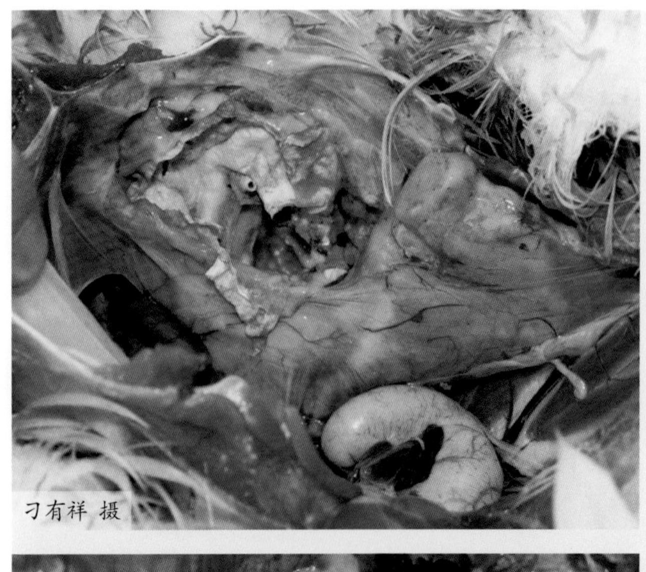

图4-543 气囊增厚，气囊中成团的霉菌

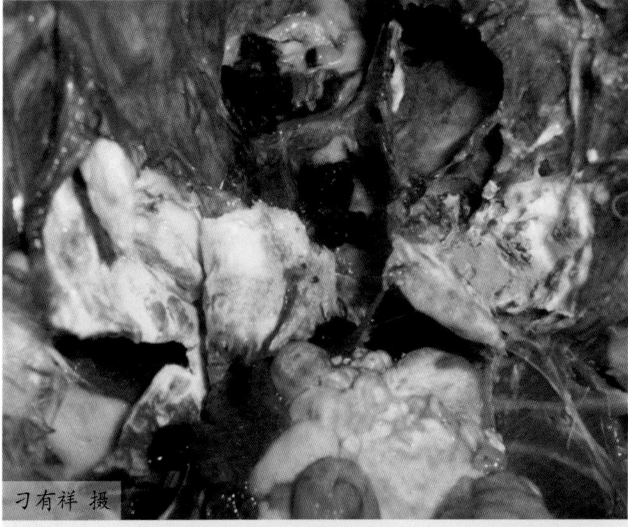

图4-544 两侧气囊中成团的霉菌

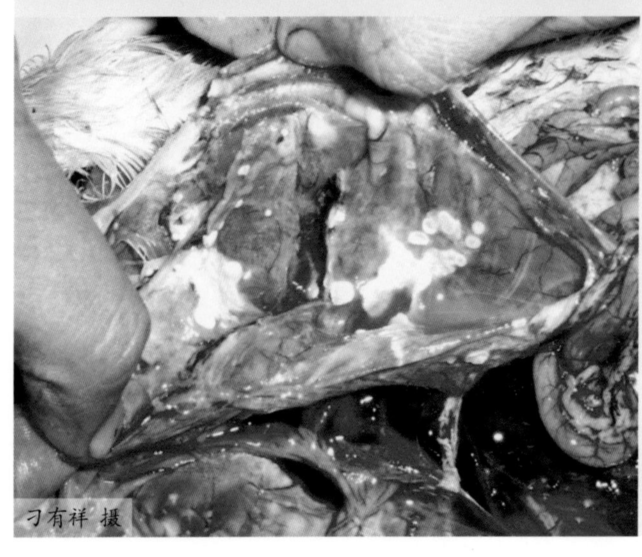

图4-545 气囊中大小不一的霉菌结节

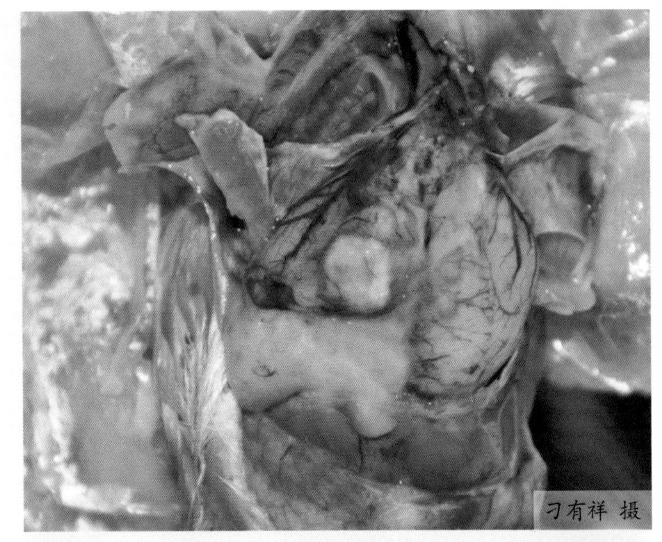

图4-546 脑组织黄白色坏死

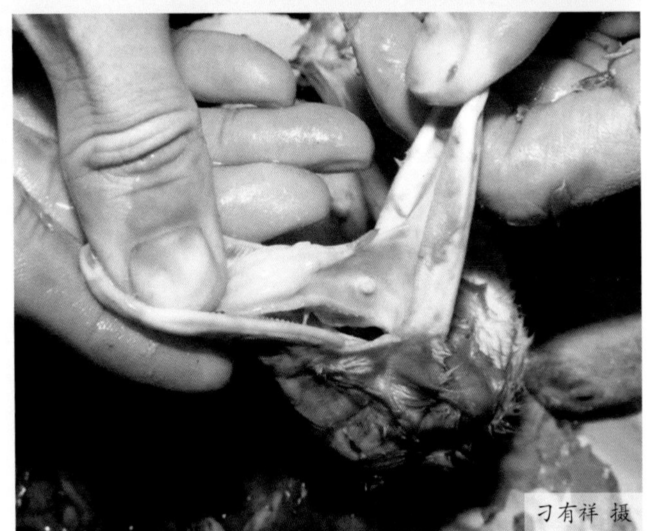

图4-547 口腔黏膜上的霉菌结节

烟曲霉和黄曲霉感染时，早期病变的组织学特征为局部淋巴细胞、巨噬细胞和少量巨细胞积聚；后期病变由肉芽肿组成，肉芽肿中心坏死，内含异嗜细胞，外围有多核巨细胞和上皮样细胞，在支气管和气囊上存在菌丝和孢子。脑病变为孤立的脓肿，中心坏死并有异嗜细胞浸润，周围有巨噬细胞，在一些病灶中心区可见菌丝。眼病变的特征为瞬膜水肿、大量异嗜细胞及单核细胞浸润，瞬膜上可见到典型的肉芽肿，在眼房和视网膜内可见菌丝、异嗜细胞、巨噬细胞和细胞碎片。

五、诊断

根据流行特点结合该病特征性病变、肺和气囊等部位出现黄白色结节等可做出初步诊断，但进一步确诊还要进行实验室诊断。

1. 实验室诊断

（1）压片镜检　在病肺或患鸭气囊结节上，取干酪样组织置于载玻片上，加生理盐水1～2滴或适量15%～20%苛性钠（或15%～20%苛性钾），用消毒后的针划破病料或直接碾碎病料，压片后直接镜检。在肺部结节中心，可见曲霉菌的菌丝；在气囊、支气管等接触空气的病料上，可见到分隔菌丝特征的分生孢子柄和孢子。

（2）分离培养　无菌挑取霉菌结节置于沙氏培养基或马铃薯培养基上，于37℃培养24h，可见有灰黄色绒毛状菌落，36h后菌落呈面粉状，蓝绿色，形成放射状突起。取培养物触片镜检，可见许多葵花状孢子小梗。

（3）曲霉菌的鉴定　取1滴乳酸苯酚棉蓝液于载玻片上，挑取少许菌体，置于载玻片的液滴中，并用针将菌丝体分开，勿使成团，加盖玻片，置显微镜下观察。根据其上述形态特征进行鉴定。

2. 鉴别诊断

该病易与结核病和伪结核病混淆。结核病多发于老龄鸭，其结节多分布于各脏器，霉菌结节多分布于呼吸器官。伪结核病除了产生结节以外，还能造成心、肺、肝、脾、肾脏等出血变化。

六、预防

（1）加强饲养管理，搞好环境卫生　加强饲养管理，搞好鸭舍卫生，注意通风，保持舍内干燥，经常检查垫料，不饲喂霉变饲料，降低饲养密度，防止过分拥挤，是预防曲霉菌病发生的最基本措施之一。因此，在饲养过程中，饲养人员应对鸭舍实施集约化管理，营造良好的生长环境。首先，应严格控制垫料情况，选用干净的谷壳、秸秆等做垫料。垫料要经常翻晒，阴雨天气时要注意更换垫料，以防霉菌的滋生。同时，在饲料选择方面，尽量选择正规厂家生产的全价饲料，饲料要存放在干燥仓库，避免无序堆放造成局部湿度过大而发霉，杜绝饲喂变质饲料。育雏室应注意通风换气和卫生消毒，保持室内干燥、整洁。育雏期间要保持合理的密度，做好防寒保温，避免昼夜温差过大。对于受曲霉菌污染的育雏室，必须对其进行彻底清扫，用福尔马林熏蒸后密闭5～7h，随后铺上干净的垫料。

（2）饲料中添加防霉剂　在饲料中添加防霉剂是预防本病发生的一种有效措施。防霉剂包括多种有机酸，如丙酸、醋酸、山梨酸、苯甲酸等。在我国长江流域和华南地区，在梅雨季节要特别注意垫料和饲料的霉变情况，一旦发现，立即处理。

七、治疗

鸭群出现发病后，要立即清理粪便，更换干净垫料，加强通风换气。克霉唑、制霉菌素等具有一定的治疗效果。克霉唑可按每千克饲料300～600mg，连用5～7d。或用制霉菌素混饲，每千克饲料加50万～100万国际单位，连用7d。或伊曲康唑每千克饲料

30 ～ 50mg，连用 5 ～ 7d。也可用 0.05% 的硫酸铜溶液饮水，连用 2 ～ 3d。5 ～ 10g 碘化钾溶于 1L 水中，饮水，连用 3 ～ 4d。

中草药对于防治曲霉菌病也有较好的疗效，其治疗原则为解毒、清热、消肿、散结、定喘、宣肺。可用鱼腥草、水灯芯、金银花、薄荷叶、枇杷叶、车前草、桑叶各 100g，明矾 30g，甘草 60g，100 ～ 200 羽雏鸭煎水服用，每天两次，连用 3d。鱼腥草 100g，蒲公英、筋骨草、桔梗、山海螺各 30g，煎水喂服 50 羽雏鸭，每天 1 次，连用 7d。

第二十五节 念珠菌病

念珠菌病（Moniliasis）是由白色念珠菌引起的一种消化道真菌病。本病主要以消化道黏膜上出现白色伪膜和溃疡为特征。正常情况下，健康鸭的消化道、呼吸道中都有白色念珠菌存在，当机体抵抗力降低时，如饲养环境不良、缺少维生素以及长期使用抗生素等，导致消化道菌群失衡，从而引起发病。念珠菌多侵害幼禽，该病发生后快速传播，具有较高的发病率，严重影响养殖业者的经济效益。

一、病原

白色念珠菌属于半知菌纲、念珠菌属，为酵母样真菌，在自然环境中广泛存在，健康的畜禽肠道和呼吸道中有时也能分离到本菌，作为条件致病菌存在于机体。DNA 的酶切分析及核酸探针检测发现，本菌不同菌株的 DNA 酶谱存在细微差别，可分为 10 个亚型。在病变组织、渗出物及普通培养基上能产生芽生孢子和假菌丝，不形成有性孢子。出芽细胞呈卵圆形，直径 2 ～ 4μm，革兰染色呈阳性（图 4-548），但内部着色不均匀，假菌丝是由真菌出芽后发育延长而成。体外培养时对营养的要求不高，兼性厌氧。本菌在吐温 -80 玉米琼脂培养基上可产生分支的菌丝体、厚膜孢子及芽生孢子。在沙氏琼脂培养基上 37℃培养 24 ～ 48h 即能长出酵母样的菌落，外观如乳脂状，半球形，明显凸出于培养基表面（图 4-549），略带酒味。在显色培养基上 37℃培养 24 ～ 48h，形成绿色、明显凸起的菌落（图 4-550）。幼龄培养物由卵圆形出芽酵母细胞组成，老龄培养物显示菌丝有横隔，偶尔出现球形的肿胀细胞，细胞膜增厚。该菌能发酵葡萄糖、果糖、麦芽糖和甘露糖，产酸、产气；在半乳糖和蔗糖中轻度产酸，不产气；不能发酵糊精、菊糖、乳糖和棉子糖。明胶穿刺出现短绒毛状或树枝状旁枝，但不液化培养基。家兔或小鼠静脉注射本菌的生理盐水悬液，4 ～ 5d 后可引起死亡，剖检可见肾脏皮质发生许多白色脓肿。

念珠菌对热的抵抗力不强，加热至 60℃ 1h 后即可死亡。但对干燥、日光、紫外线及化学制剂等抵抗力较强。2% 甲醛溶液或 1% 氢氧化钠溶液处理 1h 可抑制该菌，5% 氯化碘液处理 3h，也能达到消毒的目的。

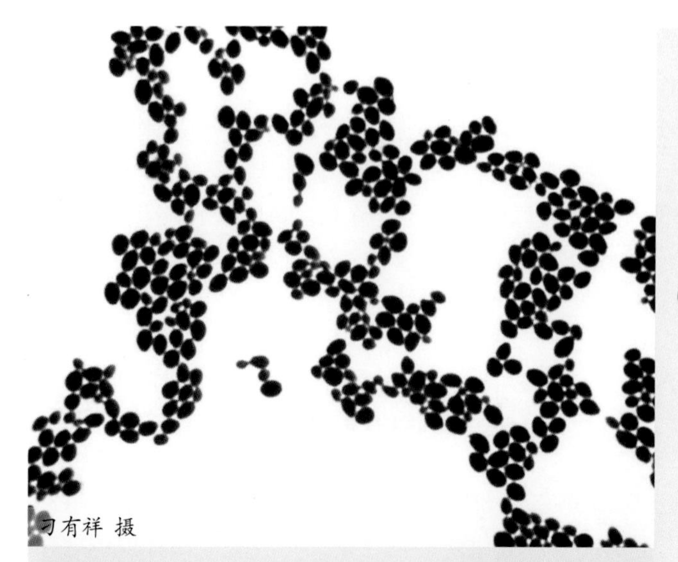

图4-548 白色念珠菌染色特点

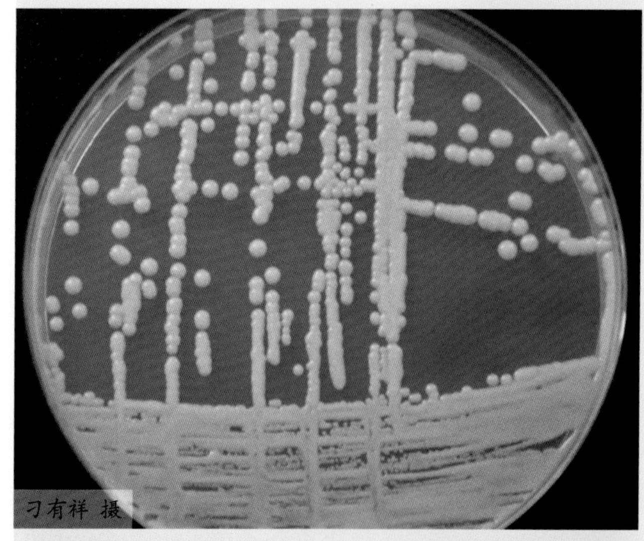

图4-549 白色念珠菌沙氏培养基菌落特点

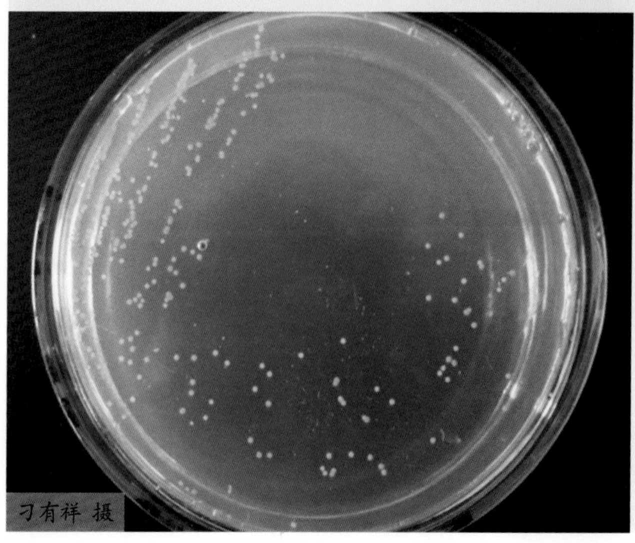

图4-550 白色念珠菌鉴别培养基菌落特点

二、流行病学

白色念珠菌是念珠菌属中的致病菌，通常寄生于家禽的呼吸道及消化道黏膜上，健康鸭也可带菌，是一种条件性致病菌。当机体营养不良，抵抗力降低，饲料配合不当以及持续应用抗生素、免疫抑制剂，使体内常居微生物之间的拮抗作用失去平衡时，容易引起发病。本病多由于鸭只误食被白色念珠菌污染的饮水或饲料，加之消化道黏膜损伤而造成病原侵入，主要见于幼龄的鸡、鸽、火鸡和鸭、鹅。此外，野鸡、松鸡和鹌鹑也有感染报道。幼禽对本病的易感性比成年禽高，且发病率和死亡率也高，随着感染日龄的增长，它们往往能够耐过。

病禽的粪便含有大量的病菌，这些病菌污染环境后，通过消化道而传染，黏膜的损伤有利于病原体的侵入。饲养管理不当、卫生条件不良，以及其他疫病都可以促使本病的发生。本病也能通过蛋壳传染。

近年来由于饲养规模增大、饲养密度增加、环境污染、应激、免疫抑制病的普遍发生以及对该病不够重视等因素，其流行特点有了新的变化：①较少出现大规模暴发和高死亡率，但经常出现零星发病和小规模流行；②该病即使在死亡率不高的情况下，也会严重影响鸭的生长发育和生产性能，显著增加养殖成本，减少收益；③念珠菌尤其是白色念珠菌对环境适应性很强，可以在养殖环境和动物体内长期存活和增殖，一旦条件具备就会导致发病，并且迁延不断；④念珠菌病可以降低鸭体免疫力，往往会引起伴发疾病，导致混合感染，从而增加损害程度；⑤由于是条件致病，且致病症状特异性差，该病往往被漏诊、误诊或延诊，丧失最佳治疗机会。

三、症状

鸭只患念珠菌病时，多无明显的特征性症状。患鸭多生长不良，发育受阻，精神沉郁，羽毛松乱，消化机能障碍，采食、饮水减少。雏鸭多表现出呼吸困难，气喘。一旦全身感染，食欲废绝后约两天死亡。

四、病理变化

病死鸭病变多位于消化道，特别是口腔和食道的病变最为明显而常见。急性病例，眼观食道膨大部黏膜增厚，表面有白色、圆形、隆起的溃疡病灶，形似洒上少量凝固的牛乳（图 4-551 ～图 4-553）。慢性病例，口腔、下部食道、腺胃和食道膨大部黏膜增厚，黏膜面覆盖厚层皱纹状黄白色坏死物，形如毛巾的皱纹，剥去此坏死物，黏膜面光滑。口腔黏膜表面常形成黄色、干酪样的典型“鹅口疮”。偶见腺胃黏膜肿胀、出血，表面覆有黏液性或坏死性渗出物，肌胃角质层糜烂。

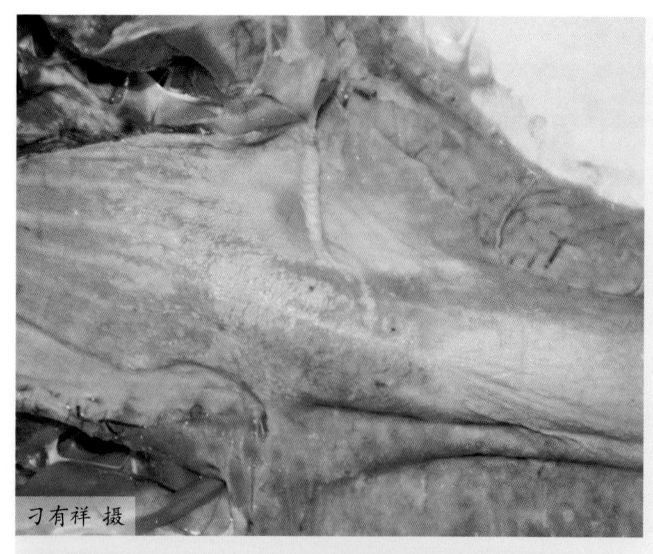

图4-551 食道膨大部黏膜增厚，表面有黄白色渗出（一）

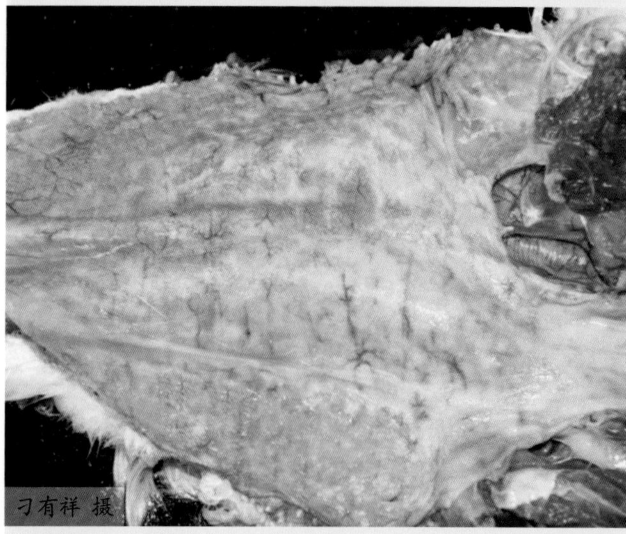

图4-552 食道膨大部黏膜增厚，表面有黄白色渗出（二）

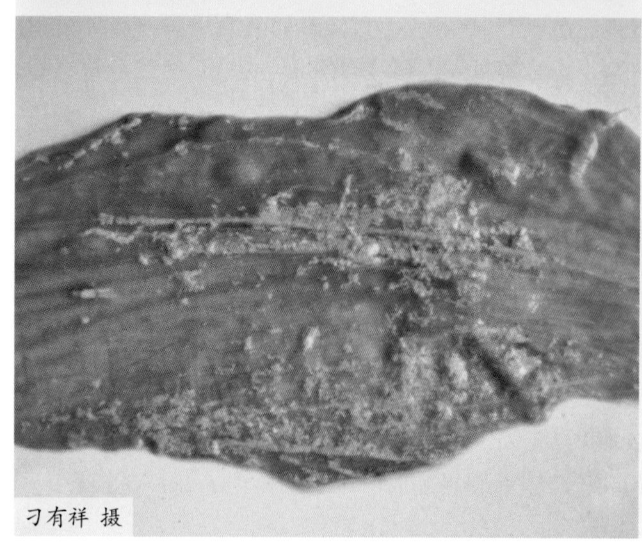

图4-553 食道膨大部黏膜增厚，表面有黄白色凝乳状渗出

组织病理学表现为食道复层上皮出现广泛性破坏，深达生发层，并常出现分隔的溃疡或固膜样至固膜性伪膜，病变的特征是没有炎性反应。在上皮细胞碎屑内可见到许多酵母样菌体，而在角化层的下部则可发现假菌丝，但后者却很少穿透到生发层。刮取食道膨大部黏膜坏死物制涂片，染色后镜检，可发现酵母样真菌。

五、诊断

根据患鸭消化道黏膜特征性增生和溃疡病灶，即可做出初步诊断，但确诊必须采取病变组织或渗出物进行白色念珠菌检查。

（1）涂片镜检　取病死鸭口、咽或气囊等处的病变组织、肠分泌物，置于载玻片上，压碎后加 15% 氢氧化钾溶液数滴，待组织细胞溶解液透明，再盖上盖玻片，镜检。可见到白色的孢子和菌丝。

（2）分离培养　将上述病料接种在沙氏琼脂培养基上，置于 37℃恒温箱培养 24h，然后检查典型菌落，产生白色奶油状凸起的菌落，略带酸酿味。采取菌落镜检，可见有芽生酵母样细胞和菌丝。

（3）动物接种试验　取培养物制成 10% 本菌生理盐水混悬液给家兔静脉注射 1mL。家兔经 4 ～ 5d 死亡，剖检可见肾脏肿大，在肾皮质部散布许多小脓肿，皮下注射可在局部产生脓肿，在受害组织出现菌丝和孢子。

（4）类症鉴别　该病易与鸭瘟混淆，在口腔和食道黏膜上有坏死性伪膜和溃疡病灶。但鸭瘟在泄殖腔黏膜上可见出血和坏死，肝脏有不规则的大小不一的坏死点和出血点。念珠菌病常发生于雏禽，而鸭瘟可发生于雏禽和成年禽。

六、预防

（1）加强饲养管理，改善卫生条件　本病的发生与环境卫生条件密切相关。由于病原集中在消化道，且能随肠道内容物以粪便的形式排出体外，对环境造成污染，一定要加强粪便的清理，特别是散养模式下的养殖场，很容易经口摄入而大面积扩散。因此，加强卫生管理对预防本病至关重要，要确保舍内通风良好，环境干燥，控制合理的饲养密度。加强消毒，舍内可用 2% 福尔马林或 1% 的氢氧化钠进行消毒。由于蛋壳表面常带菌，所以孵化前应用碘制剂处理种蛋防止垂直传播。此外，可在饲料中定期加喂制霉菌素或在饮水中添加硫酸铜。

（2）微生态制剂预防　含有乳酸菌的微生态制剂通过口服进入胃肠道后，能在消化道黏膜表面进行定植，使得黏膜表面形成一层益生菌生物膜，即使家禽不慎食入了白色念珠菌，由于益生菌生物膜的占位保护作用，白色念珠菌无法侵染定植。另外，乳酸菌在代谢过程中还可以分泌乳酸，对白色念珠菌起到进一步的抑制作用。经常发生本病的养殖场，可在饮水或饲料中加入以乳酸菌为主的微生态制剂，可大大降低本病的发生率。

七、治疗

如果大群出现感染，可在疾病蔓延的早期进行大群投药，按照0.1%的浓度在饮水中加入乳酸菌类微生态制剂进行饮水，连用15d以上，通过“以菌治菌”的方式降低本病的损害。克霉唑可按每千克饲料300～600mg，连用5～7d。或用制霉菌素混饲，每千克饲料加50万～100万国际单位，连用7d。或伊曲康唑每千克饲料30～50mg，连用5～7d。也可用0.05%的硫酸铜溶液饮水，连用2～3d。5～10g碘化钾溶于1L水中，饮水，连用3～4d。对于病情严重病例，可轻轻撕去口腔伪膜，涂碘甘油或甲紫溶液进行杀菌。

由于白色念珠菌对人也能造成感染，故在治疗过程中一定要做好个人自身防护，操作时戴橡胶手套，穿专用防护衣，所有与病灶接触的器械需要用开水蒸煮消毒。如若接触病禽后出现身体不适，如生殖系统炎症、皮炎和肺部感染等要第一时间就医。

第二十六节　传染性窦炎

鸭传染性窦炎（Duck infectious sinusitis）又称为鸭支原体病（Avian mycoplasmosis，AM）或鸭慢性呼吸道病，是由支原体（*Mycoplasma*）引起的鸭群以慢性呼吸道疾病为特征的传染病。鸭支原体通常为条件致病菌，在鸭群体弱或某些应激条件下有致病性，可引起呼吸道疾病、气囊炎、窦炎、孵化率降低、生长迟缓等症状，通常与流感病毒和大肠杆菌等混合感染。

一、病原

鸭支原体最早在1964年由Robert从患有鼻窦炎的雏鸭中分离，之后西班牙和美国等国家相继报道鸭支原体的成功分离，Kprpas、Amin等分别从北京鸭、短颈小野鸭和斑背潜鸭中分离到；国内毕丁仁、田克恭分别于1989年和1991年分离到。近年来国内有关鸭支原体与细菌或病毒混合感染的病例多有报道。

支原体与梭菌、链球菌及乳杆菌在基因水平关系较近，基因组大小为0.58～1.35Mb，含有DNA和RNA，以二分裂或芽生方式繁殖。支原体的致病性一般由脂膜蛋白、表面结构、荚膜、脂质、酶类、代谢产物和外毒素样物质等决定，其中黏附因子、脂蛋白等十分重要。当支原体进入鸭体内后，首先通过其表面的黏附因子吸附于宿主上呼吸道黏膜相应受体进行生长繁殖，进而使纤毛运动受阻，细胞变性、脱落，引起上呼吸道的炎症。鸭感染支原体后，支原体可在其体内长期存在，这主要是由于支原体表面脂蛋白可发生高频相变，从而发生抗原变化，逃避宿主免疫，在宿主体内持续存在，引起慢性感染。

支原体对营养物质的要求较高，且生长缓慢，需要在琼脂培养基上孵育2～6d才可长出用低倍显微镜观察到的微小菌落。支原体由于没有细胞壁，因此对多种理化因素敏感：45℃加热 15 ～ 30min 或 55℃加热 5 ～ 15min 即可被杀死；对紫外线敏感，阳光直射便迅速丧失活力；易被脂溶剂乙醚、氯仿裂解，但对新霉素、磺胺类药物、醋酸铊、结晶紫、亚硝酸盐类有较强的抵抗力，对其他消毒剂如重金属盐类、石炭酸、来苏儿等敏感，对表面活性物质地黄苷敏感；对影响细胞壁合成的抗生素如青霉素、先锋霉素有抵抗作用，对放线菌素 D、泰乐菌素、螺旋霉素、红霉素、丝裂霉素最为敏感；对四环素、金霉素、土霉素、链霉素、林可霉素次之，但易形成耐药菌株。

支原体在肉汤培养物中 −30℃可存活 2 ～ 4 年；在含有 0.3% 琼脂的半固体培养基中 −20℃可保存 1 年或更久；在 −26 ～ −60℃，含菌落的琼脂块可保存 1 年，加入 10% 脱脂乳经干燥后可保存 3 ～ 4 年；在卵黄中 37℃能存活 8 周。菌体呈球形或卵圆形，直径 0.2 ～ 0.5μm，细胞一端或两端具有“小泡”极体，与菌体吸附性有关。革兰氏染色呈弱阴性，姬姆萨或瑞氏染色着色较好。

支原体为需氧或兼性厌氧，一般常用牛心浸出液培养基，用前加入 10% ～ 20% 马血清，在液体培养基中可分解葡萄糖产酸而使培养基变黄，一般加入酚红作为指示剂，在马鲜血琼脂培养基上能够引起溶血。支原体可以在 5 ～ 7d 鸡胚卵黄囊中增殖，部分鸡胚在接种 5 ～ 7d 死亡，胚体发育不良、全身水肿、关节肿大、尿囊膜和卵黄囊出血等，死胚的卵黄膜及绒毛尿囊膜中支原体含量高。

二、流行病学

本病一年四季均可发生，但在冬春寒冷季节由于保温和通风等因素控制不当而造成该病较为严重的流行。以春季和冬季多发。各日龄的鸭均可发病，但以 7 ～ 15 日龄雏鸭易感性最高，30 日龄以上鸭及成年鸭发病较少，且死亡率较低。患鸭和隐性感染的鸭是主要传染源，鸭舍和运动场卫生条件不良是该病发生和流行的重要因素。此外，病原可通过空气、飞沫和尘埃颗粒等途径水平传播，也可以通过种蛋垂直传播，传播方式的多样性决定了该病在生产中发生和流行的普遍性。鸭群一旦发病，病原极易在禽舍循环，发病率可高达 80% 以上，但死亡率不高，主要为慢性经过。本病在新发鸭舍传播较快，而在疫区多呈慢性经过。疾病的严重程度与饲养管理、环境卫生、营养、其他疫病的继发或并发感染有密切关系，如大肠杆菌病、巴氏杆菌病等。

三、症状

本病通常多呈慢性经过，患鸭症状通常较为轻微。初期病鸭气喘，从鼻孔流出浆液性渗出物，而后变为黏液性，在鼻孔周围形成结痂，病久则呈干酪样；患病后期，眶下窦积液，一侧或两侧肿胀（图 4-554，图 4-555），按压无疼痛感，一般保持 10 ～ 20d 不散；部分病鸭呼吸困难，频频摇头；严重的病鸭眼结膜潮红，流泪，并排出脓性分泌物，有的甚

图4-554 肉鸭两侧眶下窦肿胀

图4-555 种鸭眶下窦肿胀

至失明。病鸭大都能耐过，但精神不振，生长缓慢，商品代生产功能下降。蛋种鸭感染后多造成产蛋下降和孵化率降低，弱雏增多，常继发大肠杆菌感染，鸭群出现食欲减退和腹泻等症状。

四、病理变化

鸭的病理变化随病情轻重和病程长短而异。病鸭剖检可见上呼吸道或整个呼吸道黏膜出血，喉头、气管黏膜充血、水肿，并附着有浆液性或黏液性分泌物；眶下窦黏膜充血增厚，窦内积有大量浆液或黏液性渗出液或大量干酪样凝块（图4-556）；发生气囊炎的可导致气囊壁增厚、浑浊，严重者表面覆盖有黄白色大小不一的干酪样渗出物（图4-557）；有的病例气管出血，肺水肿、出血，若与大肠杆菌混合感染，可见纤维素性心包炎和肝周炎等。

图4-556 眶下窦中充满黄白色干酪样渗出物

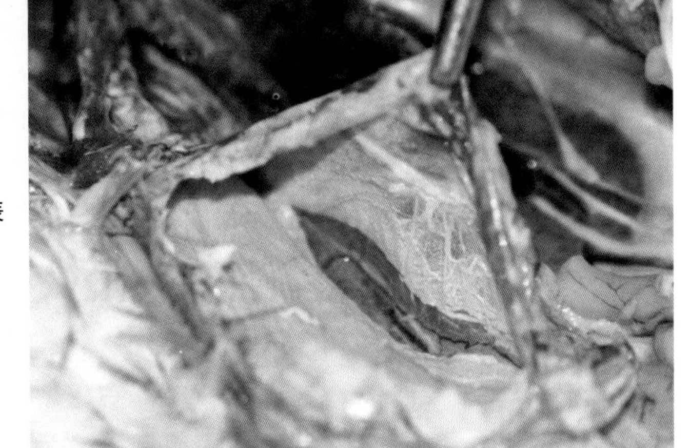

图4-557 气囊增厚，浑浊，气囊表面有黄白色渗出

组织学变化表现为被侵害的组织黏膜由于单核细胞浸润和黏液腺的增生而使黏膜肥厚，黏膜下可见灶性淋巴组织增生。肺部炎性区除淋巴滤泡变化外，也曾发现肉芽肿病变。

五、诊断

1. 临诊诊断

根据病鸭眶下窦显著肿大、出现呼吸道症状的特征性临诊表现及病理变化，可作出初步诊断。若要确诊，须进行实验室诊断。

2. 实验室诊断

（1）病原分离　采集患鸭气管、气囊、肺脏、眶下窦渗出液，接种于固体和液体培养基。支原体的初代分离培养在37℃ 含有5%～10% CO_2 的条件下生长更佳，同时保持湿度，

4 ～ 6d 后观察菌落形态。接种后的液体培养基用胶塞塞紧管口于 37℃培养至少 5 ～ 7d，培养物从红色变为橘黄色或黄色时，再接种于新的肉汤管或平板。有时初次分离支原体生长不明显，需每隔 3 ～ 5d 盲传移至新管，连续培养 2 ～ 3 代后，酚红指示剂变黄，则证明有支原体的生长。将新分离物的液体培养基通过 0.45μm 微孔滤膜过滤，取滤液接种于固体培养基，挑取单个菌落再接种于固体培养基，重复 3 次，进行细菌 L 型鉴定和克隆、纯化。将其再接种于不含青霉素的液体培养基连续传代 5 代，转到固体培养基上培养。若为支原体，则菌体不恢复为细菌形态，形成典型的“油煎蛋”样菌落，呈中央致密隆起、边缘整齐、直径为 0.1 ～ 1mm 的微小、平滑露滴状。挑取菌落涂片，经姬姆萨染色镜检，支原体在镜下呈紫红色，球状、逗点状或短杆状。

（2）免疫学诊断

① 全血平板凝集试验　一般在 25℃下进行，首先在洁净的白瓷板上滴 2 滴染色抗原，然后用注射器从病鸭翅静脉采血，滴入抗原中，充分混匀；将玻璃板轻轻左右摇动，2min 内即可判定结果。在 2min 内出现蓝紫色凝块的样品可判断为阳性；仅在液滴边缘部分出现微细的颗粒状凝集或反应在 2min 以后出现时，判定为可疑；液滴无变化则判定为阴性。此方法操作简便，是目前用于诊断鸭传染性窦炎最常用的方法之一。

② 表面免疫荧光法　用鸭支原体抗血清制成荧光抗体，直接对琼脂块上的支原体菌落进行染色，在荧光显微镜下观察菌落的特异性荧光。也可用抗血清与菌落反应后再用荧光标记的抗体染色。

③ 生长抑制试验　支原体在固体培养基上生长可被相应的抗血清抑制，常用圆纸片法。在接种被检测支原体的固体培养基贴上含有鸭支原体抗血清圆纸片，培养后观察圆纸片周围有无菌落抑制圈的产生。抑菌圈宽度达 2mm 以上时为同种，无抑菌圈为异种。

④ 酶联免疫吸附试验（ELISA）　ELISA 是应用最为广泛的一种血清学方法，检测支原体抗体较为敏感。将抗原包被到聚丙乙烯板内，4℃过夜；洗涤后加入被检血清，再经洗涤后加酶标二抗，进行底物显色，最后通过酶标仪判定结果。阳性反应的光密度值至少是阴性反应的 2 倍以上。ELISA 已被成功用于鸭慢性呼吸道疾病的实验室研究和临诊诊断。

（3）分子生物学诊断　PCR 是一种特异性 DNA 扩增技术，PCR 技术对于支原体的检测特异性强、敏感性高、省时省力、操作简便，对阳性样品检测的符合率为 100%，适于临诊推广应用。同时，可对 PCR 产物进行测序分析，获得的序列进行同源性比对和遗传进化分析后，能够明确当前鸭支原体的变异情况，为开展流行病学调查和疫苗研制奠定基础。

3. 类症鉴别

本病易与其他呼吸道疾病如低致病性禽流感、副黏病毒感染等相混淆，但眶下窦肿胀是该病的特征性症状，可据此进行鉴别。

六、预防

（1）加强饲养管理　保证鸭舍的通风、良好的卫生条件、合理的饲养密度与合理的营养配比，是控制本病的重要措施。此外，在饲养期间应根据相应日龄鸭的生理特点，为其提供相应的环境温度和湿度；保持舍内空气新鲜，定期清粪，防止氨气、硫化氢等有毒有害气体的刺激；坚持自繁自养，定期对种鸭进行支原体病原检测，及时淘汰带菌鸭；接种弱毒疫苗时，注意鸭群健康状况，有本病污染的鸭群不能用气雾法、滴鼻法免疫；种蛋收集后应存放在专用的存放间，并在种蛋入孵前进行严格清洗、消毒；严禁从疫区或患病种鸭场引种。

（2）做好养鸭场的卫生消毒工作　鸭场实行分批饲养、全进全出，空舍后用5%氢氧化钠进行消毒，清除的废弃物和清洗消毒产生的废水、废液及其污染品及时进行无害化处理；定时对鸭场环境和器具进行消毒，每周带鸭喷雾清扫消毒2～3次；鸭群饲养期间严格管控和消毒进场人员及车辆，鸭场内生活管理区和养殖区分开，严禁无关人员进入养殖区；工作人员工作期间搞好场内和鸭舍卫生，明确分工，坚守岗位和操作技术规范。

（3）做好免疫预防及检测工作　对健康鸭群，尤其是种鸭进行免疫预防。定期对种鸭进行支原体检测，一般于开产前2～3个月进行逐只检疫，阳性个体一旦发现，应立即淘汰。此外，还可用抗生素在育雏期间进行药物预防。

七、治疗

药物治疗是控制支原体感染的最有效办法之一，治疗应尽量在感染早期使用。目前用于治疗支原体感染的药物主要有两大类，一类为抗生素，如泰乐菌素、林可霉素、强力霉素等；另一类是喹诺酮类药物，如环丙沙星、恩诺沙星等。对于发病鸭群可选择泰乐菌素、替米考星、强力霉素、泰妙菌素等进行治疗。可用0.01%强力霉素饮水，连用4～5d，或用酒石酸泰乐菌素注射液按每千克体重鸭皮下注射40mg后，在每升水中加入0.5g，连用5d；还可在每吨饲料中添加泰妙菌素100g，连用5～7d，效果较好。若病鸭眶下窦隆起，可用消毒过的剪刀将其剪开，将干酪样物质清洗干净，洗涤后用抗生素类消炎膏填充以防止继发感染。为防止耐药性产生，最好选择2～3种药物联合或交替使用，连用4～5d。

第二十七节　衣原体感染

鸭衣原体感染（Duck Chlamydia infection）是由鹦鹉热衣原体（*Chlamydia psittaci*）引起禽类的一种接触性传染病，常呈无症状感染。该病可在多种禽类中发生流行，以鹦鹉感染率最高，故本病又称为鹦鹉病、鹦鹉热、鸟疫。本病为人兽共患传染病，引起人的沙眼。人感染衣原体多与接触家禽和鸟类有关，具有公共卫生意义。

一、病原

鹦鹉热衣原体属衣原体目、衣原体科、亲衣原体属，衣原体细胞呈圆形或椭圆形，革兰氏染色阴性，含有 DNA 和 RNA 两种核酸，其细胞壁含有属特异性脂多糖及丰富的主要外膜蛋白。衣原体有较为复杂的、能进行一定代谢活动的酶系统，但不能合成带高能键的化合物，因此需要利用宿主细胞的三磷酸盐和中间代谢产物作为能量来源，专性细胞内寄生，不能在细胞外生长繁殖。

衣原体在宿主细胞内生长繁殖时，可表现独特的发育周期，并以二等分裂的方式繁殖。不同发育阶段的衣原体在形态、大小和染色特性上有差异。在形态上可分为个体与集团两类形态：个体形态有大小两种，一种是小而致密的，称为原体；另一种是大而疏松的，称为网状体。

原体呈球状、椭圆形或梨形，直径 0.3μm，电镜下可见其内含大量核物质和核糖体，中央致密，有细胞壁；姬姆萨染色呈紫色，马基维罗氏染色呈红色；原体在细胞外有高度传染性，但无繁殖能力。当原体吸附于易感细胞表面后，经吞饮作用进入细胞内，此时宿主细胞膜包围在原体外形成空泡，原体在空泡内逐渐增大，演变为网状体。

网状体形体较大，直径约 0.7 ～ 1.2μm，呈圆形或椭圆形，无细胞壁；姬姆萨与马基维罗染色均呈蓝色；网状体在细胞空泡中以二分裂方式繁殖形成中间体，中间体成熟后变小即成子代原体。网状体是繁殖型，无传染性，每个发育周期为 2 ～ 3d。

集团形态是指衣原体在细胞空泡内繁殖过程中所形成的一种包涵体样结构，成熟的包涵体姬姆萨染色呈深紫色，内含无数原体和正在分裂的网状体，革兰染色阴性。

衣原体具有严格的寄生性，必须在活的细胞内才能生长繁殖。鹦鹉热衣原体能在 5 ～ 7 日龄鸡胚或 8 ～ 10 日龄鸭胚卵黄囊中生长繁殖；小鼠经脑内和腹腔接种也能增殖；此外，衣原体可在易感动物组织培养细胞中生长，但经细胞分离增殖效果不佳，一般先经鸡胚 / 鸭胚卵黄囊增殖后，再接种细胞。

衣原体抵抗力弱，对热、脂溶剂、去污剂及常用的消毒药十分敏感。56 ～ 60℃仅能存活 5 ～ 10min，在室温条件下很快失去传染性；4℃ 条件下可保存 24h，−50℃可保存 1 年以上。常用的消毒剂如 0.5% 石炭酸、0.1% 甲醛及 75% 酒精可在 30min 内使其死亡；青霉素、金霉素、红霉素及多黏菌素 B 等可抑制衣原体生长繁殖，而链霉素、庆大霉素、卡那霉素及新霉素等则不能抑制。

二、流行病学

自然情况下，各种家禽如火鸡、鸡、鸭、鹅等均能感染发病，且可交叉传播。鸭群感染后多呈隐性经过，而呈隐性感染的患鸭为本病的主要传染源。健康鸭群通过吸入含有衣原体尘埃或飞沫经呼吸道而感染，也通过采食被患鸭污染的饲料、饮水等经消化道而感染。此外，也有研究报道鸭、鸡、海鸥与长尾鹦鹉等也可经种蛋垂直传播。不同日龄的鸭对本病的易感性不同，雏鸭较成年鸭更易感。

本病一年四季均可发生，以秋冬和春季发病较多。该病发病率通常为 10% ～ 80%，死亡率 0 ～ 30%，饲养管理不当、营养不良、气温突变、通风不良等应激因素以及与继发或并发沙门菌等细菌感染时，均可增加该病的发病率和死亡率。由于本病可通过病死鸭的羽毛、粪便和鼻液经呼吸道感染人，因此兽医及饲养管理人员处理疑似患病的鸭群时应当特别注意。

三、症状

患病鸭群表现为流泪、结膜炎和鼻炎，有时可见全眼炎。患鸭眼球萎缩、眶下窦炎；排绿色水样稀便，食欲不振；眼和鼻孔周围有浆液性或脓性分泌物，眼周围羽毛粘连，结痂或脱落。病鸭呼吸困难、明显消瘦、肌肉萎缩，最后呈痉挛状死亡。

四、病理变化

流泪和鼻腔有黏液的患鸭，剖检可见气囊增厚、结膜炎、鼻炎、眶下窦炎，并偶见全眼炎和眼球萎缩等变化。胸肌萎缩和全身性浆膜炎的患鸭常见胸腔、腹腔和心包中存在浆液性或纤维素性渗出物；肺脏淤血；肝脏、脾脏肿大，有时散发灰色或黄色坏死灶；十二指肠黏膜出血，肠道内容物呈黄绿色胶冻样或水样。

组织学变化表现为气管黏膜固有层和下层可见单核细胞、淋巴细胞和异染性细胞浸润，黏膜上皮纤毛消失；肺脏水肿，细支气管周围有单核细胞浸润和纤维素性渗出；肝细胞变性、坏死，窦状隙因单核细胞、淋巴细胞和异染性细胞浸润而扩张；脾细胞坏死，单核细胞浸润。

五、诊断

1. 临诊诊断

根据本病症状和剖检变化可作出初步诊断。确诊需要进行病原分离鉴定以及实验室诊断。

2. 实验室诊断

（1）病毒分离

① 鸡胚或鸭胚培养　衣原体可在 5 ～ 7 日龄鸡胚或 8 ～ 10 日龄鸭胚卵黄囊内生长繁殖。胚体一般在接种 3 ～ 5d 内死亡，取死胚卵黄囊膜制成涂片，染色镜检，可见有包涵体、原体和网状体颗粒。卵黄囊膜可用于制备衣原体的各种诊断抗原和免疫材料。

② 动物接种　用于感染较为严重的病料中衣原体的分离培养。常用 3 ～ 4 周龄小鼠经腹腔或脑内接种。腹腔接种的小鼠可在接种后 4 ～ 7d 扑杀，以表面有淡黄色渗出物的脏器浆膜制成触片，染色后镜检可见细胞质内有衣原体各发育阶段的形态及其包涵体；脑内接种的小鼠可出现后躯麻痹或瘫痪等神经症状，用肺、脑、肝、脾制成触片染色，可观察到衣原体。

③ 细胞培养　可用鸡胚、小鼠等易感动物组织的原代细胞培养，也可用 HeLa、Vero、BHK21 等传代细胞系增殖。由于衣原体对宿主细胞的穿入能力较弱，可加入二乙氨基乙基

葡聚糖增强其吸附能力。由于直接用细胞分离培养的效果不好，因此一般先进行鸡胚或鸭胚卵黄囊分离，再进行细胞增殖。

（2）免疫学诊断

① 间接血凝试验　该方法操作简便，灵敏性与特异性较强。具体操作步骤为：每孔加稀释液 75μL，吸取被检血清 25μL 加入第一孔，以 4 倍稀释梯度递增稀释到第 3 孔，即 1∶4、1∶16、1∶64，弃去第 3 孔；每孔加入抗原 25μL，置于微型振荡器震荡 2min，37℃ 作用 2h 后判定结果；在同一板上设置阳性、阴性和空白对照 2 孔。若对照组各孔结果成立，被检血清 1∶16 孔出现“++”以上者为阳性；1∶4 孔出现“+”以下为阴性；1∶4 孔出现“++”至 1∶16 孔“+”以下者判定为可疑。

② 补体结合试验　分别取急性期和恢复期病鸭翅静脉血液，离心沉淀后，制成待检血清；用加热处理后的衣原体悬液作为特异性抗原，对制备的待检双份血清进行测定。若抗体效价升高超过 4 倍者便可判断为阳性。

③ 荧光抗体法　本方法简便、快速、特异性好，其敏感性和特异性随样品采集部位的不同而有差异。衣原体类型的鉴别与所用荧光标记抗体种类有关。用多克隆荧光抗体检测可诊断衣原体感染，但不能区别其类型；单克隆荧光抗体可直接定型，识别的是衣原体的原生小体，而非较大的包涵体。

④ 酶联免疫吸附试验（ELISA）　ELISA 方法是用来检测标本中衣原体抗原的一种有效方法。所用抗体多为衣原体属脂多糖单克隆或多克隆抗体，特异性较强。本方法简便、快速，适用于大量标本的快速检测，但与革兰氏阴性细菌有交叉反应，可出现假阳性。此外，敏感性受临诊标本中衣原体数量影响。

（3）分子生物学诊断　分子生物学方法已被广泛用于鹦鹉热亲衣原体外膜主要蛋白基因的检测和多形态膜蛋白基因的检测。目前国内外学者已成功应用衣原体主要外膜蛋白基因、热休克蛋白、脂多糖靶基因序列，通过 PCR、DNA 杂交及 Real-time PCR 等技术实现衣原体的快速检测。分子生物学技术的特异性、敏感性较高，且操作较为简便，对扩增产物还可进行测序、同源性分析、遗传进化分析及实时定量分析，适用于临诊样本准确诊断和快速检测。

3. 类症鉴别

本病在诊断中，需要与鸭疫里默氏杆菌病、鸭巴氏杆菌病和沙门菌病相鉴别。

（1）鸭疫里默氏杆菌病　两者患鸭均表现为眼、鼻分泌物增多，眼眶周围羽毛粘连、腹泻等症状，以及心包炎、肝周炎和气囊炎的病理变化。但鸭疫里默氏杆菌感染病鸭表现为头颈震颤等神经症状，鸭衣原体病不表现神经症状；鸭衣原体病粪便呈黄绿色水样，气味恶臭，而鸭疫里默氏杆菌感染病鸭排白色黏稠粪便。

（2）鸭巴氏杆菌病　两者患鸭均可表现为腹泻等症状。但巴氏杆菌感染患鸭排灰白色或绿色稀便，衣原体感染患鸭排黄绿色水样稀便，且患鸭有眼部病变；巴氏杆菌染色镜检可见两极着色的卵圆形短杆菌，而衣原体染色镜检后可观察到单核细胞胞浆内存在深紫色球状包涵体；此外，患鸭肝脏接种巧克力琼脂培养基后，巴氏杆菌可生长，而衣原体则不能。

（3）鸭沙门菌病　二者均可表现为腹泻，眼、鼻有分泌物，且剖检可见肝脏和脾脏肿胀。但鸭沙门菌感染患鸭表现为神经症状，而鸭衣原体感染则无；患鸭肝脏接种麦康凯琼脂平板，沙门菌可长出白色半透明菌落，衣原体则不能；沙门菌病患鸭慢性病例常表现为患鸭关节肿胀、瘫痪，而鸭支原体感染患鸭则无。

六、预防

目前尚未有商品化疫苗，加强饲养管理和药物预防仍是控制衣原体感染的主要手段。保持鸭舍的温度、湿度、通风，饲喂新鲜的全价饲料，供给干净饮水；做好卫生消毒工作，保持良好的卫生条件，对鸭舍和运动场进行日常清洁和消毒。鸭舍可用 0.1% 新洁尔灭带鸭消毒，饮水器、料槽用 0.01% 高锰酸钾每天消毒 2 次，鸭场外环境每天用 2% ～ 3% 火碱进行消毒；对已发病的鸭要及时隔离治疗，病死鸭深埋或焚烧，同时及时清扫粪便，勤换垫料；杜绝引入传染源，对引进的种鸭或雏鸭要严格检疫，鸭场禁止养鸟或其他禽类，以防外来病原的污染；保证合理的饲养密度，增强鸭群的抵抗力；养殖场的工作人员要加强自我防护，避免感染。

七、治疗

常用的抗生素如强力霉素、氟甲砜霉素、多黏菌素、泰乐菌素、替米考星、阿莫西林等可抑制衣原体的生长繁殖。治疗时可在饲料中加入 0.01% 的强力霉素，连用 5 ～ 7d，效果较好。也可使用泰乐菌素饮水，每升水加 500mg，连用 3 ～ 5d ；如拌料可按每千克饲料 1000mg，连用 3 ～ 5d ；也可用阿莫西林饮水，每升水 60 ～ 120mg，连用 4 ～ 5d。

第五章　鸭寄生虫病诊治

鸭寄生虫是指暂时或永久地在鸭体内或体表生活，并从其体内汲取营养物质的一大类无脊椎低等动物和单细胞的原生生物。由于鸭饲养方式多样和生活习性特点，寄生虫感染鸭的途径主要包括经口感染、经皮肤体表感染、经媒介昆虫感染和接触感染等。当前我国主要采用网上养殖、地面平养和多层笼养等方式饲养鸭，寄生虫病发生机会较少。在稻-鸭共生、水面放养和半放牧等其他饲养模式下，水体被粪便污染，虫卵经口进入体内；一些寄生虫由中间宿主如钉螺等进入终宿主鸭体内；饲养条件难以控制，昆虫叮咬现象普遍，野生水禽也可通过接触传播寄生虫病原体。

鸭感染寄生虫的危害主要包括三个方面：①寄生虫生长发育繁殖所需的营养物质来源于鸭体内，导致鸭营养不良、消瘦和贫血等，严重时甚至死亡；②寄生虫或其幼虫可在宿主寄生部位腔道、组织、器官和细胞内移行，造成机械性损伤，如腔道堵塞、组织细胞损伤、黏膜损伤、穿孔、破裂等；③寄生虫分泌的组织溶解酶、代谢产物及死亡虫体的崩解物，可造成寄生部位增生、坏死，还能作为抗原诱导鸭产生免疫病理反应，在肝、肠等部位形成肉芽肿。

鸭寄生虫病的发生和流行由多种因素共同作用，如环境、温度、湿度、光照、土壤、饲养方式等。为了保障鸭的健康，降低寄生虫对其危害，必须针对不同寄生虫的生活史、感染方式、传播规律和流行特性，采取综合措施进行鸭寄生虫病的预防和控制。

第一节　球虫病

鸭球虫病（Duck Coccidiosis）是由不同属球虫寄生于鸭肠道或肾脏引起的一种急性流行性原虫病。该病主要侵害的是鸭的肠道，特征性病变为出血性肠炎。各日龄的鸭均可感染该病，对雏鸭危害最严重，可造成大批发病和死亡。耐过患鸭生长缓慢，发育受阻，饲料转化率下降，给养鸭业造成巨大的经济损失。

一、病原

鸭球虫的种类较多，分属于泰泽属（*Tyzzeria*）、温扬属（*Wenyonella*）、艾美尔属（*Eimeria*）和等孢属（*Isospora*），大多寄生于肠道，少数艾美耳属球虫寄生于肾脏。其中以毁灭泰泽球虫的致病力最强，其次是菲莱氏温扬球虫。毁灭泰泽球虫卵囊呈短椭圆形，浅绿色，大小为（92 ～ 132）μm ×（57.2 ～ 9.9）μm，平均 18.3μm ×14.6μm。卵囊外层薄而透明，内层较厚，无微孔。初排出的卵囊内充满含粗颗粒的合子，孢子化后不形成孢子囊，8 个香蕉形的子孢子游离于卵囊内，无极粒。含一个有大小不同的颗粒组成的大的卵囊残体。随粪排出的卵囊在 0℃和 40℃时停止发育，孢子化所需适宜温度为 20 ～ 28℃，最适宜温度为 26℃，孢子化时间为 19h。寄生于小肠上皮细胞内，严重感染时，盲肠和直肠也见有虫体。菲莱氏温扬球虫寄生于卵黄蒂前后肠段、回肠、盲肠和直肠绒毛的上皮细胞内及固有层中，有三代裂殖增殖。潜伏期为 95h。卵囊较大，呈卵圆形，浅蓝绿色，大小为（13.3 ～ 22）μm×（12 ～ 510）μm，平均 17.2μm×511.4μm，形状指数 1.5。卵囊壁外层薄而透明，中层黄褐色，内层浅蓝色。新排出的卵囊内充满含粗颗粒的合子，有微孔，孢子化卵囊内含 4 个瓜子形孢子囊，每个孢子囊内含 4 个子孢子和一个圆形孢子囊残体，有 1 ～ 3 个极粒，无卵囊残体。随粪排出的卵囊在 9℃和 40℃时停止发育，24 ～ 26℃的适宜温度下完成孢子化需 30h。

二、生活史和流行病学

鸭球虫的生活史与鸡球虫相似，没有中间宿主，可以直接发育，主要包括无性生殖阶段、有性生殖阶段和孢子生殖阶段。感染性卵囊在消化道中破壁后释放出子孢子，进入小肠黏膜开始繁殖，在上皮细胞内以裂殖生殖方式增殖。裂殖体形成大量裂殖子，破坏上皮细胞，释放裂殖子（图 5-1），重新再进入其他上皮细胞，继续进行裂殖。最终导致大量上皮细胞遭到严重破坏，引起鸭发病。一部分裂殖子发育为大配子母细胞，最后发育为大配子。另一部分发育为小配子母细胞，继而生成许多带有 2 根鞭毛的小配子。活动的小配子钻入大配子体内（受精），成为合子。合子迅速由被膜包围而成为卵囊，随粪便排出，在条件适宜的情况下，经 2 ～ 3d 发育，成为感染性卵囊。

该病主要由于粪便中感染性卵囊污染饲料、饮水和器具等，通过摄入饲料、饮水和鸭舍以及运动场中的孢子化卵囊后而感染发病。球虫卵囊对自然界各种不利因素的抵抗力较强，

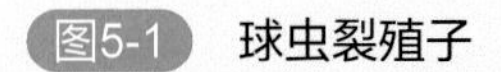
图5-1 球虫裂殖子

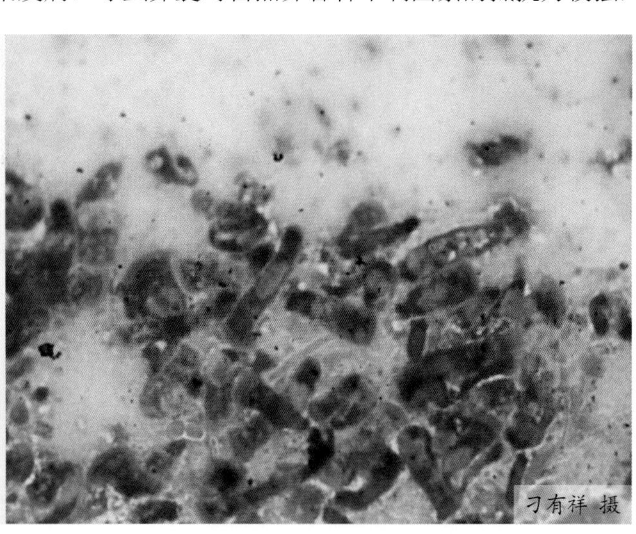

在土壤中可保持活力达86周之久，一般消毒剂不能杀死卵囊，但冰冻、日光照射和孵化器中的干燥环境对卵囊具有抑制和杀灭作用，而26～32℃的潮湿环境有利于卵囊发育。某些昆虫和养殖人员亦可能成为球虫的传播者。各品种和日龄的鸭均有易感性，雏鸭更为易感，发病率和死亡率均较高。成年鸭多为隐性感染，是本病的重要传染源。此外，一些野生水禽也是该病的传染源。该病主要在高温多雨季节多发，其他时间零星散发。养殖场卫生条件恶劣、鸭舍潮湿、密度过大等也是该病发生和流行的重要因素。此外，某些细菌、病毒或寄生虫感染以及饲料中维生素A、维生素K的缺乏也可以促进本病的发生。

三、症状

感染鸭主要表现为精神萎靡、缩颈、拒食、喜卧、渴欲增加、腹泻，随后排暗红色或深紫色血便。耐过病鸭逐渐恢复食欲，不再死亡，但生长缓慢，生产性能下降。慢性病例多呈隐性经过，偶见腹泻，常为球虫的携带者和传染源。鸭球虫病消化道症状明显，头左右轻摇或微微震颤，流涎，食道膨大部充满液体，腹泻，排红色或褐色血便，患鸭感染后3d出现症状，经1～2d后出现死亡，死亡率可高达80%(图5-2)。症状较轻的患鸭可耐过，但发育不良，生长缓慢，亦长期带虫，是本病的重要传染源。

四、病理变化

毁灭泰泽球虫感染鸭肠道症状严重。小肠、盲肠肠管肿胀，约为正常肠管的2倍（图5-3，图5-4）。剖检可见小肠呈广泛性出血性肠炎，十二指肠有出血点或出血斑，尤其卵黄蒂前后的肠段最为明显。肠壁肿胀、出血，黏膜上有出血斑或密布针尖样大小的出血点，有的可见红白相间的小点，部分肠黏膜上覆有一层奶酪样或麸皮状黏液，或有淡红色或深红色胶冻状出血性黏液（图5-5～图5-7），盲肠中充满紫红色血液（图5-8）。病理组织学变化可见肠绒毛上皮细胞广泛崩解脱落，几乎全为裂殖子和配子体所取代，仅留下完整的肠基底膜。宿主细胞核被挤压到一端或消失。肠绒毛固有层充血、出血，组织细胞大量增生。菲莱氏温扬球虫致病力不强，眼观症状不明显，仅在回肠后段和直肠部分肠段轻度充血，偶见回肠后部黏膜上有散在的出血点，直肠黏膜弥漫性充血。

五、诊断

根据患鸭的症状和病理变化，结合发病日龄、发病率、死亡率、养殖环境等流行病学资料可作出初步诊断，可进一步通过实验室诊断确诊。采集患鸭的肠黏膜或粪便于载玻片上，加1～2滴甘油或生理盐水溶液，轻轻涂匀，盖上盖玻片，置于高倍显微镜下观察。视野中可见大量的球形裂殖体和裂殖子即可确诊为鸭球虫病。由于鸭群中携带球虫现象较为普遍，所以不能仅根据粪便中有无卵囊作出诊断。

图5-2 因球虫死亡的鸭

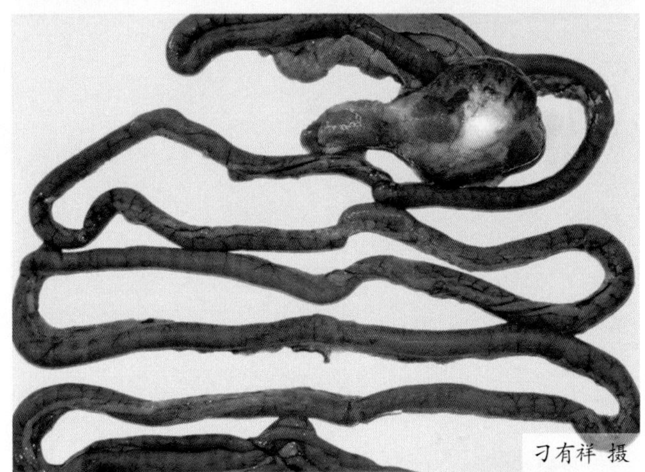

图5-3 肠管肿胀

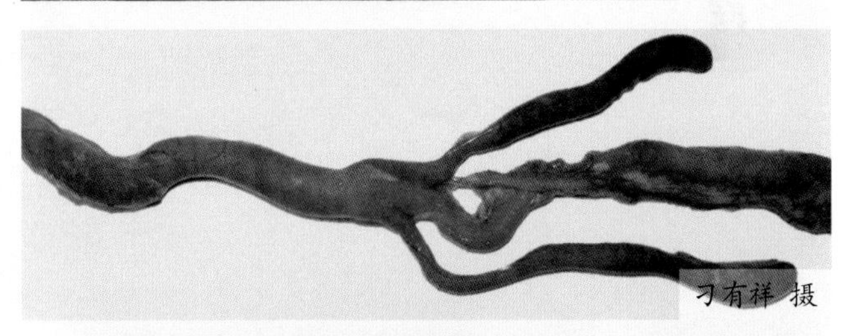

图5-4 盲肠肿胀，呈紫红色

图5-5 肠管肿胀，肠管中充满紫红色胶冻状黏液，黏膜出血

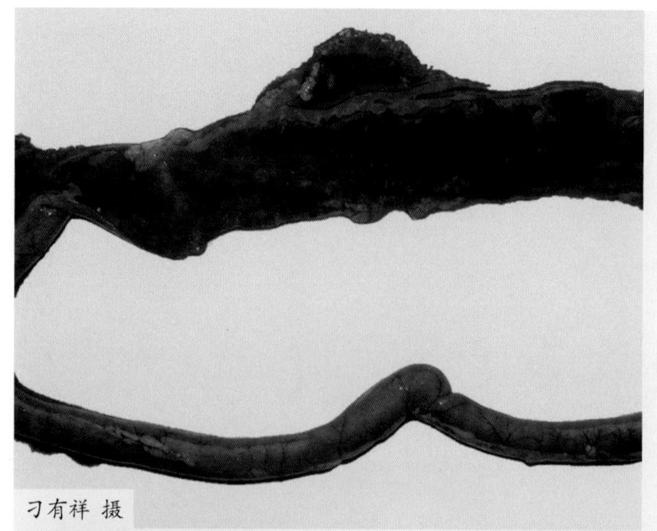

图5-6 肠管肿胀，肠管中充满紫黑色凝血块（一）

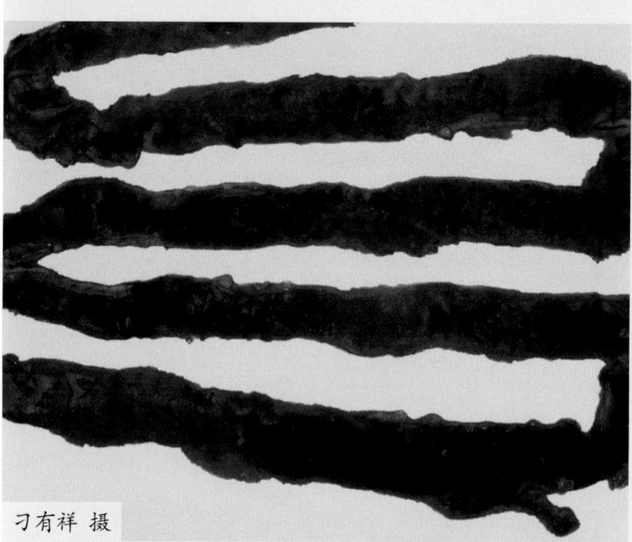

图5-7 肠管肿胀，肠管中充满紫黑色凝血块（二）

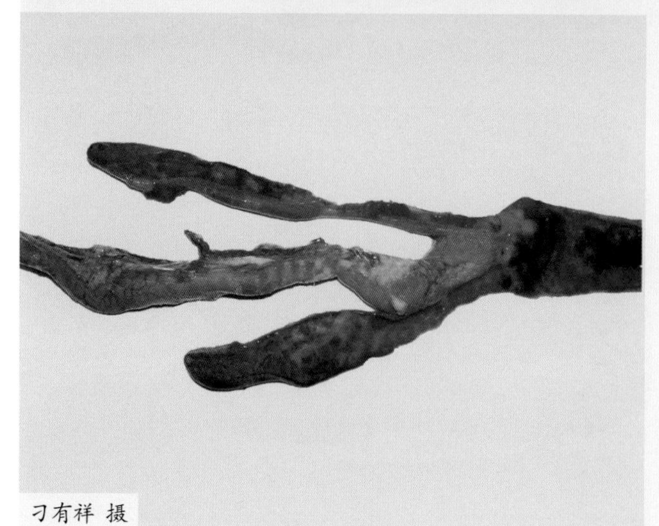

图5-8 盲肠中充满紫红色血液

六、预防

提高饲养管理水平。成年鸭与雏鸭应分群饲养，严禁混养，防止携带虫体的成鸭散播病原导致雏鸭发病。对于鸭场应执行严格的消毒卫生措施。鸭舍应经常打扫、消毒，保持干燥清洁、通风良好。封闭式鸭舍应保持舍内温度、湿度的相对恒定。建立全进全出的制度，及时清除舍内粪便，并对鸭舍、鸭场及饲养用具进行严格的消毒。加强水源、水线和饮水器等卫生管理，减少粪便对饮水污染。转变饲养模式，将地面平养改为网上养殖或多层笼养，有利于粪便的分离处理和清扫。患鸭或耐过鸭应隔离治疗和饲喂，以阻断该病的传播。

当前尚无针对鸭球虫病的商品化疫苗，目前防制该病的最有效方法是药物预防。根据其在鸭体内生活史阶段不同，常用于预防的药物主要针对内源性阶段，如子孢子和早期裂殖体等。离子载体类抗生素可以阻止和杀死子孢子；尼卡巴嗪、双氯苄氨胍和二硝甲苯酰胺可以破坏第一代和第二代裂殖体；磺胺类药物可作用于发育中的裂殖体和有性生殖阶段。地克珠利常被添加入饲料中预防该病。

七、治疗

由于国内在球虫预防和治疗上大量采用离子载体类抗生素，导致球虫对该类药物的敏感性降低。治疗该病可采用单一用药或联合用药策略，常用药物主要包括癸氧喹酯、常山酮、莫能霉素、地克珠利、妥曲珠利、磺胺喹噁啉、磺胺氯吡嗪钠。对于该病的预防、治疗和药物使用应注意以下多方面问题：早诊断、早治疗；轮换交替用药，防止产生耐药性；合理选择药物；注意药物对产蛋的影响和在禽肉、蛋等产品中的残留。在夏季多雨季节针对 3 周龄内的雏鸭常用以下治疗方案：①地克珠利，按 0.0001% 拌料，连用 5d。②妥曲珠利，2.5% 溶液，按照 0.0025% 混入饮水，连用 3 ～ 4d。③磺胺甲基异噁唑（SMZ）按照 0.1% 拌料，或复方磺胺甲基异噁唑（SMZ+TMP，1∶5）按照 0.02% ～ 0.04% 拌料，连用 7d 后，停用 3d，再用 3d；④磺胺喹噁啉钠按 30mg/kg 体重，拌料后 1 次饲喂，连用 3d。

第二节 鸭住白细胞虫病

鸭住白细胞虫病（Duck Leucocytozoonosis）是由西氏住白细胞原虫（*Leucotozoon simondi*）侵入鸭的血液和内脏器官的组织细胞而引起的一种急性高度致死性原虫病。住白细胞原虫寄生在鸭的白细胞和红细胞内，引起血细胞的严重破坏。本病对雏鸭的致病性较强，可造成其大批死亡。

一、病原

住白细胞原虫在分类上属于孢子虫纲、球虫目、血孢子虫亚目、疟原虫科、住白细胞原虫属。住白细胞原虫有一定的宿主特异性，不同种类的禽住白细胞原虫病是由不同种的住白细胞原虫的感染而引起，引起鸭住白细胞原虫病的病原是西氏住白细胞原虫，属于血变科原虫。

西氏住白细胞原虫成熟配子体呈长圆形或圆形，大小为（14 ～ 15）μm×（5 ～ 6）μm，可见于红细胞和白细胞内。长的配子体只在白细胞，尤其是淋巴细胞和大单核细胞内发育，而成熟的圆形配子体只存在于红细胞内。被寄生的宿主细胞两端变尖而呈纺锤形，长约48μm，宿主细胞核被虫体挤在一边呈细长的暗带状围于虫体一侧或两侧。

二、生活史及流行病学

西氏住白细胞虫在鸭的内脏器官内进行裂殖生殖，产生裂殖子和多核体。一些裂殖子进入肝脏实质细胞进行新的裂殖生殖，另一些进入淋巴细胞和其他白细胞并发育为配子体。多核体被巨噬细胞或网状内皮细胞所吞噬，发育为巨型裂殖体，并释放出裂殖子进入淋巴细胞和白细胞，形成配子体。大配子的大小为22μm×6.5μm，小配子的大小为20μm×6μm，这时的白细胞呈纺锤形。当吸血昆虫蚋叮咬鸭只吸血时，同时也吸进配子体。西氏住白细胞虫在蚋体内进行孢子生殖，经 3 ～ 4d 内完成发育，大配子体受精后发育成合子，继而增长为 21.1μm×6.87μm 动合子，在蚋的胃内形成卵囊，产生子孢子。子孢子从卵囊逸出后，进入蚋的唾液腺，当蚋再叮咬健康鸭时，传播子孢子，使鸭致病。从大、小配体进入蚋体内到形成具有感染力的卵囊，需 2 ～ 7d，形成孢子的最适温度为 25℃，在此温度下，2d 即可完成。

西氏住白细胞原虫的中间宿主为蚋，属吸血蝇，鸭和鹅是西氏住白细胞原虫的终末宿主，而鸡、火鸡、雉等其他禽类则不是其适宜宿主。病愈鸭体内可长期带虫，当有蚋出现时，就能在鸭群内传播疫病。本病的发生具有明显的季节性，多发生于温暖潮湿、吸血昆虫活动频繁的季节，南方多发生于 4 ～ 10 月份，北方多发生于 7 ～ 9 月份；各个日龄的鸭均可感染，但雏鸭更易感，多呈急性经过，24h 内死亡，死亡率为 35%；成年鸭呈慢性经过，症状较轻，死亡率较低；本病流行地区的鸭只发病率为 20%，雏鸭的死亡率可达 70%，产蛋鸭 80% 左右可出现虫血症。

三、症状

本病自然感染的潜伏期为 6 ～ 10d。雏鸭发病后病情发展快，体温升高，精神委顿；食欲减少甚至废绝，渴欲增加；体重迅速减轻，体况虚弱，流涎，贫血；患鸭下痢，粪便呈淡黄绿色；运动失调，两脚发软，行动困难，摇摇晃晃，人为驱赶时，勉强走几步之后又伏卧于地面上；患鸭眼睑粘连，流泪，流鼻液，口流黏液；常伸颈张口，呼吸困难，多在发病后 2 ～ 3 周内大批死亡，重病者可在 24h 内死亡。在无其他并发症的情况下，病程一般为 1 ～ 3d，死亡率可达 30% ～ 40%；成年鸭发病后死亡率一般较低，仅出现精神沉郁、食欲减退、产蛋量降低等症状。

四、病理变化

鸭只尸体消瘦，肌肉苍白，胸肌、腿肌、心肌有大小不一的出血点。有些病例可明显看见各内脏器官上有灰白色或稍带黄色、针尖至粟粒大的、与周围组织有明显界限的白色小结节，这些结节中包含有许多裂殖子。患鸭的肝脏、脾脏肿大，呈淡黄色，暗淡无光泽，血液稀薄；消化管黏膜充血、出血；心包积液，心肌松弛；全身皮下、肌肉有大小不等的出血点；腺胃、肌胃、肺、肾等黏膜有出血点。

组织学变化为肝细胞索排列紊乱，肝细胞颗粒变性，部分肝细胞内含有深蓝色、圆点状裂殖子，并由于裂殖子发育而使肝组织呈不规则的坏死；坏死的肝细胞核消失，呈均质状；窦状隙扩张，偶见裂殖子聚集；星状细胞肿胀，有的吞噬较多的裂殖子，在一些肝小叶内可见一个或数个聚集一起的巨型裂殖体。裂殖体呈圆形或椭圆形，具有较厚的均质性包膜，胞浆充满深蓝色、圆点状裂殖子；裂殖体所在部位的肝组织坏死、消失，有时有少量淋巴细胞和易染性细胞浸润。肺部毛细血管扩张充血，有的并混杂多量裂殖子；细末支气管蓄积浆液，伴发出血和坏死，在坏死灶中见有不同发育阶段的裂殖体。肾小管上皮细胞颗粒变性与脂肪变性乃至渐进性坏死；肾小球呈急性或慢性肾小球炎变化；在肾组织、血管壁或其外膜见有不同发育阶段的裂殖体，裂殖体聚结处的肾组织出血、坏死和炎性细胞浸润。脾脏组织呈现广泛出血、坏死与网状细胞肿胀、增生，并吞噬裂殖子；脾白髓显示不同程度的坏死，中央动脉内皮细胞肿胀，管壁纤维素样变，红髓可见巨噬细胞吞噬大量裂殖子。心肌纤维肿胀、变性、断裂以致坏死，心肌纤维间尚见不同数量的成纤维细胞增生和少量淋巴细胞浸润。

五、诊断

根据发病季节与内脏器官有小结节等剖检变化即可初步诊断为鸭住白细胞原虫病。取病鸭外周血 1 滴，涂成薄片，用姬氏或瑞氏染色液染色，置高倍镜下发现有住白细胞原虫虫体即可确诊；此外，可用罗曼诺夫斯基染色法鉴别病鸭血液涂片中的配子体，雌配子的细胞质呈深蓝色，细胞核呈红色，雄配子体细胞质呈浅蓝色，细胞核呈浅粉红色，雄配子体较为脆弱，容易变形；死后挑取肌肉、肝、肾、脾等组织器官上灰白色小结节置载玻片上，加数滴甘油将结节捣破后，覆以盖玻片置高倍镜下检查，或取上述器官组织切一新切面，在放有甘油水的载玻片上按压数次，覆盖载玻片，置于高倍镜下检查，发现有大量裂殖体和裂殖子即可确诊。

六、预防

（1）消灭中间宿主　预防本病的最重要环节是设法消灭传播疾病的中间宿主——蚋类吸血昆虫。在蚋类吸血昆虫流行季节（北方地区 7 ～ 10 月，南方地区 4 ～ 10 月），每隔 6 ～ 7d，在鸭舍内外用溴氰菊酯或戊酸氰醚酯等杀虫剂喷洒，以减少昆虫的侵袭，切断传播途径。

（2）加强饲养管理　避免在流水中放鸭，尤其是雏鸭，因为蚋类是在流水中滋生。避免雏鸭与成鸭混养。当发现个别鸭只发病时，应立即将病鸭隔离，淘汰带虫鸭。同时保持舍内清洁和干燥，定期更换垫料，及时清理粪便并堆积发酵。

（3）加强消毒　执行严格的卫生防疫措施，加强场地的消毒及消灭鸭场周围环境中的中间宿主。饲养场地和用具应经常用热水（或蒸汽）、5% 的氨水、10% 福尔马林或漂白粉消毒，饮水和饲料防止鸭鹅粪便污染。

（4）药物预防　在住白细胞原虫流行季节，可按 2.5mg/kg 饲料的乙胺嘧啶拌料，有良好的预防效果。

七、治疗

鸭住白细胞虫病尚无有效的治疗方法，发现鸭群发病时，应及时投药进行治疗，治疗越早，效果越好。若能在疾病即将流行前期或流行初期用药，更能取得满意的效果。同时应注意交替使用治疗药物，以防耐药性的产生。鸭群发病时可用以下药物治疗：①复方磺胺甲基异噁唑（SMZ+TMP，1：5）按照 0.02% ～ 0.04% 拌料，连用 4 ～ 5d。②复方磺胺 -5- 甲氧嘧啶，按 0.03% 拌料，连用 4 ～ 5d。③乙胺嘧啶 按 0.0005% 拌料，连用 3d。

第三节　毛滴虫病

鸭毛滴虫病（Duck trichomoniasis）是由毛滴虫引起鸭消化道症状的一种原虫病。本病主要侵害雏（半）番鸭和青年（半）番鸭，其他品种鸭较少发病。

一、病原

本病的病原是鸭毛滴虫，虫体呈梨形或长圆形，大小为（5 ～ 8.3）μm×（6.7 ～ 15）μm，具有四根典型的起源于前端毛基本体的游离鞭毛，沿着发育很好的波状膜边缘长出第五根鞭毛，一直延伸至虫体的后缘以外，长度往往为虫体的 2 ～ 3 倍，具有活泼的运动性。虫体一侧可见不时作波浪形运动的波动膜。虫体前部有一圆形核，偶见在虫体内缓缓滚动，胞膜较薄，胞质内含有大量的空泡和颗粒。虫体依赖于主轴收缩做多方向的伸屈运动，具有趋水性，以求生存。虫体死亡前，鞭毛和波动膜脱落或与胞膜合并，虫体收缩呈团状。

二、生活史和流行病学

鸭毛滴虫属于发育型寄生虫，虫体不形成包囊，以纵二分裂法繁殖。仅有滋养体而无包囊阶段，滋养体即是繁殖阶段，也是感染和致病阶段。主要通过消化道直接感染，其性阶段过程尚不清楚。虫体主要寄生于鸭的消化道、呼吸道和生殖道的上皮样细胞，肝等实质细胞也可以作为虫体的寄生细胞。患鸭是本病的主要传染源，野鸟、啮齿类动物、昆虫和其他家禽（鸡、鹅、鸽等）也可以传播本病。当鸭的上消化道黏膜受损时，更易感染该病。本病多发于春秋季节，雏鸭和青年鸭易感性高于成年鸭。该病在鸭群中极少出现，但感染鸭通过污染饮水和垫料，可导致该病在大群中迅速传播，发病率甚至高达 50%。

三、症状

本病的潜伏期为 6 ～ 15d，鸭摄入被毛滴虫污染的饲料和饮水后一般经过 5 ～ 8d 出现症状，一般雏鸭多呈急性型，成年鸭多呈慢性型。急性型患鸭精神沉郁，行动迟缓，食欲下降或废绝，随后出现瘫痪，蜷缩成团，卧地不起，反复吞咽并伴有呼吸困难。腹泻，排淡黄色稀便，体重显著减轻，食道膨大部扩张，一般在出现症状后 12 ～ 24h 内死亡。部分病例眼有结膜炎，流泪，口腔和喉头黏膜充血，可见小米粒大小的淡黄色结节。慢性型病例消瘦，绒毛脱落，生长缓慢，发育受阻，在头颈部或腹部出现无毛区域，口腔黏膜常积有干酪样物质导致嘴角的干酪化，使鸭张口困难。

四、病理变化

剖检可见肠黏膜卡他性炎症，盲肠黏膜肿胀、充血，并有凝乳状物质。急性病例在口腔、喉头有淡黄色小结节，有的患鸭可见食道溃疡造成的穿孔。若仅为上消化道或上呼吸道感染，部分病例可形成疤痕而康复。此外，常见肝脏肿大，偶见其他消化器官如肠道、肝脏等出现坏死性肠炎和肝炎，肝脏肿大呈褐色或土黄色，被膜覆有大小不一的白色坏死灶。母鸭输卵管发炎，蛋滞留在输卵管中，蛋壳表面呈黑色，内容物腐败，输卵管黏膜坏死，管腔内积有暗灰色脓样渗出物，卵泡全部变形。镜检可见口腔黏膜溃疡处聚集大量的异嗜性粒细胞。肝脏有以单核细胞和嗜异性粒细胞为特征的炎症反应，局灶性坏死性脓肿发生在小叶，随着病程的发展，病灶中心的正常肝细胞几乎全部消失；毛滴虫多聚集在肝脏病灶的外围。

五、诊断

诊断该病需要结合症状、剖检变化进行综合判定，此外，确诊需要通过涂片观察虫体，也可以通过虫体的分离鉴定进行确诊。①取一洁净玻片，在中央加 1 滴磷酸盐缓冲液，再加 1 滴患鸭泄殖腔内容物，涂匀，镜检。判断有无虫体存在。②另取一洁净玻片，在中央加 1 滴磷酸盐缓冲液，再加 1/10 体积的患鸭泄殖腔内容物，加盖玻片后镜检。观察虫体形态结构。③ 100 倍显微镜下暗视野观察液面有无波动性，选取较为清楚的虫体在油镜下观察。④先用肖氏液固定，再用海氏苏木精染色后观察。该病易与念珠菌病和维生素 A 缺乏症混淆，注意类症鉴别。

六、预防

加强饲养管理，雏鸭和成年鸭应该隔离饲养。由于成年鸭感染后多呈亚临诊症状，因而地面平养或水面养殖的鸭群育雏时应避免与成年鸭群混养，单独隔离进行雏鸭饲养，也可采用网上饲养方式进行育雏，以减少该病的发生。成年鸭出栏后应对养殖场地面进行彻底消毒以杀灭虫体。鸭群中一旦发现患鸭，应及时隔离饲养进行治疗，对场地、料槽和水槽等进行消毒，避免大群发病。

做好鸭舍和运动场的清洁工作，应保持禽舍的卫生、清洁和干燥。该病主要通过食物和饮水经口感染，因此，一定要保证饲料和饮水的清洁。在地面平养和水面养殖鸭群，应注意清理蚯蚓、昆虫等。定期对料槽、水线和运动场进行消毒，石灰乳、3% ～ 5% 的火碱溶液等可很快杀死虫体。鸭毛滴虫抵抗力较弱，阳光暴晒、火焰消毒等均有很好的效果。有条件的鸭场可对饮水进行净化或消毒处理后使用。

七、治疗

鸭群一旦发生该病，应将患鸭隔离饲养并积极进行治疗。0.05% 的硫酸铜溶液饮水，连用 5 ～ 7d；也可按照 0.05g/kg 体重将水溶的阿的平或氨基阿的平逐羽饲喂，24h 后再次喂服 1 次，效果较好。

第四节　鸭绦虫病

鸭绦虫病（Duck cestodiasis）是由某些绦虫寄生于鸭小肠内而导致的寄生虫病。鸭体内寄生有多种绦虫，其中较为常见的有矛形剑带绦虫、膜壳绦虫、片形皱褶绦虫等。患鸭主要表现为消瘦、脱水、贫血、发育停滞和下痢等。在饲养管理条件差、非密闭式鸭舍，尤其是水面养殖的鸭群，该病易发生和流行。

一、病原

（1）矛形剑带绦虫　矛形剑带绦虫（*Drepanidotacnia lanceolata*）主要寄生于鸭小肠内。成虫呈白色矛带状，个体较大，长达 11 ～ 13cm，由 20 ～ 40 节组成，分为头、颈和体三部分。头节前窄后宽，呈梨形，有四个吸盘，顶突上有 8 个小钩。颈节短。节片的宽度都比长度大，虫体中部的节片最宽。成节有 3 个椭圆形睾丸，位于节片中部，排成一列。卵巢分左右两瓣，呈棒状分支，位于睾丸和生殖孔的对侧，生殖孔位于节片上角的侧缘。卵黄腺在卵巢下方，呈玫瑰花状。虫卵无色，有四层膜，最外层在虫卵排到外界后吸水膨胀呈椭圆形。虫卵大小为（82 ～ 83）μm×（100 ～ 104）μm。其六钩蚴呈椭圆形，大小为 32μm×22μm。

（2）膜壳绦虫　感染鸭的膜壳绦虫（Hymenolepis）主要包括美丽膜壳绦虫（30 ～ 45mm）、纤细膜壳绦虫（5 ～ 80mm）、巨头膜壳绦虫（3 ～ 6mm）和冠状膜壳绦虫（85 ～ 250mm）等。美丽膜壳绦虫各节片的宽度均大于长度。头节呈圆形，较大，有 4 个吸盘，吻突较短，上有吻钩 8 个。有 3 个圆形或椭圆形睾丸，直线排列于节片下边缘。卵巢呈分瓣状，位于 3 个睾丸上方。六钩蚴呈卵圆形，大小为 23μm×16μm。纤细膜壳绦虫也称微小膜壳绦虫，虫体纤细，呈乳白色。头节呈球形，具有 4 个吸盘和 1 个短而圆的顶突，背侧附有 20 ～ 30 个小钩。虫体由 100 ～ 200 个节片组成，多者高达 1000 节片。幼节短小，成节有 3 个椭圆形睾丸。卵巢呈分叶状，位于节片中央，子宫呈袋状，生殖孔位于节片同一侧。虫卵为圆形或椭圆形，大小为（48 ～ 60）μm×（36 ～ 48）μm。巨头膜壳绦虫又称大膜壳绦虫，头节约 1 ～ 2mm，常附着于泄殖腔或法氏囊。吸盘和顶突上没有小钩，顶突含有一个未发育的中央凹陷；卵并不在卵袋中。冠状膜壳绦虫虫体较大，前端节片细小，后端宽大。生殖孔位于节片同侧的边缘中部。头节呈圆形或椭圆形，有吻突，附有 18 ～ 22 个吻钩。节片两侧下缘呈指形，有 3 枚睾丸，一个位于生殖孔一侧，两个位于对侧。卵巢呈扇形分瓣状，位于节片的中央。子宫呈囊状并有波状曲折囊壁，成熟时子宫扩张至节片壁。虫卵呈圆形或椭圆形，外胚膜有不规则褶皱，内有卵黄颗粒；内胚膜有两层。六钩蚴呈卵圆形，内有一对穿刺腺。

（3）片形褶皱绦虫　片形褶皱绦虫（*Fimbriaria fasciolaris*）属于大型绦虫，长度为 5 ～ 43cm，宽度为 1 ～ 5mm。虫体扭曲，具有一喇叭状的颈节区，称为假头节。该区域不分节段，但外观上的交叉条纹给人以分节的印象。真头节很小，易脱落，有椭圆形的吸盘和顶突，顶突上有 10 ～ 12 个小钩。真头节后有 1 个较大的呈扫帚状的皱褶假头（扩张的假附着器），大小为（1.9 ～ 6.0）mm×1.5mm。睾丸 3 枚，为卵圆形。卵巢呈网状分布，串连于全部成熟孕节片，子宫也贯穿整个链体，孕节片内的子宫为短管状，管内充满虫卵（单个排列）。虫卵为椭圆形，两端稍尖，外有一层薄而透明的外膜，虫卵大小为 131μm×74μm，内含六钩蚴。

二、生活史和流行病学

（1）矛形剑带绦虫　矛形剑带绦虫成虫寄生于鸭的小肠内，成熟的孕节片由感染鸭肠道内脱落，随粪便排入水中。孕节在肠中或外界破裂散落出虫卵，孕节或虫卵被中间宿主剑水蚤吞食后，在其体内经过 2 ～ 3 周发育成具有感染能力的似囊尾蚴，鸭通过饮水或饲料摄入含有似囊尾蚴的剑水蚤而被感染。似囊尾蚴在鸭小肠内经过 19d 左右发育为成虫。该病全球均有发生，呈地方性流行，该病主要发生在剑水蚤活跃的 5 ～ 9 月。对鸭危害较大，雏鸭易感性最强，发病率和死亡率较高。该病的流行与中间宿主剑水蚤的存在密切相关。集约化舍内饲养鸭群基本不发生该病，粗放型水面饲养或稻鸭模式等易发生该病。成鸭也可感染，但症状较轻，是重要的传染源。

（2）膜壳绦虫　感染鸭的膜壳绦虫属成员生活史与矛形剑带绦虫相似，其中间宿主多为桡足类甲壳动物和介形类甲壳动物，一些水生动物（如螺、水蛭等）也在膜壳绦虫发育中发挥重要作用。六钩蚴在中间宿主体内发育成似囊尾蚴需 18d 左右。鸭主要通过摄食中间宿主而感染发病。

（3）片形褶皱绦虫　鸭片形皱褶绦虫的中间宿主为桡足类甲壳动物，包括剑水蚤、镖水蚤等。在 14 ～ 18℃条件下，虫卵在剑水蚤等体内经 18 ～ 20d 发育为成熟的似囊尾蚴。鸭吞食了含似囊尾蚴的中间宿主后 16d，似囊尾蚴在鸭的小肠黏膜处发育为成虫。绦虫没有消化系统，依赖于肠道内容物中营养发育、繁殖。

三、症状

雏鸭感染后出现消化机能障碍，食欲减退至废绝，日渐消瘦，精神不振，生长发育停滞，排混有白色节片的灰白色稀便，常含消化不完全的食糜并伴有酸腐臭味，偶见粪便中带有凝血块及肠道黏膜脱落混合物。患鸭肛门周围沾有灰白色粪便，喙和腿部皮肤发绀。中期患鸭渴欲增加，不喜运动，常离群独处，羽毛蓬乱，有时可见张口呼吸。病程中后期继发（并发）感染加剧，可见明显呼吸道症状。有时患鸭会出现明显神经症状，共济失调，身体向一侧倒地，肢体僵直，无法翻转，痉挛抽搐，呈划水状钟摆运动而死亡。

四、病理变化

剖检患鸭可见主要病变在肠道。小肠卡他性炎症，肠黏膜发生明显的炎性水肿、出血、溃疡及黏膜坏死脱落等，肠管壁增厚，质脆易裂；十二指肠和空肠内有时可见米黄色或白色线状成虫体（图 5-9），严重时可堵塞肠道。血液暗红色，心房扩张，心冠脂肪和心外膜有出血点。有时在肝脏、脾脏等内脏器官可见灰白色或黄白色的虫卵结节。法氏囊水肿、淤血。病程较长患鸭的气管和支气管发生卡他性炎症。急性病例仅有消化道症状，其他脏器一般未见明显病变。

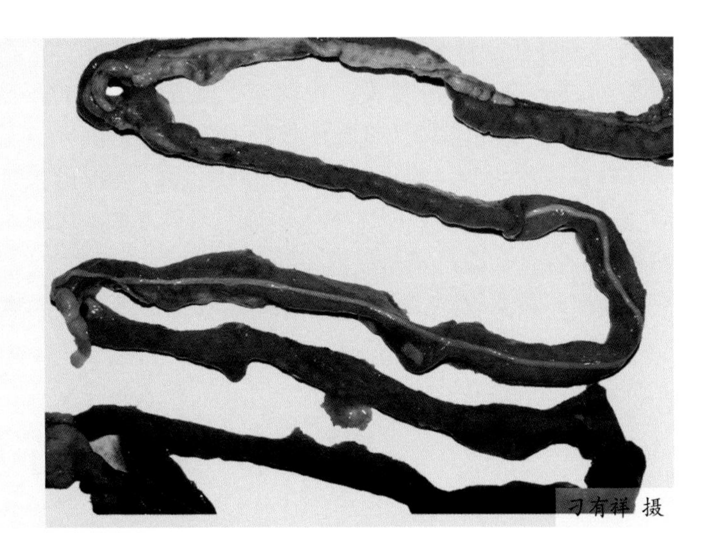

图5-9 小肠中的矛形剑带绦虫

五、诊断

可根据粪便或肠内容物中虫体节片，以及小肠管腔内虫体的有无作出诊断。剖检患鸭，应剪开肠道，在充足的光线下，可发现白色带状的虫体或散在的节片。为了便于观察，可将肠道置于较大的带黑底的水盘中，剖开后虫体浮于水面，头节就更易辨认。头节的形态对绦虫种类的鉴定极为重要，在剖检时易丢失。因此在剥离头节时，可用两根针剥离黏膜，用外科手术刀深割下带头节的黏膜。对细长的膜壳绦虫，必须快速挑出头节，以防其自解。用生理盐水制成湿制头节标本，于光学显微镜下观察，明确其种的特征，最终确诊。

六、预防

由于带虫鸭是鸭绦虫的重要传染源，通过粪便排出大量虫卵。雏鸭易感性强，不同日龄鸭群一定要严格分舍或分群饲养，避免使用同一场地混合放牧。饲养雏鸭时，最好采用网上养殖，尽量减少其与地面、水面和其他污染物接触，以降低感染率。

鸭舍和运动场应定期清洁、消毒，及时清除粪便。消毒、杀虫期间粪便应堆肥发酵以杀灭虫卵。若发生该病，养殖场内水池（塘）可干水一次，以杀灭水中的中间宿主。

剑水蚤等中间宿主易在不流动、浅小的死水塘中大量滋生，为防止循环发病，可在春、秋季节对鸭群进行两次驱虫。此外，应逐步改变饲养模式，减少水面运动场的使用，由粗放型的放牧饲养向集约化的舍内饲养转变。

七、治疗

驱虫药物主要在小肠中与虫体接触后，麻痹或破坏虫体，在药物治疗前最好禁食数小时以达到最佳治疗效果。对于有治疗价值的鸭群，可采用下述方案进行治疗。①丙硫咪唑按照 15 ～ 25mg/kg 体重，或硫双二氯酚按照 100 ～ 200mg/kg 体重，或氯硝柳胺按照 50 ～ 100mg/kg 体重，或吡喹酮按照 10 ～ 20mg/kg 体重，以上药物按相应剂量酌情选择一种拌料后 1 次投服，数小时内即可排出虫体，48h 内虫体可全部排出。②溴氢酸槟榔素按照 3mg/kg 体重，配制 0.1% 的水溶液一次性灌服，每天 1 次，连喂 2 ～ 3d。③也可采用中药进行治疗。如南瓜子与槟榔按照 2∶3 比例共研成末后，按照 1g/kg 体重拌料使用，也可煎服使用，效果较好。在鸭群饮水中增加数倍量的维生素 C 可提高治疗效果。

第五节　鸭隐孢子虫病

隐孢子虫病（Cryptosporidiosis）是一种重要的人畜共患原虫病，广泛分布于世界各地。其宿主多达 240 余种动物。目前证实隐孢子虫可感染 30 多种禽类，其中可引起鸭隐孢子虫病（Duck cryptosporidiosis）的主要包括贝氏隐孢子虫（*Cryptospoyidum baileyi*）和火鸡隐孢子虫（*Cryptosporidium meleagridis*）。该病主要引起雏鸭呼吸道和消化道症状，导致生产性能下降或死亡，造成严重的经济损失。

一、病原

隐孢子虫卵囊呈短椭圆形，卵囊壁光滑无色、薄而均匀，无微孔和极粒，内含一个明显凸出的颗粒状残留体和 4 个香蕉状长形弯曲的裸露子孢子，残留体由颗粒状物和一空泡组成。卵囊内子孢子排列不规则，呈多种形态。贝氏隐孢子虫卵囊大小为（6.0 ～ 7.5）μm×（4.8 ～ 5.7）μm，主要寄生于鸭泄殖腔、法氏囊和呼吸道各处；火鸡隐孢子虫卵囊大小为（4.5 ～ 6.0）μm×（4.2 ～ 5.3）μm，主要寄生于鸭的小肠和直肠处。

二、生活史和流行病学

隐孢子虫生活史较为简单，包括裂体增殖、配子生殖和孢子生殖三个阶段，整个过程在同一宿主体内完成。成熟卵囊随粪便排出，污染饲料、饮水等。健康鸭吞食被卵囊污染的饲料或饮水后，子孢子在消化液的作用下自囊内逸出。附着于肠黏膜上皮细胞，再进入细胞，在被侵入细胞膜下和胞质外间形成空泡，虫体在空泡内开始无性繁殖，逐步发育为球状滋养体。经核分裂后发育成裂殖体，再进行二代裂殖增殖。第Ⅱ代裂殖体含有 4 个裂殖子。裂殖子释放后侵入新的上皮细胞，进一步发育成雌、雄配子体，进入有性生殖阶段。雌、雄配子体发育成雌、雄配子，在宿主黏膜上皮细胞表面形成合子，进入孢子生殖阶段。合子发育成两种类型的卵囊。薄壁卵囊约占 20%，其子孢子逸出后可直接入侵宿主肠上皮细胞，继续无性繁殖，使宿主自身体内重复感染；厚壁卵囊约占 80%，抵抗力较强，腔内孢子化（形成子孢子）。孢子化的卵囊随宿主粪便排出体外，即具感染性。整个生活史约需5～11d完成。

鸭隐孢子虫广泛分布于世界各地，感染禽类是重要的传染源。除家禽外，候鸟迁徙和觅食也可增加隐孢子虫卵囊的扩散和传播机会。该病一年四季均可发生，没有明显的季节性，冬季比其他季节少一些。气候潮湿、水域丰富的环境有利于卵囊的扩散，放牧鸭群更易摄入隐孢子虫卵囊而发生感染。各日龄鸭均易感，由于雏鸭免疫力低下，其感染率和死亡率较高，随着日龄增长，机体免疫力增强，其感染率和死亡率逐渐下降。

三、症状

感染鸭主要表现为呼吸道症状，伸头缩颈，张口呼吸，声音嘶哑，甩头、气喘，可听到湿性啰音，严重者声音消失，少数鸭出现眶下窦肿胀。此外，患鸭还表现出精神沉郁，食欲下降，发育迟缓，排黄白色水样稀便。

四、病理变化

剖检患鸭可见呼吸道呈卡他性或纤维素性炎症。患鸭气管内有黏液，黏膜充血，气囊浑浊增厚，有黄色干酪样物质附着。肺脏呈暗红色，后期肺脏部分实变，切开可见大量灰白色的结节。肿胀的眶下窦内有大量黄色黏液，镜检可见大量虫体存在。法氏囊严重萎缩。喉头、气管、法氏囊、泄殖腔等处的黏膜游离面黏附有较多的虫体。

组织病理学变化主要表现在呼吸道和法氏囊。气管黏膜上皮细胞表面附着大量不同发育阶段的虫体，上皮细胞变性、坏死、脱落，上皮细胞间有大量异染性细胞浸润；上皮细胞增生形成不规则皱褶，固有层内淋巴细胞和异染性细胞大量浸润，黏膜明显增厚。肺部分支气管黏膜上皮细胞有大量不同发育阶段的虫体寄生，上皮细胞增殖形成大量不规则皱褶，黏膜层增厚，终末支气管内含有大量坏死、脱落的上皮细胞和淋巴细胞等。法氏囊皱褶黏膜上皮细胞表面寄生大量不同发育阶段的虫体。黏膜上皮细胞增殖形成不规则皱褶，肿胀、坏死、脱落，与虫体混合存在于法氏囊腔中。固有层淋巴滤泡的皮质和髓质间的未分化上皮细胞处有大量不同发育阶段的虫体寄生，淋巴滤泡消失。虫体外有大量形状不规则的黏液团块，黏附在虫体周围。

五、诊断

鸭隐孢子虫病没有特征性的症状和剖检变化，不利于作出诊断。隐孢子虫虫体较少，主要寄生在呼吸道和消化道上皮细胞处，直接镜检观察不易区分虫体和背景。因此，该病的确诊需采用实验室诊断方法。

（1）粪便涂片染色检查法　取患鸭的黏性或糊状粪便用林格氏液或生理盐水稀释成1∶1匀浆后进行涂片。水样粪便或黏膜（喉头、气管和法氏囊等）刮取物可直接进行涂片。涂片用甲醇固定，姬姆萨染色后镜检观察。隐孢子虫卵囊呈透明环形，胞浆为蓝色或蓝绿色，内含2～5个红色颗粒。观察到上述特征可作出初步诊断。由于粪便中常含酵母样真菌，姬姆萨染色往往难以与隐孢子虫卵囊区分。可采用乌洛托品硝酸银染色法，酵母样真菌染成黑褐色，二隐孢子虫卵囊不着色，便于区分。也可采用金胺酚-改良抗酸染色、HE染色和美蓝染色等方法，效果较好。

（2）粪便漂浮检查法　取5～10g粪便加入15～20mL生理盐水中混悬，用4层纱布过滤后，500r/min离心10min，弃上清。沉淀物于30mL的蔗糖漂浮液（蔗糖454g，液体石碳酸6.7mL，水355mL，相对密度1.28）中重悬，500r/min离心10min，取漂浮物于载玻片上，覆上盖玻片后，于高倍镜（400×或1000×）下观察。隐孢子虫卵囊呈圆形，约为5～6μm，胞浆呈微细颗粒状，有一层薄的质膜包裹。也可采用重铬酸钾溶液漂浮法进行检查。

（3）免疫学方法　利用与隐孢子虫体卵囊具高亲和力的单克隆抗体进行检测。单克隆抗体荧光（IFAT）检测卵囊，在荧光显微镜下可见黄绿色荧光，特异性好，敏感性强；酶联免疫吸附试验（ELISA）既可以检测卵囊抗原，也可检测血清样本，不需显微镜观察；流式细胞术（FCM）可用于卵囊计数，评价治疗效果。

六、预防与治疗

目前尚无有效杀死隐孢子虫的药物和预防用疫苗。该病的防控方案还处于试验阶段。加强饲养管理，搞好卫生消毒措施，对该病的防控具有一定的作用。一旦出现患鸭，应及时隔离治疗。将饲养器具用3%的漂白粉浸泡30min以上再进行清洗，禽舍和运动场粪便及时清理并堆肥发酵，防止在养殖场内扩散。场地可用火焰灼烧法彻底杀灭卵囊。由于感染鸭可产生很强的保护力，在感染1周后IgG达到较高水平并持续数周，人工感染成鸭制备的高效价免疫血清可用于该病的治疗。

第六节　线虫病

鸭线虫病是由线虫纲中的线虫引起鸭的数种寄生虫病的总称。线虫种类繁多，感染鸭的为营寄生生活。不同线虫生活史各异，一般常分为直接和间接发育两种。直接发育的线虫不需要中间宿主，雌虫直接将卵排出体外，在适宜的条件下，孵育成幼虫并经两次蜕皮变为感染性幼虫，被易感动物摄入后，在其体内发育成虫。间接发育的线虫则需要一些软体动物、昆虫作为中间宿主。线虫是对鸭危害最为严重的蠕虫。感染鸭的线虫主要包括蛔虫、异刺线虫、四棱线虫、裂口线虫、禽胃线虫和毛细线虫等。

一、蛔虫病

鸭蛔虫病（Duck ascariasis）是由鸡蛔虫寄生于鸭小肠内引起的一种常见寄生虫病。该病在全国各地均有发生，尤其在地面平养和水面养殖的地区。多种家禽和鸟类均可感染鸡蛔虫。以消化道症状为特征，严重影响雏鸭的正常生长发育，甚至造成死亡，影响着养鸭业的健康发展。

（1）病原　该病的病原是鸡蛔虫（*Ascaridia galli*），属于禽蛔科（Ascardiidae）、禽蛔属（*Ascaridia*），可寄生于多种家禽，如鸡、鸭、番鸭、鹅、鹌鹑等家禽和野鸟等。鸡蛔虫是鸭体内最大的线虫，淡黄白色或乳白色，虫体类似蚯蚓，两端窄尖（图 5-10）。头端有 3 个唇片，口孔周围有 1 个背唇和 2 个侧腹唇，口孔与食道相连，食道下方 1/4 处有神经环。雌雄异体。雄虫长约 26 ～ 70mm，尾端向腹面弯曲，有尾翼和 10 对尾乳突，一个圆形或椭圆形的泄殖腔前吸盘，吸盘上有明显的角质环，末端有一对近等长的交合刺。雌虫长约 65 ～ 110mm，阴门开口于虫体中部，尾端钝直，肛门位于虫体亚末端。虫卵呈深灰色椭圆形，卵壳较厚，表面光滑，新排虫卵内含有一个椭圆形胚细胞。虫卵对外界环境和常用消毒药物抵抗力很强，但在 50℃高温、干燥和阳光直射等环境中很快死亡。在阴暗潮湿的地方，虫卵可存活较长时间；适宜条件下，感染性虫卵可在土壤中存活半年之久。

（2）生活史和流行病学　受精后的雌虫在鸭小肠内产卵，随粪便排出体外。卵分为受精卵和非受精卵，只有受精卵才可进一步卵裂、发育。虫卵在适宜的温度、湿度等条件下，经 1 ～ 2 周可发育为含有感染性幼虫的虫卵，即感染性虫卵，可在适宜环境中存活数月。鸭一旦摄入含有感染性虫卵的饲料、饮水等，便可发生感染。虫卵在肌胃或腺胃中脱掉卵壳，随食物进入小肠，在小肠内发育为成虫，这个过程约需 35 ～ 60d，性成熟的雌虫和雄虫继续产生受精卵随粪便排出。除小肠外，肌胃和腺胃处也可见大量成虫寄生。

由于虫卵体外发育需要适宜温度和湿度。在 19 ～ 30℃、90% ～ 100% 相对湿度下，

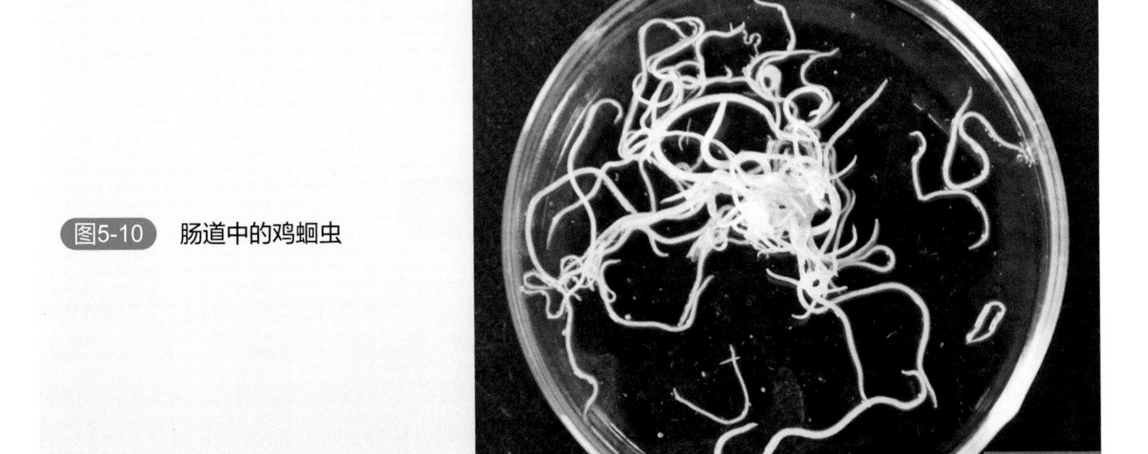

图5-10 肠道中的鸡蛔虫

最易发育成感染性虫卵。因此，该病在北方地区主要以夏秋季节多发，南方地区主要以春夏秋季节多发。

该病主要经口感染，鸭摄入被感染性虫卵污染的饲料或饮水，或带有虫卵的蚯蚓等而感染发病。各日龄、各品种鸭均易感，其中以雏鸭最为易感，随着日龄的增大，易感性逐渐降低。3 ～ 4 月龄以内雏鸭和后备鸭较易感染和发病，成年鸭多为隐性带虫。此外，鸭的饲养管理措施与该病有很大的关系。粗放型饲养模式如地面平养、放牧和水面放养，鸭群更易发病；集约化程度较高的网床饲养和笼养鸭群极少发生蛔虫病。饲料储存不当而导致维生素 A 和 B 族维生素缺乏时，鸭机体抵抗力下降，易发生该病。管理落后、卫生条件差的养殖场也易发生该病。

（3）症状　患雏鸭常表现为生长发育不良，精神沉郁，食欲不振，行动迟缓，两翅下垂，羽毛蓬乱，结膜苍白，下痢。有时粪便中有带血黏液，部分粪便中可见黄白色、牙签状虫体。后期逐渐消瘦、衰弱而亡。严重者可造成肠堵塞导致死亡。成年鸭一般不表现出症状，但严重感染时表现下痢、产蛋量下降和贫血等症状。

（4）病理变化　剖检患鸭可见肠道肿胀，胆囊充盈，肝脏呈淡黄色，表面散在分布一些白色坏死灶。肠黏膜和肠绒毛破坏严重，黏液增多，肉眼可见卡他性肠炎，严重者为出血性肠炎。肠壁上常见有溃疡灶或结节形成。大量虫体在肠道聚集时，相互缠绕成团，可导致肠机械性堵塞甚至肠破裂，进而继发腹膜炎，最后导致鸭死亡。

（5）诊断　根据流行病学特点和症状可作参考。饱和盐水漂浮法检查粪便虫卵或驱虫药检查粪便中虫体可进行确诊。剖检病情严重患鸭，在小肠、肌胃或腺胃内可见大量虫体即可确诊。

（6）预防　首先应加强饲养管理。鸭舍内应保持清洁、干燥、通风，特别是垫料及饮水区域；及时清理鸭舍和运动场粪便并进行堆肥处理，可有效杀灭虫卵；舍内和运动场应定期消毒，清理水线和饮水消毒也十分必要。雏鸭和成年鸭要分群饲养，严禁混群，实行“全进全出”制度。对易感鸭群定期驱虫，一般每隔 3 个月进行一次预防性驱虫，每年 2 ～ 3 次。此外，还可通过适当补充维生素 A 和 B 族维生素，增强机体对蛔虫的抵抗力。

（7）治疗　鸭群一旦发病，应积极治疗，可按照下述方案进行驱虫治疗。①枸橼酸哌嗪（驱蛔灵）按照 0.25g/kg 体重拌料饲喂，或按剂量逐只灌服。1 周后再进行 1 次驱虫。②左旋咪唑按照 25 ～ 30mg/kg 体重拌料饲喂，一次内服；也可溶于半日饮水中，集中饮水。③丙硫苯咪唑（抗蠕敏）按照 10 ～ 20mg/kg 体重拌料饲喂，一次内服。

二、异刺线虫病

异刺线虫病又称盲肠虫病，是由异刺科（Heterakisae）异刺属（*Heterakis*）的异刺线虫（*Heterakis gallinae*）寄生于鸡、火鸡、鸭、鹅、珍珠鸡、鹌鹑等家禽和鹧鸪、雉鸡和孔雀等野鸟的盲肠内引起的一种线虫病。异刺线虫不仅对禽类具有致病性，其虫卵还可携带组织滴虫，诱发盲肠肝炎。该病主要在鸡群中多发，在鸭群中也偶见发生。

（1）病原　异刺线虫虫体为细线状，呈淡黄白色，头端略向背面弯曲，口孔周围有 3

个唇，1 个背唇和 2 个亚腹侧唇。食道末端有一膨大的食道球，约为虫体长度的 1/10。排泄孔位于食管全长的中央附近。雄虫长约 7 ～ 13mm，尾直，末端尖细，排泄孔前有一圆形的肛前吸盘。两根不等长的交合刺，左交合刺后部狭而尖，右交合刺短而粗。尾翼发达。有 12 ～ 13 对性乳突，其中肛前吸盘周围 2 ～ 3 对，排泄孔周围 6 对，肛后 3 ～ 5 对。雌虫长约 10 ～ 15mm，尾部细长，阴门位于虫体中部偏后方，无隆起。虫卵呈灰褐色，椭圆形，具有两层膜，卵壳厚，大小为（65 ～ 80）μm×（35 ～ 46）μm，内含一个胚细胞，卵的一端较明亮。虫卵与鸡蛔虫相似，卵一端明亮和较长是鉴别要点。虫卵对外界环境因素的抵抗力较强，在阴暗潮湿的环境中 10 个月仍可保持感染性，能耐干燥约 16 ～ 18d，但在干燥和阳光直射条件下很快死亡。

（2）生活史和流行病学　异刺线虫为直接发育型寄生虫，不需要中间宿主。性成熟雌虫在鸭肠道内产卵，随粪便排出体外，在适宜的湿度和温度条件下，约经 2 周发育成含幼虫的感染性虫卵。感染性虫卵被鸭摄入后，幼虫在小肠内 1 ～ 2h 即可脱掉卵壳，移行至盲肠并进入肠黏膜中，经 2 ～ 5d 返回盲肠腔中继续发育为成虫。从感染性虫卵被鸭摄入直至发育为成虫约需 24 ～ 30d。成虫在体内可存活 10 ～ 12 个月之久。此外，异刺线虫感染性虫卵还可携带组织滴虫，当鸭摄入含有组织滴虫的感染性虫卵时，可同时感染两种寄生虫。

异刺线虫病一年四季均可发生，主要集中在夏季暴发。易感宿主范围较广，包括多种家禽和鸟类，如鸡、火鸡、鸭、鹅、珍珠鸡、鹌鹑、孔雀等。蚯蚓等可成为保虫宿主，其吞食异刺线虫感染性虫卵后，二期幼虫可在蚯蚓体内保持生活力 1 年以上。鼠妇类昆虫吞食异刺线虫卵后，能起机械传播作用。

（3）症状　鸭群感染异刺线虫后，先是少数鸭发病，逐渐增多。患鸭主要表现为生长发育不良，精神萎靡，食欲不振，采食量下降，严重时甚至会发生食欲废绝。雏鸭因摄食量不足而营养不良，逐渐消瘦，不愿走动，常伏地而卧，严重者甚至衰弱而亡。雏鸭感染后会出现下痢、贫血等症状，排黄白色恶臭稀便。雏鸭感染率为 10% ～ 30% 不等，若不及时治疗，感染鸭死亡率约为 50%。成年鸭主要表现发育停滞，消瘦。产蛋期患鸭产蛋量急剧下降，甚至停止产蛋。

（4）病理变化　剖检患鸭可见主要病变发生在盲肠，表现为盲肠肿大，一侧或两侧盲肠充满气体，导致肠壁薄而透明，严重时甚至可以透过肠壁观察到虫体在肠腔内蠕动。外观可见有的盲肠呈透明点状出血且出血严重，有的盲肠内充满白色豆腐渣样内容物。有的盲肠壁出现炎症，肠壁增厚，有时出现溃疡灶。切开盲肠，盲肠黏膜严重坏死、脱落，出血严重，内容物恶臭，伴有水样或泡沫样糊状物流出。有的患鸭在盲肠内可见黄白色虫体存在。其他组织器官未见明显病理变化。

（5）诊断　参考流行病学资料和症状，可对该病作出初步诊断，确诊需结合进一步的病原学检查。可采用饱和盐水漂浮法检查虫卵或剖检法检查虫体。在显微镜下虫卵呈长椭圆形，比蛔虫卵略小，灰褐色，卵壳较厚，内含分裂的卵细胞。剖检可见细线状虫体，尾部尖细。挑取盲肠处虫体置于载玻片上，显微镜下观察，可看到虫体的尾部尖细，食道发达，有两根长度不等交合刺。雌虫略大，内有大量的虫卵存在。此外，也可采用甘油法检查虫卵。

（6）预防　该病多与饲养环境和营养条件密切相关。首先应提高饲养管理水平。鸭场应严格遵守“全进全出”制度，不同日龄鸭应分群、分舍饲养，不可使用同一运动场或水面等公共区域。提供营养全面且比例合理的日粮，根据不同生长阶段及时调整日粮配方，以满足机体的正常需求，提高抵抗力。饲料中添加适量的维生素 A 和 B 族维生素，能够预防或减少该病的发生。做好日常的清洁卫生措施，保持鸭舍干燥，勤换垫料。对鸭舍定期进行消毒，包括地面、料槽、水槽以及其他设施设备等。每天需及时清理粪便，于指定位置进行堆肥发酵，彻底杀灭虫卵。此外，鸭舍地面周围应进行硬化或夯实，防止蚯蚓等存活。

（7）治疗　鸭群一旦发生该病，应及时隔离饲养，按下述方案进行药物治疗。①丙硫苯咪唑（抗蠕敏）按照 20mg/kg 体重，拌料 1 次饲喂。②左旋咪唑按照 20 ～ 30mg/kg 体重，拌料 1 次饲喂。③枸橼酸哌嗪（驱蛔灵）按照 250mg/kg 体重，拌料 1 次饲喂，效果较好。④噻苯咪唑（驱虫净）按照 40 ～ 50mg/kg 体重，拌料 1 次饲喂。若驱虫不彻底，可于 2 周后再次给药驱虫。此外，可在饲料或饮水中适量添加维生素 A 和 B 族维生素，增强机体抵抗力。

三、胃线虫病

鸭胃线虫病是由华首科（Acuariidae）华首属（*Acuaria*）和四棱科（Tetrameridae）四棱属（*Tetrameres*）的线虫寄生于鸭肌胃、腺胃和小肠内的一种寄生虫病。该病主要引起鸭消化道症状，影响其正常生长发育，危害养鸭业的健康发展。

（1）病原　该病的病原主要包括美洲四棱线虫（*Tetrameres americana*）、分棘四棱线虫（*Tetrameres fissispina*）和斧钩华首线虫（*Acuaria hamulosa*）等。美洲四棱线虫主要寄生于腺胃内，虫体无饰带。雄虫纤细，长约 5 ～ 5.5mm；雌虫血红色，呈球状，长约 3.5 ～ 4mm，宽约 3mm，在纵线部位形成 4 条纵沟。虫卵大小为（42 ～ 50）μm×24μm。中间宿主为蚱蜢和小蜚蠊。分棘四棱线虫寄生在腺胃的黏膜上。雄虫呈乳白色，纤细，长约 3 ～ 6mm。体前部两侧各有 1 个角质附属物，两侧较薄。沿中线和侧线有 4 列纵行的小刺。交合刺不等长。雌虫呈血红色，长约 1.7 ～ 6.0mm。体前部前端较细，向后逐渐膨大，有横纹；体中部呈球形，在背侧、腹侧和两侧各有一条纵痕；尾部急剧缩小，呈倒锥形，通常先向腹面弯曲，再向背面弯曲，阴门开口于腹面弯曲的凹面。尾端有一个圆柱形的角质刺。虫卵大小（35 ～ 41）μm×（21 ～ 23）μm，表面光滑，两端各有 1 个卵盖，表面较为粗糙。斧钩华首线虫寄生于肌胃角质膜下。虫体前部有 4 条饰带，由前向后延伸，接近虫体后部，不折回也不相互吻合。雄虫长约 9 ～ 14mm，雌虫长约 16 ～ 20mm。头部口孔为纵裂，两侧有三角形侧唇，唇瓣顶端内凸缘呈丘状，向前凸出。侧唇外缘两侧隆起，各有 1 个乳突。从孔口开始，向后沿背侧、腹侧和两侧有角质形成的 4 条饰带，延伸至虫体后部。除头顶部外，体表均有横纹，在头部凹陷较深，呈密集的片状突起。雄虫尾部向腹面卷曲，有尾翼，表面粗糙，无横纹。尾尖呈小刺状，泄殖孔前端有 4 对乳突。右交合刺突出于孔外，呈圆齿状，表面光滑无横纹，腹侧面有一纵行裂沟，背面有一膜向腹面卷曲，末端钝圆。虫卵大小为（40 ～ 45）μm×（24 ～ 27）μm。

（2）生活史和流行病学　四棱线虫和华首线虫的发育都必须有中间宿主参与。美洲四棱线虫的中间宿主为直翅类昆虫，如蚱蜢、蜚蠊等；分棘四棱线虫的中间宿主为软甲亚纲端足目的钩虾属成员和介形亚纲的异壳介虫；斧钩华首线虫的中间宿主为蚱蜢、甲虫、象鼻虫等。虫体在鸭胃内发育成熟后，周期性排出成熟的虫卵，随食物进入肠道，最终连同粪便一起排出体外，散落在鸭舍、运动场等场所。虫卵被中间宿主吞食后，在 16 ～ 22℃环境中数小时内即可孵化出幼虫，经 10d 左右时间发育成感染性幼虫。当鸭吞食了携带感染性幼虫的中间宿主后，经过 15 ～ 20d，感染性幼虫发育为成虫，继而感染发病。鸭若直接吞食虫卵（非感染性虫卵），虫卵无法在体内发育，不会感染胃线虫病。

在我国四棱线虫主要分布在长江以南地区和西北地区，包括福建、江西、广西、广东、甘肃、宁夏和青海等省、自治区。华首线虫的中间宿主较多，因此其广泛分布在我国大部分地区。由于四棱线虫和华首线虫发育周期短，该病的流行和传播速度较快，一旦天气回暖，中间宿主活动频繁，鸭群便易感染发病，尤其以水面放牧和稻鸭共生等饲养模式鸭群更易感染发病。该病多发生与春夏之交，感染率高达 50% 左右，病程长，传播快，死亡率在 10% ～ 15% 之间不等。

（3）症状　四棱线虫和华首线虫主要寄生于胃和肠道，与宿主竞争营养物质，导致鸭机体营养不良和抵抗力下降。虫体寄生量少时患鸭症状不明显。当大量虫体寄生时，严重感染患鸭表现为精神沉郁，食欲减退甚至废绝，生长发育停滞，消瘦，贫血，口角有黏液，羽毛凌乱，缩颈，下痢，排黄色或灰白色稀便等症状。产蛋鸭产蛋量下降甚至绝产，体重减轻。严重感染患鸭可因胃溃疡或胃穿孔而导致死亡。

（4）病理变化　四棱线虫主要寄生于鸭的腺胃，吸食血液。幼虫移居腺胃壁，刺激分泌毒素而引起炎症。剖检可见患鸭腺胃肿胀，表面黏膜覆有大量渗出物，刮弃后可见腺体中寄生有大量芝麻大小的肉红色虫体。腺胃组织受虫体刺激后产生强烈的反应，并伴有腺体组织变性、水肿和大量白细胞浸润，消化道有轻度炎症。严重病例可见腺胃肿胀，黏膜侧易脱落，渗出物多而黏稠；肠黏膜和肠系膜充血、出血，严重的卡他性肠炎；其他脏器如心、肝、脾、肺等均无明显的病变。斧钩华首线虫主要寄生于肌胃角质层下方，肌层内有时形成柔软的结节，病程稍长形成干酪样或脓样结节；虫体分泌毒素，使胃壁变薄，严重时偶见肌胃破裂，影响肌胃的消化功能。

（5）诊断　根据症状和剖检变化可作出初步诊断，确诊需结合进一步的病原学检查。①虫体检查：中间宿主以活体压片后直接镜检，采集终末宿主的腺胃或肌胃，肉眼观察黏膜、腺体和肌胃角质层下等处是否有虫体，沉淀法收集后镜检，根据虫体形态确诊。②虫卵检查：取患鸭新鲜粪便或肠道内容物，用饱和盐水漂浮法镜检虫卵。

（6）预防　做好鸭舍和运动场的卫生清洁工作，定期进行消毒。及时清理粪便，可采用堆肥发酵以杀灭虫体和虫卵。消灭中间宿主，空舍期可采用 0.007% 的杀灭菊酯或 0.015% 的溴氰菊酯等喷洒鸭舍和运动场。放牧的水塘和运动场可采用生石灰、漂白粉或其他消毒剂进行消毒，避免鸭群接触中间宿主。引进鸭群时，尤其是放牧或地面平养的育成期麻鸭、番鸭，应进行严格检疫。1 月龄以上鸭群可进行预防性驱虫，每年春秋两季进行预防性驱虫，降低鸭群带虫率。

（7）治疗　鸭群一旦发生该病，应在日粮中增加蛋白质和维生素组分，并按下述方案进行药物治疗。①丙硫苯咪唑（抗蠕敏）按照 10mg/kg 体重，拌料 1 次饲喂，连用 3 ～ 5d。②左旋咪唑按照 20 ～ 30mg/kg 体重，拌料 1 次饲喂。③四咪唑按照 40 ～ 50mg/kg 体重，拌料 1 次饲喂。此外，也可采用鸭蛔虫病的治疗方案。

四、裂口线虫病

鸭裂口线虫病是由鸭裂口线虫（*Amidostomum anatis*）或鹅裂口线虫（*Amidostomum anseris*）寄生于肌胃和肌胃角质膜下引起的一种消化道寄生虫病。该病主要侵害青年鸭，以肌胃角质膜脱落和溃疡灶为特征性病变。

（1）病原　该病的病原包括鸭裂口线虫和鹅裂口线虫。鸭裂口线虫虫体纤细，呈淡红色。体表角质有纵纹和细横纹，头端较钝，口孔开口于顶端，周围有4个乳突。口囊亚球形，囊壁角质化，有1个牙齿，从口囊底伸入口囊中央。食道圆柱形。雄虫成虫长约8.0～11.45mm，有发达的交合伞和辐肋。交合伞由2个大侧叶和1个小背叶组成，侧叶与背叶间呈弧形凹陷，伞膜上有网状花纹。有1对交合刺，呈黄褐色，形状大小相同。近端呈耳状，远端1/3处分成3支：中支粗直而末端钝；内支末端呈钩状；外支末端尖细。三个分支间有薄膜相连。引带呈弯月状，近端较窄，中部略宽背弯，末端钝。伞前乳突明显。雌虫成虫约14.1～16.2mm，阴门位于体后部，末端呈圆锥形。阴道横裂，开口部较体表稍突出。虫卵呈椭圆形，淡灰色，大小约（63～87）μm×（48～52）μm，内充满卵黄球。鹅裂口线虫形态与鸭裂口线虫相似，又有所不同。口囊底部有3个三角形尖齿，其中背侧1个大齿，尖端接近口囊上缘，近腹侧有2个小齿，高度为口囊的一半。雄虫有1对褐色、等长的交合刺，远端1/3处分成2支。虫卵呈长椭圆形，大小为（60～73）μm×（11～18）μm。

（2）生活史和流行病学　裂口线虫生活史相似，属于直接发育类型。受精后的雌虫在胃内产生大量肉眼不可见的虫卵，经消化道随粪便排出到外界环境中，此时鸭吞食虫卵后不会感染发病。虫卵在26～28℃适宜条件下，经12～16h发育成第一期幼虫。幼虫虫体粗壮，在卵壳内蜷成2～3个盘曲，微微蠕动，体内出现黑色颗粒；再经24～36h进行2次蜕皮发育为具有感染性的第三期幼虫，随即孵出。初孵出时虽有感染能力，但发育水平较低，随着孵出时间增长，发育力和感染性增强。孵出的第三期幼虫在水中不停扭曲运动或沿草丛、地面移动。鸭通过饮水或采食吞入感染性幼虫而感染。进入鸭体内后移行至肌胃，4～5d后再次蜕皮发育成第四期幼虫。在肌胃内经12～17d发育为成虫。

裂口线虫宿主较多，除鸭外，还可感染鹅、鸡、火鸡、鹌鹑、天鹅和多种水鸟。雏鸭日龄越小，越易感染，青年鸭和成鸭极少发生该病。虫卵和幼虫对干燥敏感，在干燥环境下30～60h后很快死亡。具有感染性的第三期幼虫在室温条件下的水中可存活3～4周，在0℃的水中可存活长达2个月。在10～15℃下，第三期幼虫可在10cm深的水中游至水面达30d。对化学物质抵抗力较强。在相对湿度43%的条件下，第三期幼虫阳光直射20min死亡；紫外线照射12～15min死亡。5%石炭酸溶液和2%氢氧化钠溶液可快速杀灭感染性幼虫，新洁尔灭和碘伏无杀虫效果。该病在春夏季节多发，常呈地区性流行，雏鸭群发病率约10%～20%，患鸭死亡率较高。

（3）症状　鸭感染裂口线虫后主要表现出消化机能障碍。患鸭羽毛蓬乱，精神萎靡；食欲减退甚至废绝，仅饮少量水，蹲伏不起，嗜睡，生长发育迟缓，机体逐渐消瘦；贫血，两翅下垂，常伴随严重腹泻，排棕黑色或褐色稀便，有时可见血便。一般多呈慢性经过，病程长达 15 ～ 30d，最后常因贫血、呼吸困难、衰竭而亡。成年鸭感染后往往无明显症状而成为带虫者。

（4）病理变化　由于裂口线虫侵入鸭的肌胃角质层下寄生，剖检变化主要为肌胃和腺胃交界处角质层与黏膜分离、坏死、易脱落、溃疡，角质层呈棕色、暗红色或黑色，角质层内表面有细丝状物，肉眼可见其摆动，用 10 倍放大镜可见虫体一端深入角质层下，另一端游离在角质层外，长约 0.5 ～ 1cm。腺胃黏膜水肿增厚。回肠黏膜上有散在的黄豆粒大小的虫体群，边缘整齐，密布虫体。肠道内容物较少，有时可见卡他性肠炎。

（5）诊断　根据患鸭的症状、剖检变化和虫体的寄生部位，可初步诊断为裂口线虫病。确诊需进行虫体和虫卵的镜检观察。取肌胃处虫体置于载玻片上，滴加生理盐水后直接镜检。同时采用饱和盐水法取上层的虫卵进行镜检。最终结合形态学特征进行确诊。

（6）预防　首先要做好鸭场的清洁卫生和消毒工作。定期对水线和料槽进行清理和消毒，及时清理粪便并堆肥发酵，彻底杀灭虫卵和幼虫，防止虫从口入。鸭舍周围的水池和运动场应定期消毒，尤其是雨季应增加消毒次数。及时清除鸭舍周边杂草。雏鸭、青年鸭和成年鸭应分群饲养，防止带虫鸭成为传染源，引起雏鸭感染发病。由于虫体和虫卵对干燥和紫外线敏感，发病鸭场应空置 1 ～ 2 个月，从消毒、暴晒和通风干燥着手，彻底清除饲养场中的病原。

疫区鸭群还可采用预防性驱虫措施。由于裂口线虫发育期为 17 ～ 22d。因此 1 日龄鸭在 17 ～ 22d 时可进行第 1 次药物驱虫，并根据具体情况确定第 2 次驱虫。驱虫后粪便应及时清理并堆肥发酵，舍内外进行清扫、消毒。由于该病主要发生于放牧和地面平养鸭，也可采用网上或笼养方式避免该病的发生。

（7）治疗　一旦鸭群发生该病，应及时隔离饲养治疗，可采用以下方案进行治疗。①左旋咪唑按照 50mg/kg 体重，均匀拌料后 1 次饲喂。②丙硫咪唑按照 10 ～ 30mg/kg 体重，拌料或饮水使用。③四咪唑按照 40 ～ 50mg/kg 体重，拌料后 1 次饲喂。

五、鸟龙线虫病

鸭鸟龙线虫病又称鸭腮丝虫病，是由台湾鸟龙线虫（*Avioserpens taiwana*）寄生于鸭腮部、颈部、咽喉等处皮下结缔组织引起的一种寄生虫病。主要侵害 3 ～ 10 周龄左右的雏鸭和青年鸭，严重危害我国南方地区养鸭业的发展。

（1）病原　该病的病原为台湾鸟龙线虫。成虫虫体细长，体表角质层有细横纹，头部钝圆，头端背、腹部各有 1 个乳突，有 4 个亚中双乳突和 1 对头感受器。口孔较小，无角质环。食道分为短的肌质部和长的腺质部。肌质部前端膨大，中后部呈圆柱形；腺质部前部周围由球状腺体围绕。有 1 个粗长的背腺，内含分泌颗粒，开口于口孔；1 对细短的腹腺，开口于肌质部的食道腔。其分泌物质具有溶解组织的作用。雄虫体细长，约 6.0cm，尾部弯向腹面，后半部细小呈指状。左右交合刺大小略有不同，右交合刺稍粗长。导刺带为三角形。雌虫虫体粗长，约 15 ～ 20cm，伸长和缩短时差异较大。尾部向后逐渐尖细，尾端形成钩状弯曲。生殖孔位于虫体后半部，阴道肌质不发达。子宫向体前后部延伸，为对子宫型。虫体尚未发育成熟时，可见生殖孔，若发育成熟后，生殖孔、直肠和肛门萎缩，不易观察。虫卵呈卵圆形，大小约 32μm×26μm。

（2）生活史和流行病学　鸟龙线虫的中间宿主为剑水蚤，虫卵若被其他动物吞食则无法存活。虫卵在雌虫体内发育成内含幼虫的虫卵（第一期幼虫），积聚在子宫中。雌虫头部穿过宿主皮肤伸出体外。宿主游泳时，幼虫随即进入水体中。第一期幼虫被剑水蚤吞食后，在 28 ～ 30℃下，经 3 ～ 4d 第 1 次蜕皮，发育成第二期幼虫。幼虫感染剑水蚤后第 7d 进行第 2 次蜕皮，发育成第三期幼虫，即具有感染性。感染性幼虫通过鸭吞食或皮肤感染后沿血液循环，寄生在鸭的颈部、肠道、眼睛、咽喉和腿部等处的皮下结缔组织中，经 18 ～ 30d 继续发育为成虫。

鸟龙线虫主要感染放牧和稻鸭共生的鸭群，以雏鸭和青年鸭更为易感。该病发生季节与气温和湿度密切相关。此外，水稻收割季节中间宿主剑水蚤数量较多，也是该病易发和流行时间。由于对气温和湿度要求较高，该病多在福建、台湾、湖南和两广地区发生，其他地区极少发生该病。鸭群一旦感染该病，发病率高达 60% ～ 80%，死亡率为 20% ～ 30%。

（3）症状　患鸭主要表现为营养不良，羽毛蓬乱，机体消瘦，不愿采食，吞咽困难，常抬头空咀，生长发育迟缓。下颌、颈部和大腿外侧皮下可见黄豆至鸽子蛋大小的肿块，触按柔软，似棉球弹性。严重者整个头部肿胀，舌外伸。眼部肿块导致患鸭失明。腿部肿块导致患鸭行走困难，甚至瘫痪。部分鸭死亡，耐过鸭多为僵鸭。

（4）病理变化　该病的特征性病变为多组织皮下处的肿块。有些肿块破溃后，可见白线头样留于溃口部位，患处皮肤和皮下组织呈红色，有时可见黄色胶冻样渗出。剖检患鸭病变肿块可拉出形状似一团的粗线，紧密缠绕。

（5）诊断　可根据该病的症状和剖检变化进行初步诊断。确诊需对虫体和虫卵进行形态学观察。

（6）预防　首先应做好鸭舍和水面的清洁和消毒工作。放牧或稻鸭共生模式下饲养鸭应在多发季节避免鸭群放牧，同时对疑有病原和中间宿主污染的场所，用生石灰等进行消毒。在水塘中可撒五氯酚钠等药物，以杀死水体中的中间宿主和幼虫。疫区引进鸭群时应严格检疫，防止带虫鸭进入。

（7）治疗　鸭群中一旦发现患鸭，应及时隔离饲养、治疗，可采用以下方案。将肿块切开 1 小口，用手或铁钩取出虫体。可采用以下治疗方案。①用镊子夹取蘸有 0.1% 高锰酸钾的脱脂棉球或双氧水溶液擦洗患处，3 ～ 5d 伤口愈合。②丙硫咪唑按照 25mg/kg 体重，拌料饲喂 1 次，严重患鸭隔 3 日后再次饲喂 1 次，1 周后症状逐渐消失。③用 3mL 的 5% 的氯化钠溶液注射至患处，也有较好的治疗效果。

六、毛细线虫病

鸭毛细线虫病是主要是由毛首科（Trichuridae）毛细线虫属（*Capillaria*）多种成员如鸭毛细线虫、鹅毛细线虫等寄生于鸭小肠、盲肠或食道等处引起的一种寄生虫病。毛细线虫主要寄生于鸭的消化道前半部和盲肠处。该病在我国多地均有发生，严重时可导致鸭死亡。

（1）病原　该病的病原为鸭毛细线虫和鹅毛细线虫。鹅毛细线虫寄生于鸭的小肠和盲肠，雄虫约为 10 ～ 13.5mm，中部有一根圆柱形的交合刺。雌虫长约 13.5 ～ 23mm。虫卵为长椭圆形，大小为（50 ～ 58）μm×（25 ～ 30）μm。鸭毛细线虫寄生于鸭等禽类的盲肠或小肠，虫体较小，呈毛发状，前部细，后部粗。雄虫长约 6.7 ～ 13.1mm，雌虫长约 8.1 ～ 18.3mm。虫卵呈棕黄色，腰鼓形，卵壳较厚，两端有卵塞，内含 1 个椭圆形胚细胞。

（2）生活史和流行病学　两种毛细线虫均不需要中间宿主，为直接发育型。成熟雌虫在寄生部位产卵，虫卵随粪便排出体外，在 22 ～ 27℃外界适宜环境中，经 8d 左右虫卵发育成感染性虫卵。虫卵被鸭吞食后，幼虫逸出，移行至寄生部位黏膜内，约经 30d 左右发育成成虫。鸭毛细线虫病一年四季均可发生。在患鸭体内夏季虫体数量较多，冬季较少。毛细线虫成虫寿命为 9 ～ 10 个月。未发育的虫卵抵抗力较强，在外界可以长期保持活力。干燥的环境不利于毛细线虫虫卵的发育和存活。

（3）症状　鸭毛细线虫病在 1 ～ 3 月龄雏鸭中发病率较高，轻度感染患鸭不表现出明显症状。严重感染病例食欲减退至废绝，饮欲增加，精神不振，两翅下垂，常离群独处，蜷缩在地面或鸭舍的角落处。消化机能紊乱，发病初期呈间歇性下痢，随着病程的发展表现为稳定性下痢，后期下痢严重，在排泄物中出现黏液。患鸭生长发育受阻，消瘦，贫血。虫体较多时常形成机械性堵塞，分泌的毒素造成患鸭慢性中毒。患鸭由于极度消瘦，最终衰竭而亡。

（4）病理变化　剖检可见小肠前段或十二指肠有毛发状虫体，严重感染病例可见大量虫体堵塞肠道。虫体对寄生部位造成化学性刺激和机械性损伤导致黏膜肿胀、增厚、充血、出血，黏膜表面覆有絮状渗出物或黏液样脓性分泌物，严重者甚至呈脓样坏死、脱落。由于营养不良，可见肝、肾发育不良。慢性病例中，可见肠浆膜周围结缔组织增生，肿胀，整个肠管粘连成团。虫体寄生部位的组织中有不明显的虫道，淋巴细胞浸润，淋巴滤泡增大，形成伪膜，并导致腐败。

（5）诊断　根据症状和剖检变化，可作出初步诊断。在寄生部位如小肠、盲肠或食道中检查虫体或饱和盐水法漂浮粪便中虫卵镜检观察，通过形态学特点进行确诊。

（6）预防　做好鸭舍内外的清洁卫生工作，及时清理粪便并进行堆肥发酵处理以杀死虫卵。育雏鸭群应单独饲养，避免与成年鸭活动区域交叉。疫区鸭群应定期预防性驱虫，每隔 1 ～ 2 个月驱虫 1 次。

（7）治疗　当鸭群大群发病且危害严重时，应进行大群驱虫，可按照下述方案进行治疗。①甲氧啶按照 200mg/kg 体重，配成 10% 水溶液后，皮下注射或口服，24h 大多数虫体即可排出。②甲苯咪唑按照 70 ～ 100mg/kg 体重，拌料 1 次饲喂，对 6、12、24 日龄虫体有较好疗效。③左咪唑按照 25mg/kg 体重，拌料 1 次饲喂，对 16 日龄以上虫体有明显疗效。④噻苯唑按照 0.1% 的量拌料使用，可驱除 13 日龄以内的虫体。

七、气管比翼线虫病

鸭气管比翼线虫病是由比翼科（Syngamidae）比翼属（*Syngamus*）气管比翼线虫寄生

于鸭气管引起的一种呼吸系统疾病。该病主要侵害雏鸭，寄生状态的气管比翼线虫多为雌、雄成虫交合状态，又称为交合线虫病。成年鸭极少感染发病。该病多见于放牧鸭群，封闭式养殖模式下极少发生该病。

（1）病原　气管比翼线虫虫体因吸血呈血红色，头端膨大呈半球状，口囊宽阔，呈杯状，基底部有 6 ～ 10 个三角形小齿。雌虫大于雄虫。雄虫虫体细小，长约 2 ～ 4mm，交合伞厚，肋短粗，交合刺短小。雌虫成虫长约 7 ～ 20mm，阴门位于体前部。雄虫以交合伞附着于雌虫阴门部，永成交配状态。虫卵大小为（78 ～ 110）μm×（43 ～ 46）μm，两端有透明的栓塞样厚卵盖，卵内含 16 ～ 32 个卵细胞。

（2）生活史和流行病学　气管比翼线虫雌虫在寄生的鸭气管内产卵，虫卵随气管黏液到达口腔，有些虫卵被排出，大部分虫卵被咽入消化道，随粪便排到外界，此时虫卵不具有感染性。在适宜温度（27℃左右）和湿度条件下，虫卵约经两次蜕皮（约 3d）发育为感染性虫卵或孵化为外被囊鞘的感染性幼虫。在自然环境中，感染性虫卵、幼虫对环境抵抗力较差，在土壤中可存活 8 ～ 9 个月。感染性虫卵或幼虫被蚯蚓、蛞蝓、蜗牛、蝇类及其他节肢动物等延续宿主吞食后，在其肌肉内形成包囊，虫体不发育但保持着对禽类宿主的感染能力。延续宿主可将其感染性保持长达 1 年之久。禽类宿主因吞食了感染性虫卵或幼虫，或带有感染性幼虫的延续宿主而感染。幼虫钻入肠壁，经血液循环移行至肺房、细支气管、支气管和气管，于感染后 18 ～ 20d 发育为成虫并产卵。

气管比翼线虫主要侵害雏鸭，还可侵害雏鸡、仔鹅等。雏鸭发病率和死亡率较高，死亡率甚至高达 100%。青年鸭和成年鸭表现为亚临床经过，极少死亡，是主要的带虫者和传染源。体外感染性虫卵和幼虫经过延续宿主体内后，其感染性增强，促进该病的扩散和流行。该病一年四季均可发生，春夏季节，尤其是多雨季时更易发病。

（3）症状　患鸭精神不振，食欲减退，生长发育迟缓，消瘦，贫血，感染严重的患鸭甚至食欲废绝，下痢，排血红色黏液样粪便，肛门处羽毛沾有污物。特征性症状表现为呼吸困难，叫声嘶哑，常伸颈张口呼吸，伴发甩头、气喘。患鸭常左右摇甩头部，从口腔和鼻腔排出黏液性分泌物。体温升高。感染后期患鸭常因机体衰竭或因虫体堵塞气管窒息而亡，病程约 4 ～ 15d。

（4）病理变化　剖检患鸭可见气管黏膜充血，出血，有大量黏液附着，气管黏膜上有许多虫体附着，虫体附着周围呈卡他性坏死。严重者可见虫体堵塞气管。肺部呈出血性炎症病变，严重的充血，出血，肺水肿，肺内有大量的白色虫体，有的呈红色。肠道弥漫性出血，肠黏膜上附着大量红色虫体。肝脏肿大、淤血。其他脏器未见明显变化。

（5）诊断　根据患鸭呼吸困难，伸颈张口呼吸特征性症状，结合剖检气管黏膜病变可作初步诊断。确诊需结合虫体和虫卵形态学检查。

（6）预防　加强鸭场的饲养管理。雏鸭群和成年鸭群应分开饲养，避免场地交叉使用。运动场保持干燥，阴雨天或有积水时，应减少鸭群的舍外活动。做好鸭舍清洁卫生，定期对鸭舍和运动场进行消毒。可采用 2% 的氢氧化钠溶液进行运动场和舍内地面的消毒，0.3% 的新洁尔灭擦拭饲养器具。应及时清理粪便，并进行堆肥发酵等无害化处理。

在饲料中适量添加维生素 A、维生素 K 和 B 族维生素等，提高鸭群的机体抵抗力。疫区应定期对粪便进行抽样检查虫卵，一旦发现应及时采取驱虫措施。可采用硫双二氯酚按照 100 ～ 200mg/kg 体重，1 次内服。

（7）治疗　一旦发生该病，患鸭应及时隔离治疗，同时对鸭舍、运动场和器具等进行严格的消毒处理，鸭群改为舍内封闭饲养，并进行驱虫处理。①用 1∶1500 的稀碘液按照 1 ～ 1.5mL/ 羽，滴入患鸭气管内，连用 3d，以杀灭气管内虫体；②丙硫咪唑按照 25mg/kg 体重，拌料后 1 次饲喂，连用 5d，同时在饮水中加入 2% ～ 5% 复合维生素或奶粉等；③噻苯唑按照 300 ～ 1500mg/kg 体重，内服，连用 3d；④左旋咪唑按照 20 ～ 25mg/kg 体重，内服，连用 3d。

第七节　吸虫病

鸭吸虫病是多种吸虫寄生于鸭体内引起的各种疾病的总称。吸虫种类较多，多数为营寄生生活。发育过程中均需一些软体动物或昆虫作为中间宿主，为间接发育型。感染鸭的吸虫主要包括前殖吸虫、卷棘口吸虫、气管吸虫、嗜眼吸虫、背孔吸虫、后睾吸虫和杯叶吸虫等。

一、前殖吸虫病

前殖吸虫病是由前殖科（Prosthogonimidae）前殖属（*Prosthogonimus*）的多种吸虫寄生于鸡、鸭、鹅等禽类和鸟类的直肠、泄殖腔、法氏囊和输卵管内，导致母禽产蛋异常，甚至死亡的一种寄生虫病。该病易继发卵黄性腹膜炎，导致患禽死亡，给养禽业带来较大经济损失。

（1）病原　目前已发现 40 余种前殖吸虫，一般认为有 6 种前殖吸虫对鸭具有致病力。其中致病性较强、传播范围较广的是卵圆前殖吸虫和楔形前殖吸虫。该病的病原体主要包括卵圆前殖吸虫（*P.ovatus*）、楔形前殖吸虫（*P.cuneatus*）、透明前殖吸虫（*P.pellucidus*）、鲁氏前殖吸虫（*P.rudolphi*）和家鸭前殖吸虫（*P.anatis*）等。5 种前殖吸虫均为雌雄同体。

卵圆前殖吸虫虫体扁，呈梨形，前端狭窄，后端钝圆，长约 3 ～ 6mm，宽约 1 ～ 2mm。体表有皮棘，口吸盘位于虫体前端，呈椭圆形，大小为（0.15 ～ 0.17）mm×（0.17 ～ 0.21）mm，腹吸盘位于虫体前 1/3 处，大小为 0.4mm×（0.36 ～ 0.48）mm。卵圆前殖吸虫前咽较小，不发达，直径约 0.10 ～ 0.16mm，食道长约 0.25 ～ 0.4mm，盲肠末端终止于虫体后 1/4 处。有 1 对椭圆形睾丸，不分叶，位于虫体的后半部。卵巢位于腹吸盘背侧，分叶，卵黄腺位于虫体两侧，前端起始于肠管分叉部稍后处，向后延伸至睾丸后缘。子宫颈与雄茎并行，生殖孔开口于口吸盘左侧。虫卵较小，大小为 13μm×（22 ～ 24）μm，卵壳薄，一端有卵盖，另一端有疣状突起，内有 1 个胚细胞和多个卵黄细胞。

楔形前殖吸虫呈梨形，大小为（2.89 ～ 7.14）mm×（1.7 ～ 3.71）mm。口吸盘大小为（0.32 ～ 0.50）mm×（0.30 ～ 0.48）mm，腹吸盘大小为（0.54 ～ 0.81）mm×（0.52 ～ 0.81）mm。

咽呈球状，直径约为0.14～0.20mm，盲肠末端可延伸达虫体后部1/5处。1对卵圆形睾丸，不分叶。卵巢分为3叶以上，卵黄腺自腹吸盘向后延伸至睾丸，每侧各有7～8簇。虫卵大小为13μm×（22～28）μm。

透明前殖吸虫呈椭圆形，体表小，皮棘仅分布在虫体前半部，体长5.86mm×9.0mm，宽2.0～4.0mm。口吸盘近圆形，大小为（0.63～0.83）mm×（0.59～0.90）mm。腹吸盘呈圆形，直径为0.77～0.85mm。透明前殖吸虫盲肠末端伸达虫体后部。有1对卵圆形睾丸，左右并列或者稍微倾斜排列于虫体中央两侧，大小为（0.67～1.03）mm×（0.48～0.79）mm。卵巢分为3～4叶，位于睾丸前缘与腹吸盘之间。雄茎囊弯曲于口吸盘与食道的左侧，生殖孔开口于口吸盘左侧。卵黄腺位于虫体两侧，起始于腹吸盘后缘，向后延伸至睾丸后缘。子宫呈盘曲状态，分布于腹吸盘和睾丸后的广大空隙内，内部含有大量的虫卵。虫卵与卵圆前殖吸虫卵基本相似，为深褐色，一端具有卵盖，另一端有小刺，大小为（26～32）μm×（10～15）μm。

鲁氏前殖吸虫呈圆形，长1.35～5.75mm，宽1.2～3.0mm。口吸盘呈椭圆形，大小为（0.18～0.39）mm×（0.20～0.36）mm，腹吸盘近圆形，直径为0.45～0.77mm。咽呈球状，直径约为0.16～0.17mm，食道长约0.26mm。1对睾丸位于虫体中部的两侧，呈卵圆形，大小为（0.4～0.5）mm×（0.24～0.27）mm。卵巢分为5叶，卵黄腺前端起自腹吸盘，后端穿越睾丸，延伸至盲肠末端。子宫位于两盲肠之间。虫卵大小为（24～30）μm×（12～15）μm。

家鸭前殖吸虫呈梨形，大小为3.8mm×2.3mm。体表有皮棘，体后部渐小而稀。口吸盘大小0.33mm×0.44mm，腹吸盘近圆形，直径约为0.43～0.46mm。咽大小为0.13mm×0.15mm，消化道向后延伸至盲肠的末端，位于虫体后端1/4处。睾丸呈圆形或椭圆形，位于虫体中部横线上或稍后侧，大小为0.27mm×0.21mm。自睾丸前缘发起的输出管，汇合成输精管，与雄茎囊内的贮精囊相连。阴茎囊底部多数越过肠支，可达腹吸盘前缘。卵巢位于腹吸盘右后方，分为5叶，卵巢后部中央发出输卵管。卵黄腺分布于虫体两侧，呈星状分支状，每侧有7～10簇，每簇输出管汇集成卵黄管，于卵巢之后连合而成卵黄囊，与输卵管相连。子宫位于肠支周围，疏密不一，子宫环不越出肠管。虫卵呈黄色，大小为23μm×13μm，卵壳表面有网纹，卵盖稍狭窄，内有毛蚴。

（2）生活史和流行病学　前殖吸虫需两个中间宿主，为间接发育型。寄生在鸭输卵管、法氏囊或直肠内的成虫产卵，虫卵随粪便排出，落入水中，被某些淡水螺类（第一中间宿主）吞食，在其体内孵化为毛蚴，经50d左右继续发育成许多尾蚴。感染螺类60～71d后尾蚴可自然逸出，在水中游动。鸭吞食尾蚴或含有尾蚴的螺极少发病。遇到蜻蜓幼虫——水虿（第二中间宿主），迅速钻入水虿体内，经20～40d发育为成熟囊蚴。当水虿发育成蜻蜓时，囊蚴仍留在蜻蜓体内。鸭吞食了含囊蚴的蜻蜓或水虿后，在鸭的消化道内，囊蚴的囊壁被消化掉，里面的幼虫就释放出来，沿着肠腔向消化道移行，到达法氏囊、输卵管或直肠中，在寄生部位发育为成虫。

前殖吸虫病呈地方性流行。该病的发生和流行的时间与蜻蜓出现的时节一致。每年5～6月份蜻蜓的幼虫聚集在水池岸旁，并爬到水草上变为成虫。水面放牧的鸭群吞食含有囊蚴的水虿或蜻蜓而感染发病。尤其夏季下雨前后，大量蜻蜓在水边聚集，大大增加了该病的发生概率。在我国南方地区，尤其是河流、湖泊交错的地区，适于各种淡水螺的孳生和蜻蜓的繁殖。患鸭在放牧过程中，排出含有大量虫卵的粪便到水体中，极易造成本病的自然流行。

前殖吸虫寄生在鸭的输卵管内，虫体的吸盘和体表的皮棘可刺激输卵管黏膜并破坏腺体的正常机能。最初可破坏壳腺的机能，使石灰质的生成加强或停止，然后破坏白腺的功能，引起蛋白分泌过多。因蛋白积聚的刺激，扰乱输卵管的收缩，影响卵的通过而产生畸形蛋、软壳蛋、无壳蛋或排出石灰质等。由于输卵管炎症的加剧，严重时可能导致输卵管壁破裂，卵、蛋白质或石灰质落入腹腔，引起腹膜炎而死亡。鸭被寄生后可以产生免疫力，当第二次感染时，虫体离开输卵管，随卵黄经输卵管的卵黄腺部分与蛋白一起，包入蛋内，所以鸭蛋内有时可见前殖吸虫存在。

（3）症状　患鸭感染初期无明显症状，产蛋鸭产薄壳蛋、畸形蛋，产蛋量减少甚至停止产蛋。有的患鸭因蛋未产出前就已破裂，可见蛋黄和蛋清从泄殖腔处流出。当前殖吸虫破坏输卵管黏膜和分泌蛋白及蛋壳的腺体时，可见病鸭腹部膨大、下垂，产畸形蛋（无壳蛋、软蛋、无黄蛋），并伴有石灰样液体从泄殖腔流出。鸭行走不稳，常卧伏。患鸭感染后期，精神萎靡，食欲不振，消瘦，体温升高可达43℃，渴欲增加，腹部压痛，泄殖腔突出，肛门周边红肿。病情严重的患鸭，尤其是伴发腹膜炎的患鸭，一般在3～5d内死亡。

（4）病理变化　剖检患鸭可见鸭输卵管炎和泄殖腔炎，黏膜充血、肿胀、增厚，在输卵管管壁上可见红色的虫体，有的输卵管破裂引起卵黄性腹膜炎，并可见外形皱褶、不整齐，内有褐色内容物的卵存在。腹腔中有大量黄色混浊的渗出液，并可见脏器粘连。

（5）诊断　主要根据患鸭的症状，产畸形蛋、薄壳蛋、变质蛋，输卵管黏膜充血、肿胀、增厚，卵黄性腹膜炎等特征性病变，结合流行病学特点作出初步诊断。在输卵管等处发现虫体并进行形态观察，即可确诊。挑起虫体，在显微镜下观察，可见虫体扁平，长约3～5mm，宽约2mm，外观呈梨形或卵圆形，前端狭窄，后端钝圆。虫体颜色呈棕红色，较透明。内部器官清晰可见，口吸盘位于虫体前端，呈椭圆形，腹吸盘位于虫体中前部，两个椭圆或卵圆形睾丸，左右并列于虫体中部两侧。或采用水洗沉淀法镜检患鸭粪便中虫卵。虫卵比较小，椭圆形，棕褐色，前端有卵盖，后端有一小突起，大小为（26～32）μm×（10～15）μm，内含卵细胞。

（6）预防　应加强鸭场的饲养管理，做好卫生清洁工作。及时清理粪便，并进行堆肥发酵无害化处理，彻底杀死虫卵。消灭螺等第一中间宿主，清理杀灭河道、池塘中的螺。多雨的夏季应减少放牧鸭群次数，防止鸭吞食含有囊蚴的蜻蜓或水虿（第二中间宿主）而感染发病。疫区鸭群应定期检测粪便中虫卵，一旦发现感染应立即隔离并治疗。此外，在雨季来临前，可采用药物进行预防性驱虫，防止鸭群感染发病。

（7）治疗　鸭群一旦发生该病，应对大群进行药物驱虫。①四氯化碳按照2～3mL/羽，用软管插入食道灌服，或直接用注射器注入食道膨大部。给药后18～20h，开始有虫体排出，并持续排虫3～5d。鸭群恢复期的长短视病情轻重而异，适用于发病初期的鸭群；②丙硫苯咪唑按照30mg/kg体重，拌料后1次饲喂，7h开始排虫，16h达排虫高峰，32h左右排虫完毕；③硫双二氯酚按照100～200mg/kg体重，拌料后1次饲喂即可。当剂量稍大时，部分鸭会出现腹泻、精神沉郁、食欲减少、产蛋下降等副作用，经数日可逐渐恢复。

二、卷棘口吸虫病

卷棘口吸虫病是棘口科（Echinostomatidae）的卷棘口吸虫感染鸭引起的一种寄生虫病。卷棘口吸虫主要寄生于鸭的肠道内，在胆管及子宫内偶尔也能见到虫体。该病在我国分布较为广泛，主要养鸭地区均有该病的报道。该病对鸭的致病力与感染时机体内虫体数量密切相关。一般来说，感染虫体较少时，患鸭不表现出明显症状，但饲料报酬降低，生长速度较慢，免疫力下降。如果鸭体内虫体较多，严重时可造成大量死亡。

（1）病原　该病的病原为卷棘口吸虫。成虫呈长叶状，长约 7.6 ～ 12.6mm，宽约 1.26 ～ 1.60mm，体表有皮棘，活时呈淡红色，死亡后呈灰白色。卷棘口吸虫口吸盘和腹吸盘距离较近，口吸盘略小呈圆形。口吸盘位于虫体前端，周围膨大形成头冠，大小为 0.54 ～ 0.78mm，具有口领，上有头棘 37 个，其中两侧各有 5 个排列成簇，称为角棘。腹吸盘约为口吸盘的 2 ～ 3 倍大小，肌肉发达，位于虫体近前端 1/3 处的腹面。消化道开口于口吸盘，下接前咽、咽、食管及肠支。两肠支几乎达到虫体末端。1 对长椭圆形睾丸前后排列，位于卵巢后方，贮精囊位于腹吸盘前，肠管分叉之间，生殖孔开口在腹吸盘的前侧。卵巢呈圆形或扁圆形，位于虫体中央或中央稍前，向后发出输卵管，卵黄腺呈滤泡状，分布于后半部腹吸盘后缘虫体两侧与子宫相接。子宫弯曲盘绕，分布在卵巢的前方，经腹吸盘下方向前通至生殖腔，子宫内充满虫卵。排泄囊呈“Y”形。虫卵呈椭圆形，金黄色，大小为（114 ～ 126）μm×（64 ～ 72）μm，前端有卵盖，内含一个胚细胞和很多卵黄细胞。

（2）生活史和流行病学　卷棘口吸虫的发育为间接型，一般需要两个中间宿主。第一中间宿主为淡水螺类，第二中间宿主有淡水螺类、蛙类及淡水鱼。成虫寄生在鸭的直肠或盲肠中产卵，虫卵随粪便排至外界，落于水中的虫卵在 31 ～ 32℃的温度下，约经 10d 孵化为毛蚴。毛蚴在水中游动，遇到第一中间宿主时，即侵入其体内，在 30℃温度下，经 4d 发育成胞蚴。胞蚴在螺的心室中，经 7d 发育成熟，内含母雷蚴；第 9d 母雷蚴脱囊而出，随其发育过程而向螺的消化腺及围心腔移动，15d 后母雷蚴成熟，内含子雷蚴；32d 后子雷蚴成熟，内含成熟尾蚴。尾蚴成熟后从螺体逸出，游到水中。遇到第二中间宿主，即侵入其体内，尾部脱落而形成囊蚴，但有时成熟尾蚴不离开螺体而直接形成囊蚴。囊蚴呈圆形或扁圆形，有透明的囊壁。终末宿主鸭吞食含有囊蚴的螺蛳、蝌蚪、鱼等而感染卷棘口吸虫。囊蚴进入机体后，在消化道处囊壁被消化液溶解，童虫脱囊而出，吸附在终末宿主的直肠和盲肠黏膜上经 7 ～ 9d 发育为成虫。感染后大约 16 ～ 22d，虫体发育成熟，排出虫卵。

本病在我国水禽养殖地区广泛流行，尤其是南方。该病一年四季均可发生，夏末秋初发病率较高。各日龄鸭均可感染，雏鸭和 50 日龄以内青年鸭更为易感，发病率较高。该病的发生与饲养模式密切相关，主要发生在放牧鸭群。由于鸭在池塘或河面放养时，经常采食到水草、螺蛳、浮萍和鱼等，螺蛳经常和水草伴生，有些地区有用螺蛳饲喂鸭的习惯，卷棘口吸虫随中间宿主进入鸭体内而感染发病。

（3）症状　鸭体内寄生少量卷棘口吸虫时，对鸭的危害较轻，一般不造成患鸭死亡。患鸭主要表现为生长不良，消瘦，羽毛蓬乱，常蹲伏于岸边或浮于水面上，不愿游动。当有大量虫体寄生时，雏鸭严重感染，由于虫体吸收了大量的营养物质且分泌了很多的毒素，导致鸭消化机能障碍。患鸭表现为食欲不振，下痢，消化不良，粪便中混有黏液，排白色或红色恶臭稀粪，机体消瘦，贫血，生长发育受阻，甚至停滞，严重的病例会因机体衰竭而死亡，病程为 3 ～ 5d。

（4）病理变化　该病主要侵害消化道。剖检患鸭可见肝脏充血、肿胀，胆囊胀大，心包扩大，有积液，肠腔充满卡他性黏液和出血性贫血的分泌物。患鸭直肠和盲肠的肠黏膜被破坏，引起肠壁炎性反应，肠道上有点状出血，肠内容物充满黏液，许多淡红色虫体附着在黏膜上。患鸭空肠段可见黑褐色、条状血凝块，肠壁变薄。盲肠极度肿胀，约为正常的 2 ～ 4 倍；外观可见盲肠呈花斑样，并散在有出血点或出血斑；盲肠内容物呈黑褐色，有恶臭的黏稠状物质，含有气泡；盲肠后半段黏膜上覆有一层糠麸状干酪样物质。剖开鸭的肠道可见小肠、盲肠、直肠中有大量密集、粉红色细叶状的虫体，虫体的一端埋入肠黏膜内，且吸附部位有溃疡，用镊子用力将虫体夹起，有口钩样结构紧紧地叮在肠壁上。其他脏器无肉眼可见病变。

（5）诊断　根据患鸭的剖检变化中虫体形态即可确诊，也可以用直接涂片法或者离心沉淀法检查粪便中虫卵进行确诊。用生理盐水冲洗虫体，然后滴上甘油压片镜检。虫体呈长叶状，长约 7.6 ～ 12.6mm，宽约 1 ～ 2mm，体表有皮棘；虫体的前端有头冠，头冠上有多个头棘，在头冠的两侧各有 5 个腹角棘；口吸盘位于虫体的前端，小于腹吸盘；睾丸呈长椭圆形，前后排列于卵巢后方，卵巢呈圆形或扁圆形位于虫体中部，子宫弯曲在卵巢的前方，内充满虫卵；卵黄腺发达，分布在腹吸盘后方的两侧，延伸至虫体后端。根据形态学特征可确定此虫为卷棘口吸虫。

（6）预防　首先应加强饲养管理。因该病主要由于鸭吞食含有囊蚴的第二中间宿主螺、蝌蚪和鱼类而导致感染发病，高发季节应定期清理放牧水体内水生动物，减少或禁止用螺、蝌蚪和水草等饲喂鸭群。疫区鸭群应定期进行预防性驱虫，排出含有虫体和虫卵的粪便应进行堆肥发酵等无害化处理，以杀灭虫体和虫卵。引进鸭群和饲养过程中，应定期进行虫体和虫卵检查，一旦发现感染，应改为舍饲并用药物预防鸭群发病。

（7）治疗　一旦鸭群感染发病，应加强饲养管理，提高饲料品质，如添加多种维生素或葡萄糖等，将鸭群移至舍内饲养，短期内不再放牧。采取以下药物治疗方案。①氯硝柳胺按照 100 ～ 200mg/kg 体重，1 次口服。②丙硫咪唑按照 15mg/kg 体重，1 次口服。③吡喹酮按照 10mg/kg 体重，1 次口服。④硫双二氯酚按照 150 ～ 200mg/kg 体重，拌料后 1 次饲喂。⑤槟榔煎剂：槟榔粉 50g，加水 1000mL，煮沸制成槟榔液，按照 7 ～ 12mL/kg 体重的剂量，用细胶管插入食道内灌服或食道膨大部内注射。此外，应添加适当的抗生素药物，以预防和治疗继发感染。

三、气管吸虫病

鸭气管吸虫病是由舟形嗜气管吸虫（*Tracheophilus cymbius*）感染鸭引起的一种呼吸系统障碍的寄生虫病。该病还可感染鹅和野生水禽，寄生在终末宿主的气管内。鸭被舟形嗜气管吸虫轻度侵害时，主要影响机体的生长发育和生产性能。随着感染时间的增长，患鸭表现出气喘、咳嗽，并逐渐加剧。严重时虫体可阻塞气管导致呼吸困难。

（1）病原　该病的病原为舟形嗜气管吸虫，主要寄生于水禽的上呼吸道，如气管、支气管等，鼻腔内也偶见虫体。舟形嗜气管吸虫成虫虫体扁平，椭圆形，两端钝圆，大小为（6.0～11.5）mm×（2.5～5.0）mm（图5-11）。活时虫体呈暗红色或粉红色，口孔位于虫体前端，无肌质吸盘围绕，口吸盘不明显，腹吸盘缺乏，口孔距前端约0.3mm，生殖孔开口于口孔稍后方。咽圆球形，食道短，两根肠管与体的侧缘平行，延伸至体后部合并成“肠弧”，肠管内侧有许多盲突，子宫发达、充满肠管之内的全部空隙。睾丸呈圆形，边缘整齐，其横径为0.3mm，一个睾丸位于虫体中线，其后缘与肠弧内缘相毗连，另一个位于外侧右前方。卵巢比睾丸稍大，边缘完整，呈圆形至椭圆形，横径为0.4mm左右，其位置与前睾丸在同一水平线上，一般情况下这三个性腺呈等腰三角形。舟形嗜气管吸虫子宫发达，充满于全部肠干所围绕的空隙，卵黄腺很发达，开始于咽头，它的主干接于肠支的外缘和虫体侧缘之间的空隙，终于虫体后端。虫卵呈椭圆形，淡黄色，无卵盖，大小为120μm×63μm，卵中间有一个黑色颗粒的胚细胞。

（2）生活史和流行病学　舟形嗜气管吸虫的发育为间接型，需要一个中间宿主。中间宿主主要为扁卷螺科（Planorbidae）的淡水螺。目前已证实尖口圆扁螺、半球多脉扁螺和凸旋螺等为舟形嗜气管吸虫的中间宿主。生活史包括虫卵、毛蚴、雷蚴、尾蚴、囊蚴和成虫六个发育阶段。成虫寄生于鸭的气管或支气管中产卵，虫卵随黏液移行至口腔，经吞咽后随终末宿主粪便排至外界，落入水中。在适宜条件下孵出毛蚴，毛蚴体内含有一个活泼的雷蚴。毛蚴在水体中游动直至附着于淡水螺体表皮上，体内的雷蚴侵入螺体并移行至螺的围心腔中定居。雷蚴仅一代，在螺体内形成尾蚴。发育成熟的尾蚴从雷蚴的产孔钻出，就在螺的围心腔壁组织附近形成囊蚴。当鸭吞食了带有囊蚴的淡水螺后，童虫在鸭的小肠中脱囊而出，穿过肠壁进入腹腔，随血液循环移行至气囊，经8～9d后进入气管，在此逐渐发育为成虫。在成虫子宫中即含有体内已有活泼雷蚴的成熟毛蚴，在螺体内只需15～20d就可发育成熟，童虫在鸭体内发育至性成熟约需1个月时间。

虫体在寄生部位刺激鸭气管黏膜，导致分泌物增多，虫体及大量黏液堵塞鸭上呼吸道。患鸭甩头，气喘，伸颈张口呼吸，少数患鸭躯体两侧和颈部皮下出现气肿。当大量虫体寄生时，则可导致患鸭窒息死亡。舟形气管吸虫主要感染放养在水面的鸭。该病的感染季节与放牧次数和淡水螺的数量密切相关，夏秋季节多发。该病多发生于青年和成年鸭，尤其是蛋鸭、番鸭和半番鸭等，由于饲养周期长，多为水面放牧饲养模式，鸭群感染发病的概率较高。鸭从吞食携带囊蚴的螺至出现症状约需2～3个月。该病主要影响患鸭的生长和产蛋性能，病死率为3%～5%，耐过或症状较轻的患鸭是该病的重要传染源。

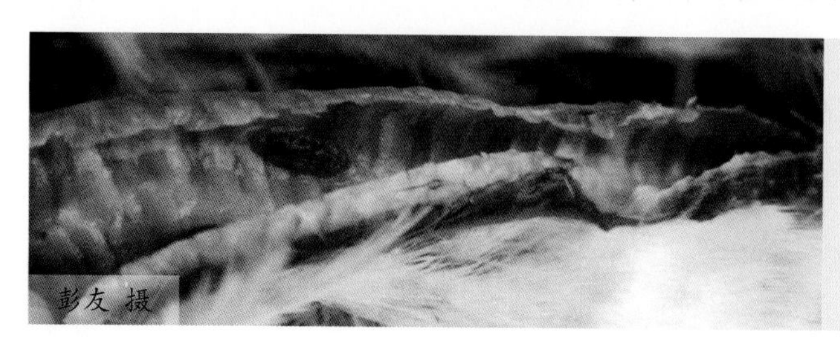

图5-11　气管吸虫

（3）症状　患鸭主要表现为精神沉郁，喜卧地，不愿走动，强行驱赶时行走缓慢、无力甚至瘫痪，食欲减少，伸颈摇头，水面放牧时患鸭在水中不愿游动。该病发病初期可见患鸭轻微甩头和气喘，随着病程的发展，症状不断加重。患鸭鸣叫声嘶哑，甚至无声，气急气喘，鼻腔内有较多的黏液流出，粘在鼻孔处形成污物，患鸭常左右甩头以清除鼻腔黏液。喙部变紫，肿胀。患鸭消瘦，羽毛无光泽，产蛋率显著下降 2 ～ 3 成，严重时呼吸困难，张口呼吸，有时头颈部肿胀，最后多因窒息而死亡。打开病死鸭口腔有时可见咽喉部有虫体。少数鸭排绿色稀便。

（4）病理变化　剖检患鸭可见鼻腔内有浆液性或黏液性分泌物，气管中可见数量不等的虫体，虫体附着的气管黏膜充血、出血并伴有炎症表现。上呼吸道黏膜炎症严重，黏膜潮红充血、黏液增多，有散在出血斑点。用镊子取下虫体，吸附处黏膜出血斑点颜色更加鲜红，虫体两端翘起，向气管深部不断蠕动。肝脏明显肿大，颜色发黑，表面有粟粒至黄豆大白色坏死灶。肺部组织表现出不同程度的炎症病变。其他脏器无明显肉眼可见的病理变化。

（5）诊断　本病可根据流行病学和症状进行初步诊断。患鸭张口伸颈，呼吸困难，鼻腔流出黏液，常甩头。鸭群中可听到“咯咯”的气喘。打开患鸭口腔，用异物刺激咽喉，有时会排出虫体。结合剖检变化中虫体形态学观察进行确诊，鸭呼吸道可见黏膜潮红充血、黏液增多，有散在出血斑点，并在气管中发现 2 ～ 5 条扁平、棕红色、大小形状似黄瓜籽样的虫体，根据镜检可确定此虫为舟形嗜气管吸虫。

（6）预防　加强鸭场饲养管理。及时清理粪便并进行堆积发酵等无害化处理，以杀死虫卵。从疫区引进鸭群时，应进行严格的检疫，避免引进带虫鸭。多发季节应尽量避免在不安全的水域放牧鸭群，必要时可采取舍内饲养。一旦检出带虫患鸭，应及时隔离饲养并治疗，避免成为新的传染源导致大群发病。消灭中间宿主，捕捞水体中螺类，尽量减少其种群总体数量。严禁使用生螺、水草和鱼类等直接饲喂鸭群，应煮熟或腐熟后饲喂。水塘可投放 1∶50000 硫酸铜或生石灰，消灭淡水螺。疫区鸭群可定期进行预防性驱虫，减轻该病造成的损失。

（7）治疗　一旦鸭群发生该病，应及时隔离饲养、治疗。可采用以下治疗方案。①0.15% 的碘液按照 1.5mL/ 只直接注入患鸭气管，间隔两天后，再次给药，驱虫效果较好。②吡喹酮按照 12mg/kg 体重，拌料饲喂 1 次，效果较好。③四氯化碳按照 2 ～ 3mL/ 只，以小胶管插入食道灌服，或直接用注射器注入食道膨大部，给药后 18 ～ 20h，可见有虫体排出，并持续排虫 3 ～ 5d。此方案仅适用于感染初期，对病情严重患鸭的治疗效果不佳。④丙硫咪唑按照 30mg/kg 体重，拌料后 1 次饲喂，给药后约 7h 开始排虫，16h 达排虫高潮，32h 排虫完毕。⑤硫双二氯酚按照 100 ～ 200mg/kg 体重，拌料后 1 次内服。当该药物使用剂量稍大时，部分鸭会出现腹泻、精神沉郁、食欲减少、产蛋下降等副作用，但数日内可逐渐恢复。

四、嗜眼吸虫病

嗜眼吸虫病是由嗜眼科（Philophthalmidae）嗜眼属（*Philophthalmus*）多种嗜眼吸虫寄

生于禽类的瞬膜和结膜囊内引起的一种寄生虫病。该病的特征性病变为结膜 - 角膜炎，患鸭多为单侧性，少数为双侧性。严重者由于双目失明而难以进食。此外，该病还可导致产蛋率明显下降。

（1）病原　该病的病原主要为多种嗜眼吸虫，如鸡嗜眼吸虫（*P. grali*）、黎刹嗜眼吸虫（*P. rizalensis*）、潜鸭嗜眼吸虫（*P. nyrocae*）、中华嗜眼吸虫（*P. sinensis*）和印度嗜眼吸虫（*P. indicus*）等。嗜眼吸虫成虫虫体中等大小，多数是长叶形，也有纺锤形和梨形，体表平滑，长约 3.5 ～ 4.2mm，宽约 1.1 ～ 2.0mm。口吸盘位于虫体的最顶端，大小约为（0.30 ～ 0.36）mm×（1.1 ～ 1.8）mm，腹吸盘很发达，位于虫体的前半部或者中部，与口吸盘的比例为 1∶1.8。前咽极短，咽近似圆形，直径约为 0.2 ～ 0.5mm。肠叉距虫体前端 0.5 ～ 0.6mm，肠道向后部延伸直至虫体的末端。生殖孔在肠分叉处的腹面。1 对卵圆形睾丸位于虫体的末端，前后、斜位或者并列分布，两者衔接近，接触面截平。卵巢位于睾丸上端的中线位置，呈扁圆形，有内外贮精囊、劳氏管，受精囊位于卵巢后缘的左侧。卵黄腺呈管状，间隔有短颗粒状。子宫圈发达，布满虫卵，从腹吸盘下缘到达前睾丸的后缘，并跨过肠管。虫卵呈椭圆形，大小约为（43 ～ 50）μm×（85 ～ 100）μm，没有卵盖，内含有带眼点的毛蚴，毛蚴内没有活动的雷蚴。排泄囊呈“Y”形，位于虫体后端，排泄孔在虫体末端。

（2）生活史和流行病学　嗜眼吸虫为间接发育型，中间宿主是淡水螺类，各种水禽是其终末宿主。成虫寄生在眼结膜囊内产卵，虫卵随眼分泌物排出，在水中很快孵化出毛蚴。毛蚴在水中游动并侵入中间宿主螺类，在适宜的条件下发育形成尾蚴，该过程约需 3 个月。尾蚴成熟后从螺体内自行逸出，吸附在螺外壳或其他固体附着物上继续发育，形成囊蚴。囊蚴对鸭具有感染性。当鸭吞食了含有囊蚴的螺或其他食物时，即被感染。囊蚴在鸭口腔和食道内脱囊逸出童虫，在 5d 内经鼻泪管移行至结膜囊内，在此约经 1 个月发育成熟。

该病在我国麻鸭和番鸭主要饲养地区均有报道。嗜眼吸虫发育周期较长，该病多见于青年鸭和成年鸭，雏鸭较少发病。该病一年四季均可发生，秋冬季节多发，稍晚于放牧集中季节。除感染鸭外，还可感染鸡、鹅和其他野生水禽。该病感染率较高，约为 40% 以上，甚至 100%。发病严重的患鸭双目失明，无法进食，逐渐消瘦衰弱而亡。

（3）症状　嗜眼吸虫虫体主要寄生在鸭的结膜囊和瞬膜。虫体的机械性刺激及本身分泌的毒素会导致宿主的眼结膜充血、化脓、溃疡、眼睑肿胀，轻度感染的鸭，可表现为消瘦和发育不良。重度感染的鸭可致失明，由于不能正常的采食而变得消瘦，羽毛粗乱，两腿瘫痪，严重的甚至死亡。

嗜眼吸虫大多吸附于内眼角瞬膜下。大多数患鸭单侧眼有虫体，只有少数病例双眼患病。由于虫体机械性刺激并分泌毒素，感染初期患鸭症状不明显，随着病程发展，逐渐表现出流泪，眼结膜充血潮红。泪水在眼中形成许多泡沫，眼睑水肿、增厚。严重时角膜表面形成溃疡，覆盖有黄色片状坏死物，并突出于眼睑，剥离后上皮处有出血。虫体的刺激致使患鸭用脚蹼不停地搔眼或头颈，回顾翼下或背部将患眼揩擦。患鸭常双目紧闭，少数病例角膜出现点状混浊，或角膜表面形成溃疡，严重时双目失明，无法正常觅食，行走无力，离群，逐渐消瘦，甚至瘫痪，最后衰竭死亡。虫体较多的患鸭，可见精神沉郁，逐渐消瘦。产蛋鸭产蛋量减少，最后失明或并发其他疾病而死亡。

（4）病理变化　剖检患鸭可见眼结膜内有虫体，伴有少量针状出血点，少数严重病例角膜深层有细小点状混浊，结膜内有脓性分泌物。眼睛瞬膜下穹窿处结膜有虫体附着。肠黏膜轻度充血。其他脏器无明显病理变化。

（5）诊断　检查患鸭的眼部是否有黏膜充血，眼睑肿大和化脓性溃疡等病变，可做出初步诊断。确诊需要进一步虫体检查。从患鸭的结膜囊或瞬膜内检出虫体，通过形态学观察并进行比较，即可确诊为嗜眼吸虫病。

（6）预防　提高鸭场饲养管理水平。做好鸭舍及运动场的环境卫生，定期用石灰水等进行消毒，以杀灭中间宿主。定期清理放养水体中的螺类，也可使用灭螺的药物。疫区鸭群应减少或禁止在水域中放牧，若将螺类或水草等作为饲料饲喂时，应提前进行灭囊处理。定期对鸭群进行检查，一旦出现患鸭应立即大群驱虫。

（7）治疗　一旦发现患鸭，应及时隔离并用 75% 酒精滴眼进行治疗。一般需 3 人配合操作。由助手将鸭体及头固定，自己左手固定鸭头，右手用钝头金属细棒或眼科玻璃棒插入眼膜，向内眼角方向拨开瞬膜，用药棉吸干泪液后，立即滴入 4 ～ 6 滴 75% 酒精。用此法滴眼驱虫，操作简便，可使患鸭症状很快消失，驱虫率可达 100%。酒精驱虫后有部分鸭眼睛出现暂时性充血，但不久即恢复正常，可在驱虫后用环丙沙星眼药水滴眼，有助于炎症的消除。酒精驱虫后不要马上将鸭放入水塘中，防止鸭很快便将酒精洗去，而影响效果。由于场地及水塘的污染很难避免，因此鸭驱虫后一段时间内可能再次感染，故应定期进行检查鸭的感染情况，以便在一定期间内进行一次全面的驱虫，确保鸭群的健康。

五、背孔吸虫病

背孔吸虫病是由背孔科（Notocotylidae）背孔属（*Notocotylus*）的多种吸虫寄生于鸭、鹅、鸡等禽类盲肠和直肠内，引起的一种以消化机能障碍和贫血为主要特征的寄生虫病。

（1）病原　该病的病原为背孔吸虫，常见的主要是细背孔吸虫（*N. attenuatus*）和折叠背孔吸虫（*N. imbricatus*）等。细背孔吸虫成虫呈扁叶形，腹面稍向内侧凹而背面隆起，两端钝圆，大小为（3.84 ～ 4.32）mm×（1.12 ～ 1.28）mm，体前部腹面散布有小皮棘，向后在阴茎囊后皮棘逐渐稀疏。腹面有三纵列的圆形腹腺，每列 15 个。口吸盘位于虫体前端腹面，近圆形，直径约为 0.2mm，肌质较发达。食道短小，两肠支简单，光滑无突起，起始部呈弧形，沿两体侧向后延伸，直至卵巢后缘。两个睾丸位于虫体后端两侧，分为 10 ～ 13 叶，左右形态相同，其内侧发出一条输出管，至梅氏腺前端合并为输精管，向前行至阴茎囊后缘进入储精囊。阴茎常突出体外，表面有皮棘，生殖孔开口于肠管分支下方。阴茎囊前部狭长而后部膨大。卵巢位于体后部中央，分为 5 ～ 6 瓣，前端发出输卵管进入卵模，在输卵管前方有卵黄总管通入卵模，分为左右两支后伸向体侧两肠支外缘至体侧为卵黄腺。子宫经数次弯曲上升后，回旋于左右两肠支之间，后接阴茎囊的右侧弯曲上升连接阴道，开口于生殖孔。子宫中含有大量虫卵。排泄孔开口于卵巢与体末端之间，两排泄管伸向前方，经两肠支的外侧，至口吸盘的后缘汇合。虫卵细小，壳厚，两端具有卵丝，大小为（20 ～ 25）μm×（14 ～ 16）μm。折叠背孔吸虫成虫体细小，呈扁叶状，体前部边缘向内折入体侧，大小为（1.92 ～ 2.82）mm×（0.43 ～ 0.82）mm。卵巢位于两个睾丸之间，边缘分为8～9瓣，卵黄腺分布于虫体后部两侧。虫卵呈卵圆形，大小为（11～12）μm×（18～20）μm，两端具有卵丝。

（2）生活史和流行病学　背孔吸虫为间接发育型，其中间宿主为淡水螺类。细背孔吸虫的中间宿主主要是椎实螺，折叠背孔吸虫的中间宿主为纹沼螺。虫体发育包括虫卵、毛蚴、胞蚴、雷蚴、尾蚴、囊蚴和童虫七个阶段。寄生在肠道内的成虫产卵，虫卵随粪便排出，适宜条件下，在水中很快孵化为毛蚴。毛蚴在水中游动直至侵入螺体内，移行至螺肠管外壁和肝脏中，发育成圆形的胞蚴。胞蚴内含1～2个幼小雷蚴和3～4个胚胞，分别继续发育子雷蚴和胚球。成熟的子雷蚴移行至螺的消化腺中继续发育，形成具有两个眼点的尾蚴。尾蚴在原处继续发育，近成熟时由螺体自行逸出，吸附于螺的外壳或其他支撑物表面。由于眼点具有趋光性，成熟尾蚴游至有阳光处形成囊蚴。鸭通过吞食含有囊蚴的螺或水草等而感染发病。

背孔吸虫不仅感染鸭，也可感染其他家禽和多种鸟类。该病一年四季均可发生，尤其在夏季更易发生。鸭主要通过吞食含有囊蚴的螺蛳或水草等而感染发病。各日龄鸭均可感染，但雏鸭的易感性更强，其发病率和死亡率也最高。成年鸭多呈慢性经过，表现为逐渐消瘦与消化机能障碍等症状。感染鸭和耐过鸭是该病最主要的传染源。该病主要发生在水面放牧和稻鸭共生饲养模式下的鸭群。

（3）症状　感染初期患鸭精神沉郁，常离群独处，呆立，不愿行走，闭目嗜睡，食欲减退，严重者甚至废绝，渴欲增加，贫血，消瘦，羽毛糙乱且无光泽。随着病程的发展，患鸭表现出神经症状，脚软站立不稳，两翅垂下，行走摇晃，易跌倒，常倒向一侧，部分患鸭呈犬蹲坐姿态，严重者不能站立。排淡绿色至棕褐色水样或胶样稀便，有时混有血丝或血块。有的患鸭出现假死状态，角弓反张，双腿呈游泳状，最后因衰竭而亡。该病的病程为2～6d。

（4）病理变化　剖检患鸭可见肝脏肿大，质地变脆，胆囊内胆汁充盈。小肠充血、出血，肠管壁肥厚、坚硬，管腔缩小甚至闭塞，尤其以十二指肠和回肠最为严重。小肠和盲肠内充满粉红色小叶样虫体，虫体一端有一小黑点。直肠肿大近1倍，内容物充盈，黏膜上有出血点。

（5）诊断　可根据症状和剖检变化进行初步诊断，确诊应进行实验室诊断。虫体检查可见有口吸盘，无腹吸盘，后端稍尖，根据其典型形态进行鉴定。饱和盐水漂浮法采集虫卵后，可见淡黄色至深褐色的卵圆形虫卵，两端各有1根很长的卵丝。

（6）预防　应加强鸭场的饲养管理。及时清理鸭舍和运动场粪便，并进行堆肥发酵等无害化处理，杀灭虫卵。引进鸭群时应进行严格的检疫，避免病原的引入。定期对水体进行消毒、灭螺等措施，杀灭中间宿主，减少疾病传播。夏季减少鸭群水面放牧次数，避免用生螺和水草等直接饲喂，可煮熟或腐熟后饲喂鸭群。疫区应对鸭群定期进行预防性驱虫。

（7）治疗　一旦鸭群感染发病，应及时隔离饲养并进行治疗。患鸭可采用下述治疗方案：①槟榔按照0.6g/kg体重，研磨后煎水，混合丙硫咪唑，按照20mg/kg体重，拌匀后，用橡皮管灌服至食道处，连用2d；②硫双二氯酚按照150mg/kg体重口服，次日按照300mg/kg体重口服，治疗效果较好。此外，应对大群进行预防性驱虫：槟榔按照0.5g/kg体重，研磨后煎水，混合丙硫咪唑，按照15mg/kg体重，拌料后1次饲喂，连用2d。

六、后睾吸虫病

鸭后睾吸虫病是由后睾科（Opisthorchiidae）的后睾属（*Opisthorchis*）、次睾属（*Metorchis*）、对体属（*Amphimerus*）和支囊属（*Clonorchis*）等多种吸虫寄生于鸭肝胆管和胆囊内的引起的一种寄生虫病。该病特征性病变是鸭肝功能受损，在我国多个地区流行且分布广泛。该病对鸭的危害较为严重，常引起胆管堵塞、胆汁分泌受阻，导致患鸭黄疸、贫血消瘦而亡。

（1）病原 该病的病原有 8 种：鸭对体吸虫、鸭后睾吸虫、东方次睾吸虫、广利支囊吸虫、台湾次睾吸虫、黄体次睾吸虫、鸭次睾吸虫和广州后睾吸虫。我国最常见的是台湾次睾吸虫、东方次睾吸虫和鸭对体吸虫。①鸭对体吸虫虫体较大，呈细长叶状，大小为（14 ～ 24）mm×（0.88 ～ 1.22）mm。口吸盘位于体前端，腹吸盘较小，位于体前 1/7 处。有一对长椭圆形睾丸，边缘略有缺刻，前后排列于体后方。卵巢分叶，卵黄腺呈滤泡状，分布于虫体后部 1/3 处。②东方次睾吸虫虫体呈叶状，前段稍窄，后端钝圆，体表有皮棘，大小为（2.4 ～ 4.7）mm×（0.5 ～ 1.2）mm。腹吸盘位于体前部 1/4 处。睾丸分叶，呈前后排列于体后端。卵巢呈椭圆形，卵黄腺分布于肠叉稍后与睾丸前缘之间。排泄腔开口于体后端腹面，在睾丸前缘或其附近分两支排泄管。虫卵呈卵圆形，有卵盖，另一端有小突起，大小约为（28 ～ 32）μm×（14 ～ 17）μm。③台湾次睾吸虫虫体细长，前端稍窄，后端钝圆，大小约为（3.48 ～ 5.81）mm×（0.41 ～ 1.45）mm，在腹吸盘和卵巢之间成体稍膨大；个别成虫因子宫内充满虫卵而使体中部 2/4 处显著膨大。全身皮有皮棘，体前部密集明显，后端稀疏。口吸盘位于顶端，近圆形，腹吸盘位于体前部 1/4 处。睾丸近圆形，边缘整齐，个别略分瓣，两个睾丸呈前后排列或斜列。贮精囊位于腹吸盘的右侧，开口于其前方，细长如袋状。卵巢位于睾丸前方，圆形或椭圆形，由输卵管通入卵形成腔。子宫始于卵巢水平，向前延伸，成多个弯曲，达肠分支和腹吸盘之间，近卵黄腺前端，下降至腹吸盘前缘与生殖孔相连。排泄囊开口于体后端腹面，在后睾丸前缘或近前缘分为两条排泄管。虫卵呈卵圆形，有卵盖，后端有小结节，成熟卵呈黄色，内含毛蚴，大小为（25 ～ 30）μm×（13 ～ 17）μm。④鸭后睾吸虫虫体较小，细叶状，大小为（5.4 ～ 7.6）mm×（1.0 ～ 1.5）mm。前端与后端较狭窄，中部略宽。腹吸盘位于体前部 1/5 处。两睾丸边缘分裂成瓣，前后排列于体后部。卵巢分叶，卵黄腺分布于体中部两侧。

（2）生活史和流行病学 后睾吸虫为间接发育型，需要两个中间宿主。第一中间宿主主要为淡水螺类，第二中间宿主主要为一些鲤科类的小鱼，其他水生动物如黄鳝、泥鳅和蛙类等也是重要的第二中间宿主。其发育过程包括虫卵、毛蚴、胞蚴、雷蚴、尾蚴和囊蚴等。成虫寄生在鸭的肝胆管或胆囊中产卵，虫卵随胆汁进入小肠，混合食糜进入大肠，随粪便排出体外，落入水中。迅速孵化为毛蚴，毛蚴在水中游动，侵入淡水螺体内，移行至肝脏处进一步发育成胞蚴。胞蚴移行至螺肠管中，释放其内部的雷蚴。雷蚴在此继续发育形成尾蚴，成熟后从螺体自行逸出。在水中游动的尾蚴可侵入第二中间宿主鱼类等水生动物的体内，在其肌肉或皮层下形成囊蚴，鸭吞食了携带囊蚴的鱼类而感染发病。囊蚴通过消化道，到达宿主的肝胆管和胆囊处发育为成虫。

由于后睾吸虫的中间宿主种类较多，分布广泛，特别是第二中间宿主中囊蚴感染严重，该病在我国各地鸭群中普遍存在。该病与鸭群饲养模式、放养日龄和放养季节密切相关。水面放牧鸭群易发生该病。发病季节每年多在 7 ～ 9 月。1 月龄以上的雏鸭感染率较高，可达数百条虫体。该病主要在鸭群中流行，鸡、鹅等也偶有感染。发病鸭群感染率在 50% 以上，严重者达 100%，死亡率较高，在 30% ～ 75% 之间不等。我国部分养鸭地区饲养方式落后，鸭棚位于水塘或河流附近，患鸭直接将虫卵排入水塘，水塘中螺类、鱼类资源丰富，放牧时鸭喜食小鱼，特别是麦穗鱼，其感染率高达 100%，造成了该病的迅速暴发和流行。

（3）症状　感染初期患鸭主要表现为食欲减退，机体逐渐消瘦，缩颈闭眼，精神沉郁，患鸭在水中不愿游动或游动无力，上岸时较为艰难，常因两脚发软而伏卧不动。随着病情的加剧，患鸭羽毛松乱，食欲废绝，眼结膜发绀，有黏液样分泌物。呼吸困难，排灰白色水样稀便，经 1 ～ 2d 后很快死亡。

（4）病理变化　由于虫体机械性刺激和分泌毒素，导致鸭机体消瘦、贫血和水肿。剖检可见患鸭胆囊肿胀，囊壁增厚，胆汁稀少甚至消失，多是由次睾属吸虫引起。鸭后睾吸虫和对体吸虫寄生的患鸭，肝脏表现出不同程度的炎症和坏死，常呈橙黄色花斑样。肝胆管被大量虫体堵塞，胆汁分泌受到影响，肝功能受损，表现出消化机能障碍等。随着病情的加剧，肝脏出现结缔组织增生，肝细胞变性、萎缩，导致肝硬化。有时会继发肾脏、心脏、脾脏以及其他脏器发生一些病变。

病理组织学变化主要是胆囊炎、胆管炎和肝脏病变，包括肝细胞脂肪变性，胆小管和结缔组织广泛增生，嗜酸性细胞浸润；胆囊黏膜上皮脱落，黏膜下血管明显充血、出血，嗜中性粒细胞浸润等。

（5）诊断　根据流行病学、症状和病理变化等或粪便中虫卵检查作出诊断。在肝胆管和胆囊中可见大量细长的虫体，饱和盐水漂浮法收集虫卵，镜检观察其形态特点。

（6）预防　由于该病为生物源性寄生虫病，应采取综合性防治原则，包括消灭中间宿主和预防性驱虫。结合农业生产如施用农药和化肥等，进行灭螺；流行地区的鸭应避免在水边或稻田等地方放牧，以免鸭群直接捕食小鱼。根据流行季节和生活史周期，进行有计划的定期驱虫，阻止病原的扩散。及时清理粪便，并进行堆肥发酵等无害化处理，彻底杀灭虫卵。

（7）治疗　一旦鸭群发生该病，应立即停止放牧，患鸭进行隔离饲养治疗。①吡喹酮按照 10 ～ 15mg/kg 体重，拌料后 1 次饲喂，治疗效果较好。②丙硫咪唑按照 20 ～ 25mg/kg 体重，拌料后 1 次饲喂，效果较好。

七、杯叶吸虫病

鸭杯叶吸虫病是杯叶科杯叶属（*Cyathocotyle*）多种吸虫寄生于鸭的小肠和盲肠引起的一种寄生虫病。

（1）病原　该病的病原为多种杯叶吸虫，其中最常见的是东方杯叶吸虫（*C.orientalis*）、普鲁氏杯叶吸虫（*C. prussica*）和盲肠杯叶吸虫（*C. caecumalis* sp.nov）。东方杯叶吸虫虫体呈梨形，头尾较尖，大小为（0.9～1.4）mm×（1.1～1.4）mm，新鲜虫体呈浅黄色，肉眼观察如芝麻大小。口吸盘位于虫体顶端，呈球形，咽发达，其后侧为肠分叉处。腹吸盘较小，位于肠支分叉处，腹部有一个庞大的黏附器，突于腹面。睾丸较大，呈卵圆形，并列或稍斜列于体腔中部，有一庞大的雄茎囊，生殖孔开口于虫体末端。卵巢小，位于两个睾丸之间，紧靠甚至重叠在睾丸上方。虫卵呈浅黄色，椭圆形，大小为（70～80）μm×100μm。普鲁氏杯叶吸虫虫体呈梨形，体表有皮棘，大小约为（0.60～0.65）mm×（0.80～1.00）mm。口吸盘位于前端，近圆形，腹吸盘常被黏附器覆盖，不易看到。咽呈圆形，两肠支不达虫体后缘。睾丸呈圆形或卵圆形，左右斜列于虫体中部。雄茎囊较发达，呈棒状，为虫体长度的1/2～3/5。生殖孔开口于虫体末端，常可见雄茎伸出体外。卵巢位于睾丸下缘，常与睾丸重叠。卵黄腺呈囊泡状，分布于虫体四周。虫卵呈卵圆形，大小约为（60～72）μm×（75～112）μm。盲肠杯叶吸虫虫体呈卵圆形，大小为（1.17～2.38）mm×（0.95～1.88）mm。虫体腹面有一个较大的黏附器。口吸盘位于虫体顶端，近圆形。腹吸盘位于黏附器前缘中部。咽呈球状，肌质发达，后接较短的食道，2个肠支的盲肠末端可达虫体的亚末端。一对睾丸呈多种形态，如椭圆形、短棒状、长棒状、三角形、纺锤形等。雄茎呈长袋状，位于虫体后端偏右侧。卵巢近圆形，位于虫体腹面中部偏左。卵黄腺较发达，分布于虫体四周。童虫有明显的口吸盘、咽和黏附器，但其体内无成熟虫卵。虫卵呈长卵圆形，大小约为（75～98）μm×（55～75）μm。

（2）生活史和流行病学　杯叶吸虫属于间接发育型，需要两个中间宿主。东方杯叶吸虫的第一中间宿主是淡水螺类，在此发育为胞蚴、雷蚴和尾蚴；第二中间宿主是麦穗鱼和鲫鱼等，在此形成囊蚴。普鲁氏杯叶吸虫的第一中间宿主是淡水螺类，第二中间宿主是麦穗鱼。盲肠杯叶吸虫第一中间宿主为截口土蜗螺，第二中间宿主为泥鳅。成虫在寄生的小肠或盲肠内产卵，虫卵随粪便排出，掉落水中。在合适条件（20～28℃阳光）下，约经15～20d发育成毛蚴。毛蚴在水中游动并侵入第一宿主淡水螺类，经40d左右发育为成熟的胞蚴，内含3～5条尾蚴和一些胚细胞。尾蚴成熟后由螺体内自行逸出，在水中再次侵入第二中间宿主（麦穗鱼、泥鳅等）的肌肉或皮下，形成囊蚴。携带囊蚴的第二中间宿主被鸭吞食后，经消化道进入小肠和盲肠等处，囊壁破裂，释放出童虫，继续发育为成熟的虫体。整个发育周期约为90～100d。

东方杯叶吸虫和普鲁氏杯叶吸虫可感染各日龄鸡、鸭等禽类，在我国主要分布在水禽养殖地区，每年的7～9月份为发病高峰，鸭群感染率约为6%，发病后死亡率为5%～9%不等。该病为地区性流行。盲肠杯叶吸虫仅感染番鸭和半番鸭，各日龄鸭均可发病。本病相对集中在9月至次年的1月，具有显著的地域性，多见于有山、有水田等农村山区。不仅放牧鸭群发生该病，舍饲鸭群也可能发生该病，多是由于饲料添加的鱼粉中含有囊蚴所致。

（3）症状　东方杯叶吸虫和普鲁氏杯叶吸虫寄生于鸭的小肠，导致患鸭小肠出现卡他性炎症。患鸭精神沉郁，食欲减退，渴欲增加，常下痢，排水样稀便，有时粪中混有脱落的黏膜。随着病程的加剧，患鸭逐渐消瘦，羽毛无光泽，病死鸭口部常流出浑浊的黄色液体，混有大量的虫体。脱水，眼球内陷。盲肠杯叶吸虫主要寄生于盲肠。感染初期患鸭精神沉郁，食欲减退甚至废绝，排黄白色稀便。1 周左右鸭群发病率和死亡率升高，3d 后死亡率逐渐下降。耐过鸭生长缓慢，成为僵鸭。

（4）病理变化　东方杯叶吸虫和普鲁氏杯叶吸虫感染初期的患鸭剖检可见肝脏轻度肿大，胆囊扩张，胆汁颜色变淡，肌胃空虚，角质膜易脱落。肠腔内充满液体，混有大量的虫体和脱落的肠黏膜。肠道有卡他性炎症，有时可见小肠黏膜出现条状灰黄色的小痂皮和溃疡灶，其痂皮易刮落，露出浅红色的溃疡面。盲肠杯叶吸虫感染初期的患鸭剖检可见盲肠明显肿大，表面有不同程度的坏死点或坏死斑，切开盲肠为黄褐色糊状物，恶臭味。盲肠壁坏死严重，呈糠麸样，肠黏膜上可见卵圆形的虫体。严重者直肠肿大、坏死。

（5）诊断　根据患鸭的症状和剖检变化可作出初步诊断，确诊需进行虫体和虫卵的形态学检查。

（6）预防　加强鸭群的饲养管理。及时清理鸭舍和运动场中的粪便，进行堆肥发酵等无害化处理，彻底杀灭虫卵。减少鸭群与中间宿主接触。该病高发季节应减少或停止鸭群在野外水面中放牧，并且禁止用生螺、鱼等直接饲喂鸭群，应熟制后饲喂。定期清理水体中的螺、鱼等中间宿主。疫区鸭群应定期进行广谱性预防性驱虫，降低感染概率。

（7）治疗　鸭群一旦发生该病，应立即隔离饲养并进行药物治疗。①四氯化碳按照 2mL/ 只成鸭，用软管灌服或注射器投入食道。②丙硫咪唑按照 30 ～ 50mg/kg 体重，拌料后 1 次饲喂，连用 2d。③硫双二氯酚按照 50mg/kg 体重，拌料后 1 次饲喂，隔日再次用药，效果较好。④吡喹酮按照 10 ～ 20mg/kg 体重，拌料后 1 次饲喂，给药后 24h 即可排出大量虫体。拌料投药时鸭群应在 1 ～ 2h 内吃完，严重患鸭应单独用药。排虫期应及时处理粪便，并对鸭舍、运动场和水面进行彻底的清扫和消毒。

第八节　虱病

鸭虱病是由昆虫纲食毛目的多种虱寄生于鸭的耳朵、头部、颈部、翅羽以及其他鸭喙无法啄到的体表处引起的一种体表寄生虫病。虱以鸭的皮屑和羽毛为食，常导致鸭机体奇痒。当虫体数量较多时，患鸭消瘦，羽毛脱落，雏鸭生长发育缓慢甚至停滞，产蛋鸭产蛋量下降，严重影响其生产性能。

一、病原

寄生于鸭体表的虱有多种，常见的包括鹅啮羽虱属成员圆鸭啮羽虱（*Esthiopterum crassicorne*）和鹅啮羽虱（*Esthiopterum anseris*），鸭虱属成员鸭巨毛虱（*Trinoton quequedulae*，又称鸭羽虱）和鹅巨毛虱（*Trinoton anserinum*，又称鹅巨虱）等。鹅啮羽虱寄生于鸭、鹅翅部，体长 3mm，头部向前伸长，前端狭窄。触角呈棒状，分为 5 节，位于头端中部两侧，雄虫触角的第 1 节特别膨大，第 3 节上有侧突起，第 5 节内侧面上有呈三角形排列的圆形感受器，末端具有刺状感受器，上有 9 ～ 11 根感觉毛。触角前方有一个锥形突起。在两侧触角连线中央腹面有一口孔，内有一对触须伸出。触须分为两节，基节粗大，端节较细，呈棒状，上有若干刚毛。前胸呈矩形，宽大于长，中后胸处愈合，呈四方形，长大于宽。腹部向后逐渐变窄，刚毛稀疏。圆鸭啮羽虱常寄生于鸭体表，雄虫体长约 2.9mm，雌虫体长约 3.4mm。雄虫触角第 1 节稍膨大，无突起，胸节后角侧缘生有 4 根长毛。鸭巨毛虱和鹅巨毛虱形态相似。雄虫体长 4.80 ～ 5.45mm，腹宽 1.44mm，雌虫体长 5.20 ～ 6.10mm，腹宽 1.69mm。全身着密毛，体呈黄色且具明显的黑褐色斑纹，尤以腹部各节的横带更为显著。头部呈三角形，眼前两侧缘稍膨大，唇基带稍突圆，两颊稍向后扩张。后颊部呈圆形突出，具 4 根长刚毛。眼位于两颊前缘凹陷处。触角分为 4 节。胸部发达，明显几丁质化。前胸两侧缘扩张，向后渐收缩，呈盘状。侧缘毛各 2 根，背毛一般不超过 8 根。中胸和后胸间有 1 缝隙，后胸背后缘有 1 排刺毛。腹节由 9 节组成，呈长卵圆形，前 2 节无气门，各节从中部至两侧缘具暗斑，第 1、2 节背后缘各具 1 排刺毛，第 3 ～ 8 节刺毛间断，第 4 ～ 5 节腹板具短毛刷。

二、生活史和流行病学

虱的一生均在鸭体上度过，属永久性寄生虫，为渐变态发育。卵单产，常簇结成块，黏附于羽毛的基部，经 5 ～ 8d 孵化为稚虫，外形与成虫相似，若虫有 3 个龄期，在 2 ～ 3 周内经 3 ～ 5 次蜕皮变为成虫。若虫外形与成虫相似，仅体型大小、皮肤骨化和生殖器官发育的程度有所不同。虱的寿命只有几个月，一旦离开宿主，它们只能存活数天。常 1 年多代，且世代重叠。

鸭虱主要靠直接接触传染，偶有附着在虱蝇等寄生性昆虫上，传播很快，往往整群传染。一年四季均可发生，特别在冬春季大量繁殖。鹅虱以啮食羽毛和皮屑为生，有时也吞食皮肤损伤部的血液。母鸭抱窝时，由于鸭舍狭小，舍地潮湿，也常耳内生虱。圈养鸭、产蛋鸭较易感染，而常下水的鸭及肉用鸭较少感染发病。环境因素如鸭舍太小、过于拥挤、卫生条件差，公共用具未消毒使用等；季节因素如冬春季节鸭的绒毛浓密，体表温度较高，适宜虱的发育和繁殖，易造成本病的流行。

三、症状

虱寄生在鸭的体表，以鸭的羽毛和皮屑为食，甚至吸食鸭血液，对机体产生不良刺激，导致皮肤奇痒。严重感染时，患鸭会由于严重瘙痒而明显不安，精神萎靡，食欲不振，贫血消瘦，羽绒脱落，局部皮肤裸露。雏鸭生长缓慢，公鸭不健壮，母鸭产蛋量下降。用手翻开鸭耳旁羽毛，可见耳内有黄色虱子，甚至全身毛根下、皮肤上都有黄色虱子。如不及时治疗，10d 内可使鸭致死。

四、诊断

取患鸭的羽毛及基底部进行实验室检查时，用放大镜或低倍显微镜观察虫体形态进行确诊。

五、预防

鸭场应制定严格的卫生消毒和生物安全措施，做好鸭舍、运动场和器具的消毒工作及疾病的预防检疫工作，降低疾病的发生概率。防止野禽和鸭接触，绝不能将带虱患鸭放入健康鸭群中。新引进鸭群时，应进行严格的检疫，若发现感染虱，立即隔离治疗，待痊愈后，方可混群饲养。

鸭场如发现流行鸭虱，应进行彻底的清扫和消毒。用0.03%除虫菊酯（或0.5%杀螟松，或2%～3%氢氧化钠）喷洒墙壁、栏梁、饲槽、饮水器及工具等进行彻底消毒。用喷枪进行火焰消毒，效果也很好。

六、治疗

鸭群一旦发生该病，应立即隔离饲养并进行治疗。①内服阿维菌素，按照1～3mg/kg体重，一次内服，15～20d再次给药，治疗效果良好。②用0.2%敌百虫或0.3%杀灭菊酯晚上喷洒鸭体羽毛表面，当虱夜间从羽毛中外出活动时沾上药物即被杀死。③如果患鸭发生比较严重的感染，可按0.2mg/kg体重皮下注射伊维菌素注射液，但应在屠宰前28d开始停药。④对于颊白羽虱可用0.1%敌百虫滴入鸭外耳道，涂擦于鸭颈部、羽翼下面杀灭鸭虱。由于上述各种灭虱药物对虱卵的杀灭效果均不理想。因此，应于19d后对患病鸭群再给药，以杀死孵化出来的幼虱。

第九节　蜱病

蜱属于蜱螨目（Acarina）、蜱总科（Ixodoidae）。蜱虫是寄生于宿主体表的暂时吸血寄生虫，不仅会导致鸭贫血，引起产蛋鸭产蛋量降低，患鸭由于失血可导致死亡，还可传播一些其他疾病，对养鸭业造成一定的经济损失。

一、病原

蜱分为软蜱和硬蜱，感染鸭的主要是波斯锐缘蜱，属于软蜱。蜱有一对靠着基节后部或侧方的卵圆形或肾形气门，口下板演化成一个穿刺器官，其上生有弯曲的逆齿，在第一对腿的跗节上有一个穴窝样感觉器官，称哈氏器。大多数蜱未饱血的成虫腹扁平，背面稍隆起，长约 2 ～ 4mm，饱血的雌蜱胀大，可长达 10mm。表皮呈革质，有皱纹及细颗粒。虫体分为颚体和躯体两部分，外形上难辨雌雄。软蜱成虫体扁平，稍呈长椭圆形或长圆形，淡灰色、灰黄色或淡褐色。雌雄形态相似，吸血后迅速膨胀。最显著的特征是：躯体背面无盾板，由有弹性的革状外皮构成，上或有乳头状、颗粒状结构，或有圆的凹陷，或呈星形的皱褶。假头位于虫体前端的腹面（幼虫除外），隐于虫体前端之下。假头基小，无孔区。须肢是游离的，不紧贴于螯肢和口下板两侧，各节均为圆柱状，末数节常向后下弯曲；末节不隐缩。口下板不发达，齿亦小。螯肢的结构与硬蜱同。气门一对，居于第 4 基节之前。大多数无眼，如有眼，则居于第 2 ～ 3 对足之间的外侧。生殖孔和肛门的位置与硬蜱相似。腹面无几丁质板。背、腹面有各种沟。腹面有生殖沟、肛前沟和肛后沟。足的跗节背面生有瘤突，第 1、4 对足的瘤突数目、大小是分类的依据。沿基节内、外两侧有褶突，内侧为基节褶，外侧为基节上褶。幼虫有足 3 对，虫体接近圆形，假头突出，无圆窝和颊叶。跗节上的瘤突不明显。

二、生活史和流行病学

软蜱的发育包括卵、幼虫、若虫和成虫四个时期。其若虫阶段有 1 ～ 7 期，由最后一个若虫变为成虫。由虫卵孵出幼虫，在温暖季节需 6 ～ 10d，凉爽季节约需 3 个月。幼虫在 4 ～ 5 日龄时寻找宿主吸血，吸血 4 ～ 5 次后离开宿主，约经 3 ～ 9d 蜕皮变为第一期若虫，其寻找宿主吸血 10 ～ 45min 后，离开宿主隐藏 5 ～ 8d，蜕皮后变为第二期若虫；第二期若虫在 5 ～ 15d 内吸血，在吸血 15 ～ 75min 后，隐藏 12 ～ 15d 蜕化为成虫。大约 1 周，雌虫和雄虫交配后，经 3 ～ 5d 雌虫产卵。整个发育过程需 1 ～ 12 个月。其各活跃期均有长期耐饿能力。软蜱的寿命可达 15 ～ 25 年。蜱虫白天隐匿于鸭的窝巢、房舍及其附近的砖石下或树木的缝隙内，夜间活动并侵袭鸭体吸血，但幼虫的活动不受昼夜限制。软蜱的各活跃期都是鸭螺旋体病病原体的传播者，并可作为布氏杆菌病、炭疽和麻风病等病的病原体带菌者。

蜱除叮咬鸭外，还可叮咬哺乳动物和其他鸟类。该病具有明显的季节性，夏秋季节多发。脏乱的饲养环境是该病的重要诱因。此外，蜱对不同禽群的叮咬还可传播一些其他病原体，如钩端螺旋体、坦布苏病毒等。

三、症状

蜱虫在侵袭鸭后，通常寄生在体毛较短的部位，如耳朵、眼皮、喙、前胸、前后肢内侧以及肛门周围等，并进行叮咬，同时将口腔刺入皮肤吸取血液。通常是由一只雌蜱在患鸭体表叮咬形成一个伤口后，吸引多只雄蜱在该处吸血。当聚集大量蜱虫吸血时，会损害皮肤，并伴有创痛和剧痒，导致机体烦躁不安，且引起伤口部位组织发生水肿、出血，皮肤叮咬处明显肥厚。有时还能够继发感染细菌，导致伤口发生肿胀、化脓以及蜂窝组织炎等。如果雏鸭感染大量蜱虫，体内大量血液被吸取，再加上蜱虫唾液内所含的毒素侵入体内，导致造血器官被破坏，使红细胞发生溶解，引起恶性贫血。另外，由于某些蜱虫唾液内的毒素还能够引起麻痹及神经症状，从而出现“蜱瘫痪”。如果大量蜱虫长期寄生在患鸭体表，患鸭表现为贫血、机体衰弱、发育不良、逐渐消瘦等症状。

四、诊断

蜱叮咬后症状轻重差异较大，有时与其他昆虫叮咬难以区分，因此，该病主要根据观察鸭体表是否寄生有蜱虫进行确诊。

五、预防

由于蜱的种类多分布广，生活习性多样，能侵袭鸟类、爬行类和哺乳类等多种宿主，所以应充分调查研究蜱的生活习性。其常隐藏在鸭场周围环境的角落和缝隙中。应对鸭舍、运动场、垫料、墙壁、棚顶等处的缝隙进行彻底的消毒。可采用敌百虫、溴氰菊酯和双甲脒溶液等进行喷洒。

六、治疗

利用控制蜱来达到防治蜱传病的目的是目前较为根本的方法。常采用外环境灭蜱、室内灭蜱和带鸭灭蜱等综合灭蜱措施：①可用喷雾器对运动场和鸭舍周围等处喷洒超低容量制剂、水基乳浊液制剂或可湿性粉末制剂等；②用 0.0003% ～ 0.0005% 的溴氰菊酯等喷洒鸭舍中角落和缝隙，连用 2 ～ 3d，杀虫效果较好；③用粉末、喷雾、浸洗液和洗涤剂等直接喷洒于鸭群，尤其是鸭的背部、颈部、腹部和头部后侧，效果较好。

第十节　螨病

螨属于蜱螨亚纲，种类很多，几乎地球上任何地方都有螨的踪迹。螨病是螨寄生于鸭皮肤表皮层内的一种体外寄生虫病。它们除主要寄生在鸡体外，鹅、鸭、火鸡及许多野禽也能感染。螨寄生在鸭体内，可引起患鸭奇痒、贫血、消瘦，产蛋鸭产蛋量下降，严重者甚至死亡。

一、病原

螨的种类很多，其中常见感染鸭的有鸡皮刺螨、突变膝螨、鸡新勋恙螨和脱羽螨。鸡皮刺螨虫体呈长椭圆形，后部略宽，呈淡红色或棕灰色，视吸血的多少而异。体表密生短绒毛（图 5-12）。雌虫体长 0.7 ～ 0.75mm，宽 0.4mm（吸饱血的雌虫可达 1.5mm）；雄虫体长 0.6mm，宽 0.32mm。假头长，螯肢 1 对，呈细长的针状，用以刺破宿主皮肤吸取血液。足很长，有吸盘。背板为一整块，后部较窄。背板比其他角质部分显得明亮。雌虫肛板较小，雄虫的肛板较大。鸡新勋恙螨又称鸡奇棒恙螨，成虫呈乳白色，体长约 1mm。其幼虫很小，肉眼难以观察，饱食后虫体呈橘黄色，大小为 0.42mm×0.32mm，分头胸部和腹部，有 3 对足。背板上有 5 根刚毛，刚毛呈球拍形，位于远端膨大部。突变膝螨雄虫的大小为 0.2mm×（0.12 ～ 0.13）mm，卵圆形，足较长，呈圆锥形，足端各有一个吸盘。雌虫的大小为（0.42 ～ 0.50）mm×（0.33 ～ 0.38）mm，近圆形，足极短，表皮上具有明显的条纹。雌虫和雄虫的肛门均在体末端。鸡脱羽螨成虫呈圆形，形态与鸡刺皮螨相似，但背板呈纺锤形。

二、生活史和流行病学

（1）鸡皮刺螨　鸡皮刺螨属不完全变态的节肢动物，其生活史包括卵期、幼虫期、2 个若虫期和成虫期。雌虫吸饱血 12 ～ 24h 内，回到鸭舍的墙缝内或碎屑中产卵，每次产 10 余枚卵。在 20 ～ 25℃条件下，经 2 ～ 3d 孵化为具 3 对足的幼虫，幼虫可以不吸血，2 ～ 3d 后，蜕化变为具 4 对足的第 1 期若虫；第 1 期若虫吸血后，隔 3 ～ 4d 蜕化为第 2 期若虫；第 2 期若虫再经半天至 4d 后蜕化变为成虫。鸡皮刺螨主要在夜间爬到鸭体上吸血，白天隐匿在鸭舍内。

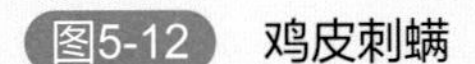
图5-12 鸡皮刺螨

（2）鸡新勋恙螨　在发育过程中，鸡新勋恙螨成虫生活在潮湿的草地上，以植物液汁和其他有机物为食，只有幼虫营寄生生活。雌虫受精产卵于泥土上，约经 2 周时间孵出幼虫。幼虫遇到鸭，便爬至鸭身上，刺吸宿主的体液和血液。饱食时间快者 1d，慢者长达 30d，在鸭体上寄生 5 周以上。幼虫饱食后落地，经过数日发育，经若虫阶段后长成成虫。

（3）突变膝螨　突变膝螨的生活史全部在鸭体皮肤内完成。成虫在鸭的皮下穿行，在皮下组织中形成隧道，虫卵在隧道内，幼虫经蜕化发育为成虫，匿居于皮肤的鳞片下面。突变膝螨通常寄生于鸭腿上的无羽毛处及脚趾。开始是胫上的大鳞片感染，虫体钻入皮肤，引起炎症，腿上先起鳞片，接着皮肤增生，变得粗糙，并产生裂缝，渗出物干燥后形成灰白色痂皮，如同涂有石灰样，故称“石灰脚”病。患肢发痒，因瘙痒而致患部发生创伤。

（4）鸡脱羽螨　寄生于鸭的羽毛根部，雌虫产卵于鸡的羽毛上，1d 内孵化为幼虫。幼虫和两个若虫期在 4d 之内发育完成，从幼虫孵化到成虫产卵的生活史均在鸡体上。

螨在宿主体外的生活期限，随温度、湿度和阳光照射强度等多种因素的变化而有显著的差异。一般仅能存活 3 周左右，在 18 ～ 20℃和空气湿度为 65% 时经 2 ～ 3d 死亡，而在 7 ～ 8℃时则经 15 ～ 18d 才死亡。健康鸭群与患鸭直接接触或通过被螨及其卵污染的地面、用具、垫料等间接接触引起感染。

螨病主要发生于冬季和秋末春初，此时阳光照射不足，鸭舍潮湿，卫生状况不良，皮肤表面湿度较高，这些条件最适于螨的发育繁殖。夏季皮肤表面常受阳光照射、皮温增高，经常保持干燥状态，这些条件都不利于螨的生存和繁殖，大部分虫体死亡，仅有少数螨潜伏在羽毛基部深处。这种感染鸭没有明显的症状，但到了秋季，随着条件的改变，螨又重新活跃起来，引起感染鸭发病，同时也是重要的传染源。

三、症状

受鸡皮刺螨严重侵袭的鸭，机体逐渐衰弱，营养不良，贫血，母鸭产蛋量下降。雏鸭因失血过多，可导致大批死亡。受鸡新勋恙螨侵袭的鸭，其患部奇痒，患鸭表现不安，出现痘疹状病灶，周围隆起中间凹陷呈肚脐形，中央可见到 1 个小红点，即为恙虫的幼虫。大量虫体寄生时，鸭腹部和翼下布满此种痘疹状病灶。患鸭发生贫血、消瘦、垂头、食欲废绝，严重者死亡。受突变膝螨侵袭的鸭，引起“石灰脚”病。受鸡皮刺螨严重侵袭的鸭由于强烈的刺激形成毛囊肿胀，患鸭瘙痒不安，不断啄羽，周身尤其是背部羽毛成片脱落，地面上遍布脱落的绒毛，绒毛毛根干瘪。

四、诊断

根据流行病学特点、症状等可作出初步诊断。确诊需对虫体进行形态学观察。刮取皮肤痂皮上碎屑置于载玻片上，滴加 1 滴生理盐水，低倍镜检观察即可。

五、预防

平时应注意鸭群中有无发痒、脱毛等现象，及时隔离饲养并迅速查明病因。加强鸭场饲养管理。搞好鸭舍的清洁卫生，及时清理粪便、垃圾和污物，清除鸭舍周围的杂草，并保持干燥、平整，可减少本病的传播。对鸭舍进行罩网或人工驱鸟，防止野鸟传播该病。本病可以因直接接触虫媒而感染，引进鸭群时，应进行螨的检测；引入后仔细观察鸭群状态，并作螨病检查。鸭舍内保持干燥、通风，对饲养器具，包括饲槽、水槽、使用的工具等，必须经常清扫，定期消毒（至少每 2 周 1 次）。环境可用 2% ～ 3% 氢氧化钠进行喷雾，不留死角；舍内和用具可用 0.3% 过氧乙酸或 0.5% 敌百虫进行喷雾消毒，也可用火焰消毒，更为彻底。

六、治疗

对于鸡皮刺螨，可用拟除虫菊酯、溴氰菊酯或杀灭菊酯等直接喷洒鸭体、鸭舍等。更换垫料并焚烧，其他饲养器具可用沸水烫过后置于阳光下暴晒。对于螨的栖息处如角落、墙缝等处，应间隔 7 ～ 10d 重新喷洒 1 次。特别要注意确保鸭身皮肤喷湿。对鸡新勋恙螨，可用 0.1% 乐杀螨溶液、70% 酒精、2% ～ 5% 碘酊或 5% 硫黄软膏涂擦患部，1 周重复 1 次。对突变膝螨，可将患鸭脚浸入湿热的肥皂水中浸泡，使痂皮变软，除去痂皮，然后用 2% 硫黄软膏或 2% 石炭酸软膏涂于患部。隔 3d 后再涂 1 次。或将患脚浸入温的杀螨剂溶液中。对于鸡脱羽螨，可采用 0.05% 的苄氯菊酯对鸭群和舍内喷雾，并及时清扫地面上的污物和羽毛等。伊维菌素按照 0.075mg/kg 体重，拌料后 1 次饲喂，连用 10d，效果较好。阿维菌素按照 0.2mg/kg 体重，1 次皮下注射，能够有效杀死多种螨虫。若病情严重的患鸭，可隔 7d 后再次给药。

第六章 鸭代谢病诊治

第一节 痛风

痛风（Gout）是由于尿酸盐在体内大量沉积而导致的一种营养代谢病。以行动迟缓、关节肿大、瘫痪、厌食、排白色稀便、内脏及关节腔有白色尿酸盐沉积为特征。不同品种、不同日龄的鸭均可发生，以雏鸭多发。根据尿酸盐沉积的部位不同，痛风可分为内脏型和关节型，关节型痛风是指尿酸盐沉积在关节腔及其周围；内脏型痛风是指尿酸盐沉积在内脏器官表面。

一、病因

痛风的致病原因较复杂，凡能引起尿酸产生过高、肾脏损伤和尿酸盐排泄障碍的因素均可导致痛风的发生。生产上常见的致病因素主要有以下几种：

（一）营养因素

（1）核蛋白饲料含量过高　动物内脏、肉粉、鱼粉、豆类等富含蛋白质和核蛋白，核蛋白是动物细胞核的主要成分，是由蛋白质和核酸所组成的结合蛋白。核蛋白水解产生核酸和蛋白质。由于家禽肝脏中缺乏精氨酸酶，蛋白质不能通过鸟氨酸循环转化为尿素排出体外，而只能通过嘌呤核苷酸途径形成嘌呤，到肝脏时，嘌呤代谢产物黄嘌呤又在黄嘌呤氧化酶的作用下被氧化成尿酸。分解产生的核酸会进一步分解成单核苷酸、腺嘌呤核苷、次黄嘌呤核苷、次黄嘌呤和黄嘌呤，最后以尿酸的形式排出体外。若所饲喂的饲料中核蛋白或嘌呤碱含量高，蛋白质和核酸分解产生的尿酸超出机体的排泄能力，大量的尿酸盐就会沉积在关节腔或内脏器官中，引起痛风。

（2）日粮中钙盐含量过高　饲料中添加的贝壳粉或石粉量过高，钙盐吸收进入血液后发生高钙血症，可导致代谢性碱中毒，血液中的阴阳离子比例增高，破坏了尿酸盐胶体的稳定性，促进尿石症的产生，进而引发痛风。另外，高钙血症可引起甲状旁腺素分泌增多，使肾小管上皮细胞内钙离子浓度升高并沉积，肾单位大量破坏，发生慢性肾功能不全，最终因排泄障碍发生痛风。

（3）饲料中维生素 A 的含量不足　维生素 A 具有维持上皮细胞完整性的功能，维生素 A 缺乏时，肾小管、输尿管上皮角质化和鳞状上皮化，抑制肾小管分泌，影响尿酸盐排出，导致管道被细胞碎片和尿酸盐堵塞，从而引起内脏型痛风。另外，维生素A缺乏会导致肾上腺皮质损伤、肾小球滤过率降低、肾单位破坏、尿酸排泄受阻，最终使血液中尿酸浓度过高、尿酸盐沉积。维生素 D_3 缺乏可使体内矿物质的代谢紊乱、比例失调而引发痛风。但高水平的维生素 D_3 增强了钙在肠道中的吸收，从而因高钙血症而引发痛风。

（4）饮水不足　机体营养物质的转运、吸收，体内废物的排泄，都需要水来做媒介，一旦缺水时间过长，血液和肾小管中尿酸和其他矿物质浓度增高，尿液浓缩，尿酸盐在输尿管内不断沉积，尤其在炎热的夏季或在长途运输中，机体缺水会导致尿液浓缩、尿量下降，体内的代谢产物不能及时有效地排出而造成尿酸盐滞留，引起痛风。

（二）中毒因素

（1）药物中毒　长期大量饲喂磺胺类药物，而又无碳酸氢钠等碱性药物的配合使用，就会使磺胺类药物以结晶体形式析出，进而沉积在肾脏及输尿管中，导致排泄障碍，引起痛风。氨基糖苷类药物会侵害肾脏，导致肾功能下降，若使用时间过长、剂量过大，会导致尿酸盐排泄障碍，引起痛风。

（2）霉菌毒素中毒　霉菌毒素如赭曲霉毒素、镰刀菌素、黄曲霉毒素、卵孢霉素等都是肾毒性霉菌毒素，可严重损害肾脏，引起肾功能下降，肾小管上皮细胞变性、坏死、脱落，致使其尿酸排泄减少，引起痛风。

（三）传染性因素

禽肾炎病毒（ANV）、星状病毒和其他相关病原等具有一定的嗜肾性，引起肾炎和肾功能障碍，导致痛风。目前已经证明星状病毒能引起鸭肾脏肿胀，导致鸭发生痛风。

二、发病机理

据雷鹏报道，尿酸是家禽含氮物（蛋白质、核酸）主要的代谢产物，家禽由于缺乏精氨酸酶，不能利用氨合成尿素，肾脏中缺乏谷氨酰胺合成酶，氨不能由谷氨酰胺携带，家禽蛋白质代谢的氨产物通过嘌呤核苷酸合成及分解途径，以尿酸的形式排出。肾脏是禽类体内尿酸代谢最重要的器官，它不仅是尿酸的生成场所，也是尿酸唯一的排泄通道。因此，肾脏的结构功能状态决定着尿酸合成代谢是否正常。肾脏中尿酸的生成部位是肾小管上皮细胞，其排泄主要是通过肾小管上皮细胞的分泌。尿酸是一种微溶于水的物质，其形成与胶体溶液中的 Na^+、K^+、Ca^{2+}、NH_4^+ 等阳离子的浓度和pH值有关系。肾脏集合管、输尿管上皮细胞分泌的黏液可起润滑管壁作用。尿酸排泄障碍是痛风发生的主要因素，肾脏的原发性损伤是痛风发生的物质和形态学基础。但并不是所有的肾脏损害都可以发生痛风，如肾小球肾炎、间质性肾炎则一般很少伴发痛风。主要表现为肾小管疾病的肾病可经常导致痛风，这可能是由于肾小管主要负责尿酸转运和分泌带来的结果。总之，当禽类饲料中蛋白质和核蛋白含量过多或由于遗传等因素使得尿酸产生增多，或由于其他原因使得肾脏功能受损、尿酸排泄障碍致体内尿酸大量蓄积，从而形成高尿酸血症，以尿酸盐形式在关节、软组织、软骨和内脏表面及皮下结缔组织等处沉积，引起痛风一系列症状和病理变化。

三、症状

痛风多呈慢性经过。主要表现为精神不振，行动迟缓，羽毛蓬松且有脱落。患鸭喙和蹼色浅苍白，腿、翅关节肿大，瘫痪，触摸有痛感，肛门松弛、收缩无力，排白色水样粪便，并污染肛门附近的羽毛。根据尿酸盐在体内沉积位置的不同，可以分为内脏型痛风和关节型痛风，这两种病型有时也同时发生。

（1）内脏型痛风　主要发生于 1 ～ 2 周龄的雏鸭，也可见于青年鸭或成年鸭。患鸭生长不良，食欲减退，精神不振，呼吸困难，表现全身性营养障碍，羽毛松乱，趾部皮肤干枯；患鸭肛门松弛，收缩无力，常排出白色半黏液状水样粪便，含有大量的灰白色尿酸盐，肛门周围有白色的、半液状稀污粪；患鸭喜卧，不愿下水，不愿活动。随着病程的延续，患鸭逐渐消瘦和衰弱，羽毛松乱，脱毛且无光泽，贫血。有时青年鸭在捕捉追赶过程中突然死亡，多因心包膜和心肌上有大量的尿酸盐沉积，影响心脏收缩和扩张，最终导致急性心力衰竭。严重的病鸭，在除肾脏之外的其他器官或组织如心脏、肝脏、脾脏、肠系膜或覆膜等处表面常有石灰样的尿酸盐沉积物薄膜覆盖。蛋鸭产蛋率下降，甚至完全停产。

（2）关节型痛风　主要见于成年鸭或青年鸭，病初脚趾和跗关节发生炎性肿胀和瘫痪，随后出现豌豆至蚕豆大的白色坚硬结节；严重者瘫痪，无法行走，结节破裂后，排出白色尿酸盐结晶并出现出血性溃疡。部分发病严重的患鸭，可见鸭翅、腿关节显著变形，呈蹲坐或独肢站立姿势。患鸭采食量大减，消瘦，尤其患病雏鸭和肉鸭生长缓慢，随着病程的延续，患鸭逐渐虚弱，消瘦而死。

四、病理变化

（1）内脏型痛风　内脏型痛风的患鸭剖检可见肾脏肿大，色泽变淡，红白相间，呈花斑状，表面有尿酸盐沉着所形成的白色斑点，严重病例可见肾结石。输尿管常肿胀变粗，管壁增厚，管腔内有大量的石灰样尿酸盐沉淀物，严重的在输尿管中和肾脏中形成结石。病情严重的病鸭，在其他内脏器官或组织，如肝、心、脾、肠系膜、胸腹膜以及肌肉表面等常有石灰样的尿酸盐沉淀物覆盖，严重时形成一层白色薄膜，这种沉淀物为针状的尿酸盐结晶（图 6-1，图 6-2）。

（2）关节型痛风　剖检可见关节表面和关节周围组织中有白色或淡黄色的尿酸盐沉着，关节腔表面发生溃疡、坏死，甚至糜烂。切开肿大的结节，可见白色的尿酸盐结晶。

组织学变化主要表现为肾小球肿胀，毛细血管内皮细胞坏死，肾小囊囊腔狭窄，近曲及远曲小管上皮细胞肿胀，颗粒变性，部分核浓缩、溶解。肾小管管腔变窄呈星形甚至闭锁，有的管腔内有细胞碎片及尿酸盐形成的管型。关节型痛风病变较典型，在关节周围出现软性肿胀，切开肿胀处，有米汤状、膏样的白色物流出。在关节周围的软组织中都可由于尿酸盐沉积而呈白垩颜色。关节周围的组织和腿部肌肉偶尔会有广泛性的尿酸盐沉积。光镜下受损关节腔出现尿酸盐结晶，滑膜呈急性炎症，受损肌肉中有大量尿酸盐结晶，周围出现巨噬细胞。

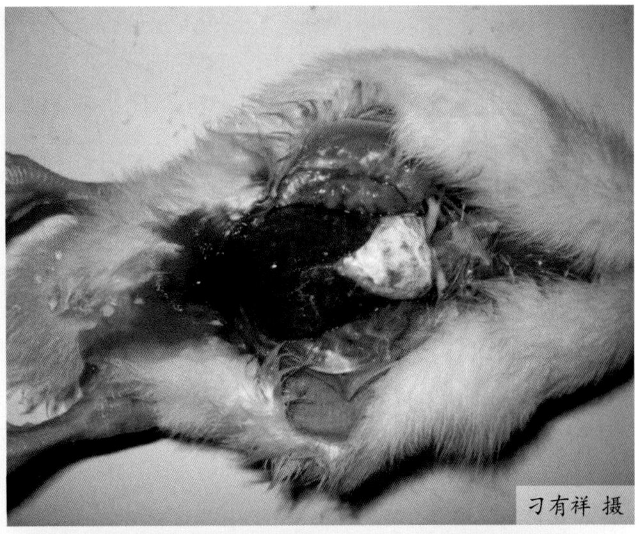

图6-1　心脏、肝脏、肌肉表面有白色尿酸盐沉积（一）

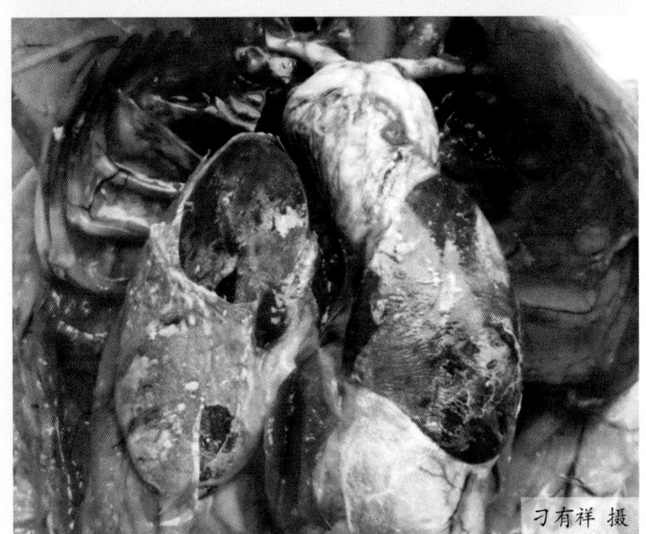

图6-2　心脏、肝脏、肌肉表面有白色尿酸盐沉积（二）

五、诊断

根据该病发病情况，结合患鸭排出含有多量尿酸盐的粪便，及内脏器官表面和其他组织器官沉积大量尿酸盐的特征性病理变化可做出初步诊断。确诊该病则需结合剖检变化、病理变化和实验室诊断。实验室检查可按照如下步骤进行：取患鸭的气囊或关节处石灰样物做涂片，置于低倍显微镜下观察，如见有大量针尖样的尿酸盐结晶物即可确诊。

六、类症鉴别

（1）痛风与病毒性关节炎的鉴别　痛风与病毒性关节炎均有食欲减退、消瘦、贫血、关节肿胀、瘫痪的症状。不同点在于，病毒性关节炎病原为呼肠孤病毒，剖检可见关节腔呈淡红色，滑膜囊充血、出血，关节腔有黄色或血色干酪样渗出物。

（2）痛风与钙磷缺乏和比例失调症的鉴别　痛风与钙磷缺乏和比例失调症均有关节肿胀、瘫痪、生长缓慢、排稀便的症状。不同点在于钙磷缺乏和比例失调症的患鸭走路僵硬，雏鸭喙爪弯曲，肋骨末端有串珠状结节，产薄壳蛋、软壳蛋。后期胸骨呈“S”形弯曲，剖检可见骨体变薄、易折断。

七、预防

（1）合理配制饲料　根据鸭不同的日龄、用途，科学合理地配制饲料，调整各种营养物质的量和比例，提供足量的新鲜青绿饲料，以保证鸭群摄入足量的维生素；合理控制饲料中钙、蛋白质饲料的添加量，不宜饲喂过多的动物性蛋白和发酵饲料。把好饲料质量关，不可使用陈化、劣质原料，保证饲料的加工、运输、存储、饲喂等过程不受污染，防止雨淋或霉变。

（2）加强饲养管理　适当的增加鸭群的运动量；保持鸭舍饲养卫生环境；开窗通风，及时清理粪便，降低舍内氨气等有害气体浓度；降低鸭群饲养密度，避免鸭舍过分拥挤；保证鸭群充足的饮水。

（3）合理使用药物　因本病的发生与肾脏机能障碍密切相关，所以平时要防止影响肾脏机能的各种因素产生。使用药物时，剂量不可过大、疗程不可过长，慎用对肾脏有毒性作用的抗菌药物，注意防止慢性铅、钼中毒。

八、治疗

鸭群发生该病时，首先需要查明病因，消除致病因素。对于饲喂高蛋白饲料所致的痛风，应立即停用或减少饲喂蛋白质含量高的饲料，特别是动物性蛋白，同时要给予充足的饮水，以促进尿酸盐的排出。对过量使用药物所引起的痛风，应停止药物的使用，供给充足的饮水和新鲜青绿饲料，饲料中补充丰富的多种维生素（特别是维生素 A），适当增加鸭群运动量。以下药物可缓解病情，可选用其中的一种措施进行治疗。

（1）嘌呤醇 10 ～ 30mg，每天 2 次，口服 3 ～ 5d 为 1 个疗程。嘌呤醇结构与黄嘌呤类似，是黄嘌呤氧化酶的竞争性抑制剂，可抑制黄嘌呤的氧化，减少尿酸的形成。

（2）阿托方（又名苯基喹啉羟酸），每羽每次口服 0.2 ～ 0.5g，每天 2 次，连续服用 5d。阿托方可提高肾脏排泄尿酸的能力，减轻关节疼痛。需要注意的是，该药不可长期使用，长期使用将会造成肝脏损伤。

（3）氯化铵，拌料，每吨饲料 10kg；或硫酸铵，每吨饲料 5kg；或 DL- 蛋氨酸，每吨饲料 6kg；或 2- 羟 -4- 甲基丁酸，每吨饲料 6kg，这些药物均可使尿液酸化，降低由尿酸盐诱发的肾损伤。

（4）丙磺舒，每日每羽 10 ～ 20mg，均匀拌料喂服，连用 3 ～ 5d。丙磺舒可提高肾脏对尿酸盐的排泄能力，降低死亡。

第二节 鸭产蛋疲劳症

鸭产蛋疲劳症（Laying eggs fatigue disease）又名骨质疏松症、骨软化症，当鸭群存在营养失调、代谢障碍、环境应激、感染疾病或饲养管理不良等因素时，笼养鸭容易发生产蛋疲劳症。该病主要表现为产蛋下降，软壳蛋、无壳蛋、砂壳蛋、薄壳蛋增多，鸭瘫痪。产蛋疲劳症多发生于夏季，在产蛋高峰期较为普遍，体型较大的鸭较易发生。随着蛋鸭笼养模式的增加，该病的发病率逐年上升，给蛋鸭养殖场带来一定的经济损失。

一、病因

鸭产蛋疲劳症是蛋鸭的营养代谢性疾病，是由多种因素引起的成年蛋鸭骨钙进行性缺失，造成骨质疏松的一种骨营养不良性疾病，夏季多发。

（1）日粮中钙含量不足　主要是日粮配合不当，饲料中钙的含量不足，其一是饲料配方不合理，没有经过严格的科学计算，不适合产蛋期的各个产蛋阶段对钙的需要，或者没有依据产蛋的各阶段对钙的需要及时调整饲料配方；其二是饲料的原料不过关，尽管配方是科学的、合理的，但由于饲料原料如石粉中钙的含量达不到要求，特别是劣质鱼粉的使用。产蛋鸭需要从饲料中获取钙质形成蛋壳，若饲料中钙缺乏，钙的需求得不到满足，鸭甲状旁腺激素分泌增加，导致骨中钙盐溶解吸收。当骨中钙盐较长时间被吸收，即会导致鸭发生骨质疏松变软，肢体乏力，易于骨折或瘫痪。

（2）日粮中钙、磷比例不当　对于产蛋鸭来讲，钙的含量以占日粮 3.25% 为宜，随着日龄的增长，对钙的需求量还会轻度提高，磷的含量则以占日粮 0.5% 为宜，只有当钙、磷含量比例适当时，肠道对钙、磷的吸收及机体利用钙、磷的能力最强，如钙、磷的比例不当，钙多磷少或磷多钙少均会导致钙、磷的吸收率和机体的利用率降低。

（3）日粮中维生素 D 含量不足　维生素 D 对钙、磷吸收，骨细胞分化以及肾小管对钙磷的重吸收功能具有重要作用。维生素 D 既可促进肠道对钙磷的吸收，也可促进破骨细胞对钙磷的利用。当维生素 D 缺乏时，可降低肠道对钙的吸收。维生素 D 缺乏也会使肾脏对钙的重吸收功能减弱，大量的钙随尿排出，最终导致骨质疏松。由于维生素 D 属于脂溶性维生素，必须溶解在脂肪中才可在小肠中吸收和利用，当脂肪缺乏时，就会造成维生素 D 的吸收障碍。

（4）缺乏运动　由于缺乏活动，引起笼养鸭骨骼发育不良，骨骼的功能不健全、抗逆能力低下，此病的发病率增高。

（5）石粉或贝壳粉粉碎过细　饲料中钙的来源一般为石粉或贝壳粉，若石粉或贝壳粉粉碎过细，使得钙吸收快，排泄也快，而蛋壳形成主要在晚上，在蛋壳形成时，大量的钙已被排出体外而导致钙缺乏，机体在形成蛋壳时必然动用骨钙，引起骨钙缺乏而引发产蛋疲劳症。

（6）天气炎热　夏季高温季节，天气炎热，鸭呼吸加快，排出体内大量的水分和CO_2，体内CO_3^{2-}减少，蛋壳形成困难，机体为形成蛋壳会动用骨骼中的钙，引起骨钙减少，鸭的负重能力下降，而出现瘫痪，导致产蛋疲劳。

（7）初产鸭体内钙的沉积不足　蛋鸭开产前2周日粮钙的水平应达到2%～2.5%，以便增加钙的储备，为产蛋做准备。当产蛋率达5%时，日粮钙的水平应达到3.2%～3.5%，初产鸭饲喂预产期料时间过长，若未及时饲喂产蛋鸭饲料，会导致钙在体内沉积不足，形成蛋壳时会动用骨骼中的钙，导致骨钙缺乏而引起产蛋疲劳。

（8）产蛋后期钙的吸收率降低　产蛋后期蛋鸭对钙的吸收率和存贮能力降低，加之蛋重增加，若日粮中钙的含量未适当增加，会导致体内钙缺乏。

（9）肠道疾病　如病毒性或细菌性肠炎、球虫病等各种肠道疾病，使胃肠蠕动加快，肠壁的吸收能力降低，未经充分消化的食糜随粪便排出体外，造成鸭对钙、磷、维生素D等营养物质的吸收不足，导致缺钙，引发疲劳症。

（10）饲料霉变　饲料被黄曲霉污染或锰过量也能发生继发性缺钙。

在上述这些因素存在时，钙磷代谢发生紊乱，骨骼发生明显脱钙，出现营养不足，以后借破骨细胞产生二氧化碳以破坏哈佛氏管，因此管状骨的间隙扩大，哈佛氏管的皮层界限不清，骨小梁消失，骨的外面呈齿形及粗糙，结果则使骨组织中呈现多孔，由于脱钙的同时又出现未钙化的骨基质增加，于是导致骨柔软、弯曲、变形、骨折、骨痂形成，以及局灶性增大、脱落。

二、症状

病初期产蛋率下降，蛋壳变薄或产软壳蛋，随病情发展，出现站立困难，常侧卧于笼内。随后，症状逐渐加剧，骨质疏松脆弱，肋骨易折，肌肉松弛，腿麻痹，翅膀下垂，胸骨凹陷、弯曲，不能正常活动，由于不能接近食槽和饮水，伴有严重的脱水现象，逐渐消瘦而死亡（图6-3）。该病发病率可达15%～20%，死亡率和淘汰率增加。

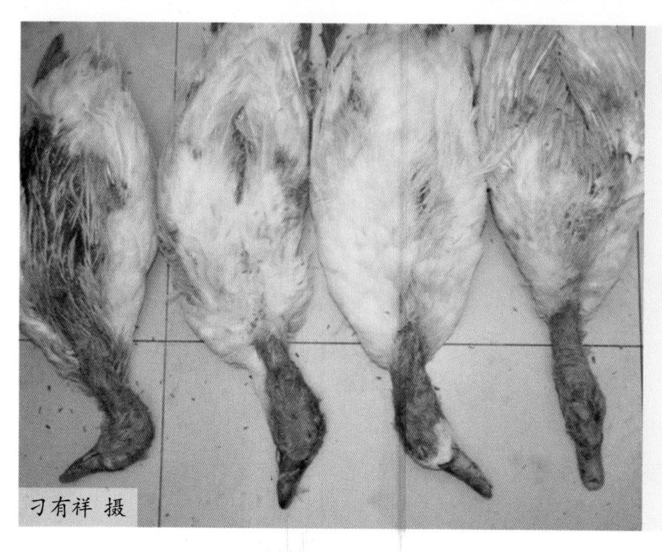

图6-3　因产蛋疲劳症死亡的鸭

三、病理变化

病死鸭胸肌、腿肌苍白质软，肌肉上有微细血管斑纹，部分患鸭可见胸肌萎缩。卵泡发育正常（图 6-4，图 6-5），输卵管中常有未产出的蛋（图 6-6，图 6-7），输卵管黏膜水肿，肺脏出血、水肿（图 6-8），心冠脂肪出血（图 6-9）。其特征是骨骼脆性增大，易于骨折，骨折常见于腿骨和翼骨，胸骨常凹陷、弯曲。喙、爪、龙骨变软，骨质脆弱，骨壁菲薄。

组织学变化表现为腺胃黏膜层消失，肌层细胞减少且不规则，肌肉疏松无弹性；腺管结构不完整，腺细胞破碎减少，且多有炎性细胞。肺泡腔裂隙状，肺泡间隔及肺间质血管淤血明显，肺小静脉和毛细血管扩张，充满红细胞。

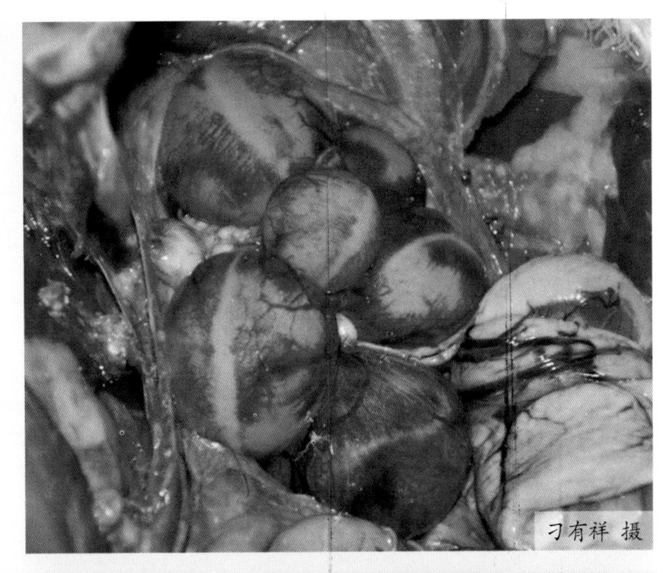

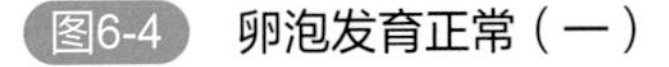
图6-4 卵泡发育正常（一）

图6-5 卵泡发育正常（二）

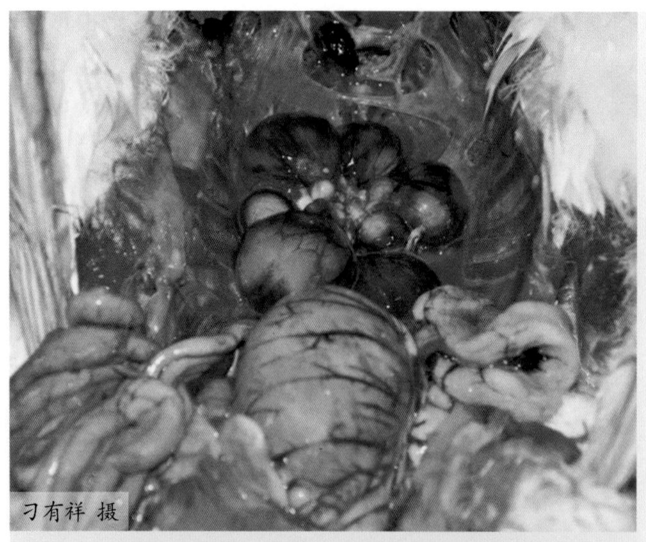

图6-6 卵泡发育正常，输卵管中有未产出的蛋（一）

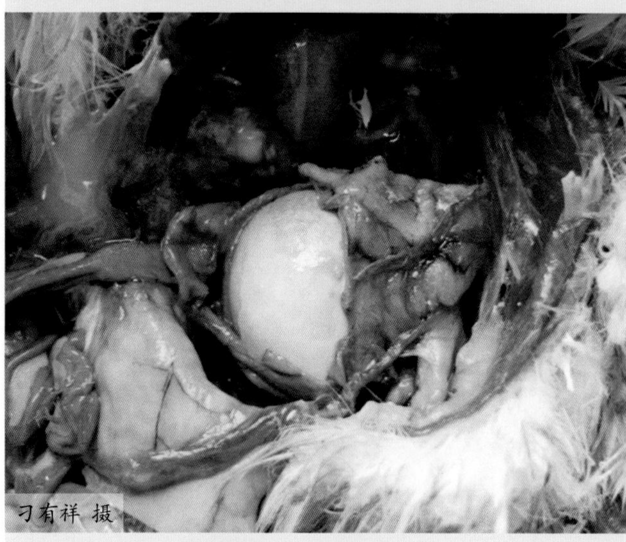

图6-7 卵泡发育正常，输卵管中有未产出的蛋（二）

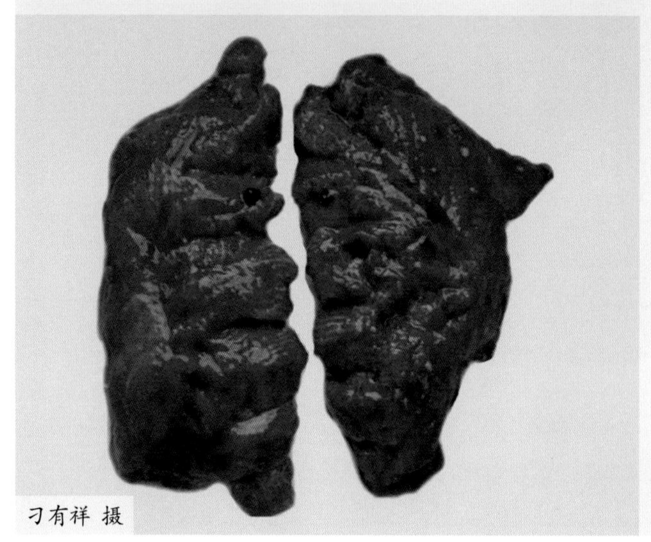

图6-8 肺脏出血，水肿

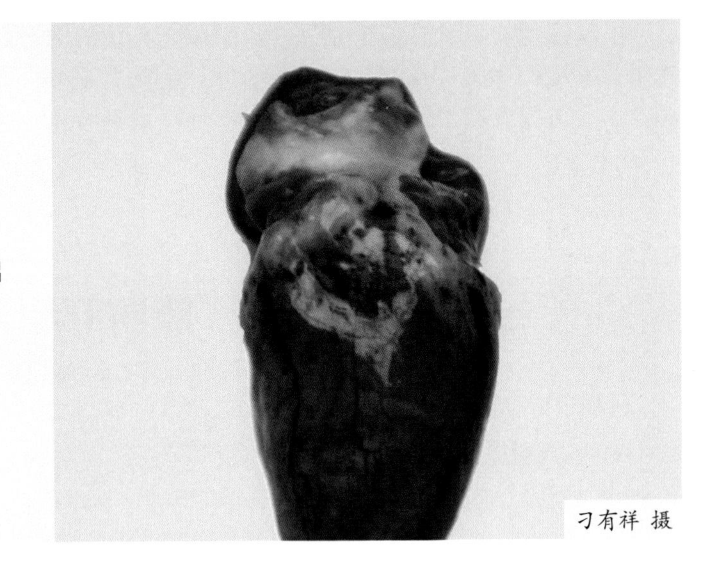

图6-9 心冠脂肪有大小不一的出血点

四、防制

（1）日粮中钙磷含量要充足，比例要适当，在产蛋鸭日粮中钙的含量不应低于3.0%～3.5%，磷的含量不应低于1%，有效磷（即可利用磷）不应低于0.5%。

（2）日粮中维生素D的含量要充足，可在配合日粮中添加维生素AD_3粉，以使维生素D的含量达到500国际单位，同时应防止饲料放置时间过长或霉变，以防维生素D被氧化分解而失效。

（3）制定科学的饲料配方，并依产蛋的不同阶段及时进行调整，贝壳粉或石粉不能太细，产蛋后期应增加3.5%～4.0%的贝壳粉或石粉用量。使用质量上乘的饲料原料，禁止使用劣质的鱼粉、骨粉、石粉等。

（4）饲料中要含2%～3%的脂肪，保证饲喂均衡的日粮，促进机体对维生素D的吸收和利用。

（5）防止饲料被霉菌污染以及控制锰的含量在正常范围内。

五、诊断

可根据鸭场饲养管理水平、饲料成分分析、蛋的外观和形态综合分析，作出初步诊断。

六、治疗

一旦发生本病，要及时查找原因，消除致病因素，针对病因治疗，才能收到较好的效果。重点应检查饲料的配方、配合过程以及饲料原料的质量。

出现症状的鸭及时移于笼外，放于阳光充足的地方，并用钙片治疗，每只每天两片，连用 3 ～ 5d，并给予充足的饲料和饮水，病鸭常在 4 ～ 7d 恢复健康。对于发病较重的患鸭，可肌内注射维丁胶钙注射液 2mL、维生素 C 2mL、维生素 B_{12} 2mL，每天两次，连用 2 ～ 3d。

第三节　脂肪肝综合征

脂肪肝综合征（Fatty liver syndrome，FLS）又称脂肪肝出血综合征（Fatty liver hemorrhagic syndrome，FLHS）或脂肝病，是以个体肥胖、产蛋下降、肝脏脂肪变性或破裂出血为主要特征的一种营养代谢病。本病主要发生于夏季，见于高产蛋鸭群，肉鸭也有发生。产蛋鸭发病后，产蛋率降低 20% ～ 30%，死亡率为 2%。

一、病因

脂肪肝综合征的发生是由多方面的综合因素导致，据王继强报道主要分为以下几种：

（1）能蛋比失调　高能量低蛋白饲粮是导致脂肪肝的主要因素。脂肪主要在肝脏合成，所合成的脂肪必须与蛋白质结合才能从肝脏中运出。当饲喂高能量低蛋白质日粮时，高能量合成的脂肪过多，而低蛋白质不能供给足够与脂肪结合的蛋白质，导致大量脂肪沉积在肝脏内。能蛋比高的蛋鸭群，脂肪肝的发病率明显高于能蛋比低的鸭群。

（2）激素　甲状腺素和胰高血糖素能促进脂蛋白和极低密度脂蛋白的合成，然而胰岛素的作用相反。胰岛素在加强脂肪合成的同时将抑制载脂蛋白的合成，从而使极低密度脂蛋白组装受阻。雌激素能促进肝脏脂类的合成。产蛋家禽性成熟以后，由于雌激素分泌增加，造成脂类代谢紊乱，诱发脂肪肝的形成。

（3）脂质氧化损伤　家禽营养物质代谢旺盛，体内会产生大量的自由基，自由基作用于肝细胞内细胞器和胞内大分子，特别是内质网膜、线粒体膜、溶酶体膜等，引起脂质过氧化，破坏肝细胞膜及其亚细胞膜结构。肝细胞膜结构的改变引起极低密度脂蛋白的合成及转运受阻，必然导致甘油三酯在肝脏细胞内积累，形成脂肪肝。另外，线粒体膜的刚性增加会影响线粒体膜中酶的活性。当线粒体膜流动性明显降低时，线粒体内、外膜中的脂酰辅酶 A 不能活化，脂肪酸也不能转入线粒体内，从而干扰了脂肪酸的 β- 氧化，导致脂肪在肝脏中蓄积。

（4）应激　当蛋禽受到应激刺激时，机体必须动员大量能量抗应激，使糖皮质激素分泌增加，造成葡萄糖异生和脂肪合成增加，体内脂肪沉积加快，从而诱发脂肪肝综合征。热应激也可诱发脂肪肝，在高温季节脂肪肝综合征的发生率明显升高。任成林等报道，高温条件下，蛋禽对能量的需求少，脂肪分解少，而高温有利于脂肪酸的合成，从而促进了脂肪的沉积。

（5）药物和毒素　某些药物也可引起脂肪肝，其发病机理大多数是抑制肝脏内蛋白质的合成，或降低肝脏内脂肪酸的氧化率，使肝脏内脂蛋白的合成减少、甘油三酯增加，形成脂肪肝。四环素类药物是极易导致脂肪肝的药物之一，因为其是一种抗合成代谢药物，主要通过抑制细菌蛋白质合成而达到抑菌作用，同时也干扰了机体肝脏载脂蛋白合成，使肝脏释放极低密度脂蛋白的功能发生障碍，造成肝脏内甘油三酯堆积。任成林等报道，霉菌毒素特别是黄曲霉毒素最容易导致肝脏受损，而引起肝脏代谢障碍和脂肪沉积，引起肝脏出血。

（6）营养缺乏　饲料中蛋氨酸、胆碱、肌醇、含硫氨基酸、维生素E等的添加量不足，蛋氨酸、胆碱、肌醇、含硫氨基酸、维生素E等，是机体合成磷脂的必要原料。当饲料中缺乏合成以上物质，脂肪贮积在肝内无法转运，导致大量脂肪在肝内聚集。硒对脂蛋白的合成、转运及具有清除机体活性氧自由基具有重要作用，当饲料中硒含量缺乏，会引起脂蛋白转运障碍、影响自由基产生和清除之间的平衡造成脂肪积聚，进而引发脂肪肝综合征。

二、发病机理

据吴帅成报道，肝脏是禽类体内脂肪合成的主要场所，在正常情况下，肝脏内脂肪的合成代谢和分解代谢处于动态平衡，从而使肝内脂肪的含量保持正常。进入肝细胞内的外源性或内源性脂肪在肝脏解离为甘油和脂肪酸，一部分脂肪酸经线粒体β-氧化以满足自身能量代谢的需要，一部分脂肪酸转化为细胞结构的组成部分，而大部分脂肪酸在粗面内质网内合成三酰甘油、磷脂，并与载脂蛋白和胆固醇结合为脂蛋白，以极低密度脂蛋白的形式进入血液转运至肝外供其他组织利用或再循环至肝。若肝细胞脂肪代谢过程中某个或多个环节发生异常，便可导致肝脏脂肪代谢紊乱，从而发生脂肪肝。日粮中蛋氨酸、维生素B_{12}、叶酸等缺乏可引起磷脂酰胆碱合成受阻，导致肝细胞不能将三酰甘油合成脂蛋白转运入血，肝组织细胞脂肪水解酶系和脂肪酸氧化酶系活性降低，进而影响脂肪酸β-氧化受阻，脂肪利用发生障碍。高温环境中，能量需求减少，亦可造成脂肪利用减少，急性应激而释放外源性皮质类酮和其他一些糖皮质类固醇，促进葡萄糖异生和加强脂肪的合成，从而诱发脂肪肝。

三、症状

本病在发病初期常无典型症状，鸭群营养状态良好，母鸭产蛋下降，甚至出现肝脏破裂导致急性死亡。患鸭采食量减少，精神不振，行走迟缓，或卧地，不愿下水，主翼羽易脱落，蹼和喙苍白，个别或少数鸭突然死亡，腹围大而软、下垂。患鸭腹泻，粪便中可见未消化的饲料。患鸭精神沉郁，行走迟缓，或卧地，不愿下水，驱赶运动时，常拍翅拖地爬行，最后痉挛、昏迷而死，甚至还未出现明显症状而急性死亡，病死鸭多较为肥胖。

四、病理变化

患鸭胴体肥胖，皮下脂肪多，皮肤、肌肉颜色苍白，贫血。心脏、肝脏、肾脏、肌胃和肠系膜等器官组织周围均有大量的脂肪沉积。其中以肝脏的病变最为明显，肝脏脂肪变性严重，呈黄色油脂状，肿大、出血或充血，边缘钝圆，质地柔软、易碎，色泽变黄，甚至成糊状；表面有散在性的白色坏死灶和出血点（图 6-10）。切开肝脏时，肉眼可见刀面上有黄褐色脂肪滴附着；有的病鸭肝脏破裂出血，肝周围被较大的凝血块附着，也有的严重病例凝血块完全覆盖于整个肝脏表面。其他组织病变表现为肌胃缩小，腺胃壁增厚，甲状腺肿大呈紫红色，卵巢萎缩，肾脏轻度肿胀。

组织学变化表现为肝窦充血肿大，肝细胞出现大小不等的脂肪滴，为甘油三酯，脂肪弥散，分布于整个肝小叶，使肝小叶完全失去正常的网状结构。

五、诊断

该病的诊断根据高能日粮，结合症状患鸭皮肤、肌肉色淡苍白，剖检时肝脏的特征性病理变化，肝脏肿大、颜色变黄、质地较脆，在肝包膜处可见散在的出血点，肠系膜和腹腔处有大量的脂肪组织沉积，即可做出诊断。

六、类症鉴别

鸭脂肪肝综合征与鸭腹水综合征均由于日粮中能量过高导致发病，均有腹部膨大、下垂、喜卧、不愿走动等症状。不同的是，鸭脂肪肝综合征腹腔内有大量的血凝块，肝脏表面有脂肪滴及血凝块；鸭腹水综合征腹腔内有大量的纤维素或絮片的清亮、茶色或啤酒样积液。

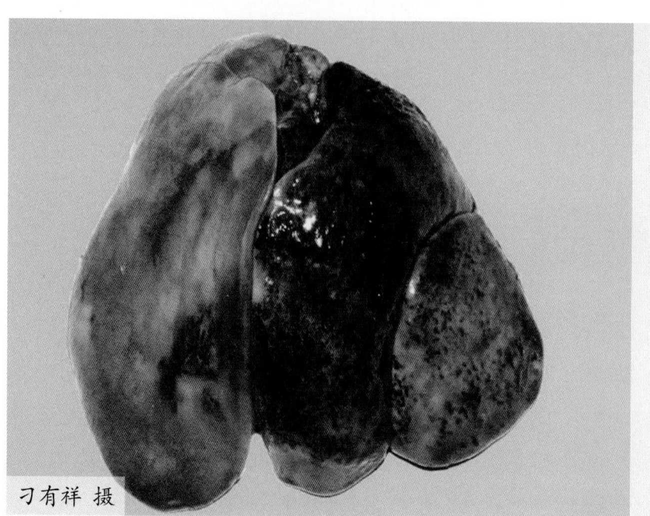

图6-10 鸭肝脏肿大，呈土黄色，出血

七、预防

（1）合理配制饲料　摄入过高的能量饲料，是导致脂肪过度沉积造成脂肪肝的主要原因。日粮应根据不同的品种、产蛋率科学配制，使能量和生产性能比控制在合理的范围内。产蛋率高于 80% 时蛋能比以 60 为宜，产蛋率在 65% ～ 80% 时蛋能比以 54 为宜，日粮总能水平一般在 10.46 ～ 11.3MJ/kg，可有效减少脂肪肝的发生，不影响产量。

（2）添加适当量的营养　饲料添加适宜胆碱、肌醇、蛋氨酸、维生素 E、维生素 B_{12} 及亚硒酸钠等嗜脂因子，能防止脂肪在肝脏内沉积。天气炎热和产蛋高峰期每千克饲料添加蛋氨酸 8g、氯化胆碱 1g、维生素 E 20IU 和维生素 B_{12} 0.012mg，能有效地预防脂肪肝的发生。

（3）提高饲养管理水平　保持鸭舍环境清洁卫生，采取适当的饲养规模保障鸭群适宜的生长空间，适宜生长的环境温度、湿度；增加鸭群户外活动量，控制产蛋鸭育成期的日增重，不易过肥；加强饲料的贮运管理，防止饲料霉变，严禁饲喂霉变饲料；防止环境有害应激因素等，对防止本病的发生有一定的积极作用。

八、治疗

发病鸭群应该立即降低饲料中高能量饲料的比例，并实行限饲。要尽快查明病因，采取针对性的治疗措施。如为营养配制不当导致，可根据不同品种鸭的要求重新用科学配方配制饲料，增加 1% ～ 2% 蛋白质含量，降低能量水平；如为饲料霉变导致，应立即停止饲喂，加强饲料储存管理，及时更换新鲜饲料。一旦发病可在每千克饲料中添加氯化胆碱 1g、维生素 E 10000IU、维生素 B_{12} 12mg、肌醇 900 ～ 1000g，连续饲喂 15d。每只鸭喂服氯化胆碱 0.1 ～ 0.2g，连续服用 10d。胆碱对脂肪有亲和力，可促进脂肪以磷脂形式由肝脏通过血液输送出去或改善脂肪酸本身在肝中的利用，并防止脂肪在肝脏里的异常积聚。

第四节　维生素缺乏症

维生素（Vitamin）是维持动物体正常生理功能所必需的微量营养成分，以辅酶和辅基的形式参与和控制碳水化合物、蛋白质、核酸和脂肪的代谢过程，适量的维生素是鸭维持正常代谢、繁殖及生存的必要条件。

鸭对维生素需要量很少，仅需微量维生素就能满足机体需要，但维生素对鸭只健康生长的作用极大，每一种维生素所起的作用都不能被其他物质所代替。鸭体内各种维生素的代谢十分复杂，各种维生素的代谢既相互联系又相互影响，一旦某一个环节或某些方面发生问题，就会造成代谢机能障碍，导致维生素缺乏症的发生。在鸭中大多数维生素不能在体内合成或合成量很少，必须从饲料中摄取，鸭体内维生素缺乏的主要原因是饲料中供给不足，另外，消化吸收不良、维生素被破坏、生理需要增多等原因也能引起维生素的缺乏。在配制饲料时，通常采用添加高于鸭只需求量的各种维生素，以降低或消除饲料在加工、运输、储存以及环境条件变化可能造成的维生素损失。

一、维生素B_1缺乏症

维生素B_1（Vitamin B_1）又称硫胺素或抗神经炎素，是由嘧啶环和噻唑环结合而成的一种B族维生素，是最早被发现的维生素之一。维生素B_1为无色结晶体或结晶粉末；有微弱臭味，味苦，有吸湿性，露置在空气中，易吸收水分。在酸性溶液中很稳定，可耐热120℃，在碱性溶液中不稳定，易被氧化和受热破坏，从而分解变质。遇光和热效价下降，故应置于荫凉处保存，不宜久贮。维生素B_1主要存在于种子的外皮和胚芽中，如米糠和麸皮中含量丰富，在酵母菌、豆粕、棉籽粕和其他饼粕中含量也极为丰富，但在肉粉和谷粉中含量很低。

维生素B_1参与动物机体的多种营养代谢，对鸭的生长可产生重要的作用，但其不能在鸭体内合成，主要从饲料中摄取，因此，在鸭饲料配制中必不可少。维生素B_1缺乏症又称多发性神经炎，是由于鸭日粮中维生素B_1供给不足或失效而引起的一种营养代谢病，主要导致鸭只神经组织、心肌等的代谢及功能障碍。

（一）生理功能

（1）维生素B_1是构成α-酮酸脱羧酶系的辅酶　在动物体内维生素B_1的生物活性形式为硫胺素焦磷酸酯（TPP），TPP是α-酮酸氧化脱羧酶系的辅酶，参与糖代谢过程中α-酮酸如丙酮酸、α-酮戊二酸的脱羧反应。鸭如缺乏硫胺素则丙酮酸氧化分解不易进行，糖代谢停滞在丙酮酸阶段，使糖不能彻底氧化释放出全部能量为机体利用。在正常情况下，神经组织所需能量几乎全部来自糖的分解。当糖代谢障碍时，神经功能紊乱，神经所支配的颈前肌麻痹而颈后肌处于收缩状态，所以，维生素B_1缺乏时，鸭出现头颈后仰的神经症状。并且伴随有丙酮酸、乳酸的堆积产生毒害作用，特别是对周围神经末梢影响最大，可导致多发性神经炎的发生，同时易引起心脏器官性质改变和心脏功能变化。

糖代谢还可以影响脂类代谢，如果维生素B_1缺乏，脂质合成减少，不能维持髓鞘的完整性，从而加重神经系统病变。

（2）维生素B_1能抑制胆碱酯酶的活性　胆碱酯酶可催化乙酰胆碱水解为乙酸和胆碱，而乙酰胆碱是胆碱能神经末梢在兴奋时释放出来的神经传递物质。维生素B_1能抑制胆碱酯酶的活性，使乙酰胆碱的分解保持适当的速度，因而能保证胆碱能神经的正常传导。当维生素B_1缺乏时，胆碱酯酶活性增强，乙酰胆碱分解过速，胆碱能神经的传导发生障碍。由于消化腺的分泌和胃肠道的运动受胆碱能神经的支配，故维生素B_1缺乏时，消化液分泌减少，胃蠕动减慢，出现食欲不振、消化不良，生长速度降低等症状。反之，给予维生素B_1就能增进食欲，促进消化。

（3）其他生理功能　研究还发现，维生素B_1对中枢神经系统有直接的神经化学活性作用，可与Ca^{2+}、Mg^{2+}相互作用调节突触前膜释放神经递质。维生素B_1与心脏功能的关系也十分密切。试验表明，短期缺乏维生素 B_1 的动物，其心肌的紧张力和弹性大为降低，心律失常，补充维生素 B_1 后尚可恢复；但若长时间缺乏维生素 B_1，心脏损害严重，最终可导致死亡。

（二）病因

（1）饲料因素　饲料中添加了某些碱性物质、防腐剂、抗球虫药如氨丙啉，含有维生素 B_1 分解酶的贝类、生鱼，某些含有磺胺素酶的物质等，均对维生素 B_1 有破坏作用；饲料中添加了较多的大豆或大豆制品，由于豆类中存在抗硫胺素物质，也会引起鸭维生素 B_1 的缺乏。

饲料加工、储运管理不当，饲料的贮存时间过长、贮存方法不当，饲料发生霉变，饲料中的维生素 B_1 损失较大；饲料加工过程中碱化、蒸煮，造成维生素 B_1 被破坏。

（2）疾病因素　鸭发生肠道疾病导致上皮受损、食糜快速通过、采食量减少而间接引起维生素 B_1 摄入量减少，造成吸收不良从而降低了维生素 B_1 的利用率；或者引起饮水量增加导致维生素 B_1 随过量的水排泄出体外；

（3）药物因素　使用氨丙啉或磺胺类药物治疗球虫病或消化道疾病时，氨丙啉磺胺类药物会与维生素 B_1 相互竞争，从而降低维生素 B_1 的代谢功能。造成一过性维生素 B_1 缺乏。

（4）应激因素　环境应激会提高机体对能量消耗的代谢性需求，因而机体对维生素 B_1 的需求量也会相应增加，此时若添加量未相应增加也有可能出现缺乏症。

（5）遗传因素　某些鸭品种因其遗传特点而对维生素 B_1 的需求量较高，若不相应做出调整易发生缺乏症。

（三）症状

种鸭日粮中维生素 B_1 缺乏时，所产种蛋孵化的雏鸭可发生维生素 B_1 缺乏症，多见于胚体发育的后期及出壳后 2 ～ 3d 内的雏鸭。若雏鸭日粮中缺乏维生素 B_1，则雏鸭群常在 20 日龄前后出现症状，如不及时采取有效措施，会造成大批死亡。

患病雏鸭初期表现为精神沉郁，食欲不振，生长停滞，羽毛松乱，下痢，出现神经症状，腿软无力，共济失调，两脚朝天呈游泳状，无力翻身自立，有的仰头、扭颈，呈“观星状”或反张、抽搐（图 6-11）。这些症状常为阵发性发作，一次比一次严重，直至抽搐衰

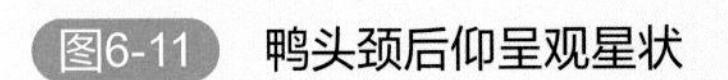
图6-11 鸭头颈后仰呈观星状

竭死亡。若鸭在水中发病，常因突然颈肌麻痹，头颈向背后扭转，不断在水面上团团打转或突然翻转，最终在水中溺亡。在未经及时有效治疗的情况下，死亡率为4%～6%不等，甚至更高。

成年鸭发生维生素B_1缺乏症时，发病较慢，患鸭一般在发病后3周才开始表现出明显症状，表现为食欲减退，羽毛杂乱，体重减轻，步态不稳，行走困难。随病程加剧，神经炎现象越发明显，部分鸭出现腹泻现象。种鸭出现产蛋率下降，孵化过程中死胚增加，孵化率下降。

（四）病理变化

剖检病死鸭可见皮下水肿，有淡黄色胶冻样渗出物；右心室扩张，心壁变薄；腺胃、肌胃、肠道未见出血病变，但胃肠壁严重萎缩；其他器官未见明显病理变化。

蛋鸭剖检还可见生殖器官萎缩，母鸭出现卵巢萎缩，公鸭睾丸萎缩，雄性比雌性萎缩更为严重。

（五）诊断

根据患鸭表现典型的“歪头”或“观星姿势”的特征性神经症状，结合右心室扩张、心壁变薄、肠道萎缩等病理变化，可做出初步诊断。在生产中，可应用诊断性的治疗，即给予充足的维生素B_1后，可见明显疗效。

实验室诊断可检测病鸭血、尿、组织以及饲料中维生素B_1的含量。根据维生素B_1的氧化物是一种具有蓝色荧光的物质，称为硫色素，其荧光强度与维生素B_1含量成正比。因此，可用荧光法定量测定原理，检测病鸭体内硫胺素的含量，以达到确切诊断和监测本病的目的。

（六）类症鉴别

鸭维生素B_1缺乏症与几种表现神经症状的鸭传染病的鉴别诊断：

（1）与禽流感的鉴别诊断　禽流感患鸭多见头颈扭曲呈“S”状，仰翻、头触地、右肢呈划水样症状；雏鸭维生素B_1缺乏症时，鸭表现头后仰，呈“观星状”。同时，结合实验室病毒检测进行确诊。

（2）与雏鸭病毒性肝炎的鉴别诊断　鸭病毒性肝炎患鸭多见双腿强直，头后仰叠背弯曲，死亡后多表现角弓反张症状，同时结合实验室鸭肝炎病毒检测阳性进行确诊。

（3）与鸭传染性浆膜炎的鉴别诊断　传染性浆膜炎患鸭多见精神沉郁，缩脖，头颈歪斜，打颤不止，步态不稳，受惊吓时表现共济失调，盲目乱窜甚至仰翻、倒地等症状，随着病程发展，内脏器官被损坏，逐渐转为僵鸭或残鸭。

（七）预防

（1）加强饲养管理，控制饲养密度，减少应激反应，搞好舍内的卫生清洁和消毒工作。

（2）保证饲料中维生素B_1充足　尽量使用新鲜饲料，避免长期使用与维生素B_1有拮抗作用的药物，气温高时应及时加大维生素B_1用量。同时在饲料中多补充发芽的谷物、麸皮、新鲜青绿饲料及干酵母粉等。

（3）药物预防　在饲料中添加富含维生素 B_1 的复合维生素药物进行治疗，连用 5 ～ 7d，可预防本病的发生。

（4）鸭出壳前后的预防　首先，应在产蛋种鸭日粮中搭配富含维生素 B_1 的饲料，以保证种蛋质量。其次，在刚孵出的雏鸭群中，若发现大批雏鸭发生维生素 B_1 缺乏症，应立即对同一类来源或同一批的孵化蛋，从气孔注入 1 ～ 2 滴维生素 B_1 注射液（50mg/mL），有利于雏鸭顺利出壳，可大大减少出壳雏鸭发病率。最后，应在刚出壳的雏鸭群饮水中添加复合维生素，每天饮用 2 次，连用 3d，以预防该病发生。

（八）治疗

患鸭出现的神经症状可在投喂维生素 B_1 后数小时内消失，也可通过拌料给药，每千克饲料添加 10 ～ 20g 维生素 B_1 粉，连用 7 ～ 10d。由于维生素 B_1 缺乏症可引起患鸭极度厌食，因此急性缺乏症尚未治愈之前，在饲料中添加维生素 B_1 效果不佳，推荐使用饮水口服维生素 B_1 的治疗方法。

重症病例可肌内注射维生素 B_1 注射液，每只每日的注射剂量为 0.5mL，注射数小时后即可见效，1 ～ 2 次即可康复。病鸭痊愈后，应在饲料内添加足量的维生素 B_1。

二、维生素 B_2 缺乏症

维生素 B_2（Vitamin B_2）又称核黄素，是由核醇与二甲基异咯嗪结合构成的，为黄色至橙黄色的结晶性粉末，在 120℃加热 6h，亦只有微量破坏，微溶于水，易溶于碱性溶液，在中性或酸性溶液中加热稳定，耐热耐氧化，但对光、碱及紫外线敏感，是体内黄酶类辅基的组成成分，在生物氧化还原中发挥递氢作用。维生素 B_2 在豆制品、青绿饲料、苜蓿粉、酵母粉、动物肾脏、动物蛋白粉（如肉粉、鱼粉）中含量丰富，油饼类饲料及糠麸次之，但在谷物饲料中含量较少。

维生素 B_2 是动物机体健康和正常生长所必需的维生素，可参与体内多种物质的代谢，在家禽养殖中具有重要作用。成禽胃肠道中的一些微生物能合成较多的维生素 B_2，而幼禽的这种合成能力较差。在常用的日粮配方中，维生素 B_2 的含量不能满足要求，需按生产需要量进行添加。若鸭日粮中维生素 B_2 严重缺乏，便可引起鸭体内物质代谢障碍，出现以麻痹瘫痪、趾弯曲，坐骨神经肿大为特征的营养代谢病。

（一）生理功能

核黄素在动物体内是以 FMN（黄素腺嘌呤单核苷酸）和 FAD（黄素腺嘌呤二核苷酸）形式存在，它们是生物体内黄素酶的辅酶，如 α- 氨基酸氧化酶、丙酮酸脱氢酶、α- 戊二酸脱氢酶和黄嘌呤氧化酶等的辅助因子，在黄素蛋白酶体系中发挥重要作用。

饲料中的核黄素多以 FMN 和 FAD 的形式存在，动物采食后，在胃酸、蛋白水解酶的交互作用下，游离出 FMN 和 FAD，其中 FAD 在焦磷酸酶的催化作用下生成 FMN，FMN 经过碱性磷酸酶的催化生成维生素 B_2 而被动物吸收，吸收后的核黄素与血浆蛋白结合在肝脏中转化为 FAD 或黄素蛋白，部分贮存于肝脏中，部分与特定的蛋白酶结合形成多种黄素蛋白酶，形成的辅酶参与体内生物氧化与能量代谢。

（1）维生素 B_2 是生物体内黄酶类辅基的主要成分，具有可逆的氧化还原特性。维生素 B_2 在组织中通过参与构成各种黄酶的辅基，在生物氧化过程中起传递氢原子的作用，参与碳水化合物、蛋白质、核酸的代谢，具有提高蛋白质在体内沉积、提高饲料利用率、促进家禽正常生长发育的作用。

（2）维生素 B_2 参与脂质代谢，维生素 B_2 对维持肝脏对脂质的正常转运具有重要意义，能够协助降低甘油三酯、游离脂肪酸、低密度脂蛋白与极低密度脂蛋白水平，抑制胆固醇的生物合成，防止脂质过氧化。

（3）维生素 B_2 参与细胞的生长代谢，能够为肝脏提供营养，修复和强化肝功能，有效预防脂肪肝的发生。

（4）维生素 B_2 还具有保护皮肤、毛囊，调节肾上腺分泌的功能，缺乏维生素 B_2 时，还会影响视觉功能。

（二）病因

（1）饲料中维生素 B_2 含量不足　由于所需维生素 B_2 在机体内合成较少，主要依赖于饲料补充，玉米、豆粕、小麦等维生素 B_2 含量较低，若没有注意补充维生素 B_2 就非常容易引发该病。其次，饲料加工不合理或储存不得当，发生霉变、遇碱性物质、遇热以及阳光直射、过于潮湿等，均能导致饲料中维生素 B_2 流失或失效，从而引起发病。另外，当饲料中脂肪和蛋白质含量增加时，也增加了机体对维生素 B_2 的需要量，若此时饲料中未相应增加维生素 B_2 添加量，也会发生维生素 B_2 缺乏症。

（2）药物拮抗作用　鸭群长时间使用大量抗生素，可导致体内有益微生物区系的平衡状态被打破，造成维生素 B_2 合成减少或明显影响机体消化、吸收维生素 B_2，从而发病。另外，某些药物如氯丙嗪等能拮抗维生素 B_2 的吸收和利用，造成缺乏症的发生。

（3）疾病因素　胃肠道等消化机能障碍会影响维生素 B_2 的转化和吸收。

（4）其他因素　当鸭处于低温、应激等条件下，对维生素 B_2 的需要也会相应增加，正常添加量已不能满足机体需要。

（三）症状

该病主要发生于 2 周龄至 1 月龄雏鸭，患病雏鸭生长发育受到阻碍，食欲下降，增重缓慢并逐渐消瘦，羽毛松乱无光泽，行动缓慢。病情严重的患鸭表现明显症状，趾爪向内蜷曲，呈握拳状（图 6-12），站立困难，多以飞关节着地，身体移动困难，或以两翅伏地以保持平衡，腿部肌肉萎缩，严重者则发生瘫痪。皮肤干燥，有时可见眼结膜炎和角膜炎、腹泻。病程后期患鸭多卧地不起，不能行走，脱水，但仍能就近采食，若离料槽、水线等较远，则可因无法饮食造成死亡。成年鸭仅表现生产性能下降。产蛋鸭维生素 B_2 缺乏会导致产蛋下降，鸭胚死亡率增加，弱雏率高。

（四）病理变化

患鸭内脏器官没有明显变化，整个消化道空虚，肠道内有泡沫状内容物，肠壁变薄，胃肠黏膜萎缩；肝脏肿大，边缘钝圆，个别病例脂肪肝现象较明显。重症病例可见坐骨神

图6-12 鸭爪向内卷曲

经和臂神经显著变粗、变软、弹性差，有时直径达到正常的 4 ～ 5 倍。种鸭维生素 B_2 缺乏可导致出壳后的雏鸭颈部皮下水肿，前期死淘率较高。

（五）诊断

根据患鸭趾爪蜷曲、麻痹的特征性症状，结合坐骨神经、臂神经增粗，肠内有泡沫状内容物等特征性病理变化，可初步诊断为维生素 B_2 缺乏症，同时，可结合实验室诊断进行确诊。采集患鸭血液，进行血液中维生素 B_2 含量检测，如果红细胞中维生素 B_2 含量过低，全血中维生素 B_2 浓度在 0.399μmol/L 以下，表明维生素 B_2 缺乏。

（六）鉴别诊断

（1）维生素 B_2 缺乏症与锰缺乏症的鉴别　二者均表现生长缓慢，行走困难，常以跗关节着地，产蛋率下降。不同的是患锰缺乏症的病鸭表现为胫骨下端、跖骨上端弯曲扭转，腓肠肌腱脱出骨槽，喙短、弯曲呈“鹦鹉嘴”样。

（2）维生素 B_2 缺乏症与鸭脑脊髓炎的鉴别　二者均表现羽毛松乱，共济失调，步态不稳，翅、腿麻痹。不同的是，患有脑脊髓炎的病鸭常以跗关节着地，驱赶走路时以跗关节着地、拍打翅膀协助走道，剖检可见脑膜充血、出血，肌胃肌层有散在的灰白色坏死灶。

（七）预防

在配制日粮时要注意确保日粮营养的全面，且各种营养物质的比例要适宜，要求供给全价饲料，保证日粮中有足够的维生素 B_2。妥善保管饲料，在运输途中或储存过程中避免日晒、风吹、雨淋，配制饲料时也要防止阳光直射。

青绿饲料、苜蓿粉、鱼粉、酵母粉中含有大量的维生素 B_2，可根据需要尽量采用含鱼粉和酵母粉等富含维生素 B_2 的配合饲料。另外，由于这些富含核黄素的饲料在鸭饲料配方中是有限的，所以还应在鸭，尤其是雏鸭、种鸭的日粮中补充维生素 B_2 制剂。建议每千克

饲料含维生素 B_2：雏鸭 3.6mg；育成鸭 1.8mg；种鸭 2.2 ～ 3.8mg。

（八）治疗

（1）对于早期的病例，可根据发病情况在每千克饲料中添加 10 ～ 20mg 维生素 B_2 粉剂，全群饲喂，连用 1 ～ 2 周。或在饮水中按复合维生素 B 族量的 2 ～ 3 倍进行添加，全群饮用，连用 2 ～ 3d。

（2）对于严重病例，可用维生素 B_2 针剂进行肌内注射或人工投服，成年鸭每羽 5mg，雏鸭每羽 3mg，连用 3 ～ 4d。

（3）患鸭一旦出现严重的趾爪蜷曲和坐骨神经损伤，往往难以恢复，此类病鸭建议淘汰处理。

三、烟酸缺乏症

烟酸（Nicotic acid），又称为尼克酸，抗癞皮病维生素（维生素 PP 或维生素 B_3），是吡啶的衍生物，除烟酸外还包括烟酰胺（Nicotinamide）。无色针状晶体，味苦。烟酰胺晶体呈白色粉状，两者均溶于水及酒精，不溶于乙醚。烟酰胺的溶解度大于烟酸，烟酸和烟酰胺性质比较稳定，酸、碱、氧、光或加热条件下不易破坏。高压下，120℃ 20min 不被破坏。烟酸是以辅酶Ⅰ和辅酶Ⅱ形式作为脱氢酶在动物机体的代谢活动中起传递氢、参与葡萄糖酵解、戊糖合成以及丙酮酸盐、脂肪、蛋白质、氨基酸和嘌呤代谢的作用。此外，它们还在维持机体消化腺分泌、降低血清胆固醇含量、扩张毛细血管和提高中枢神经兴奋性等方面有促进作用。有相关试验数据显示，机体烟酸缺乏会影响肠道内锌、肝脏内铁的吸收。

（一）生理功能

游离的烟酸和烟酰胺在小肠迅速被吸收，烟酸在动物体内转化为烟酰胺后才具有活性。烟酰胺是辅酶Ⅰ（烟酰胺腺嘌呤二核苷酸，NAD）和辅酶Ⅱ（烟酰胺腺嘌呤二核苷酸磷酸，NADP）的组成成分。烟酸以这两种辅酶的形式参与动物体内碳水化合物、脂肪、蛋白质等供能代谢反应中氢和电子的传递。辅酶Ⅰ和辅酶Ⅱ所催化的氢的传递，在中间代谢中起决定性的作用。一方面，这两种辅酶与特定的脱辅基酶蛋白结合，在脂肪、碳水化合物和氨基酸的降解与合成中参与氧化还原反应；另一方面，这两个辅酶仍与特定的脱辅基蛋白结合，通过接受底物燃烧的氢，并将其传递给呼吸链中的黄素酶，从而在三羧循环底物的最后氧化降解中发挥重要作用。被辅酶Ⅰ和辅酶Ⅱ催化的重要代谢反应有以下几个方面：

（1）碳水化合物代谢　参与葡萄糖的无氧和有氧氧化。

（2）脂类代谢　参与甘油的合成与分解、脂肪酸的氧化与合成、甾类化合物的合成、二碳单位通过三羧酸循环的氧化。

（3）蛋白质代谢　氨基酸的降解与合成、碳链通过三羧酸循环的氧化。

（4）视紫红质的合成。

（5）烟酸在维持机体消化腺分泌、降低血清胆固醇含量、扩张毛细血管和提高中枢神经兴奋性等方面有促进作用。机体烟酸缺乏会影响肠道内锌、肝脏内铁的吸收。

（二）病因

鸭对烟酸的需求量比其他禽类都要高，约为鸡的 2 倍，雏鸭对烟酸的需求量更大，当饲料中烟酸含量不足或体内合成受阻时，就会造成烟酸缺乏症的发生，主要有以下几个方面：

（1）饲料日粮配制不当　长期饲喂单一玉米日粮，因玉米含烟酸量很低，并且所含的烟酸大部分是结合形式，未经分解释放不能被鸭所利用；长期在饲料中添加抗生素，使肠道微生物减少，致使肠道合成烟酸的能力降低；饲料中长期缺乏色氨酸、维生素 B_2 和维生素 B_6，导致鸭体内烟酸合成量降低；日粮中核黄素和吡哆醇缺乏，影响烟酸的合成。

日粮中烟酸含量参见表 6-1。

表6-1　日粮中烟酸含量　单位：mg/kg

日粮	平均值	参考范围	日粮	平均值	参考范围
玉米	20	14 ～ 29	菜籽饼	200	
麸皮	50	36 ～ 75	鱼骨粉	50	36 ～ 75
鱼粉	120	83 ～ 162	小麦	48	34 ～ 65
大豆	21	18 ～ 24	大麦	53	29 ～ 75
棉籽饼	38	29 ～ 45	玉米麸	68	50 ～ 105

（2）饲料加工、贮运不当　饲料在搅拌过程中微量成分混合不均，或饲料搅拌或运输过程中发生了原料相互分离，饲料存储时间过长或存储条件不当，均可造成烟酸缺乏。

（3）疾病因素　鸭的消化道内的细菌能够合成部分烟酸，但当鸭群患有热性病，寄生虫病，腹泻病，肝、胰脏和消化道等机能障碍时，使鸭胃肠道内微生物受到抑制，均可引起肠道微生物烟酸合成减少。

（三）症状

缺乏烟酸时，胫跗关节肿大，双腿弯曲，羽毛生长不良，爪和头部出现皮炎。典型的烟酸缺乏症是“黑舌”病，从 2 周龄开始，病鸭口腔以及食道黏膜潮红，生长迟缓，采食量降低。雏禽缺乏烟酸的主要症状为胫跗关节肿大，胫骨短粗，羽毛蓬乱和皮炎，两腿内弯（图 6-13），骨质坚硬，内弯程度因烟酸缺乏程度而异，行走时，两腿交叉呈模特步（图 6-14）。严重时不能行走，导致跛行，直至瘫痪，或以翅膀着地行走（图 6-15 ～图 6-17）。成年家禽发生缺乏症，其症状为羽毛蓬乱无光、甚至脱落。产蛋禽缺乏烟酸时体重减轻，产蛋量和孵化率下降，可见到足和皮肤有鳞状皮炎。烟酸缺乏严重时，会引起鸭的糙皮症和骨骼畸形，这些症状在患鸭的头部或脚部较为常见，如眼睛周围、口角处以及脚踝等部位的炎症反应，这些部位的炎症病变会影响鸭的采食行为，因而会导致采食量下降、体重减轻、抗病能力降低等。

（四）病理变化

患鸭剖检可见多器官萎缩，皮肤角化过度导致增厚。患鸭舌发黑色暗，口腔及食道发炎，呈深红色，口腔、食道黏膜有炎性渗出物，胃肠充血，肝脏萎缩，有时可见肝脏发黄、易碎，肝细胞发生脂肪变性，十二指肠、盲肠和结肠和胰腺黏膜等处有豆腐渣样的覆盖物，肠壁增厚且易碎。胫骨变形弯曲，肌腱增粗但不能脱离，飞节肿大呈短粗症状。

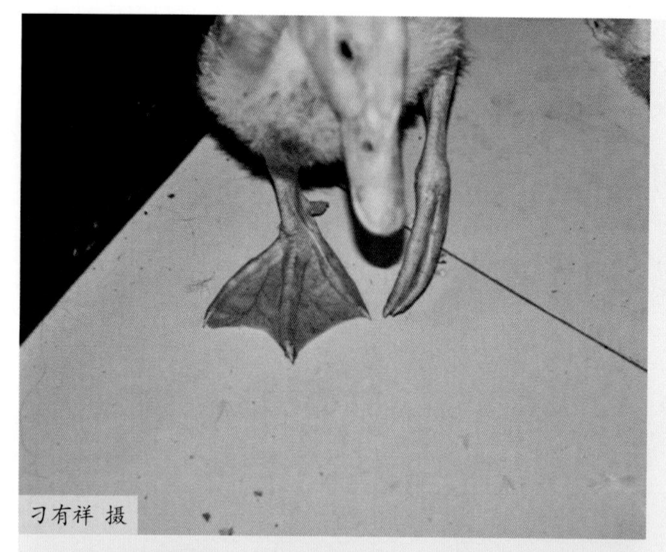

图6-13 鸭腿向内弯曲

图6-14 鸭行走时两腿交叉

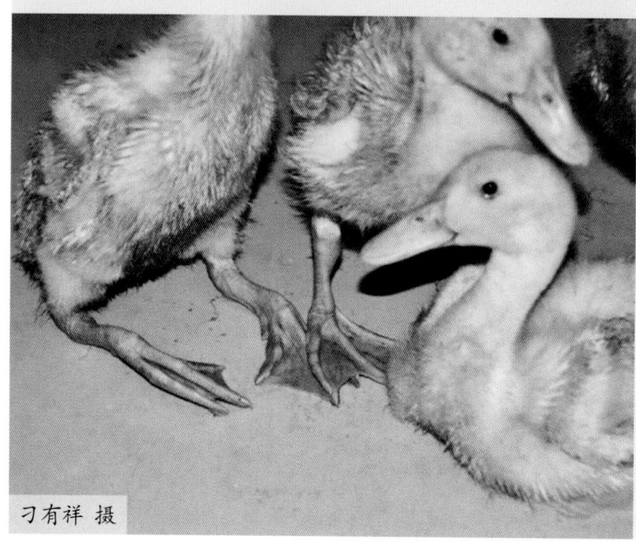

图6-15 鸭瘫痪，不能站立（一）

图6-16 鸭瘫痪，不能站立（二）

图6-17 鸭瘫痪，不能站立，以翅膀着地行走

（五）诊断

对于烟酸缺乏症的诊断，该症在发生早期阶段并无特征性表现，但经过一段时间后便可辨认出来，如皮肤、骨骼和消化道病变，以口炎、下痢、肘关节肿大等为主要特征症状，可据此做出诊断。

（六）类症鉴别

（1）烟酸缺乏症与锰缺乏、胆碱缺乏、铜缺乏、钙缺乏、磷缺乏以及维生素D缺乏症的鉴别　以上疾病都表现胫骨短粗、胫跗关节肿大和双腿弯曲。烟酸缺乏症与锰缺乏、胆碱缺乏、铜缺乏、钙缺乏、磷缺乏以及维生素D缺乏症的区别之处是烟酸缺乏症极少出现跟腱从骨踝中滑出的情况。

（2）烟酸缺乏症与禽痘的鉴别　二者均在腿部皮肤处有小结节，不同的是禽痘在鸭无毛或毛稀少的眼睑、喙角、翼下、泄殖腔周围、腹部及腿部均出现白色结节，增至绿豆大、凹凸不平呈硬结节状。取痂皮、伪膜制成悬液接种易感鸭，接种 2 ～ 3d 后接种部位可见痘肿。

（七）预防

该病的预防主要在于合理配制饲料，避免饲料原料单一，针对发病原因采取相应的措施，调整日粮中玉米比例，或添加色氨酸、啤酒酵母、米糠、麸皮、豆类、肝脏、酵母、鱼粉等富含烟酸的饲料；在动物体内，烟酸可由色氨酸转化合成，日粮中添加适量的色氨酸也可有效预防该病的发生。

（八）治疗

患鸭可内服烟酸 2 ～ 3mg/ 只，每天 2 ～ 3 次，连续服用 1 ～ 2 周。或每吨饲料中添加烟酸 30 ～ 50g。若病鸭患有肝脏疾病时，可联合使用蛋氨酸或胆碱进行治疗。

四、胆碱缺乏症

胆碱（Choline）通常称维生素 B_4（Vitamin B_4），是磷脂、乙酰胆碱等物质的组成成分。胆碱是一种季胺碱，化学名称为氢氧化 β- 羟乙基三甲胺，分子量为 127.16, 分子中的甲基团占 37.14%。纯净的胆碱为无色、黏滞、鱼腥味、吸湿性很强的碱性液体，其无水物为白色易潮解的针状结晶。胆碱溶于水、甲醛、甲醇、含水甲酸、乙醇和乙酯，难溶于氯仿、丙酮和含水乙醚，不溶于乙醚、石油醚、苯、甲苯和四氯化碳。饲料中常用的胆碱形式为氯化胆碱，氯化胆碱外观为结晶固体，极易潮解，溶于水和乙醇，不溶于乙醚、三氯甲烷和苯。自然界中，动物肝脏、肉粉、麦麸、豆饼、酵母中含有丰富的胆碱，谷实类及青饲料中胆碱含量较低。

日粮中胆碱添加不足会造成胆碱缺乏。由于维生素 B_{12}、叶酸、维生素 C 和蛋氨酸都能参与胆碱的合成。它们的缺乏同样也会影响胆碱的合成。胆碱缺乏症主要表现脂肪代谢障碍引起的大量脂肪在肝脏沉积，又称脂肪肝综合征。

（一）生理功能

（1）构成细胞生物膜的结构　胆碱是磷脂酰胆碱或卵磷脂、神经鞘磷脂、缩醛磷脂的组成成分。卵磷脂是动物细胞膜结构的组分，而脂蛋白则是包埋于磷脂基质中，因此胆碱在细胞膜结构和脂蛋白构成上是重要的。

（2）促进体内转甲基代谢　胆碱是体内不稳定甲基的一个主要来源，用于同型半胱氨酸形成蛋氨酸。但胆碱的合成也需要甲基，维生素 B_{12} 和叶酸作为辅酶因子，胆碱在体内能由丝氨酸和蛋氨酸合成得来。

（3）胆碱参与肝脏脂肪的转运　胆碱作为磷脂的组成成分，在防止脂肪肝、促进代谢等过程中起重要作用。肝细胞中内合成的脂肪只有以脂蛋白的形式才能被转运到肝脏以外，而卵磷脂是合成脂蛋白的重要物质。当体内胆碱缺乏时，卵磷脂及脂蛋白合成障碍，肝脏中合成的脂肪由于缺乏脂蛋白，导致肝脏内脂肪积聚，从而引起脂肪肝或脂肪肝综合征。

（4）胆碱促进突触的发生和神经的传导　胆碱被乙酰化生成乙酰胆碱，乙酰胆碱作为神经递质，参与神经传导。胆碱在维持神经细胞结构完整性和功能完整性等方面具有重要作用。

（二）病因

（1）日粮中添加不足，鸭对胆碱需求量较大，尤其雏鸭对胆碱的缺乏十分敏感，如日粮中胆碱添加量不足，极易引发胆碱缺乏症。

（2）集约化养殖中，饲喂高能量、高脂肪日粮，易造成采食量下降，从而引起胆碱摄入量不足引发胆碱缺乏症。

（3）叶酸、维生素 C 或维生素 B_{12} 缺乏。研究表明，当叶酸、维生素 C 或维生素 B_{12} 缺乏时，机体对胆碱的需求量增加，此时，如未增加胆碱添加量可引起胆碱缺乏症。

（4）日粮中维生素 B_1 和胱氨酸比例增多时，由于维生素 B_1 和胱氨酸能够促进糖转化为脂肪，促使脂肪代谢发生障碍，易导致胆碱缺乏症的发生。

（5）肝脏功能受损影响胆碱的合成，饲料中长期添加磺胺类药物或抗生素，使肝脏功能受损，影响胆碱在体内的合成，同时胃肠道疾病能够影响胆碱的吸收，从而导致胆碱缺乏症的发生。

（三）症状

发病鸭表现为精神沉郁，食欲减退，生长缓慢或停滞。胆碱缺乏症特征症状为胫骨短粗症、跗关节肿大、骨短粗、弓形腿和跟腱滑脱。最初表现为跗关节周围针尖状出血，轻度浮肿，继而胫跖关节由于跖骨的扭曲而明显变平，胫跗关节明显肿胀，造成胫骨弯曲呈弓形。病鸭瘫痪，常蹲伏地面，不能站立。种鸭产蛋减少，种蛋孵化率降低。

（四）病理变化

患鸭胫骨、跗骨变形，关节肿大，关节滑膜炎。关节软骨错位，跟腱从踝骨头滑脱。肝脏肿大质脆，呈土黄色，肝脏表面有散在出血点，出现脂肪肝症状切面外翻，触之有油腻感，甚至可见脂肪滴，肿大的肝脏经 HE 染色后，可见肝脏脂肪变性，细胞胞浆中有大小不一的脂肪滴。部分病例剖检可见肝被膜破裂，肝脏、肾脏及其他器官表面有明显的脂肪浸润和变性。

（五）诊断

参照症状及饲料配制情况调查，结合剖检观察，当剖检发现胫骨短粗及脂肪肝症状时，可确诊本病。

（六）预防

日粮中应注意胆碱、叶酸、维生素 B_{12}、蛋氨酸、胱氨酸等成分的合理搭配。当日粮中以上成分含量不足时，应提高胆碱的添加量。蝉蛹、鱼粉、肝粉中等动物性饲料，豆饼、菜籽饼、花生饼等植物性饲料，酵母等含有丰富的胆碱，可在日粮中注意添加上述饲料。

长时间使用抗生素或磺胺类药物时，或饲喂高能、高蛋白饲料时，或发生可损害肝脏功能的疾病存在时，应提高胆碱的添加量。

（七）治疗

日粮中每吨饲料添加胆碱400g，连用1周可见明显效果。或口服胆碱，每只鸭每次喂服0.1～0.2g，每日1次，连续饲喂1周。大群混喂胆碱，每千克日粮中添加胆碱0.6g、维生素E10国际单位，连续饲喂1周。发病后，采用以上治疗方法，补充足够的胆碱后可以治愈缺乏症，但发生肌腱滑脱的病例，由于腱的滑脱往往不可逆，治疗价值低，建议淘汰处理。

五、泛酸缺乏症

泛酸（pantothenic acid），也称为维生素B_5（Vitamin B_5），化学名为N-(α，γ-二羟基-β，β-二甲基丁酰)-β-氨基丙酸，是由β-丙氨酸与α，γ-二羟基-β，β-二甲基丁酸通过酰胺键连接构成，又名遍多酸、本多生酸、抗皮炎因子，属于水溶性B族维生素。泛酸广泛分布于生物界，动物肝、肾、肌肉、脑和蛋黄、苜蓿、花生饼粕、酵母、麸皮、绿叶植物等都富含泛酸。动物肠道微生物也能合成泛酸。泛酸为浅黄色油状物，易溶于水及乙醇，在中性溶液中耐热，对氧化、还原剂皆稳定，在酸性及碱性溶液中，易被热所破坏发生水解。游离的泛酸是不稳定的，吸湿性极强，因此不能直接添加于饲料中，所以在实际中常用其钙盐、钠盐和钾盐，饲料工业中一般用泛酸钙。泛酸钙外观呈白色粉末，在干燥环境下流动性尚可，但在湿热环境下仍易吸湿结块，受潮后可形成粒状至大块状坚硬物。

泛酸是形成辅酶A（CoA）的前体物质，辅酶A是泛酸的生物学功能形式。泛酸进入体内转化为辅酶A，而辅酶A具有酰化作用，在糖、脂肪和蛋白质代谢中起着重要作用。泛酸缺乏影响酰化作用，使糖、脂肪和蛋白质代谢紊乱，引起鸭发生代谢障碍。

（一）生理功能

泛酸在小肠被吸收，通过小肠黏膜进入门静脉循环供机体利用，在肝、肾中浓度较高。泛酸在组织中大部分用以构成辅酶A，参与机体一系列代谢活动。

（1）脂肪酸的合成　辅酶A在小肠壁与乙酸结合生成乙酰辅酶A，经过生物素酶的催化转变为丙二酰辅酶A，再与另一活化的脂肪酸作用形成长链脂肪酸。

（2）脂肪酸降解　参与脂肪酸降解并释放出大量能量的代谢过程，泛酸缺乏时，辅酶A下降，脂肪酸的β-氧化受到抑制，主要是过氧化物酶体脂肪酸β-氧化受到抑制，从而导致鸭只出现缺乏症。

（3）柠檬酸循环　在柠檬酸循环中，泛酸参与丁酮二酸及其合成柠檬酸以及α-酮酸的去羧基反应。

（4）胆碱乙酰化　乙酰辅酶A将乙酰基传递给胆碱生成乙酰胆碱，乙酰胆碱是一种神经递质，其作用是维持神经功能的正常传导。

（5）抗体的合成　泛酸能促进那些对病原体有抵抗力的抗体的合成。

（6）营养素的利用　由于辅酶A的功能，泛酸的存在有利于各种营养物质的吸收和利用，可以保持皮肤健康及维持血液循环，有助于神经系统正常运作。

由此可见，泛酸在糖、脂肪、蛋白质的代谢中起着十分重要的作用。与皮肤和黏膜的正常生理功能、羽毛的色泽和对疾病的抵抗力等有着极为密切的关系。因此，泛酸的缺乏可使机体的许多器官和组织受损。

（二）病因

泛酸普遍存在于一切植物性饲料中，在日粮中一般不易缺乏，但在泛酸破坏或吸收障碍时易发生缺乏。

（1）长期饲喂单一玉米饲料。

（2）饲料在加工、储运或使用过程中，受各种理化因素影响，如将饲料干热或加酸、加碱处理，造成泛酸损失或失效，使得饲料中泛酸含量低于标准值，引起泛酸缺乏症。

（3）饲料能量含量高，造成采食量降低，导致鸭泛酸摄入量不足，也可引起泛酸缺乏症。

（4）饲料中维生素 B_{12} 缺乏，鸭对泛酸的需求量会相应增加，若未及时补充维生素 B_{12} 或提高泛酸的添加量，即会引起泛酸缺乏症。

（5）鸭消化紊乱或肠道疾病导致泛酸吸收不良，引起缺乏症。

（6）种鸭日粮中泛酸添加量不足，导致种蛋中泛酸含量过低而不能满足胚胎发育的需要。

（7）雏鸭开食料中泛酸添加量不足，尤其在母源泛酸供应量不足的情况下，更易发生泛酸缺乏症。

（三）症状

患鸭表现为羽毛发育不良、粗乱，甚至头部和颈部羽毛脱落。患鸭日渐消瘦，口角、眼睑和泄殖腔周围有局限性小结痂，眼睑常被黏性渗出物粘连而变得狭小，影响视力。脚趾之间及脚底有小裂口，结痂、水肿或出血。随着裂口的加深，患鸭行走困难，腿部皮肤增厚、粗糙、角质化甚至脱落。骨短粗，甚至发生滑膜炎。

雏鸭表现为生长缓慢，病死率较高。成年鸭症状不明显，但种鸭的孵化率明显降低，孵化过程中死胚率增加，胚体皮下水肿和出血。

（四）病理变化

剖检病死鸭可见其口腔内有脓样物，腺胃中有不透明灰白色渗出物。肝脏肿大，呈浅黄至深黄色。脾脏轻度萎缩。脊髓的神经与有髓纤维呈现髓磷脂变性。法氏囊、胸腺和脾脏有明显的淋巴细胞坏死和淋巴组织减少。剖检死胚可见胚体皮下水肿出血。

（五）诊断

本病通过症状、病理变化以及泛酸缺乏的病因等情况，可做出初步诊断，补充泛酸有明显治疗效果时可确诊。

（六）类症鉴别

泛酸缺乏症与生物素缺乏症均可引起患鸭皮炎，具体鉴别参见本章生物素缺乏症部分。

（七）预防

（1）合理搭配日粮，保证营养均衡　根据鸭只生长发育及产蛋等不同时期的营养需求，合理搭配饲料中的维生素、蛋白质和矿物质等营养元素。适量增加富含泛酸的酵母、麸皮、米糠、青绿饲料等。

（2）适量补充　对大多数动物来说，5 ～ 15mg/kg 的泛酸即可满足生长和繁殖的需要。按 NRC 标准 0 ～ 7 周龄北京鸭泛酸需要量为 11.0mg/kg。该需要量是在典型日粮摄入量情况下制定的。当日粮能量水平提高而摄食量减少时，需要相应提高其添加量。另外，维生素 B_{12} 可影响泛酸的需要量，当鸭只缺乏维生素 B_{12} 时，其泛酸需要量要比正常高，为保证鸭群的正常生长和防止出现皮炎等缺乏症，应相应增加泛酸需要量，可达到 20mg/kg 水平。

（3）正确保存和使用饲料　饲料的配制和保存对饲料中营养物质的含量有较大的影响，在配制过程中，严禁将饲料进行干热处理；保存和使用过程中，严禁加酸或加碱使用，防止泛酸失效。

（4）加强饲养管理　要想使鸭较好地吸收饲料中的维生素，首先要保证科学的饲养管理及饲喂程序，确保鸭能够消化吸收，提高饲料利用率。采取定时定量的饲喂原则，同时要保证饮水的干净清洁。此外，对其他疾病也应采取有效的预防措施，保证鸭的采食量，同时避免消化道疾病导致的吸收障碍，进而达到有效预防泛酸等维生素缺乏症的效果。

（八）治疗

对于出现泛酸缺乏症的病鸭，可用泛酸钙进行治疗，每千克饲料添加泛酸钙 20 ～ 30mg，连用 2 周左右，同时要增加多种维生素的添加量。

严重病例，可采用口服或肌内注射泛酸方式，每只每次 10 ～ 20mg，每日 1 ～ 2 次，连续口服或注射 3 ～ 5d；或喂服泛酸钙，每次每千克体重 4 ～ 5mg，每天 1 次，连续饲喂 5 ～ 7d。在注射或口服泛酸制剂时，如同时给予维生素 B_{12} 可以使治疗效果得到提高。

六、维生素 B_6 缺乏症

维生素 B_6（Vitmin B_6）是吡啶的衍生物，为无色晶体，易溶于水及乙醇，在酸液中稳定，在碱液中易被破坏。吡哆醇耐热，吡哆醛和吡哆胺则不耐高温。在生物组织内有吡哆醇、吡哆醛及吡哆胺三种形式，都具有维生素 B_6 活性。尽管吡哆醛、吡哆胺与吡哆醇对动物有相同的生物学效价，但前二者的稳定性差，特别是在光照、加工和贮存温度、酸碱度和水分的影响下，稳定性更差。因此，通常作为补充维生素 B_6 的物质均为吡哆醇，而作为饲料添加剂的是盐酸吡哆醇。维生素 B_6 是多种酶特别是参与氨基酸转氨和脱羧作用的酶类所必需的物质，是禽体重要的辅酶。当日粮中缺乏维生素 B_6 时，会造成转氨酶和脱羧酶的合成受阻，导致蛋白质代谢障碍，以神经过度兴奋而惊厥及脚软病为主要特征。

（一）生理功能

维生素 B_6 参与体内多项生理过程，对体内氨基酸的代谢具有重要作用，参与多种酶反应，对于维持身体及神经系统的健康具有重要作用。维生素 B_6 在大多数食物或饲料中以吡哆醇、吡哆醛和磷酸吡哆胺的蛋白质复合体形式存在。进入机体后，维生素 B_6 经体内的磷酸化作用转变为相应的磷酸脂。参加代谢作用的主要是磷酸吡哆醛和磷酸吡哆胺。

（1）转氨基作用 氨基酸转氨酶是催化氨基酸与酮酸之间氨基转移的一类酶。普遍存在于动物心、脑、肝、肾等组织中。转氨酶参与氨基酸的分解和合成。此酶催化某一氨基酸的α-氨基转移到另一α-酮酸的酮基上，生成相应的氨基酸，原来的氨基酸则转变成α-酮酸。

磷酸吡哆醛或磷酸吡哆胺是转氨酶的辅基，两者在转氨基反应中可互相变换。转氨酶在动物心、肾、睾丸及肝中含量都很高。在生物体内，转氨作用之后的生化过程便是氨基酸的氧化分解。饲粮中添加适量维生素 B_6 可提高肝脏中谷丙转氨酶、谷草转氨酶活性和总游离氨基酸含量，提高家禽蛋白质代谢水平和生长性能。

（2）脱羧基作用 氨基酸脱羧酶是催化脱去某种氨基酸的羧基，生成对应的胺的裂解酶总称。这类酶均以磷酸吡哆醛为辅酶。由氨基酸脱羧生成的胺类在家禽生理上有着十分重要的作用。维生素 B_6 通过参与脱羧作用可以生成多种活性物质，如组胺、5-羟色胺和牛磺酸等，进而参与体内氨基酸及含氮化合物的非氧化降解反应。脱羧作用可促进神经递质的形成。如芳香族氨基酸脱羧酶参与酪氨酸、组氨酸、多巴氨酸、色氨酸的脱羧，形成相应的胺，如酪胺、组胺、多巴胺、5-羧色胺。半胱氨酸脱羧变成牛磺酸。谷氨酸在中枢神经系统中脱羧形成γ-氨基丁酸。

（3）侧链分解作用 含羟基的苏氨酸或丝氨酸可分解为甘氨酸及乙醛或甲醛，催化此反应的酶为丝氨酸转羧甲基酶，该酶能够催化丝氨酸或苏氨酸发生醇醛裂解反应。吡哆醛-5-磷酸为该酶的辅酶。

（4）参与抗体合成 维生素 B_6 参与抗体蛋白的合成，促进动物的体液免疫和细胞免疫反应。家禽缺乏维生素 B_6 时，其免疫后体液抗体滴度很低，补充后即可升高。提高日粮中维生素 B_6 水平有利于提高家禽的抗病能力，降低死亡率。正常细胞免疫功能的维持需要维生素 B_6 的参与，缺乏维生素 B_6 的动物，其细胞介导的免疫反应受损。

（5）参与血红蛋白合成 维生素 B_6 为δ-氨基-γ酮戊酸合成酶的辅酶，而此酶为合成血红蛋白的限速酶，故维生素 B_6 可促进血红蛋白合成，预防血色素性贫血。维生素 B_6 还可与其他物质共同作用，帮助机体生成血细胞。一碳单位是合成核酸和DNA的原料。一碳单位代谢障碍可引发一系列相关的症状和疾病，如巨幼细胞贫血等。维生素 B_6 是丝氨酸羟甲基转氨酶的辅酶，该酶通过转移丝氨酸侧链到受体叶酸分子参与一碳单位代谢。另外，它还影响到血红蛋白质结合氧气的能力，抑制镰刀形红细胞血红蛋白镰形化。

（6）促进核酸合成 维生素 B_6 与脱氧核糖核酸碱基之间存在着氢键超分子相互作用。维生素 B_6 与叶酸等营养素共同作用并通过一碳单位代谢参与核苷酸的合成。

（二）病因

（1）饲料中长期缺乏维生素 B_6 维生素 B_6 缺乏症一般很少发生，只有当饲料中极端缺乏维生素 B_6 时，才会导致缺乏症的发生。

（2）长期饲喂高蛋白日粮 当日粮中蛋白质含量很高（30%以上）而维生素 B_6 含量极低（低于每千克饲料2.2mg）时，即会造成鸭发生神经症状；当日粮中蛋白质含量很高（30%以上）而维生素 B_6 含量中等（低于每千克饲料2.5～2.8mg）时，即会造成鸭骨短粗症，造成鸭骨骼弯曲；当日粮中蛋白质含量正常，即便维生素 B_6 含量极低也不会发生神经症状及骨粗短症。

（3）鸭群应激　鸭群受外界因素刺激，造成鸭群应激，鸭对维生素 B_6 的需求量增加，导致缺乏症的发生。

（三）症状

患病雏鸭表现为神经症状，异常兴奋，惊厥，共济失调，头低垂，食欲减退，生长不良。患鸭胫骨粗短，走路时腿部发颤，呈急反射运动。通常，患鸭在濒死前，发生痉挛性惊厥，患鸭无目的地奔跑，拍打翅膀，倒地或完全翻仰，头向后仰，头和腿部急速抽搐，最后衰竭而死。成年鸭表现为食欲不振，消瘦，贫血，皮炎。种鸭表现为产蛋下降，种蛋孵化率降低，患鸭采食减少，体重下降，严重病例衰竭死亡。雏鸭发生维生素 B_6 缺乏症时，主要表现为贫血。

（四）病理变化

患鸭剖检可见皮下气肿，器官肿大，肝变性，脊髓和外周神经变性。产蛋鸭卵巢、输卵管退化；公鸭睾丸萎缩。患鸭还表现神经组织的变性和机体贫血性变化，血液红细胞数量减少，血红蛋白含量降低。

（五）诊断

本病可依据症状、饲料中蛋白质含量水平及特征性病理变化，做出初步诊断。

（六）鉴别诊断

维生素 B_6 缺乏症与维生素 E 缺乏症的鉴别诊断：维生素 B_6 缺乏症与维生素 E 缺乏引起的脑软化症在症状上相似，其区别在于维生素 B_6 缺乏导致的神经症状在发病时更为剧烈，并可导致衰竭而死。

（七）预防

饲料中添加酵母、糠麸、麦麸、肝粉等富含维生素 B_6 的饲料，可有效预防本病的发生。使用高蛋白饲料或鸭群处于应激状态下时，应该额外增加维生素 B_6 的添加量。

（八）治疗

发生轻度维生素 B_6 缺乏症时，应调整饲料中的蛋白质含量，在日粮中增加糠麸、酵母等富含维生素 B_6 的饲料。可按照以下措施治疗：

（1）症状较轻的患鸭，喂服维生素 B_6，4 ～ 8mg/ 只，或每千克饲料中加入维生素 B_6 10 ～ 20mg。

（2）病情严重的患鸭，肌内注射维生素 B_6，每只 5 ～ 10mL。

七、生物素缺乏症

生物素（Biotin）又名维生素 H（Vitamin H）、维生素 B_7。在常温条件下为无色针状晶体状，具有与尿素和噻吩相结合的骈环，并有戊酸侧链，在体内由侧链上的羧基与酶蛋白的赖氨酸

残基 $\varepsilon\text{-}NH_2$ 结合发挥辅酶作用。它由 3 个不对称中心构成 8 个立体异构体，其中只有 δ 型生物素具有生物学活性，天然存在的生物素均为 δ 型，分子式为 $C_{10}H_{16}O_3N_2S$，分子量为 244.3。生物素无臭无味，难溶于水和乙醇，几乎不溶于醚和三氯甲烷，熔点为 228 ～ 232℃；一般情况下，生物素比较稳定，只有强酸、强碱、甲醛或紫外线处理时才能被破坏。许多饲料原料中都含有生物素，同一种饲料不同样本的生物素含量及生物学效价变异很大。总的来说，玉米和大豆中的生物素可全部利用，小麦中的则难以利用，饼粕类、苜蓿粉和干酵母都是有效的生物素来源。

（一）生理功能

生物素是动物必需的一种营养素，它作为几种羧化酶、转羧酶和脱羧酶的辅助因子，参与碳水化合物、脂肪和蛋白质代谢。生物素的主要功能是在脱羧 - 羧化反应和脱氢反应中起辅酶作用。

（1）参与碳水化合物的代谢　当饲料中碳水化合物不足时生物素通过蛋白质和脂肪的糖原异生在维持血糖稳定中起着重要作用。在糖原异生过程中丙酮酸生成丁酮二酸的反应中，以生物素为辅酶的丙酮酸羧化酶是反应中的关键酶，因此当饲料中生物素供应不足或因各种应激而采食不足时，会导致糖原迅速减少或耗尽，出现低血糖，尤其是幼龄家禽体内糖原贮存较少常会导致死亡。同时，生物素对柠檬酸的代谢也起着重要作用。

（2）参与脂肪的代谢　生物素对乙酰 COA 羧化酶和脂肪酸的合成与代谢、乙酰胆碱的合成和胆固醇代谢都有关。在脂肪酸合成过程中，生物素作为乙酰 COA 羧化酶的辅酶，催化乙酰 COA 生成丙二酸 COA，生物素缺乏时容易引起脂类代谢异常，导致机体的脂肪酸组成发生变化：饱和脂肪酸合成减少，三酰甘油合成增多等。

（3）参与蛋白质、核酸的代谢　生物素在蛋白质合成、嘌呤合成、氨基甲酰转移及亮氨酸和色氨酸分解代谢中起重要作用，也为多种氨基酸转移脱羧所必需。另外，生物素还与溶菌酶的活化和皮脂腺的功能有关。在代谢方面与维生素 C、维生素 B_5、维生素 B_6、维生素 B_{11}、维生素 B_{12} 密切相关。动物体组织中存在的所有生物素相关酶都依赖于 ATP 和镁离子参与才能激活。

（4）提高机体的免疫机能　生物素可促进免疫器官的发育。当生物素缺乏时，抑制免疫器官发育，降低免疫器官质量指数；当正常或超量添加生物素时，可促进免疫器官发育。生物素能促进机体的体液免疫和细胞免疫反应。生物素缺乏时，免疫球蛋白（IgG）的产生及有丝分裂原 Con A 诱导的 T、B 淋巴细胞增殖反应被抑制，脾脏和血液中表达 CD^{3+}、CD^{4+} 和 CD^{8+} 的细胞含量提高；添加或超量添加生物素时，可促进球蛋白产生，提高血清新城疫抗体滴度和 IgG 水平，促进有丝分裂原诱导的 T、B 淋巴细胞增殖反应，脾脏和血液中表达 CD^{3+}、CD^{4+} 和 CD^{8+} 的细胞含量降低。

（二）病因

（1）日粮配制不当　鸭肠道微生物所合成的生物素远低于鸭正常的生理需求，必须在日粮中添加额外的生物素。日粮中生物素的添加量不足；谷物类饲料占比过大（75% 以上），谷物类日粮中生物素含量少，利用率低，当饲料中谷物类日粮含量较多，即会造成鸭生物素缺乏；饲料中存在生物素的拮抗剂和结合剂，如磺胺类药物、抗生物素蛋白（卵蛋白）、抗生物素蛋白链菌素、某些霉菌及其毒素等；其他影响生物素需要量的因素，如饲料中脂肪含量等，均可造成生物素缺乏症。

（2）饲料的加工、贮运不当　饲料加工不当造成维生素含量低，饲料在制粒加工过程中，需要高温高压，但如高温高压条件掌握不好就会导致生物素受到破坏，致使饲料中的生物素含量低；饲料贮运不当造成饲料发霉；饲料中长期添加大量抗生素等，也会造成生物素缺乏症的发生。

（3）疾病及用药因素　肠道感染性疾病，如肠道因细菌感染发生腹泻，肠道的吸收能力就会降低，最终导致生物素的流失；抗生素和药物影响微生物合成生物素，长期滥用会使鸭肠道内的合成生物素的微生物菌群抑制或失衡，导致生物素缺乏。

（三）症状

本病主要症状表现为患鸭生长迟缓、食欲不振、羽毛干燥变脆、逐渐衰弱，脚、喙和眼周围皮肤发炎、角化、开裂出血、结痂；脚及腿上部皮肤干燥，脚底粗糙、结痂，皮肤开裂出血（图 6-18，图 6-19），趾爪坏死、脱落，有明显的骨骼畸形，有时出现胫骨短粗症。患鸭嗜睡并出现麻痹。

种母鸭的种蛋孵化率低，胚胎死亡率高，胚胎和出雏鸭先天性胫骨短粗，共济失调，骨骼畸形。未能出壳的胚胎多表现为软骨发育不良且体型小、跗跖骨变粗或扭曲、胫骨弯曲等。

（四）病理变化

患鸭剖检可见肝脏和肾脏肿大、苍白，肝脏质脆易碎，脂肪增多且在小叶表面有小出血点。心肌苍白松弛，消化道有黑褐色带血液体，肌胃和小肠内容物变为黑棕色。胫骨短粗，扭曲变形，胫骨中部骨干皮质的正中侧增厚，骨的构型不正常，骨密度和灰分增高。组织病理学观察可见许多器官发生脂肪浸润，肾脏、肝脏细胞质内有大量的脂肪滴，支气管上皮细胞内和肺房间隙内也发现多量脂肪滴；肾脏苍白，肾小管和输尿管中沉积尿酸盐；心肌纤维变性，水肿，异嗜性细胞浸润；肺脏血管淤血，结缔组织和三级支气管水肿，黏膜炎性细胞浸润；胆管周围炎性细胞浸润，胆管中度增生。

（五）诊断

该病根据发病情况、症状即可做出初步诊断，确诊则需结合剖检变化、病理变化等实验室诊断。需要注意的是，单纯的生物素缺乏症比较少见，本病多与其他代谢障碍和其他维生素缺乏时伴发，因此，要注意进行综合诊断。

（六）类症鉴别

生物素缺乏症与泛酸缺乏症的鉴别：二者均有典型的皮炎症状，病情轻者不易区别，只是结痂时间和次序有别。不同的是，生物素缺乏引起的皮炎首先在脚上结痂，而泛酸缺乏症的幼鸭先在口角和眼睑出现，病情严重才会伤及到脚。

图6-18 脚底皮肤粗糙，开裂

图6-19 脚底皮肤粗糙，开裂，增生

（七）预防

该病的预防主要在于保证日粮中添加有满足鸭群需要的生物素。配制日粮时，应在饲料中添加足量的生物素，通常情况下，雏鸭、种鸭对生物素的需要量为0.15mg/kg。添加富含生物素的动物性蛋白饲料（如骨粉、肉粉、鱼粉或酵母粉等）和植物性饲料（如米糠、玉米胚芽和豆饼等）；饲料中谷物的比例不宜过大；避免长期添加抗生素添加剂。

（八）治疗

一旦发病应添加双倍于标准量的生物素，并注意复合维生素B的添加，种鸭日粮中应添加生物素0.3mg/kg；产蛋鸭、肉鸭等添加生物素0.2mg/kg。减少较长时间喂磺胺类、抗生素类药物。生物素缺乏时，口服或肌内注射0.01～0.05mg/只，或者每千克饲料中添加40～100mg。

八、叶酸缺乏症

叶酸（Folic acid），又称维生素 B_9（Vitamin B_9），是维生素 B 复合体之一。叶酸是由谷氨酸和蝶酸结合而成，而蝶酸又由对氨基苯甲酸和 2- 氨基 -4- 羧基 -6 甲基蝶呤啶所构成，分子式为 $C_{19}H_{19}N_7O_6$，分子量是 441.4，熔点 250℃。Mitchell H K 于 1941 年首次在菠菜叶中提取纯化，故命名为叶酸，其对动物正常的核酸代谢和血细胞增殖极其重要。叶酸外观为黄至橙黄色结晶性粉末，易溶于稀碱、稀酸，稍溶于水，不溶于乙醇、丙酮、乙醚和三氯甲烷中。结晶的叶酸对空气和热均稳定，但受光和紫外线辐射后则降解，在中性溶液中较稳定。酸、碱、氧化剂与还原剂对叶酸均有破坏作用。

（一）生理功能

叶酸本身无生物学活性，需要在机体内代谢加氢还原生成 5, 6, 7, 8- 四氢叶酸后才可发挥其生物学特性。四氢叶酸作为一种辅酶，在传递一碳基团如甲基、亚甲基和甲酰中发挥重要作用。四氢叶酸的生物学功能如下：

（1）参与嘌呤的合成和胆碱、蛋氨酸及胸腺嘧啶等重要产物的甲基合成，为核酸代谢和细胞增殖所需核蛋白的合成提供所需物质。

（2）促进丝氨酸和甘氨酸的相互转化，如使丝氨酸转化成谷氨酸，苯氨酸转化成酪氨酸，乙醇胺合成胆碱，半胱氨酸合成蛋氨酸以及烟酰胺转化成 N- 甲基酰胺等。

（3）在维生素 C 和维生素 B_{12} 的作用下参与血红蛋白的合成，促进免疫球蛋白的生成和骨髓幼细胞成熟，增加机体对谷氨酸的利用率，具有解毒护肝的作用。

（4）调节机体的免疫机能　叶酸缺乏会引起代谢异常，从而导致白蛋白减少、贫血，提高动物对细菌的敏感性，阻碍淋巴细胞正常功能的发挥及抗体的合成。叶酸影响嘌呤和嘧啶的合成从而影响血细胞 DNA 的合成，进而影响造血系统的正常功能，进一步影响红细胞增生、血小板生成乃至淋巴系统的正常功能，在免疫应答和免疫调节中起着非常重要的作用。

（5）提高机体抗氧化功能　叶酸可与自由基竞争结合，从而清除动物机体内的自由基，防止其对生物体造成伤害，当叶酸不足时，高半胱氨酸启动的脂肪过氧化会对机体造成严重的氧化损伤，叶酸可通过降低血浆同型半胱氨酸含量从而提高抗氧化酶活力，改善脂质过氧化。

（二）病因

（1）日料配制不合理　饲喂的商品饲料中叶酸的添加量太低；长期饲喂玉米或其他谷物日粮而不添加青绿饲料；日粮中蛋白质和脂肪水平提高及生长期的鸭群，对叶酸的需求量增加，饲料中补充不及时。

（2）疾病及用药因素　鸭患球虫病等造成消化吸收障碍；在疫病预防或治疗过程中，大量服用如磺胺类等抗生素或其他抑菌性药物，影响动物机体肠道内微生物合成叶酸。

（3）应激因素　家禽在热、冷、有害气体（如氨气、硫化氢等）、长途运输等应激或特殊生理阶段下对叶酸的需要量增加；以及其他影响叶酸合成的不良因素等。

（三）症状

鸭叶酸缺乏特征性症状是颈麻痹，初期头颈伸长、伸直，头、颈、喙尖伸直在一条直线上且呈水平位低下，鸭站立不稳；随后颈伸直不能抬起，以喙着地，与两爪构成三点式；后期发病鸭腿麻痹，倒地，两腿伸直，颈麻痹，此时鸭颈非常软（图6-20，图6-21），可任人摆布而毫无反抗，人为刺激仍不能抬起头和颈。由于头颈不能抬起，鸭丧失饮水和采食功能，若不及时治疗2d内就会死亡。此外叶酸缺乏时，还会引起贫血，红细胞数量减少，血液稀薄，可视黏膜、肌肉苍白。鸭生长受阻，羽毛生长不良，有色羽毛褪色，羽被差。雏鸭还发生胫骨短粗症，伴有水样白痢等。种鸭则产蛋率与孵化率下降，胚胎死亡率显著增加。

（四）病理变化

叶酸缺乏症常不表现明显的病理变化，患鸭剖检可见肌肉苍白，肝脏肿大，内脏组织器官贫血，颜色浅。H.E病理切片可见颗粒性白细胞减少，巨型红细胞发育暂停。

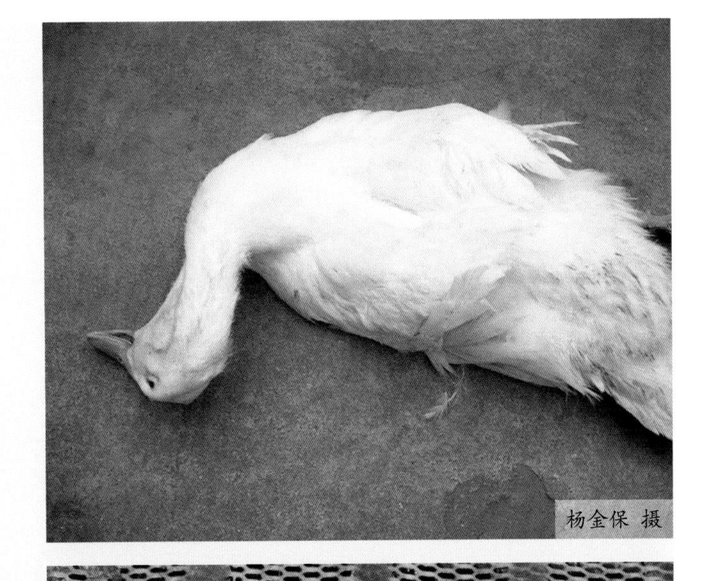

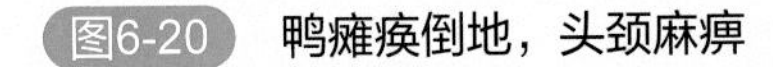
图6-20 鸭瘫痪倒地，头颈麻痹

图6-21 鸭瘫痪，头颈麻痹

刁有祥 摄

（五）诊断

对于该病的诊断，通常可根据饲养条件和日粮成分分析，结合病鸭症状以及病理变化，可做出初步诊断。实验室诊断中，病鸭血液中低色素性巨幼红细胞增多、颗粒型白细胞减少等是该病的特征性指标。叶酸治疗实验有助于该病的确诊。

（六）预防

对于该病的预防，首先要改善饲养管理，调整日粮中各元素比例，适当添加富含叶酸的日粮，如苜蓿、酵母、肝粉、黄豆粉、亚麻仁饼、青绿饲料等富含叶酸的日粮。应用豆饼或鱼粉为蛋白饲料时，要按照每吨饲料 5 ～ 10g 叶酸的剂量添加。在服用抗生素药物期间也要适当添加叶酸。另外，用玉米做饲料时要按照每千克玉米中添加 0.5 ～ 1.0mg 叶酸，也可预防该病发生。

（七）治疗

对于该病的治疗，要及时查明并清除病因，已经发病的鸭群可采用以下方法进行治疗：①对于患病雏鸭，可每只肌内注射 10 ～ 15mg 叶酸，连续 3 ～ 5d。②对于患病成年鸭，可每只肌内注射 15 ～ 20mg 叶酸，连续 5d；也可按照每千克饲料添加 10mg 叶酸制剂，同时要配合维生素 B_{12} 和维生素 C 进行使用，以减少叶酸消耗，治疗效果更佳；也可使用谷氨酸片治疗，每只每天 0.3g，连用 3d。味精或熟禽肉也有较好的治疗效果。

九、维生素 B_{12} 缺乏症

维生素 B_{12}（Vitamin B_{12}）又称为氰钴胺素、钴胺素或动物蛋白因子，是唯一含有金属元素的维生素，参与核酸的合成、碳水化合物和脂肪的代谢，是维持鸭正常生长和发育的必需物质。维生素 B_{12} 为外观呈红褐色结晶样细粉，无色无味，可溶于水，但不溶于氯仿、乙醚和丙酮。维生素 B_{12} 在含矿物质的预混料和颗粒饲料中常规条件下性质稳定，因此在饲料加工过程中的损失很少，但在强酸、强碱、日光、高温、潮湿、氧化剂和氧化剂的作用下易分解。自然界中动物性饲料和豆科植物中含有丰富的维生素 B_{12}，但植物性饲料中含量极低。甲基钴胺素、腺苷钴胺素（辅酶 B_{12}）和羟钴胺素是自然界中由微生物合成的维生素 B_{12} 的主要形式，但由于这些形式的维生素 B_{12} 性状不稳定，因此在工业提纯中常人为地添加适量的氰化钠，使天然形式的维生素 B_{12} 转化为性质更为稳定的氰钴胺素。目前，维生素 B_{12} 主要的商品形式有羟钴胺、氰钴胺等。常用的饲料添加剂量有 0.1%、1.0% 和 2.0% 等。鸭的维生素 B_{12} 缺乏症，是指由于鸭体内缺乏维生素 B_{12} 导致以造血机能障碍为特征的疾病，其特征性症状表现为恶性贫血、出血，主要发生于雏鸭。

（一）生理功能

（1）促进化合物的异构　维生素 B_{12} 作为甲基丙二酸单酰辅酶 A 异构酶的构成成分，在动物组织的丙酸代谢中，催化甲基丙二酸单酰辅酶 A 向琥珀酸辅酶 A 转化，后者则进一步转化为琥珀酸而进入三羧酸循环。同时维生素 B_{12} 还参与谷氨酸转变为β- 甲基天冬氨酸、

β- 亮氨酸转变为亮氨酸等的反应过程。

（2）甲基转移作用　维生素 B_{12} 作为甲基合成和代谢所需辅酶的构成成分，将动物体内的甲基叶酸的甲基除去，生成四氢叶酸进而形成 5, 10- 甲基四氢叶酸，间接地参与核酸、蛋白质的合成。在高半胱氨酸形成蛋氨酸、半胱氨酸形成甲硫氨酸、乙醇胺形成胆碱、尿嘧啶核苷酸形成脱氧嘧啶核苷酸等过程和丝氨酸与甘氨酸的互变中，协助叶酸辅酶发挥作用。

（3）维生素 B_{12} 能使 -S-S- 型辅酶 A 还原成酶促反应所需的活性 -SH 型辅酶 A，亦可使氧化型（-S-S-）谷胱甘肽还原为—SH 型对红细胞及肝细胞的代谢具有重要的生物学活性。

（4）参与髓磷脂的合成，在维护神经组织中起着重要的作用。

（5）能使机体造血机能处于正常状态，促进红细胞的发育和成熟，防止恶性贫血病的发生。

总之，维生素 B_{12} 不仅参与机体蛋白质代谢、提高蛋白质的利用效率、保护肝脏，而且还是正常血细胞生成、生长和维持体内各种代谢所必需的物质。

（二）病因

（1）饲料中维生素 B_{12} 含量不足　鸭对维生素 B_{12} 需求量较大，一般植物性饲料并不能满足其生长需要，而鸭本身不能合成维生素 B_{12}，只有在饲料中添加动物性饲料或维生素 B_{12} 制剂，当鸭的日粮以植物性饲料为主而又不添加动物性饲料（如骨粉、肉粉和鱼粉等）时，就会引起维生素 B_{12} 缺乏症；肉鸭和雏鸭对维生素 B_{12} 的需要量较高，必要时需要加大添加量。

（2）饲料贮运不当　饲料长期贮存并受到日光照射等因素的影响，造成饲料中维生素 B_{12} 受到破坏而损失，维生素 B_{12} 的量低于标准值。

（3）疾病及用药因素　鸭因患有胃肠疾病而长期使用抗菌药，导致维生素 B_{12} 合成受阻；在疾病治疗过程中，如长期使用磺胺类等广谱抗生素，也会影响肠道中微生物合成维生素 B_{12} 的进程。

（三）症状

患鸭主要表现为食欲不振、生长缓慢甚至停滞，单纯贫血，严重病例可出现神经症状。雏鸭及低日龄鸭发生维生素 B_{12} 缺乏时，主要表现为生长发育迟缓、消瘦、贫血、羽毛粗乱无光泽、食欲下降、肌胃糜烂，甚至死亡。当同时有蛋氨酸和胆碱缺乏时，患鸭易发生腓肠肌腱从跗关节滑脱，即滑腱症。随着缺乏症的加重，可见神经症状和羽毛缺陷、腿部疲软和滑腱症等。成年母鸭发生该病时，产蛋量下降，蛋重减轻，种蛋孵化率降低。鸭胚在孵化后期有死胚发生，胚体出血和水肿。出壳后的雏鸭弱雏较多。

（四）病理变化

病鸭剖检可见骨短粗、腿部肌肉萎缩且有出血点，肌胃糜烂，肾上腺肿大。蛋白利用率降低，尿酸产生增多。有时可见脂肪肝，心脏肥大并且形状不规则，肾脏苍白且有出血，脊髓仅见一些有髓鞘的纤维。

（五）诊断

该病根据发病情况、症状即可做出初步诊断，确诊则需结合剖检变化、病理变化等实验室诊断。

（六）预防

日粮配制时，应注意适量添加维生素 B_{12} 含量丰富的饲料原料，如在植物性饲料中添加鱼粉、肉粉、肝粉和酵母等富含钴的原料；或正常饲料中添加氯化钴制剂，均可有效预防维生素 B_{12} 缺乏症的发生；也可按每吨饲料 10 ～ 15g 维生素 B_{12} 的添加量来补充，效果也较好。

（七）治疗

对于患鸭的治疗，可通过肌内注射维生素 B_{12} 的方式治疗，5 ～ 8μg /（只 • 天），连用 1 ～ 2 周，可得到良好的治疗效果。

需要注意的是，维生素 B_{12} 在消化道被吸收时，必须有胃幽门部形成的氨基多肽酶的存在，该酶活性降低，就会影响维生素 B_{12} 的吸收过程。因此，用维生素 B_{12} 治疗恶性贫血症时，只有直接注射才有疗效，口服维生素 B_{12} 无效。

十、维生素A缺乏症

维生素 A 是指具有视黄醇生物活性的一类 β- 紫罗酮衍生物，其中最重要的是视黄醇和脱氢视黄醇。动物组织（主要为肝脏）及鱼肝油含有丰富的维生素 A，植物只含有维生素 A 前体胡萝卜素，称其为维生素 A 原。维生素 A 原中活性最强的是 β- 胡萝卜素，青绿饲料特别是青干草、胡萝卜、黄玉米中维生素 A 原含量较高。维生素 A 属于脂溶性维生素，是家禽生长发育所必需的营养物质，其主要功能是维持家禽正常的生长、视力和黏膜的完整。

鸭缺乏维生素 A，不仅会造成胚胎和雏鸭的生长发育不良，而且会引起眼球的变化导致视觉障碍，消化道、呼吸道和泌尿生殖道的损害，临诊上以干眼症、夜盲症和器官黏膜损害为特征。

（一）生理功能

（1）维持上皮组织的完整性　维生素 A 能促进上皮细胞合成黏多糖，从而促进黏蛋白的合成。而黏蛋白是细胞间质的主要成分，有粘合和保护细胞的作用，因此能维持一切上皮组织的完整性。缺乏维生素 A 时，上皮增生、角化，表现为皮肤黏膜干燥，易受细菌感染。其中受影响最严重的是眼、皮肤、呼吸道、消化道、泌尿生殖道等。

（2）维持正常的视觉功能　维生素 A 是合成视紫红质的原料，视紫红质存在于动物视网膜内的杆状细胞中，是由视蛋白与视黄醛结合而成的一种感光物质。如果血液中维生素 A 水平过低时，就不能合成足够的视紫红质，从而导致功能性夜盲症。

（3）维持生长发育　维生素 A 能促进肾上腺皮质类固醇的生物合成。促进黏多糖的生物合成，对核酸代谢和电子传递都有促进作用。缺乏维生素 A 时，动物某些器官的 DNA 含量减少，黏多糖的生物合成受阻，因此生长迟缓。

（4）提高繁殖力，促进性激素的形成　缺乏维生素 A 时，种鸭睾丸退化，精液数量减少、稀薄、精子密度低，受精率下降，孵化率下降，死胎增多。

（5）维生素A具有改变细胞膜和免疫细胞溶菌膜的稳定性，增加免疫球蛋白和细胞因子的产生，提高机体的体液免疫和细胞免疫的功能。

（6）维持骨骼的正常生长和修补　维生素A不足时，骨骼厚度增加，发育不良。且会由于骨骼变形，压迫中枢神经，导致神经系统的机能障碍。

（二）病因

（1）日粮配制不当　饲料中维生素A或胡萝卜素含量不足，长期饲喂缺乏维生素A及维生素A原的饲料，如谷物、棉籽饼、菜饼、糠麸、粕类等；饲料配制时，因搅拌不均，维生素A添加量计算差错或称量不准，造成饲料中维生素A不足；雏鸭、种鸭因其生理特性，对维生素A需要量增加，而饲料中未及时提高维生素A添加量；饲料中矿物质缺乏；维生素E的缺乏，维生素E是维生素A的天然保护剂，当饲料中维生素E不足或被破坏时，维生素A也会被破坏。

（2）饲料贮运管理不当，致使维生素A被破坏　维生素A会因如紫外线照射、湿热、阳光暴晒，硫酸锰及不饱和脂肪酸作用等因素丧失活性。饲料贮存时间过长时，夏季添加多维素拌料后，堆积时间过长，维生素A遇热氧化分解。如若饲料储运管理不当，即便饲料中添加了适量的维生素A，但是由于维生素A被破坏失活，实际饲料中维生素A含量已经严重不足。

（3）维生素A吸收障碍　维生素A是脂溶性维生素，其消化吸收必须有胆汁酸的参与，当胆囊炎症导致胆汁排出障碍、肠道炎症影响脂肪消化吸收，都会影响维生素A的消化吸收。当鸭患有寄生虫病时，肠壁黏膜上的微绒毛会被破坏，导致鸭对维生素A的吸收能力明显下降。肝脏疾病也会影响胡萝卜素的转化及维生素A的贮存。

（4）饲养管理不当　饲养条件不良、鸭群运动不足也是促进鸭群发生本病的重要原因。

（三）症状

雏鸭发生维生素A缺乏症时，表现为精神萎靡不振，食欲下降，羽毛蓬松无光泽。典型的症状表现为眼睛流出牛乳状的渗出物，上下眼睑被渗出物粘住，眼结膜浑浊不透明（图6-22）。患鸭发育受阻，生长缓慢甚至停止，衰弱消瘦，无力运动，两脚瘫痪，呼吸困难，鼻流黏液，常因干酪样物质堵塞鼻腔而张口呼吸。患鸭喙部和腿部的黄色素逐渐变暗。严重者眼球凹陷，双目失明，眼结膜囊内有干酪样渗出物，出现神经症状，运动失调。

成年鸭缺乏维生素A时，多为慢性经过，表现为呼吸道、消化道黏膜抵抗力降低，易感染病原微生物。患鸭出现精神不振、食欲不佳、体重减轻、羽毛松乱、步态不稳，常以尾支地。

种鸭缺乏维生素A时，产蛋率、受精率、孵化率降低，蛋壳颜色变淡，脚蹼、喙部的颜色变暗，甚至完全消失呈苍白色。患鸭出现眼、鼻分泌物，黏膜脱落、坏死等。种蛋孵化初期死胚增多，出壳雏鸭体质虚弱，易出现眼病，感染其他疾病。公鸭性机能衰退，严重者眼内有干酪样渗出，角膜软化、穿孔，最终失明。

（四）病理变化

维生素 A 缺乏症的特征性病理变化是消化管黏膜上皮角质化，鼻道、口腔、咽、食管及食管膨大部黏膜肿胀，有散在的白色结节坏死灶（图 6-23）。随着病情进一步发展，结节会融合成索状或覆盖在黏膜表面，形成一层灰黄色的伪膜，剥落后不出血。雏鸭常见伪膜呈索状与食管黏膜纵皱褶平行，轻轻刮去伪膜，可见黏膜变薄。黏液腺导管堵塞、扩张，充满分泌物及坏死物。眼结膜、眼睑下积有大量干酪样渗出，眼睑肿胀、突出，眼球萎缩凹陷。角膜混浊、溃疡甚至穿孔。心脏、肝脏、脾脏表面有尿酸盐沉积，这是由于维生素 A 缺乏导致肾脏机能障碍，尿酸盐不能正常排泄所致。胸腺、法氏囊、脾脏等免疫器官萎缩。肾肿大，颜色变浅呈灰白色，表现为灰白色网状花纹，输尿管变粗，有白色尿酸盐沉积。

（五）诊断

根据饲养管理情况调查，发现引起维生素 A 缺乏的原因，结合症状和病理变化特点，

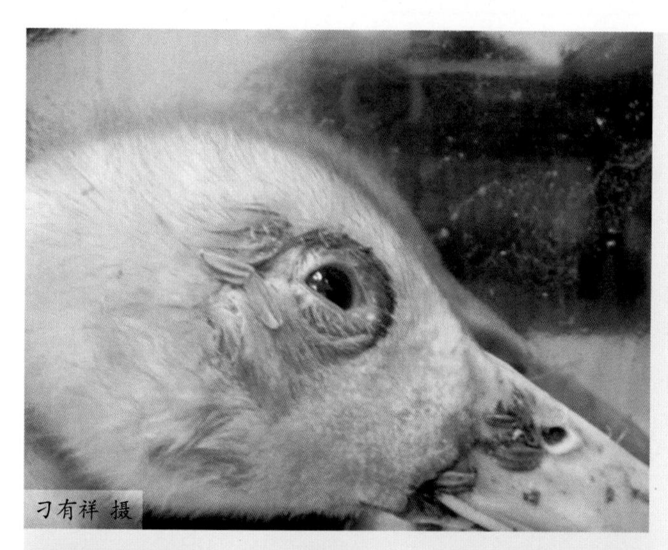

图6-22 眼肿胀流泪

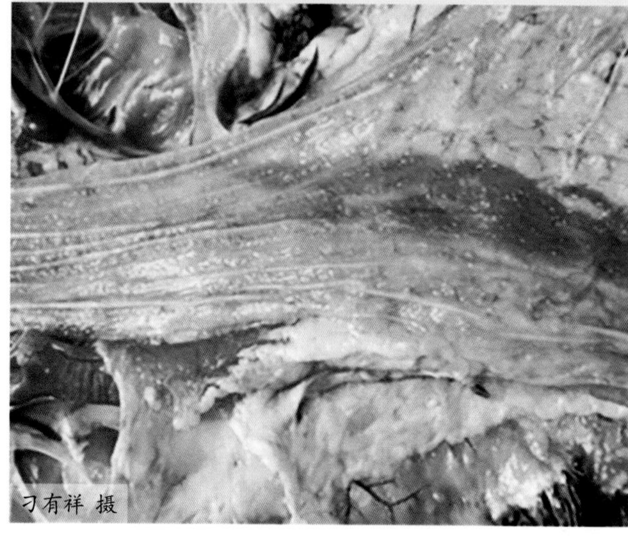

图6-23 食道黏膜表面有散在的白色坏死灶

可做出初步诊断。实验室检查中，对血浆、肝脏中维生素 A 及胡萝卜素含量的测定，有助于该病的确诊。

（六）类症鉴别

维生素 A 缺乏症与禽痘（白喉型）的鉴别：二者均有患鸭萎靡、消瘦，口腔有灰白色结节且覆盖有白色伪膜，揭去伪膜有溃疡现象。不同点在于，禽痘有传染性，患鸭还表现为吞咽、呼吸困难，并发出嘎嘎声，患鸭组织匀浆上清接种 9 日龄鸡胚，4 ～ 5d 后可见痘斑病灶。

（七）预防

（1）合理配制饲料　配制鸭日粮时，应注意添加青绿饲料或蔬菜块根、胡萝卜、黄玉米等，必要时可添加维生素 A 添加剂、鱼肝油等。根据不同季节合理选用当季青绿饲料，夏、秋季节可添加野生水草、绿色蔬菜等，秋、冬季节可添加胡萝卜、胡萝卜缨等，保证日粮中有足够的维生素 A 和胡萝卜素。使用维生素 A 制剂添加时，应准确掌握添加剂量。添加维生素 A 不可过量，肉鸭在 1 ～ 12 周龄饲料日粮中维生素 A 适宜剂量为 6000 ～ 7000IU/kg。若添加过量，轻者出现精神和食欲不振，体重明显下降，骨骼畸形；严重者会“中毒”致死。

由于维生素A的不稳定性，首先要做好饲料的储存和保管工作，尽量饲喂鸭新鲜饲料，严禁饲喂发酵酸败或发热氧化的饲料。必要时，须添加抗氧化剂，如乙氧基喹啉及丁基化羟基甲苯，常用量为饲料的 0.0125% ～ 0.025%，防止胡萝卜素和维生素 A 被破坏。同时，需注意饲料的配制量，一次饲料配制量应根据每个时间段日粮的饲喂量，不宜一次大量配制、存放过久。

（2）加强饲养管理　日常饲养管理过程中，应认真考虑各种能够导致维生素 A 缺乏的因素，尽量避免和消除引起维生素A缺乏的因素。当观察到鸭群出现维生素A缺乏症状时，及时确定病因，调整饲料配给或及时给予治疗。

（八）治疗

对于眼部病变，可用小镊子清除分泌物，再用 3% 的硼酸溶液进行冲洗，每天 1 次，配合以下方法治疗：

（1）饲料日粮中添加维生素 A 制剂或富含维生素 A 的鱼肝油。可在每千克日粮中添加维生素 A 7000 ～ 20000IU，或每千克日粮中添加鱼肝油 5mL，温水充分搅拌后拌入饲料，连续饲喂 1 周。

（2）维生素 A 注射液，每千克体重 400IU，皮下注射；或维生素 A、维生素 D 合剂，2 ～ 5mL，肌内注射。

（3）滴服或肌内注射鱼肝油，雏鸭每只滴服鱼肝油 0.5mL，成年鸭 1.0 ～ 1.5mL，每日 3 次。

维生素 A 吸收较快，发病初期的患鸭在补充维生素 A 制剂后一般数日即可恢复健康，种母鸭群在 1 个月左右可恢复生殖能力，但当患鸭处于病程后期，症状严重，患鸭出现失明时，由于该症状不可逆转，建议淘汰处理。

十一、维生素D缺乏症

维生素 D（vitamin D）又称钙化醇，属于固醇类衍生物，与动物营养密切相关的维生素 D 主要有维生素 D_2 和维生素 D_3。维生素 D 比较稳定，不易被酸、碱和氧化剂破坏。维生素 D_3 存在于鱼肝油、动物肝脏、禽蛋制品中，其中鱼肝油中含量最丰富，因此常用鱼肝油或鱼肝作为维生素 D 添加剂。一般植物性饲料中维生素 D 含量很少或不含维生素 D，青绿饲料中含有大量的麦角化醇，在紫外线照射下可以形成维生素 D_2，所以经过暴晒处理的青干草含有部分维生素 D。在紫外线照射下，动物的皮肤和脂肪中的 7- 脱氢胆固醇可以转变为维生素 D_3。维生素 D_3 分子式为 $C_{27}H_{44}O$，分子量为 384.7，在稀释的丙酮中可结晶成精制白色针状物，无臭味，易溶于乙醇、三氯甲烷，微溶于油脂，但不溶于水。维生素 D 也会因光或氧气而变化，但维生素 D_3 比维生素 D_2 稳定，所以，在生产中应用较多的是维生素 D_3。纯净的维生素 D 为无色晶体，难溶于水而溶于有机溶剂，很稳定，不易被酸碱或氧化剂破坏，但脂肪酸败可引起维生素 D 的破坏。

维生素 D 是家禽骨骼、喙及蛋壳形成中必需的物质，是一类关系钙、磷代谢的活性物质，被认为是钙代谢最重要的调节因子之一。当日粮中维生素 D 缺乏或光照不足时，都能够导致维生素 D 缺乏症的发生，临诊上以生长发育迟缓，骨骼变软、弯曲、变形，运动障碍及产蛋鸭产薄壳蛋、软壳蛋为特征的一种营养代谢病。

（一）生理功能

（1）调节钙磷代谢，维持钙磷平衡　维生素 D 在肝脏中转化为 25- 羟维生素 D_3，在甲状旁腺的作用下，在肾脏中转化为 1, 25- 二羟维生素 D_3，1, 25- 二羟维生素 D_3 在肾脏中或通过血液输送到肠、骨骼等组织中发挥生理作用，主要表现为促进激活上皮细胞，使钙、磷穿越上皮细胞主动转运，增加钙、磷的吸收；促进肾小管对钙磷的重吸收，减少排尿过程中钙的流失；与甲状旁腺素协同，有效维持血液中钙、磷的正常水平；影响成骨细胞和破骨细胞的活性，促进钙结合蛋白的合成，保证骨骼钙化过程正常进行，促进钙、磷在骨骼中的沉积，促进生长发育，是鸭骨骼、喙和蛋壳形成的必需物质。

（2）调节免疫机能　1, 25- 二羟维生素 D_3 能促进单核细胞前体转化为单核细胞，并且在抗原存在时增强单核细胞的功能，对淋巴细胞分裂的早期阶段有抑制作用，还可抑制淋巴细胞产生干扰素、粒细胞、单核细胞集落因子等。适量添加维生素 D_3 可使动物机体免疫反应增强，且抗体浓度迅速升高。当日粮维生素 D_3 缺乏、添加水平过高或为中毒剂量时，异种蛋白抗原的抗体生成降低。大剂量维生素 D_3 可抑制细胞免疫功能。

（3）维持家禽的繁殖性能　维生素 D 可影响产蛋性能。家禽处于排卵期时，肾脏 1α- 羟化酶活性明显增高，血清 1, 25- 二羟维生素 D_3 水平也随之增高。蛋壳形成硬壳后，肾脏 1α- 羟化酶活性及 1, 25- 二羟维生素 D_3 水平均下降到排卵水平。维生素 D 缺乏会降低其孵化率，主要是由于 1, 25- 二羟维生素 D_3 被转运入蛋内的量不足以维持胚胎的正常发育，胚胎期上喙发育不全，以致不能啄开蛋壳，使胚胎在出壳前死亡。

（4）对肉品质的影响 维生素 D_3 可明显提高背最长肌中钙的含量，提高肌肉的嫩度。其作用机制是维生素 D_3 对肌肉钙水平的刺激性效应，因而肌肉中的蛋白酶活性提高，从而促进了肉质的嫩化。

（二）病因

维生素D缺乏症可发生于各日龄的鸭，发病与否主要取决于种蛋与雏鸭日粮中所含维生素D、钙、磷的量。如果维生素D添加不足，鸭只维生素D缺乏症发病率将增加。

（1）饲料配制不当 饲料中维生素D含量不足；维生素D、钙、磷缺乏，比例失调，维生素D与钙、磷共同参与骨组织的代谢，其中任何一个缺乏或钙、磷比例失调，或日粮中的磷可利用性较差，都会造成对维生素D的需要量增加，不及时补充即会造成骨组织发育不良；饲料中矿物质含量过高，铁、锌、锰等矿物质含量过高时，能够干扰钙、磷的吸收，当钙、磷吸收量不足时，引发维生素D、钙、磷吸收比例失调；日粮中脂肪含量较低，维生素A或胡萝卜素过多，也影响维生素D的溶解和吸收。

（2）阳光照射不足 阳光对于维生素D的合成有极其重要的作用。当阳光照射充足时，一般不会发生维生素D缺乏症，当鸭只阳光照射不足，或遭遇连续阴天时，容易诱发维生素D缺乏症。

（3）疾病及用药因素 长期使用磺胺类药物，霉菌毒素，或饲料、饮水中重金属含量超标，容易造成肝肾功能损伤，从而导致维生素D合成障碍，造成维生素D缺乏。

（三）症状

维生素D缺乏症一般多发于1～6周龄的雏鸭和产蛋高峰期的种鸭。患病雏鸭生长发育缓慢甚至完全停止生长，羽毛粗乱无光泽，鸭喙颜色变浅，质软易扭曲。患鸭关节肿大，胫骨增生（图6-24）；骨骼、喙与爪变柔软，弯曲变形，长骨脆弱易折，胸骨弯曲，肋骨与肋软骨结合处肿大呈串珠状，即所谓的佝偻病。患鸭腿软无力，行走困难、步态不稳，常蹲伏于地面，需拍动双翅移动身体，采食困难，下痢，排灰色或灰白色水样粪便，常衰竭死亡（图6-25～图6-27）。雏鸭发病后如不及时补充维生素D及钙、磷，患鸭只的死亡情况将加重。

成年鸭发生维生素D缺乏症时，一般需要2～3个月才会表现出症状。喙、爪变软，腿骨可弯曲。种鸭或蛋鸭患病时，初期产软壳蛋、薄壳蛋、无壳蛋，随后产蛋量下降，以致完全停产，鸭瘫痪不能站立，随后死亡。种蛋孵化率降低，雏鸭出壳困难，死胚增多，孵出的雏鸭体弱无力。随着病情的加重，患病种鸭出现“企鹅式”姿势。

（四）病理变化

雏鸭骨质变软，胸骨呈“S”状扭曲，长骨变形易扭曲，椎骨和肋骨连接处有明显的球形肿大，呈串珠状，龙骨、喙、爪逐渐变软，易弯曲，胸骨、肋骨失去正常硬固性，在背肋、胸肋连接处向内弯曲，在胸部两侧出现肋骨内陷现象（图6-28～图6-30）。成年鸭椎骨与肋骨连接处肿胀，呈球状突起，骨质疏松，胸骨变软，胫骨易折。死胚腿翅弯曲，腿短，多数可见皮下水肿，肾脏肿大。

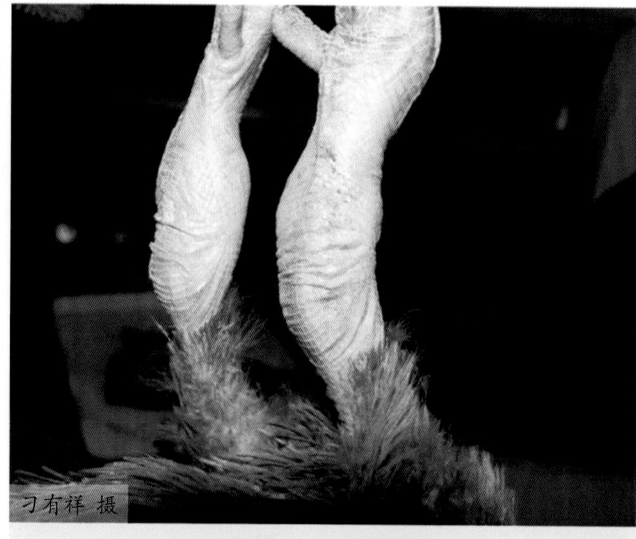

图6-24 鸭跗关节肿大，胫骨增生

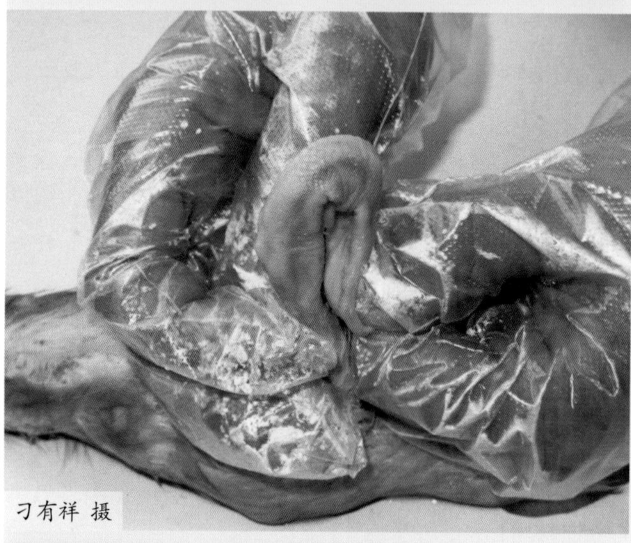

图6-25 发病鸭骨骼软易弯曲

图6-26 病鸭排白色稀便，瘫痪

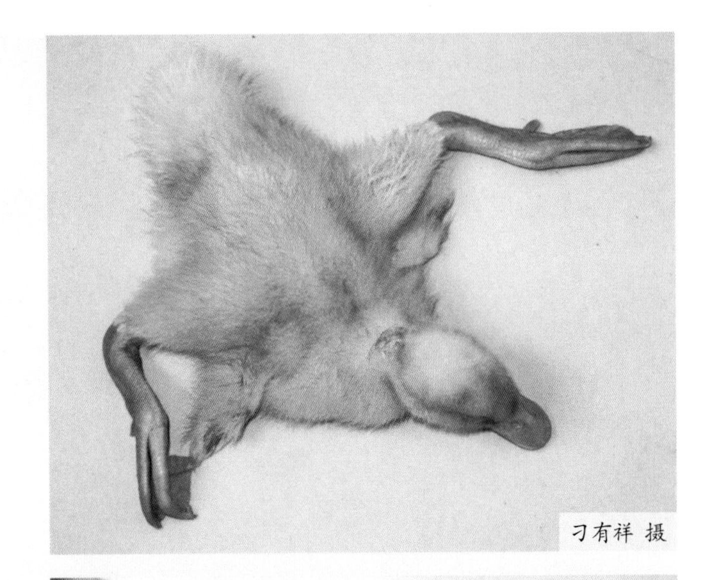

图6-27　鸭瘫痪，不能站立

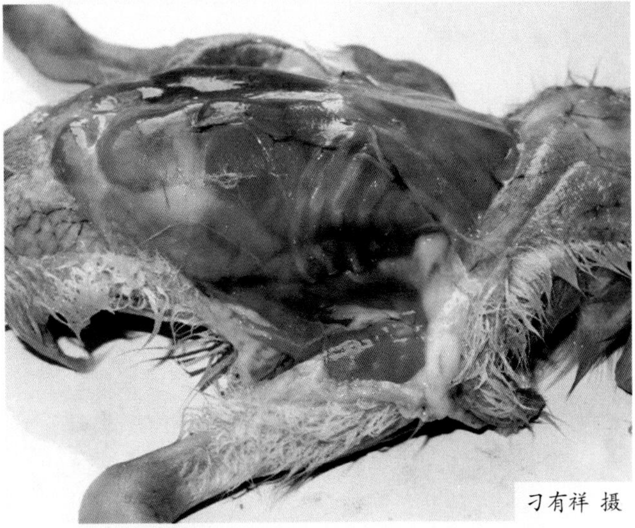

刁有祥 摄

图6-28　肋骨向内塌陷（一）

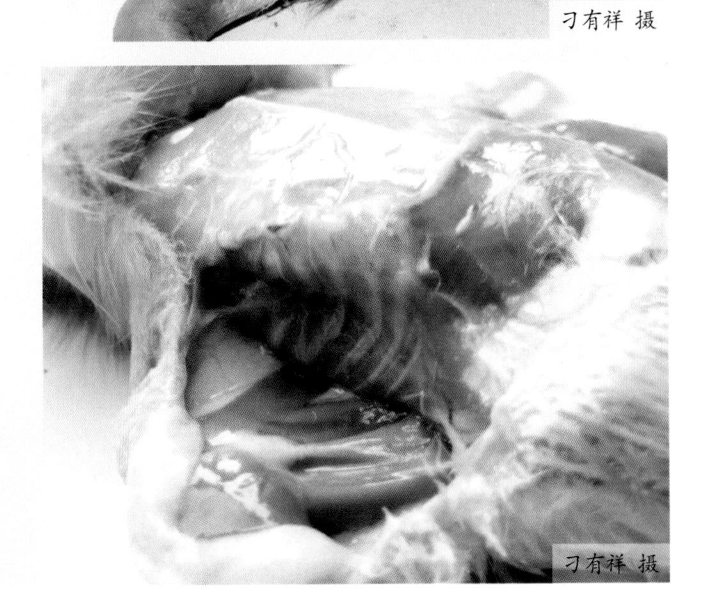

图6-29　肋骨向内塌陷（二）

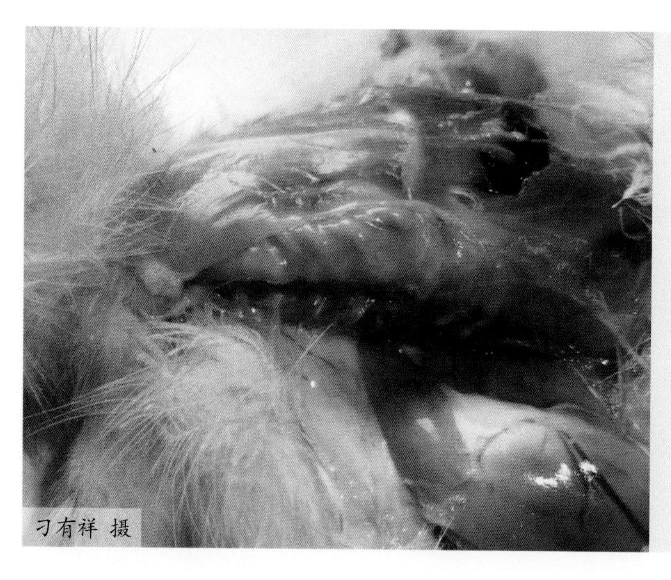

图6-30 肋骨向内塌陷（三）

（五）诊断

根据症状及病史调查可做出初步诊断。维生素D缺乏时，血钙、血磷浓度降低，血清碱性磷酸酯酶活性升高，实验室诊断中血液检查可帮助确诊。

（六）类症鉴别

（1）维生素D缺乏症与锰缺乏症的鉴别　二者均表现生长迟缓，行走困难，产蛋下降。不同的是，锰缺乏症的患鸭还表现为胫跗关节肿大，胫骨下端、跖骨上端弯曲扭转、脱腱，无法支持体重。

（2）维生素D缺乏症与胆碱缺乏症的鉴别　二者均表现生长停滞，腿关节肿胀，运动无力，产蛋率和孵化率下降。不同的是，胆碱缺乏症的患鸭还表现骨短粗，跗关节肿胀有针尖状出血点，剖检可见肝脏肿大、质脆易碎、色黄、表面有出血点，腹腔有血凝块。

（七）预防

（1）合理配制饲料　保证饲料中维生素D的含量，肉鸭0～4周龄每千克日粮中维生素D建议添加量为400～500IU/kg，5～15周龄每千克日粮中维生素D建议添加量为500～1500IU/kg。在饲料中加入晒制的青干草，在饲料中添加0.5%的植物油，多饲喂新鲜的青绿饲料或谷类，均能有效预防本病的发生。保证饲料中钙、磷的含量，并维持适当的比例，建议钙∶磷为2∶1，开产期间应调整至5∶1，同时保证饲料日粮中有足够的维生素D供应。当饲料中添加维生素D时，应该尽快食用，不宜储存太久，储存时间较长应当适量补充添加维生素D。

（2）加强饲养管理　适当增加维生素D的添加量；当治疗疾病需要使用磺胺类药物时，或饲料中含脂肪水平较低时，也应该适当增加维生素D的添加量；饲养过程中，应注意防治肠道寄生虫病和肝肾疾病，保障鸭只对维生素D的正常吸收和利用。

添加维生素D应注意掌握好添加剂量，过量的维生素D会引起鸭肾小管或动脉钙化，因此，维生素D的添加量应根据缺乏的程度进行调节，不应向饲料中添加过量的维生素D。

（八）治疗

对于发病鸭群，应当加强饲养管理，日粮中增加富含蛋白质和维生素的精料，增加光照，增加鸭群户外活动时间，注意钙、磷的含量和比例，及时加以调整，并选择以下处方之一进行治疗：

（1）每千克饲料中添加鱼肝油 10 ～ 20mg、多维素添加剂 0.5 ～ 1g，同时调整饲料中钙、磷含量及比例，一般 2 ～ 3 周可以恢复正常。

（2）发病严重的鸭群，可口服肝油胶丸或每只肌内注射维丁胶性钙 1mL，每天 1 次，连用 2 ～ 5d；或者肌内注射维生素 D_3，每千克体重 15000IU。

（3）肌内注射维生素 AD 注射液（每毫升含维生素 D 注射 2500IU），每只每次 0.3 ～ 0.5mL，每天 1 次，同时饲料中注意补充钙、磷。

（4）维生素 AD 粉或浓缩鱼肝油粉，拌料，每吨饲料添加 500g，连用 7 ～ 10d。

（5）雏鸭患病时，可每只一次饲喂 15000IU 维生素 D，或使用浓缩鱼肝油滴服，每只用鱼肝油 2 滴，每天 2 次。

十二、维生素E缺乏症

维生素 E（Vitamin E）又称生育酚，是一组具有生物活性、化学结构相近的酚类化合物的总称，包括 α 生育酚、β 生育酚、γ 生育酚、δ 生育酚和 α 三烯生育酚、β 三烯生育酚、γ 三烯生育酚、δ 三烯生育酚共 8 类化合物。其中 α- 生育酚是自然界中分布最广、含量最丰富、活性最高的维生素 E 形式。维生素 E 为微绿黄色或淡黄色黏稠液体，基本无味，相对密度 0.947 ～ 0.955。不溶于水，但溶于乙醇、乙酯和植物油；对热稳定，加热至 200℃几乎不分解；遇光色泽变深，对氧敏感，易被氧化，故在体内可保护其他可被氧化的物质，如不饱和脂肪酸、维生素 A，接触空气或紫外线照射则缓缓氧化变质。维生素 E 广泛存在于植物性饲料中；所有谷类都含有丰富的维生素 E，特别是种子的胚芽中；绿色饲料、叶和优质的牧草也是良好的来源；小麦胚油、豆油、花生油和棉籽油含维生素 E 也很丰富；饼粕类含维生素 E 很少。动物肝脏、肉类、蚕蛹渣中也含有一定量的维生素 E。

维生素 E 不仅是鸭正常生殖机能所必需的维生素，而且还是饲料中重要的抗氧化保护剂，与硒协同作用能够防止渗出性素质病和肌营养不良症的发生。当鸭因各种因素维生素 E 摄入不足时，会导致机体的抗氧化机能障碍，从而引发生长发育、繁殖等机能障碍。

（一）生理功能

（1）抗氧化效应　维生素 E 的抗氧化作用主要体现在其能作为短链脂肪酸抗氧化剂，可阻断生物膜上脂类过氧化物的形成，进而保护细胞膜结构和功能的完整性。抗氧化系统是生物体内一套特殊的内源性防御体系，用来保护机体在有氧呼吸获能时免受自身产生的活性氧、活性氮等有害副产物的损害。维生素 E 作为家禽的必需营养元素，一方面可以增加抗氧化酶如超氧化物歧化酶、谷胱甘肽过氧化物酶等的活性，另一方面能够有效地阻断细胞膜磷脂、血浆脂蛋白中的多不饱和脂肪酸受到氧自由基的损害。是饲料中必需脂肪酸和不饱和脂肪酸、维生素 A、维生素 D_3、胡萝卜素及叶黄素等的一种重要的保护剂，饲料中添加维生素 E，不仅能够保证机体对维生素 E 的吸收利用，同时能够保护上述物质不被氧化分解。

（2）增强免疫机能　维生素 E 能够调节机体的细胞免疫、体液免疫以及内分泌，且很大程度上依赖其抗氧化功能对免疫细胞发挥保护作用。维生素 E 发挥免疫功能主要通过两大途径：一方面是通过提高机体内辅助性 T 细胞活性和刺激 B 细胞活化而发挥免疫学活性，且维生素 E 能通过多种途径促进淋巴细胞增殖，诱导 T 细胞的成熟与分化；另一方面是通过保护体内花生四烯酸的合成原料不被氧化破坏来提升前列腺素水平，并且提高细胞免疫、体液免疫及细胞吞噬作用，增强免疫细胞的活力与功能。此外，维生素 E 对法氏囊、胸腺等免疫器官的生长发育有促进作用。

（3）抗应激作用　维生素 E 能够通过抗氧化作用来发挥其抗应激作用，具体表现为其可在防止氧自由基反应的同时，还可以缓解氧自由基造成的应激。维生素 E 可与体内的活性氧自由基反应，生成稳定的生育酚半醌自由基，阻断氧自由基对机体细胞的攻击，保护生物膜中的脂质免受过氧化的损伤，维持细胞的正常功能。维生素 E 能够清除由于各种外界刺激而产生并蓄积在细胞内的氧自由基和脂质过氧化物，缓解家禽孵化早期氧化应激的作用，增强抗寒、抗热能力，减少疾病的发生。

（4）增强繁殖性能　维生素 E 能够促进垂体前叶分泌促性腺激素，调节性腺机能；可以促进卵巢机能，从而增强动物繁殖能力。此外，维生素 E 也影响类固醇激素、前列腺素的合成，促进精子的形成和增强其活力，增加尿中 17- 酮类固醇的排泄。维生素 E 能够促进精子的形成与活动，当缺乏维生素 E 时，睾丸变性萎缩，精子运动异常，甚至不能产生精子，卵巢机能下降。

（二）病因

（1）饲料搭配不当，营养成分不全面　饲料中缺乏足够的维生素 E，或配合饲料中未添加维生素 E 制剂。饲料中的蛋白质及某些必需氨基酸缺乏、矿物质或维生素 C 缺乏，或饲料中添加了过量的对维生素 E 有破坏作用的碱性物质或不饱和脂肪酸，或饲料中铁盐含量过高，均对维生素 E 有破坏作用，能够诱发或加重维生素 E 缺乏症。

（2）饲料储运管理不当　饲料储存期过长导致饲料发霉、酸败，会使饲料中的维生素 E 受损失，活性降低。根据测算，储存 6 个月的籽实类饲料，维生素 E 损失可达 50%，储存时间过长导致自然干燥的青饲料，维生素 E 损失可达 90%。使用上述饲料饲喂，鸭群容易发生维生素 E 缺乏症。

（3）日粮中硒元素缺乏　硒元素可以促进维生素 E 的抗氧化功能，当饲料、牧草中硒元素含量不足或缺乏时，可促进维生素 E 缺乏症的发生。

（4）疾病及用药因素　维生素 E 需溶于脂肪酸及脂肪中，经过胆汁酸盐乳化才能够被机体吸收，当肝胆功能障碍时，可以影响机体对维生素 E 的吸收；球虫病或其他因素引起鸭胃肠道炎症，采食量下降时，即便饲料中添加了足量的维生素 E，由于消化吸收不足，也会造成维生素 E 的缺乏症。

（5）环境中镉、汞、铜、钼等金属元素与硒之间有拮抗作用，能够干扰硒的吸收利用，当鸭不能获得足够的硒时，机体对维生素 E 的需要量增加，若添加不足，则会引发缺乏症。

（三）症状

维生素 E- 硒缺乏症主要表现为三种症候群，如鸭群仅维生素 E 缺乏，则主要表现为脑软化症；如鸭群维生素 E 与硒同时缺乏，则主要表现为渗出性素质；如鸭群维生素 E 与含硫氨基酸同时缺乏时，则主要表现为肌营养不良。但这几种症候群常常相互交织，并不单一出现。

（1）脑软化症　鸭脑软化症是一种神经功能异常的疾病，主要表现为运动障碍、共济失调，头向下或向后弯曲挛缩。脑软化症多发生于 1 周龄雏鸭，早期症状为运动障碍，行走困难，共济失调，步态不稳，头向后仰呈观星状或向下低垂甚至接近地面，翅膀和腿可见麻痹，病鸭食欲减退，最终因极度衰竭而死亡。

（2）渗出性素质　鸭渗出性素质病是毛细血管壁通透性异常引起的皮下组织水肿，以颈、胸、腹部皮下组织水肿为主，多发生于 3 ～ 6 周龄幼鸭。患鸭表现为羽毛粗乱，生长发育停滞，食欲下降，站立时两腿叉开，喙尖或脚蹼有发紫现象。皮下组织水肿，在皮肤可见紫蓝色斑块，当渗出加剧时，腹部皮下可见积聚大量胶冻样液体，穿刺可见蓝绿色液体流出。

（3）白肌病　肌营养不良又称白肌病，主要见于 4 周龄左右雏鸭。患鸭食欲减退，发育不良，消瘦，运动失调。眼流浆液性分泌物，眼睑半闭，全身肌肉弛缓，软弱无力，时而两腿呈痉挛性抽搐，时而闭目鸣叫。部分患鸭腹部膨大，腹泻，排黄绿色粪便。发病后期，病鸭腿脚麻痹，不能站立，共济失调，翻滚或倒地抽搐死亡。

除以上三种症候群外，维生素 E 缺乏还会导致鸭生产性能下降，母鸭产蛋率基本正常，但种蛋孵化率下降，孵化过程中死胚增多。公鸭睾丸萎缩，逐渐丧失性能力。

（四）病理变化

（1）脑软化症　脑软化症患鸭剖检可见脑颅骨较软，小脑柔软肿胀，表面常有散在出血点，脑膜水肿，表面有点状出血，脑组织局部坏死（图 6-31），脑内可见黄绿色混浊坏死点。严重病例可见小脑质软变形，切开可见乳糜状液体流出。

（2）渗出性素质　渗出性素质症剖检可见患鸭头颈部、胸前、腹部等皮下有广泛的皮下水肿，胸腹部皮下及大腿内侧有淡绿黄色胶冻状渗出物，胸部、腿部肌肉有出血点，常可见心包积液，心肌变性坏死（图 6-32）。

（3）白肌病　患鸭剖检可见全身骨骼肌发生肌营养不良，主要以胸部、腿部及心肌最为明显，肌肉色泽苍白，胸肌、腿肌出现条纹状灰白色坏死（图 6-33，图 6-34）。心脏扩张，心肌色淡苍白，肝脏肿大、质脆，呈黄白色。

（五）诊断

维生素 E 缺乏症有多种表现形式，观察症状时应注意区分，应多剖检几只患鸭，结合剖检病理变化参考不同症型的特征性病理变化做出诊断。实验室诊断中，饲料中维生素 E/硒的检测结果可帮助确诊。

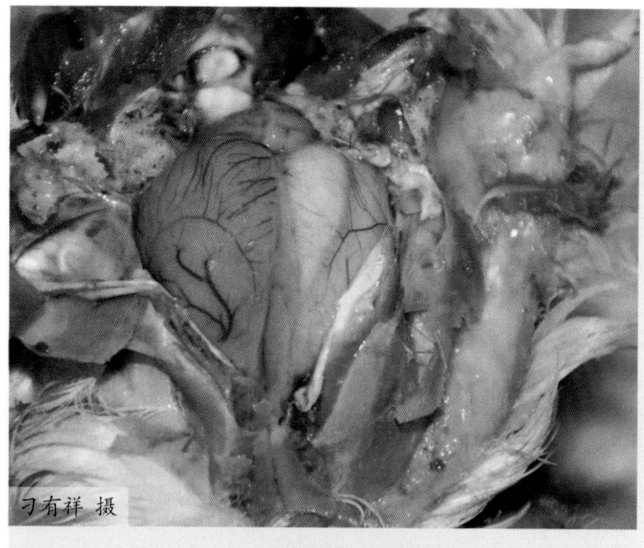

图6-31 脑组织坏死，呈黄白色

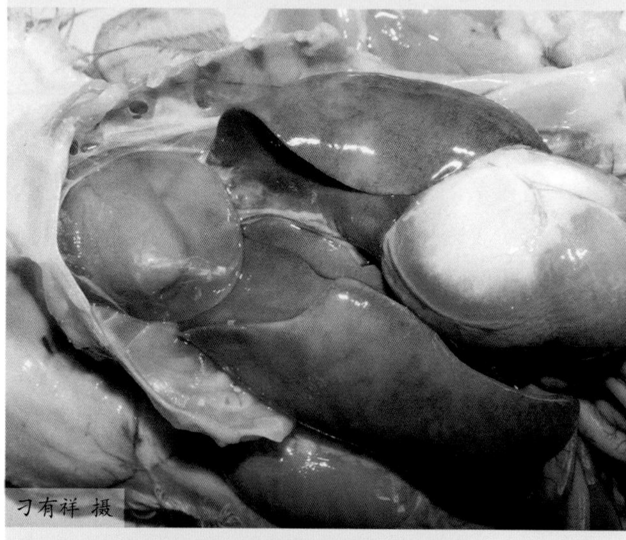

图6-32 心包腔有透明的液体

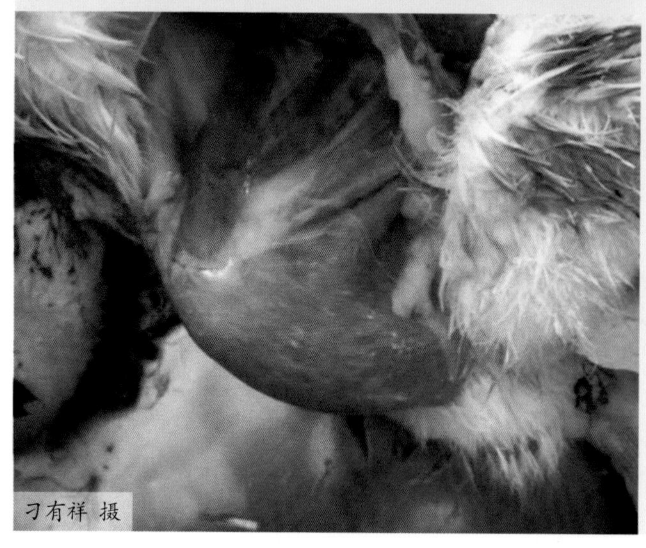

图6-33 腿肌呈条纹状灰白色坏死

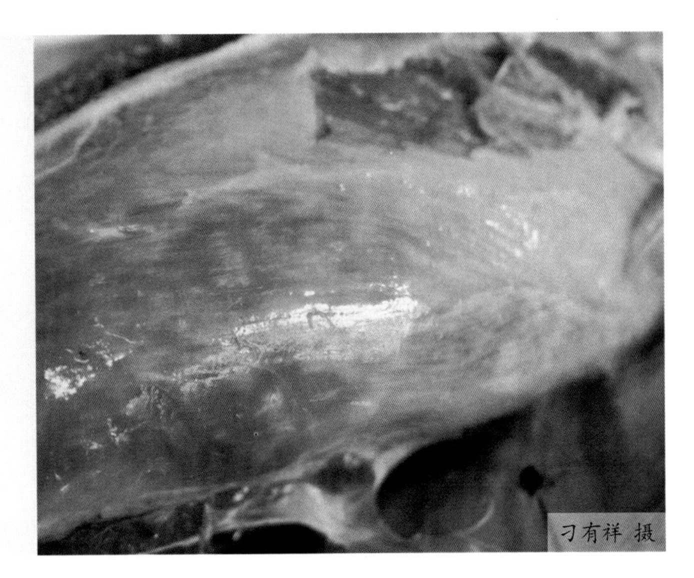

图6-34 胸肌呈灰白色条纹状坏死

（六）类症鉴别

（1）渗出性素质病与葡萄球菌感染引起的皮肤及皮下组织坏死性炎症的鉴别：二者均有胸、腹部皮肤外观湿润、水肿，呈暗紫色及出血溃疡等症状，容易造成误诊和损失。不同的是，当剖检时患鸭肝、脾没有明显病变可初步判断为渗出性素质病，如若发现患鸭存在肝、脾肿大时可初步判断为葡萄球菌感染。确诊可借助实验室诊断，取皮下水肿液涂片染色观察，如未发现致病菌可确诊为渗出性素质病。若观察到革兰阳性葡萄球菌菌体，可确诊为葡萄球菌感染。

（2）脑软化症与脑脊髓炎的鉴别：脑脊髓炎的发病时间为2～3周龄，比脑软化症发病较早，脑软化症表现为脑实质发生严重变性。

（七）预防

（1）注意饲料种类的搭配　日粮中添加富含维生素E的青绿饲料或青干草、谷类或植物油，保证饲料营养均衡，多饲喂青绿饲料、谷物可预防本病，有充足的青绿饲料时一般不会发生维生素E缺乏症。由于维生素E易被碱破坏，预防本病可在饲料中添加足量的复合维生素、含硒的微量元素、含硫氨基酸，并加入抗氧化剂，防止维生素E被破坏。据报道，每千克饲料中添加维生素E 250IU和2.5mg硒具有良好的防治效果。

（2）加强饲料储运及饲养管理　妥善做好饲料的储存运输工作，在饲料储存过程中，要采取相应的措施避免各种可能破坏维生素E的因素，饲料储存应放置于通风干燥处，解封的饲料应尽快食用完。严禁饲喂霉变、腐败的饲料。

（八）治疗

发生维生素E缺乏后，可选择以下方法之一进行治疗。

（1）每只喂服300IU的维生素E，同时饮水中每升添加含硒0.1mg的亚硒酸钠，或饮水中每升添加含硒0.1mg的其他硒制剂，每日1次，连用1周。

（2）对于大群发病的治疗，可在饲料中添加0.5%～1%植物油混合饲喂；或每吨饲料

中添加硒 / 维生素 E 粉 0.05 ～ 0.1g。

（3）对于少量病例的治疗，可用 2.5g 维生素 E，一次肌内注射，或按照每只 2 ～ 3mg 口服；或每只注射 0.1% 亚硒酸钠溶液 0.5 ～ 1.0mL，肌内或皮下注射均可，连用 3d，一般 2 ～ 4d 即可痊愈。

也可在饮水中加入 0.005% 的亚硒酸钠维生素 E 注射液，添加剂量为每千克饮水中添加 0.5mL，使用该方法轻度缺乏症 1 ～ 3d 可见明显治疗效果，稍重者 3 ～ 5d 可见明显效果。或在饲料中每千克日粮添加 250IU 维生素 E 或植物油 10g、亚硒酸钠 0.2mg，蛋氨酸 2 ～ 3g，连用 2 ～ 3 周。

治疗过程中，应该考虑在饲料中添加复合维生素及微生态制剂，以增强患鸭的消化吸收能力和抗病能力。同时，应注意硒元素添加不能过量以防止中毒。

十三、维生素 K 缺乏症

维生素 K（Vitamin K）是 2- 甲基萘醌的衍生物，天然存在的有维生素 K_1、维生素 K_2。维生素 K_1 存在于绿色植物（刺荨麻、苜蓿）、绿色蔬菜（卷心菜、菠菜）、马铃薯、水果和动物肝脏中。维生素 K_2 是动物肠道微生物的代谢产物。维生素 K_3、维生素 K_4 为人工合成物。维生素 K_1 是黄色黏稠的油状液体，维生素 K_2 是黄色晶体。维生素 K_1、维生素 K_2 对热稳定，但易受碱、乙醇和光线的破坏；维生素 K_1、维生素 K_2 遇还原剂可被还原为相应的萘酚衍生物，其生理活性不变，并可重新氧化成维生素 K_1、维生素 K_2。天然维生素 K 对胃肠黏膜刺激性大，目前生产上很多用人工合成水溶性维生素 K 的代用品，如维生素 K_3 和维生素 K_4。生产上所用的维生素 K_3 是与硫酸氢钠的加和物，为白色晶体，溶于乙醇，几乎不溶于苯和醚；维生素 K_4 是与二分子乙酸缩合的二乙酰甲萘醌。维生素 K_3、维生素 K_4 均较维生素 K_1、维生素 K_2 稳定。

（一）生理功能

（1）凝血功能　维生素 K 在凝血因子（凝血因子Ⅶ、Ⅸ和Ⅹ）的形成中起着重要作用，并促进凝血酶原（凝血因子Ⅱ）的激活，启动凝血过程，维持正常凝血时间。维生素 K 的作用是使凝血酶原中某些谷氨酸残基羧化成 γ- 羧基谷氨酸残基。当维生素 K 缺乏时，血中凝血因子均减少，因而凝血时间延长，常常发生皮下、肌肉及胃肠道出血，且血液流出后很难凝固。

（2）传递氢和电子　近几年发现维生素 K 可能在氧化磷酸化过程中，作为电子传递系统的一个组成成分在呼吸链上发挥作用。这是因为维生素 K 具有萘醌式结构，能够还原无色氢醌，在呼吸链中参与黄酶与细胞色素氧化酶之间传递氢和电子。因此，当维生素 K 缺乏时，肌肉中的 ATP 及磷酸肌酸含量以及 ATP 酶的活性都明显降低。

（3）参与骨骼代谢过程　骨组织中含有 3 种维生素 K 依赖性蛋白，分别为骨钙素、基质 γ- 羧基谷氨酸蛋白和骨膜蛋白。骨钙素是最典型的维生素 K 依赖性蛋白质，由成骨细胞和一些其他细胞合成并分泌于骨基质中，是骨组织中的一种特异性非胶原蛋白。维生素 K

不仅作为辅因子参与骨钙素的羧化，而且影响成骨细胞的增殖和分化。维生素K通过诱导成骨细胞的增殖、减少成骨细胞凋亡、增加成骨基因的表达来提高成骨细胞的功能，并抑制破骨细胞的形成，增强碱性磷酸酶的活性和骨钙素水平。碱性磷酸酶活性越高，骨中有机基质和矿物质的形成越多，骨钙素和羟基磷灰石的沉积也越多。

（二）病因

（1）饲料配制及管理不当　饲料中维生素K添加量不足；饲料中含有对维生素K有抑制作用的双羟香豆素、磺胺喹噁啉；饲料中脂肪性物质含量过低妨碍维生素K的利用；饲料霉变，其中的真菌毒素将维生素K破坏。

（2）疾病及用药因素　长期服用磺胺类或抗生素类药物，影响了肠道内微生物菌群的稳定，抑制了细菌合成维生素K，从而引发鸭维生素K缺乏症；鸭发生球虫病，使肠道黏膜遭到破坏，影响了鸭的消化吸收能力和维生素K的吸收利用；鸭发生肝脏系统疾病造成胆汁分泌障碍，使鸭出现维生素K缺乏症状。

（3）雏鸭发生维生素K缺乏症，通常因为种鸭维生素K补充不足，雏鸭饲料中的维生素含量缺乏，未及时补充。

（三）症状

维生素K缺乏症潜伏期较长，鸭维生素K摄入不足时，通常在2～3周后出现维生素K缺乏症状。患鸭表现为皮肤苍白干燥、消瘦、精神沉郁、严重贫血，患鸭蜷缩聚堆。躯体胸部、腿部、翅膀、腹腔表面可见出血引起的疤痕，严重者皮下显现紫色斑块。患病严重的病鸭会因轻微擦伤或其他损伤导致流血不止而死亡。部分鸭会由于肝、肾、脾等内脏器官大量出血而突然死亡，患鸭死前全身营养状况良好，腿、胸、翅可见出血斑。种鸭缺乏维生素K时，受精率、孵化率降低，种蛋孵化过程将出现较多死胚。

（四）病理变化

该病主要病理变化表现为肌肉苍白，腿部肌肉、胸肌及皮下水肿，有大小不一的出血点。心肌、心冠脂肪、脑膜上有出血点或出血斑。急性死亡或严重出血病例可见内脏严重出血，腹腔可见稀薄的血水或血凝块，或在打开腹腔时，在肝脏覆盖有一层凝血块（图6-35，图6-36）。肌肉颜色苍白，长骨骨髓呈灰白色或呈黄色。剖检尚未病死病鸭可见血液不易凝固。

（五）诊断

该病的诊断主要根据症状、出血及凝血障碍，结合剖检病理变化，用维生素K治疗效果良好，可做出诊断。实验室诊断中测定凝血时间是检测维生素K是否缺乏的一种有效手段。

（六）预防

（1）合理配制饲料，加强饲料贮运管理　保证鸭群充足的新鲜青绿饲料供应，或每千克饲料添加1mg维生素K，使鸭只体内保持一定量的维生素K水平。根据种鸭、雏鸭生长特点，需要提高饲料中维生素K的添加剂量，或加喂血粉。维生素K性质比较稳定，但对日光照射的抵抗力较差，配制好的饲料应放置在干燥、不被阳光暴晒的位置。

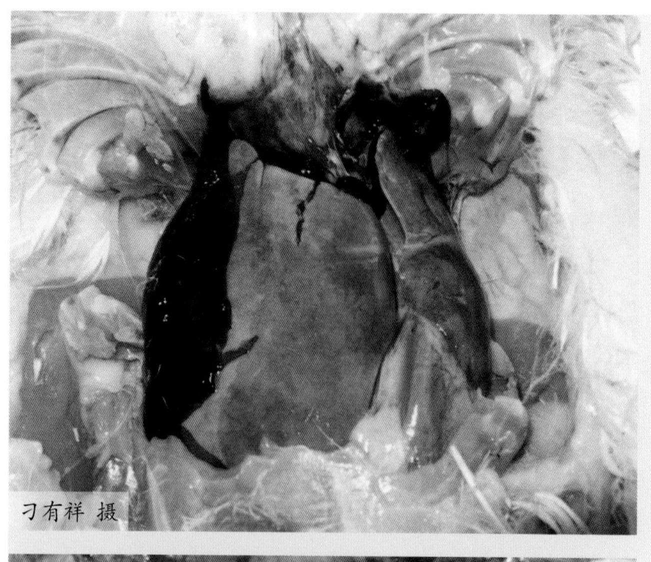

图6-35 肝脏表面覆盖一层凝血块

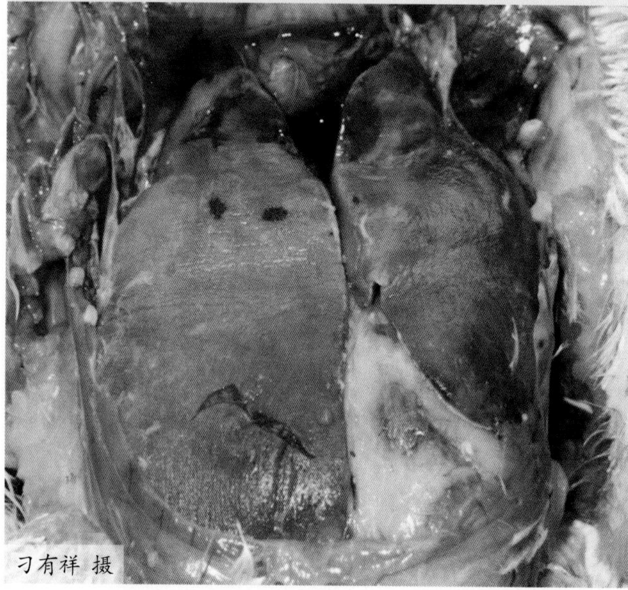

图6-36 肝脏表面有大小不一的出血斑

（2）应加强饲养管理 加强饲养管理，做好疾病预防工作，使用微生态制剂，维持肠道内微生物菌群的正常稳定。鸭群患有肝脏和胃肠道疾病，应该及时进行治疗，以改善鸭对维生素K的吸收，同时应注意，使用抗生素、磺胺类药物的时间不宜太长，以免破坏肠道微生物。如为了防治疾病确需在一段时间内添加该类药物时，饲料中维生素K的添加剂量应增至每千克饲料2～5mg。

（七）治疗

（1）在饲料中补充维生素K，每千克饲料中添加维生素K_3约8mg，连续饲喂1周后恢复到日常添加量，可见明显治疗效果。

（2）肌内注射维生素K，每千克体重2mg，每天注射两次。用药4～6h后可使血液凝固时间恢复正常，用药1周可治愈出血、贫血症状。

第五节 钙、磷缺乏症

鸭钙、磷缺乏症（Calcium and phosphorus deficiency）是指饲料中钙、磷缺乏，以及钙、磷比例失调引起的骨营养不良。该病不仅影响生长期家禽骨骼、蛋壳的形成，而且影响家禽的血液凝固、酸碱平衡，以及神经和肌肉等功能的正常。该病在各日龄段的鸭群中均可发生，但在1～4周龄的幼鸭中较为多发，主要表现为生长发育停滞、骨骼疏松或变形、无力运动甚至瘫痪。母鸭患病时产蛋率下降或产软壳蛋。另外，该病还可诱发其他疾病，对养鸭生产造成一定的经济损失。

一、生理功能

（1）钙、磷共同参与骨组织代谢，钙、磷是骨骼、喙和蛋壳的重要组成成分，钙、磷在动物体内以羟磷酸钙的形式积存于骨骼、喙和蛋壳中，使骨质坚硬，支撑躯干。

（2）维持体液酸碱平衡，钙离子和磷酸盐离子是动物机体内重要的电解质，参与机体一系列的新陈代谢和生化反应。

（3）对于动物机体骨骼生长发育、蛋壳构成、心脏心律活动、肌肉运动、酸碱平衡、神经信号传递以及细胞膜通透性等都是十分必要的。禽类的钙和磷需求量还与饲料中的维生素D含量有密切联系。

二、病因

钙和磷缺乏症的病因通常是钙和磷摄入不足以及吸收障碍，主要有以下几方面原因：

（1）饲料配制不当　饲料中钙和磷的含量较低，钙和磷的比例不当（合理的钙磷比例通常为2∶1，产蛋期为5∶1），钙过多影响磷的吸收，磷过多影响钙的吸收；饲料维生素D含量较低，维生素D具有促进钙、磷在肠道的吸收和参与钙、磷代谢的作用，因此维生素D缺乏也会导致钙、磷在动物机体内的吸收和代谢障碍；维生素A、维生素C的缺乏，饲料中的锰、锌、铁及草酸盐等含量过高，会影响机体对钙的吸收。

配制饲料时原料选择错误，选择了不易溶解的钙磷形式，由于钙磷必须以溶解状态的钙磷形式在小肠吸收，因此，任何妨碍钙磷溶解的因素均可影响钙磷的吸收。如植物饲料中的植酸磷，禽最多只能吸收30%；草酸能与钙形成草酸钙，不溶于水而影响钙的吸收。

（2）饲养管理不当　鸭群运动时间不足，光照时间较短，光照会促进机体对维生素D的合成和吸收，长时间的舍内养殖模式得不到阳光照射，就会诱发该病。

（3）疾病因素　一些肝脏疾病、寄生虫病、传染病等均可引起胃肠道疾病或长期的消化紊乱，使动物机体对钙、磷和维生素D的吸收减少，引起钙磷的缺乏。此外，钙磷吸收也与肠内的 pH 值有关，酸性环境有利于钙磷的吸收，碱性环境则相反。

（4）遗传因素　新生的雏鸭储备钙磷量较低，且其在生长发育时所需的钙、磷相对较多，若得不到足量的额外供应，便可导致雏鸭生长发育迟缓和表现程度不同的病理变化，出现钙、磷的缺乏症。

三、症状

该病在不同日龄的鸭群中均可发生，但在雏鸭中较为多发。患病鸭常表现为生长缓慢或停滞，精神抑郁，喙弯曲变形，两腿无力，腿跛，喜蹲伏，不愿走动，行走不稳，步态异常，常以跗关节触地，需翅膀拍打地面移动身体，鸭休息时常是蹲坐姿势，采食不便。雏鸭的喙、爪变得较易弯曲，跗关节肿大，有的腹泻。病情严重者甚至瘫痪（图 6-37）。

母鸭常表现为产软壳蛋、薄壳蛋或无壳蛋，产蛋量减少，种蛋孵化率下降，死胎增多且死胎四肢弯曲、皮下水肿。病鸭腿软无力，行走时一只腿向前进一只腿呈明显的弓弧状，常蹲伏于地，随后产蛋停止，食欲下降，喜卧不愿走动。

四、病理变化

病理变化主要在骨骼、关节，全身各部骨骼都有不同程度的肿胀，关节软骨肿胀，有的患鸭表现较大的软骨缺损或纤维样物质附着。患鸭剖检可见，病鸭骨骼软化，喙变软，易弯曲，似橡皮样，长骨末端增大，特别是骨结合部位有局限性肿大，呈明显球状隆起或白色骨结节。脊柱质地轻度变软，增粗弯曲，严重者呈“S”状，且胸腰段最为明显，如胸骨变形、肋骨增厚、弯曲，致使胸廓两侧变扁，有时可见骨折。肋骨与肋软骨结合部出现球状增生，排列成串珠样。关节肿大，跗关节尤其明显。肱骨、桡骨、尺骨、锁骨、股

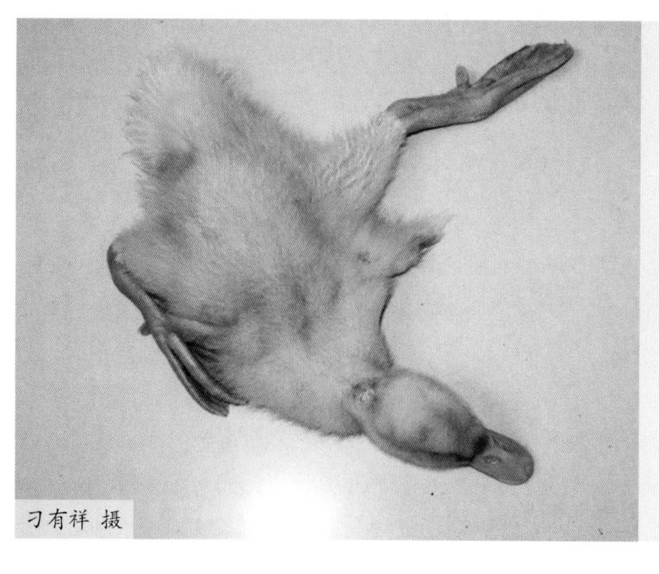

图6-37　病鸭瘫痪，不能站立

骨和胫骨等长骨骨质软易弯曲。胫骨多见弯曲呈“弓”形或半圆形，骨干增粗同骨骺两端，中间可见骨折处球形膨大，质硬，色灰白，切面上骨髓腔明显缩小或消失。骺的生长盘变宽和畸形（维生素 D 或钙缺乏）或变薄而正常（磷缺乏）。甲状旁腺常明显增大。另外，有相关研究结果显示，钙缺乏和磷缺乏雏鸭血清中的钙和磷含量显著下降，长骨类骨组织轻度增生和钙、磷沉积显著减少而显钙化不足。

据崔恒敏报道，钙缺乏的组织学变化表现为胫骨近端骺生长板增生带轻度增宽，增生软骨细胞排列紊乱，与肥大带交接处呈不规则波浪状，两带血管分布正常。干骺端海绵骨类骨组织增生，包绕骨小梁，成骨细胞增多，骨小梁之间的原始骨髓腔内见疏松结缔组织增生，破骨细胞偏多，散在分布。骨干密质骨疏松增厚，哈佛氏管大小不一致，局部可见哈佛氏骨板变薄。肱骨、跖骨近端生长板和干骺端变化与胫骨相似，程度偏轻。肋骨局部见骨膜增厚，软骨增生堆积，缺乏钙化与重吸收，即为肉眼所见佝偻珠。磷缺乏表现为胫骨近端骺生长板肥大带轻度增宽，软骨基质着色不均。干骺端海绵骨在多数病例见骨小梁边缘类骨组织轻度增生。骨干密质骨哈佛氏管腔内表面偶见有类骨组织增生。肱骨、股骨、跖骨及肋骨变化不明显。

五、诊断

本病的诊断依据饲料分析、病史调查，结合病鸭的症状和病理变化，即可做出初步诊断。血清碱性磷酸酶活性及游离羟脯氨酸含量均升高，可为确诊提供依据。若要做到早期诊断和监测预防，需要借助实验室诊断，进行血清碱性磷酸酶、钙、磷和血液中维生素 D 活性物质的测定，以及骨骼 X 线等综合指标进行判断。

六、类症鉴别

（1）钙、磷缺乏症与病毒性关节炎的鉴别　二者均表现关节肿大、瘫痪，少数关节不能活动，生长受阻，产蛋量下降。不同的是，病毒性关节炎病原为呼肠孤病毒，剖检可见跗关节肿胀，滑囊膜有出血点，关节腔有黄色或血色渗出物。

（2）钙、磷缺乏症与胆碱缺乏症的鉴别　二者均存在生长停滞，跗关节肿胀，运动无力，产蛋率和孵化率下降。不同的是，胆碱缺乏症剖检可见肝脏肿大、色黄质脆、表面有出血点，肝脏质脆易碎，腹腔中有血凝块。

（3）钙、磷缺乏症与锰缺乏症的鉴别　二者均表现生长停滞，不愿走动，产蛋率下降。不同的是，锰缺乏症表现胫跗关节增大，胫骨下端、跖骨上端弯曲扭转、脱腱，腿关节扁平，无法支持体重。成年鸭产蛋所发育形成的胚胎体躯短小、翅腿短，喙弯曲。

（4）钙、磷缺乏症与痛风的鉴别　二者均表现关节肿胀、瘫痪，生长缓慢，部分患鸭排稀便。不同的是，鸭痛风排白色稀便且含有大量的尿酸和尿酸盐，关节软而痛，后硬微痛，形成豌豆大的结节并破裂排出干酪样物质，剖检可见内脏表面有尿酸盐沉积。

七、预防

（1）合理配制饲料　本病的发生主要由于饲料中钙磷含量不足（或缺乏）和比例失调，也与饲料中维生素D的含量密切相关。对于本病的预防，主要在于使用全价日粮，注意饲料中钙、磷和维生素D的含量，以及钙、磷的比例。如果日粮中缺钙，应补充贝壳粉、石粉，缺磷时应补充磷酸氢钙。钙磷比例不平衡要调整，合理的钙磷比例一般为2∶1，产蛋期一般为5∶1；饲料中需要足量的维生素D，由于钙磷在机体内的吸收代谢需要维生素D的协同作用，如果日粮中已出现维生素D缺乏现象，应给予3倍于平时剂量的维生素D，持续2～3周后，再恢复到正常剂量；阴雨季节要注意适当地添加维生素D制剂或富含维生素D的青绿饲料。在额外添加钙磷时，还要注意饲料中钙、磷的供给，磷钙的比例以及维生素D的供给。

（2）加强饲养管理　光可促使机体合成维生素D，要保证鸭群充足的舍外运动，特别是舍饲笼养鸭群，使鸭群获得足够的日光照射；及时发现病鸭，挑出单独饲养，减少损失。在良好的饲养条件下，不仅能满足鸭的生长发育，且能有效地预防因钙磷缺乏或比例失调引起的佝偻病。

八、治疗

对于该病的治疗，首先要明确发病原因，是钙缺乏、磷缺乏，还是比例失调。明确后可用以下方剂对症治疗：

（1）维丁胶性钙注射液，肌内注射0.1mL，每天1次，连用2d。

（2）患病鸭群饲料中添加鱼肝油，每千克饲料添加鱼肝油10～20mL，同时调整钙、磷比例及用量。

（3）肌内注射维生素AD注射液0.25～0.5mL（每毫升含维生素A2.5万IU、维生素D2500IU），每天1次，连用2d，同时饲料中补充钙、磷。

若日粮中钙多磷少，则应重点补磷，以磷酸氢钙、过磷酸钙等较为适宜。若日粮中磷多钙少，则主要补钙。另外补充维生素D的具体剂量可参考维生素D缺乏症部分，需要注意的是，维生素D不可长时间过量添加，防止中毒。

第六节　锰缺乏症

锰缺乏症（Manganese deficiency）又称滑腱症、骨短粗症。锰是动物体必需的微量元素，是鸭正常生长与繁殖及预防胫骨短粗症所必需的微量元素。锰在自然界中以化合物形式存在。

家禽中的锰主要来源于饲料原料和锰添加剂。饲料原料中含锰丰富的是甜菜渣、三叶草、糠麸、干油籽饼等。常用的锰添加剂有氧化锰、一氧化锰、碳酸锰、硫酸锰、氯化锰、蛋氨酸锰。缺锰可导致骨骼有机质硫酸软骨素合成障碍，腿部骨骼生长畸形、腓肠肌腱向关节一侧脱出，特征性症状是患鸭生长、繁殖障碍，出现跗关节脱腱、腿骨短粗和种蛋孵化率下降。

一、生理功能

（1）锰是家禽体内某些酶如丙酮酸盐羧化酶的组成成分，还是精氨酸酶、脱氧核糖核酸酶、肽酶、半乳糖转移酶等10余种酶的激活剂，参与家禽三羧酸循环反应系统中许多酶的活化过程。参与蛋白质、碳水化合物和脂肪等多种物质的代谢活动。

（2）参与家禽骨组织和蛋壳形成；影响家禽机体生长、繁殖、孵化、胚胎发育、血液形成和内分泌器官的功能；参与机体内氮的代谢；参与家禽机体内氧化磷酸化过程；促进家禽体内脂肪的利用，抑制肝脏脂肪变性。

（3）锰与多种激素的生理功能有密切关系，可促进动物机体的生长、发育和提高繁殖力，是动物体维持生命活动必需的微量元素。

（4）锰在凝血酶原和维生素K的合作中具有促进作用。

（5）锰元素是合成胆固醇的关键物质，同时也是二羟甲戊酸激酶的激活剂。因此，机体内锰缺乏时，会影响性激素的合成与分泌、公鸭的性欲降低或丧失、生殖器官萎缩、种蛋的孵化率显著降低、胚胎营养不良等。

二、病因

鸭对锰的需要量较高，对缺锰较敏感。该病的发生与地理位置、饲料营养成分配制和饲养管理条件等方面有关。鸭锰缺乏症主要有以下几个方面原因：

（1）饲料配制不当，日粮中锰添加量不足或添加原料锰质量低劣；日粮中蛋白质含量过高，导致锰缺乏症和其他腿部异常的发病率上升；赖氨酸含量过高或甘氨酸的含量过低，饲料中的钙、磷、铁及植酸盐含量过多，也会诱发锰缺乏；饲料中维生素、锌、硒、胆碱、烟酸、叶酸、生物素或吡哆醇等缺乏，使机体对锰的需要量增加，最易发生滑腱症；某些地区为地区性缺锰，因而在该地区种植的植物性日粮锰含量较低，给动物喂食这些低锰日粮易引起锰缺乏症。

（2）鸭患球虫病等胃肠道疾病时，也会影响机体对锰的吸收利用。

（3）饲养密度过大，特别是笼养鸭生存空间过于拥挤也是本病发生的诱因。

（4）鸭等禽类与哺乳动物相比，锰的需求量更大，但禽类的吸收率低，这就造成鸭较易发生锰缺乏。不同品种的鸭对锰的需要量也有较大的差异，如肉鸭比蛋鸭的需要量要多。

三、症状

该病主要表现为骨短粗和滑腱症。患鸭生长发育受阻，跗关节变粗且宽，两腿弯曲呈扁平（图 6-38，图 6-39），胫骨下端与跖骨上端向外扭曲，长骨短而粗，腓肠肌腱从踝部滑落。腿爪垂直翻转，不能站立，行走困难（图 6-40 ～图 6-43）。种鸭产蛋下降、蛋壳变薄变脆，种蛋孵化率下降，出雏前 1 ～ 2d 大批死亡，胚胎躯体短小，骨骼发育不良，翅短，腿短而粗，头呈圆球样，喙短弯呈特征性的“鹦鹉嘴”，部分患鸭出现明显的神经机能障碍，如共济失调、观星姿势等。母鸭产蛋量和孵化率明显下降，蛋壳易破，鸭胚发育异常，鸭胚常在快要出壳时死亡，孵出的雏鸭软骨发育不良，腿变短而粗、翅膀变短，水肿，头圆、似球形，上下腭不成比例而呈鹦鹉嘴状，腹部膨大、突出。

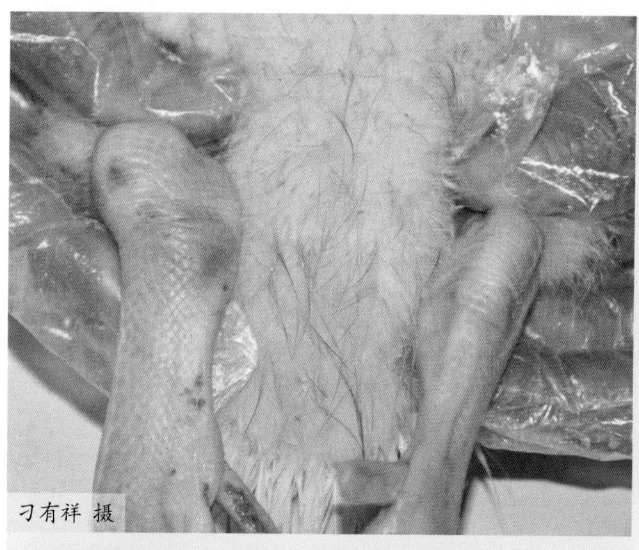

图6-38 跗关节肿胀，变粗且宽（一）

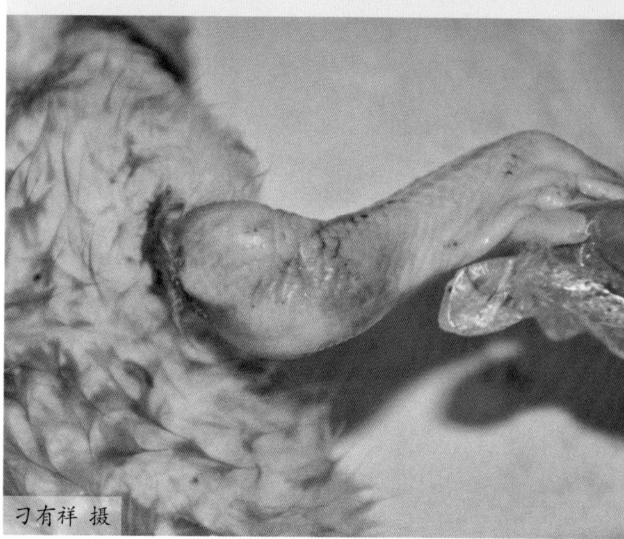

图6-39 跗关节肿胀，变粗且宽（二）

图6-40 腿垂直翻转，不能站立（一）

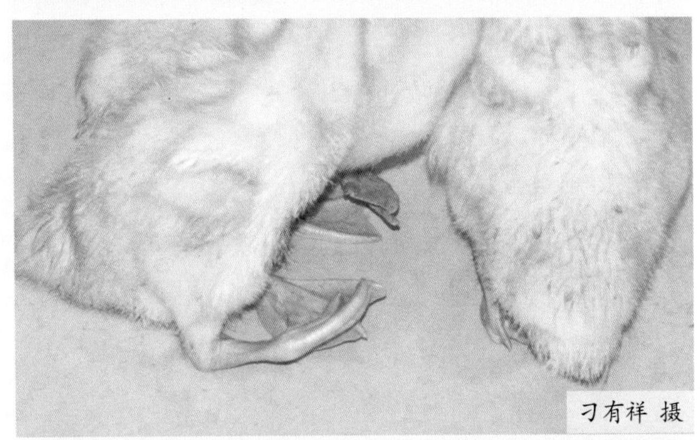

图6-41 腿垂直翻转，不能站立（二）

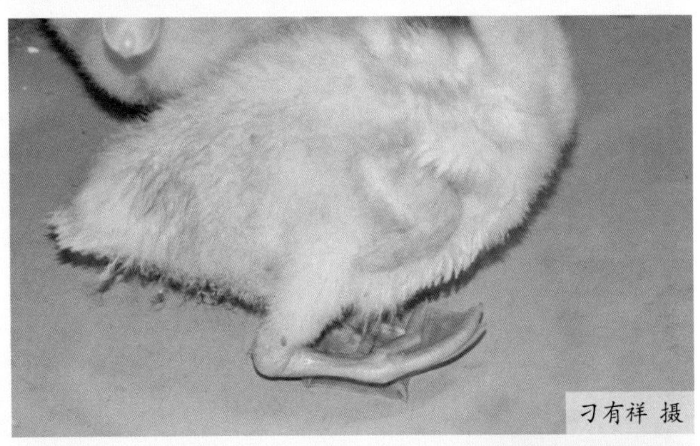

图6-42 腿垂直翻转，不能站立（三）

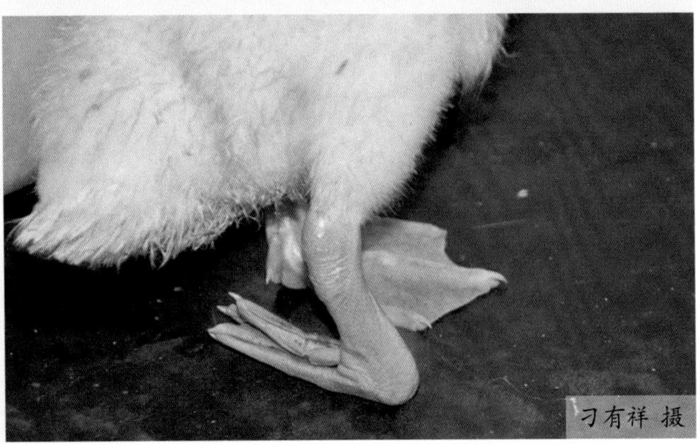

图6-43 爪垂直翻转，不能站立

四、病理变化

锰缺乏的剖检变化表现为胫跖骨短粗、弯曲，近端粗大变宽，胫趾骨、腓肠肌腱移位，从胫趾骨远端两踝滑出，移向关节内侧（图 6-44 ～图 6-46）。跗、趾关节处皮下有一白色较厚的结缔组织。患鸭主要表现为多数肌肉和脂肪组织萎缩，骨骼短粗，骨骺增厚，骨板变薄，剖检可见密度骨多孔，尤其是骨后端表现更为明显。因关节长期负重，关节处皮肤增厚、粗糙。关节面粗糙，关节囊内有炎性流出物，局部关节肿胀。皮下组织树枝状充血，血液呈淡红色，凝固不良。内脏器官无肉眼可见的特征性病理变化。发病严重的患鸭可见心包液呈粉红色，冠状沟有点状出血，心肌紫红色、松软，左心室壁较薄，有片状出血。肝脏呈紫黑色，色泽不均，灰白色和紫红色相间，质地脆，切面多汁。肺脏呈粉红色（图 6-47），局部气肿。肾脏紫红色，骨盆腔变窄呈菱形。

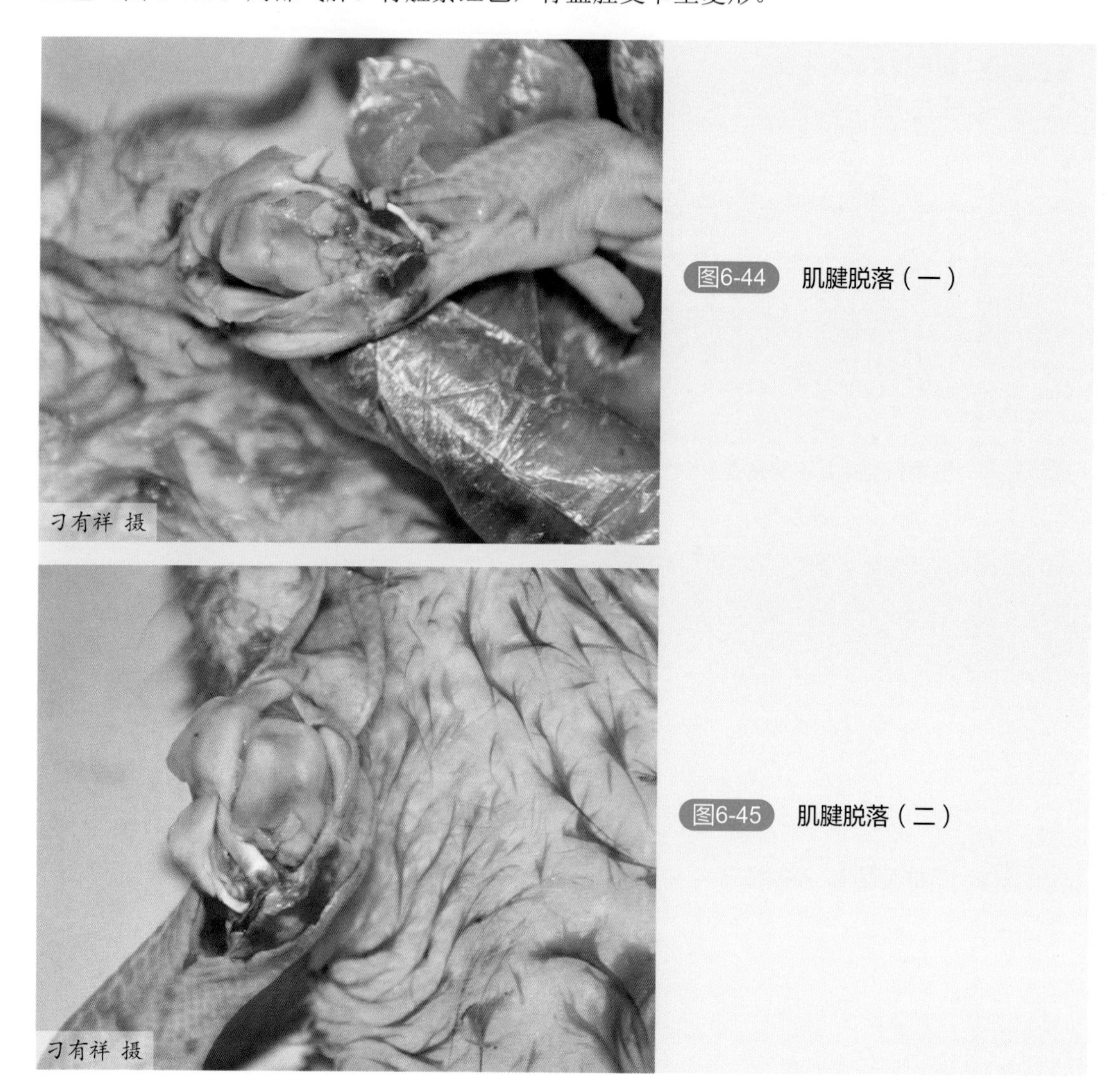

图6-44 肌腱脱落（一）

图6-45 肌腱脱落（二）

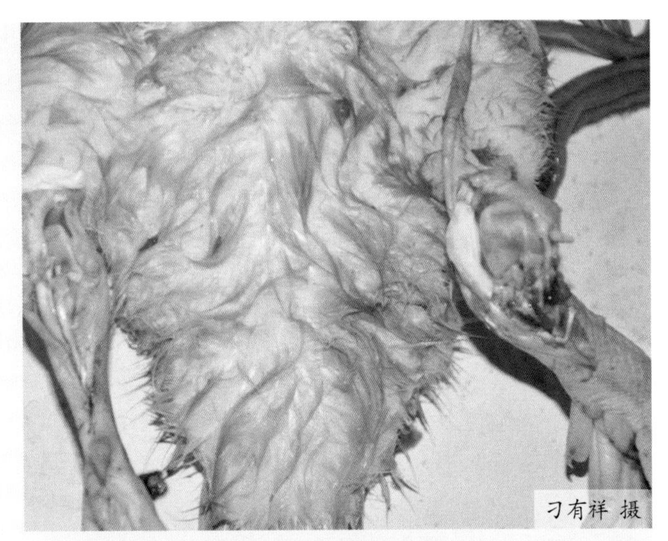

图6-46 肌腱脱落（三）

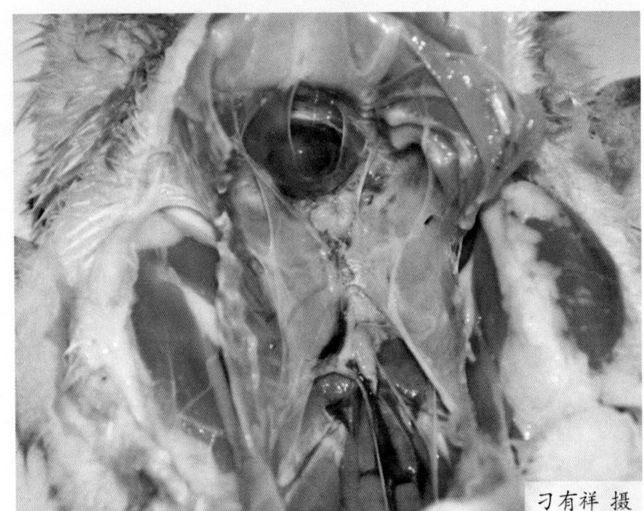

图6-47 肺脏呈粉红色

组织学变化表现为胫骨远端骺板软骨细胞粗面内质网严重扩张，核蛋白体脱落。睾丸精原细胞、间质细胞及支持细胞线粒体肿胀、变形，嵴部分消失，甚至完全空泡化。

五、诊断

该病根据发病情况、症状即可做出初步诊断，确诊则需结合剖检变化、血液锰含量以及病理变化等实验室诊断。

六、鉴别诊断

（1）锰缺乏症与钙、磷缺乏症的鉴别　二者均有生长迟滞、跗关节增大、不愿走动、种蛋的孵化率下降。不同的是，钙、磷缺乏症表现为患鸭喙、爪弯曲，肋骨末端呈串珠状小结节，患鸭后期胸骨呈“S”状弯曲，肋骨发软，血磷低于正常水平，血钙下降。

（2）锰缺乏症与病毒性关节炎的鉴别　二者均表现生长缓慢、跗关节肿大、不愿走动、瘫痪。不同的是，病毒性关节炎患鸭关节腔有黄色或血色渗出物、脓或干酪样物质，腓肠肌腱与周围组织粘连。

（3）锰缺乏症与维生素 B_2 缺乏症的鉴别　二者均表现生长缓慢、跗关节着地、行走困难、蛋的孵化率低。不同的是，维生素 B_2 缺乏症还表现为足趾向内蜷曲，两腿瘫痪，常张开翅膀以求平衡，胚胎有结节状绒毛，胚体水肿、贫血。

（4）锰缺乏症与胆碱缺乏症的鉴别　二者均表现生长停滞，骨短粗，跗骨弯曲，跟腱滑脱，蛋的孵化率下降。不同的是，胆碱缺乏症还表现为跗关节轻度水肿、伴有小出血点，剖检可见肝脏色黄、质脆，有出血点，腹腔有血凝块。

七、预防

（1）合理配制饲料　供给全价饲料，保证饲料中锰、胆碱、B 族维生素的添加量，满足不同日龄、不同品种鸭对锰的需要。饲料中锰含量应达到每千克饲料含锰 50mg、胆碱 200mg 和适量的 B 族维生素（每千克饲料含烟酸 40 ～ 50mg、生物素 40 ～ 100mg、磺胺素 2.6mg、吡哆醇 10 ～ 20mg、叶酸 0.5 ～ 1.0mg、硒 0.1mg），可有效预防该病的发生。糠麸、麦麸、苜蓿等是含锰丰富的饲料，每千克米糠中含锰量可达 300mg 左右，用此调整日粮也有良好的预防作用。

（2）加强饲养管理　合理控制饲养密度，注意鸭舍通风，防止相对湿度过高，要尽可能多放牧，减少本病的发生。

八、治疗

（1）每千克日粮中添加硫酸锰 0.1 ～ 0.2g，同时配合氯化胆碱（每千克日粮中添加 1g），供发病鸭群连续饲喂数天。

（2）用 0.01% ～ 0.02% 高锰酸钾溶液供患病鸭群饮用，饮用 2d，停用 2d 后再饮 2d，如此重复几次，注意饮用期间要更换新配溶液 2 ～ 3 次。

适量补充维生素 E 和氯化胆碱，每千克饲料添加氯化胆碱 1g、维生素 E 10 个单位。同时应注意，高锰酸钾的添加量不宜过大，不宜超过 0.05%，严禁长期使用。网上育雏的轻度病例，一般于 3 周龄后进行地面饲养，本病能得到恢复，病情严重的如出现骨骼变形、腿扭曲等不能恢复的应及早淘汰。

第七节 硒缺乏症

硒缺乏症（Selenium deficiency）是导致机体抗氧化机能障碍，以渗出性素质、肌营养不良、脑软化和胰变性为特征的疾病。硒（Selenium，Se）是一种半金属元素，是人与动物必需的微量元素，参与各类营养物质的代谢，在动物机体生化反应过程中起重要作用。自然界中的硒一般以无机和有机两种化学形式存在。无机硒主要有硒酸钠和亚硒酸钠，其中亚硒酸钠使用较为广泛。无机硒具有含硒量高、价格较低等优点，因以被动扩散的方式被机体利用，因此利用率低，但毒性大，随粪便排出体外严重污染环境。生产中常见的有机硒有半胱氨酸硒、蛋氨酸硒、富硒藻类和富硒酵母等。有机硒以主动运输的方式被机体利用。与无机硒相比，有机硒具有利用率高、适口性好、毒性小、环境污染小等优点，但其制备工艺更为复杂，成本较高。硒和维生素 E 的生物学功能相似且具有协同作用，硒均有很强的抗氧化作用。硒缺乏症具有地区性，主要发生在吉林、青海、四川等地区，冬春季节多发。

一、生理功能

（1）硒具有抗氧化作用　硒被证实是谷胱甘肽过氧化物酶的活性成分。动物体适量增加硒摄入，可以提高血液中谷胱甘肽过氧化物酶、超氧化物歧化酶和过氧化氢酶活性，促进过氧化物分解。同时，硒可抑制脂质氧化产物丙二醛的产生及活性，降低体内自由基损伤，进而有效地清除血液中自由基，以达到抗氧化作用。

（2）硒能提高机体的免疫水平　硒可提高免疫细胞的活性，如自然杀伤细胞 B 淋巴细胞、吞噬细胞以及 T 淋巴细胞等，同时还能够增强机体非特异性免疫、细胞免疫及体液免疫的功能。硒还可作为免疫增强剂刺激免疫球蛋白的形成，提高机体合成 IgG、IgM 抗体的能力，增强机体特异性体液免疫机能。硒增强 T 细胞介导的肿瘤特异性免疫，有利于细胞毒性 T 淋巴细胞（CTL）的诱导，并明显加强 CTL 的细胞毒活性，还能显著提高吞噬过程中吞噬细胞的存活率和吞噬率。

（3）硒能够促进基础代谢　硒与Ⅰ、Ⅱ、Ⅲ型脱碘酶的活性有密切关系，硒能通过影响其生物活性而调节甲状腺维持正常的生理功能。甲状腺的功能是提高基础代谢率、增加组织细胞的耗氧率。

（4）硒能够减弱微量元素毒性　硒能拮抗和减弱机体内砷、汞等微量元素的毒性。硒可以改变汞的积累部位和积累方式，硒与砷能发生互作而形成无毒的共轭化合物，并促进其排入胆汁，在胆囊中硒与砷的互作又促进砷排泄，减少在胆囊中的残留量和滞留时间，并加强肾对硒、砷的吸收量和在尿中的排泄量。

（5）硒能够提高动物的繁殖性能　硒是雄性动物产生精子所必需，精子本身就含有硒蛋白，硒位于精细胞尾部中段。精液中的硒通过谷胱甘肽过氧化物酶的抗氧化作用保护精子细胞膜免受损害。缺硒导致精细胞受损，精子活力降低，从而影响受精能力和胚胎发育。补硒可以减少胚胎死亡，提高繁殖率。

（6）硒还能够调控基因表达　对亚细胞结构及功能也有一定的影响。硒还参与辅酶A和辅酶Q的合成，同时也是一种与电子传递有关的细胞色素成分；硒在体内促进蛋白质的合成；促进脂肪和维生素E的吸收。极端缺硒的动物，胰脂酶合成受阻，可影响脂肪和维生素E的吸收。

二、病因

缺硒是本病的根本病因，硒是谷胱甘肽过氧化物的活性中心元素，当缺硒时，该酶的活性降低，对过氧化物的分解作用下降，使过氧化物积聚，造成细胞和亚细胞脂质膜的破坏。

（1）饲料中硒含量不足　饲料中硒含量不足是导致机体硒营养缺乏的主要原因。饲料中硒含量的不足又与土壤中可利用的硒水平相关，以贫硒的植物性饲料饲喂家禽即可引起硒缺乏症。土壤含硒量低于0.5mg/kg、饲料含硒量低于0.05mg/kg，可引起家禽发病，因而一般认为饲料中硒的适量值为0.1mg/kg。

（2）饲料中含硫氨基酸缺乏　含硫氨基酸是谷胱甘肽的底物，而谷胱甘肽又是谷胱甘肽过氧化物酶的底物，进而保护细胞和亚细胞的脂质膜，使其免遭过氧化物的破坏，含硫氨基酸的缺乏可促进本病的发生。

（3）饲料中维生素E缺乏　维生素E和硒具有协同作用，促进不饱和脂肪酸过氧化酶的合成，从其抗氧化作用来讲，含硒酶可破坏体内过氧化物。而维生素E则减少过氧化物的产生，维生素E的不足也可导致本病的发生。

（4）饲料中不饱和脂肪酸过高　不饱和脂肪酸在体内受不饱和脂肪酸过氧化物酶的作用，产生不饱和脂肪酸过氧化物。从而对细胞、亚细胞的脂质膜产生损害。脂肪酸特别是不饱和脂肪酸在饲料中含量过高则可诱导本病的发生。

全国约有2/3的面积缺硒，约有70%的县为缺硒区。因此，该病有明显的地区发病特点，揭示硒缺乏症是低硒环境所导致的，病情严重的缺硒地带，其自然地理环境的共同特点是地势较高，通常以半山地、丘陵、漫岗及高原地带发病严重。

三、症状

本病主要发生于雏鸭，表现为小脑软化症、白肌病及渗出性素质。

（1）小脑软化症　雏鸭表现为运动共济失调，头向下弯缩或向一侧扭转，也有的向后仰，步态不稳，时而向前或向侧面倾斜，两腿阵发性痉挛或抽搐，翅膀和腿发生不完全麻痹，腿向两侧分开，有的以跗关节着地行走，倒地后难以站起，最后衰竭死亡。

（2）渗出性素质　患鸭表现为羽毛粗乱，生长发育停滞，食欲下降，站立时两腿叉开，喙尖或脚蹼有发紫现象。皮下组织水肿，在皮肤可见紫蓝色斑块，当渗出加剧时，腹部皮下可见积聚大量的胶冻样液体，穿刺可见蓝绿色液体流出。

（3）肌营养不良（白肌病） 患鸭食欲减退，发育不良，消瘦，运动失调。眼流浆液性分泌物，眼睑半闭，全身肌肉弛缓，软弱无力，时而两腿呈痉挛性抽搐，时而闭目鸣叫。部分患鸭腹部膨大，腹泻，排黄绿色粪便。发病后期，病鸭腿脚麻痹，不能站立，共济失调，翻滚或倒地抽搐死亡。

维生素 E- 硒缺乏时，产蛋鸭产蛋量下降，孵化率降低，胚胎死亡（图 6-48）。孵化出的鸭小脑部骨骼闭合不全，脑呈暴露状态（图 6-49 ～图 6-51）。

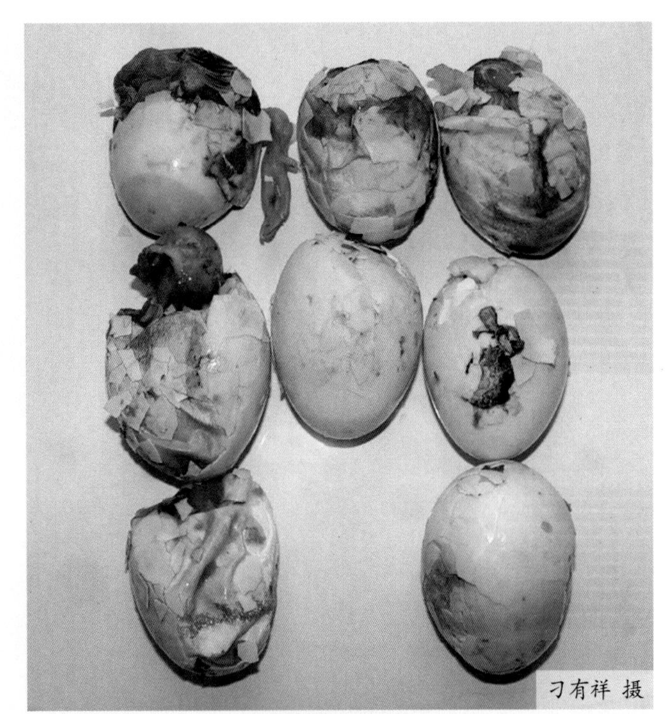

图6-48 死亡的胚胎

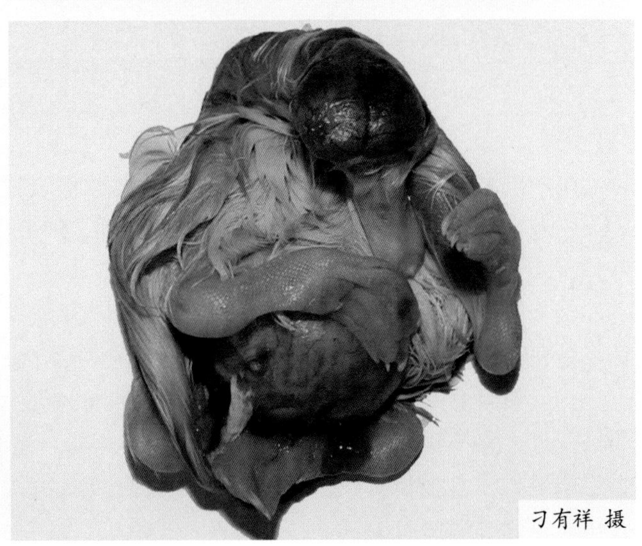

图6-49 脑部骨骼闭合不全，脑呈暴露状态（一）

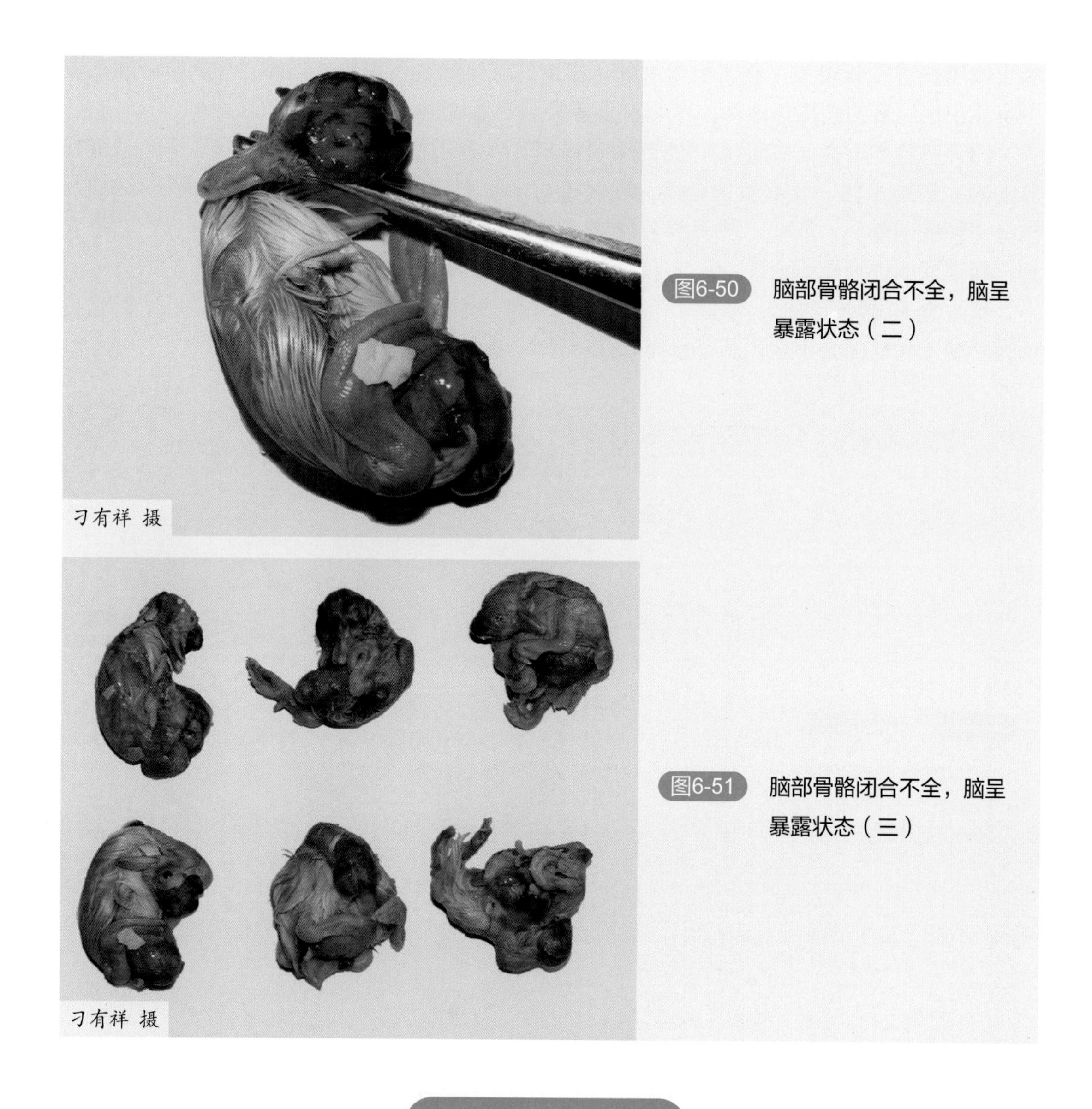

图6-50 脑部骨骼闭合不全，脑呈暴露状态（二）

图6-51 脑部骨骼闭合不全，脑呈暴露状态（三）

四、病理变化

（1）脑软化症　患鸭小脑软化及肿胀，脑膜水肿（图 6-52），有时有出血斑点，小脑表面常有散在的出血点。严重病例可见小脑质软变形，甚至软不成形，切开时流出乳糜状液体，轻者一般无肉眼可见变化。

（2）渗出性素质　患鸭颈、胸、腹部皮下水肿，呈紫色或蓝绿色，腹部皮下蓄积大量液体，穿刺流出一种淡蓝绿色黏性液体，胸部和腿部肌肉、胸壁有出血斑点，心包积液和扩张。

（3）肌营养不良（白肌病）　患鸭骨骼肌特别是胸肌、腿肌，因营养不良而呈苍白色，肌肉变性，似煮肉样，呈灰白色或黄白色的点状、条状、片状不等，横断面有灰白色、淡黄色斑纹，质地变脆、变软，心内、外膜有黄白色或灰白色与肌纤维方向平行的条纹斑，有出血点。肌胃切面呈深红色夹杂黄白色条纹。

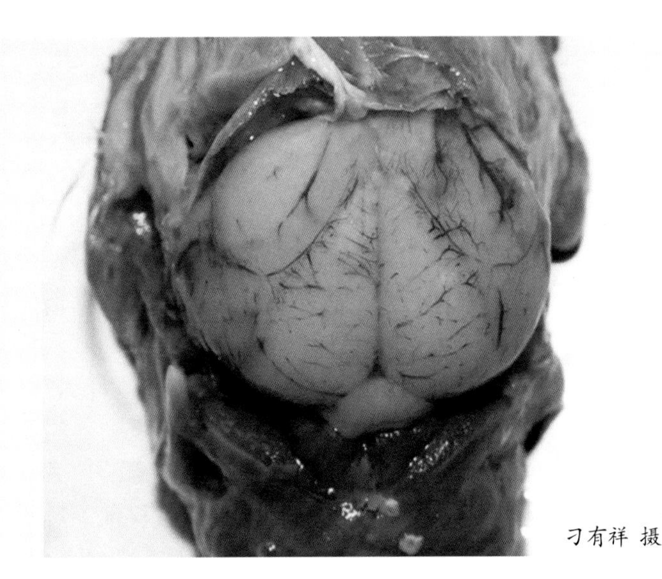

图6-52 脑组织水肿，软化

刁有祥 摄

五、诊断

根据症状和剖检变化，可作出初步诊断，实验室诊断可采集饲料或内脏器官测定硒的含量。

六、预防

（1）合理配制饲料　重视日粮的营养搭配，多饲喂谷物、青绿新鲜饲料等维生素 E 含量多的饲料。对于土壤缺硒的养殖地区或饲喂来源于低硒地区的饲料时，应适量添加亚硒酸钠等硒添加剂，添加量一般为每吨饲料 0.2g 硒和 20 万 IU 的维生素 E，同时也要注意氨基酸的平衡，不要饲喂含不饱和脂肪酸含量高的饲料。要尽量多考虑在饲料中添加多种维生素和微生态制剂，以增强鸭的消化吸收能力和抗病能力。

（2）加强饲料的储运管理　饲料解封后，最好在短时间内用完，饲料应存放于干燥、阴凉、通风的地方，不要受热，在有条件的情况下，可在饲料中加入抗氧化剂，如乙氧喹等，其推荐剂量为饲料总量的 0.0125% ～ 0.025%，抗氧化效果较好。

七、治疗

（1）对于患病鸭的治疗，病情严重可每只鸭肌内或皮下注射 1mg 0.005% 的亚硒酸钠和口服 300IU 维生素 E，通常数小时后病情减轻。

（2）对于缺硒引起的病鸭，可在饲料中按每千克饲料添加亚硒酸钠 0.5mg、蛋氨酸 2 ～ 3g、维生素 E 250IU 或植物油 10g，连喂 7d 病情好转。

第八节　铜缺乏症

铜缺乏症（Copper deficiency）主要是由于家禽饲料中铜不足或存在铜吸收的干扰因素而引起的一种营养代谢性疾病，主要表现贫血、羽毛褪色、骨骼变形和产蛋异常等。铜是一种较为柔软的金属，活动性较弱，自然界中多以铜矿石的形式存在。目前，铜元素在动物生产中的应用主要是作为补充剂添加到饲料中，常见的有硫酸铜、氧化铜、氨基酸螯合铜、碱式碳酸铜、碱式硫酸铜等。畜牧生产中以硫酸铜和氧化铜的应用最为普遍。铜是机体维持正常生长活动的重要的必需微量元素之一，铜对动物机体起着重要的作用，它是多种酶的重要组成成分，能催化血红素和红细胞的形成，是造血和防止缺铜性贫血所必需的微量元素。铜还能维护细胞结构和功能的完整性，对动物的骨骼和神经细胞及结缔组织和免疫系统的生长发育及动物的生产性能都有积极的促进作用。

一、生理功能

（1）铜参与和维持造血机能　铜参与铁形成血红蛋白的过程，但铜本身并不是血红蛋白或血细胞的成分，铜主要通过铜蓝蛋白参与造血过程，使铁由二价变为三价状态，因为只有三价铁可以与转铁蛋白结合促使铁由贮存场所进入骨髓，加速血红蛋白合成，以及幼稚红细胞的成熟和释放。当缺铜时，会使得铜蓝蛋白减少，从而使铁吸收减少、铁代谢紊乱、血红蛋白合成受阻，继而引起贫血。

（2）铜具有抗氧化作用　铜是铜蓝蛋白、超氧化物歧化酶和细胞色素C氧化酶的辅酶因子。铜蓝蛋白可清除超氧阴离子，还能抑制通过黄嘌呤氧化酶调节的正铁细胞色素C的还原作用。铜锌超氧化物歧化酶能够消除氧自由基，构成机体防疫体系部分。细胞色素C氧化酶主要位于真核生物细胞线粒体上，通过氧化磷酸化为细胞提供能量。

（3）铜在机体免疫过程中起着重要作用　铜通过调控由它构成的酶的生物学活性形成机体防御系统，增加细胞抗炎症的能力进而增强机体免疫机能，在动物细胞免疫、体液免疫及抗体、补体、淋巴因子等的形成上起到了重要作用。机体缺铜会降低血液中IgG、IgA、IgM的含量。铜参与免疫反应的机制是其参与了血清免疫球蛋白的结构组成，还可以通过T淋巴细胞而影响免疫反应。

（4）铜是多种酶发挥作用的辅助因子　铜作为多种酶（如细胞色素氧化酶、尿酸氧化酶、氨基酸氧化酶、酪氨酸酶、铜蓝蛋白酶等）的组成成分，是机体代谢的直接参与者。如铜是酪氨酸酶辅基，缺铜则酪氨酸酶活力下降，ATP生成减少，造成皮肤和毛色减退、神经系统脱髓鞘、脑细胞代谢障碍，表现为运动失调等神经症状。

（5）铜对维持正常的毛色和肤色具有重要作用　铜参与酪氨酸酶的合成，酪氨酸酶广泛分布于生物体中，其在黑色素合成代谢途径中具有多种催化功能。如果铜离子缺乏，酪氨酸酶的活性就会降低，黑色素的形成过程将受到抑制，皮肤和羽毛色泽就会减退。

二、病因

（1）饲料中铜含量不足　铜与铁一样，禽体对铜可反复利用，排出极少，对铜的需求量很小，但由于铜的吸收率很低，仅为饲料中铜的 10% ～ 20%，当饲料中含量很低时，则出现铜缺乏症。一般认为铜在饲料中添加量不能低于每千克饲料 3mg。

（2）饲料中存在铜的干扰因素

① 有机酸及微量元素影响铜的吸收，钼与铜有拮抗作用，当饲料中钼含量过高时，可妨碍铜的吸收、利用，从而引起缺铜，其他一些金属如锌、镉、铁、铅等以及硫酸盐过多时，也能影响对铜的吸收。

② 饲料中的植酸盐可与铜结合形成稳定的复合物，从而降低铜的吸收性，维生素 C 的摄食量过多，不仅能降低铜的吸收率，而且还能减少铜在体内的贮存量。

三、症状

患鸭生长发育不良，食欲减退，贫血消瘦，羽毛粗乱、暗淡、无光泽，神经功能表现异常，反应迟钝，运动失调，腿拖地呈左右摇摆姿势。骨质脆弱易折断，骨质疏松，关节畸形。产蛋鸭产蛋量下降，蛋壳质量变差，蛋壳变厚，甚至产无壳蛋、畸形蛋以及蛋壳起皱、蛋重变小、种蛋的孵化率降低，胚胎在孵化过程中常发生死亡，即使孵出雏鸭也往往难以成活，有的病鸭出现痉挛性麻痹等症状。

四、病理变化

剖检病理变化主要表现为患鸭心脏扩大、心脏血管破裂，严重的缺乏症可造成鸭主动脉破裂，引起出血。肝脏内结缔组织增生，部分肝细胞颗粒变性。

五、诊断

本病可参照症状和剖检病理变化，结合饲料原料调查，作出诊断。

六、预防

合理配制饲料，保证饲料中铜的供应量，可在饲料日粮中添加硫酸铜，每千克日粮中添加铜 7mg，且要求饲料配制过程中一定要搅拌均匀；或在饮水中添加硫酸铜，让鸭群自由饮用。但需要注意的是，日粮中铜的添加量应该严格控制，不能超标，否则会造成鸭群铜中毒。

七、治疗

鸭对铜元素的正常需量为饲料中含 6 ～ 8mg/kg，因硫酸铜含 25.5% 的铜，每吨饲料中加入硫酸铜约 20mg 即可，发生铜缺乏症后，可用 0.05% 的硫酸铜进行饮水治疗。

第九节　锌缺乏症

锌缺乏症（Zinc deficiency）是由于机体内锌缺乏而导致的一种营养代谢性疾病。锌是动物生命中必需的微量元素，参与动物体合成蛋白质及其他物质的代谢。锌广泛分布于禽体组织内，且以肝脏、骨骼、肾、肌肉、胰腺、性腺、皮肤和被毛中含量较高。血液中的锌主要存在于血浆、红细胞、白细胞中。饲料中的锌是以无机锌和有机锌的形式添加的，无机形式多为氧化锌或硫酸锌；有机形式较为复杂，包括有机酸锌（如葡萄糖酸锌、柠檬酸锌和丙酸锌等）和锌的氨基酸络合物（如蛋氨酸锌、赖氨酸锌和甘氨酸锌等）。

一、生理功能

（1）影响免疫机能　动物体内的锌元素可参与调控细胞的分裂及分化，动物缺锌时会使免疫细胞的正常分裂和分化受到抑制，免疫水平大大降低，从而影响动物体免疫蛋白的合成，进而造成动物体免疫力低下等问题。因此，适量的补锌可增强动物体免疫水平以及能力，但过量的补锌同样也会引起动物的不适。有研究表明，过量的锌会影响胸腺以及淋巴细胞的核苷酸水平从而阻碍免疫细胞的生长，进而抑制免疫细胞的增殖。

（2）促进机体的生长发育　锌在动物体内主要通过参与合成动物体内多种重要代谢酶，来调控核酸和蛋白质的合成、能量代谢、氧化还原等生化代谢过程，进而影响机体的物质代谢和动物的生长发育。幼龄动物需锌的参与才能合成生长所需激素。因此，幼龄动物缺锌可能会导致其发育滞缓等问题。锌元素还可促进食欲以及延长食物在消化道的消化时间，从而起到增加食欲的作用，进而促进动物的生长。

（3）促进骨骼的生长发育　锌元素是动物骨骼的重要组成元素，缺锌可降低动物的长骨成骨活性、减慢软骨形成速度以及增加软骨基质。此外，由于锌可参与细胞的分裂，因此缺锌可抑制原始软骨细胞的正常分裂，从而抑制软骨细胞的成熟和性变过程，进而阻碍激活矿化及成骨潜能。

（4）与维生素 A 有协同作用　从维生素 A 的合成到运输以及利用均受到锌的影响，维生素 A 在视黄醇脱氢酶的催化下可转化为视黄醛，视黄醛再与视杆细胞内的视蛋白结合，锌还与维生素 A 具有协同的作用，能有效维持动物体内维生素 A 的含量；动物体内有锌存在时可有效提高血液中维生素 A 和转甲状腺素蛋白的含量。

（5）维持动物皮肤和黏膜的正常结构和功能　缺锌会导致动物被毛粗乱并伴有不同程度的脱毛。缺锌可导致皮肤过度角化或不全角化、上皮细胞核性变不完全、毛囊减少。禽类缺锌可导致羽毛生长不良以及皮炎等。

二、病因

（1）地区差异　一般土壤生长的玉米等饲料原料含锌量多在 30 ～ 100mg/kg，基本上能满足禽类的营养需要，但缺锌地区含锌量低下，仅 10mg/kg 饲料左右，鸭场土壤中锌不足，极易引起发病。

（2）饲料中存在拮抗锌吸收的物质　由于锌能够与植物性饲料中的植物酸结合形成不易溶解、吸收的复合物，因此植物性饲料中锌的有效含量较低。饲料中磷、镁、铁等二价元素可与锌争夺代谢渠道，影响锌的吸收；饲料中维生素 D 含量过多，饲料中的脂肪酸过多也能影响锌的代谢，降低锌的吸收和利用。

（3）疾病及遗传因素　患有慢性消耗性疾病，特别是慢性胃肠疾病，肠道内菌群的变化以及细菌性肠病原体的出现，可妨碍锌的吸收而引起锌缺乏。同时，由于锌是味觉素的主要组成成分，缺锌会造成味觉素生成减少而至食欲下降，进一步影响锌的摄入。遗传因素对锌缺乏也有一定影响，主要是由于染色体隐性遗传基因的作用而导致锌的吸收量减少。

三、症状

发病鸭群主要表现为生长停滞、发育受阻、繁殖力下降及易发皮炎等。雏鸭体质衰弱，食欲减退，生长发育受阻，营养不良。患鸭眼部分泌物增多，常导致上下眼睑粘合、睁眼困难。患鸭羽毛生长不良，缺乏光泽，脆弱易碎，皮肤形成鳞片，主要在脚部发生皮炎，胫部皮肤容易成片脱落。部分患鸭可见脚蹼部肉垫增厚并出现破溃。骨骼软骨细胞增生引起骨骼变形，胫骨变短变粗，关节增大且僵硬，翅发育受阻，常蹲伏于地面。种鸭产蛋及孵化率降低，胚胎死亡率升高，弱雏及畸形比例增多，如短肢、脊柱弯曲、无趾、肌肉缺损等。

四、病理变化

鸭患锌缺乏症时，剖检内脏器官并不表现明显的眼观病理变化，部分患鸭剖检可见鼻内充满干燥碎屑，鼻窦内充满黄色干酪样脓液；脚蹼可见小灶样溃疡灶。胸腺、脾脏可见淋巴细胞减少、网状细胞增多，部分变性坏死。

五、诊断

该病的诊断主要结合饲料成分分析及症状，养殖场区土壤成分分析有助于该病的确诊。

六、预防

本病的预防主要在于根据鸭不同生长时期的生理需要保障饲料中锌的供应。一般每千克饲料中添加锌 50 ～ 100mg 可满足鸭群的生理需要。可在饲料中添加含锌丰富的肉粉和鱼粉，或在饲料中添加硫酸锌、氧化锌、碳酸锌等。在补充锌制剂的同时，还应该注意饲料中维生素 A 的供应。

七、治疗

鸭群发病后，应及时分析饲料中含锌量和含钙量，确定病因。如为高钙所致，应降低饲料中的钙含量；如为锌缺乏，可用以下处方进行补充：饲料中添加硫酸锌或碳酸锌，使日粮中含锌量达到每千克饲料 150mg，连用 10d 后降至预防用量。

需要注意的是，在症状消除后，必须将添加剂量降为正常，锌过多时会产生不良影响，对蛋白质的代谢，钙、锰和铜的吸收都有影响，还会导致蛋鸭的产蛋量急剧下降和换羽。因此，在治疗时要掌握锌的使用量，不可矫枉过正。

第七章　鸭中毒病诊治

第一节　黄曲霉毒素中毒

霉菌毒素是霉菌生长繁殖过程中产生的有毒次级代谢产物，毒性极强，其广泛存在于饲料原料及成品饲料中。其中，黄曲霉毒素是黄曲霉、寄生曲霉和软毛曲霉的代谢产物，具有致癌作用，可导致畜禽和人类肝脏损伤，是目前已知的较强致癌物，长期持续摄入较低剂量的黄曲霉毒素或较短时间大剂量摄入黄曲霉毒素，都可诱发原发性肝细胞癌。1960 年英国发生火鸡因误食被黄曲霉毒素污染的花生粉饼，造成死亡数达十万余只，当时称为火鸡“X”病。当环境温度超过 27℃、相对湿度大于 62%、水分大于 14% 时，最易产生黄曲霉毒素。若在粮食收获、加工、贮藏过程中处理不当，饲料原料极易污染黄曲霉毒素，葵花籽粕、棉粕、小麦、花生粕、玉米、鱼粉、大豆粕和全价饲料等最易污染黄曲霉毒素。

黄曲霉毒素是一类结构类似的化合物，基本结构都有二呋喃环和香豆素，前者具有毒性，后者具有致癌性。目前已经发现的黄曲霉毒素及其衍生物有 20 多种，根据在紫外灯下荧光颜色不同及结构不同，可分为 B 族、G 族及其衍生物。B 族黄曲霉毒素在紫外灯照射下有蓝紫色的荧光，G 族发出绿色荧光（图 7-1）。B 族有 B1、B2 和 B2a，G 族有 G1、G2

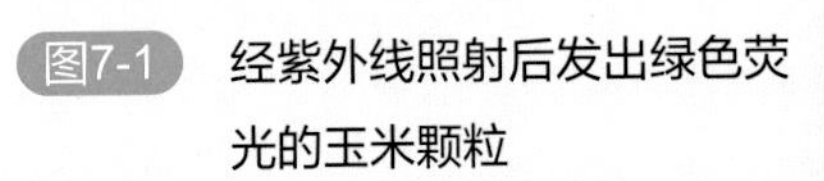
图7-1 经紫外线照射后发出绿色荧光的玉米颗粒

和 G2a，黄曲霉毒素 B1 被哺乳动物采食后，从乳汁中排出的代谢产物为 M1 和 M2。黄曲霉毒素 B1 毒性和致癌性最强，其毒性为氰化钾的 10 倍、砒霜的 68 倍，是检测黄曲霉毒素含量的重要指标。

黄曲霉毒素可导致各种畜禽中毒，家禽对其较为敏感，尤其是雏禽。鸭对黄曲霉毒素极为敏感，尤其是雏鸭，其敏感性比肉鸡和蛋鸡高 200 倍以上。黄曲霉毒素可造成鸭群发育受阻、肝脏损害及神经症状，对我国养禽业危害严重，造成巨大的经济损失。

一、病因

黄曲霉毒素为白色结晶，是一种毒性极强的物质，被世界卫生组织癌症研究机构列为 I 类致癌物。尤其以黄曲霉毒素 B1 的毒性最大，食入少量即可引起慢性肝损伤，若食入量过大则可引起急性肝损伤。温暖潮湿的地区，被黄曲霉和寄生曲霉污染过的饲料原料或成品饲料都有可能存在黄曲霉毒素，且玉米、花生等饲料原料一旦有黄曲霉菌的生长，便可产生毒素渗入内部，即使漂洗表面霉层，毒素仍然存在；未及时晒干或贮存、运输不当的玉米、花生、黄豆、棉籽等也易受黄曲霉菌的污染；而且饲料在农场中存放越久，其黄曲霉毒素含量越高。

鸭黄曲霉毒素中毒是由于采食了被霉菌毒素污染的饲料与垫料所致，此外，阴暗潮湿、污浊空气、鸭舍过度拥挤、通风不良也都是本病的重要诱因。本病一年四季都有发生，但多雨季节或具有霉菌产毒的适宜条件下更容易发生。

二、症状

黄曲霉毒素可导致消化酶的活性破坏，抑制机体营养物质的吸收，影响消化机能；可在家禽肝脏、肾脏、胆、胰等组织器官蓄积，尤其以肝脏蓄积浓度最高；同时伴有免疫器官发育障碍与中枢神经的损伤等。中毒鸭表现为精神萎靡，采食锐减，生长缓慢，羽毛粗乱，聚堆（图 7-2，图 7-3），贫血，排白色或青绿色稀粪（图 7-4），在肛门处常挂有绿色、白色粪便污垢。病鸭腿脚麻痹，腿和趾部出现紫色出血斑点，严重的脚趾、腿部皮肤呈紫黑色（图 7-5，图 7-6）。死前出现共济失调、抽搐、角弓反张等神经症状（图 7-7，图 7-8），死亡率可达 40% 以上，死亡鸭喙呈紫黑色（图 7-9，图 7-10）。成年鸭耐受性较高，呈亚急性或慢性经过，症状不明显，表现为食欲减少，消瘦，贫血，生长性能降低，心包积液和腹水，并伴有肝脏萎缩。蛋鸭或种鸭开产期推迟，产蛋量下降，小蛋增多。

图7-2　鸭精神沉郁，闭眼，缩颈，羽毛粗乱

图7-3　鸭精神沉郁，聚堆

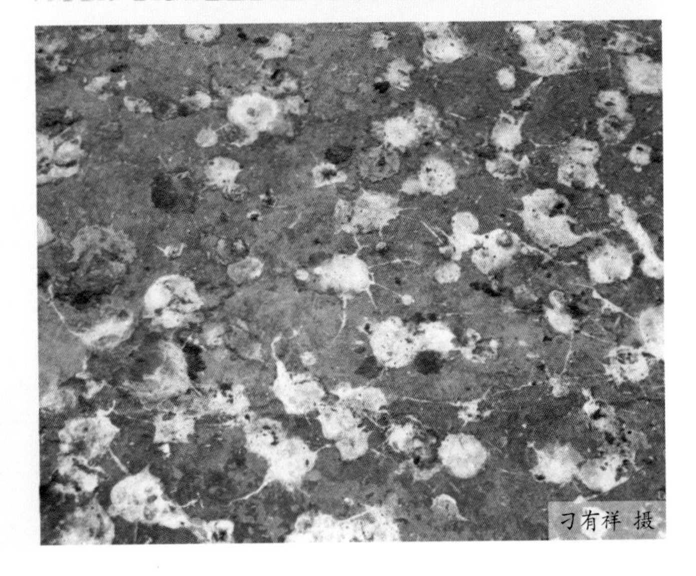

图7-4　病鸭排白色稀便

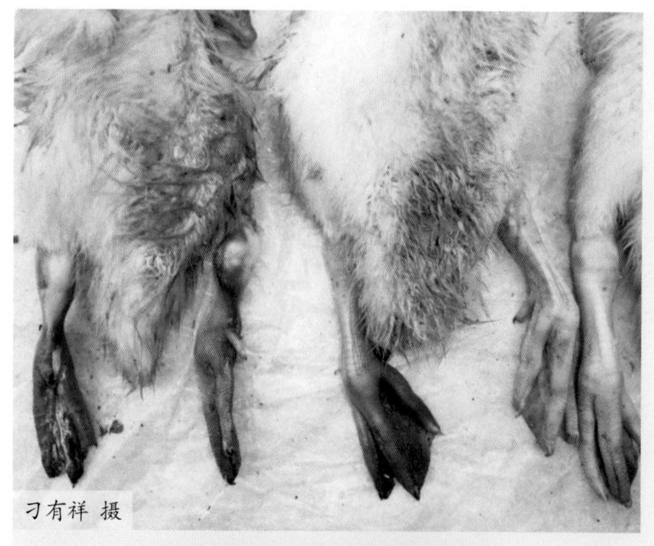

图7-5 爪、腿皮肤呈紫黑色（一）

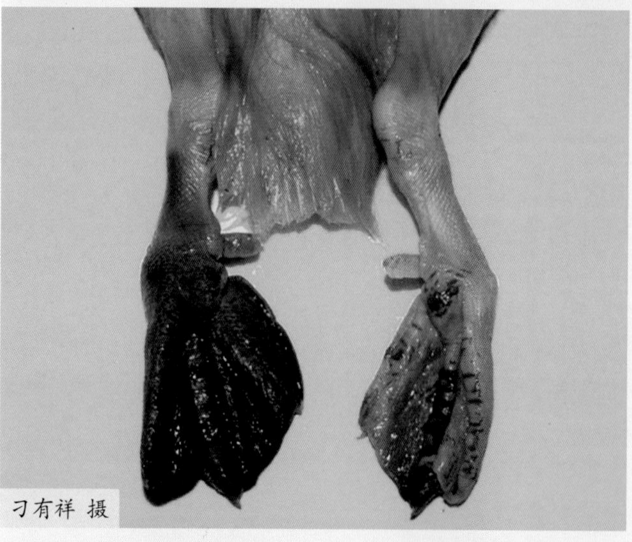

图7-6 爪、腿皮肤呈紫黑色（二）

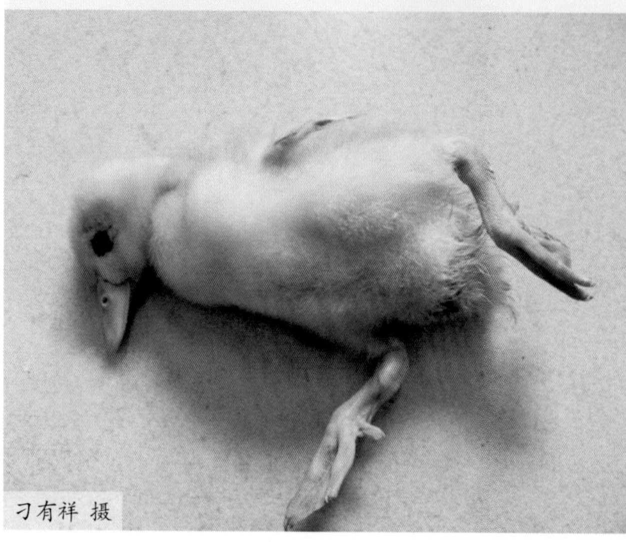

图7-7 鸭临死前出现的神经症状

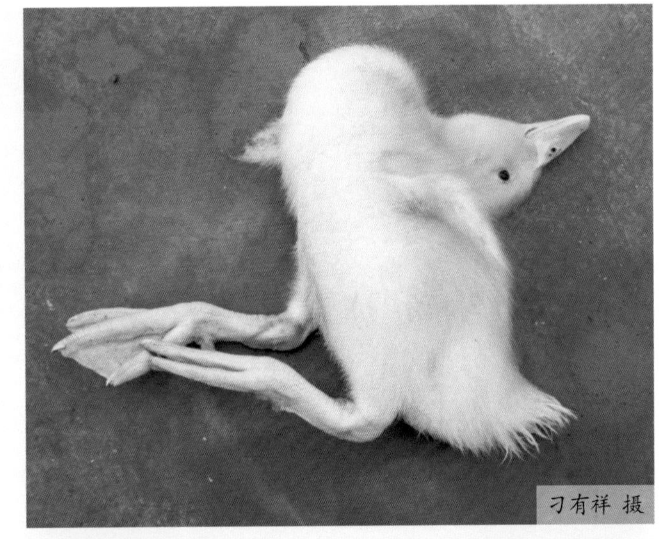

图7-8 鸭呈角弓反张状

图7-9 因黄曲霉毒素中毒死亡的鸭

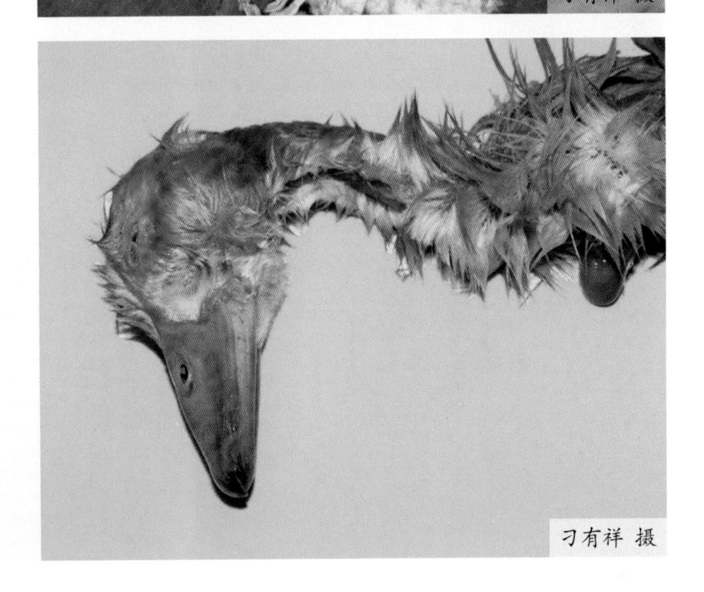

图7-10 死亡鸭喙呈紫黑色

三、病理变化

本病特征性病变在肝脏，表现为肝脏肿大，颜色苍白（图 7-11 ～图 7-13），质地变脆，边缘钝圆，表面有网格状病变（图 7-14 ～图 7-16），散布有灰白色的斑状坏死或者点状出血斑，特别是边缘有明显坏死灶。腺胃严重出血，肌胃角质膜糜烂，呈褐色、黑褐色（图 7-17 ～图 7-21），严重的角质膜脱落；肠黏膜出血，并从红色逐渐变成黑色，如同煤焦油状，有时混杂游离的血块，肠壁变薄，肠黏膜脱落，十二指肠卡他或出血性炎症，胰脏散布有灰白色的坏死点。心冠脂肪出血，严重的心肌破裂、出血（图 7-22）。肾颜色苍白或出血（图 7-23，图 7-24）。颈部、胸腹部皮下出血（图 7-25），有的皮下有淡黄色胶冻状物渗出，胸肌、腿肌出血（图 7-26 ～图 7-28）。若种鸭饲料中黄曲霉毒素超标，则所产种蛋孵出的雏鸭，1 日龄剖检可见肌胃角质膜溃疡，呈黑褐色（图 7-29）。慢性中毒时，肝脏呈淡黄褐色，有多灶性出血和不规则的白色坏死病灶，并且肝脏脂肪含量有所增加。病程较长的病鸭，肝实质呈结节状增生（肝癌），胆管增生（图 7-30）。

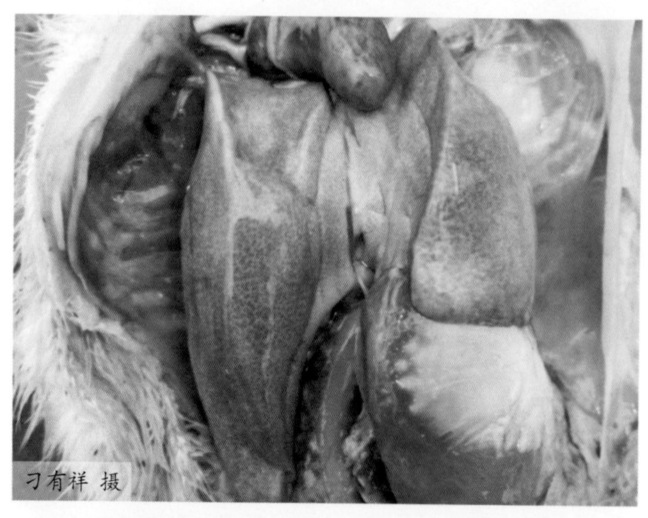

图7-11 肝脏肿大，颜色苍白（一）

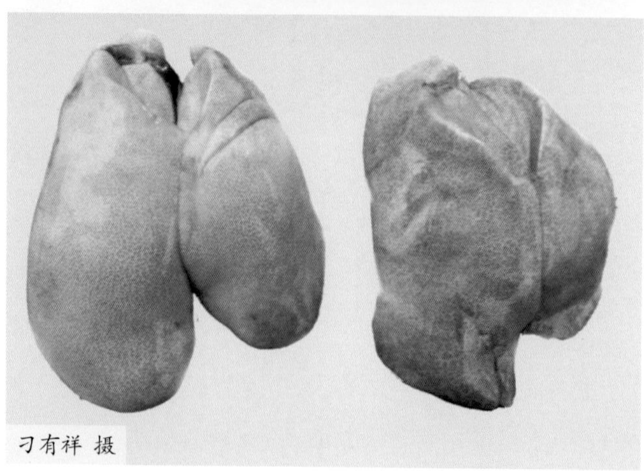

图7-12 肝脏肿大，颜色苍白（二）

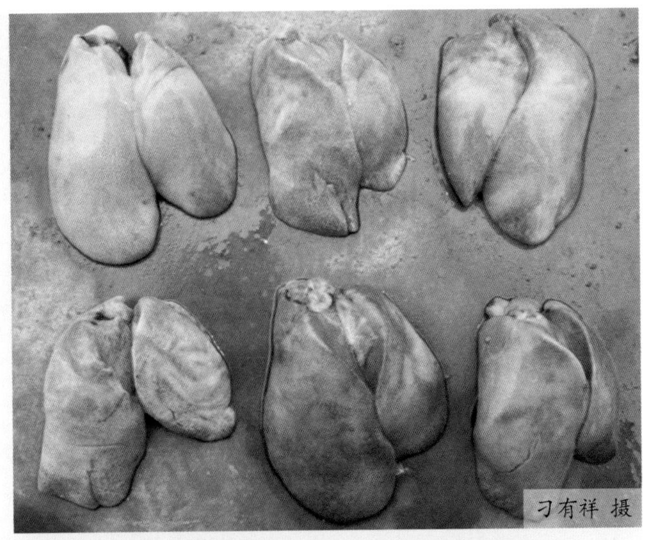

图7-13 肝脏肿大，颜色苍白（三）

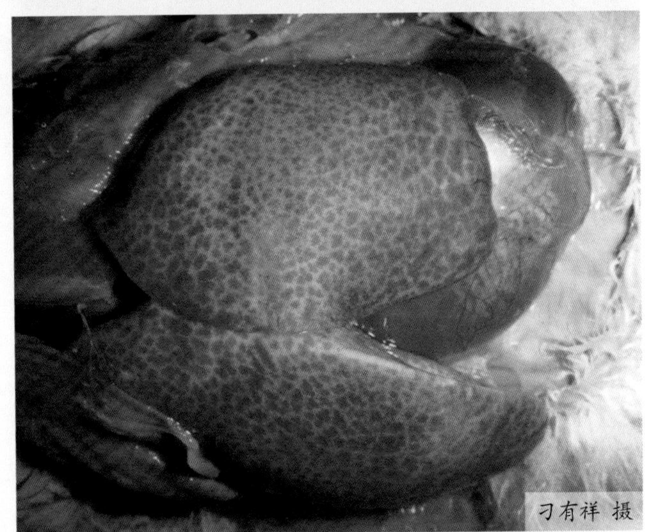

图7-14 肝脏肿大，呈网格状病变（一）

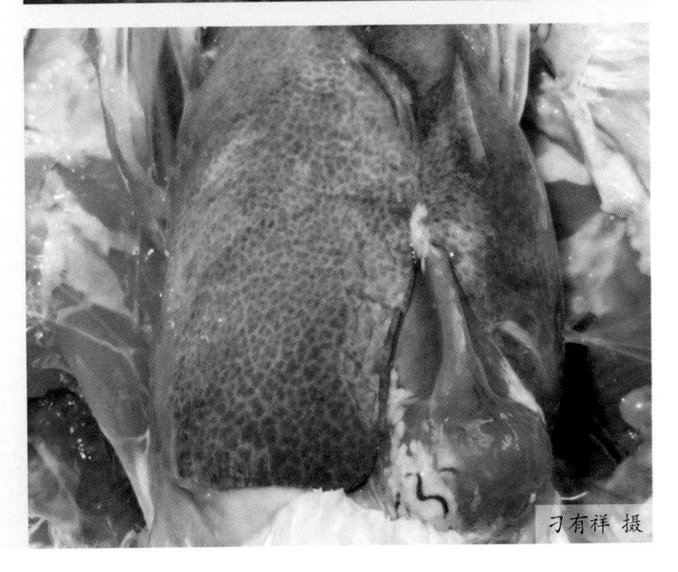

图7-15 肝脏肿大，呈网格状病变（二）

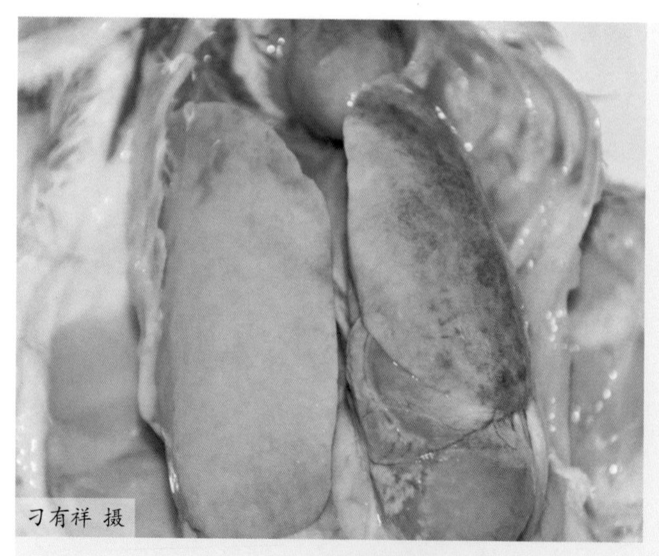

图7-16 肝脏肿大，颜色变浅，表面有网格状病变

图7-17 腺胃出血

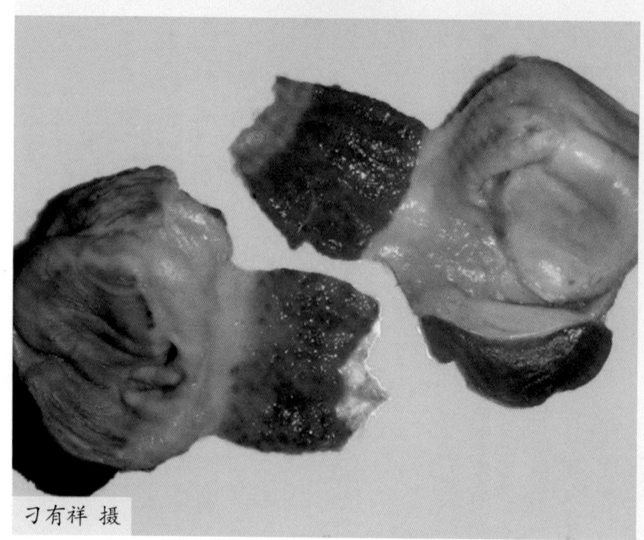

图7-18 腺胃出血，肌胃角质膜呈褐色糜烂

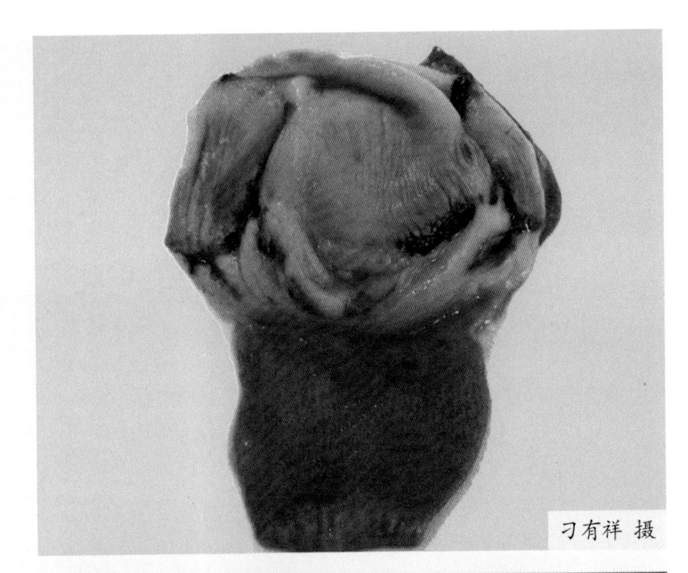

图7-19 腺胃出血，肌胃角质膜呈黑褐色糜烂

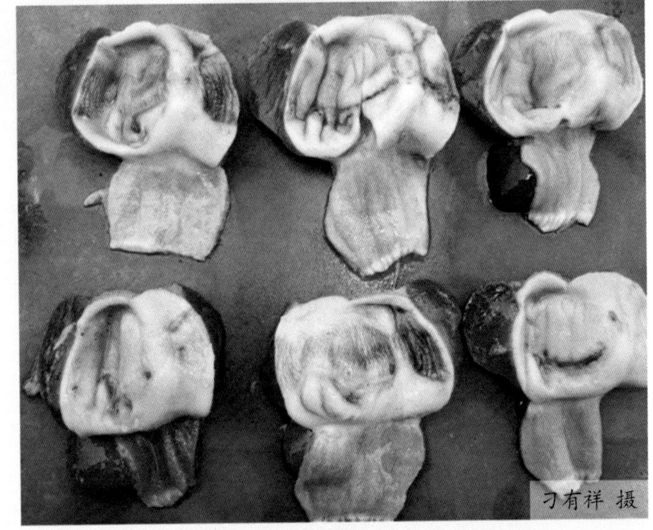

图7-20 肌胃角质膜呈褐色糜烂（一）

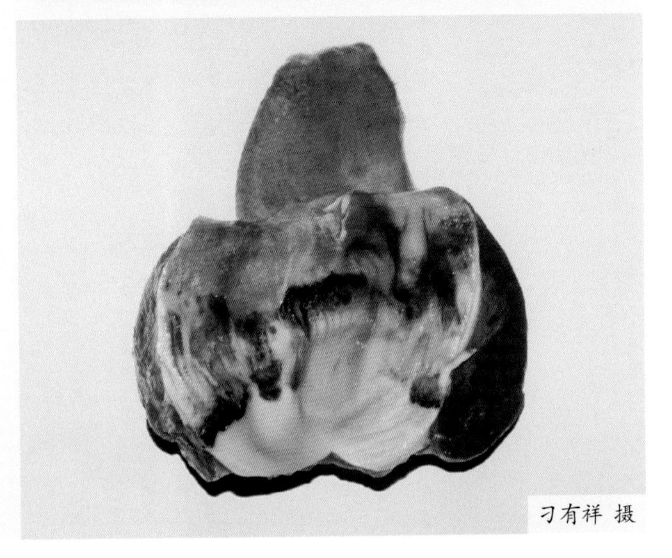

图7-21 肌胃角质膜呈黑褐色糜烂（二）

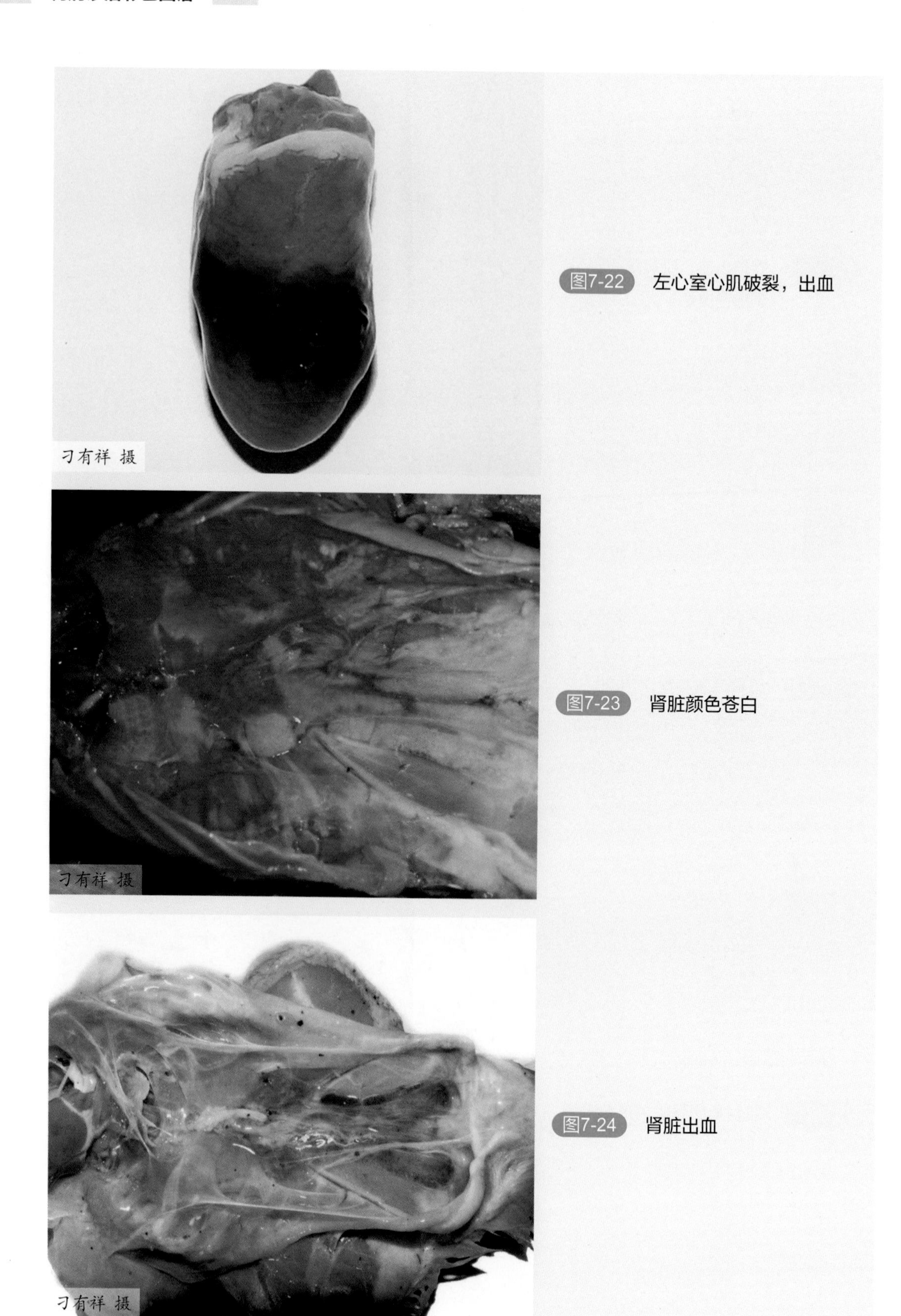

图7-22 左心室心肌破裂，出血

图7-23 肾脏颜色苍白

图7-24 肾脏出血

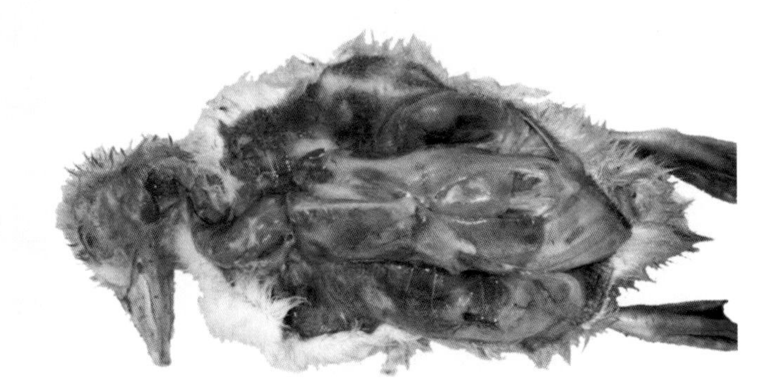

图7-25 颈部、胸腹部皮下出血

刁有祥 摄

图7-26 皮下出血，腿肌出血

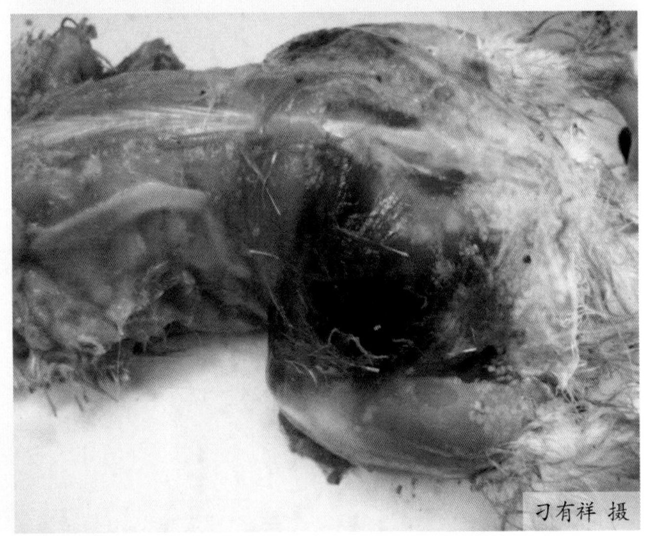

图7-27 腿肌出血（一）

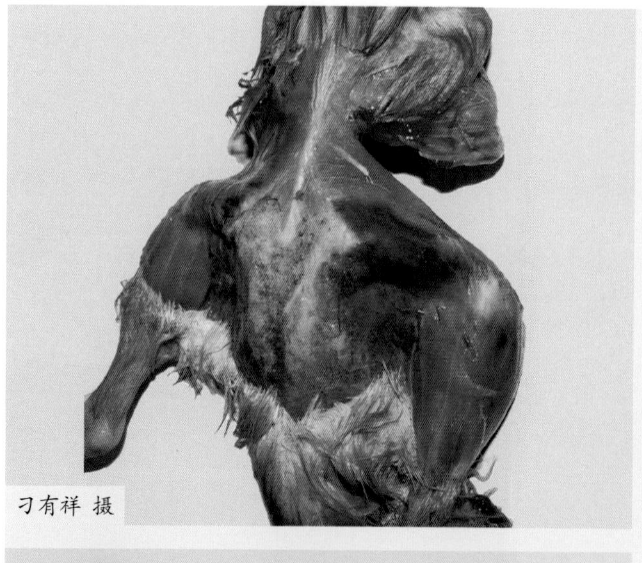

图7-28 腿肌出血（二）

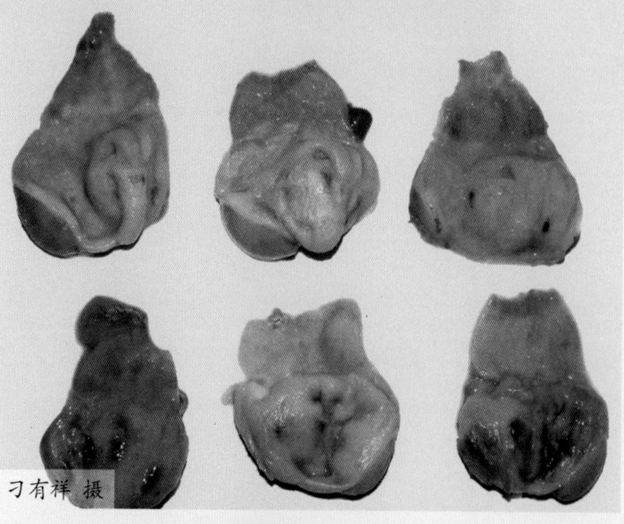

图7-29 1日龄雏鸭肌胃黑褐色糜烂

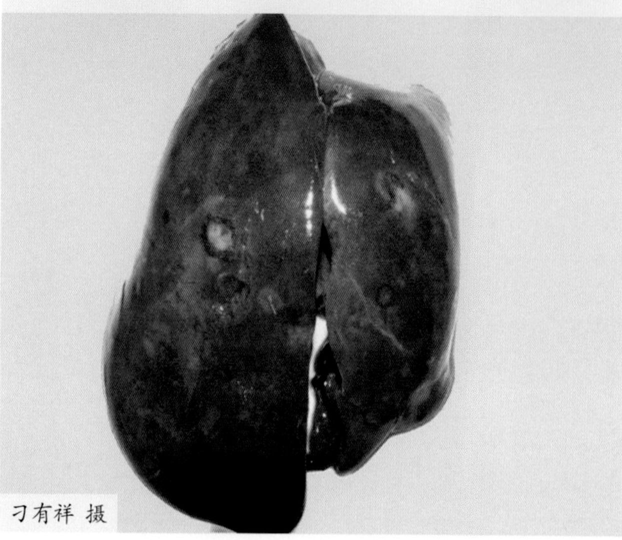

图7-30 肝脏表面有大小不一的肿瘤结节

组织病理变化表现为肝实质大面积有脂肪变性，肝细胞肿胀变圆，着色较浅，有明显的颗粒变性；胆管上皮细胞大量增生，使其呈细胞索状，并在肝细胞索间散布，严重者肝组织基本上都被增生的胆管替代；肝小叶和增生胆管结节内有淋巴细胞大量增生浸润，构成淋巴细胞增生结节；中央静脉和汇管区四周出现一定量的纤维组织增生。

四、诊断

（1）初步诊断　根据鸭群是否有采食被黄曲霉菌污染的饲料的病史，结合食欲不振、生长不良、贫血等症状，同时伴有急性中毒性肝炎等病理变化做出初步诊断；确诊必须对可疑饲料进行饲料中黄曲霉菌毒素的定性、定量检验。

（2）组织病理学检测　取肝脏组织进行组织学检测，可见肝细胞肿胀变圆、脂肪变性、空泡变性、颗粒变性；胆管上皮增生，增生的胆管结节和肝小叶内淋巴细胞广泛增生浸润，形成淋巴结节增生。

（3）必要时还可进行动物回归试验　将胃内容物接种于真菌培养基，28℃培养 5 ～ 7d，分离到黄曲霉，转接种到察氏培养基，28℃培养 2 ～ 3d，于紫外灯下观察，见菌丝体呈蓝紫色荧光；用同批饲料饲喂鸭群，出现与病鸭群类似症状。

五、预防

（1）禁用霉变饲料　晚春、夏季久雨放晴时节，在高热高湿环境条件下，务必要注意按照养殖规定中饲料的保存方法保存饲料，尤其是对于 3 周以内雏鸭饲喂应格外注意，喂食雏鸭之前最好检测饲料中黄曲霉毒素是否超标，对检测不达标的饲料必须禁喂。育成期以后的鸭群生长速度加快、饮食欲极其旺盛，虽然摄入少量曲霉菌毒素后致死率不高，但严重影响养殖经济效益，因此也必须要禁止投喂发生霉变的饲料日粮；南方地区晚春、夏季进入适发季节，建议在饲料中添加丙酸钙、山梨酸等防霉剂，预防效果良好。

（2）霉菌毒素脱毒处理　严重发霉的饲料不应饲喂鸭群，应全部废弃。但对于霉变较轻的饲料，为防止浪费可经脱毒处理，脱毒方法包括物理脱毒、化学脱毒和生物脱毒 3 种。物理脱毒方法有热、紫外线、漂洗、微波、吸附剂处理等。生产中常采用在日粮中添加吸附剂的方法来吸附鸭消化道内的黄曲霉毒素，阻止机体对毒素的吸收，常用的吸附剂有蒙脱石、活性炭、水和硅酸钠钙盐、膨润土、沸石、黏土等。化学脱毒法是利用强酸、强碱、强氧化剂彻底破坏黄曲霉毒素的结构。谷物的氨化处理也是一种有效的解毒方法，氨水或氨气能使玉米、花生饼、棉籽及其饼粕中黄曲霉毒素降低 99%，且是不可逆的脱毒过程。生物脱毒法是通过某些微生物的生物转化作用，破坏霉菌毒素的化学结构，如对于轻度霉变饲料，添加 0.15% 的生物脱霉剂，可达到防霉脱霉效果。

（3）正确处理中毒鸭群　中毒鸭的脏器内部含有毒素，不能食用，应深埋，以免影响公共卫生。中毒鸭只的排泄物也含有毒素，因此其粪便要彻底清除，集中用漂白粉处理，以免污染水源和地面。被毒素污染的用具可用 0.2% 次氯酸钠溶液消毒，或在浓石灰乳中浸泡消毒。

六、治疗

本病目前尚无有效治疗药物，一旦确诊应采取综合性治疗措施：

（1）一旦发现鸭群出现疑似黄曲霉毒素中毒情况，应立即停喂含有黄曲霉毒素的可疑饲料，及时清除可疑垫料等，防止造成更大范围的中毒，供给多种维生素、葡萄糖混于饮水中，有益于中毒的恢复。

（2）增加鸭舍的透光性和通风量，保持鸭舍干燥；对饲槽、饮水器具等进行彻底清洗消毒，将饲喂工具进行暴晒处理。

（3）粪便用漂白粉消毒，用具用 0.2% 次氯酸钠消毒，彻底消除鸭场中的霉菌孢子及其毒素。

（4）用 0.05% 的硫酸铜溶液饮水，连用 5d，抑制霉菌的生长繁殖。同时，应用制霉菌素治疗，每禽口服制霉菌素 4 万～ 6 万 IU，每天 2 次，连续 3 ～ 4d。给予鸭群清洁饮水，并添加一定量的盐类泻剂，以排出肠道毒素，同时增加多维素、微量元素、蛋白质及脂肪在饲料中的含量。

（5）饲料或饮水中添加恩诺沙星等常规抗菌药物，防止继发感染。

第二节　肉毒梭菌毒素中毒

肉毒梭菌为梭菌属成员，是两端钝圆的大杆菌，革兰染色阳性，周身有鞭毛，无荚膜，为专性厌氧菌。本菌可形成芽胞，芽胞为卵圆形，常位于近端，比菌体稍大。该菌在普通培养基和厌氧肉肝汤培养基中均能生长，在血液琼脂培养基表面形成的菌落形状不规则、半透明、灰白色、边缘不整齐、有 β 溶血。肉毒梭菌是一种腐生菌，可污染水果、肉类、青贮饲料等而大量繁殖，其芽胞广泛分布于自然界中，如空气、土壤、水、腐败尸体与动物肠道中，生长过程中产生的毒素为外毒素。肉毒梭菌毒素是目前已知毒力最强的毒素，该毒素理化性质稳定，能耐受胃酸、胃蛋白酶与胰酶的作用，不易被破坏，因此能在胃肠道内被吸收引起中毒。肉毒毒素具有极强的抗原性，根据毒素抗原性不同，可将肉毒梭菌分为 A 型、B 型、C 型、D 型、E 型、F 型和 G 型 7 个毒素型，各毒素之间不具有交叉保护，只有相应型的类毒素才能中和相应的毒素。大多数动物是由 C 型毒素引起的中毒，此外，禽类中毒还可能由 A 型或 E 型引起。

鸭肉毒梭菌毒素中毒是由肉毒梭菌 C 型毒素引起的一种急性中毒性疾病，以运动神经麻痹为特征。表现为全身性麻痹，头下垂、软弱无力，故又名“软颈病”。

一、病因

本病一年四季均可发病，尤其在夏、秋季多发。此时温度较高，湿度较大，饲料、饲草极易发生腐败，最有利于肉毒梭菌繁殖，毒素的毒害作用也最强。但由于饲料中毒素分布不均，吃了同批饲料的鸭只并不全发病，一般体型较大、食欲良好的鸭更易中毒。

配制饲料中如果蛋白质含量较高，尤其使用动物性蛋白如鱼粉、骨粉、血粉等时极易发生腐败，致使肉毒梭菌迅速繁殖，毒性作用增强，导致鸭群发生毒素中毒。另外，炎热夏季在饲料中添加小苏打来预防热应激，如果添加量较大，会使鸭消化道内的pH值升高，有利于肉毒梭菌繁殖，更易发生毒素中毒现象。

鸭群在日常饲养过程中，若环境条件太差，尤其卫生不达标、清洗消毒工作不到位，料槽、饮水器等处沾满污垢，会给肉毒梭菌的繁殖创造条件。另外，饲料储存管理不善，蚊虫、苍蝇、老鼠等随意出入料库，其体内或携带的肉毒梭菌毒素污染饲料；同时，死亡鸭只不及时清理，腐败尸体中肉毒梭菌迅速繁殖，鸭只采食到被污染的饲料或啄食腐败尸体后也会发生肉毒梭菌毒素中毒。

当鸭只摄入肉毒梭菌毒素后，毒素通过胃和小肠黏膜吸收进入血液，随血流达外周神经，抑制乙酰胆碱的释放，从而阻断了运动神经冲动传导，使鸭运动神经麻痹、吞咽困难，最终导致呼吸困难而引起窒息死亡。

二、症状

肉毒梭菌中毒以运动神经麻痹为主要特征。潜伏期长短不一，与食入毒素的量有关，临诊上可分为急性和慢性两种。急性中毒在1～2h即可出现症状，慢性1～2d出现症状。初期表现精神萎靡，食欲废绝，眼半闭，不愿走动，羽毛松乱；中期表现为两腿、翅膀、颈部肌肉麻痹不能走动，翅下垂，头下垂；严重的倒地，头颈伸直平铺地面，不能抬起，紧闭双目，故也称“软颈病”；后期羽毛震颤、脱落，下痢，死前出现昏迷。急性者全身痉挛、抽搐，很快死亡。轻微中毒的病鸭，常见轻度步态不稳，头颈腿和翅膀轻度麻痹，躺卧在地；强行驱赶，鸭则双翅拍地跳跃而行，几小时后可以逐步恢复。

三、病理变化

死亡鸭无明显肉眼可见的特征性病理变化，有时可见肠炎或肠黏膜出血病变。自十二指肠到直肠的所有肠腔内都充满气体，呈现极度膨胀状态，肠壁因膨胀而变薄，肠腔内有大量气体和水样或胶冻状液体溢出；食道膨大部和肠内容物有腐败的酸臭味，整个肠道出血、充血，尤以十二指肠为甚，盲肠症状则较轻或无病变；胆囊增大 2 ～ 3 倍，内充满胆汁；有的病例心肌出血，心包积液，心外膜、心冠脂肪均有不同程度的出血；还有相关病例肺轻度水肿，表面有暗灰色出血，气管内有少量灰黄色泡沫黏液。

四、诊断

根据中毒鸭群发病情况，软脚、软颈等症状，结合养殖现场观察、饲养管理和肠道相关病理变化等情况，进行初步诊断，进一步确诊需要进行细菌学诊断或动物试验。

（1）取病死鸭心血，抹片，革兰染色，镜检后发现阳性，较粗大，两端钝圆，单个或成双有芽胞的梭菌。

（2）取病死鸭胃内容物进行处理：一是将内容物加 10 倍生理盐水，80℃加热 30min（主要杀死非芽胞菌）；二是将内容物或滤液不作任何处理。将两份胃内容物分别接种于疱肉培养基中，置 37℃温箱培养 3 ～ 4d，每日观察。接种 8h 后，此菌在疱肉培养基中生长旺盛，产生气体，12h 后培养基表面石蜡突起，肉渣变黑、腐败恶臭，至第 5d 取培养物涂片镜检呈典型肉毒梭菌状芽胞菌，然后接种于血琼脂平板分离，厌氧培养，可见典型的圆形、半透明、有溶血环、中心较厚、边缘薄而皱褶不整齐的肉毒梭菌菌落。

（3）动物试验　取病死鸭心、肺、肝组织混合物 100g 饲喂公鸡，服后 24h 发病，公鸡表现两肢麻痹，精神萎靡，食欲减少，吞咽困难，运动失调，与患鸭症状相同，5d 后恢复正常。

另外，本病易与鸭瘟、鸭霍乱等传染性疾病相混淆，需通过病原体的分离、显微镜观察和病理变化加以区别。

五、预防

肉毒梭菌毒素毒性强，无特效的治疗药物。因此，对于肉毒梭菌毒素中毒，其治疗基本原则仍以预防为主，避免鸭群接触肉毒梭菌毒素污染物。

首先要加强饲养管理，搞好环境卫生，定期对栋舍进行彻底消毒，保持鸭舍内空间充足、通风良好，清洁、干燥，清除肉毒梭菌生长的适宜条件；发现鸭舍内或附近有腐败尸体、粪便和污染物应立即清除，进行焚烧、深埋等无害化处理，并彻底消毒，控制肉毒梭菌的繁殖；另外，保证饲料安全，妥善储存管理饲料，不饲喂腐败的蔬菜、肉类和肉粉，避免鸭群接触肉毒梭菌毒素污染的食物；日粮中要适量添加食盐、钙和磷等，以防止群鸭发生异食癖而啄食动物尸体；同时适当添加适量的维生素 A、维生素 C、维生素 D 等，提高鸭群免疫力，增加鸭体对神经系统的保护作用。

六、治疗

该病是由鸭只摄入外界肉毒梭菌毒素引发，但有研究证明动物体内的肉毒梭菌也能产生毒素，在治疗过程中还要防止病情扩散导致的中毒范围扩大。因此，该病的治疗应结合隔离与保肝、排毒、护肾方案同时进行。

（1）一旦发现鸭群发生肉毒梭菌毒素中毒，应立即停饲，将发病和未发病鸭隔离分栏饲养，清理深埋已经死亡的鸭子，彻底消毒场地。

（2）鸭群用2%碳酸氢钠或1∶5000高锰酸钾溶液饮水作缓泻，以促进消化道内毒素的排出。用0.01%维生素C饮水，或全群用2%～3%葡萄糖饮水，连用4～5d，以护肝解毒。中药选用甘草5g、防风6g、通心莲5g、绿豆10g、红糖8g，水煎后供14～18只病鸭饮用；为防止继发感染，也可加用抗生素对症处理，一般用青霉素，但禁用氨基糖苷类抗生素，以防症状加重。

第三节　亚硝酸盐中毒

鸭亚硝酸盐中毒是一种急性、亚急性中毒性疾病，是由于鸭采食了含有过多亚硝酸盐或者大量硝酸盐的饲料或饮水等，导致其中的亚硝酸盐吸收进入血液，引发鸭的高铁血红蛋白症，造成组织缺氧而引起的中毒病。

亚硝酸盐属于一种强氧化剂，一旦被鸭只摄食吸收进入血液后，就可使血红蛋白中的二价铁失去电子被氧化为三价铁，使体内正常低铁血红蛋白变为高铁血红蛋白。三价铁与羟基结合较为牢固，流经肺房时不能氧合，流经组织时不能氧离，致使血红蛋白丧失正常携带氧气的功能，而引起全身性缺氧。因此，就会造成全身各组织，尤其是脑组织受到急性损害。此外，亚硝酸盐具有扩增血管的作用，导致中毒鸭外围循环衰竭，加重组织缺氧、呼吸困难及神经功能紊乱。该病往往发生急，病程持续时间短，死亡速度快，在生产中应予以足够的重视。

一、病因

富含硝酸盐的饲料（如青菜、包菜、萝卜叶、菠菜等许多青绿饲料）保存不当，堆放过久，特别是经过雨淋日晒，易腐败发酵，在硝酸盐还原菌的作用下，生成亚硝酸盐；饲料加工调制处理不当，如蒸煮青绿饲料时，蒸煮不透、不熟，或煮后放在锅里，加盖闷着，这些情况下，可使饲料中的硝酸盐转变为亚硝酸盐，鸭群一旦被摄食吸收会出现血液输氧功能障碍，引起中毒。

饮用硝酸盐含量过高的水也是引起鸭亚硝酸盐中毒的原因之一，施过氮肥的农田、垃圾堆附近的水源，常含有较高浓度的硝酸盐，硝酸盐在鸭食道膨大部经微生物作用，亦可转变为亚硝酸盐而引起中毒。

当鸭只出现消化不良时，胃内酸度下降，可使胃肠内硝化细菌大量生长繁殖，胃肠内容物发酵，将硝酸盐还原为亚硝酸盐，引起鸭群中毒。

二、症状

亚硝酸盐是一种有毒物质，它能使血液中正常携氧的低铁血红蛋白氧化成高铁血红蛋白，使其失去携氧能力而引起组织缺氧，所以患鸭表现为呼吸困难、可视黏膜发绀等。

亚硝酸盐中毒多为急性发病，鸭采食含有亚硝酸盐的饲料约1h后，即表现精神不安，不停跑动，步态不稳，驱赶时跛行，多因呼吸困难窒息死亡。病程稍长的病例，常表现口渴，食欲减退，口流黄色涎水，粪便呈淡绿色、稀薄恶臭，呼吸困难，可视黏膜和胸、腹部发绀。大多数病例体温下降，呼吸急促，心跳加快，双翅下垂，胸肌无力，最后发生麻痹痉挛，衰竭而死。

三、病理变化

亚硝酸盐是一种强氧化剂，一旦被摄取吸收入血，能将血红蛋白中的二价铁氧化为三价铁，形成高铁血红蛋白而丧失正常携氧的功能，导致全身各组织缺氧，特别是中枢神经系统受到急性损伤。

病鸭的血液呈酱油色、凝固不良；肝、肾和脾等器官均成黑紫色，切面淤血；气管、支气管充满白色或淡红色泡沫样液体；肺气肿明显，伴有淤血、水肿；胃、小肠黏膜出血，易脱落，肠系膜血管充血；食管内充满菜料，伴有较强的酸败味道；心肌变性坏死，心外膜有出血点。

四、诊断

根据病鸭采食的饲料或饮用水（含硝酸盐多），并结合呼吸困难、可视黏膜发绀和皮肤发绀、血液呈酱油色等症状和病理变化，做出初步诊断。确诊可取胃内容物、血液等进行亚硝酸盐的实验室检验。

（1）取病死鸭的血液进行抹片，肝、脾、肾组织进行触片，染色镜检及细菌培养、动物接种，均未发现病原菌。

（2）现场快速诊断：采血2mL，滴入1～2滴1%氰化钾溶液，血液立即变为鲜红色，说明血液中含有亚硝酸盐。

（3）取病死鸭胃内容物过滤液2mL，放入玻璃试管中，加入10%硫酸液1～2滴，再加入10%高锰酸钾溶液1～2滴，充分振荡，高锰酸钾立即褪色，说明含有亚硝酸盐。

五、预防

（1）青绿饲料必须新鲜，不可堆放时间过长，禁止饲喂腐败变质的青绿饲料；切实改善青绿饲料的堆放和蒸煮过程，无论生熟青绿饲料应尽量敞开放置。

（2）蒸煮青绿饲料时，可加入食醋，边煮边搅拌，以杀菌和分解亚硝酸盐。

（3）对可疑饲料、饮水进行亚硝酸盐检测，控制其含量，保证鸭群健康。

六、治疗

一旦发现中毒迹象，应立即停止饲喂可疑饲料。病鸭可及时肌内或静脉注射特效解毒药美蓝溶液和维生素 C 进行治疗，因为美蓝溶液和维生素 C 都能很好地促进高铁血红蛋白还原为血红蛋白。但应注意，美蓝溶液在低浓度时是还原剂，可促进高铁血红蛋白还原为血红蛋白，使病鸭转危为安；而高浓度时，当辅酶已耗尽，则为氧化物，反而使病情加重。所以使用美蓝时，一定要控制好剂量，每千克体重不能超过 1mg。同时用 0.01% 维生素 C 和 2% ～ 3% 葡萄糖饮水，每天 1 次，连用 3d。

第四节　食盐中毒

食盐的主要成分是氯化钠，是动物机体保持正常生理活动必需的物质，是禽类日粮中不可缺少的矿物质，一般占日粮的 0.2% 左右。食盐主要用于补充钠，以维持鸭体内的酸碱平衡和肌肉的正常活动，同时适量的食盐还可增强饲料的适口性，增进鸭群食欲，以促进机体的消化和代谢功能，调节体内渗透压、保证血液电解质平衡。若食盐摄入不足，会导致鸭食欲下降、生产性能降低、生长速度缓慢等情况，严重的还会导致鸭产生啄癖等问题，影响正常收益；但若摄入过多或采食不当时，则会引发鸭食盐中毒。大量氯化钠进入血液，导致组织细胞脱水，血钾增高，红细胞运输氧的能力下降，造成组织缺氧；同时，细胞通透性增强，细胞内的酶和钾离子大量进入细胞外液，由于细胞内渗透压增高，酶活性降低，造成整个机体代谢紊乱；尤其是钠离子过高，可增强神经肌肉的兴奋性，引起神经症状，出现共济失调、肌肉痉挛等症状，高血钾可使心脏在舒张期跳动而导致死亡。

一、病因

（1）饲料中加入过量食盐，饲料中食盐含量通常为 0.2% ～ 0.4%，当饲料中食盐含量超过 3%，或鸭每千克体重食入 3.5 ～ 4.5g 盐，或饮水中食盐达到 0.5% 以上就会引起中毒。

（2）鸭群采食了含盐量较高的海洋鱼粉、残羹、咸鱼、咸菜或在沿海、盐湖周围放牧，造成鸭群的食盐中毒。

（3）尽管饲料中食盐含量不高，但混合不均、粒度不一、部分鸭采食量过多，也会发生中毒。

（4）品种、年龄不同对食盐的耐受性也不同，雏鸭比成年鸭更易中毒。

（5）与饮水质量和数量有关。饲料质量正常但饮水质量较差，含有较高的盐分（往往与地区土壤等有关，有的地区含盐量均较高），饮水不足则会加重食盐中毒。

（6）外界环境温度较高，鸭机体水分丧失较多，可降低对食盐的耐受量。

（7）饮口服补液盐过量。口服补液盐中含有食盐和碳酸氢钠，若过量饮用就会引起中毒。

（8）饲料中维生素E、钙、镁和含硫氨基酸缺乏，也可使鸭对食盐敏感性增高。

二、症状

鸭食盐中毒症状的轻重取决于摄入食盐的多少和时间长短，过多食盐进入体内后，大部分滞留于消化道，可直接刺激胃肠黏膜引起炎症反应。

中毒轻的病例口渴，饮水量异常增多，食欲减退，精神萎靡，生长发育缓慢。严重中毒病例典型症状为极度口渴，狂饮不止，不离水槽；食欲降低或废绝；稍低头，口、鼻流出大量黏液；食道膨大部扩张；腹泻，排水样稀便。有的出现皮下水肿，不久转为两肢无力，运动失调，步态蹒跚，重则完全瘫痪。发病后期病鸭出现呼吸困难，嘴不停地张合，伸颈摇头，有时出现神经症状，头颈痉挛性扭转，口腔黏膜干燥，鸣叫呻吟，胸腹朝天，抽搐，最后衰竭死亡。

雏鸭中毒后发病急、死亡快，常表现神经症状。患鸭不断鸣叫，站立不稳，盲目冲撞，角弓反张，用脚蹬地，头颈不断旋转，身体突然向后翻转，两脚前后做游泳状摆动，随后很快死亡（图7-31）。慢性中毒后表现为持续性腹泻、厌食、消瘦或发育迟缓，下颌水肿，死淘率高，不能如期出栏等。

图7-31 死后呈角弓反张状

三、病理变化

鸭群发生食盐中毒后，病变主要表现在消化道，消化道黏膜出现出血性卡他性炎症。食道膨大部充满黏性分泌物，黏膜脱落；腺胃黏膜充血，有时表面形成伪膜；肌胃角质层质软、易脱落，轻度充血、出血；小肠发生急性卡他性或出血性炎症；心包积液，心外膜出血；皮下组织水肿，呈胶冻状（图 7-32，图 7-33）。有的病例腹腔充满黄色透明腹水，肝脏淤血、肿大呈浅黄色（图 7-34）；肾脏肿大，输尿管充满尿酸盐沉积；胆囊充盈；肺脏淤血、水肿；脑膜血管有明显充血、水肿，有时可见针尖状出血点。病程稍长的还可见肺脏淤血水肿，腹水增多。

四、诊断

根据鸭是否食入大量含有过量食盐的饲料，同时饮水不足的病史；并结合鸭突然暴发性死亡、饮水量猛增、腹泻、具有神经症状等，以及部分脏器水肿及皮下呈胶冻样水肿等病理变化，一般可得到初步诊断。必要时还可将病料和饲料送往实验室检测氯化钠含量。一般认为肝和脑中钠含量超过 1500mg/kg，肝、脑和肌肉中的氯化钠含量分别超过 1800mg/kg、2500mg/kg、700mg/kg 即可判断为食盐中毒。

五、预防

（1）加强饲养管理，严格控制饲料中食盐的含量，对其含量要精确计算，一般不超过 0.3% 为宜，雏鸭应格外注意，平时给予鸭群提供充足且清洁的饮水。

（2）饲料中添加鱼粉以及其他类的添加物时，要进行含盐量的测定，以决定其添加量，以免发生重复用盐的情况，在搅拌饲料时要充分，防止造成局部饲料中含盐浓度过高。另外，购买饲料时要确定食盐含量后再购买。

六、治疗

一旦鸭群发生食盐中毒，应立即停止饲喂含盐量高的饲料，同时给予充足新鲜饮水，应注意要少量多次，切忌暴饮，以免因饮水过多而导致水肿。

（1）中毒较轻时，可在饮水中添加 5% 葡萄糖，连用 3 ～ 4d，可以利尿、解毒和消除心包、腹腔内的积水。也可在饲料中添加适量的利尿剂，以促进氯化钠的排出。

（2）中毒较重时，要控制饮水量，采用间断给水方式，每小时饮水 10 ～ 20min。若

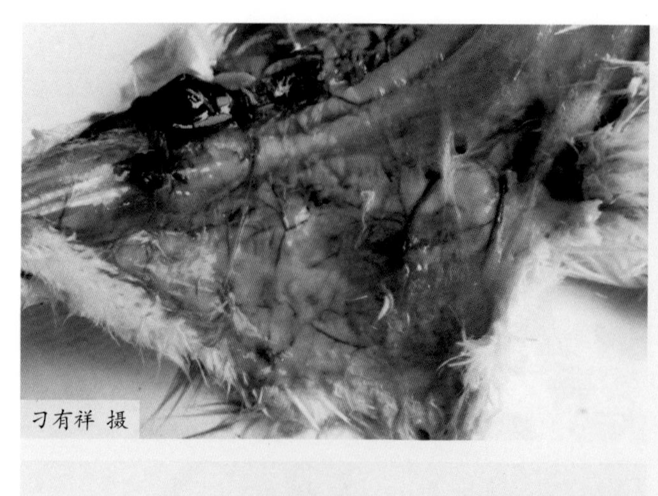

图7-32 皮下有淡黄色胶冻状水肿

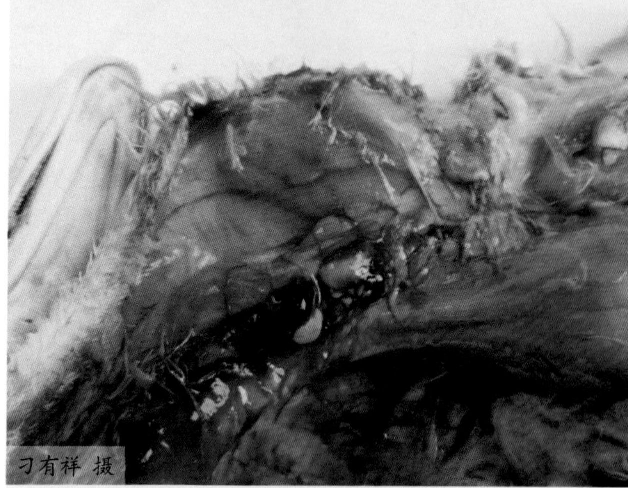

图7-33 头颈部皮下有淡黄色胶冻状水肿

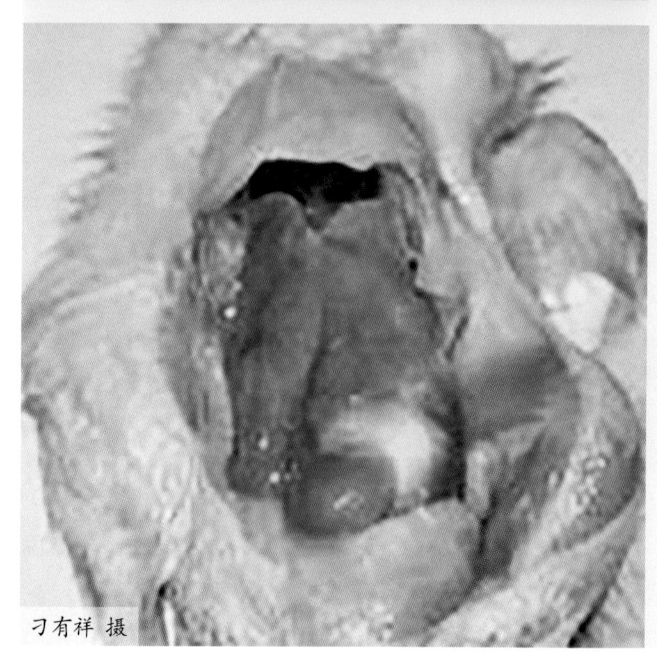

图7-34 肝脏肿大呈浅黄色

一次大量饮水，反而使症状加剧，诱发脑水肿，加快死亡。饮水中可加 2% ～ 3% 葡萄糖、0.5% 醋酸钾和适量维生素 C；或用生葛根 500g、茶叶 500g，加水 2kg，煮沸 30min，待水冷却后作为饮水，供 400 ～ 500 只鸭服用，本法适用于大量鸭中毒。

（3）在饲料中添加 10% 阿莫西林、维生素 C，防止继发感染，修复肠黏膜。

第五节 磺胺类药物中毒

磺胺类药物是一类具有对氨基苯磺酸胺结构的广谱抗菌药物，能抑制大部分革兰阳性菌，并具有抗球虫作用，同时，也因其性质稳定、价格低廉、使用方便等特点，被广泛应用于家禽疾病防治。根据在肠道内的吸收情况，磺胺类药物分为肠道内难吸收型和肠道内易吸收型两类，难吸收型的磺胺药主要用于治疗肠道感染，一般不易引起中毒；易吸收型的磺胺药主要用于全身感染的防治，较常用的有磺胺嘧啶、磺胺二甲基嘧啶、磺胺间甲氧嘧啶等，该类药物安全范围小，治疗剂量与中毒剂量较接近，在药物使用过程中，若用药不合理，随意增大药量，很容易引起中毒。

鸭磺胺类药物中毒，为药物不合理使用（过量或超时使用）引起的鸭急性或慢性中毒病，其主要毒害鸭的肾脏、肝脏，同时也可引起过敏、酸中毒和免疫抑制等。不同日龄的鸭对磺胺类药物的敏感性有差异，雏鸭的敏感性要高于成年鸭。经常使用磺胺类药物的规模鸭场，中毒症的综合发病率及死亡率均较高。

一、病因

磺胺类药物中毒的直接原因是药物的不合理使用，其表现在以下几个方面：

（1）用药量过大　不管是饮水添加或饲料添加，磺胺类药物都有严格的添加量，通常饮水添加量控制在 0.05% ～ 0.3%，饲料添加量控制在 0.1% ～ 0.5%，在添加过程中如果计算、称量错误，都可能因添加量过多而引发中毒；同时，在其他细菌病或球虫病防治中，随意超剂量使用，也会引发中毒。

（2）用药时间过长　此类药物代谢缓慢，不易排泄，具有疗程性要求，一个疗程一般为 3 ～ 5d，若用药周期超过 7d，可引起鸭体内磺胺类药物蓄积中毒。

（3）药物使用方法不当　药物添加于饲料中使用时，搅拌不均匀，可能导致部分鸭服用过量而中毒；无法溶于水的药物投放于饮用水中，或水温调控不良，可导致水槽内沉积药物残渣，造成部分鸭中毒；溶解度较低的药物，若未同时服用等量碳酸氢钠，易造成大量结晶析出，损伤肾脏，引起中毒。

另外，肝、肾功能不全或发生肝、肾疾病的鸭因药物代谢和排泄缓慢，也常引起中毒；饲料中维生素 K 的缺乏也能促进磺胺类药物中毒发生。

二、症状

磺胺类药物中毒能造成骨髓造血机能减弱、免疫器官抑制、肾肝功能障碍及碳酸酐酶活性降低等。急性中毒的病鸭表现为共济失调、呼吸加快、肌肉颤抖、缩头呆立、羽毛松乱等症状，随病程发展，全身症状加重，并在短时间内死亡。雏鸭除上述表现外，还出现腹泻，粪呈褐色或白色，头部肿大、呈蓝紫色，眼结膜苍白，皮下广泛出血，多因出血过多死亡，死前挣扎、鸣叫。

慢性中毒多表现为精神沉郁、采食量减少、饮水量增加、羽毛松乱、黄疸等症状，增重缓慢，产蛋鸭产蛋量下降，有的头部局部肿胀，皮肤呈蓝紫色，翅下有皮疹，并伴有多发性神经炎和全身出血性变化。

三、病理变化

剖检可见各种出血性病变，皮肤、肌肉和内脏广泛性出血等变化，尤以胸肌及腿内侧肌肉严重，呈弥漫性大片出血；肌胃角质膜下和腺胃、肠管黏膜也有出血；血液稀薄，凝固不良；肌肉苍白或淡黄色；肝脏肿大，呈紫红或黄褐色，并分布有点状出血和坏死病灶；脾脏肿大，有的有灰色结节区；肾脏肿胀，苍白，有出血斑；输尿管变粗，并充满白色尿酸盐；心包积液，心脏表面呈刷状出血，有的心肌出现灰白色病灶；胸腔、腹腔内有淡红色积液；骨髓变成淡红色或黄色。

四、诊断

根据大剂量连续使用磺胺类药物的病史、中毒症状，结合病理剖检中器官不同程度的出血，一般可做出诊断。必要时可以进行肌肉、肾脏、肝脏中磺胺药物含量的测定，综合分析作出诊断。

五、鉴别诊断

磺胺类药物中毒的诊断，应与肾脏和输尿管有白色尿酸盐沉积的疾病相区分。

维生素 A 缺乏症，表现为眼鼻发炎、眼睛肿胀、眼内充满水样或乳状渗出物，随后出现干眼病；剖检口腔、咽部、食管黏膜表面散布细小白色脓疮样结节，肝、脾表面有尿酸盐沉积。

高蛋白饲料及钙磷失衡引起的痛风，一般呈慢性经过，不自主地排出白色的尿酸盐；剖检一侧或双侧肾脏萎缩，心、肝、腹腔浆膜表面有很多尿酸盐沉积。

以上两种疾病均无皮下、肌肉出血现象。

六、预防

（1）应用磺胺类药物时，应注意其适应证，并严格控制用药剂量及用药时间。特别是雏鸭和体弱者应谨慎使用。产蛋鸭应避免使用，连续用药时间一般不得超过 1 周。

（2）使用磺胺类药物，特别是容易吸收的药物期间，应配合抗菌增效剂，抗菌效果提高，可降低用药剂量，减少中毒机会，如同服碳酸氢钠，可促进磺胺药的排出，减轻对肾脏的损伤，防止结晶尿和血尿的产生。

（3）在用药期间，应给予充足的饲料和饮水，同时增加饲料中维生素的含量，如维生素 K 和维生素 B 族，一般按正常量的 3 ～ 4 倍供给。

（4）生长速度较快的肉鸭，要精确计算饲料和饮水的消耗量，以便通过饲料和饮水给药时使每只鸭得到正常的日剂量，并且饲料和药物一定要混合均匀。

（5）对于雏鸭或产蛋鸭应少用或禁用磺胺类药物；同时，有肝、肾疾病的鸭应尽量避免使用磺胺类药物。

七、治疗

发生磺胺类药物中毒后，应立即停药，供给充足的新鲜饮水；可用 1% ～ 3% 碳酸氢钠溶液和 3% 的葡萄糖饮水，上、下午各半天使用，碳酸氢钠或其他肾解毒药可排出体内蓄积的磺胺类药物，防止引起肾脏尿酸盐沉积，葡萄糖能提高机体的解毒能力；在每千克饲料中补充添加 0.5mg 维生素 K 或将多维素提高 1 ～ 2 倍，以减少出血，提高治愈率。对于严重病例可肌内注射维生素 B_{12} 2mg 或维生素 B_{11} 50 ～ 100mg。

以上方法连用 3d，鸭群精神可出现好转，食料量达到中毒前水平。随后用维生素 B_1 按 0.5g/kg 的治疗量拌料饲喂，连用 3d，鸭群体重增长恢复正常。

第六节　聚醚类药物中毒

聚醚类抗生素又称为离子载体类药物，是一类新型抗球虫药物，目前国内外生产上较常用的有莫能菌素、马杜霉素、盐霉素、甲基盐霉素，拉沙里菌素等。其与化学合成的抗球虫药物相比，具有抗球虫谱广、活性强、耐药性产生缓慢且与其他抗球虫药物无交叉耐药性等特点，成为预防球虫病的首选药物。聚醚类药物易与金属离子形成复合物，继而妨碍细胞内外阳离子（Ca^{2+}、K^{+}、Na^{+}）的传递，这种复合物的脂溶性较强，容易进入生物膜的脂质层，使细胞内外离子浓度发生变化，进而影响渗透压，最终使细胞崩解。在细胞内外离子浓度发生变化的同时，各种代谢物的摄取与排泄出现障碍，代谢的微环境发生变化。低浓度或正常浓度使用时，球虫对该类药物特别敏感，其可杀伤球虫细胞，并且该杀伤属不可逆。但该类药物使用剂量低，安全范围小，当防治剂量或摄入量过大时，可引起宿主细胞内 K^+ 外流，Ca^{2+} 进入细胞，导致细胞死亡，引起宿主中毒。

据报道，鸡、鸭、鹅、火鸡、珍珠鸡等各种禽类对聚醚类离子载体抗生素均敏感，其也已广泛应用于集约化养鸭业的球虫病防治。

一、病因

（1）由于该类药物用量小较难在饲料中混合均匀，拌料过程中极易使局部药物浓度过高，鸭采食这部分饲料常引起中毒。

（2）治疗球虫病时，为追求治疗效果而盲目加大药物治疗剂量引起中毒。

（3）当聚醚类药物与泰妙灵、泰乐菌素等联合使用时，会加大聚醚类药物的毒性，导致中毒。

（4）由于盐霉素、马杜拉霉素、莫能菌素等药物均属于聚醚类抗生素，作用机理一致，当同类药物一起使用时，如盐霉素和马杜拉霉素配合使用，等于一种药物加倍使用，造成鸭群中毒。

二、症状

最急性中毒的鸭几乎不出现任何症状即很快死亡；急性中毒鸭一般可见典型中毒症状，出现水样腹泻，腿无力、行走及站立不稳，严重的双腿麻痹瘫痪，伏卧于地，颈腿伸展，有的口流黏液，两翅下垂，昏睡直至死亡；慢性中毒表现为精神沉郁，食欲不振，被毛紊乱，腹泻，腿软，增重及饲料转化率降低。虽然临诊症状有助于诊断，但对于症状不明显的病例，则需要依赖病理剖检及用药情况等得出综合检验结果。

三、病理变化

最急性死亡的病鸭，其组织器官一般无明显病变。急性死亡的病鸭，主要损害心肌，其次是肝和骨骼肌。剖检可见普遍性充血，心肌苍白，心冠脂肪出血，心外膜上出现不透明的纤维素斑；肝脏淤血肿胀呈花斑状；肺脏出血、水肿；腺胃内容物发绿，黏膜充血、水肿，肌胃内容物呈绿色，角质层易剥离，肌层有轻微出血；肠道充血、水肿，尤以十二指肠为重，其黏膜弥漫性出血，肠壁增厚；骨骼肌表现失水，肌纤维变形、坏死。有的病例喉头、气管充血、出血；胆囊肿大，胆汁外渗；肾脏肿大、淤血，有的输尿管有尿酸盐沉积；腿部及背部肌纤维苍白、萎缩。组织学变化表现为肌肉坏死、肌纤维变性、有异嗜细胞、巨噬细胞浸润及肝脏脂肪变性。

四、诊断

可根据鸭群有超量使用聚醚类抗生素的病史，结合出现厌食、腿瘫软、肢体无力、腹泻等症状，及肠道及内脏器官广泛性出血、充血等剖检病变，可作出初步诊断。必要时可用健康鸭做动物毒性试验，即可进一步确诊。

五、预防

（1）合理使用聚醚类药物，严格掌握剂量，不要盲目加大用药剂量，严禁将同类药物混合使用；使用前应注意药物有效成分，勿将同一成分不同名称的两种药物同时应用。

（2）用药前最好先做药敏试验，以了解患病鸭群是否对聚醚类抗生素敏感，若产生了耐药性，则需要使用其他抗球虫药。

（3）混料时严格遵守推荐剂量，而且要确保药物在饲料中混合均匀。

（4）不要与泰妙菌素、大环内酯类药物、磺胺类药物联合使用。

六、治疗

目前对于聚醚类药物中毒尚无特效解药，治疗原则为排毒，保肝，补液，调节机体钠离子、钾离子平衡。

（1）一旦发生药物中毒后，应立即停喂剩余药料，及时清除食槽与地面的残留饲料，更换成新鲜的饲料，并在饲料中添加维生素 K_3 等。

（2）用 2% ～ 3% 葡萄糖饮水，水中加入口服补液盐及含 Na^+、K^+ 的电解质，并添加 0.01% ～ 0.02% 维生素 C 以护肝解毒。

（3）对于不能站立、走动或食欲废绝的病例，可注射抗氧化剂维生素 E 和亚硒酸钠溶液，以降低聚醚类抗生素的毒性作用。

（4）若中毒鸭只数量较多，可根据中毒的程度将其分开，轻者可让其自由饮用补液盐，严重的鸭只需个别进行治疗。

第七节 喹诺酮类药物中毒

喹诺酮类药物是一类广谱、高效、低毒、新型的人工合成抗菌药物，自第一代喹诺酮类药物于 1962 年问世以来，已有数以千计的喹诺酮类化合物得以合成，第二代喹诺酮类药物称为吡哌酸，第三代称为氟喹诺酮类药物，有诺氟沙星（氟哌酸）、环丙沙星、培氟沙星、恩诺沙星、丹诺沙星等。目前常用的喹诺酮类药物有诺氟沙星、氧氟沙星、培氟沙星、依诺沙星、西诺沙星、环丙沙星、洛美沙星、加替沙星等。喹诺酮类药物已成为很多感染性疾病的首选药物，使用频率仅次于青霉素类药物。

喹诺酮类药物可阻碍细菌DNA合成而达到抑菌作用，细菌在合成DNA的过程中，DNA解旋酶的A亚单位将染色体DNA正超螺旋的一条单链切开，接着B亚单位使DNA的前链后移，A亚单位再将切口封住，形成了负超螺旋。根据实验研究，氟喹诺酮类药物并不是直接与DNA解旋酶结合，而是与DNA双链中非配对碱基结合，抑制DNA螺旋酶的A亚单位，使DNA超螺旋结构不能封口，这样DNA单链暴露，导致mRNA与蛋白合成失控，细菌死亡。

鸭群发生喹诺酮类药物中毒与该类药物超量使用密切相关，中毒鸭所表现的神经症状及骨骼发育障碍与氟有关，氟是家禽生长发育必需的微量元素，参与骨骼生理代谢，维持钙磷平衡，同时与神经传导介质和多种酶的生化活性有关。

一、病因

（1）喹诺酮类药物为高效低毒的抗菌类药物，对革兰阴性菌有极强的杀灭效果，但易使鸭群产生耐药性，当在长期使用造成治疗效果不佳时，用药不当或便随意加大剂量，鸭群便有中毒风险。

（2）喹诺酮类药物多经肾脏排泄，肾损伤的鸭群若使用该药治疗其他疾病，非但不会缓解疾病，反而更容易发生药物蓄积中毒。

二、症状

中毒鸭群表现神经症状和骨骼发育障碍。患鸭精神不振，垂头缩颈，精神萎靡，眼半闭或全闭，呈昏睡状态；蹲伏不愿走动，双腿不能负重，匍匐卧地，刺激有反应，但不能自主站立，瘫痪（图7-35）；羽毛松乱无光泽，采食饮水减少；喙趾、爪、腿、翅、胸肋骨柔软，可随意弯曲，不易断裂；粪便稀薄，呈石灰渣样，中间略带绿色，严重时可造成死亡。

三、病理变化

药物中的氟离子可与腺胃中的胃酸结合形成氢氟酸，对鸭的胃黏膜产生很强的刺激性和腐蚀作用；另外，超量的氟进入肠道可引起机体钙磷失衡，甚至营养性钙源不足，造成骨钙亏空，产生一系列病理变化。

患鸭剖检可见胃黏膜充血、出血或发生炎症反应，重则引起黏膜腐烂，肌胃角质膜变

图7-35 鸭瘫痪

性溃疡，甚至引起肌胃穿孔，肌胃、腺胃内容物较少，肠黏膜脱落，肠壁变薄；另外，腺胃与肌胃交界处黏膜溃疡，肌胃内含较多黏性液体；肝脏淤血、肿胀，略带土黄色；脑组织充血、水肿；肾脏肿胀出血，输尿管有白色尿酸盐沉积。

组织学变化表现为肝、肾、心等实质器官发生明显的颗粒变性、水泡变性或脂肪变性，并出现不同程度的充血、出血；肺脏充血、出血、水肿；腺胃、小肠黏膜充血、出血；法氏囊、胸腺、脾脏发育不良、充血、出血；脑部血管充血，血管周围间隙扩张、水肿。

四、诊断

根据中毒鸭群是否使用或长期、大量使用过喹诺酮类药物，以及用药时间和用药量，参照发病情况、症状、病理变化等，可作出初步诊断。

五、预防

（1）当前喹诺酮类制剂名目繁多，极易造成重复用药。因此，建议养殖人员在用此类药物时，应仔细阅读药品使用说明，严格控制用药剂量及用药时间，并在兽医指导下用药，减少不必要的经济损失。

（2）用药的过程中，还应注意鸭群的日龄、实际体重、健康状况以及耐受力等，另外，肾功能损伤的鸭群不应长期使用喹诺酮类药物治疗。

六、治疗

（1）当鸭群发生中毒时，应立即停止使用喹诺酮类药物，停止饲喂含有喹诺酮类药物的饲料或饮水，更换成新鲜的饲料与饮水。

（2）应对中毒鸭群采取对症治疗，可用3%葡萄糖饮水，并添加0.01%维生素C，连用4～5d。

（3）适当增加室内温度，比正常高2～3℃，促进药物的排出。

第八节　高锰酸钾中毒

高锰酸钾亦称“灰锰氧”“PP粉”，呈紫色细长的结晶，无臭，易溶于水（1∶15），是一种常见的强氧化剂，可用作消毒剂、除臭剂、水质净化剂。据报道，高锰酸钾浓度不同，其作用也各异。低浓度高锰酸钾水溶液具有消毒收敛和补锰的作用，由于高锰酸钾水溶液用量少、价格便宜，所以在养殖业上常用作饮水的消毒和补充微量元素锰，但使用不当常会引起中毒，同时，高锰酸钾吸收入血液还能损害心脏和大脑，过量的钾离子对心脏有毒害作用，可使心脏受到高度抑制，导致死亡。

鸭高锰酸钾中毒是指因高锰酸钾使用不当而引起的一种以消化道黏膜腐蚀性损伤、充血、水肿，呼吸困难，甚至出现死亡等为特征的中毒病。

一、病因

（1）使用浓度过高是引发鸭高锰酸钾中毒的关键因素，一般常用于家禽饮水的高锰酸钾浓度为0.01%～0.02%，达到0.03%时对消化道黏膜就有一定腐蚀性，浓度超过0.1%时，可引起明显中毒。

（2）高锰酸钾溶入水中尚未完全溶解，局部浓度过高就供鸭饮用，也是中毒发生的诱因，此时往往引起部分鸭只发病。

（3）0.04%～0.05%的高锰酸钾溶液，连续引用3～5d，也可引起中毒。

（4）高锰酸钾作为微量元素补充剂使用过程中，用干粉料饲喂的家禽，需要供给充足饮水，特别是夏季，若供水不足或饮水量不均，往往容易引起中毒。

二、症状

中毒鸭表现为精神沉郁，食欲不振或废绝，呼吸困难，口腔、舌、咽黏膜变为紫红色，并出现水肿；缩头闭目，呆立不动，口流黏液，闭眼昏睡，有的伴有水样下痢，排红色或红褐色稀粪。若驱赶走动，则摇晃不稳，共济失调；有的颌下皮肤腐蚀，皮肤充血，羽毛脱落。中毒严重者可在1～2d内死亡。

三、病理变化

剖检可见中毒鸭口腔、舌及咽部黏膜脱落，呈红褐色；食道膨大部、腺胃和十二指肠黏膜肿胀、充血、出血，溃疡、糜烂或脱落；肝脏呈土黄色，肾脏肿大；严重者整个消化道黏膜都有不同程度腐蚀性病变，特别是食道膨大部黏膜受损严重，出现大部分黏膜充血和出血。

四、诊断

根据鸭群是否饮用过含高浓度高锰酸钾的饮水，观察症状以及口腔、食道及胃肠道病理变化可做出初步诊断，同时结合实验室检测进一步确诊：无菌采集病死鸭心脏、肝脏、脾脏等病料接种于琼脂、SS培养基中，37℃培养24h，未见细菌生长，可诊断为高锰酸钾中毒。

五、预防

（1）严格控制浓度　使用高锰酸钾做饮水消毒时要严格控制溶液的浓度，一般为0.01%～0.02%，浓度超过0.03%就会出现中毒，浓度达到0.1%以上就会出现死亡，因此使用时一定要严格控制溶液的浓度。

（2）严格遵循溶液制作要求　要注意配制过程中一定要使高锰酸钾充分溶解，配制高锰酸钾水溶液最好用30℃左右的温水进行溶解配制，水温过低高锰酸钾溶解效果较差，细小的高锰酸钾的颗粒会严重损伤口腔及胃肠道的黏膜，水温过高会使高锰酸钾分解失效。配制的水溶液通常只能保存2h左右，超过2h会发生氧化还原反应，形成MnO_2物质，失去消毒作用，因此使用时一定要现用现配。

（3）小范围试验　对鸭群进行高锰酸钾溶液饮水或拌料饲喂时，可先在少数鸭中试用，确认安全后方可全群饮用，只饮1d，根据情况间隔使用。

六、治疗

高锰酸钾中毒的治疗原则为让鸭群处于高温环境促使其大量饮水以稀释消化道内高锰酸钾；解毒、保护消化道黏膜；补充糖分、维生素以增强体质，加入适量抗菌药物预防肠道感染。

（1）鸭群一旦发现高锰酸钾中毒，应立即停止饮用高锰酸钾水，供给充足洁净饮水，并添加适量维生素C（还原剂），可以有效拮抗高锰酸钾，起到解毒的效果。

（2）中毒初期，适当添加鸡蛋清缓解对消化道的刺激作用，对重度病症鸭灌服牛奶、蛋清以保护消化道黏膜。

（3）饲料中加喂复合维生素B和维生素C，或加入电解多维，按每10kg饲料，加入10g比例，连喂3d；同时提高舍温1～2℃，定期驱赶鸭群，促使鸭群饮水和采食；

（4）饮水中加入阿莫西林、葡萄糖，防止肠道继发感染，保护肠黏膜。

第九节　乙酰甲喹中毒

乙酰甲喹又称痢菌净，是人工合成的广谱抗菌药物，为鲜黄色结晶或黄白色针尖状粉末，味微苦，遇光色变深，微溶于水，易溶于氯仿、苯、丙酮中。水混合30℃以上加热搅拌即可溶解。广谱抗菌，对革兰阴性菌作用强于革兰阳性菌，对密螺旋体也有较强作用。其抗菌机理为抑制菌体脱氧核糖核酸的合成，对大多数细菌具有很强的抑制作用，对大肠杆菌、沙门菌、巴氏杆菌等都有较强的杀灭作用；对畜禽细菌性肠炎疾病治疗效果较好，且价格低廉，故在养殖业中被广泛应用。乙酰甲喹内服吸收良好，短时间内在肠壁组织形成高浓度，抑制了细菌代谢、繁殖，并且很快进入血液循环，分布于全身组织，治疗全身性疾病，但其用药浓度较低（不能高于万分之五），用药安全范围较窄，当使用剂量高于治疗量3～5倍时或长时间应用都会引起不良反应，易发生中毒，甚至死亡，家禽对其很敏感，尤其是鸭。

一、病因

（1）重复、过量用药　养殖场对乙酰甲喹缺乏正确的认识，加之其价格比较低，用药时盲目加大痢菌净的用量。另外，某些兽药生产厂家或饲料生产厂家对含有乙酰甲喹的产品缺乏明显醒目的标识，导致和痢菌净药物重复使用，造成药物蓄积中毒。计量不准确也可造成中毒，如为节省药物开支，养殖场户在购买药物时常选择大包装原料，在使用时又未用天平准确称重，而随意拌料或兑水，结果超出正常剂量的几倍甚至十几倍使用，发生中毒。痢菌净中毒后被误诊为盲肠球虫病，继续使用药物，会导致中毒加重，造成很高的死亡率。

（2）搅拌不均　为方便使用，乙酰甲喹一般经拌料或饮水给药。拌料使用时，未遵循逐渐扩大法拌料，结果常因拌料不匀引起部分鸭只中毒；饮水使用时，由于该药在水中的溶解度较低，易沉淀，在最后饮水时常因局部浓度过高发生中毒，尤以雏鸭更为明显。

（3）超疗程使用　使用痢菌净时即使不超量，用药时间过长也可能引发中毒，由于该药价格较低廉，杀菌效果也较好，有些养殖场户使用时间会达到5d甚至更长，而造成蓄积中毒。

（4）不正确的药物配伍　痢菌净与喹乙醇同时使用，会增加药物毒性；与黏杆菌素混合溶解性降低，呈现针状析出；与甲氧苄胺嘧啶混合，呈现析出性浑浊等。

二、症状

（1）急性中毒　由于一次投药剂量过大造成中毒，会发生急性死亡，死亡率最高可达100%，日龄越小死亡率越高，病鸭表现精神沉郁，羽毛松乱，采食和饮水减少或废绝，水泻，头触地，不自主向前冲，有的瘫痪，死前痉挛、角弓反张。

（2）慢性中毒　由于连续用药时间过长或者在不知情的情况下给雏鸭饲喂了含有痢菌净药物造成，中毒鸭前期症状并不明显，多在停药后2d出现死亡或投药的最后一天出现死亡，一旦出现死亡后鸭群死亡率会较高，10% ～ 50%不等。病死鸭表现为消瘦，精神萎靡，步态不稳，水泻，群体中每天都有新发病例，慢性中毒严重的病例如果处置不当死亡可持续10 ～ 15d，甚至更长时间。产蛋鸭中毒后，表现为产蛋率下降，但死亡率较低。

本病与其他药物中毒不同之处是病程长，停药后仍然陆续大量死亡，而其他药物中毒停药后症状很快消失，死亡随即停止。

三、病理变化

死亡鸭腿部皮肤、喙呈紫红色或紫黑色（图7-36，图7-37）；尸体脱水，肌肉呈暗紫色。腺胃肿胀、乳头暗红出血，腺胃与肌胃交界处出血、糜烂，有陈旧性溃疡，肌胃皮质层脱落出血（图7-38，图7-39）。肠壁变薄，小肠中段有规则出血斑（图7-40）；盲肠黏膜出血，严重者盲肠内容物呈红色。肝脏肿大，呈暗红色，质脆易碎，可见出血点；肾脏偶见肿大；心外膜及心内膜有时出血。慢性病例肾脏萎缩苍白，心肌松弛，其他器官未见明显异常。

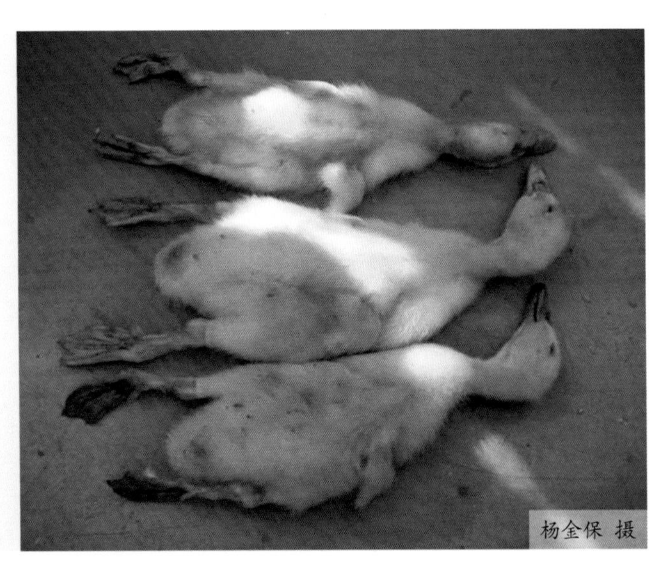

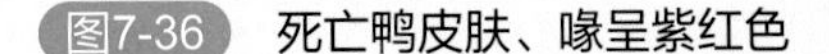
图7-36　死亡鸭皮肤、喙呈紫红色

图7-37 死亡鸭喙呈紫黑色

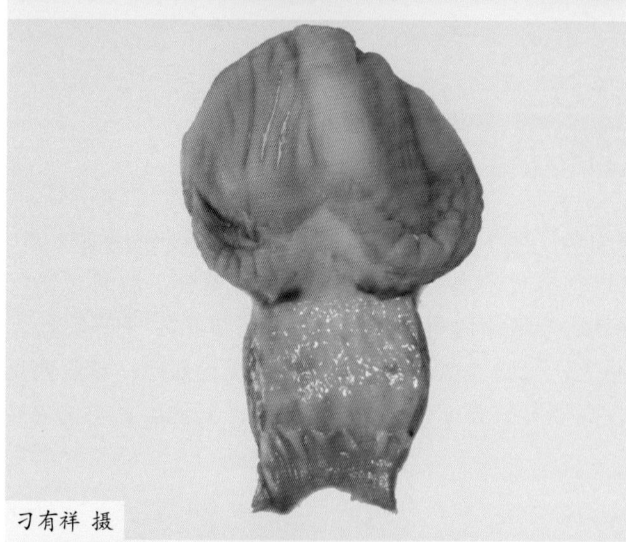

图7-38 腺胃与肌胃交界处有陈旧性溃疡（一）

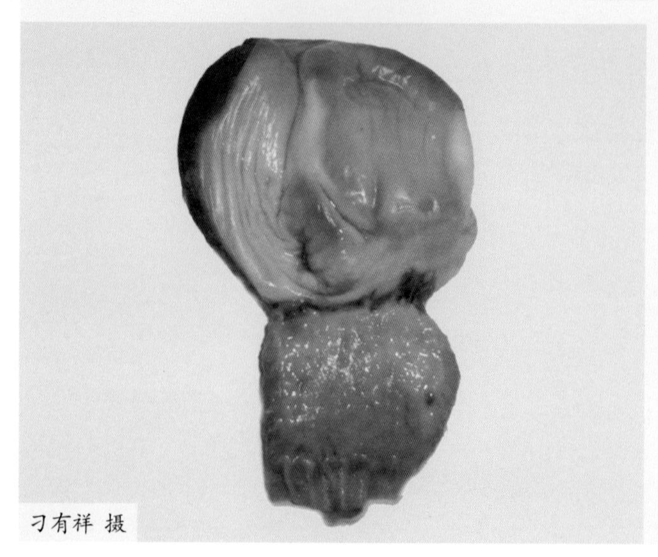

图7-39 腺胃与肌胃交界处有陈旧性溃疡（二）

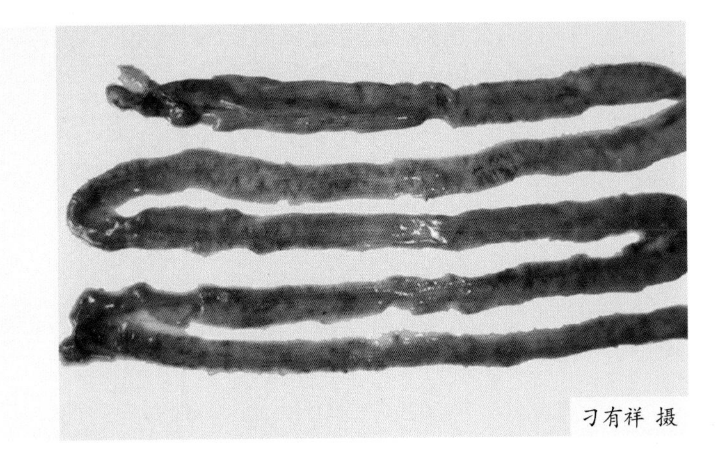

图7-40 肠黏膜弥漫性出血

四、诊断

根据鸭群服用过乙酰甲喹的病史、症状、病理变化，可初步诊断为乙酰甲喹中毒。本病很容易被误诊为盲肠球虫病，应注意鉴别诊断。

五、预防

乙酰甲喹中毒尚无特效解毒药，一旦发生中毒，鸭群死亡率高、损失大，因此本病应坚持预防为主。

（1）合理使用痢菌净是预防本病的关键，保证在合理范围内使用，既不能超量也不能超时。

（2）明确所用兽药的有效成分，不使用无任何标识或标注不清的兽药，应在兽医指导下用药；兽药主管部门要加大对流通兽药的检查力度，严格查处不法兽药生产厂家。

（3）正常剂量下疗程不宜过长，以免造成蓄积中毒，使用痢菌净之后，在两周内不要重复使用，更不得长期使用本品。

（4）正确进行乙酰甲喹与其他药物的配伍，防止毒性增加，防止改变物理性状，导致药物使用浓度不均。

（5）不同种类，不同日龄的动物对乙酰甲喹的敏感性不同，鸭比鸡敏感，小日龄的动物比大日龄的动物敏感，因此，雏鸭应避免使用乙酰甲喹。

六、治疗

及时正确的诊断是治疗本病的关键，本病无特效解毒药，治疗采取保肝、利尿、排毒措施，由于乙酰甲喹中毒后，鸭死亡持续时间长，所以，使用护肝解毒的药物至少1周。

（1）一旦确诊中毒，应立即停止饲喂含过量乙酰甲喹的饲料和饮水，将已出现神经症状和瘫痪的病鸭予以淘汰。

（2）用 3% ～ 5% 葡萄糖 +0.01% 维生素 C 全天饮水，连用 7 ～ 9d。

（3）为防止继发其他细菌性感染，可在拌料中添加 0.25% 的大蒜素，连用 5 ～ 7d。

第十节　抗病毒化学药物中毒

抗病毒药物是一类用于预防和治疗病毒感染的药物，在体外可抑制病毒复制酶，在感染细胞或动物体内抑制病毒复制或繁殖。常用的抗病毒药物包括化学药物和中草药两大类，其中化学药物以其见效快、抗病毒效果好等一系列优点在防治病毒病方面起到了很大作用。养禽生产中主要的抗病毒化学药物包括磷钾酸钠、阿昔洛韦、利福平、利巴韦林（病毒唑）、金刚烷胺、吗啉胍（病毒灵）等。该类药物在对病毒产生抑制作用的同时也可作用于宿主细胞，从而产生毒性作用。同样地，在养鸭生产中盲目大剂量使用抗病毒化药，不仅对鸭病毒病起不到预防和治疗作用，反而会引起鸭群中毒，导致大批死亡。阿昔洛韦、利巴韦林、金刚烷胺、吗啉胍等抗病毒药物在我国已经禁止用于家禽，但仍有个别养殖者在非法使用，因此，该类药物的中毒在养鸭生产中也应引起重视。

一、病因

（1）盲目大剂量使用抗病毒化药是该类中毒病发生的根本原因，鸭只出现甩头、呼吸问题便怀疑为“感冒”，大剂量供给抗病毒药物进行治疗，引起鸭群中毒。

（2）拌料不均匀导致局部药物浓度过高，引起部分鸭只出现中毒，此种情况下，一般体重较大、身体健壮、采食良好的鸭只更易发。

（3）重复用药，即多种抗病毒药物联合使用，增加了其毒性作用，从而引发中毒。

（4）化学药物抗药性的出现致使用药量逐渐增大，产生的毒性作用更强。

二、症状

抗病毒化学药物种类较多，但其中毒症状表现基本相似。发病早期中毒鸭表现精神委顿沉郁，羽毛蓬松粗乱（图 7-41），极易惊群；采食减少，严重者食欲废绝；腹泻，排绿色或白色稀便；部分雏鸭出现精神兴奋、肌肉麻痹和角弓反张等神经症状；严重者数小时后卧地不起，衰竭而亡（图 7-42），严重的颈胸部、爪皮肤出血（图 7-43，图 7-44）。

图7-41　鸭精神沉郁，羽毛粗乱

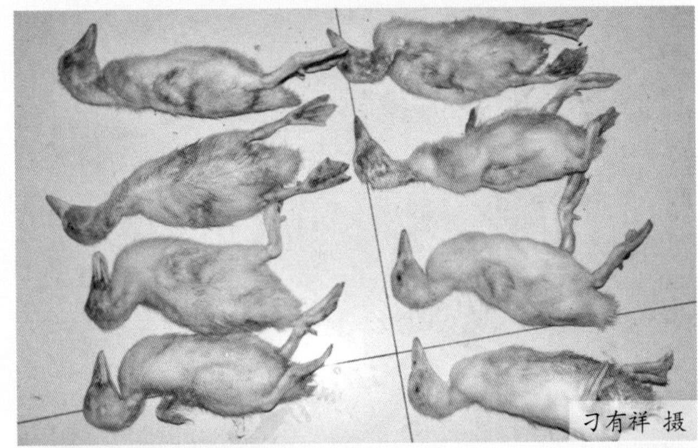

图7-42　因使用抗病毒药物中毒死亡的鸭

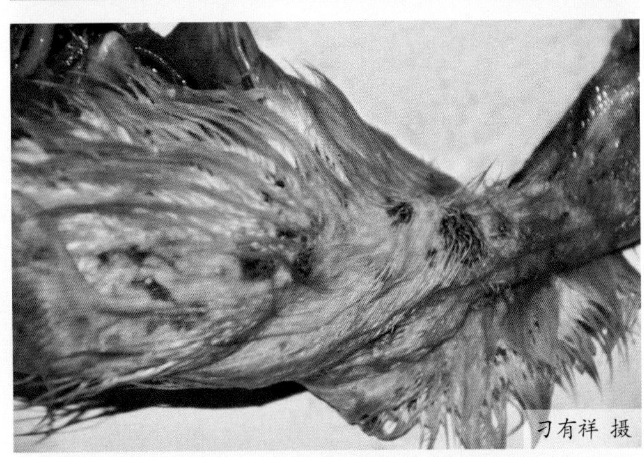

图7-43　颈胸部皮肤出血

图7-44　爪皮肤出血

三、病理变化

剖检濒死鸭和死鸭，颈、胸、腹及腿皮下出血（图 7-45，图 7-46），心冠脂肪、心外膜出血（图 7-47），心房充血、积血，心肌松弛，严重的心脏破裂，心包腔中充满大量血液（图 7-48 ～图 7-50）。口腔内有大量黏液，肝脏肿大、淤血，呈暗红色（图 7-51），少数病例肝表面有一层薄薄的白膜，胆囊充满胆汁；胰腺有大小不一的出血斑点（图 7-52 ～图 7-55）；腺胃黏膜出血，肠道黏膜增厚，黏液黏稠，卡他性炎症，黏膜出血。肺脏明显出血，呈紫红色。脾脏肿大、出血（图 7-56），胸腺肿大、出血（图 7-57，图 7-58）。肾脏肿大，充血、出血、质脆，呈斑马条状，少数病例输尿管有少量尿酸盐沉积。脑膜充血、出血。胸肌、腿肌出血（图 7-59 ～图 7-61）。

图7-45 颈部皮下有大小不一的出血斑

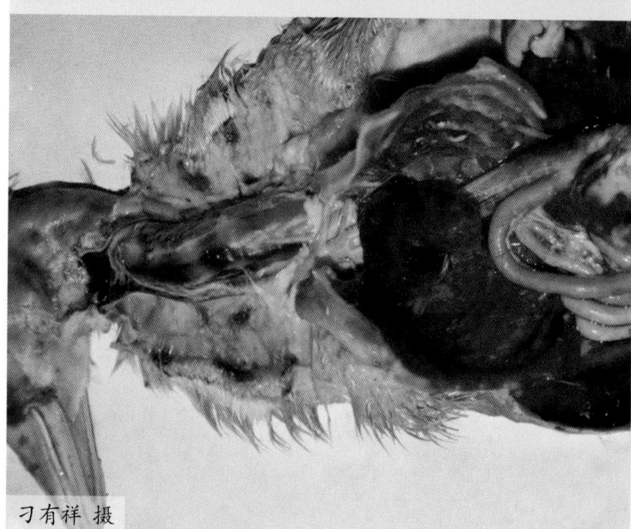

图7-46 颈部皮下出血

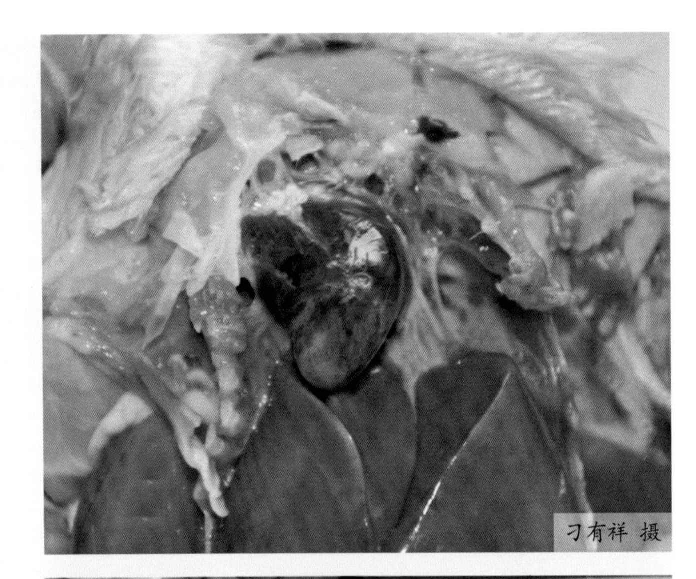

图7-47　心外膜严重出血

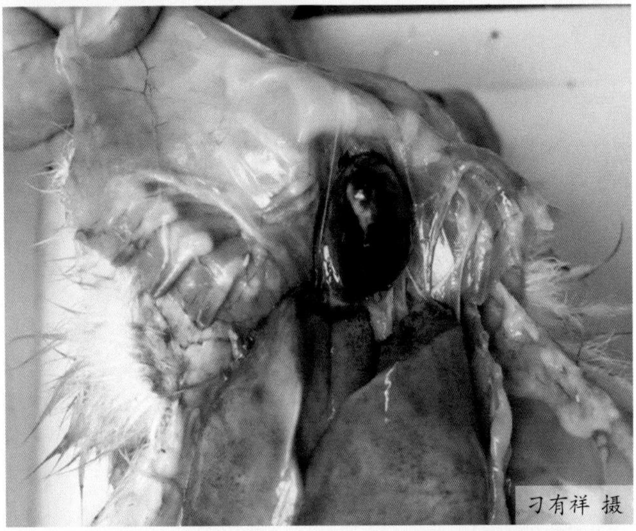

刁有祥 摄

图7-48　心包腔充满血液

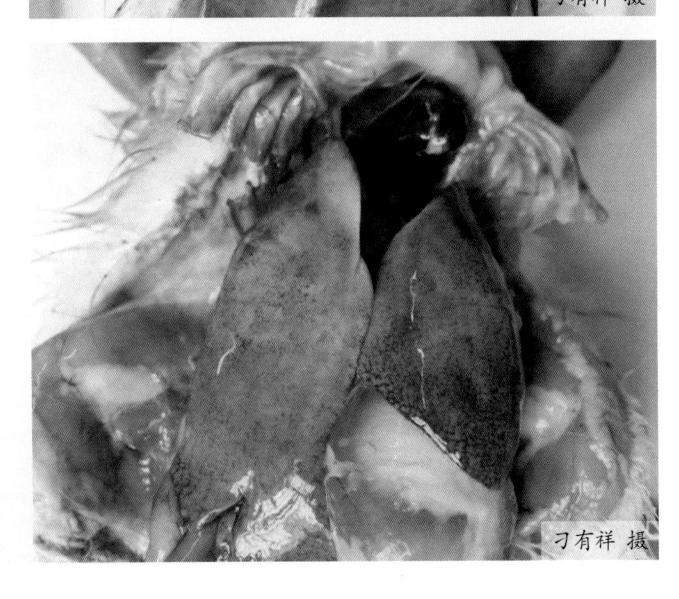

图7-49　心包腔充满血液，肝脏肿大呈紫红色

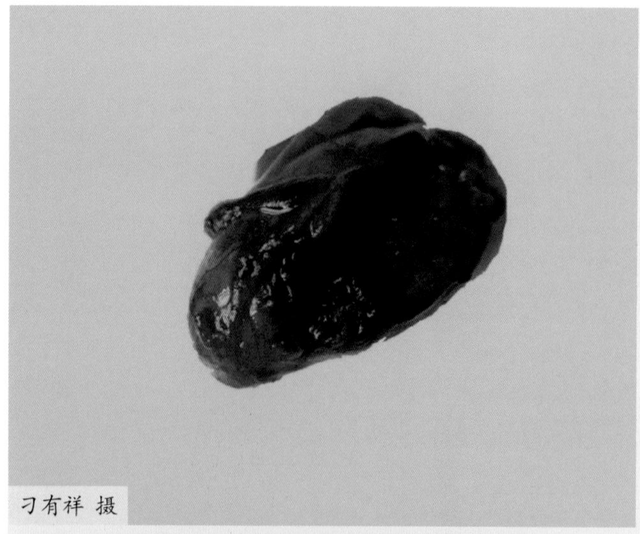

图7-50 左心室破裂

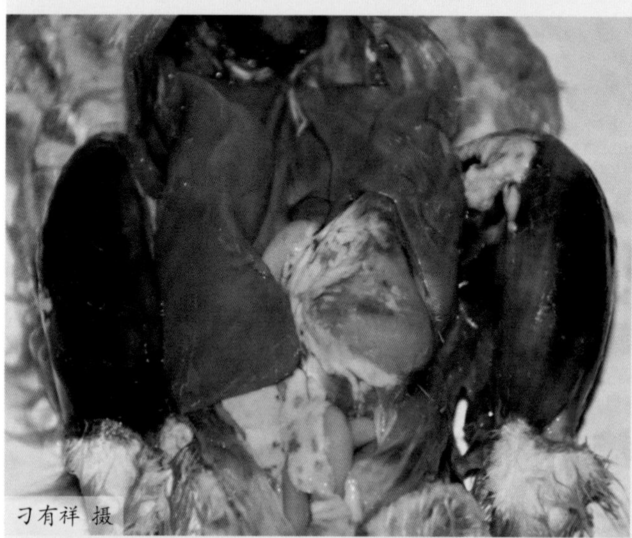

图7-51 肝脏肿大，腿肌出血

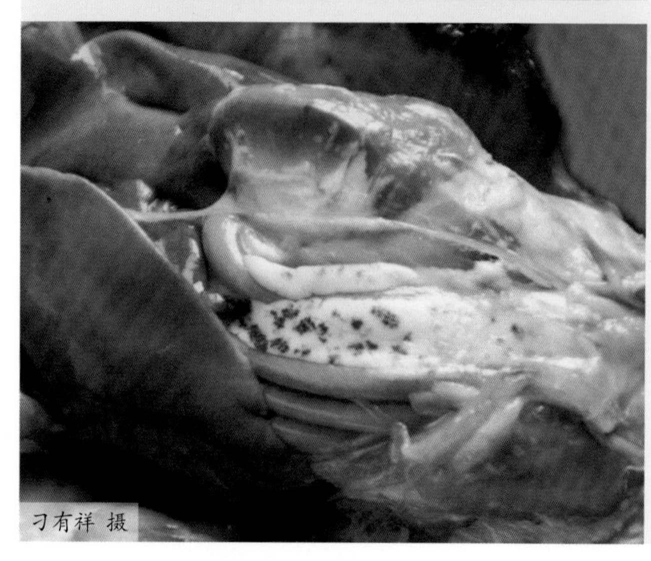

图7-52 胰腺颜色苍白，出血

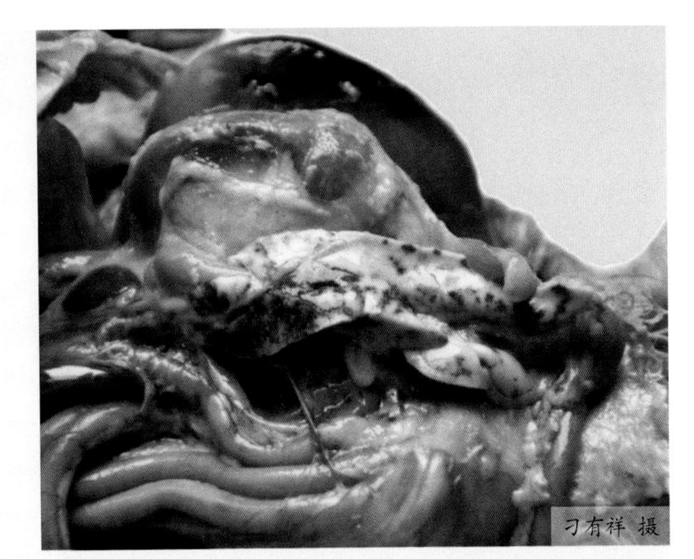

图7-53 胰腺出血

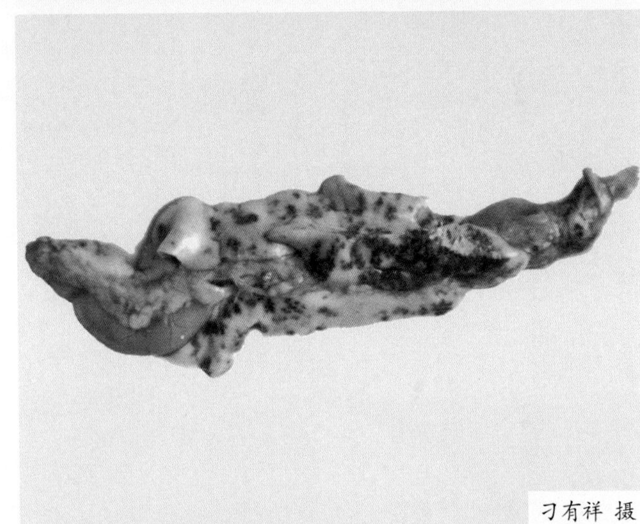

图7-54 胰腺有大小不一的出血斑点（一）

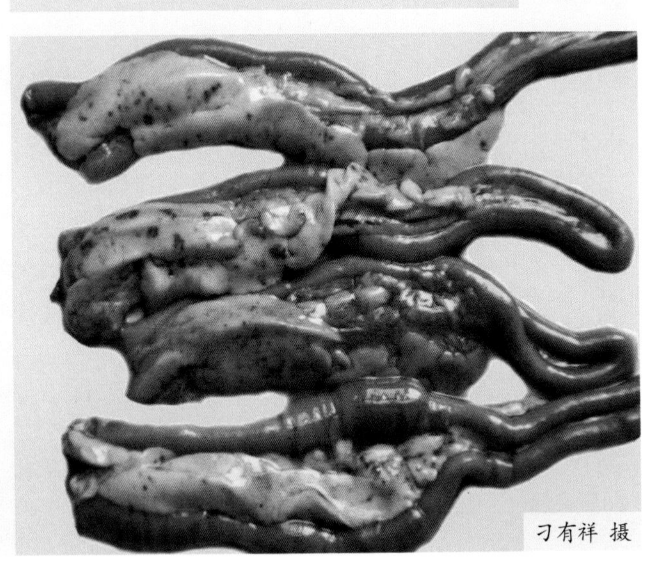

图7-55 胰腺有大小不一的出血斑点（二）

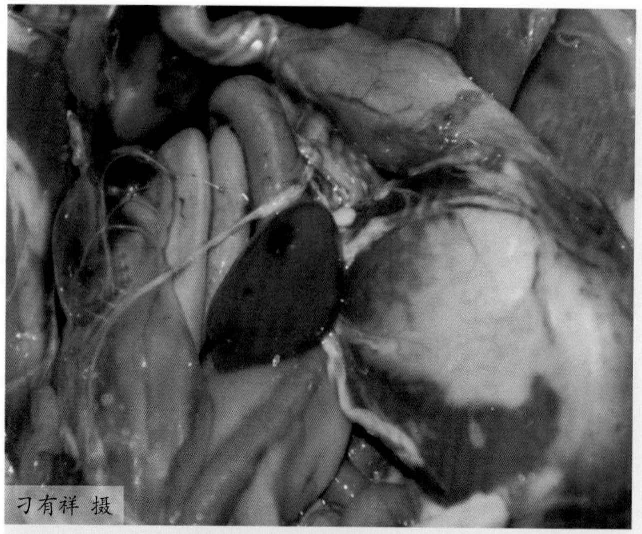

图7-56 脾脏肿大，出血

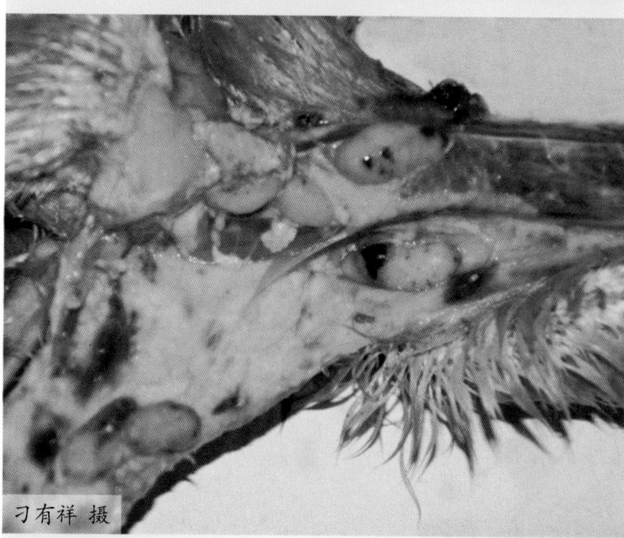

图7-57 胸腺肿大、出血，皮下出血

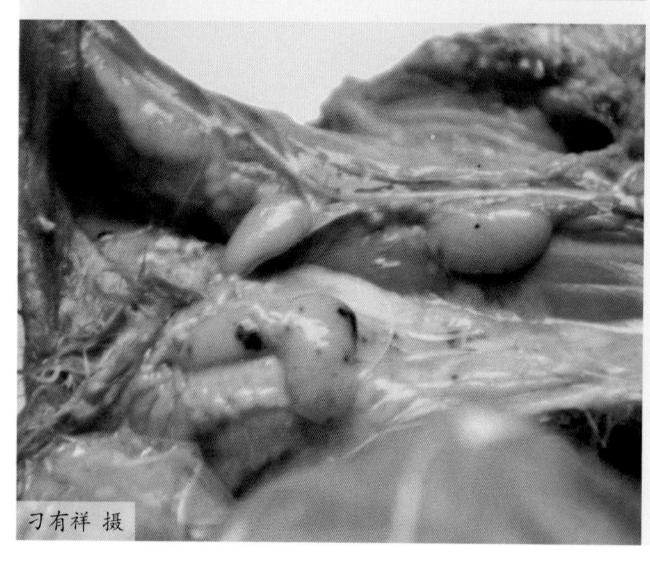

图7-58 胸腺肿大、出血

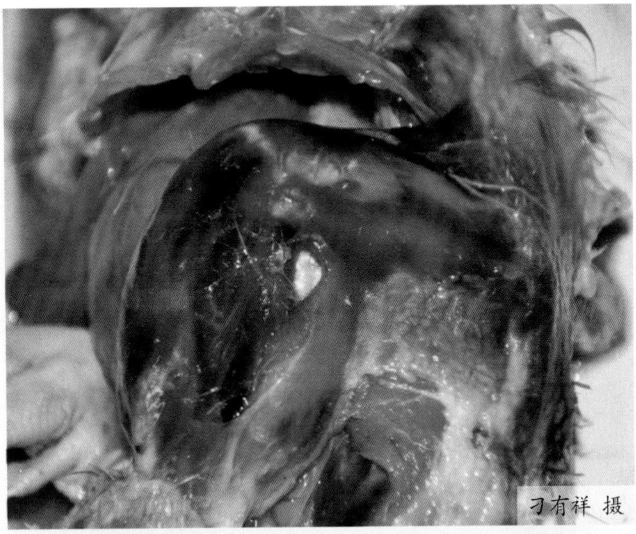

刁有祥 摄

图7-59 腿肌出血

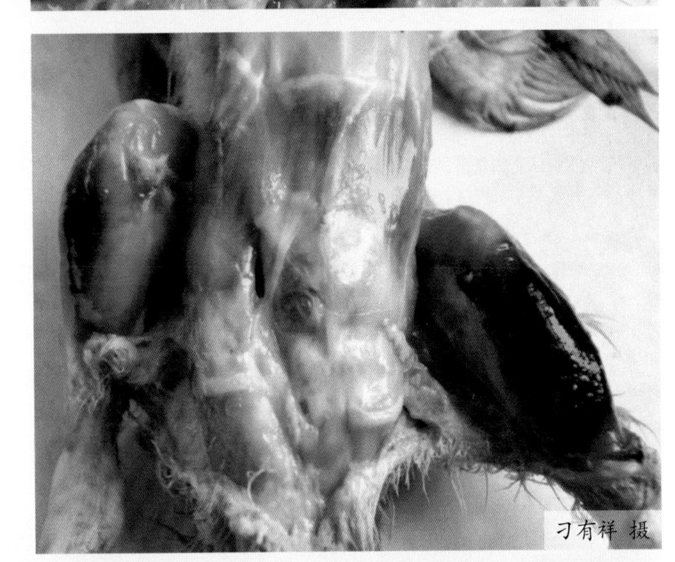

图7-60 双侧腿肌出血

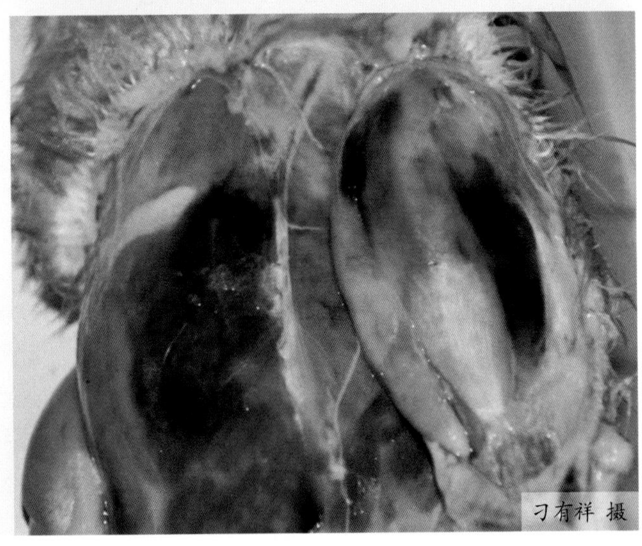

图7-61 腿肌、胸肌出血

四、诊断

根据鸭群过量使用抗病毒药物的病史、症状及病理变化进行初步诊断，必要时可结合实验室检验进行确诊。

五、预防

抗病毒药物中毒无特效解毒药，生产中应以预防为主，加强饲养管理。

（1）严格按照药物剂量要求进行用药，切忌盲目加大药量，化学药物除治疗作用外，其毒性作用往往也很强；同时，尽量避免同类型药物重复、联合使用；使用药物时应保证药物浓度均一。

（2）坚决杜绝使用国家禁用药物，该类药物可能起到一时的治疗作用，但往往会产生长期危害。

（3）准确诊断疾病，必要时要及时咨询专业兽医师，避免误诊用药带来的损失。

六、治疗

抗病毒药物中毒无特效解毒药，可采取以下措施缓解：一旦发现中毒，立即停喂含有此类药物的饲料或饮水；鸭群用3%葡萄糖饮水，对个别有神经症状的鸭只肌注阿托品0.1mg/kg体重。鸭群精神症状得到缓解后，改用2%～3%葡萄糖和0.01%维生素C饮水，连用3～4d。

第十一节　硫酸铜中毒

硫酸铜又称蓝矾，是一种透明、蓝绿色、易溶于水与有机溶剂的化学物质，其应用较为广泛，作为饲料添加剂，可被应用于各种动物，作用已不仅局限于满足动物对于铜的需求，更重要的是其在动物机体造血、新陈代谢、生长繁殖、维持生产性能、增强抵抗力等多方面均发挥着不可替代的作用。在养禽业中，也常用硫酸铜作为铜的来源，以提高家禽的生长率、饲料转化率和产蛋量，同时，在饲料中添加硫酸铜以防止饲料发霉变质，当家禽发生曲霉菌中毒时也可用硫酸铜作为治疗药物。但是，硫酸铜加入剂量过大，常会引起家禽中毒病的发生。高浓度硫酸铜有刺激作用，能刺激和腐蚀局部皮肤和黏膜，大剂量的硫酸铜能引起肝脏、心脏、肾脏等损伤，对甲状腺素、肾上腺素及一些酶的活性均有抑制作用，严重者出现死亡。

一、病因

每千克饲料中含有 2.5 ～ 5mg 铜即可满足鸭的生理需要，不会引起缺乏症，虽含有高量铜的饲料具有明显促进鸭生长速度的功效，但当每千克饲料中铜含量达到 100mg 或鸭群生活在每升水含 100mg 的池塘中时就可能导致中毒的发生。鸭硫酸铜中毒的原因如下：

（1）一次性或短时间内误食大剂量硫酸铜化合物或高铜日粮是引起急性铜中毒的原因。

（2）饲料和饮水中硫酸铜添加浓度过高，或拌料不均匀，是引起鸭群铜中毒的直接原因。

（3）在高铜饲料中另外添加大量铜添加剂而引发中毒。

（4）当鸭群出现铜缺乏症或治疗和预防曲霉菌病和鹅口疮等疾病时，过量使用硫酸铜；将硫酸铜作为环境灭钉螺、霉菌等用途时意外引发中毒。

（5）饲料中铜、钼比例失调也可造成铜中毒。

二、症状

（1）急性中毒　中毒鸭表现为流涎、腹泻，呼吸困难，步态不稳。短暂的兴奋后萎靡，衰弱，麻痹，惊厥，昏迷后死亡，粪便常含有黏液，呈深绿色。

（2）慢性中毒　非中毒量的硫酸铜连续使用可在体内蓄积，肝脏铜的浓度会大幅度升高，当肝脏蓄积到一个危险量时，铜被释放到血液，肝功能明显异常，血浆铜的浓度逐渐升高。慢性中毒早期仅见患鸭体重增加缓慢，但精神、食欲变化轻微，后期多表现为溶血危象，烦渴，呼吸困难，极度干渴，精神沉郁，厌食，生长受阻，黏膜黄疸，营养不良等。

三、病理变化

铜盐具有强烈的刺激作用和腐蚀作用，可致严重的胃肠炎，同时，铜又是多亲和性毒物，吸收后可作用于全身各系统，主要侵害神经、肝脏、肾脏和血液。

中毒鸭剖检可见腺胃、肌胃坏死，食道、胃黏膜卡他性炎症并伴有出血点，小肠前段肠腔有灰黄色较稀薄的内容物，黏膜充血、出血甚至溃疡，后段充满干燥的铜绿色或黑褐色内容物，黏膜肿胀发红；肝脏和肾脏肿大，呈蓝绿色，实质细胞发生脂肪变性或坏死；胆囊膨大，充满蓝绿色胆汁；胰腺呈灰白色。慢性中毒鸭以全身性黄疸和溶血性贫血为主要特征。腹腔内存在大量淡黄色腹水；心外膜有出血点，肠道内容物呈深绿色；肝脏肿大、质脆，呈淡黄色；肾脏肿大，被膜有散在斑状或点状出血。

四、诊断

本病根据中毒鸭是否有内服硫酸铜或食入含有硫酸铜的饲料、蔬菜的病史，出现腹泻、胃肠炎、血液呈褐色、易凝固等特点，可作出初步诊断。同时，可取部分胃内容物或粪便，加入氨水，颜色由绿色变为蓝色可协助诊断。

五、预防

严格控制硫酸铜剂量是预防本病发生的关键。

（1）用硫酸铜进行饮水治疗时，为预防鸭硫酸铜中毒，应严格限制使用浓度和时间，饮水浓度应掌握在 1/5000 ～ 1/3000，待完全溶解后给鸭群饮水，时间不宜过长。

（2）定期监测饲料中硫酸铜含量，超过动物耐受量时，可喷撒磷钼酸盐或在饲料中添加少量钼、锌、硫等，可预防硫酸铜中毒。

（3）中毒死亡的鸭只应及时作深埋或焚毁处理，防止误食引起二次中毒。

六、治疗

铜中毒的治疗原则是立即终止铜供给，迅速使血浆中游离铜与血浆白蛋白结合，促进铜排出。

（1）一旦鸭群发生中毒应立即停止饲喂含有硫酸铜的饮水、饲料，保证鸭群安静，同时更换新鲜饲料与饮水。

（2）三硫钼酸钠不仅可促使 Cu^{2+} 与白蛋白结合，而且可促进肝脏铜通过胆汁排入肠道，使用三硫钼酸钠进行排铜，按体重 0.5mg/kg 铜计算。

（3）对急性中毒的鸭只，为清除肠道内容物，也可使用硫酸镁、硫酸钠等中性盐类进行缓泻，但禁用油类泻剂；也可灌服牛奶、鸡蛋清等，每只 3 ～ 5mL。

（4）可饮用 5% 葡萄糖，以提高机体的解毒能力，同时，添加抗菌药物，防止继发感染。

第十二节　镉中毒

镉是一种极其重要的重金属污染物，其毒性机制是相当复杂的。动物体对环境、水、空气和土壤中的镉具有浓集、积累和放大等功能，最终镉通过食物链在动物体相应组织和器官内富集，引起机体产生慢性中毒。镉被吸收后主要分布于肝脏和肾脏，甚至对生殖细胞和免疫都存在一定的危害作用，对机体造成极大的损伤。

畜禽镉中毒是由于饲料富含镉、工业镉污染及高镉的自然环境引起的，贫血和生长受阻是畜禽镉中毒最常见的临诊症状。镉进入畜禽体内的途径有消化道、呼吸道和皮肤，然后经血液到达组织细胞与金属硫蛋白结合，蓄积于肝脏和肾脏中，是一种危害人和畜禽健康的有毒重金属“污染”元素。

一、病因

饲料富含镉、工业镉污染及高镉的自然环境均可引起鸭群发生镉中毒，线粒体是镉损伤的主要细胞器。镉的化合物有氧化镉、硫化镉、氯化镉、氰化镉、硫酸镉等，镉的化合物毒性很大，无论以任何形式（粉尘、烟、雾、蒸气或镉盐等）进入机体，均可发生中毒，其分布于全身各器官，主要贮存于肝、肾、肺（吸入时）和甲状腺，经肾脏排出。

急性中毒，多见于吸入高浓度镉化合物（如氧化镉等）的烟尘，也见于误服镉化合物等，慢性中毒主要是环境污染而导致镉蓄积所致。

二、症状

最急性中毒鸭很快倒地而死；急性中毒鸭表现为精神萎靡、离群、蹲卧、嗜睡，临死前突然倒地、角弓反张、两腿蹬踏、全身抽搐。亚急性中毒鸭表现为贫血、对刺激反应迟钝、食欲减退、生长受阻，地面平养的鸭会出现啄土现象，地面常啄出小坑（图 7-62，图 7-63）。多数病例严重下痢，初成水样稀便，后转变为灰白色或黄白色黏稠物，部分病例鼻孔流出多量的脓性黏液，堵塞鼻孔，并可听见拉风箱似的呼吸声，大多数死亡病例死前有抬头、伸颈、张口呼吸等呼吸困难症状；产蛋鸭产蛋量下降、蛋壳品质降低、孵化率下降和死亡率增加等。

图7-62 鸭啄土吃

刁有祥 摄

图7-63 鸭啄土，地面啄出小坑

三、病理变化

大多数镉中毒病例剖检可见血液颜色变淡，肌肉苍白，心肌稍肥大；镉对消化道有直接刺激作用，导致胃肠轻度充血，黏膜易脱落，肌胃角质膜有坏死灶，胰腺偶有出血点；其次是镉对肝脏、甲状腺造成广泛损伤，胆汁分泌出现异常等致使鸭群生长缓慢。病程较长的病例心外膜被覆纤维素薄膜。死前呼吸困难的病例，以肺和气囊的病变为主；无呼吸困难的，则以心、肝、脾等病变为明显。肺脏被覆纤维素膜，紫红色实变；气囊积有淡黄色的液体，气囊壁浑浊、增厚成为灰白色；心包积液，心外膜被覆黄白色的纤维素膜，右心扩张，心肌变性；肝脏肿大，棕褐色或土黄色，质脆易碎，表面覆有淡黄色或灰白色纤维素膜；脾脏与肾脏均肿大。

四、诊断

可根据鸭群症状及剖检病理变化做出初步诊断，同时可将饲料送至有关卫生部门进行镉含量检测。

五、预防

（1）选择正规厂家生产的饲料，并精确计算其中镉含量，必要时可将其送至相关部门进行定量检测。

（2）尽量不使用含结晶水的微量元素锌，而用氧化锌作为锌源。

（3）禁止在镉污染严重的环境中放牧。

（4）在饲料配方中，适当提高 Fe、Cu、Zn、Se、Ca、P 及维生素和植酸酶的含量，其可在一定程度上降低镉在动物体的蓄积，减轻毒性作用，使镉中毒症状减轻乃至消失。

六、治疗

对于发生镉中毒的患鸭，一般无特效疗法。

（1）一旦发生镉中毒应及时治疗，首先应立即停喂含镉量高的饲料，更换含量合格的饲料。

（2）给予鸭群充足饮水，并适当添加葡萄糖溶液，及时淘汰无治疗意义的鸭只。

（3）在饲料中较大剂量添加镉的拮抗元素如 Fe、Cu、Zn、Se 等。

（4）三硫钼酸钠与硒化物有促进镉排泄的作用，可用于镉中毒的缓解治疗。

第十三节 氟中毒

氟已被证实是动物正常生长所必需的微量元素之一，可通过食物、饮水、饲料、草和空气等介质而摄入。适量的氟具有促进动物生长、发育和繁殖、参与骨骼代谢、影响动物造血功能及神经内兴奋性和传导的作用。但畜禽摄入过量氟会引起中毒。过去，养殖业中氟中毒多见于牛、羊等大家畜，家禽较少见，而近年来，家禽氟中毒的发生呈上升趋势，给养禽业带来很大经济损失。

不同日龄鸭对氟的敏感性不同。动物体对氟有一定的耐受量，但因动物的种类及龄期而异，在各种动物中家禽耐受性最高；在家禽中，鸭比鸡敏感得多；在鸭中，雏鸭较中大鸭敏感，肉鸭较产蛋鸭敏感。

一、病因

（1）目前，家禽饲料中以磷酸氢钙作为禽类的添加载体，由于其价格低、磷的利用率高而被广泛应用。但由于种种原因，一些厂家在加工磷酸氢钙的过程中未经脱氟处理或脱氟不彻底，饲料在出厂时，氟含量严重超标，而鸭群长期采食这种饲料是导致氟中毒的主要原因。

（2）高氟地区的饮水和土壤及生长的植物含氟量都很高，生活在此处的鸭群，易发生氟中毒。

（3）工业污染也使得氟中毒发病率上升，氟中毒经常发生在炼铝厂、磷肥厂及金属冶炼厂周围地区，这些工厂排出烟尘可污染周围地区生长的植物、土壤与水源等，造成鸭群的氟中毒。

二、症状

鸭氟中毒主要为无机氟中毒，有资料表明，当日粮中的氟超过300mg/kg时，5日龄的鸭饲喂2d后即可出现脚软现象，至10日龄则达到死亡高峰。氟中毒可分为急性氟中毒和慢性氟中毒。

（1）急性氟中毒　急性氟中毒在生产上较少见。多在食入过量氟化物半小时后出现食欲废绝、呼吸困难，肌肉无力、震颤、严重的抽搐、痉挛伴有虚脱、出血等症状，数小时内可能死亡。

（2）慢性氟中毒　生产上常见的氟中毒，一般为慢性中毒。雏鸭表现为食欲下降，双腿骨骼质地柔软（图7-64）、站立不稳、跛行，行走困难，瘫痪（图7-65）。部分鸭的喙质地变软、变形（图7-66），多因饮不到水、吃不到料而衰竭死亡；3～5周龄的中鸭表现为食欲下降，生长迟缓，羽毛粗乱无光，走路时双脚乏力，负重困难，出现身体左右摇摆的疼痛步态，严重的卧地不起，大力驱赶也无力逃走，体重严重下降；6周龄以上的大鸭中毒症状比中小鸭轻，仍以脚软、行走困难为主，生长发育受阻。死亡率相对较小，而增重和

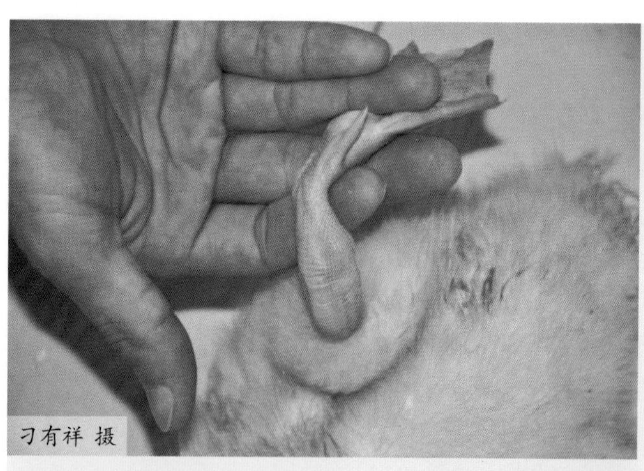

图7-64　腿骨质地柔软

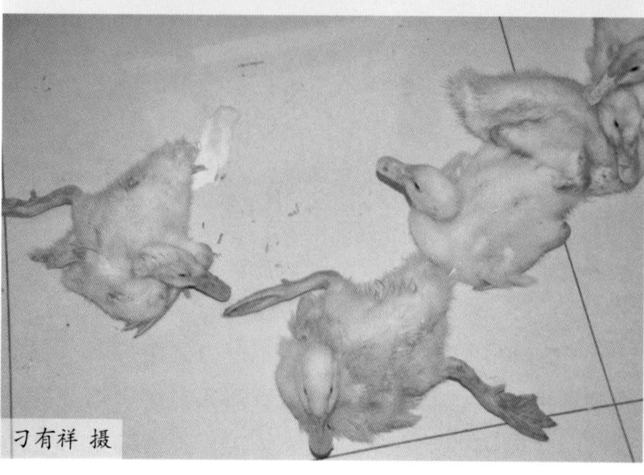

图7-65　鸭瘫痪，不能站立

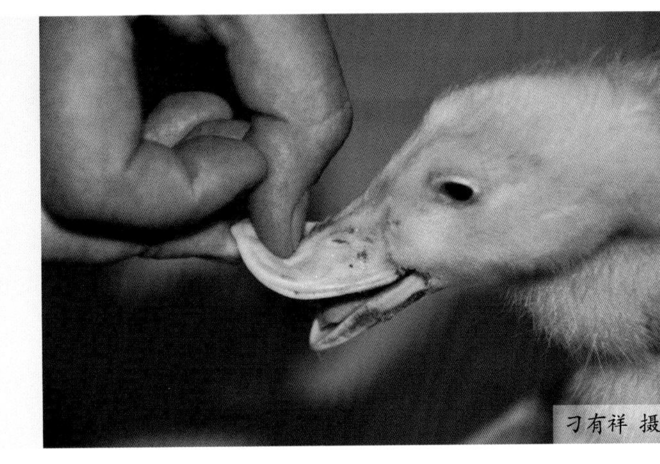

图7-66 喙质地柔软

耗料相对影响较大；产蛋鸭表现为双脚划水无力，站立不起，腿先后伸直，有不愿下水和脱毛的现象。出现呼吸困难症状的鸭很快死亡。产蛋鸭整群产蛋率急剧下降 10% ～ 50%，受精率和孵化率下降 10% 左右。氟中毒的患鸭多因在水中不能用脚划动，而长期浸在水中被溺死。

三、病理变化

（1）急性氟中毒　中毒鸭剖检表现为急性胃肠炎症状甚至严重的出血性胃肠炎症状，如胃肠黏膜潮红、肿胀、脱落，并有斑点状出血。

（2）慢性氟中毒　慢性氟中毒早期无明显病变，病程较长的病例表现为消瘦、贫血，血液稀薄；长骨和肋骨较柔软，肋骨与肋软骨、肋骨与椎骨结合部呈球状突起；腺胃体积增大，黏膜增厚，小肠肠系膜充血，黏膜增厚；肝脏肿大并伴有出血；全身组织呈胶冻样浸润，皮下组织出现不同程度的水肿。

组织学变化表现为腺胃腺小管结构模糊，上皮细胞严重坏死脱落于腺泡腔中；肠绒毛的单层柱状上皮部分细胞增生、坏死、脱落，固有膜内严重出血；肝细胞肿胀，胞浆和胞核内出现大小不一的空泡，细胞呈蜂窝状或网状，变性严重者小泡相互融合成水泡，胞核悬于中央，或被挤于一侧；严重者肾脏近端小管上皮细胞肿胀、坏死、脱落于管腔，形成细胞性管腔。

四、诊断

结合鸭群是否有一次性大量摄入氟化物的病史，出现胃肠炎、肌肉震颤等症状，做出初步诊断；同时结合致病菌和病毒分离方法，如果是阴性，可排除是病毒或细菌感染。此外，因氟中毒症状与维生素 D 和钙缺乏症状相似，而增加石粉（或磷酸氢钙）后病情有所加重时则应考虑氟中毒。

五、预防

（1）饲料中添加矿物质元素，鸭饲料中某些矿物质元素的缺乏会导致氟中毒症状的加剧，而某些矿物质元素（如硒、铝）则会对氟中毒起到拮抗作用。试验证明，添加含钙物质，如乳酸钙、硫酸钙或葡萄糖酸钙等，配以适量维生素 A、维生素 D、维生素 B 族、维生素 C 等可一定程度减轻中毒症状。

（2）饲料中添加植酸酶可提高植酸磷的利用率，从而减少无机磷使用，可控制氟的来源，这是预防氟中毒的一条行之有效的措施。

（3）选择质量可靠的饲料，生产厂家保证所使用的磷酸氢钙、骨粉、石粉等矿物质原料安全可靠。购买饲料后可对磷酸氢钙等原料进行抽检，没有条件的一定要送有关单位化验，对生产的成品同样也要进行氟含量的测定。

（4）避免饲料和水被氟污染，不要把含氟量很高的水作饮用水。饲料中用植酸酶，减少含氟磷酸钙盐的使用。

（5）禁止鸭群到喷洒过有机氟农药的地区放牧或采食喷洒过农药的农作物。被农药喷洒过的农作物饲草必须在收割后贮存 2 个月以上，使其残毒消失后方可用来饲喂。

六、治疗

（1）对于已发生氟中毒的鸭群应及时治疗，立即停喂含氟量高的饲料，更换含量合格的饲料，以杜绝氟中毒继续加重。

（2）对中毒严重的、治疗也难康复的鸭应及时淘汰。

（3）雏鸭可在饮水中加入维生素 D_3，每只每天 300IU，维生素 C 每只每天 5 ～ 10mg，连用 3 ～ 5d。

（4）蛋鸭可补喂鱼肝油，每只 1 ～ 2mL，每吨日粮中增加多种维生素 50 ～ 100g。

（5）可对症添加钙、磷制剂。在饮水中加入 0.5 ～ 10.0g/kg 氯化钙，饲料中加入 10 ～ 20g/kg 骨粉和磷酸钙盐，以提高血钙、血磷水平。

第十四节　有机磷农药中毒

有机磷农药广泛应用于防治农作物虫害，但它的毒性很大，对鸭有明显毒害作用，鸭因吸入有机磷农药或误食施过农药的蔬菜、牧草、农作物或被污染的饮水而引发中毒。

有机磷农药的种类很多，主要包括内吸磷（1059）、马拉硫磷（4049）、敌敌畏、对硫磷、甲拌磷、甲胺磷、倍硫磷、乐果、敌百虫等，这类药物是一种神经性毒剂，虽然杀虫范围广，但对人、畜、禽都有很大毒性，家禽对其尤为敏感，由于使用较为普遍，所以中毒也较为常见。鸭有机磷农药中毒，常由于误饲误饮造成。

有机磷毒物经呼吸道、皮肤和消化道进入鸭体内后，迅速与胆碱酯酶结合，生成磷酰化胆碱酯酶，使胆碱酯酶丧失了水解乙酰胆碱的功能，导致胆碱能神经递质大量积聚，作用于胆碱受体，产生严重的神经功能紊乱。由于家禽体内胆碱酯酶的含量低，所以对有机磷农药敏感，中毒后常呈急性经过，表现为运动失调、大量流涎、肌肉震颤、泄殖腔急剧收缩、瞳孔明显缩小、呼吸困难、黏膜发绀，最后抽搐、昏迷而死亡。

一、病因

（1）鸭群误食喷洒过有机磷农药的作物、蔬菜、瓜果或牧草等，或食入被农药毒杀死的蝇、蛆、鱼虾等是有机磷农药中毒的主要原因。

（2）误食拌过或浸过有机磷农药（甲拌磷、乙拌磷、棉安磷）的种子而引起中毒。

（3）在被有机磷农药喷洒或污染过的田地放牧或水源被有机磷农药污染，如在池塘、水槽等饮水处配制农药，或洗涤装过剧毒有机磷农药的器具等不慎污染了水源，引起中毒。

（4）养殖场附近喷洒有机磷农药，通过空气传播发生接触引起中毒。

（5）用敌百虫驱除鸭体内寄生虫时，使用剂量过大，药物通过呼吸道、消化道或皮肤进入体内，导致中毒发生。

（6）农药管理不善或使用不当。如农药在运输过程中包装破损、农药与饲料未能严格分开贮藏，鸭只食入了受到污染的饲料而引起中毒。

二、症状

最急性有机磷农药中毒的鸭未见任何征兆而突然死亡；急性中毒病例表现为兴奋不安、摇头、厌食；不断出现吞咽动作、流涎、鼻腔流出浆液性鼻液、瞳孔缩小、可视黏膜充血、两翅下垂、肌肉震颤、双脚无力；严重中毒的鸭张口呼吸、运动失调、不能站立、排出带有灰白色泡沫状稀便，随病情进一步发展，病鸭呼吸困难，喙呈紫红色或紫黑色（图 7-67），伸颈抬头，最后衰竭而死亡，死亡鸭皮肤呈紫红色（图 7-68）。

三、病理变化

剖检变化表现为胃肠黏膜充血、出血、肿胀、易脱落（图 7-69，图 7-70）；肝脾肿大（图 7-71，图 7-72），胆囊肿大出血；血液凝固不良，鼻腔黏膜充血、出血，内有浆液性液体；皮下、肌肉有出血点（图 7-73）；口腔积有黏液，食道黏膜脱落，气囊内充满白色泡沫；气管、肺脏充血、出血（图 7-74，图 7-75），切面有多量泡沫样液体流出；心肌、心冠脂肪有点状出血，心内膜出血（图 7-76），血液呈酱油色；肾脏肿大（图 7-77），质地变脆，呈

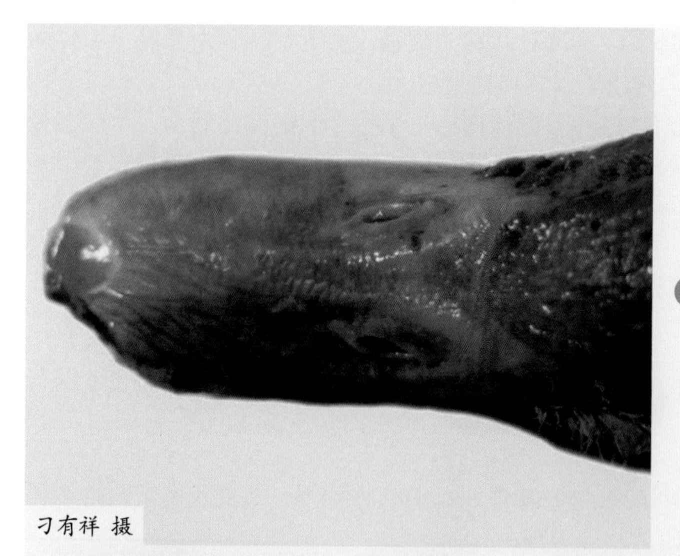

图7-67 喙呈紫红色

图7-68 死亡鸭腿部皮肤呈紫红色

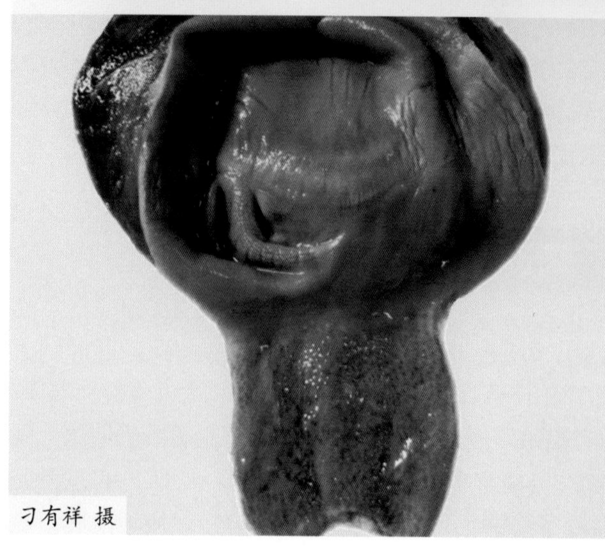

图7-69 腺胃黏膜出血

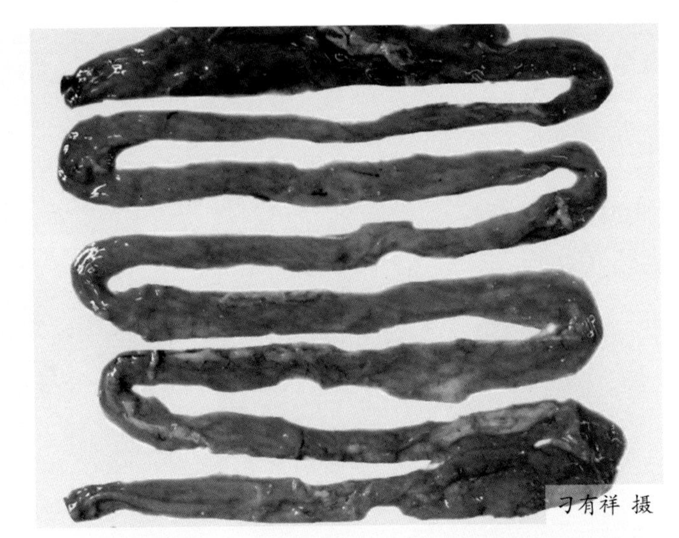

图7-70 肠黏膜出血

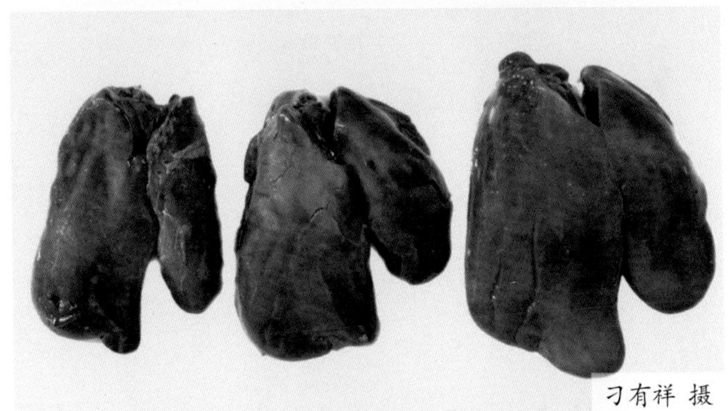

图7-71 肝脏肿大，呈紫红色

图7-72 脾脏肿大

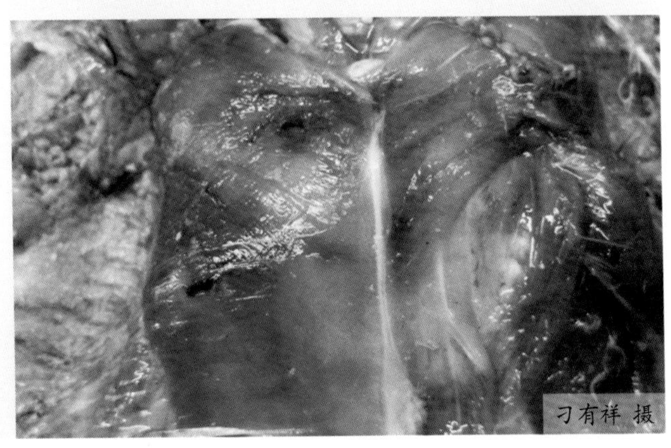

图7-73 皮下、肌肉出血

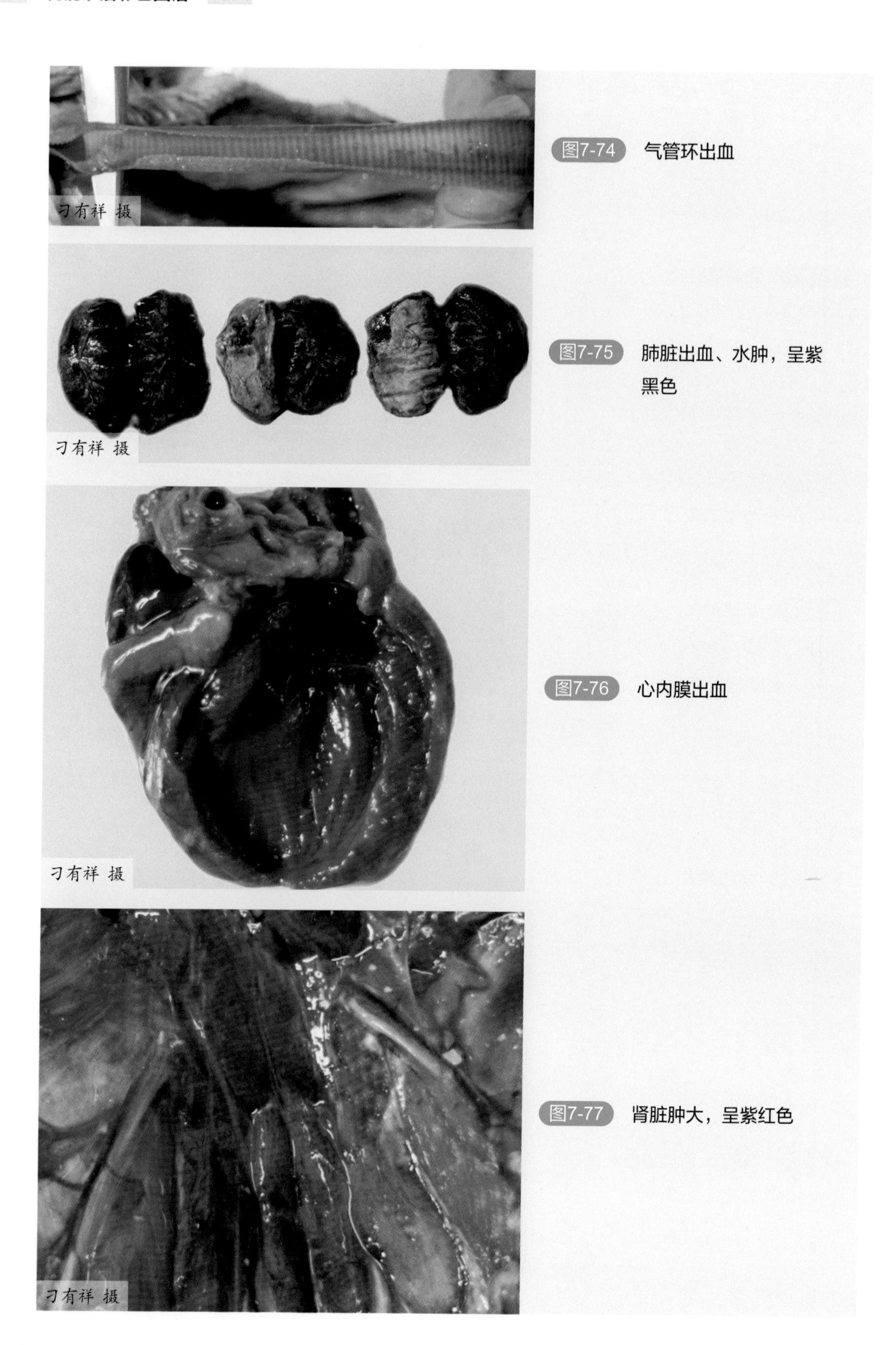

图7-74 气管环出血

图7-75 肺脏出血、水肿，呈紫黑色

图7-76 心内膜出血

图7-77 肾脏肿大，呈紫红色

弥漫性出血，被膜易剥离，并伴有脂肪变性；肌胃内容物散发出大蒜臭味（这一点可作为本病的特征性表现）；病程长者出现坏死性肠炎。

四、诊断

根据鸭群是否有接触或吸入有机磷农药，或食入含有机磷农药饲料或饮水的病史，表现出兴奋不安、流涎、流泪、下痢、呼吸困难、瞳孔缩小、抽搐、痉挛、共济失调等症状，结合剖检病死鸭时肌胃内容物有大蒜臭味，可作出初步诊断。必要时可将鸭食管膨大部（胃）内容物或可疑饲料送往相关实验室进行有机磷农药定性检测等。

定性检测操作如下：

取胃内容物 20 ～ 50g，捣碎，放入带塞的三角瓶内，加一定量苯淹没样品，在 60℃下浸渍 1h，用滤纸过滤到蒸发器中自然发挥，残渣用适量无水乙醇溶解，供检验用。将提取液用无水硫酸钠脱水后过滤至蒸发器中，待自然挥发后加氧化钙粉末将残留物覆盖。置小火加热数分钟，再慢慢加大火力烧至暗红色，待其自然冷却后加 2mol/L 硝酸中和至近于中性，过滤，取定性滤纸，滴加钼酸铵 2 ～ 3 滴待其近干，加检液 2 滴，1 ～ 2min 后加联苯胺 1 滴和饱和醋酸钠 1 滴。

结果观察：滤纸呈现蓝色（+++），确诊为有机磷中毒。

五、预防

（1）对有机磷农药妥善保管，严格管理，必须专人负责，切实注意使用安全，保存农药时要远离饲料和水源，防止饲料、饮水、器具被有机磷农药污染。用有机磷拌过的种子必须妥善保管，禁止堆放在鸭舍周围。

（2）对喷洒过有机磷农药的饲料、田地、水域在 6 周内禁止饲喂、放牧。

（3）使用有机磷药物驱虫时要特别小心，严格掌握使用剂量，不要因其毒性较低而盲目加大用药量；消灭体表寄生虫时，浓度不要超过 0.5%，且涂药面积不要过大。

（4）敌百虫毒性很强，应用其进行鸭体内驱虫时，要掌握适宜剂量，最小致死剂量为每千克体重 30mg，其危险性较大，故一般不要用敌百虫作为鸭内服驱虫药。

六、治疗

鸭的有机磷中毒多发病较快，部分严重者来不及治疗。一旦发生中毒，首先应立即脱离现场，停喂可疑饲料和饮水，彻底清除毒源，并结合以下方法进行治疗：

（1）若经皮肤接触导致中毒时，可用肥皂水、生理盐水或清水及时冲洗掉有毒物质（敌百虫中毒不可用碱性药液冲洗，因碱性药液会使敌百虫变成毒性更强的敌敌畏。而对硫磷不能用高锰酸钾溶液冲洗。冬季冲洗时药液可稍加温，但不可太热，以防促进农药吸收）。

（2）当发现较早，毒物未吸收时可采用手术疗法，切开食管膨大部，取出内容物，用2%硼酸溶液冲洗，再分层缝合，效果较好。

（3）若发现及时，迅速采用解磷定和阿托品急救的，效果皆好。若在服用阿托品前，用手按压食道膨大部，将吃进的饲料挤压出，这样效果更好。利用阿托品急救不是使有机磷水解，而是阻断在动物体内蓄积的乙酰胆碱引起神经过度兴奋的作用。

（4）有机磷中毒后可用特效解毒药物进行治疗。肌内注射碘解磷定，每只成鸭肌内注射2mL，数分钟后症状可缓解。重症者可1～2h再注射1次；也可以使用硫酸阿托品注射液，每只成年鸭腿部肌内注射0.2～0.5mL，必要时，每隔半小时注射1次，并给充足饮水。

（5）在饮水中添加3%～5%葡萄糖溶液和电解多维，可使鸭群的体力得到恢复。

第十五节　除草剂中毒

随着农业科技的发展，化学除草剂已广泛应用于农田（地）除草，在防治杂草方面具有效果好、效率高、成本低及操作简便等特点。目前，化学除草剂品种多达100多种，在类型上分为有机化合物和无机化合物两大类，常用于路旁、场区、场院、荒山草坡的除草剂主要有草甘膦、利农、二甲四氯、灭草松、百草枯等，其中以百草枯毒性最强。禽类一旦误食喷有除草剂的饲草或污染水源，首先可引起消化道黏膜充血出血和各种炎性反应。随着有毒物质的吸收和进入血液循环，致使单核吞噬细胞、淋巴细胞、肝脏防御和合成功能破坏，引起组织扩散、液体扩散至神经扩散的病理过程，严重者会直接损害心、肺、肝、肾，导致心律失常、传导阻滞，甚至出现多器官衰竭而死亡，导致严重的中毒。而目前，有关化学除草剂中毒的解毒药物和治疗方法极为少见，加之化学除草剂化学结构复杂、种类多、使用范围广，给动物中毒的预防和治疗带来很大的难度。在治疗上，禽类特别是雏禽发生中毒后，其死亡率可高达80%以上，而且治愈率极低。在规模化养鸭生产中虽鲜有发生除草剂中毒案例，但其危害巨大，仍应加强管理，积极预防该中毒病的发生。

一、病因

（1）鸭群误食了刚喷洒过化学除草剂不久的杂草（图7-78），或放牧时在刚喷洒过除草剂的草丛中自由觅食。

（2）由于江堤岸内或河边杂草丛生，管理员在一段时间内多次使用除草剂，导致水源被污染，鸭群在这样的地区放牧或饮用被污染水源，很可能导致中毒发生。

（3）在鸭舍周围喷洒除草剂，因天气及风力原因，部分药物随风飘进舍内污染饲料和饮水，鸭采食后引起中毒。

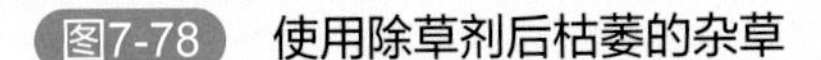
图7-78 使用除草剂后枯萎的杂草

二、症状

成年鸭发生除草剂中毒一般在24～48h内出现症状并死亡，而雏鸭一般在12～24h内出现症状并死亡。中毒鸭表现精神高度沉郁，食欲废绝，渴欲增加，肌肉震颤、抽搐，呼吸困难，结膜苍白，站立不稳，伏地伸颈，随后出现瘫痪；口腔流出少量黏液，严重腹泻、粪便中混有黏液和血液等症状，严重者很快死亡。

三、病理变化

本病主要侵害肝、肾、消化器官等。剖检中毒鸭可见口腔、气管充满大量分泌物和泡沫状液体，肺脏水肿、色暗；肝脏肿大，肾脏略肿，呈土黄色、质脆；脾脏和胰腺轻度肿大，胰腺可见少量出血点；胃内充满食物，略带些蒜臭气味，部分胃肠黏膜糜烂，胃底黏膜呈黑色，十二指肠充血，局部有出血点。

四、诊断

（1）查清病史，根据养殖场实地环境勘察，采食相同饲料的鸭同时发病。

（2）密切观察各重要器官功能变化，临诊表现须符合所接触除草剂的毒性特点，且病情严重程度与接触强度、食入量密切相关，一般鸭群中个体较大、生长发育快的鸭中毒症状更为严重。

五、预防

（1）预防本病的关键在于加强对除草剂的管理，禁止在刚使用过除草剂的地方放牧或饮水，防止鸭误食或接触喷洒过农药的饲草、饲料、水源而引起中毒。

（2）在鸭群饲养过程中，鸭舍周围不能用除草剂喷施除草，由于除草剂挥发性大，易吹入舍内引起鸭群中毒；最好在饲养周期结束后再行除草工作，如若杂草严重影响舍内通风，应采取人工除草方式，以免带来不必要的损失。

六、治疗

鸭等水禽误食除草剂农药引发的中毒，没有特效药物治疗，应采取补液、供能、解毒、强心、抗感染等对症疗法。

（1）一旦发现中毒，应查清中毒药物的类型、用量和时间，及时诊断，提供清洁且充足的饮水，使鸭群保持安静。

（2）对于已出现中毒症状的病鸭，皮下或肌内注射适量硫酸阿托品，用于缓解神经症状，经 1 ～ 2h 症状未减轻的，可减量重复使用；对中毒鸭灌服 0.1g 药用炭，以吸收毒物、保护胃肠黏膜。

（3）在每升饮水中添加 10% 维生素 C 0.2g 及 10% 阿莫西林粉 0.6g 混饮，以防止继发感染。

（4）禽类除草剂中毒特别是雏禽治愈率极低，若存在严重中毒鸭只，可放弃治疗，及时予以淘汰。

第十六节　氨气中毒

随着我国养殖业向规模化、集约化、现代化发展，养殖环境也成为较为突出的问题，特别是空气污染对养殖业的影响也越来越大，而氨气污染就是其中较为严重的问题之一。

氨气是一种无色且具有强烈刺激性臭味的气体，是因粪便不能及时清除、舍温较高时粪便中含氮物质分解而产生的一种有害气体，在潮湿、温度较高、pH 适宜、粪便较多、通风不良等情况下产生更快。鸭舍中氨气含量与鸭群的饲养密度、饲养管理水平、粪便清除情况等密切相关。氨的溶解度极高，故常被吸附在鸭皮肤黏膜和眼结膜上，从而产生刺激和炎症。氨气还可麻痹呼吸道纤毛和损害黏膜上皮组织，使病原微生物易于侵入，减弱对疾病的抵抗力。氨气中毒是由于鸭吸入过多氨气而引起的中毒症，特别是冬季，由于气温较低，鸭采食和饮水后排出的粪便含水量较大，加上冬季舍内通风不畅，氨气浓度增加，极易造成鸭群中毒。

一、病因

（1）鸭舍内卫生条件差　氨气中毒的主要原因是鸭舍内卫生条件不佳，鸭群的排泄物和散落的饲料、饮水在地面上不能及时清除，加上关闭门窗时间过长，当舍内温度较高时，污染的垫料、积累的粪便或其他有机物被细菌分解、发酵，在短时间内便产生大量有害气体，造成舍内氨气蓄积、氨气浓度逐渐增大而引起中毒。

（2）鸭舍通风不良 冬季在饲养管理上，多存在过分注重保温而忽视通风，导致鸭舍通风不良容易造成氨气的大量蓄积。

（3）饲养管理不当 饲养密度过大也是引发鸭群氨气中毒发生的重要原因。在鸭群饲养密度过大、通风条件不良或长期处于封闭状态下，如果不定期进行环境消毒，未及时清除粪便造成堆积，当舍内温度达到25.8℃以上、湿度83.2%以上时，粪便、垫料与混入其中的饲料等有机物在微生物的作用下一起发酵，便产生了大量的氨气等有害气体。一旦氨气溶解在黏膜和眼部的液体中便生成氢氧化铵，可使角膜溃疡甚至失明。

（4）鸭群发生消化道疾病 当鸭发生球虫病或肠炎等疾病时，其肠道内的微生物群落发生变化，消化机能紊乱，导致粪便中未消化蛋白质等成分增加，继而在细菌作用下产生更多氨气。

二、症状

氨气能强烈刺激鸭的呼吸道黏膜和角膜，中毒症状较轻的鸭表现为精神沉郁、食欲减退、眼结膜红肿、流泪、渴欲增强、消瘦；鸭群饲料消耗量减少，生长缓慢，整体生长不良，达不到应有的生长速度，产蛋量下降。中毒较重时，可见角膜混浊，眼睑粘合，有黏性分泌物，甚至溃疡、穿孔而致失明；鼻流黏液，频频甩头，呼吸困难，伸颈张口呼吸，甚至中枢神经麻痹，窒息死亡。

三、病理变化

氨气中毒鸭病理变化表现为死鸭体重较轻，眼睛发红，流泪，严重者眼结膜坏死，眼睑粘合，不易剥离；颜面青紫色、水肿，皮下组织充血呈深红色，有时在皮下及浆膜处可见有出血点；鼻腔内有黏液，鼻黏膜不同程度出血；喉头水肿、充血并有渗出物蓄积；气管黏膜充血，个别出血；肺脏淤血、气肿，呈深紫色，坏死；心冠脂肪点状出血；肝脏肿胀淤血、肿胀、色淡、质脆易碎；十二指肠黏膜充血，直肠黏膜条状出血；个别雏鸭腹水增多，皮肤、腿部肌肉及胸肌苍白；血液稀薄，且尸僵不全。

四、诊断

本病可根据中毒鸭症状和死亡后的剖检病理变化以及舍内环境，作出初步诊断。采集病鸭血液，测定其血氨水平，可为诊断提供可靠依据。常用的方法有奈氏试剂法与纳氏试剂比色法。

五、预防

（1）鸭舍内要有通风换气装置，使舍内空气流通，在保证温度的前提下，尽量通风，保持舍内空气清新。

（2）加强饲养管理，鸭群密度要适当，粪便及时清理，地面平养的垫料要经常翻动，保持干燥，鸭舍内的空气相对湿度保持在 50% ～ 70%；加强鸭群饮水管理，避免饮水器溢水或漏水，防止鸭群排水样粪便，以减慢粪便发酵速度。

（3）科学配料，合理使用添加剂，在日粮设计过程中，应注意从选料到饲喂的整个过程中要合理使用饲料添加剂，如酶制剂、微生物制剂等，有助于维护胃肠道的菌群平衡，提高蛋白质的消化率，降低粪便含氮量，从而大大降低禽舍中的氨气浓度。在饲料中添加 1% ～ 2% 木炭渣或 0.5% 腐殖酸钠，可以使粪便干燥，减少臭味。

（4）定期对鸭舍进行消毒，尤其是带鸭喷雾消毒，可杀死或减少鸭体表或舍内空气的细菌和病毒，抑制氨气的产生，利于净化空气和环境。

（5）在鸭舍地面上撒一层过磷酸钙，过磷酸钙可与粪便中的氨气结合，形成无味的固体磷酸铵盐，起到减少舍内氨气浓度的良好效果。方法是按每 50 只鸭的活动面积均匀地撒布过磷酸钙 350g，有效期可达 6 ～ 7d。

（6）有条件的养鸭场应定期测试舍内空气含氨量，当发现舍内氨气含量过高时，可立即加大排风，调节舍内空气；当发现鸭群氨气中毒时，便迅速将病鸭转移至空气新鲜的鸭舍，减少损失。

六、治疗

（1）当发现鸭群氨气中毒时，可将病鸭转移到空气新鲜的鸭舍中；也可立即加大排风，调节舍内空气，但要注意保持舍内温度适宜，避免鸭群因突然受冷引发其他疾病。

（2）若通风不及时，可在墙壁及顶棚喷洒浓度为 0.3% 的过氧乙酸消毒液，以中和氨气。过氧乙酸可与氨气反应生成醋酸铵，同时杀灭多种病原微生物，且对机体无害。

（3）全群用 2% ～ 3% 葡萄糖饮水，连用 3 ～ 5d。

（4）在饲料或饮水中加入防治呼吸道疾病的药物，同时使用强力霉素、环丙沙星等抗生素药物防止继发感染。对有眼部病变的鸭，用红霉素进行点眼，效果良好。对已失明的鸭只应及早淘汰。

第十七节　一氧化碳中毒

一氧化碳俗称煤气，无色、无味，常温下密度略小于空气，是煤炭或木炭在氧气供应不足的情况下不完全燃烧所产生的气体。冬春季节鸭舍内常烧煤取暖，若此时通风不良或煤炉漏烟，空气中一氧化碳浓度过大时，其经肺吸收入血，导致全身缺氧，鸭出现大批死亡。

鸭一氧化碳中毒，亦称煤气中毒，是由鸭吸入浓度过高的一氧化碳气体所引发的全身组织缺氧的急性中毒性疾病。一氧化碳通过鸭上呼吸道进入肺脏，在肺泡中通过气体交换进入血液循环，并与血红蛋白结合形成稳定的碳氧血红蛋白。由于它与血红蛋白的亲和力远远高于氧的亲和力，一般比氧大 200 ～ 300 倍，而结合后解离的速度却为氧的 1/3600，因此一氧化碳一经吸入，即与氧争夺与血红蛋白的结合，结合后又不易分离，故妨碍了氧合血红蛋白的正常结合与分离，使血液失去携氧能力，造成机体组织缺氧，使鸭只发生窒息死亡。同时，一氧化碳还可与细胞色素氧化酶的铁结合而抑制细胞的呼吸过程，阻碍其对氧的利用。由于中枢神经系统对缺氧最为敏感，故首先受到侵害，发生神经细胞机能障碍，致使机体各脏器功能失调而发生一系列的全身症状。

一、病因

一氧化碳是一种无色、无臭、无味、无刺激的气体，在环境温度较低的冬春季节，特别是北方，鸭舍和育雏室内常用煤炉或木炭炉保暖，由于通风不畅或烟道有裂缝等原因，导致鸭舍内一氧化碳浓度过高，极易引起鸭群中毒。一般情况下，当空气中含有 0.1% ～ 0.2% 的一氧化碳就会引起中毒，当浓度超过 3% 时即可引起鸭急性中毒死亡，长期饲养在一定浓度的一氧化碳环境中的鸭会出现生长缓慢、免疫力低下等慢性中毒症状。

二、症状

病鸭表现精神极度沉郁，反应迟钝，羽毛松乱，全身皮肤呈樱桃红色，眼结膜潮红或发绀，瞳孔扩大或缩小，或出现一侧扩大而另一侧缩小。症状较轻者表现为流泪、甩头、呼吸困难等，让其呼吸新鲜空气，不经治疗即可康复；还有的轻症病例表现为羽毛蓬松、精神委顿、食欲减退、生长缓慢，达不到应有的生长速度和生长能力，右心衰竭和腹水症的发病率较高。较重病鸭可见精神不安、昏迷、嗜睡、呆立或瘫痪，呼吸困难，呈明显的间歇性不规则呼吸，随后运动失调，侧卧并头向后仰，死前发生痉挛或抽搐；且鸭只死亡地点一般分布均匀，不出现扎堆死亡现象。

三、病理变化

死亡鸭营养状况良好，喙呈紫红色或紫黑色（图 7-79）。剖检可见全身各组织器官和血管内的血液均呈鲜红色或樱桃红色（图 7-80）。口腔内有大量黏液，气管环出血；肺脏淤血，呈鲜红色或紫红色（图 7-81），切面流出大量粉红色泡沫状液体。心血管淤血，血液凝固不良，心包积液。肝脏轻度肿胀、淤血呈樱桃红色（图 7-82），个别肝脏实质或边缘

图7-79 死亡鸭喙呈紫黑色

图7-80 内脏器官呈鲜红色

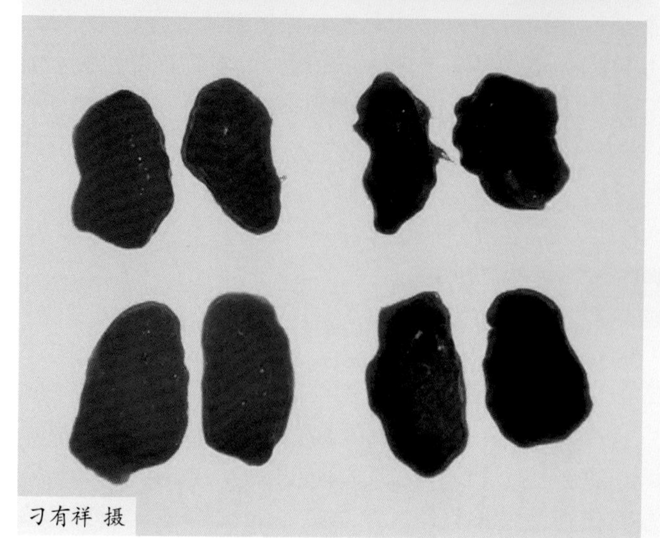

图7-81 肺脏呈鲜红色和紫红色

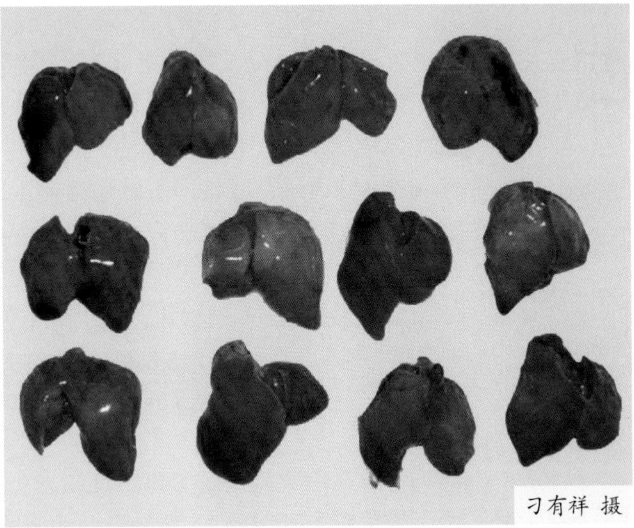

图7-82 肝脏呈红黄色

刁有祥 摄

呈灰白色斑块状或条纹状坏死。脾脏和肾脏淤血、出血，脑膜充血、出血。若为病程较长的慢性中毒者，则其心、肝、脾等器官体积增大，有时可见心肌纤维坏死，脑实质发生变化。

四、诊断

在对鸭群一氧化碳中毒进行诊断时，可根据禽舍内多数鸭只同时发病，出现流泪、共济不调、呼吸困难等一氧化碳中毒症状，以及血液呈鲜红色的剖检病变等进行初步诊断；配合检测禽舍内一氧化碳浓度是否超标，检查取暖设施是否有不合格现象；最后，经实验室血液检测进行确诊。

（1）氢氧化钠法　取血液 3 ～ 5 滴，加入 3mL 蒸馏水稀释，再加入 10% 氢氧化钠溶液 1 滴，血液中若有碳氧血红蛋白，则仍保持原来的淡红色不变，而对照组血液则变为棕绿色。

（2）片山氏试验　取蒸馏水 10mL，加鸭血液 5 滴摇匀，再加入硫酸铵溶液 5 滴使其呈酸性，同时用正常者血液作为对照，正常血液呈柠檬色，一氧化碳中毒者血液呈玫瑰红色。

（3）鞣酸法　取血液 1 份溶于 4 份蒸馏水中，加 3 倍体积的 1% 鞣酸溶液充分振摇。一氧化碳中毒鸭血液呈洋红色，而正常鸭血液经数小时后呈灰色，24h 后最为显著。

也可取血液用水稀释 3 倍，再用 3% 鞣酸溶液稀释 3 倍，剧烈振摇、混匀，一氧化碳中毒鸭血液可产生深红色沉淀，正常鸭血液则产生绿褐色沉淀。

五、预防

本病多发生在晚上，多数情况下等养殖人员发现后已经造成损失，因此必须加强饲养管理，做好预防工作。

（1）改善通风换气　要注意室内的通风和换气，关键要保持舍内空气新鲜，经常检查育雏室及鸭舍内取暖设施，保持设备和烟道安全通畅，防止漏烟、倒烟现象发生；确保舍内通风良好和温度适宜，防止一氧化碳蓄积。

（2）加强巡视观察　夜里要按时多次对鸭群进行巡视观察，一旦发现问题，立即打开所有门窗或将病鸭转移到通风良好处，及时进行救治。

（3）改进保温设备，提倡使用电热保温设备，既可保温，又安全。

（4）严禁人禽合住，一方面防止人中毒事件的发生，另一方面防止人禽共患病的发生。

六、治疗

（1）一旦发现鸭群发生一氧化碳中毒，应立即打开门窗，通风换气，以排出室内集聚的一氧化碳气体；或将鸭群转移至空气新鲜、流通的舍内。但要注意保持舍内温度适宜，避免鸭群因突然受冷引发其他疾病。通风换气后，中毒不深的病鸭可很快好转，恢复健康。

（2）若环境空气未彻底改善，病鸭转入亚急性或慢性中毒时，可皮下注射少量生理盐水、5% 葡萄糖溶液，重者注射适量强心剂对症治疗，但饲养价值不大。

（3）增强鸭群抵抗力　用 2% ～ 3% 葡萄糖饮水，连饮 5d。水温以 15 ～ 25℃为宜，对脱水严重的鸭只应适当控制饮水。

（4）为预防通风换气所致的应激，饲料中可加入 0.01% 恩诺沙星，连用 5d，同时加强消毒。

第八章 鸭普通病诊治

第一节 热应激

热应激（Heatstroke）又称中暑，是因鸭群在烈日下暴晒或环境温度过高，导致鸭机体散热机能发生障碍，热平衡受到破坏，引发的鸭中枢神经系统紊乱和心衰猝死的急性病。中暑包括日射病与热射病，在炎热季节，鸭头部受到强烈的阳光照射，引发鸭脑膜充血、脑实质急性病变，称为日射病；在潮湿闷热环境中，鸭机体散热困难，体内积聚大量热量，导致中枢神经系统机能紊乱，称为热射病。中暑多发在夏秋季节，尤其在集约化饲养条件下，鸭舍饲养密度大、通风、散热条件差易导致中暑的发生，如果救治不及时或救治措施不当，可造成鸭群大量死亡。

一、病因

当鸭舍或运动场周围环境温度超过了机体的耐受能力，造成机体散热机能障碍，引起鸭群出现明显的热应激。造成这一病症主要有以下几个方面的原因：

（1）当鸭群长时间在阳光直射下放牧、受到暴晒或行走在灼热的地面上，易发生日射病。当鸭群饲养密度过大，鸭舍过分拥挤、通风不良，防暑降温措施不足，造成鸭舍温度过高、鸭舍内空气质量差，极易引发热射病。在夏季高温高湿环境下，鸭群易发生中暑而导致昏厥甚至大批死亡。

（2）舍内积集的热量散发出现障碍，如通风不良、停电、风扇损坏、空气湿度过高等。

（3）当鸭群在烈日直射下放牧，遇雷雨被雨水淋湿后，又立即赶进鸭舍，在这种高温湿热的条件下，也会引起中暑。

（4）鸭缺乏汗腺，羽毛致密，散热主要依靠张口呼吸及张开双翅暴露皮肤进行，这一特点增加了鸭群发生中暑的概率。

（5）鸭群维生素 C 摄入不足、饮水不足，或饲料中的能量偏高，造成鸭体肥胖，体内脂肪蓄积太多，也易引发中暑。

二、发病机理

家禽是恒温动物，在一定的外界温度范围内，家禽的体温可以维持在一个恒定范围，即（41.5±0.5）℃。体温的恒定是由位于下丘脑的体温调节中枢的精细调节下，体内的产热和散热保持一定的动态平衡而实现的。家禽的生命活动过程中，不断产生热量，这些热量除维持机体健康、体温和正常的新陈代谢外，多余的则必须通过传导、对流、辐射、蒸发等散热途径而散发排出体外，以维持最适宜的体内环境。

家禽体热的散发主要采取如下方式进行：

（1）传导散热　通过脚和身体的其他部位与温度低于体温的地面、栖架或其他物体的接触而将体热传递给相接触的物体。

（2）对流散热　当周围环境温度低于机体体温时，机体周围的空气受禽体的影响而受热上升，外界温度较低的空气随之进行补充，如此循环往复而带走部分体热。

（3）辐射散热　指体热通过向外发射红外线的方式而散发。

（4）蒸发散热　指通过水分的蒸发而带走部分体热。因为鸭的皮肤没有汗腺，因而不能像哺乳动物那样在高温条件下利用汗液蒸发散热，而主要依靠呼气从肺部蒸发水分的作用来进行。

最适宜鸭群的环境温度为21～26℃，当环境温度超过这个范围时，机体散热受阻，物理调节已不能维持机体的热平衡，使得鸭群呼吸加快、代谢率提高、休克甚至死亡。甲状腺激素的分泌受到环境温度的影响，当环境温度高于舒适区上限温度（26℃）时，甲状腺激素分泌量大幅度减少，影响鸭的胃肠蠕动，延长了食糜过肠时间，使胃内充盈，通过胃壁上的胃伸张感受器，传到下丘脑采食中枢，从而使其采食量减少；另外温度升高可直接通过温度感受器作用于下丘脑，反馈性地抑制鸭群采食；当发生热应激时，鸭群皮肤表面血管膨胀、充血，导致消化道内血流量不足，影响营养物质吸收速度，从而抑制采食。有研究指出，饮水量与采食量呈负相关，热应激发生时，鸭群饮水量急增，从而相对性减少采食。

甲状腺激素的合成与分泌受垂体分泌的促甲状腺激素（Thyrotropin thyroid stimulating hormone，TSH）的控制，其分泌过程和大脑皮层与外界环境温度有关，大量研究表明，当体温升高时，甲状腺体积变小、萎缩，使甲状腺分泌减少。家禽的主要皮质激素是皮质酮，其值是衡量家禽是否出现热应激的一项重要参数。当环境温度上升时，外周神经把热刺激传入中枢神经系统，下丘脑分泌促肾上腺皮质激素释放激素（Corticotropin releasing hormone，CRH），经血液循环流入肾上腺，使皮质激素合成和释放增加，血液中皮质酮浓度升高。鸭发生热应激时，肾上腺素和皮质激素分泌增加，这是机体的一种防御性反应。

热刺激可反射性地引起鸭呼吸加快，促进热的散发。但若外界环境温度过高，机体不能通过传导、对流、辐射散热，只能通过呼吸、排粪、排尿散热，此时机体产热多，散热少，产热与散热不能保持相对统一与平衡，便可出现明显的热应激乃至中暑等不良反应，并引起如下生理变化：

（1）呼吸加快、心率增加、体温升高 鸭体内二氧化碳和水分大量排出，破坏体内酸碱平衡，血液中 H^+ 浓度下降，pH 值升高，出现呼吸性碱中毒。由于 CO_2 被大量排出，体内 CO_3^{2-} 减少，蛋壳形成困难，所以，产蛋鸭软壳蛋、无壳蛋增多。

此时血液循环发生适应性反应，使内脏器官供血量减少，而体表、呼吸道和腿肌的血流量增多，以致影响营养吸收。如果代偿性热喘息后期，呼吸中枢抑制，体内积聚过量二氧化碳又可能导致酸中毒。此外，热喘息可损伤鸭的呼吸道黏膜，造成呼吸道充血、出血，继发病原感染。热喘息导致血液中含氧不足，心率代偿性加快、血压升高，由此可导致鸭颅内压升高、脑充血甚至出血、甚至昏厥；心率过速之后引起的心衰，可导致静脉回流障碍，肺淤血、水肿、机体缺氧而死亡。

（2）采食量、饲料报酬及生长速度下降 热应激时，采食中枢受到抑制，导致采食量下降。家禽最适宜的环境温度为 20～25℃，如果温度上升至 28℃以上，采食量开始下降，环境温度越高，采食量下降幅度越大。当温度超过 32℃时，采食量大幅度下降，在 32～38℃内环境温度每升高 1℃，鸭群采食量可下降 5%。高温使消化道的蠕动减缓，食物在消化道内的停留时间延长，而且在高温下，胰脏的血流量下降，分泌细胞受损，胰酶分泌受到影响而使消化力下降。同时，高温也会使鸭群饮水量显著上升，稀释肠道中的食糜，从而导致肠道内消化酶浓度下降，消化食糜的能力下降，导致饲料报酬及生长速度下降，产蛋鸭则产蛋率下降。

（3）热应激刺激家禽的中枢神经系统，引起内分泌系统发生相应反应 如产蛋鸭血液中孕酮含量不足、下丘脑分泌促性腺释放激素减少、脑垂体和黄体分泌不足，致使生产性能受到影响。

（4）过热导致家禽肾上腺素皮质类固醇先急剧增加，而后降低；分泌醛固酮增加，使肾小球保钠排钾作用增强，破坏了无机离子的平衡，血液中钾、钙、磷均有所下降，甲状腺分泌减少；维生素的合成能力降低，如抗坏血酸减少。

（5）饮水量增加、粪尿排泄增多 为了增加散热，粪尿排泄增多，导致机体钾、钠及多种微量元素的流失，电解质平衡失调以及失水等。家禽会通过大量饮水来补充水分流失。

（6）家禽免疫功能下降 热应激通过下丘脑—垂体—肾上腺神经反应轴（HPA）途径作用于家禽的免疫系统。热应激时，下丘脑受到刺激，产生促皮质激素释放激素，然后促皮质激素释放激素刺激垂体前叶，产生促肾上腺皮质激素，促肾上腺皮质激素刺激肾上腺皮质，增加糖皮质激素和皮质酮的产生。糖皮质激素在机体免疫中主要具有抗免疫反应作用，可降低体液免疫和细胞免疫功能，抑制机体免疫器官和淋巴组织的蛋白质合成，最终导致免疫机能的下降。同时，还可抑制淋巴激活素对巨噬细胞的作用，使机体的免疫状态呈抑制效应。热应激可促进皮质酮螯合到淋巴组织胞浆和胞核中，而产生细胞毒性作用，皮质酮和胞内特异受体结合成激素受体复合物进入胞核而改变某些酶的活性，并影响核酸活性，抑制自然杀伤细胞的活性，抑制抗体、淋巴细胞激活因子和 T 细胞生长因子的产生，细胞葡萄糖摄入和蛋白合成被抑制引起胸腺、法氏囊等器官的萎缩，从而影响机体的免疫功能。

三、症状

当温度过高导致鸭舍闷热时，鸭群首先表现为烦躁不安、体温升高、战栗，饮欲增强，呼吸加快，张口气喘，双翅及腿呈伸展状态以增加散热（图 8-1 ～图 8-5）。当环境温度超过 32℃，鸭呼吸次数显著增加，出现张口伸颈气喘，饮水增加，排水样粪便（图 8-6），食欲下降，翅膀张开下垂。随后，鸭出现体温升高、痉挛、昏迷（图 8-7，图 8-8），严重的造成死亡。中暑鸭在受到驱赶后可以正常跑动，但是在跑动不远后即会出现昏迷、摇头、头触地等神经症状；种鸭、蛋鸭发生中暑时表现为产蛋下降，蛋重减轻，蛋壳变薄、变脆。处于生长期的鸭，其生长发育受阻，增重减慢。种公鸭精子生成减少，活力降低，母鸭则受精率下降，种蛋孵化率降低。若夏季孵化室、孵化器温度过高，会导致种蛋终止孵化而出现大量死胚（图 8-9），出壳后的雏鸭弱雏增多（图 8-10）。当环境温度进一步升高，热喘息由间歇性转变为持续性，鸭群表现为食欲废绝、饮欲亢进，排水便，可见战栗、痉挛倒地，甚至昏迷，濒死前可见深而稀的病理性呼吸，最后因神经中枢的严重紊乱而死亡。长期慢性热应激的鸭可见脱毛现象。

图8-1 肉鸭张口气喘（一）

图8-2 肉鸭张口气喘（二）

图8-3 种鸭张口气喘

图8-4 肉鸭张口气喘，腿呈伸展状态（一）

图8-5 肉鸭张口气喘，腿呈伸展状态（二）

图8-6 鸭排水样稀便

图8-7 肉鸭精神沉郁，昏迷

图8-8 肉鸭精神沉郁，昏迷，嗜睡

图8-9 因高温导致死亡的鸭胚

图8-10 因高温导致死亡的鸭胚和出壳后的弱雏

四、病理变化

中暑的病理变化表现为鸭喙呈紫黑色，气管环出血（图 8-11），肺淤血、水肿（图 8-12，图 8-13），胸膜、心包膜、心冠脂肪点状出血（图 8-14），肠黏膜淤血，腺胃变薄、变软，没有弹性（图 8-15）；大脑实质及脑膜充血、出血，脑血管充盈呈树枝状，严重的脑膜呈粉红色；肝脏肿大呈土黄色、有出血点。种鸭或蛋鸭卵泡淤血（图 8-16），死亡病例剖检可见输卵管中有待产蛋（图 8-17），输卵管黏膜水肿（图 8-18）。日射病会伴有大脑水肿；热射病会伴有全身静脉淤血，血液呈暗红色且血液凝固不良，刚死亡的鸭，其腹腔内温度升高，严重病例温度灼手，病死鸭尸僵缓慢。

在热应激时，胃肠道先缺血，后持续性淤血，并发水肿；胃酸、胃蛋白酶合成增多，同时黏液分泌减少，并因蛋白质合成抑制而降低上皮细胞的更新率，胃肠黏膜上皮细胞的

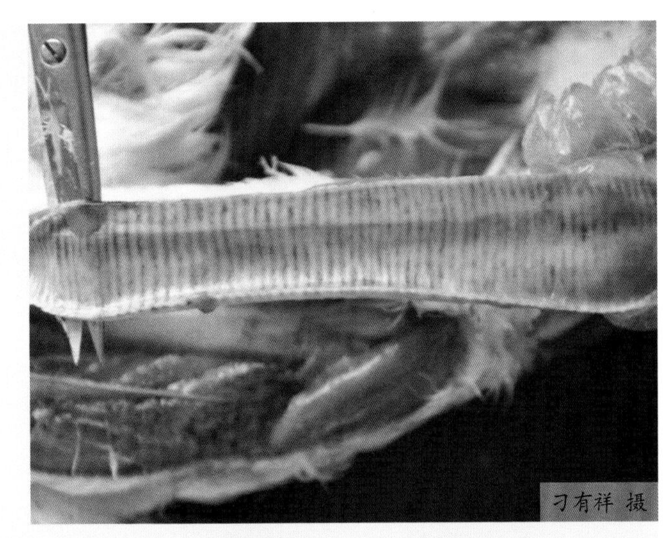

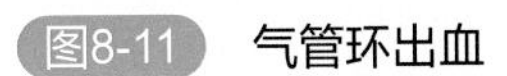
图8-11 气管环出血

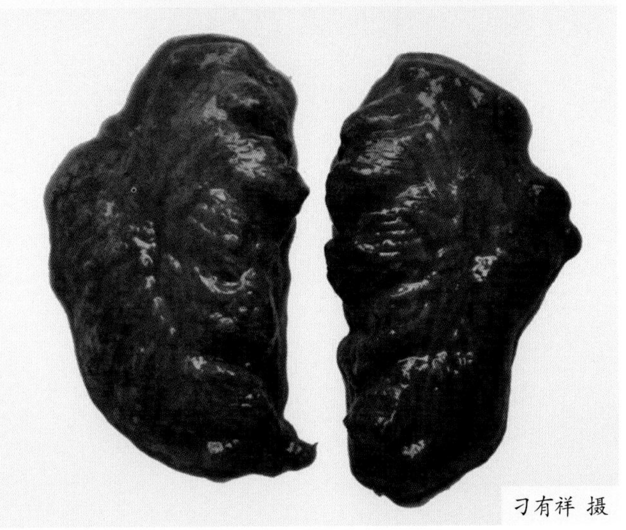

图8-12 肺脏淤血、水肿，呈紫红色（一）

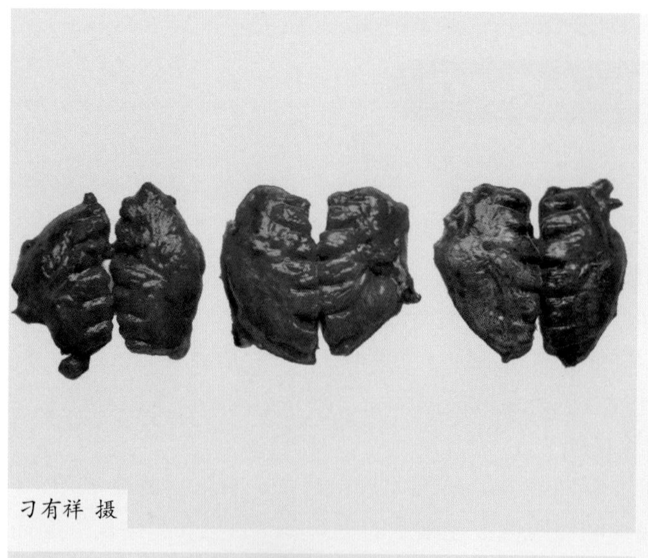

图8-13 肺脏淤血、水肿，呈紫红色（二）

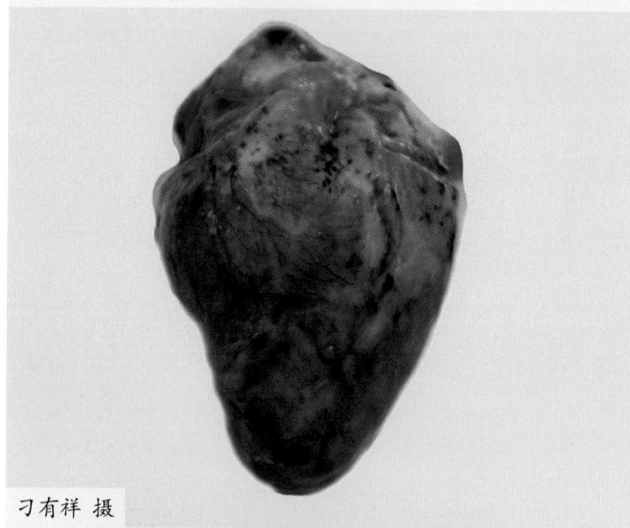

图8-14 心冠脂肪有出血点

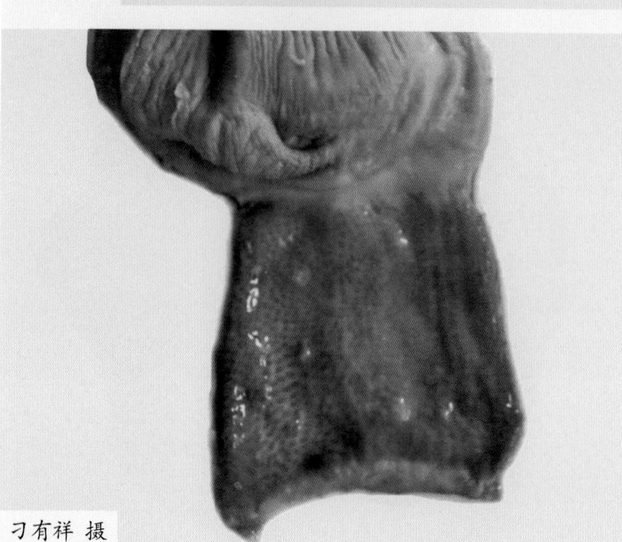

图8-15 腺胃变薄、变软

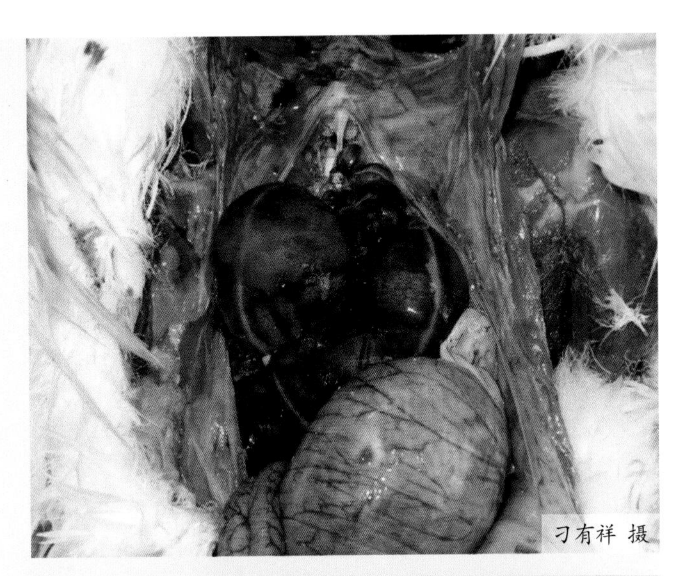

图8-16 卵泡淤血，输卵管中有未产出的蛋（一）

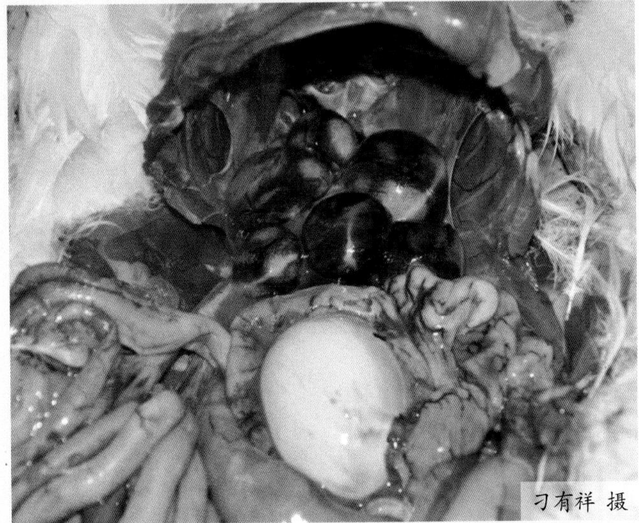

图8-17 卵泡淤血，输卵管中有未产出的蛋（二）

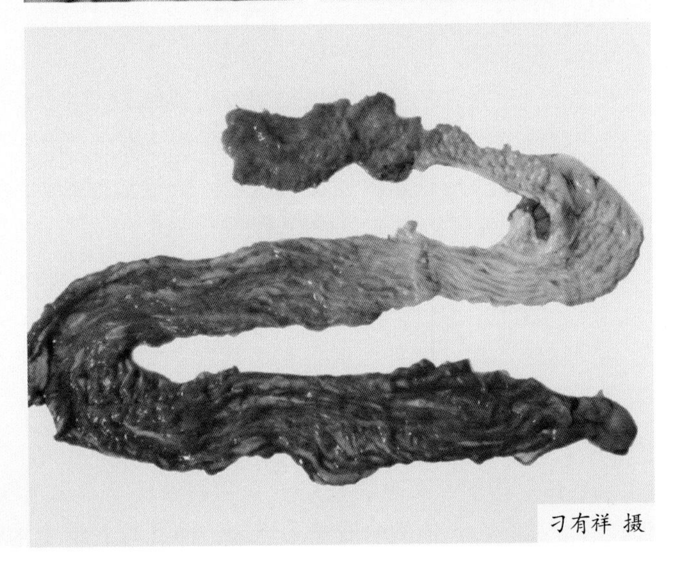

图8-18 输卵管黏膜水肿，呈紫红色

再生能力下降。热应激对腺胃、十二指肠、空肠、回肠均有明显的病理性损伤，主要表现为黏膜上皮细胞脱落、黏膜固有层水肿、肠绒毛断裂等器质性病变。胃肠道黏膜是防止细菌和内毒素移位的最外层屏障，因而黏膜结构的改变可引起肠屏障功能的改变，可导致肠道的吸收功能障碍及黏膜的通透性升高，使多种病原微生物侵入体内，危害机体的健康。

五、诊断

根据发病季节、发病时环境温度和鸭舍的饲养管理条件，通过监测鸭群体温及症状，结合发病鸭群所处环境是否有通风不良、温度过高等情况及鸭群是否存在饮水不足与运动机能障碍等，即可作出诊断。

六、预防

（1）加强饲养管理　保持鸭舍的清洁卫生，及时清理粪便，消灭蚊蝇。改进饲喂方式，以早晚饲喂为主，减少对鸭群的侵扰。放牧应该选择清晨或傍晚时段，选择阴凉的活动场地。夏季天气炎热，细菌容易滋生，特别是饮水器及料槽，应增加清洗、消毒次数，坚持每天清理饮水设备，定期消毒，为鸭群的健康提供保障，创造一个良好的生长环境。同时，要严格控制人员、车辆出入，降低或避免鸭群受其他外来应激因素的影响。

（2）合理设计鸭舍　鸭舍的设计应尽量呈东西走向，高度不低于2.5m，跨度不超过8m，以利于自然通风。鸭舍层高不宜太低，同时应开设足够的通风孔。鸭舍应当安装必要的通风降温设备，如风扇、水帘、喷淋等，建议采用水帘加纵向通风的降温模式。

（3）防暑降温　防暑降温是预防鸭中暑最基本的措施，炎热季节，应当通过打开门窗或使用排风扇保证鸭舍良好的通风。鸭舍门窗及运动场应加设遮阳棚，避免阳光直射造成鸭舍温度过高，避免运动场地地面因阳光照射造成地面高温。合理扩群，降低饲养密度，早放鸭，晚关鸭，增加中午休息时间和下水次数。早晨和晚上较凉爽时多添加饲料，可提高采食量。有条件的鸭舍可以采用喷淋或增设湿帘，降低鸭舍温度，可每天向鸭舍屋顶喷水或向鸭群喷雾1～2次（下午2时左右、晚上7时左右），防暑降温效果较好。

（4）充分供应饮水　增设饮水器，供给清凉的饮水，高温季节鸭群的饮水量是平时的7～8倍，要保证鸭群充足的饮水，水温以10℃为宜。为了防止中暑的发生，可在饮水中添加0.15%～0.30%氯化钾，同时可添加150～200mg/kg维生素C以提高机体抵抗力。

（5）适当调整日料配比　加倍补充维生素C和B族维生素，可降低鸭群热应激反应，提高饲料转化率；此外，在日粮中添加2%～3%的脂肪，也可提高鸭群抗应激能力，均能有效预防中暑的发生。

（6）饲料或饮水中添加抗热应激剂

①在日粮中补充维生素C：在常温条件下，家禽能合成足够的维生素C供机体利用，但在热应激时，机体的合成能力下降，而此时对维生素C的需要量增加，一般可在日粮中

添加 0.01% ～ 0.02% 的维生素 C。

② 在日粮或饮水中补充氯化钾：饲料中含钾量较高，所以常温下不需要在日粮中补充，但在发生热应激时，机体醛固酮分泌增加，导致机体出现低血钾症，可在饮水中补充 0.15% ～ 0.3% 的氯化钾或在日粮中添加 0.3% ～ 0.6% 的氯化钾。

③ 在日粮和饮水中补充氯化铵：发生热应激时，鸭群出现呼吸性碱中毒，在日粮或饮水中补充氯化铵能明显降低血液 pH 值，一般在饮水中补充 0.15% ～ 0.3% 氯化铵或在日粮中添加 0.3% ～ 0.6% 的氯化铵。

④ 在日粮中补充碳酸氢钠：由于热应激，鸭呼吸加快，机体排出大量的 CO_2，血液中 CO_3^{2-} 含量降低，血钙降低，产蛋鸭会出现产软壳蛋、无壳蛋，日粮中添加 0.2% 的碳酸氢钠，以补充碳酸氢根离子，同时减少氯化钠在饲料中的用量。

⑤ 适当给鸭群提供清热解毒、解暑凉血的中草药，可使用以下方剂：滑石 60g、薄荷 10g、藿香 10g、佩兰 10g、苍术 10g、党参 15g、金银花 10g、连翘 15g、栀子 10g、生石膏 60g、甘草 10g、粉碎过 100 目筛混匀，以 1% 的比例拌料，每天上午 10 时饲喂，有清热解暑、缓解热应激之效；在饲料中添加 0.3% ～ 1% 的生石膏粉末，有解热清火的功效；在饲料中添加大蒜素，具有抗菌杀虫、促进采食、帮助消化和激活动物免疫系统的作用。

七、治疗

当发现鸭群中有中暑病鸭，应该立即将其转移至阴凉通风处；或使用地下水喷淋中暑病鸭，以降低体温；或将发病鸭赶至水中降温，促进病鸭散热，需要注意的是，如果家禽体温太高，不宜降温太快。

第二节 肌胃糜烂症

肌胃糜烂症又称为肌胃角质层炎（Cuticulitis），主要表现为肌胃角质层及肌层的炎症、糜烂、溃疡，以患鸭食欲不振、精神萎靡、嗜睡、口腔流出黑色黏液为特征。该病多发生于雏鸭及青年鸭群，导致该病发生的主要原因是饲料中含有过量的鱼粉或鱼粉质量不佳。肌胃糜烂症常呈散发性发生，会引起病鸭体重减轻、饲料报酬低，严重病例可导致胃壁穿孔并引起死亡。虽然肌胃糜烂症死亡率较低，但是一旦发生该病后，容易继发、并发感染，引起死亡率升高，给养鸭业造成较大的经济损失。

一、病因

该病发生的主要诱因是日粮中鱼粉添加量过多，或添加的鱼粉质量低下、腐败变质。鱼粉在加工、贮运过程中会产生或污染有害物质，即肌胃糜烂素（溃疡素）、组胺、霉菌毒素、细菌等。通常，当日粮中添加鱼粉的比例超过 15%，或劣质、变质鱼粉在日粮中的比例超过 5% 时，就会引起鸭群发生肌胃糜烂症。

（1）肌胃糜烂素　肌胃糜烂素的分子量为 240，分子式为 $C_{11}H_{20}O_2N_4$，化学成分为 2-氨基 -9-（4- 咪唑基）-7- 氮诺氨酸，难挥发。是鱼粉在加热干燥处理时，鱼粉中的游离组氨酸及其代谢产物组胺与鱼粉中的蛋白质（ 赖氨酸的 ε- 氨基）发生反应而形成。其主要与鱼粉加工时的温度有关，当加工温度超过 120℃时肌胃糜烂素含量上升，温度愈高，毒素愈易产生。肌胃糜烂素的促胃酸分泌作用是组胺的 10 倍，引起肌胃糜烂的能力是组胺的 300 倍。肌胃糜烂素的作用与组胺类似，能与胃壁细胞上的组胺 H2 受体结合，刺激大量胃酸的分泌，其刺激分泌胃酸的能力是组胺的 10 倍。胃酸分泌亢进，使细胞耗氧量增加，使细胞内的环腺苷酸（cAMP）浓度上升，最终导致胃肠内环境改变，胃肠黏膜受腐蚀，发生糜烂和溃疡。肌胃糜烂素在促进 cAMP 形成方面强于组胺 1000 倍。肌胃糜烂素能够破坏正常肌胃黏膜上砂囊腺分泌的类角素。类角素具有保护胃黏膜不受胃内容物侵害的作用，并可促使肌胃的分泌能力增强；如无类角素的保护，大量的分泌物造成肌胃发生病变，从而导致肌胃糜烂和溃疡的发生。

（2）组胺　鱼粉中的组胺酸在细菌的作用下，可以转化为组胺。组胺能够引起唾液、胰液、胃液大量分泌，平滑肌痉挛，腐蚀胃肠黏膜。正常情况下，鱼粉中都含有一定量的组胺及其化合物，鱼粉中组胺含量的多少，与加工时的鱼类新鲜程度有关，鱼新鲜，制作的鱼粉组胺含量少；濒死期长，被细菌污染，腐败严重的，制作的鱼粉组胺含量高，组胺在日粮中的比例达到 0.4% 即可引起鸭群发生肌胃糜烂症。组胺可引起唾液、胰液、胃液大量分泌，平滑肌痉挛，腐蚀胃肠黏膜。

（3）霉菌毒素　霉菌毒素是霉菌在繁殖过程中产生的代谢产物。其中 T-2 毒素、镰刀菌毒素和二醋酸镰草镰刀菌烯醇是腐蚀性较强的霉菌毒素，对肌胃类角质膜具有强腐蚀作用，可以引起严重的肌胃糜烂症，同时，霉菌毒素能够引起免疫抑制，从而易引起鸭群继发其他病原菌的感染。

（4）应激及其他因素　炎热、寒冷气候致使鸭群产生应激，也可以造成肌胃病变和其他症状，最终导致肌胃糜烂症的发生。饲料中缺乏必需脂肪酸、维生素 E、维生素 K、维生素 B_6、维生素 B_{12} 及硒、锌等营养成分；饲料中硫酸铜、菜籽饼、棉仁饼含量过高，蛋氨酸含量过低；以及鸭群拥挤、卫生不良、粪水淤积等，都会促进本病的发生。

二、症状

患鸭表现为精神不振、食欲减退、步态不稳、喜卧嗜睡，闭目缩颈，喜蹲伏，羽毛松乱，口角或鼻孔常可见黑色分泌物，排棕褐色或黑褐色粪便；病鸭口腔周围有黑褐色流出物，倒提时可从口腔中流出黑褐色的稀水样液体。患鸭逐渐消瘦，部分患病严重的鸭昏迷不醒，最后衰竭而死，病死鸭口腔中存在黑褐色残留物。本病直接造成的死亡率较低，一般在 4% 以下，但是由于该病造成的鸭群营养不良、体质衰弱、抵抗力降低，从而易造成继发感染。该病多伴发营养缺乏病、代谢病、传染病和寄生虫病，引起鸭群的死亡。

三、病理变化

患鸭病理剖检变化主要集中于消化道部位，特别是胃和肠的结合处。肌胃与腺胃及其结合部位、十二指肠起始端有溃疡和糜烂。肌胃表现为角质膜充血、增厚、粗糙、呈黑褐色，黏膜面皱襞排列不规则，有溃烂区和溃疡灶（图 8-19，图 8-20）。肌胃内的食物呈黑褐色，腺胃胃壁变薄、松弛、无弹性，黏膜出血，内有黑色酱油渣状的内容物（图 8-21，图 8-22）；腺胃与肌胃连接处有不同程度的溃烂和溃疡，严重的病例在腺胃和肌胃间或肌胃可见穿孔（图 8-23，图 8-24），流出大量的暗黑色黏稠液体，污染整个腹腔。肠管呈黑褐色，肠道中充满黑褐色内容物（图 8-25，图 8-26），十二指肠出现黏液性、卡他性、出血性炎症，肠道黏膜脱落，黏膜表面坏死或形成局限性病变；盲肠黏膜内有肉眼可见的出血斑点，且表面有坏死病灶；心脏、肝脏、肺脏和胰腺等苍白，脾脏萎缩，胆囊扩张，胆汁外溢。

图8-19 肌胃角质膜呈黑褐色，溃烂

图8-20 肌胃角质膜粗糙，呈黑褐色

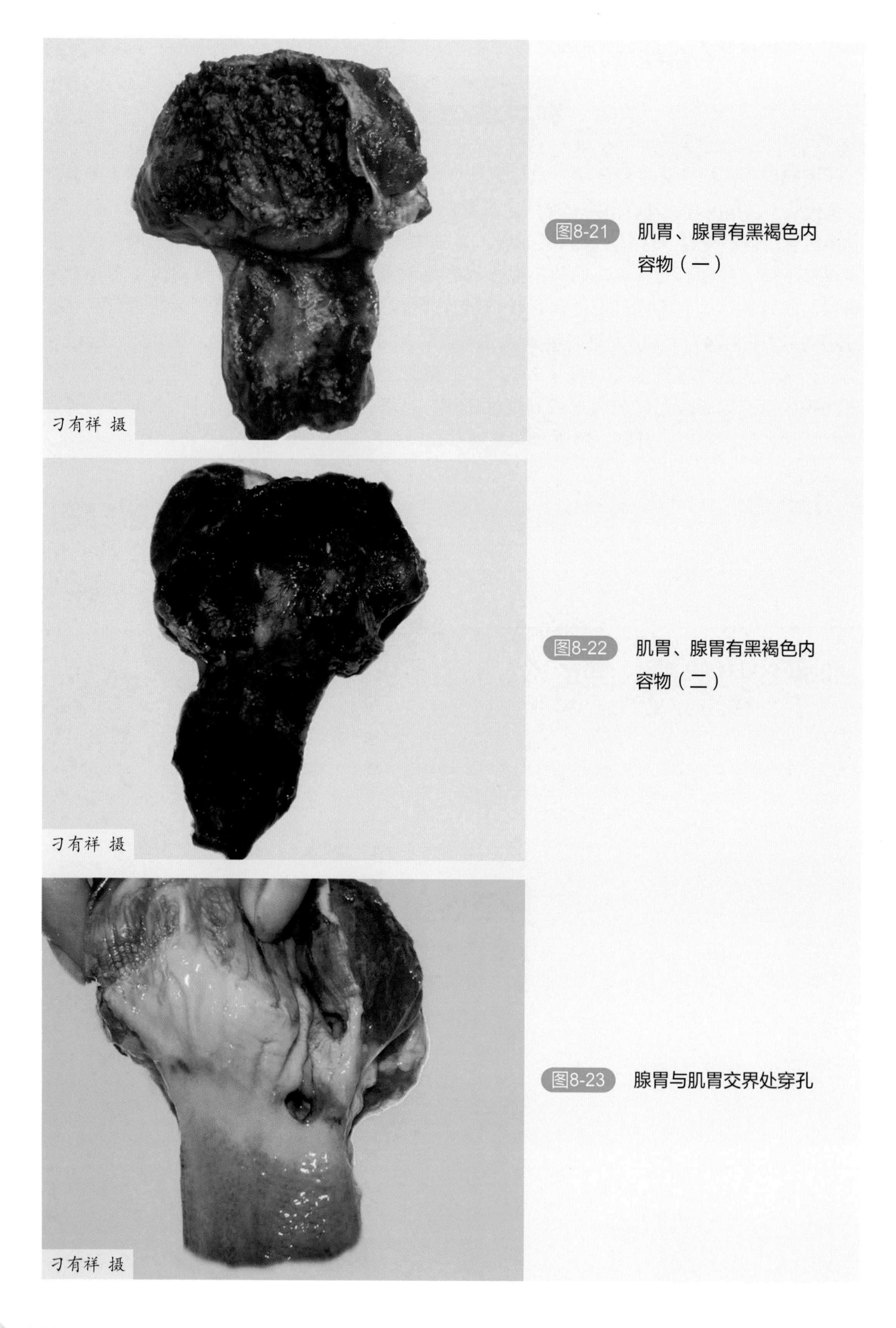

图8-21 肌胃、腺胃有黑褐色内容物（一）

图8-22 肌胃、腺胃有黑褐色内容物（二）

图8-23 腺胃与肌胃交界处穿孔

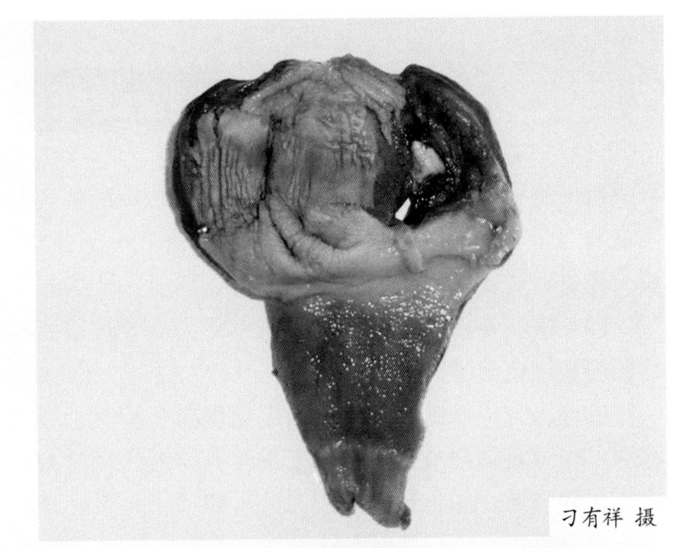

图8-24 肌胃穿孔

图8-25 肠管呈黑褐色

图8-26 肠管中呈充满褐色内容物

四、诊断

（1）临诊诊断　根据鸭群病史、症状和病理变化，特别是剖检时消化道的病变（肌胃与腺胃及其结合部、十二指肠有溃疡和糜烂，消化道内容物呈黑色），可做出初步诊断，确诊需进行实验室诊断。

（2）实验室诊断　实验室诊断可采用高效液相色谱法、荧光检测法、放射性标记免疫检测法和纸电泳分析法。

纸电泳分析法的原理是根据电泳现象在渗透了缓冲液的滤纸上加上电场，从而使物质移动，也就是把样品加在作为支持体的滤纸内来检测其移动和分离的方法。常用于分离性质相似的物质，如各种氨基酸的分离和稀土元素的分离等。陶志华等人开发了纸电泳分析法来分析鱼粉中肌胃糜烂素的含量，鱼粉样品用80%乙醇提取，经离心后取上清液，以醋酸、吡啶、水按照一定比例（4∶1∶289）混合作电泳缓冲液，定性滤纸作纸桥，进行纸电泳实验。实验条件是：额定电压1000V，额定电流10mA，电泳时间10min。肌胃糜烂素与组胺及组氨酸进行有效分离后，利用面积分析软件对样品中的肌胃糜烂素定量分析。纸电泳法快速、简便、稳定、灵敏度较高。

五、预防

（1）加强饲养管理　注意观察鸭群状态，如鸭群从口腔中流出黑色黏液，应该及时更换饲料或减少饲料中鱼粉的添加量。应严格控制鸭群饲养密度，不宜过大，同时应注意保持鸭舍及饲料存放处的清洁卫生，尽量避免各种应激因素的发生。

（2）合理配制饲料，严格控制鱼粉的用量　使用鱼粉时应注意鱼粉的色泽、气味。正常的鱼粉应为黄棕色或黄褐色，优质鱼粉松散、手捻柔软，若手感粗糙，则表明掺有骨粉、贝壳粉等。此外，日粮中鱼粉的添加比例不宜超过10%，在保证饲料中整体蛋白质含量的前提下，尽量选择优质的鱼粉替代品。严禁使用腐败变质或发霉的鱼粉，饲料中应供应充足的维生素和微量元素，特别是维生素E、维生素K、维生素B_6、维生素B_{12}及硒、锌等成分。

（3）加强对肌胃糜烂症的监测　鸭群采食含有溃疡素的鱼粉后，3h后即可在血液中检出溃疡素。现场采集1mL血液，通过检测鸭群血液中是否含有溃疡素，便可了解鸭群是否发病。

六、治疗

鸭群发生该病后，应立即更换饲料，使用优质鱼粉，并调整饲料中鱼粉的添加量。同时在饮水和饲料中加入0.2%～0.4%的碳酸氢钠，早晚各1次，连用2～3d，有较好的治疗效果；也可以在饲料中添加 5mg/kg 的维生素 B_6、60mg/kg 的维生素 C 及 4mg/kg 的维生素 K，早晚各 1 次，连用 2d。

第三节 啄癖

啄癖，又称异食癖或恶食癖，是一种由营养物质缺乏及其代谢障碍所引起的非常复杂的味觉异常反应，生产中主要有啄羽癖、啄蛋癖、啄肛癖等，多发生于集约化养殖场。啄癖对养鸭业的危害较大，轻度啄癖可以造成鸭的等级下降、蛋品损耗率增加，重度啄癖能够造成严重的创伤甚至造成鸭群死亡，导致鸭群死淘率增高。鸭群中一旦发生该病，由于其他鸭子效仿，很快即可扩散至全群，如不及时采取措施，可在较短时间内蔓延波及全群。严重时，啄癖率可达 80% 以上，死亡率高达 50%，给养殖场造成较大的经济损失。

一、病因

啄癖的发生原因较为复杂，常由多种因素综合所致，主要分为以下几种：

（1）饲养管理不当　饲喂不定时、定量，槽位不足，长时间缺水、缺料易引起啄癖；不同日龄、不同群、不同颜色的鸭混养混饲，或鸭的整齐度差，易引起啄癖；饲养密度过大，鸭群拥挤，鸭舍闷热、湿度过大（图 8-27）、通风不良，鸭粪清理不及时，发酵产生硫化氢、氨气等有害气体，有害气体浓度过高可刺激鸭体表皮肤发痒，鸭群圈养、羽毛脏乱、污秽，引发鸭自啄互啄；光线太强，照射时间过长，光线明暗分布不均；产箱设置不合理或鸭舍内灰尘较多；另外，垫料不合适、运动不足、蚊虫叮咬等原因也会诱发该病。

（2）日粮配制不当　日粮营养成分不全或成分单一，特别是蛋氨酸和胱氨酸的缺乏，是导致啄癖发生的主要原因；矿物质微量元素如钠、铜、锌、钴、锰、钙、铁等的缺乏或比例失调也易诱发啄癖，饲料中钙磷缺乏或比例不平衡，以及硫、钠缺乏时，容易造成机体体液酸碱平衡失调，造成鸭狂躁，诱发啄癖；饲料中粗纤维含量过低，饲料过于精细，鸭肠道蠕动不充分，同样也能导致啄癖的发生；维生素 A、维生素 B_2、维生素 D、维生素 E 和泛酸的缺乏，会造成鸭体内许多与代谢密切相关的酶和辅酶组分缺乏，导致鸭机体代谢机能紊乱从而导致啄癖的发生。饲料营养水平过高，母鸭过于肥胖导致产蛋困难；对种鸭及过于肥胖的商品肉鸭限饲时，常使鸭有饥饿感，导致鸭表现出极强的攻击性；日粮中大容积性饲料如燕麦、麸皮等不足，鸭食后无饱感等均能诱发啄癖。

（3）疾病因素　感染导致脱肛继发啄癖，如鸭群感染大肠杆菌病、副伤寒等，导致输卵管和泄殖腔炎症造成脱肛，能够诱发啄癖；某些疾病引起的长时间腹泻脱水，外伤出血，产蛋期脱肛，鸭患有疥螨、羽虱等外寄生虫病，以及皮肤感染、出现创伤后，引起其他鸭啄食，也可诱发啄癖。

（4）应激因素　环境突变或外界惊扰，如噪声、防疫、高温、转群、换料及开产等一系列应激因素均能够引起啄癖的发生。

图8-27 水槽漏水致舍内湿度过大

二、症状

（1）啄羽癖　啄羽癖是最常见的一种啄癖，主要发生于雏鸭新生长羽毛期、青年鸭换羽期、产蛋鸭产蛋高峰期。啄羽主要表现为鸭相互追逐啄食羽毛，或多只鸭集中啄食头部、翅膀、背部、尾部及泄殖腔周围羽毛，特别易啄食背部尾尖的羽毛，有时拔出并吞食。被啄鸭的背部或翅部的大部分毛根出血，羽毛稀疏残缺，大翎不同程度地被啄去几根，有的鸭由于被啄食导致裸露的皮肤充血，个别鸭翅尖出血严重，被啄食严重的鸭可呈“秃鸭”状（图 8-28 ～图 8-30）。雏鸭被啄羽造成皮肤损伤、出血、结痂，生长发育受到影响，而后生出的新羽毛则毛根粗硬，不利于屠宰加工，影响品质，产蛋鸭产蛋减少或停止。啄羽癖在不同季节均可发生，但以冬季和早春季节较为常见。

（2）啄肛癖　啄肛癖也是常见的一种啄癖病症，主要发生于初产的母鸭，也发生于腹泻的雏鸭及泄殖腔炎症、脱肛、产蛋以及交配后的成年鸭。高产鸭群或初产鸭，由于肛门周围沾满腥臭的稀粪，鸭不断努责导致鸭腹部韧带和肛门括约肌松弛，产蛋后不能及时回缩，泄殖腔外翻，造成鸭互啄肛门；产蛋鸭所产的蛋体积过大，产蛋时引起肛门括约肌松弛、肛门破裂、泄殖腔出血，引起其他鸭追逐啄肛（图 8-31）。啄肛造成肛门破伤、出血，严重的啄肛癖常啄破黏膜，造成直肠脱出，垂脱在地。

（3）啄蛋癖　啄蛋癖主要发生于产蛋鸭群，主要是由于饲料中蛋白质、钙、磷缺乏，鸭群摄入不足而引起。泄殖腔炎症、捡蛋不及时、蛋被碰破、薄壳蛋、软壳蛋也是啄蛋癖的诱因之一。啄蛋一般表现为自产自啄或者相互啄食。

三、病理变化

发生啄癖的患鸭在病理剖检时内脏器官并无明显的眼观病理变化，死于啄肛的鸭可见直肠或输卵管撕裂，断端有血凝块。

图8-28 鸭啄羽，翅尖出血（一）

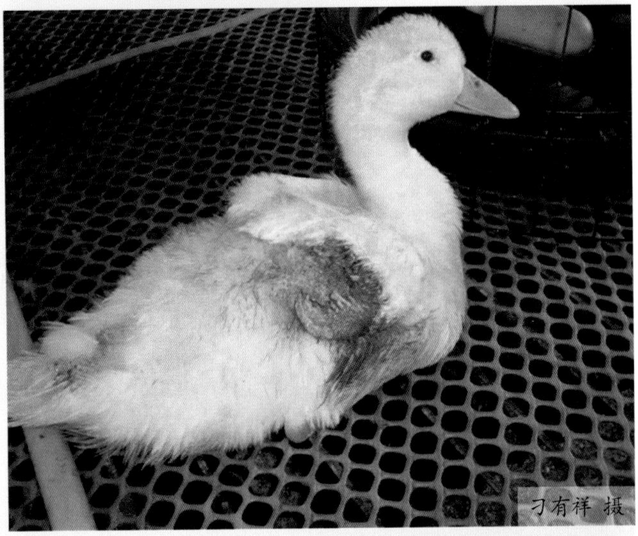

图8-29 鸭啄羽，翅尖出血（二）

图8-30 鸭啄羽，翅尖出血（三）

图8-31 鸭啄肛，因啄羽头颈部羽毛无毛

四、诊断

本病根据啄食恶癖现象即可作出诊断。

五、预防

（1）加强饲养管理 啄癖的预防首先应该重视改善鸭群生长环境，鸭群应该维持适当的饲养密度，密度不宜过大；育雏阶段应合理分群，减少挤压现象。鸭舍的温度、湿度、光照、通风等应该适宜鸭群生长，注意鸭舍的通风换气，防止鸭舍内有害气体浓度过高。保障鸭群有充足的饮水，定时定量饲喂。鸭舍应当避免阳光直射，避免光线太强，夜晚照明不宜太亮，能看到饲料、饮水即可；雏鸭用红光、橙黄光，大日龄鸭用红光或白光，可使鸭群安静，减少啄癖的发生。运动场要宽敞，使鸭能够自如地运动。种鸭人工授精应该特别注意翻肛的手法，切忌粗暴或翻肛时间过长。产蛋高峰期，应增设产蛋箱，并将产蛋箱放置在僻静、光线较暗的位置，及时捡蛋，防止啄蛋癖的发生。

（2）合理配制日粮 根据鸭群不同时期的营养需要，饲喂不同阶段的全价日粮，不能饲喂单一饲料，能量与蛋白饲料应分别达到 3 ～ 4 种以上，饲料应力求多样化，达到营养互补。其中，特别注意补充必要的氨基酸、维生素、微量元素、食盐及粗饲料等。出现啄癖时应仔细检查日粮配方，如蛋白质不足则添加豆饼、鱼粉、血粉等；若因缺硫引起的啄羽癖，可在饲料中添加 0.1% 的蛋氨酸。只要及时补充所缺的营养成分，均可收到良好的治疗效果。

（3）做好疫病预防 防止各种疾病的发生，如沙门菌病、大肠杆菌病、禽流感等，以及疥螨病、羽虱病等外寄生虫病，防止皮肤外伤感染。定期驱虫，减少外伤，鸭患有体表寄生虫时，应及时采取有效措施进行治疗。

（4）合理预防啄癖的发生　对于集约化高密度饲养的鸭群，饲料中添加2%石膏细粉拌料对预防啄癖的发生有一定效果。平养鸭群可在运动场悬挂青菜等，供鸭群啄食，分散鸭群注意力，减少啄癖现象的发生，同时也能够起到补充维生素的作用。

六、治疗

鸭群发生啄癖现象时，应在第一时间隔离发生啄癖的病鸭及受害鸭，给予全价日粮，单独饲养。同时应尽快查清导致啄癖发生的具体原因，及时排除，根据啄食发生的情况及时增补缺乏的营养成分。可以采取以下措施控制啄癖的进一步发展：

（1）及时调整鸭群的饲养密度，并在饲料中添加微量元素及复合维生素。

（2）发生啄蛋癖的鸭群，发病鸭以食蛋壳为主，应该在日粮中补充钙质和维生素D，可在饲料中添加贝壳粉、骨粉或磷酸氢钙等，连续饲喂7d；发病鸭以食蛋清为主，可在日粮中补充蛋白质；若发病鸭同时吞食蛋壳、蛋清，应该在日粮中补充钙质、维生素D和蛋白质。

（3）发生啄羽癖的鸭群，可在日粮中添加0.1%的蛋氨酸，连续饲喂5d；或按照每羽每天饲喂5～10g羽毛粉，或在饲料中添加3%～4%的羽毛粉，连续饲喂1～2周；或饲喂石膏粉，雏鸭每羽每天给予0.5～1g，成年鸭每羽每天给予1～3g，连用3～4d。

（4）发生啄肛癖的鸭群，可在谷物饲料中添加2%的食盐，并保证充足的饮水；或在饲料中添加0.5%～1%硫酸钠。对于严重啄肛癖的鸭群，可将鸭舍门窗遮黑，在啄肛癖平息后再恢复正常。

（5）已啄伤、啄破的部位，应及时涂抹紫药水防止感染，注意不能使用红药水进行治疗，红色会刺激其他鸭的啄食。泄殖腔出血，可用2%明矾水溶液或0.1%高锰酸钾水溶液冲洗患部后涂抹磺胺软膏。

（6）可将舍内光线调暗或采用红色光照，也可将瓜藤类、块茎类和青菜等放在舍内任其啄食，以分散其注意力。

第四节　光过敏症

鸭光过敏症又称光敏物质中毒、中毒性感光过敏，是由于鸭进食了含光过敏物质的饲料或服用了造成光过敏的药物后，在鸭的皮肤中含有了一种光动力物质，经阳光照射约7～14d后，在无毛皮肤部位如上喙、脚蹼等处出现以水泡、硬性肿胀性皮炎、溃疡和喙部变形等症状为主要特征的疾病。

该病对雏鸭影响较大，能够造成雏鸭上喙部残损而引起采食困难，使营养摄入不足、身体瘦弱、生长发育受阻，甚至成为“僵鸭”，若继发、并发其他病症时，能够造成雏鸭大量死亡，死亡率在20%以上。由于本病能够造成鸭上喙变形、短缩，即使鸭子发病后耐过，鸭残次率会大大增加，导致饲料报酬低并对商品率造成较大的影响。该病对成年蛋鸭也会造成较大的影响，使蛋鸭产蛋率下降30%～50%，加之养殖人员对该病不够重视，往往延误最佳治疗时间，造成较大的经济损失。

一、病因

鸭光过敏症主要发生于20日龄以后的鸭，5～10月份阳光较充足的季节。鸭群发病后，死亡率较低，往往低于5%，且死亡的多是营养不良的瘦弱鸭，但病残率高。鸭光过敏症可以发生于各品种的鸭，包括北京鸭、枫叶鸭等，生长速度快的鸭群多发，在羽色方面，白羽肉鸭比其他羽色的肉鸭更易发生该病。该病的发生主要是由于鸭摄入了含有光敏性的物质，主要原因有以下几个方面：

（1）鸭子采食含光过敏物质的牧草，牧草中的光活性物质被吸收，在强紫外线的照射下，鸭的无毛喙部、蹼部和眼部就会发生光过敏反应。很多牧草中都含有大量的光过敏物质，包括野胡萝卜、灰灰菜、大阿米草、多年生灰麦草、三叶草、芸苔、大软骨草草籽、蓼科植物草籽、伞形科植物的草籽等植物。

（2）舍饲笼养鸭群发生光过敏症，主要是由于饲喂混有多种草籽的进口小麦的加工副产品如麦渣或麦麸，所用的进口小麦粉含有一些杂草的种子，其内含有大软骨草草籽的麦渣或麦麸，均能引起光过敏症的发生。

（3）鸭服用了含有光过敏物质的药物，如恩诺沙星、环丙沙星、磺胺-5-甲氧嘧啶等药物，这些药物都具有造成光敏反应的副作用；特别是含氟的喹诺酮类药物，大量使用能够严重影响雏鸭的喙部、蹼部及全身的软骨组织的生长发育，加重了光敏反应。另外，长期在受化学药物污染的水域和环境中生长的鸭群，也会发生类似的病症。

（4）鸭群摄入了被蜡叶芽枝霉毒素污染的饲料，特别是在梅雨季节，由于饲料保管不当而受潮霉变、鸭子采食了被毒素污染的饲草、饲料中添加了含氟过量的磷酸氢钙等，都能引起光过敏症的发生。

二、症状

该病主要表现为患鸭上喙、脚蹼等无毛部位出现水泡性炎症，如黄豆、蚕豆大小，压之有波动感，内有浅黄色液体。病初患鸭表现为食欲减退，精神不振，体温正常，生长发育不良，羽毛发育不全易脱落，上喙失去原有光泽和颜色，局部发红形成红斑，1～2d后表皮皱起。随后，患鸭体温升高，雏鸭上喙角质层表皮脱落，角质下层有出血斑点，较大日龄的发病鸭上喙红斑，继续发展形成水泡，数天后水泡破裂形成棕黄色结痂，露出棕黄色或粉红色的溃疡并留下严重的瘢痕（图8-32、图8-33）；8～10d，痂皮脱落形成暗红色的出血斑，上喙逐渐变形，从远端和两侧向上扭转、缩短，有的甚至发生坏死，逐渐变成上喙短、下喙长，舌尖外露等形态（图8-34），严重影响了采食，个别发病严重的患鸭只

图8-32　鸭喙角质层糜烂，表皮脱落（一）

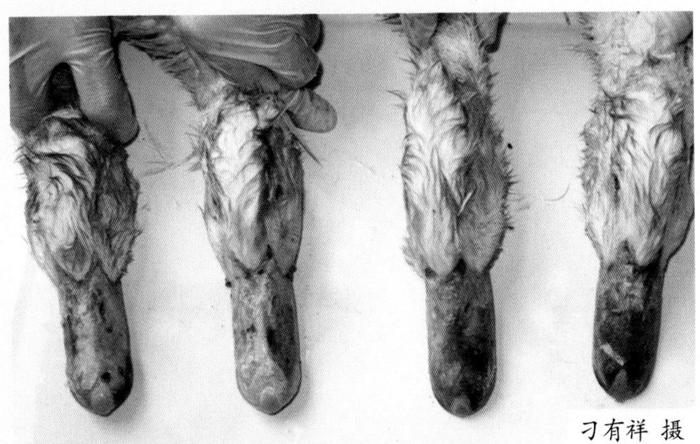

图8-33　鸭喙角质层糜烂，表皮脱落（二）

图8-34　鸭喙变形，上喙短、下喙长

能靠填饲成活。患鸭脚蹼部位的水泡破裂后形成的结痂，在痂皮破裂后形成红色的糜烂面。有的病鸭蹼部因溃烂、坏死而变性，不能行走，从而导致瘫痪、死亡。同时，该病还表现结膜炎的症状，眼结膜充血，眼睑有大量浆液性渗出物，造成眼睑粘连，严重的可导致鸭失明。发病严重的患鸭如若处理不及时，容易继发细菌感染，引起皮肤坏死，部分患鸭由于继发感染，出现呼吸困难、四肢无力、昏迷等症状，最后衰竭死亡。该病致死率较低，但是由于该病的发生造成鸭群生长发育受阻、愈后体表有疤痕，导致大批残次鸭，造成较大经济损失。

三、病理变化

患鸭病理剖检变化主要为上喙和脚蹼的上表面有弥漫性炎症、水肿、水泡，水泡破溃后，结痂、变性或变形。皮下血管断端血液呈现紫红色，凝固不良，呈酱油样。膝关节肌膜有紫红色条纹状出血斑及胶冻样浸润。部分患鸭可见舌尖部坏死，心包有少量积液，肝脏呈棕红色、质脆，有散在的坏死点，脾脏有出血点，十二指肠有轻度炎症，部分患鸭还可见小肠呈卡他性炎症。

四、诊断

本病可根据症状并结合饲料中是否含有光过敏性物质作出初步诊断。该病的诊断需要与鸭霉菌毒素中毒进行区别，可通过饲料情况作出鉴别诊断。

五、预防

该病的预防主要在于防止鸭群摄入光过敏性物质，在配制饲料时，不可添加含有光过敏原性的植物性饲草及草籽，特别是大软骨草草籽，选用含氟量达标的磷酸氢钙作为饲料添加剂；田间放牧时，应注意防止鸭群摄入光过敏性植物，同时不要在被化学药物污染的水域中放养鸭群；尽量不要长期使用与光过敏反应有关的药物，如氟苯尼考、氟喹诺酮类药物等；饲料应当合理贮存，不要给鸭群饲喂被霉菌污染的饲料和饲草。

鸭群尤其是白羽肉鸭，应该避免长时间暴露在强烈的阳光下，应将鸭群安置在棚内阴凉处，减少阳光对鸭群的照射，减少鸭群在阳光强烈时的舍外运动时间；在饲料中添加足量复合维生素，在饮水中添加适量的葡萄糖、维生素 C，增强鸭群抵抗力，提高鸭群机体排毒能力。

六、治疗

发生该病的鸭群应该立即更换饲料，同时停止在疑似发病的田间草地放牧，避光饲养，对症治疗。患部可以采用龙胆紫或碘甘油涂擦；眼睑可用2%硼酸溶液或2%雷佛奴尔溶液进行冲洗，然后用抗生素眼药水滴眼。在对症治疗的基础上，应当加强饲养管理，合理搭配饲料营养成分，提高鸭群抵抗力。饲料中混有大软骨草草籽是引起鸭光过敏症的主要原因，可用在饲料中添加麦麸代替。

此外，可用以下方剂对症治疗：龙胆220g、栀子180g、泽泻200g、黄芩160g、车前子220g、木通200g、生地220g、柴胡200g、淡竹叶160g、夏枯草180g、金银花160g、生甘草180g，上述中药煎汁后拌料，可供1200只雏鸭自由采食1d，连用7d。

第五节 阴茎脱出

鸭阴茎脱出又称阴茎垂脱，俗称“掉鞭”，是鸭群常见病。该病常发生于母鸭产蛋期，鸭发生阴茎脱出后，常因外伤等原因不能缩回泄殖腔，发生炎症或溃疡，丧失交配能力，影响种蛋受精率，甚至不能留作种用而被淘汰，造成一定的经济损失。

一、病因

鸭阴茎脱出主要是由于公鸭交配阴茎伸出时，因各种因素导致阴茎受到损伤不能正常缩回所致，主要包括以下三个方面：

（1）疾病因素 鸭群在水质污浊、细菌污染严重的水塘活动，公鸭交配过程中，露出的阴茎被蚂蟥、鱼类咬伤，或被细菌感染。病初患鸭阴茎充血肿大2～3倍，表面有大小不一的黄色干酪样结节，随着病情的发展，阴茎肿大至3～5倍，表面有大小不一的黄色脓性或干酪样结节，导致阴茎不能缩回体内。

（2）饲养管理因素 公母鸭搭配比例不当，长期滥配；公鸭精料供给不足，营养缺乏，发育不良，体质较差；光照太强或光照时间过长，导致公鸭性早熟等，均能造成该病的发生。

（3）其他因素 公鸭在交配过程中，被患有啄癖的其他鸭啄咬，导致阴茎受伤出血、肿胀，不能缩回；公母鸭在鸭舍或舍外地面交配时，阴茎被争相与母鸭进行交配的其他公鸭啄伤导致阴茎不能缩回，形成水肿甚至溃疡。寒冷季节，鸭舍保温措施不到位，配种时，阴茎裸露在外的时间太长导致冻伤；交配过程中，外伸的阴茎被粪便、泥沙等污染造成回缩障碍。

二、症状

鸭阴茎脱出的症状表现为公鸭可见爬母鸭行为，但阴茎不能与母鸭交配上。患鸭阴茎脱出（图8-35，图8-36），表面有伤痕、血迹或肿胀、淤血，严重的患鸭可见阴茎溃疡或坏死（图8-37），呈紫色或紫黑色，常见脱出的阴茎黏附泥土，形成硬结。若交配频繁造成的阴茎脱出，可见阴茎呈苍白色。

图8-35 鸭阴茎脱出

图8-36 鸭阴茎脱出，表面有黄白色结痂（一）

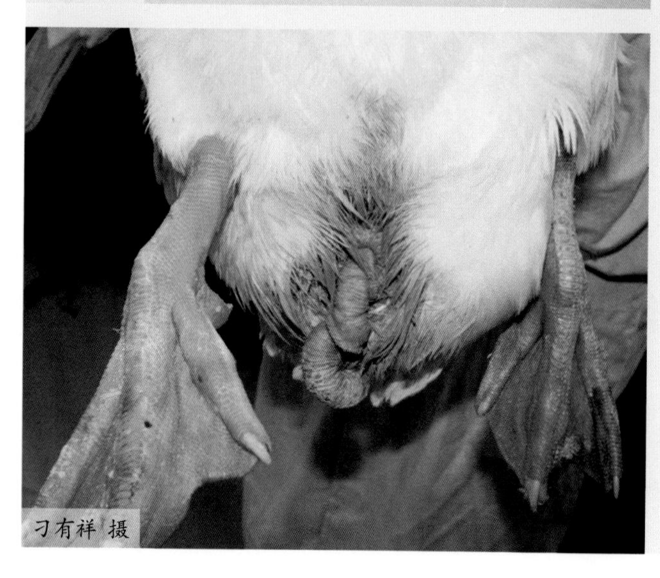

图8-37 鸭阴茎脱出，表面有黄白色结痂（二）

三、诊断

本病根据症状可以作出初步诊断。

四、预防

鸭阴茎脱出的预防主要在于加强饲养管理，使种公鸭具有良好的状态，在母鸭产蛋前，提早对种公鸭补充精料，保证种公鸭有充沛的体力进行交配。保持鸭群中公鸭与母鸭的适当比例，一般公鸭比母鸭以（1∶4）～（1∶5）为宜，鸭群中公鸭过多不仅会造成饲料的浪费，而且会诱发啄咬阴茎的恶癖。

供鸭活动使用的水池、鱼塘应当保证水质干净，有条件的应当选用活水；保持良好的环境卫生，定期对活动场、鸭舍、料槽、水槽进行消毒；制定合理的光照计划，安排合理的光照时间，防止鸭性早熟；及时淘汰鸭群中有啄咬阴茎恶癖的鸭。

五、治疗

鸭阴茎脱出不能回缩时，应及时将病鸭隔离，用 0.1% 高锰酸钾溶液将脱出的阴茎冲洗干净，涂抹磺胺软膏，并协助将受伤的阴茎收纳回去。若阴茎已经发生肿胀或症状较为严重者，应同时施用抗生素或磺胺类药物进行治疗，并每天用 37℃、0.1% 的高锰酸钾溶液清洗 1 次。

对于患大肠杆菌病而致阴茎上有结节者，有种用价值的，可予以手术将结节切除，并注意加强术后护理，为避免因自然交配而致大肠杆菌继续发生与蔓延，应采取人工授精技术；如果阴茎已经发炎肿胀、溃疡或坏死则失去治疗价值，应予以淘汰。需要注意的是，如果整复后发生反复脱出，应当考虑淘汰。

第六节　输卵管炎

鸭输卵管炎（Salpingitis）是指输卵管黏膜发生细菌感染引发炎症，导致输卵管分泌活动机能障碍，主要特征为输卵管分泌大量白色或黄白色脓样物，并从泄殖腔排出。本病多发于初产鸭群，主要是由条件致病性大肠杆菌感染引起，也常继发感染于禽流感、衣原体感染、寄生虫病等。

一、病因

（1）疾病因素　鸭输卵管炎的病因比较复杂，多为环境变化引起条件致病性细菌的逆行性感染导致，其中以大肠杆菌、沙门菌感染为主，寄生在产蛋种鸭输卵管中的组织滴虫也是该病的诱因。本病还可以继发于其他一些疾病如禽流感、衣原体感染、住白细胞虫病等。

（2）饲料配制不当　饲喂动物性饲料过多，或饲料中缺乏维生素 A、维生素 D、维生素 E 等，微量元素不足也可导致鸭的发生。

（3）饲养管理不当　鸭舍卫生条件差，消毒措施不规范。鸭场采用人工授精，授精方式不规范或器具消毒不合理、不彻底，也可造成输卵管损伤或感染发生炎症。

（4）其他因素　鸭产蛋过多，产蛋个头过大或产双黄蛋，蛋壳在输卵管中破裂，造成输卵管受损，也会导致该病的发生。

二、症状

患鸭精神委顿、消瘦、羽毛松乱；腹部下垂肿大，不愿行走，触诊腹部坚实或有波动感，无弹性，肌肉松弛。患鸭病初表现为疼痛不安、产蛋困难，产出的蛋往往蛋壳带有血迹；输卵管排出黄白色的脓性分泌物，污染泄殖腔周围及其下面的羽毛。随着病情的发展，发病鸭出现体温升高、痛苦不安，患鸭呆立不动，两翅下垂，羽毛松乱；有的患鸭腹部着地、昏睡，卧地不起。鸭患输卵管炎，往往会引起输卵管垂脱，蛋滞留、排出困难等，当炎症扩散至腹腔时可以引起腹膜炎，输卵管破裂时可以引起卵黄性腹膜炎。

三、病理变化

剖检患鸭可见输卵管充血、肿胀，严重的呈深红色或暗红色，局部高度扩张，管壁变薄。输卵管内有黄、白色分泌物，黏膜有出血点（图 8-38 ～图 8-40）；卵泡膜充血、松弛，卵泡变形、数目变少；卵巢萎缩，肠系膜发生炎症；腹腔出现卵黄性腹膜炎，致使肠管与肠管、肠管与其他脏器相互粘连、充血和大量的黄色纤维素性渗出物附着，腹水严重。个别发病严重的鸭整个腹腔充满蛋黄水和蛋黄块，有恶臭；有的病鸭还出现肝周炎、心包炎等。

四、诊断

根据症状和病理变化可以作出初步诊断，确诊需要进行实验室诊断。

（1）细菌分离培养　无菌采集病死鸭肝脏组织接种营养琼脂平板、麦康凯琼脂平板，

图8-38 输卵管高度扩张

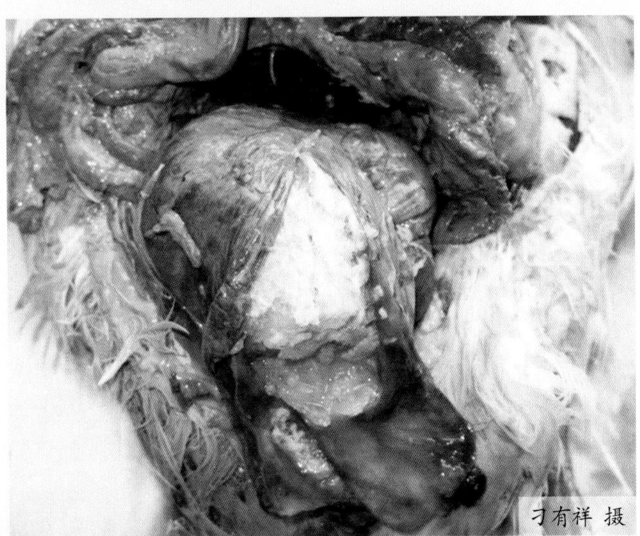

图8-39 输卵管扩张，管腔中充满黄白色渗出物

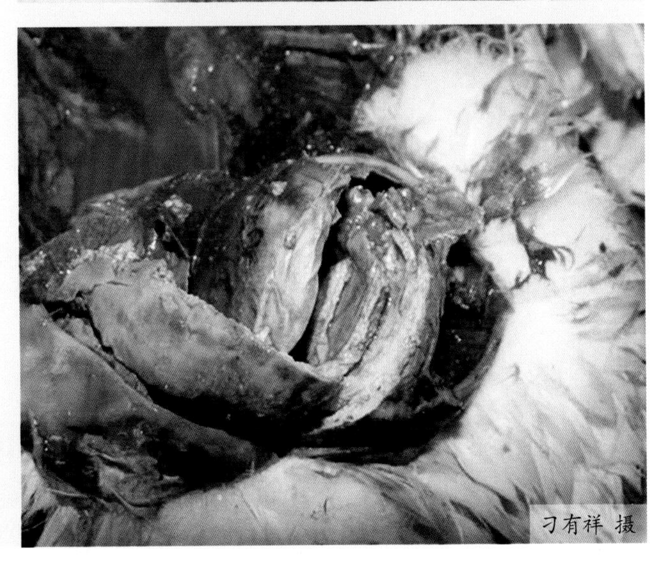

图8-40 输卵管中充满黄白色渗出物

置于 37℃恒温箱内培养 24h，根据在不同培养基上生长菌落的大小及形态判断是否为大肠杆菌感染。在营养琼脂平板上形成圆形、中等大小、微隆起、光滑、不透明、边缘整齐、灰白色的菌落；在麦康凯琼脂培养基上形成边缘整齐、稍隆起、表面光滑的粉红色菌落。

（2）涂片镜检　无菌取病死鸭肝脏组织触片和血液涂片，进行革兰染色镜检，可见两端钝圆的革兰阴性杆菌。

（3）生化鉴定　挑选典型菌落分别接种于各种微量生化发酵管内，置 37℃温箱中培养 48h，定时检查反应结果，进行鉴定。

（4）药敏试验　挑取典型菌落涂布于普通琼脂平板上，按常规纸片法进行药敏试验。

五、预防

加强鸭群饲养管理，防止各种应激因素，保持适宜的光照强度，提供营养丰富、全面、平衡的饲料是预防本病的关键。

（1）加强饲养管理　加强饲养管理，特别是产蛋高峰期的管理，要避免各种应激因素的影响。饲养人员进入鸭舍应当轻手轻脚，禁止大声喧哗，应随着季节的变化对灯光强度和时长进行适当的调节，减少应激；改善鸭舍卫生条件，加强鸭舍的消毒工作，做好水槽、料槽的消毒；防止水源污染，注意饮水的卫生和消毒，特别是注意预防交叉感染的发生。

（2）合理搭配日粮　禁止饲喂霉变饲料，饲料配制要营养均衡，特别是维生素、微量元素和矿物质的添加量要满足鸭的营养需要；注意搭配青绿饲料，保证日粮中有充足的维生素供给，根据鸭群不同的生长时期，适当调整日粮配比。

（3）做好疾病的预防　做好大肠杆菌病、禽流感等疾病的预防工作。注意观察大群鸭的表现，对于有明显症状的病鸭，应及时隔离观察。

六、治疗

发病后，应该及时隔离发病鸭。输卵炎多由大肠杆菌、沙门菌等感染引起，可以采用抗菌药物治疗控制病情，如氟苯尼考、强力霉素等拌料或饮水，连用 4 ～ 5d。

当观察到卵停留在泄殖腔内，可向泄殖腔内灌入油类，促进卵的排出。排出后，可用注射器吸取温水、2% ～ 4% 硼酸溶液、0.015% 新洁尔灭或 0.1% ～ 0.3% 的高锰酸钾溶液注入泄殖腔冲洗。需要注意的是，该病的发生多由细菌感染引起，因此，痊愈后的鸭不宜继续留作种鸭使用。

第七节　卵黄性腹膜炎

鸭卵黄性腹膜炎（Vitelline peritonitis）是指由于卵泡未进入输卵管伞而掉入腹腔引起

的腹膜炎症，多由大肠杆菌引起，沙门菌也能够引发该病。该病多发生于产蛋鸭群，表现为产蛋鸭突然停产，每天都能够观察到产蛋行为，但无蛋排出。本病在产蛋初期只有零星的鸭发病，随着产蛋高峰期的来临，该病也进入高发期；随着产蛋期的结束而停止发病。该病更易发生于初次开产鸭的产蛋高峰期，常造成母鸭成批死亡，死亡率可达 10% 以上。

一、病因

（1）日料配比不合理　饲料中蛋白质含量过高，导致鸭卵泡成熟过早并出现排卵，此时机体生殖器官尚未完全发育成熟，特别是在输卵管伞和输卵管还未发育完好时，就会较难接纳卵子，卵子非常容易落至腹腔，而发生卵黄性腹膜炎；此外，钙磷比例失调、饲料含磷量过高，维生素 A、维生素 D、维生素 E 缺乏，会导致机体的代谢机能障碍，使卵巢、卵泡膜或输卵管伞损伤，致使卵黄落入腹腔中。

（2）应激因素　鸭群应激，产蛋鸭受惊或暴力击打造成机械性内伤均可引发该病，特别是当产蛋鸭处于成熟卵黄向输卵管伞落入的时间段，鸭突然受到惊吓或受其他因素应激，突然开始上下飞跃，卵泡破裂，输卵管伞无法接纳卵子，造成卵泡落入腹腔中。

（3）疾病因素　输卵管炎症或其他输卵管疾病所致的输卵管机能障碍或输卵管狭部破裂，将无壳蛋直接排入腹腔，导致该病的发生。鸭感染大肠杆菌、禽流感病毒等也能够继发卵黄性腹膜炎。鸭患大肠杆菌病会导致鸭发生输卵管炎，使卵泡膜充血，卵泡变色、变形，输卵管伞部发生粘连，卵泡易落至腹腔；禽流感会导致鸭卵泡液化，输卵管内存在黄白色干酪样物质，以上均会造成该病的发生。

（4）其他因素　由于其他因素造成的输卵管蠕动异常，出现严重的逆蠕动，造成卵子刚进入输卵管就被挤出，从而落至腹腔而发生卵黄性腹膜炎。

二、症状

病初产蛋鸭产蛋率明显下降，所产蛋的受精率和孵化率也明显下降，且容易产小蛋、畸形蛋、薄壳蛋或者软壳蛋，随后表现产蛋行为，但无蛋产出。患鸭食欲减退，采食量减少，精神沉郁，行动迟缓，站立、行走呈企鹅样；皮肤呈青紫色，腹部逐渐膨大下垂，触诊有痛感；腹部及泄殖腔周围触及硬块，有的患鸭触及有波动感，有的患鸭大而硬似面团；患鸭肛门周围沾满污秽发臭的排泄物，排泄物多呈蛋花汤样，有的鸭粪便中可见浑浊的蛋清、凝固的蛋白块及卵黄块。

病程后期，患鸭往往出现体温升高，腹泻、脱水，眼球凹陷，羽毛蓬松，甚至出现停止采食，消瘦等症状。大多数病鸭在表现症状的 2 ～ 3d 内发生死亡；个别病程能够持续超过 6d，但最终也会衰竭而死亡；只有极少数患鸭能够自愈康复，但无法恢复正常的产蛋水平。

三、病理变化

剖检可见鸭腹腔内有多个大小不等的卵子，部分患鸭腹腔可见充满黄色腥臭的液体和破裂的卵黄，腹腔内脏器覆盖一层淡黄色、凝固的卵黄（图 8-41）；严重的病鸭可见肠系膜与脏器相互粘连，肠系膜变性，表面覆盖有针尖状的小出血点；卵泡变形萎缩，呈灰色、褐色或酱紫色等不正常颜色，未成熟的卵泡凝结成干酪样物。在腹腔中积留时间较长的卵黄凝固呈硬块，已破裂的卵黄则凝结成大小不等的小块或碎片；输卵管黏膜水肿，管腔内有破裂的卵组织，如小蛋白块、卵黄等。有的患鸭发生心包炎、心包积液、心包膜增厚，肝脏、脾脏、肾脏发生不同程度的肿大、变黑，表面有一层干酪样渗出物；部分患鸭可见腹水。

四、诊断

本病结合患鸭症状及典型的剖检病理变化可作出初步诊断，确诊需要进行病原菌分离鉴定等实验室诊断，包括涂片镜检、细菌分离培养技术等。

（1）涂片镜检　无菌条件下取病死鸭的腹腔卵黄液、肝脏以及脾脏进行涂片、革兰染色、镜检，观察到一定数量的革兰阴性杆菌，菌体呈粗短、两端钝圆的形态，即可确诊该病。

（2）细菌分离培养　无菌条件下取病死鸭的腹腔卵黄液、肝脏和脾脏，分别接种于麦康凯琼脂培养基和血液琼脂培养基，置于 37℃恒温箱内培养 24h，可见麦康凯琼脂培养基上生长粉红色菌落，血液琼脂培养基上长出灰白色菌落，长势良好，表面光滑、湿润，边缘整齐。挑取培养基上的菌落进行革兰染色、镜检，能够看到大量革兰阴性杆菌，菌体呈粗短、两端钝圆的形态，与病料涂片镜检结果一致，即可确诊。

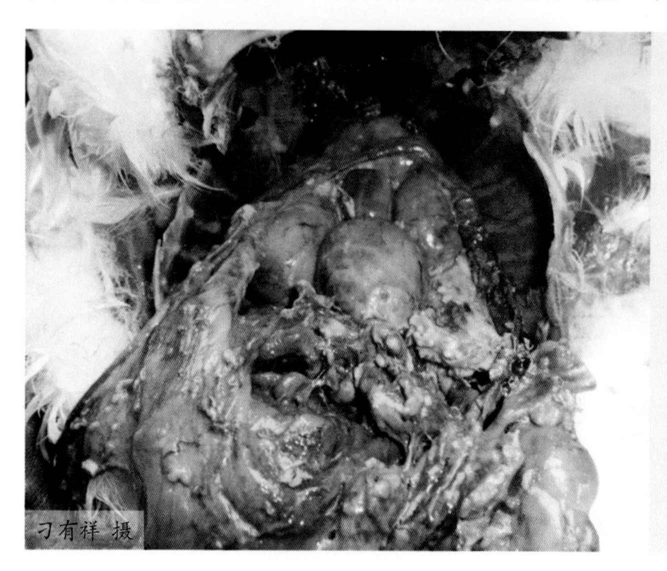

图8-41　腹腔中充满凝固的卵黄

五、预防

（1）加强饲养管理 加强饲养管理对于本病的预防具有重要意义。鸭舍应保持通风良好、环境干燥；及时清理粪便，保证鸭舍清洁卫生，定期对鸭舍、用具及环境进行消毒。减少对鸭群造成的应激，注意预防维生素缺乏症、痛风、脂肪肝出血综合征等疾病的发生。种公鸭可在一定程度上造成该病的传播，为了确保种公鸭的健康，配种前应该逐只检查种公鸭，阴茎部位出现病变的种公鸭应及时治疗或淘汰。

（2）合理配制日粮 注意日粮的配比，产蛋鸭群应该饲喂全价日粮，注意蛋白质、维生素及钙磷的添加量及添加比例，密切关注产蛋量的变化，根据产蛋率的变化情况及时调整饲料配比。禁止饲喂霉变、腐败的饲料。

（3）做好疾病的预防 在母鸭产蛋前 1 个月注射大肠杆菌氧化铝灭活疫苗可以有效预防该病的发生，雏鸭可在 7 ～ 10 日龄进行皮下免疫接种，每只 0.3mL；鸭开产前，将恩诺沙星按 0.01% 添加到饲料中，连续使用 4 ～ 5d，然后使用氟苯尼考拌入饲料连续饲喂 3 ～ 4d，能够有效预防该病的发生；也可用强力霉素拌料或饮水。

六、治疗

对于细菌性疾病引起的腹膜炎，在确诊感染何种细菌后，需要先进行药敏试验，并据此选择敏感药物进行对症治疗，并配合采取加速卵黄吸收、抑制输卵管炎症的药物，同时在饮水中添加复合维生素，供鸭群自由饮用。

对于病毒性传染病引起的卵黄性腹膜炎，确定感染的病毒后，根据不同的症状进行抗病毒中药治疗。由于饲养管理不当或应激因素造成的卵黄性腹膜炎，可在饲料中加入 0.01% 的恩诺沙星或环丙沙星，混合均匀后饲喂，连续使用 4 ～ 5d，具有较好的治疗效果。

第八节 腹水综合征

鸭腹水综合征（Ascites syndrome）又称右心衰竭综合征，是一种由多种因素引起右心衰竭导致的呼吸、循环系统机能障碍综合征，表现为腹腔积液，腹围下垂，右心扩张，肺脏充血、水肿，肝脏病变，是生产中常见的非传染性疾病，发病率可达 5% ～ 25%。该病多发于肉鸭，特别是公鸭，常在寒冷季节发病，可增加鸭的死淘率，且因降低屠宰等级而影响饲养效益，对养鸭业的危害较大。

一、病因

腹水综合征主要是由于供氧不足，导致鸭机体的循环、呼吸系统机能障碍所致。以下几种因素均能导致腹水综合征的发生：

（1）饲养管理不当　鸭舍通风不良、卫生条件差，导致鸭舍空气中的氨气、一氧化碳、二氧化碳、氨气及灰尘含量过高，供氧不足，致使鸭群呼吸系统的黏液分泌增加，呼吸道管壁增厚；同时，氨气的毒性也会造成呼吸道纤毛运动减慢，血氧浓度降低，血压升高，细菌进入肺和气囊中，造成肺脏受损，继而危及心脏、肝脏，导致腹水综合征的发生。

（2）肉鸭生长速度过快　肉鸭生长速度过快，其摄食量大、基础代谢旺盛、代谢率增高，鸭群对氧和能量的需求增加。若此时通风供氧不足，则极易形成缺氧状态，导致腹水的发生；鸭过快的生长速度增加了机体对氧气的需求量，血液中的红细胞需要携带大量的氧气供应机体需求。如果氧气的需求量过大，右心房输血压力增大，会造成右心衰竭，此时肝脏淤血、门静脉不通畅，可引起腹水综合征的发生。在日常饲养条件下，饲喂高能或颗粒饲料的雏鸭也易发生该病。

（3）环境因素

① 缺氧　出现鸭腹水综合征的地区主要分布在海拔 3500m 以上的高海拔地区，由于空气比较稀薄，鸭心脏以及肺部缺氧，无法维持机体组织的需求，造成鸭群慢性缺氧。慢性缺氧会引起机体组胺含量增加，使机体组织血管扩张、肺动脉压增加、右心扩张衰竭，从而引发腹水综合征。此外，在寒冷的冬季或育雏过程中对温度的要求较高，很多养殖户为保暖而紧闭门窗，导致空气流通不畅，空气中有害气体多，进一步造成缺氧的情况。鸭群呼吸频率加快，导致肺部功能受到损害，血管变狭窄、肺部血管的压力逐渐升高、血液不通畅导致鸭心力衰竭，血管中的血液回流受到阻碍，最终形成腹水。

② 低温　温度过低时，需要额外的热量维持鸭的体温与生命活动。温度过低会引起鸭的血压上升，最终导致肺动脉高压和心室衰竭，引起鸭腹水综合征。

（4）日粮配制不当　维生素 E 及硒缺乏时，细胞膜和微细毛细血管壁容易受脂肪过氧化物的损害，使腹膜及腹腔器官的细胞膜和微细毛细血管壁疏松，体液渗出增多，形成腹水；饲料中磷缺乏会导致氧气交换障碍造成缺氧引发该病；饲料或饮水中钠浓度过高会造成胃肠内容物渗透压升高，从而导致血液浓缩、血液阻力增大引起肺动脉高压；料型因素也会影响该病的发生，颗粒料与粉料相比，喂食颗粒料更容易引起疾病的发生，主要是因为鸭群饲喂颗粒料的生长速度比粉料高 20% 左右，由于生长速度的加快，鸭群对氧气的需求也就会有一定的增加，易诱发腹水综合征。

（5）遗传因素　初生鸭心肺功能不全，心脏、肺部血管系统发育滞后，鸭机体运送氧及营养物质的能力较低，机体快速生长对氧气需求量增加，超出了心肺系统的发育与成熟程度，导致肺动脉高压及右心衰竭，而引起腹水综合征。

（6）疾病及药物中毒因素　鸭群患有慢性呼吸道疾病、感染某些细菌毒素导致淀粉样肝病或肝硬变，或由于化学毒素如二联苯氯化物、霉菌毒素等中毒，造成呼吸困难，形成慢性缺氧，导致腹水综合征的发生。此外，鸭群摄入植物毒素或腐败变质的脂肪类物质等，可引起肝病变，从而也能诱发该病的发生。

二、症状

腹水综合征主要发生于 2 ～ 7 周龄发育良好、生长速度较快的鸭，尤其是公鸭。患鸭最典型的症状表现为腹部膨满下垂，皮肤变薄发亮，触诊有明显波动感（图 8-42）；穿刺腹腔可见淡黄色腹水流出。发病鸭初期表现为精神委顿、食欲减退、羽毛蓬乱、生长迟缓；喜卧、蹲伏、不愿走动、站立不稳；严重者行动不便，常以腹部着地，缩颈、呼吸困难；急促驱赶或免疫捕捉时易抽搐死亡。患鸭多在出现腹水症状后的 1 ～ 3d 内死亡，死亡率一般在 10% ～ 30%，死后可见喙缘、脚蹼及骨骼肌发绀。

三、病理变化

腹水综合征的特征性病理变化表现为发病鸭腹腔内有大量清亮、茶色、淡黄色或啤酒样积液（图 8-43 ～图 8-45），可达 100 ～ 500mL；腹水内有纤维素半透明胶冻状物或絮状物（图 8-46）。剖检可见患鸭心脏肿胀、体积增大、质地变软、心包内有积液；右心室有明显的扩张肥大，心壁变薄（图 8-47）；右心房充满血凝块。其他病理变化表现为全身明显淤血，喙缘、脚蹼及肌肉呈紫色；肝脏肿大或皱缩，边缘钝圆，表面常附着有灰白色或淡黄色胶冻样物；肺脏充血、水肿；肾脏淤血肿大，并伴有尿酸盐沉积；肠道、胸肌、骨骼肌充血；肠管变细，肠道黏膜呈弥散性淤血。

组织学变化表现为心肌纤维轻度紊乱和水肿，心肌纤维间疏松结缔组织轻度增生，局灶性出血和异嗜性白细胞浸润；肝被膜增厚，被膜内淋巴管及肝小叶间的窦状隙扩张，肝

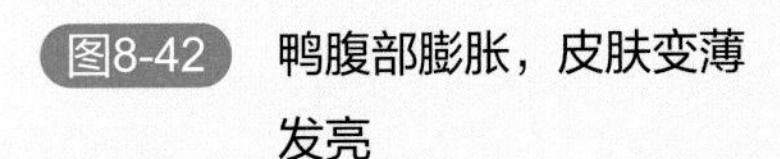

图8-42　鸭腹部膨胀，皮肤变薄发亮

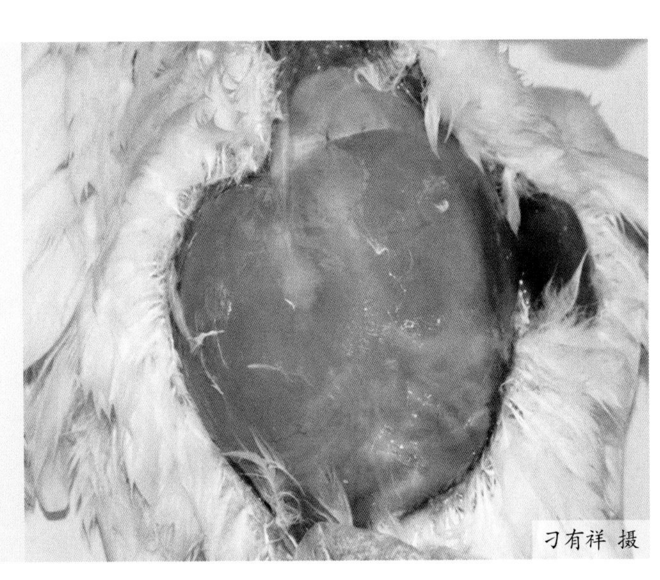

图8-43 腹腔中充满淡黄色液体（一）

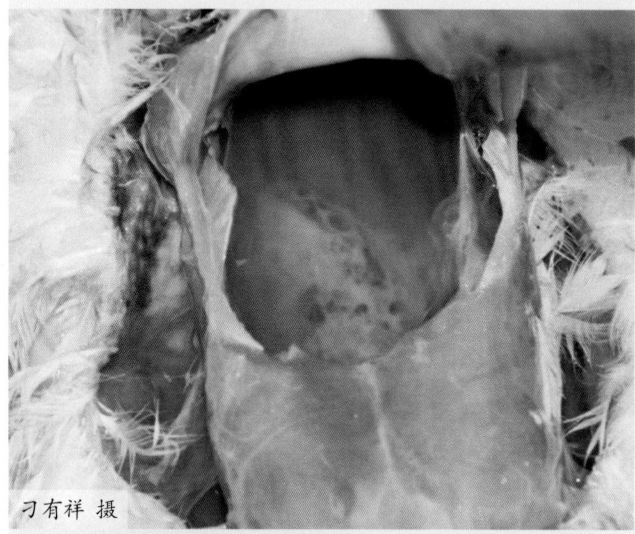

图8-44 腹腔中充满淡黄色液体（二）

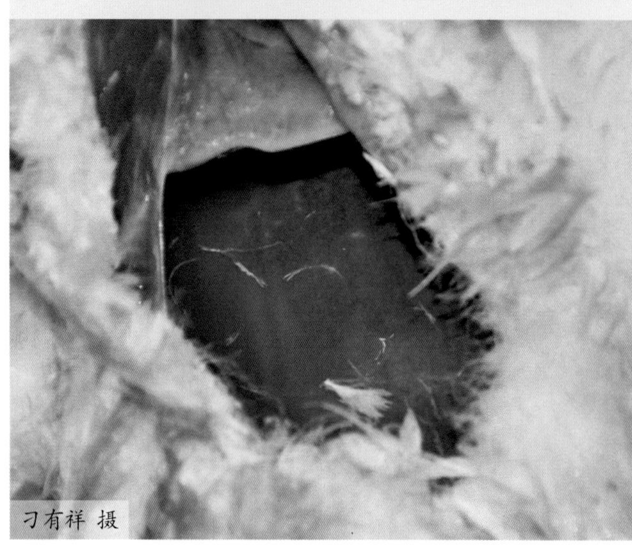

图8-45 腹腔中充满黄色液体

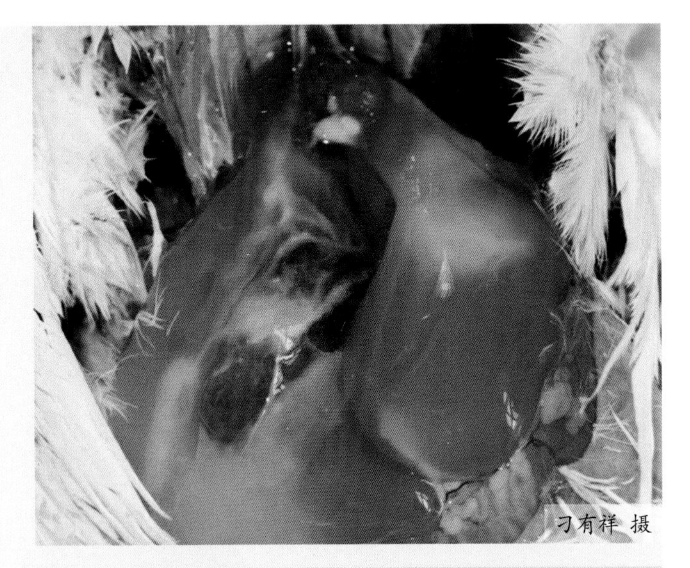

图8-46 腹腔中充满黄色半透明胶冻状物

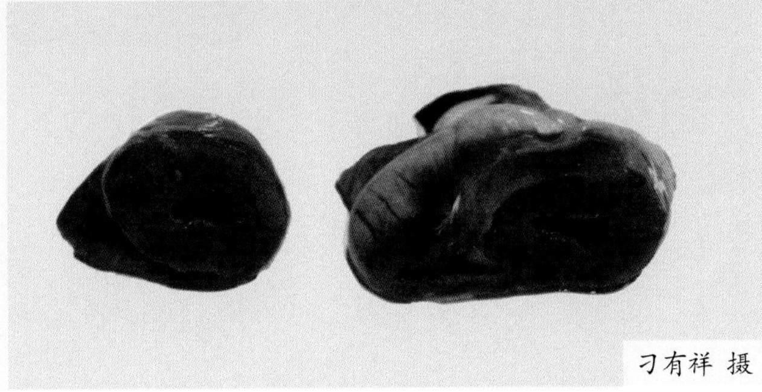

图8-47 右心室扩张肥大，心壁变薄（右图），左侧为正常心脏

细静脉萎缩，肝内常见淋巴细胞和异嗜性白细胞灶；肺脏充血、出血和水肿，次级支气管周围的平滑肌肥大，毛细支气管萎缩，肺脏中软骨性和骨性结节数量增加；肾脏的肾小球淤血，基底膜增厚，散在淋巴细胞灶。

四、诊断

本病主要根据病史调查、症状、病理变化特征，如腹腔积液、心脏体积增大、右心室扩张等作出诊断。同时，实验室检查患鸭的红细胞数与红细胞压积有助于本病的确诊。

五、预防

（1）加强鸭群的饲养管理，改善饲养环境 舍内空气中的氨气、灰尘和二氧化碳的含量过高是诱发腹水综合征的重要原因。应保证合理的饲养密度，严格控制鸭舍温度；良好的通风可以有效降低腹水综合征的发生，通风不畅时，应该及时增加通风扇，增加鸭舍通风量，补充氧气；减少应激，避免各种因素对鸭群的刺激；鸭舍用具、场地等的消毒不应使用煤焦油类消毒剂；合理使用利尿药物，均可减少腹水综合征的发生。

（2）合理配制日粮　降低粗蛋白含量，防止高脂饲料过多；每千克日粮中添加维生素C 0.5g和亚硒酸钠0.5mg，能够维持电解质平衡、减少钠滞留，可以有效预防腹水综合征的发生。

（3）早期限饲　采取早期限饲可有效减少鸭腹水综合征的发生及其造成的死亡。在生长初期限制饲料供应，适当降低饲料的能量，可控制鸭的生长速度。在饲养2～3周时减少10%的饲料，合理限饲不仅能有效降低腹水综合征的发病率，还可以使饲料转化率得到显著改善，且对总生长速度并无不良影响。

（4）加强免疫，合理使用药物　完善免疫程序，及时做好大肠杆菌病、鸭传染性浆膜炎等的免疫接种工作。此外，脲酶抑制剂可抑制小肠和大肠中脲酶的活性，在生产中适当使用尿酶抑制剂可降低肠道中氨的水平以减少腹水综合征的发生。

六、治疗

该病发生后，应该立即查找病因并消除致病因素，使用利尿药物促进腹水排出，及时淘汰发病鸭。饲料中添加0.5%～1%维生素C，并且每千克饲料中添加1mg维生素E和0.5mg硒，同时选用广谱抗生素，如强力霉素或新霉素饮水，连用4～5d，防止继发细菌感染。

参考文献

[1] Y M Saif. 禽病学[M]. 12版. 北京：中国农业出版社，2012.
[2] 陈国宏，王永坤. 科学养鸭与疾病防治[M]. 北京：中国农业出版社，2011.
[3] 陈国宏，焦库华. 科学养鸭与疾病防治[M]. 北京：中国农业出版社，2003.
[4] 刁有祥. 鹅病图鉴[M]. 北京：化学工业出版社，2019.
[5] 刁有祥. 鸭鹅病防治及安全用药[M]. 北京：化学工业出版社，2016.
[6] 刁有祥. 禽病学[M]. 北京：中国农业科学技术出版社，2012.
[7] 刁有祥. 彩色图解科学养鸭技术[M]. 北京：化学工业出版社，2019.
[8] 刁有祥. 鸭病鉴别诊断与防治原色图谱[M]. 北京：金盾出版社，2013.
[9] 孙卫东，程龙飞. 新编鸭场疾病控制技术[M]. 北京：化学工业出版社，2009.
[10] 魏刚才，齐永华. 鸭鹅科学安全用药指南[M]. 北京：化学工业出版社，2012.
[11] 赵朴，王成龙，刘川川. 鸭类症鉴别诊断及防治[M]. 北京：化学工业出版社，2018.
[12] 李新正，靳双星，陈理盾. 禽病鉴别诊断与防治彩色图谱[M]. 北京：中国农业科学技术出版社，2011.
[13] 唐光武，王涛，李荣誉. 禽病快速诊治指南[M]. 郑州：河南科学技术出版社，2008.
[14] 朱杰，黄涛. 畜禽养殖废水达标处理新工艺[M]. 北京：化学工业出版社，2010.
[15] 魏章焕. 农牧废弃物处理与利用[M]. 北京：中国农业科学技术出版社，2016.
[16] 张硕. 畜禽粪污的“四化”处理[M]. 北京：中国农业科学技术出版社，2007.
[17] 全国畜牧总站. 畜禽粪便资源化利用技术[M]. 北京：中国农业科学技术出版社，2016.
[18] 张克强，高怀友. 畜禽养殖业污染物处理与处置[M]. 北京：化学工业出版社，2004.
[19] 林化成. 肉用种鸭饲养管理与疾病防治[M]. 合肥：安徽科学技术出版社，2013.
[20] 张丁华，王艳丰. 肉鸭健康养殖与疾病防治宝典[M]. 北京：化学工业出版社，2016.
[21] 乔宏兴. 鸭标准化安全生产关键技术[M]. 郑州：中原农民出版社，2016.
[22] 唐光武，王涛，李荣誉. 禽病快速诊治指南[M]. 郑州：河南科学技术出版社，2008.
[23] 张西臣，李建华. 动物寄生虫病学[M]. 第4版. 北京：科学出版社，2017.
[24] 顾小根，陆新民，张存. 常见鸭病临床诊治指南[M]. 浙江科学技术出版社，2012.
[25] 孙卫东，李银. 鸭鹅病诊治原色图谱[M]. 北京：机械工业出版社，2018.
[26] 刘秀兰. 动物中毒病防治实用新技术[M]. 郑州：河南科学技术出版社，2004.
[27] 王桂芬，陈宗刚. 现代养鸭疫病防治手册[M]. 北京：科学技术文献出版社，2012.

[28] 李淑青 . 水禽疫病防治问答 [M]. 北京 ：化学工业出版社，2008.
[29] 倪士澄，付衡，吕亚绵，等 . 浙江麻鸭生理常数测定 . 浙江畜牧兽医，1981, 02: 16-19.
[30] 杨端河 . 依据鸭生理特点防治鸭传染性浆膜炎 . 中国畜禽种业，2017, 10: 145-146.
[31] 王淑杰 . 鸭育成期的生理特点及饲养管理 . 养殖技术顾问，2010, 10: 34-35.
[32] 陈琼，黄兴东 . 不同月龄绿头鸭血液生化参数比较 . 经济动物学报，2004, 8(1): 39-40.
[33] 张小珍，尤崇革 . 下一代基因测序技术新进展 [J]. 兰州大学学报（医学版），2016, 42(3): 73-80.
[34] 倪士澄，付衡，吕亚绵，等 . 浙江麻鸭生理常数测定 . 浙江畜牧兽医，1981, 02: 16-19.
[35] 杨端河 . 依据鸭生理特点防治鸭传染性浆膜炎 [J]. 中国畜禽种业，2017, 10: 145-146.
[36] 王淑杰 . 鸭育成期的生理特点及饲养管理 [J]. 养殖技术顾问，2010, 10: 34-35.
[37] 陈琼，黄兴东 . 不同月龄绿头鸭血液生化参数比较 [J]. 经济动物学报，2004, 8(1): 39-40.
[38] 陶立，秦若甫，韦志锋，等 . 南宁市石埠某鸭场鸭隐孢子虫感染情况调查 [J]. 广西畜牧兽医，2010, 26(05): 278-280.
[39] 刘世平，孙明 . 民勤县家禽蜱虫调查及季节消长动态规律研究 [J]. 国外畜牧学（猪与禽），2019, 39(03): 52-53.
[40] 乔燕 . 鸭鹅虱病蜱病的分析诊断和防治方案 [J]. 当代畜牧，2018 (24): 63.
[41] 卢明科，杨玉荣，陈琼 . 鸭后睾吸虫病研究进展 [J]. 中国家禽，2004 (19): 42-43.
[42] 陈敬军 . 鸭后睾吸虫病的防治 [J]. 中国兽医寄生虫病，2003 (01): 44.
[43] 张乃德 . 鸭（鹅）卷棘口吸虫病的诊治 [J]. 养禽与禽病防治，2008 (11): 38-39.
[44] 廖家斌 . 肉鸭细背孔吸虫病的诊治 [J]. 当代畜牧，2011 (11): 18-19.
[45] 卓宜恒 . 建宁县半番鸭异刺线虫病调查 [J]. 福建畜牧兽医，2000 (04): 37.
[46] 王炳林 . 鸭异刺线虫病诊治报告 [J]. 福建畜牧兽医，1997 (06): 24.
[47] 汪溥钦，孙毓兰，赵玉如，等 . 家鸭台湾鸟龙线虫生活史和流行病学的研究 [J]. 动物学报，1983, (04): 350-357.
[48] 汪溥钦 . 福建主要家禽寄生线虫调查报告 [J]. 中国畜牧兽医，1962 (10):7-8.
[49] 高文清 . 鸭群暴发嗜眼吸虫病的诊治 [J]. 中国兽医寄生虫病，2007 (01):57.
[50] 陈仁桃，杨广忠，陈仁余 . 鸭嗜眼吸虫病的调查及驱虫效果的观察 [J]. 中国兽医寄生虫病，1995, (04):38.
[51] 罗高旺 . 鸭舟形嗜气管吸虫病的诊治 [J]. 福建畜牧兽医，2016, 38(01): 47-48.
[52] 陆其忠，朱荷生，莫世金 . 鸭气管吸虫 [J]. 畜牧与兽医，1980 (02): 33-34.
[53] 唐崇惕，唐超 . 福建环肠科吸虫种类及鸭嗜气管吸虫的生活史研究 [J]. 动物学报，1978, (01): 91-106.
[54] 李丹 . 浅谈家禽脂肪肝综合征的预防与治疗 [J]. 农村经济与科技，2018.
[55] 黄明明，黄凯 . 维生素 B_{12} 对鸡的作用及缺乏症的防治 [J]. 饲料博览，2013 (6):17-19.

[56] 魏立民，侯水生，谢明，等.维生素A和维生素E水平对北京鸭前期生产性能的影响[J].中国饲料，2010 (9): 8-10.
[57] 王勇.锌的生物学功能及在动物生产中的作用[J].今日畜牧兽医，2019 (12): 73.
[58] 吴帅成，秦倩倩，张翠，等.中药抗禽脂肪肝综合征的研究进展[J].黑龙江畜牧兽医，2011 (5): 38-39.
[59] 王继强，龙强，李爱琴，等.蛋鸡脂肪肝综合征诱因及其营养调控措施[J].中国饲料，2009 (19): 18-21.
[60] 任成林，马利芹，刘春凌，等.产蛋鸡脂肪肝综合因素与防治措施[J].家禽科学，2008b, 11: 6-9.
[61] 马俊峰.鸭黄曲霉毒素中毒的诊治[J].水禽世界，2016, 06.
[62] 卢刚，黄小珍.肉鸭黄曲霉毒素中毒的诊疗[J].畜牧兽医，2017, 34(16).
[63] 霍夏辉.家禽黄曲霉毒素中毒诊疗及防治措施[J].禽业技术，2018, 11.
[64] 张新军.家禽黄曲霉毒素中毒的诊疗[J].中国动物保健，2019, 5(5).
[65] 林贯树.肉鸭肉毒梭菌毒素中毒的诊治[J].养禽与禽病防治，2011, 12-0032-01.
[66] 田亚军.鸭肉毒梭菌毒素中毒的诊治[J].中国畜牧兽医文摘，2013, 29(11).
[67] 鄢涛，张庆生，胡爱明，等.浅谈夏秋季节鸭肉毒梭菌毒素中毒的防治[J].养禽与禽病防治，2016, 11-0045-01.
[68] 曹洪青，闵向松，闵有贵.禽类亚硝酸盐中毒的病因及诊治[J].现代畜牧科技，2010 (1): 76-77.
[69] 张旭东.鸭鹅“二盐”中毒症的诊断和防治[J].山东畜牧兽医，2019, 40(2): 26-27.
[70] 白文明，刘忠玲，毛航平.家禽磺胺类药物中毒的诊治措施[J].养殖技术顾问，2010, 10.
[71] 诸红新.雏鸭磺胺类药物中毒的诊治[J].水禽世界，2015 (3): 28.
[72] 程红利.鸭一氧化碳中毒并发脱水症的诊治[J].农村养殖技术，2011 (4).
[73] 刘佳佳，佘永新，刘洪斌，等.聚醚类抗生素残留检测技术及其研究进展[J].食品工业科技，2011 (8): 440-444.
[74] 杨晨芸，邹建芳.兽药聚醚类抗生素中毒的研究现状[J].中华劳动卫生职业病杂志，2010, 28(4): 312-314.
[75] 王刚，刘思当，韩燕燕，等.肉仔鸡氟喹诺酮类药物中毒的病理诊断及发病机制[J].家禽科学，2007, 9: 34.
[76] 李彬，顾雪清，施新华.除草剂引起鸭鹅中毒死亡的报告[J].医学动物防制，2009, 25(1).
[77] 叶祖国，蔡瑞峰.化学除草剂对畜禽的危害及防治[J].浙江畜牧兽医，2005, 30(6): 39.
[78] 孙洪志，冯春林.高锰酸钾的使用及其中毒的诊治[J].养殖技术顾问，2011 (9).
[79] 李继省，代景德.肉鸭痢菌净中毒的诊疗[J].北方牧业，2017 (12): 29.
[80] 姜彦雨.“痢菌净”在兽医临床中的应用与中毒救治[J].养殖技术顾问，2014 (8): 227.

[81] 岳秀英，冯健，冯泽光. 雏鸭实验性镉中毒的病理学研究[J]. 畜牧兽医学报，2001, 32(2): 162-169.
[82] 张树华. 肉鸭镉中毒的诊治[J]. 禽病防制，2004, 21(12).
[83] 田淑琴，邓孝廷，田东，等. 樱桃谷鸭镉中毒病理学观察[J]. 中国兽医杂志，2003, 39(8).
[84] 张俭，吴铎. 家禽氟中毒的防治[J]. 畜牧兽医科技信息，2009, 26(5): 93.
[85] 党金鼎. 家禽氟中毒的原因及防治[J]. 山西农业科学，2010, 38(7): 144.
[86] 李长梅. 樱桃谷种鸭氟中毒的诊治体会[J]. 中国兽医杂志，2008 (5): 64.
[87] 张如，宋珊珊，宋兴超，等. 抗病毒药物研究进展[J]. 特产研究，2019 (4).
[88] 黄纪勇，张南才. 中草药防治鸭中暑[J]. 中兽医学杂志，2005 (2): 29-30.
[89] 王莉. 鸭腹水综合征防治[J]. 畜牧兽医科学（电子版），2019 (6).
[90] 秦海涛. 鸭卵黄性腹膜炎的病因、临床表现、诊断和防控[J]. 现代畜牧科技，2018 (9): 59.
[91] 康敏娟. 鸭四种繁殖疾病的诊断和防治[J]. 畜牧兽医科技信息，2018, 504(12): 137.
[92] 陶志华，韩凌霜，许晓静，等. 鱼粉中肌胃糜烂素及其检测方法研究进展[J]. 现代食品科技，2014, 30(8): 288-291.